SINOLOGY
UNIVERSAL LIBRARY

寰宇文献 Universal Library | SINOLOGY 系列

# SELECTED WORKS OF BERTHOLD LAUFER

# 劳费尔著作集

## 第一卷

[美] 劳费尔 著

黄曙辉 编

中西書局
ZHONGXI BOOK COMPANY

**图书在版编目(CIP)数据**

劳费尔著作集 / (美) 劳费尔著；黄曙辉编. —上海：中西书局，2022
(寰宇文献)
ISBN 978-7-5475-2015-4

Ⅰ.①劳… Ⅱ.①劳… ②黄… Ⅲ.①劳费尔－人类学－文集 Ⅳ.①Q98-53

中国版本图书馆CIP数据核字（2022）第207067号

# 劳费尔著作集

[美] 劳费尔 著　黄曙辉 编

特约策划　黄曙辉
责任编辑　王宇海
特约编辑　许　倩
装帧设计　崔　明
责任印制　朱人杰

出版发行　上海世纪出版集团
　　　　　中西书局(www.zxpress.com.cn)
地　　址　上海市闵行区号景路159弄B座（邮政编码：201101）
印　　刷　上海世纪嘉晋数字信息技术有限公司
开　　本　700毫米×1000毫米 1/16
印　　张　516.75
版　　次　2022年12月第1版　2022年12月第1次印刷
书　　号　ISBN 978-7-5475-2015-4/Q・007
定　　价　9980.00元（全十三册）

# 编者按

劳费尔( Berthold Laufer, 1874—1934 ), 美国人类学家、汉学家，生于德国科隆，后移民美国。劳费尔秉承洪堡所倡“寂寞和自由”的德国大学学术神髓, 综合运用器物学与历史语言学, 为一代通人，在研究人类文化中的各种器物上，造诣尤深，而且开启无数学术门径。劳费尔一生著述甚丰，发表的著作和论文超过200篇（部），其作品大约可分为五类：第一类是关于中亚和东亚诸民族语言、文本和文学艺术等的语言学研究；第二类是关于中亚和东亚诸民族源流、民间传说、宗教习俗等的民族学研究；第三类是关于中亚和东亚科学史的研究；第四类是关于印度、伊朗、中国等文明之间融合与交流的研究；第五类是人类学考察报告和博物馆文物收藏志。

德国柏林国家图书馆馆员魏汉茂博士（Dr. Hartmut Walravens）于1976年、1979年、1985先后编辑出版了三大卷《劳费尔文集》（*Kleinere Schriften von Berthold Laufer*），李约瑟为此文集作序，称劳费尔是一个多面手。文集对劳费尔已发表论文和著作的搜集尚未完备，故今予以重辑，篇幅扩大为13卷，按年编次，据原书原刊影印（论文当期杂志的封面，也予保留），尽可能全面展现劳费尔著述刊发时原貌。不过，仍有些论著久访未获，暂付阙如，以俟日后增补。

# 寻觅古物中的异文化(代序)

朱渊清

人类理解世界就两种媒介:语言和物。劳费尔(Berthold Laufer,1874—1934)是学术界中极其罕见的能够同时熟练运用历史语言学和器物学两种完全不同的学术方法探索异文化的人。

## 一

劳费尔出生于德国科隆,肄业于柏林大学,1897 年在莱比锡大学获得博士学位。劳费尔接受了德国洪堡式高中人文教育和大学的历史语言学训练。

洪堡(Wilhelm von Humboldt)是科研教学一体的现代大学柏林大学的开创者。他把教育作为满足和充实自己、增强个性的手段。洪堡强调,大学的两个基本组织原则是:寂寞和自由。自由是必需的,寂寞是有益的,这两个是"支配性原则"。寂寞就是不为任何政治、经济利益所左右,自由和寂寞相互关联、相互依存,没有寂寞就没有自由。长期留德学习历史语言学的陈寅恪说"独立之精神、自由之思想",实传德国大学学术之神髓。

洪堡说:"语言是一个民族人民的精神,一个民族人民的精神就是其语言。"许倬云解释当时的德国学术,说:"为了解除天主教会的普世秩序,德国学者孜孜努力于建构一个日耳曼民族国家的工作,用实证史学,建立俗世历史与民族历史,用语言学确认日耳曼语系的周延,用神话与民族研究,追溯日耳曼民族的渊源。凡此学科的工作,当时似乎没有具体的协调,却是齐头并进,集聚学术的力量,建构了'德意志精神'的理念,由此发展出德国人强烈、浓厚的民族主义。"[①]洪堡是个人自由的坚定捍卫者,认为国家是用来保障人的自由的,他理想的是守夜人国家。德国学术联系历史学与语言学两门学科的理想,其后通过留德学者蔡元培、朱家骅、傅斯年而深刻地影响到

① 许倬云《社会科学观点的转变与科际整合》,《学术史与方法学的省思》,"中研院"史语所七十周年研讨会论文集,2000 年。

现代中国学术,标志就是中央研究院历史语言研究所的创立。

在柏林大学和莱比锡大学求学期间,劳费尔先后学习了波斯语(Persion)、梵文(Sanskrit)、巴利语(Pali)、马来语(Malay)、汉语、日语、满语、蒙古语、达罗毗荼诸语(Dravidian)以及藏语等。劳费尔收集和研究亚洲多个民族的语言、故事、传说、诗歌等。除了他研究最多的藏语外,劳费尔写过《关于女真族的语言》(003,1)①、《关于阿尔泰语的属格的形成》(026,2)、《论维吾尔语的佛教文学》(053,2)、《满文文献概说》(059,3)、《蒙古文文献概说》(055,2)、《关于蒙古民间诗歌的一个类型及其与突厥诗歌的亲缘关系》(012,1)、《纳柯苏的摩梭语手稿》(124,8)、《虾夷语中数字的二十进制和十进制——附论虾夷语音韵学》(139,9)、《月氏语或为印度-西徐亚语考》(140,9)、《西夏语言:一项印-汉文字学研究》(126,8),编辑《纽伯里图书馆的汉文、藏文、蒙文和日文书》(093,6),等等。劳费尔的吐火罗语研究有三篇论文:《吐火罗语 A 中的一个汉语外来词》《汉语中的一个吐火罗语外来词》《土满》。②

古代中国将大茴香这种植物称为"阿魏",但这一名称并非汉语。西方学者讨论这个音译的来源。夏德(Friedrich Hirth)认为该词可能是梵文或者波斯文的音译,梵文中大茴香对应音译大概是"兴瞿"或者"形虞""薰渠"。瓦特尔斯说《本草纲目》有记载,认为"阿魏"是婆罗谜文或梵文名字的误译。劳费尔考据分辨出"阿魏"一词当始见于《唐本草》,"夷人自称曰阿,此物极臭,阿之所畏也"。"魏""畏"同音,故称"阿魏"。李时珍并没有讨论"阿魏"语源,但提到了一个翻译"央匮",认为该词源自《涅磐经》。劳费尔指出,"央匮"就是指"阿魏",它们只是同一外来语词汇原型的不同变体而已,在吐火罗语 B 中可以找到其原型,即 ankwa。雷维(M. S. Lévi)在研究西域医药文书时就曾发现 ankwa 的复数形式 ankwas。劳费尔指出,"央"在汉语对梵文的翻译中对应 an 这个音节,很多汉译梵文中都有例证。而"匮"在中国北方还有一个更古老的发音,即 kwai 或 kuai,如此便可推出"央匮"在唐代可读 ankwai,从语音学的角度看,这是对吐火罗语 ankwa 的音译。这一推理过程和方法也适用于"阿魏"。"阿"对应音节 a,"魏"的古音为"鬼"或 gwai、nwai、nui,因此"阿魏"可以追溯到吐火罗语 ankwa,为汉语中的吐火罗语外来词。③

---

① 编者按,括号中数字表示该篇著述现已收入本书,为第 003 篇,在第 1 卷中。以下格式均与此同,不复出注。

② 此三篇论文即本书第 116 篇《吐火罗语杂考三篇》,在第 8 卷中,第 141—151 页。

③ 耿世民《吐火罗人及其语言》,《民族语文》2004 年第 6 期。

劳费尔否定有着“胡”字头的植物都是从外国来的，尤其是亚洲西部来的之说。他说：“形容词‘胡’决不能当作标志外国植物的可靠标准，名字上带有‘胡’字的植物即使是从外国来的，也不见得指亚洲西部的或伊朗的植物。”比如“胡甘”，指一种带酸味的柚，他认为这可能是一个带讽刺的别名，可解释为“甘如胡人”，因为这种树就是中国所产。比如“胡面莽”，它的字面意思是“象胡人面孔的莽”。江西人称“胡孙姜”，也是本土生长的，与胡人无关。“柴胡”“前胡”都生长在华中与华北的潮湿地区。“胡芦”“葫芦”中的“胡”其实是替代“瓠”。“胡豆”中的“胡”是野地遍生的意思。“胡莱”，按中国传说，这个“胡”是指蒙古，可能只是伊朗传到蒙古。“胡椒”，这个“胡”是指印度。“胡粉”，这个“胡”应该是“糊”。①

劳费尔历史语言学知识和他对植物种植与迁移的研究完美对应。劳费尔写过《远东的黑麦和跟我们的“Rye”相关的词来自亚洲的词源》(234,13)，劳费尔研究过玉米传入东亚(051,2)、落花生传入中国(052,2)，研究过荜澄茄(117,8)，研究烟草及其在亚洲的使用(167,11)、烟草传入欧洲(168,11)、新几内亚的烟草(208,13)，还有美国植物的迁移(190,12)、中国和其他地方的柠檬以及柠檬的历史(230,13;235,13)，等等。

## 二

1898年，劳费尔去美国，在人类学家鲍亚士(Franz Baos)的指导下，参加杰苏普北太平洋考察(The Jesup North Pacific Expedition)，前往东北亚的萨哈林岛(Saghalin，即库页岛)和阿姆尔河(Amur，旧作 Amoor，即黑龙江)地区进行一年的考察，研究当地的人种学和土著部落，收集能够充分反映和解释当地部落的日常生活、渔猎活动、社会组织形式、宗教信仰(萨满教)及巫术等社会内容的物品。②

鲍亚士是人类学的一代宗师，他创立的“美国历史学派”追随者众多。鲍亚士原本也是德国人，1883年去巴芬兰调查因纽特民族志后，他的专业从物理学转向民族学，并在美国定居下来。鲍亚士提供了一份对田野民族志工作者使命的简要陈述。“我已经授命我的学生，”他说，“着手搜集某些东

① [美]劳费尔著，林筠因译《中国伊朗编》(150,10)序言，第15—25页，商务印书馆，1964年第1版，2001年第2次印刷。

② 相关著述收入本书第1卷。

西,用他们便于在土著语言中获得信息的任何手段去收集,去获得为解释其原文所必需的语法信息。因此,他们的旅行会得到下述结果:他们会获得样品;他们会获得对样品的解释;他们会获得相关的原文,这些原文部分地涉及样本,部分地涉及抽象的东西;他们也会获得语法素材。材料可以这样分配:语法材料和原文送交民族学局,而样品则送交纽约博物馆。"①

鲍亚士认为文化实践只有放在特殊的文化语境中才可解释。每种文化都必须根据它自己的、而非外来研究者的标准和价值得到理解,这是一场反对文化进化论的人类学革命。文化进化论将各种文化按照发展程度线性排列。

鲍亚士与梅森(O. T. Mason)就博物馆里人类学资料的布置分类展开了激烈的辩论。梅森建议用人为的抽象类别,如陶器、石器、乐器等来对史密森学会的人类学展品进行布展,而不考虑其发源地,以此来展示"工艺品的相似性",借此阐明人性进化的相似之处。鲍亚士主张文化的特性必须放在特殊的文化语境中进行解释,而不是一味按照普遍进化论的模式。鲍亚士写道:"在国家博物馆的收藏品中,美国西北地区部落的显著特征几乎都丧失了。因为来自该地区的藏品被分散到了馆里的不同角落,并与来自其他部落的展品混在一起进行展览。""(人类学展品应该)按照其所属部落来安排布置,以便体现各个群体独特的风格。每个民族的艺术及其典型性,只有通过将其产品视为一个整体来进行研究才能得以解释。"②

19 世纪下半叶到 20 世纪初,大量的国家博物馆在美国诞生。

博物馆是人类记忆的保存地。陕西韩城梁带村出土的春秋芮公墓中,就出土了更久远的红山文化的玉猪龙和商代的玉燕、立鸟玉佩、玉戈等玉器,还有好玩的青铜弄器,芮公夫妇是古董收藏家。欧洲贵族富豪坚持收集藏品,有些延续数百年一直维系到今天。

大多数博物馆,无论展出的是艺术品还是工业品,是人类古代文物还是古生物遗存,是矿物世界美丽的晶体还是从有机自然王国收集来的标本,都不仅仅是一个玩物。它不应被视为某个个人或协会经济实力的标志。博物

---

① Hinsley, C. M., Savages and Scientists: The Smithsonian Institution and the Development of American Anthropology, 1846—1910. Washington, D. C., 1981. 转引自[美]史金铎(G. S. Stocking Jr.)著,赵丙群译《美洲印第安语言研究的鲍亚士计划》,收入《人类学家的魔法:人类学史论集》,第 70 页,生活·读书·新知三联书店,2019 年。

② Franz Boas, The Occurrence of Similar Inventions in Areas Widely Apart, *Science* 9, pp. 485-486. 转引自[美]穆尔(J. D. Moore)著,欧阳敏等译《人类学家的文化见解》,第 44 页,商务印书馆,2009 年。

馆通过展示它的科学藏品以令其用于公共教育,提高人们的知识。国家博物馆规划建造时并入了相当一些私人博物馆。阿什顿·利弗爵士的私人博物馆后来并入大不列颠博物馆。牛津的阿什莫林博物馆 1861 年搬入新居。美国塞勒姆的东印度博物馆藏品涉及自然历史、民俗资料和稀有物件。

博物馆的建立与藏品的命名分类、展厅布局紧密关联。1674 年有一位梅杰印刷出版了一篇文章,论述博物馆起源与发展以及博物馆的最佳布展方式。[①] 1753 年瑞典的林奈(Carl von Linné)出版了指导博物馆分类的《书面指导》,至今许多博物馆还在无意识地遵循林奈的那些原则和规定。林奈是植物学家,进行了植物分类,创立了动植物双名命名法的统一命名系统,他在哈默比庄园建立了自己的博物馆。[②]

鲍亚士按照自己的人类学新思想设计布置博物馆展厅,需要搜集大量藏品。鲍亚士筹得了收集中国物品所需的资金,劳费尔被委以重任。1901 年 3 月,劳费尔接受鲍亚士所在的美国自然历史博物馆(American Museum of Natural History) 人类学部的邀请,对中国进行科学考察,调查探索和寻求文献文物,并获取人种学的一些资料和信息。1901 年 7 月至 1904 年,劳费尔以席福探险队(Jacob H. Schiff Expedition)的名义到中国上海、南京、汉口、西安、北京,以及山东等地进行考察。劳费尔独自一人完成了考察。寂寞是个人最好的存在状态。不仅思想精神上自主,身体和行动也自由,省去了人前表演的所有时间和精力。在面对完全陌生的异文化物品时,能心无旁骛沉潜思考判断,高度敏感并且理性。这次考察为美国自然历史博物馆搜集了一大批中国汉代陶器和玉器。这次收集的考古和民族学藏品大约 10000 件,还有一些书籍、摹拓本、照片等,[③]劳费尔研究这些搜集品,先后出版了《汉代中国陶器》(062,3)、《玉——中国考古学与宗教的研究》(083,5)[④]等研究专著。

---

① [美]哈根(H. G. Hagen)著,路旦俊译《博物馆起源与发展史》,收入[美]吉诺韦斯(H. H. Genoways)、安德列(M. A. Andrei)编,路旦俊译《博物馆起源:早期博物馆史和博物馆理念读本》,第 36 页,译林出版社,2014 年。

② 同上文,第 39 页。

③ [美]班内特·布朗逊(Bermet Bronson)撰,王东波译《汉学家劳费尔与中国》,《四川文物》2007 年第 3 期。

④ 劳费尔的 *Jade—A Study In Chinese Archaeology and Religion* 一书,最早由菲尔德自然历史博物馆于 1912 年在芝加哥出版。书名直译为《玉——中国考古学与宗教的研究》。1974 年,是书改由 Dover 出版公司出版。1989 年,Dover 出版了新版的未删节本,书名为 *Jade—Its History and Symbolism in China*。就该书的内容,新改的副标题更为贴切。因此我们遵从这个修改,将该书书名翻译为《中国古玉:它的历史与符号象征》。以下均以《中国古玉》称名。

劳费尔的背后站着一个文化巨人鲍亚士，他计划并指导劳费尔进行收集工作。劳费尔不时写信汇报自己的工作进展。“我会紧跟您给出的计划大纲，尽我最大的努力完成它，正如您期望的样子。”①鲍亚士批评劳费尔不能只顾自己的艺术方面的兴趣，②劳费尔对画（无论是日本的春宫图还是中国的祖先像）、岩画、浮雕、泥塑、造像等表现出强烈的兴趣。鲍亚士提醒，这是为博物馆收集的藏品，要收集中国民间的日常用品，关于中国工业、农业方面的器物，重点是农业用具、丝绸行业、建筑、木工以及瓷器等方面。他认为劳费尔的收集还是碎片化。③ 1907 年，劳费尔专门在纽约编辑出版了一本纪念论文集向鲍亚士致敬（041，2）。

博物馆收藏大量的人工制品如陶瓷制品、金属制品、玻璃器皿，都有其考古学上的对应物，但是博物馆还有很多考古学家少有机会接触到的物品，如皮革、纸张、织物、木料等。博物馆展示如 18 世纪中期美国普通家庭使用的陶器，看起来不美观，大多数是简朴的、本地制造的、粗糙的，呈土红色且未经装饰。可是这样的展品才真正代表着人们所生活的那个世界。在鲍亚士的指导下，劳费尔最终将第二次考察收集所得分为两类：工业制品和社会生活用具。

劳费尔 1904 年 7 月 8 日致鲍亚士信中说道：④

1. 工业制品

1）纺织品：棉花、夏布、丝绸、纱布、绉纱、缎子、天鹅绒等；
2）木工业和编织品；
3）农业和食品；
4）化工产品，如染料、肥皂、香、香水、粉饼、胭脂、胶水和药品等；
5）竹子和藤条制品、木雕品、镶嵌木；
6）棕榈纤维品、稻草、大麻、绳索；
7）各种类型的篮篓；
8）纸张和纸型；

① 1902 年 12 月 24 日劳费尔致鲍亚士信，收入 Hartment Walravens ed., *Kleinere Schriften von Berthold Laufer*（以下简称“《劳费尔文集》”），第 2 卷，第 83—84 页。

② 1903 年 4 月 24 日鲍亚士致劳费尔信，《劳费尔文集》，第 2 卷，第 93 页。

③ 同上。

④ 1904 年 7 月 8 日劳费尔致鲍亚士信，《劳费尔文集》，第 2 卷，第 146—147 页。

9)席子；

10)各种素色和雕刻的漆器；

11)骨、角、象牙、滑石和玉石雕刻品；

12)玻璃品；

13)珐琅品；

14)金属制品：青铜、黄铜、铜、银、锡镴、锡、铁以及有硬壳的制品；

15)陶器和瓷器；

16)砖和建筑模式，锯子，木器；

17)烟草、鸦片、烟斗、吸烟用具等。

2. 社会生活用具

1)服饰：成衣和鞋子；

2)用于身体装饰的铜，银饰品、头饰；

3)卫生器具；

4)厨房用具；

5)家具；

6)炉灶和其他加热工具；

7)灯饰；

8)用于日常商业活动的物品：铜器、秤、尺子、算盘、书写材料、印章等；

9)运输工具：马以及二轮货车的圈套准备，独轮手推车、扁担、桶、箱子等；

10)流行的宗教节假日、祭仪的相关物品、护身符、咒符、佛教和喇嘛教的雕像、画和木版画；

11)戏剧：泥成群人的戏剧模型；

12)儿童玩具；谜题、游戏、风筝、各种描绘孩童生活的彩色雕刻；

13)体育和娱乐：成群的高跷舞者、皮影、潘趣和朱迪类木偶、牵线木偶、面具、击剑、象棋、纸牌等；

14)武器，箭术，军事训练和考试；

15)医学：毒品、药物外科仪器、兽医的器具和药物；

16)艺术品：

a) 建筑式样；

b) 石雕；

c) 刺绣；

d) 古代和现代的绘画品；

e) 书籍制作样本；

f) 木雕和彩色印刷品；

g) 玻璃画；

h) 乐器和用于阐明音乐的大量留声机记录材料；

i) 青铜器。

1908—1910 年，劳费尔向芝加哥菲尔德自然历史博物馆申请去亚洲考古调查，为博物馆收集西藏藏品。原计划从印度入藏，因政治原因无法成行，改从四川入藏，失败后改为考察山西、陕西、甘肃、湖北、四川、新疆。1923 年，劳费尔花了半年时间往返上海、北京两地，从古董艺术品商人手中收购藏品。劳费尔毕生为美国的博物馆收集了大约 19000 件考古、历史和人种学藏品，这些物品可以追溯到公元前 6000 年，下探至 1890 年。其中包括大约 7500 件拓片、400 件石器和玻璃鼻烟壶、130 件犀牛角杯、500 件木偶、1000 枚硬币、1000 件玉雕、1500 件民间刺绣、30 件早期铸铁物品、500 件道教和佛教雕塑、400 件汉朝陶瓷、230 件锡制物品、300 多件印刷品和招贴，以及 300 件与宠物、养虫相关的设备，主要是鸽子和蟋蟀。① 劳费尔将大量的时间花在旅行考察途中，受博物馆委托收集各种藏品，与各种收藏家打交道。回去后仔细研究这些东西，写书、写文章，在古物中寻觅异文化。

## 三

在一堆乱七八糟的不知名的杂物中，找到一个东西，准确地叫出它的名字，说出该物的功能，指出它的使用年代和使用区域，提出该文化理解中的该器物的含义。劳费尔为此费心耗神一辈子。

劳费尔有广博精湛的动植物学与矿物学知识。作为动物学家，他研究驯鹿、长颈鹿、孔雀、鱼、鸬鹚、蟋蟀、海龟化石等。对驯鹿的研究尤多，写过

① ［美］班内特·布朗逊撰，王东波译《汉学家劳费尔与中国》，《四川文物》2007 年第 3 期。

好几篇论驯鹿和驯鹿驯养的文章(138,9;155,11),还有《鹿皮靴》(136,9)。劳费尔对鱼的研究还涉及中国和日本很多民俗的内容,还收集鱼的符号和鱼的传说(071,4;087,6)。劳费尔对各种贵重矿物宝石素有兴趣。劳费尔研究过亚洲琥珀(043,2)、东方绿松石(094,6)、中国象牙(173,11)、玛瑙(179,12)、钻石(121,8)、玉(083,5),还研究过中国与阿拉伯的海象与独角鲸牙贸易(095,6;127,8)等。劳费尔准确区分“nephrite”和“jadeite”两个概念,矿物学上,nephrite 属于角闪石类,jadeite 属于辉石类。(民间根据两类硬度不同而通俗称为软玉、硬玉。)nephrite 是透闪石、阳起石的固溶体,基本上都是钙与镁的硒酸盐,全球有 120 多处闪玉原生矿。劳费尔指出了当时在亚洲、新西兰的闪玉矿,以及欧洲的矿石交易,并且介绍了当时刚在欧洲发现的闪玉矿。Jadeite 是钠和铝的硒酸盐,是一种高压低温下的变质矿物。劳费尔说只见于亚洲的特定地方,迄今为止,翡翠的主要产地还是缅甸北部的密支那地区。珠宝作为人类历史上贸易交流最重要的一类物品,本身就是地区文化的宝藏。①

劳费尔最重要的研究是人类文化制造的各种器物。比如毡的历史(196,12)、土耳其地毯(064,4)、眼镜的历史(047,2)、中国的鼻环(038,2)、中国的石棺(086,6)、中国和印度的透镜(114、115,8),等等。通常我们说的物质文化都是指人工制品。人工制品是人类用于处理自然世界、促进社会交往、有益我们的思想状态的那些物体所构成的巨大世界。劳费尔研究的有些异文化的器物罕有人知道,比如美索不达米亚的鸵鸟蛋壳杯(175,12)。

自人类制造出第一件工具起,人之存在就完全依赖于物。人类的一个重要特征就在于他能制造越来越复杂的工具,并不断改进这些工具,以此从自然界获取能量。物质增长之所以作为人类经验的一部分,并非由于人类本能地渴望拥有更多东西,而是我们与世界纠缠在一起的特定方式所致。孔子感喟:“觚不觚,觚哉觚哉。”他到底说的是什么东西?孔子又说:“君子不器。”虽然这是对人的理想,但孔子一定也遇到了器物确定的问题。(劳费尔对孔子兴趣很大,收集他的画像以及各种祭祀孔子的物品[077,4]。)

器物的问题是,什么时候才算是个头。一根棍子、一个轮子,当它开始成为区别于它者的那个“物”,并被识别命名开始时,它就进入了人类文化的

① 劳费尔《中国古玉》,第 1—2 页。

共生互长。于是不断地复杂化。物并不稳定,它们会以自己的方式让人类维护它们。我们逐渐陷入一种双重束缚:我们依赖物,同时物又依赖我们,因此我们必须不断劳作,开发新的技术。[1] 人必须依赖于物,人类天生依赖物质工具,而使我们这个物种朝向特定的方向发展。物将人拉进一种纠缠关系中并导致了方向性的改变,这并不是"进步"。[2] 我们以为能控制物,但物往往不受我们控制。物引领我们的演化轨迹,我们难以挣脱。

轮之为轮因而是散播的、流离的、延展的、弥散的。同理,物之为物也是四散的,是一种联结的构建。没有什么东西是独立的。车轮将其他各种物连接在一起,也正是这些被连接的物造就了轮子。这种关联产生了不计其数的后果。物之为物在于关联性,在于独立性的缺失,在于实体间的联系。物不能同物的观念分离,反之亦然:当我们讨论轮子时,不同的定义和含义会指向不同的研究对象。作为物体的轮子依赖轮子的观念而存在,这种观念也离不开物质实体以及两者间的关联。轮子的概念在弓钻、纺轮、陶轮上就已出现,后来又因为滚轴的使用产生运输重物的轮子。一个扁的圆形物体,中间有个洞穿过。这个是轮子吗?轮子要运作就需要轮轴,轮轴还需要一个框架或者交通工具去装载它。接下来还有无穷无尽的问题:轮子和马车的界限在哪里呢?那些驱动马车的马、牛、人或者内燃机呢?

轮及车的问题吸引着劳费尔,他写过《戽水车或波斯水轮》(228,13)、《中国和欧洲的鸟型战车》(042,2)。劳费尔准确地辨识出"玉琮"并不是一个轮子用的车轴,而是上古用于墓葬宗教用途的神器。玉琮通常是一种内圆外方的筒形玉器,主要发现于江浙地区的良渚文化,最早见于安徽潜山薛家岗文化第三期,广东石峡文化、山西陶寺文化等新石器文化中也有。玉琮最近三十年来出土很多,今天的研究者一般认为是巫师交通天地的工具。

劳费尔否定了布肖尔(Bushell)定义的"车轮毂的一个部分"[3],他指出,玉被用于毂的一部分且被轮轴从中穿过,技术上说这个材质也太硬实太不灵活了。[4] 车辕上用来挽车的横木称为"辂",用玉装饰"辂"的就是"玉辂"。

---

① [英]伊恩·霍德(Ian Hodder)著,陈国鹏译《纠缠小史:人与物的演化》,第5页,文汇出版社,2022年。

② 同上书,第44页。

③ 劳费尔《中国古玉》,第123页。

④ 同上书,第127页。

吴大澂《古玉图考》:“今世所传古玉釭头,其大者皆琮也。”吴并引《说文解字》和钱氏《斠诠》。《说文解字·玉部》:“琮,瑞玉。大八寸,似车釭。”钱坫《说文解字斠诠》:“今俗犹称黄琮玉为釭头是也。”“辋头”(釭头),清代时期为人所知与乾隆皇帝相关。乾隆是古玉的收藏者,大量收藏玉琮。乾隆曾命玉匠将他的题诗刻在一件玉琮内壁上:“所贵玉者以其英,章台白光照连城。辋头曰汉古于汉,入土出土沧桑更。晁采全隐外发色,葆光只穆内蕴精。是谓去情得神独,昔之论画贻佳评。”末署“乾隆癸丑春御题”,并有“几暇怡情”“得佳趣”两方闲章。乾隆皇帝写了很多首关于玉琮的诗,称之为“瓶”或“辋头瓶”,如《咏汉玉瓶》:“周代辋头器,汉时改作瓶。”《咏汉玉辋头瓶》:“五辂辋头饰,难分秦汉周。”《咏汉玉辋头瓶》:“辋头名近俗,却自古胥知。云是玉辂舁,饰为两首仪。”乾隆五十九年(1794)的《咏古玉辋头瓶》有序:“呼此罄为辋头者不知起于何时。内府最多,不可屈指数。”

玉琮的使用时代,完全相信《周礼》“黄琮礼地”的劳费尔认为是在周代。劳费尔《中国古玉》第123页的“古玉辂辋头”图来自传《古玉图谱》中,《古玉图谱》引《车经》云:“辋头,扛隅头之饰王公之车,即古之金根车也,有方有圆,有六方八方之式,已下诸辋头皆古玉辂扛头之饰,汉魏以下则无之矣。”《古玉图谱》传宋龙大渊著。那么玉琮是否就是车辂端装饰的“辋头”呢?劳费尔的考证予以否定。劳费尔认为,这样的辩论是无力的,是臆说。《车经》并不是早期的著作,而可能是宋代的。对于古代文化的事实,必须限制在《周礼》和《礼记》本身的材料中,其原来并没有我们后来所见那么多的注释。劳费尔认为应该回到古代经典,他相信《周礼》《礼记》,认为玉琮有着十分重要的宗教功能,象征着地神。劳费尔批评《古玉图谱》,也并不满意吴大澂。劳费尔说,我们意识到玉的自然崇拜是和墓葬相关联的,天、地、四方是六种宇宙神明力量。人格化概念在中国人的宗教观念中则是不存在的。劳费尔认为玉琮是“地神的玉的意象和象征”。劳费尔对于玉琮的定名、功能意义的解释非常正确,但因为没有当时的考古年代学的支持,他对玉琮的真正使用年代还是判断错了,公元前4000多年的新石器时代才是玉琮大量使用的年代。①

人类改造物质,我们使用石头、木头、黏土与金属制造工具,我们驯化生物、燃煤生火、制造机器。不断增长的物品数量迫使人类定居,开始发展农

① 劳费尔《中国古玉》,第121—125页。

业。耐火土制成的陶器为定居群体提供存储、烹饪、饮食的容器,耐火土还被制成支座、雕塑和印章。越来越多的东西关联上陶器或是依赖于陶器,比如火塘、炊具、塑像、支架,等等,这些依赖关系被称为“纠缠”(intergrated)。①事物之间的很多联系就是操作链,即导致某种最终结果的行动序列。考古学家惯于研究这些行为过程的始末,从获取原料到制作工具,再到使用、维修、弃置。这些流程又被制作其他工具的进程隔断,制作陶器的操作链被制作轮子的操作链隔断,于是制作陶罐、烧制陶器等活动纠缠在一个复杂的关联网络中。②

物依赖各种不同的其他物,物彼此关联。在完全没有文字记载的情形下,通过器物自身和器物之间的组合,我们就可以理解器物。物与物的确定组合形成文化的结构层面,我们也只有在这种确定的组合中才能真正识别出一个确定的器物。比如庙底沟二期文化,工具以长方形和半月形单孔石刀、石镰及双齿木耒最具代表性。陶器绝大部分是灰陶(97%),篮纹发达,器型以罐、盆类为主,大口筒状罐、小口折肩平底罐、小口折肩尖底罐、大口深腹盆、盆形鼎、斝的组合是其特点。又比如青铜器的觚、爵,或者加上斝、鼎等,这一套组合是晚商到周初中原墓葬的青铜器文化。西周昭王穆王时期发生礼制革命,这套组合就没有了。不仅这种组合不见了,觚这样的器物春秋时很少见,战国就绝迹了。

1903 年 10 月 23 日劳费尔写信给鲍亚士谈自己的工作计划:③

> 在北京郊区的收集工作结束后,对以后的工作也做出了一个规划:(1)将继续完成金属制品,特别是捶打、铸造的铜锡制品的收集;(2)在北京周边收集陶器;(3)收集能展示中国北方运输方式的标本;(4)收集食品和中国北方地区的干货;(5)尝试收集在祭祀或礼拜孔子仪式中用到的礼仪乐器和献祭的器皿;(6)将继续收集武器和烟斗。

在这个计划中,劳费尔特别关注器物的材质用途如金属制品,区域范围如北京周边,特殊的功能如北方运输方式的标本、祭祀或礼拜孔子仪式中使

---

① [英]伊恩·霍德著,陈国鹏译《纠缠小史:人与物的演化》,第 17—18 页,文汇出版社,2022 年。

② 同上书,第 70 页。

③ 1903 年 10 月 23 日劳费尔致鲍亚士信,《劳费尔文集》,第 2 卷,第 11 页。

用到的礼仪乐器和献祭的器皿。劳费尔研究器物特别重视对器物功能的把握,就在物与物的功能联接组合中理解器物的意义。

1910年3月16日劳费尔给菲尔德自然历史博物馆馆长费雷德里克写信汇报:①

> 这是一件商代的大型青铜鼎,它应该是早于公元前2000年,因此,约有4000年历史。它的价值不仅是因为它年代久远,还因为它精致、华丽的工艺。它高64厘米,鼎外部周身都布满了纹饰,其纹饰部分是凸出的,部分是凹陷的,在鼎内部还有凸出的铭文,这是中国最早期的书写形式。整件(物品)是由一经典例子组成。这是我见过的那个年代青铜器中最好的器物,包括意大利的青铜器,我已经参观过大不列颠博物馆、南肯辛顿、罗浮宫、意大利博物馆等博物馆这方面的藏品,这件青铜鼎在所有青铜器中的艺术地位可以与《西斯廷圣母》在美术界的艺术地位相等。我敢说我们现在拥有的这件青铜器,在东亚都是最古老、最完好的。它是独一无二的,现存的没有任何一件像它。从它的尺寸上看,整个中国估计真正的只有20—25件存在,青铜的大约都只是一些小型的青铜器。还从一位农民手中购入了另一件青铜器,年代比前一件要晚些,这一件是这位农民在自己地里耕种的时候挖到的。因此,我们现在拥有的这两件青铜器,可以代表中国最古老的青铜器时代。这件大的青铜鼎对宗教历史很重要,因为它是在祭祀祖先时用来给祖先煮牺牲的大锅。

对于商代青铜鼎的功能,劳费尔一语中的:"祭祀祖先时用来给祖先煮牺牲的大锅。"安阳刘家庄墓地曾经出土一个青铜甗,里面盛放着一颗人头,头骨碎片的化验表明钙流失严重,说明是被蒸煮过的。牙齿和头骨分析说明这颗人头属于一个十六岁左右的少女,并且是经常食肉的贵族,锶同位素分析表明这个人是来自东南方更靠近海的部落。这是东南方某个部落的年轻女首领或贵族,大概是在被猎杀后蒸煮头颅,献祭后被食用。在淅川下王岗楚墓几个大鼎中都发现了牛的肢骨和捞取实物用的铜匕。

当我们停下来思考"杯子"这个概念时,我们会惊讶地发现自己根本无从去具体描述它——除了用来喝水(或其他液体)这个功能性指向。它可能

---

① 1910年3月16日劳费尔致鲍亚士信,《劳费尔文集》,第3卷,第437页。

是陕西长安县张家坡出土的带双耳柄的青铜器邢叔觯，也可能是杭州半山镇石塘村出土的高瘦的战国水晶杯；可能是明代成化斗彩小巧薄透的三秋杯，也可能是日本千利休从泥瓦工喝茶大碗学来的大口矮短的黑乐烧；或者称为瓶、碗、罐、壶、尊、缸、锅，等等，都一样，只是文化的命名，很多历时的偶然，都被挤压糅合在一起。只有对文化网络中某个或某些个片段无比专注深入领悟的人，才会理解某个具体的实物处在那个文化的什么位置、意味着什么。当劳费尔尝试功能性地理解眼前出现的器物时，他一定是在脑中寻找其与自己过去大量异文化收集品的对应关系。比起林奈系统设计的动植物双名命名法，文化的确认要困难得多。我们除了遵从当时当地该文化的命名和理解外，别无他法。一个文化最困难、最无法被翻译的东西，就是这个文化最核心的意义。关于觚的称命，因为2010年“内史亳同”青铜器实物的发现及其自铭铭文的释读，现在我们知道，“觚”是宋代人因为其弧度而给起的名字，西周成王时期，这个形制的东西称为“同”。笔者曾经详细论证“同”在周康王即位仪式上的使用，解释了它的功能。[①] 至于孔子说“觚”到底是在说什么，我们无从知道。

## 四

物之为物在于将不同线索（包括观念、制度）汇集在一起。我们将对象视为物，就可以探索它们的关联性与依赖关系。物之间的相互依赖关系创造了发展的整体方向性，也同样创造了特定的路径，每一条路径都给以后的世界留下了物质、社会、观念交互纠缠的遗产。文化深嵌于日常生活和行动逻辑之中。一个稳定的社会群体代代传递着大量累计的信息：如何建造房屋，如何粉刷墙壁，如何处理垃圾，如何埋葬逝者。当人们用黏土加固屋墙防止其倒塌时，当他们寻求技术提供足够的粮食以供养不断增长的人口时，文化信息就会嵌入这种物质参与的过程中。人类与物质互动、依赖物质的程度以及解决问题的能力将我们与其他生物区别开来。在物与物的区别中，敏锐如劳费尔者还特别擅长辨识其间文化的断裂，发现文化的分野。

劳费尔特别重视农作物和技术工具的传播，以及人们之间思想的互相渗透，尤其致力于研究中东地区和远东地区之间文化的相互渗透。

---

① 朱渊清《赞同——周康王即位仪式中礼器的使用》，收入《艺术史研究（第18辑）》，中山大学出版社，2017年。

劳费尔是第一个明确从一般石斧中分辨出有段石锛的学者，虽然他没有命名。《中国古玉》第46页和第47页之间的图版5是两件完全不一样的工具（插图1），第48页和第49页之间的图版6.1、6.2，也是完全不同于6.3、6.4的工具（插图2）。图版5下面一件与图版6.3、6.4是一般的石斧，两面相同，都是平的。图版5上面一件与图版6.1、6.2有单面刃，呈扁平长方形或梯形，但其背部偏上有横脊梁，最初用以抓手，进一步可分段装柄。后来的考古学上将这种背部有横脊、凹槽或台阶的单面刃石斧称为有段石锛。有段石锛的特殊地方在于脊背，即刃口斜上所向的一面，不像正面是平的，而是中部隆起，成一条横脊将背部分成两个部分，前部较厚，后部较薄，看起来像两个阶段，因此称为有段石锛。

**插图1**

**插图 2**

因为这个工具,劳费尔区分出两种有根本区别的文化:锄头文化(hoe - culture)和犁耕文化(ploughculture)。① 两种文化通常一起在相同的地域被使用,但是可以根据不同部落的文化程度来进行区分。一种方式是与我们庄园的进化密切相关的,主要以锄头为工具;另一种与真实农业一样是以犁耕为基础的,平整土地,人工灌溉。锄头文化与犁耕文化之间有一条鲜明的分界线。汉族是犁耕文化的代表,"蛮族"是锄头文化的代表。原来东部沿海地区的"蛮族"被驱赶向南,一直到东南亚孟高棉。劳费尔提到了鹤嘴锄,鹤嘴锄是锄头文化使用的,是非汉族的"蛮夷人"的工具。②《中国古玉》第 50 页和第 51 页之间的图版 8.1 的照片是山东青州府发现的非常珍贵的鹤嘴锄,收藏于伦敦大不列颠博物馆。青玉,长 9 厘米,宽 6 厘米,有很深的凹槽环绕全身,凹槽约 2 厘米宽。锄头同时在山东和陕西出现,说明"蛮夷文化"被汉族吸收同化。劳费尔指出山东的"蛮族"原来是少昊统治,商代末年称为蒲姑,周成王时西周灭了蒲姑。大禹曾经巡游山东东部,莱州府就是以当时一个发明了养牛方法的人"莱"来命名的。③

史书明确记载周成王时汉族文化势力进入莱州地区。《书序》:"成王既践奄,将迁其君于薄姑。"《史记 · 周本纪》:"东伐淮夷,残奄,迁其君薄姑。"山东黄县一带,20 世纪 50 年代初期发现一批青铜器,60 年代,归城发现西周中期的青铜器和西周墓葬。1973 年,归城城址发现。龙口归城,位于山东烟台龙口市黄城东南归城一带,城址坐落于莱山北麓的小盆地上。分内城、外

① 劳费尔《中国古玉》,第 48 页。
② 同上书,第 50 页。
③ 同上书,第 49—50、53—54 页。

城。内城在盆地中部的台地上，略呈长方形，南北长780米，东西宽450米。外城环绕内城，依四周山势而建，周长约5000米，均为夯土墙。城址年代从西周到春秋。城址中发现带铭文青铜器，启卣、启尊是西周断代的标准器。两个铭文都记载了莱国国君启随周昭王南征，启归来后铸器纪念。周昭王南征荆楚史书多有记载，第一次发生在周昭王十六年。周昭王十九年再次南征荆楚，坠亡汉水。陶片分两类，一类是泥质或夹砂灰陶、灰褐陶，质地较好，多装饰有绳纹，主要器类有鬲、簋、豆、盆、罐、瓿等，这类具有明显的周文化因素特征，形制与中原地区器相同或相近。另一类陶器为夹砂的红褐陶、灰褐陶，胎体常夹杂有云母，火候较低，烧制往往不均，一般为素面，主要器类有鼎、鬲、罐等，这类陶器与周文化有明显区别，是本地文化系统的陶器。归城城址对研究中原文明进入胶东地区的历史进程和周文化与本地文化互动关系有很大的研究价值。

劳费尔之后近三十年，学术界才讨论有段石锛问题。有段石锛主要分布在太平洋西部沿海地区，包括中国东部、南部沿海地区、越南、菲律宾等地，一直到南太平洋诸岛屿。1958年，林惠祥总结过去二十年对有段石锛的研究，指出劳费尔1912年《中国古玉》书中就涉及了有段石锛，“其刃由中部斜向口部”，劳费尔称为石锤（stone hammers）并提供了背面和侧面照片。① 林氏说他自己1929年在台湾圆山贝塚得到数件，当时只是归于石锛一类，1937年在福建武平又有发现，当时林称之为chamfered adze（沟纹石锛），又曾在另文中称为隆基石锛。有段石锛名称，林惠祥认为同时的德国海尼·格尔顿（Robert Heine Geldern）所称的德文stufenbeil、英文stepped adze为最合适，格尔顿认为有段石锛是从中国台湾传到菲律宾再传到苏拉威西。② 林惠祥研究表明，有段石锛产生于中国东南区，经中国台湾传播至菲律宾以及太平洋诸岛；中国东南部、南部、中南半岛是南岛诸民族的发源地。③ 值得一提的是，劳费尔本人十分关注中国向菲律宾的文化传播，他曾经写过《中国人与菲律宾群岛的关系》（046，2）、《菲律宾的中国陶器》续篇（088，6）等。

劳费尔原来认为山东青、莱州地区的“蛮夷”是这种锄头文化的真正主

---

① 林惠祥《中国东南区新石器时代文化特征之一：有段石锛》，《考古学报》1958年第3期。

② 同上。

③ 石弈龙、孟令国《林惠祥先生的有段石锛研究及其启迪》，《湖北民族学院学报》2019年第3期。

人，今天也许可根据考古材料略作修改：有段石锛发源于长江下游地区。1978年江苏溧阳沙河良渚文化遗址中出土有段石锛一件。石锛正面成长方形，断面近方形，背面上部有段，平顶，通体磨制光滑，棱角齐整。单面齐刃，刃口锋利，有使用崩碴。出土时石锛安装在木柄上，石锛段部正好卡住木柄的卯口。木柄直，头部粗大，握手外较细。木柄碳化严重，出土脱水后散裂。锛长18.2厘米，宽3.5厘米，厚3厘米，木柄长37厘米，头部最粗径6厘米。① 有价值的是，溧阳沙河良渚遗址同时还出土两件带柄石斧。此前大汶口文化莒县陵阳河遗址出土的灰陶缸上有一个带柄石斧的图像文字。据此，考古人员可以观察到石斧、石锛的安柄方式，并且实验使用。石斧一般是双刃的，石锛则是单刃的；柄和刃口平行安装的是斧，柄和刃口垂直安装的则是锛。② 有段石器可以具体分为四种类型：有段石锛、有段石斧、有肩有段石锛、有肩有段石斧。③ 如果我们仔细思考有段石锛使用区域的话，我们会更惊讶地发现，这个区域与越人的活动区域正好相吻合，他们活动的最北部就是山东蓬莱附近，南下一直到越南、菲律宾。越人的称名与一种王权象征的武器"钺"直接相关，钺是一种有肩石斧。启卣铭文、启尊铭文最后都是"钺箙"两字。这种铭文书写方式极为奇特。箙是竹木或兽皮制作的装箭的容器，钺是有肩石斧。莱国国君启在说为周王室效劳之时，特别郑重地宣誓了本族的武器象征。

当物的供给实现后，其数量就会上升，而当纠缠发生改变，物的作用消失时，其数量也随之下降。仿造可能出现在文化网络的后结构片段中，或者说在异文化中出现。觚在春秋墓葬中已经很少，有些刻意的艺术仿制品进入了收藏家的库房，梁带村芮公夫妇就有觚形器收藏。明清时期的铜器艺人大量仿制，明治时期的萨摩烧瓷器也有仿制的觚形器。宋徽宗热衷艺术，喜欢收藏各种古物。宋代仿古风盛，仿造上古的铜器、玉器形制、纹样，做了大量精美的瓷器。南宋出现很多仿造良渚文化玉琮的琮式瓶，材质各异。比如1996年四川彭州工业大道南宋窖藏出土的琮式铜瓶，1991年四川遂宁金鱼村南宋窖藏出土的龙泉窑青瓷琮式瓶。琮式瓶在清代中期又再次兴盛。高丽青瓷的特质被李朝的"三岛"所承袭。高丽

① 肖梦龙《试论石斧石锛的安柄与使用——从溧阳沙河出土的带木柄石斧和石锛谈起》，《农业考古》1982年第2期。

② 同上。

③ 王海平《我国西南地区有段石器的研究》，《四川文物》1987年第2期。

青瓷不刷白色化妆土，“三岛”刷白化妆土的技法大概是学习自河北的磁州窑。有绘三岛、雕三岛、镶嵌三岛、线三岛、刷毛三岛等装饰手法。日本陶瓷后也仿造“三岛手”。“三岛”之名或说是因为镶嵌的纹样类似三岛历文字，更新的说法认为其名源自半岛和日本对马岛之间的三座岛屿，商船经由此三岛停靠日本而得名。① 通过柳宗悦“民艺运动”的宣传，李朝风格在日本更为流行。

辨别物真实存在的时间地域是历史研究的必需，也是理解文化的必需。劳费尔注意到原来的器物功能消失，改变材质刻意模仿的制造。劳费尔在《中国篮子》(170,11)中说：“古代有一种形似浅盏、瓷质或青铜质的用于祭祀的器皿，这种形制的器皿则以‘篮子’的形式保留了下来——用于祭拜孔子及其弟子。”②英语 basket 指用细条状的植物枝条(如稻草、柳条、藤条等)、塑料线或金属丝等编织而成的硬质载物容器，如篮子、篓子、筐子等。仿制的其他材质的篮筐，其功能发生了彻底变化。无法确定劳费尔说的青铜器是否就是簋、簠，或者提梁卣，很可能是簋和簠，这两个汉字都从竹。它们是礼器，用于祭祀中盛食物。青铜器簋、簠是对更简易的竹、藤等自然材料所制的盛器的模仿，劳费尔的这个说法极有意义。劳费尔对青铜器相当熟悉，写过《中国古代青铜器》(044,2;172,11)，策划过青铜器展览(163,11)、中国青铜镜的展览(223,13)，写过青铜器的书评(031,2)，也写过青铜器保存和除绿锈的文章(202,13)。

劳费尔这里说的模仿篮子的瓷器是什么，是洗、盏、盆、碗、缸？我们并不清楚。劳费尔是最早写中国陶器、瓷器历史的人，著有《汉代中国陶器》(062,3)、《中国瓷器的起源》(129,9)、《菲律宾的中国陶器》续篇(088,6)、《中国陶俑》(107,7)等。12、13 世纪的复制古物，大概有三种主要模式：1. 全盘仿效古器物；2. 并非完全的复制，而是借用了形制的符号意义；3. 制作模式专注于采用礼器原器上的古纹样作装饰。③

历史研究尤其敏感于变化，对变化的关注有效帮助劳费尔更准确地进行时间区域的判断。《中国古玉》第 260 页、261 页之间插页照片上的 6

---

① 柳宗悦著，张逸雯译《朝鲜古物之美》，第 57 页，光启书局，2022 年。

② 劳费尔《中国篮子·前言》，《中国篮子》，第 1—2 页，西泠印社出版社，2014 年。

③ 陈云倩著，梁民译《金石：宋朝的崇古之风》，第 122—124 页，社会科学文献出版社，2022 年。

件剑璏实物，劳费尔从形制纹饰判断全部都是西汉的东西。[①] 我们今天检视照片，劳费尔的判断完全正确。在没有任何地层学年代依据、没有科学考古发掘实物佐证的情况下，劳费尔敏锐的感悟力和判断力令人惊叹。有一种雷公墨，古人也称为雷斧、雷楔、雷墨、霹雳等。劳费尔说这些"ink-cakes"（墨石蛋糕）毫无疑问是自然产物，绝非打制石器。[②]雷公墨是玻璃陨石。劳费尔引用了段成式《酉阳杂俎》、陶宗仪《辍耕录》、李时珍《本草纲目》的相关记录。[③] 劳费尔说，李时珍没有对这个东西给出结论，但是从他的引文中可知道，中国人很早就形成共识，这是流星坠落形成的。[④] 可能会有玻璃陨石的人工加工问题，劳费尔对此极其小心，绝不将现代制作和石器时代制作混在一起，他引乐史《太平寰宇记》（卷 158）："俗以青石为刀剑，如铜铁法，妇人亦为环以代珠玉也。"说如果描述中的那个石头物件在那个地区出现了，在没有其他证据的情况下，这种人工制作的时间也就只能定在 10 世纪。[⑤]

韦伯比喻文化就如蛛网，人受制于网，只能在网上行动，但却又必须吐出新丝。人的审美在人类不断创造物的活动中发挥着积极的作用。包石华说："中国传统文化里的仿古实践涉及范围很广，从古代纹饰的直接借用到参考古物的图像创造。这种实践的包容性使中国传统艺术具有了多元的创造力。"[⑥]不仅仅是艺术活动，在所有人类的物的创造中，审美都起着越来越重要的作用。劳费尔不断通过古物进入异文化的知识探险，真可谓是赏古之学。

## 五

劳费尔毕生从事 collective work，为博物馆收集藏品，并在这些收集物的基础上进行异文化研究。词源学上，盎格鲁-撒克逊语词 thing（物、东西、用具）就是意指集会或者在集会中汇合。

---

① 劳费尔《中国古玉》，第 257—258 页。

② 同上书，第 66 页。

③ 同上书，第 63—66 页。

④ 同上书，第 65 页。

⑤ 同上书，第 65—66 页。

⑥ Powers, "Imitation and Referencs in China's Pictorial Tradition", *Reinventing the Past: Archaism and Antiquariabism in Chinese Art and Visual Culture*, Wu Hung ed., Art Media Resourles, pp. 103 - 126.

西晋张华的《博物志》中，在山、川、虫、鱼、鸟、兽、方术之外，就有药、服饰、器名等的记录，是人工制品。张华在做包括人工制品在内的万物名状的收集记录的工作。魏晋南北朝时，图书分类上也出现了“集部”。“集”是收集的意思，除了汇集个人的作品，还把别人的作品收集累积。过去是没有这样的“集”的名目的，汉人是把思想性、政治性或各种的文章组织成集，是属于“子部”的。魏晋南北朝以来的“集”就不同了，这种搜集的工夫，饶宗颐称为 collective work。除了个人自己搜集以外，还有奉诏编集的，例如裴松之注《三国志》，据《宋书・裴松之传》记载，是宋文帝命裴松之采三国异同作注。在“集”的方面，除了为个人著作、他人著作，以至某种文体编集之外，更有“别传”和“方志”的收集。六朝时除了各种文体都有集外，连声音材料也有集。集的作用，是把资料集中在一起，以供学习研究。这时期的作者，一方面作文章，一方面亦做文章的收集和研究。① 与文字文献的图书收集对应，博物馆是对物的收集。劳费尔虽然是为博物馆收集古物，但对于收藏深有体味，他专门写了《在历史观点下看现代中国收藏品》(075,4)。

考古学遗址并非唯一的信息来源，还有大量来自过去的人工制品可供研究。考古学家发掘一个墓葬，内里的古物被历代的盗挖扰动，地层变得混乱，但这些劫余弃漏的器物还是要被考古学家研究。博物馆的收集品来源复杂。实际上，老户人家家藏拿到市场转让的、古物藏家手里递藏的，这些器物经历了最彻底的与原始环境的脱离，大量信息丢失，但却始终是文化研究的对象。正是因为这些收集品的大量汇集，劳费尔利用材质、形制、纹饰，等等，进行不断地、改进地分类，形成自己对器物功能理解的独特知识，去进一步推理判断。每当一个新的收集品出现，劳费尔大脑中器物功能分类的庞大数据库里，就对这个新的收集品进行了一次全面的知识检索。

地方性知识对理解器物具有无可替代的意义。人类学家需要借助本土认知框架来认识本土社会现象。研究他者的异文化的关键是弄明白“他们自认为是谁”。揣摩出他们到底认为他们自己该干什么。格尔兹在阅读马林诺夫斯基《一本严格意义上的日记》之后说：“实际上我们根本没有什么超乎常人的感知能力，更没有什么超乎常人的天赋能使我们能像个‘土著’

① 饶宗颐《从对立角度谈六朝文学发展的路向》，收入氏著《文化之旅》，辽宁教育出版社，1998 年。

(native)一样去思考、感受、理解……”①

劳费尔非常重视地方性知识的学习和研究，并且尽一切可能短时融入当地的生活中去理解，比如他收集赫哲族的鱼皮衣服，在北京的戏院里听戏。劳费尔自童年起就对戏剧和戏剧服饰感兴趣。他在日本和中国收集民间戏剧的服装、乐器和高跷，并在北美洲收集了大量的中国木偶，包括皮影、棒木偶和几个地区风格的手套木偶，并记录蜡像表演。他著有《东方戏剧》(165,11)、《中国皮影戏》序和导论(123,8)。劳费尔录制了近1500分钟的中国民间吟唱、曲调、乐器演奏，很多珍贵的声音档案。这些声音资料制成几百卷蜡筒唱片，现在作为劳费尔特藏收藏于印第安纳大学传统音乐档案馆中。劳费尔还对游戏器具感兴趣，有几篇文章研究过马球的历史(213,13)，还著有《中国的秋千》(227,13)。

劳费尔是藏学专家，做了大量藏学研究。早在大学学习期间，他就研究藏语和藏文化，他的博士论文是《苯教十万龙经研究》(007,1)。1908年，劳费尔提出为芝加哥菲尔德自然历史博物馆收集西藏藏品。虽然没能按计划从印度入藏，但还是改道在四川等藏区进行考察收集西藏物品。被阻大吉岭两个多月时间，他就收集了634件西藏物品。② 劳费尔出版了校订本《诸相》，编辑了《德雷斯顿皇家图书馆的藏文手稿目录》(027,2)、《两则密勒日巴的传说(圣徒故事)》(028,2)、《密勒日巴的生平和道歌》(030,2)、《关于西藏医学》(019,1)，从藏语翻译编辑了《甘珠尔》(092,6)、《康熙皇帝的〈甘珠尔〉印本》(063,4)，还写了《藏语中的借词》(133,9)、《藏文的来源》(144,9)、《藏文姓名的汉文转写》(120,8)、《“哇”“苏尔”考——关于藏语的发音》(013,1)、《藏族语言学研究——宝箧经》(011,1)、《西藏六十干支的运用》(098,7)、《再论六十干支》(106,7)、《西藏化妆的历史》(005,1)、《西藏的鸟卜》(103,7)、《西藏的寺庙》导言(039,2)、《勃律语和莲花生大士的历史地位》(057,3)、《西藏地区利用头盖骨和人骨的情况》(164,11)、《一部关于苯教的藏文史书》(024,2)、《和德理到过西藏吗?》(104,7)、《西藏赞蒙的故事》(070,4)等大量著述。他还为贝克的《柏林皇家图书馆的藏文手稿索引》写过书评(108,7)。

---

① [美]格尔兹(ceifford Geertz)撰，杨德睿译《“从土著的观点来看”:论人类学理解的性质》，收入氏著《地方知识——阐释人类学论文集》，第90页，商务印书馆，2016年。

② [美]班内特·布朗逊撰，王东波译《汉学家劳费尔与中国》，《四川文物》2007年第3期。

劳费尔对中国的书写和印刷术感兴趣。他写了《中国、日本、中亚、印度、埃及、巴勒斯坦、希腊和意大利的墨水历史》(176,12)、《稀有的中国毛笔笔杆》(231,13)、《中国古代的造纸和印刷术》(209,13),还为卡特的《中国印刷术的发明及其西传》写了书评(178,12)。劳费尔研究按指印的历史(096,6;135,9),研究象牙图章,更对收集碑铭和拓片特别热心。他著有《中国纸拓片的价值》(101,7),还收集编辑了《中国的碑铭:北京、热河、兴安喇嘛寺铭文二函》。劳费尔为美国自然历史博物馆收集的拓片据统计有540多件,包括他在曲阜、邹县、兖州、泰庙、洛阳(龙门)、杭州、南京(灵谷寺无梁殿)等地收集的拓本。① 此后劳费尔还为菲尔德自然历史博物馆收集了更多的拓片。

劳费尔自己对拓片做过分类。1904年7月8日致鲍亚士信中说道:②

1)在北京和热河地区所收集的喇嘛教碑文,这类碑文多是有4种文字,这显示了喇嘛教在16世纪末到18世纪期间在中国发展的最后且最辉煌的时期。

2)伊斯兰教碑文,这是劳费尔有目的性地进行收集的,以尽可能收集中国伊斯兰教的历史资料。这类拓片多是在各地的清真寺收集的,如于陕西西安清真寺获最古老的穆罕默德碑文(该碑文年代是公元742年),此外还有在河南府、开封府、北京、山东泰安府、杭州和广州等地获得。

3)犹太教碑文,主要从开封府获得。

4)孔子纪念碑,其中包括1件有孔子及其弟子的肖像。

5)山东地区汉代的雕刻。

6)陕西和山西地区汉代和六朝时期的历史雕刻,其中1件来自新疆伊犁地区汉代的雕刻。

7)西安地区唐代的雕刻以及唐代、明代的墓雕。

8)山东地区收集的用古代方块蒙古文书写的碑文,以及在居庸关收集的一块由6种文字书写的碑文。

---

① 陈章灿《拓本聚瑛——芝加哥富地博物馆藏中国石刻拓本论述》,《中国文化》2012年秋之卷。

② 1904年7月8日劳费尔致鲍亚士信,《劳费尔文集》,第2卷,第148页。

9）佛教碑刻：十八和五百罗汉的肖像，西域寺的刻有三藏经的碑碣，此外则是在北京周郊、普陀山、杭州等地佛寺中收集的碑刻。

10）基督教碑文：北京地区基督教徒墓葬和天主教教堂，以及收集的现已毁的圆明园内的两卷基督教碑文拓本。

劳费尔特别关注非汉文、非汉族、非儒家文化的铭刻。另外，有些石刻原石也被劳费尔运到菲尔德自然历史博物馆，如《唐故陇西李让娘墓纪铭并序》，该文没有被《全唐文》收入。①

对于地方性实践知识的药学，劳费尔情有独钟，他专门讨论药学与自然科学之间的历史关系。不仅是西藏的药学，还有中原的本草学。劳费尔的很多中国学问都来自李时珍的《本草纲目》。李时珍此书征引广博，劳费尔常用作考据之资。如陈藏器的《本草拾遗》、苏颂的《图经本草》等也是他的常用资料。各种本草书劳费尔都收藏，他还托人代为寻找本草书。劳费尔在中国收集到1523年和1587年两个版本的《证类本草》，劳费尔认为两个版本都是基于1468年版的《证类本草》。施永格（Walter Tennyson Swingle）想知道书的详细版本信息。② 施永格认为劳费尔收集的《证类本草》版本的年代应为1523年。③

劳费尔1916年3月29日回信说：④

我收集的这部《证类本草》共30卷。第一篇序所属时间为公元1468年（明成化四年），是商素庵（1414—1486）所写。第二篇序是由山东巡抚陈凤梧所写，所属时间是公元1523年（明嘉靖二年）。第三篇序是在政和年间编写的，写下的时间是公元1115年（宋政和五年）。

4月4日，劳费尔再次写信：⑤

---

① 陈章灿《拓本聚瑛——芝加哥富地博物馆藏中国石刻拓本论述》，《中国文化》2012年秋之卷。

② 1916年1月24日施永格致劳费尔信，《劳费尔文集》，第3卷，第455页。

③ 1916年2月18日施永格致劳费尔信，《劳费尔文集》，第3卷，第456页。

④ 1916年3月29日劳费尔致施永格信，《劳费尔文集》，第2卷，第457—458页。

⑤ 1916年4月4日劳费尔致施永格信，《劳费尔文集》，第3卷，第458页。

我收集的这个版本的最后一卷内容包括了附言，由三部分组成，共8页，内容如下：第一部分是公元1057年（宋嘉祐二年）的《补注本草》；第二部分是公元1058年（宋嘉祐三年）的《图经本草》；第三部分是公元1116年（宋政和六年）的《证类本草》。

劳费尔幸运地找到了吴大澂极其专业的地方知识作为引导。他在《中国古玉》的序言中高度评价了吴大澂的《古玉图考》："吴大澂没有被旧的桎梏所束缚，也未曾被他所接受的学术传统所阻碍，他用清晰开放的头脑，批判了注疏者对《周礼》《古玉图谱》及许多其他著作的错误解释。他的常识指引他获得他的先辈预想不到的新的显著成果。"①

吴大澂是清末著名的金石学家、收藏家、古文字学家。他早先收藏青铜器，其中最大的一个收获是得到了愙鼎。1876年3月吴大澂获愙鼎于长安，他在拓题上写："是鼎为凤翔周氏所藏，其有人携至三原，余以百金购之。"②约1888年吴大澂开始转向玉器收藏。1889年3月29日吴大澂致北京德宝斋李老板信说："如有大药铲、玉圭、玉斧等物，代为留意。"③1889年5月11日吴致信杨秉信说："愙斋舍吉金而访求玉器，犹南田避石谷之画，弃山水而专攻写生也。"④1889年8月17日致杨秉信信说："古玉药铲，不论玉质好坏，仍乞代收。"⑤1888年，吴大澂在收藏古玉的同时开始做古玉研究，其最终成绩就是1889年4月完成的《古玉图考》。吴大澂序说："余得一玉，必考其源流，证以经传。岁月既久，探讨益广。"⑥这本书绘图精确，标注翔实，由吴大澂族弟吴大桢绘图，书中所收录古玉为吴大澂及其友人所藏。《古玉图考》1889年出上海同文书局石印本、1889年仪征吴氏刻本。书成后，吴继续他的古玉收藏。

---

① 劳费尔《中国古玉》，第13页。

② 顾廷龙《吴愙斋先生年谱》，第59页，转引自白谦慎《晚清官员收藏活动研究——以吴大澂及其友人为中心》，第264页，广西师范大学出版社，2019年。

③ 顾廷龙《吴愙斋先生年谱》，第188页，转引自白谦慎《晚清官员收藏活动研究——以吴大澂及其友人为中心》，第274页，广西师范大学出版社，2019年。

④ 北京故宫博物院藏吴大澂致杨秉信书札（编号新00180785），转引自白谦慎《晚清官员收藏活动研究——以吴大澂及其友人为中心》，第267页，广西师范大学出版社，2019年。

⑤ 中国国家图书馆藏（编号18862），叶6，转引自白谦慎《晚清官员收藏活动研究——以吴大澂及其友人为中心》，第268页，广西师范大学出版社，2019年。

⑥ 吴大澂《古玉图考》序，第7页，中华书局，2013年。

吴大澂收藏古玉，出自对古物的爱好；又因为对自己和友人收藏物的研究，他在金石学、古文字学研究方面做出了极大的成就。吴大澂《古玉图考》序说："古之君子比德于玉，非以为玩物也。"[①]当时吴周围同道，都是古文字研究者。吴云致吴大澂信说："金器无文字者，仅与废铜同价。"[②]陈介祺致鲍康信说："我辈之好古文字，以补秦燔之憾，自不至同玩物，而异于珠玉之侈矣。始皇之暴，无如天地之藏，但出则已是将毁，唯在早传其文字耳。爱文字之心，必须胜爱器之念，所望海内君子，日有以相觃耳。同志共从事于斯，则自无世俗之见。"[③]

劳费尔根据功能对玉器分类研究，是对器物的真理解，比依据《周礼》《说文解字》罗列的吴大澂要好得多。劳费尔说："由于吴的材料的巨大的考古价值，我几乎全部加以复述。"[④]劳费尔承继吴大澂当然也带来一些弊病。比如《古玉图考》中的"璏"实际上是剑格，"璲"实际上是剑璏，"琫"则是剑璏的又一种类型——无檐型璏，劳费尔都跟着错了。吴大澂、劳费尔最大的错误在于对《周礼》的态度，他们奉《周礼》为不受挑战的经典。

因缘际会，在吴大澂远超前人的古玉研究的基础上，又一个古物的辛勤收集者劳费尔写出了划时代的科学著作《中国古玉》。真正的科学研究都是这样的学术接力和超越。

---

① 吴大澂《古玉图考》序，第1页，中华书局，2013年

② 吴云《两罍轩尺牍》卷10，叶5b，转引自白谦慎《晚清官员收藏活动研究——以吴大澂及其友人为中心》，第307页，广西师范大学出版社，2019年。

③ 陈介祺《簠斋尺牍》，第812页，转引自白谦慎《晚清官员收藏活动研究——以吴大澂及其友人为中心》，第306页，广西师范大学出版社，2019年。

④ 劳费尔《中国古玉》，第13页。

# 总　目

## 第 1 卷

### *1895–1907*

mit türkischen Liedern. *Der Urquell*, New Series, 1898, vol. 2, pp. 145 – 157.

关于蒙古民间诗歌的一个类型
及其与突厥诗歌的亲缘关系

**013** Uber das va zur. *Wiener Zeitschrift für die Kunde des Morgenlandes*, 1898–1899, vol. 12, pp. 289 – 307; vol. 13, pp. 95–109, 199–226.

"哇""苏尔"考——关于藏语的发音

**014** The Jesup North Pacific Expedition: Ethnological Work on the Island of Saghalin. *Science*, May 26,1899, pp. 732–734.

杰苏普北太平洋考察:
关于萨哈林岛的民族学研究

**015** Hohläxte der Japaner und der Südsee-Insulaner. *Globus*, 1899, vol. 76, no. 2, p. 36.

日本和南太平洋岛民的建筑

**016** Petroglyphs on the Amoor, *American Anthropologist*, 1899, New Series, vol. 1, no. 4, pp. 746–750.

黑龙江岩画

**017** Die angeblichen Urvölker von Yezo und Sachalin. *Centralblatt für Anthropologie Ethnologie und Urgeschichte*, 1900, no. 6, pp. 321–330.

虾夷和萨哈林岛的原始居民

**018** Preliminary Notes on Explorations among the Amoor Tribes. *American Anthropologist*, 1900, New Series, vol. 2, no. 2, pp. 297–338.

探索黑龙江地区部落的初步报告

**附:书评一则**

**019** *Beiträge zur Kenntnis der Tibetischen Medizin*. In collaboration with Heinrich Laufer, Leipzig, Otto Harrassowitz, 1900, 90 pp.

关于西藏医学

**020** Ein Sühngedicht der Bonpo. *Denkschriften der kaiserlichen Akademie der Wissenschaften in Wien, phil. -hist. Classe*, 1900, vol. 46, pp. 1–60.

苯教的赎罪诗

**021** Reviews of Grünwedel, *Mythologie des Buddhismus* and S. Tajima's *Selected Relics of Japanese Art*, vol. I, II. *Globus*, 1900, vol. 68, nos. 8, 19, pp. 129, 310–311.

书评两则

**022** Felszeichnungen vom Ussuri. *Globus*, 1901, vol. 79, no. 5, pp. 69–72.

乌苏里岩画

**023** Review of H. Francke, *Der Frülingsmythus der Kesarsage*; *Ladakhi Songs*. *Wiener Zeitschrift für die Kunde der Morgenlandes*, 1901, vol. 15, pp. 77–107.

书评两则

## 第 2 卷

**024** Über ein tibetisches Geschichtswerk der Bonpo. *T'oung Pao*, 1901, 2nd Series, vol. 2, no. 1, pp. 24–44.

一部关于苯教的藏文史书

**025** Zum Märchen von der Tiersprache. *Keleti Szemle*, Budapest, 1901, vol. 2, no. 1, pp. 45–52.

关于动物语言的童话

**026** Zur Entstehung des Genitivs der altaischen Sprachen. *Keleti Szemle*, 1901, vol. 2, pp. 133–138.

关于阿尔泰语的属格的形成

**027** Verzeichnis der tibetischen Handschriften der Königlichen Bibliothek zu Dresden. *Zeitschrift der Deutschen Morgenlandischen Gesellschaft*, 1901, vol. 55, no. 1, pp. 99–128.

德雷斯顿皇家图书馆的藏文手稿目录

**028** Zwei Legenden des Milaraspa. *Archiv für Religionswissenschaft*, Tübingen und Leipzig, 1901, vol. 4, pp. 1–44.

两则密勒日巴的传说(圣徒故事)

**029** The Decorative Art of the Amur Tribes. Publications of The Jesup North Pacific Expedition, *Memoirs of the American Museum of Natural History*, New York, 1902, vol. 7, no. 1.

黑龙江诸部落的装饰艺术

**附:书评两则**

**030** Aus den Geschichten und Liedern des Milaraspa. *Denkschriften der kaiserlichen Akademie der Wissenschaften in Wien, phil. – hist. Classe*, 1902, vol. 48, pp. 1–62.

密勒日巴的生平和道歌

**031** Review of Julius Lessing, *Chinesische Bronzegefasse*. *T'oung Pao*, 2nd Series, vol. 4, 1903, pp. 264–267.

莱辛《中国青铜器》书评

**032** Religiöse Toleranz in China. *Globus*, 1904, vol. 86, no. 13, pp. 219–220.

中国的宗教宽容度

**033** Ein buddhistisches Pilgerbild. *Globus*, 1904, vol. 86, no. 24, pp. 386–388.

佛教朝圣图

**034** Zur Geschichte der chinesischen Juden. *Globus*, 1905, vol. 87, no. 14, pp. 245–247.

中国犹太人的历史

**035** Chinesische Altertümer in der römischen Epoche der Rheinlande. *Globus*, 1905, vol. 88, no. 3, pp. 45–49.

莱茵河流域罗马时代的中国文物

**036** Zum Bildnis des Pilgers Hsüan Tsang. *Globus*, 1905, vol. 88, no. 16, pp. 257–258.

玄奘朝圣图

**037** Ein angebliches chinesisches Christusbild aus der T'ang-Zeit. *Globus*, 1905, vol. 88, no. 17, pp. 281–283.

唐代的耶稣受难像

**038** Anneaux nasaux en Chine, *T'oung Pao*, 1905, 2nd Series, vol. 6, pp. 321–323.

中国的鼻环

**039** Zur Einführung. W. Filchner, *Das Kloster Kumbum in Tibet*, Berlin, 1906, pp. ix–xiv.

《西藏的寺庙》导言

**040** Obituary notice of Dr. Georg Huth. *T'oung Pao*, 1906, 2nd Series, vol. 7, pp. 702–706.

乔治·胡斯博士讣告

**041** Prefatory. *Boas Anniversary Volume*, New York, 1906.

主编《鲍亚士纪念文集》并序

**042** The Bird-Chariot in China and Europe. *Boas Anniversary Volume*, New York, 1906, pp. 410–424.

中国和欧洲的鸟型战车

**043** Historical Jottings on Amber in Asia. *Memoirs of the American Anthropological Association*, 1906, vol. 1, part 3, pp. 211–244.

亚洲琥珀历史札记

**044** Marvelous Bronzes Three Thousand Years Old Found in Ancient Graves and among Family Treasures in China. *The Craftsman*, 1907, vol. 12, no. 1, pp. 3–15.

中国古代青铜器

**045** A Plea for the Study of the History of Medicine and Natural Sciences. *Science*, 1907, vol. 25, no. 649, pp. 889–895.

药学和自然科学历史研究

**046** The Relations of the Chinese to the Philippine Islands. *Smithsonian Miscellaneous Collections*, Washington, 1907, vol. 50, pp. 248–284.

中国人与菲律宾群岛的关系

**047** Zur Geschichte der Brille. *Mitteilungen zur Geschichte der Medizin und der Naturwissenschaften*, 1907, vol. 4, no. 4, pp. 379–385.

眼镜的历史

**048** A Theory of the Origin of Chinese Writing. *American Anthropologist*, 1907, New Series, vol. 9, pp. 487–492.

一种关于汉字起源的理论

**049** Reviews of F. Karsch-Haack, *Forschungen über gleichgeschlechtliche Liebe*. *American Anthropologist*, 1907, New Series, vol. 9, pp. 390–397.

卡尔施《同性恋研究》书评

**050** W. W. Newell and the Lyrics of Li-T'ai-Po. *American Anthropologist*, 1907, New Series, vol. 9, pp. 655–656.

纽厄尔和李白诗集

**051** The Introduction of Maize into Eastern Asia. *Congrès International des Américanistes*, XV[e] Session, Québec, 1907, pp. 223–257.

玉米传入东亚考

**052** Note on the Introduction of the Ground-nut into China. *Congrès International des Américanistes*, XV[e] Session, Québec, 1907, pp. 259–262.

落花生传入中国考

**053** Zur buddhistischen Litteratur der Uiguren. *T'oung Pao*, 1907, 2nd Series, vol. 8, pp. 391–409.

论维吾尔语的佛教文学

**054** Ein japanisches Frühlingbild. *Anthropophyteia*, 1907, vol. 4, pp. 279–284.

日本春宫图

**055** Skizze der mongolischen Literatur. *Keleti Szemle*, 1907, vol. 8, pp. 165–261.

蒙古文文献概说

## 第 3 卷

### *1908*

**056** Origin of Our Dances of Death. *The Open Court*, 1908, vol. 22, no. 10, pp. 597–604.

死亡舞蹈的起源

**057** Die Bru-ža Sprache und die historische Stellung des Padmasambhava. *T'oung Pao*, 1908, 2nd Series, vol. 9, pp. 1–46.

勃律语和莲花生大士的历史地位

058 Die Sage von den goldgrabenden Ameisen. *T'oung Pao*, 1908, 2nd Series, vol. 9, pp. 429–452.

掘金蚁的传说

059 Skizze der manjurischen Literatur. *Keleti Szemle*, 1908, vol. 9, pp. 1–53.

满文文献概说

060 The Jonah Legend in India. *Monist*, 1908, vol. 18, pp. 576–578.

印度的约拿传说

061 Chinese Pigeon Whistles. *Scientific American*, 1908, vol. 98, no. 22, p. 394.

中国鸽哨

## *1909*

062 *Chinese Pottery of the Han Dynasty*. Publication of the East Asiatic Committee of the American Museum of Natural History—The Jacob H. Schiff Chinese Expedifion, Leiden, 1909, 75 plates and 55 figures, 339 pages.

汉代中国陶器

**附：书评四则**

## 第 4 卷

063 Die Kanjur-Ausgabe des Kaisers K'ang-Hsi. *Bulletin de l'Académie Impériale des Sciences de St.-Pétersbourg*, VI Série, St. Petersburg, 1909, vol. 3, pp. 567–574.

康熙皇帝的《甘珠尔》印本

064 Der Cyclus der zwölf Tiere auf einem altturkistanischen Teppich. *T'oung Pao*, 1909, 2nd Series, vol. 10, pp. 71–73.

一块突厥旧地毯上的十二生肖

065 Ein homosexuelles Bild aus China. *Anthropophyteia*, 1909, vol. 6, pp. 162–166.

一幅来自中国的同性恋图画

066 Kunst und Kultur Chinas im Zeitalter der Han. *Globus*, 1909, vol. 96, nos. 1, 2, pp. 7–9, 21–24.

汉代的中国艺术与文化

## *1910*

067 Christian Art in China. *Mitteilungen des Seminars für Orientalische Sprachen*, Berlin, 1910, vol. 13, pp. 100–118.

中国的基督教艺术

068 Die Ausnutzung sexueller Energie zu Arbeitsleistungen. *Anthropophyteia*, 1910, vol. 7, pp. 295–296.

性能量提高工作效率的应用

069 Zur kulturhistorischen Stellung der chinesischen Provinz Shansi. *Anthropos*, 1910, vol. 5, pp. 181–203.

中国陕西省的文化地位

## *1911*

070 *Der Roman einer tibetischen Königin*. Leipzig, 1911, 264 pp.

西藏赞蒙的故事

**附：书评三则**

071 The Fish as a Mystic Symbol in China and Japan. *Open Court*, 1911, vol. 25, no. 7, pp. 385–411, Illustrations and quotations from Laufer.

在中国和日本具有神秘象征的鱼

**072** King Tsing, the Author of the Nestorian Inscription. *Open Court*, 1911, vol. 25, no. 8, pp. 449–454.

景净——景教碑铭作者

**073** The Introduction of Vaccination into the Far East. *Open Court*, 1911, vol. 25, no. 9, pp. 525–531.

种痘传入远东考

**074** *Chinese Grave-Sculptures of the Han Period*. New York, London, and Paris, 1911, 10 plates and 14 figures, 45 pages.

汉代中国墓雕

## *1912*

**075** Modern Chinese Collections in Historical Light. *The American Museum Journal*, 1912, vol. 12, no. 4, pp. 135–138.

在历史观点下看现代中国收藏品

**076** The Chinese Madonna in the Field Museum. *Open Court*, 1912, vol. 26, no. 1, pp. 1–6.

菲尔德博物馆藏中国圣母像

**077** Confucius and His Portraits. *Open Court*, 1912, vol. 26, nos. 3,4, pp. 147–168, 202–218.

孔子及孔子像

**078** The Discovery of a Lost Book. *T'oung Pao*, 1912, vol. 13, pp. 97–106.

一本佚书的发现

**079** Five Newly Discovered Bas-Reliefs of the Han Period. *T'oung Pao*, 1912, vol. 13, pp. 107–112.

新发现的五幅汉代浮雕

**080** The Wang Ch'uan T'u,a Landscape of Wang Wei. *Ostasiatische Zeitschrift*, 1912, vol. 1, pp. 28–55.

辋川图——一幅王维的山水画

**081** The Name China. *T'oung Pao*, 1912, vol. 13, pp. 719–726.

中国之名

**082** Foreword to *Catalogue of a Selection of Art Objects from the Freer Collection Exhibited in the New Building of the National Museum*. Washigton, 1912, pp. 7–8.

《弗利尔收藏艺术品选录》序言

## 第 5 卷

**083** Jade, a Study in Chinese Archaeology and Religion. *Field Museum Anthropological Series*, 1912, vol. 10, 370 pp.

玉——中国考古学与宗教的研究

**附：书评一则**

## 第 6 卷

**084** China Can Take Care of Herself. *The Oriental Review*, 1912, vol. 2, no. 10, pp. 595–596.

中国可以照料自己

**085** The Stanzas of Bharata. *The Journal of the Royal Asiatic Society of Great Britain and Ireland*, 1912, pp. 1070–1073.

婆罗多的诗颂

**086** Chinese Sarcophagi. *Ostasiatische Zeitschrift*, 1912, vol. 1, pp. 318–334.

中国石棺

**087** Fish Symbols in China. *Open Court*, 1912, vol. 26, no. 8, pp. 673–680.

中国的鱼型符号

**088** Postscript to Cole, *Chinese Pottery in the Philippines. Field Museum Anthropological Series*, 1912, vol. 12, pp. 17–47.

《菲律宾的中国陶器》续篇

## *1913*

**089** The Praying Mantis in Chinese Folklore. *Open Court*, 1913, vol. 27, no. 1, pp. 57–60.

中国民间传说中的祈福螳螂

**090** The Chinese Battle of the Fishes. *Open Court*, 1913, vol. 27, no. 6, pp. 378–381.

中国的鲤鱼比赛

**091** The Development of Ancestral Images in China. *Journal of Religious Psychology*, 1913, vol. 6, pp. 111–123.

中国祖先图像的发展

**092** *Das Citralakshana nach dem tibetischen Tanjur herausgegeben und übersetzt. Dokumente der indischen Kunst*, Leipzig, 1913, part 1, 194 pp.

《甘珠尔》,根据藏文原版编译

**093** Descriptive Account of the Collection of Chinese, Tibetan, Mongol, and Japanese Books in the Newberry Library. *Publications of the Newberry Library*, Chicago, 1913, vol. 4, 42 pp.

纽伯里图书馆的汉文、藏文、蒙古文及日文书

**094** Notes on Turquois in the East. *Field Museum Anthropological Series*, 1913, vol. 13, no. 1, pp. 1–72.

东方绿松石考释

**附:书评两则**

**095** Arabic and Chinese Trade in Walrus and Narwhal Ivory, with addenda by P. Pelliot. *T'oung Pao*, 1913, vol. 14, pp. 315–370.

阿拉伯和中国的海象和独角鲸牙的贸易

**096** History of the Finger-print System. *Annual Report of the Board of Regents of the Smithsonian Institution—1912*, Washington, 1913, pp. 631–652.

关于按指印的历史

**097** In Memoriam J. Pierpont Morgan. *Ostasiatische Zeitschrift*, 1913, vol. 2, pp. 222–225.

纪念 J. P. 摩根

## 第 7 卷

**098** The Application of the Tibetan Sexagenary Cycle. *T'oung Pao*, 1913, vol. 14, pp. 569–596.

西藏六十干支的运用

**099** Der Pfau in Babylonien. *Orientalistische Literaturzeitung*, 1913, vol. 16, no. 12, pp. 539 –540.

巴比伦尼亚的孔雀

**100** *Catalogue of a Collection of Ancient Chinese Snuff-Bottles in the Possession of Mrs. George T. Smith.* Chicago, 1913, 64 pp.

史密斯夫人所藏中国古代鼻烟壶目录

**101** Über den Wert chinesischen Papierabklatsche. *Ostasiatische Zeitschrift*, 1913, vol. 2, pp. 346–347.

中国纸拓片的价值

102 Discussion of the Relation of Archaeology to Ethnology. *American Anthropologist*, 1913, New Series, vol. 15, pp. 549–577.

考古学与民族学关系探讨

## *1914*

103 Bird Divination among the Tibetans. *T'oung Pao*, 1914, vol. 15, pp. 1–110.

西藏的鸟卜

104 Was Odoric of Pordenone Ever in Tibet? *T'oung Pao*, 1914, vol. 15, pp. 405–418.

和德理到过西藏吗?

105 Obituary notice of F. H. Chalfant. *T'oung Pao*, 1914, vol. 15, pp. 165–166.

方法敛讣告

106 The Sexagenary Cycle Once More. *T'oung Pao*, 1914, vol. 15, pp. 278–279.

再论六十干支

107 Chinese Clay Figures. Part I. Prolegomena on the History of Defensive Armor. *Field Museum Anthropologica Series*, 1914, vol. 13, no. 2, pp. 73–315.

中国陶俑(一):护甲史导论

**附:书评三则**

108 Review of H. Beckh, *Verzeichnis der Tibetischen Handschriften*. *The Journal of the Royal Asiatic Society of Great Britain and Ireland*, pp. 1124–1139.

贝克《柏林皇家图书馆的藏文手稿索引》书评

109 Some Fundamental Ideas of Chinese Culture. *The Journal of Race Development*, 1914, vol. 5, pp. 160–174.

一些关于中国文化的基本理念

**附:书评一则**

# 第 8 卷

## *1915*

110 The Story of the Pinna and the Syrian Lamb. *The Journal of American Folklore*, 1915, vol. 28, pp. 103–128.

与栉孔扇贝和叙利亚羔羊有关的故事

111 The Eskimo Screw as a Culture-Historical Problem. *American Anthropologist*, 1915, New Series, vol. 17, pp. 396–406.

作为文化历史问题的因纽特人螺丝

112 The Prefix A-in the Indo-Chinese Languages. *The Journal of the Royal Asiatic Sociery*, Oct, 1915, pp. 757–780.

印支语系中的前缀 A-

113 Karajang. *The Journal of the Royal Asiatic Sociey of Great Britain and Ireland*, 1915, pp. 781–784.

哈剌章

114 Optical Lenses. I. Burning-Lenses in China and India. *T'oung Pao*, 1915, vol. 16, pp. 169–228.

光学镜片:一、中国与印度的聚焦点火透镜

115 Burning-Lenses in India. *T'oung Pao*, 1915, vol. 16, pp. 562–563.

印度的聚焦点火透镜

**116** Three Tokharian Bagatelles. *T'oung Pao*, 1915, vol. 16, pp. 272–281.

吐火罗语杂考三篇

**117** Vidaṅga and Cubebs. *T'oung Pao*, 1915, vol. 16, pp. 282–288.

荜澄茄

**118** W. W. Rockhill (Obituary Notice). *T'oung Pao*, 1915, vol. 16, pp. 289–290.

柔克义讣告

**119** Asbestos and Salamander. An essay in Chinese and Hellenistic Folklore. *T'oung Pao*, 1915, vol. 16, pp. 299–373.

石棉和蝾螈
——在中国和希腊民间传说中的研究

**120** Chinese Transcriptions of Tibetan Names. *T'oung Pao*, 1915, vol. 16, pp. 420–424.

藏文姓名的汉文转写

**121** The Diamond. A Study in Chinese and Hellenistic Folklore. *Field Museum Anthropological Series*, 1915, vol. 15, no. 1, pp. 1–75.

钻石——在中国和希腊民间传说中的研究

**附：书评一则**

**122** Two Chinese Imperial Jades. *Fine Arts Journal*, 1915, vol. 32, no. 6, pp. 237–241.

两件中国皇家玉器

**123** Preface and Introduction to *Chinesische Schattenspiele. Abhandlungen der Königlich Bayerischen Akademie der Wissenschaften*, 1915. vol. 28, no. 1, pp. v–xxiv.

《中国皮影戏》序和导论

## *1916*

**124** The Nichols Mo-So Manuscript. *The Geographical Review*, 1916, vol. 1, pp. 274–285.

纳柯苏的摩梭语手稿

**125** Ethnographische Sagen der Chinesen. *Aufsätze zur Kultur- und Sprachgeschichte, vornehmlich des Orients, Ernst Kuhn*, 1916, pp. 198–210.

中国的人种学传说

**126** The Si-Hia Language, a Study in Indo-Chinese Philology. *T'oung Pao*, 1916, vol. 17, pp. 1–126.

西夏语言：一项印-汉文字学研究

**127** Supplementary Notes on Walrus and Narwhal Ivory. *T'oung Pao*, 1916. vol. 17, pp. 348–389.

海象和独角鲸牙补说

**128** Se-Tiao. *T'oung Pao*, 1916, vol. 17, p. 390.

斯调

## 第 9 卷

**129** The Beginnings of Porcelain in China. *Field Museum Anthropological Series*, 1916, vol. 15, no. 2, pp. 79–183.

中国瓷器的起源

**130** Cardan's Suspension in China. *Holmes Anniversary Volume, Anthropological Essays*, 1916, pp. 288–291.

中国的万向吊架

**131** Review of R. Garbe, *Indien und das Christentum. American Anthropologist*, 1916, New Series, vol. 18, pp.

567–573.

伽波《印度与基督教》书评

132 Review of J. E. Pogue, *The Turquois*. *American Anthropologist*, 1916, New Series, vol. 18, pp. 585–590.

伯格《绿松石》书评

133 Loan-Words in Tibetan. *T'oung Pao*, 1916, vol. 17, pp. 403–552.

藏语中的借词

## *1917*

134 Burkhan, *Journal of the American Oriental Society*, 1917, vol. 36, pp. 390–395; vol. 37, pp. 167–168.

不儿罕

135 Concerning the History of Finger-Prints. *Science*, 1917, vol. 45, pp. 504–505.

关于按指印的历史

136 Moccasins. *American Anthropologist*, 1917, New Series, vol. 19, pp. 297–301.

鹿皮靴

137 Origin of the Word Shaman. *American Anthropologist*, 1917, New Series, vol. 19, pp. 361–371.

"萨满"一词的来源

138 The Reindeer and Its Domestication. *Memoirs of the American Anthropological Association*, 1917, vol. 4, no. 2, pp. 91–147.

驯鹿及其驯养

139 The Vigesimal and Decimal Systems in the Ainu Numerals, with Some Remarks on Ainu Phonology. *Journal of the American Oriental Society*, 1917, vol. 37, pp. 192–208.

虾夷语中数字的二十进制和十进制
——附论虾夷语音韵学

140 *The Language of the Yüe-Chi or Indo-Scythians*. Chicago, 1917, 14 pp.

月氏语或为印度–西徐亚语考

141 Religious and Artistic Thought in Ancient China. *Art and Archaeology*, 1917, vol. 6, no. 6, pp. 295–310.

古代中国的宗教和艺术思想

142 Reviews of Diels, *Antike Technik*; Mookerji, *Indian Shipping*; Parmentier, *Guide au Musée de l'École francaise d'Extrême-Orient*; Maspero, *Grammaire de la langue khmere*. *American Anthropologist*, 1917, New Series, vol. 19, pp. 71–80, 280–285.

书评四则

143 Totemic Traces Among the Indo-Chinese. *The Journal of American Folklore*, 1917, vol. 30, no. 118, pp. 415–426.

印度支那的图腾踪迹

## *1918*

144 Origin of Tibetan Writing. *Journal of the American Oriental Society*, 1918, vol. 38, pp. 34–46.

藏文的来源

145 Edouard Chavannes (Obituary Notice). *Journal of the American Oriental Society*, 1918, vol. 38, pp. 202–205.

沙畹讣告

146 Reviews of Lowie, *Culture and Eth-*

nology. *American Anthropologist*, 1918, New Series, vol. 20, pp. 87–91.

罗伯特·罗维《文化与民族学》书评

**147** La Mandragore. *T'oung Pao*, 1917, published 1918, vol. 18, pp. 1–30.

押不芦

**148** Malabathron. *Journal Asiatique*, Paris, 1918, XI$^{E}$ Série, vol. 12, pp. 5–50.

藿叶

**149** The Chinese Exhibition. *Bulletin of the Art Institute of Chicago*, 1918, vol. 12, no. 9, pp. 144–147.

中国展览品

## 第 10 卷

### *1919*

**150** Sino-Iranica, Chinese Contributions to the History of Civilization in Ancient Iran, with Special Reference to the History of Cultivated Plants and Products. *Field Museum Anthropological Series*, 1919, vol. 15, no. 3, pp. 185–630.

中国伊朗编——中国对古代伊朗文明的贡献,着重于栽培植物及产品的历史

**附:书评三则**

## 第 11 卷

**151** Reviews of Tallgren, *Collection Tovostine des antiquités préhistoriques de Minoussinsk*; Sarkar, *Hindu Achievements in Exact Science*; Starr, *Korean Buddhism*; Mauger, *Quelques considérations sur les jeux en Chine*; Couling, *The Encyclopaedia Sinica*. *American Anthropologist*, 1919, New Series, vol. 21, pp. 78–89.

书评五则

**152** Coca and Betel Chewing: A Query. *American Anthropologist*, 1919, New Series, vol. 21, pp. 335–336.

对古柯和槟榔咀嚼的见解

### *1920*

**153** Multiple Births Among the Chinese. *American Journal of Physical Anthropology*, 1920, vol. 3, pp. 83–96; *The New China Review*, 1920, vol. 2, no. 2, pp. 109–136.

古代中国的多胞胎情况

**154** Sex Transformation and Hermaphrodites in China. *American Journal of Physical Anthropology*, 1920, vol. 3, pp. 259–262.

中国的变性人和两性人

**155** The Reindeer Once More. *American Anthropologist*, 1920, New Series, vol. 22, pp. 192–197.

再论驯鹿

### *1921*

**156** Review of L. Wiener, *Africa and the Discovery of America*. *Literary Review of The New York Evening Post*, Feb. 5, 1921.

维纳《非洲与发现美洲的关系》书评

**157** Review of H. Cordier, *Ser Marco Polo: Notes and Addenda to Sir Henry Yule's Edition*. *The American Historical Review*, 1921, vol. 26, no. 3, pp.

499–501.

考狄《玉尔〈马可 · 波罗之书〉补注》书评

158 Jurči and Mongol Numerals. *Körösi Csoma-Archivum*, 1921, vol. 1, no. 2, pp. 112–115.

女真语和蒙古语中的数字

## *1922*

159 Sanskrit Karketana. *Mémoires de la Société de Linguistique de Paris*, 1922, vol. 22, pp. 43–46.

梵语中的猫眼石

160 Milaraspa, Tibetische Texte in Auswahl übertragen. *Kulturen der Erde, Tibet 1*, Folkwang-Verlag, Hagen, 1922, 80 pp.

密勒日巴——藏文文本选译

161 A Bird's-Eye View of Chinese Art. *The Journal of the American Institute of Architects*, 1922, vol. 10, no. 6, pp. 183–198.

中国艺术概观

162 The Chinese Gateway. *Field Museum Anthropology Leaflet*, 1922, no. 1, pp. 1–7.

中国玄关

163 *Archaic Chinese Bronzes of the Shang, Chou and Han Periods*. New York, 1922, 22 pages, 10 plates.

商、周、汉代的古代中国青铜器

## *1923*

164 Use of Human Skulls and Bones in Tibet. *Field Museum Anthropology Leaflet*, 1923, no. 10, pp. 9–24.

西藏地区利用头盖骨和人骨的情况

165 Oriental Theatricals. *Field Museum Anthropology Guide*, 1923, part 1, pp. 3–59.

东方戏剧

## *1924*

166 Review of Shirokogoroff, *Social Organization of the Manchus*. *American Anthropologist*, 1924, New Series, vol. 26, pp. 540–543.

史禄国《满族的社会组织》书评

167 Tobacco and Its Use in Asia. *Field Museum Anthropology Leaflet*, 1924, no. 18, pp. 1–40.

烟草及其在亚洲的使用

168 The Introduction of Tobacco into Europe. *Field Museum Anthropologiy Leaflet*, 1924, no. 19, pp. 1–66.

烟草传入欧洲考

169 *T ang, Sung and Yüan Paintings*. Paris and Brussels, G. van Oest and Company, 1924, 22 pages, 30 plates.

唐、宋、元时期的绘画

## *1925*

170 Chinese Baskets. *Field Museum Anthropology Design Series*, 1925, no. 3, 38 plates, pp. 3–4.

中国篮子

171 The Tree-Climbing Fish. *The China Journal of Science and Arts*, 1925, vol. 3, no. 1, pp. 34–36.

爬树鱼

172 Archaic Bronzes of China. *Art in A-*

*merica and Elsewhere*, 1925, vol. 13, no. 6, pp. 291–307.

中国古代青铜器

**173** Ivory in China. *Field Museum Anthropology Leaflet*, 1925, no. 21, pp. 1–78.

中国的象牙

## 第 12 卷

### *1926*

**174** Review of H. A. Giles, *Strange Stories From a Chinese Studio. The Journal of American Folklore*, 1926, vol. 39, pp. 86–90.

翟理斯英译《聊斋志异》书评

**175** Ostrich egg-shell Cups of Mesopotamia and the Ostrich in Ancient and Modern Times. *Field Museum Anthropology Leaflet*, 1926, no. 23, pp. 2–51.

美索不达米亚的鸵鸟蛋壳杯以及古代和现代的鸵鸟

**176** History of Ink in China, Japan, Central Asia, India, Egypt, Palestine, Greece, and Italy. In F. B. Wiborg, *Printing Lnk, a History*, New York, 1926, pp. 1–76.

中国、日本、中亚、印度、埃及、巴勒斯坦、希腊和意大利的墨水历史

### *1927*

**177** Methods in the Study of Domestications. *The Scientific Monthly*, 1927, vol. 25, pp. 251–255.

驯养研究中的各种方法

**178** Review of T. F. Carter, *Invention of Printing in China and Its Spread Westward. Journal of the American Oriental Society*, 1927, vol. 47, pp. 71–76.

卡特《中国印刷术的发明及其西传》书评

**179** Agate, Archaeology and Folklore. *Field Museum Geology Leaflet*, 1927, no. 8, pp. 20–35.

玛瑙——与之相关的考古学与民间传说

**180** Insect-Musicians and Cricket Champions of China, *Field Museum Anthropology Leaflet*, 1927, no. 22, pp. 1–27.

鸣虫与斗虫

### *1928*

**181** The Giraffe in History and Art. *Field Museum Anthropology Leaflet*, 1928, no. 27, pp. 1–100.

麒麟传入考

**182** Cricket Champions of China. *Scientific American*, 1928, vol. 138, no. 1, pp. 30–34.

中国的斗蟋蟀

**183** The Cricket in the Arena. *The Illustrated London News*, 1928, vol. 172, p. 33.

竞技场上的蟋蟀

**184** The Prehistory of Aviation. *Field Museum Anthropological Series*, 1928, vol. 18, no. 1, pp. 7–96.

飞机制造的历史背景

**185** The Prehistory of Television. *The Scientific Monthly*, 1928, vol. 27, no. 5, pp. 455–459.

电视的历史背景

186 Review of H. Maspero, *La Chine Antique*. *The American Historical Review*, 1928, vol. 33, pp. 903–904.

马伯乐《古代中国》书评

## *1929*

187 Turtle Fossil Arouses Interest of Scientists. *Scientific American*, 1929, vol. 140, no. 5, pp. 451–452.

唤起科学家兴趣的海龟化石

188 Review of W. Barthold, *Turkestan down to the Mongol Invasion*. *The American Historical Review*, 1929, vol. 34, pp. 378–379.

巴托尔德《蒙古入侵时期的中亚》书评

189 Review of Chi Li, *The Formation of the Chinese People: An Anthropological Inquiry*. *The American Historical Review*, 1929, vol. 34, pp. 650 –651.

李济《中国民族的形成》书评

190 The American Plant Migration. *The Scientific Monthly*, 1929, vol. 28, pp. 239–251.

美国植物的迁移

191 On the Possible Oriental Origin of our Word Booze. *Journal of the American Oriental Society*, 1929, vol. 49, pp. 56 –58.

关于"烈酒"一词可能源自东方

192 Mission of Chinese Students. *Chinese Social and Political Science Review*, 1929, vol. 13, no. 3, pp. 285–289.

中国学生的使命

193 The Gest Chinese Research Library at McGill Universiny. Montreal, 1929, pp. 4–8.

麦吉尔大学葛思德中文图书馆致辞

194 Archaeological Field Work in North America During 1928. *American Anthropologist*, 1929, New Series, vol. 31, pp. 333–336.

1928 年北美考古田野作业

195 The Eumorfopoulos Chinese Bronzes. *The Burlington Magazine*, 1929, vol. 54, no. 315, pp. 330–336.

乔治・尤摩弗帕勒斯的中国青铜器

## *1930*

196 The Early History of Felt. *American Anthropologist*, 1930, New Series, vol. 32, no. 1, pp. 1–18.

毡的早期历史

197 A Chinese-Hebrew Manuscript, A New Source for the History of the Chinese Jews. *The American Journal of Semitic Languages and Literatures*, 1930, vol. 46, no. 3, pp. 189–197.

一份中文-希伯来文手卷：
中国犹太人史的新史料

198 Additions to Jade Collections. *Field Museum News*, 1930, no. 7, p. 2.

新增玉器收藏

199 Chinese Bells, Drums and Mirrors. *The Burlington Magazine*, 1930, vol. 57, no. 331, pp. 183–187.

中国的铃、鼓和镜

## 第 13 卷

200 Geophagy. *Field Museum Anthropological Series*, 1930, vol. 18, no. 2, pp. 101–198.

食土癖

201 Tobacco and Its Use in Africa. With W. D. Hambly and R. Linton. *Field Museum Anthropology Leaflet*, 1930, no. 29, pp. 2–45.

烟草及其在非洲的使用

202 Foreword to *Restoration of Ancient Bronzes and Cure of Malignant Patina. Field Museum Technique Series*, 1930, no. 3, pp. 5–6.

《古代青铜器的保存和铜绿的清除》绪言

## *1931*

203 Columbus and Cathay, and the Meaning of America to the Orientalist. *Journal of the American Oriental Society*, 1931, vol. 51, no. 2, pp. 87–103.

哥伦布和中国，以及
美洲对于东方学的意义

204 *China and the Discovery of America*. New York, China Institute in America, 1931, 5 pp.

中国与发现美洲的关系

205 The Domestication of the Cormorant in China and Japan. *Field Museum Anthropological Series*, 1931, vol. 18, no. 3, pp. 205–262.

鸬鹚在中国和日本的驯养

206 Inspirational Dreams in Eastern Asia. *The Journal of American Folklore*, 1931, vol. 44, pp. 208–216.

东亚的感应梦

207 The Prehistory of Aviation. *The Open Court*, 1931, vol. 45, pp. 493–512.

飞行的历史背景

208 Tobaco in New Guinea. *American Anthropologist*, 1931, New Series, vol. 33, pp. 138–140.

新几内亚的烟草

209 *Paper and Printing in Ancient China*. Printed for the Caxton Club, Chicago, 1931, 34 pp.

中国古代的造纸和印刷术

210 Department of Anthropology, Its Aims and Objects. *Field Museum News*, 1931, no. 8, p. 2.

人类学部的目标和研究对象

211 New Hall of Chinese Jades is Opened; Collection of 1, 200 Displayed. *Field Museum News*, 1931, no. 12, pp. 1, 4.

中国玉器新展厅开放并展出1200件藏品

212 The Projected Hall of the Races of Mankind. *Feild Museum News*, 1931, no. 12, p. 3.

关于人类种族的放映大厅

213 The Game of Polo. *Field Museum News*, 1931, no. 3, p. 4.

马球游戏

## *1932*

214 American Friends of China Make Gifts to Museum. *Field Museum News*, 1932, no. 9, p. 2.

与中国成为朋友的美国人
向博物馆捐赠礼物

215 Mordern Fashions Had Origin in Ancient Times. *Field Museum News*, 1932, no. 7, pp. 1, 2.

现代时尚的古代溯源

216 A Defender of the Faith and His Mir-

acles. *The Open Court*, 1932, vol. 46, pp. 665–667.

宗教卫道士及其奇迹

217 Civil Service Examinations as Held in China. *Field Museum News*, 1932, no. 8, p. 2.

中国古代的科举考试

## *1933*

218 Perface. *The Open Court*, 1933, vol. 47, pp. 65 –66.

《中亚与俄罗斯》序言

219 East and West. *The Open Court*, 1933, vol. 47, pp. 473–478.

东方和西方

220 Sino-American Points of Contact. *The Open Court*, 1933, vol. 47, pp. 495–499.

中美观点的交流

221 Turtle Island. *The Open Court*, 1933, vol. 47, pp. 500–504.

海龟岛

222 The Jehol Pagoda Model on Exhibition. *Field Museum News*, 1933, no. 4, p. 1.

热河金庙模型到展

223 Chinese Mirrors Displayed. *Field Museum News*, 1933, no. 2, p. 3.

中国镜子展

224 Foreword to Henry Field, *Prehistoric Man. Field Museum Anthropology Leaflet*, 1933, no. 31, pp. 3 –4.

《原始人》绪言

225 Hall of the Races of Mankind (Chauncey Keep Memorial) Opens June 6. *Field Museum New*, 1933, no. 6, p. 1.

人类种族厅于6月6日开放

226 Introductory to *The Ma Chang Kee Collection: Ancient Chinese bronzes.* Galleries of Ralph M. Chait, New York, 1933, pp. 5–6.

《马常奇(音译)的藏品
——中国古代青铜器》导言

227 The Swing in China. *Mémoires de la Société Finno-Ougrienne*, 1933, vol. 67, pp. 212 –223.

中国的秋千

228 The Noria or Persian Wheel. *Oriental Studies in Hohour of Cursetji Erachji Povry*, London, 1933, pp. 238–250.

戽水车或波斯水轮

## *1934*

229 The Etruscans. *Field Museum News*, 1934, no. 1, p. 2.

伊特鲁里亚语

230 The Lemon in China and Elsewhere. *Journal of the American Oriental Society*, 1934, vol. 54, pp. 143–160.

中国和其他地方的柠檬

231 Rare Chinese Brush-Holder. *Field Museum News*, 1934, no. 6, p. 4.

稀有的中国毛笔笔杆

232 *The Gold Treasure of the Emperor Chien Lung of China.* Chicago, A Century of Progress, 1934, 32 pp.

中国乾隆皇帝的黄金藏品

233 Chinese Muhammedan Bronzes. *Ars Islamica*, 1934, vol. 1, pp. 133–147.

中国的穆罕默德青铜器

## *1935*

**234** Rye in the Far East and the Asiatic Origin of Our Word Series "Rye". *T'oung Pao*, 1935, vol. 31, pp. 237–273.

远东的黑麦和跟我们的"Rye"相关的词来自亚洲的词源

**235** History of Lemonade. *Field Museum News*, 1935, no. 7, p. 4.

柠檬的历史

**附 录** Biographical Memoir of Berthold Laufer. *National Academy Biographical Memoirs*, vol. 18 (K. S. Latourette)

劳费尔传略(K. S. Latourette)

# 第1卷

# 001

## 日本童话

Sonntag, 3. Februar. 1895. — Nr. 98.

Verantwortlich für den allgemeinen Teil: Chef-Redacteur August Schmits in Köln; für den Anzeigenteil: J. Vowinckel in Köln.
Verleger und Drucker: M. DuMont-Schauberg in Köln.
Expedition: Breitestraße 72, 74.

Bezugspreis: in Köln 7 ℳ, in Deutschland 9 ℳ vierteljährig.
Anzeigen 40 ₰ die Zeile oder deren Raum. Reclamen 1.50 bis 3 ℳ
Für die Aufnahme von Anzeigen an bestimmt vorgeschriebenen Tagen wird keine Verantwortlichkeit übernommen.



# Kölnische Zeitung.

## Erste Beilage zur Sonntags-Ausgabe.

# Japanische Märchen. I.

Wie Herders berühmte Sammlung „Stimmen der Völker in Liedern" der Ausgangspunct für die Erforschung des Volksliedes geworden ist, so haben die Brüder Grimm durch die Herausgabe der „Kinder- und Hausmärchen" das wissenschaftliche Studium der im Munde des Volkes lebenden Erinnerungen und Ueberlieferungen ins Leben gerufen. Es ist und bleibt für alle Zeiten das unsterbliche Verdienst der beiden Brüder, daß sie zuerst auf den Schatz echter Poesie hinwiesen, der in den Volksmärchen wie in einem Goldschachte verborgen ist, und die Bedeutung aller Volkstraditionen für die Beurteilung des äußern und innern Volkslebens erkannten. Mit ihrem Namen bricht die Morgenröte eines neuen Wissenszweiges an, der sich als ein wichtiges Glied in das große Gebiet der Völkerkunde einfügt. In England faßt man alle diese auf die Erforschung der Volkssitte und des Volksglaubens gerichteten Bestrebungen unter dem Namen folklore zusammen, der sich auch im übrigen Europa eingebürgert hat. (Für uns Deutsche ist jedoch das Wort Volksüberlieferung ein genügender Ersatz.) Dank den vielen Gesellschaften, die sich in allen Culturstaaten zur Pflege dieser Wissenschaft gebildet, dank dem rastlosen Zusammenarbeiten zahlreicher Kräfte ist auf diesem Gebiet ein unabsehbares Material aufgehäuft worden. Gleichzeitig bemühten sich denkende Forscher, das innere Wesen des Märchens, insbesondere seine Entstehung aufzuklären und die Welt mit ebenso vielen Theorieen darüber zu beglücken. Die bedeutendsten Vertreter von solchen sind Theodor Benfey, Max Müller, der Franzose Bedier und der Engländer Andrew Lang. Im Gegensatz zu Benfey, der Indien als das gelobte Land und die Heimat aller Märchen ansieht, von wo sie über die ganze Erde zu allen Völkern gewandert sein sollen, steht in erster Reihe der geistvolle Bedier, der jedem Volke die Erzeugung seiner Märchen als eigene Arbeit zuschreibt und die vielen Uebereinstimmungen in den Geschichten der verschiedenartigsten Völker durch die gleiche Anlage der menschlichen Seele erklärt; jenes ist der historische, dieses der anthropologische Standpunct. Der Frage nach der Entstehung der Märchen geht die moderne Forschung mit einer Art von skeptischem Pessimismus aus dem Wege und verwendet ihre Kraft lieber darauf, in der Märchenliteratur den geheimsten Regungen des Volksgeistes nachzuspüren und die Elemente desselben und ihre Entwicklung festzustellen.

Das Seelenleben des deutschen Volkes kann man aus den Grimmschen und andern Märchen besser studiren als aus jeder noch so eingehenden culturhistorischen Schilderung, und dasselbe gilt vom japanischen Volke, das die luftige Fee des Märchens recht lange und herzlich auf Stirn und Mund geküßt hat. Echter und wahrer, treuer und unverfälschter als in den Berichten der zahllosen Reisenden, die dem Publicum ihre „Eindrücke" von Land und Leuten nicht vorenthalten zu dürfen meinen, lernen wir aus den japanischen Märchen das Bild des Volkes kennen. Diese sind Fleisch von seinem Fleisch, diese sind sein Herzblut, diese sind der reine Spiegel seiner Gesinnungen, der uns deutlich sagt, was das Volk denkt und wie das Volk denkt. Unter den Japanern ist bisher noch kein Grimm erstanden, der die Märchen des Landes zu einer Sammlung vereinigt hätte; die meisten sind gar nicht schriftlich aufgezeichnet und leben nur von Mund zu Mund, von einem zum andern wandernd, wie der Blütenstaub vom Winde hierhin und dorthin getragen wird. Bei der Zerstreutheit des bisher bekannt gewordenen Stoffes und der Unvollständigkeit desselben ist es schwierig, eine Charakteristik jener Märchen in kurzen Zügen zu geben. Was die Form betrifft, so dürfen die japanischen Märchen in der Weltliteratur einen der ersten Plätze beanspruchen. Ihr Bau ist so fein wie der einer zarten Pflanze, der Ton der Erzählung von unnachahmlich frischer Anmut und ursprünglicher Naivität. Es sind Märchen duftend und erquickend wie Frühlingsblumen und leicht dahinhüpfend wie tanzende Elfen. Die Ausführung ist so zierlich und säuberlich wie auf einem japanischen Gemälde und flößt uns dieselbe Bewunderung und Befriedigung ein wie die Lackarbeiten und andere Erzeugnisse gewerblicher Kunst. Diese Form ist keineswegs künstlich, sondern national-volkstümlich, da sie der fein empfindenden Seele des japanischen Volkes wie angepaßt ist. Die Stoffe, die im allgemeinen derselben Sphäre entnommen sind wie die der übrigen Völker, belebt zunächst eine edle, sehr behende Einbildungskraft; freilich nicht die ins Ungeheure gehende, wolken- und himmelstürmende Phantasie der Inder; nicht die erhabene, abstracte Phantasie der nördlichen Semiten; nicht die glutvolle, farbenprächtige, an der Unendlichkeit der Wüste genährte Phantasie der Araber; auch nicht die naturalistische Auffassung der Mongolen, welche die Dinge nach ihrer Eßbarkeit oder Trinkbarkeit würdigen, auch nicht die wilde, reckenhafte, an Sturm und Nebeln gesäugte Phantasie der Nordgermanen, sondern es ist die stille, schlichte, ruhige, dichterische Phantasie des Deutschen, die sich zu bescheiden weiß und stets ein gewisses Mittelmaß einhält und uns darum so männlich schön erscheint. Das ist der Hauptpunct, in dem die Geschichten der Japaner eine so auffallende Verwandtschaft zu denen der Deutschen aufweisen, die fast völlige Gleichartigkeit der Phantasie, aus der das Märchen entspringt. Mit den deutschen Märchen teilen die japanischen die Innigkeit und herzliche Wärme des Vortrags, den Reichtum an Erfindung, den schalkhaften, behaglichen Humor, die frohe Laune und die Tiefe und Reinheit der Empfindungen; zugeben muß man freilich, daß die japanischen nicht ganz die Gemütstiefe der deutschen erreichen und der anheimelnden Gemütlichkeit traulicher Spinnstubenstimmung ermangeln. Die geheimnisvolle Macht, mit der wir die Elemente, insbesondere das Wasser, umgeben, ist dem japanischen Märchen fremd, obwohl der Japaner grade das Wasser sehr liebt und sich eine Landschaft ohne Wasser nicht vorstellen kann. Auch wird man begreifen, daß man keine verzauberten Prinzen und Prinzessinnen kennt, die mit einem Fluch belastet ihre Erlösung durch die edle That eines Dritten erwarten. Im übrigen sind die Uebereinstimmungen einzelner Züge in japanischen und deutschen Märchen so zahlreich, daß sich eine lange Liste derselben aufstellen ließe. Die Verherrlichung der Treue, der Mannentreue, der Gattenliebe, der Eltern-, Kindes- und Geschwisterliebe, gute und böse Feen, Zauberei und Hexerei, Riesen und Teufel, Ungeheuer aller Art, große Helden, die sie bekämpfen, die belebte Fauna und Flora spielen in Japan eine ebenso große Rolle wie bei uns. Ich glaube, daß zur Erklärung dieses Falles der Begriff von der gleichgestimmten Seele der ganzen Menschheit ungenügend ist, da diese Theorie unerklärt läßt, warum die japanischen Märchen mehr mit den deutschen als mit andern, z. B. den chinesischen, verwandt sind. Um diese Erscheinung etwas zu beleuchten, könnte man eine Art von Völkerverwandtschaft ähnlich der Wahlverwandtschaft der Individuen voraussetzen. Denn gleiche mythologische Vorstellungen, gleiche ethische Anschauungen und Grundgedanken liegen vielen japanischen und deutschen Märchen zugrunde. Dieselbe Idee z. B., die das Märchen vom Fischer und der Frau

(Grimm 19) ausspricht, erweist ein japanisches Märchen an einem Mäusepaar, das seine Tochter nur dem Mächtigsten der Erde verheiraten will, sich bei Sonne, Wolke, Wind und Mauer bewirbt und schließlich doch eine Maus zum Schwiegersohn wählt. Auffällig ist die Uebereinstimmung des deutschen Märchens von Herrn Korbes (Grimm 41) mit einem japanischen, das den Titel führt „Der Kampf des Affen mit der Krabbe“. Dort ziehen auf einem Wagen Hähnchen und Hühnchen, ein Ei, eine Ente, ein Mühlstein, eine Stecknadel und Nähnadel aus, um den bösen Herrn Korbes zu strafen. Er kommt nach Hause und will Feuer anzünden. Das Ei rollt ihm entgegen, zerbricht und klebt ihm die Augen zu. Die Nadeln stechen ihn, sodaß er wütend in die weite Welt laufen will. Als er an die Hausthür kommt, springt der Mühlstein herunter und schlägt ihn tot. Im japanischen Märchen hat der Affe die Krabbe tödlich beleidigt; um sich an ihm zu rächen, verbindet sie sich mit einem Ei, einer Biene und einem Reismörser. Sie begeben sich in das Haus des Affen in dessen Abwesenheit. Der Affe kehrt heim, und um sich eine Tasse Thee zu kochen, zündet er das Feuer auf dem Herde an. Da springt das Ei auf und bespritzt sein Gesicht; als er nun, von der Biene gequält, aus dem Hause fliehen will, fällt der Reismörser auf ihn herab und tötet ihn. Der Mühlstein und der Reismörser entsprechen sich, da der Reis in Japan die Stelle des Brotes vertritt. Es erhellt wohl, daß bei der großen Zahl verwandter Züge die japanischen Märchen uns durchaus nicht fremdartig berühren können. Begegnen wir in den Erzählungen fremder Völker sonst so vielem Unverständlichen und Unbegreiflichen, so werden uns die japanischen durch einen Blick in unser eigenes Ich mit eins klar. Dank der Feinheit und Vornehmheit japanischer Empfindung wird unser Gefühl niemals verletzt, und darum kann man wohl von jenen Märchen sagen, daß sie keusch wie Eis und rein wie Schnee sind. In dieser Hinsicht möge man besonders die zarte Liebespoesie in dem ersten der hier mitgeteilten Märchen „Ein Sternenliebespaar“ vergleichen.

### 1. Das Sternenliebespaar.

Einer der bedeutendsten Tage im Kalender Alt-Japans war der siebente Juli, oder, wie die Leute in Japan sagen, der siebente Tag des siebenten Monats. Die Kinder erwarteten diesen Tag mit ungeduldiger Sehnsucht. In den Häusern buk man Kuchen und stellte Früchte und Eßwaren aller Art auf. Die Knaben brachen Bambusstengel ab und befestigten daran buntfarbige Bänder, klingende Glocken und lange Papierfahnen, auf die man Gedichte schrieb. In dieser Nacht hofften Mütter auf Reichtum, Glück, Weisheit und gute Kinder, die Mädchen wünschten sich Geschicklichkeit im Nähen. Doch konnte man jedesmal nur einen Wunsch thun. Vor allen Dingen begehrte man kein Regenwetter. Es war ein gutes Zeichen, wenn eine Spinne ihr Gewebe über eine Melone oder, wenn sie in einen viereckigen Kasten gelegt, ein kreisrundes Gewebe spann. Die Veranlassung zu diesem Feste war die, daß am 7. Juli der „Stern des Hirten“ und die „spinnende Jungfrau“ die Milchstraße durchkreuzen, um sich zu treffen. Diese Sterne nennen wir Capricornus und Alpha Lyrä. Von ihnen erzählt man folgende Geschichte: An den Ufern des himmlischen Silberstromes, den wir die Milchstraße nennen, lebte einst eine schöne Jungfrau, die Tochter der Sonne, mit Namen Schokudjo. Sie kümmerte sich nicht wie ihre Gefährtinnen um Spiel und Tanz und ging, frei von Eitelkeit, stets in der einfachsten Kleidung. Sie war sehr fleißig und schuf viele Gewänder für andere. In der That war sie so geschäftig, daß alle sie nicht anders als die webende oder spinnende Prinzessin nannten. Der Sonnenkönig bemerkte wohl die ernste Art seiner Tochter und versuchte durch mannigfaltige Mittel, sie lebhafter zu machen. Endlich faßte er den Entschluß, sie zu verheiraten. Da im Sternenland die Ehen gewöhnlich von den Eltern geplant werden und nicht von den närrischen Verliebten, so ordnete er alles an, ohne seine Tochter zu fragen. Der junge Mann, auf den die Wahl des Sonnenkönigs fiel, war Kingin, der eine Herde Kühe an den Ufern des himmlischen Stromes besaß. Er war stets ein guter Nachbar gewesen und lebte auf derselben Seite des Stromes; der Vater dachte, an ihm einen netten Schwiegersohn zu bekommen, der seiner Tochter Kleider und Stimmung verbessern würde. Doch kaum war sie verheiratet, da wurden Kleider und Gemüt an ihr schlimmer und schlimmer. Sie wurde sehr lustig und lebhaft und verließ Webstuhl und Nadel ganz und gar. Tage und Nächte widmete sie dem Spiel und der Trägheit, und es gab keine thörichte Frau, die thörichter gewesen wäre als sie. Der Sonnenkönig wurde über dies alles sehr ärgerlich, und da er glaubte, der Gatte sei der schuldige Teil, so beschloß er, das Paar zu trennen. Daher befahl er dem Gatten, sich an die andere Seite des Sternenflusses zu begeben, und sagte ihm, nur einmal im Jahre sollten sie sich von nun an begegnen, nämlich in der siebenten Nacht des siebenten Monats. Darauf rief der Sonnenkönig Tausende von Elstern herbei, um eine Brücke über den Sternenstrom herzustellen; diese sollten in einer Reihe hintereinander fliegen und Kingin auf ihren Schwingen und Rücken dahin tragen. So bot er denn seinem weinenden Weibe Lebewohl, und der von Liebe erfüllte Gatte überschritt traurig den Himmelsfluß. Kaum hatte er den Fuß auf die andere Seite gesetzt, als die Elstern auf- und davonflogen und den ganzen Himmel mit ihrem Geschnatter durchhallten. Lange Zeit standen noch die weinende Gattin und der liebende Gemahl da, sehnsüchtig einander aus der Ferne anschauend. Dann schieden sie, er, um seine Rinder zu führen, sie, um ihr Schifflein zu treiben, was sie nun während der langen Stunden des Tages mit andauerndem Fleiße that. Und der Sonnenkönig hatte wieder seine Freude an der Arbeit seiner Tochter. Doch wenn die Nacht herabsank und alle Leuchten des Himmels angezündet wurden, brachen die Liebenden auf, gingen an die Ufer des Sternenflusses und schauten voll Sehnsucht einander an, die siebente Nacht des siebenten Monats erwartend. Endlich war die Zeit nicht mehr fern, und nur eine Befürchtung hegte die liebende Gattin. Jedesmal, wenn sie daran dachte, machte ihr Herz schnellere Schläge. Wie, wenn es regnen sollte? Denn der Himmelsfluß ist stets voll bis zum Rande, und ein einziger Tropfen Regen mehr verursacht eine Ueberschwemmung, die auch die Vogelbrücke wegfegt.

Doch es fiel kein Tropfen. Der siebente Monat, die siebente Nacht kam, und der ganze Himmel strahlte in Heiterkeit. Fröhlich flogen die Elstern zu Tausenden herbei und schufen für die zarten Füße der kleinen Frau einen Weg. Zitternd vor Freude und mit einem Herzen, das heftiger hin- und herwogte als die Brücke der Vogelschwingen, überschritt sie den Himmelsfluß und eilte in die Arme ihres Gatten.

Und so that sie jedes Jahr. Der liebende Gatte blieb auf seiner Stromseite, und die Gattin kam zu ihm auf der Elsternbrücke, wenn nicht der traurige Fall eintrat, daß es regnete. Alljährlich hoffen die Leute auf schönes Wetter, und das frohe Fest wird in gleicher Weise von alt und jung gefeiert.

**Sonntag, 3. Februar.**

Verantwortlich für den allgemeinen Teil: Chef-Redacteur August **Schmits** in Köln; für den Anzeigenteil: J. Bowinckel in **Köln.**
Verleger und Drucker: M. DuMont-Schauberg in **Köln.**
**Expedition: Breitestraße 72, 74.**

**Vertretungen in Deutschland:** In allen gröfsern Städten: **Haasenstein & Vogler**, R. Mosse, G. L. Daube & Co., Invalidendank. **Aachen** Th. Naus. **Berlin** Bernh. Arndt, S. Kornik. **Bonn** G. Cohen. **Bremen** E. Schlotte Nachf., Wilh. Scheller. **Coblenz** F. Hölscher. **Crefeld** J. F. Houben, Kramer & Baum. **Dortmund** Fr. Crüwell. **Düren** A. Heyme, Eschstr. 6. **M.-Gladbach** E. Schellmann. **Halle** J. Barck & Co. **Mainz** D. Frenz, Jean Schröder. **Neuwied** L. Pfeiffer.

**1895. — Nr. 120.**

Bezugspreis: in Köln 7 M, in Deutschland 9 M vierteljährig.
Anzeigen 40 ₰ die Zeile oder deren Raum. Reclamen 1.50 bis 3 M
Für die Aufnahme von Anzeigen an bestimmt vorgeschriebenen Tagen wird keine Verantwortlichkeit übernommen.

**Vertretungen in Deutschland:** **Bochum** Oscar Hengstenberg's Buchhandlung. **Duisburg** Fr. Schatz, F. H. Nieten. **Mülheim a. d. R.** Hugo Bädeker'sche Buchhandlung. **Ruhrort** Andreae & Co. **Düsseldorf** D. Schürmann. **Elberfeld** W. Thienes. **Essen** H. L. Geck. **Hamburg** H. Eisler, J. Nootbaar, A. Steiner, William Wilkens. **Neufs** J. van Haag. **Rheydt** Otto Berger. **Wiesbaden** Alb. Lücke.

# Kölnische Zeitung.

## Erste Beilage zur Sonntags-Ausgabe.

## Japanische Märchen. II.*)

### 2. Der Hase von Inaba.

Waren da einmal einundachtzig Brüder, die Prinzen im Lande waren. Sie waren alle eifersüchtig auf einander, denn jeder wünschte, König zu sein und über die andern und das ganze Königreich zu herrschen. Außerdem begehrte jeder dieselbe Prinzessin zu heiraten. Dies war nämlich, wie ihr wissen müßt, die Prinzessin von Yakami in Inaba. Endlich einigten sie sich dahin, zusammen nach Inaba zu ziehen und der Reihe nach zu versuchen, ob die Prinzessin sich zur Heirat bestimmen ließe. Obwohl achtzig der Brüder eifersüchtig auf einander waren, so einigte sie alle doch der Haß und die Unfreundlichkeit gegen den einundachtzigsten, der gut und sanft war und ihr rohes, streitsüchtiges Wesen nicht liebte. Als sie ihre Reise antraten, luden sie dem armen jüngsten Bruder das Gepäck auf und ließen ihn hinterher laufen, als ob er ihr Diener wäre, und er war doch ihr eigener Bruder und ebenso gut ein Prinz wie sie alle.

Indem sie so dahingingen, gelangten die achtzig Prinzen an das Cap Keta; dort fanden sie einen armen Hasen, dem sein ganzer Pelz abgezogen war, sehr krank und elend daliegen. Die achtzig Prinzen sagten zu dem Hasen: Wir wollen dir sagen, was du thun mußt. Geh und bade dich im Meerwasser; dann lege dich auf den Abhang eines hohen Berges und laß den Wind auf dich streichen. Dann wird, so versprechen wir dir, dein Pelz bald wieder wachsen. Der arme Hase schenkte ihnen Glauben, ging hin, badete im Meer und legte sich dann in die Sonne und in den Wind zum Trocknen nieder. Doch als das Salzwasser trocknete, sprang die Haut an seinem Leibe auf und riß, sodaß er schreckliche Schmerzen ausstand und schreiend da lag, weit schlimmer, als es vorher gewesen.

Nun war ja der einundachtzigste Bruder eine weite Strecke hinter den andern zurückgeblieben, da er das Gepäck zu tragen hatte; doch endlich kam er, wankend unter der schweren Last, oben an. Als er den Hasen erblickte, fragte er ihn: Warum liegst du da und schreist? Mein Lieber, erwiderte der Hase, warte ein Augenblickchen, und ich will dir meine ganze Geschichte erzählen. Ich war auf der Insel Oki und wollte hinüber auf dieses Land kommen. Ich wußte zuerst nicht, wie, doch endlich fiel mir ein Gedanke ein. Ich sagte zu den Krokodilen, die im Meere schwammen: Wir wollen einmal zählen, wie viel Krokodile es im Meere gibt und wie viel Hasen auf dem Lande sind. Beginnen wir nun mit den Krokodilen. Kommt daher alle und legt euch quer von dieser Insel hier bis zum Cap Keta in einer Reihe nieder; dann will ich über jeden einzelnen wegschreiten und euch zählen, indem ich so hinüberlaufe. Habe ich euch dann fertiggezählt, dann können wir die Hasen zählen und sehen, ob es mehr Hasen oder Krokodile gibt. Die Krokodile waren's zufrieden und legten sich in einer Reihe hin. Dann eilte ich über sie weg und zählte sie dabei und wollte grade aufs Land springen, als ich lachte und rief: Ihr dummen Krokodile, ich frage gar nichts darnach, wie viele ihr seid. Ich brauchte nur eine Brücke, um über das Meer zu kommen. Ach! warum rühmte ich mich, solange ich noch nicht auf trockenem Lande war! Denn das letzte Krokodil, das am Ende der Reihe lag, packte mich und riß mir meinen

*) Vgl. die Einleitung in Nr. 93.

ganzen Pelz ab. Und das geschah dir ganz recht, da du sie doch betrogen hattest, sagte der einundachtzigste Bruder; doch fahre fort mit deiner Geschichte. Als ich schreiend hier lag, fuhr der Hase fort, rieten mir die achtzig Prinzen, die vor dir vorbeikamen, im Meerwasser zu baden und mich dem Winde auszusetzen. Ich that so, doch befinde ich mich jetzt zehnmal schlimmer als vorher; der ganze Leib thut mir weh. Da sagte der einundachtzigste Bruder zu dem Hasen: Geh rasch zum Flusse, er ist ganz in der Nähe. Wasche dich gut mit dem frischen Wasser, nimm dann den Blütenstaub der Schilfgräser, die am Ufer wachsen, streue ihn auf den Boden und wälze dich darin umher; wenn du das thust, wird deine Haut heilen und dein Pelz wieder wachsen. Der Hase that nach diesen Worten und war seit dieser Zeit völlig hergestellt; sein Pelz wurde dichter als je. Darauf sagte der Hase zu dem einundachtzigsten Bruder: Jene achtzig Prinzen, deine Brüder, sollen nicht die Prinzessin von Inaba erlangen. Wiewohl du das Gepäck trägst, sollst du doch die Prinzessin und das Land dazu erlangen. Und so traf es auch wirklich ein; die Prinzessin verschmähte die achtzig Brüder und wählte den einundachtzigsten, der gut und freundlich war. Dann wurde er König im Lande und lebte glücklich sein ganzes Leben lang.

## 3. Der Matsuyama-Spiegel.

Vor langer, langer Zeit lebte in einem stillen Orte ein junger Mann mit seiner Frau. Sie hatten nur ein einziges Kind, ein kleines Mädchen, das sie von ganzem Herzen liebten. Ich kann euch ihre Namen nicht nennen, denn man hat sie vergessen, da die Geschichte schon zu lange her ist, doch der Name des Ortes, wo sie wohnten, war Matsuyama, in der Provinz Echigo. Als das Mädchen noch so ein ganz kleines Ding war, geschah es einst, daß der Vater eines Geschäftes wegen nach der großen Stadt, der Hauptstadt von Japan, gehen mußte. Für die Mutter und ihr kleines Kind war der Weg zu weit zu gehen, und daher zog er denn allein hinaus, nachdem er ihnen Lebewohl gesagt und versprochen hatte, ihnen ein hübsches Geschenk mitzubringen.

Die Mutter hatte sich noch nie weiter von Hause entfernt als bis zum nächsten Dorfe und war daher recht ängstlich bei dem Gedanken, daß ihr Gatte eine so weite Reise unternahm. Doch war sie auch nicht wenig stolz darauf, denn er war der erste in der ganzen Gegend, der die unermeßliche Stadt sah, wo der König und die großen Herren wohnten, und wo es so viel schöne, merkwürdige Dinge zu sehen gab.

Endlich nahte die Zeit, da sie ihren Gatten zurückerwarten durfte. Dem Kinde zog sie seine besten Kleider an, und sie selbst legte ein prächtiges blaues Gewand an, das ihrem Gatten, wie sie wußte, besonders gefiel. Ihr könnt euch denken, wie froh die gute Frau war, als sie ihn gesund und munter heimkommen sah, und wie das kleine Mädchen in die Händchen schlug und vor Vergnügen laut lachte, als es die hübschen Spielsachen erblickte, die der Vater mitgebracht hatte. Er wußte gar viel zu erzählen von all den wunderbaren Dingen, die er auf der Reise und in der Stadt geschaut hatte.

„Ich habe dir etwas ganz besonders Schönes mitgebracht," sagte er zu seinem Weibe; „man nennt es Spiegel. Da sieh und sage mir, was du darin erblickst." Er reichte ihr eine flache, weiße Holzschachtel, in der sie beim Oeffnen ein rundes Stück Metall fand. Die eine Seite war weiß wie Silber und mit erhabenen Figuren von Vögeln und Blumen geschmückt, die andere glänzend wie der klarste Krystall. Die junge Mutter sah mit Erstaunen und Entzücken hinein, denn aus der Tiefe schaute ihr ein lächelndes, glückliches Antlitz entgegen, dessen Augen glänzten und dessen Lippen sich öffneten.

„Was siehst du?" fragte wieder der Gatte, dem ihr Erstaunen Spaß machte und der sich freute, ihr zeigen zu können, daß er auf seiner Reise etwas gelernt hatte.

„Ich sehe eine hübsche Frau, die nach mir hinschaut, sie bewegt ihre Lippen, als ob sie sprechen wollte, und ach! wie seltsam, sie hat grade so ein blaues Kleid an wie ich!"

„O du einfältige Frau, das ist ja dein eigenes Gesicht, das du da siehst!" sagte der Gatte, stolz darauf, etwas zu wissen, was sein Weib nicht wußte. „Dies runde Stück Metall nennt man einen Spiegel; hier an diesem Orte haben wir vorher nie einen gesehen, doch in der Stadt hat jedermann einen."

Die Frau war entzückt von dem Geschenk, und einige Tage lang konnte sie nicht oft genug hineinsehen, denn ihr müßt bedenken, daß sie zum ersten Mal einen Spiegel gesehen hatte, und so hatte sie natürlich auch zum ersten Mal den Widerschein ihres eigenen hübschen Gesichts gesehen. Doch sie glaubte, daß solch ein wunderbares Ding für den alltäglichen Gebrauch viel zu kostbar sei, deshalb schloß sie es bald wieder in die Schachtel ein und that es sorgfältig weg unter ihre kostbarsten Schätze.

Jahre vergingen, und der Mann und die Frau lebten noch immer glücklich. Die Freude ihres Lebens war ihre kleine Tochter, die als das wahre Ebenbild ihrer Mutter aufwuchs und so gehorsam und liebreich war, daß jedermann sie liebte. Da die Mutter ihrer kleinen vorübergehenden Eitelkeit gedachte, als sie sich selbst so hübsch fand, hielt sie den Spiegel ängstlich verborgen, aus Furcht, er möchte in ihrem kleinen Mädchen den Geist des Stolzes nähren. Sie sprach niemals davon, der Vater aber hatte alles in der Sache vergessen. So kam es, daß die Tochter ebenso einfältig aufwuchs, als die Mutter gewesen und nichts von ihrer eigenen Schönheit wußte, noch von dem Spiegel, der sie ihr gezeigt hätte.

Doch plötzlich traf diese glückliche kleine Familie ein großes Unglück. Die gute liebe Mutter wurde krank, und obwohl ihre Tochter sie Tag und Nacht mit liebender Sorgfalt pflegte, wurde sie schlimmer und schlimmer, bis endlich keine Hoffnung mehr da war und sie den Tod nahen fühlte. Als sie merkte, daß sie nun bald Gatten und Kind verlassen müsse, befiel die arme Frau tiefe Trauer aus Schmerz um diejenigen, die sie zurücklassen sollte, und am meisten um ihre kleine Tochter. Sie rief das Mädchen zu sich und sagte: „Mein teures Kind, du weißt, daß ich sehr krank bin; bald muß ich sterben und deinen lieben Vater und dich allein lassen. Wenn ich dahingegangen bin, versprich mir, jeden Abend und jeden Morgen in diesen Spiegel zu schauen; darin wirst du mich sehen und wissen, daß ich noch immer über dir wache." Mit diesen Worten nahm sie den Spiegel aus seinem verborgenen Platz hervor und gab ihn ihrer Tochter. Das Mädchen legte unter vielen Thränen das Versprechen ab; da erschien die Mutter nun ruhig und ergeben und verschied kurze Zeit darauf.

Die gehorsame und pflichttreue Tochter vergaß niemals ihrer Mutter letzten Wunsch, sondern nahm jeden Morgen und Abend den Spiegel von seinem verborgenen Platz und schaute lange und ernst hinein. Da sah sie das glänzende, lächelnde Gesicht ihrer verlorenen Mutter. Doch nicht blaß und krank wie in ihren letzten Tagen, sondern die schöne junge Mutter, wie sie ehedem gewesen. Am Abend erzählte sie ihr die Geschichte ihrer Leiden und Mühen vom Tage, und am Morgen bat sie um Teilnahme und Ermutigung für alles, was ihrer harren würde.

So lebte sie Tag für Tag unter den Augen ihrer Mutter, immer bestrebt, ihr so zu gefallen, wie sie zu ihren Lebzeiten gethan, und stets darauf bedacht, alles zu vermeiden, was ihr Schmerz oder Kummer bereiten könnte. Ihre größte Freude bestand darin, in den Spiegel hineinsehen und sagen zu können: „Mutter, ich bin heute so gewesen, wie du wünschtest, daß ich sein sollte."

Da ihr Vater sie jeden Morgen und Abend regelmäßig in den Spiegel schauen und sich mit ihm unterhalten sah, fragte er sie endlich nach dem Grunde ihres seltsamen Benehmens. „Vater," sprach sie, „ich schaue täglich in den Spiegel, um meine liebe Mutter zu sehen und mit ihr zu sprechen." Darauf erzählte sie ihm von dem Wunsch ihrer sterbenden Mutter und wie sie nie verabsäumt hätte, ihn zu erfüllen. Gerührt von solcher Kindlichkeit und solch treuem, liebevollem Gehorsam, vergoß der Vater Thränen des Mitleids und der Liebe. Doch konnte er es nicht über das Herz bringen, der Tochter zu sagen, daß das Bild, das sie in dem Spiegel sah, nur das Abbild ihres eigenen lieben Gesichtes war, das durch beständige Annäherung täglich mehr und mehr wie das ihrer hingeschiedenen Mutter wurde.

## 4. Der Arm des Riesen.

Vor langer, langer Zeit, da hauste auf dem Berge, der Oeyama heißt, ein Geschlecht grimmiger Riesen. Das Oberhaupt dieses Riesenvolkes führte den Namen Schutendodji[1]), und von Zeit zu Zeit stieg er mit seiner Schar von der Höhe herab und drang in die Hauptstadt Kyoto ein, wo er großes Unheil anstiftete und Furcht und Schrecken um sich verbreitete. Alles, was sie auf ihrem Wege antrafen, raubten oder töteten sie, Männer und Frauen ohne Unterschied.

Nun wohnte in jenen Tagen zu Kyoto ein tapferer Krieger, mit Namen Minamoto-no-Raiko[2]). Dieser Raiko hatte vier Gefolgsleute, unter denen Tsuna der stärkste und kühnste war. Diese Gefolgsleute waren nah und fern als Raikos Schutzwache bekannt. War es Kriegeszeit, so fochten sie in einer Reihe Mann neben Mann, und kam dann der Friede, so lebten sie zusammen in Raikos Schloß.

War da einst eine finstere und stürmische Nacht, und es geschah, da grade Friedenszeit war, daß sich die vier Helden um das Holzkohlenfeuer versammelten, um sich allerlei Geschichten von Kriegen und Abenteuern zu erzählen und sich so die Zeit aufs angenehmste zu vertreiben.

Wie schläfrig ist die Zeit, in der wir leben! sagte endlich Tsuna. Hört man denn gar nichts neues? Winkt uns keine Hoffnung auf einen Kampf? Dieses thatenlose Leben ist mir wirklich zuwider!

[1]) Der Name bedeutet: das durch Genuß von Sake (dem Nationalgetränk der Japaner) taumelnde Kind; also etwa: kleiner Trunkenbold.

[2]) Minamoto ist der Familienname, Raiko der Rufname, also: Raiko von der Familie Minamoto.

**Sonntag, 3. Februar.**

Verantwortlich für den allgemeinen Teil: Chef-Redacteur August Schmits in Köln; für den Anzeigenteil: J. Bowinckel in Köln.
Verleger und Drucker: M. DuMont-Schauberg in Köln.
Expedition: Breitestraße 72, 74.

Vertretungen in Deutschland: In allen größern Städten: Haasenstein & Vogler, R. Mosse, G. L. Daube & Co., Invalidendank. Aachen Th. Naus. Berlin Bernh. Arndt, S. Kornik. Bonn G. Cohen. Bremen E. Schlotte Nachf., Wilh. Scheller. Coblenz F. Hölscher. Crefeld J. F. Houben, Kramer & Baum. Dortmund Fr. Crüwell. Düren A. Heyme, Eschstr. 6. M.-Gladbach E. Schellmann. Halle J. Barck & Co. Mainz D. Frenz, Jean Schröder. Neuwied L. Pfeiffer.

**1895. — Nr. 144.**

Bezugspreis: in Köln 7 ℳ, in Deutschland 9 ℳ vierteljährig.
Anzeigen 40 ₰ die Zeile oder deren Raum. Reclamen 1.50 bis 3 ℳ
Für die Aufnahme von Anzeigen an bestimmt vorgeschriebenen Tagen wird keine Verantwortlichkeit übernommen.

Vertretungen in Deutschland: Bochum Oscar Hengstenberg's Buchhandlung. Duisburg Fr. Schatz, F. H. Nieten. Mülheim a. d. R. Hugo Bädeker'sche Buchhandlung. Ruhrort Andreae & Co. Düsseldorf D. Schürmann. Elberfeld W. Thienes. Essen H. L. Geck. Hamburg H. Eisler, J. Nootbaar, A. Steiner, William Wilkens. Neuss J. van Haag. Rheydt Otto Berger. Wiesbaden Alb. Lücke.

# Kölnische Zeitung.

## Erste Beilage zur Sonntags-Ausgabe.

## Japanische Märchen. III.*)

[Schluß.]

### 5. Die Edelsteine der Ebbe und Flut.

Chiuai war der vierzehnte Mikado des Götterlandes (Japan). Seine Gattin, die Kaiserin, führte den Namen Djingu. Sie war eine weise und verständige Frau, die ihrem Gatten in der Herrschaft beistand. Als einst ein großer Aufstand auf der Südinsel Kiuschiu ausbrach, führte der Mikado sein Heer gegen die Empörer. Die Kaiserin zog mit ihm und lebte im Felde. Eines Nachts, als sie in ihrem Zelte lag und schlief, träumte sie, daß ihr ein himmlisches Wesen erschiene und ihr von einem wundervollen Lande im Westen erzählte, das reich an Gold, Silber, Seide und Edelsteinen sei. Der Himmelsbote sagte ihr, daß der Erfolg sie begleiten würde, wenn sie dieses Land angriffe, um all seine Beute für sich und Japan zu gewinnen.

„Erobere Korea!" sagte das strahlende Wesen, als es auf einer Purpurwolke verschwand. Am Morgen erzählte die Kaiserin dem Gatten ihren Traum und riet ihm, aufzubrechen und das reiche Land anzugreifen. Doch er schenkte ihr kein Gehör. Als sie immer mehr in ihn drängte, stieg er auf einen hohen Berg, schaute weithin in der Richtung der untergehenden Sonne, sah jedoch dort kein Land, nicht einmal Bergspitzen. So stieg er hinab in dem Glauben, daß kein Land in jener Richtung liege, und weigerte sich voll Zornes, den Feldzug zu unternehmen. Kurz darauf wurde der Mikado in einem Kampfe mit den Aufrührern durch einen Pfeil totgeschossen. Die Feldherren und Hauptleute leisteten der Kaiserin als der einzigen Beherrscherin Japans den Eid der Treue. Da sie nun die Macht hatte, beschloß sie, ihren Lieblingsplan auszuführen. Sie rief von den Bergen, Flüssen und Ebenen alle Kami oder Götter herbei, um ihren Rat und ihre Hülfe zu gewinnen. Alle erschienen auf ihren Ruf. Die Kami der Berge gaben ihr Bauholz und Eisen für ihre Schiffe; die Kami der Felder reichten ihr Reis und Korn zu Vorräten dar. Die Kami der Gräser schenkten ihr Hanf zu Tauwerk und die Kami der Winde versprachen, ihren Sack zu öffnen und ihre Brisen herauszulassen, um ihre Segel nach Korea zu treiben. Alle erschienen, nur nicht Isora, der Kami der Seeküste. Da rief sie auch ihn herbei, indem sie die ganze Nacht sich niedersetzte und mit brennenden Fackeln auf ihn wartete. Nun war Isora ein träger Geselle, immer unsauber und schlecht gekleidet, und als er endlich kam, erschien er nicht in prächtigem Gewande, sondern erhob sich vom Meeresboden mit Schmutz und Schlamm bedeckt, mit Muscheln, die an seinem ganzem Leibe klebten, und Seenesseln, die sich in sein Haar geschlungen hatten. Mürrisch fragte er die Kaiserin nach ihrem Begehr. „Steige hinab", sprach sie, „und bitte Kai-Riu-O, den Drachenkönig unter dem Meer, mir die beiden Edelsteine der Fluten zu geben." Diese besaßen eine wunderbare Gewalt über das Wasser. Sie waren fast so groß wie Aepfel, hatten aber das Aussehen von Aprikosen. Sie schienen aus Krystall zu sein und sandten Strahlen, blendend wie Feuer, aus. Der eine hieß der Edelstein der Flut und der andere der Edelstein der Ebbe. Ihr Besitzer hatte die Macht, durch sein Wort die Fluten steigen oder fallen, das trockne Land hervorkommen oder es von der See überschwemmen zu lassen. Isora tauchte unter fürchterlichem Spritzen unter und trat vor Kai-Riu-O, im Namen der Kaiserin um die beiden Steine bittend. Der Drachenkönig war damit einverstanden, holte die flammenden Kugeln aus seinem Schmuckkasten hervor, legte sie auf eine große Muschel und übergab sie Isora, der sie Djingu brachte, und diese steckte sie in ihren Gürtel.

*) Vgl. die Einleitung in Nr. 98.

Die Kaiserin rüstete nun ihre Flotte zum Angriff auf Korea. Dreitausend Schiffe wurden gebaut und vom Stapel gelassen, und zwei alte Kami mit lang herabwallendem, grauem Haar und runzeligen Gesichtern zu Admiralen ernannt. Im zehnten Monat segelte die Flotte ab. Die Berge der Heimat sanken schon unter den Horizont, doch kaum hatten sie das Land aus den Augen verloren, als sich ein großer Sturm erhob. Die Schiffe wurden umhergeschleudert und stießen sich einander wie Stiere; die Flotte schien ihrem Untergang nahe zu sein, da sieh! sandte Kai Riu sechs Schwärme von gewaltigen See-Ungeheuern und riesigen Fischen, welche die Schiffe trugen und mit ihren großen Schnauzen vorwärts stießen. Drachenfische nahmen auch die Schiffstaue ins Maul und zogen so lange, bis der Sturm vorüber und das Meer beruhigt war. Dann tauchten sie hinab und verschwanden. Nun kamen die Berge von Korea in Sicht. Längs der Küste hatte sich das koreanische Heer aufgestellt. Ihre dreieckigen, gefranzten Fahnen, die mit Drachen bemalt waren, hingen trotz des Windes schlaff herab. Sobald ihre Wachen die japanische Flotte erspähten, gab man das Signal, und die koreanischen Kriegsschiffe setzten sich lustig in Bewegung, um die japanischen anzugreifen. Die Kaiserin stellte ihre Bogenschützen im Bug ihrer Schiffe auf und wartete, bis der Feind näher kam. Als sie sich in einer Entfernung von hundert Schwertlängen befanden, zog sie den Edelstein der Ebbe aus ihrem Gürtel und warf ihn ins Meer. Es leuchtete einen Augenblick in der Luft, doch kaum berührte der Stein das Wasser, da wichen die Wellen sofort unter den Fahrzeugen der Koreaner und ließen sie auf trocknem Boden sitzen. Die Koreaner glaubten, es sei plötzlich Ebbe eingetreten, und die japanischen Schiffe seien in der gleichen hülflosen Lage. Daher sprangen sie aus ihren Booten und eilten über den Sand zum Angriff. Sie kamen mit Geschrei und gezückten Schwertern heran, und ihr Anblick war schrecklich. Als sie in Schußweite waren, entsandten die Japaner ihre Pfeile und töteten Hunderte von ihnen. Doch sie stürzten weiter bis dicht an die japanischen Schiffe heran; da nahm die Kaiserin den Flutstein und warf ihn ins Meer. In einem Augenblick rollte der Ocean turmhohe Wogen herbei und verschlang das ganze koreanische Heer in seinem Abgrund. Nur wenige waren übrig von den zehntausend.

Das japanische Heer landete sicher und hatte bei der Eroberung des Landes leichtes Spiel. Der König von Korea ergab sich und überwies der Kaiserin seine Ballen mit Seide, Kostbarkeiten, Spiegeln, Büchern, Gemälden, Gewändern, Tigerfellen und Gold- und Silberschätzen. Die Beute wurde auf achtzig Schiffen verladen, und das japanische Heer kehrte im Triumph in die Heimat zurück.

---

Das vorstehende Märchen hat wegen der darin geschilderten Eroberung Koreas durch die Ereignisse der Gegenwart ein ganz besonderes Interesse erhalten.

An die mitgeteilte Auslese der japanischen Märchenpoesie mögen sich hier einige

Japanische Kindergeschichten

schließen. Sie sind von acht- bis zwölfjährigen japanischen Kindern ihren deutschen gleichaltrigen Spielgefährten Gertrud und Alfred erzählt worden, als diese noch die japanische Sprache besser als ihre eigene Muttersprache verstanden, und bei ihrer genauen Kenntnis der Sitten des Landes von den kleinen Japanern ganz wie ihres gleichen angesehen wurden. Die meisten Geschichten wußte der achtjährige Keschan, der Sohn des Pförtners, der außer seinem Erzählertalent auch noch eine andere Meisterschaft besaß: er konnte auf den Schalen von Haifisch-Eiern, die er in den Mund nahm, vortrefflich quitschen. Aber auch O'Kam-san, die kleine Tochter des Krankenhausverwalters, wußte manche hübsche Geschichte. Ehe wir ihr aber das Wort lassen, hat sie mit ihrem ältern Bruder einen Streit zu bestehen. Sie hatte nämlich einen großen Stein im Garten bespuckt, bevor sie sich darauf setzte. Ihren deutschen Freunden teilte sie geheimnisvoll den Grund mit: damit sie nicht steinerne Kinder bekäme. Der Bruder aber sah darin nur eine kindische Unart und drohte, sie bei den Eltern anzuzeigen.

O'Kamesan schickt voraus, daß ihre Geschichte aber fürchterlich graulich ist.

## Die eifersüchtige Tote.

Es war einmal ein Mann, der hatte seiner Frau versprechen müssen, sich nach ihrem Tode nicht wieder zu verheiraten und sie in seinem Garten begraben zu lassen. Die Frau starb und ward ihrem Wunsche gemäß im Garten begraben. Der Mann war fest entschlossen, auch sein anderes Versprechen zu halten, allein seine Verwandten quälten ihn so lange, bis er ihren Bitten nachgab und sich wieder verheiratete. Eines Tages mußte der Mann fortreisen und seine junge Frau allein lassen. Da aber begab sich etwas Schreckliches. Um Mitternacht ertönten plötzlich dreimal hintereinander die dumpf gesprochenen Worte: Tschirin Karan Pote! (O'Kamesan selbst sprach sie mit solchem Pathos aus, daß ihre Zuhörer ordentlich zusammenschauderten. Irgend welche Bedeutung dürfte aber selbst der feinste Kenner der Sprache darin nicht finden.) Als die Frau die Thür öffnete sah sie einen Geist in weißem Totengewand, mit zurückgekämmtem Haar und schneeweißen Zähnen. „Ich bin die erste Frau", sprach das Gespenst mit schrecklicher Stimme, „du aber nimmst eine Stelle ein, die dir nicht gebührt. Wir müssen miteinander kämpfen." Nun hieben die beiden Frauen mit Stöcken aufeinander ein. Endlich aber siegte die Lebendige und die Tote zog sich zurück. Doch bevor sie verschwand, rief sie mit Grabesstimme: „Bewahre Schweigen über das Ereignis dieser Nacht, oder dein Tod ist dir gewiß." Bei einer abermaligen Abwesenheit des Mannes wiederholte sich der schauerliche Vorgang. Als aber der Gatte ein drittes Mal die Nacht wegbleiben wollte, beschwor ihn die Frau in Todesangst, sie doch nicht wieder allein zu lassen. Auf sein Drängen teilte sie ihm, wenn auch mit Widerstreben, den Grund ihrer Angst mit. Den Mann aber zwangen die dringendsten Gründe zur Reise. Er konnte also den Wunsch seiner Frau nicht erfüllen. Allein zu ihrer Beruhigung lud er eine Anzahl Gäste ein, die ihr in der Nacht Gesellschaft leisten sollten. Unter Plaudern und Theetrinken vergingen die Stunden. Mitternacht kam heran; als sich aber nichts ereignete, sank einer der Anwesenden nach dem andern in tiefen Schlaf. Plötzlich fuhren die Freunde auf, — sie glaubten einen grellen Schrei vernommen zu haben. Da aber auch jetzt wieder alles ruhig blieb, legten sie sich wieder zum Schlafen nieder. Wer aber schildert ihr Entsetzen, als sie am folgenden Morgen die Frau des Hauses ohne Kopf am Boden liegen sahen. Aber der Kopf mußte sich doch irgendwo befinden. Ueberall ward gesucht, das ganze Haus umgekehrt, aber vergebens, keine Spur von dem Kopf war zu entdecken. Da kam man endlich auf den Gedanken, das Grab der verstorbenen Frau zu öffnen. Und was erblickte man darin? Grinsend hielt die Tote den Kopf ihrer Nachfolgerin im Arme.

„Und das ist ganz gewiß wahr", beteuerte die kleine Erzählerin mit großer Entschiedenheit, als in ihrem Zuhörerkreise einige Zweifel an der Wahrhaftigkeit der Geschichte laut wurden.

Auch die folgende Geschichte ist ganz gewiß wahr, und Keschan, der sie erzählt, weiß sogar den Namen des Priesters sowie den Ort und die Straße, wo sie sich zugetragen hat.

## Die verbrannte Hand.

Ein Priester saß am Boden vor seinem Kohlenbecken und röstete sich einige Motschi. Da erschien plötzlich eine Hand neben dem

Kohlenbecken. Der gutmütige Priester nahm einen der Reiskuchen vom Feuer und legte ihn in die Hand, die gleich darauf verschwand. Nach einiger Zeit war die Hand wieder da, und wieder legte der fromme Mann einen Motschi hinein. Als aber die Hand zum dritten Mal erschien, nahm der Priester, der doch nicht seinen ganzen Vorrat weggeben wollte, seine Feuerstäbchen, die an Stelle einer Feuerzange gebraucht werden, machte sie glühend und berührte damit die Hand, worauf ein Zischen erfolgte und sie verschwand. Am nächsten Morgen fand der Priester vor seinem Hause einen hölzernen Reislöffel, auf dem man die Brandmale der Feuerstäbchen deutlich eingedrückt sah.

Die nächste Geschichte stammt ebenfalls von Keschan, doch gibt er selbst zu, daß sie vielleicht nicht ganz der Wahrheit entspricht.

### Die Thongötter.

Es war einmal ein fauler Bube, der mit Vorliebe die Schule schwänzte. Als der Lehrer dies endlich seinen Eltern anzeigte, stellte es sich heraus, daß der Knabe täglich nach einem Tempel gegangen war und hier versucht hatte, die aufgestellten Götterbilder in Thon nachzubilden. Die erzürnten Eltern wollten von ihrem faulen Sohne nichts mehr wissen, und dieser ging mit seinen Thonfiguren in die weite Welt. Als ein Wasser ihm den Weg sperrte, setzte er seine Thonfiguren, deren er 35 hatte, auf ein Brett und schwamm hinüber. In der Mitte des Wassers aber fiel das Brett mit samt den Figuren in die Tiefe. In einem einsam gelegenen Hause fand der Knabe gastliche Aufnahme. Als es aber zu dunkeln begann, begaben sich die Bewohner in eine Felsenschlucht, um hier die Nacht zuzubringen. Denn in der Wohnung zu schlafen, getraute sich auch nicht einer, da sie voller Gespenster war. Am folgenden Morgen ging der Knabe mit auf den Fischfang, aber nur ein einziger großer Fisch befand sich im Netz. Als er ausgenommen wurde, schrie alles vor Erstaunen laut auf: in seinem Magen befanden sich die 35 Thongötter. Als der Knabe seine geliebten Thonfiguren wieder hatte, war er frei von aller Gespensterangst. Er brachte die Nacht allein in dem verhexten Hause zu. Und als sich um Mitternacht unter Gepolter ein Gespenst zeigte, nahm jede der 35 Figuren eine Feuerzange, machte sie glühend, und dann zwickten sie sämtlich das Gespenst zu Tode.

Gespenster und Gespensteraustreiben beschäftigen überhaupt, wie in den meisten Ländern, so auch in Japan die Volksphantasie ganz besonders. So erzählten die kleinen Japanesen ihren deutschen Spielgenossen auch folgende Geschichte:

### Wie ein Knabe Geister vertrieb.

Ein Knabe hatte sich beim Holzsammeln im Walde verirrt. Da er doch nicht mehr heimkehren konnte, so beschloß er, die Nacht in einer Hütte zuzubringen, in welcher, wie er sich erinnerte, eine alte Frau wohnte. Sie nahm ihn auch gastlich auf, fügte aber hinzu, daß es in ihrem Hause umgehe. Der Knabe entgegnete ihr ganz mutig, mit den Geistern wolle er schon fertig werden, sie solle ihn nur machen lassen. Er setzte sich einen großen Bambushut auf den Kopf und legte einen Regenmantel von Stroh an. Als in der Nacht die Gespenster erschienen und mit Trommeln, Pfeifen und Eisenstangen einen Höllenlärm vollführten, fing der Knabe an, wie ein Hahn zu krähen und mit dem Strohmantel zu schlagen. Da glaubten die Gespenster, der Tag breche an, und ergriffen mit Zurücklassung ihrer Pfeifen und Trommeln die Flucht. Die alte Frau, sehr erfreut über den klugen Einfall des Knaben, wollte am folgenden Abend das Kunststück ihm nachmachen. Als sie jedoch krähte und wie mit den Flügeln zu schlagen begann, mußte sie lachen, so komisch kam ihr alles vor. Da aber kam sie schön an. „Man hat uns betrogen!" schrieen die Gespenster und fraßen sie auf.

# 002

## 根据东方传说看音乐的起源和本质

Blättern", dann als Sonderschrift mit dem Titel: „Richard Wagner. Echte Briefe an Ferdinand Präger. Kritik der Prägerschen Veröffentlichungen" eine polemische Abhandlung der Oeffentlichkeit, welche keinen günstigen Eindruck zurückläßt.

Das, was Präger publiziert hat, trägt durchaus den Stempel der Echtheit. Seine Mitteilungen sind nüchtern und parteilos und das eben erregt den Unwillen der Wagnergarde, welche es fordert, daß Leute, welche sich als Freunde Wagners dem Publikum vorstellen, vor dem „göttlichen Meister" im Staube kriechen. Herr Hans von Wolzogen versah die Streitschrift Chamberlains mit einem Vorworte, welches durch seinen merkwürdigen Stil auffällt. Er gesteht, „daß wir im Zeichen der Gralsritterschaft stehen", daß Präger auf Wagner mit „leeren Brillengläsern" geblickt habe, daß Prägers Buch eine „gläserne Mißgeburt", daß es wertlos und gefährlich sei, und daß Chamberlains Essay mit Recht den „engen Schlauch des lustreinigenden Bayreuther Aeolos" verließ, wo er „steckte", bevor er auf den offenen Markt des Buchhandels gebracht werde. Was dies bedeutet? Nun, Herr v. Wolzogen will damit in seinem „gralsritterlichen" Stil wahrscheinlich sagen, daß des Engländers Aufsatz in den „Bayreuther Blättern" unbeachtet geblieben ist.

Was hat Ferd. Präger in seinem beachtens- und lesenswerten Buche verbrochen? Nun, er schildert darin manchen Zug in Wagners Charakter, der diesem keineswegs nachteilig ist. Einsichtsvolle Wagnerianer sollten dem braven Präger nur dankbar sein, wenn er u. a. auf die feste unbeugsame Gesinnung des Bayreuther Komponisten hinweist, wenn er konstatiert, daß R. Wagner bei einem Meinungskonflikt mit seinem Wohlthäter König Ludwig II. die üblen Folgen des starren Festhaltens an seiner Ueberzeugung unerwogen ließ und stolz erklärte: „Ich kann nicht anders; will der König mich über Bord werfen, so muß ich wieder schwimmen, wie ich es vorher that! Ich habe früher ohne den König gelebt und kann es wieder."

Chamberlain weiß über Präger anzugeben, daß er Jude und deshalb gegen R. Wagner eingenommen war, weil dieser die Schrift: „Das Judentum in der Musik" veröffentlichte, in welcher er gegen Meyerbeer und Mendelssohn in unqualifizierbarer Weise gehetzt hatte. Wer Prägers Schrift kennt, wird den ruhigen Ton anerkennen, in welchem er gerade den Judenhaß Wagners bespricht. Es war ein armer kranker Jude, der sich Wagners in Paris mildherzig angenommen hatte; ein jüdischer Verleger war es, der dem notleidenden Komponisten Arbeit verschafft hat; G. Meyerbeer war es, der in Paris und später in Berlin dem Judenfeinde Wagner freundliche Dienste erwiesen hat. Allerdings giebt Präger zu, daß Richard Wagner von seinen jüdischen und christlichen Freunden die hingebendsten Opfer angenommen habe, ohne die geringste Anerkennung und Dankbarkeit zu zeigen; doch sei es, wie Präger entschuldigend hinzufügt, nicht Undank im gewöhnlichen Sinne gewesen; Wagner nahm die Opfer als nicht für sich selbst, sondern für die „wahre" Kunst gebracht hin und betrachtete die Hilfebringenden durch dieses Bewußtsein als reichlich belohnt.

Chamberlain hebt triumphierend in seiner kleinlichen Polemik hervor, daß R. Wagner seinen Londoner Freund Ferd. Präger nur „eine gute Seele" nannte und sonst nichts von ihm zu sagen wußte. Daß Präger „eine gute Seele" war, genügte dem großen Tondichter, um dessen Güte zu — benützen. In einem Briefe vom 11. Dezember 1870 ersuchte Rich. Wagner die „gute Seele" in London, ihm doch zwanzig Meter von einem ostindischen oder chinesischen Foulardstoffe mit einem Blumenmuster zu kaufen; dieser Seidenstoff solle nicht der Sucht zu glänzen, sondern einem „phantastischen Geschmack" dienen.

Präger erklärt auch in wahrhaft freundschaftlicher Weise den Grund der Sehnsucht Wagners nach ostindischen Seidenstoffen; er teilt nämlich mit, daß der Bayreuther Komponist an einer Hautkrankheit litt, welche ihm nichts anderes als Seide auf bloßem Körper zu tragen erlaubte. Wenn er Baumwolle mit den Händen berührte, durchzuckte Schauder seinen ganzen Körper. Er trug deshalb nur Seidenfutter, Taschen von Seide, ein Samtbarett und einen seidenen Schlafrock. Dabei erinnert man sich an jene Näherin, bei welcher sich R. Wagner eine Reihe von „Atlashöschen" machen ließ, ohne sie zu bezahlen. Nachdem die arme Näherin lange den Komponisten vergebens um Begleichung der Rechnung ersucht hatte, veröffentlichte sie die Korrespondenz mit dem schlechten Zahler R. Wagner in der „Neuen Freien Presse". Kein Schildknappe des Meisters wagte es, die Glaubwürdigkeit dieser Atlashöschenbriefe zu bezweifeln. Solange Präger lebte, wurde kein Einwand gegen die Authenticität seiner Schrift erhoben. Man wartete erst seinen Tod ab, um an derselben zu mäkeln. Und doch erklärt Prägers Lebensskizze so manches, was befremdende Züge in Wagners Wesen entschuldigt oder in einem milden Lichte erscheinen läßt. Präger weist wiederholt auf die nervöse Ueberreizung und häufiges Erkranken Wagners hin, der an seinen Musikdramen täglich von 8 Uhr vormittags bis 3 Uhr nachmittags bis zur Erschöpfung arbeitete. Kein Wunder, wenn sich bei dieser Art zu schaffen bei R. Wagner gewisse psychopathische Erscheinungen einstellen mußten. Nach der beachtenswerten Schrift des schwäbischen Nervenarztes Dr. J. L. A. Koch: „Die psychopathischen Minderwertigkeiten" giebt es teils angeborene, teils erworbene seelische Regelwidrigkeiten, die zwar **keine** Geisteskrankheiten darstellen, aber die damit belasteten Personen als des geistigen Gleichgewichtes und normaler Leistungsfähigkeit beraubt erscheinen lassen. Der Größen- und Verfolgungswahn waren neben der Verschwendungssucht Merkmale eines solchen regelwidrigen Zustandes bei R. Wagner. Bei den nervösen Aufregungen desselben kam es zu Ausbrüchen von Heftigkeit, die nur durch physische Ursachen zu erklären war. Anfälle von Schwermut wechselten bei ihm mit ausgelassener Lustigkeit, Verzweiflung und Selbstverhöhnung. Diese Angaben Prägers sind für eine gerechte Beurteilung Wagners von großer Wichtigkeit; gerade diese krankhafte Reizbarkeit der Nerven erklärt und **entschuldigt** manche seiner Eigenschaften, welche ohne diese physische Ursache eine harte Kritik hervorrufen müßten. Herr Chamberlain, seien Sie also dankbar der „guten Seele" Präger für dessen gewiß authentische Mitteilungen und schelten Sie ihn nicht weiter! Schimpfen und Schmähen ist ja überhaupt keine anständige Waffe beim Bekämpfen eines Toten!

Wagner hat seinem Freunde Präger oft gestanden, daß ihm das Vermögen eines Monte Christo nicht zu viel gewesen wäre, um allen seinen luxuriösen Bedürfnissen die Zügel schießen zu lassen. Auf Tafelgenüsse verwendete Wagner nicht viel, weil sich ein jeder Exzeß an seiner Gesundheit gleich gerächt hätte; allein in Bezug auf seine Bequemlichkeiten, auf Stoffe, kostbare Essenzen u. a. kannte er keine Einschränkung. Man kennt ja die Verschwendungssucht bei Leuten mit gestörtem seelischem Gleichgewicht. Der kampflustige Herr Chamberlain möge in Wien seine Studien über den Hang Wagners, luxuriös zu wohnen und seine Schulden nicht zu bezahlen, gewissenhaft fortsetzen; da wird er manche kostbare Geschichte erfahren. Hofrat Ed. Hanslick erzählt sie in seinen Lebenserinnerungen. Hoffentlich wird ihn Herr Chamberlain nicht Lügen strafen, der es dem Wiener Kritiker überhaupt übel nimmt, daß er noch im Jahre 1894 an der Glaubwürdigkeit des Prägerschen Buches festhalte. Als R. Wagner sich in einer Wiener Villa kostbar einrichtete und in derselben eine kleine Tänzerin installierte, um eines Tages zu verschwinden, war es abermals ein Jude, der Pianist R. Tausig, der für R. Wagner beim Tapezierer bürgte und für die unbezahlten Schulden des „Meisters" aufkommen sollte.

Was Herr Chamberlain gegen R. Prägers Buch vorbringt, ist meist läppisch. Er weist darauf hin, daß sich die englische Ausgabe desselben mit der deutschen Bearbeitung derselben nicht decke. Zugegeben! Das giebt aber dem Herrn Chamberlain noch nicht das Recht, den wackeren und durchaus glaubwürdigen Präger einen „giftigen Lindwurm" und dessen Schrift eine „skandalöse und schmähliche" zu nennen, welche aus dem „ehrlichen Buchhandel" zu entfernen sei, aus welchem sie „unter dem Drucke der allgemeinen Verachtung verschwinden möge". Herr Chamberlain bemerkt, daß Präger schon zwanzig Jahre vor seinem Tode fast ganz erblindet sei, ein Umstand, welcher die Verschiedenheiten in der englischen und deutschen Ausgabe seiner Schrift hinlänglich erklären mag. Ferner spricht er die Vermutung aus, daß Präger im Hause Wagners zu Triebschen die unveröffentlichte Autobiographie des Meisters in die Hände bekam und dieselbe „zum fleißigen Ausschreiben benutzte". Dies sei ein „Vertrauensbruch" gewesen. Die Mitteilungen Prägers klängen nämlich sehr „echt" über einen bestimmten Teil der Lebensgeschichte Wagners. Wenn „echt", warum diesen „skandalösen" Lärm machen, Herr Chamberlain?

Dieser Mann des ungestümen Kampfes veröffentlicht auch 21 „echte" Briefe R. Wagners an Präger, darunter jenen, in welchem der Meister 20 Meter ostindischer Seide bei dem Londoner Freunde bestellt. Den Wortlaut desselben aber unterschlägt er. Wagner duzt in einem Teil der Briefe den Londoner Freund, ein Beweis, daß er denn doch mit dieser „guten Seele" auf einem freundschaftlichen Fuße gestanden hat, was Chamberlain heftig bestreitet.

Zuguterletzt erklärt Herr Chamberlain, daß hinter Präger „ein Anderer" gestanden sei, dem manche Erfindung zuzuschreiben wäre. Mehr sage er nicht. Und wenn es so wäre, wenn „ein Anderer" dem armen erblindeten Präger die Feder führte, warum gegen diesen so heftig losschlagen? Die Art, in welcher Herr Chamberlain gegen den toten Präger kämpft, läßt seine Beweisführung nicht vertrauenswert erscheinen. Nur eines ist in seiner Streitschrift interessant, die Angabe nämlich, daß Graf Beust in seinem Buche: „Aus drei Vierteljahrhunderten" in Bezug auf Richard Wagner zweimal gelogen habe. Beust behauptete nämlich, Richard Wagner habe die Brandlegung der Dresdner Prinzenpalais angeraten und versucht; außerdem wäre er in contumaciam zum Tode verurteilt worden. Herr Dinger habe in seiner Schrift: „R. Wagners geistige Entwickelung" den aktenmäßigen Nachweis erbracht, daß betreffs der Brandlegung eine Verwechselung mit dem Konditorgehilfen Woldemar Wagner vorliege, und daß das königliche Amtsgericht zu Dresden offiziell bescheinigt habe, „eine Verurteilung des königlichen Kapellmeisters Richard Wagner habe in keiner Weise stattgefunden".

Wenn jemand bei den Angriffen des Herrn Chamberlain gegen Präger den Kürzeren zog, so ist es der Angreifer, dessen Uebereifer auch auf eine große, ja krankhafte Reizbarkeit der Nerven schließen läßt. Herr Chamberlain sollte jetzt untersuchen, wie der Vorstand des Londoner Wagnervereins, Lord ***, dazu kam, die deutsche Uebersetzung der Schrift Prägers: „R. Wagner, wie ich ihn kannte", dem Druck zu übergeben. Sollte dieser der „Andere" sein, welcher hinter Präger gestanden ist?

## Ursprung und Wesen der Musik nach orientalischen Sagen.

Von **Berthold Laufer**.

Von dem wunderbar geheimnisvollen Ursprung der Musik können fast alle Völker nicht genug singen und sagen. Da in den wenigsten Fällen sichere historische Nachrichten über ihre Einführung in einem Lande oder gar über ihre Entstehung vorhanden sind, so hat in diesem Punkte die sagenschaffende Phantasie der Völker zu allen Zeiten den weitesten Spielraum gehabt; und weil sie, die freilich die sinnlich faßbarste aller Künste ist, oder durch einen eigenartigen Kausalnexus gerade deshalb, des Uebersinnlichen und Ueberirdischen so viel für die ihr hingegebene Seele bot, so fiel es niemals schwer, ihren Ursprung unmittelbar an die Thätigkeit göttlicher Wesen zu ketten und ihr unerklärliches Etwas durch transcendente Beziehungen zu erklären. Zahlreich sind bei allen Völkern die Lieder zum Preise der Tonkunst, zahlreich die Sagen und Märchen, die dem Bestreben gewidmet sind, ihre verhüllte Herkunft zu entschleiern oder den reizvollen Zauber, den sie auf das Herz des Menschen ausübt, darzuthun oder tiefgreifende Wirkungen ihrer Macht zu berichten, kurz das Rätsel zu lösen, das uns die Musik aufgiebt. Es bildete sicherlich eines der interessantesten Kapitel völkerpsychologischer Vergleichung, eine möglichst vollständige Sammlung aller auf diesen Gegenstand gerichteten Sagen zu veranstalten, die nicht nur einen höchst wichtigen ethnologischen Beitrag für die Erkenntnis der Völkerseelen überhaupt liefern, sondern auch das Wesen der Musik zu erläutern und veranschaulichen und ihre innerlichsten Beziehungen zum Leben und Weben aller Menschen des Erdballs offen zu legen im stande wären. Allbekannt sind die Ueberlieferungen aus dem Altertum, die davon berichten, wie das erste Saiteninstrument aus einer Schildkrötenschale verfertigt worden, welche staunenswerten Wunder Allberückerin Tonkunst auf Erden vollbracht, wie sie Berge und Bäume in Bewegung setzte und Steine zur Stadtmauer fügte. Es ist nicht unwahrscheinlich, daß manche dieser griechischen Geschichten ihren Ursprung im Orient haben, wie denn so vieles Hellenische, was frühere Geschlechter als original und autochthon ansahen, von dem aufhellenden Licht moderner Forschung in seiner Abhängigkeit von der Kultur des Ostens klar erwiesen worden ist. Die Orientalen haben eine Sage von der Erfindung des Saiteninstruments, die sich als ein Seitenstück zu der oben erwähnten griechischen offenbart. „Die Weisen Indiens erzählen," so berichtet das Tuti Nameh, das Papageienbuch,* eine im ganzen Orient weitverbreitete Sammlung von Erzählungen, „daß Säz-Perdäz, der Hochgelehrte, eines Tages, da er ein Gebirgsland durchreiste, im Schatten eines Waldes wandelte. Da bemerkte er einen Affen, der auf den Bäumen von einem Zweig zum andern hüpfte, bis ein scharfer Ast, auf den er stieß, ihn dergestalt aufschlitzte, daß seine Gedärme herausfielen. Diese blieben zwischen zwei Aesten hängen und wurden bald trocken und straff; da der Wind sie berührte, gaben sie bald angenehme Töne von sich. Als der weise Säz-Perdäz dies bemerkte, nahm er die Därme herunter und spannte sie zwischen zwei Hölzer aus, und siehe da! es erklangen noch lieblichere Töne. Darauf überzog er die Hölzer mit einem Felle, fügte einige Drähte hinzu und begann zu spielen. Andere gestalteten nach ihrer Einsicht das Ding verschieden um und gaben so den mannigfaltigsten Instrumenten den Ursprung; der eigentliche Erfinder aber ist Säz-Perdäz." Weiter sucht dieselbe Geschichte den Ursprung der Melodie zu erklären: es lebe in Indien ein sonderbarer Vogel, dessen Schnabel von unzähligen Löchern durchbohrt sei; jedes dieser Löcher lasse, wenn es intoniert werde, einen eigentümlichen, seltsamen Laut hören, weshalb die Weisen Indiens die Melodie und den Tonwechsel daher entnommen hätten.

Das Tuti-Nameh erzählt, wie ein Kaufmann, Namens Said, eine größere Handelsreise unternimmt und einem weisen, hochgelehrten, sprechenden Papagei, der sich in seinem Besitz befindet, während seiner Abwesenheit die Bewachung des ganzen Hauses, besonders aber die Hut seiner schönen Gattin Mahi-Scheker anvertraut. Um die lange Zeit der Einsamkeit nützlich auszufüllen, verliebt sich diese schließlich in einen vornehmen Jüngling, zu dem sie eine so heftige Leidenschaft faßt, daß sie ihm zur Nachtzeit heimliche Besuche abstatten will. Doch vorher berät sie sich mit dem klugen Meister, dem Papagei. Derselbe weiß durch seine Kenntnis des weiblichen Herzens sehr wohl, daß er durch Abraten und Ermahnungen den Wünschen der Frau nicht entgegensteuern kann; er greift daher zur List, stellt sich, als wirke er förderlich für ihre Absichten, giebt ihr gute Ratschläge in Liebesangelegenheiten, die er in anmutige Geschichten, Fabeln und Märchen einkleidet, und zieht sie durch die allabendliche Erzählung von solchen einen Monat lang hin, bis ihr Gatte nach Hause kehrt. Unter anderm bittet Mahi Scheker den Papagei um die Angabe eines Mittels, durch das sie ihren Geliebten prüfen könne, um zu erfahren, wes Geistes Kind er sei. Vorher hatte ihr der weise Vogel schon gesagt, daß Worte der Spiegel der Seele seien und den innern Menschen offenbaren; doch dieses Prüfungsmittel ist der unerfahrenen Frau zu schwierig, sie verlangt ein leichteres. Dies besteht nun nach der Ansicht ihres Ratgebers in der Musik, die schon die Weisen der Vorzeit als ein Mittel gepriesen haben, die Sinnesart eines Freundes zu erkunden. Seine Meinung geht dahin, sie solle, wenn sie bei ihrem Geliebten wäre, Musik zu ihrer Erheiterung kommen und lustig aufspielen lassen; geriete dann der Jüngling beim Klang der Melodien in freudiges Entzücken, so sei er edlen Sinnes und Geschlechtes, und seine Hochherzigkeit sei unzweifelhaft erwiesen; mache dagegen die Musik keinen Eindruck auf ihn, dann sei er ihrer Freundschaft unwürdig. Zur Belehrung knüpft der Papagei an diese Ausführung eine ebenso geistvolle als poetische Geschichte. In Ispahan starb ein König im hundertzwanzigsten Lebensjahre und hinterließ als einzigen Sohn nur ein Knäblein, das noch an der Mutter Brust gesäugt wurde. Die Gelehrten und Beziere traten zusammen, um sich zu beraten, ob sie das Kind auf den Thron erheben sollten. Man befand sich in einem argen Dilemma: da der Thronerbe noch ein Knabe ist, so kann er weder durch Reden noch durch Thaten erweisen, daß ihm die Herrscherwürde gebührt. Ist er von Natur nicht tauglich, so würde es vergebliche Mühe sein, sich so lange mit seiner Erziehung ohne Erfolg zu plagen. Anderseits kann man aber auch keinen Fremden als König einsetzen, denn das Schwert eines Mannes, dem nicht das echte Blut des königlichen Hauses durch die Adern rollt, bringt kein Heil, und ein solcher vermag auch Land und Leute nicht in Gehorsam zu erhalten. Daher erschien es als das Beste, das Kind auf die Probe zu stellen; doch die große Frage war eben die, wie man das machen sollte. Zum Glück waren in jener Gegend gerade um diese Zeit vierhundert Weltweise zusammengekommen. Man rief dieselben herbei und legte ihnen jene schwere Frage vor. Sie gaben den Rat, ein Konzert zu veranstalten und den Prinzen nebst andern Kindern seines Alters in ihren Wiegen herzubringen, um daran teilzunehmen. Geriete der Prinz beim Klang der Musik in Bewegung, so sei er des Thrones würdig; wenn nicht, dann verdiene er nicht, König zu sein. Die Beziere und Gelehrten befolgten diesen Rat: als nun die Musikanten mannigfache Weisen zu spielen begannen und die Sänger ihre Töne und Triller hören ließen, wurde der junge Prinz in lebhafte Erregung versetzt und bekundete ein so großes Vergnügen und solch eine freudige Lust, daß er durch seine Bewegungen die Wiege ins Schaukeln brachte; die andern Kinder dagegen blieben wie tote Leiber starr und regungslos liegen. Hieraus erkannten die Weisen sämtlich, daß der Königssohn zum Herrscheramt bestimmt und als würdiger Nachfolger seines Vaters wert sei, Krone und Scepter zu tragen. In gleicher Weise, so rät der weise Papagei Mahi-Scheker, soll sie die Probe bei ihrem Geliebten anstellen. Die Wirkung der Musik, fügt er noch hinzu, läßt sich nicht in Worten fassen; dies ist eine geheime Kraft, die niemand ans Licht zu ziehen vermag. Selbst kosten und selbst empfinden muß man ihre Allgewalt, um sich eine richtige Vorstellung von ihr zu machen. Dem einen schafft die Musik einen leiblichen, dem andern einen geistigen Genuß; jeder gewinnt von ihr je nach seinen Fähigkeiten und Neigungen Nutzen. Und gar vielen hat schon das Liebessehnen, das sich in der Musik ausspricht, jähen Tod gebracht.

Im Gulistan, einem der berühmtesten Erzeugnisse der persischen Litteratur, besingt der Dichter Sadi die Schönheit des Gesanges, ein Gedicht, das Herder also verdeutscht hat:

Süßer Gesang, er hält die rollenden Wellen im Lauf auf,
Fesselt der Vögel Flug, zähmet der Tiere Gewalt.
Süßer Gesang, er fängt das Gemüt der Menschen. Sie haben
Gerne den Mann um sich, der ihre Sinnen erquickt.
Verloren lauscht das Ohr dem süßen Ton:
„Wer ist es, der zwei Saiten ihm entlockt?"
Er labet, wie der Wein beim Abendrot,
Und Ohr und Seele schlürfen sanft ihn ein.
Mehr als die Schönheit selbst bezaubert die liebliche Stimme;
Jene ziert den Leib, sie ist der Seele Gewalt.

* Tuti-Nameh. Nach der türkischen Bearbeitung zum ersten Male übersetzt von Georg Rosen. Leipzig 1858.

## Julius Rodenberg über Anton Rubinstein.

Julius Rodenberg bringt in der „Deutschen Rundschau", welche er ausgezeichnet redigiert, „persönliche Erinnerungen" an den großen Pianisten und Komponisten Anton Rubinstein, mit welchem er seit 1858 innig befreundet war. Der geistvolle Schriftsteller charakterisiert seinen Freund sehr zutreffend. Der große nagende Kummer seines Lebens war es, meint Rodenberg, daß die höchsten Ziele, welche sich sein schöpferisches Wollen und Können gesteckt hatten, nie ganz erreicht wurden; immer kam Rubinstein bis dicht heran und immer war es nur noch ein, der letzte Schritt, der daran gefehlt hat. Rubinstein selber habe sich nie darüber getäuscht. Auf Aeußerlichkeiten gab er nichts; obwohl geadelt, russischer Staatsrat und Excellenz, blieb er im persönlichen Verkehr immer schlicht und bescheiden. Nur einmal während der 36 Jahre seiner Bekanntschaft mit dem russischen Komponisten habe ihn Rodenberg im vollen Ordensschmuck gesehen, mit all den Bändern und Sternen auf der Brust, mit dem pour le mérite am Halse, als er von einem Hofballe kam, zu dem er befohlen worden war. Wie gern hätte er all diesen Staat dahingegeben für einen einzigen wirklichen und dauernden Erfolg, für „eine kleine Gemeinde" überzeugter und ehrlicher Anhänger.

Selber bedürfnislos war er von königlicher Freigebigkeit. Mit jedem neuen Werke riß er die Menge hin und immer wieder verschwand mit seiner Anwesenheit auch das Werk. Reich an überwältigenden Einzelheiten, an genialen Blitzen war jedes, vollendet keins. Vergöttert von Freunden, von schwärmenden Frauen, dankbaren Schülern, edel in allem, was er that und dachte, frei von Hochmut, war er in jedem Betrachte ein Mann ersten Ranges und von den „Besten seiner Zeit" als ihresgleichen betrachtet ist er doch nicht glücklich gewesen. Die mit den Jahren sich mehrenden Enttäuschungen zehrten an ihm und mögen viel dazu beigetragen haben, daß er lange schon, bevor sein Alter es verlangte, einen gebrochenen Eindruck machte.

Aus seiner jüdischen Herkunft hat Rubinstein niemals ein Hehl gemacht; sein größtes Vergnügen waren Anekdoten von polnischen Juden, mit attischem Salz gewürzt, die er immer wieder belachte. Einmal, es war in London, hat Hans v. Bülow, von einer leichten, rasch vorübergehenden, antisemitischen Anwandlung befallen, seine Karte bei ihm abgegeben, welche die ganze Reihe seiner Titel aufführte: Dr. phil., Hofmusikintendant S. H. des Herzogs von Meiningen u. s. w. Als Rubinstein den Besuch erwiderte, schrieb er unter seinen Namen auf der sonst leeren Karte nichts weiter als die zwei Worte: „Slavischer Semit."

Als Rubinsteins Oper: „Feramors" in Dresden zum ersten Mal gegeben werden sollte, ersuchte ihn der Intendant, im dritten Akte eine Kürzung vorzunehmen. Zuerst ging er darauf ein; dann aber lehnte er es ab, zu streichen oder zu kürzen. Wie's sei, so sei es nun einmal; er könne weder davon noch dazu thun. Unermüdlich bei der Arbeit, voll Ernst und Eifer, solange sie ihn beschäftigte, war es ihm unmöglich, sie wieder vorzunehmen, sobald er mit ihr abgeschlossen. Er wolle Neues, immer Neues.

Als Rubinstein 1872 in Düsseldorf das niederrheinische Musikfest leitete, schloß die Aufführung seines Oratoriums „Turm von Babel" mit einer stürmischen Huldigung für den Komponisten, der auf dem Podium in einem Meer von Blumen fast versinkend und von einer Schar junger, enthusiastischer Rheinländerinnen umringt, sich auf ein Schemelchen niederließ und, einen großen Lorbeerkranz zerzupfend, jedem der hundert ausgestreckten Händchen ein Blatt davon gab. Es waren Maientage voll Heiterkeit und Herzenswärme, wie man sie nur am Rhein erleben konnte.

Rodenberg schließt seinen warm geschriebenen Aufsatz über Rubinstein mit der Bemerkung, daß der russische Komponist zu den unbestritten großartigsten Erscheinungen der Kunst ein halbes Jahrhundert lang gehört habe. Was auch von seinen Schöpfungen leben oder schwinden mag: er selber werde bleiben. Es werde das Andenken an einen Menschen von den seltensten Eigenschaften des Geistes und des Herzens, an eine Künstlernatur bleiben, die, wenn sie das Höchste nicht errang, doch immer das Höchste wollte. Wer auf seine Zeitgenossen einen so mächtigen Eindruck gemacht habe wie Anton Rubinstein, der werde auch von der Nachwelt nie ganz vergessen werden.

## Palestrina und das moderne Rom.

v. Gr. Rom, im Februar. Goethe schildert einmal die Vorstellungen, die in ihm bei dem Anhören eines großartigen ernsten Musikstückes aufsteigen: „Ich sehe eine breite und prunkvolle Treppe und eine Schar von Greisen in prächtigen Gewändern auf den Marmorstufen auf- und absteigend." Die Erinnerung an diese Schilderung musikalischen Seelenlebens überkam mich in dem letzten großen Palestrina-Konzert, das der Einweihungsfeier des neuen großen Musiksaals der hiesigen Accademia S. Cecilia den künstlerischen Stempel aufdrückte. Es bildete den Schluß einer langen Reihe von Aufführungen. Die 300jährige Wiederkehr des Todesjahres des großen Kapellmeisters von St. Peter hat bekanntlich willkommenen Anlaß zu musikalischen Feiern der verschiedensten Art gegeben.

Solche auf große Meister der Vergangenheit zurückgreifende Gedenkfeiern haben einen sittlichen und künstlerischen Wert nur dann, wenn diese großen Meister und ihre Schöpfungen wieder dauernd in den Vordergrund gerückt werden. Ich führte an dieser Stelle bereits aus, daß eine dauernde Wiederbelebung der Palestrina-Musik in römischen Kirchen dringend von nöten ist, daß aber der Pflege dieser und anderer wirklich kirchlicher Musik, besonders des a-cappella-Gesanges große Hindernisse entgegenstehen. Aber es ist zu hoffen, daß die Reihe der Palestrina-Feiern unsern weltlichen Musikinstituten den Meister

# 003

## 关于女真族的语言

Sonntag, 3. Februar. 1896. — Nr. 325.

Verantwortlich für den allgemeinen Teil: Chef-Redacteur August Schmits in Köln; für den Anzeigenteil: J. Bowinckel in Köln.
Verleger und Drucker: M. DuMont-Schauberg in Köln.
Expedition: Breitestraße 72, 74.

Bezugspreis: in Köln 7 M, in Deutschland 9 M vierteljährig.
Anzeigen 40 ₰ die Zeile oder deren Raum. Reclamen 1.50 M
Für die Aufnahme von Anzeigen an bestimmt vorgeschriebenen Tagen wird keine Verantwortlichkeit übernommen.



# Kölnische Zeitung.

## Erste Beilage zur Sonntags-Ausgabe.

* **[Zur Sprache der Jutschen.]** Von dem Verfasser der in Nr. 289 veröffentlichten Mitteilung über die durch Professor Grube entzifferte Jutschensprache wird uns mit Bezug auf eine in Nr. 306 abgedruckte Einsendung u. a. geschrieben: Zu den Forschern, die vor Professor Grube sich mit der Jutschensprache beschäftigt haben, gehörte allerdings auch F. Hirth. Er war jedoch nicht der erste, der sich mit diesem Gegenstande beschäftigte. Schon lange vor ihm haben sich hervorragende Gelehrte, wie Abel-Rémusat, Wylie, de Harlez, Devéria, Terrien de Lacouperie, durch die Sprache jenes eigenartigen Volkes zu tiefen und teilweise sehr scharfsinnigen Untersuchungen anregen lassen, und unter ihnen ist Devéria derjenige, der zum ersten Mal den Charakter der Jutschenschrift unwiderleglich dargethan hat. Ihm hat in Anerkennung dieses hohen Verdienstes Professor Grube sein Werk über die Jutschen auch gewidmet. Das in der Entwicklung aller dieser Forschungen F. Hirth zufallende Verdienst hat Grube selbst unter Widerlegung eines Irrtums dieses Gelehrten anerkannt und ausgesprochen, als er zuerst im vorigen Jahre auf dem Orientalisten-Congreß zu Genf der wissenschaftlichen Welt von seiner Entdeckung Kunde gab. Nach dem Urteil jedes unparteiischen Sachkenners beschränkt sich das Verdienst Hirths darauf, daß er die erwähnte Handschrift entdeckt, in ihrer Bedeutung erkannt und beschrieben hat, eine Aufgabe, die jeder Sinologe, der mit weit weniger glänzenden Kenntnissen der chinesischen Sprache ausgerüstet ist als F. Hirth, befriedigend hätte lösen können. Er war allerdings im Besitz der kostbaren Handschrift, die aber alsbald durch Kauf in das Eigentum der königl. Bibliothek zu Berlin überging. Das große Verdienst, die Schrift und Sprache der Jutschen entziffert zu haben, gebührt in vollem Umfange dem Professor Grube, der, wo andere sich mit Ahnungen begnügten, den Bau aufgeführt hat. Es ist eben die alte Geschichte vom Ei des Columbus, die ewig neu bleibt und doch leider nie verstanden wird.

# 004

## 印度制香配方

# Verhandlungen

der

# Berliner Gesellschaft

für

# Anthropologie, Ethnologie und Urgeschichte.

Redigirt

von

Rud. Virchow.

---

**Jahrgang 1896.**

---

BERLIN.
VERLAG VON A. ASHER & CO.
1896.

An die Gesellschaft ist kein Schreiben des Hrn. v. Hesse-Wartegg gelangt. —

(11) Hr. B. Laufer übersendet mit einem Briefe d. d. Leipzig, 26. Mai, durch Vermittelung des Hrn. Grünwedel folgende Arbeit, von der er wünscht, dass sie Veranlassung geben möge, zu untersuchen, ob und wann nach dem vorliegenden Recept in Indien Räucherwerk fabricirt worden ist und etwa noch fabricirt wird, und ob diese Fabrikation auch in Tibet stattgefunden hat.

## Indisches Recept zur Herstellung von Räucherwerk.

Aus dem bsTan-$_{o}$gyur, Sûtra, Bd. 123.

1. Text.

Spos sbyor rin po c'ei p'reñ ba žes bya ba bžugs ||

Rgya gar skad du | dhûpayogaratnamâlânâma | bod skad du | spos sbyor rin po c'ei p'reñ ba žes bya ba |

rje btsun $_{o}$jam pai dbyañs la p'yag $_{o}$ts'al lo |

sroñ p'yed ri dags[1]) lte bai dri
ga bur žo do k'a c'e yi
gur gum dag ni sroñ p'yed yin
na gi sroñ cig k'a ru btañ
bcu drug sroñ gi spañ spos ñid
sroñ bži si la žes su brjod
ziu de yi ñis[2]) $_{o}$gyur ñid
gu gul dag kyañ de dag mts'uñs
goñ bui rdzas ni žib par brduñs
gu gul dag dañ rab tu sbyar
gar slai ts'ad ni sol bas bzuñ[3])

spos sbyor rin po c'ei p'reñ ba žes bya ba || slob dpon klu sgrub kyis mdzad pa | | k'a c'ei[4]) paṇḍi tai žal mña[5]) nas dañ | lo tsâ ba[6]) rin c'en bzañ pos bsgyur bao ||

---

Anm. Zu Grunde liegt der 123. Band des bsTan-$_{o}$gyur aus dem Asiatischen Museum zu Petersburg, in welchem die kleine Abhandlung fol. 29b, Z. 1—4 einnimmt. In dem betreffenden Bande des Exemplars der Königl. Bibliothek in Berlin umfasst dieselbe fol. 28b, Z. 4—7. Dieses (= B.) weist innerhalb dieser Zeilen nur wenige, geringfügige Abweichungen von P. auf.

1) P. Bd. 123 schreibt stets ri-dags, nie ri-dvags mit va-zur.

2) B. ñes. Beide Lesarten scheinen nicht ganz sicher; ñis ist nur verständlich, wenn = γñis gefasst.

3) B. bzuño (བཟུངོ).

4) B. k'a c'e pai (geschrieben ཁ་ཆེ་པའི་).

5) Ich lese mña im Gegensatz zu dem von Huth, Verzeichniss S. 8, nach B. constatirten mda. Während der schlechte Druck von B. aber gar keinen Unterschied zwischen den an sich sehr leicht zu verwechselnden ñ und d (ང་ད་) macht, prägt dieselben P. mit seinem wahrhaft grossartigen, künstlerisch vollendeten Druck sehr deutlich aus, so dass ich meiner Lesart ganz gewiss bin.

6) B. lo tsa ba.

## 2. Uebersetzung.

### Ueber die Herstellung von Räucherwerk, Kranz von Juwelen zubenannt.

Auf Sanskrit: Dhûpayôgaratnamâlâ.
Auf Tibetisch: Spos sbyor rin po c'ei p'reṅ ba.

Vor dem ehrwürdigen Mañjughôṣa verneige ich mich.

Eine halbe Unze vom Nabelschmutz einer Gazelle,
Kampfer zwei Drachmen, aus Kâçmîra stammender
Safran, und zwar eine halbe Unze, müssen es sein.
Nagi lege man eine Unze oben darauf.
Baldrian (im Gewicht) von sechszehn Unzen [ñid = eva],
Vier Unzen Sillakî genannter Weihrauch
Und zwei (Unzen) Kümmel kommen hinzu,
Guggula ferner gleich den vorigen.
Nachdem man die zu einem Haufen geschichteten Ingredienzen fein zerstossen
Und mit Guggula gut gemischt hat,
Setzt man im Verhältniss zur Dicke (der Masse) [das Ganze] einem Kohlenfeuer aus (wörtlich: die ..... geschichteten und ..... gemischten Ingredienzen sollen von Kohlen ergriffen werden, bzuṅ Perf. mit imperativischer Kraft, s. Foucaux, Grammaire § 75).

(Dies ist) die Herstellung von Räucherwerk, Kranz der Juwelen zubenannt. Meister Nâgârjuna hat ihn verfasst; Se. Ehrwürden, der Paṇḍita aus Kâçmîra und der Lotsâba Ratnabhadra haben ihn übersetzt.

Erläuterungen:

1 **sraṅ** = S. pala, wie aus Vyutpatti fol. 282a, 3 hervorgeht, wo sraṅ γcig durch palamekam und sraṅ p'yed durch ardhapalam wiedergegeben wird.

**ri-dags** = S. mṛga Vyutp. 265a, 4. Jäschke giebt im Handwörterbuche und Dictionary nur die Bedeutungen „Wild, Jagdthier", dagegen im Romanized Tibetan and English Dictionary (Kyelang 1866) auch „deer, wild goat etc." Ramsay, Western Tibet (Lahore 1890) s. v. game erklärt rîdags durch Hindustani ‚shikar' both fur and feathers. Beachte die mit ri zusammengesetzten Thiernamen: ri-boṅ Hase, ri-rgya Fuchs, ri-bya Schnee-Fasan (nur bei Jäschke, Romanized etc.; fehlt in Ha. und Dict.).

2 **ga-bur** = S. karpûra, s. Anhang Nr. 9.

2/3 **k'a c'e yi gur gum** Safran aus Kâçmîra. Jäschke, Dict. v. k'a c'e. Vergl. S. kaçmîrajanman, kâçmîrî, kaçmarî und Indian Antiquary VIII, 113. I-tsing transl. by Takakusu (Oxford 1896) p. 128. Julien, Voyages des pél. bouddh. II, 40, 131. Eitel, Handbook 80. Hunter, Indian empire 679. Ganzenmüller, Tibet 77. Rockhill, The land of the lamas 110, 282; ders., Diary of a journey etc. 67, 139. Roero, Ricordi dei viaggi al Cashemir etc. III, 255. Pallas, Nachrichten I, 252. Kowalewski, Dict. mong. III, 2654b. Ueber die Einführung des Safrans in Kâçmîra s. Csoma, Analysis, As. Res., XX, 92. Wassiljew, Buddhismus 43. Târanâtha I, 9, 21; II, 13. Feer, Journ. As. 1865, 504. Ueber die Pflanze selbst s. Leunis, Synopsis der Pflanzenkunde II, § 716.

Tib. gur-gum, gur-kum oder kur-kum (Ramsay 140) schliesst sich nicht unmittelbar an S. kuṅkuma an, vielmehr an die semitischen Namen der aus Kleinasien stammenden und von da nach Osten gewanderten Pflanze; vergl. hebr. כַּרְכֹּם kar'kôm (Gesenius, Handwörterbuch über d. alt. Test. 11. Aufl. S. 404, Siegfried und Stade, Hebr. Wört. 299b, Levy, Neu-hebr. u. chald. Wört. II, 405, Brockelmann, Lexicon Syriacum 166b; ZDMG 39, 278 u. 302), ferner assyrisch karkuma, armenisch k'rk'um, persisch karkum, s. V. Hehn, Culturpflanzen und Hausthiere u. s. w. 6. Aufl. S. 261 In diese Reihe mit dem r in der ersten Silbe gehören offenbar die ebenso gebildeten tibetischen Wörter, woraus klar hervorgeht, dass zuerst über Persien und Kâçmîr der Safran nach Tibet gelangte, und nicht von Indien her.

3 gur-gum-dag]. Ueber dag bei Stoffnamen s. Schiefner, über Plural-Bezeichnungen im Tib. § 9 (Mém. de l'Ac. de Pet. 7. sér. XXV. No. 1). Hier sollen wohl im Besonderen die einzelnen Körner bezeichnet werden. Ebenso Z. 8 u. 10 gu-gul-dag.

4 nagi. Die von Jäschke nach Schmidt unter diesem Worte angeführten und mit Fragezeichen versehenen Bedeutungen: 1. krank sein, 2. Klauen eines See-Ungeheuers (was sonst tib. c'u srin sder-mo lautet) können in diesem Falle nicht zutreffen, da es sich hier wohl um eine Pflanze handelt. Vyutp. kennt das Wort nicht. Ich vermuthe eine dem Verse zu Liebe vorgenommene Abkürzung von nâgakesara, das in der Hindiform nâ-ge-sar in der tib. Literatur sehr häufig ist.

5 span̄-spos. Jäschke (Dict.) versteht darunter zweierlei: 1. die Composite Waldheimia tridactylites (s. v. span̄), 2. ein Parfüm (s. v. spos). Vyutp. giebt fol. 273a, 3 unter den Namen der Arzeneien an, dass span̄-spos gleich gandhamâsî sei, was nichts anderes ist als gandhamâṁsî, nach PW. eine Art Valeriana. Um diese Pflanzengruppe kann es sich in unserem Falle nur handeln Die hier in Betracht kommende Art ist nach meiner Vermuthung Valeriana spica Vahl., wahre Nardenähre, in Indien zu Hause, als Spica nardi oder Nardus Indica schon den Alten bekannt, welche die Pflanze zur Herstellung des Nardenöls und der Nardensalbe benutzten. William Jones hat zuerst gefunden, dass dieselbe zu den Baldrian-Gewächsen gehört und von den Arabern Sumbul genannt wurde, von den Hindus aber Jatamânsi, d. h. Haarbüschel (s. Leunis II, § 701). Dieses Jatamânsi ist gleich S. jaṭâmâṁsî.

6 si-la = S. sillakî (eine Art Weihrauch, Jäschke). Eine andere Sanskritform ist çallaka, die Weihrauchbaum und Weihrauch bedeutet. Es ist Boswellia thurifera Roxb., worüber Leunis, Synopsis II, § 529, 4, der hier von einem weihrauchartigen Gummiharze spricht.

7 ziu fehlt in den Wörterbüchern. Meine Uebersetzung mit „Kümmel" gründet sich lediglich auf die Vermuthung, dass das Wort aus zi-ra verkürzt (Fälle, die allerdings sehr häufig vorkommen) und mit der Deminutivendung versehen ist, ferner auf das sachliche Argument, dass Kümmel thatsächlich zu aromatischen Zwecken Verwendung findet.

8 mts'un̄s. Es ist nicht klar, ob sich die Gleichheit mit den vorigen auf die Qualität (nur Beispiele von Qualitätsgleichheit giebt Jäschke) oder auf die Quantität bezieht, und wenn letzteres der Fall sein sollte, welches Gewicht ist dann unter de-dag zu verstehen?

## Zum Colophon.

Ueber die Bedeutung der dem Nâgârjuna zugeschriebenen Autorschaft vergl. Wassiljew, Buddhismus, bes. S. 143.

Betreffs des K'ac'ei paṇḍitai žal mn̄a nas ist Huth (Verz. 8, 21) im Zweifel gewesen, ob žal mn̄a nas zum Namen gehöre oder Titel sei; letzteres ist aber das Wahrscheinlichere, schon deshalb, weil der Genitiv paṇḍita-i dasteht statt des sonst zu erwartenden paṇḍita; žal mn̄a nas ist dann der gewöhnlicheren Schreibung žal sn̄a nas gleich zu setzen, worüber vergl. Huth, Geschichte des Buddhismus in der Mongolei, Bd. II, 9, 240, 254.

Ueber die Zeit des Uebersetzers Ratnabhadra und der Schrift überhaupt s. Huth, ZDMG, Bd. 49 (1895), S. 281, 282.

# Anhang.

## Spos kyi rnam pai miñ la.

## 香名

Die in der Vyutpatti des Tanjur verzeichneten Namen wohlriechender Stoffe (Sûtra, Bd. 123, Pet. As. Mus. fol. 277a).

Sanskrit, tibetisch, lateinisch und deutsch.

(Die §§ hinter den lat. Namen beziehen sich auf Leunis, Synopsis d. Pflanzenk. II.)

1. vâyana[1]), rgya spos unbestimmt. PW. eine Art Räucherwerk, cit. nur Vyutp. Eine bestimmtere Bedeutung kennt auch Jäschke nicht (s. Dict. v. o.).
2. candana, tsan-dan, Santalum album L. (§ 452, 2), Sandelholz.
3. agaru (aguru), tib. akaru, Aloë indica (§ 719, 23), Aloeholz; PW. Amyris Agallocha, irrthümlich, s. Nr. 11.
4. turuṣka[2]), tu-ru-ka, Weihrauch. Olibănum, Gummi olibanum, Thus orientale, ausfliessendes Gummiharz der Boswellia thurifera Colebrooke, B. glabra Roxb., B. serrata Stackhouse (§ 529, 4).
5. kṛṣnâgaru[3]), akaru nag-po; PW. kṛṣṇâgarukâṣṭha, eine Art Aloe.
6. tamâlapattra[4]), ta-ma-lai ${}_{o}$dab-ma Blatt von Xanthochymus pictorius Roxb. Vyutp. fol. 276b, 1 auch unter den Blumen, tib. als ta-ma-lai lo-ma erwähnt.
7. uragasâracandana, tsan-dan sbrul-gyi sñiñ-po, eine bestimmte Sandelart. S. uraga entspricht sonst tib. lto-${}_{o}$p'ye, und sbrul in der Regel S. sarpa. sâra = sñiñ-po.
8. kâlânusâricandana[5]), dus-kyi rjes-su ${}_{o}$brañ-bai tsan-dan; kâla = dus; anu-sṛ = rjes-su ${}_{o}$brañ-ba oder ${}_{o}$breñ-ba. Pw. kâlânusârin Benzoeharz (auch kâlânusârivâ, kâlânusârya) = Gummi sive Resina benzoës oder Asa dulcis von Benzoïn officinale Hayne (Storax benzoïn Dryand.) [§ 635, 2].
9. karpûra[6]), ga-bur, Camphora officinalis, Laurus camphora L. oder Persea camphora Spreng. (§ 600, 12), Kampfer.
10. kuñkuma, gur-gum, Crocus sativus L. (§ 716, 2), Safran.
11. guggulu (guggula), gu-gul, Bdellion Roxburghii Arn. oder Amyris Agallocha Roxb. (zur Gattung Balsamodendron, Myrrhe) [§ 529, 7]. Roxburgh's Balsambaum; der Balsam gelangt auch als bengalisches Elemi (Elĕmi bengalense) in den Handel.
12. kunduru pog, Boswellia thurifera, s. Nr. 4. Indischer Weihrauchbaum (hier das Harz dess.). Jäschke hat das Wort pog nicht, wohl aber pog-p'or „Rauchfass, Räucherpfanne“.
13. sarjarasa, sra-rtsi-pog, Vatica robusta nach PW., wohl identisch mit Shorea robusta Roxb. (oder S. Tumbagaia Roxb.). Falscher Dammarabaum Ostindien's, dessen harziger Saft in verhärtetem Zustande das Saulharz oder

---

1) Der Text schreibt vayanam.
2) Im Text turuskaḥ.
3) Im Text kṛṣṇagaru.
4) Im Text -patra, wie durchweg Vyutp. so geschrieben.
5) Ist wohl nur aus Versehen im Texte mit der tib. Uebersetzung noch einmal dahinter geschrieben, wobei nur die Längenbezeichnung des â in -sâri- weggefallen ist.
6) Im Text verdruckt katpûraḥ.

ostindische Dammaraharz liefert (§ 558, 1). PW. giebt durch Shorea robusta gandhavṛkṣaka wieder, was aber wohl identisch ist mit Vyutp. fol. 259a, 2 gandhavṛkṣa = spos-kyi-šiṅ. Andere Bezeichnungen für sarjarasa sind: sarjamaṇi, sarjaniryâsaka, sarjanâman oder sarja. —

(12) Hr. E. Rösler übersendet d. d. Schuscha, 25. Mai, durch Vermittelung des Hrn. R. Virchow folgenden Bericht über

**neue Ausgrabungen bei Gülaplu, Transkaukasien.**

(Hierzu Tafel VIII.)

Ich konnte einige sonnige Tage der März-Ferien bereits zu einem archäologischen Ausflug benutzen. Derselbe galt diesmal dem etwa 30 Werst in nordöstlicher Richtung von Schuscha belegenen Dörfchen „Gülaplu“, woselbst ich — der Einladung des Besitzers, des tatarischen Begs Iskender Rustambekow's Folge leistend — vom 21. bis 28. März incl. ziemlich umfangreiche Ausgrabungen vornahm. Eingehender Untersuchung wurden unterzogen im Ganzen 44 vorhistorische Gräber, und zwar ihrer Beschaffenheit nach 36 Kistengräber, 5 Steinkranz-Gräber und 3 Kurgane.

I. Kistengräber (2 Arbeitstage mit 25 tatarischen Arbeitern).

Ungefähr eine Werst südlich vom Dorfe Gülaplu (persisch = Rosenwasser) liegt auf einer, sich gegen das Flüsschen gleichen Namens von West nach Ost sanft hinabsenkenden Berglehne ein altes Gräberfeld, von den Bewohnern der Gegend tatarisch „Gjaurkabri“ = Friedhof der Ungläubigen benannt. Hier finden sich in geringer Tiefe, 1—2 Fuss unter dem Ackerlande, nahe bei einander, zahlreiche Kistengräber. Die aus Kalkschiefer-Platten construirten Kisten (zu welchen ein benachbarter Schiefer-Steinbruch das Material lieferte) haben meist quadratische Form, wobei sie sich nach unten gewöhnlich etwas erweitern. Jedes Grab besteht aus 4 in die Erde gesenkten, 3 *cm* dicken Schieferplatten und ist oben mit einer solchen geschlossen. Die Art der Bestattung ist vorwiegend die hockende,

Figur 1.

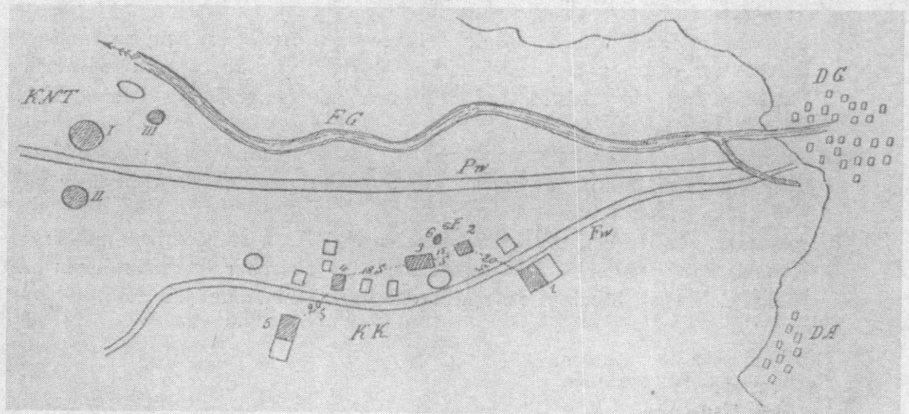


Plan der Kurgane und Gräber nördlich von Gülaplu.
*DA* Dorf Abdall. *DG* Dorf Gülaplu. *FG* Fluss Gülaplu. *KK* Karatschi-kabri (Zigeuner-Gräber, Steinkranz-Gräber) *Nr. 1—5.* (*F* = Fuss, *S* = Schritt). *Fw* Feldweg. *Pw* Postweg von Agdam.

# *005*

## 西藏化妆的历史

# GLOBUS.

## Illustrierte

## Zeitschrift für Länder- und Völkerkunde.

**Vereinigt mit der Zeitschrift „Das Ausland".**

---

**Begründet 1862 von Karl Andree.**

Herausgegeben von

**Richard Andree.**

---

**Neunundsechszigster Band.**

Braunschweig,

Druck und Verlag von Friedrich Vieweg und Sohn.

1 8 9 6.

liert. Auch die nordwestdeutschen Heiden würden ohne Kultur nicht lange Callunafelder bleiben. Ich will gar nicht behaupten, daſs überall gleich schlanke Bäume aufsprieſsen würden, zumal es bekannt ist, daſs selbst planmäſsige Aufforstungsversuche stellenweise miſslungen sind. Es ist nämlich durch neuere Forschungen klargestellt, daſs unsere Waldbäume — ähnlich wie auch die Hülsenfrüchte — ihre Nahrung nicht unmittelbar aus dem Boden ziehen, sondern daſs ihre Wurzeln eine Lebensgemeinschaft mit ganz kleinen Pilzen (Mycorrhiza) eingehen und mit deren Hülfe erst recht im stande sind, unorganisches Material zu verdauen. Ferner ist das Gedeihen mancher Bestandarten abhängig von der Anwesenheit von Regenwürmern[12]) im Boden. Wo also die nötige Mycorrhiza und die Regenwürmer fehlen, da kann ordentlicher Wald nicht gleich aufkommen. Auſserdem ist allemal auf gröſseren Feldern der Wind den zuerst in gröſseren Abständen hochkommenden Bäumen gefährlich. Aber selbst wenn keinerlei gelegentliche Verschleppung auf gröſsere Entfernung stattfände, würden von den Rändern der Heidefelder her allmählich die dem Walde behülflichen Wesen vordringen und mit ihnen der Wald selbst. Den Feldcharakter würden die Heiden aber dennoch sehr schnell verlieren. Der Wacholder würde sich stärker vermehren und Niederwälder bilden, wie man solche zuweilen an der jütischen Skagerakküste auf Kreide und im badischen Baulande auf Muschelkalk sehen kann. Oder es würden aus krüppelhaften Espen, Birken und Kiefern im Verein mit Weiſsdorn, Wacholder, Rosen, Schlehen und Brombeeren gemischte Niederwälder entstehen, die dann allmählich in Hochwald übergehen könnten. Freilich wäre ein solcher Waldwuchs nationalökonomisch noch weit unnützer als die Heide. Moorheideparzellen, die durch Torfstiche oder Gräben von den Weideländern abgeschnitten werden, bedecken sich stets sehr schnell mit Forst, Weiden, Birken, Espen und anderen Laubhölzern, nicht selten finden sich auch Nadelbäume und immer ziemlich bald auch Eichen an. Jedes nordwestdeutsche Heidefeld würde, sobald jegliche Ausbeutung desſelben aufhörte, mehr oder weniger schnell den Charakter eines Waldes annehmen. Freilich würden nicht wenige solche Wälder bei dauernder Unkultur in nicht allzulanger Zeit wiederum Mooren und Sümpfen Platz machen müssen — aber das gehört nicht mehr zu unserem Thema.

[12]) P. E. Müller in der Oversigt over d. Kgl. Danske Videnskabernes Selskabs Forhandlinger 1894. Ref. im Bot. Centralblatt, Bd. 66, S. 22.

---

# Zur Geschichte des Schminkens in Tibet.

Von Berthold Laufer.

Im Globus, Bd. LXVIII, Nr. 12, 1895, war in dem Aufsatze von Krebs: „Der erste Schritt zur kommerziellen Erschlieſsung Tibets" auf die keineswegs unbedeutende Einfuhr von Katechu aus Indien nach Tibet hingewiesen worden, eines roten Farbstoffs, den besonders Frauen als Schminke gebrauchen; hinzugefügt ist die Behauptung des englischen Zollkommissars Taylor, jene Mode sei vor einigen Jahrhunderten vom Dalai-Lama eingeführt worden, um den Lamas das Cölibat zu erleichtern, ein Mittel, dessen Wirksamkeit er aus eigenem Empfinden bestätige. Man möchte von vornherein zu der Annahme geneigt sein, daſs diese Erklärung eines Brauches, den wir in weitester Verbreitung über die Ökumene in Ausübung finden, eine nachträgliche, sekundäre, irgendwie aus ursprünglicheren Verhältnissen abgeleitete ist, die wir aber zum Glück (etwa nach natürlichen, durch Vergleichung gewonnenen Entwickelungsgesetzen) nicht zu rekonstruieren brauchen, da authentische historische Quellen einen sicheren Anhaltspunkt gewähren.

Chinesische Berichte erzählen von den alten Tibetern, die gewöhnlich in Filz und Leder gekleidet gingen, daſs sie es liebten, das Gesicht rot zu bemalen. [Bushell, The early history of Tibet from Chinese sources im Journ. of the Royal Asiatic Society XII (1880), p. 442.] Aus der Geschichte des ersten groſsen und wirklich beglaubigten tibetischen Königs Srong-btsan-sgam-po in der ersten Hälfte des siebenten Jahrhunderts n. Chr., der sich mit der chinesischen Prinzessin Wen-cheng-kung-chu vermählte (Köppen, Die lamaische Hierarchie und Kirche 55, 62) meldet ein anderer, gleichfalls chinesischer Autor, daſs diese Fürstin bei ihrer Ankunft in Tibet mit Miſsfallen die rötlich-braune Farbe betrachtet habe, die sich die Leute aufs Gesicht legten; da erlieſs der Herrscher den Befehl, daſs von nun an im ganzen Reiche dieser Brauch aufhören solle. (Rockhill, Tibet. A geographical, ethnological, and historical sketch, derived from Chinese sources. Im Journ. of the Royal Asiatic Society 1891, p. 191.) Diese Thatsachen dürften genügen, um für die älteste, vorbuddhistische Zeit des Landes die allgemeine Sitte der roten Bemalung des Gesichtes auſser Frage zu stellen; wie es scheint, wurde sie nicht nur von Frauen, sondern in gleicher Weise von Männern geübt, was die Annalen der Sui-Dynastie (581 bis 618 n. Chr.) bestätigen, die von verschiedenen farbigen Tonarten sprechen; mit diesen bemalen sich Männer und Frauen und wechseln täglich etwa die Farbe. (Rockhill, The land of the Lamas 339.)

Rote Schminke (ulân ô: Schmidt, Mongolisch-deutsches Wörterbuch 44a) und Bleiweiſs (tsaghân ô = weiſse Schminke), die beide von Kaufleuten importiert werden, legen sich noch heute die mongolischen Weiber auf, am meisten die Mädchen (Pallas, Sammlungen historischer Nachrichten von den mongolischen Völkerschaften I, 107), eine Gewohnheit, die ziemlich alt sein muſs, da schon Rubruk (ed. Avezac 233) ihrer erwähnt. Es ist nicht der geringste Grund vorhanden, in diesen Fällen auch nur die Spur eines anderen Motives zu suchen als das des Verlangens nach Schmuck und Verschönerung des Körpers, das wahrscheinlich überhaupt den ersten und ausschlieſslichen Antrieb zu jeglicher Kleidung gegeben, ohne Einwirkung anthropogeographischer Verhältnisse (s. nähere Ausführungen bei F. Boas, die Ziele der Ethnologie, Vortrag). Ästhetisches Bedürfnis ist das Princip des Schminkens und Bemalens; daſs dieses auch im modernen Tibet herrscht, geht deutlich aus einer Mitteilung Hermann Schlagintweits hervor in „Reisen in Indien und Hochasien" III, 298: „Es kommt vor, daſs Frauen das Gesicht mit Kleister beschmieren und dann mit kleinen Samenkörnern von Grasarten oder ähnlichen in ziemlich regelmäſsigen und symmetrichen Linien belegen. Solches soll Zierde sein und hält in dem trockenen Klima, da auch nur selten gewaschen wird, ziemlich lange. Beim ersten Anblick macht es den widerlichen Eindruck einer stark entwickelten Hautkrankheit." Man wird fast an die Schönheitspflästerchen der Rokokozeit erinnert. Um einen sehr ähnlichen, wenn nicht denselben Vorgang, muſs es sich wohl handeln, wenn derselbe Autor in seinem Werke II, 48 berichtet, dafs die Mädchen sich gespaltene Fruchtkörner längs des Nasenbeines und um die Augenbrauen kleben, und wenn Bellew (Kashmir and Kashgar 130) sagt, dafs die Frauen in einem Teile von Ladâk Wangen und Stirn mit dem Saft und den Samen der reifen Beere der Belladonnapflanze bestreichen (wohl Atropa belladonna, gemeine Tollkirsche, deren Beeren früher auch in Italien als Schminke gebraucht wurden, woher der Name bella donna = schöne Frau; Leunis, Botanik, §. 399, 3). Interessant sind nun die abweichenden Gründe, die für diese Bräuche angegeben werden. Die Frauen selbst behaupten, damit ihre Haut gegen den trockenen Wind zu schützen, der sie sonst aufreifsen und rauh machen würde (Rockhill, The land of the Lamas 214). Diese Aussage zerfällt als ein nichtiger Vorwand in sich selbst, da das Schminken allenthalben auch in heifsen Klimaten im Schwange ist und in Tibet selbst eine Reihe von andern Stoffen zum Einreiben der Haut angewandt werden, um sie gegen Einflüsse der Witterung zu schützen, vor allem deshalb, weil es bei der Schminke auf das den Ton der Wangen belebende und steigernde Rot ankommt (s. a. Shaw, Reise nach der hohen Tartarei etc. 411), während die Schutzmittel gegen die Luft farblos sind. G. Bonvalot (De Paris au Tonkin à travers le Tibet inconnu 1892, p. 323) beobachtete, dafs sich die Frauen das Gesicht mit Butter einreiben, das, da sie nicht gewohnt sind, sich zu waschen, Rauch und Staub haften läfst und sich so in eine wirkliche, schwarze Rufsmaske verwandelt. Der französische Reisende ist der Ansicht, dafs diese Praxis den Zweck hat, die Wirkungen der schneidenden Luft abzuhalten. Unter denselben Gesichtspunkt fällt wohl folgende Bemerkung des berühmten Athanasius Kircher über die tibetischen Frauen: Foeminae horum Regnorum, sagt er p. 76 seines grofsen Werkes China illustrata, adeo deformes sunt, ut diabolis similiores quam hominibus videantur, nunquam enim religionis causa aqua se lavant, sed oleo quodam putidissimo; quo praeterquam quod intolerabilem foetorem spirent, dicto oleo ita inquinantur, ut non homines, sed lamias diceres. Es scheint kaum unwahrscheinlich, dafs Gewohnheiten dieser Art, die offenbar dem Schutz gegen das Klima dienen sollen, in den Frauen den Gedanken erzeugten, aus der Not (der Eitelkeit) eine Tugend zu machen und das Bemalen unter die Kategorie notwendiger Lebenselemente aus physischen Anlässen zu rechnen, möglich auch, dafs sie in Folgerichtigkeit weiblicher Logik beide Faktoren mit der Zeit verwechseln lernten und unter dem Banne dieser Suggestion auch wirklich handelten. Bonvalot fügt seiner oben mitgeteilten Erklärung die scherzhafte Glosse hinzu: „A moins que ce ne soit pour s'enlaidir, afin d'avoir au moins la première place dans un genre. On peut la leur décerner sans injustice.“ Die Absicht, sich häfslich zu machen, schiebt H. Schlagintweit (Reisen II, 48) den Mädchen unter, die sich gespaltene Fruchtkörner ins Gesicht kleben (s. oben), was ich nicht glaube und einfach für einen Beobachtungsfehler des Reisenden halte, der übrigens mit dieser Ansicht auch allein da steht. Eine andere Theorie stellt derselbe (Reisen III, 298) auf, wenn er meint: Von den Frauen wird zuweilen ein sehr entstellendes Bemalen ihres Gesichtes mit roter Erdfarbe, selbst mit Rufs, ausgeführt, das ihre Reize statt des Schleiers gegen die Augen der Männer schützen soll; bei solcher Bedeutung könnte der Ursprung der Sitte in den westlichen muselmännischen Gebieten zu suchen sein; doch findet sie sich sehr häufig auch fern davon im östlichen Tibet, selbst in Sikkim noch. Leider läfst sich aus dieser durch ein „soll“ schon eingeschränkten Begründung nicht ersehen, ob sie aus dem Sinne der Tibeter zu verstehen ist oder nur das subjektive Urteil des Verfassers widerspiegelt, was indessen das wahrscheinlichere sein dürfte, wenn man bedenkt, wie widerspruchsvoll und unsinnig diese Erklärung in sich selbst ist. Endlich ist die schon eingangs gedachte Erläuterung Taylors zu erwähnen. Unrichtig ist zunächst, dafs jene Mode bereits seit einigen Jahrhunderten eine kirchlich angeordnete Einrichtung sei, was thatsächlich erst seit Ende des vorigen Jahrhunderts der Fall ist. Im Anschlufs an die Untersuchungen von Huc (Souvenirs d'un voyage dans la Tartarie etc., II, 258) und Rockhill (The land of the Lamas 214/5 und Tibet l. c., p. 22) ergiebt sich, dafs Dé-mo rin-po-c'e vom Kloster Ten-rjyä-ling, ein Zeitgenosse des chinesischen Kaisers K'ien-lung, unter dessen Regierung er Peking besuchte, den tibetischen Frauen (in land of the Lamas eingeschränkt auf die von Lhasa, ebenso bei L. Feer, Le Tibet 43) befohlen habe, das Gesicht zu beschmieren, so oft sie sich auf der Strafse zeigten, um nicht die vorübergehenden Lamas von ihrer Meditation abzubringen; die Mönche hätten mit der Zeit die strenge Regel ihres Ordens vergessen, die ihnen vorschrieb, unterwegs die Augen auf den Boden zu heften und weder nach rechts noch nach links zu blicken, und nicht Augen genug gehabt für die rotwangigen, glanzäugigen Mädchen, denen sie begegneten. Die Frauen gehorchten dem Befehl, und bald kam die Anwendung der Paste in Mode. Diese heifst tibetisch stod-dja, gesprochen tö'-dja, nach Rockhill eine Transscription des chinesischen erh-ch'a, was Katechu bedeutet (terra japonica, aus dem Holz der Acacia catechu, Leunis §. 229 oder Areca catechu, §. 323, oder aus Nauclea Gambir, Ostindischer Gambirstrauch gekocht); diesem Farbstoff wird Fett zugesetzt, der dadurch seine ursprünglich dunkelrote Färbung in schwarz verwandelt (s. J. Hooker, Himalayan Journals II, 175). Im Princip besteht also zwischen dieser Schminke und der von Alt-Tibet kein Unterschied. Was die geographische Verbreitung ihres Gebrauches betrifft, so wird sie nach Rockhill (Diary of a journey through Mongolia and Tibet 361) nicht viel in Bathang, noch weiter westlich, wo sich Chinesen aufhalten, gebraucht, wohl aber ganz allgemein von den Drupa- und centraltibetischen Frauen. Der chinesische Berichterstatter (Tibet, p. 226) bemerkt, dafs eine Frau, die einen Lama besuchen will, ihr Gesicht mit Melasse oder Katechu (cutch) beschmiert; unterläfst sie das, so sagt man, dafs sie sich bemüht, die Priester durch ihre Blicke zu fangen; ein unverzeihliches Verbrechen! ruft er aus. Man möchte zweifelnd fragen, ob man in jener Geschichte eine historische Thatsache oder eine, wenn nicht wahre, doch gut erfundene Fabel zu erblicken habe. Doch sei dem, wie ihm wolle, klar ist es jedenfalls, dafs lange vor dem Erlafs des Kirchenfürsten die Sitte des Schminkens bei den tibetischen Damen bestanden hat, und zieht man die sehr freie und unabhängige Stellung des energischen weiblichen Geschlechts in Tibet und die psychischen Richtungen der Frau überhaupt in Erwägung, so wird man schwerlich zu dem Schlusse gelangen können, dafs die Frauen mit einem Schlage auf das Edikt eines einzigen Mannes hin, und wäre er der mächtigste, dazu in einem so riesigen Ländergebiete, wie es Tibet darstellt, sich soweit überwunden haben sollen, gleichsam Hand an sich selbst zu legen und ihre Reize durch entstellende Mittel zu morden, was doch mit der Tendenz jeder sexual selection in Widerspruch stände.

Und nun erst die Lamas! Schon Feer (Le Tibet 43), der den kirchlichen Schminkzwang erwähnt, hatte sich sagen lassen: c'est là un impuissant palliatif, et les moeurs n'ont rien gagné à l'emploi de ce substitut du voile traditionnel. Sollte eine Lage roter oder selbst fettgeschwärzter Schminke, und sei sie auch noch so dick aufgetragen, ein Schutzwall, stark genug sein, um den Geistlichen in seiner Tugend und Reinheit zu wahren? Man braucht gerade kein Skeptiker von Beruf zu sein, um sich einen gelinden Zweifel darüber zu erlauben. Man lese die Ausführungen Bergmanns in seinen Nomadischen Streifereien unter den Kalmüken, II, 287, Köppens, die Religion des Buddha, I, 354 ff. und II, 275 ff., und E. Panders, Geschichte des Lamaismus (Verh. d. Berl. Anthr. Ges. 1889), um zu der Überzeugung zu gelangen, dafs es mit der sexuellen Moral allüberall gleich bestellt ist, die historisch betrachtet, fast den Eindruck erweckt, als liege sie jenseits von Gut und Böse. Immerhin mag die Möglichkeit nicht ausgeschlossen sein, dafs jener Dé-mo rin-po-c'e ein solches Dekret erlassen hat, ein Dekret, dessen Gedanken er dann gewifs in einsamer Klosterzelle ausgeheckt und im redlichen Bewufstsein seiner seelenretterischen und staatserhaltenden That der Welt verkündet hat: vom Leben und seinen Bedürfnissen hat er sicherlich wenig gewufst. Frauen und Pfaffen hatten dann beide Grund, dem weisen Beschlufs zu applaudieren, der ihnen nichts geben, nichts nehmen konnte; denn beide fuhren fort zu thun, wie sie vorher gethan, beider Thun sanktioniert unter dem Schutz der Kirche, so dafs gegen jene nicht der Gedanke an Eitelkeit, gegen diese nicht der des Verdachts aufkommen konnte.

---

## Colonel Miles' Forschungsreise in Oman, Südost-Arabien.

Unsere heutige geographische Kenntnis von Oman beruht auf der von Leutnant Wellsted im Jahre 1838 zugleich mit seinem Buche „Travels in Arabia" herausgegebenen Karte. Zu den von Wellsted nicht persönlich besuchten Gegenden gehört die grofse Bergkette, die, gewissermafsen das Rückgrat Omans bildend, zwischen Maskat und Ras Al Har liegt. Sie besteht im grofsen und ganzen aus zwei parallelen Höhenzügen, die ein reiches und dicht bevölkertes Thal, das Wadi Tyin, einschliefsen, das bei Ghobreh Al Tam endet, wo der Strom seinen Weg durch die Hügel ausgewaschen hat und den als „Teufelsschlucht" bekannten Cáñon bildet. Durch eine im Jahre 1884 ausgeführte Forschungsreise des Colonel S. B. Miles, der darüber erst jetzt im „Geographical Journal", May 1896 (S. 522 bis 537 und Karte) berichtet, ist diese Lücke in unserer Kenntnis ausgefüllt worden.

Von dem in der Nähe von Maskat gelegenen Orte Matrah aus wurde die Reise am 14. Febr. 1884 angetreten. Sie führte zunächst durch das Wadi Adi in die hinter Maskat gelegene Ebene Seh Hatat, zu dem 128 m über dem Meere gelegenen, dem Stamme der Beni Wahaib gehörigen Weiler Al Berain, wo man durch zwei künstliche unterirdische Kanäle, sogen. „feleges", das Wasser zweier in den benachbarten Bergen gelegener Quellen mit ausgezeichnetem Erfolge zur Bewässerung des Landes benutzt und das Land in einen üppigen Garten verwandelt hatte.

In dem gebirgigen Teile von Oman bilden die Bergströme oder Wadis die natürlichen Wege ins Innere. Es sind zuweilen sandige Wasserläufe, zuweilen tiefe, felsige Schluchten, aber auch breite, fruchtbare Thäler. Durchs Wadi Kahza ging die Reise weiter, an der Ausmündung des Wadi Amdeh vorbei, das fast parallel zu dem Wadi Kahza geht und den näheren, aber auch viel schwierigeren Weg zum Wadi Tyin bildet. Immer steiler steigt der Weg zum Akabat el Kahza (Kahza-Pafs) hinan, zuletzt in Zickzackpfaden, die von den beladenen Kamelen nur mit der gröfsten Mühe passiert werden konnten. Um 3 Uhr nachmittags wurde der Pafs erreicht und mit 1188 m bestimmt. Wie ein Riese ragt gegenüber der Djebel Tyin 1600 m hoch empor. Dann stieg man südlich zum Wadi Mugheira hinab. Der Weg wurde durch riesige Blöcke blauen Kalksteins, die in dem felsigen Bett umherlagen, noch mehr erschwert als der Aufstieg. Eine ziemlich reiche Vegetation findet sich im Wadi Mugheira, darunter Tamarinden, Oleander, Euphorbien, Rhamnus, Akazien und andere Arten. Man übernachtete auf der Sohle der Schlucht, die 630 m unterhalb des Kahza-Passes liegt, in der Nähe von Wasserquellen, im Freien bei grofsen Feuern. Am nächsten Morgen wandte man sich nach Südwesten, dem Wadi Munsab zu, das in der Nähe von Surur in das Wadi Semail fliefst und die Hauptverbindung zwischen den Thälern von Semail und Tyin bildet. Zwei grofse Dörfer, Subh und Nafaah, sowie verschiedene Weiler liegen im Wadi Munsab. In zwei Stunden erreichte man das Oberland (nejd) von Wadi Munsab und machte im Dorfe Al Wasit, wo der Sheik des Stammes Rehbiyin wohnt, Halt.

Dann ging es zurück, in südwestlicher Richtung das Wadi Wasit hinunter. Zwischen zwei senkrechten Klippen von weifsem Kalk tritt man aus dem Wadi Wasit bei dem Weiler Naksa, der am Zusammenflufs beider Wadis liegt, in das Wadi Tyin ein. Etwas oberhalb liegt die höchst gelegene Niederlassung des Wadi Tyin, ein Dorf Namens Baad. Die Quellen des Wadi befinden sich aber weiter südlich bei Al Rautha. Vor dem Reisenden lag nun das gröfste, schönste und bevölkertste Thal Omans, das Wadi Tyin, breit und gerade zwischen zwei Bergketten 40 km weit nach SO sich erstreckend. 29 Dörfer der Rehbiyin-, Beni Araba-Siabiyin- und Beni Battâsh-Stämme liegen darin unter schattigen Palmenhainen, umgeben von Gärten und Feldern mit verschiedenen Kulturen. Der nördlich vom Thale sich hinziehende Gebirgszug wird von den Bewohnern Djebel Beida oder Weifses Gebirge genannt. Es ist ein Tafelgebirge von durchschnittlich 900 m Höhe und scheint hauptsächlich aus horizontal geschichtetem Kalk zu bestehen. Es wird trotz

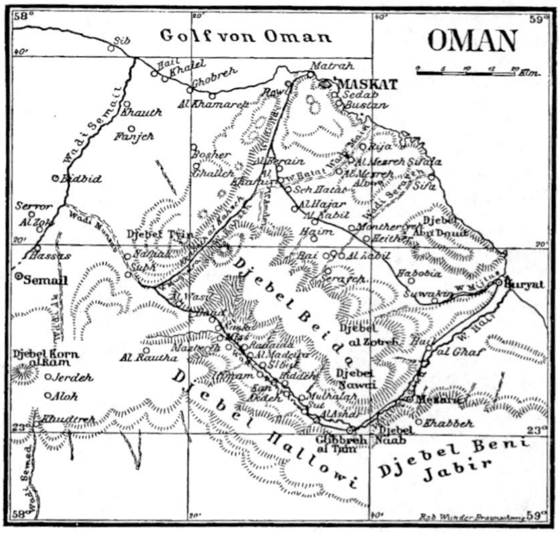


Colonel Miles' Reise in Oman.

seines dürren Aussehens von einer ansehnlichen Schar von Schaf- und Ziegenhirten mit ihren grofsen Herden bevölkert. Die Flora ist einförmig und soll nach dem französischen Botaniker Aucher Eloy 500 Arten nicht übersteigen. Von wilden Tieren kommt der Steinbock (arab.: Wail), eine wilde Ziege, Hasen, Füchse und Hyänen vor. Die südliche Gebirgskette wird von einigen Bewohnern Djebel Hallowi, von anderen Djebel Sandeh genannt. Sie ist durchschnittlich 600 m hoch und hat keine hohen Gipfel. Bei Al Bir, einem Dorfe mit auf steinernen Pfeilern ruhenden Aquädukt, liegt das Wadi Tyin 580 m über dem Meere. Sibal, wo längerer Aufenthalt genommen wurde, liegt nur noch 457 m, und Ghobreh al Tam, das von hier in fünf Stunden erreichbare Ende des Thales, nur 300 m hoch. Je weiter man nach Osten kommt, um so mehr verbreitert sich das Thal; Wasser ist im ganzen Thale im Überflufs vorhanden. Bei Ghobreh al Tam, einer schön gelegenen Stadt von 1000 Einwohnern, wendet sich der Strom nach Norden und strebt der See zu. Am 16. Februar drang der Reisende in den sogen. Teufelsschlund ein, der vorher noch von keinem Europäer passiert war. Die Schlucht hat so steile Seitenwände, dafs man wie zwischen zwei hohen Mauern eingeschlossen ist, durch die der Strom hinabbraust. Sie ist am Eingange nur 90 m breit, erweitert sich aber an manchen Stellen bis 450 m, während die Seitenwände die Djebel Nawai (links) und die Djebel Naab (rechts) von 300 bis 450 m Höhe ansteigen. Etwa einen halben Kilometer vom Eingange wird der Weg durch einen Akaba genannten Wasserfall gesperrt, dessen Überwindung grofse Schwierigkeiten verursachte und der bei Hochwasser unpassierbar wird. Der ganze Cañon ist gegen 11 km lang und durch die Gewässer des Wadi Tyin im Laufe der Jahrtausende aus festem Kalkstein herausgewachsen. Die Araber nennen die Schlucht Wadi Thaika. Sobald man sie verlassen hat, erblickt man links den 1860 m hohen Djebel Al Zotreh, der in Terrassen zur Ebene abfällt, während die Bergkette zur Rechten etwa 1200 m hoch ist. Bald erreicht man die Stadt Mezára, den Hauptsitz des mächtigen Stammes der Benni Battásh, von Tausenden von Dattelpalmen umgeben. Von hier ab führt der Flufs den Namen Wadi Hail. Die nächste Stadt ist Hail Al Ghaf, mitten in prachtvollen Obstgärten gelegen, mit einer sehenswerten, 4 km langen Allee von Mangobäumen. Von hier bis zu dem 2 km von der Küste gelegenen Kuryat beträgt die Entfernung noch 22 km, während Kuryat (3000 Einwohner) von Maskat noch 57 km entfernt ist. Die anstofsende Ebene enthält ein Dutzend Weiler und wird von zwei Wadis durchschnitten. Sie bildet ein ausgedehntes Weideland, wo früher ausgezeichnete Pferde gezüchtet wurden, die vor 200 Jahren auf den indischen Märkten guten Absatz fanden.

Von Kuryat ging der Reisende das Wadi Mijlas hinauf, eine tiefe und enge Schlucht, die nach dem 16 km entfernten Weiler Suwákin führt. Von hier nach Westen reisend, trat er in ein rauhes, wüstes und sehr coupiertes Terrain ein, ein Gewirr von Kalkrücken und Hügeln, deren Schichten nach Süden einfallen. Abends erreichte man Al Hajar im Wadi Hatat, ein erst seit zwei Jahrzehnten bestehendes Dorf, wo viel Tabak für den Markt in Maskat gebaut wird. Die geologischen Verhältnisse des Wadi Hatat sind sehr merkwürdig. Auf der einen Seite zeigt er die Natur und Lagerungsverhältnisse der sedimentären Gesteine, aus welchen die grofse Gebirgskette von Oman hauptsächlich zu bestehen scheint, und auf der anderen sieht man den metamorphischen Bau der dunklen Hügelgruppen bei Maskat. Das Bett des Wadi besteht durchweg aus Rollsteinen von Kalk, die einem groben Konglomerat aufliegen. Die Hügel zeigen die verschiedensten Farben und die Schichten sind sehr verworfen. Im Seh Hatat bemerkt man viele natürliche Pfeiler von 8 bis 9 m Höhe in einiger Entfernung voneinander, offenbar das Produkt von Denudation. Der allgemeine Anblick der Ebene erweckt die Annahme, dafs sie in früheren Zeitperioden das Bassin für die Gewässer der umgebenden Hügel bildete, bis die Wässer durch Auswaschung ihren Weg durch das Wadi Maih und Wadi Adi zur See fanden und der See trocken gelegt wurde. Von Al Hajar führt der Weg in nordwestlicher und dann nördlicher Richtung in das Wadi Adi hinein nach Muttrah, dem Ausgangspunkt der Reise.

# Bücherschau.

**J. Bühring** und **L. Hertel**, der Rennsteig des Thüringer Waldes. Führer zur Bergwanderung nebst geschichtlichen Untersuchungen. Mit einer Wegkarte, einem Höhenplan und einer Abbildung von Oberhof. Jena, Gustav Fischer, 1896.

Trotz schon reichlich vorhandener Litteratur über den Rennsteig haben die Verfasser es verstanden, ein Buch zu schaffen, das noch Neues bietet und das Bekannte in kritischer Weise übersichtlich zusammenfafst. Wie ein Bädecker führen sie uns über den ganzen Rennsteig von Hörschel bei Eisenach bis Blankenstein an der Saale, wobei überall sehr eingehende geschichtliche Erläuterungen, namentlich auch über die verwickelten thüringischen Territorialverhältnisse, mit einfliefsen. Naturwissenschaftliche und sprachliche Erörterungen fehlen nicht. Neu ist ein belangreiches Kapitel über die Rossezucht im 16. und 17. Jahrhundert am Rennsteige, die sehr bedeutend war, wobei auch helle Streiflichter auf sonst unverständliche Ortsnamen, wie Willenstall (Wilde-Stute), Struthöhe (Strute = Stute) und Rosengarten (= Rofsgarten) in jenen Höhen fallen. Der 30jährige Krieg hat mit der blühenden Pferdezucht aufgeräumt, das letzte Stutenhaus bei Vesser wurde 1842 aufgehoben. Es wird die Vermutung aufgestellt, dafs Rennsteig als „Triftweg zu den Rofsweiden" aufzufassen ist, auf dem der berittene Rofshirt hin- und herrannte.

R. Andree.

Memoria de Estadistica de la República de Guatemala. 1893, Kl.-Fol., IV, 656 und 272 S. Guatemala 1895.

In einem umfangreichen Bande hat das Statistische Amt von Guatemala seine Zahlenangaben für das Jahr 1893 veröffentlicht, nachdem bereits vorher der Census vom 26. Febr. 1893 herausgekommen war. Die Mehrzahl der mitgeteilten Daten interessiren uns nicht und ich will hier nur auf die Ackerbau- und Handelsstatistik eingehen, da dieselbe bei der grofsen Beteiligung deutscher Kapitalien an Produktion, Ein- und Ausfuhr von besonderer Bedeutung ist. Zuvor möge noch kurz mitgeteilt sein, dafs 1893 folgende Anzahl von Todesfällen, Geburten und Heiraten angemeldet wurde:

Todesfälle: 27119, davon 9737 Ladinos und 17382 Indianer.

Geburten: 64937, davon 19848 Ladinos (10344 ehelich, 9504 unehelich!) und 45089 Indianer (32007 ehelich, 13082 unehelich).

Heiraten: 5933, davon 1857 von Ladinos, 4076 von Indianern.

Telegraphen: 2414 englische Meilen und 153 Telegraphenstationen.

Post: 173 Postämter.

Schiffsverkehr an den vier Häfen der Republik: S. José, Champerico und Ocos am Pacifischen, Livingston am Atlantischen Ocean: 468 Dampfer und 32 Segelschiffe, zusammen 500 Schiffe, von welchen 378 unter nordamerikanischer, 47 unter englischer, 55 unter deutscher und 20 unter norwegischer Flagge liefen.

Handelsstatistik: Wert der Ausfuhr 1893: 20236784 Doll., wovon 1149901 Doll. auf gemünztes Silber, 21384 Doll. auf Barrensilber, 178113 Doll. auf Bananen, 105223 Doll. auf Zucker, 38898 Doll. auf Kautschuk, 133542 Doll. auf Viehhäute, aber 18550518 Doll. auf Kaffee entfallen.

Wert der Einfuhr (viel zu niedrig!): 7690643 Doll., wovon 1729893 Doll. aus den Vereinigten Staaten, 1477142 Doll. aus England, 1301115 Doll. aus Deutschland kamen. Der Wert der Einfuhr aus Frankreich dürfte eine ähnliche Höhe besitzen wie der der deutschen Einfuhr, ist aber wegen Druckfehlern aus der „Memoria" II, pag. 174 nicht zu entnehmen.

Von den Einfuhrgegenständen stehen an erster Stelle Baumwollstoffe, mit 1506872 Doll., an zweiter Stelle folgt gemünztes Silber mit 1059134 Doll. Die Ein- und Ausfuhr von Silbergeld stehen sich fast gleich und um so auffälliger erscheint daher das Übergewicht, welches Kaffee über alle anderen Ausfuhrgegenstände Guatemalas besitzt. Guatemalas Bedeutung im Welthandel beruht einzig und allein auf seinem Kaffee-Export und es ist daher am Platz, hier etwas näher darauf einzugehen. Die gesamte Kaffeeausfuhr betrug 1893: 318628 Ctr., weit über die Hälfte der Gesamtausfuhr. (Bedenkt man aufserdem, dafs mindestens ein Viertel der Kaffeeplantagen von Guatemala in deutschen Händen ist, so begreift sich, dafs wir Deutsche ein grofses Interesse an der mittelamerikanischen Republik zu nehmen berechtigt sind.) Der Rest des Kaffee-Exports richtet sich nach den Vereinigten Staaten und nach England, kleinere Posten gehen nach Frankreich, Österreich, Italien und Südamerika.

Während man die Angaben der Ein- und Ausfuhrlisten zwar als zu niedrig, aber doch als annähernd richtig annehmen darf, weil die betreffenden Zahlen durch direkte amtliche Aufnahmen gewonnen wurden, mufs man den Angaben der Ackerbau- und Forststatistik gegenüber sehr skeptisch sein. Die Ackerbaustatistik bezieht sich auf den Zeitraum vom 1. Juli 1892 bis 30. Juni 1893. Die Angaben dürften ungefähr richtig sein, dafs in Guatemala $1408^1/_2$ Caballerias ($63417^1/_2$ ha) mit Kaffee bepflanzt waren und dafs $90^1/_3$ Mill. Kaffeebäume im Ganzen vorhanden waren.

Bei den übrigen Zweigen des Ackerbaues ist eine Kontrolle schwieriger und ich teile daher einfach die Angaben der Statistik mit: Mit Zuckerrohr waren 321 Cabellerias ($14450^3/_4$ ha) bepflanzt, deren Produkt — aufser 82285 Ctr. Zucker — gröfstenteils als Rohzucker Verwendung fand. 328 ha waren dem Tabakbau gewidmet und lieferten $2773^1/_2$ Ctr. Tabak. Diese Angaben sind viel zu niedrig. Da Tabakbau Regierungsmonopol ist, so wird sehr viel Tabak heimlich angebaut und konsumiert.

Auf 2930 ha standen 1237903 Kakaobäume, welche 2612 Ctr. Kakao lieferten. Die Maisernte hat 1382930 Ctr. betragen (diese Angabe ist offenbar zu niedrig); es wurden ferner erzeugt Bohnen, Kartoffeln, Weizen, Gerste, Hafer. Die Ernten von Mais, Kartoffeln und Bohnen genügen nicht ganz für den einheimischen Bedarf, so dafs noch Einfuhr vom Auslande nötig ist; ganz ungenügend ist aber die Getreideernte für den Konsum des Landes, was man daran erkennen kann, dafs

# 006

## 步步生花

# DER URQUELL.

## Eine Monatschrift für Volkskunde.

Herausgegeben

von

**Friedrich S. Krauss.**

Das Volkstum ist der Völker Jungbrunnen.

Der neuen Folge Band II. Heft 1 und 2.

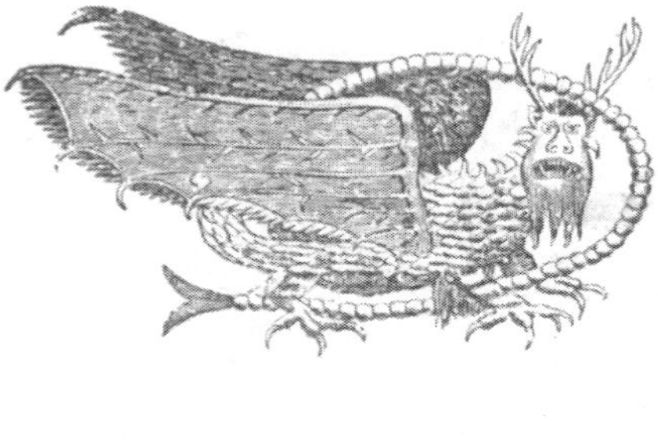


BUCHHANDLUNG U. DRUCKEREI
vormals
E. J. BRILL
LEIDEN — 1898.

G. KRAMER Verlag
in HAMBURG.
St. Pauli, Thalstr. 24, I.
1898.

Redaction: Wien, Österreich, VII/2. Neustiftgasse 12.

## Blumen, die unter den Tritten von Menschen hervorsprossen.

Eine Umfrage von B. Laufer.

I. Die Vorstellung, dass unter den Tritten dahinwandelnder Menschen, besonders edler Frauen, Blumen hervorsprossen, scheint ziemlich weit verbreitet zu sein; freilich bin ich vorläufig nicht imstande, die Ausdehnung dieses Gedankens auch nur annähernd zu bestimmen an der Hand einer grossen Zahl von Beispielen. Meine Absicht ist nur, die Aufmerksamkeit auf diese Erscheinung zu lenken und zum Sammeln gleicher oder ähnlicher Ideen anzuregen. Ich führe zwei Citate aus der europäischen Litteratur an, um dann auf Indien überzugehen. In Clemens Brentano's Märchen von dem Rhein und dem Müller Radlauf heisst es im dritten Stücke, als der Müller die Prinzessin, hinter ihr hergehend, nach seiner Mühle führt: „Er aber sah ganz beschämt an den Boden, und wie erstaunte er nicht, als er überall, wo die schöne Ameleya ihren Fuss auf der Wiese hinsetzte, lauter Ehrenpreis und Königskerzen und Rittersporn und andere adelige Blumen aufblühen sah, worauf er wieder sehr an seinen Traum gedachte." Calderon dichtet in seinem Drama „Meine Herrin über alles" (Antes que todo es mi dama), Act I:

War 's ein Wunder, Felix, wenn ich
An noch lieblichern Gestaden
Als Elysiums Gefilde
Venus sah, wie sie mit zarten
Blumen spielt' und insgesamt
Sie ihr das Geständnis machten,
Ihr entglimm' ihr Frühlingsleben,
Weil ihr Fuss sie hergetragen
Sanften Tritts — —

Dass den Fusstritten einer schönen Dame Blumen entspriessen, bemerkt dazu der Übersetzer K. Pasch (Ausgew. Schauspiele des Don Pedro Calderon de la Barca, zum 1. Mal aus dem Span. übersetzt. II. Bd., Freiburg 1892, S. 143) ist ein mehrfach gebrauchter poetischer Ausdruck Calderon's: in dem Drama „La señora y la criada" (Frau und Magd) haben der schönen Diana und ihren Begleiterinnen Rosen und Jasmin Schnee und Purpur zu verdanken; in Fineza contra fineza (Aufopferung gegen Aufopferung) verleiht eine Schöne mit ihrem „Kothurn" dem Lenze Blumen, während sie von ihrem Kranze aus Sterne spendet. Das in demselben Bande übersetzte Stück „Morgen des April und Mai" (Mañanas de abril y mayo) hat den Passus (S. 45):

Dass man in den Blumengärten
Rosen sich gepflückt, erblickt' ich
Oft; dass Rosen man zurücklässt,
Heut' erst: eines Fusses Tritte
Dankte ja der Hain die Blumen,
Die von der Berührung fielen,
Hier der schneeige Jasmin,
Dort die schmachtend blassen Lilien.
Einen Hügel kam herab
Eine Dame, — nein, nicht richtig! —
Ein verschleiert Zauberwesen,
Ein verkleidet Blendwerk schien sie [1]).

Gehen wir nun in den Orient, so finden wir im 3. Märchen des Siddhi-Kûr (Jülg, Die Mädchen des S., Kalmükischer Text etc. S. 70) eine mit dem Citat aus Brentano auffallend übereinstimmende Stelle. Der von einer Kuh geborene Massang mit dem Rindskopf traf auf seiner Wanderung ein reizendes Mädchen, das aus einer Quelle Wasser geholt; indem sie dahinwandelte, sah er mit Verwunderung, wie unter jedem ihrer Tritte eine Blume nach der andern hervorsprosste. Ihr folgend gelangte Massang in den Götterhimmel. Daraus geht wohl hervor, dass es sich um eine Apsaras handelt. In der Buddhalegende wird erzählt, dass der Knabe kurz nach seiner Geburt, nachdem er ein Bad genommen, sieben Schritte machte; auf jedem sprosste sogleich eine Padmablume (Lotus) hervor, und er recitierte laut folgende Stelle aus einem alten Lobgesang: „Wenn du, erster der Menschen, chubilghanisch (d. h. durch eine Verwandlung) wiedergeboren und sogleich auf dieser Erde sieben Schritte schreitend sagen wirst: ‚Ich bin der Oberherr dieses Weltalls', dann, Trefflichster, werde ich dich anbeten." Diese Version entstammt einer mongolischen Quelle und findet sich bei I. J. Schmidt, Forschungen im Gebiete der älteren religiösen, politischen und literärischen Bildungsgeschichte der Völker Mittelasiens, Petersburg 1824, S. 172. In andern Buddhabiographien findet sich der Zug der Blumenentstehung unter den Schritten nicht. Nach Açvaghosha's Buddhacarita macht Buddha behutsam sieben Schritte, deren Spuren glänzend wie sieben Sterne zurückbleiben. Nach den gewöhnlichen Berichten stellte er sich auf den Boden, schaute nach allen Richtungen, that sieben Schritte nach Norden und rief triumphierend aus: „Ich bin der Höchste in dieser Welt" (s. Kern, Der Buddhismus I, 31, Manual of Indian Buddhism S. 14). Dem Lalitavistara (7. Kapitel) zufolge erschien gleich nach seiner Ankunft in der Welt ein grosser Lotus, auf den er sich setzte und die vier Himmelsgegenden mit dem Auge des Löwen betrachtete. Diese Erscheinung wie der Bericht, dass unter den Schritten Buddha's Lotusblumen hervorkommen,

1) Bei Ariost und Tasso sind ganz ähnliche Dinge zu finden, wie ich mich aus ehemaliger Beschäftigung mit ihnen wohl erinnere; ich vermag aber augenblicklich keine genauen Citate zu geben.

erinnern an das Motiv der indischen Kunst, das die Lotus als Sitz oder zwei Lotusblumen unter den Füssen des stehenden Buddha verwendet (s. Grünwedel, Buddhistische Kunst in Indien, Berlin 1893, S. 150)[1]. Ich vermute, dass diese bildnerische Darstellung ihren Ursprung jener literarischen Conception verdankt; diese Vorstellung lässt sich, nach beiden Seiten hin weiter entwickelt, in der tibetischen Litteratur und lamaistischen Ikonographie verfolgen, was indessen ausserhalb des Rahmens dieser wenigen Andeutungen liegt.

---

## Woher kommen die Kinder?

Eine Umfrage von O. Schell.

XLVI. In deutschen Gegenden bringt der Storch die junge Bevölkerung. Auch in böhmischen Bezirken hört man manchmal seinen Namen in diesem Zusammenhange, aber selten. Hier spielt auf diesem Gebiete die Hauptrolle der Rabe oder eigentlich die Rabin. Man hört oft die Mutter zu ihren neugierigen Sprösslingen sagen: „Der Nachbarin hat die Rabin einen Buben (oder Mädchen) gebracht. Sie warf das Kindlein durch den Rauchfang in die Stube direct unter die Bank. Darüber ist die Frau so erschrocken, dass sie krank liegt."

Das eigenthümliche Geschrei der Raben ist den böhmischen Kindern eine Bestätigung dieser Wahrheit. Im bekannten krá-krá glaubt das Kind die böhmischen Worte kvám, kvám (zu euch, zu euch) zu hören. Ist es ein Kind, das gern noch länger alleiniger Liebling der Mutter bleiben möchte, ruft es dem schreienden Vogel weinerlich zu: Ach né knám! (Ach, nicht zu uns!). Andere dagegen, die die Rabin schon mit Geschwistern beschenkt hatte, rufen:

| | |
|---|---|
| Vrána letí,<br>nese děti,<br>mý je máme,<br>neprodáme,<br>za dwa zlatý. | Die Rabin fliegt,<br>Bringt die Kindlein,<br>Wir haben sie,<br>Doch verkaufen sie nicht<br>Um zwei Gulden. |

Als ich noch klein war, erzählte mir eine meiner Freundinnen, dass die Kinder in einem kleinen Bache, Jalovina genannt, der

1) Vergl. auch Waddell, The Buddhism of Tibet, Lond. 1895, S. 338.

# 007

## 苯教十万龙经研究

ཀླུ་འབུམ་བསྡུས་པའི་སྙིང་པོ།

# KLU oBUM BSDUS PAI SÑIṄ PO.

## EINE VERKÜRZTE VERSION DES WERKES VON DEN HUNDERTTAUSEND NÂGA'S.

EIN BEITRAG
ZUR
KENNTNIS DER TIBETISCHEN VOLKSRELIGION
VON

DR. BERTHOLD LAUFER.

EINLEITUNG, TEXT, ÜBERSETZUNG UND GLOSSAR.

Suomalais-ugrilaisen seuran toimituksia. XI. — Mémoires de la Société Finno-Ougrienne. XI.

HELSINGFORS,
SOCIÉTÉ FINNO-OUGRIENNE.
1898.

BERLIN,
BUCHDRUCKEREI GEBR. UNGER.
1898.

# Vorwort.

Am 29. Mai 1891 starb zu Le in Ladâkh als ein Opfer seines Berufes und seiner edlen Menschlichkeit der im Dienst der protestantischen Mission stehende Arzt Dr. Karl Marx im Alter von 34 Jahren. In dem Hingang dieses hochbegabten Mannes hat die tibetische Philologie einen tief schmerzlichen Verlust zu beklagen, der sich im Hinblick auf seine vortrefflichen, der Geschichte von Ladâkh gewidmeten Arbeiten, im Gedanken an das, was er bei längerer Lebensdauer noch hätte leisten können, nur um so empfindlicher fühlbar macht. Marx war eine Heinrich Jäschke congeniale Natur und vereinigte gleich diesem mit der Fähigkeit einer leichten Aneignung der Volkssprache eine glückliche Beherrschung der Litteratur, vor allem den feinsten philologischen Takt. Durch seine Thätigkeit als Arzt, in der er ungewöhnliche Erfolge zu verzeichnen hatte, kam er mit allen Schichten des Volkes in engere Berührung als dies sonst bei Tibetern möglich ist, und erlangte auf diese Weise Bücher und Handschriften, die andern meist verschlossen bleiben. Wer Schiefner's Aufsatz „Des Missionars Jäschke Bemühungen um die Erlangung einer Handschrift des Gesar“ in den Mélanges asiatiques VI, 1—12, gelesen hat, wird bewundernswert finden, dass es Karl Marx gelungen ist, sich in den Besitz einer Abschrift dieses tibetischen Nationalepos zu setzen und nicht minder dem kühnen Plane einer Übersetzung desselben, mit dem er sich lebhaft beschäftigte, hohe Achtung zollen; wenn

*

irgend jemand, so war gewiss er bei seinen umfassenden Kenntnissen zu dieser schwierigen Aufgabe berufen. Die Geschichte der Wissenschaft wird seinen Namen dauernd in Ehren halten. Der wissenschaftliche Nachlass des seltenen Mannes ist in meinen Besitz übergegangen, und wenn ich mit jenen Worten der Erinnerung einen Akt der Pietät zu erfüllen glaube, so geschieht es doch nicht minder aus dem Grunde, weil es mir an der Hand der hinterlassenen Manuscripte und Aufzeichnungen besser als andern möglich ist, die Bedeutung seiner segensreichen Thätigkeit vollauf zu würdigen. Und nicht würdiger als dadurch, dass ich die Aufmerksamkeit auf diese lenke, könnte ich die Herausgabe und Übersetzung des vorliegenden Textes bevorworten, welcher der Sammlung seiner Handschriften entstammt. Derselbe ist von der Hand eines Tibeters, der die Abschrift jedenfalls im Auftrage von Marx besorgte, auf europäisches, im Format tibetischer Bücher gehaltenes Papier geschrieben. Der Kopist muss, aus den zahlreichen, oft sinnentstellenden Schreibfehlern zu schliessen, ein ganz ungebildeter Mensch gewesen sein, der vielleicht nicht einmal den Inhalt richtig verstanden hat. Notizen über das Werk haben sich unter Marx' Papieren leider nicht gefunden.

Wenn hier zum ersten Male ein Text in volkstümlicher einfacher Sprache geboten wird, so mögen dabei billig die Schwierigkeiten berücksichtigt werden, mit denen diese Studien infolge des Mangels an guten grammatischen und vor allem lexikalischen Hilfsmitteln zu kämpfen haben. Die Wörterbücher haben mich mehr als einmal im Stich gelassen, und es war dann an mir, jenen Wörtern die Maske, unter denen sie sich versteckten, wegzureissen oder ihre Bedeutung zu enträtseln. Lücken sind jedenfalls in der Übersetzung keine geblieben. Nach Vollendung der Arbeit gelangten die ersten Bogen des Wörterbuches von Desgodins nach Europa, das in seiner Art eine vortreffliche, wenn auch nicht, wie Jäschke's Werk, eine grundlegende oder epochemachende Leistung ist; die 58 Bogen, die ich benutzen konnte, ergaben wohl mannigfache Zusätze, boten jedoch für keine Stelle Anlass zu prinzipiellen Änderungen. Die beigegebenen Erläuterungen sind aus praktischen Gründen, unter denen nicht der letzte war, dass sie zugleich als Vorarbeit zu einer zukünftigen Encyklopädie des lamaistischen Kulturkreises dienen sollen, alphabetisch nach den tibetischen Stichwörtern geordnet.

Einer selbständigen Arbeit sollen die folgenden Punkte, die an dieser Stelle keine Erledigung gefunden haben, vorbehalten bleiben: das Sühngedicht des zweiten Abschnitts inhaltlich und literarhistorisch erläutert, religionswissenschaftliche Ergebnisse, endlich Sprache und Metrik des Textes, wie sein Verhältnis zu den übrigen Bonwerken.

Der Société Finno-Ougrienne sage ich auch an dieser Stelle meinen tiefgefühltesten Dank für die Aufnahme meiner Arbeit in ihren Memoiren und die hohe Liberalität, mit welcher sie die Herstellung derselben in der Druckerei der Gebr. Unger in Berlin gütigst gestattet hat.

Köln, Ende November 1897. **Laufer.**

# Inhalts-Verzeichnis.

# Verzeichnis der benutzten Quellen.

## I. Druckschriften.

**Nur vorübergehend citierte Werke und insbesondere Abhandlungen sind hier nicht namentlich aufgeführt.**

**IA = Indian Antiquary. JASB = Journal of the Asiatic Society of Bengal. JRAS = Journal of the Royal Asiatic Society of Great-Britain and Ireland. tib. = tibetisch. mong. = mongolisch. Mél. as. = Mélanges asiatiques.**

Antonio d'Andrada, Lettere Annue del Tibet del 1626 e della China del 1624. In Roma 1628. (Der Verfasser ist nicht auf dem Titelblatt genannt, wohl aber am Schlusse des Briefes S. 58.)

F. Andrian, Der Höhencultus asiatischer und europäischer Völker, eine ethnologische Studie. Wien 1891.

S. Beal, A catena of Buddhist scriptures from the Chinese. Lond. 1871.

O. Böhtlingk, Über eine tibetische Übersetzung des Amarakosha, Bulletin de l'Acad. de Pét. III No. 14, 209—219.

G. Bonvalot, De Paris au Tonkin à travers le Tibet inconnu. Paris 1892.

H. Bower, Diary of a journey across Tibet. Lond. 1894.

Bunyiu Nanjio, Catalogue of the Chinese translation of the Buddhist Tripiṭaka. Oxford 1883.

Bunyiu Nanjio, A short history of the twelve Japanese Buddhist sects. Transl. from the original Jap. Tokyo 1886.

E. Burnouf, Introduction à l'histoire du Buddhisme indien. 2. éd. Paris 1876.

A. Campbell, Itinerary from Phari in Thibet to Lhasa, JASB XVII 1848, 257—276.

B. S. Candra Dás, Contributions on the religion, history etc. of Tibet, JASB L 1881, 187—251.

— Tibetan-English Dictionary. Dank der Liebenswürdigkeit des Herrn Direktorialassistenten Prof. Grünwedel in Berlin konnte ich von demselben den Buchstaben k, vor allem den Artikel klu, benutzen.

(1)

A. Conrady, Eine indochinesische Causativ-Denominativ-Bildung und ihr Zusammenhang mit den Tonaccenten. Leipz. 1896.

T. T. Cooper, Travels of a pioneer of commerce or an overland journey from China towards India. Lond. 1871.

R. S. Copleston, Buddhism primitive and present in Magadha and in Ceylon. Lond. 1892.

W. Crooke, An introduction to the popular religion and folklore of northern India. Allahabad 1894.

A. Csoma, Analysis of the bKa-$_{o}$gyur etc. Asiatic Researches XX.

— Geographical notice of Tibet from native sources, JASB I 122.

— Extracts from Tibetan works, JASB III 57.

C. H. Desgodins, Le Thibet d'après la correspondance des missionnaires. 10. éd. Paris 1885.

— Dictionnaire thibétain-latin-français. Hongkong 1897.

The Dharmasaṁgraha, an ancient collection of Buddhist technical terms ed. by M. Müller and H. Wenzel. Anecdota Oxoniensia, Ar. Ser. I p. V. 1885.

J. Dowson, A classical dictionary of Hindu mythology and religion. Lond. 1879.

Th. Duka, Life and works of Alexander Csoma de Körös. Lond. 1885.

G. Dumoutier, Les symboles, les emblêmes et les accessoires du culte chez les Annamites. Paris 1891.

J. Edkins, Chinese Buddhism. Lond. 1880.

E. J. Eitel, Handbook of Chinese Buddhism. 2. ed. Lond. 1888.

L. Feer, Analyse du Kandjour. Annales du Musée Guimet II 1881.

— Le Tibet. Le pays, le peuple, la religion. Paris 1886.

— Introduction du Buddhisme dans le Kashmir. Journ. As. 1865, 477—541.

J. Fergusson, Tree and serpent worship. Lond. 1873.

J. F. S. Forbes, Comparative Grammar of the languages of further India: a fragment. And other essays. Lond. 1881.

Ph. E. Foucaux, Grammaire de la langue tibétaine. Paris 1858.

K. Ganzenmüller, Tibet. Nach den Resultaten geographischer Forschung früherer und neuester Zeit. Stuttgart 1878.

P. Ghosha, The Vástu Yága and its bearings upon tree and serpent worship in India. JASB XXXIX 1870, 199—232.

W. Gill, The river of golden sand. Narrative of a journey through China and Eastern Tibet to Burmah. With an introduction by Yule. 2 vols. Lond. 1880.

A. Grünwedel, Notizen zur Ikonographie des Lamaismus. Original-Mittheilungen aus der ethnolog. Abteilung der Königl. Museen Berlin 1885/6. S. 38–45; 103—131.
— Buddhistische Kunst in Indien. Berl. 1893.
— Ein Kapitel des Tă-še-suṅ. Sond.-Abdr. a. d. Bastian-Festschrift. Berl. 1896.
Ch. Gutzlaff, Tibet and Sefan Journ. Roy. Geogr. Soc. XX 1851, 191—227.
H. Hanlon, The folk-songs of Ladak and Baltistan. Transactions of the 9. Internat. Congress of Orientalists, II. Lond. 1893. S. 613–635.
S. Hardy, A manual of Buddhism. 2 ed. Lond. 1880.
G. Huth, Geschichte des Buddhismus in der Mongolei. Aus dem Tibetischen des ₒJigs-med nam-mkʻa. II. Strassb. 1896.
— Die Inschriften von Tsaghan Baišiṅ. Tib.-mong. Text m. Üb. Lpz. 1894.
H. Jäschke, Romanized Tibetan and English dictionary. Kyelang 1866.
— Handwörterbuch der tibetischen Sprache. Guadau 1871.
— A Tibetan-English dictionary. Lond. 1881.
— Proben aus dem Legendenbuche, die 100 000 Gesänge des Milaraspa. ZDMG 23. Bd. 1869, 543—558.
Jäschke-Wenzel, Tibetan Grammar. Lond. 1883.
B. Jülg, Die Märchen des Siddhi-Kûr. Kalmükischer Text mit deutscher Übersetzung und einem kalm.-deutschen Wörterbuch. Leipz. 1866.
St. Julien, Voyages des pèlerins bouddhistes. vol. II, III.
M. J. Chr. Koch, de cultu serpentum apud antiquos. Lips. 1717. In Thesaurus dissertationum ed. Martini II pars I, Norimbergae 1765.
C. F. Köppen, I. Die Religion des Buddha. Berl. 1857. II. Die lamaische Hierarchie und Kirche. Berl. 1859.
J. E. Kowalewski, Dictionnaire mongol-russe-français. 3 vols. Kasan 1844—49.
E. Kuhn, Über Herkunft und Sprache der transgangetischen Völker. München 1883.
— Beiträge zur Sprachenkunde Hinterindiens. Sitzungsberichte der bayr. Akad. 1889, 191—236.
Legge, A record of Buddhistic kingdoms being an account by the Chinese monk Fâ Hien. Oxford 1886.

G. R. Littledale, A journey across Tibet, from north to south, and west to Ladak. The Geographical Journal VII 1896 No. 5, 453—83.

G. B. Mainwaring, A grammar of the Róng (Lepcha) language. Calcutta 1876.

C. Markham, Narratives of the mission of G. Bogle to Tibet and of the journey of Th. Manning to Lhasa. Lond. 1876.

R. Mitra, The Sanskrit Buddhist Literature of Nepal. Calcutta 1882.

Moorcroft et Hearsay, Voyage au lac Manasarovar fait en 1812. trad. de l'anglais par Eyriès. Nouv. annales des voyages p. p. Eyriès et Malte-Brun I 1819, 239—408.

A. Nagele, Der Schlangencultus. Zeitschr. f. Völkerpsychologie u. Sprachw. 17. Bd. 1887, 264—89.

C. F. Neumann, Pilgerfahrten buddhistischer Priester von China nach Indien. Aus dem Chinesischen übersetzt. Zeitschr. f. die historische Theologie her. v. Illgen. Leipz. 1833, III, 2, 144—177.

P. S. Pallas, Sammlungen historischer Nachrichten über die mongolischen Völkerschaften. 2 Teile. Petersburg 1776—1801.

E. Pander, Das lamaische Pantheon. Zeitschr. f. Ethnologie. 21. Bd. 1889, 44—78.

Pander-Grünwedel, Das Pantheon des Tschangtscha Hutuktu. Veröffentl. aus dem K. Mus. f. Völkerk. Berl. 1890.

Th. Pavie, Quelques observations sur le mythe du serpent chez les Hindous. Journal Asiatique 5. sér. V 1855, 469—529.

C. M. Pleyte, Die Schlange im Volksglauben der Indonesier. Globus 65. Bd. 1894, 95—100.

G. N. Potanin, Očerki säväro-zanadnoi Mongolii IV. Materiali etnografičeskie. Pet. 1883.

Przewalski, Reisen in Tibet (Deutsche Ausg.) Jena 1884.

H. Ramsay, Western Tibet: a practical dictionary of the language and customs of the districts included in the Ladák Wazarat. Lahore 1890.

J. Rehmann, Beschreibung einer tibetanischen Handapotheke, ein Beitrag zur Kenntnis der Arzneikunde Asiens. Petersburg, gedruckt bei F. Drechsler 1811[1]).

W. W. Rockhill, Le traité de l'émancipation ou Pratimoksha-sûtra

---

1) Dieses höchst wertvolle Buch ist leider völlig in Vergessenheit geraten; ausser in Cordier's Bibliotheca sinica II 1372 habe ich dasselbe nirgends citiert gefunden.

trad. du tib. Revue de l'hist. des religions IX 1884, 3—26, 167—201.
— Tibet. A geographical, ethnographical and historical sketch derived from Chinese sources. JRAS 1891, 1—134, 188—291.
— The land of the lamas. Lond. 1891.
— Diary of a journey through Mongolia and Tibet. Washington 1894.
— Notes on the ethnology of Tibet. From the report of the U. S. National Museum for 1893, p. 665—747. Wash. 1895.

O. Roero dei Marchesi di Cortanze, Ricordi dei viaggi al Cashemir, Piccolo e Medio Thibet e Turkestan. 3 vols. Torino 1881.

Gr. Sandberg, Handbook of colloquial Tibetan. A practical guide to the language of Central Tibet. Calcutta 1894.

R. Saunders, Nachrichten von den Erzeugnissen des Pflanzen- und Mineralreichs in Boutan u. Tibet, üb. in Sprengel u. Forster, Neue Beiträge z. Völker- u. Länderkunde. 3. Teil. Lpz. 1790.

A. Schiefner, Eine tibetische Lebensbeschreibung Çâkyamuni's. Pet. 1849.
— Tibetische Studien I—III, Mél. as. I 324—394, Tib. Stud. IV, Mél. as. V 178—194.
— Buddhistische Triglotte d. h. Sanskrit-Tibetisch-Mongolisches Wörterverzeichnis. Pet. 1859.
— Über Vasubandhu's Gâthâsaṁgraha. Mél. as. VIII 559—593.
— Über das Bonpo-Sûtra: „Das weisse Nâga-Hunderttausend". Mémoires de l'Acad. de Pét. XXVIII No. 1.

E. Schlagintweit, Le Bouddhisme au Tibet trad. Milloué. Annales du Musée Guimet III 1881.
— Die Könige von Tibet. Abhandl. d. bayr. Akad. X. Bd. 3. Abt.
— Die Berechnung der Lehre. Eine Streitschr. z. Berichtigung der buddh. Chronologie v. Sureçamatibhadra. Abh. bayr. Ak. XX. Bd. 3. Abt. 1896.

I. J. Schmidt, Geschichte der Ost-Mongolen und ihres Fürstenhauses, verfasst von Sanang Setsen. Pet. 1829.
— Mongolisch-deutsch-russisches Wörterbuch. Pet. 1835.
— Der Index des Kandjur. Pet. 1845.
— Die Thaten Bogda Gesser Chan's, eine ostasiatische Heldensage. Pet. 1839.

É. Senart, Essai sur la légende du Buddha, son caractère et ses origines. 2. éd. Paris 1882.

B. Széchenyi, Die wissenschaftlichen Ergebnisse der Reise des

Grafen . . in Ostasien 1878—1880. I. Band. Die Beobachtungen während der Reise. Wien 1893.

Târanâtha II, Geschichte des Buddhismus in Indien. Aus dem Tib. übers. v. Schiefner. Pet. 1869.

S. Turner, An account of an embassy to the court of the Teshoo Lama in Tibet. Lond. 1801[1]).

M. Winternitz, Der Sarpabali, ein altindischer Schlangenkult. Mitteilungen der anthrop. Gesellsch. Wien. 18. Bd. 1888, 25—52, 250—264.

L. A. Waddell, Demonolatry in Sikhim Lamaism. IA XXIII 197—213.

— The Indian Buddhist cult of Avalokita. JRAS 1894, 51—89.

— A trilingual list of Nāga Rājās, from the Tibetan. JRAS 1894, 91—102.

— The Buddhism of Tibet or Lamaism. Lond. 1895.

W. Wassiljew, Der Buddhismus I. Pet. 1860.

— Geografija Tibeta perewod iz tibetskago sočinenija Minčžul-Chutukty. Petersb. (Akad.) 1895.

Weber-Huth, Das buddhistische Sûtra der „Acht Erscheinungen". ZDMG XLV, 577—91.

H. Wenzel, Suhṛllekha. Brief des Nâgârjuna an König Udayana. Lpz. 1886.

A. Wilson, The abode of snow. Observations on a journey from Chinese Tibet to the Indian Caucasus, through the upper valleys of the Himálaya. Edinburgh and Lond. 1875.

H. H. Wilson, Travels in the Himalayan provinces of Hindustan and the Panjab, in Ladakh and Kashmir etc. from 1819 to 1825. 2 vols. Lond. 1841.

N. Witsen, Noord en Oost Tartaryen. Amsterdam 1785 (2. Druck).

H. Yule, The book of Ser Marco Polo. 2. ed. Lond. 1875.

## II. Handschriften (bezw. Holzdrucke).

1. Bonpo-sûtra: *g*Tsaṅ-ma klu *ḥ*bum dkar-po bon rin po c'e *ḥ*p'rul dag bden-pa t'eg-pa c'en-poi mdo d. i. der Text des von Schiefner übersetzten Bonpo-sûtra's, den mir W. W. Rockhill in Washington aus seiner wertvollen Sammlung tibetischer Bücher in

1) Mir stand nur die deutsche in Hamburg erschienene Übersetzung zur Verfügung, die den Titel hat: Gesandtschaftsreise an den Hof des Teshoo-Lama von Tibet 1801.

liebenswürdigster Weise zur Verfügung gestellt hat. Sodann hatte ich Gelegenheit, mit diesem Holzdruck Schiefner's eigenhändige Copie des Petersburger Exemplars zu vergleichen, die mir Herr Prof. W. Grube freundlichst zur Benutzung überlassen hat.

2. Lond(oner) Bonfr(agmente) aus einem Klu $_{\circ}$bum dkar-po im Besitz der Royal Asiatic Society; s. Wenzel JRAS 1893, 572.
3. Münch(ener) Cod(ices), eine Sammlung meist volkstümlicher Texte, s. Verzeichnis der orientalischen Handschriften der K. Hof- u. Staatsbibliothek zu München. Mit Ausschluss der hebr., arab. u. pers. 1875, S. 148 cod. or. mixt. 102 u. 103; E. Schlagintweit, Die tibetischen Handschriften der K. Hof- u. Staatsbibliothek zu München, Sitzungsber. d. bayr. Ak. 1875, 71 ff.
4. Oxf(order) Bon-Ms. betitelt: Sa-bdag klu )ñan gyi byad grol bžugs-so. 8 fol. Vergl. Tibetan Manuscripts, Schlagintweit-Collection No. 52. Der Universität und Bibliotheksverwaltung von Oxford bin ich für die hohe Liberalität, mit der sie mir diese wertvolle Handschrift übersandt haben, zu aufrichtigstem Danke verpflichtet.
5. Vyutp(atti) nach bsTan-$_{\circ}$gyur, mDo vol. 123, des Asiatischen Museums zu Petersburg; s. Bull. de l'Ac. de Pét. IV 286; Huth, Verzeichnis der im tib. Tanjur, Abt. mDo, Bd. 117—124 enthaltenen Werke. Sitzungsber. Berl. Akad. 1895 p. 275 (11) Nr. 29; Waddell, Buddhism 165; Duka 207 ff.; Zachariae, Die indischen Wörterbücher (Grundriss der indo-ar. Phil.) S. 39.
6. Zam(atog) nach einer Copie Wenzel's aus der Bibliothek der Deutschen Morgenländischen Gesellschaft in Halle.

# Einleitung.

Es kann nicht im Rahmen einer kurzen Einleitung liegen, eine vollständige Übersicht über das zu geben, was uns bisher von der nationalen Religion des tibetischen Volkes, der sogenannten Bon-Religion, bekannt geworden ist. Ein solcher Versuch ist zudem noch gar nicht an der Zeit: was wir vom Inhalt dieses religiösen Vorstellungskreises wissen, ist so unklar, so unbestimmt, so verschwommen, die Quellen, aus denen wir schöpfen, meist secundären Ursprungs, sind so trüb, in vielen Fällen so unzuverlässig, dass es jetzt ein vergebliches Unterfangen wäre, auch nur eine flüchtige Skizze davon zu entwerfen, die der Kritik standhalten könnte. Der Hauptmangel ruht darin, dass uns die heiligen Bücher dieser Glaubensgenossenschaft, so vor allem die Be-$_{o}$bum genannte Sammlung[1]), bis zu dieser Stunde noch verschlossen sind, dass wir uns im übrigen an die abgerissenen und dürftigen Notizen von Reisenden oder an die oft genug oberflächlichen Bemerkungen von Missionaren halten müssen, die da ihren Mund versiegeln, wo wir gern zu erkennen anfangen möchten. Hier zeigt sich der traurige Zustand in der Erforschung Tibet's, wie ihn schon Richthofen[2]) mit begründetem Pessimismus gemalt hat, in seinem grellsten Lichte. Mögen die von Candra Dás aus tibetisch-lamaistischen Quellen gespendeten Beiträge auch noch so dankenswert sein, eine lautere Quelle für die Erkenntnis des Bontums können und dürfen sie nimmer bilden, ebenso wenig etwa, wie wir uns ausschliesslich aus der Jainalitteratur über den alten Buddhismus oder aus Lucian über das Christentum zu belehren vermöchten; die Bedeutung solcher Schriften darf sicherlich keineswegs unterschätzt werden, ihre philologische Verwertung aber können sie nicht eher erfahren, als

1) Jäschke, Dict. 370 b.
2) China I 673.

die Litteratur der gegnerischen Partei erschlossen ist. Es bleibt daher nach dem gegenwärtigen Stande der Forschung einstweilen nichts anderes übrig als zur vorläufigen Orientierung über den Gegenstand auf die hauptsächlichste bisher erschienene Litteratur hinzuweisen.

Bereits das erste tibetische Wörterbuch (Schröter, A dictionary of the Bhotanta, or Boutan language, Serampore 1826, p. 241) citiert das Wort bon-po als the name of a law which is current among the infidels. Kurze Erwähnungen der Bon-Religion finden sich bei Csoma, Essay towards a dictionary of the Tibetan language 1834, S. 94 a, Tibetan Grammar 175, Geographical notice 124 Duka 177. Von Banbos wird gesprochen JASB XIII 1844, 185, 188. Einige verworrene Angaben macht A. Cunningham, Ladák, physical, statistical and historical, Lond. 1854, p. 357—359; er schreibt Pon-religion[1]) und spinnt eine abenteuerliche Gedankenverbindung zwischen dieser und den Pun-na Fürsten von Arakan. Köppen II 44, 113, 260 kritisch und besonnen wie stets. Hodgson, Notice of Buddhist symbols, JRAS XVIII 1861, 396 hat einige wenige Gottheiten abgebildet, die aber kaum grossen Anspruch auf authentischen Wert erheben dürften. Eine gute Beschreibung derselben nebst einer, wenn auch nicht vollständigen, Zusammenstellung früherer Notizen, teilte E. Schlagintweit mit, Über die Bon-pa Sekte in Tibet, Sitzungsberichte der bayr. Akad. 1866, 1—12. In seinem Werke Le Bouddhisme au Tibet 47, 48 geschieht derselben gleichfalls Erwähnung. H. Jäschke, ZDMG XXX 1876, 108, 109 und Dict. 372a macht besonders auf die Bon-gebräuche innerhalb des Buddhismus und das jetzige friedliche Zusammenleben der Anhänger beider Religionen aufmerksam. Besondere Beachtung verdienen, wenn auch ergebnislos, die Untersuchungen von H. Yule, The book of Ser Marco Polo, 2. ed. I, 313—319, der in erster Linie die Beziehungen der Bon zu den Tao-se erörtert, deren Lehren Klaproth in den Noten zum Foe-Koue-Ki p. 230 irrtümlicher Weise für identisch gehalten hat, s. darüber auch L. Feer, Le sûtra en 42 articles traduit du tib., Paris 1878,

---

1) Ebenso Foucaux, Rgya c'er rol pa II Introd. p. X: la religion de Pon ou Bon.

S. 74/5. Einiges neue Material brachten die französischen Missionare bei, zunächst in den Annales de la propagation de la foi Bd. 37, 301—2, 424—7, sodann Desgodins in seinem Buche Le Thibet 201—3. Das Verhältnis der Bonreligion zum Höhencultus macht F. Andrian p. 104—108 zum Gegenstand einer beachtenswerten Untersuchung, die, wie das ganze Werk, durch vortreffliche neue Bemerkungen und Beobachtungen ausgezeichnet ist. Eine Bonlegende teilt E. Pander, Das lamaische Pantheon, mit, die durch den Abdruck in Pander-Grünwedel's Pantheon S. 61 bequemer zugänglich ist. Derselbe erwähnt den Boncultus als eine Art Schamanismus in seinem Vortrag Geschichte des Lamaismus, Verhandl. d. Berl. Ges. f. Anthrop. 1889, 199. Ähnlich drückt sich Landsdell aus, Chinese Central Asia, Lond. 1893 II 286. Manche wertvolle Nachrichten verdanken wir, wie für alle Seiten des tibetischen Lebens, so auch für dieses Thema, dem unermüdlichen Forschungssinne W. W. Rockhill's, s. Brief an Rhys Davids, JRAS 1892, 599; Land of the Lamas 217/8; Diary, wiederholt s. Index v. Bönbo; Notes on the ethnology of Tibet 672, 734. Auch Sandberg, Handbook of colloquial Tibetan, 208/9, widmete mit einzelnen neuen Angaben den Bon einige Zeilen. Über den Rosenkranz der Bon-po's schrieb L. A. Waddell, Lamaic rosaries: their kinds and uses, JASB LXI 1892, 29; derselbe behandelt ferner das Bontum in seinem Buche Buddhism of Tibet 19, 26, 27, 29, 34, 41, 55, 389, 420, ohne etwas eigentlich Neues vorzubringen. Treffende, mehr allgemeine Bemerkungen macht L. Feer, Le Tibet, 53/4, derselbe in La Grande Encyclopédie VII 605 b. Über die Bedeutung der Bonpriester bei den Hochzeitsbräuchen gab Candra Dás, JASB LXII 1893, 15 interessante Aufschlüsse; er machte auch die Geschichte der Bonreligion betreffende Mitteilungen in seinem Aufsatz The origin of the Tibetans, Proc. As. Soc. Beng. 1892, No. 2, 90 und in seinem Buche Indian Pandits in the land of snow, Calcutta 1893, 49, 52 u. passim; über Amulete und die in Bonbüchern gebrauchte Schriftart derselbe in The sacred and ornamental characters of Tibet, JASB part I No II 1888, S. 44, 48. Résumés sind vorhanden von T. de Lacouperie in der Encyclopaedia Britannica 9. ed. XXIII 344—5 und eine Skizze im Nouveau dictionnaire de géographie universelle par Martin et Rousselet VI 1894, 593, die letztere ganz vorzüglich in ihrer Art ist. Was die einheimische Litteratur betrifft, welche die Bonpo's erwähnt, so ist zuerst Schmidt, Sanang Setsen S. 23 zu nennen, wozu ebenda S. 351, 367 und Schmidt, Forschungen im Gebiete der älteren Bildungsgeschichte der Völker Mittelasiens, Pet. 1824, S. 25, 26 zu vergleichen ist. Drei Erwähnungen finden sich im Ladâkher rGyal-rabs her. v. Schlagintweit, Die Könige von Tibet 830, 835, 847; s. a. ibid. 830. Das Bedeutendste auf diesem Gebiete sind die schon erwähnten Leistungen von Candra Dás, Contributions on the religion, history etc. of Tibet, part I; ferner The Bon religion, Journ. Buddhist Text Soc. I part II 1893, 11—14 u. pl. III; The principal deities of the Bon Pantheon, Journ. Buddh. Text Soc. I part III, appendix I u. pl. IV. ₒJigs-med nam-mk'a, s. Huth, Geschichte des Buddhismus in der Mongolei II, gedenkt S. 72, 251, 256, 257 der Bonreligion.

Aus der Litteratur der Bon-po's besitzen wir nur ein einziges, von Schiefner übersetztes Werk. Dasselbe führt im Verzeichnis der tibetischen Handschriften und Holzdrucke im Asiat. Museum, verfasst von Schmidt und Böhtlingk, unter No. 514 den Titel Klu ₒbum dkar-po. In den Mél. as. VI 290 teilt Schiefner einige Stellen daraus mit und nennt als vollständigen Titel neben jenem verkürzten: ɣTsan-ma klu ₒbum dkar-po bon rin po c'e ₒp'rul-dag bden-pa t'eg-pa c'en-poi mdo. Aber erst 1880 erschien als sein letztes Werk, aus dem Nachlass von W. Grube herausgegeben, die vollständige Übersetzung unter dem Titel „Über das Bonpo-Sûtra: Das weisse Nâga-Hunderttausend" in den Memoiren der Petersburger Akademie XXVIII No. 1. Die Bedeutung dieses Werkes ist bisher weder genügend erkannt noch richtig gewürdigt worden; die Mehrzahl der Forscher fertigte dasselbe mit vorschnellen Urteilen ab, ohne sich ausreichend in den Gegenstand zu vertiefen. Feer[1]) meint, das Werk trage ganz und gar die Physiognomie eines buddhistischen Sûtra's; das ist ja durchaus richtig, aber ebenso einseitig geurteilt. Nach Lacouperie[2]) liegt der buddhistische Einfluss darin so offenbar zu Tage, dass keine

1) La grande Encyclopédie VII 605 b.
2) Encyclopaedia Britannica XXIII 345.

genaue Vorstellung von der ursprünglichen Bonreligion daraus abgeleitet werden kann. Die Begründung zu dieser Behauptung, die sich natürlich leichter aufstellen als beweisen lässt, hat der Verfasser leider für sich behalten. Verständiger urteilt Rockhill[1]), wenn er sagt, dass es nicht möglich sei, vollkommen richtige Vorstellungen aus dieser Schrift von dem zu erlangen, was diese Religion vor ihrer Berührung mit dem Buddhismus war; dies ist aus dem natürlichen Grunde wahr, da es eine vorbuddhistische Litteratur in Tibet nicht giebt, da die Bonreligion sich erst im Kampf und durch den Kampf mit dem Buddhismus organisiert und entwickelt und als Bonreligion eben allzeit mit dem Buddhismus Beziehungen gehabt hat. Als ein schwerer wiegendes Argument kommt freilich in Betracht, was Rockhill in einem Briefe aus Peking mitteilt[2]). Er zeigte hier seinen Lamas das Bonpo-Sûtra von Schiefner und erhielt zur Antwort, dass die Bonpo's das Werk vollständig von den Buddhisten empfangen hätten, die dasselbe mit ebenso viel Erbauung und Frömmigkeit läsen wie ihre eigenen Bücher; so sei es mit allen Bonpo-Büchern der Fall, die nur ein untergeordneteres Lehrsystem enthielten. Ganz abgesehen davon, dass sich mancherlei kritische Bedenken gegen diesen Vorgang aussprechen liessen, so muss auch hier wieder, wie schon oben geschehen, nachdrücklichst betont werden, dass, so lange wir nicht eine Religionspartei aufs gründlichste durch sie selbst, durch ihre eigenen Thaten und Meinungen kennen, das Urteil des Gegners nur einen ganz bedingten Wert haben, jedenfalls unter keinen Umständen als Richtschnur, d. h. in diesem Falle Vorurteil bei der Untersuchung der noch unbekannten Litteratur jener Religionspartei herübergenommen werden darf. Mag immerhin an dieser Behauptung der Buddhisten, die ja auch sonst den Bonpo's zahlreiche Plagiate vorwerfen[3]), etwas Wahres, ja viel Wahres sein, an uns ist es, ohne jegliche Rücksicht darauf an der Hand der zur Bonlitteratur gezählten Werke die Wahrheit für uns zu suchen. Wenn Rockhill im Kloster von dGe-lugs-pa Lama's das Exemplar

1) The life of the Buddha, and the early history of his order. Derived from Tibetan works. Lond. 1884, p. 206.

2) Proceedings of the American Oriental Society 1885 p. XLVI.

3) Candra Dás, Contributions 199.

eines Klu ₒbum dkar-po[1]) erlangt hat[2]), so beweist diese Thatsache zunächst nur, dass diese der Bonlitteratur angehörige Schrift[3]) auch unter den lamaistischen Sekten Verbreitung und Leser gefunden hat, was doch ganz in der Natur menschlicher Verhältnisse liegt und durchaus nichts Auffallendes an sich hat.

Jedenfalls sind die verwickelten Probleme, welche hier der Wissenschaft gestellt sind, nicht mit Schlagwörtern oder einigen leichten Sätzen gelöst, sondern verlangen tief eindringende und ernste Arbeit. Zu dieser gehört vor allem, dass die in den europäischen Bibliotheken vorhandenen Werke der Bonlitteratur herausgegeben und übersetzt werden; ein unbedingtes Erfordernis für jede weitere Forschung ist die Veröffentlichung des Textes zu Schiefner's Weissem Nâga-Hunderttausend, allein schon deshalb, da diesen der Tod leider verhinderte, die Übersetzung zu überarbeiten und zu verbessern, in der sich daher eine nicht geringe Anzahl von Irrtümern vorfinden. Einen kleinen Schritt in dieser Richtung vorwärts, aber nur einen solchen, bedeutet der im Vorliegenden bearbeitete Text mit Übersetzung.

Unter dem Titel Klu ₒbum scheint bei den Bonpo's eine bestimmt ausgeprägte Litteraturgattung zu existieren. Waddell[4]) merkt an, dass das von Schiefner übersetzte Werk die kleinere Version enthalte. Da nun unser Text den Gesamttitel Klu ₒbum bsdus-pai sñiṅ-po d. h. Zusammengezogener Hauptkern des Nâga-Hunderttausends führt, in welchem der dem Titel nach dem Schiefner'schen Werke entsprechende erste Teil Klu ₒbum dkar-po d. h. Weisses Nâga-Hunderttausend ganz bedeutend kürzer ist als dieses, so müsste es demnach mindestens drei Versionen dieses Werkes geben, eine grosse[5]), mittlere und kleinere, letztere alsdann durch unsern Text dargestellt Dieser ist trotz seiner Kürze dadurch vollständiger als die Schiefner'sche Version, dass er ausser dem weissen ein schwarzes (nag-po) und buntfarbiges (k'ra-bo)

---

1) Rockhill, Catalogue of Tibetan works Nr. 2 (handschriftlich).
2) The land of the lamas 217 no. 2.
3) Ausdrücklich bemerkt auch Waddell 166: The large work on the Nâga demigods — the Lu ₒbum dkar-po — is regarded as a heterodox Bön-po book.
4) The Buddhism of Tibet 166.
5) Diese liegt jedenfalls in den Lond. Bonfr. vor.

Nâga-Hunderttausend enthält. Candra Dás[1]) erwähnt ein Klu $_{o}$bum nag-po und Klu $_{o}$bum k'ra-bo neben Klu-$_{o}$bum dkar-po als religiöse Werke der Bonpo's.

Der erste und dritte Teil stehen sich sehr nahe inbezug auf Stil und Inhalt, in dem sie an manchen Stellen geradezu übereinstimmen, der zweite ist von beiden stilistisch und inhaltlich völlig verschieden. Obwohl der Name Bon in der ganzen Schrift nirgendwo vorkommt, so kann an der ursprünglichen Zugehörigkeit derselben zur Bonlitteratur nicht im geringsten gezweifelt werden. Die hauptsächlichsten Gedankenreihen des Werkes, vor allem die zahlreichen in Vers und Prosa niedergelegten Vorstellungen, die wir mit Tylor und Bastian als Animismus zu bezeichnen pflegen, finden sämtlich Seitenstücke und Parallelen in Schiefner's Bonpo-Sûtra, den Lond. Bonfr. und dem Oxf. Bon-Ms; in einer Reihe solcher Fälle habe ich in den Erläuterungen auf diese Analogieen hingewiesen, ohne jedoch damit diesen Gegenstand auch nur annähernd erschöpft zu haben, was erst dann möglich sein wird, wenn die oben geforderten dringenden Vorarbeiten vollendet sein werden. Das Werk muss in der Gestalt, in welcher es uns hier vorliegt, mit entschiedenstem Nachdruck als eine tendenziös lamaistische, absichtlich veranstaltete Fälschung bezeichnet werden; folgendes sind die Beweisstücke. Der erste Abschnitt beginnt mit der Angabe des Titels dieses speciellen Teils; er lautet: „Auf Sanskrit: Kramantanâmadhâraṇî. Auf Tibetisch: γTsaṅ-ma klu $_{o}$bum dkar-po źes bya-bai γzuṅs.“ Natürlich soll dadurch die Anschauung erweckt werden, als handle es sich hier, wie bei einem buddhistischen Sûtra, um eine Übersetzung aus dem Sanskrit, und als sei der tibetische Titel, wie in allen diesen Fällen, die Übersetzung des vorausgegangenen Sanskrittitels[2]). Es braucht nun kaum besonders hervorgehoben zu werden, dass die beiden obigen Titel inhaltlich nicht das Geringste mit einander gemein haben, ausgenommen die beiden letzten Wörter γzuṅs = dhâraṇî und nâma = źes bya-ba. Was auch immer kramanta oder kramânta, da die Bezeichnung der Länge in der Schrift meist vernachlässigt wird,

1) Tibetan-English dictionary 51.

2) Über künstlich gemachte Sanskrittitel in tib. Schriften vgl. auch Schiefner, Mél. as. V p. 153, Nr. 125 c und p. 155 No. 460 a 2.

bedenten mag, ob darin ein Zusammenhang mit den fünf krama's[1]) gesucht werden kann — das Urteil mag hier in die Hände der Sanskritisten gelegt werden — niemand wird daraus die Wörter „rein", „Nâga-Hunderttausend" oder „weiss" herauszulesen imstande sein. Im zweiten Abschnitt begegnet uns derselbe Fall: nicht minder pompös lautet hier der Anfang: „Auf Sanskrit: Krahamantinâmadhâraṇî", dem dann als tibetisches Aequivalent: „Dhâraṇî, genannt des reinen Werkes von den Hunderttausend Nâga's schwarzer Abschnitt" entsprechen soll. In einem Aufsatze R. Hoernle's[2]) werden auf Grund einer Mitteilung Waddell's eine Reihe von Nâganamen aufgezählt, die einem Werke Krahamantanâma Dhâraṇî entnommen sind. Klarer kann die Mache kaum zu Tage treten: der das Bonwerk umarbeitende Lama benutzte für seine Zwecke ein Sanskritwerk jenes Namens, da dieses auch von Nâga's handelte, schmuggelte seinen Titel ein und fügte wahrscheinlich auch allerlei vom Inhalte in das Original hinein. Noch weit erbaulicher ist aber die Leistung dieses Redaktors im dritten Teil. Der Abschnitt beginnt ganz ordnungsgemäss mit dem wirklichen tibetischen Titel; es folgt dann eine kleine Interpolation, von der noch die Rede sein wird, worauf der Redestrom munter fortfliesst. Nach drei Zeilen jedoch bricht der Gedanke plötzlich ab — ein starkes Interpunktionszeichen, und es folgt das ominöse rgya-gar skad-du „Auf Sanskrit", doch keineswegs, um, wie in den beiden andern Fällen, den Titel einer Dhâraṇî nach sich zu ziehen, vielmehr tritt eine Anrufungsformel im Stile des Tantrabuddhismus auf: „Nâgarâja pataya ye svâhâ!" Nun kommt: „Bod skad-du, auf Tibetisch", ganz in der Weise, als sollte es sich um Angabe eines Titels handeln. Was folgt dem aber? „Vor dem Bhagavant Vajrapâṇi verneige ich mich." Eben derselbe Abschnitt bereitet eine weitere Überraschung. Fol. 11a 6 wird eine genaue, mit den Ziffern 1—8 numerierte Disposition der Dinge, die da kommen sollen, aufgestellt. Die Nrn. 1—3 werden auch nach den hier gemachten Angaben im folgenden ausgeführt. Unter 4 wird die Heilung der Nâga's durch Arzeneien abgehandelt, die nach Auf-

1) L. de la Vallée Poussin, Études et textes tantriques Pañcakrama. Gand et Louvain 1896. p. XI.

2) The third instalment of the Bower Manuscript. IA XXI 1892, 364.

stellung des Planes für Nr. 7 aufgespart werden sollte; es folgt dann im Text als Anhängsel zu Nr. 4 (ohne besondere Zahl) „die Darbringung opferfestlicher Bewirtung für die Nâgarâja's", was, wenn auch nicht genau nach dem Wortlaut, der Nr. 4 der Disposition „Spende der Opfergabe" entspricht. Nr. 5 der Inhaltsübersicht verspricht das „Hersagen des Gebetes". Im Text ist davon überhaupt nicht die Rede. Hier nimmt vielmehr Nr. 5 die Nr. 6 der Disposition in Beschlag, die „Beichte" oder das „Sündenbekenntnis". Nr. 8 des Planes „Bitte um thatkräftigen Schutz" ist gleich Nr. 7 der Ausführung mit der Modifikation „Bitte an die γÑan-po's um thatkräftigen Schutz". Eine Nr. 8 kennt der Text überhaupt nicht. Das Merkwürdigste bleibt jedoch, dass in demselben unter Nr. 6 ein Abschnitt mit dem Titel „Erklärung der Lehre für die Nâga's" fungiert, dessen die Disposition auch nicht mit einer einzigen Silbe erwähnt. Kann es sich einfacher und klarer herausstellen, dass in diesem Abschnitte eine nachträgliche Umarbeitung stattgefunden, dass im besonderen Nr. 6 nichts anderes als eine Interpolation ist, dass ferner diese Interpolation nur von buddhistischer Seite ausgegangen sein kann? Diese ganze Stelle, welche durch Anführung der bekannten Yedharmâ Glaubensformel die Nâga's zum Buddhismus bekehren will, steht ferner ihrem Inhalte nach mit allen vorhergehenden Gedanken des Werkes in Widerspruch, hat keinen Zusammenhang mit dem Vorausgeschickten und Folgenden und erscheint so gewaltsam und mit solch plumper Absichtlichkeit herbeigezogen, dass man auch ohne das obige Rechenexempel hier ein Einschiebsel zu constatieren nicht umhin könnte, wozu namentlich auch der Umstand führt, dass die Sprache der Stelle grundverschieden von dem vorher angeschlagenen volkstümlich-schlichten Tone ist.

Ein Colophon am Schluss des ganzen Werkes ist nicht vorhanden. Dagegen findet sich im letzten Satze des ersten Teils, des Klu ₒbum dkar-po, etwas, was einem solchen ähnlich sieht oder vielleicht gar so aussehen soll, dass es als ein solches gelten kann. Es heisst hier: γTsañ-ma klu ₒbum dkar-po ₒByor-ba dka-ba rGva-lo-tsts'a γdan drañs-so. Der Ausdruck γdan drañs-so ist bis jetzt noch in keinem Colophon eines tibetischen Werkes gelesen worden; was er hier besagen will, ist unklar; γdan ₒdren-pa

(2)

= spyan $_{\circ}$dren-pa bedeutet 1. einen Gast einladen; 2. zu etwas ernennen mit Term.; 3. herbeirufen, heraufbeschwören, von Geistern; 4. Dinge heiligen Charakters, z. B. Reliquien holen. Höchstens diese letztere Bedeutung vermag hier einen annähernd befriedigenden Sinn zu gewähren: Was des reinen Werkes von den Hunderttausend Nâga's weisser Abschnitt betrifft, so hat ihn der rGva-Übersetzer $_{\circ}$Byor-ba dka-ba, vielleicht = Durbhûti?[1]), (gleichsam als einen religiösen Schatz) herbeigeholt[2]). Ist diese Deutung richtig, so würde sie dazu beitragen, meinem Beweise der buddhistischen Umarbeitung des ursprünglichen Bonwerkes eine neue Stütze zu leihen, da dann eben der Ausdruck „herbeiholen" sich auf die Entleihung von den Bon-po's beziehen liesse, es sei denn, dass man, misstrauisch gemacht durch die übrigen Elaborate des Lama-Redaktors, so weit gehen wollte, die ganze Stelle für ein Falsificat eben dieses Mannes zu halten. Vielleicht ist derselbe gar mit dem hier genannten, bisher noch nicht nachgewiesenen Namen $_{\circ}$Byor-ba dka-ba identisch. Wie dem auch sein mag, als sicher darf angenommen werden, dass dies Colophon ein späterer, nachträglicher Zusatz ist und dem als Vorlage dienenden Original nicht angehörte. Denn wäre das der Fall gewesen, so müsste es sich der Regel gemäss doch am Schluss des ganzen Werkes vorfinden; dass das Original keinen Verfasser angeführt hat, scheint schon dadurch fast zur Gewissheit zu werden, dass auch Schiefner's Bonpo-Sûtra von keinem Autor weiss. Das mysteriöse Halbdunkel aber, in das sich jenes colophonartige Gebilde verstohlen im ersten Teil zurückgezogen hat, passt vortrefflich zu dem Charakter des Mannes, der in gläubigem Eifer eine pia fraus begeht. Ein interessantes Streiflicht auf diesen wirft dann auch der Anfang des dritten Abschnittes, der lautet: „Dem Çrimant rGva-lo zu Füssen verneige ich mich." Es handelt sich hier offenbar um denselben rGva-Übersetzer wie oben[3]). Was heisst aber sich zu den

1) Über $_{\circ}$byor — bhûti s. Schiefner, Carminis Indici „Vimalapraçnottararatnamâlâ" versio tibetica, Petr. 1858, p. 3.

2) In diesem Sinne gebraucht auch Candra Dás auf dem Titelblatt seiner Ausgabe der Legendensammlung dPag bsam $_{\circ}$k'ri šiṅ jenen Ausdruck: gžuṅ mc'og $_{\circ}$di ñid dpal ldan Bod nas gdan draṅs te 'Das Original selbst hat er (der Herausgeber) aus dem glücklichen Tibet geholt, mitgebracht'.

3) Vermutlich ist derselbe mit dem bei Târanâtha II 252 erwähnten, weder

Füssen des rGva-Übersetzers verneigen? Diese Ehrenbezeugung wird doch sonst nur Gottheiten oder Incarnationen, wie z. B. berühmten Kirchenlehrern zu teil. Ist aber fol. 6b 1 eine Interpolation, so muss es diese Stelle nicht minder sein, was ihr seltsamer Inhalt zudem bestätigt. Diesen kann ich mir nur so erklären, dass der mit der Persönlichkeit des rGva-Übersetzers identische lamaische Redaktor des Werkes in seiner Eitelkeit auch diese Stelle verfasst hat, um sich zum Dank für die Nutzbarmachung des den Häretikern entrissenen und für die Orthodoxie geretteten Werkes von den Gläubigen genügend Weihrauch streuen zu lassen. So plump und ungeschickt uns alle in dem Buche gemachten Vorspiegelungen anmuten mögen, so ist es doch sicher, wenn nicht schon allein durch die blosse Thatsache ihrer Existenz, dass dieselben in Tibet, wo nur wenige Begabte des Sanskrits kundig, sehr leicht den unwissenden, arglosen Laien und dem grossen Heer ungebildeter Mönche gegenüber möglich sind. Der suggestive Zauber, den die Erwähnung dieser Sprache und einiger ihrer

---

von Schiefner noch Wassiljew erläuterten rGa-Interpreten (rGa-lo) identisch, von dessen lo rgyus 'Annalen' an dieser Stelle die Rede ist. Vergl. auch Târ. I (Text) p. 210 Z. 22 bod rgan po ₒga žig gi zin bris 'die Vorlesungen einiger tibetischen Alten'. Weit beachtenswerter ist jedoch die Thatsache, dass in der Reu mig betitelten chronologischen Tafel (Candra Dás, Life of Sum-pa Khan-po, JASB part I, No. II. 1889) auf S. 51 ein Rgva Lo-cháva (rnam rgyal rdo rje) von Roṅ, als im Jahre 1202 geboren, auf S. 54 ein Šes rab seṅge (= S. Prajñâsiṁha) von Roṅ, ein geistiger Sohn des Rgva Lo-cháva, der 1249 geboren wurde, und endlich S. 56 der Tod des Rga Lo-cháva von Miñag im Jahre 1281 erwähnt werden. Das Problem, das uns diese Angaben vorlegen, ist ziemlich verwickelt und gegenwärtig kaum zu lösen. Zwei Fragen wären zunächst zu beantworten: 1. Ist der 1202 geborene Rgva Lo-cháva von Roṅ mit dem 1281 verstorbenen Rga Lo-cháva von Miñag identisch? Vielleicht. Die Schreibweisen Rgva und Rga, die wahrscheinlich nur graphische Varianten darstellen (vergl. Abschnitt Graphisches Nr. 9), berechtigen nicht zur Annahme zweier verschiedener Persönlichkeiten, eher die Bezeichnungen der Herkunft Roṅ und Miñag. Zwischen diesen beiden Namen, wenn sie auch nicht gleichbedeutend sind, besteht wenigstens keine principielle Verschiedenheit, denn beide bezeichnen Gegenden (und wahrscheinlich alte Reiche) im nordöstlichen Teile Tibets im Gebiet des Kuku-nôr: roṅ bedeutet arable valley (Rockhill, Diary 77), und Rong-wa (tillers of the soil, Diary 83) heissen heute die in den fruchtbarsten Thälern hausenden Stämme von Amdo (Rockhill, Land of the lamas 78). 2. Und das ist mit Rücksicht auf den Rgva lo unseres Textes die wichtigste Frage: Ist Rgva oder Rga lo der allen Mitgliedern zugehörende Beiname einer Familie (vergl. dann Übersetzernamen wie k'ro locâva, Stag l., C'ag l., Rma l., Rdog l. u. a.) oder ist es nur eine Auszeich-

2*

Wörter auf das Gemüt dieser Menschen ausübt[1]), musste in ihnen die Vorstellung erwecken, dass sie es in diesem Falle mit einem aus dem Indischen übersetzen, also heiligen, von der Kirche anerkannten, canonisierten Werke zu thun hatten, und das eben war der einzige Zweck, den die lamaische Kirche erreichen wollte, wenn sie, wie wahrscheinlich anzunehmen, einen frommen Hüter der Zucht und Ordnung beauftragte, das im Volke aus vielen natürlichen Gründen sehr beliebte Bonwerk einer strengen Censur zu unterziehen, von allen Ketzereien zu reinigen, zu einer dem beschränkten Unterthanenverstand genügenden Quintessenz des Inhalts zusammenzudrängen und vor allem das gelbe Mönchsgewand umzuhängen. Welche Mittel derjenige, der zu diesem Werke berufen wurde, sich bei der Lösung seiner Aufgabe anzuwenden erlaubt hat, habe ich kurz zu zeigen versucht. Zum Glück ist jedoch noch genug übrig geblieben, was einen wertvollen Beitrag zur Erkenntnis der Bonreligion und der noch so sehr verschlossenen Psyche des tibetischen Volkes überhaupt zu bilden geeignet sein dürfte.

---

nung, ein ehrender Titel, der allgemein in Tibet an ausgezeichnete Übersetzer d. h. zugleich Gelehrte verliehen wurde, oder dessen Verleihung sich gerade auf das 13. Jahrhundert beschränkte, also insbesondere für dieses charakteristisch wäre? Wir besitzen vorläufig keine Mittel, um diese Frage befriedigend entscheiden zu können. Es dürfte indessen dennoch schon jetzt kaum von der Hand zu weisen sein, dass zwischen diesen verschiedenen Rga lo's bestimmte Beziehungen obwalten, und es mag, bis festerer Boden unter den Füssen gewonnen, vermutungsweise gelten, dass die Anfänge und Keime unserer Schrift bis ins 13. Jahrhundert zurückreichen, was schon deshalb leicht möglich ist, da das Gedicht des zweiten Teils, wie ich bei andrer Gelegenheit zu zeigen gedenke, ins 11. Jahrhundert, und zwar in das Zeitalter des grossen Sängers Milaraspa, wenn nicht unmittelbar auf diesen selbst, zurückgeht. Unser Text hat offenbar viele, örtlich und zeitlich auseinanderliegende Überarbeitungen erfahren; die Gestalt, in welcher er uns gegenwärtig vorliegt, weist deutlich moderne westtibetische Dialekteinflüsse auf. Was übrigens Miñag betrifft, so ist noch der Fingerzeig zu geben, dass hier dem 8. Buche des historischen Werkes Grub mt'a šel kyi me loṅ zufolge bereits in der ältesten Periode der Bonreligion der Gelehrte Che ts'agargu als Anhänger und Verbreiter derselben gelebt hat (Candra Dás, Contributions 196). Wenn der indische Gelehrte Miñag für Burmah erklärt, so ist das ein wunderlicher Irrtum.

1) Vergl. z. B. Waddell, Lamaic rosaries JASB 1892 p. 30.

# སྒྲུ་འབྲུས་བསྒྲུས་པའི་སྙིང་པོ །།

1

# I.

## ཀླུ་འབུམ་དཀར་པོ་བཞུགས་སོ།། །

fol. 1b ། །རྒྱ་གར་སྐད་དུ། ཀྲ་མ་ན་ད་ན་མ་ཧྣ་ར་ཀེ། བོད་སྐད་དུ། གཙང་མ་ཀླུ་འབུམ་དཀར་[2]པོ་ཞེས་བྱ་བའི་གཟུངས། དཀོན་མཆོག་གསུམ་ལ་ཕྱག་འཚལ་ལོ། སི་མ་ཧེད་འཛམ་གླིང་[3]འཇིག་རྟེན་ན། རྒྱ་མཚོ་དང་ནི་ཆུ་བོ་དང་། ཆུ་འཱ་ཀླས་སྩེ་ཝུ་ཤ་དང་། འབབས་ཆུ་ལྡིང་ཀ་[4]ལ་སོགས་པ། རི་བདུན་རི་བྲག་ས་རྫོང་དང་། ཀླུང་དང་སེ་དང་ཆུ་དང་ནམ་མཁའ་དང་། འབྱུང་བ་དེ་[5]དག་ཀུན་ལ་གནས་པ་ཡི། ཀླུ་རྒྱལ་འཁོར་དང་བཅས་མཆོད་པ་འདི་བཞེས་ལ། ཞེ་སྡང་སྡུག་[6]པའི་སེམས་ཀྱིས་བྱོར་ཅིག ཁྲོ་གདུམ་ང་རའི་སེམས་ཀྱིས་མ་བྱོན་ཅིག བྱམས་དང་སྙིང་རྗེའི་སེ་[7]མས་དང་བཅས་དེ་གཤེགས་སུ་གསོལ། དུས་གསུམ་བདེ་གཤེགས་བཀའ་ལ་ཉན་ཅིང་གཤེགས་[1]སུ་གསོལ། དཀོན་མཆོག་གསུམ་གྱིས་བསྟན་པ་ fol. 2a བསྲུང་བ་དང་། སོ་སོར་མཐུན་[2]པའི་རྫས་ལ་གཤེགས་སུ་གསོལ། ཞེས་སྨྲུན་ཐངས་ལ་ཕྱག་བྱས་ཏེ་འདི་སྐད་དོ། ཀླུའི་རྒྱལ་པོ་[3]དགའ་བོ་ལ་ཕྱག་འཚལ་ལོ། ཀླུའི་རྒྱལ་པོ་དཔལ་ལྡན་ལ་ཕྱག་འཚལ་ལོ། ཀླུའི་རྒྱལ་པོ་མཐར་[4]ཡས་ལ་ཕྱག་འཚལ་ལོ། ཀླུའི་རྒྱལ་པོ་གཟི་ཆེན་ལ་ཕྱག་འཚལ་ལོ། ཀླུའི་རྒྱལ་པོ་གཙུག་ན་རིན་[5]ཆེན་ལ་ཕྱག་འཚལ་ལོ། ཀླུའི་རྒྱལ་པོ་སྟོབས་བཟང་ལ་ཕྱག་འཚལ་ལོ། ཀླུའི་རྒྱལ་པོ་ཕྱུག་ལྷ་ལ་[6]ཕྱག་འཚལ་ལོ། ཀླུའི་རྒྱལ་པོ་ཐར་པ་རིན་ཆེན་ལ་ཕྱག་འཚལ་ལོ། ཀླུའི་རྒྱལ་པོ་སྟོབས་ལྡན་ལ་ཕྱག་[7]འཚལ་ལོ། ཀླུའི་རྒྱལ་པོ་ཏཀ་

1*

པོ་ལ་ཕྱག་འཚལ་ལོ། ཀླུའི་རྒྱལ་པོ་འཁྲུལ་པོ་ཆེ་ལ་ཕྱག་འཚལ་ལོ། [7]ཀླུའི་རྒྱལ་པོ་ཐོད་དེ་རྒྱལ་པོ་ལ་ཕྱག་འཚལ་ལོ། ཀླུའི་རྒྱལ་པོ་མ་དྲོས་པ་ལ་ཕྱག་

fol. 2b འཚལ་ལོ། ཀླུའི་[1]རྒྱལ་པོ་རབ་བརྟན་ལ་ཕྱག་འཚལ་ལོ། ཀླུའི་རྒྱལ་པོ་ཐོད་དེ་དཔལ་ལྡན་ལ་ཕྱག་འཚལ་ལོ། ཀླུའི་རྒྱལ་པོ་[2]དཔལ་འཕྲེང་ལ་ཕྱག་འཚལ་ལོ། ཀླུའི་རྒྱལ་པོ་སྟོབས་བཟང་ལ་ཕྱག་འཚལ་ལོ། ཀླུའི་རྒྱལ་པོ་སྟོབས་[3]ལྡན་ལ་ཕྱག་འཚལ་ལོ། ཀླུའི་རྒྱལ་པོ་ཨེ་ལེ་འི་འདབ་མ་ལ་ཕྱག་འཚལ་ལོ། ཀླུའི་རྒྱལ་པོ་ཆུ་སྐྱེས་ལ་[4]ཕྱག་འཚལ་ལོ། ཀླུའི་རྒྱལ་པོ་ཆུ་ལྷ་ལ་ཕྱག་འཚལ་ལོ། དེ་རྣམས་ལ་ཕྱག་འཚལ་ནས། རྒྱ་སྦྱོར་ཡོན་[5]གྱིས་བདག་པོ་འཁོར་དང་བཅས་པ་རྣམས་ཀྱིས། ཚེ་རབས་ཐོག་མཐའ་མེད་པ་ནས་དུས་འདི་ཡན་[6]ཆད་རྣམས་ཀྱིས། ཀླུའི་སྐུ་གསུང་ཐུགས་ལ་ལན་ཆགས་པ་མི་དགེ་བཅུ་གང་བྱས་པ་དེ་དག་ཐམས་[7]ཅད་བདང་སྐོམས་ལ་གནས་པར་མཛོད་དུ་གསོལ། གཞོག་ཤོག་བྱས་པ་དང་། ཐུགས་ཐབ་བྱས་པ་[8]དང་། བརྡུངས་རྡེལ་བྱས་པ་དང་། ཐྲོག་པ་དང་། རྐྲོམ་པ་དང་།

fol. 3a བརྣབ་སེམས་དང་། གནོད་སེམས་དང་། འདོད་ཆགས་དང་། ཞེ་[1]སྡང་དང་། ང་རྒྱལ་དང་། གདུག་སེམས་དང་། ངན་སེམས་བྱས་པ་ཐམས་ཅད་བྱང་ཞིང་[2]དག་པར་གྱུར་ཅིག། ཤིག་ཅིང་རྣལ་དུ་གསོལ། ཨོཾ་ནཱ་ག་རཱ་ཛ་ཨ་ནན་ཏ་སྭཱ་ཧཱ། ཨོཾ་ནཱ་ག་རཱ་ཛ་ཀ་རཱ་ཀོ་[3]ཏ་ཡེ་སྭཱ་ཧཱ། ཨོཾ་ནཱ་ག་རཱ་ཛ་ཝུ་ལ་ག་སྭཱ་ཧཱ། ཨོཾ་ནཱ་ག་རཱ་ཛ་ཕུ་པ་ན་སྭཱ་ཧཱ། ཨོཾ་ནཱ་ག་རཱ་ཛ་ཀ་ཤ་ཡུ་སྭཱ་ཧཱ། [4]ཨོཾ་ནཱ་ག་རཱ་ཛ་བ་སུ་ག་སྭཱ་ཧཱ། ཨོཾ་ནཱ་ག་རཱ་ཛ་ཨ་ལ་ཀ་སྭཱ་ཧཱ། གཞན་ཡང་ཀུན་དགའ་བོ་ཀླུའི་རྒྱལ་པོ་རྣམས་[5]ཀྱིས་ཚེ་སྨན་གྱིས་གསོ་བ་ནི། འདི་ལྟ་སྟེ། ཐང་ལོ་དང་། སླག་ལོ་དང་། རྨ་བྱའི་མདོང་དང་། གཟེར་དཀར་[6]ནག་དང་། སྤྲུལ་གྱིས་བླུགས་པ་དང་། དབང་པོ་ལག་པ་དང་། ཆུ་སྲིན་སེར་མོ་དང་། ཛ་དི་ཕ་ལ་དང་། [7]སྤོས་དང་། རྒྱ་མཚོའི་སྦུབ་དང་། ཨུ་ཏྤལ་སྔོ་དམར་དང་། རྒྱ་མཚལ་ལྕོག་ལ་དང་། དུང་ཕོར་མདོག་བཟང་

fol. 3b [1]དང་། གུ་གུལ་དཀར་ནག་དང་། སྙིང་ཞོ་ཤ་དང་། རྡོ་རྒྱུས་བྱི་བལ་དང་། བ་དམར་མོའི་འོ་མ་དང་། ར་དཀར་[2]མོའི་འོ་མ་དང་། ནག་གེ་སར་དང་། དིལ་དཀར་ནག་དང་། ག་བུར་དང་། གུར་གུམ་དང་། ཙན་དན་དཀར་[3]དམར་དང་། ཀ་ར་བུ་རམ་དང་། སྦྲང་རྩི་དང་། དེ་རྣམས་ནི་ཀླུ་རྣམས་ལ་གསོལ་སུ་ཕུལ་བས། ཀླུ་རྣམས་ལ་མི་[4]འཛད་པའི་གཏེར་དང་ལྡན་ནས། མིག་གིས་མཐོང་ན་གཟུགས་མཛེས་པ་དང་། རྣ་བས་ཐོས་ན་སྙན་སྙན་པ་[5]དང་། ཡིད་ཀྱིས་ཚོར་ན་དགོས་འདོད་ཀུན་སུམ་ཚོགས་པའི་སྐལ་པ་དང་ལྡན་པར་གྱུར་ཅིག། རྩི་སྨན་གྱི་བྱི་བྲག་[6]ཐམས་ཅད་ཕུལ་བས། རྒྱ་སྦྱོར་བ་ཡོན་གྱི་བདག་པོ་རྣམས་ལ། རླུང་ལས་གྱུར་པའི་ནད་དང་། མཁྲིས་པ་ལས་[7]གྱུར་པ་རྣམས་དང་། བད་ཀན་ལས་གྱུར་པ་རྣམས་དང་། འདུས་པ་སྤྱིའི་ནད་དང་། ནད་བཞི་བརྒྱ་བཞི་ལས་[1]ཐར་བར་གྱུར་ཅིག། fol. 4a སྒྲོ་རྙོ་བ་དང་། དབང་ཐང་ཆེ་བ་ཤོག་ཅིག། གཞན་ཡང་ཀུན་དགའ་བོ། [2]ཀླུའི་རྒྱལ་པོ་རྣམས་ཀྱི་སྐྲ་དང་ཁ་སྤུ་བྲེག་པ་ ཐང་ལོ་དང་སྐྱུག་ལོས་སོས་ པར་གྱུར་ཅིག། ཀླུའི་ཡན་ལག་ཉམས་[3]པ་དབང་པོ་ལག་པས་སོས་པར་གྱུར་ཅིག། ཀླུའི་ལྤགས་པ་ཉམས་པ་སྦྲུལ་གྱི་ལྤྲ་ × ། ཀླུའི་ཁྲག་ཉམས་པ་རྒྱ་མཚལ་[4]ཟླུག་ལས་སོས་པར་གྱུར་ཅིག། ཀླུའི་སྙེར་མོ་ཉམས་པ་ཆུ་སྲིན་སྙེར་མོས་སོས་པར་གྱུར་ཅིག། ཀླུའི་རྒྱུས་པ་ཉམས་པ་རྡོ་རྒྱུས་བྱི་བལ་གྱིས་སོས་པར་གྱུར་ཅིག། ཀླུའི་རུས་པ་[5]ཉམས་པ་དུང་ཤེར་སོ་རིགས་ཀྱིས་སོས་པར་གྱུར་ཅིག། ཀླུའི་རྩ་དང་ཆུ་སེར་ཉམས་པ་རས་སྐུད་དམར་པོས་སོས་[6]པར་གྱུར་ཅིག། ཀླུའི་རྒྱུས་པ་ཉམས་པ་ཛྲ་དི་ཕ་ལ་དང་ཤུ་དག་ཀྱིས་སོས་པར་གྱུར་ཅིག། ཀླུའི་མིག་ཞར་[7]བ་གཟིར་དཀར་ནག་གིས་སོས་པར་གྱུར་ཅིག། ཀླུའི་ཀླད་པ་ཉམས་པ་རྒྱ་མཚོའི་ལྦུ་བས་སོས་པར་གྱུར་ཅིག། fol. 4b [1]ཀླུའི་སོ་དང་སེར་མོ་ཉམས་པ་ཀ་ཏྲ་པ་ཏེས་སོས་པར་གྱུར་ཅིག། ཀླུའི་ཤ་ཉམས་པ་གླ་གོར་ཞོ་ཤས་སོས་[2]པར་གྱུར་ཅིག། ཀླུའི་མཁལ་མ་ཉམས་པ་མཁལ་མ་ཞོ

ཞིམ་སོས་པར་གྱུར་ཅིག། སྐྱའི་ཚིལ་ཉམས་པ་[3]གུ་གུལ་དཀར་པོས་སོས་པར་གྱུར་ཅིག། སྐྱའི་ནད་ཁྲོལ་ཉམས་པ་ནཱ་ག་གེ་སར་དང་། ཏིལ་དཀར་ནག་དང་། [4]གུར་གུམ་དང་། ཙན་དན་དཀར་དམར་དང་། ཀ་ར་དང་། བུ་རམ་དང་། སྦྲང་རྩི་དང་། ཞོ་དང་འོ་མ་དང་། [5]མར་རྣམས་ཀྱིས་སོས་པར་གྱུར་ཅིག། གཉན་ཡང་ཀུན་དགའ་བོ། སྐྱའི་རྒྱལ་པོ་འཁོར་དང་བཅས་[6]པ་རྣམས་ལ་མཆོད་མགྲོན་གྱིས་བྲེ་བྲག་ཐམས་ཅད་འབུལ་བ་ནི། འབྲས་བུ་ཆགས་པའི་རྩི་ཤིང་དང་། ཏྲི་[7]བསྲུང་ཆགས་པའི་ཤིང་དང་། ལོ་འདབ་ཆགས་པའི་ཤིང་དང་། ཀ་སྟུ་ར་དང་། ཅ་ལི་དང་། སྦྲང་རྒྱན་[8]དང་། མེ་ཏོག་དང་། སྤྲོས་དང་། བོང་འབྲུ་དང་། སོན་འབྲུ་དང་། དར་ཟབ་དང་། fol. 5a ཟ་འོག་དང་། གཟུགས་[1]བརྙན་སྣ་ཚོགས་དང་། སྤྲིག་སྟོན་དང་། བཞོས་བཟང་དང་། སྤྲིན་གཟིགས་སྣ་ཚོགས་དང་། [2]སྐྱེམས་འཕྲང་དང་། སྨན་སྣ་ཚོགས་དང་། དཀར་གསུམ་དང་། མངར་གསུམ་དང་། མཆོད་མགྲོན་གྱི་[3]བྱེ་བྲག་ཐམས་ཅད་ཕུལ་ནས་སྐྱ་རྣམས་ལོངས་སྤྱོད་ཕུན་སུམ་ཚོགས་པ་དང་ལྡན་པར་གྱུར་ཅིག། [4]འོད་དང་ལྡན་པར་གྱུར་ཅིག། ཁ་དོག་དང་ལྡན་པར་གྱུར་ཅིག། གྲགས་པ་དང་ལྡན་པར་གྱུར་ཅིག [5]གཟི་བརྗིད་དང་ལྡན་པར་གྱུར་ཅིག། སྟོབས་དང་ལྡན་པར་གྱུར་ཅིག། འཁོར་བརྒྱུད་དང་ལྡན་པར་[6]གྱུར་ཅིག། སྐྱ་རྣམས་འཁོར་འཕེལ་བ་དང་ལྡན་པར་གྱུར་ཅིག། མངའ་ཐང་ལོངས་སྤྱོད་ཕུན་སུམ་[7]ཚོགས་པ་དང་ལྡན་པར་གྱུར་ཅིག། སྐྱ་འོང་བ་རྣམས་མིག་གི་གཟུགས་མཐོང་བ་དང་ལྡན་པར་གྱུར་ཅིག། སྐྱ་[8]རྟོགས་པ་རྣམས་ཁ་ཟས་དང་ལྡན་པར་གྱུར་ཅིག། སྐྱ་དབུལ་པོ་རྣམས་ནོར་དང་ལྡན་པར་གྱུར་fol. 5b [1]ཅིག། སྐྱ་ཆེན་པོ་རྣམས་ཡུལ་དང་ལྡན་པར་གྱུར་ཅིག། སྐྱ་ཞི་བོ་རྣམས་འགྲོ་ཕྱིན་པར་གྱུར་ཅིག། [2]སྐྱ་རྣམས་ལ་ནམ་མཁའ་ལྡིང་གིས། འཇིགས་པ་དང་། བྱ་ཁྱུང་གི་འཇིགས་པ་དང་། མེའི་འཇིགས་པ་དང་། [3]ཆུའི་འཇིགས་པ་དང་། ཆོས་རྒྱུན་གྱིས་འཇིགས་པ་དང་། གནམ་ལྕགས་ཀྱིས་འཇིགས་པ་དང་། བྱི་ཚོར་[4]མའི

འཛིགས་པ་དང་། བྲེ་མཚན་གྱི་འཛིགས་པ་དང་། དཔག་བསཾ་གྱིས་འཛིགས་པ་དང་། སྐྲག་པ་[5]ཐམས་ཅད་ལས་ཐར་བར་གྱུར་ཅིག། གཞན་ཡང་ཀུན་དགའ་བོ། ཀླུའི་རྒྱལ་པོ་ཐམས་ཅད་ལ་སྟེ་ཤིང་[6]ནགས་ཚལ་ཕུལ་བས། ཤིང་གཅན་བཅད་པའི་བུ་ལོན་ཁྲེར་བར་གྱུར་ཅིག། མེ་དོག་ཐམས་[7]ཅད་ཕུལ་བས། ཀླུའི་ལོངས་སྤྱོད་སྣ་ཚོགས་དང་ལྡན་ནས། བདག་དང་རྒྱུ་སྦྱོར་ཡོན་གྱིས་བདག་པོ་[8]འཁོར་དང་བཅས་པ་རྣམས་ལ་ཡང་གཟུགས་སྡུག་པ་རྣམས་མཛེས་པ་དང་བཟང་བར་གྱུར་ཅིག། [1]སྤྲོས་ཀྱི་བྲེ་བྲག fol. 6a
ཐམས་ཅད་ཕུལ་བས། དྲི་ཞིམ་པ་དང་ལྡན་དུ་འོང་བར་གྱུར་ཅིག། སྨན་གྱི་བྲེ་[2]བྲག་ཐམས་ཅད་ཕུལ་བས། རླུང་དང་མཁྲིས་པ་དང་། བད་ཀན་དང་ནད་དུ་མ་རྣམས་བཞི་རྒྱ་ལས་ཐར་བར་[3]གྱུར་ཅིག། འབྲུའི་བྲེ་བྲག་ཐམས་ཅད་ཕུལ་བས། སྤུ་གུ་དང་ཧུ་དང་པོ་ཉེས་ཀྱི་སྡུག་བསྔལ་ལས་ཐར་བར་[4]གྱུར་ཅིག། རིན་པོ་ཆེ་སྣ་བདུན་ཕུལ་བས་སྒྲོག་བསྐྱུ་བ་དང་། དབང་ཐང་ཆེ་བ་དང་། ཚེ་རིང་བ་དང་། ལོངས་[5]སྤྱོད་ཆེ་བ་དང་ལྡན་པར་གྱུར་ཅིག། དར་ཟབ་དང་། བཀོས་བཟང་ཐམས་ཅད་ཕུལ་བས། མ་སྨོས་པའི་ལོ་[6]ཏོག་ལ་ལོངས་སྤྱོད་པའི་དབང་དང་ལྡན་པར་གྱུར་ཅིག། དར་ཟབ་དང་སྨན་སྣ་ཚོགས་ཕུལ་བས། གོས་ཀྱི་བྲེ་[7]བྲག་ལ་ལོངས་སྤྱོད་པའི་དབང་དང་ལྡན་པར་གྱུར་ཅིག། ཟང་ཟིང་གྱི་སྦྱིན་པ་ཐམས་ཅད་ཕུལ་བས། མི་ནད་དང་[8]ཕྱུགས་ནད་ཐམས་ཅད་རྒྱུན་ཆད་པར་གྱུར་ཅིག། ཀླུ་ལོངས་སྤྱོད་ཆེ་བར་གྱུར་ཅིག། ཀླུ་ལ་མཆོད་པ་ཕུལ་བས། [1]འཛད་པ་མེད་པའི་ལོངས་སྤྱོད་ཆེ་བར་གྱུར་ཅིག། fol. 6b

གཙང་མ་ཀླུ་འབུམ་དཀར་པོ་འབྱོར་བ་དཀའ་[2]བ་རྒྱ་ལོ་ཙྪས་གདན་དྲངས་སོ།།

སརྦ་མངྒ་ལམ།། །།

# II.

ཀླུ་འབུམ་ནག་པོ་བཞུགས་སོ།།

fol. 7a ། །རྒྱ་གར་སྐད་དུ། ཀཱཥ་སན་ཏི་ཏ་ས་ཧྲ་ར་ཏི། བོད་སྐད་དུ། གཙང་མ་ཀླུ་འབུམ་ནག་པོ་[2]ཞེས་བྱ་བའི་གཟུངས། དཀོན་མཆོག་གསུམ་ལ་ཕྱག་འཚལ་ལོ། ཀླུའི་རྒྱལ་པོ་མཐའ་ཡས་ལ་ཕྱག་འཚལ་[3]ལོ། ཀླུའི་རྒྱལ་པོ་འཇོག་པོ་ལ་ཕྱག་འཚལ་ལོ། ཀླུའི་རྒྱལ་པོ་སྟོབས་ཀྱིས་རྒྱུ་ལ་ཕྱག་འཚལ་ལོ། ཀླུའི་[4]རྒྱལ་པོ་རིགས་ལྡན་ལ་ཕྱག་འཚལ་ལོ། ཀླུའི་རྒྱལ་པོ་ནོར་རྒྱས་ཀྱིས་བུ་ལ་ཕྱག་འཚལ་ལོ། ཀླུའི་རྒྱལ་པོ་དུང་[5]སྐྱོང་ལ་ཕྱག་འཚལ་ལོ། ཀླུའི་རྒྱལ་པོ་པདྨ་ལ་ཕྱག་འཚལ་ལོ། ཀླུའི་རྒྱལ་པོ་བྱེ་བ་ཕྲག་ཁྲིག་བརྒྱ་ཕྲག་དུ་[6]མ་ལ་སོགས་པ་ལ་ཕྱག་འཚལ་ལོ། ཀླུའི་རྒྱལ་པོ་སོག་མ་མེད་པ་ལ་ཕྱག་འཚལ་ལོ། ད་ནི་ཀླུ་ལ་མཐོལ་[7]བཤགས་འབུལ་བ་ནི། བདག་ཅག་འཁོར་དང་བཅས་པ་ལ། དེ་ལྟར་སྡིག་པ་བཤགས་པ་ནི། ཡང་དང་[8]ཡང་དུ་བཤགས་པར་བསམས། བདག་ཅག་འཁོར་དང་བཅས་པ་རྣམས། སྐྱེས་ནས་ད་ལྟ་ཡན་ཆད་དུ། fol. 7b [1]ཀླུ་ཡིས་རིགས་སུ་གྱུར་པ་ལ། གནོད་ཅིང་འགལ་བ་བགྱིས་པ་མཐོལ་བཤགས་སོ།

ཀླུ་ཡིས་དེ་ནི་ཕོ་བྲང་[2]ནི།
མཚོ་ཆེན་དེ་ནི་མ་པས་པ།
གཡུ་མཚོ་དེ་ནི་ཆེན་པོ་དང་།
རྒྱ་མཚོ་ཆེན་པོ་གླིང་དགུ་པ།

ནེའུ་སེང་[3]དེ་ནི་སྔོན་མོ་རུ།
བ་དམར་གླང་དམར་དི་རི་རི།
ངང་ངུར་མང་པོ་ལྡིངས་སེ་ལྡིང་།
མ་བྱ་སྤུ་སྡུག་ལྷབ་སེ་ལྷབ།
[4]རོལ་མོ་སིལ་སྙན་སི་ལི་ལི།།

དེ་ལྟ་བུ་ཡིས་ཕོ་བྲང་དུ།
བདག་ཅག་གིས་ནི་མ་རིགས་པས།
མཚོ་རྟོགས་[5]པ་དང་གཞོན་བདང་སོགས།
སི་འཆབ་པ་ནི་མཐོལ་ལོ་བཤགས།
ཀླུ་ཡི་ཕོ་བྲང་སེང་ཚལ་ནི།
སྡུག་པོ་[6]སྤྲིང་མཚོ་ཁ་མ་ནས།
བ་དམར་གླང་དམར་དི་རི་རི།
ངང་ངུར་མང་པོ་ལྡིངས་སེ་ལྡིང་།
མ་བྱ་སྤུ་སྡུག་ལྷབ་[7]སེ་ལྷབ།
རོལ་མོ་སིལ་སྙན་སི་ལི་ལི།

དེ་ལྟ་བུ་ཡི་ཕོ་བྲང་དུ།
བདག་ཅག་གིས་ནི་མ་རིག་པས།
མཚོ་[8]ནི་རྟོགས་ཞིང་གཏིང་དཀྲུགས་པས།
སི་འཆབ་པ་ནི་མཐོལ་ལོ་བཤགས།
ཀླུའི་ཕོ་བྲང་འཚེར་སྐྱིལ་དང་།
[1]མཚོ་རྟོགས་ཁྲིན་པ་བཞིག་པ་ནས། fol. 8a

## — 10 –

བ་དམར་གླང་དམར་ཧི་ཧི་ཧི།
ངང་དུར་མང་པོ་སྐྱོང་སེ་[2]སྐྱོང་།
སྨེ་བྲ་སྤྲུ་སྤྲུག་ལྷབ་སེ་ལྷབ།
རོལ་མོ་སིལ་སྙན་སི་ལི་ལི།

དེ་ལྟ་བུ་ཡིས་པོ་བྲང་དུ།
བདག་ཅག་[3]གིས་ཉི་མ་རིག་པས།
མཚོ་གཏིང་དེ་ནི་གཞིབ་བདང་བ།
སེ་འཆབ་པ་ནི་མཐོལ་ལོ་བཤགས།
ཀླུ་རྒྱལ་[4]དེ་ཡི་པོ་བྲང་ལ།
ནོའུ་སིང་དེ་ནི་སྔོན་པོ་དང་།
པོ་བྲང་དེ་ཡིས་ངོས་བཟང་ལ།
བ་དམར་གླང་དམར་ཧི་ཧི་ཧི།
[5]ངང་དུར་མང་པོ་སྐྱོང་སེ་སྐྱོང་།
སྨ་བྲ་སྤྲུ་སྤྲུག་ལྷབ་སེ་ལྷབ།
རོལ་མོ་སིལ་སྙན་སི་ལི་ལི།

དེ་ལྟ་བུ་ཡི་པོ་[6]བྲང་དུ།
བདག་ཅག་གིས་ཉི་མ་རིག་པས།
ནགས་ཀོག་ཞིང་ཆེན་བཅད་པ་དང་།
སིལ་བ་དང་ནི་ལང་ཡིང་ལ།
[7]བ་དམར་གླང་དམར་ཧི་ཧི་ཧི།
ངང་དུར་མང་པོ་སྐྱོང་སེ་སྐྱོང་།

— 11 —

སྨ་བྲེ་སྦྲུ་སྦྲུག་ལྷབ་སེ་ལྷབ།
རོལ་མོ་སིལ་སྙན་[4]སི་ལི་ལི།

དེ་ལྟ་བུ་ཡི་ཕོ་བྲང་དུ།
བདག་ཅག་གིས་ཉི་མ་རིག་པས།
མཚོ་སྐྱོགས་པ་དང་གཞོན་བཟང་[1]བ། fol. 8b
ཤི་འཆབ་པ་ཉི་མཐོལ་ལོ་བཤགས།
ཀླུ་ཡི་ཕོ་བྲང་གངས་དཀར་ཏི་སེ་ལ།
བ་དམར་གླང་དམར་རི་རི་རི།
[2]ངང་དུར་མང་པོ་སྐྱོང་སེ་སྐྱོང།
སྨ་བྲེ་སྦྲུ་སྦྲུག་ལྷབ་སེ་ལྷབ།
རོལ་མོ་སིལ་སྙན་སི་ལི་ལི།

དེ་ལྟར་ཀླུའི་ཕོ་བྲང་དུ།
[3]བདག་ཅག་གིས་ཉི་མ་རིགས་པས།
མཚོ་སྐྱོགས་པ་དང་གཞོན་བཟང་བ།
ཤི་འཆབ་པ་ཉི་མཐོལ་ལོ་བཤགས།
[4]ཀླུ་ཡི་ཕོ་བྲང་སྤྲང་རི་སྤོང་པོ་ལ།
བ་དམར་གླང་དམར་རི་རི་རི།
ངང་དུར་མང་པོ་སྐྱོངས་སེ་སྐྱོང།
སྨ་བྲེ་སྦྲུ་[5]སྦྲུག་ལྷབ་སེ་ལྷབ།
རོལ་མོ་སིལ་སྙན་སི་ལི་ལི།

དེ་ལྟ་བུ་ཡིས་ཕོ་བྲང་དུ།
བདག་ཅག་གིས་ནི་མ་རིགས་[6]པས།
གཡང་རི་དེ་ནི་སྔོན་པོ་དང་།
བྲག་གསེབ་དེ་ནི་ཤིང་སྡུག་པ།
སི་འཆབ་པ་ནི་མཐོ་མོ་བཞུགས།
[7]ཀླུ་ཡིས་ཕོ་བྲང་གཡུ་མཚོ་སྔོན་པོ་ལ།
མ་དྲོས་པ་ཡི་མཚོ་ཆེན་ལ།
བ་དམར་གླང་དམར་ཧི་རི་རི།
ངང་[8]ཧུར་མང་པོ་ལྡིངས་སེ་ལྡིང་།
རྨ་བྱ་སྨུ་སྨྱུག་ལྷབ་སེ་ལྷབ།
རོལ་མོ་སིལ་སྙན་སི་ལི་ལི།

fol. 9a
དེ་ལྟ་བུ་ཡིས་ཕོ་བྲང་[1]དུ།
བདག་ཅག་གིས་ནི་མ་རིགས་པས།
མཚོ་རྟོགས་པ་དང་གཞོན་བདུང་བ།
ཤིང་གདུབ་པ་[2]དང་གྲངས་བདབ་པ།
སི་འཆབ་པ་ནི་མཐོ་མོ་བཞུགས།
ཀླུ་ཡིས་དེ་ནི་ཕོ་བྲང་དུ།
བདག་ཅག་གིས་ནི་[3]མ་རིགས་པས།
དར་འབུར་དེ་ནི་སྐྱུ་བོ་ལ།
བ་དམར་གླང་དམར་ཧི་རི་རི།
ངང་ཧུར་མང་པོ་ལྡིང་སེ་ལྡིང་།

སྨ་ཏྲ་སྤྲ་[4]སྤུག་ལྷབས་སེ་ལྷབ།
རོལ་མོ་སིལ་སྙན་སི་ལི་ལི།

དེ་ལྟ་བུ་ཡིས་ཕོ་བྲང་དུ།
བདག་ཅག་གིས་ནི་མ་རིགས་པས།
[5]མཆོ་སྐྱོགས་པ་དང་གཞིབ་བཏང་བ།
རྡོ་སྐྲོག་པ་དང་ཟླུ་བཏབ་པ།
མི་འཆབ་པ་ནི་མཐོལ་ལོ་བཤགས།
ཀླུ་ཡིས་[6]ཕོ་བྲང་རྒྱན་ཧར་དུ།
བདག་གིས་སྤྱོར་བ་ངན་མཆིས་ནས།
ནེའུ་སིང་ཆེན་ཆེན་པོ་བྲེ་ཐང་ཀོས།
མི་འཆབ་པ་[7]ནི་མཐོལ་ལོ་བཤགས།
ཀླུ་ཡིས་ཕོ་བྲང་རི་མཐོ་ངོས་ཡངས་ལ།
བ་དམར་གླང་དམར་དི་རི་རི།
ངང་དུར་[8]མང་པོ་རྔོངས་སེ་ལྡིང་།
སྨ་ཏྲ་སྤྲ་སྤུག་ལྷབ་སེ་ལྷབ།
རོལ་མོ་སིལ་སྙན་སི་ལི་ལི།

དེ་ལྟ་བུ་ཡིས་ཕོ་བྲང་དུ།
[1]བདག་ཅག་གིས་ནི་མ་རིགས་པས། fol. 9b
མཆོ་སྐྱོགས་པ་དང་གཞིབ་བཏང་བ།
ཀླུ་མགོ་མང་པོ་ཀུ་ཧུ་ཧུ།
སྦྲུལ་མ་[2]གྲོ་མང་པོ་རིང་སེ་རིང་།

གཡུ་མཚོ་སྔོན་མོ་ལམ་སེ་ལམ།
ཀླུ་རྒྱལ་དེ་ནི་བཞུགས་པ་དང་།
ཀླུ་ཡི་རྒྱལ་པོ་[3]འཁོར་དང་བཅས་པ་ལ།
བདག་ཅག་ཁྱོད་ལ་མཆོད་པ་འབུལ།
འཚོ་བ་དང་ནི་སྐྱུལ་དུ་གསོལ།

བདག་ཅག་[4]འཁོར་དང་བཅས་པ་ལ། མཐུན་རྐྱེན་དང་ནི་གྲོགས་མཛོད་ཅིག། ཀླུ་ཡི་ཡན་ལག་མི་བདེ་ཞིང་། དབང་པོ་[5]ཉག་པར་གྱུར་པ་རྣམས། དྭངས་མཆོག་རྒྱལ་པོའི་རས་ཆིག་རྣམས། བདེ་སྐྱིད་ལྷུན་སུམ་ཚོགས་པ་དང་[6]ལྡན་པར་གྱུར་ཅིག། སེ་བདེ་བའི་སྡུག་བསྔལ་ཀུན་ལས་ཐར་གྱུར་ཅིག། ད་ནི་ཀླུ་ལ་མཐོལ་བཤགས་འབུལ། [7]སྔོན་གྱིས་ཐུགས་དམ་ཛེ་ས་དགོངས་ལ། གནས་འདིར་རྩེ་གཅིག་གཤེགས་སུ་གསོལ། མཐའ་ཡས་དང་[8]ནི་འཛོག་པོ་དང་། སྟོབས་ཀྱི་རྒྱུ་དང་
fol. 10a རིགས་ལྡན་དང་། ནོར་རྒྱས་བུ་དང་དུང་སྐྱོང་དང་། སད་མ་ཆུང་ལ་སོགས་[1]པ་ཀླུ་ཆེན་བརྒྱད་པོ་འཁོར་དང་བཅས་པ་གནས་འདིར་གཤེགས་སུ་གསོལ། ཕྱག་ན་རྡོ་རྗེའི་མཐུ་[2]སྟོབས་དང་། དྭང་མཆོག་རྒྱལ་པོའི་རས་ཆིག་དང་། གནས་འདིར་རྩེ་གཅིག་ཞུགས་སུ་གསོལ། བྲུ་ཡུ་དེ་[3]ནི་གསེར་གྱིས་མཆོད། ཞལ་ཟས་དེ་ནི་སྣ་ཚོགས་དང་། ཀླུ་ཡོན་དེ་ནི་སེ་ལ་སྩོལ། ཅི་འདང་ཅི་དང་འབྲལ་བ་ལ། [4]དགྱེས་ཤིང་བདག་པོ་དེ་དག་ལ། དུས་སུ་སྨིན་དང་གྲོ་ཟ་མཐལ། ད་ལྟ་ཀླུ་ལ་སྐྱབས་སུ་མཆི།

[5]ཀླུའི་ཕོ་བྲང་རྒྱན་དང་ལྡན་པ་རྣམས་ལ།
བ་དམར་གླང་དམར་ཧི་རི་རི།
ངང་དུར་སང་པོ་སྐྱོང་སེ་སྐྱོང་།

ཨ་བྲ་སྭ་[6]སྟུག་ལྷབ་སེ་ལྷབ།
རོལ་མོ་སིལ་སྙན་སི་ལི་ལི།
དེ་ལྟ་བུ་ཡིས་ཕོ་བྲང་དུ།
བདག་ཅག་གིས་ནི་མ་རིགས་པས།
[7]ཀླུའི་ཐུགས་དང་འགལ་བ་མཐོལ་ལོ་བཤགས།

ལོ་བརྒྱ་འཚོ་བར་ཤོག། སྟོན་བརྒྱ་མཐོང་བར་ཤོག། སི་ནད་[8]ཐུགས་ནད་རྒྱུན་
ཆད་པར་ཤོག། རྐང་གཉིས་པ་རྣམས་བདེ་ལེགས་ཤོག། རྐང་བཞི་པ་རྣམས་
བདེ་ལེགས་ཤོག། [1]ཀླུའི་གདོར་མ་དང་། མཆོད་པ་དང་། ནག་ཕུ་ན་ག་ཁྲོལ། fol.10b
ནག་མཐོང་ནག་བདེ་ལེགས་སུ་གྱུར་ཅིག། བཅོམ་[2]ལྡན་འདས་ཀྱིས་འགྲོ་བ་
སེམས་ཅན་ལྷ་བརྒྱའི་དོན་ལ་གཟིགས་ནས། བྲག་དམར་པོ་སེང་གེའི་རྫོང་ལ་
འཆག་པ་ཀླུ་[3]གཙན་དང་། ཀླུའི་རྒྱལ་པོ་སོག་མ་མེད་པ་དང་། གྲོས་བྱས་ནས་
སྟོན་པའོ། སེམས་ཅན་ཀུན་ལ་ཕན་པར་གྱུར་ཅིག། གཙང་ས་ཀླུ་འབུམ་ནག་
པོ་རྫོགས་སོ།།

# III.

## སྐྱུ་འབུམ་ཁྲ་བོ་བསྡུས་པའི་སྙིང་པོ་བཞུགསོ།

fol. 11a དཔལ་ལྡན་བླ་མའི་ཞབས་ལ་ཕྱག་འཚལ་ལོ།

ས་བདག་སྐྱུ་གཉན་གྱི་ནད་རྣམས་གསོ་བ་ལ། རིན་པོ་[2]ཆེའི་སྣོད་ཀྱི་ནང་དུ། ཇ
གཙང་མ་དང་དཀར་གསུམ་མངར་གསུམ་དང་། སྐྱུ་སྨན་རྣམས་ལྔ་བདབ་ཞ
སྐྱབས་[3]འགྲོ་སེམས་བསྐྱེད་བྱས། རང་ཡི་དམ་ཐུགས་རྗེ་ཆེན་པོ་བསྒོམ་ལ། ཨོཾ
མ་ཎི་པདྨེ་ཧཱུྃ་ཧྲཱིཿ ཞེས་བརྒྱ་རྩ་གཅིག་[4]བཟླསོ། ༔

རྒྱ་གར་སྐད་དུ། ན་ག་རྣ་ཛ་པ་ད་ཡ་ཡེ་སྭཱ་ཧཱ། བོད་སྐད་དུ། བཅོམ་ལྡ
འདས་ཕྱག་ན་རྡོ་རྗེ་ལ་ཕྱག་[5]འཚལ་ལོ། ཐུགས་རྗེ་ཆེན་པོའི་གསང་བ་ན
དགོངས་ཏེ། མགུལ་གྱིས་བྱམ་ནས་དྲངས། ཀླུགས་ལེབ་ཀུན་[6]འདྲ་བས་དཀྲ
ནས། སྐྱུ་ཐམས་ཅད་སྤྱན་དྲངས་པ་དང་གཅིག། ཕྱག་འཚལ་བ་དང་གཉིས། ར
རང་གི་སྙིང་[7]པོ་འབུལ་བ་དང་གསུམ། མཆོད་པ་འབུལ་བ་དང་བཞི། སྨན
བདབ་པ་དང་ལྔ། བཤགས་པ་བྱ་བ་དང་དྲུག། [8]ཙི་སྨན་གྱིས་གསོ་བ་དང་བར
འཕྲིན་ལས་བཅོལ་བ་དང་བརྒྱད། དེ་ནས་སྤྱན་དྲངས་པ་ནི། སྟོང་གསུམ

fol. 11b [1]མཛེད་འཛམ་གླིང་ནས། རྒྱ་མཚོ་དང་ནི་ཆུ་བོ་དང་། འབབ་ཆུ་རྣམས་དང་ཆུ
དང་། འཚེའུ་ལུ་མ་ལྟེང་ཀ་ཆུ་མིག་དང་། [2]རི་བདུན་རི་བྲག་ས་རྫོ་དང་། ཤ
དང་སི་དང་ཆུ་དང་ནམ་མཁའ་དང་། འབྱུང་བ་དེ་དག་ཀུན་ལ་གནས་པ་ཡིས།

[3]ཚོགས་ནི་དགའ་བོ་ནི་ཉེར་དགའ་བོ། ཀུན་དགའ་བོ་དང་གཙུག་ན་རིན་ཆེན་
མཐར་ཡས་དང་ནི་དུང་སྐྱོང་དང་། [4]ནོར་རྒྱས་དང་ནི་གཟི་ཅན་དང་། ཀླུ་
བརྒྱད་པོ་འདིར་གཤེགས་མཆོད་པ་འབུལ། ཀླུའི་རྒྱལ་པོ་སྟོབས་བཟང་དང་།
ཡིའི་འདབ་མ་དང་། གེལ་བ་དང་། མ་དྲོས་པ་དང་། དྲི་ཞིམ་པ་དང་རིགས་
དང་། ནོར་རྒྱས་དང་དཔལ་ལྡན་ལ་[6]སོགས་སློན་རིགས་རྣམས། འདིར་
གས་སྤྱན་འདྲེན་མཆོད་པ་དམ་པ་བཞེས། ཀླུ་གཙན་གཟན་དང་། ཤིང་[7]ཕ་
བཞིན་དང་། མི་ལོང་གིས་གདོང་ཅན་དང་། རི་དྭགས་ཀྱིས་མགོ་ཅན་དང་།
པའི་མགོ་ཅན་དང་། བྱའི་[8]མགོ་ཅན་དང་། སྦྲུལ་གྱིས་མགོ་ཅན་ལ་སོགས་
དམངས་རིགས་རྣམས་ཀུང་སྤྱན་འདྲེན་མཆོད་པ་དམ་འདི་[1]བཞེས། ཀླུའི་ fol. 12a
པོ་ཆར་འབེབས་དང་། འབྲུག་སྒྲོགས་དང་ནི་འབྲས་བུ་སྨིན་པར་བྱེད་པ་དང་།
པོ་དང་ནི་ཉེར་ནག་པོ་རྣམས་དང་། ཟག་བྱེད་དང་ནི་གནོད་བྱེད་དང་། འབྱུང་
ལ་གནས་པའི་ཀླུ་རྣམས་དང་། [3]འབྱུང་བ་རླུང་ལ་གནས་པའི་ཀླུ་རྣམས་དང་།
ང་བ་ས་ལ་གནས་པའི་ཀླུ་རྣམས་དང་། འབྱུང་བ་མེ་ལ་གནས་པའི་[4]ཀླུ་རྣམས་དང་།
ང་བ་ཤིང་ལ་གནས་པའི་ཀླུ་རྣམས་དང་། རི་རབ་རི་ཕྲན་ཀུན་ལ་གནས་པའི་ཀླུ་
དང་། ས་[5]རྡོ་རྩྭ་ཤིང་གསུམ་ལ་གནས་པའི་ཀླུ་རྣམས་དང་། དེ་དག་ཐམས་ཅད་
ཟེའི་རིགས་ཡིན་དེ། འདིར་གཤེགས་[6]སྤྱན་འདྲེན་མཆོད་པ་དམ་པ་འདི་བཞེས་
ཞི་སྡང་གདུག་པའི་སེམས་ཀྱིས་མ་འཁྲུན་ཅིག ཁྲོ་གདུམ་ང་[7]རའི་སེམས་
མ་འཁྲུན་ཅིག བྱམས་དང་སྙིང་རྗེའི་སེམས་དང་བཅས་དེ་གཤེགས་སུ་
ལ། དམ་པ་ཆོས་[8]ཀྱི་བསྟན་པ་བསྲུང་བ་དང་། སོ་སོའི་མཐུན་པའི་རྫས་ལ་
གས་སུ་གསོལ། ཨོཾ་ན་ག་ས་པྲ་རི་ས་མ་ཡ་ཛཿཛཿ [1]ཞེས་ལན་བདུན་ fol. 12b
ལ། ལག་པ་ལྟུགས་ཀྱུས་སྤྱན་དྲངས་སོ། ཧཱུྃ་གཉིས་པ་ཀླུ་ཐམས་ཅད་ལ་
འཚལ་ལོ། ཀླུའི་རྒྱལ་པོ་[2]སངས་རྒྱས་བཅོམ་ལྡན་འདས་ལ་ཕྱག་འཚལ་ལོ།

2

ཀླུའི་རྒྱལ་པོ་ཀུན་དགའ་བོ་ལ་ཕྱག་འཚལ་ལོ། ཀླུའི་རྒྱལ་པོ་[3]མཐའ་ཡས་ལ་ཕྱག་འཚལ་ལོ། ཀླུའི་རྒྱལ་པོ་དུང་སྐྱོང་ལ་ཕྱག་འཚལ་ལོ། ཀླུའི་རྒྱལ་པོ་ནོར་རྒྱས་ལ་ཕྱག་འཚལ་ལོ། [4]ཀླུའི་རྒྱལ་པོ་གཟི་ཅན་ལ་ཕྱག་འཚལ་ལོ། ཀླུའི་རྒྱལ་པོ་གཙུག་ན་རིན་ཆེན་ལ་ཕྱག་འཚལ་ལོ། ཀླུའི་རྒྱལ་པོ་སྟོབས་[5]བཟང་ལ་ཕྱག་འཚལ་ལོ། ཀླུའི་རྒྱལ་པོ་རིགས་ལྡན་ལ་ཕྱག་འཚལ་ལོ། ཀླུའི་བློན་པོའི་རིགས་རྣམས་ལ་ཕྱག་འཚལ་ལོ། [6]ཀླུ་དམངས་རིགས་རྣམས་ལ་ཕྱག་འཚལ་ལོ། ཀླུ་བྲམ་ཟེའི་རིགས་རྣམས་ལ་ཕྱག་འཚལ་ལོ། ཀླུ་གདོལ་བའི་རིགས་རྣམས་[7]ལ་ཕྱག་འཚལ་ལོ། ཀླུ་བུ་དང་ཚ་བོ་དང་བྲན་དང་འཁོར་གཡོག་དང་བཅས་པ་རྣམས་ལ་ཕྱག་འཚལ་ལོ། ལག་པ་གཡས་[8]པས་མཆོད་སྦྱིན་བྱས་ནས། ཨོཾ་བ་སུ་ཀི་མང་སྭཱ་ཧཱ། ཞེས་བརྒྱ་རྩ་གཅིག་བཟླས་སོ།
fol.18a གསུམ་པ་རང་རང་[1]གི་སྙིང་པོ་འབུལ་བ་ནི། ཨོཾ་ན་ག་རཱ་ཛ་ཨ་བ་ནེ་ཏ་སྭཱ་ཧཱ། ཨོཾ་ན་ག་རཱ་ཛ་ཏ་ཀ་ཤ་སྭཱ་ཧཱ། ཨོཾ་ན་ག་རཱ་ཛ་[2]ག་ན་ཀུ་ཏེ་སྭཱ་ཧཱ། ཨོཾ་ན་ག་རཱ་ཛ་ཨ་ན་ན་ཏ་སྭཱ་ཧཱ། ཨོཾ་ན་ག་རཱ་ཛ་ཨུ་ཕུན་ཏ་སྭཱ་ཧཱ། ན་ག་ཤ་ཀྲ་སྭཱ་ཧཱ། ན་ག་རཱ་ཛ་[3]ཀོ་ཏ་སྭཱ་ཧཱ། ན་ག་རཱ་ཛ་ཨུ་ལི་ཀ་སྭཱ་ཧཱ། ན་ག་རཱ་ཛ་ཤང་ཀ་པ་ལ་སྭཱ་ཧཱ། ན་ག་རཱ་ཛ་ཀི་ལི་སྭཱ་ཧཱ། ན་ག་རཱ་ཛ་ཛོ་[4]ལ་སྭཱ་ཧཱ། མི་ལི་མི་ལི་སྭཱ་ཧཱ། ཧི་ལི་ཧི་ལི་སྭཱ་ཧཱ། ཛ་ལ་ཛ་ལ་སྭཱ་ཧཱ། པ་ད་པ་ད་སྭཱ་ཧཱ། བྲ་ར་བྲ་ར་སྭཱ་ཧཱ། ཀུ་ཏི་[5]ཀུ་ཏི་སྭཱ་ཧཱ། ཏ་ཀྲ་ཏ་ཀྲ་སྭཱ་ཧཱ། ཧ་ལ་ཧ་ལ་སྭཱ་ཧཱ། ཧུ་ལུ་ཧུ་ལུ་སྭཱ་ཧཱ། སི་རི་སི་རི་སྭཱ་ཧཱ། ན་མ་ཀུ་ཙུ་ཀུ་ཙུ་[6]སྭཱ་ཧཱ། ཨི་ག་ཏེ་སྭཱ་ཧཱ། ཨ་ར་རེ་སྭཱ་ཧཱ། མ་ཧྲེ་ཨེ་སྭཱ་ཧཱ། པ་ཏི་ནི་སྭཱ་ཧཱ། ཨ་པ་ར་སྭཱ་ཧཱ། ཤི་པ་ཏི་སྭཱ་ཧཱ། [7]ཏུ་རེ་ཏུ་རེ་སྭཱ་ཧཱ། བཞི་པ་ཀླུ་ཐམས་ཅད་ལ་རྩི་སྨན་གྱིས་གསོ་བ་ནི། ཀླུའི་རྒྱལ་པོ་རྣམས་ལ། སྣ་དང་ཁ་སྤྲུ་ཉིས་[8]པ་ཐང་ལོ་དང་སྨུག་ལོས་སོས་པར་གྱུར་ཅིག། མིག་ཞར་བ་ནི་གཟིར་དཀར་ནག་གིས་སོས་པར་གྱུར་ཅིག།
fol.18b མདོག་[1]ཉམས་པ་རྨ་བྱའི་མདོངས་ཀྱིས་སོས་པར་གྱུར་ཅིག། སོ་དང་སོར་མོ་ཉམས་པ་ཀུནྡྲ་པ་ཏིས་སོས་པར་གྱུར་ཅིག། [2]ཐོད་པ་ཉམས་པ་ཕྱག་འཚང་སྐྲུས་པས

སོས་པར་གྱུར་ཅིག། ཀླད་པ་ཉམས་པ་རྒྱ་མཚོའི་སྒྲ་བས་སོས་པར་གྱུར་[3]ཅིག། ཕྲགས་པ་ཉམས་པ་སྦྲུལ་གྱིས་ཕྲགས་པས་སོས་པར་གྱུར་ཅིག། ཡན་ལག་ཉམས་པ་དབང་པོ་ལག་པས་[4]སོས་པར་གྱུར་ཅིག། སོར་མོ་ཉམས་པ་ཆུ་སྲིན་སྲེར་མོས་སོས་པར་གྱུར་ཅིག། ལྟེ་ཉམས་པ་ཨུཏྤལ་གྱིས་སོས་[5]པར་གྱུར་ཅིག། ཤ་ཉམས་པ་བགྲོར་ཞོ་ཤས་སོས་པར་གྱུར་ཅིག། མཁལ་མ་ཉམས་པ་མཁལ་མ་ཞོ་ཤས་[6]སོས་པར་གྱུར་ཅིག། ཚིལ་ཉམས་པ་གུ་གུལ་དཀར་པོས་སོས་པར་གྱུར་ཅིག། ནང་ཁྲོལ་ཉམས་པ་ནག་གེ་[7]སར་དང་། ཏིལ་ནག་བྲུས་པ་དང་། ཏིལ་དཀར་ནག་གིས་སོས་པར་གྱུར་ཅིག། གཞན་ཡང་ག་བུར་དང་། གུར་[8]གུམ་དང་། ཙན་དན་དང་། ཀ་ར་དང་། བུ་རམ་དང་། སྦྲང་རྩི་རྣམས་ཀྱིས་སོས་པར་གྱུར་ཅིག། གཞན་ཡང་ཀུན་[1]དགའ་བོ་ཀླུའི་རྒྱལ་པོ་འཁོར་དང་བཅས་པ་རྣམས་ལ་མཆོད་མགྲོན་གྱིས་བྲེ་ fol. 14a བྲིག་ཐམས་ཅད་འབུལ་བ་ནི། [2]འབྲས་བུ་ཆགས་པའི་ཤིང་དང་། ལོ་འདབ་ཆགས་པའི་ཤིང་དང་། ཀུ་སུད་ད་དང་། ཧ་ལོ་དང་། སྤང་རྒྱན་དང་། [3]སྤང་སྤོས་དང་། རྒྱ་སྤོས་དང་། འབད་འབྲུ་རྣམས་པ་སྣ་ཚོགས་དང་། མོན་འབྲུ་དང་། དར་ཟབ་སྣ་ཚོགས་དང་། [4]གཟུགས་བརྙན་སྣ་ཚོགས་དང་། སྤོག་སྤོན་དང་། ཞོ་བཟང་དང་། སྐྱིན་གཟིགས་དང་། སྐྱེམས་འཕྲང་དང་། [5]དཀར་གསུམ་དང་། མངར་གསུམ་དང་། མཆོད་ཡོན་དང་འཁྱེར་བ་ཕུན་སུམ་ཚོགས་པ་འདི་འབུལ་བས། ཀླུའི་[6]རྒྱལ་པོ་ལ་སོགས་པ་ཀླུ་རྗེ་རིགས་དང་། ཀླུ་དམངས་རིགས་དང་། ཀླུ་གདོལ་པའི་རིགས་ལ་སོགས་པ་ཐམས་[7]ཅད་ལོངས་སྤྱོད་ཕུན་སུམ་ཚོགས་པ་དང་ལྡན་པར་གྱུར་ཅིག། འོད་དང་ལྡན་པར་གྱུར་ཅིག། ཁ་དོག་དང་ལྡན་པར་[8]གྱུར་ཅིག། རྟོག་པ་ཟས་དང་ལྡན་པར་གྱུར་ཅིག། འོན་པ་རྣམས་རྣ་བས་སྒྲ་ཐོས་པར་གྱུར་ཅིག། ཀླུ་ཆེན་པོ་རྣམས་[1]ཡུལ་དང་འཕྲད་པར་གྱུར་ཅིག། ཕྱུང་པོ་ལྷའི་ཡུལ་དུ་འདོད་པའི་ཡོན་དན་ fol.14b ལྷ་ཆར་བཞིན་དུ་འབབས་པར་གྱུར་ཅིག། ༔ [2]ལྷ་པ་ཀླུ་ལ་མཐོལ་བཤགས་འབུལ་

2*

བ་ནི། སྐུ་གཉན་ཞིང་བྱིན་ཆེ་བའི་ཐུགས་དང་འགལ་བ་ལས། ཞིང་[3]གཉན་བ
པ་དང་། ས་གཉན་པོ་སྦྲུས་པ་དང་། རྡོ་གཉན་རྡོག་པ་དང་། བྲག་གཉན་བཤག
པ་དང་། སྐུ་[4]ཤིང་ཟམ་སྦྲེགས་པ་དང་། སྐུ་ཡུག་ཁམས་པ་བསད་པ་དང་།
བྱུ་ངང་པ་སྐྱི་ལ་བཟུང་པ་དང་། སྤྲལ་སྦྱོང་མང་[5]པོ་སྐམ་ལ་བདོན་པ་དང་། སྦྲི
པའི་རྭ་སྦྲགས་པ་དང་། སྤྲུལ་གྱིས་སྐེད་པ་བཅད་པ་དང་། ཉའི་ལྷོ་བ་སྦྲུས་
དང་། སྤྲལ་བའི་ཡན་ལག་བཅད་པ་དང་། སྐྱའི་ཕོ་བྲང་བཤིག་པ་དང་། ཕྲིན
ཡུར་བར་བདོན་པ་དང་། [7]བཤོང་མ་རྫིང་བྲུར་བསྐྱིལ་བ་དང་། ཆུ་མིག་གཉན
བསུབ་པ་རྣམས་མཐོལ་ལོ་བཤགས་སོ། སྐུ་ལ་གནོད་[8]པ་བྱས་པ་རྣམས་ར
འཕངས་དང་རྫོངས་ཤོང་བྱས་པ་རྣམས་མཐོལ་ལོ་བཤགས། བྱང་ཞིང་དག་ར
fol. 15a གྱུར་ཅིག། ཱྀ [1]དུག་པ་སྐྱུ་ལ་ཆོས་བཤད་པ་ནི། ཆོས་རྣམས་གཟུགས་བརྙན
བུ་སྟེ། དག་ཅིང་གསལ་[2]ལ་རྟོག་པ་མེད། གཟུངས་དུ་མེད་ཅིང་བརྗོད་དུ་མེ
རྒྱུ་དང་ལས་ལ་ཀུན་དུ་འབྱུང་། ངོ་བོ་མེད་ཅིང་[3]གནས་པ་མེད། དེ་ལྟར་ཆོ
རྣམས་ཤེས་བགྱིས་ལ། སེམས་རྣམས་བླ་ན་མེད་པའི་ཆོས། འོན་ཀྱང་སང
[4]རྒྱུས་རིགས་སུ་སྐྱེས། ཆོས་རྣམས་ཐམས་ཅད་རྒྱུ་ལས་བྱུང་། དེ་རྒྱུ་དེ་བཞི
ག་ཤེགས་པས་གསུངས། དེ་[5]ལ་འགོག་པ་གང་ཡིན་པ། དགེ་སྦྱོང་ཆེན་པོ
དེ་སྐད་གསུངས། སྡིག་པ་གང་དག་མི་བགྱིས་པ། དགེ་[6]བ་ཕུན་སུམ་ཚོགས
སྤྱད། རང་གིས་སེམས་ནི་ཡོངས་སུ་འདུལ། འདི་ནི་སངྒྱས་བསྟན་པ་ཡིན། ཧེ
[7]བརྗོད་དོ། ན་མོ་རཏྣ་ཏྲ་ཡཱ་ཡ། ཨོཾ་ཀཾ་ཀ་ནི་ཀཾ་ཀ་ནི། རོ་ཙ་ནི་རོ་ཙ་ནི།
ཏ་ནི་ཏྲོ་ཏ་ནི། ཏྲ་ས་ནི་ཏྲ་ས་ནི། [8]པྲ་ཏི་ཧ་ན་པྲ་ཏི་ཧ་ན། སརྦ་ཀརྨ་པ་རཾ་བ་ར
fol. 15b སརྦ་སཏྭ་ནཉྩ་ཡེ་སྭཱ་ཧཱ། སྐུ་དང་ས་བདག་གིས་སྐྱིབ་པ་དག་པར་[1]གྱུར་ཅིག། ཧེ
ལན་བདུན་བརྗོད། ཱྀ བདུན་པ་འཕྲིན་ལས་གཉན་པོ་གསོལ་བ་ནི། རྒྱ་སྦྱོར་ཐ
གྱིས་བདག་[2]པོ་འཁོར་དང་བཅས་པ་རྣམས་ལ་ཡོངས་སུ་བསྒྲུང་བ་དང་། ཡོང

སྐྱབས་པ་དང་། ཞི་བ་དང་བདེ་ལེགས་[3]སུ་གྱུར་ཅིག། ཀླུའི་གནོད་པ་མཛེ་དང་
ཤ་བ་དང་། མཚན་ཆ་དང་། ཤུ་གེ་དང་། མཐོང་བའི་དུག་དང་། [4]བཙོ་པའི་དུག
དང་། ཁ་རླངས་ཀྱིས་དུག་པ་དང་། རེག་པའི་དུག་དང་། ཀླུའི་རྒྱལ་པོའི་འཇིགས
པ་དང་། [5]མིའི་འཇིགས་པ་དང་། ཆུའི་འཇིགས་པ་དང་། རླུང་གིས་འཇིགས
པ་དང་། ས་གཡོ་བའི་འཇིགས་པ་དང་། [6]དུས་མ་ཡིན་པར་འཆི་བའི་འཇིགས
པ་དང་། གཞན་ཡང་རླུང་ལས་གྱུར་པ་དང་། མཁྲིས་པ་ལས་གྱུར་པ་རྣམས་[7]དང་།
བད་ཀན་ལས་གྱུར་པ་རྣམས་དང་། འདུས་པ་ལས་གྱུར་པ་རྣམས་དང་། ནད་བཞི་
བརྒྱ་རྩ་བཞི་ཞི་བར་གྱུར་ཅིག། [8]མཛེ་དང་ཤུ་བ་དང་། གཡན་པ་དང་། ཐོལ་
མིག་དང་། འབྲུམ་པོ་དང་། སྐྲངས་ལྷོག་དང་། རྒྱུར་པོ་དང་། ཞ་བོ་[1]དང་། འདུ་ fol.16a
བ་རྣམས་བཞི་ནད་རྣམས་ཞི་བར་གྱུར་ཅིག། གཞན་ཡང་ཀུན་དགའ་བོ་ཀླུའི་རྒྱལ
པོ་རྣམས་[2]ཀྱི་དུས་དུས་སུ་ཆར་འབེབས་པ་དང་། ལོ་ཏོག་སྨིན་པ་དང་། མི་ནད་
རྣམས་ཞི་བར་གྱུར་ཅིག། གཞན་ཡང་ཀུན་[3]དགའ་བོས་སྨོན་ལམ་བཏབ་པ་དང་།
ཀླུ་རྣམས་འོད་དང་ཁ་དོག་དང་ལྡན་པར་གྱུར་ཅིག། ལྟོགས་པ་རྣམས་ཟས་[4]དང་
ལྡན་པར་གྱུར་ཅིག། འོན་པ་རྣམས་རྣ་བས་སྒྲ་ཐོས་པར་གྱུར་ཅིག། ཀླུ་ཆེན་པོ་
རྣམས་ཡུལ་དང་ལྡན་པར་གྱུར་[5]ཅིག། ཕུང་པོ་ལྔའི་ཡུལ་དུ་འདོད་པའི་ཡོན་ལྔ་ཆར
བཞིན་དུ་འབབས་པར་གྱུར་ཅིག། གཞན་ཡང་ཀུན་དགའ་བོས། [6]ཀླུ་རྣམས་ལ་
ཤིང་རྩིའི་ཁྲེ་བྲག་ཐུམས་ཅན་ཕུལ་བས་ཤིང་གཙན་བཙད་པའི་བྲུ་ལོན་ཕྲེར་བར་གྱུར
ཅིག། མེ་ཏོག་[7]སྣ་ཚོགས་ཕུལ་བས་ལོངས་སྤྱོད་དང་ལྡན་པར་གྱུར་ཅིག། སྨན
གྱིས་ཁྲེ་བྲག་ཐུམས་ཅན་ཕུལ་བས། རླུང་མཁྲིས་[8]བད་ཀན་འདུས་པའི་ནད་རིགས
བཞི་བརྒྱ་ལས་ཐར་བར་གྱུར་ཅིག། དར་མཚོན་སྣ་ལྔ་ཕུལ་བས་གོས་ཀྱི་ཁྲེ་བྲག་ལ་
[1]ལོངས་སྤྱོད་པའི་དབང་དང་ལྡན་པར་གྱུར་ཅིག། རིན་པོ་ཆེ་སྣ་ལྔ་ཕུལ་བས་ཚེ་རིང་ fol.16b
ཞིང་དབང་ཐང་རྒྱས་[2]པར་གྱུར་ཅིག། བཤོས་བཟང་གྱིས་ཁྲེ་བྲག་ཕུལ་བས། སྣུ

གེ་དང་ལོ་ཉེས་ཀྱིས་ནད་ལས་ཐར་བར་གྱུར་ཅིག། [3]ལོ་ཆུ་རྟག་ཏུ་ལེགས་པར་གྱུར་ཅིག། ཆར་ཆུ་དུས་སུ་འབབས་པར་གྱུར་ཅིག། ཀླུ་ཆེན་པོ་རྣམས་གཤེགས་[4]སུ་གསོལ། ཕ་རིའི་གཡས་ལ་གནས་པ་གཤེགས་སུ་གསོལ། ཚུར་རིའི་གཡོན་ལ་གནས་པ་གཤེགས་[5]སུ་གསོལ། འབབ་པ་ཆུ་ལ་གནས་པ་དང་འགྲོ་བ་ལཾ་ལ་གནས་པ་གཤེགསུ་གསོལ། མི་ནད་ཕྱུགས་[6]ནད་ཐམས་ཅད་རྒྱུན་ཆད་ནས། བཀྲིས་བདེ་ལེགས་ཕུན་སུམ་ཚོགས་པར་ཤོག།

གཙང་མ་ཀླུ་འབུམ་[7]ཁྲ་བོ་བསྡུས་པའི་སྙིང་པོ་རྫོགས། །

# Graphisches.

1. Es fehlt hier überall das am Ende eines Satzes nach ང *ṅ* vor einem | *Šad* in der Regel beibehaltene *Tšeg* (Jäschke-Wenzel § 4). Vergl. G. Huth, *Tsaghan Baišiṅ* p. 13, wo uns in der tibetischen Inschrift dieselbe Erscheinung entgegentritt, die, wie wohl anzunehmen, besonders in volkstümlicheren Texten zu Hause ist. Ich vermute, dass die Beibehaltung des Punktes nach ང den Zweck und Wert hat, als äusserliches Unterscheidungsmerkmal des ང von ད zu dienen, mit dem es in Handschriften wie Holzdrucken so häufig verwechselt wird. Vergl. auch Csoma, J A S B V 264.

2. Eine meines Wissens bisher noch nicht beobachtete Erscheinung ist ein im ersten Teile des Textes über den Laut ང *ṅ* gesetztes, halbkreisförmiges und nach rechts geöffnetes Zeichen ང, das wohl auch nur die Bedeutung beanspruchen kann, ང sichtbar von ད zu scheiden. Es sind drei Fälle, nämlich:

3a, 1 ངན་སེམས་ 3a, 1 བྱང་ཞིང་ 4b, 3 ནང་ཁྲིལ་

3. In 4a, 3 kommt das nach dem Bilde eines kranzlosen Mühlrades benannte Abkürzungszeichen × ཀྱུ་རུ་ཁ་ vor (J. Dict. 22a). Es bedeutet in diesem Falle, dass hinter ཕྱག་ nach dem Vorhergehenden die Worte བས་སོས་པར་གྱུར་ཅིག་ zu ergänzen sind. Beachtenswert ist, dass sich der Schreiber, obwohl sich die Möglichkeit noch wiederholt darbot, in der Anwendung des Zeichens auf diese Stelle beschränkt hat. In populären Texten macht man von demselben ausgiebigsten Gebrauch, so z. B. in den Münch. Cod., aus denen ich nur das eine Beispiel mitteilen will, dass in einem

den Titel བཀྲ་ཤིས་བཞུགས་སོ་ führenden, nur ein Folioblatt umfassenden Gebet (s. Sitzber. Bayr. Ak. 1875, p. 76, Nr. 13) das Zeichen in der Gestalt × 23 mal vorkommt, und zwar meist am Schlusse des vierten, jedesmal eine Strophe abschliessenden Verses, stets als Surrogat für ein བཀྲ་ཤིས་ཤོག; in den drei letzten Strophen jedoch, die sich an Buddha, die Lehre und die drei Kostbarkeiten richten und einen höheren Aufschwung des Gedankens nehmen, wird auch die Schreibweise durch Ausführung des བཀྲ་ཤིས་ཤོག feierlich.

4. Ausserordentlich häufig ist die Schreibung mit *klad-kor* oder *stod-kor* (Zam. f. 4) ༝ statt མ, so 4a, 2 ཉཾས་ 5a, 2 གསུཾ་ 11a, 7 སྨོན་ལཾ་ u. s. w. Es ist nicht unmöglich, dass damit ein mystischer Sinn verknüpft wird, s. Beal, Catena 23.

5. Das Zeichen ཊ = གས als Doppelschlusskonsonant begegnet 1b, 4 in སོཊ་ und 4a, 3 zweimal in ཕྱཊ; es gehört ebenso wie die Abkürzung ཛ für ཀྱུ und übergeschriebenes [Zeichen] oder [Zeichen] für ས ursprünglich der *dbU-med*-schrift an, Zeichen, von denen Csoma und seine Nachfolger nichts erwähnen, und die allein Jäschke in einem Briefe an Schiefner mitgeteilt hat, worüber dieser in Mél. as. VI p. 6. Dass ཊ nichts weiter als eine rein graphische Abbreviatur ist, geht aus der einfachen Thatsache hervor, dass in unserm wie in allen andern Texten ཊ und གས beliebig nebeneinander herlaufen, wie z. B. Münch. Cod. Nr. XVIII, fol. 1b, 1 ཕྱཊ་ und Zeile 5 ཕྱགས་ geschrieben ist; einen Schluss daraus auf die Laute selbst oder auf die specifisch tibetische Auffassung dieser Lautverbindung zu ziehen wäre also unstatthaft.

6. Die Schreibung འཚལ་ལོ་ wechselt ab mit der von འཚལོ; 10b, 4 hat རྫོགསོ་, dagegen 6b, 2 དྲངས་སོ་. Diese letztere Art findet sich streng durchgeführt nur in solchen Werken, die mit

denkbar peinlichster Sorgfalt geschrieben oder gedruckt worden sind, also in verhältnismässig sehr wenigen, wie z. B. im Petersburger *bsTan-ȝgyur* des Asiatischen Museums, während das Berliner Exemplar in buntem Wechsel die getrennte wie die zusammengezogene Schreibart pflegt. Aus diesem Gebrauch geht aber mit voller Deutlichkeit hervor, dass wir es in solchen Fällen nicht mit einer phonetischen Verdoppelung, sondern nur mit einer aus rein graphischen Gründen zu erklärenden Doppelschreibung zu thun haben, deren Ursache einzig und allein in dem Grundprinzip der tibetischen Schrift liegt, jede Silbe eines Wortes oder einer Zusammensetzung getrennt für sich zu schreiben. Daher erklären sich auch solche Möglichkeiten verschiedener Schreibungen wie ཕྲུག་གུ་, ཕྲུ་གུ་ und bei flüchtiger Schrift ཕྲུགུ, dessen Aussprache Ramsay für den Dialekt von Ladák Wazarat *throogoo* oder *thoogoo* transcribiert (Western Tibet p. 21a). S. auch Mainwaring, p. 46, 47.

7. In 11a, 3 findet sich nach ཧྲཱི་ das Interpunktionszeichen ༔, das nach Csoma (s. die Tafeln am Schluss seiner Grammatik p. 30 Nr. 16) den Namen führt ཨོ་རྒྱན་པདྨའི་གཏེར་ཡིག་གི་བཤད་ d. h. das Komma der Bücher des Padmasambhava. Vergl. auch Waddell 165. Dasselbe Zeichen zweimal in 12a, 8.

8. In III ist sechsmal (11a, 4; 12b, 1; 13a, 7; 14b, 2; 15a, 1; 15b, 1) stets am Schlusse der durch Zahlen bezeichneten Abschnitte ein Zeichen angewandt, das der in Tibet so reich ausgebildeten graphischen Ornamentik zugezählt werden muss, bei Csoma sich aber nicht dargestellt findet. Ich möchte in den drei horizontalen Schlangenlinien eine bewusste Nachahmung der Formen erkennen, in welchen die beiden Aussenzacken des Triçûla oder noch wahrscheinlicher der obere Teil des lCags-kyu dargestellt sind, vergl. die Abbildungen bei Pander-Grünwedel 108, dieselben reproduciert bei Waddell 341, ferner G. Dumoutier p. 110 u. 111. Der verticale Strich soll dann natürlich den Griff eines solchen Abzeichens vorstellen. Im übrigen wird wohl die Mehrzahl der graphischen Ornamente in den tibetischen Büchern auf ornamentale Formen in den Sculpturen von Gandhâra zurück-

gehen; auch Maurerzeichen und Verwandtes (vergl. I A VII 295 ff.) sind für eine solche Untersuchung heranzuziehen*).

9. Das untergeschriebene ◌ྭ wird 5b, 1 in ཞྭ་བོ་ „lahm“ gebraucht, was auf Verwechselung mit ཞྭ་ „Hut, Mütze“ beruht. In den übrigen Fällen, wo ◌ྭ in unserer Handschrift vorkommt, nämlich in 6a, 3 རྩྭ, 11b, 7 རི་དྭགས་ und 14b, 5 རྭ, ist sein Gebrauch korrekt. Ebenso ist 15b, 8 richtig ཞ་བོ་ geschrieben.

---

*) Die Grundlegung einer solchen Untersuchung müsste nach denselben Principien erfolgen, welche jetzt dank der Forschung der letzten Jahre für die Deutung der sog. „geometrischen“ Ornamente der primitiven Völker massgebend geworden sind. Vergl. E. Grosse, Die Anfänge der Kunst, Freiburg 1894, S. 111—155. K. von den Steinen, Prähistorische Zeichen und Ornamente, Berlin 1896 (Bastian-Festschrift). So wird z. B. das stets an den Anfang tibetischer Bücher gestellte Zeichen auf die Gestalt einer Schlange, und zwar speciell auf die einer im Zorn sich aufrichtenden Cobra mit geringeltem (coiling) Schwanze zurückzuführen sein, wie sie sich unzählige Male in der indischen Sculptur dargestellt findet, s. Archaeological Survey of Western India 1874 p. 43 und pl. XX 4, XL 5, LVI; Ghosha 219; J A II, 124. Die Inder verwenden die Schlange nicht minder zu ornamentalen Zwecken als die Karaya (Ehrenreich, Beiträge zur Völkerkunde Brasiliens 25). Daneben tritt in Indien eine Entwicklungsreihe von künstlerisch vervollkommneten, detailliert ausgeführten und selbständig behandelten Darstellungen von Nâga's und Schlangen auf, die Senart S. 382 anthropomorphique ou légendaire im Gegensatz zu den représentations hiératiques nennt. Vergl. über diese Erzeugnisse der Kunst: J A I 67, 372, 374, III 255, 258, IV 5, 83, 197, V 14, VII 42, XXIII 262; Fergusson, Tree and serpent worship; Mitra 257; Croizier, L'art khmer, Paris 1875, 107; Grünwedel, Notizen zur Ikonographie des Lamaismus 40 ff.; ders., Buddhistische Kunst 48, 95—97; Pander-Grünwedel 104.

# Textkritisches.

> „Die tibetischen Abschreiber, die oft eine schöne Hand haben, machen häufig Fehler, die einen aus Unwissenheit, die andern in der Anmassung, den Meister zu verbessern."
>
> Desgodins, Le Thibet (372).

## I.

2b, 8 ཧྗེལ་ — རྗེལ་

3a, 6 སྒྲུལ་ — སྦྲུལ་ (s. 11b, 8).

3a, 7 སྤྲུ་པ་ — སྦྲུ་བ་

3b, 5 བྲེ་ཕྲག་ — བྲེ་བྲག་

3b, 6 སྦྱོར་པ་ — སྦྱོར་བ་

3b, 7 གྱུར་བ་ — གྱུར་པ་ (zweimal).

4a, 2 སྨྲ་དང་པ་སྤྲུ་ — སྨྲ་དང་ཁ་སྤྲུ་

4a, 2 སོམས་བར་ — སོམས་པར་

4a, 3 སྒྲུལ་ — སྦྲུལ་

4a, 7 གཟི་ར་ — གཟིར་

4b, 5 གཞན་ཡང་ཀུན་དགའ་བོ་<u>དང</u>། — གཞན་ཡང་ཀུན་དགའ་བོ།

4b, 7 ཀུ་སུད་ — ཀུ་སུད་

4b, 8 སྦྲོས་ — སྦྱོས་

5a, 1 སྦྱན་གཟིགས་ — སྤྱན་གཟིགས་

5a, 3 ལོངས་སྦྱོད་ — ལོངས་སྤྱོད་

5a, 7 ཚོགས་བ་ — ཚོགས་པ་

5b, 5 ཞིང་རྩེ་ — རྩེ་ཞིང་ vergl. 4b, 6.

6a, 5 ལྡན་བར་ — ལྡན་པར་

6a, 6 ལོངས་སྦྱོད་ — ལོངས་སྤྱོད་ s. 5a, 3.

## II.

7a, 1 ནག་བོ་ — ནག་པོ་

7a, 3 འཇོག་པོ་ཕྱག་འཚལ་ལོ་ — འཇོག་པོ་ལ་ཕྱག་འཚལ་ལོ་

7a, 8 བཞུགས་བར་ — བཞུགས་པར་

7b, 1 བགྱིས་བ་ — བགྱིས་པ་

7b, 3 སྦྲ་སྦྲུག་ — སྦྲུ་སྦྲུག་

8a, 2 དེ་ལྟ་བུའི་ཡིས་ — དེ་ལྟ་བུ་ཡིས་ vergl. die voraufgegangenen und folgenden Parallelverse, die, wo vorhanden, das beste Mittel zur Rekonstruktion verdorbener Lesarten gewähren, doch immerhin auch mit Vorsicht benutzt werden müssen, da bei der Eintönigkeit der wiederholten Verse leichte Veränderungen, besonders in den Formativelementen, dem Bedürfnis einfacher Abwechslung entsprungen sein mögen (so: *rig-pas* und *rigs-pas*, *mtsʿo rñogs* neben *mtsʿo sñogs*, *gžob btaṅ sogs* und *gžob btaṅ ba* u. a.); die Geltendmachung dieses Faktors scheitert aber an der grammatischen Unmöglichkeit der doppelten Anwendung des Genitivs in *bu-i yis.*). Vergl. auch Rockhill, Tibetan Buddhist birth-stories, J. Am. Or. S. 1897, p. 7 no. des S. A.

8a, 4 ནེའུ་སྱིང་ — ནེའུ་སིང་

8a, 6 ནགས་ཀློག་ — ནགས་གོག་, wobei ich ནགས་ als absolute Ortsbestimmung (casus indefinitus nach Boehtlingk's Bezeichnung in der Jakutischen Grammatik S. 317) und ཀོག་, dem ཤིང་ copulativ beigeordnet (als mit diesem in Dvandvacomposition stehend, ཀོག་ statt ཀོག་པ་ s. v. J. Dict. 5b) als Objekt zu བཅད་པ་ ziehe.

8a, 5 u. 8 དེ་ལྟ་ཀྲུ་ — དེ་ལྟ་བུ་

8b, 2 དེ་ལྟར་ཀྲུའི་ braucht als sprachlich korrekt nicht unbedingt auf den Accord des leitmotivischen དེ་ལྟ་བུའི་ transponiert zu werden, wenn auch anzunehmen ist, dass es bloss eine schwach modificierte Klangveränderung darstellt, die sich ein Abschreiber im Bewusstsein harmonischen Zusammenspiels enharmonisch ausgedrückter Empfindung erlaubt hat.

8b, 7 མ་རྡོས་བ་ — མ་རྡོས་པ་

9a, 3 བྱ་ངར་ oder ངར་ (?) weder bei J. noch in der Vyutp. als Vogelname verzeichnet, daher conjiciert ངར་འབྱར (J.Ha. 254b), was gut zu dem Prädicat སྐྱ་བོ་ passt, das gewöhnlich zur Farbenbezeichnung von Wasservögeln dient.

9a, 6 ཉེའུ་སྐྱིང་ — ཉེའུ་སིང་ vergl. 8a, 4.

9b, 1 སྒྲུལ་ — སྦྲུལ་

10a, 2 བཞུགས་ — ཞུགས་ Denn 1) ist der Analogie wegen mit den beiden vorhergehenden in derselben Weise gebildeten Aufforderungen ein Verbum der Bewegung und nicht des Verweilens zu erwarten; 2) kann བཞུགས nur mit ན་ und nicht mit dem Terminativ konstruiert werden, der nur bei ཞུགས་ möglich ist, das somit aus diesen beiden Gründen als die richtige Lesart vorzuziehen ist. Über einen mit diesem ganz identischen Fall s. Schiefner, Ergänzungen und Berichtigungen zu Schmidt's Ausgabe des Dsanglun p. 3.

10a, 3/4 ཅི་དང་ཅི་རུ་མཛོལ། དགྲེས་ཤིང་དེ་དང་དེ་ལ་བདག་སྨིན་དང་། དུས་སུ་གྲོགས་དང་ཟམར་མཛལ། Der erste Vers ist unvollständig und bedarf schon deshalb der Ergänzung, weil äusserlich jedes zum Folgenden als Brücke hinübergeschlagene, an མཛོལ་ zu knüpfende Bindeglied fehlt und innerlich eben durch diesen Mangel wie durch das unverständliche མཛོལ་ ein Zusammenhang mit dem Gedankengang der folgenden Rede nicht erkennbar ist. Einen bestimmten Anhalt für diese Ergänzung aber gewährt das absolut dastehende དགྲེས་, das aus äusseren und inneren Gründen nicht als eine Zusatzbestimmung zu མཛལ་ aufgefasst werden kann. Das Objekt wird jedoch དགྲེས་པ་ ebenso wie དགའ་བ་ mit ལ་ vorgefügt. Fassen wir nun den Satzteil von ཅི་དང་ ab bis དགྲེས་ཤིང་ als eine Einheit, als den Vordersatz zu མཛལ་, so muss dieser notwendig die Begründung oder wenigstens irgend eine innere Beziehung zu dem Nachsatz ausdrücken; dieselbe scheint das verallgemeinernde ཅི་དང་ཅི་ (= quid-quid) dem Gebiet des concessiven Ausdrucks zuzuweisen. Ist dies aber richtig, so kann der offenbar nur (nach unserm sprachlichen Empfinden) in མཛོལ་ zu suchende Haupt- und Verbalbegriff einen Gegensatz zum མཛལ་ des Nachsatzes darstellen. Da nun eine Form མཛོལ་ den Wörterbüchern unbekannt ist, so muss diese wegen ihrer lautlichen und zumal graphischen Ähnlichkeit mit མཛལ་ Verdacht erwecken und zu dem Argwohn Anlass geben, dass ein Abschreiber auf ein ursprünglich anders, aber ähnlich lautendes Wort in graphischer Prolepsis den Charakter des in die Peripherie seines Bewusstseins schon eingedrungenen མཛལ་ projicierte. Bei einer Erneuerung der Lesart ist einmal das graphische Moment zu berücksichtigen, das nur die Rekonstruktion eines solchen Wortes gestattet, welches den Process der Veränderung zu མཛོལ་ aufzuklären vermag, sodann das oben erörterte innere Moment der Bedeutung und des grammatischen Zusammenhangs. Unter gleichmässiger Berücksichtigung dieser Elemente erscheint als die zweckmässigste Conjectur འབྲལ་ (phonetische Verwandtschaft von མ und འ, graphische sehr häufige Verwechslung von བྲ und ཟ oder ཛ und ཛ mit ཛོ), welches das voraufgehende ཏུ་ in དང་ verwandeln und aus leicht begreiflichen euphonischen Gründen auf das die beiden ཅི་ einschliessende དང་ in der Weise zurückwirken muss, dass die Substitution eines འང་ angemessen scheinen dürfte, so dass mit Einschluss des oben von der Notwendigkeit der Ergänzung dieses Torsoverses Gesagten derselbe nunmehr die Gestalt gewinnt

ཅི་འང་ཅི་དང་འབྲལ་བ་ལ། དགྱེས་ཤིང་

An der Form མཛལ་ wäre dreierlei zu erwägen: 1) die Verwechslung mit འཛལ་བ་, die aber nach Jäschke (Dict. 175a, v. d. Nr. 5) häufig ist; 2) die Function von མཛལ་ als Imperativ, während das Verbum in འཛོལ་ einen besonderen Ausdruck für diese Form hat; 3) die nach seinen Bedeutungen unerklärliche Construction mit dem Terminativ (ཟ་མར་), wenn man nicht zu der Auskunft greifen wollte, in ཟ་མར་ ein Compositum zu erblicken, in welchem ཟ་ Nahrung im allgemeinen und མར་ Butter bezeichnete; mit demselben Rechte könnte man dann aber auch དང་ statt དང་ག་, དང་ཁ་ Appetit als mit གྲོགས་ in Composition stehend auffassen, was, selbst dann, wenn wir schon für diesen Fall statt གྲོགས་ — གྲོ

conjicierten, in dieser Verbindung und in der mit ཟ་མར་ weder an sich einen sehr vernünftigen noch in den Gedankengang der Stelle sehr passenden Sinn ergäbe. Es ergibt sich also daraus zunächst, dass statt ཟ་མར་ zu lesen ist ཟ་མ་, und es ist dann kein Grund vorhanden, དང་ anders als in der gewöhnlichen Bedeutung der Copulativa zu fassen. Dem gerade bei der Verbindung mit དང་ befolgten Parallelismus der Wörter gegenüber muss die Gegenüberstellung des abstrakten གྲོགས་ und des concreten ཟ་མ་ eigentümlich berühren; doch auch sie findet ihre natürliche Erklärung darin, dass dem Abschreiber noch die einige Zeilen vorher vorgekommene Stelle in der Erinnerung schwebte, wo erst der Wunsch um Lebensunterhalt (འཚོ་བ་) und gleich darauf die Bitte um Hülfe und Freundschaft (གྲོགས་) ausgesprochen wurde. Auf die richtige Fährte leiten uns 1) die Stellung des Wortes hinter སྨིན་, so dass also schon fast a priori anzunehmen wäre, dass es eine mit der reifen Ernte in irgend einer Beziehung stehende Bedeutung hat; 2) der Parallelismus zu ཟ་མ་. Beide Bedingungen (dazu als dritte die der graphischen Erfordernis) erfüllt die Lesart གྲོ་ statt གྲོགས་, ein Wort, das zunächst die Frucht der Ernte, den Weizen, bezeichnet, und der andern Forderung durch seine zweite Bedeutung gerecht wird: „Frühstück“ im Gegensatz zu ཟ་མ་ der eigentlichen Hauptmahlzeit des Tages. (Über die Namen der Mahlzeiten vergl. insbesondere Ramsay, Western Tibet 100 (v. meal); über das Allgemeine Rockhill, Notes on the ethnology of Tibet 702 ff.)

Es bleibt noch die Stelle དེ་དང་དེ་ལ་བདག་སྨིན་དང་ zu erörtern. Hier liegt offenbar eine Corruption vor. Das breite དེ་དང་དེ་ལ་, das ohne jeglichen Grund den Vers um einen Fuss vermehrt, was doch mit Leichtigkeit zu vermeiden war, unter dem man sich zumal alles und nichts vorstellen kann, ist in seiner plumpen Unbeholfenheit schwerlich die Mutterlesart des Textes gewesen; བདག་སྨིན་ ist vollends ein Nonsense, es sei denn, dass man es gepresst und gezwungen wie untibetisch als „Reifen des Besitzes“ auffasste, was zudem auch noch zu belegen wäre; denn བདག་པོ་ und in Comp. བདག་ heisst nicht der Besitz, sondern der Besitzer. Dies führt mit Notwendigkeit darauf, in བདག་ das bei དེ་ལ་ vermisste Nomen zu sehen und aus metrischen Gründen བདག་པོ་དེ་དག་ལ་ zu setzen, um in diesen Worten mit དགེས་ཤིང་ an der Spitze einen regelrechten, in den Zusammenhang passenden Vers zu erhalten. Somit muss སྨིན་དང་ in den dritten Vers gezogen werden, was den Ausfall des མ་ in ཟ་མ་ wie den des དང་ zwischen གྲོ་ und ཟ་མ་ zur unmittelbaren, natürlichen Folge hat. Endlich glaube ich nach meinem Gefühl für tibetische Sprache und Metrik das im Text dem གྲོགས་ zugewiesene དུས་སུ་ dem སྨིན་ vorfügen zu müssen, wofür vor allem auch der in der Sache selbst liegende Grund spricht. Wir erhalten folglich die folgenden Verse:

ཅི་འདང་ཅི་དང་འབྲལ་བ་ལ།
དགེས་ཤིང་བདག་པོ་དེ་དག་ལ།
དུས་སུ་སྨིན་དང་གྲོ་ཟ་མཛལ།

deren Veränderungen gegenüber dem Text vielleicht radikaler scheinen als sie in Wirklichkeit sind, die aber in höherem Grade als dieser der ursprünglichen Fassung näher stehen dürften.

10a, 8 ཆད་བར་ — ཆད་པར་

10b, 2 སེམས་ཅག་ — སེམས་ཅན་

10b, 2 འཆང་བ་ — འཆག་པ་

## III.

11a, 7 བདབ་བ་ — བདབ་པ་

11b, 1 མཛོད་ — མཛེད་

11b, 4 གཟི་བྱིན་ vergl. Schiefner, Bonpo-Sûtra p. 26, no. 1; Waddell, a trilingual list of Nâga Râjas (J R A S 1894, 91—102) Nr. 58; Vyutp. fol. 250b, z. 1.

11b, 6 དམ་བ་ — དམ་པ་

11b, 7 ཤིང་པ་ལའི་ — ཤིང་ཕ་ལའི་

11b, 8 སྤྲུལ་ missing-link zwischen *ₒp'rul-ba*, *sprul-ba* und *sbrul?* Vergl. auch 13b, 3, dagegen 14b, 5.

12a, 1 སྨིན་བར་ — སྨིན་པར་

12a, 2 བྲག་བྱེད་ (vergl. 14b, 4) — ཟག་བྱེད་ vergl. Schiefner, Bonpo-Sûtra S. 79, no. 1.

12a, 8 བསྟན་བ་ — བསྟན་པ་

12b, 8 ཞེས་པ་བརྒྱ་ — ཞེས་བརྒྱ་

13b, 3 ལྦགས་ (zweimal) — ལྦགས་

13b, 3 སྤྲུལ་ — སྤྲུལ་

13b, 8 སྦྲང་རྩི་ — སྦྲང་རྩི་

14b, 4 བྲ་མ་ — ཟ་མ་

14b, 5 སྡིག་བའི་ — སྡིག་པའི་

14b, 6 སྦྲལ་བའི་ — སྦྲལ་བའི་

14b, 7 བཞོང་མར་རྫིང་ — བཞོང་མ་རྫིང་

15a, 2 བརྗོད་ — བརྗེད་

15a, 4 བཤིགས་ — གཤིགས་ Schlagintweit (Sitzber. Bayr. Ak. 1875, p. 78) las in einem Münch. Cod. བཟིགས་པ་ für གཟིགས་པ་

15b, 1 སྦྱོར་ — སྦྱོར་

16a, 3 ལྡན་ཕར་ — ལྡན་པར་

16a, 5 ཆར་འབེབས་ — ཆར་བཞིན་དུ་འབབས་ *ćar* allein ist sinnlos, *°bebs* ungrammatisch, daher zu reconstruieren nach 14b, 1.

16a, 7 ལྡན་བར་ — ལྡན་པར་

17a, 8 ནག་རིགས་ Schreibfehler für ནད་རིགས་

17b, 1 ལྡན་བར་ — ལྡན་པར་

17b, 3 ལེགས་བར་ — ལེགས་པར་

17b, 3 འབེབས་བར་ — འབབས་པར་

## Excurs zu fol. 15a, 4.

Die Stelle 15a, 4—6 bedarf einer besonderen Erörterung. Dieselbe enthält ein bekanntes buddhistisches Glaubensdogma, über welches ausführlich Sykes, On the miniature chaityas and inscriptions of the Buddhist religious dogma, J R A S XVI 37—53 und Kern, Buddhismus I 364 ff. (siehe ferner Waddell 105; Kern, Manual of Buddhism 25, 49) gesprochen haben. Eine durch sechs Druckfehler entstellte tibetische Version der achtzeiligen Formel teilte Schlagintweit in seinem Buddhismus in Tibet pl. I mit. Die Textkritik macht es in diesem Falle unerlässlich, den Inhalt näher zu berücksichtigen. Wie ich nämlich konstatieren konnte, findet sich die zweite Hälfte der Formel, von *sdig-pa* . . . an, als selbständiger Spruch in Vasubandhu's Gâthâsaṁgraha, Nr. 14 in der Ausgabe von Schiefner, welcher in der gleichen Abhandlung S. 591 unter den am Schluss der tibetischen Übersetzung des Pratimoksha-Sûtra befindlichen Çloka's denselben Spruch in ebensolcher Fassung mitteilt. Das legt doch die Vermutung nahe, dass diese Verse erst später der ersten Strophe als Anhängsel angefügt wurden; ebenso teilt Csoma, Extracts from

3*

Tibetan works, J A S B III 57 (=Duka 193) dieselbe Strophe in selbständiger Fassung als ein Compendium der buddhistischen Lehre mit*). Handelt es sich nun um die Frage, ob 1. Str. 4. Vers *de-skad* nach meiner Handschrift oder *$_{o}$di-skad* mit Schlagintweit zu lesen sei, so bleibt, wenn die 2. Strophe eine spätere Zufügung ist, keine andere Möglichkeit, als sich für *de-skad* zu entscheiden, in Anbetracht des zwischen *$_{o}$di* und *de* streng durchgeführten Unterschiedes (Jäschke-Wenzel § 27, 2). Auch zum Inhalte scheint mir diese Auffassung weit besser zu passen; die 1. Str. bildet offenbar für sich eine Gedankeneinheit, die sich wenig mit dem Inhalt der zweiten berührt, in jener ist das Thema aus der Metaphysik, in dieser aus der Ethik genommen; endlich wirkt auch hier das Gesetz des Parallelismus in voller Kraft: wie sich Vers 2 *de-rgyu* auf *c̔os*, so bezieht sich Vers 4 *de skad* auf *de la $_{o}$gog pa* und dieses *de* wieder auf *c̔os* zurück; dem *Tathâgata* in Vers 2 entspricht *Mahâçramaṇa* Vers 4, und die *gsuṅs* am Schluss der beiden Verse schliessen sie wuchtig ab.

Die Handschrift hat *$_{o}$gag-pa*, wofür ich mit Schlagintweit *$_{o}$gog-pa* lese, gefasst im Sinne von *$_{o}$gegs-pa*. Eine andere Hand (vielleicht Marx) hat schon im Text ein eingeklammertes und mit einem Fragezeichen versehenes ཿ hinzugefügt. Die gleiche Lesart bietet auch Candra Dás in der Ausgabe des Legendenwerkes *dPag bsam $_{o}$k̔ri šiṅ* (Bibl. Ind. Calc. 1890, fasc. I. Einl.), das jene Strophe unter den Versen seiner Einleitung enthält; statt *de la* findet sich hier deutlich *rgyu la $_{o}$gog pa*. Ganz unsinnig lautet im Ms. der Vers སྡིག་པ་གང་དག་ཅི་བགྱིས་པ་, woraus mit voller Deutlichkeit hervorgeht, dass der Abschreiber sich nicht im mindesten um den Sinn dessen, was er schrieb, bekümmert, vielleicht gar nichts davon verstanden hat. Nach dieser Lesart könnte man nur folgendes produzieren:

> Welche Sünden er auch immer begangen hat,
> So hat er doch herrliche Tugenden ausgeübt
> Und bezähmt seine eigene Seele. Oder:
> Welche Sünden er auch begangen,
> Welch' herrliche Tugenden er auch ausgeübt,
> Bezähmt (oder gar bekehrt!) er sich doch völlig.

---

*) Vergl. auch Copleston 474; Feer, Analyse 183; die Verse sind auch in Csoma's Grammar § 239 abgedruckt.

Eine noch weit unsinnigere Version dieser Stanze finde ich jedoch in Münch. Cod. XII fol. 3b z. 5, wo dieselbe lautet:

*ʼoṁ ćos rnams ťams cad rgyud (!) las ${}_{o}$byuṅ /*
*de rgyud (!) de bžin gšegs pas gsuṅs /*
*rgyud (!) las ${}_{o}$gog pa gaṅ yin pa /*
*dge sbyoṅ ćeno (!) ${}_{o}$di skad gsuṅs /*

Schlagintweit und Csoma haben übereinstimmend སྡིག་པ་ཅི་ཡང་མི་བྱ་སྟེ། Schiefner, Vasubandhu 564 und 591: སྡིག་པ་ཐམས་ཅད་མི་བྱ་སྟེ། Unsern Vers ganz und gar nach diesen Vorbildern umzugestalten, liegt kein Grund vor; es genügt zur Herstellung des richtigen Sinnes ཅི་ in མི་ zu verbessern; བགྱིས་པ་ hat ebenso viel Berechtigung als བགྱིས་ཏེ་. Ms. ཚོགས་པ་ wie Csoma; Schlagintweit und Schiefner ཚོགས་པར་, das sich nur als Adverbium auffassen lässt; Schiefner übersetzt allerdings („vollendete Tugend üben“), als läse er ཚོགས་པ་. Ms. འདུལ་; Schlag., Schiefn. གདུལ་. Ms. རང་གིས in diesem Zuge sich selbst getreu, die übrigen རང་གི་, jedoch Prat. (l. c.) རང་གིས་.

# Übersetzung.

# Das Werk von den Hunderttausend Nâga's in kurzgefasster Darstellung des Hauptsächlichen.

## I.

## Des Werkes von den Hunderttausend Nâga's weisser Abschnitt.

Auf Sanskrit: Kramanta nâma dhâraṇî. Auf Tibetisch: die 1b
Dhâraṇî, genannt: des reinen Werkes von den hunderttausend Nâga's weisser Abschnitt.

Vor dem Triratna verneige ich mich.

Ihr Nâgarâja's samt eurer Gefolgschaft, hausend auf den im Kosmos, Erdall und in der Schöpfungswelt gelagerten Meeren und Strömen, Flussufern, Seeen, Quellgebieten, Bächen, Teichen und andern [Gewässern], auf den sieben Bergen, Felsenbergen und erdigen Steinen, in Wind, Feuer, Wasser, Äther, in allen jenen Elementen, auf, erscheinet und empfangt hier die Opferspende!

Aber nicht mit hassgeschwollenem Herzen sollt ihr euch nahen, nicht mit einer Seele voll Zorneswut und Aufruhrtosen euch nahen, nein, sanften und erbarmungsreichen Herzens bitte ich euch zu kommen; dem Worte der Sugata's der drei Zeiten gehorsam hier
zu erscheinen bitte ich euch. Zu den die Lehre des Triratna be- 2a
schützenden und jede in ihrer Art begehrenswerten Gaben bitte ich euch zu kommen.

Hat man also die Beschwörung vollzogen, so sind mit gebührender Huldigung folgende Worte zu sprechen:

Vor dem Nâgarâja Nanda verneige ich mich. Vor dem Nâgarâja
Çrîmant verneige ich mich. Vor dem Nâgarâja Ananta verneige
ich mich. Vor dem Nâgarâja Manasvin verneige ich mich. Vor
dem Nâgarâja Ratnacûḍa verneige ich mich. Vor dem Nâgarâja
Balabhadra verneige ich mich. Vor dem Nâgarâja Vasudeva ver-
neige ich mich. Vor dem Nâgarâja Mokṣaratna verneige ich mich.
Vor dem Nâgarâja Balika verneige ich mich. Vor dem Nâgarâja
Vṛddha verneige ich mich. Vor dem Nâgarâja ₒP'rul-po c'e
(Grosser Zauberer) verneige ich mich. Vor dem Nâgarâja T'od de
2b rgyal-po verneige ich mich. Vor dem Nâgarâja Anavatapta verneige ich mich. Vor dem Nâgarâja Rab-brtan verneige ich mich.
Vor dem Nâgarâja T'od de dpal ldan verneige ich mich. Vor dem
Nâgarâja Çrîmâla verneige ich mich. Vor dem Nâgarâja Balabhadra
verneige ich mich. Vor dem Nâgarâja Balika verneige ich mich.
Vor dem Nâgarâja Elâpattra verneige ich mich. Vor dem Nâgarâja Jalaja verneige ich mich. Vor dem Nâgarâja Varuṇa verneige
ich mich.

Nachdem ich mich vor diesen verneigt habe, bitte ich sie alle
in Seelengleichmut verharren zu wollen, wiewohl ich, der Gabenspender, der die Vorbereitungen zum Opfer trifft, samt meiner
Dienerschaft sowie [überhaupt] die Menschen, welche von anfang-
und endlosen Existenzperioden an bis auf diese Zeit gelebt haben,
dem Werk, Wort und Gedanken der Nâga's Unglücksschläge und
die zehn Todsünden zugefügt haben. Alle die, welche Geschnittenes
gespalten, Festes gefällt und Zerstossenes zu Steinchen gemacht
haben, Raub verübt, Stolz, Habgier, Geist des Verderbens, sinn-
3a liche Leidenschaft, Hass, Anmassung, Zerstörungshang und Bosheit
gezeigt haben, mögen Entsühnung und Reinheit erlangen. Wenn
[diese Sünden] ausgetilgt sind, bitte ich euch um Ruhe der Seele.

Oṁ Nâgarâja Ananta svâhâ! Oṁ Nâgarâja Karâkota[1]) ye svâhâ! Oṁ Nâgarâja Lulaga svâhâ! Oṁ Nâgarâja Yupana svâhâ! Oṁ Nâgarâja Ka-ša-yu svâhâ! Oṁ Nâgarâja Vasuga[2]) svâhâ! Oṁ Nâgarâja Alaka svâhâ!

Ferner wiederum Ânanda[3]): Was die Heilung der Nâgarâja's

1) Irrtümlich für Karkoṭaka.
2) Für Vâsuki.
3) Köppen I 141; Feer, Analyse 385.

durch Arzeneitränke betrifft, so geht sie wie folgt vor sich. Nachdem ich Fichtennadeln und Bambusblätter, Pfauenfederaugen, weisse und schwarze Gewürznelken, Schlangenhaut, Handwurzel, Wasserdrachenklauen, Muskatnuss, Räucherwerk, Meeresschaum, blauroten Utpala-lotus, Zinnober und Quecksilber, schönfarbige Muschelschalen, weisses und schwarzes Guggula, [Herzkrankheiten heilende] 3b
Herzformfrucht, Mähnenhaarfasern und Flaumfedern, Milch der roten Kuh, Milch der weissen Ziege, Nâgakesara, weissen und schwarzen Sesam, Kampfer, Safran, weisses und rotes Sandelholz, Zucker und Zuckersyrup, Honig, alles dies den Nâga's zur Heilung dargebracht habe, möchten den Nâga's, da sie ja nunmehr im Besitz unerschöpflicher Schätze sind, schöne Gestalten, wenn sie mit den Augen sehen, wohltönende Klänge, wenn sie mit den Ohren hören, vortreffliche Wünsche und Begehren, wenn sie mit dem Geiste wahrnehmen, zu teil werden. Weil sie alle Arten von Heiltränken dargebracht haben, möge den opferrüstenden Gabenspendern von den durch Wind verursachten Krankheiten, von den durch Galle hervorgerufenen, von den durch Schleim erzeugten, von den schweren durch angehäufte Stoffe entstehenden Krankheiten, [kurz], 4a
von den 404 Krankheiten Befreiung vergönnt sein. Möchten sie (d. h. die Gabenspender) scharfen Verstand und lange Lebensdauer erlangen.

Ferner hinwiederum Ânanda: die abgeschnittenen Haupt- und Barthaare der Nâgarâja's sollen durch Fichtennadeln und Bambusblätter wiederhergestellt werden. Gliederverletzungen der Nâga's sollen durch die Handwurzel wiederhergestellt werden. Hautschürfungen der Nâga's mögen mit Schlangenhaut geheilt werden. Bluterkrankungen der Nâga's mögen durch Zinnober und Quecksilber geheilt werden. Klauenverletzungen der Naga's sollen durch Wasserdrachenklauen wiederhergestellt werden. Beschädigungen der Muskelfasern der Nâga's mögen durch Mähnenhaarfasern und Flaumfedern geheilt werden. Knochenbrüche der Nâga's sollen mit Muschelschalen und Zahnweinstein hergestellt werden. Aderbrüche und Serumerkrankungen[1]) der Nâga's sollen durch rote

1) Es kann sich dabei nur um die verschiedenen Arten der Wassersucht handeln.

Baumwollenfäden geheilt werden. Nervenverletzungen der Nâga's sollen durch Muskatnuss und Kalmuswurzel geheilt werden. Der Nâga's Einäugigkeit soll durch weisse und schwarze Gewürznelken beseitigt werden. Hirnverletzungen der Nâga's sollen durch
4b Meeresschaum geheilt werden. Zahn- und Fingerverletzungen der Nâga's sollen mit Kârṣâpaṇa-münze geheilt werden. Fleischverletzungen der Nâga's sollen mit der Gla-gor-frucht geheilt werden. Nierenerkrankungen der Nâga's sollen durch die nierenförmige Frucht wiederhergestellt werden. Fettkrankheiten der Nâga's sollen durch weisses Guggula geheilt werden. Eingeweideerkrankungen der Nâga's sollen durch Nâgakesara, weissen und schwarzen Sesam, Safran, weisses und rotes Sandelholz, Zucker, Zuckersyrup, Honig, geronnene Milch und Butter geheilt werden.

Ferner wiederum Ânanda: Was die Darbringung aller Arten opferfestlicher Bewirtung für die Nâgarâja's samt ihrer Gefolgschar betrifft, so weihe ich ihnen Obstbäume, die Früchte hervorbringen, Bäume, die Wohlgerüche erzeugen, Bäume, die Blattwerk treiben, Kumuda, Halo-[garten]-blumen, Sumpfzierpflanze, [wildwachsende] Blumen, Räucherwerk, Bod-getreide und Mon-getreide, vorzüglichste Seide, schwere Seidenstoffe, verschiedene Bildwerke, Gemüse zum
5a Unterhalt, gute Speisen, verschiedene Weihgeschenke, Branntwein, verschiedene Arzeneien, die drei weissen und die drei süssen Dinge, und nachdem ich so alle Arten opferfestlicher Bewirtung dargebracht habe, möchten dadurch die Nâga's in den Besitz herrlicher Reichtümer gelangen. Schönheit möge ihnen zu teil werden, Farbe möge ihnen zu teil werden, Ruhm möge ihnen zu teil werden, Glanz möge ihnen zu teil werden, Kraft möge ihnen zu teil werden, das achtspeichige Rad möge ihnen zu teil werden; den Nâga's möge Vermehrung ihrer Dienerschaft zu teil werden, herrliche Macht und Reichtümer mögen ihnen zu teil werden. Den blinden Nâga's möge die Gestalten mit ihren Augen zu schauen vergönnt sein; den hungernden Nâga's möge Speise mit ihrem Munde zu empfangen
5b vergönnt sein. Den armen Nâga's möge Besitz zu erlangen vergönnt sein, den grossen Nâga's möge einen Gau zu erwerben vergönnt sein; den lahmen Nâga's möge die Fähigkeit des Gehens zu erlangen vergönnt sein. Möge den Nâga's von der Furcht vor dem

„Segler der Lüfte“ [1]), der Furcht vor dem Garuḍa, der Furcht vor dem Feuer, der Furcht vor dem Wasser, der Furcht vor Raub und Diebstahl, der Furcht vor dem Donnerkeil, der Furcht vor dem Igelstachel, der Furcht vor der Fledermaus, der Furcht vor dem Wunschbaum, [kurz] von allen Schattenseiten [ihres Lebens] Befreiung zu teil werden.

Ferner wiederum Ânanda: Dadurch dass ich sämtlichen Nâgarâja's einen Wald von Obstbäumen geweiht habe, möge die durch das Fällen der Baum-γñan's eingegangene Schuld abgetragen werden. Da ich sämtliche Blumen dargebracht habe, mögen durch den Besitz verschiedener Nâgaschätze mir und dem opferrüstenden Gabenspender samt seinem Gefolge die unheilvollen Bilder [des Lebens] schön und angenehm werden. Weil ich alle Arten von Räucher- 6a
werk dargebracht habe, möchte ich wohlriechend und beliebt werden. Weil ich alle Arten von Arzeneien dargebracht habe, möge ich von den Wind-, Galle-, Schleim- und vielen Krankheiten, den vier Krankheiten, befreit werden. Weil ich alle Arten von Getreide dargebracht habe, möge ich vom Elend der Hungersnot, des Grasmisswachses und der Missernte befreit werden. Da ich die sieben Arten der Kostbarkeiten dargebracht habe, mögen mir ein Leben angenehmer Bestrickungen, ein grosses Fatum, eine lange Lebensdauer und grosse Reichtümer zu teil werden. Da ich vorzüglichste Seide und gute Speisen sämtlich dargebracht habe, möge ich in den Besitz der Macht gelangen, die Ernte eines ungepflügten Ackers zu geniessen. Da ich vorzüglichste Seide und verschiedene Arzeneien dargebracht habe, möge ich in den Besitz der Macht gelangen, die Arten der Kleider zu gebrauchen. Weil ich alle Spenden von Gütern dargebracht habe, mögen Menschenkrankheiten und Viehkrankheiten sämtlich in ihrem Strome gehemmt werden. Möchten mir grosse Nâgaschätze zu teil werden. Weil 6b
ich den Nâga's die Opfergabe dargebracht habe, möchten mir unerschöpfliche grosse Schätze zu teil werden.

Des reinen Werkes von den Hunderttausend Nâga's weisser Abschnitt.

---

1) In Anlehnung an den in Schiller's Maria Stuart gebrauchten Ausdruck, dem das tib. mk'a-ldiṅ (Garuḍa) genau entspricht.

Der rGva-Übersetzer ₒByor-ba dKa-ba (Durbhûti?) hat das Werk herbeigeschafft.

All Heil!

## II.

## Des Werkes von den Hunderttausend Nâga's schwarzer Abschnitt.

7a Auf Sanskrit: Kra-ha-man-ti nâma dhâraṇî. Auf Tibetisch: Die Dhâraṇî, genannt des reinen Werkes von den Hunderttausend Nâga's schwarzer Abschnitt. Vor dem Triratna verneige ich mich. Vor dem Nâgarâja Ananta verneige ich mich. Vor dem Nâgarâja Takṣaka verneige ich mich. Vor dem Nâgarâja Karkoṭaka verneige ich mich. Vor dem Nâgarâja Kulika verneige ich mich. Vor dem Nâgarâja Vâsukiputra verneige ich mich. Vor dem Nâgarâja Çaṅkhapâla verneige ich mich. Vor dem Nâgarâja Padma verneige ich mich. Vor der Menge der zehn Millionen und den vielen Hunderten von Nâgarâja's verneige ich mich. Vor dem Nâgarâja Apalâla verneige ich mich.

Lasst nunmehr den Nâga's uns die Sünden beichten!
Wir samt unserer Gefolgschaft
Wollen unsre Frevel so bekennen,
Immer neu auf Sühnung sinnen.
Wir samt unserer Gefolgschaft,
Die wir von Geburt bis heute
7b An den Nâgazunftgenossen
Pflichtvergessen uns vergangen,
Lasst uns beichten, lasst uns sühnen!

Tief ruht der Palast der Nâga's
In dem grossen See Ma-p'am-pa;
Gross ist er, der Türkissee,
Gross der See mit neun der Inseln.
Auf den grünen Alpenauen
Rotkuh, Rotstier murmeln leise,

Schwärmen Gänse, schwärmen Enten.
Flattern federstolze Pfauen,
Tönt die Cymbel ihre Weise — —
Ach, von solchem Prachtpalaste
Hatten wir ja keine Kunde,
Trübten drum den See und warfen,
Was der Brand versengt, hinein;
Doch wir bergen nichts im Herzen,
Wir bekennen und wir sühnen.

Nâgaschloss im lichten Hain ragt,
Wo am See sich dehnt das Dickicht;
Rotkuh, Rotstier murmeln leise,
Schwärmen Gänse, schwärmen Enten,
Flattern federstolze Pfauen,
Tönt die Cymbel ihre Weise — —
Ach, von solchem Prachtpalaste
Hatten wir ja keine Kunde,
Trübten drum den See und wühlten
Herzlos seine Tiefen auf;
Ja, wir bergen nichts im Herzen,
Wir bekennen und wir sühnen.

Wenn des Nâgaschloss-see's Dammwerk,
Die Kanäle, die den See, ach, trüben,
Sind erlegen der Zerstörung, 8a
Murmeln Rotkuh, Rotstier leise,
Schwärmen Gänse, schwärmen Enten,
Flattern federstolze Pfauen,
Tönt die Cymbel ihre Weise — —
Ach, von solchem Prachtpalaste
Hatten wir ja keine Kunde,
Warfen, was der Brand versengt,
Auf den tiefen Grund des See's;
Ja, wir bergen nichts im Herzen,
Wir bekennen und wir sühnen.

Bei dem Nâgaherrscherschlosse
Lachen Almen saftig-grün;
Bei dem Schloss mit schönen Seiten
Murmeln Rotkuh, Rotstier leise,
Schwärmen Gänse, schwärmen Enten,
Flattern federstolze Pfauen,
Tönt die Cymbel ihre Weise — —
Ach, von solchem Prachtpalaste
Hatten wir ja keine Kunde,
Fällten drum des Waldes hohe Bäume[1]);
Bei der Cymbel wirrem Wirbel
Rotkuh, Rotstier murmeln leise,
Schwärmen Gänse, schwärmen Enten,
Flattern federstolze Pfauen,
Tönt die Cymbel ihre Weise — —
Ach, von solchem Prachtpalaste
Hatten wir ja keine Kunde,
Trübten drum den See und warfen,
Was der Brand versengt, hinein;
Doch wir bergen nichts im Herzen,
Wir bekennen und wir sühnen.

Ragt da ein Palast der Nâga's
Auf des Tise weissen Gletschern;
Rotkuh, Rotstier murmeln leise,
Schwärmen Gänse, schwärmen Enten,
Flattern federstolze Pfauen,
Tönt die Cymbel ihre Weise — —
Ach, von solchem Prachtpalaste
Hatten wir ja keine Kunde,
Trübten drum den See und warfen,
Was der Brand versengt, hinein;
8b Doch wir bergen nichts im Herzen,
Wir bekennen und wir sühnen.

---

1) Wörtlich: Beschnitten die Rinden und grossen Bäume des Waldes.

Ragt da ein Palast der Nâga's
Auf der Berge grünen Almen;
Rotkuh, Rotstier murmeln leise,
Schwärmen Gänse, schwärmen Enten,
Flattern federstolze Pfauen,
Tönt die Cymbel ihre Weise — —
Ach, von solchem Prachtpalaste
Hatten wir ja keine Kunde — — —
Grün sind dort die Schieferberge,
Bäume prangen in der Felsschlucht — — —
Ja, wir bergen nichts im Herzen,
Wir bekennen und wir sühnen.

Ragt da ein Palast der Nâga's
An dem blauen Türkissee,
An dem grossen See Ma-dros-pa;
Rotkuh, Rotstier murmeln leise,
Schwärmen Gänse, schwärmen Enten,
Flattern federstolze Pfauen,
Tönt die Cymbel ihre Weise — —
Ach, von solchem Prachtpalaste
Hatten wir ja keine Kunde, 9a
Trübten drum den See und warfen,
Was der Brand versengt, hinein,
Fällten Bäume, die wir zählten;
Ja, wir bergen nichts im Herzen,
Wir bekennen und wir sühnen.

Ach, von solchem Prachtpalaste
Hatten wir ja keine Kunde — — —
Grau ist dort der Wasservogel;
Rotkuh, Rotstier murmeln leise,
Schwärmen Gänse, schwärmen Enten,
Flattern federstolze Pfauen,
Tönt die Cymbel ihre Weise — —
Ach, von solchem Prachtpalaste
Hatten wir ja keine Kunde,

4

Trübten drum den See und warfen,
Was der Brand versengt, hinein,
Gruben Steine, jauchzten neckisch;
Doch wir bergen nichts im Herzen,
Wir bekennen und wir sühnen.

In dem Nâgaschlosse schmuckreich
Schlecht ist unsrer Hände Werk:
Wühlten in der sand'gen Steppe
Und den grossen Alpenwiesen;
Doch wir bergen nichts im Herzen,
Wir bekennen und wir sühnen.

Ragt da ein Palast der Nâga's
Auf des Hochbergs breiten Hängen;
Rotkuh, Rotstier murmeln leise,
Schwärmen Gänse, schwärmen Enten,
Flattern federstolze Pfauen,
Tönt die Cymbel ihre Weise — —
Ach, von solchem Prachtpalaste
9b Hatten wir ja keine Kunde,
Trübten drum den See und warfen,
Was der Brand versengt, hinein.

Sieh, wie sich der Vielkopfnâga windet,
Und die Vielkopfschlange hin- und herwogt,
Und der blaue See von Türkis schimmert!

Den in diesem befindlichen Nâgarâja's und den Nâgarâja's samt ihrer Gefolgschaft, euch bringen wir die Opfergabe dar. Wir bitten, uns Nahrung zu gewähren. Uns und unserer Gefolgschaft verleihet Beistand und Freundschaft. Die schmerzenden Glieder des Körpers wie die stumpf gewordenen Sinnesorgane mögen durch die Gelübde des gerechtesten Königs[1]) zu Trägern von Glück und Vollkommenheit werden. Möge ich von allen herben Leiden befreit werden. Nunmehr ist das Sündenbekenntnis den Nâga's abgelegt. Im Gedenken an meine früher erwählte Schutzgottheit

1) Wahrscheinlich König Sroṅ btsan sgam po.

bitte ich euch an diesen Ort zu ein und derselben Stelle zu kommen.
Ananta, Takṣaka, Karkoṭaka, Kulika, Vâsukiputra, Çaṅkhapâla,
Sad-ma c'uṅ und die andern acht grossen Nâga's mit ihrem Ge-
folge bitte ich an diesen Ort zu kommen. Mit der Kraft des 10a
Vajrapâṇi, mit dem Gelübde des gerechtesten Königs, bitte ich euch
in diesen Ort an ein und derselben Stelle einzutreten. Die im
Zuckersyrup bestehende goldene Spende, die verschiedenen Arten
der Speisen und jene Nâgageschenke verleiht den Menschen!

Was auch immer ihr uns voll Freude rauben möget, messet den Besitzern rechtzeitiges Reifen [der Ernte] und Frühstücks- wie Mittagsmahl zu! Jetzt nehme ich meine Zuflucht zum Nâga.

In den Nâgaschlössern reichgeschmückt
Rotkuh, Rotstier murmeln leise,
Schwärmen Gänse, schwärmen Enten,
Flattern federstolze Pfauen,
Tönt die Cymbel ihre Weise — —
Ach, von solchem Prachtpalaste
Hatten wir ja keine Kunde;
Was am Nâgageist gefrevelt,
Lasst uns beichten, lasst uns sühnen.

Hundert Jahre möchte ich leben! Hundert Herbste möchte ich
sehen! Menschenkrankheiten, Viehkrankheiten mögen in ihrem
Strome gehemmt werden. Die zweifüssigen Wesen mögen Glück
erlangen, die vierfüssigen mögen Glück erlangen[1]). Als Bhagavant 10b
auf den Nutzen der 500 lebenden Wesen bedacht war, lehrte er,
nachdem er sich mit den im Rotenfels-Löwenschloss wandelnden
Nâga's und γÑan's und dem Nâgarâja Apalâla beraten hatte; möge
es allen Wesen zum Nutzen gereichen!

Des reinen Werkes von den Hunderttausend Nâga's schwarzer Abschnitt ist hier beendigt.

---

1) Hier folgt im Text der Satz: Klui γtor-ma daṅ mc'od pa daṅ na ga p'u na ga k'rol na ga mt'oṅ na ga bde-legs-su gyur-cig, wovon ich nur Anfang und Schluss zu übersetzen vermag: „Der Nâga's Streuopfer und Opfergabe . . . . mögen zum Glück werden". Die Worte na ga p'u na ga k'rol na ga mt'oṅ na ga sind mir dagegen einfach unverständlich, und ebenso wenig wage ich über die jedenfalls verdorbene Lesart eine Conjektur aufzustellen.

4*

## III.

## Des Werkes von den Hunderttausend Nâga's buntfarbiger Abschnitt in kurzgefasster Darstellung des Hauptsächlichen.

11a Dem Çrîmant rGva-lo zu Füssen verneige ich mich. Um die Krankheiten der Erdkobolde, Nâga's und *y*Ñan's zu heilen, giesse man in ein kostbares Gefäss hinein reines Wasser, die drei weissen wie die drei süssen Dinge und die fünf Nâgaarzeneien, richte, um Rettung für die Wesen zu erzeugen, die Meditation auf seine persönliche Schutzgottheit und den grossen Erbarmer[1]) und sage Oṁ maṇi padme hûṁ hrî 101 Mal her.

Auf Sanskrit: Nâgarâja patayaye svâhâ. Auf Tibetisch: Vor dem Bhagavant Vajrapâṇi verneige ich mich. Nachdem man im Gedenken an das Mysterium des grossen Erbarmers[1]) aus einem Schnabelgefässe geschöpft und die safran- (oder: mohn-) gleiche Zunge hat ertönen lassen, erfolgt erstens die Beschwörung aller Nâga's, zweitens die Darbringung der Huldigung, drittens von dem, was man sein Eigen nennt, die Spende des Liebsten, viertens die Spende der Opfergaben, fünftens Hersagen des Gebetes, sechstens die Beichte, siebentens die Heilung mit Arzeneien, achtens die Bitte um thatkräftigen Schutz.

Darauf [zunächst] die Beschwörung: Ihr Scharen der Nâga's,
11b hausend auf den in den 3000 Welten und Erden gelagerten Seen und Strömen, Bächen und Nebenflüssen, Maren, Quellgebieten, Teichen und Bornen, den sieben Bergen, Felsenbergen und erdigen Steinen, in Wind, Feuer, Wasser, Äther und allen diesen Elementen, Nanda, Upananda, Ânanda, Ratnacûḍa, Ananta, Çaṅkhapâla, Vâsuki, Manasvin, ihr acht grossen Nâga's, kommt hierher, ich bringe euch die Opfergabe dar.

Ihr Nâgarâja's Balabhadra, Elâpattra, Gulma, Anavatapta, Gandhavant, Kulika, Vâsuki, Çrîmant und übrigen Vaiçya's, kommt hierher, ich beschwöre euch, und empfangt diese Opfergabe. Nâgaraubtier, Baumfruchtgesichtiger, Spiegelgesichtiger, Gazellenköpfiger, Scorpionköpfiger, Vogelköpfiger, Schlangenköpfiger und ihr übrigen

---

1) Tib. T'ugs rje c'en po = Sk. Mahâkaruṇa, Beiname des Avalokiteçvara.

Çûdra's, auch euch beschwöre ich, empfangt diese heilige Opfergabe. Ihr Nâgafürsten Regensender, Donnerer und Früchtereifer, 12a
Kâla's und Upakâla's, Leidschaffer und Verderbenbringer, ihr im Wasserelement hausenden Nâga's, im Luftelement hausenden Nâga's, im Erdelement hausenden Nâga's, im Feuerelement hausenden Nâga's, im Holzelement hausenden Nâga's, ihr nuf Hochgebirge und Hügeln hausenden Nâga's, in der Dreiheit Erdstein, Wasser, Holz hausenden Nâga's, ihr alle, die der Brâhmaṇakaste angehören, kommt hierher, ich beschwöre euch, und empfangt diese heilige Opfergabe. Aber nicht mit hassgeschwollenem Herzen sollt ihr euch nahen, nicht mit einer Seele voll Zorneswut und Aufruhrtosen euch nahen, nein, sanften und erbarmungsreichen Herzens bitte ich euch zu kommen. Zu den die Lehren der heiligen Religion beschützenden und jede in ihrer Art begehrenswerten Gaben bitte ich euch zu kommen. Oṁ Nâga Sapârisamaya ja, ja.

Indem man so siebenmal sagt, soll man mit einem Eisenhaken 12b
in der Hand die Beschwörung vollziehen.

Zweitens: vor allen Nâga's verneige ich. Vor dem Nâgarâja Buddha Bhagavant verneige ich mich. Vor dem Nâgarâja Ânanda verneige ich mich. Vor dem Nâgarâja Ananta verneige ich mich. Vor dem Nâgarâja Çaṅkhapâla verneige ich mich. Vor dem Nâgarâja Vâsuki verneige ich mich. Vor dem Nâgarâja Manasvin verneige ich mich. Vor dem Nâgarâja Ratnacûḍa verneige ich mich. Vor dem Nâgarâja Balabhadra verneige ich mich. Vor dem Nâgarâja Kulika verneige ich mich. Vor den Nâgaçûdrakasten verneige ich mich. Vor den Nâgabrâhmaṇakasten verneige ich mich. Vor den Nâgacaṇḍâlakasten verneige ich mich. Vor den Nâga-söhnen and -enkeln und vor ihnen samt ihrem Gefolge von Sklaven und Dienern verneige ich mich.

Nachdem man mit der rechten Hand die Opfergabe dargebracht hat, soll man „Oṁ vâsuke maṅ svâhâ" 101 mal hersagen.

Drittens: von dem, was man sein Eigen nennt, die Spende des Liebsten. Oṁ nâgarâja Yu-ba-ni-ha[1]) svâhâ. Oṁ nâgarâja 13a
Ta-ka-ša[2]) svâhâ. Oṁ nâgarâja Gu-na-ku-de svâhâ. Oṁ nâgarâja

1) Vergl. 3a, 3 Yu-pa-na.
2) Für Takṣaka.

A-na-na-ta[1]) svâhâ. Oṁ nâgarâja U-p'unta svâhâ. Nâga Ša-ṇ-ṭa svâha. Nâgarâja Ko-ta svâhâ. Nâgarâja 'U-li-ke svâhâ. Nâgarâja Šaṅ-ka-pa-la svâhâ. Nâgarâja Ki-li svâhâ. Nâgarâja Jo-la svâhâ. Mi-li mi-li svâhâ. Hi-li hi-li svâhâ. Ja-la ja-la svâhâ. Pa-ta pa-ta svâhâ. Bra-ra bra-ra svâhâ. Ku-ti ku-ti svâhâ. Ta-kra ta-kra svâhâ. Ha-la ha-la svâhâ. Hu-lu hu-lu svâhâ. Si-ti si-ti svâhâ. Na-ma ku-ru ku-ru svâhâ. 'E-ga-te svâhâ. 'A-ra-re svâhâ. Ma-dhe-ye svâhâ. Pa-ti-ni svâhâ. 'A-pa-re svâhâ. Ši-pa-ti svâhâ. Tu-re tu-re svâhâ.

Viertens: Heilung sämtlicher Nâga's durch Arzeneitränke. Den Nâgarâja's sollen Erkrankungen der Haupt- und Barthaare durch Fichtennadeln und Bambusblätter geheilt werden. Einäugige sollen
13b durch weisse und schwarze Gewürznelken geheilt werden. Verletzungen der Farbe sollen durch Pfauenfederaugen geheilt werden. Zahn- und Fingerverletzungen sollen durch Kârṣâpaṇa geheilt werden. Schädelverletzungen sollen durch eine Handvoll Salbe geheilt werden. Gehirnverletzungen sollen durch Meeresschaum geheilt werden. Hautschürfungen sollen durch Schlangenhaut geheilt werden. Gliederverletzungen sollen durch die Handwurzel geheilt werden. Fingerverletzungen sollen durch Wasserdrachenklauen geheilt werden. Lippenverletzungen sollen durch Utpala geheilt werden. Fleischverletzungen sollen durch die Gla-gor-frucht geheilt werden. Nierenerkrankungen sollen durch die nierenförmige nierenheilende Frucht geheilt werden. Fettkrankheiten sollen durch weisses Guggula geheilt werden. Eingeweideerkrankungen sollen durch Nâgakesara, Nâgapuṣpa und Sesam und weissen und schwarzen Sesam geheilt werden. Anderes soll durch Kampfer, Safran, Sandel, Zucker, Zuckersyrup und Honig geheilt werden.

Ferner wiederum Ânanda: Was die Darbringung aller Arten
14a opferfestlicher Bewirtung für die Nâjarâja's samt ihrer Gefolgschar betrifft, so weihe ich ihnen Bäume, die Früchte hervorbringen, Bäume, die Blattwerk treiben, Kumuda, Halo-[garten]blumen, von Räucherwerk Gandhamâṁsî und Tagaram, verschiedene Bodgetreidearten, Mongetreide, vorzüglichste Seidenarten, verschiedene Bildwerke, Gemüse zum Unterhalt, gute geronnene Milch, Weihgeschenke, Branntwein, die drei weissen wie die drei süssen Dinge

1) Für Ananta.

und solche ausgezeichnete Opfergaben und Schätze, und dadurch mögen den Nâgarâja's und den übrigen, nämlich der Nâga-vaiçya-kaste, der Nâga-çûdra-kaste, der Nâga-caṇḍâla-kaste und den übrigen sämtlich herrliche Reichtümer zu teil werden. Schönheit möge ihnen zu teil werden, Farbe möge ihnen zu teil werden. Mögen die Hungernden Speise empfangen, mögen die Tauben mit den Ohren Töne vernehmen. Möge den grossen Nâga's auf einen Gau zu treffen vergönnt sein. Mögen die in den Objekten der 14b
fünf Skandha's ruhenden fünf Wünsche des Begehrens wie Regen herabfallen!

Fünftens: Ablegung des Sündenbekenntnisses vor den Nâga's. Gegen den segensreichen Geist, der von dem Sitz der Nâga's und γÑan's ausgeht, haben wir uns vergangen: denn Baum-γñan's haben wir gefällt, Erd-γñan-po's aufgerührt, Stein-γñan's zerschlagen, Felsen-γñan's gespalten; Nâga-bäumen haben wir die Nahrung abgeschnitten, Nâga-schafe haben wir an ihrem Leibe geschlachtet, Nâga-hühner und -gänse in Schlingen gefangen, zahlreiche Kaulquappen aufs Trockene getrieben, Scorpionen die Stacheln ausgerissen, Schlangenleiber zerstückelt, den Bauch von Fischen aufgerührt, die Glieder von Fröschen zerschnitten, die Nâgapaläste zerstört, Quellen in Wassergräben geleitet, Excremente in Teichen angesammelt, die Quell-γñan-po's verstopft: diese Sünden bekennen wir, sühnen wir. Alle den Nâga's zugefügten Schädigungen, die Verunreinigung von Höhen und Schlössern bekennen und sühnen wir. Möchten wir geläutert und rein werden.[1])

1) Mit diesen und den obigen animistischen Vorstellungen, die das Bonpo-sûtra in seinem breiteren Strome der Darstellung ausführlich behandelt, vergleiche man die Anschauungen eines deutschen Romantikers des 19. Jahrhunderts, die im Grunde dasselbe, nur mit ein bischen andern Worten, besagen. Ludwig Tieck lässt sich in seiner Novelle „Der Alte vom Berge" also vernehmen: „Mein Schatz: Erde, Wasser, Luft, Berg, Wald und Thal sind keine toten, leblosen Hunde, wie Ihr vielleicht meint. Da wohnt, hantiert allerlei, das Ihr so vielleicht Kräfte nennt: das leidet es nicht, wenn ihm die alte stille Wohnung so umgerührt, aufgegraben (vergl. Bonpo-sûtra fol. 70b, 141a!), mit Pulver unter dem Leibe weggesprengt wird; die ganze Gegend hier, meilenweit umher, raucht, dampft, klappert, pocht, man schaufelt, webt, gräbt, bricht auf, wütet mit Wasser und Feuer bis in die Eingeweide, kein Wald wird verschont, Glashütten, Alaunwerke, Kupfergruben, Leinwandbleichen und Spinnmaschinen, seht, das muss Unglück oder Glück dem bringen, der die Wirtschaft und den Spektakel anrichtet,

15a Sechstens: Erklärung der Lehre für die Nâga's. Die Bilder, die man auf die Lehren anwendet, sind folgende: rein, klar und ungetrübt, unerfasslich und unaussprechlich, in Ursachen und Werken tief begründet (eig. in die Erscheinung tretend), wesenlos und ortlos. Hat man mit den Worten: „Derartig sind die Lehren“, dieselben auseinander gesetzt, [dann erkläre man] die erhabene Seelenlehre (d. h. die Lehre von der Seelenwanderung).

Ferner [sagte] der Menschensohn[1]) Buddha:

Die Dharmâs sind sämtlich aus Ursachen entstanden.
Den Grund derselben hat der Tathâgata verkündet.
Was sich jenen (näml. den Ursachen) entgegenstellt
(d. h. sie vernichtet),
Auch dieses Wort hat der grosse Çramaṇa verkündet.

Durchaus keine Sünden begehen,
Herrliche Tugenden ausüben,
Das eigene Gemüt völlig bezähmen:
Dies ist Buddha's Lehre.

So spricht man. Namo ratnatrayâya. Oṁ kaṁ-ka-ni kaṁ-ka-ni. Roca ni roca ni. Krota ni krota ni. Trasa ni trasa ni. Pratihana pratihana. Sarva karma paraṁvara ni sarva satva nañca
15b ye svâhâ. Mögen die Sünden der Nâga's und Erdkobolde rein werden. Also spricht man siebenmal.

Siebtens: Bitte an die ɣÑan-po's um thatkräftigen Schutz. Dem opferrüstenden Gabenspender samt seinem Gefolge möge

ruhig kann es nicht abgehen. Wo keine Menschen sind, da sind die stillen Berg- und Waldgeister, werden sie nun zu sehr gedrängt, denn in gewisser Nähe und Ruhe vertragen sie sich gut mit Menschen und Vieh, rückt man ihnen zu scharf auf den Leib, so werden sie tückisch und bösartig, da giebt's dann Sterben, Erdbeben, Überschwemmungen, Waldbrand, Bergfall oder was sie nur zustande bringen, oder man muss sie hart zwingen, dann dienen sie freilich, aber wider Willen, und je mehr sie einbringen, um so weniger sind sie am Ende gutmütig.“

1) Freie, aber vielleicht nicht unpassende Übersetzung von rigs-su skyes, der in der Kaste oder überhaupt in der Familie, unter Menschen geborene, mit Beziehung auf Buddha's vorangegangene Existenz im Tuṣitahimmel, eine Ausdrucksweise, die freilich zunächst aus Çâkyai rigs su skyes oder ₒk'ruṅs „der aus dem Çâkyageschlecht Entsprossene“ verallgemeinert ist. S. auch Grünwedel, Buddh. Kunst S. 139.

vollkommner Schutz, vollkommene Hülfe, Ruhe und Glück zu teil werden. Verderblicher Aussatz und Geschwüre, welche die Nâga's senden, Waffen, Hungersnot, das durch Sehen erzeugte Gift, das durch Denken erzeugte Gift, das durch Atmen erzeugte Gift, das durch Fühlen erzeugte Gift, die Furcht vor den Nâgarâja's, die Furcht vor dem Feuer, die Furcht vor dem Wasser, die Furcht vor dem Winde, die Furcht vor Erdbeben, die Furcht vor zu frühem Tode, ferner die Wirkungen des Windes, die Wirkungen der Galle, die Wirkungen des Schleimes, die Wirkungen der Ansammlungen, die 404 Krankheiten mögen beschwichtigt werden. Aussatz und Geschwüre, Krätze, Beulen, Blattern, Kropf, Verkrüppelung, Lahmheit, die durch angehäufte Stoffe entstandenen, 16a
die vier Krankheiten mögen beschwichtigt werden.

Ferner wiederum Ânanda: Mögen die Nâgarâja's von Zeit zu Zeit Regen herabsenden, möge die Ernte reifen und die Menschenkrankheiten gestillt werden. Ferner mögen gemäss dem von Ânanda gesprochenen Gebet die Nâga's in den Besitz von Schönheit und Farbe gelangen. Mögen die Hungernden der Speise teilhaftig werden. Mögen die Tauben mit den Ohren Töne vernehmen. Mögen die grossen Nâga's einen Gau erwerben. Mögen die in den Objekten der fünf Skandha's ruhenden fünf Wünsche des Begehrens sich gleich Regen herabsenken.

Ferner wiederum Ânanda: Weil ich den Nâga's alle Arten von Obstbäumen dargebracht habe, möge die durch das Fällen der Baum-γñan's eingegangene Schuld abgetragen werden. Weil ich mannigfaltige Blumen dargebracht habe, möge ich in den Besitz von Reichtümern gelangen. Weil ich alle Arten von Arzeneien gespendet habe, möge ich von den durch Wind, Galle, Schleim angehäuften vierhundert Krankheiten befreit werden. Da ich fünf verschiedene Seidenerzeugnisse dargebracht habe, möge ich die Macht erlangen, die Arten der Kleider zu gebrauchen. Weil ich 16b
fünf Arten von Kostbarkeiten dargebracht habe, möge mein Leben lang werden und meine Macht zunehmen. Weil ich mannigfache gute Speisen dargereicht habe, möge ich von den Plagen der Hungersnot und Missernte befreit werden. Mögen die Jahresniederschläge immer zweckmässig verteilt sein; mögen sie (d. i. die Nâga's) das Wasser des Regens von Zeit zu Zeit herabsenden.

Die grossen Nâga's bitte ich hierherzukommen. Die auf der rechten des jenseitigen Berges hausenden bitte ich zu kommen, die auf der linken des diesseitigen Berges hausenden bitte ich zu kommen. Menschenkrankheiten, Viehkrankheiten mögen alle in ihrem Strome gehemmt werden, und dadurch sich glückbringender, herrlicher Segen ergiessen!

Des reinen Werkes von den Hunderttausend Nâga's buntfarbiger Abschnitt in kurzgefasster Darstellung des Hauptsächlichen ist hier beendigt.

# Glossar.

*karša-pa-ṇi* = *S. kârṣâpaṇa.* 4b 1, 13b 1. Balfour, Cyclopaedia of India II 510. Burnouf, Introduction 535. Es kann sich in unserm Falle bei der Heilung von Zahn- und Fingerverletzungen der Nâga's mit K. nur um eine Spende, ein Münzopfer handeln, das die Heilung bewirken soll, den Kranken aus den Klauen dämonischer Mächte loskaufend; diese Erscheinung ist zu erfassen und zu entwickeln aus dem Tulâpurusha der Inder, einem Brauch, den M. Haberlandt in den Mitteilungen d. Anthrop. Gesellsch., Wien, XIX, 3, 1889, 160—164 seinem Wesen und Werden nach eingehend verfolgt hat.[1]) Wird im heutigen Indien eine Schlange getötet, so wird dem Leichnam eine Kupfermünze in den Rachen gesteckt, und derselbe dann verbrannt, Winternitz 257. Geldopfer, namentlich für Ortsgenien, sind in Tibet nicht selten, vergl. z. B. Turner 22, 61; Andrada, Lettere annue 14.

*klad-pa.* 4a 7. Vyutp. 257a 2 mastaka, ebenso Zamatog fol. 4; dennoch ist das Wort an dieser Stelle nur als „Gehirn" aufzufassen; nur diese Bedeutung des Wortes kennt Desgodins. Roero III 228 ladpà cervello. Vergl. auch Schiefner, Bharatae responsa p. 39, no. 13.

*dkar gsum.* 5a 2, 11a 2, 14a 5. Wassiljew in Târanâtha II 325.

*sku gsuṅ t'ugs.* 2a, 6. Im tib. Krâmâ für lus, ṅag, yid. Über diese Dreiheit vergl. della Penna bei Markham 335. Jäschke, Dict. 115b, 259a. Schott, Zur Litteratur des chinesischen Buddhismus, Abh. Berl. Akad. 1873, 56. Hanlon 628 No. 104, 631. Huth, Tsaghan Baišiṅ 48; Geschichte des Buddhismus in der Mongolei II 190, 245. Waddell 145 no. 2. Wenzel § 76, 88. K. Marx JASB LX 1891, 121 no. 64. Die Indien betreffende Litteratur findet man verzeichnet bei L. Scherman, Materialien zur Geschichte der indischen Visionslitteratur 1892, S. 40 no. 1. Die obige Formel wird mystisch durch oṁ, âh, hûm ausgedrückt: Waddell, The

1) Vergl. auch Harlez, La religion nationale des Tartares Orientaux Mandchous et Mongols 45.

refuge-formula of the Lamas, IA XXIII 75; Waddell 147, 402, 403; Grünwedel, Ikonographie 131; Rockhill, Diary 67.

*skud dmar-po*, roter Faden. 4a 5. Wenn es sich 4a 5 darum handelt, Ader- und Serumerkrankungen der Nâga's mit Hülfe roter Baumwollfäden zu heilen, so kann es sich dabei zunächst um keine Sympathiekur oder Suggestivheilung handeln, sondern nur um einen rein äusserlichen, objektiven schamanistischen Zauberakt. Rote Fäden benutzen nämlich die Schamanen Sibiriens in vielen Fällen; in der mongolischen Heldensage von Gesser Chan wahrsagt der Riese wiederholt vermittelst roter Fäden, in Schmidt's Übersetzung 117, 145 etc.; ebenda 135 ist von einem Menschen die Rede, der ein solch ausgezeichneter Zeichendeuter ist, dass er aus seinen roten Fäden ohne den geringsten Irrtum alles weissagt.

Fäden haben im Folklore eine doppelte Bedeutung in ihren zur transscendenten Welt gedachten Beziehungen: entweder bilden sie eine trennende Barriere zur Abwehr von Geistern oder stellen einen Weg zur Verbindung mit ihnen dar, so z. B. bei den Zigeunern Siebenbürgens (Wlislocki, Volksglauben und religiöser Brauch der Zigeuner 1891, p. 33, 158), die in der Johannisnacht einen weissen Faden über einen Fluss spannen, damit die Verstorbenen ihre Angehörigen besuchen können, während das Gegenteil z. B. der die Geister abhaltende heilige Faden der Brâhmaṇen bewirkt, IA XXIII 383 (beachte auch die Hölle T'ig-nag, Wenzel, § 77 und Bastian, Geogr. u. ethnol. Bilder 458). Vergl. im übrigen Rochholtz, Deutscher Glaube und Brauch II 204 („Der rote Faden"); F. Liebrecht, der hegende Faden, Philologus XIX 582; ders., zur Volkskunde, 305—310. In unserm Falle handelt es sich wohl um die Vorstellung, dass die Krankheitsdämonen aus dem Körper des Patienten herausgelockt und zum Abzug auf dem Wege des Fadens gezwungen werden sollen; über eine ganz analoge Vorstellung der Manju vergl. Harlez, la religion nationale des Tartares orientaux Mandchous et Mongols p. 47. Es muss freilich die Möglichkeit offen gelassen werden, dass, da dieses Mittel gerade gewählt ist, die roten Fäden doch eine gewisse, wenn wahrscheinlich auch erst nachträglich construierte, Beziehung zu den Adern darstellen sollen. Dass diese Beziehung das secundäre Element darstellt, wodurch denn auch meine obige Deutung ihre Bestätigung erhält, dürfte deutlich aus einer Stelle des Oxf. Bon-Ms. fol. 6b erhellen: ras skud dmar po yi grogs moi skyed pa c'ad pa gsos, d. h. durch rote Baumwollfäden sollen die geschnittenen Leiber der Ameisen geheilt werden. In diesem Falle ist doch eine sympathetische Verbindung des Heilenden mit dem zu Heilenden kaum denkbar.

*skyabs. klu-la — su mc'i* 10a 4. Vergl. zum Ausdruck die bekannte buddhistische Glaubensformel, tib. angeführt von Jäschke, Dict. 26a; hier findet sich aber Saṅs-rgyas-kyi etc., wo hier -la steht, ein Unterschied, der recht vor Augen führt, wie die tib. Sprache in ihrer Ankettung ans S. und wie sie im selbständigen Ausdruck ihrer Gedanken denkt. Das Suffix -la, das eine Annäherung an den Gegenstand, ein Ergreifen und Verweilen an dessen Oberfläche bezeichnet (Schiefner, Tib. Studien IV 183), ist hier der örtlichen Anschauung der Sprache entsprechend der obigen Redensart weit adaequater. Local ist auch die Auffassung in: byaṅ c'ub bar-du skyabs-su mc'i, Münchener Cod. VI fol. 1a 2, wozu man auch $_{c}$Jigs med nam mk'a I p. 1, 11 byaṅ c'ub bar du skyoṅs vergleiche. In einem tib. Buche mit dem Titel: bšags pa smon lam rnams bžugs so findet sich die obige Formel auch in der Gestalt: Saṅs rgyas la skyabs su mc'io u. s w., und dem Buddha voraus geht noch der Lama, zu dem sich die Wesen allzeit flüchten sollen: sems can t'ams cad dus rtag tu bla ma la skyabs su mc'io.

*skyems $_{o}$p'raṅ.* 5a 2, 14a 4. Wer hier wörtlich übersetzte, würde zu dem Ergebnis gelangen „Felsenfusspfad des Trankes". Der Ausdruck kann aber nur identisch sein mit dem von Jäschke, Dict. 30a, als westtibetisch citierten skyems-ḍaṅ, was im Handwörterbuch 30a སྐྱེམས་འབྲང་ geschrieben wird; das dahinter gesetzte Fragezeichen drückt nur einen Zweifel an der Richtigkeit der Schreibung von $_{c}$braṅ aus, der bei einem Dialektworte leicht genug entstehen konnte und die Berechtigung, skyems -$_{o}$p'raṅ mit diesem skyems-$_{c}$braṅ zu identificieren, wesentlich verstärkt; die Bedeutung „Branntwein" ist jedenfalls unangefochten. Desgodins kennt den Ausdruck nicht. Vergl. übrigens auch $_{c}$braṅ-rgyas Opfer, Spende von Speisen, und sachlich Wenzel § 5.

*skraṅs lhog.* 15b 8. Wörtlich: geschwollenes Geschwür, was ich als Kropf (lba-ba) deuten möchte, der eine in Tibet wie in Centralasien überhaupt weit verbreitete Krankheitserscheinung ist. Vergl. Turner 43; Saunders 97—100; Przewalski 215; T. T. Cooper 304; Széchenyi CXVI; H. Schlagintweit, Reisen in Indien und Hochasien III 289; Littledale 456; Wenzel § 94; Rockhill, Diary 291. Die Bodlejana in Oxford besitzt ein tib. Werk, das von der Heilung des Kropfgeschwulstes handelt, s. Tibetan Mss., Schlagintweit Collection (lithogr.) Nr. 24.

*k'a ma nas.* 7b 6. Man möchte sich versucht fühlen, dafür ga-na-bar zu conjicieren; doch scheint es nicht ausgeschlossen, dass k'a-ma hier dialektisch für k'ams gebraucht ist, vermöge der sicher zwischen k'ams und k'a in der Bedeutung von „Teil" obwaltenden Beziehung; vielleicht hat sich aber auch k'a-ma nur provinciell aus k'ams entwickelt, wenn nicht gar anzunehmen ist, das die Lesart des Textes verdorben ist.

*k'ron-pa*, hölzerner Wasserkanal. 8a 1. Die Anwendung dieser Bedeutung des Wortes scheint doch verbreiteter zu sein, als Jäschke annimmt, der dieselbe auf Lahûl einschränkt. Dass das Wort hier nicht „Quelle" bedeuten kann, geht aus dem ganzen Zusammenhang der Stelle zur Genüge hervor. Zweifelhaft könnte man an der Stelle 14b, 6 sein, wo beide Bedeutungen in k'ron-pa denkbar wären. Desgodins, Dict. 121a, übersetzt: Brunnen. Vyutp. 259a 1 S. kûpa, udapâna. yur-ba Wassergraben, Wasserlauf, Wasserleitung. 14b 6. Ramsay 20: yoora. Vergl. wa. rka und gur c'u (Desg.). Vyutp. 258b 4 yur-po c'e kulyâ.

Die in hohem Grade entwickelte künstliche Bewässerung des Landes gehört zu den hervorragendsten Erscheinungen tibetischer Kultur. „Bewässerung, die man gut in Tibet versteht, wird in ausgedehntem Masse betrieben," bemerkt Rockhill, Notes 711; „unter den Tibetern des nordwestlichen Kan-su wird Wasser auf beträchtliche Entfernungen durch Thäler in Rinnen gezogen; diese sind in Baumstämmen eingegraben, die durch ein leichtes Gerüst gestützt werden; dieses System findet man auch in vielen Teilen des südlichen Tibet." (S. a. Rockhill, land 135, 153; Tibet 65; diary, Index v. irrigation.) Der künstlichen Bewässerung geschieht in der Geschichte zum ersten Male Erwähnung unter der

Regierung des noch in halbmythisches Dunkel gehüllten Königs Bya-k'ri oder sPu-de-kuṅ-rgyal (Huth, Geschichte des Buddhismus in der Mongolei II 5), aus dessen Zeit erzählt wird, dass Seen in Kanäle (yur) geleitet und Brücken über die Flüsse geschlagen wurden (Schlagintweit, die Könige von Tibet 836, im Text fol. 14b 2: rgya mts'o yur la draṅs nas c'u la zam pa ₒdzugs), was in unmittelbarem Zusammenhange mit der kurz vorhergehenden Nachricht steht, dass man mit Hülfe durchbohrter Hölzer[1]) Pflüge und Nackenjoche herstellte, je ein Paar auf dem Nacken zusammenlegte und so die Ebenen in ihrem Boden aufwühlte. Das Bodhimör fügt hinzu, dass vor der Zeit dieser Könige in Töböt kein Feldbau, sondern nur Viehzucht getrieben worden sei (Schmidt, Sanang Setsen 318). Auch König Sroṅ btsan sgam po liess die schädlichen Bergwässer in Behälter sammeln und durch Kanäle ableiten, s. Köppen II 65. Die bei Schlagintweit, Könige von Tibet 857 unter König bLa-c'en von La-dags vorkommende „Zurichtung der drei Seen von Gangs-ri für die Bewässerung von 500 Feldern" ist fern zu halten, da die dem Texte gar nicht entsprechende Übersetzung durchaus unbefriedigt und die Lesart des Textes so dunkel und wahrscheinlich so entstellt ist, dass es unmöglich ist, einen vernünftigen Sinn herauszulesen. Zwei Arten der Bewässerung sind zu unterscheiden: die eine, bei der das Wasser aus Flüssen oder Seen unmittelbar in Gräben (yur-ba) abgeleitet wird, die andre, bei der dasselbe vermittelst aus Holz verfertigter Kanäle geschieht (k'ron-pa); letztere dienen ausser dem Zweck der Feldberieselung auch als Wasserleitung für den Gebrauch der Menschen. Turner hat beide Methoden in Bhûtan kennen gelernt und kurz beschrieben. „Die Bhûtaner leiten", sagt er p. 46 seines Reisewerkes, „wenn der Regen ausbleibt, die kleinen von den Gebirgen herabströmenden Bäche auf ihre Felder". Auf dem Wege vom Dorfe Gygugu nach Murichom, der über das Gebirge hinläuft, fand der Reisende an den Seiten Wasser auf weite Strecken durch hohle Bambusröhren geleitet, um seinen Durst zu stillen (p. 23).

---

1) śiṅ la bug pa p'ug nas nachdem man in Holz Löcher gebohrt hatte. Schlagintweit hat die Stelle missverstanden. Die hier beschriebenen Werkzeuge scheinen eben dieselben zu sein wie die noch heutigen Tages in Tibet beim Ackerbau üblichen, s. dar. Rockhill, Notes 711, Bonvalot 341.

In der Umgegend von Tassisudon[1]), der Hauptstadt von Bhûtan, traf er Wasserleitungen, die aus hohlen Bäumen bestehen, längs den jähen Bergwänden auch über Thäler fortgeführt sind und sich über zwei Meilen erstrecken (p. 49). Nach Moorcroft (355) werden bei der Stadt Dhumpu die Felder durch Kanäle bewässert, die aus einem Bache, und zwar nahe an dessen Quelle, hergeleitet werden. Shipki, ein grosses Dorf im Distrikt von Rong-chúng, wird durch Ströme bewässert, die von den Gletschern und Schneebetten nach dem südwestlich gelegenen Kúng-ma Pass künstlich dahin geführt werden (A. Wilson 191). In Spiti werden im Sommer die Felder durch künstliche Kanäle bewässert, deren Wasser aus den Gebirgsströmen herstammt (ders. 244). Vergl. auch A. Campbell, Itinerary from Phari in Tibet to Lhasa, JASB XVII 260, Przewalski 214. Auch das zum Treiben eines Schaufelrades dienende Wasser wird in einem ausgehöhlten Baumstamme geleitet, wie Bonvalot p. 427 gelegentlich der Beschreibung einer Wassermühle mitteilt.

Diese Feldbewirtschaftung verdiente, einmal zum Gegenstand einer eingehenden kulturhistorischen Monographie gemacht und vor allem im Zusammenhang mit den analogen Erscheinungen in China, Turkestan und Nordindien erörtert zu werden. Über das Tarimbecken und das Land von Bochara liegen schon Nachrichten in den Reisen der chinesischen Pilger vor; vergl. Julien, voyages II 2; Neumann, Pilgerfahrten 161; über die gegenwärtigen Zustände am Tarim s. Bonvalot 101.

Im Zusammenhang mit der ganzen Frage ist zu vergleichen Henri Moser, l'irrigation en Asie centrale. Étude géographique et économique. Paris, société d'éditions scientifiques 1894; ders., l'irrigation ancienne dans l'Asie centrale in: Bibliothèque universelle et Revue suisse LXII, 68 - 94.

*gur-gum*, Safran. 3b 2, 4b 4, 13b 7. Auch gur-kum (Jäschke, Desgodins); kur-kum (Ramsay 140; Desgodins; Rockhill, land of the lamas 110). Mong. gurgum: Schmidt, Mong. Wörtb. 208b; Kowalewski III 2654b, ebenso Pallas, Sammlungen I 169. Synonyme: k'a-c'e skyes, offenbar in Anlehnung an S. kaçmîrajanman, kâçmîrî, kaçmarî, kâçmîra. Die poetischen Bezeichnungen s. bei

---

1) tib. bKra-šis-c'os-groṅ.

Desgodins 151. dri nach Csoma; vielleicht auch łe-brgan, leb-rgan (s. d.). Roero hat in seinem Wörterverzeichnis (III 255) kesser, gièsser zafferano, jedenfalls nur in begrenzter lokaler Anwendung, die sich wahrscheinlich auf Ladâkh und Nachbargebiete beschränkt; dieselbe ist leicht zu verstehen, da kesara Staubfaden, insbesondere der Lotosblüte, bedeutet, und beim Safran ausschliesslich der Stempel der Blüte in Betracht kommt; im Gujerâtî heisst Safran kesir, IA VIII 113; vielleicht wird unter diesen Namen auch nur eine ganz bestimmte Art des Safrans verstanden.

Schwerlich kann tib. gur-gum aus S. kuṅkuma abgeleitet werden, wie z. B. L. Feer, Introduction 504 no. 1, meint, der statt gur-gum lieber guṅ-gum schreiben will; diese Annahme ermangelt aber jeder thatsächlichen Berechtigung. Welches auch die Entstehung von kuṅkuma sein mag, die zu untersuchen hier nicht der Ort ist, die tibetische Benennung des Safrans kann aus lautlichen — und wie sich zeigen wird, historischen — Gründen damit in keine direkte Parallele gesetzt werden, sondern schliesst sich vielmehr einer Gruppe von Namen an, die dem semitischen Sprachenkreise angehören und sich von da weiter östlich nach Iran verbreitet haben. Die Heimat des Safrans ist bekanntlich Kleinasien (Leunis, Synopsis der Pflanzenkunde II 779, bes. V. Hehn, Kulturpflanzen und Haustiere in ihrem Übergang aus Asien nach Griechenland u. Italien, 6. A. 1894, 255—61). Hebräisch heisst der Safran כַּרְכֹּם karkôm: Gesenius, Handwörterbuch üb. d. alte Test., 11. A., 404; Siegfried u. Stade, Hebr. Wörtrb. 299b; Levy, Neuhebr. u. chald. Wörtrb. II 405; Brokelmann, Lexicon Syriacum 166b. Davon griech. *κρόκος*, Hehn 257; Prellwitz, Etymologisches Wörtrb. d. griech. Sprache 164. Zu karkôm tritt assyrisch karkuma, armenisch kʻrkʻum, persisch karkum, Hehn 261 no. 2. Gehören die tibetischen Formen kurkum, gurkum, gurgum nun nicht offenbar in diese Reihe, stehen sie den semitisch-iranischen Benennungen mit dem inlautenden r nicht weit näher als dem indischen kuṅkuma?

Die Geschichte des Safrans scheint diese linguistische Thatsache zu bestätigen; wir wissen nichts von einem indisch-tibetischen Safranhandel, weder aus alter noch neuerer Zeit, vielmehr nur von dem Umstand, dass Tibet's Safranbedarf aus den Ländern des

Westens, vor allem aus Kaçmîr gedeckt wird, Ganzenmüller, Tibet 77; Moorcroft 366; Rockhill, land of the lamas 282; derselbe, ibid. 110, unterscheidet als zwei Varietäten k'a-c'e shakama und kurkum; ders., diary 67. Bei Rockhill, Tibet 274, wird seltsamer Weise unter den Erzeugnissen von Lhasa auch tibetischer Safran erwähnt; wie diese Notiz des chinesischen Autors aufzufassen, lässt sich einstweilen nicht feststellen. Die Untersuchungen über diesen bedeutsamen Gegenstand sind leider noch sehr erschwert, teils durch den Mangel an Quellenschriften, teils durch ungenügende und unzuverlässige Angaben von Reisenden und andern Autoren; völlige Klarheit ist schon deshalb ausgeschlossen, weil die meisten die verschiedenen Arten des Safrans nicht unterscheiden und sich auch noch andre gröbliche botanische oder sprachliche Verwechslungen gestatten. Eitel 80 ist im Irrtum, wenn er kuṅkuma für Curcuma longa oder aromatica hält; kuṅkuma ist Crocus sativus L. und gehört zur Familie der Irideae; Curcuma longa dagegen, die zu den Zingiberaceae oder Amomeae zählt, heisst S. haridrâ, tib. skyer-pa, die sog. Gelbwurz, der nach Ghosha 231 die Hindus religiöse Verehrung zollen.

Über den indischen Safran s. Hunter 584, 679, die sehr wertvollen Nachrichten von Hiuen-Tsang bei Julien, Voyages II 40, 131 und von J-Tsing, translated by J. Takakusu 128 u. no. 1, die Angaben des Periplus Maris Erythraei, über medicinische Verwendung Hoernle, The Bower Manuscript, part I 13 u. no. 14. Über die Sage von der Anpflanzung des Safrans in Kaçmîr s. Csoma, Analysis 92; Wassiljew 43 no. 1; Târanâtha I 9, 21 II 13. Zur Ökonomie des Safrans in Kaçmîr: Th. Thomson, Western Himalaya and Tibet, London 1852, 455.

*mi-dge bcu.* 2b 6. Dharmasaṁgraha LVI.

*dgos ₒdod.* 3b 5. s. die Erklärung von Jäschke, Milaraspa 551.

*rgya-spos.* 14a 3. Vyutp. 273a 4 im Verzeichnis der Arzneien: tagaram Tabernaemontana coronaria. Eitel 168. Dagegen Vyutp. 277a 1 unter den Räucherwerken = vâyanam.

*rgyu sbyor yon-gyis bdag-po.* 2b 4; — — *yon-gyi* — 3b 6; 5b 7; 15b 1. Bonpo-sûtra 74a 3 und wiederholt in den Lond. Bonfr. yon-gyis bdag-po ist gleich dem gewöhnlichen dissyllabisch contrahierten yon-bdag Gabenspender, worüber Jäschke, Milaraspa 550 zu vergleichen ist. rgyu in seiner Grundbedeutung: Materialien, Stoffe d. h. hier solche, die zur Veranstaltung des Opfers erforderlich sind, eine Anwendung, in der es sich nahe mit rdzas berührt; von einem gemeinsamen Punkte ausgehend haben sich beide Wörter trotzdem auf zwei verschiedenen Linien weiter entwickelt, rgyu nach abstrakt-philosophischer Richtung, rdzas sich mehr und mehr sinnlich vermaterialisierend, jenes sich zur Philosophie und der philosophisch begründeten Medicin, dieses sich zu den Naturwissenschaften schlagend, wie es denn z. B. in der chemischen Litteratur des bsTan-$_{o}$gyur als Terminus technicus für die ein chemisches Gemenge (goṅ-bu) bildenden Componenten oder Ingredienzen erscheint.

*sgrib-pa.* 5b 4, 15a 8. Im letzten Falle in der gewöhnlichen Bedeutung „Sünde". 5b 4 dagegen fasst das Wort die im vorhergehenden aufgezählten verschiedenen Arten der Furcht der Nâga's zusammen und ist daher der Ausdruck für die Widerwärtigkeiten, die ihnen begegnen, die „dunkeln" (grib) Punkte in ihrem Leben; sgrib-pa lässt sich dann genau durch „Schattenseiten, Nachtseiten" wiedergeben. Vergl. Huth, Geschichte des Buddhismus in der Mongolei II 85 no. 11.

*ṅaṅ-pa. ṅur-ba.* Stets in der Verbindung ṅaṅ ṅur maṅ-po 7b 3, 7b 6, 8a 1, 8a 5, 8a 7, 8b 2, 8b 4, 8b 8, 9a 3, 9a 7, 10a 5. Über ṅur-ba s. Schiefner, Bharatae responsa p. 41 no. 141. Wilde Enten und Gänse bevölkern in gewaltigen Scharen die Seen und Flüsse von Tibet, wie die Berichte zahlreicher Reisender darthun; della Penna bei Markham 317, Bogle bei Markham 131, Gutzlaff 201, H. H. Wilson I 313, T. T. Cooper 226, Bower 27, Roero II 93; Przewalski 226/7, 263; Moorcroft 340; Cunningham JASB XVII 226. Strachey ib. 144.

Wildenten und Wildgänse spielen in der Poesie Ostasiens eine grosse Rolle, so schon im Ši-kıng, vergl. die Übersetzung von Victor v. Strauss 1880, p. 203, 249, 291, 417, nicht minder in den Volksliedern der Mongolen, vergl. z. B. Posdnejew, Proben der Volksliteratur der mongol. Stämme I, Pet. 1880, das zweite Lied, C. Stumpf, Mongolische Gesänge, Viertelj. f. Musikwiss. III 1887 S. 300 und die schöne Stelle in der Inschrift von Tsaghan

Baišiṅ her. v. Huth S. 21, v. 88—92; vergl. auch die Note in Wilson's Ausgabe des Meghadûta, 3. ed., S. 74.

*ṅos bzaṅ.* 8 a 4. Man denke an die Vorstellung von den vier Seiten des Sumeru, die in der Regel als aus Gold, Krystall, Silber und Saphir bestehend bezeichnet werden, Köppen I 232.

*mṅar γsum.* 5 a 2, 11 a 2, 14 a 5. Es sind darunter ka-ra, bu-ram, sbraṅ-rtsi zu verstehen.

*rṅo-rgyus.* — *bya-bal* 3 b 1, 4 a 4. rṅo rgyus ist ein paralleler Ausdruck zu bya bal ‚Flaumfedern'; da sich nun rgyus und bal entsprechen, — über die Deutung von rgyus kann ja, da es sympathetisches Heilmittel zu klui rgyus-pa ñams-pa ist, kein Zweifel herrschen —, so möchte man, um den Parallelismus zu vervollständigen, in rṅo einen dem bya analogen Begriff suchen, d. h. irgend eine Tierbezeichnung; es wäre dann an rṅa boṅ ‚Kamel' zu denken, ein Wort, das in die Composition als rṅa eintritt. Noch näher läge es aber, rṅo als ein Mittelglied (in lautlicher Hinsicht) zwischen rṅa-ma ‚Schwanz, Yakschwanz' und rṅog ‚Mähne' aufzufassen, so dass es die Bedeutung tierischer Haare überhaupt annähme oder sich speciell auf die Haare einer bestimmten Art (Pferd, Yak, Kamel) beschränkte.

Zu rṅo, rṅa, rṅog s. Schiefner, Tib. Stud. bes. S. 346; Schlagintweit, Sureç. 48 no. 309.

*sṅon-mo. neu-siṅ de ni* — 7 b 3, 8 a 3 (sṅon-po), γya ri de ni sṅon-po 8 b 6, γyu mts'o (s. γyu u. ma-dros-pa) sṅon-po 8 b 7, 9 b 2 (sṅon-mo). spog-sṅon s. v. spog. Über die Doppelformen sṅon und sṅo s. Waddell, The Buddhist cult of Avalokita 66.

Eine psychologische Verwandtschaft besteht zwischen dem deutschen „grün" und dem tib. sṅo-ba „grün". „Grün" gehört zur Wurzel grô wachsen, grünen und bezieht sich also ursprünglich auf die Pflanzenfarbe: Kluge, Etymologisches Wörterbuch der deutschen Sprache, 5. A., 147; Heyne, Deutsches Wörterbuch I 1261; Veckenstedt, die Farbenbezeichnungen im Chanson de Roland und in der Nibelunge Not, Z. f. Völkerpsych. XVII 163. Ebenso tib. sṅo-ba, sṅod-pa grünen, sprossen und sṅo Pflanze, Kraut, Gemüse, daher sṅo als Adj. grün, wenn es sich um Pflanzen handelt: Desgodins Dict. 287 b (vergl. Wnndt, Grundriss der Psychologie S. 75), während ljoṅs Thal, Distrikt eher als eine secundäre Ableitung von ljaṅ-k'u grün erscheint denn umgekehrt; ljaṅ diente, aus dem Zusatz k'u ‚Saft, Flüssigkeit' zu schliessen, wohl ursprünglich zum Ausdruck des Chlorophylls. Grün ist nach Bonvalot 425 eine der Nationalfarben der Tibeter; die übrigen sind rot und gelb. Vergl. übrigens japanisch aoi ‚blau und grün', aomono ‚Gemüse'; Castrén, Koibalische und Karagassische Sprachlehre S. 97 kôk, kuk 1) blau 2) grün, ebenso im Jakutischen, Tschuwaschischen u. Çagataischen (s. Vámbéry, Çag. Sprachstudien S. 330b). Dazu H. Magnus, Über ethnologische Untersuchungen des Farbensinnes S. 9, 10, 11, 18 ff., 32. Bastian, Geogr. u. ethnologische Bilder S. 128.

Die Bedeutungen von sṅo-ba, sṅod-pa ‚segnen, weihen' scheinen mir auf sṅo ‚grün', also auf ein ‚grün machen, grünen lassen', zurückzugehen; ebenso wäre in Erwägung zu ziehen, ob nicht vielleicht auch sṅon ‚früher, zuerst, Anfang' in letzter Linie auf sṅon = ‚grün' zurückzuführen ist. Das Beginnende, Sprossende, Wachsende, Jugendliche, Kräftige fassen Sprache und Dichtung häufig als ein Grünen auf. So lässt Voss in der Übersetzung der Ilias (VII 132) den Nestor sagen: „Wenn ich, o Vater Zeus, und Pallas Athen' und Apollon, grünete so wie einst." Vergil spricht von einer juventa viridis und Horaz drückt das schlichte juvenes dum sumus poetischer durch ein dum genua virent aus. Und ähnlich Schiller in der Braut von Messina I 8, 902: „Bleibe die Blume dem blühenden Lenze, scheine das Schöne! Und flechte sich Kränze, wem die Locken noch jugendlich grünen." Rückert (Ges. poet. Werke XII S. 301) dichtet: „Nie welken lass' er dir noch bleichen Des Lebens frisch' und grüne Lust." Tasso, Gerusalemme liberata VII 61 hat: „Il buon Raimondo, che in età matura Parimente maturo avea il consiglio, E verdi ancor le forze . . ." und in seinem Sonett auf Lucrezia: Or la men verde età nulla a te toglie die weniger grüne Zeit d. h. der Herbst des Lebens raubt dir nichts von deiner Schönheit, womit man Dante, Purgatorio III, 133 vergleiche: Per lor maladizion sì non si perde, Che non possa tornar l'eterno amore, Mentre che la speranza ha fior del verde, was der alte Commentator Daniello da Lucca treffend erklärt: Quando per non esser ancor giunto al fin della vita, non si ha perduto la speranza di potersi pentire. Das Neue, Anfangende, Frische bezeichnet grün in folgenden Beispielen. Though yet of

Hamlet our dear brother's death the memory be green (Shakespeare, Hamlet I 2, 1), woran sich Schiller's Fiesco II 17 anschliesst: „Unsere Bekanntschaft ist noch grün, aber meine Freundschaft zeitig."

*lcog-la. rgya-mts'al* — 3a 8, 4a 4. Ein Wort lcog-la ist unbekannt, Jäschke citiert nach Schmidt ein mit Fragezeichen versehenes mts'al-lcogs-pa klarer Zinnober, was aber wenig sinnreich ist und kaum die volle Bedeutung des Begriffes sein kann. 143 a hat Jäschke, Dict., ein Wort cog-la-ma ein Mineral (?), Desgodins Dict. 296a médecine minérale. Ich möchte vermuten, dass dieses Wort mit lcogs-pa „sich bewegen, zittern", in Zusammenhang zu bringen ist und eine Bezeichnnng für das Quecksilber darstellt, was ja im Zusammenhang mit Zinnober dadurch ein besonderes Gewicht erhält, dass Zinnober nichts anderes als oxydiertes Quecksilber ist; wenn Zinnober als Arznei für Blutkrankheiten bezeichnet wird, wozu es natürlich wegen seiner roten Farbe erwählt ist, so könnte in diesem Zusammenhang die Bedeutung des Quecksilbers als sympathetisches Mittel in seiner flüssigen Eigenschaft gesucht werden. Es muss jedoch betont werden, dass diese Erklärung von lcog-la gewagt genug ist und vielleicht nicht einmal als besonders glücklich bezeichnet werden kann. Möglicherweise könnte lcog nichts anderes als ein Schreibfehler für lcags ‚Eisen' sein oder gar unter der Annahme seiner Existenzberechtigung mit diesem Worte in enger verwandtschaftlicher Beziehung stehen. Über Zinnober als Heilmittel s. Garbe, die indischen Mineralien Nr. 57.

*lcoṅ-se lcoṅ.* Von Gänsen und Enten 7b 3, 7b 6, 8a 1, 8a 5, 8a 7, 8b 2, 8b 4, 8b 8, 9a 3, 9a 8, 10a 5. Ein bisher unbekanntes Wort. Ob verwandt mit lcogs-pa?

Über die eigentümliche Wortbildung, die bisher fast ausschliesslich an Adjektiven beobachtet war, s. Foucaux, Grammaire § 39; Schiefner, Tib. Studien III 383.

Andere Beispiele sind: šigs-se šigs, lhabs-se lhabs.

*c'u-bran.* 11b 1. Vyutp. 258b 4 c'u p'ran kunadî (wofür auch kunadikâ) ein unbedeutendes Flüsschen. Vergl. ri-p'ran im Ggs. zu ri-rab 12a 4. Jäschke, Dict. 381a, notiert c'u-bran Glr. und mts'o-bran mit zwei Fragezeichen ohne Angabe einer Bedeutung. Im Handwörterbuch 386a hält er die Ausdrücke entweder für verschrieben oder zusammenhängend mit einem bei Târanâtha vorkommenden bran-pa ausgiessen; ersteres lässt sich nicht aufrecht erhalten, wenn ein anderer unabhängiger Text dieselbe Schreibart bringt; letzteres ist viel zu gesucht und gar nicht zu begründen. Die Sache ist aber weit einfacher: bran heisst Diener, Sklave; c'u-bran, wörtlich: Diener eines Wassers, eines Flusses, ist eben ein Nebenfluss, der dem Hauptstrom Tribut darbringt oder Sklavendienste leistet. Dieses bran ist sicher mit p'ran, p'ra-ba, p'ra-mo verwandt, denen sämtlich die Bedeutung des Untergeordneten, Unbedeutenden, Nebensächlichen zu Grunde liegt; in diesem Sinne ist c'u-bran oder c'u-p'ran einfach ein Wässerchen (Desgodins: rivulus). Der Ausdruck findet sich in der gleichen Schreibung auch Lond. Bonfr. fol. 230a, 3.

*c'u-mig.* 11b 1, 14b 7. Vyutp. 258b 4 utsa Quelle, Brunnen. Mit diesem bildlichen Ausdruck könnte das hebräische עין a'in verglichen werden, das Auge und Quelle bedeutet. „Wie des Menschen Antlitz vom hellen Auge", bemerkt dazu Baudissin in seinen Studien zur semitischen Religionsgeschichte, Heft II 1878, p. 148, „so wird die Landschaft belebt vom klaren Quell — doch mag auch das Bild des thränenden Auges hier vorliegen. Der dem Erdreich aus eigener Kraft entströmende Born heisst bei den Hebräern „lebendiges Wasser" im Gegensatze zu dem stehenden Wasser der Cisternen." Nachträglich ersehe ich, dass bereits Schott (Altajische Studien I, Abh. d. Berl. Akad. 1859, p. 590) im Anschluss an das finnische silmä ‚Auge' und ‚Quellader' jene tibetisch-hebräische Parallele gezogen hat.

Derartige Verbindungen sind übrigens gemein-indochinesisch, am häufigsten heute wohl noch im Siamesischen (Beispiele bei Wershoven, Lehr- und Lesebuch der Siam. Sprache p. 41), und sind nicht selten in malaischen Sprachen (vergl. matahâri).

*c'om-rkun. — gyis ₒjigs-pa* 5b 3. Vyutp. 269b 4 caura, daher als Synonymkompositum zu fassen. Von Diebes- und Räuberbanden, die in Tibet hausen, wissen die Reisenden ältester und neuester Zeit zu berichten. „Auf allen Seiten sind unzählige Abgründe", erzählt der chinesische Pilger Song-yun-tse (Neumann, Pilgerfahrten 160) vom westlichen Tibet, „das ärgste aber sind die Diebesbanden, die sich in den grösseren Pässen, Schluchten und Höhlen aufhalten und sich wie wahre Barbaren betragen." Gutzlaff 202 spricht von mehreren Stämmen, die es sich zur besonderen Aufgabe setzen, die Karawanen auszuplündern. Vergl. auch Ramsay 61 v. highwaymen.

*mi-mjed.* 1b 2. *stoṅ-ysum* — 11a 8. Die Wörterbücher von Csoma, Schmidt und Jäschke sind sämtlich über diesen Terminus falsch unterrichtet. Csoma Dict. 142 übersetzt mjed-pa: the state of being subjected to, obnoxius und mi-mjed-pa: not obnoxius to, not subjected to. Jäschke, Dict. 174a giebt zwar für mi-mjed richtig die Bedeutung „Welt, Universum nach buddhistischen Vorstellungen" an, erklärt aber den Begriff durch „frei" im Gegensatz zu mjed-pa, was nach Zamatog gleich Sanskr. saha leidend, unterworfen sein soll. Diese Ausführung kann schon deshalb unmöglich richtig sein, weil die Auffassung der Welt als „frei, nicht leidend" mit jeder buddhistischen Anschauung in grellem Widerspruch stände. Schon Burnouf, Introduction 533, hatte die Csoma'sche Übersetzung verbessert, wenn er bemerkte: „Mi-mjed est traduite dans nos dictionnaires tibétains par ‚qui n'est pas sujet, qui n'est pas soumis' (Csoma), et par ‚non soumis, indépendant' (Schmidt). Cette expression vague manque de la précision nécessaire, et les mots ‚qui n'est pas soumis' doivent être entendus dans le sens de ‚qui souffre, qui endure sans céder'." Zur Klärung der Sache trägt vor allem bei Vyutp. 248a, 3, wo der Ausdruck mi-mjed-kyi ₒjig-rten-gyi k'ams durch sahâlokadhâtu für sahalokadhâtu (vergl. PW. von sahâ mit der Bemerkung, dass auch sahâ lokadhâtu geschrieben wird. Die Ableitung von sahâ „Erde" scheint dem späteren Buddhismus jedoch nicht mehr im Bewusstsein gewesen zu sein.) wiedergegeben wird, eine Gleichung, die bereits Csoma nicht unbekannt war (As. Res. XX 468). Aus derselben geht zweifellos hervor, dass nicht mjed, wie Jäschke meint, sondern umgekehrt mi-mjed gleich saha zu setzen ist; (nachträglich konnte ich aus Desgodins' Dict. 351, der sonst nichts neues unter diesem Stichwort vorbringt, konstatieren, dass derselbe mjed = ₒjig-rten mundus setzt) dieses saha kommt in dem Sinne von sahaloka oder sahalokadhâtu auch als selbständiges Wort vor, s. Eitel 134a, von ihm erklärt als Welt des Leidens, der bewohnte Teil jedes Weltalls und in drei Welten geteilt (trailokya = tib. k'ams gsum), beherrscht von Sahâṁpati = Brahmâ (tib. mi-mjed-kyi bdag-po Burnouf 533); über letzteren vergl. Köppen I 256, Hardy Manual 44, 57, Monier-Williams 211, Edkins 214. Von Csoma (As. Res. XX 468)[1]) wird saha auch als Provinz von Çâkya t'ub-pa bezeichnet, in Übereinstimmung mit einer Stelle in einem chinesischen Sûtra bei Beal, catena 16, der im übrigen den Begriff durch ,collection of worlds known as a great Chiliocosm' erklärt. Edkins hat saha i. e. the present race of mankind, was den Begriff nur halb wiedergiebt; am ausführlichsten und besten ist derselbe definiert bei Bunyiu Nanjio l. c. 112: „Diese Welt Sahâ (im Gegensatz zu dem vorher geschilderten reinen, freien Lande [also tib. mjed! doch noch nicht belegt] der westlichen Welt des Buddha Amitâbha) ist die Wirkung der Handlungen aller Wesen, so dass sogar solche, die hier nicht geboren zu werden wünschen, auch in sie zu kommen gezwungen sind. Diese Welt heisst der Pfad des Leidens, weil sie voll ist von allen Arten von Leiden, wie Geburt, Alter, Krankheit, Tod u. s. w.“ Dem südlichen Buddhismus ist das Wort fremd, ebenso sahaloka und sahalokadhâtu (Childers 413 v. sahampati). Manche schreiben sarvalokadhâtu, so Waddell 22, eine Bezeichnung, die nach Beal, catena 16 die alten Sûtra's gehabt hätten; s. a. Kowalewski II 1338 a.

Endlich kann ich nicht umhin, über die Entstehung der bisher unerklärten Schreibungen sava, saba u. a. für saha eine Vermutung zu äussern, die vielleicht zugleich geeignet sein dürfte, ein Streiflicht auf das rätselhafte tibetische Wort mi-mjed zu werfen. Schon Burnouf, de l'expression Sahalokadhâtu (Introduction 531—533) hat jene von Rémusat, Schmidt (im Sanang Setsen), Troyer gebrauchten Bezeichnungen einer ausführlichen Erörterung unterzogen, ohne einen Grund für diesen seltsamen Irrtum aufzeigen zu können. Der oben aus der Vyutpatti angeführte Ausdruck mi-mjed ₒjig rten-gyi k'ams wird nicht wie in jener durch sahalokadhâtu, sondern སཔལོཀདྷཱཏུ sapalokadhâtu in Schiefner's Buddhistische Triglotte fol. 23a, 2. Reihe, wiedergegeben. Sapa heisst nach Boehtlingk „Penis“, und da es im Tibetischen ein Wort mje „Penis“, (Desgodins, Dict. 350 ,urethra') giebt, dessen Aussprache der von mjed (= mje') ganz gleich ist, so liegt doch die Annahme sehr

1) S. a. Feer, Analyse 454.

nahe, dass der Tibeter, mag es nun ein Bearbeiter oder ein Abschreiber gewesen sein, bei mi-mjed an mje gedacht, und entweder, weil er wirklich einen Zusammenhang zwischen beiden Wörtern suchen zu müssen glaubte, oder, was wahrscheinlicher zu sein scheint, auf Grund eines obscönen Calembours, eines vielleicht fliegenden Mönchswitzes das ursprüngliche saha in sapa verwandelt hat. Nur von tibetischer, nicht von indischer Seite kann diese Änderung ausgegangen sein, da sapalokadhâtu gar keinen vernünftigen Sinn hat und eben nur vom Tibetischen aus ein Anlass zu einem Wortspiel vorliegen konnte. Dass an dieser Stelle kein Druck- oder Schreibfehler vorliegt, geht zunächst aus der beigefügten mongolischen Transcription des Wortes mit mong. b hervor, die sapa-, saba-, sawa- gelesen werden kann; es ist nicht unmöglich, dass die Lesung des Wortes diese drei Phasen nach einander durchlaufen hat; sicher ist die Media b ursprünglicher als w, denn schon Schmidt bemerkt in seiner Ausgabe des Sanang Setsen p. 301 Note 8, dass sich neben sawalokadhâtu auch sablokadhâtu findet, wie denn auch Edkins, Chinese Buddhism zweimal, p. 209 und 214 saba für saha schreibt. Allein diese Thatsache könnte hinreichen, um die von Schmidt, Mongolisch - deutsch-russisches Wörterbuch p. 339a gegebene Identifikation mit sarvalokadhâtu zu widerlegen. Dazu kommt, dass sich innerhalb des Mongolischen ein solcher Wandel wie von sarva zu sava nicht nachweisen lässt, dass keine Notwendigkeit aus phonetischen Gründen zu diesem Übergang vorliegt, im Gegenteil, dass kein Laut des Sanskrit[1]) sich mit derartig constanter Gleichmässigkeit im Mongolischen, im Ostmongolischen wie im Kalmükischen, erhalten hat als gerade r, ein Laut, der niemals im Anlaut echt mongolischer Wörter vorkommt (Schmidt, Philologisch-kritische Zugabe zu den zwei Mong. Originalbriefen der Könige v. Persien Argun und Öldshäitu, Pet. 1824, p. 10, Note; Radloff, Phonetik d. nördl. Türksprachen § 126; Huth, Note prél. sur l'inscription de Kiu-Yong Koan, Journ. As. 1895, Extr. p. 10), aber trotzdem stets im Anlaut von Sanskritwörtern beibehalten wird: so in sehr bemerkenswertem Gegensatz zu oros Russe oder Arincin Turji, Titel

1) Über indische Lehnwörter im Mongolischen im allgemeinen vergl. auch Schmidt, Forschungen 189; Grünwedel, Buddh. Kunst 161.

auf den Münzen des Gaikhatu, = tib. rin c'en rdo rje (St. Lane-Poole, the coins of the Mongols in the Brit. Mus. p. XLVII) z. B. raksas = râkṣasa, Rakhuli = Râhula (Schmidt, Dzanglun XIX) rasiyan = rasâyana = tib. bcud-len (s. dar. Schmidt, Mong. Gram. S. 157 no. 9). Werden Sanskritwörter auch noch so sehr im Mongolischen verändert, so bleibt auch im Inlaut r stets erhalten: birid = S. preta: Kowalewski II 1153; Širabasun = Çrâvastî; ocir = S. vajra: Jülg 150; buchâr = S. vihâra: Jülg 168; bivaṅ-ghirid = S. vyâkaraṇa: Jülg 166; amiri oder amara = S. âmra, Mangobaum: Jülg 139 oder batir = pâtra. Folgt aus diesen Thatsachen schon zur Genüge, dass sap [b, v]-a nicht aus sarva entstanden sein kann, so kommt noch hinzu, dass in der mongolischen Litteratur auch der Ausdruck sarvalokadhâtu vorhanden ist und also neben jenen andern Bezeichnungen herläuft, wie aus den Anführungen bei Kowalewski II 1338a und Jülg 219 hervorgeht, wo Schiefner in dem sarvala der stereotypen Redewendung des Siddhi Kûr mit Recht ein sarvaloka vermutet hat. Bedenkt man endlich, dass die mongolische Schrift keine Bezeichung für p hat, dass indisches p in der Regel durch b transcribiert wird, nimmt man nicht, was freilich nur selten geschieht, seine Zuflucht zu den schwerfälligen Charakteren des Galikalphabetes (J. J. Schmidt, Grammatik der mongolischen Sprache, Taf. zu S. 5), so dürfte es nach alledem vielleicht angezeigt erscheinen, sich die Entstehung der Wörter saba und sava im Anschluss an das sapalokadhâtu der Triglotte vorzustellen, was diese selbst ja direkt durch ihre genaue mongolische Umschreibung dieses Wortes (s. oben) an die Hand geben.

Aus der Stellung mi-mjed ${}_{o}$dzam-gliṅ ${}_{o}$jig-rten[1]) geht hervor, dass ersteres den weitesten, letzteres den engsten Begriff umfasst; vergl. a. Gabelentz, Anfangsgründe der chinesischen Grammatik S. 111 no. Ich habe diese Unterschiede in der Übersetzung, etwas in Anlehnung an unsre Vorstellungen vom Weltgebäude, auszudrücken versucht.

1) Über ${}_{o}$jig-rten s. die Bemerkung von della Penna bei Markham 330; Wenzel, Suhṛllekha 7; Ramsay 170b.

*ña.* 14b 5. Die Vernichtung der Fische beleidigt deshalb die Nâga's, weil ihnen als Bewohnern eines Sees die Fische in demselben heilig sind; in Ladâkh heissen daher letztere klu ña Nâgafische, die von den Leuten verehrt und gefüttert werden, s. Schiefner, Bonpo-Sûtra 61; Ramsay 30 (v. devil) und 163 (v. ulcer). Man enthält sich der Fische, wenigstens in Spiti, obwohl man dafür keinen Grund angeben kann (Schlagintweit, Reisen in Indien und Hochasien III 107). Auf jene Bräuche spielt vielleicht auch Žalupa in einem Verse seines grammatischen Werkes Zamatog fol. 8 an, welcher mit ñ anlautende Wörter enthält: ñon moṅs can gyis ña ša ños „die Sündhaften kauften das Fleisch der Fische". Vergl. auch das Fischfangverbot bei Feer, Le Tibet S. 16. Die Beobachtung, dass Schlangen auch Fische fressen (Brehm, Tierleben 3. A. Bd. VII 197), mag zur Bildung dieser Vorstellung mit beigetragen haben. Im Issyk-kul wohnen Drachen und Fische zusammen, und von Zeit zu Zeit sieht man Ungeheuer auftauchen; die dorthin kommenden Reisenden beten um Glück; obwohl die Fische des Sees zahlreich sind, wagt niemand sie zu fangen (Julien, voyages II 12).

*gñan. šiṅ* — 5b 6, 14b 2, 16a 6; in der Formel sa-bdag klu gñan 11a 1, klu-gñan 14b 2. sa gñan-po 14b 3. rdo gñan 14b 3. brag gñan 14b 3. c'u-mig gñan-po 14b 7. ₒp'rin-las gñan-po gsol-ba ni 15b 1. Ist wohl ursprünglich der Bedeutung von gñan entsprechend ein Pestdämon gewesen, s. a Kowalewski III 2654b. Am letzten Tage des Jahres wird der Dämon der Pest vertrieben (Rockhill, Tib. 214). Soweit bis jetzt erkennbar, scheint der gÑan ein Ortsgenius zu sein, dessen Colorit aber ziemlich verschwommen ist. Waddell, Demonolatry 201, rechnet ihn zur Klasse der Sabdag; s. auch dessen Buddhism of Tibet 372, 484; Schiefner, Bonpo-Sûtra 2 u. passim; noch ausführlicher als letzteres gibt die Oxforder Bon-handschrift, die statt gñan häufig gñen schreibt, die Wohnsitze und auch Namen von gÑan's an.

*sñug-lo,* Bambusblatt. 3a 5, 4a 2, 13a 8. Vergl. smyig-ma, smyug-ma, spa, sba. Über die Heilung mit B. s. t'aṅ-lo. Über die geographische Verbreitung der Bambusgewächse, Bambuseae, s. O. Drude, Handbuch der Pflanzengeographie 1890, p. 242. Im östlichen Tibet fand Potanin unter Gestrüpp die grossen Stämme des Bambus, Proceedings Roy. Geogr. Soc. 1887, 235, ebenso Széchenyi CLI. Turner 22 beschreibt die Pflanze, die er in Bhûtan sah, und ihre Verwendung daselbst zum Häuserbau; ebenda verfertigt man Gefässe aus derselben, wie Bogle bei Markham 21 berichtet. Schon Marco Polo wusste von grossen Mengen riesiger Bambusarten in der Provinz „Tebet“ zu melden, von denen er bekanntlich erzählt, dass man sie nachts zur Unterhaltung des Herdfeuers benutzt, um durch das laute davon entstehende Knistern die wilden Tiere zu verscheuchen (Yule II 33, 34). Bambus findet in Tibet wie überall, wo er vorkommt, die verschiedenartigste Verwendung: man verfertigt aus dem Holze Schreibfedern (Jäschke, Dict. 428b; Rockhill, Tibet 122), Bogen und Pfeile (Tibet 273), Hausgeräte (Rockhill, Diary 292), benutzt es zur Herstellung von Fähren (Przewalski 215). Es berührt daher seltsam, wenn es im T'ang kao seng chuan ‚Bericht erlauchter Priester der T'angperiode‘ heisst (Tibet 283): „Tibet bringt keinen Bambus hervor. Von den führenden Gelehrten bis zum Volk herab brauchen alle Tibeter Bambusfedern, die sie sehr hoch schätzen. Die Bambusutensilien, die von China nach Tibet gebracht werden, kauft man folglich ohne Rücksicht auf den Preis.“

*Ti-se* oder *Te-se* = *S. Kailâsa*; *gaṅs dkar* — 8b 1, womit man den Beinamen des Berges gaṅs ri vergleiche (Jäschke, Dict. 66; Feer, Le Tibet 7). Tib. auch Ke-la-ša, Kai-la-ša: Jäschke, Dict. 4b. Milaraspa nennt ihn rii rgyal-po König der Berge. Jäschke, Dict. 203b; Feer, Analyse 421; Csoma, Geogr. notice 122, erwähnt 126 auch die Gletscher des Tise; Schlagintweit, Könige von Tibet 831, 868; Pander-Grünwedel 84 Nr. 193; IA XXII 1893, 180; Sandberg 208, dazu Köppen I 195. Nobin Chandra Das, A note on the ancient geography of Asia, Calc. 1896, S. 66. Vielleicht handelt es sich bei dem von Grünwedel, Ikonographie 111 aufgeführten ₒGro-mgon Si-si ri-pa (der Mann vom Berge Sisi?) um nichts anderes als um Tise.

Für die tib. Religionsgeschichte ist von grosser Bedeutung der von Chandra Dás, Contributions 206 mitgeteilte Streit des Buddhisten Milaraspa und eines Bonpo-priesters um den Besitz des Kailâsa, in dem ich deutliche Spuren eines epischen Gesanges zu erkennen glaube; mit Recht schliesst Andrian, Der Höhenkultus

108, aus dieser Legende, dass die Bon-religion eine animistische Verehrung des Tese vor den Buddhisten kannte.

*t'aṅ lo,* Fichtennadel. 3a 5, 4a 2, 13a 8. Über diesen Gebrauch v. lo-ma s. d. Jäschke. t'aṅ-šiṅ Fichte, Vyutp. 259a 2 devadâru. Dass Haarausfall durch Fichtennadeln und Bambusblätter geheilt wird, beruht natürlich auf der Vorstellung einer sympathetischen Heilung; der Vergleich der menschlichen Haare mit dem Pflanzenlaub, welcher der indischen Poesie nicht fremd, in der römischen und italienischen Dichtung, besonders bei Tasso ganz zu Hause ist, bildet dabei das tertium comparationis. In einem mongolischen Rätsel werden Mähne und Schweif des Pferdes mit Schilf und Pfriemgras verglichen (Castrén, Burjätische Sprachlehre, S. 230, No. 18).

Über die Verbreitung der Fichte vergl. Drude, Handbuch der Pflanzengeographie 181, 183; Gill II 133, 141, 142, 146; Przewalski 216, 234, 242; Bonvalot 372; Széchenyi CLI; Rockhill, Land of the lamas 285, Tibet 273 no. 3, Diary s. Index v. pine; G. Durand, De France en Chine et au Thibet par Prouvèze, Nimes 1884, 344. Fichten- und Tannennadeln, verfault, zum Düngen der Felder benutzt, Turner 28; Fichtenbalken zum Häuserbau, Rockhill, Diary 272; Kienholz zur Lampenbenutzung, Gill II 138.

Namen: t'aṅ-šiṅ, som, gsom, sgron-šiṅ (Lampenbaum) Jäschke Dict. 122b; was die Dialekte betrifft, so giebt J. Dict. 455a für Westtibet ein Wort ts'an-šiṅ (Nachtbaum), für Ladâkh Ramsay 45 som-šiṅ in Übereinstimmung mit Sandberg 271, der dasselbe auch für Centraltibet gelten lässt; Ramsay 121 für Ladâkh auch t'aṅ-šiṅ; nach Rockhill, Diary 88 im östl. Tib. sumba, entlehnt aus chin. sung. Vergl. den schönen, nicht buddhistischen Mythus der Ladâkhis, der wohl persischen Ursprungs sein dürfte, über die Entstehung der immergrünen Fichtenblätter, mitgeteilt von Ramsay 66.

*t'ugs.* klu γñan žiṅ byin c'e-bai — daṅ ₒgal-ba-las 14b 2. klui — daṅ ₒgal-ba mt'olo bšags 10a 7. Vergl. zum Ausdruck Münch. Cod. VI fol. 7a 2: ₒp'ags-pa ₒjam-dpal t'ugs daṅ ci ₒgal ba | ya-manta-gai (für Yamantaka-i) spyan sṅar mt'olo bšags.

*t'ugs t'ub byas-pa.* 2b 7. Die rätselhafteste und schwierigste Stelle des ganzen Werkes. Nur das Gesetz des Parallelismus, das, zum Glück, darf man hinzufügen, im Tibetischen nicht minder als im Chinesischen herrscht (Gabelentz, Chin. Gramm. § 1458), vermag uns hier auf eine richtige Spur zu leiten. Wollte man die Phrase wörtlich übersetzen an der Hand des Wörterbuchs, so erhielte man etwa: den Geist bezwingen oder beherrschen. Dass das hier sinnlos ist, erkennt jeder auf den ersten Blick; es handelt sich um eine Aufzählung der gegen die Klu begangenen Sünden; diese Klu stellen hier Baum, Wald, Stein, Fels bewohnende Naturdämonen in animistischem Sinne vor; es ist davon die Rede, dass das Schneiden und Spalten, das Stossen und Zerkleinern von Steinen ein Frevel gegen diese bedeutet; parallel diesen Ausdrücken läuft t'ugs t'ub byas-pa. Was kann in diesem Zusammenhang damit gemeint sein? Aus dem Parallelismus der drei hier auftretenden Redensarten, die zudem eine merkwürdige Alliteration oder besser die Angleichung der Anlaute eint, geht a priori hervor: 1. t'ugs ist nominal, jedenfalls als Objekt zu t'ub byas-pa zu fassen, 2. t'ub byas-pa ist der Verbalbegriff, die Konstruktion den beiden andern Fällen entsprechend: t'ugs zu t'ub machen. Unter diesen Voraussetzungen kann man nun, was die Bedeutung der beiden Wörter angeht, nur zu einem Ergebnis gelangen, das man sofort erhält, wenn man sich vor beide das Präfix ergänzt denkt, das am häufigsten abzufallen geneigt ist, འ; $_{o}$t'ub-pa heisst „schneiden“ und $_{o}$t'ug-pa, von dem $_{o}$t'ugs oder t'ugs mit dem in so zahlreichen Fällen nominalbildenden - s - Suffix abgeleitet ist, bedeutet „dick, dicht“, namentlich vom Walde gesagt; t'ugs sind daher Dinge, die dicht sind, oder die Dichtigkeit, d. h. also wohl Baumstämme. Dieser Sinn entspricht völlig dem der beiden andern Glieder und passt vortrefflich in den ganzen Zusammenhang. Meine Übersetzung „Festes fällen“ versucht die Alliteration und dabei die Bedeutung möglichst wörtlich wiederzugeben. Zu dem Gedanken vergl. auch Oxf. Bon-Ms. fol. 3b šiṅ bcad t'ab du bsreg.

*dar,* Seide. 4b 8, 6a 6, 14a 3. Dass die Tibeter ihre Seide aus China erhalten, wusste schon della Penna zu berichten (bei Markham 317). P. S. Pallas bemerkt in seinen „Nachrichten von Tybet, aus Erzählungen tangutischer Lamen unter den Selenginskischen Mongolen“, enthalten in den Neuen Nordischen Beiträgen I 1781, p. 205: Seide wird in Tangut nicht gezogen, auch daher keine Seidenzeuge verfertigt, die man aus China, sonderlich von

6

Nandshin (d. i. Nanking) bezieht. Diese Behauptungen bedürfen jedoch einiger Einschränkung. Nach einer chinesischen Quelle legte König Sroṅ-btsan-sgam- po nach seiner Verheiratung mit der chinesischen Prinzessin Wen-cheng Kung-chu [1]) seine Kleider von Filz und Fellen ab, zog schöne Seiden- und Brocatgewänder an und wandte sich allmählich chinesischen Sitten zu; er bat dann auch den Kaiser von China um Eier von Seidenwürmern, die ihm mit einer Reihe anderer Gegenstände auch gewährt wurden (Rockhill, Tibet 191). Bei Rockhill, Tibet 237 und 274 werden ausdrücklich tibetische Seidencocons erwähnt, daneben Seidenstoffe aus China. Auch Gutzlaff p. 201 giebt die Notiz, dass der Seidenwurm an einigen Stellen gezüchtet wird. Den Grund, warum die Seidenzucht keine grössere Ausdehnung in Tibet angenommen, giebt wohl Desgodins treffend an, wenn er p. 391 seines Werkes le Thibet ausführt: „La soie leur vient de Chine, car au Thibet on n'élève pas la chenille du bombyx; non pas que le mûrier ne croisse en ce pays, mais parce que pour dévider les cocons, il faudrait faire périr l'insecte dans l'eau chaude, ce qui serait un très grand péché aux yeux des partisans de la transmigration des âmes.“ Die Seideneinfuhr von China nimmt ihren Weg über Tachienlu (Rockhill, land of the lamas 281) und von da zum Mittelpunkt des Seiden- und Theehandels, Lhasa (Gutzlaff 216). Vergl. auch Ganzenmüller, Tibet 76; Feer, le Tibet 34; Waddell 200. J. Dict. v. $_\circ$bu-ras 393a.

*dar-zab.* 4b 8, 6a 6, 14a 3. Synonymcompositum; nach Jäschke die feinste Seide, ein Stück Zeug von solcher Seide (s. v. dar) oder schwere Seide (s. v. zab); nach Schlagintweit 113 so viel als: blaue Seide.

*za $_\circ$og.* 4b 8. Dieses za dürfte wohl mit dem zweiten Gliede in ན་བཟའ་ zu identificieren sein.

*di-ri-ri.* 7b 3, 7b 6, 8a 1, 8a 4, 8a 7, 8b 1, 8b 4, 8b 7, 9a 3, 9a 7, 10a 5. Von Ochsen und Kühen. Vergl. dar-dir und ldi-ri-ri, denen sämtlich das Verbum ldir-ba (rauschen, vom Winde; rollen, vom Donner) zu grunde liegt. Zur Sache s. v. ba-dmar.

---

1) Über diesen Titel s. Radloff, Die alttürkischen Inschriften der Mongolei S. 460.

*brduṅs-rdel.* 2b 8. Vergl. rdo slog-pa 9a 5, rdo ǰñan rlog-pa 14b 3. rduṅ-ba halte ich für eine Ableitung aus rdo Stein, was in formeller Hinsicht schon deshalb möglich ist, da das Wort rduṅ „kleiner Erdhügel" mit rdo offenbar verwandt ist, wozu denn ausserdem die Verhältnisse der tib. Auslautskonsonanten überhaupt in betracht kommen, Schiefner, Über die stummen Buchstaben, Mél. as. I 346—9. Das Wort hätte dann also ursprünglich „schlagen, bearbeiten von Steinen" bedeutet und ginge sicher auf eine Periode der Steinkultur des Landes zurück, von der wir freilich bis jetzt noch nichts Positives wissen.[1])

In Schiefner's Bon-po Sûtra wird wiederholt der Sünde gedacht, Steine zu graben oder zu beschädigen, in denen Dämonen hausen; besonders charakteristisch ist die darauf bezügliche Stelle S. 36. Mit diesem Zuge ist die von Bonvalot 410 mitgeteilte Erzählung zu vergleichen.

Steine werden vor allem zum Häuserbau bearbeitet: Turner 84; Bogle bei Markham 122; della Penna bei Markham 313; Desgodins 379; Rockhill, Tibet 191.

In gleicher Weise von chinesischen und europäischen Reisenden wird die hohe Geschicklichkeit und Kunstfertigkeit der tibetischen Steinschneider anerkannt und bewundert: Rockhill, Tibet 238; Gutzlaff 216.

brduṅs rdel byas-pa ist auf den ersten Blick hin eine etwas frappierende Ausdrucksweise; man möchte zunächst gern den Sinn dahin verstehen: Steinchen zerstossen; das ist aber grammatisch unmöglich, da dann rdel brduṅs dastehen müsste, nach jenem bekannten Grundgesetz des tibetischen Sprachbaues: brduṅs lässt sich also nur nominal und als Objekt zu rdel byas-pa auffassen: schon Gestossenes, d. h. roh bearbeitetes massives Steinmaterial, zu Steinchen machen, d. i. in kleinere Stücke zerbrechen, kunstgerecht zuhauen.

*sdig-pa.* S. vṛçcika. Vyutp. 265b, 3. -i rva sbrags-pa 14b 5. Ebenso Oxf. Bon-Ms. fol. 4a: sdig pai rva yaṅ bcad. Bei Lhasa soll eine Scorpionenhöhle, namens C'u-šu, sein, in die zum Tode

---

1) Die einzige mir bekannte prähistorische Beobachtung aus Tibet ist die des Grafen Széchenyi (CV) über drei Erdhügel bei Si-ning-fu.

6*

verurteilte Verbrecher geworfen und zu Tode gestochen werden, Rockhill Tibet 78. Cf. Schmidt, Gesser 105. A. Wilson 144 erwähnt den grauen und den grossen schwarzen Scorpion mit seinem tötlichen Stachel. Vergl. auch Moorcroft 251.

*na-ga ge-sar,* korrekt nâgagesar. 3b 2, 4b 3, 13b 6. Vyutp. 276b — keçara, kesara. Schiefner im Bull. Acad. de Pét. IV 284 no. 1. Rehmann Nr. 36.

*na-ga pus-pa* = nâgapuṣpa. 13b 7. Name verschiedener Pflanzen (pw). Hoernle, Bower Manuscript, part II fasc. 1, p. 85 erklärt nâgapuṣpa als Mesua ferrea, was wohl auf einer Verwechslung mit nâgakesara beruht.

*nad.* rluṅ-las gyur-pai nad 3b 6, 6a 2, 15 b 6, 16a 7. mk'ris-pa-las gyur-ba rnams 3b 7, 6a 2, 15b 6, 16a 7. bad-kan-las gyur-pa rnams 3b 7, 6a 2, 15b 7, 16a 8. ₒdus-pa [lcii] nad 3b 7, ₒdus-pa-las gyur-pa rnams 15b 7. ₒdu-ba rnams 16a 1. ₒdus-pai nad rigs 16a 8. nad bži brgya bži 3b 7, nad bži brgya rtsa bži 15b 7, bži brgya 16a 8. nad du-ma rnams 6a 2. bži nad 6a 2, 16a 1. mi-nad 6a 7, 16a 2, 16b 5. p'yugs-nad 6a 8 s. v. p'yugs. mu-ge daṅ lo-ñes-kyis nad 16b 2 in übertragenem Sinne: Plage, Missgeschick. Durchweg der indischen Medicin entlehnte Bezeichnungen. Über die einzelnen Erscheinungen orientiert kurz Jäschke, Dict., unter den betr. Stichwörtern, über die drei humores Wind, Galle, Schleim v. rgyu und ñes-pa. Bonpo-sûtra fol. 141a 6, über mk'ris-pa Candra Dás, Dict. 105.

*dpag-bsam.* 5b 4. Dazu Grünwedel, Ein Kapitel des Ta-še-suṅ (Bastian-Festschrift) S. 23; doch muss dem Einwand desselben die tibet. Übersetzung von Avadânakalpalatâ (s. d. Ausg. d. Werkes Bibl. Ind. Calc. 1888) entgegengehalten werden. Vor dem Wunschbaum fürchten sich die Nâga's, weil dpag bsam šiṅ gi rtse la k'yuṅ c'en ldiṅ, Bonpo-Sûtra fol. 75a.

*spaṅ-rgyan.* 4b 7. Wörtl. „Sumpfschmuck", eine Pflanze, die Jäschke als Arzeneikraut kennt.

*spaṅ-spos.* 14a 3. Vyutp. 273a 3 gandhamâmsî. Hoernle, The Bower Manuscript, part I 20, 21, 22, 23, 62.

*spog-sṅon.* 5a 1, 14a 4. spog fehlt den Wörterbüchern. Spog ist aber lautgesetzlich = p'ogs Unterhalt, der jemand in Lebensmitteln gewährt wird. S mit folgender Tenuis entspricht sehr häufig der dieser correspondierenden Aspirata: vergl. p'ra Ornament, Juwel — spra-ba schmücken; p'un-po — spuṅ Haufen; ₒp'ra-ba schlagen, stossen — spra-ba Feuerschwamm, Zunder; dieses Element dient auch zur Unterscheidung transitiver und intransitiver Verba: ₒp'o-ba — spo-ba, ₒp'ro-ba — spro-ba, ₒp'rul-ba — sprul-ba, ₒp'rod-pa — sprod-pa. S. auch die bei Foucaux, Grammaire 3 no. mit anlautendem Dental angeführten Beispiele, ferner Schiefner, Tib. Studien I 338, 339. Dieses p'ogs ist sicher mit dpog-pa „abwägen" verwandt, was vor allem die Bedeutung „Sold, Unterhalt" darthut, die sogar vielleicht darauf hinweist, dass spogs „Gewinn, Vorteil" in dieselbe Reihe zu stellen ist, ebenso bogs Gewinn, bes. innere Förderung: Jäschke, Milaraspa 546. Hierher gehört auch das von Huth (Die tibetische Version der Naiḥsargikaprâyaçcittikadharmâs, Strassburg 1891) im tib. Pratimokṣasûtram gefundene Verbum spog-pa, perf. spags, für welches er die Bedeutung „erwerben" annahm, was sich durch meine Ausführungen bestätigt. Die obigen Ausführungen waren, wie überhaupt die ganze Schrift, bereits vollendet, als Conrady's Buch „Eine indochinesische Causativ-Denominativ Bildung" erschien, das meiner Darlegung eine willkommene Bestätigung brachte; S. 69 hat er die Reihe spogs — p'ogs, die er zu ₒbogs-pa stellt; trotzdem glaube ich keine Veranlassung nehmen zu müssen, die Verbindung mit dpog-pa und spog-pa für falsch zu halten. Erfreulich war mir auch, dass derselbe Forscher unabhängig von mir auf S. 76 seiner Abhandlung die von mir wahrscheinlich gemachte Zusammenstellung von sbrul und sprul-pa gefunden hat, wenn auch von einem etwas verschiedenen semasiologischen Gesichtspunkt aus.

sṅo, sṅon (s. d.) Pflanze, bes. Gemüse, vergl. greens; spog sṅon sind also Vegetabilien, die zum Unterhalt gegeben werden. Dass hier spog und nicht p'ogs steht, dürfte nicht zum geringsten auf das Gesetz von der Angleichung der Anlaute in Compositis (s. bes. t'ugs-t'ub) zurückzuführen sein. Spog-sṅon bedeutet demnach ‚Gemüse, die zum Unterhalt gegeben werden'; analog ist z. B. die Bildung skyas-c'aṅ ‚Bier als Geschenk, eine Gabe, die in Bier besteht'.

*p'u ₒdebs-pa.* 9a 5. p'u der viel erörterte Naturlaut des Luftausblasens. Im tib. Pratimokṣasûtra wird das Ausstossen solcher

Rufe als dem guten Ton widersprechend den Mönchen verboten: nicht tsug-tsug, nicht blcag-blcag, nicht hu-hu, nicht p'u-p'u machen (Rockhill, Prat. 190). Mit dem Aufblasen der Backen wird man aber wohl schwerlich die Naturgeister beleidigen, daher ich hier die allgemeinere Bedeutung des Wortes „schreien, gellen" vorziehe, die wahrscheinlich noch zu einem „jauchzen, juchzen, jodeln" zu modificieren sein möchte, was jene in ihrer Ruhe sicher etwas mehr aufstören mag.

*p'uṅ-po.* — *lṅa* 14b 1, 16a 5. Die fünf Skandha's, s. dar.: Dharmasaṁgraha XXII u. p. 40 no. Feer, Analyse 458.

*p'yugs nad*, Viehkrankheit. 6a 8, 10a 8, 16b 5. Der Jesuit Antonio Andrada, der erste Autor, der Ausführliches über Tibet berichtet, erzählt über bei Viehkrankheiten vorgenommene Beschwörungen folgendes (Lettere annue p. 7): Quando si ammalano gl'animali, cioè cavalli, vacche, castrati, e altri simili, una sorte di questi Lamàs recitano sopra le dette bestie alcune orationi la mattina e la sera, ma con i denti serrati, parlando al medesimo modo con la gente, fin tanto che dura la malatia in quelli animali. Witsen 325: Als het Vee krank is, lezen de zommige onder hen daer gebeden binnen monds over, zonder de tanden te openen (vergl. con i denti serrati!), op dat het weder gezond zou mogen worden. Gill II 132: „Der Verwaltungsbeamte von Ngoloh, einem Dorfe von etwa 12 Häusern, in dessen Distrikt 70—80 Familien wohnen, sagte, dass während der letzten Jahre die Viehseuchen sehr häufig gewesen seien; aus seiner Jugend erinnere er sich nur eines Falls, doch in den letzten zehn Jahren seien acht Heimsuchungen vorgekommen, 1876 seien 60 pCt. des Viehs gestorben." "He had no theory", fährt Gill fort, "as to how or whence it came, but looked on it as sent by Providence. The symptoms are a watery discharge from the nostrils, drooping ears, and the indications of violent dysentery. Animals attacked would die in a very short time; but at the first signs of the plague, they are killed and buried." Bonvalot 371: Ces Tibétains prennent plus de soin de leur bétail que d'eux-mêmes. Les chevaux sont l'objet des meilleurs traitements ainsi que les yaks qui transportent nos bagages. Des qu'ils paraissent s'affaiblir, ils sont nourris, tout spécialement, d'une bouillie faite avec des ‚niouma', sorte de navets. On la leur verse dans la bouche à l'aide d'un entonnoir fabriqué avec une corne creusée. Wenn hier die Nâga's angerufen werden, die Krankheiten des Viehs zu hemmen, so ist dabei auch an die Beobachtung von Winternitz 258 zu denken, dass man in Indien den Schlangen Heilkraft und grosse Gewalt über das Vieh zuschreibt. Vergl. zu den die drei Abschnitte jedesmal schliessenden Wünschen für Vieh, Regen und Ernte Bonpo-Sûtra fol. 143a, 3; c'ar c'u dus su p'ebs pa daṅ lo p'yugs rtag tu legs pa daṅ mi nad p'yugs nad t'ams cad rgyun c'ad par gyur cig. Ähnlich lautet der Schluss der Inschrift aus dem Kloster Hémis in Ladâkh, s. Sitzber. d. bayr. Akad. 1864, S. 317/8; Schlagintweit's Deutung von lo p'yugs ist lediglich eine Künstelei, Schiefner übersetzt in dem obigen Citat einfach „Ernte", und doch liegt das Gute so nah: lo p'yugs ist Dvandvacompositum „Ernte (lo = ło-tog, s. Jäschke v. lo 2) und Vieh." Vergl. auch die mongolische Inschrift von Kiu-Yong Koan, Zeile 12 (Journ. As. Extr. no. 11, 1895, p. 6). p'yugs braucht man zwar nicht mit Jäschke, Milaraspa 554 für dasselbe Wort wie lat. pecus zu halten; gleichwohl liegt zu pecus-pecunia wie zu gotisch faíhu und angels. feoh ein psychologisches Analogon in dem mit p'yugs Vieh verwandten p'yug-pa, p'yug-po reich vor und noch schlagender in dem Worte nor, das „Besitz, Vermögen" und „Vieh" zugleich bedeutet, nach Rockhill, Diary 264 besonders zur Bezeichnung des zahmen Yak dient. S. a. Schott, Altajische Studien in Abh. Berl. Ak. 1871, p. 39.

*ₒp'aṅs. — daṅ rdzoṅs* 14 b 8. ₒp'aṅs kennt Jäschke nur in dem abstrakten Sinne „Höhe", obwohl hier dem ganzen Zusammenhange nach, vor allem der Verbindung rdzoṅs (s. d.) wegen, das Wort nur in der concreten Bedeutung „Anhöhe" gemeint sein kann. Thatsächlich wird das Wort auch so in dem Ortsnamen Paṅkóṅ (dPaṅs Koṅ), der Bezeichnung für eine Provinz im westlichen Tibet, gebraucht, worüber Schlagintweit, Glossary of Tib. geographical terms (repr. from JRAS 1863) S. 19. Ebenso führt auf diese Bedeutung der Name eines im Zamatog fol. 107 erwähnten tib. Grammatikers, Šoṅ dpaṅ d. h Thal und Höhe.

Das sonst bei rdzoṅs nicht gebräuchliche s-Suffix ist sicher durch das -s von ₒp'aṅs veranlasst; sollte meinem Gesetz von der Angleichung der Anlaute ein die Auslaute betreffendes Analogon zuzufügen sein?

*ba-dmar.* — *moi ₒo-ma* 3b 1; . — *glan dmar* 7b 3. 7b 6, 8a 1, 8a 4, 8a 7, 8b 1, 8b 4, 8b 7, 9a 3, 9a 7, 10a 5. Von einer kurzhornigen schwarzen, roten und gefleckten Rinderart bei Phedijong spricht A. Campbell, Itinerary from Phari in Tibet to Lhasa 265. Da es nach Przewalski, Das nördliche Tibet, Petermann's Mitteil. XXX 1884, 21 no. 2 kein gewöhnliches Hornvieh giebt, an dessen Stelle vielmehr der Yak tritt, der jedenfalls die verbreitetste Rinderart Tibet's vorstellt, so bin ich geneigt, unsern Rotstier und Rotkuh als ein Yakpaar zu deuten, worin mich vor allem ihre Thätigkeit des di-ri-ri bestärkt, was sich entschieden nur auf das berühmte Grunzen des Yaks (bos grunniens) bezieht. S. a. Przewalski, Reisen in der Mongolei 409 und Pallas, Neue Nordische Beiträge I 1—28; Kowalewski II 1337b; Desgodins 399; Feer, Le Tibet 14/5.

*bu-lon.* *šin yñan bcad-pai* — *k'yer ba* 5b 6, 16a 6. bu-lon k'yer-ba ganz unserm „eine Schuld abtragen" entsprechend. Vergl. auch bu-lon ₒded-pa eine Schuld eintreiben. Zur Sache s. Schiefner, Bonpo-Sûtra 38 z. 4; im Original lautet der Passus fol. 74a 3: rgyu sbyor yon bdag rnams kyis lan c'ags bu lon sbyan bai p'yir.

*bum-pa* (S. kalâça). 11a 5. Litt. Pander-Grünwedel 107 Nr. 297 und no. 1, Abbildung 109 Nr. 29. Waddell 298 (Abb.). Rockhill, Notes 741 mit pl. 42, 1. Hanlon 621, 631. Dumoutier 152 ff. Grünwedel, Buddh. Kunst 142. Ujfalvy, L'art des cuivres anciens au Cachemire et au petit-Thibet, Par. 1883.

Der an der betr. Stelle vorkommende Ausdruck mgul gyis bum-pa ist bisher noch nicht belegt. Das Verständnis erschliesst vor allem ein Passus im Bonpo-sûtra fol. 110a 5, den ich in extenso folgen lasse:

རིན་པོ་ཆེའི་བུམ་པ་གཅིག་གི་ནང་དུ་ཀྱུ་གཙང་མ་དང་། བ་དཀར་འོ་མ་སྦྱར་ལ་བླུགས། རིན་པོ་ཆེ་རྣམ་པ་ལྔ་བདར་ལ་འབྲུ་རྣམ་པ་ལྔ་དང་སྙིང་པོ་རྣམ་བ་ལྔ་དང་། དཀར་གསུམ་མངར་གསུམ་དང་། ག་བུར་ཛ་ཏི་དང་ཨོཾ་རུ་ར་དང་། གུར་གུམ་[1]) ཙན་དན་རྣམས་ལ་སོགས་ཏེ་ཆན་རྣམ་པ་སྣ་ཚོགས་རྣམས་སྦྱར་ལ་བླུགས།

1) Der Rockhill'sche Holzdruck wie die Schiefner'sche Copie schreiben གུ་གུམ་

ཆུ་དར་སྔོན་པོ་གཅིག་གིས་མགུལ་ཆིངས་བཀྱིས་ལ། བུམ་པའི་ཁ་རྒྱན་སྙིང་ཤིང་གི་ལོ་མས་བཀྱིས་ལ། གཟུངས་ཐག་ཚོན་སྐུད་རྣམ་པ་ལྔ་བདགས་ལ་དཔོན་གསས་ཀྱི་ཐུགས་ཀར་བཟུང་། བུམ་པ་རི་རབ་ལྷའི་གཞལ་ཡས་ཁང་དུ་བསྒོམ་དེང་ངེ་འཛིན་རྣམ་པ་གསུམ་རིམ་པས་བསྒོམ། དང་པོར་དུ་ཚོན་ཆབ་སྦྱར་ལ། བྲག་ཤུག་གི་ཡོ་བྱད་རྫས་རྣམས་དང་འཕྲིན་ལས་མཁའ་དག་པར་བསྒོམ། དང་པོར་ཕྱག་དུ་བསྐུམས་ལ་ཚིག་བཤད་འདི་སྐད་བརྗོད་དོ།། ཨོཾ་སྒྲིན་རྣམས་བཅོམ་ཞིང་དག་པ་ཁྲུས་ཀྱི་ཆུ། སྒྲིན་རྣམས་ཐམས་ཅད་ཡོན་དན་དེ། བདུད་རྩིའི་རྒྱ་མཚོ་བསྐྱིལ་གྱིས་བཀྱིངས། དག་པར་མ་གྱུར་གང་ཡང་མེད། དག་པར་གྱུར་ལ་ཕྱག་འཚལ་ལོ།། དག་པར་གྱུར་ལ་སྐྱབས་སུ་མཆིའོ།། བུམ་པ་ལུས་ཀྱི་རང་བཞིན་དེ། བུམ་པའི་ཁ་རྒྱན་དཔག་བསམ་ཤིང་། གཟུངས་ཐག་གསང་བའི་ལྷ་བུ་རྒྱུད། བུམ་པ་བརྒྱན་དང་ལྡན་པ་ཡིས། བདེ་གཤེགས་སྐུ་ལ་ཁྲུས་ཆབ་གསོལ།། [1)]

Dass mgul, was die Wörterbücher nicht bemerken, ‚Hals eines Gefässes' bedeuten kann, geht aus der obigen Stelle: c'u dar etc. deutlich hervor: ‚an den Hals des Bumpa eine blaue Gebetsflagge binden' (Schiefner's Wiedergabe ‚wasserblaue Seide' ist nicht nur sachlich unrichtig, sondern auch in grammatischer Hinsicht falsch); auch Desgodins' (Dict. 194) gegebenes Citat mgur bum-pa ₒdra-ba d. h Bumpa-ähnlicher Hals könnte, wenn es dessen noch bedürfte, den Beweis hierfür verstärken. Freilich stellt mgul nicht das alltägliche Äquivalent für diesen Begriff dar, das vielmehr in ske zu suchen ist wie snod kyi ske bei Desgodins Dict. 52 und Kowalewski II 1302. Schon aus diesem Gebrauch von mgul, das sonst nur auf lebende Wesen Anwendung findet, ersieht man, dass die Weihwassergefässe gewissermassen beseelt gedacht werden, was noch manche andre Momente bestätigen. Die seidenen Tücher, mit denen ihr runder Bauch bedeckt wird, heissen mit einem Ausdruck der Verehrung na-bza ‚Gewandung'; ja, was am schwersten ins

1) Vergl. mit dieser Ceremonie das indische Çrâvaṇa: Hillebrandt, Ritual-Litteratur; Vedische Opfer und Zauber § 49.

Gewicht fällt, man unterscheidet Schnabelgefässe, die das Symbol des männlichen Princips versinnbildlichen, und schnabellose zur Vertretung der weiblichen Energie, was z. B. der obige Text durch die Worte bum-pa yum gyi raṅ bžin te ‚der Krug hat die Natur der Mutter' bezeichnet. Hier wäre anzufügen, dass es solche Vasen auch in Gestalt eines Vogels giebt, wie ich wenigstens aus dem Compositum bya ma bum (Schiefner, Mél. as. III 14) schliesse. Welcher Teil des Bumpa ist nun als mgul zu deuten? Offenbar nicht derjenige, den wir so nennen würden, den Rockhill in seiner Beschreibung kurz und eng schildert, denn was sollte dann der besondere Terminus mgul gyis bum-pa besagen, dem doch klar genug ein Gegensatz zu Grunde liegen muss, der aber nicht ein nach unserer Auffassung halsloses Bumpa sein kann, da ja jedes Bumpa einen derartigen Hals besitzt? Was ich anfangs nur vermutete, das fand ich nachträglich in der oben mitgeteilten Stelle hinreichend bestätigt. Mgul ist thatsächlich nichts anderes als die emaillierte Metallröhre, die in den Mund des Gefässes hineingesteckt und zur Aufnahme eines Bündels Kusagras, sowie einiger Pfauenfedern, des Weihwedels, dient. An Stelle jener Gräser setzt das Bonpo-sûtra dpag bsam šiṅ (s. d.), während die Pfauenfedern durch das c'u dar vertreten werden: ausserdem treten Blätter von Obstbäumen (skyed šiṅ) zur Vollendung des Schmuckes (rgyan) oder, wie es auch bezeichnender lautet, Mundschmuckes (k'a rgyan) hinzu, womit man die beiden Stellen im Bonpo-sûtra fol. 142a 8 und 142b 4 vergleiche. Mgul gyis bum-pa ist demnach eine Vase, die mit einem solchen Aufsatz und einem solchen Schmuck ausgestattet ist. Ich wage nunmehr noch einen Schritt weiter zu gehen. Die Verknüpfung einer gewissen Symbolik mit dem Weihwassergefäss ist uns oben begegnet Könnte nicht etwa auch in die Benennung mgul etwas Symbolisches hineingeheimnist sein? Unter den acht glücklichen Bildern der Chinesen bedeutet aber die Flasche das Symbol der Kehle, d. h. der Rede, und da mgul ebenso gut Kehle als Hals heisst (Desgodins: le cou et surtout la gorge), so möchte man sich versucht fühlen, unter mgul gyis bum-pa eine das Symbol der Rede verkörpernde Vase zu verstehen. In den Zusammenhang passte diese Auffassung ausgezeichnet: denn, wie es im Texte heisst, nimmt man zuerst die Libation aus dem mgul gyis bum-pa vor, lässt dann die safrangleiche Zunge ertönen und spricht die Beschwörung!

*byi ts'er-ma.* — *i ₒjigs-pa* 5b 3. Stachel der Maus; sollte hier an ein igelartiges Tier zu denken sein, zumal da auch byi-ba nach Jäschke ausser ‚Maus' noch verschiedene andere Tierarten bezeichnet? Byi ts'er ‚medicinal herb' mit dem übrigens byi ts'er-ma nicht ohne weiteres zu identificieren wäre, dürfte hier kaum in betracht kommen.

*bye-mts'an.* — *gyis ₒjigs-pa* 5b 4. bye-mts'an der Vogel „Nacht"; der Vogel, der „Nacht" genannt wird, also wohl sachlich nichts anderes als mts'an-bye oder -byi Nachtvogel, Fledermaus (Nachtmaus).

Vergl. übrigens Lond. Bonfr. fol. 218b, 4: Klu mo skad sñan ma že̍s bya ba | p'yag na pa wañ (gewöhnlich: p'a wañ = Fledermaus) rgyal mts'an bsnams pa bžugs | .

*brag dmar po,* roter Fels. 10b 2. Derselbe dürfte wohl identisch sein mit dem gewöhnlich དམར་པོ་རི་ genannten Berge, der den mittleren und höchsten Gipfel des berühmten Pôtala bei Lhasa darstellt, Köppen II 55, 340; Schmidt, Sanañ Setsen 325. Thatsächlich kommt für denselben im rGyal-rabs auch der Ausdruck brag-dmar vor, Schlagintweit, Könige 844, s ferner daselbst 841, 845. Nach Rockhill, Tibet 262 wäre དམར་པོ་རི་ überhaupt der Name von Pôtala gewesen, bevor es der Dalai Lama 1643 zu seiner Residenz machte. Vergl. a. Waddell 21. Über die Topographie von Lhasa überhaupt s. den die gesamte Litteratur meisterhaft zusammenfassenden Aufsatz von H. Yule, Lhasa in der Encyclopädia Britannica, 9. ed., XIV, 496—503.

*breg-pa. skra dañ k'a spu* — 4a 2. Vergl. a. 13a 7, wo statt breg-pa das farblosere ñams-pa steht. Vyutp. 308a 1 skra bregs muṇdana. Bonpo-sûtra fol. 72a 6 rtsva gñan bregs pa dañ.

*sbregs-pa, klu šiñ za-ma* — 14b 4. sdig-pai rva sbrags-pa 14b 5. Zum Gedanken vergl. Oxf. Bon-Ms. 3a 4 p'ye-ma-leb kyis gšog-pa breg. breg-pa = ₒbreg-pa. sbregs-pa und sbrags-pa sind bisher noch nicht belegte causativische Ableitungen aus breg-pa, wiewohl ein Unterschied im Gebrauch der präfigierten und präfixlosen Form nicht vorhanden zu sein scheint.

*dbaṅ t'aṅ c'e ba.* 6a 4. Vyutp. 268 b 2 mahâbhâga (mit dem Zusatz ₒam skal pa ₒam dpal c'e). Vergl. dbaṅ t'aṅ rgyas-pa 16b 1. Die Bitte an die Nâga's um Langlebigkeit hängt mit der Vorstellung zusammen, dass sie, wie überhaupt die Schlangen bei vielen Völkern als langlebig und Symbol langen oder ewigen Lebens gedacht werden. Koch 151. De la Pavie 486—500; Nagele 280; IA IV 46. Potanin, IV 187.

*dbaṅ-po lag-pa.* 3a 6, 4a 3, 13b 3. Vyutp. 273b 2 indrahasta. PW. citiert ohne nähere Erklärung das Wort nur nach Vyutp. Jäschke, Dict 387b v. dbaṅ. Schiefner, Bonpo-Sûtra 82 no. 1. Im Oxf. Bon-Ms. fol. 6b wird dbaṅ-po lag-pa neben Wasserdrachenklauen (c'u srin sder-mo) als Heilmittel für die Fröschen abgeschnittenen Füsse und Hände empfohlen. Im Bonpo-sûtra fol. 141 a 7 heisst es: dbaṅ po lag pa daṅ c'u srin sder mo p'ul bai yon tan gyis klui yan lag snad pa sos par gyur cig.

*rgya mts'oi sbu-ba.* 3a 7; rgya-mts'oi lbu-ba 4a 7; 13b 2. Schiefner, Bonpo Sûtra 38 z. 23. Über Meeresschaum als Heilmittel s. Târanâtha II 101. *θάλασσα κλύζει πάντα ἀνθρώπων κακά* (Euripides).

*ₒbyuṅ-ba,* Element. 1b 4; 11b 2; 12a, 3. ₒbyuṅ-ba ist S. bhûta nachgebildet. Syn. k'ams — dhâtu. fol. 1b 4 u. 11b 2 werden vier Elemente aufgezählt, nämlich: 1. rluṅ Wind. 2. me Feuer. 3. c'u Wasser. 4. nam mk'a Äther. fol. 12a 3 dagegen fünf: 1 c'u Wasser. 2. rluṅ Wind. 3. sa Erde. 4. me Feuer. 5. šiṅ Holz. Beide Reihen sind merkwürdig. Vier ist die gewöhnliche Anzahl der Elemente im Buddhismus, die aber dann Erde, Wasser, Feuer, Luft lauten, s. Burnouf, Introduction 576, J. Dict 398a, Mayers 309 Nr. 108. Schiefner, Buddh. Triglotte fol. 25, 1, Wenzel § 105. Dass im obigen Falle die Erde nicht vorhanden ist, wird vielleicht dadurch erklärlich, dass unmittelbar vorher verschiedne Erdarten speciell aufgeführt worden sind. Ist von fünf Elementen die Rede, so ist die Regel die, dass zu Erde, Wasser, Feuer, Luft als fünftes der Äther mk'a oder nam-mk'a gerechnet wird. Dass Holz zu den Elementen gezählt wird, ist meines Wissens aus rein buddhistischen Quellen nicht nachgewiesen und dürfte daher wohl auf die chinesische Auffassung von den Elementen zurückgehen, der zufolge muk Holz das dritte Element darstellt neben Wasser, Feuer, Metall, Erde

(Mayers 313 No. 127), was schon deshalb sehr leicht möglich ist, da den Tibetern aus ihrer Zeitrechnung die Namen der chinesischen Elemente ganz geläufig sind (Foucaux 149, 150) und daraus eine Vermischung derselben mit den aus Indien überlieferten nicht schwer entstehen konnte.

Vergl. Dharmasaṁgraha XXXIX und LVIII, Csoma in As. Res. XX 398 no. 5. Köppen I 235 no. 3 und 601. Jäschke, Dict. 38b. Schiefner, Bon-po Sûtra 7 und no. 6. Waddell 263, 453. Bunyiu Nanjio, Japanese Sects 4.

*₀brum-po* = *₀brum-bu* oder *₀brum-nad*, Blattern. 15b 8. In Tibet ausserordentlich häufig und verbreitet: Hay, Report on the valley of Spiti, JASB XIX 442. Turner 86; Gill II 115; T. T. Cooper 257; Gutzlaff 226; J. L. Bishop, Among the Tibetans 105; Széchenyi CXVI. Przewalski 215. Über einen Zauber gegen Blattern s. Waddell, some ancient Indian charms from the Tib. im J. Anthr. Inst. XXIV S. 41 No. 8.

*Ma-dros-pa* = Anavatapta, der Manasarôvarasee 8b 7. Auch Ma-p‘am, Ma-p‘am-pa, Mi-p‘am-pa 7b 2, was einem S. Ajita entspräche. Sein Beiname ist ɉyu-mts‘o Türkissee 7b 2 oder ɉyu-mts‘o sṅon-po blauer Türkissee 8b 7, 9b 2. „Der berühmte See von Türkis“ wird er in einem Hymnus des Milaraspa genannt (Candra Dás, Contributions 208); Csoma, Geogr. notes 126 heisst ihn Ma p‘am yu-ts‘o (ɉyu-mts‘o). Türkissee wird auch der See Palti genannt (Markham 310 no. 3 und Proc. Buddh. Text Soc. 1896, 2). Beschreibungen des Sees findet man bei Strachey, Physical geography of Western Tibet, Journ. R. Geogr. Soc. 23. Bd. 1853, p. 48 ff.; ders., J. A. S. B. XVII 104 ff.; Balfour, Cyclopaedia of India II 838; Gutzlaff 203; A. Gerard, Account of Koonawur, Lond. 1841, 131–8.

S. ferner J. A. S. B. LIX 1891, 99; Nanjio, Jap. sects. 52; Köppen I 234; Feer, Analyse 571; Schlagintweit, Könige von Tibet 858. Crooke 31, 32. Eine Angabe, dass der See neun Inseln hat (7b 2), habe ich nirgendwo gefunden; dgu liesse sich zur Not auch als Pluralsuffix auffassen (Schiefner, Pluralbezeichnungen im Tib., Mém. Ac. Pét. XXV No. 1 § 23), eine Auffassung, der aber die Konstruktion mit -pa („enthaltend, umfassend“) sehr im Wege stände. Vielleicht liegt gar eine Verwechselung mit dem Paltisee vor, in welchem sich einige hügelige Inseln befinden (della Penna bei Markham 310).

Die blaue Farbe der tibetischen Seen wird vielfach gerühmt. Der Kuku-nôr (mong. nôr aus naghôr), tib. mts'o sṅon-po[1]) hat von dieser Eigenschaft seinen Namen, perchè l'acqua apparisce di color turchino; s. della Penna, Breve notizia, Nouv. Journ. As. XIV 201. Den Tengri-nôr (mong.), tib. ɣnam-mts'o, schildert Littledale in seinem jüngsten Reisebericht, 467, als lebhaft blau. Die Pangong Seen sind nach Bower 16 von einer schönen, tiefblauen Farbe. „Blaue Wasser“ sind nach tib. Vorstellung ein Symbol für die Mühen des Lebens; in einem Volksliede singt zum Ausdruck ihrer Treue eine Baltifrau ihrem Gatten: „Wenn dich die blauen Wasser umfluten, lass mich sie tragen; ich werde deiner dann nicht vergessen.“ (Hanlon 620 No. 52.)

Beachte auch Mechnikoff's neue Erklärung des Namens Yangtsekiang, Geogr. Journ. VII No. 5 1896, 562.

Seen sind der gewöhnlichste Aufenthaltsort der Nâga's (nâgahrada): Neumann, Pilgerfahrten 160, 168; Winternitz 45; Oldenberg, Religion des Veda 71; Bühler, a new Kharoṣṭhī inscription from Swât, WZKM X 1, 1896, 55; Mainwaring 139; bes. Rawlinson, The Dragon Lake of Pámír, Proc. Roy. Geogr. Soc. IX 1887, 69—71.

Klu ist vielleicht mit kloṅ, kluṅ verwandt.

*mon ͨbru.* 4 b 8, 14 a 3. Der erste, der eine Erklärung des Wortes Mon gegeben, ist Csoma in seinem noch immer höchst wertvollen Aufsatze Geographical notice of Tibet from native sources, J. A. S. B. I p. 122 (= Duka 177): Die Hügelvölker von Indien, die den Tibetern am nächsten wohnen, werden von ihnen mit dem allgemeinen Namen Mon bezeichnet; ihr Land heisst Mon-yul, die Männer Mon-pa, die Frauen Mon-mo. Diese Definition muss Schiefner unbekannt geblieben sein, da er sie Tib. Lebensbeschreibung 98 no. 65 bei einer Erörterung von Wortbildungen mit Mon unerwähnt lässt und selbst auch nichts zur Deutung des Begriffs beiträgt. Auch Köppen II 51 (s. Monc'u), wusste offenbar

1) Nach Wassiljew, Geogr. 55, ist der eigentliche tib. Name mts'o k'ri šor rgyal-mo.

nichts damit anzufangen. Schlagintweit, Könige von Tibet, 846 no. 1, kennt ebensowenig die angeführte Stelle von Csoma und gibt statt dessen ohne Quellenangabe eine viel zu eng gefasste Erklärung des Namens. Erst Jäschke (Dict. 420 a) lehnt sich wieder an Csoma an, wenn er sagt: allgemeine Bezeichnung der zwischen Tibet und der indischen Ebene wohnenden Völker. Diese Erklärung ist unzweifelhaft richtig, da sie mit den Angaben des im Jahre 1701 n. Chr. verfassten chinesischen Werkes Chih kung chih t'u übereinstimmt, in dem es heisst, dass die von den Tibetern Mon genannten wilden Stämme wie die Lissus, Mishmis, Lepchas von den Chinesen 狢 㺄 genannt werden, worunter der Landesname zu verstehen ist, der tibetisch lho yul lautet, während das Volk als 老 卡 bezeichnet wird (Rockhill, Tibet 128/9). Nicht ohne ein gewisses socialgeschichtliches Interesse ist die hier unter mehreren wichtigen ethnographischen Angaben gegebene Mitteilung, dass in das Land der Lhopa, einen Begriff, den wir also gewiss viel zu eng fassen, wenn wir ihn, wie bisher üblich (J. Dict. v. lho. Ramsay 11 a), auf Bhutân einschränken, was er wohl erst später als politisch-geographischer Begriff im engeren Sinne bedeutet haben wird[1]), die Verbrecher aus Centraltibet befördert werden, angeblich, um sich von den wilden Stämmen daselbst verschlingen zu lassen, eine auch in der Geschichte, z. B. vom Bodhimör bestätigte Thatsache, nach welchem unter K'ri-sroṅ-lde-btsan ein Minister infolge politischer Intriguen nach dPalro[2]) Mon in die Verbannung geschickt wird (Schmidt, Sanang Setsen 362). Angaben, die wir mit um so grösserem Interesse aufnehmen müssen, als uns sonst die Nachrichten über Recht und Justizverwaltung auf diesem Gebiete nur spärlich fliessen.

Vergleichen wir nunmehr diese hier zusammengestellten Notizen, so möchte man zu dem Ergebnis gelangen, dass unter Mon die zahlreichen, in linguistischer und ethnographischer Hinsicht verwandten Stämme zu verstehen sind, die wir gewöhnlich unter dem

1) Desgodins' Identifikation der Lho-pa's mit den Abors beruht offenbar auf einer einseitigen Anschauung der Sache. Vergl. im besondern die bei Rockhill, l. c. 128 no. 4 nach Huang Mu-tsai gemachten Ausführungen.

2) Diese Ortsbezeichnung ist jedenfalls identisch mit dem von Jäschke genannten dpal-gro mon-la = Paldo in Bhutân.

Namen der Himâlayavölker zusammenfassen. Diese Ansicht scheint Th. H. Lewin, A manual of Tibetan (Calc. 1879) S. 129 zu vertreten, wenn er bemerkt: Mon, ein allgemeiner Name für die Hügelvölker, welche das Land zwischen den Ebenen Indiens und Tibet bewohnen[1]). Doch das ist nur eine Seite des Begriffs, erschöpft ist er damit noch nicht. Nach Jäschke wird derselbe nämlich auch auf die Hindus im allgemeinen angewandt, ja, man kann behaupten, dass er in manchen Fällen „indisch" im weitesten Sinne bedeutet, was sich durch zahlreiche Beispiele des Sprachgebrauchs beweisen lässt; solche hat bereits Schiefner, Tib. Lebensbeschreibung p. 98 gesammelt, denen ich noch einige aus der Vyutpatti hinzufügen kann. In dieser spielt das Wort mon eine Rolle in der Abteilung ₒbru sna ts'ogs kyi miṅ la auf fol. 272 a, 4, also den Namen der Körnerfrüchte. In einer Anzahl derselben tritt, durch die Art näher bestimmende Beiwörter eingeschränkt, das generelle Element mon-sran auf; sran-ma ist eine allgemeine Bezeichnung für Hülsenfrüchte aller Art, wie Erbsen, Bohnen, Linsen u. s. w., mon-sran also solche aus Indien importierte, nach Jäschke getrocknete; Vyutp. gibt sran-ma einmal durch kalâya, dann durch vartulî (= vartula?) wieder[2]); sie enthält ferner die bei Schiefner fehlenden Ausdrücke: mon sran rdeu = muṅga, mon sran tsa na = caṇâḥ (Kichererbsen), rgya sran = kulattha, wozu auch Jäschke's Bemerkung, Dict. 580 b u., zu vergleichen ist. Ganz neu ist nun die in unserm Text vorgenommene Scheidung von bod-ₒbru und mon-ₒbru, zwei Begriffe, die wie mit einem Zauberschlage die volle Währung von mon enthüllen. Mon, so offenbart sich hier klar, ist der Gegensatz von Bod, also alles, was nicht Tibeter heisst, mit der Einschränkung freilich, die sich aus der Gleichsetzung von mon mit lho-pa ergibt, dass unter die Mon alle im Süden Tibets, nicht zur tibetischen Nation gehörigen, nicht tibetisch sprechenden Stämme zu rechnen sind. Was unter mon-ₒbru im

1) In dieser Bedeutung ist Mon sicher auch rGyal-rabs fol. 19a 3 in dem Passus mon-gyi smyon c'u dug toll machendes Giftwasser der Mon (Schlagintweit, Könige 846 u. Text 11) zu verstehen, ebenso in mon- gru kirâta (Schiefner, Tib. Lebensbeschreibung 98), die offenbar die heutigen Kirâmti sind.

2) Jäschke, Dict. 420a, setzt es auch gleich mâṣa, was aber in der Regel durch mon-sran-greu umschrieben wird.

einzelnen zu verstehen sei, lässt sich nicht ermitteln; es dürfte auf alle Fälle eine mehr allgemeine, umfassende Benennung für die aus dem nördlichen Indien eingeführten Getreidearten[1]) sein als gerade zur Bezeichnung einzelner, bestimmter Sorten dienen, da für diese sämtlich einheimische Wörter vorhanden sind, wenn auch darunter im besonderen vielleicht gerade an Reis gedacht werden mag, der in Tibet selbst nicht angebaut, aber doch viel verbraucht wird (Feer, Le Tibet 16, vergl. auch Globus, 65. Bd., 1894, p. 300). Es ergibt sich nunmehr, dass Mon durchaus kein ethnographischer, sondern ein rein geographischer Begriff ist, dazu von etwas vager Natur[2]). Eine politisch geeinigte Gemeinschaft ist jedenfalls nie darunter zu verstehen, wenn auch Aufzählungen wie „China, Mi-ñag, Indien, Mon und Tibet“ (Huth, Gesch. des Buddh. in derMongolei 143) dazu verführen könnten, oder gar wenn (Schmidt, Gesser Chan 200) von einem Chân des Landes Mon nach voraufgegangener Erwähnung eines Fürsten von Korea und Nepal berichtet wird Für die psychologische Entwicklung des Begriffes kommen noch einige auf einen bestimmten Distrikt beschränkte, lokale Auffassungen in betracht, die zugleich das eben gewonnene Resultat bestätigen helfen. Nach Mainwaring, im Vorwort zu seiner Lepcha Grammatik IX, gebrauchen die Tibeter in Darjiling den Ausdruck Mon ausschliesslich von den Lepchas, nicht aber von Bewohnern Nepals oder anderen Stämmen, wiewohl in der Litteratur Mon nicht selten von Nepal gesagt wird, wie z. B. in einer von Jäschke citierten Stelle aus Milaraspa und, wie ich vermute, in der Verbindung mon-dar kauça (s. Schiefner. l. c. 98). Das Volk von Lahûl wird von den eigentlichen Tibetern als Mon angesehen, obwohl sie meistenteils tibetisch sprechen, während sie ihrerseits die Hindus in Kullu als Mon betrachten (Jäschke, Dict. 420a). Endlich findet das Wort eine eigentümliche Anwendung in Ladâkh. Im rGyal-rabs heisst es fol. 25b7: de riṅ ṅai źal lta ba la | bya bral ˛be dha | p'a mon ; ti ši su yaṅ ma ˛gag . . . '; Schlagintweit's Übersetzung, Könige 861, ist falsch; dieselbe muss lauten: „Wer heute mein Antlitz schauen will, mag es nun ein Asket, ˛Be-dha.

1) S. über diese Hunter 581, 582, 676.

2) Ausschliesslich geographisch ist mon in mon-c'a-ra, der immergrünen Eiche auf den südlichen Ketten des Himâlaya, zu verstehen. Rockhill, Diary 332 no

P'a-mon (jenseits wohnender Mon) oder Tiši sein, niemand soll ihnen den Zutritt verwehren." Vergl. auch Marx im JASB 1891, part I, S. 106 (er liest bhe-da und ma bkag) und S. 122. Mit dieser veränderten Auffassung fallen auch Schlagintweit's etymologisierende Deuteleien an ₒBe-dha und Tiši fort, die nicht, wie er meint, geographische, sondern Namen von gewerblichen Ständen sind. Tiši sind Schuhmacher (nach Marx) und ₒBe-dha sind wandernde Musiker, die sowohl nach Jäschke, einschliesslich der Zimmerleute und Holzschneider, wie nach Ramsay, p. 106, in Ladâkh Mon genannt werden, wozu letzterer bemerkt, dass es ein Wort für Musiker in ihrer Sprache sonst nicht gebe; Roero III 254 übersetzt bèda mit violinista. Sie sind outcaste, caṇḍâla, ʸdol-bai rigs, die auf den untersten Sprossen innerhalb der Kasteneinteilung stehen, die Mon-musiker hinter den Schneidern auf der zehnten, die ₒBe-dha*) hinter den Schuhmachern auf der zwölften Stufe (Ramsay 19). Vielleicht wird durch ihre Bezeichnung als Mon die Erinnerung an ihre ursprünglich fremde Herkunft festgehalten, was mir eine Bemerkung von Marx (l. c.) annähernd bestätigt, der die Bheda's für Mohammedaner und ihrer Abstammung nach für Balti's erklärt; jetzt sind freilich auch tibetische Wandersänger bezeugt, s. H. H. Wilson 211, Hooker, Himalayan Journals II 186; Ramsay 103 (v. minstrel).

Eine merkwürdige innere Analogie zu mon lho-pa bildet chinesisch Man, womit die Chinesen die im Süden wohnenden Barbarenstämme bezeichneten, im Gegensatz zu den westlichen Barbaren, s. Les mémoires historiques de Se-Ma Ts'ien trad. par Éd. Chavannes I, Paris 1895, p. 149; Harlez, l'ethnographie au midi de la Chine, Le Muséon XV 1896, No. 2, 143; Lobscheid, A chinese and english dictionary, Hongkong 1871, 439b. Es liegt mir natürlich fern, an eine direkte Verwandtschaft der Wörter Mon und Man zu denken; in kürze muss ich aber noch meinen Standpunkt, die Entstehung des Wortes Mon betreffend, darlegen. Ich denke an einen Zusammenhang mit dem Namen des Volkes Mon in Pegu. Schon Mainwaring IX war geneigt, eine Bluts-

*) Ramsay schreibt Beyda; s. auch Marx, History of Ladâkh, J. A. S. B. 1894, part I S. 102.

verwandtschaft zwischen den Lepchas und diesem Stamme anzunehmen, gelangte dann aber auf grund einer Vergleichung der Sprachen beider zu dem Schlusse, dass die Völker vollkommen verschieden seien. Das ist unbedingt richtig und wird auch durch meine Ausführungen, die sich auf einem ganz andern Wege mit dieser Frage abzufinden suchen, nicht im mindesten angezweifelt werden. Dank den grundlegenden Forschungen Ernst Kuhn's ist die Existenz des Khasi-Mon-Khmèr-Stammes und dessen Beziehungen zu den Kolh-Sprachen Vorderindiens, dem Nancowry und den Dialekten der Urbewohner Malâka's unwiderleglich dargethan (Beiträge 220, Herkunft 8). Schon vorher hatte auch die prähistorische Wissenschaft in dies geheimnisvolle Halbdunkel hineingeleuchtet: angeregt durch A. Phayre führte Forbes 142 vermittelst der 1875 zum erstenmale in Chuṭiâ Nâgpûr, Centralindien, aufgefundenen asymmetrischen Steinmeissel von dem sogenannten shoulderheaded Typus, der bislang nur aus Pegu und der malaischen Halbinsel bekannt war, den Nachweis einer Zusammengehörigkeit der diese Gebiete bewohnenden Stämme, welchen weitere Fundstücke glänzend bestätigten, vergl. F. Mason. the celts of Toungoo, J. A. I 326—8; F. Noetling, Vorkommen von Werkzeugen der Steinperiode in Birma, ZE 1894, 588; A. Grünwedel. Prähistorisches aus Birma, Globus 68 Bd., 1895, 14—15. Forbes zögerte nicht, aus seinen Argumenten eine kühne Folgerung zu ziehen: es gewinne an Wahrscheinlichkeit, dass die Mon-Annam-Völker beim Auszuge aus ihren frühesten Wohnsitzen in Hochasien das obere Thal des Ganges passierten, die Nâgahügel im Süden von Assam überschritten und das Thal der Irâwadî bis zur Meeresküste von Pegu hinabzogen, wo sich die Mon niederliessen, während ihre Gefährten sich weiter ostwärts ausbreiteten. So schnell brauchen wir aber nicht zu schliessen. Es genügt zunächst, sich darüber klar zu sein, dass die Annahme unabweisbar ist, dass Mon und Kolarier einst einen gemeinsamen Wohnsitz gehabt haben müssen, der sämtlichen Traditionen dieser Völkergruppen entsprechend nur im centralen Vorderindien gesucht werden kann, vielleicht in nur etwas weitere Grenzen gefasst als die gegenwärtigen Wohnsitze der Kolarier, die von Orissa an durch das ganze nördliche Dekhan bis nach Râjpûtâna reichen. Die wichtigsten Stämme unter ihnen

7*

sind die Kolh, Muṇḍâri und Santâl. Nun sind Waddell, the traditional migrations of the Santâl tribe, J. A. XXII 294 und A. Campbell, traditional migration of the Santâl tribes, J. A. XXIII 103 ff. unabhängig von einander auf grund der Überlieferungen der Santâl zu dem Schlusse gelangt, dass dieselben vom Nordosten Indiens das Thal des Ganges entlang nach Chuṭiâ Nâgpûr gezogen seien. „Die Santâl oder das Volk, von welchem sie ein Teil sind,“ fasst Campbell sein Urteil zusammen, „nahmen das Land auf beiden Seiten des Ganges ein, im besonderen das im Norden gelegene. Von Nordosten herkommend bahnten sie sich allmählich ihren Weg das Thal des Ganges hinauf, bis wir sie in der Nachbarschaft von Benares mit ihrem Hauptquartier bei Mirzâpur finden. Hier überschritt der Hauptteil, der das nördliche Ufer des Flusses besetzt gehalten hatte, denselben; südwärts gelangten sie zu den Vindhyabergen, ein Hindernis, das sie nach links zu gehen zwang, und fanden sich endlich auf dem Tafellande von Chuṭiâ Nâgpûr.“ Es ergibt sich unter dieser und der vorigen Voraussetzung die notwendige Annahme, dass die Mon diese Wanderungen mitgemacht und demnach ursprünglich ihre Sitze auch im oberen Gangesthale inne gehabt haben. Sie hätten also zu einer jetzt nicht mehr datierbaren Zeit südlich von den Tibetern gewohnt in eben der Gegend, der dieselben auch heute noch den Namen Mon beilegen; wer diesen Gedankengang verfolgt hat, für den dürfte nun die Vermutung nahe liegen, dass eben diese Mon es waren, denen ursprünglich ausschliesslich von tibetischer Seite die Bezeichnung Mon zukam, und dass später nach dem Abzug dieses Volkes der Name in verallgemeinerter Richtung auf die Stämme des Südlandes überhaupt seine Anwendung fand.

Schlagintweit, Könige 846, denkt sich mon aus mun „finster“ [= S. andhakâra, mong. kharaṅghui: Schiefner Trigl. 25 b] entstanden; jedenfalls ist mun-pa, das nach Jäschke auch thatsächlich mit mon verwechselt wird, (man vergleiche z. B. k'ri mun und k'ri mon „Gefängniss“ und Schlagintweit, Könige S. 799) das einzige tibetische Wort, mit dem sich mon zusammenstellen liesse. In diesem Falle möchte ich dasselbe auffassen als die „Dunkeln, die von dunkler Hautfarbe“, wobei man vor allem an die Verbindung mun nag „finsterschwarz“ denken mag, wie z. B. Bonpo-sûtra fol. 4b 1 mun nag sprin nag smad du ˳t'ibs und 140b 2 mun nag glin dgui bskal pa las t'ar bar gyur cig oder im Çikṣalekha des Candragomin (ed. Iwanowski) Str. 19: rab tu dog pa mun nag ˳t'ibs por ˳dug pai mi, was vortrefflich zu meiner Theorie von den Mon-Kolariern passen dürfte, die ja in ihrer dunkeln Hautfarbe ein wesentliches Körpermerkmal besitzen.

*rmo-ba. ma rmos-pai lo tog* 6a 5. Wie man englisch unploughed harvest sagt. Die Vorstellung entstammt der buddhistischen Kosmologie, s. Waddell 81 u. no. 5. Das Verbum ist wohl von rma „Wunde" abzuleiten, also eigentlich „verwunden".

*˳ts'e. -r skyil* 7b 8. ˳ts'e = mts'e nach dem bekannten Wechsel von འ und མ: mk'o-ba, ˳k'o-ba; mt'ug-pa, ˳t'ug-pa; mgul, ˳gul; mgo, ˳go; mk'ar-ba, ˳k'ar-ba; ˳k'am pa und mDzaṅs-blun ed. Schmidt p. 20 z 5 mk'ams-pa. Vergl. auch Schiefner, Tib Studien I 333; Conrady 23. mts'e ist eine aus mts'eu hervorgegangene Diminutivform von mts'o: Schiefner, Tib. Studien II 357, 358; Foucaux, Grammaire § 20; Jäschke, Milaraspa 553.

*mdze. ɣnod-pa* — 15b 3; — *daṅ ẑu-ba* 15b 8. Vyutp. 309b 3 kuṣtham; Ramsay 88. Wenzel § 26. Schmidt, Sanang Setsen 322. Chinesische Inschrift v. Kiu-Yong Koan in Note prél. sur l'inscr. de K. I. partie, J. As. 1895. Über einen Zauber gegen Aussatz s. Waddell, some ancient Indian charms from the Tib. im J. Anthr. Inst. XXIV p. 41. Im bsTan-˳gyur befindet sich eine Schrift: mdze nad gso bai t'abs (Feer, Analyse 365). Beschwörung des Aussatzes durch Bonpriester: Candra Dás, Contributions 197.

*rdzoṅ. rdzoṅs* 14b 8. Über das -s Suffix s. v ˳p'aṅs. Über Schlösser und Festungen in Tibet vergl. Desgodins 379; Vigne II 325; Turner 72, 77; Fabri 123, 231; Littledale 454. Götterwohnungen in der Malerei als Festungen dargestellt: Pander 50. Da die Schlösser fast stets auf den Gipfeln von Bergen angelegt werden, so scheint das Wort auch in die Bedeutung Berg, Gipfel überzugehen, wie gerade an obiger Stelle leicht möglich; vergl. byaṅ c'ub rdzoṅ als Name eines Berges bei Milaraspa. Jäschke Mil. 550. Auch Festungen haben ihre eigenen Geister (Waddell, Demonolatry 202).

*ẑal-zas.* 10a 3. Jäschke: food. Als Opfergabe für die Buddhas und Bodhisattvas handelt es sich dabei um Teichkegel von derselben Gestalt wie die Ts'a-ts'a, mit dem Unterschiede, dass sie weder Reliquien noch andere heilige Gegenstände enthalten, s. Schlagintweit 147, über ts'a-ts'a ibid. 124, 132. Auch von den Bonpo's bezeugt Rockhill (Diary 280) ausdrücklich, dass sie dergleichen fabrizieren.

*žo-ša. sñiṅ* — 3b 1. *gla-gor* — 4b 1, 13b 5. *mk'al-ma* — 4b 2, 13b 5. Vyutp. 273b 1 gla-gor žo-ša 1) pohalam? 2) pûgaphalam Betelnuss von Areca catechu. sñiṅ žo-ša Rehmann Nr. 56. Schiefner, Bonpo-Sûtra 82 no. 4. gla-gor — Rehmann Nr. 52. mk'al-ma — Rehmann Nr. 60 ཁལམཞོཤ Kalmo-šoša. Bohnenförmiger Körper etc. vom Geschlecht der Dolichos oder Phaseolus. Candra Dás, Tib. Engl. Dict. 100 v. mk'al-ma. Schiefner, Bonpo-Sûtra 82 no. 9. Im übrigen s. Jäschke, Dict. v žo-ša.

*gžog šog byas-pa.* 2b 7. γžog sog. fut. zu ₒjog-pa schneiden. šog — γšog-pa, bšog-pa, wo Jäschke im Handwörterbuch ausdrücklich auch (b) šog-pa (!) verzeichnet; ausserdem gibt er unter dem Worte ein Beispiel aus dem rGyal-rabs: „lam mi šog oder ma šog-par ₒdug" mit šog ohne Präfix. Vergl. t'ugs-t'ub und brduṅs-rdel.

*gžob. — btaṅ* 7b 5, 8a 3, 8a 8, 9a 1, 9a 5, 9b 1. Vergl. Schiefner, Bonpo-Sûtra 34 z. 12.

*za ₒog* s. v. dar.

*gzir. — dkar-nag* 3a 5, 4a 7, 13a 8 dient als Heilmittel für Einäugigkeit. γzir vermute ich als identisch mit γzer, denn 1) γzer bedeutet ausser „Nagel" auch „Schmerz, Krankheit" und ist in dieser Bedeutung offenbar verwandt mit γzir-ba, ₒts'ir-ba, vergl. z. B. skran gzer Kolik (Desgodins, Dict. 73a). 2) von γzer-bu führt Jäschke, Dict. 495b, als vulgäre Aussprache zé-ru und zí-ru an. γZir muss also wohl eine dialektische Aussprache von γzer sein. Was das Wort in dem obigen Zusammenhang bedeuten soll, ist schwer endgültig zu entscheiden; in Schiefner's Bonpo-Sûtra werden S. 3 γzer-nad erwähnt, was Schiefner, wohl γzer als „Nagel" fassend, mit Stichkrankheiten übersetzt, wiewohl sich γzer-nad auch als Synonymkompositum deuten liesse; gleichviel aber, wenn es γzer-nad gibt, so ist es für die auf Sympathie beruhende Heilkunde, die hier im Vordergrunde steht, nur ein kleiner und natürlicher Schritt, das Objekt der Krankheit zu ihrer

Arzenei zu machen: zwischen Auge und γzer bestehen gewiss allerlei sympathetische Beziehungen, lassen sich wenigstens konstruieren, denn γzer bedeutet auch Lichtstrahl und γzir-mig heisst nach Jäschke, Romanized Tib. and Engl. Dict. 151a „schieläugig". Zwischen Schieläugigkeit und Einäugigkeit ist aber kein prinzipieller Unterschied, beides verbindet sich oft γzir-mig ist vielleicht eine allgemeine Bezeichnung für Augenkrankheit; so fasse ich wenigstens die Stelle Münch. Cod. III fol. 6a, 2 gzir-bai spyan-gyi ma non bgegs. An diesem Punkte hat entschieden die Untersuchung über die medizinische Seite der Frage einzusetzen, die Grundlage ist gegeben; es fragt sich jetzt nur, was für ein Gegenstand unter zir zu verstehen sei, denn die sympathetische Idee ruht ja hier nur in der Wort- oder Gedankenassoziation, und als reales Heilmittel kann theoretisch genommen dann γzir jedes Ding bezeichnen, das es bedeuten kann; die Wahl einer dieser Bedeutungen bleibt natürlich einstweilen rein hypothetisch. Wenn ich unter denselben die von „Gewürznelke" genommen habe (Jäschke, Romanized etc. 150a v. γzer-bu, Dict. 620a v. close), so geschieht es nur deshalb, weil diese speziell westtibetisch ist und γzir als westtibetische Form angesprochen werden darf; hypothetisch bleibt die Sache aber darum doch.

*yul. klu c̓en-po rnams yul dań ldan-par gyur-cig* 5b 1, 16a 4. — — yul dań ₒp'rad-par gyur cig 14b 1. yul ist der bestimmte, für einen Dämon abgegrenzte Bezirk, in dem er gleichsam unumschränkte Herrschaft ausübt, daher für diese Klasse der Dämonen der Name yul-lha, zu denen vor allem die Nâgarâja's gehören, Pander-Grünwedel 46, 7. Nach Pander, d. lam. Pantheon 48 wird auf je 5 *qkm* ein yul-lha gerechnet. Dass die Nâga's zu diesen Ortsgottheiten gerechnet werden, hängt sicher mit der indischen Vorstellung dieser Schlangendämonen als Ortsgenien aufs engste zusammen, eine Anschauung, die wir bei fast allen indogermanischen und auch vielen andern Völkern verfolgen können: De la Pavie 472—486; Senart 400; Winternitz 26; Ghosha 206; W. Schwartz, Die altgriechischen Schlangengottheiten 24; L. Hopf, Tierorakel und Orakeltiere 185, 192; Bastian in Zf Völkerpsychologie V 288; B. Schmidt, Volksleben der Neugriechen I 184.

H Yule, Notes on the Kasia hills and people, JASB XIII 628.

*gyu*, Türkis. 7 b 2. Vergl. mong. ukiu, uyu; chin. yük (Schott, Einiges zur japanischen Dicht- und Verskunst, Abh. Berl. Akad. 1878 S. 174). Roero III 252 transkribiert: k'you. Im Padma t'an yig: rgyu, s Grünwedel, Tă-še-suṅ S. 7, 10. Türkisen sind neben Korallen der beliebteste Schmuck in Tibet: A. Wilson 186; Gill II 79, 107; Bower 31; Desgodins 390; Candra Dás, Contributions 223; Roero II 80, III 72.

*ri bdun*. 1 b 4; 11 b 2. Über den Gebrauch der Zahl sieben im allgemeinen s. M. Cantor, Zahlensymbolik in Heidelberger Jahrbücher V 1895, p. 31/2 und Vorlesungen über die Geschichte der Mathematik, 2. A., I 1894, p. 86. Über sieben innerhalb des Buddhismus s. Schiefner, tib. Lebensbeschreibung p. 99, no. 73. Unter den „sieben Bergen" sind offenbar die bekannten, den Sumeru in konzentrischen Kreisen umlagernden sieben Gebirgsketten gemeint. Eitel 164; Burnouf, Introduction 539; Lotus 842ff; Köppen I 232, 233, 434; Hardy 12; Waddell 78; Andrian 124 u. 220; IA XXI 1892, 121. Daher ist ri auch symbolischer Zahlenausdruck für sieben, Csoma JASB III 7, Jäschke Dict. v. ri.

Dass dieser Begriff im Tibetischen auch durch ri-bdun wiedergegeben wird, dafür bürgt folgende Stelle aus den Münch. Cod. Nr. VI fol. 2a, 5: ri rgyal lhun po gser gyi ri bdun daṅ rol bai mts'o bdun gliṅ bži gliṅ p'ran brgyad ñi zla la sogs mdzes pai maṇḍala, wozu im besonderen Waddell 398—400 zu vergleichen ist. Ebenso gser gi ri-bdun, Lond. Bonfr. fol. 214 a 7. Dass man bei ri-bdun zugleich an thatsächliche geographische Verhältnisse Tibets denken könnte, wie in den Anschauungen der Tibeter gegründet, wäre wohl nicht ausgeschlossen, obwohl es sich vor der Hand nicht erweisen lässt; das einzige, was wir in dieser Hinsicht wissen, ist die von Csoma nach einheimischen Quellen gemachte Angabe, dass man von der ersten Kette des Himalaya an auf der indischen Seite bis zu den Ebenen der Tartarei sechs Gebirgsketten zählt (JASB I 122 = Duka 177). Auffallend ist jedenfalls die Verbindung des ganz individuellen Begriffs ri-bdun mit den generellen Bezeichnungen ri-brag und sa-rdo, so dass es fast scheint, als liege hier eine nachträgliche, buddhistisch tendenziöse Korrektur vor.

*rigs*, Kaste, Rang. 11 b 6, 12 b 5, 14 a 6. Jäschke, Dict. 527 b unterscheidet fünf Kasten in Tibet, die den entsprechenden indischen nachgeahmt sind, nämlich rgyal-rigs, bram-ze-rigs, rje-rigs, dmaṅ-rigs, ydol-pai-rigs und stimmt in der Anzahl und Reihenfolge derselben mit Ramsay, p. 18 (s. v. caste) überein, der ausserdem eine höchst wertvolle Tafel der sog. rus-pa, d. h. der Unterabteilungen der einzelnen Kasten oder der Verteilung der verschiedenen menschlichen Beschäftigungen innerhalb derselben giebt. Die Stellung der Brâhmaṇen (wie sich im obigen Falle auch die buddhistische Geistlichkeit bezeichnet) hinter den Kṣatriya's entstammt schon den Zeiten des älteren Buddhismus (R. Chalmers, the Madhura Sutta concerning caste. JRAS 1894, 342). Interessant ist, dass die Vyutpatti, welche übrigens nur vier Kasten kennt und vaiçya durch rjeu-rigs übersetzt, mit den Brâhmaṇa's beginnt und die Kṣatriya's folgen lässt (Vyutp. fol. 256a, 4).

In unserm Texte, und zwar im 3. Abschnitte, ist zweimal von einer Kasteneinteilung der Nâga's die Rede, fol. 11b, 6ff. und fol. 12b, 5—6. Im ersten Falle werden folgende Kasten aufgeführt:

1. blon rigs 11b, 6.
2. dmaṅs rigs 11b, 8.
3. bram-zei rigs 12a, 5.

Im zweiten Falle:
1. klui blon-poi rigs 12b, 5.
2. klu dmaṅs rigs 12b, 6.
3. klu bram-ze rigs 12b, 6.
4. klu ydol-bai rigs 12b, 6.

14a, 6 ist von keiner besonderen Bedeutung

Blon-rigs, eig. Minister-, Beamtenkaste ist identisch mit rje-rigs d. i. = vaiçya, da nach Ramsay rje-rigs die höhere Beamtenklasse umfasst und rje und blon sich auch sonst in ihren Bedeutungen berühren. Wir begegnen also hier der auffälligen Thatsache, dass nach den Vaiçya's und Çûdra's an beiden Stellen die Brâhmaṇen erst in dritter Reihe genannt werden. Damit stimmt völlig die in Schiefner's Bonpo-sûtra p. 3 gegebene Kasteneinteilung der Nâga's überein: hier treten an erster Stelle Kṣatriya's auf, die in unserm Texte fehlen, dann folgen Vaiçya's und Çûdra's, darauf erst die Brâhmaṇen und hinter ihnen die Câṇḍâla's (ydol-pa). Erwähnenswert ist auch, wiewohl das Analogon nicht vollständig zutrifft, dass der tibetische Gelehrte Sum-pa mkʻan-po aus dem 18. Jahrhundert in einem geographischen Werke die vier indischen Kasten als

Kṣatriya, Vaiçya, Brâhmaṇa, Çûdra aufzählt, s. Huth, Eine tibetische Quelle zur Kenntnis der Geographie Indiens in der Weber-Festschrift p. 89. In dem Bon-po Werk der Bodleiana zu Oxford kommt der folgende Passus vor:

rgyal rigs daṅ ni rje rigs daṅ | bram zei rigs daṅ
dmaṅs rigs daṅ ' γdol pa can gyi klu rnams.

In den Lond. Bonfr. fol. 94b 6 mit Auslassung der Königskaste: klu rjei rigs klu rmaṅs (= dmaṅs) rigs bram zei rigs | rdol (= gdol) pai rigs.

*leb-rgan*, auch *le-brgan. ljags — ₒdra-bas dkrol-nas* 11a 5. Die Bedeutung des Wortes, ob Safran, ob Mohn, lässt sich nicht entscheiden. Kowalewski II 1964a übersetzt das im mong. transkribierte Wort mit Mohn. Vyutp. 274a 4 hat le-rgan rtsi = kusumbha Safflor oder Safran.

*lo. – brgya ₒtś o-bar šog* 10a 7. Wenn man Steine auf den Obo (tib. lab-tse, rdo-boṅ) wirft, spricht jeder ein kurzes Gebet, dessen Schluss lautet: Lha jya ( brgya) lo, lha jya lo (Rockhill, Notes on the ethnology of Tibet 735).

*lo ñes.* 6a 3, 16b 2. Stets in Verbindung mit mu-ge Hungersnot; Gegensatz ist lo-legs-pa Vyutp. 279a 2 subhikṣa. Vergl. Grünwedel, Ein Kapitel des Ta-še-suṅ (Bastian-Festschrift) S. 23 v. mu-ge.

*loṅ-ba. klu — rnams* 5a 7. Edkins, Chinese Buddhism 24. Brehm. Tierleben VII 187, bemerkt: Alle Beobachtungen sprechen dafür, dass mit Ausnahme einiger Baumschlangen das Gesicht der Schlangen schwach und unbedeutend ist, dass die Meinung, zu welcher sein Glanz und seine Grösse veranlassten, eine falsche ist (so z. B. Vergil. Aeneis II, 210; Kreutzwald, Der Esthen abergläubische Gebräuche, Pet. 1854, p. 85). Dagegen Winternitz 25.

*šu-dag.* 4a 6. Vyutp. 273b 1 vacâ eine best. viel gebrauchte aromatische Wurzel, Acorus Calamus (pw.), d. i. Kalmuswurzel.

*šu-ba.* S. *kiṭibha.* Vyutp. 309b 2. 4a 6, 15b 3 (šo-ba); 15b 8 Dass šo-ba kein Wort mit selbständiger Bedeutung, sondern nur eine Variante zu šu-ba ist, geht daraus hervor, dass 15b 8 die Verbindung mdze daṅ šu-ba wiederkehrt, die auf derselben Seite 15b 3 in der Gestalt mdze daṅ šo-ba auftrat. Dieselbe Verbindung im Bonpo-Sûtra fol. 85b 6. Man sieht also, wie notwendig für die tib. Philologie die Aufgabe ist, die Verbindungen kennen zu lernen und zu sammeln, in denen bestimmte Wortgruppen gebraucht zu werden pflegen, die Synonyme, die Zusammensetzungen, die gleichartigen und ungleichartigen Begriffe, kurz, die Phraseologie im weitesten Sinne vertiefter zu behandeln als bisher geschehen.

*šoṅ.* *ₒp̔aṅs daṅ rdzoṅs — byas-pa* 14 b 8. *bšoṅ-ma.* — *rdziṅbur bskyil-ba* 14 b 7. Ich fasse beides in der von Jäschke šoṅ-ba ad II, Dict. 564 a, gegebenen Bedeutung und halte bšoṅ-ma den Bildungen bšaṅs, bšaṅ analog für eine sekundäre Ableitung aus šoṅ-ba. Šoṅ in der Bedeutung „Höhle, Thal" gäbe hier keinen rechten Sinn.

*sa-bdag.* In der Formel — *klu γñan* 11 a 1. klu daṅ sa-bdaggis sgrib-pa 15 a 8. Die achte Klasse der lamaischen Gottheiten s. Pander-Grünwedel 46 Nr. 8; Waddell, Demonolatry 201, the Tibetan house-demon in J. Anthr. Inst. 1894 No. 1, Buddhism of Tibet 372, 484; Schiefner, Bonpo-Sûtra 2 u. passim.

*sa-rdo* in der Formel *ri-bdun ri-brag sa-rdo.* 1 b 4, 11 b 2. sa-rdo erdiger Stein, St. von erdigem Bruch im Ggs. zu ri-brag Fels von hartem Gestein. Bei Schiefner, Bonpo-Sûtra 28, werden 5 Erdarten, sa-ts̔on, erwähnt. Oxf. Bon-Ms. 3a sa bdag gi rgyal po ni sa sna lṅa la gnas. Über diese s. ferner Weber-Huth, das buddhistische Sûtra der Acht Erscheinungen 585. Auch der von Grube in der Bastian-Festschrift übersetzte Taoistische Schöpfungsmythus spricht von 5 Erdarten (S. 9 des Sonderabdrucks).

*sa γyo-ba.* — *i ₒjigs pa* 15 b 5. Die Furcht der Nâga's vor dem Erdbeben ist um dessentwillen auffallend, da sonst gerade sie als die Urheber von Erdbeben gelten: de la Pavie 401; Beal, Catena 47.

*sil-sñan.* — *si-li-li* 7 b 4, 7 b 7, 8 a 2, 8 a 5, 8 a 7, 8 b 2, 8 b 5, 8 b 8, 9 a 4, 9 a 8, 10 a 6. Zam. 15 sil sil sgra ldan sil sñan daṅ u. dazu Desgodins, Dict. 227 v. rgyan. Jäschke kennt ein Wort sil-ma zur Bezeichnung der lärmenden Töne eines Cymbals; si-li-li ist das bisher unbekannte, entsprechende Verbum dazu. Vergl. auch Conrady S. 70 Über das Cymbal Waddell 298, 432.

*slog-pa.* 9 a 5, s rduṅ-ba. Vergl. k̔ru slog.

*gsaṅ-ba.* 11 a 5. S. guhyaka, Böhtlingk, Tib. Übersetzung des Amara-Kosha 218.

*ha-lo* 4b 7, 14a 2. Vergl. Schiefner's Bonpo-Sûtra, 22 no. 5, gegebene Identifikation mit S. hallaka.

*hrî.* (Jäschke schreibt hri.) ,oṁ maṇi padme hûṁ — 11a 3. hrî, entstanden aus hṛdaya, ist das vìja des Avalokiteçvara: Waddell, The Indian Buddhist cult of Avalokita 62. Beal, Catena 23, 424.

*lhab-se lhab.* Von Pfauen 7b 3, 7b 6, 8a 2, 8a 5, 8a 7, 8b 2, 8b 5, 8b 8, 9a 4, 9a 8, 10a 6. Die von Jäschke nach Schmidt gegebene und mit einem Fragezeichen versehene Bedeutung „hin- und herflattern" kann nun nach dem obigen Gebrauch als völlig gesichert gelten; vergl. a. lhub-lhub flatternd, lheb schnappend wie ein Fisch. Zur Bildung des Wortes s. v. lcoṅs-se lcoṅ.

# Nâga-Index.

## I. Sanskrit-Tibetisches Verzeichnis.

1. *Ananta.* mTʻa-yas. 2a 3, 3a 2, 7a 2, 9b 7, 11b 3, 12b 3, 13a 2. Vyutp. 249b 4. Waddell Nr. 7. Candra Dás 52. Farbe: blau R. Mitra 257. JA I 372; II 169; XXI 362 No. 16, 364; XXII 294. Fergusson 70. Winternitz 40, 261. Ind. Stud. XIV 100. Ghosha 202, 203, 214, 215. Senart 392. Crooke 263. Dowson 14 (299). Nagele 282. de la Pavie 486. Pleyte 95, 98. Târanàtha 75, 152, 157. Schiefner, Bonpo-Sûtra 26, 67. Bühler WZKM V 108, 344. JRAS 1891, 695. Candra Dás, Contributions 263/4. Nobin Chandra Das, A note on the anc. geogr. of Asia, Calc. 1896, S. 58.

Abbildungen: Archaeological Survey of Western India 1874, pl. XX 4, XL 5. Rückert, Ges. poet. Werke Bd. VIII S. 605 Nr 58.

2. *Anavatapta.* Ma-dros-pa. 2a 8, 11b 5. Vyutp. 249b 4. Waddell Nr. 13. J. Dict. 264a. Eitel 12. Beal, catena 48, 420. Schiefner, Bonpo-Sûtra 67. IA XXI 362 Nr. 12. Bühler WZKM V 108. JRAS 1891, 695. Feer, Analyse 386, 439. Anavataptanâgaràjaparipṛccha: Csoma, Analysis 448; Feer, Analyse du Kand-Jour 253; Schmidt, Kanjur-Index p. 26 Nr. 156, p. 140. Bunyiu Nanjio, Catalogue Nr. 437. Schlagintweit, Könige v. Tibet 846.

3. *Apalâla.* Sog-ma-med-pa. 7a 6. Vyutp. 250a 3. Waddell Nr. 46 (seine Übersetzung brawny not, scaly not ist irrtümlich; palâla und sog-ma bedeuten Halm, Stengel). Eitel 14. IA XXI o. 23. pw kennt Apalâla nur als Name eines Râkṣasa.

4. *Âdarçamukha.* Me-loṅ-gyis-ɣdoṅ-can, Me-loṅ-ɣdoṅ. 11b 7. Vyutp. 250b 2. Waddell Nr. 70. Vergl. mDzaṅs-blun cap. 31.

5. *Ânanda.* Kun-dga-bo. 11b 3, 12b 2.

6. *Upakâla.* Ñer-nag-po. 12a 2. Vyutp. 250a 1. Waddell Nr. 25.

7. *Upananda.* Ñer-dga-bo. 11b 3. Eitel 187. Pander-Grünwedel Nr. 291. Senart 390 no. 4. Mitra 254. IA XXI 362 Nr. 10, 11.

Beal, catena 55, 420. Schiefner, Bonpo-Sûtra 70. Bühler WZKM V 108, ib. 344. JRAS 1891, 695. Feer, Analyse 441, 468 Schiefner, Tib. Lebensbeschreibung 41. Nandopanandanâgarâjadamanasûtra: Schmidt, Kanjur-Index 6 Nr. 39, 139; Csoma, Analysis 486; Feer, Analyse 289; Hardy, Manual 302/3; der Pâlitext mit der tibetischen Übersetzung, her von Feer, Textes tirés du Kandjour, 8 livr., Paris 1869; übersetzt von demselben in den Fragments extraits du Kandjour, Annales du Musée Guimet V. Vergl. dazu auch Schiefner, Mél. as. VIII 284, 285.

8. *Elâpattra.* ,E-lei-$_{o}$dab-ma, He-lei-$_{o}$dab-ma. 2b 3, 11b 5. Vyutp. 250a 3. Waddell Nr. 44. Schiefner, Bonpo-Sûtra 70. Schiefner, Mahâkâtjâjana und König Tshaṇḍa-Pradjota, Mém. de l'Acad. de Pét. XXII No. 7, p. 11—14, Legende vom Nâgarâja El. JRAS 1891, 695. Grünwedel, Ikonographie 41. Julien, Voyages II 41. Beal, Catena 420. Legge, Fâ-Hien 96. J. Buddh. Text Soc. II p. I, 2—4.

9. *Karkôṭaka.* Stobs-kyis-rgyu. 3a 2, 7a 3. Gew. Stobs-kyi-rgyu, so 9b 8. Vyutp. 249b 3. Waddell Nr. 2. Nałopâkhyânam XIV. IA VII 89; XXI 363 No. 29; XXII 294; II 169. Ghosha 215, 218. Winternitz 261. Schiefner, Bonpo-Sûtra 19 no. 5.

10. *Kâla.* Nag-po 12a 2. Vyutp. 250a 1. Waddell Nr. 24. Senart 390 no. 4. Winternitz 35, 40. JA XXI 363 No. 37.

Vergl. a. Vyutp. 250b 4: Waddell, commoner or Plebian Nâgas Nr. 18: Kâlaka = Nag-po, der zu den klu p'al-pa gehört.

11. *Kulika.* Rigs-ldan. 7a 4, 9b 8, 11b 5, 12b 5. Vyutp. 249b 3. Waddell Nr. 3. Candra Dás 52 (Kulina). Farbe: weiss Mitra 257. JA XXII 294.

12 *Gandhavant (?).* Dri-žim-pa. 11b 5. Vgl. Waddell Nr. 71.

13. *Gulma.* Gel-ba. 11b 5

Diese Gleichung gründet sich auf eine Vermutung meinerseits, da die Vyutp. 259a 2 unter den Baumnamen šiṅ gel-pa, das nach Jäschke wie gel-pa gebraucht wird, durch gulma wiedergibt. Ein Nâga dieses Sanskrit- oder tibetischen Namens findet sich sonst in der Litteratur nicht. In einer Kanjurerzählung kommt als Name eines Königssohnes lCug-ma vor, was Schiefner durch Gulma übersetzt (Mél. as. VIII 129).

14. *Jalaja.* C'u-skyes. 2b 3.

Die Gleichung ist von mir vermutet nach Vyutp. 276a 2, wo unter den Blumen c'u-las skyes-pa jalaja (ein Beiname des Lotus, tib. gew. c'u skyes: Desgodins Dict. 323) genannt wird. Nach Böhtlingk, Über eine tibetische Übersetzung des Amara-Kosha p. 217, wird in diesem Wörterbuch S. apsara mit c'u-skyes übersetzt. Letzterer Ausdruck findet sich als Name eines Nâga's auch in Schiefner's Bonpo-Sûtra 70, der ihn durch Abdsha zurückübersetzt. Unter den zahlreichen Legenden, die den Nâga in Beziehung zum Wasser setzen, vergl. z. B. die Stammessage der Ailao bei Rosthorn, Die Ausbreitung der chinesischen Macht in südwestlicher Richtung, Wien 1895, S. 42 und die Litt. u. Nr. 27 Varuṇa.

15. *Takṣaka.* ₒJog-po. 7a 3, 9b 8, 13a 1. Vyutp. 249 b 4. Waddell Nr. 8.

Jäschke, Dict. 174a, 179b Atharvaveda VIII 10, 29; XII 1, 37, 46 und Mahâbhârata I, 792, 5008 cit. nach Winternitz. Candra Dás 50, 52. Weber, Über das Vîracaritram, Ind. Stud. XIV 136. Ghosha 204, 215. JA II 169, 193; XXI 362 Nr. 15; XXI 364; XXII 294. Senart 392. Winternitz 261. Eitel 168b. Grünwedel, Ikonographie 40. Bühler WZKM V 108, ib. 344. Târanâtha 102. Schiefner, Bonpo-Sûtra 26, 67. Safranfarbig: Mitra 257. Hanlon 625 Nr. 99.

16. *Nanda.* dGa-bo. 2a 3, 11b 3. Vyutp. 249b 4. Waddell Nr 15. Eitel 105. Pander-Grünwedel Nr. 289. JRAS 1891, 695. Beal, Catena 55, 420. JA XXI 362 Nr. 10, 11. Bühler WZKM V 108, ib 344 Schiefner, Bonpo-Sûtra 26, 67, 69. Feer, Analyse 441. S. a. d. Litt. u. Upananda.

17. *Pakṣiçîrṣa.* Byai mgo-can. 11b 7. pakṣin = bya Vyutp. 265b 4. Sollte die Vogelköpfigkeit des Nâga aus dem Antagonismus gegen den Garuḍa entsprungen (Grünwedel, Buddh. Kunst 47) oder durch Missverständnis bildlicher Darstellungen (ibid. 97) veranlasst sein?

18. *Padma.* Padma. 7a 5. Vyutp. 249b 3. Waddell Nr. 4. Farbe des Lotusstengels: Mitra 257. Feer, Introduction 501. Mitra 254. Winternitz 261. JA VI 271; II 169; XXII 294.

19. *Balabhadra.* Stobs-bzaṅ. 2a 5, 2b 2, 11b 4, 12b 4.

20. *Balika.* Stobs-ldan, Stobs-can. 2a 6, 2b 2. Vyutp. 250a 2. Waddell Nr. 33. Candra Dás 50, 52.

21. *Buddha Bhagavant.* Saṅs-rgyas bcom-ldan-ₒdas. 10b 6, 12b 2.

22. *Manasvin.* γZi-can. 2a 4, 11b 4, 12b 4. Sämtliche Stellen mit verdorbenen Lesarten: 2a 4, γZi-c'en, die beiden andern γZi-byin. Die Korrektur stammt von Schiefner, Bonpo-Sûtra 26 no. 1. Vyutp. 250a 4. Waddell Nr. 58. Eitel 93. JA XXI 363 Nr. 20, 21. Bühler WZKM V 108. Schiefner, Bonpo-Sûtra 26, 44, 49, 67. Beal, Catena 420. Schlagintweit, Könige v. Tibet 846.

23. *Mṛgaçîrṣa.* Ri-dvags-kyis mgo-can, Ri-dags-kyi mgo-bo-can. 11b 7. Schiefner, Bonpo-Sûtra 70.

24. *Meghanâda.* ₒBrug-sgrogs 12a 1. Pallas II 43 Schiefner, Bonpo-Sûtra 70. ₒBrug sgra can ‚der mit der Stimme des Donners' ist nach Desgodins, Dict. 323 ein Synonym für den Wassernâga.

25. *Mokṣaratna.* T'ar-pa rin-c'en. 2a 6.

26. *Ratnacûḍa.* γTsug-na rin-c'en. 2a 4, 11b 3, 12b 4. Schiefner, Bonpo-Sûtra 26, 27 (Ratnacûḍa), 57, 67 (Cûḍaratna). Vergl. a. Maṇicûḍa γTsug-na nor-bu Vyutp. 251a 1, Waddell Nr. 22 der klu p'al-pa.

Vyutp. 226a 2: γTsug-na rin-po-c'es žus pa = Ratnacûḍaparipṛccha, was wohl identisch mit dem im Kanjur, dKon-brtsegs vol. VI genannten Werke ist, Feer Analyse 218, Schmidt, Kanjur-Index 13 Nr. 91, 190. Über die Schlangensteine vergl. Plinius hist. nat. XXXVII; Koch 152/3; Walhouse, snake-stones IA IV 45; Gaidoz, la pierre de serpent in Mélusine V 1891 Nr. 12.

27. *Varuṇa.* C'u-lha. 2b 4. Vyutp. 249b 4. Waddell Nr. 9. Pander-Grünwedel Nr. 290, vergl. a. Nr. 288. Eitel 195. IA XXI 362 Nr. 13. Mitra 254, 256. Farbe: weiss, Mitra 257. Beal, Catena 420. Desgodins, Dict. 323, der ihn auch c'u klu, c'u bdag nennt und seine synonymen Bezeichnungen anführt.

Witsen von den Tibetern 328a: Zy offeren dagelijks aen zekeren Water-God.

28. *Varṣaṇa.* C'ar-ₒbebs 12a 1. Nach Desgodins, Dict. 323 nur ein Synonym für den Wassernâga. Nach tib. Volksvorstellung sendet der Lhu (klu) Regen und Donner, Hanlon 617 no. 3, s. ferner 625 Nr. 97 u. no 1. Schiefner, Bonpo-Sûtra 70. Feer, Introduction 478. Vyutp. 260 b 1 ist rin-c'en c'ar-ₒbebs durch mahâratnavarṣâ wiedergegeben. Legge, Fâ-Hien 52; Neumann,

Pilgerfahrten 144; Winternitz 259, 45; Oldenberg, Religion d. Veda 69; Senart 18, 394; Hodgson, Essays I 19. Vergl. auch besonders über die Nâga's als Spender des Regens die japanische Oper Ikkaku sennin transskribiert u. übersetzt von F. W. K. Müller in der Bastian-Festschrift, ferner Münch. Cod. XII fol. 2b 5, fol. 3ff. Bastian, Kambodische Altertümer (Geogr. u. ethnol. Bilder) S. 478 (S. 479 verwechselt er Ânanda mit Ananta). Stevens, Mater. z. Kenntnis d. wilden Stämme Malâka's her. v. Grünwedel II 126, womit man Ehrenreich, Beiträge zur Völkerkunde Brasiliens 69 und I. W. Fewkes, The snake ceremonials at Walpi (= J. of Am. Ethn. and Arch. IV) vergleiche. B. Schmidt, Volksleben der Neugriechen I 189. Nagele 286 no. 1; Baudissin, Studien zur semit. Religionsgeschichte I 265, 285, 287. Wake, Serpent-worship and other essays, Lond. 1888, 84—87, 94.

29. *Vasudeva(?)*. P'yug lha 2a 5.

30. *Vâsuki*. Nor-rgyas. 3a 4, 9b 8, 11b 4, 11b 5, 12b 3, 12b 8. Vyutp. 249b 3. Waddell Nr. 6. IA II 124; II 169; XXI 362 no. 7, 364; XXII 294; IV 46. Ghosha 215. de la Pavie 517. Winternitz 27, 260. Pleyte 98, 99. Senart 391, 392. Farbe: grün, Mitra 257. Candra Dás 52. Eitel 195. Beal, Catena 48, 420. Bühler WZKM V 108, ib. 344. Târanâtha 101, 194. Schiefner, Bonpo-Sûtra 21 u. no. 1, 41, 49, 55. IRAS 1891, 695. Huth, Tsaghan Baišin 21, v. 80.

31. *Vâsukiputra*. Nor-rgyas-kyis bu. 7a 4. Oxf. Bon.-Ms. fol. 1a: Nor-rgyas bu (die Handschrift hat den Schreibfehler rgyal).

32. *Vṛddha*. rGan-po. 2a 7. Schiefner, Bonpo-Sûtra 68 l. Z. Die Gleichung nach Zamatog fol. 26. Klu rgao(!) Lond. Bonfr. 232a4. Ich möchte vermuten, dass hier keine unmittelbare Übersetzung aus dem S. vorliegt, sondern eine originale tib. Bezeichnung; darauf weist die Einfachheit des Ausdrucks hin, wie ja bei so vielen Völkern göttliche Wesen „der Alte“ genannt werden, dann der Gebrauch von rgan-po in der Bedeutung ‚dux, maior pagi, maire de village (Desgodins, Dict. 219), da die Namen von Schutz-, Orts- und anderen Gottheiten auf die von Beamtenkategorieen und umgekehrt übertragen werden. Die eigentümliche Ausgestaltung des Seelenglaubens der Kaffern, der Glaube an eine hierarchische Ordnung der Ahnenseelen, ist offenbar nur das Spiegelbild der

hierarchischen Ordnung der Lebenden (E. Grosse, Die Anfänge der Kunst, S. 35). Vielleicht ist unter rGan-po der „alte Vater K'en-pa" mit schneeweissem Haar, der „grosse Vater der drei Welten" zu verstehen (Waddell, Demonolatry 202).

33. *Vṛçcikaçîrṣa.* sDig-pai [Sandberg 343] -mgo-can. 11 b 7. vṛçcika = sdig-pa Vyutp. 265 b 2.

34. *Çaṅkhapâla.* Duṅ-skyoṅ. 7 a 5, 9 b 8, 11 b 3, 12 b 3, 13 a 3. Vyutp. 249 b 3. Waddell Nr. 1. Candra Dás 51,52. Winternitz 261. Feer, Introduction 501. Ghosha 215. Mitra 257 (grün). IA II 169; VI 271; XXI 363 No. 30, und 364; XXII 204. Schiefner, Bonpo-Sûtra 17, 55, 65, 68. çaṅkha duṅ Attribut lamaistischer Gottheiten: Pander, das lam. Pantheon 110, Pander-Grünwedel 105 Nr. 294 und no. 4.

35. *Çrîmant.* dPal-ldan. 2 a 3, 11 b 5.

36. *Çrîmâla.* dPal-ₒp'reṅ. 2 b 2.

37. *Çvâpada.* γCan-γzan. 11 b 6. Vergl. Vyutp. 265 a 3.

38. *Sarpaçîrṣa.* Sbrul-gyis mgo-can 11 b 8. (s. a. PW). Grünwedel, Buddhistische Kunst 43, 96.

## II. Verzeichnis der tibetischen Namen, deren Sanskritäquivalente unbekannt sind.

1. *T'od de rgyal-po* 2 a 8. Vergl. Csoma, Analysis 493. Feer, Analyse 296: dpal Saṅs-rgyas t'od-pa Name einer mystischen Gottheit; S. Çrî Buddha-kapâla. Pander-Grünwedel 65 Nr. 69.

2. *T'od de dpal ldan* 2 b 1.

3. *γNod-byed* 12 a 2.

4. *ₒP'rul-po c'e* 2 a 7. S. wahrscheinlich Mahânirmâṇa oder Mahânirmâtar, denn Vyutp. 279 b 2 ₒp'rul-pa-po, ₒp'rul byed-pa nirmâtâ[1]). Der Name sprul-pa nirmita wird nach Feer, Analyse 460, besonders von den Nâga's gebraucht, welche die Gabe der Verwandlung besitzen, wozu Kanjur, ₒDul-ba vol. I fol. 139 (ibid. p. 158) zu vergleichen ist, und damit besonders Mahâvagga I 63 (Oldenberg, Vinaya Texts I 217/9). Die Benennung rührt offenbar von der bei Schlangen periodisch wiederkehrenden Abwerfung der

1) Vergl. a. Nirmâṇarati = ₒp'rul-dga Köppen I 253, Eitel 109.

Oberhaut her. So lesen wir bei Tasso, Gerusalemme liberata, canto VII st. 71:

Ei di fresco vigor la fronte e'l volto
Riempie; e così allor ringiovenisce,
Qual serpe fier, che in nove spoglie avvolto
D'oro fiammeggi, e'ncontra il sol si lisce.

Oder bei Ariosto, Orlando furioso XVII, 11:

Sta su la porta il re d'Algier, lucente
Di chiaro acciar che'l capo gli arma e'l busto,
Come uscito di tenebre serpente,
Poi c'ha lasciato ogni squallor vetusto,
Del nuovo scoglio (= spoglie) altiero, e che si sente
Ringiovenito e più che mai robusto:
Tre lingue vibra, ed ha negli occhi foco;
Dovunque passa, ogn' animal dà loco.

Als Vorbild hat beiden Dichtern die Stelle in Vergil's Aeneis II 469 ff. vorgeschwebt:

Vestibulum ante ipsum primoque in limine Pyrrhus
exultat, telis et luce coruscus aëna;
qualis ubi in lucem coluber mala gramine pastus,
frigida sub terra tumidum quem bruma tegebat,
nunc positis novos exuviis nitidusque iuventa
lubrica convolvit sublato pectore terga,
arduos ad solem, et linguis micat ore trisulcis.

5. $_{o}$*Bras-bu smin-par byed-pa* 12a 1. Vergl. 16a die Bitte, dass die Ernte reifen möge. Legge, Fâ Hien 52. Bei dem Opfer, das der Nêwâri-Priester den Nâga's darbringt, bittet er dieselben, das Getreide zu segnen (Waddell IA XXII 293). Wir begegnen hier dem Nachhall einer bei indogermanischen Völkern vielfach verbreiteten Vorstellung, der zufolge Schlangen das Symbol des Erdsegens sind, das Wachstum des Getreides fördern und auch selbst dem Menschen Korn spenden. Vergl. B. Schmidt, Volksleben der Neugriechen I 187. Die Polen kennen eine Korn- (Roggen-) Schlange und eine Milchschlange, die eine vermehrt den Reichtum auf dem Felde, die andere beschützt die Kühe (Sammlung von Nachrichten über heimische Anthropologie her. v. d. anthr. Komm. d. Ak. in Krakau [polnisch] XI 221). Bei den Weissrussen bringt

8*

der cmok domovik (Hausschlange) dem Hausherrn Geld, macht die Felder fruchtbar, die Kühe milchreich (H. Máchal, Skizze der slav. Mythologie [čechisch] Prag 1891, 153). Nach čechischem und slovakischem Volksglauben bringt der zmok Geld, Korn, Butter und was man sonst will (2. Bericht der Ges. d. Freunde čechischer Altertümer in Prag II 49—51). Die drei letzten Citate mit ihren Übersetzungen verdanke ich der liebenswürdigen Hilfsbereitschaft meines verehrten Lehrers Herrn Prof. W. Wollner in Leipzig.

6. *Zag-byed* 12a 2.

7. *Rab-brtan* 2b 1. Vyutp. 287a 4 brtan-pa = dhruva; rab-brtan also vielleicht vidhruva, pradhruva?

8. *Šiṅ pa lai bžin* 11b 7. pa-la = S. phala.

9. *Sad-ma c'uṅ* 9b 8.

## III. Tibetischer Gesamtindex.

## IV. Deutscher Index der in der Übersetzung gebrauchten deutschen Namen.



## V. Verzeichnis unbestimmter Namen.

Ein Teil der folgenden Namen, die meist ganz unverständliche Wörter sind, deren Lautkomplexe in vielen Fällen an die in den Dhâraṇi's vorkommenden Ausrufe erinnern, findet sich in einer kurzen Mitteilung Waddell's, die in dem Aufsatz von R. Hoernle, The third instalment of the Bower Manuscript, IA XXI 1892, p. 364 eingeschoben ist. Diese hier bereits angeführten Namen sind im folgenden mit einem * bezeichnet[1]).

Meiner Annahme, dass diese sonderbaren, in ihren endlosen Wiederholungen fast betäubend wirkenden Lautverbindungen nicht zum geringsten suggestiven Zwecken dienen, verleihen die Untersuchungen Otto Stoll's keine unwesentliche Stütze, vergl. sein Werk: Suggestion und Hypnotismus in der Völkerpsychologie, Leipzig 1894, besonders p. 4, 53, 55.

1. ,*Alaka* 3a 4.
2. * ,*Apare* 13a 6. Ein S.-Lokativ? Vergl. Burnouf, Introduction 482.
3. * ,*Arare* 13a 6. Im S. eine Interjektion.

1) Die im Texte doppelt gesetzten Namen sind hier nur einmal aufgeführt.

4. * *Brara* 11b 5, 13a 4.
5. *Dukita* 10b 4.
6. * *Dzala* (*Jala*) 11b 5, 13a 4.
7. *Dzola* (*Jola*) 13a 3.
8. * ,*Egate* 13a 6.
9. *Gunakude* 13a 2.
10. * *Hala* 13a 5. Jülg 54.
11. * *Hili* 11b 4, 13a 4.
12. *Hulu* 13a 5. Vergl. Vyutp. 250a 4, Waddell Nr. 52 den Nâgarâja S. Huluḍa, tib. Hu-lu-tu. Csoma, As. Res. XX 92. Feer, Analyse, 197; 418. S. a. Jülg 54.
    Vielleicht ist auch an Hulunta (Feer, Introduction 489 u. 499) zu denken.
    *Jala* s. *Dzala*.
    *Jola* s. *Dzola*.
13. *Kaṡayu* 3a 3.
14. * *Kili* 13a 3. Erinnert, besonders in seiner Dopplung, an Kilakila, den Beinamen Çiva's (pw).
15. *Kota* 13a 3. Es giebt einen Nâga Kodiça (pw).
16. * *Kuru* 13a 5. Vergl. die Tantragöttin Târâ-kurukulle, Feer, Analyse 298, 463, wohl richtiger — kullâ; s. Blonay, Matériaux pour servir à l'histoire de la déesse buddhique Târâ 64 u. passim.
17. * *Kuti* 11b 5, 13a 4.
18. * *Limi* 11b 4.
19. *Lulaga* 3a 3.
20. *Madhe* 13a 6. Bei Waddell: Madhaye.
21. * *Mili* 13a 4.
22. *Pata* 11a 4, 13a 4.
23. *Pati* oder *Pati-ni*? 13a 6. Waddell: Patini.
24. *Sapârisamaya*? 12a 8.
25. * *Siti* 13a 5. Vielleicht identisch mit dem Vyutp. 250b 3, Waddell Nr. 79 genannten Nâgarâja Sitâ, tib. Sita (Oxus? fragt dabei Wadd., worauf die Antwort „nein" lautet und unter Hinweis auf Feer, Analyse 168, 317, 458 bemerkt wird, dass es sich dabei nur um einen der vier grossen Ströme handelt, die sich die Inder aus dem Anavatapta, dem

heutigen Manasarovarsee, entspringend dachten; möglicherweise liesse sich auch der Tarim darunter verstehen, s. Schlagintweit, Sureçam. S. 24, no. 113).

26. *Śaṇta* 13 a 2. Vielleicht S. çânta?
27. *Śipati* 13 a 6. Waddell: Shibate.
28. * *Takra* 13 a 5.
29. * *Tsili* 11 b 5.
30. * *Ture* 13 a 7.
31. ‚*Ulike* 13 a 3. Waddell: Ulika. Vergl. S. Ulûka als Name eines Nâga (pw) und den Ular-Nâga der Alloresen bei Bartels, Medizin der Naturvölker 16/7 mit Abbildung des im Museum für Völkerkunde in Berlin befindlichen Exemplars und damit die Regenbogenschlange Ûlar Danu der Ôrang Malâyu von Kĕdah (Stevens, Mat. z. Kenntn. d. wilden Stämme Malâka's her. v. Grünwedel II 216), auch Pleyte 97. Vielleicht geht aber Ular auf Ulura, Uluda, Ulunda etc. zurück, s. Feer, Introduction 499. (Vergl. auch Schiefner in Mél. as. VIII 635 no. 15.)
32. ‚*Up'unta* 13 a 2.
33. *Yubaniha* 13 a 1.
34. *Yupana* 3 a 3.

# Nachträge.

## Zum Verzeichnis der Quellen sind nachzutragen:

J. E. Fabri, Sammlung von Stadt-, Land- und Reisebeschreibungen. 2 Bde. Halle 1783—86. (Darin Bd. I, S. 205—318, Nachrichten von Tibet aus Georgi's Tib. Alphabet.)

W. W. Hunter, The Indian empire: its history, people, and products. London 1882.

F. Mayers, The Chinese reader's manual. Shanghai 1874.

Vigne, Travels in Kashmir, Ladak etc. in 1835. 2 vols. London 1842.

## Im Glossar ist durch Versehen des Setzers ausgelassen worden:

*sbal-ba*, Frosch. 14 b 6. Das Töten der Frösche ist deshalb sündhaft, weil sie zum Gefolge der Nāga's gehören und deren Helfer bei der Erzeugung oder Einhaltung des Regens sind. Siehe darüber Waddell, Frog-worship amongst the Newars, IA XXII 1893, 293/4. In der Description du royaume de Camboge trad. du chinois par Abel-Rémusat (in Nouv. annales des voyages III) heisst es p. 84: die Leute des Landes essen keine Frösche; vom Eintritt der Nacht an bedecken diese die Wege in allen Richtungen.

## Ferner ist hinzuzufügen zu:

*byi-tser-ma* (S. 91): Vergl. auch die auf das indische Stachelschwein bezügliche Legende bei Liebrecht, Zur Volkskunde S. 102.

*rma-ba* (S. 101): S. Schiefner, Mél. as VIII 458, 523.

Zu S. (6), II 1: Es ist jetzt ferner der Holzdruck eines klu $_{o}$bum dkar-po in den Besitz des Herrn Prof. Dr. A. Grünwedel gelangt, welcher die Güte gehabt hat, mir den Titel desselben mitzuteilen. Danach zu urteilen, scheint dieses Werk mit den Versionen Schiefner's und Rockhill's identisch zu sein. Die verschiedenen Sprachen, von welchen in der Überschrift die Rede ist, habe ich im Anhang zu meinen demnächst erscheinenden „Studien zur Sprachwissenschaft der Tibeter" erörtert.

# 008

## 一些关于格拉伯夫的尼夫赫语研究的语言学评注

# ARCHIVES INTERNATIONALES
# D'ETHNOGRAPHIE.

PUBLIÉES

PAR

PROF. D. ANUTSCHIN, MOSKAU; PROF. F. BOAS, NEW-YORK, N. Y.; DR. G. J. DOZY à LA HAYE; PROF. E. H. GIGLIOLI, FLORENCE; PROF. E. T. HAMY, PARIS; DR. W. HEIN, DONAUFELD PRÈS DE VIENNE; PROF. H. KERN, LEIDE; J. J. MEYER, WONOGIRI (JAVA); PROF. F. RATZEL, LEIPZIG; PROF. G. SCHLEGEL, LEIDE; DR. J. D. E. SCHMELTZ, LEIDE; DR. HJALMAR STOLPE, STOCKHOLM; PROF. E. B. TYLOR, OXFORD.

REDACTEUR:

DR. J. D. E. SCHMELTZ.

Directeur du Musée National d'Ethnographie de Leide.

Nosce te ipsum.

VOLUME XI.

Avec 15 planches et plusieurs gravures dans le texte.

LIBRAIRIE ET IMPRIMERIE, ci-devant E. J. BRILL, LEIDE.
ERNEST LEROUX, PARIS. — C. F. WINTER'SCHE VERLAGSHANDLUNG, LEIPZIG.
On sale by KEGAN PAUL, TRENCH, TRÜBNER & Co. (Limd.), LONDON.
1898.

# INTERNATIONALES ARCHIV
FÜR
# ETHNOGRAPHIE.

HERAUSGEGEBEN

VON

PROF. D. ANUTSCHIN, MOSKAU; PROF. F. BOAS, NEW-YORK, N. Y.; DR. G. J. DOZY IM HAAG; PROF. E. H. GIGLIOLI, FLORENZ; PROF. E. T. HAMY, PARIS; Dr. W. HEIN, DONAUFELD BEI WIEN; PROF. H. KERN, LEIDEN; J. J. MEYER, WONOGIRI (JAVA); PROF. F. RATZEL, LEIPZIG; PROF. G. SCHLEGEL, LEIDEN; DR. J. D. E. SCHMELTZ, LEIDEN; DR. HJALMAR STOLPE, STOCKHOLM; PROF. E. B. TYLOR, OXFORD.

REDACTION:

DR. J. D. E. SCHMELTZ,

Director des Ethnographischen Reichsmuseums in Leiden.

Nosce te ipsum.

BAND XI.

Mit 15 Tafeln und mehreren Textillustrationen.

BUCHHANDLUNG UND DRUCKEREI vormals E. J. BRILL, LEIDEN.
ERNEST LEROUX, PARIS. — C. F. WINTER'SCHE VERLAGSHANDLUNG, LEIPZIG.
On sale by KEGAN PAUL, TRENCH, TRÜBNER & Co. (Limd.), LONDON.
1898.

# I. NOUVELLES ET CORRESPONDANCE. — KLEINE NOTIZEN UND CORRESPONDENZ.

I. Another atlatl. — Since my paper, published in the last volume of this Archiv pg. 225 sq., was written, Mr. CUSHING has figured another example of a two-holed *atlatl* discovered by him in the Key Dwellings of the Gulf Coast of Florida. See „Proceedings of the American Philosophical Society", Vol. 35 (Dec. 1896), Plate XXXV Fig. 4.

O. M. DALTON.

II. Einige linguistische Bemerkungen zu GRABOWSKY's giljakischen Studien. — Wenn ich mir erlaube, zu dem im 3ten Hefte des X. Bandes dieser Zeitschrift veröffentlichten Aufsatz von F. GRABOWSKY „Ueber eine Sammlung ethnographischer Gegenstände von den Giljaken der Insel Sachalin" einige Ergänzungen zu bieten, so ist die Absicht, die mich bei dieser Aufgabe leitet, nicht die, das hohe Verdienst jener werthvollen und dankenswerthen Arbeit schmälern oder ihrem Verfasser auch nur irgend wie zu nahe treten zu wollen, sondern das Bestreben, durch den Hinweis auf eine Quelle, welche derselbe, ohne dass es ihm zum Vorwurf gereicht, nicht verwerthet hat, die in der Sache selbst liegenden Momente zu fördern. Ich meine die als Anhang zum 3ten Bande von L. v. SCHRENCK's Reisen und Forschungen im Amurlande herausgegebenen linguistischen Ergebnisse, bearbeitet von W. GRUBE, als deren erste Lieferung ein giljakisches Wörterverzeichnis nach den Originalaufzeichnungen von L. v. SCHRENCK und P. v. GLEHN [1]) mit scharfsinnigen grammatischen Bemerkungen GRUBE's erschienen ist; die zweite Lieferung, welche ein von demselben Autor bearbeitetes goldisches Wörterbuch unter vergleichender Berücksichtigung des gesammten, bisher erschlossenen tungusischen Sprachmaterials umfasst, ist nunmehr im Druck beendet und wird wohl demnächst erscheinen. GRABOWSKY hat von jedem der von ihm beschriebenen Gegenstände den einheimischen Namen nach einem ihm zugegangenen Verzeichnis mitgetheilt, darunter einige, die bislang ganz unbekannt waren, und diese Bezeichnungen wollen wir nun an der Hand jener einzigen, für die Sprache der Giljaken in Betracht kommenden Quelle ein wenig prüfen, wobei sich herausstellen wird, dass auch die rein ethnographische Betrachtung der Dinge nur dadurch gewinnen kann. Die an der Spitze befindlichen Ziffern sind die der bei GRABOWSKY behandelten Objekte, die in Klammern beigefügten Seitenzahlen beziehen sich auf das erwähnte Werk von GRUBE; die Umschrift desselben ist beibehalten: ein Accent ' hinter oder über einem Consonanten bedeutet die Palatalisierung des betreffenden Lautes.

1. *tjof* bedeutet nach GRABOWSKY Sommerjurte. In dieser Gestalt ist das Wort unter GRUBE's Materialien nicht zu finden; es könnte verwandt sein mit *tolf*, *tolv-añ* (S. 91*b*, *añ* „Jahr" = manju *aniya*) = Sommer, nach GLEHN *tóltuf* (S. 91*a*), sodass *tolf* aus letzterem contrahiert erscheint. Nun ist aber im Amurdialekte auch ein Wort *tyf* (S. 95*b*) in der Bedeutung „Haus, Jurte, insonderheit die Winterjurte" vorhanden, womit wohl *tuf*, *tuff* (S. 94*a*) „Rauch" zusammenhängen dürfte. Dieses *tyf* erinnert wieder an *tulf*, *tulv-añ* (S. 93*a*) aus *túluf* wie *tolf* aus *tólluf*), was „Winter" bedeutet. Man könnte zwar ebenso gut an *tylf*, *tylv-añ* (S. 95*a*) = Herbst denken, denn die Namen der hier genannten drei Jahreszeiten sind offenbar eng mit einander verbunden und durch einen merkwürdigen Parallelismus in Bedeutung und lautlicher Form geeint, worauf auch GRUBE S. 16 aufmerksam macht; abweichend ist *xonf*, der Frühling. Mit *tyf* identisch ist offenbar das im Dialekt der Westküste von Sachalin gebräuchliche *typ* (S. 95*a*) Haus und das *tap* (S. 89*a*) oder *taf* des Tymy-Dialekts. *T'of* möchte daher wohl nur eine Variante dieser Formen sein, zumal da die Vokale a und y, o und y, a und o und die Labialen p und f, besonders im Auslaut, häufig wechseln (S. 9, 12). Zu derselben Wurzel gehören wohl auch die folgenden Bezeichnungen für Jurtengeräthschaften und -theile: *tut* (S. 93*b*) Heerd in der Sommerjurte, *tuyr* (S. 93*a*, Tymy) Heerd in der Winterjurte, während das allgemeine Wort für den Begriff Heerd *nérnga* (S. 83*a*), nach GLEHN „ein hölzerner, etwa 1'—2½' hoher, länglich viereckiger Kasten, der mit Erde gefüllt ist und die Mitte des Zimmers einnimmt", zu sein scheint, ferner *tof* (S. 92*b*) zwei an beiden Enden des Daches befestigte Stangen, und vielleicht *tu-močañ* (S. 94*a*) Gerüste vor den Jurten, an welchen im Sommer zerkleinerter Fisch zum Trocknen hängt, und auf denen im Winter die Netze, Schneeschuhe u. dergl. liegen. In *käryf* (S. 56*a*) Sommerjurte, *tóryf* (S. 91*b*) Winterjurte ohne Schornstein, *čadryf* (S. 77*a*) Winterjurte mit zwei Heerden und Schorn-

[1]) Derselbe bereiste Sachalin 1½ Jahre lang als Mitglied der Amur-Expedition der russischen geogr. Gesellschaft (1860—62). Siehe seinen „Reisebericht von der Insel Sachalin" in Beiträge zur Kenntnis des russischen Reiches, Bd. 25, Petersb. 1868, S. 189—277.

stein ist *ryf* das zweite Glied eins Compositums und gleich dem erwähnten *tyf* (S. 16, § 7).

2. *ńo*, *ńò* als dem Tymy-Dialect angehörig, kann in diesem Falle die Provenienz des Gegenstandes doch nicht mit absoluter Sicherheit beweisen. denn nach SEELAND komt *ńo* auch in Nikolajewsk, also auf dem Festlande, vor (S. 143).

3. Nach GRABOWSKY ist *prak* eine Frauenjacke aus Fischhaut. nach GLEHN, der dasselbe Wort aufgezeichnet hat (S. 104*a*) wäre es eine Jacke aus Seehundsfell. Das Wort mag sich demnach in verschiedenen Dialekten verschieden specialisiert haben; ich erinnere auch daran, dass es nach SCHRENCK ein Wort *pro* (S. 104*a*) mit der Bedeutung *Salmo spirinchus* giebt.

4. *Wäskr* „Halbrock aus Fischhaut." Nach SCHRENCK ist *waski* (S. 107*a*) im Tro-Dialekt der Name eines Fisches unbestimmter Art, ebenso *wars* (S. 106*b*), was auch „Hosen aus Zeug" heissen kann: *wäskr* scheint hieraus abgeleitet zu sein. Das Wörterbuch kennt ausserdem *čurk* (S. 80*a*) oder *čjurk* (S. 81*b*) in dem Sinne von Fischhautrock, der fast nur von Weibern getragen wird. JACOBSEN, der eine Sammlung ethnographischer Gegenstände mit ihren giljakischen Namen für das Berliner Museum für Völkerkunde zusammengebracht hat, bietet S. 149 *taust-türk* Fischhautrock der Weiber; Fischhaut heisst *mynč* (S. 112*b*). Das von GRABOWSKY angeführte *kosskha* ist nach SCHRENCK, *kossk(x)a* (S. 59*b*, 137, 147), ein kurzer Schurzrock von Seehundsfellen, von Männern getragen. nach JACOBSEN *koskä* (S. 147), ein Festüberrock aus Seehundsleder für Männer, im Winter getragen, nach GLEHN *köskan* (S. 59*b*), ein Kleidungsstück aus Seehunds- oder Hundefellen, welches die Bauchgegend bedeckt (von der Form eines abgestumpften Kegels). Letzteres Wort ist vielleicht aus *kös* „Hals" und *kan* „Hund" zusammengesetzt.

5. *panj* „Kniehosen aus Hundefell." Dieses Wort kennen SCHRENCK und GLEHN, geschrieben *pań* (S. 99*b*, 132) mit der Erklärung „Kniehose oder Gamasche aus Seehundsfell", welche das Bein von dem untern Theile des Oberschenkels bis zu den Stiefelschäften hinab bekleidet."

6. *chak* „Frauenkappe." Nach GLEHN *xak* (S. 63, ebenso SEELAND S. 131), nach SCHRENCK *hak* (S. 69*a*) beide haben indessen nur die allgemeine Bedeutung „Hut, Mütze aus Fellen"; dagegen ist *talx-(h)ak* (S. 93*b*) die Wintermütze (*talf* Winter) aus Tuch mit Fellfutter, von den Weibern beim Wasserholen und dergl. getragen. JACOBSEN, S. 148, hat *hakk* allein in der Bedeutung „Sommermütze der Weiber."

7. Ausser *xib-(h)ak* (S. 65*a*) Sommerhut aus Birkenrinde, von Männern getragen, kommt auch die Form *xivak* vor.

8. Das von GRABOWSKY mitgetheilte Wort *wich* = „ein Paar Aermelbinden", ist in GRUBE's Wörterverzeichnis nicht enthalten; vielleicht ist es verwandt mit *wet* (S. 51*b*) langer Oberrock von Zeug, von Männern und Weibern getragen. *törknbas* (*törkupas*) (S. 91*b*) wird erklärt: Manschetten von Leder oder Zeug, welche über die Pelzärmel am Handgelenk gebunden werden. Von diesen hat denn auch das Kleidungsstück seinen Namen, denn *törkparu-tu* heisst Handgelenk, *torpańg* Unterarm, *torpańg-tu* Unterarmgelenk. Handgelenk, *tu* (S. 92*b*) allein Fingergelenk, Gelenk, *tot* (S. 92*a*) Arm. JACOBSEN, S. 149, *totpüss* gestickte Manschetten für Knaben.

9. *wot gugi* „ein Paar Männerstiefel" lässt sich aus den uns vorliegenden Sprachmaterialien nicht belegen noch identificieren.[1]) Der gewöhnliche Name des Seehunds ist *lańr*, *lańgr* (S. 72*b*), *pÿri-lańr* (S. 103*a*) ist das erwachsene Thier von *Phoca nummularis*, *nafńa* (S. 83*a*) das junge Thier dieser Gattung, und *orońr* oder *ödonr* (S. 50*a*) das ganz junge Thier derselben; *alr* (S. 44*a*) *Phoca equestris*. Die hier genannte Art *Phoca barbata* heisst *kiyič* oder *kiyič-lańr* (S. 57*b*).

10. *Ki* „ein Paar Frauenstiefel." SCHRENCK und GLEHN geben für *ki* (S. 57*a*) nur die Bedeutung „Stiefel" an, der am Fussblatt aus Seehundsleder ist. „Dieser untere Theil," so heisst es weiter, „wird aus dem Felle des *kiyič-lańr* gemacht, während der obere Theil sowie alle anderen Stücke der Kleidung, soweit sie aus Seehundsfell bestehen, von Fellen des *pyri-* und *mačńa-lańr*[2]) gefertigt werden. An letzteren ist immer das Fell mit den Haaren verwendet, während es an den *ki* völlig abgeschabt ist." JACOBSEN, S. 147, schreibt sogar *ki* den Sinn „Männerstiefel aus Seehundsleder" zu. Für die allgemeine Bedeutung von *ki* sprechen auch Zusammensetzungen wie *kiur*, *kijür* (S. 57*b*) Heu, das in die Stiefel gelegt wird, um den Fuss zu erwärmen, *kizn* (S: 17) Stiefelschaft, und Verbindungen wie *ki pińč* (S. 101*b*) Stiefel anziehen.

11. *ez-gnir* „Holzschüssel für Fische"; nach SCHRENCK, so bemerkt GRABOWSKY, *es-gnir* (*ngir* = Schale). Die korrekte Bezeichnung ist indessen *ič-ńir* oder *ěč-nir* (S. 48*a*), d. h. wörtlich Essschale, von *inč*, *imińč* (S. 48*b*) essen und *ńir*, welches auch in den Formen *ńis*, *ńil*, *ńiϑ* (S. 68*a*) „Schale oder Becher von Holz zum Essen" und *ńir* (S. 87*a*) „Tasse aus Holz" auftritt, nach LEBEDEW auf Sachalin auch

[1]) Vielleicht kann *gugi* mit *kugi* (S. 60*a*) d. i. Ainu identisch sein.
[2]) *mačńa* bedeutet „kleines Thier", *Phoca ochotensis* (S. 108*b*).

*nik* (S. 138). Jenes *er*, *ez* ist identisch mit der Wurzel in *éz-muñč*, *éz-munt* (S. 47*a*) wollen, wünschen und *ez-malàñč* wohlschmeckend, wie denn in manchen Sprachen die Wörter für begehren und essen zusammenfallen, da das Begehren des primitiven Menschen in erster Linie auf den Magen gerichtet ist, wie im Tibetischen *ots'al-ba* (JÄSCHKE: A Tibetan-English Dictionary S. 458) beide Bedeutungen in sich vereinigt.[1] JACOBSEN hat die Formen *etniš*, *ečniš*, *rčkalums-etniš* (S. 146) „geschnitzte hölzerne Essschüssel." Doch ich glaube nicht, dass sich diese Bezeichnungen mit dem an dieser Stelle beschriebenen und abgebildeten Gegenstand wirklich decken, denn sie werden, S. 48*a*, erläutert mit den Worten „Essschale, längliches Brett, grösser als *mäni-ñir*, auf welchem Fisch (*tukki*, *lygi*, *teñi*) gegessen wird": *mäni-nir* wird S. 109*b* „kleines, etwas vertieftes quadratisches Brett, auf welchem *Inkkola* gegessen wird", erklärt. Auf das vorliegende Objekt passt vielmehr weit besser der Ausdruck *ět'inger* (S. 47*a*), Teller, ein länglich viereckiges, flach, muldenförmig ausgehöhltes Brett mit einem Griff, der ein Loch hat, um das Geräth daran aufhängen zu können; Rand und Griff sind mit Schnitzwerk verziert. Von dem durchlochten Griff abgesehen stimmt diese Schilderung mit dem Geräth, um das es sich hier handelt, gut überein. Es giebt auch Schalen aus Thon und Glas, die *pax-ñir* (S. 87*a*) wörtlich Steintasse genannt werden.

12. *orung* „ein Trog". Nach SCHRENCK ist *óroñ* oder *ódoñ* (S. 50*a*) ein „Trog, aus welchem Hunde und Menschen essen", nach GLEHN *orm*, SCHRENCK *órmotc* ein „grosser Kessel, in welchem das Hundefutter gekocht wird." JACOBSEN bietet *orün* (S. 146) als „kleine Essschüssel für Kinder."

13. *mirch* „Trinkschale aus Holz" ist im Wörterverzeichnis nicht enthalten; es lässt sich, wenn auch nicht unbedingt sachlich, so doch phonetisch damit *murs* (S. 111*b*) „viereckiges Gefäss aus Birkenrinde zum Ausschöpfen des Wassers aus dem Boote" und *mulk* „Korb, resp. Wassereimer aus Birkenrinde" vergleichen.

14. *tscheko* „Messer." Dieses Wort lautet *čáko* (S. 76*b*), *čákxo*, *jäk(x)o* (S. 82*a*, 134), *yi-jäkko* (S. 53*a*) kleines gerades Messer mit langem Holzstiel: nach JACOBSEN ist *jaxö* (S. 148) Jagdmesser und *ii-jaxö* (S. 146) kleines Messer für Holzarbeiten.

15. *lubosch* „Esslöffel." Dazu stimmt *lùvž* (S. 74*b*) nach SCHRENCK und *lubr* nach GLEHN (s. auch S. 133). Noch näher kommt der Bezeichnung bei GRABOWSKY die von JACOBSEN *lubš kololgnaih* (S. 148) geschnitzter Esslöffel aus Holz, während die einfachen Wörter einen gewöhnlichen Holzlöffel bezeichnen.

16. *ni-chür* „Löffel zum Füttern der Bären", nach SCHRENCK *nixÿr* (S. 83*b*) mit derselben Bedeutung. JACOBSEN hat S. 148 *čotr-nichüss* (aus *čotr* = *kotr* Bär und *nichüs* = *nixÿr*) kleiner geschnitzter Löffel, mit dem die Kinder den gefangenen Bären füttern. Vergl. *nixirgñiθ* (S. 83*b*) Schale, aus welcher das Bärenfett gegessen wird. Verwandt mit *nixÿr* ist wahrscheinlich *mitır*, *mitgr* (S. 110*a*) Schöpflöffel aus Holz, mit welchem die Suppe aus dem Hundekessel geschöpft wird, und wohl auch *čerürs* (S. 148, JAC.) geflochtener Fischlöffel für Hundefutter. Zu *xyr* vergleiche *xotön-xörs* (S. 148, JAC.) geschnitztes Essgefäss, aus welchem beim Bärenfeste Bärenfleisch gegessen wird. Dieses *xyr*, *xörs* ist vielleicht mit *kotr* (S. 59*a*), *č'if* (S. 81*b*, Tymy), *čxyf* (S. 80*b*) „Bär" verwandt. Was die Bärendarstellungen an dem Stiel des hier vorliegenden Löffels betrifft, so ist an das Wort *ñark*, *ñárkon-luvž* (S. 83*b*) zu erinnern, welches die Bedeutung hat „Löffel mit Schnitzwerk verschiedener Art, zumeist Bärendarstellungen, bei Bärenmahlzeiten benutzt." Verzierungen an Geräthen überhaupt heissen *taxs* oder *tagr* (S. 88*a*) und arabeskenförmige Figuren bei Arbeiten verschiedener Art *tayz* (S. 88*b*), wofür JACOBSEN *taás* (S. 149) notirt hat, was nach ihm auch „Stickereien" bedeuten soll.

17. *mu* „Ruderboot." SCHRENCK *mu*, GLEHN *mū* (S. 111*b*) Boot; *mu* bedeutet auch Brett auf der Schlafbank unter der Wiege und erinnert an das chinesische *mu(k)* Holz, Baum. Für Ruder theilt GRABOWSKY *jobon* mit und vergleicht damit *yeuj* bei SCHRENCK; dieses *yvñ* (S. 53*b*, GLEHN) stellt aber eine Contraction aus *ýbeñ* (S. 53*b*, GLEHN) und *óbĕñ* (S. 50*b*, GLEHN) dar, welch letzteres dem *jobon* am nächsten steht; das anlautende j ist auch noch in dem von LEBEDEW auf Sachalin aufgezeichneten *javñ* (S. 137) erhalten. Das hier erwähnte *kyrsh* lautet *kyrž* (S. 61*a*) und bedeutet „Segelstangen, zwei Stück, kreuzweise gestellt", nach GLEHN *kýders*, „die zwei Masten, zwischen denen das Segel aufgespannt wird." Die beiden Worte sind offenbar Ableitungen von *kyi* Segel, wovon wiederum *kyigitiñč* segeln gebildet ist (S. 17). Das in GRABOWSKY's Liste als *koja* aufgeführte Wort Segel

[1] Einige durch Composition gebildete Begriffe des Giljakischen erinnern in der psychologischen Auffassung an Indochinesisches und Malayisches: gilj. *nigx-čáx* (S. 18) Thränen, wörtlich Augen-Wasser, ebenso siam. *nám* (Wasser) *-ta* (Auge) = Thräne, tib. *mig* (Auge) *-č'u* (Wasser), contrahirt *mč'i*, mal. *ajer mata*; gilj. *moč-čax* (S. 111*a*) Wasser der Brust = Milch, siam. *nam nom*, mal. *ajer susu*; zu gilj. *mòmoč* saugen vergl. das tib. *nu-ma snun-pa*.

deckt sich offenbar mit diesem *kyi* (S. 60*b*); sachlich wird wohl *túlač* (S. 93*a*) nicht ganz jenem entsprechen, da ihm der besondere Sinn „Segel aus Häuten von *lyri-čo*" (S. 75*a*, *Salmo lagocephalus*) zukommt; auf Sachalin auch *lituč* (S. 140). Dagegen ist das Wort *tschongo* [1]) „Mast" aus GRUBE nicht festzustellen.

19. *nucht* „Zugschnur für die Hunde am Schlitten" stimmt genau mit der von GLEHN notirten Form *nuxt* (S. 84*b*) überein, „Zugtau, aus Riemen gedreht, an dem die Hunde wechselweise angespannt werden"; SCHRENCK giebt *nugč* „langer Zugriemen der Hunde." Mit *chal* „Hundehalsband von Seehundsleder", GRABOWSKY's Vorlage, stimmt wiederum GLEHN's Schreibung *xal* (S. 63*b*) überein, während SCHRENCK *xall* hat. Es ist eben daran zu erinnern, dass GRABOWSKY's Sammlung wie GLEHN's Sprachstudien von Sachalin stammen, während sich SCHRENCK's Wörtersammlungen zumeist auf das Festland beziehen. Der eiserne Ring an dem Hundehalsband heisst *maxt* (S. 108*a*), womit JACOBSEN's *kane-máxte* (S. 147) „Knochenschnalle am Hundegeschirr" (*kan* Hund) zu vergleichen ist.

20. *Kau-ru*. „Eispicken zum Lenken des Hundeschlittens"; nach SCHRENCK *kaur* (S. 54*a*) nach GLEHN *xaur* (S 63*a*, 141), ein mit eiserner Spitze versehener, etwa 2½' bis 3' langer Stock aus Birkenholz zum Lenken und Anhalten des Schlittens. GRUBE vergleicht mit diesem Worte das goldische und olča *kaure* (s. auch dessen Goldisch-Deutsches Wörterverzeichnis S. 25*b*), und es ist daher nicht unwahrscheinlich, dass die Giljaken, wie so manches andere, auch dieses Geräth von den benachbarten Tungusen überkommen haben. Diese besitzen auch einen zu den Schneeschuhen gehörigen Schneestock, den MIDDENDORF in seiner Sibirischen Reise, Bd. IV, S. 1349 beschreibt.[2]) Derselbe heist goldisch *lúnafo*, zu *tuiefá*, *tuiefú* Rohr, Stock, manju *teifun* gehörig (s. GRUBE l. c. S. 80*a*). Ein solches Geräth gehört auch zum Kulturbesitz der Giljaken, welche aber, wie es scheint, ein eigenes Wort dafür gebrauchen, nämlich *kyš* (S. 61*b*) oder nach SEELAND *kys* (S. 139); vergl. *kant* (S. 55*a*), *k'ant* (S. 62*b*) Stock.

21, 22. *ke* „Netz zum Fischfang" SCHRENCK *kä* (S. 55*b*), GLEHN *kę*; *kägnyč* „Fische mit dem Netz fangen", aus *kä* und *ignyč* „fangen" (S. 17). Andere Bezeichnungen sind *čessk* (S. 78*b*) gewöhnliches viereckiges Netz zum Fangen von Lachsen und anderen Fischen, *kyrn-kä* (S. 61) ein Fischnetz, *lýri-kyrn-kä* (S. 75*a*), *lyri-čessk*.

23. *Ilja* „Geschoss zum Seehundsfang" muss wohl auf einem Irrthum beruhen, denn das ganze Geschoss heisst nach SCHRENCK *lyx* (S. 75*a*) harpunenartige Waffe zum Schlagen der Seehunde, während *Ila* (S. 96*a*) demselben Gewährsmann zufolge nur einen Theil, nämlich den langen Griffstock der Seehundsharpune bezeichnet. *čamrat* (S. 78*a*) ist die eiserne Spitze an dieser Waffe, deren Analogon das *túgńy* (S. 93*a*) „Stock mit eiserner Spitze zum Schlagen der Störe" zu sein scheint.

24. *uallss* „Jagdgürtel" entspricht dem von SCHRENCK mitgetheilten *walz* (S. 106*b*) Gürtel mit Gehängen, *vyvyš* nach SEELAND, *viruš* nach LEBEDEW (S. 129), *wilos* nach JACOBSEN (S. 150). Vergleiche ferner die folgenden Bezeichnungen: *mlámlač* (S. 113*a*) Gürtelschnalle aus Knochen geschnitzt, dann Gürtelgehänge überhaupt; *tabrk*, *tábrisk* (S. 89*a*) Schnalle, Gürtelschnalle aus Knochen geschnitzt, Gürtelgehänge; *kešš-kešš* [3]) (S. 57*a*) eiserne Kette mit Gehängen, an welcher Messer, Pfeifenpurrer u. dgl. m. am Gürtel getragen werden.

*a*. *ńavla-jákko* (S. 68*a*) grosses gerades Messer der Männer.

*b*. Für Messerscheide giebt GRABOWSKY keinen einheimischen Ausdruck. SCHRENCK hat dafür *kall* (S. 54*b*), ebenso JACOBSEN S. 147, der auch Composita für hölzerne, lederne und knöcherne Messerscheide mittheilt.

*c*. *čóndak* (S. 79*b*) Säckchen oder Kästchen für Feuerzeug, auch *xóntak*, *xónlax* (S. 66*a*) Sack, Tabaksbeutel (letzteres auch *támak-x*.[4]) ibid. u. S. 89*b*), *conto* (S. 147) Tabaksbeutel nach JACOBSEN, der S. 148 auch *čedax*, *čodak*, *čodax* Feuerzeugtasche bringt; vergl. *čábzis*, *čaf-sis* (S. 77*b*), Täschchen aus Seehundsfell, in welchem der Schleifstein *čaf* getragen wird.

*d*. *mlo* (S. 113*a*) Täschchen für Feuerzeug mit Schwamm und Feuerstein. Beachtenswerth ist, dass diese Form dem Tymy-Dialect eigen ist, vergl. N°.

---

[1]) [Chinesisches Lehnwort 檣篙 *tschiong-ko* = Raa, Maststange. SCHLEGEL].

[2]) Vergl. auch C. HIEKISCH, Die Tungusen. Eine ethnologische Monographie. 2. Aufl. Dorpat 1882, S. 76.

[3]) Doppelung und Reduplication sind im Giljakischen ein häufig angewandtes Mittel der Wortbildung, s. GRUBE § 8.

[4]) Das b in Tabak ist in zahlreichen Sprachen in m übergegangen: manju *dambaga*, tungusisch *tamra*, *damga*, *damgi*, *tamagi* (GRUBE, Goldisch-deutsches Wörterverz. S. 75*a*), mongolisch *tamaki* (SCHMIDT, Mong. Wortb. S. 232*a*), tib. *t'a-ma-k'a* (JÄSCHKE, Tib. Dict. 226*b*) u. s. w. Für „rauchen" sagt der Giljake „Tabak trinken" *támax tač* (S. 88*b*), ebenso wie der Japaner *tabako wo nomu*, der Malaie *minum roko*, der Tibeter *t'a-ma-k'a ºt'uń ba*. [„Rauch trinken" war der gewöhnliche Ausdruck in den europäischen Sprachen im 17ten Jahrhundert; so ist z. B. im Holländischen jener Zeit der Ausdruck „tabak drinken" wohl bekannt. KERN].

2 und 4; die gewöhnliche ist *mlö* (S. 113*b*) Täschchen für Feuerzeug aus der Haut von *okras* oder *peč-čo*: vergl. JACOBSEN, S. 150, *mlöxérs* Gürtelgehänge aus Knochen und *blö* Reservetasche für Feuerzeug, *lyr-elz* (S. 74*b*) Feuerzeug-Riemen, *čvrax-ses* (S. 146) knöcherne Feuerzeugbüchse, am Gurt getragen, *okrass-kàt* (S. 146) Feuerzeugtasche. Feuerstein heisst *ńyk*, *nyk* (S. 126) oder *nyk-pax* (S. 84*b*), Feuerschwamm *ebrk*, *ębràk* (S. 126).

*e. nuγ*, *nux*, *nugx* (S. 84*b*) Nadel; *nùγzis*, *nugx-sis* Nadelbüchse; JACOBSEN, S. 148, *nusis* Dose für Nadeln und Streichhölzer.

25. *kax* (S. 54*a*) Lanze, in allen Dialekten gleichlautend (S. 132). JACOBSEN, S. 147, *kax-tabràks* eiserner Doppelhaken für die Bärenlanze, um dieselbe zu verhindern, zu tief einzudringen.

26. *joru* „Bogen" ist in GRUBE's Werk nicht enthalten; es liegt hier, wie GRABOWSKY bemerkt, eine ganz andere Waffe vor als die von SCHRENCK *punč*, *punt* (S. 102*b*) genannte ist. *kix* (S. 57*b*) ist sowohl die Bogensehne wie die Saite der Geige und des Fiedelbogens (von Rosshaar). *ku* (S. 60*a*) Pfeil, nach SEELAND *pud'ž*, nach LEBEDEW *xač* (S. 136); JACOBSEN, S. 147, *kulùk* Pfeilspitze, aus *ku* und *lux* Pfeilspitze.

27. Die nicht mitgetheilte Bezeichnung für den Selbstschuss ist *ńàrxoč* (S. 67*b*), gegen Füchse, Hasen, Zobel und Ottern gebraucht. *ksull* (S. 62*b*) Stock am Selbstschuss, gegen die Mitte des Bogenholzes gestemmt; *čymrx* (*čimrx*, S. 80*a*) Stöckchen zum Spannen des Bogens an der Falle und dem Selbstschuss; *wèttak* (S. 107*a*) kleines Hölzchen, das zwischen den *čymrx* und die Schnur gesteckt wird; *kor* (S. 59*a*) eiserne Spitze des Pfeiles am Selbstschuss; *łoγr-puks* (S. 90*b*) Schnur, die den Pfeil an den *kips* bindet; *kips* (S. 58*a*, fehlt bei GRABOWSKY.) Stock auf welchen der Selbstschuss gesteckt wird. Ferner sind noch folgende, von GRABOWSKY nicht bemerkte technische Ausdrücke zu beachten: *čraff* (S. 81*a*) Zielstock beim Aufstellen des Selbstschusses; *čox* (S. 79*a*) der lange dünne Faden am Selbstschuss (*wèttàk*); *winńyr* (S. 107*a*) Stock des Pfeiles am Selbstschuss.

28. 29. Mit *koro-chor* „Rassel", ein Wort, das sich unter SCHRENCK's Materialien nicht findet, wie er ja auch den Gegenstand selbst nicht zu kennen scheint, ist vielleicht das von JACOBSEN, S. 147, aufgezeichnete *koch* „die runden Glocken am Schamanengewande" zusammenzustellen.

30. *ola bitoss* „Talisman für kleine Kinder." Das erste Wort heisst Kind, nach SCHRENCK *òlla* (S. 49*b*), nach GLEHN *ǫla* (S. 51*a*), nach JACOBSEN *ole* (S. 146), das zweite ist nicht zu erklären. Was den Gegenstand betrifft, so weise ich noch hin auf *mọikr-kù* (S. 150, JAC.) Holzpuppe, Kinderspielzeug, verwandt mit *mọikr* Götze in menschlicher Gestalt und auf *màčerlugu-čalča-čḁi* (S. 108*b*) Idol mit Kopf-, Rumpf- und Extremitäten-Gelenken, bei der Geburt von Kindern angefertigt, damit diese durch den Anblick desselben gesund bleiben; *kiš* (S. 58*a*) ein mit menschlichen Figuren behängter Halbring, als Amulet gegen Brustkrankheiten um den Hals getragen.

GRABOWSKY's Bezeichnungen enthalten im ganzen zehn bisher unbekannte Wörter. Von diesen boten sechs die Möglichkeit einer Identifikation mit dem uns vorliegenden Sprachmaterial, nämlich *t'of*, *wàskr*, *nùch*, *mirch*, *koja*, *koro-chor*; von den übrigen vier *uot gugi*, *tschongo*, *joru*, *bitoss* lässt sich bis jetzt gar nichts aussagen. Alle anderen Wörter konnten leicht erkannt und festgestellt werden.

KÖLN a/R B. LAUFER.

III. T r a c h t e n u n d M u s t e r d e r M o r d w i n e n ist der Titel eines, von dem wegen seines Werkes über die Gebäude der Finnen rühmlichst bekannten Ethnographen Dr. A. O. HEIKEL verfassten Werkes, dessen Herausgabe die F i n n i s c h - u g r i s c h e G e s e l l s c h a f t in H e l s i n g f o r s übernommen hat. Das Werk wird in Lieferungen erscheinen und cca. 100—150 farbige Tafeln in lex. 8º., nebst einer Einleitung, in welcher das materielle Leben der Mordwinen geschildert werden soll und einer Erklärung der Tafeln, beides in finnischer und deutscher Sprache, enthalten. Die erste Lieferung, sechszehn sehr gut ausgeführte Tafeln enthaltend, liegt uns vor; bis Anfang 1899 soll das Werk vollendet sein, die Höhe der Anzahl der Tafeln wird davon abhängen, wie gross die Theilnahme wissenschaftlicher und anderer Kreise in Gestalt des Abonnements sich erweisen wird. Der Preis ist für gelehrte Gesellschaften, Museen und ähnliche Anstalten auf M. 30 festgesetzt; Bestellungen können direct an die obgenannte Gesellschaft oder auch an OTTO HARRASSOWITZ, Leipzig, gerichtet werden.

Die Nationaltracht der Mordwinen, bekanntlich ein finnischer an der untern Oká und der mittleren Wolga wohnender Volksstamm, hat sich bis auf unsere Tage erhalten; jetzt aber geht selbe, in Folge der Annahme der russischen Tracht, schnell ihrem Untergang entgegen. Das in Rede stehende Werk ist daher bestimmt dieselbe, sowie den Schmuck und die Stickereien, womit jenes Volk seine Kleidung schmückt, für fernere Zeiten zu bewahren, es dürfte sich daher ausser für ethnographische und volkskundliche Forschungen, auch für die Ornamentkunde und kunstgewerbliche Studien von grossem Werth erweisen. Soweit schon die Tafeln der vorliegenden ersten Lieferung erkennen lassen ist der, durch das Zusammenwirken nur weniger Farben erzielte Eindruck jener Stickmuster ein hochaestheti-

# 009

## 印度寓言五则

# Zeitschrift

der

# Deutschen Morgenländischen Gesellschaft.

Herausgegeben

**von den Geschäftsführern,**

in Halle Dr. **Pischel,**
Dr. **Praetorius,**

in Leipzig Dr. **Socin,**
Dr. **Windisch,**

unter der verantwortlichen Redaction

des Prof. Dr. E. Windisch.

**Zweiundfünfzigster Band.**

**Leipzig 1898,**
in Commission bei F. A. Brockhaus.

# Fünf indische Fabeln.

## Aus dem Mongolischen von Hans Conon von der Gabelentz.

**Aus einer unveröffentlichten Handschrift der Königl. Bibliothek zu Berlin[1]) mitgeteilt**

von

**B. Laufer.**

### I. (p. 159b, 160.)

Als vor alten Zeiten ein Elefant das Wasser des Meeres zu trinken ging, begegnete er einer Maus, die zu ihm sagte: „Onkel, du bist von Natur weise, ich bin von Natur listig; wer von uns beiden ist der ältere Bruder?“ Der Elefant erwiderte zornig: „Ziemt es sich, dass du Knirps älterer Bruder sein willst? Ich zerstöre mit meinem Stosszahn den Berg Sumeru; wenn ich mit dem Fuss auftrete, töte ich zehntausend Mäuse“.

Als er im Begriff war, auf sie zu treten, floh die Maus erschrocken und sann auf eine List. Sie versammelte viele Mäuse und sprach: „Ein Elefant will uns alle töten. Wenn wir die Erde auf seinem Wege heimlich aushöhlen und ihn zu Falle bringen und besiegen, so wird dies gut für unsern Ruhm sein“.

Die andern billigten diesen Vorschlag, gruben die Erde auf und warteten. Der Elefant kam, stolperte und fiel, und da er sich nicht wieder aufrichten konnte, sprang die erste Maus auf das Haupt des Elefanten und sprach: „Onkel Elefant, wer von uns beiden ist nun der ältere Bruder?“ Der Elefant antwortete: „Da alle Mäuse meine Lehrer gewesen sind, so mögen sie die älteren Brüder sein. Wenn ihr mich aus diesem Unglück errettet, so werde ich, wo ich eure Löcher sehe, erschrocken fliehen“. Auf diese Rede versammelte die erste Maus 800 000 Mäuse; einige befehligten von dem Körper des Elefanten aus und zogen von oben,

---

1) Über dieses bedeutsame Werk habe ich bisher nur eine Notiz in der Kölnischen Zeitung 1895 (Nr. 375) veröffentlicht, welche auch die Beilage zur Allgemeinen Zeitung abgedruckt hat. Meine Bemühungen, eine Publikation der ganzen Handschrift zu ermöglichen, sind sämtlich gescheitert.

andere gruben die Erde tiefer aus und feuchteten sie an, so dass der Elefant allmählich sich erhob. Als nun der Boden geebnet und der Elefant aufgestanden war, lief er erschrocken davon. Die Mäuse lachten.

O König, dass die einen Finger langen Mäuse durch Behendigkeit und List den gierigen Elefanten besiegt haben, ist durch solche List geschehen.

Vergl. Hitopadeśa I, 8.

## II. (p. 160a, 160b.)

Einstmals kam eine Katze, die ein gelb und rotes Kleid angezogen hatte, in die Nähe der Mäuse. Als die Mäuse sie erblickten, flohen sie erschrocken. Die Katze sagte: „Flieht nicht! Ich habe vor Buddha ein Gelübde abgelegt und thue deshalb keinem Geschöpf etwas zuleide". Die Mäuse aber sagten: „Frau Katze, höre. Wenn dein Körper, indem du das gelb und rote Kleid anzogst, ein Gelübde genommen hat, hat dein Gemüt auch ein Gelübde genommen?" Die Katze sprach: „Meine Brüder, hört mich! Alle andern Dinge werden sich finden, mein Gemüt ist aufrichtig und rein. Die Mäuse glaubten es und machten die Katze zu ihrem Fürsten. Als sie aber zusammen waren, frass die Katze, sich listig verbergend, täglich mehrere hundert Mäuse. Die Mäuse wunderten sich und fanden, als sie nachzählten, dass 800 000 Mäuse weg waren. Sie erkannten nun, dass die Katze sie gefressen hatte und sprachen: „Jeder schlechtgesinnte Mensch muss so . . . . . . werden". So sprechend flohen sie. Dies war die Macht der List.

Eine Variante dieser Fabel hat Schiefner unter dem Titel „Der heuchlerische Kater" aus dem tibetischen Kandjur übersetzt (Mélanges asiatiques Bd. VIII, S. 177). Dieselbe lautet: In längst vergangener Zeit lebte ein Anführer einer Mäuseschar mit einer Umgebung von 500 Mäusen und gab es einen Kater Namens Agnidscha. In seiner Jugendzeit tötete dieser, wo er wohnte, in der Umgegend alle Mäuse. Als er aber zu anderer Zeit alt geworden mit seiner Überlegenheit keine Mäuse mehr fangen konnte, dachte er: „Früher habe ich in der Jugendzeit durch meine Überlegenheit Mäuse fangen können; da ich es jetzt nicht mehr vermag, muss ich irgend eine List verbreitend sie verzehren". Er fing an, verstohlenerweise Mäuse zu suchen. Bei diesem Suchen erfuhr er, dass es eine Schar von 500 Mäusen gebe. Als er an einer von dem Mäuseloche nicht sehr entfernten Stelle trughafte Bussübung ausübte, sahen die Mäuse, als sie hin- und herliefen, ihn mit frommer Haltung stehen. Aus der Entfernung fragten sie ihn: „Oheim, was machst du?" Der Kater antwortete: „Da ich in meiner Jugend viel untugendhafte Handlungen verübt habe, thue ich jetzt, um sie auszugleichen, Busse". Die Mäuse meinten, er habe nun das sündhafte Leben aufgegeben, und es entstand in ihnen aus dem Glauben erwachsenes Zutrauen. Als sie nun täglich, nachdem sie ihren Kreis gemacht hatten, in das Loch zurückkehrten, packte der Kater immer die letzte derselben und verzehrte sie. Als aber nun die Schar immer kleiner wurde, dachte der Anführer: „Da meine Mäuse an Zahl abnehmen, dieser Kater aber gedeiht, muss es irgend eine Ursache geben“. Er fing deshalb an, den Kater zu betrachten; als er ihn dick und behaart sah, dachte er: „Ohne Zweifel hat dieser die Mäuse getötet, deshalb muss ich die Sache ans Tageslicht bringen“. Als er nun aus einem Verstecke sorgfältig Acht gab, sah er, wie der Kater die letzte Maus verzehrte.

F. W. K. Müller, Die 16 ersten Erzählungen des Piśâcaprakaraṇam, Thai-Text mit Übersetzung, in dieser Zeitschrift Bd. 48, 1894, S. 212, giebt die folgende verwandte Geschichte, in welcher jedoch die Katze durch einen Raben und die Mäuse durch Schwäne vertreten werden:

Im Altertum erzählte man: Es gab einst einen heiligen Feigenbaum mit breiten Ästen, welcher einen Umfang ähnlich einem Nyagrodhabaum hatte. Es ereignete sich nun, dass ein Rabe die Schwäne erblickte, welche mit Jungen und Neugeborenen versehen auf jenem Feigenbaume lebten. Da dachte er: Wenn ich diese Jungen mir zum Frasse hole, auch nur einen oder zwei, und wenn jene es sehen, so werden sie sich zusammenrotten und mich töten, so dass ich auf dieselbe Weise umkommen werde. Wenn die Sache sich so verhält, so werde ich Betrug anwenden müssen, um die Schwäne zum Frasse zu erlangen. Ich will eine List anwenden. Nachdem der Rabe so überlegt hatte, nahm er einen Ring und steckte ihn auf seinen Schnabel, stellte sich sogleich aufrecht hin und vollbrachte Bussübungen in den Zweigen des Feigenbaums, und zwar auf der Ostseite. Als nun die Sonne aufging, erblickten ihn die Schwäne und fragten: „Warum thust du das?“ Der Rabe öffnete seinen Schnabel nicht. Der König der Schwäne befragte ihn bis zum zweiten oder dritten Tag. Der Rabe antwortete alsdann: „Ich vollziehe Bussübungen. Ich heisse Thuerecht (Dharmaṅkaro) und enthalte mich so (durch den Ring) der Speise. Alle Einsiedler und Frommen üben Askese und nehmen gewöhnlich ihre Lebenskraft als Speise. Ich habe nie Speise zu mir genommen“. Der Schwanenkönig und sein Gefolge fassten Vertrauen zu ihm und sprachen: „Dieser Rabe fastet wahrhaft!“ Als nun die Schwäne fortgezogen waren, um ihre Nahrung zu suchen, zog der Rabe den Ring von seinem Schnabel herab und nahm sich junge und kleine Schwäne zum Frass (und zwar) alle Tage. Die Schwäne beschuldigten sich darauf untereinander. Sodann zeigten sie es dem Schwanenkönig an und dieser liess vier Schwäne jenen Umkreis beobachten. Da sahen sie, wie der Rabe den Ring von seinem Schnabel streifte und die jungen und kleinen Schwäne frass. Als die vier Schwäne dies gesehen hatten, sprachen sie: „Du pflegst

Bussübungen zu vollziehen und handelst so?! Ist das auch recht?" Der Rabe erwiderte nichts darauf, sondern flog davon.

Die Fabel ist auch in der mohammedanischen Welt verbreitet: man vergleiche die folgende Version[1]):

Eine alte Katze war neben dem Feuer im Hause, auf dem Kopfe einen Turban setzend; diese Katze rief zu den Mäusen: ich habe viele Leute von euch getötet, ich habe Reue empfunden, ich habe Busse gethan, ich begebe mich zur Kaaba; kommet, um mir zu verzeihen und Frieden zu machen, sprach die Katze. Alle Mäuse kamen zu dieser Katze; eine grosse Maus blieb auf dem Hofe, ohne ins Innere des Hauses zu gehen. Komm auch du, sprach die Katze zu dieser Maus; diese Maus sprach: bei Gott, das Aussehen dieser Katze ist dasselbe, der Schnauzbart ist derselbe, die Ohren sind dieselben, der Schwanz ist derselbe, die Art ist dieselbe; wegen des Turbans hat sie ihre Sitten nicht aufgegeben; ich kann nicht hinkommen. Also sprechend lief die grosse Maus davon; nahe kamen alle Mäuse und die Katze tötete und frass jene Mäuse und die Katze wurde satt.

## III. (p. 161a.)

Einstmals gingen ein Pfau und eine Pfauhenne freundschaftlich zusammen, und da sie sich nicht begatten konnten, machte der Pfau die Bewegung des Begattens und ging dreimal um die Henne herum. Da er dabei eine Thräne vergoss, so fing die Henne diese, ehe sie zur Erde fiel, in ihrem Schnabel auf und verschluckte sie.

Einst dachte der Pfau so: „Kein Geschöpf ist so schön wie ich; indem die Menschen meine Federn anstecken, erlangen sie einen Rang, und mein Futter sind giftige Schlangen"[2]). Während er so sich brüstend dort stand, kam plötzlich ein Geier listig herbei und holte ihn. So war die List sehr mächtig.

Der Pfau ist in der Fabel oft das Bild der Eitelkeit und Thorheit, wie in der von Schiefner, Mélanges asiatiques Bd. VIII. S. 101 mitgeteilten Geschichte, aber andererseits auch das Symbol der geistigen Schönheit, Reinheit und Tugend, wozu man die Erzählung von dem Pfauenkönig Suvarṇaprabhāsa (Goldglanz) vergleiche[3]).

## IV. (p. 161b, 162a).

Einstmals sagte ein König zu seinem Minister: „Minister, welches ist das Vorzüglichere, List oder Weisheit?" Der Minister

1) Schiefner, Versuch über das Awarische in Mém. de l'ac. imp. des sciences de Pét. Tom. V, No. 8, 28/29.

2) Vergl. Tāranāthas Geschichte des Buddhismus in Indien, übersetzt von Schiefner, Petersb. 1869, S. 99.

3) W. W. Rockhill, Tibetan buddhist birth-stories im Journal of the American Oriental Society 1897, S. 12 des S.-A.

antwortete: „Die List“. Da wurde der König sehr zornig und sprach: „Warum ziehst du die List der Weisheit vor?“ Damit liess er den Minister hinauswerfen. Als der König einen Monat lang gezürnt hatte, rief er seinen Elefantenwärter und sprach: „Hahu, höre meine Worte. Nachdem du einem wütenden Elefanten tausend Mass Branntwein gegeben hast, so lass ihn auf jenen Minister los“. Er liess den Minister kommen und gab ihm reichlich zu essen und zu trinken. Nachdem er gegangen war, begaben sich der König und die übrigen aus dem Palast, der König und die Königin sahen von einem Versteck aus zu. Als der Minister sich hinsetzte und pisste, wurde der Elefant losgelassen. Als dieser wütende Elefant angerannt kam, dachte der Minister: „Weil ich keine Waffen bei mir habe, bin ich verloren“. Er packte einen in der Nähe befindlichen Hund beim Schwanze, und nachdem er ihn dreimal gegen den Elefanten geschwungen hatte, biss der Hund den Elefanten in den Rüssel, so dass dieser erschrocken floh. Als dies der König sah, lachte er sehr, liess den Minister kommen und sprach: „Deine Rede war richtig; die List ist das Vorzüglichere!“ Er machte ihn auf der Stelle zum Fürsten, wies ihm einen jährlichen Gehalt von 9000 Stücken Silber an und entliess ihn.

O König, dies ist die Macht der List. Es bedeutet, dass du durch unsere Macht König bist. Wir halten Religion und Sitte durch allerlei List; weil der König etwas Unpassendes befohlen hat, deshalb waren wir ungehorsam.

## V. (p. 206b—208b.)

Die folgende Geschichte, die sich im 25. Kapitel des Kasna Chan befindet, ist für die vergleichende Märchenkunde von grosser Bedeutung, da sie über manche Züge, welche dieselbe in Europa angenommen hat, und die Art ihrer Verbreitung Aufklärung schaffen kann. Das wesentliche Material findet man bei Benfey, Ein Märchen von der Tiersprache, Quelle und Verbreitung, in Orient und Occident II, 133—171. Vorauszuschicken ist: Bikarmatschita[1]) ist mit seiner Gattin Nargi in die Heimat zu seinen königlichen Eltern zurückgekehrt, welche durch ihren Minister Soorma von dem Backwerk, das Schigemuni[2]) isst, neun Teller voll auftragen lassen.

Als Bikarmatschita und Nargi davon kosteten, fiel ein Brocken des Backwerks auf die Erde. Alsbald kam ein Schiragoldschin, las es auf und trug es in seine Höhle. Ein Schiragoldschin kam heraus und sprach: „Kamerad, wenn du mir nichts von dem Gebäck giebst, das du aufgelesen hast, werde ich dich samt dem Gebäck fressen“. Der andere sprach: „Neben Bikarmatschita ist viel Gebäck hingefallen, geh hin und iss das!“ Bikarmatschita

1) Wohl = Vikramâditya.
2) Mongolische Form von Śâkyamuni.

hörte das und lachte. Da sagte Nargi: „Bikarmatschita, sag mir, worüber du lachst“. Bikarmatschita antwortete: „Ich lachte unwillkürlich“. Darauf sagte Nargi: „König, da wir doch ein Leib sind, warum willst du es mir nicht sagen? Wenn du es mir nicht sagst, bleibe ich nicht bei dir“. Als sie sich abseits von ihm setzte, ergriff Bikarmatschita ihre Hand und sagte: „Nargi, der Lehrer, welcher mich in der Sprache der Schiragoldschin unterrichtet hat, hat mir verboten, diese Sprache jemand zu verraten. Wenn ich sie verriete, würde ich sterben, und meine Seele zur Hölle fahren. Deshalb habe ich es nicht gesagt“. Nargi sprach böse geworden: „Magst du statt einmal tausendmal sterben, ich setze mich nicht wieder neben dich!“ Bikarmatschita erwiderte: „Frau, sieh mich an, ich will es dir sagen. Nargi, bleibe ruhig hier; wenn ich den Platz für das Begräbnis ausgesucht habe, komme ich wieder und sage es dir“.

Um das Gemüt der Geschöpfe nicht zu verletzen, beachtete er das Gemüt seiner Gemahlin, opferte er das Leben, sah sich nach einem Begräbnisplatz um, bezeichnete ihn und kehrte dann zurück. Unterwegs bemerkte er in der Nähe eines Brunnens viele Ziegen. Eine alte Ziege sagte zu ihrem Jungen: „Bist du nicht den ganzen Tag auf der Erde, um an mir zu saugen? Spring einmal über diesen Brunnen weg, komm und spiel mit mir; schnell, schnell!“ Das Junge aber sagte: „Du willst, dass ich in den Brunnen falle und sterben soll? Bin ich solch ein Narr wie Bikarmatschita? Ich bin nicht so einer, der auf das Wort eines Weibes fortgeht und sich nach einem Ort zu sterben umsieht“. Als das Bikarmatschita hörte, ging er eiligst nach Hause, peitschte Nargi durch und warf sie zum Hause hinaus. Während er Nargi züchtigte, freuten sich die Bodhisattvas und alle, und ein Blumenregen fiel herab.

# 010

# 关于佛教艺术的新资料和新研究

# GLOBUS

Illustrierte

## Zeitschrift für Länder- und Völkerkunde

**Vereinigt mit der Zeitschrift „Das Ausland“**

---

**Begründet 1862 von Karl Andree**

Herausgegeben von

**Richard Andree**

---

**Dreiundsiebzigster Band**

Braunschweig

Druck und Verlag von Friedrich Vieweg und Sohn

1898

Altertümer sind gering an Zahl, gestatten aber den Schlufs, dafs der Bau in der Übergangsperiode von der jüngeren Hallstatt- zur La Tènekultur erfolgt ist. Reparaturen und Nachbauten sind zum Teil jünger. Hiernach mufs man die preufsischen Moorbrücken für Werke ostgermanischer Stämme halten, die von römischer Kultur noch nicht beeinflufst waren.

Als Bauhölzer sind meist starke Eichen verwandt, aufserdem Kiefern und einzeln Buchen, Weifsbuchen, Birken, Erlen und andere Bäume. Die Buche war also damals schon bis zu ihrer jetzigen Ostgrenze vorgedrungen, wie aus linguistischen Gründen längst vermutet wurde. Ebenso bemerkenswert wie das Vorkommen dieses Baumes ist das Fehlen der Fichte. Wo diese Baumart vorkommt, wird sie in Moorbrücken oft gefunden; ihr Fehlen in den preufsischen Moorbrücken rechtfertigt die Vermutung, dafs sie in den ersten Jahrhunderten vor unserer Zeitrechnung in der Umgebung des Sorgethales noch nicht vorkam[4]). Die Lage der Brücken läfst vermuten, dafs zur Zeit ihrer Herstellung und Benutzung ein wichtiger Verkehrsweg von der Spitze des Weichseldeltas längs des Abhanges des hohen Landes an das Frische Haff geführt hat. Die Niederung aber wird nicht nur unwegsam, sondern wahrscheinlich grofsenteils noch von Wasser bedeckt gewesen sein. Hat man doch nicht weit unterhalb der unteren Moorbrücke ein Segelboot aus der Wikingerzeit im Moore gefunden, und noch 1888 wurde bei einem Deichbruch alles Land zwischen der Nogat, dem Haff, dem Drausensee und der unteren Moorbrücke überflutet. Die Sohle des Sorgebettes hat zur Zeit der Moorbrücken mindestens 70 cm tiefer gelegen als heute.

Dafs die Moorbrücken bei fortschreitender Kultur und zunehmender Volksdichte aufser Gebrauch gekommen sind, ist zum Teil die Folge ihrer Unbequemlichkeit, zum Teil die des gesteigerten Holzwertes. Conwentz berechnet den Wert des zum Bau der längeren Brücke benutzten Holzes nach dem gegenwärtigen Preisstande auf rund 40 000 Mark.

In einzelnen holzreichen und verkehrsarmen Gegenden hat man aber bis heute Moorbrücken in Gebrauch, z. B. auf den Seefeldern bei Reinerz in der Grafschaft Glatz und in den Prinzlich Bironschen Waldungen des posenschen Kreises Schmiegel. Auch unsere Pioniere wissen noch solche Bauten herzurichten.

[4]) Auch die Abies furcata und bicaudis des Pommerellischen Urkundenbuches braucht nicht — wie ich früher mit Treichel meinte — eine Fichte gewesen zu sein, denn in Westpreufsen sind gabelförmig gewachsene Kiefern sehr häufig. „Gabelkiefer“ findet sich als Ortsbezeichnung im Jagen 52 und 53 der Neu-Grabiaer Forst bei Thorn.

# Neue Materialien und Studien zur buddhistischen Kunst.

Von B. Laufer.

Beziehungen zwischen Litteratur und Kunst in wechselseitiger Befruchtung mit neuen Ideen und Stoffen sind eine in der Kulturgeschichte alter und neuer europäischer Völker längst beobachtete Thatsache. Auch für die Kunstleistungen primitiver Stämme dürfte dieselbe, wenn auch in diesem Punkte noch nicht eingehend verfolgt, ihre volle Geltung haben, denn der Kreis von Gedanken und Empfindungen, wie sie sich in den Bildnereien derselben kundgeben, ist kein anderer als der, welcher ihre Lieder und Erzählungen umspannt; wie in Südafrika und Australien die Tierdichtung vorherrscht[1]), so auch die Tierdarstellung, und es wäre seltsam, wenn die Fäden beider Kunstübungen nicht hinüber und herüber laufen sollten. Insbesondere ist die mit iranischen und in der Hauptsache altgriechischen Elementen stark durchsetzte indisch-buddhistische Kunst in einem grofsen Teile ihrer Darstellungen nur an der Hand litterarischer Werke, meist legendaren Inhalts, zu verstehen, freilich nicht in dem Sinne, als hätte das Thema einer dichterischen Schöpfung in jedem Falle den Vorwurf für eine bildnerische Komposition gebildet; vielmehr haben sich wiederholt Legenden aus dem Bedürfnis entwickelt, Erzeugnisse der Malerei oder Plastik zu erklären, und es giebt z. B. poetische Lebensschilderungen Buddhas, wie das Lalitavistara, die sich wie die Beschreibung einer Bildergalerie ausnehmen. Manche typische Erscheinungen in der Religionsgeschichte lassen sich häufig nur durch die Vermittelung der bildenden Kunst deuten, und ich will nur ein Beispiel dieser Art erwähnen, das um so lehrreicher ist, da es dieselbe Stufenfolge der Entwickelung in der buddhistischen wie in der christlichen Kunst zeigt, weshalb man sich kaum gegen die Annahme verschliefsen dürfte, dafs hier eine gegenseitige Einwirkung stattgefunden hat. Eine der grofsartigsten Schöpfungen der indischen Gedankenwelt sind die Scenen, in welchen Mâra, der Böse, an Buddha herantritt und ihn zur Umkehr von seiner heiligen Laufbahn zu bewegen sucht[2]). Dieser ernste Gegenstand hat die Kunst mächtig erregt, und sie hat wiederholt versucht, ihn in rein geistiger Auffassung als den grofsen Kampf zweier mächtiger, feindlicher Principien sowohl plastisch (Gândhâra) als malerisch (Ajaṇṭâ) darzustellen[3]). Diesen Werken möchte ich die berühmten Versuchungen des heiligen Antonius an die Seite stellen, wie sie Legende und Kunst schildern. Ich beachte hier nur den Abschlufs der ganzen Entwickelungsperiode; man vergleiche nur mit einem die Versuchung vorführenden Kupferstich Martin Schongauers die bekannten Gemälde der beiden Teniers[4]). Deren Darstellungen sind einfach Genrebilder: von dem alten Dualismus zweier widerstreitender Kräfte ist keine Rede mehr, die tiefernste, erhabene Auffassung wie jeglicher rein religiöse Zug sind geschwunden, jede Spur des Grausigen und Abschreckenden, alles Pathos getilgt; zum Ersatz dafür ist ein feiner, liebenswürdiger, fast überlegen lächelnder Humor über das Ganze verbreitet, der selbst über die phantastischen Tiergestalten und Ungeheuer ein heiteres Licht ausgiefst; die harmonisch gegliederten Felsmassen, die breite Tiefe des landschaftlichen Hintergrundes erzeugen eine ruhige, abgeklärte Stimmung im geraden Gegensatz zu der hastigen Bewegung und dem titanischen Kampfesübermut der früheren Darstellungen. Auch das Motiv der Ver-

[1]) E. Grosse, Die Anfänge der Kunst, S. 164, 175, 244.

[2]) Vergl. bes. E. Windisch, Mâra und Buddha in den Abhandl. d. sächs. Ges. d. Wiss. 1896.

[3]) A. Grünwedel, Buddhistische Kunst in Indien (Handbücher der Königl. Museen zu Berlin), 1893, S. 87 bis 93.

[4]) Im Museum zu Berlin befindet sich eine Versuchung des älteren (1582 bis 1649) und eine des jüngeren (1610 bis 1690) Teniers, eine nicht minder vorzügliche des letzteren im Wallraf-Richartz-Museum zu Köln. Dieses besitzt auch altkölnische Malereien aus der Schule Meister Wilhelms mit diesem Vorwurf und ein Gemälde aus der sächsischen Schule, welches ein Motiv von Cranach benutzt.

führung durch ein junges Weib hat der jüngere Teniers benutzt, ganz so, wie wir es auch in indischen Legenden finden [5]). Das durch die beiden Niederländer bezeichnete Entwickelungsstadium ist auch im indischen Kulturkreise erreicht worden. Hier mufs ich auf eine tibetische Legende verweisen, die in den sogenannten „Hunderttausend Gesängen“ des Milaraspa vorhanden ist, eines fahrenden Sängers und Bettelmönches aus dem 11. Jahrhundert (1038 bis 1122), der das Volk durch seine Erzählungen und Lieder hinzureifsen und zu begeistern verstand, so dafs die Sammlung seiner Produktionen auch heute noch das weit verbreitetste und populärste Buch in Tibet bildet. Das Original ist bisher leider weder herausgegeben noch übersetzt worden, somit bin ich ausschliefslich auf die Benutzung einer Handschrift angewiesen. Was uns an diesem Werke am meisten überrascht, ist die prächtige Lyrik, die zwischen die legendenartigen Erlebnisse und Erzählungen des Meisters eingestreut ist, sowie die Schilderungen der grofsartigen Gebirgslandschaften Tibets und das tiefe, stellenweise geradezu schwärmerische Naturgefühl, das sich in denselben offenbart. Fast alle Geschichten sind Gemälde mit wirkungsvoller, landschaftlicher Staffage; von einer solchen hebt sich auch die im ersten Kapitel berichtete Versuchung des gläubigen Dichters durch eine ganze Heerschar von Dämonen und Ungeheuern ab, die er endlich durch die Macht seines Gesanges besiegt, und es läfst sich nicht leugnen, dafs seine Lieder wirklich von grofser Schönheit sind. Aber der Künstler Milaraspa ist hier auf denselben Standpunkt, zu derselben künstlerischen Anschauung gelangt wie Teniers, und man könnte sogar manche Stellen des tibetischen Textes als Erläuterung unter die Malereien der Niederländer setzen; beide haben dem Stoffe seinen heroischen Charakter, seine ursprüngliche Bedeutung genommen und ihn zu einem Genrebild von romantischer Färbung gestempelt, zugleich mit einem glücklichen Humor, ja mit einem gewissen Mafs von Ironie behandelt und das Ganze umrahmt mit einer reizvollen Naturbeschreibung, die das Häfsliche mindert und das Herbe in Anmut auflöst. Kein Zweifel, dafs Milaraspa bildliche Darstellungen benutzt hat und selbst eine individuelle Künstlernatur gewesen ist; gleichwohl sind solche Gemälde oder Reliefs noch nicht gefunden worden, aber es ist Grund genug vorhanden, dafs sich derartige, wenn nicht in Indien, so doch in Tibet noch werden finden lassen; Skizzen solcher Darstellungen sind uns bereits aus dem lamaischen Pantheon bekannt, wie z. B. Hu-schang, von Kobolden umschwärmt, die ihn durch allerhand Neckereien in der Meditation zu stören suchen [6]). Es ist klar, dafs wir auf zahlreiche Mittelglieder stofsen können, welche auf die litterarische und bildnerische Entwickelung des Stoffes in der indischen wie europäischen Kunst Licht zu verbreiten im stande sein dürften.

Die wertvollste litterarische Quelle für die buddhistische Kunst sind die Dschâtakas, eine umfangreiche Sammlung von Fabeln, Märchen und Erzählungen aus Buddhas früheren Geburten, die 550 male in fast allen Kreaturen der Erde stattgefunden haben, und es hat sich sogar ein Forscher der Mühe unterzogen, eine statistische Berechnung der einzelnen Arten dieser Verkörperungen aufzustellen [7]). Die bunte Farbenpracht des Orients und das nimmermüde Spiel der ewig beweglichen Phantasie des Inders wechseln in diesen Geschichten mit treffendem Witz und gesundem Volkshumor ab, wenngleich nicht zu verkennen ist, dafs der Schematismus der Darstellung, die Einförmigkeit der schablonenmäfsigen Mache auf die Dauer ermüdend und langweilig wirken. Je geringer daher in vielen Fällen die ästhetische Ausbeute ist, desto gröfser ist die kulturhistorische, die beide beinahe in einem umgekehrten Verhältnis stehen. Wiederholt hat Grünwedel in seiner Buddhistischen Kunst auf die hohe Bedeutung dieser Legendensammlung hingewiesen, die in einem neuen Werke desselben Verfassers zu hervorragender Geltung gelangt [8]).

[5]) S. bes. F. W. K. Müller, Ikkaku sennin, eine mittelalterliche japanische Oper, in der Bastian-Festschrift.

[6]) Vergl. Pander-Grünwedel, Das Pantheon des Tschangtscha Hutuktu, ein Beitrag zur Ikonographie des Lamaismus. Veröffentlichungen aus dem Mus. f. Völkerkunde, I, 2/3. Berlin 1890, S. 89, Nr. 210 und die dazu gehörige Abbildung.

[7]) Hardy, Manual of Buddhism, London 1880, S. 102.

Es handelt sich um mehr als hundert glasierte Ziegel mit Reliefdarstellungen, die aus dem Mañgalatschetî-Tempel von Pagan (13. Jahrhundert) stammen. Als Geschenk eines ungenannten Gönners sind dieselben, leider in sehr defektem Zustande, in das Berliner Museum gelangt. Die Rekonstruktion der zerbrochenen Stücke erforderte eine mühevolle Arbeit, bei der die unter den einzelnen Bildern angebrachten Inschriften in altbirmanischer Schrift den wesentlichsten Dienst leisteten. Die Lesung derselben ergab, dafs hier Illustrationen zu jenen Dschâtakas vorliegen, dafs jede Inschrift zunächst den Titel des Dschâtaka, dann die jeweilige Inkarnation des Buddha in birmanischer Sprache und die Nummer der Erzählung in birmanischen Ziffern mitteilt. Da die Zahl und in der Regel auch der Titel mit dem von Fausböll herausgegebenen Pâlitext übereinstimmen, so stellt diese Thatsache der birmanischen Tradition ein sehr günstiges Zeugnis aus, was der Verfasser selbst für das wichtigste Ergebnis seiner Untersuchungen der Glasuren erklärt. Was ihre kunstgeschichtliche Stellung betrifft, so gehören sie in eine Art Periode des Verfalls, stehen sie wenigstens am Endpunkte einer rückläufigen Entwickelung; im Gegensatze zu den ältesten Dschâkatadarstellungen zu Bharhut, die noch ein selbständiges, echt künstlerisches Schaffen verraten, stehen wir hier einem schwunglosen, nüchternen, nach gedankenloser Schablone arbeitenden Kunsthandwerk gegenüber, das nicht gewillt ist, das in den Legenden sprudelnde Leben durch das Leben lebendig zu erfassen, sondern sich die bequeme Aufgabe setzt, alles Individuelle abzustreifen, den Rest in eine mathematische Formel aufzulösen und in einem abstrakten Schemen bildlich darzustellen. Prof. Grünwedel hat daher die in allen Kompositionen vorwaltenden Grundtypen folgendermafsen festgelegt: „Aufser dem Typus einer sitzenden, mit der Hand agierenden, also sprechend gedachten Gestalt (vergl. Fig. 1, *A*), eines Adoranten (*B*), eines halb nach vorn gedreht stehenden, der meist die Hand nach unten hält, manchmal auch wie *A* hebt (*C*), einer schwebenden Figur (*D* „deus ex machina“) und dem meditierenden („Buddha“-) Typus hat der Bildner unserer Reliefs sehr wenig Formen zu verwenden. Die fünf Figuren sind abgedroschene, feststehende Typen, die der ganzen buddhistischen Plastik späterer Zeit (aber auch der brahmanischen) geläufig sind, und welche bis zur Ermüdung immer wieder wiederholt werden.“ Der Verf. hat die Publikation

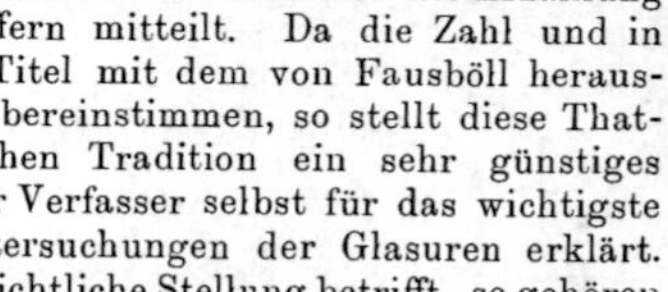

Fig. 1.

[8]) A. Grünwedel, Buddhistische Studien. Veröffentlichungen aus dem Königl. Museum für Völkerkunde, Bd. V, Berlin. Dietrich Reimer, 1897. 136 S. in 4⁰ mit 97 Abbildungen.

sehr zweckmäfsig eingerichtet: die einzelnen Dschâtakas sind in alphabetischer Reihenfolge geordnet, die Texte, von der Abbildung der betreffenden Glasur begleitet, nach dem Text von Fausböll in vollständiger eigener Übersetzung, oder wo eine Übertragung schon in englischen Ausgaben vorlag, im Auszuge mitgeteilt; dann folgt eine Beschreibung des Bildes, das nicht selten durch andere analoge oder verwandte Darstellungen erläutert wird, und eine Wiedergabe der Inschrift. Unter den zur Erläuterung dienenden Abbildungen nehmen die erste Stelle ein die aus dem siamesischen Buche Trai-phum, das für den König Phaja Tăk (1767 bis 1782) gemalt, eine Darstellung des buddhistischen Weltalls auf 128 illustrierten Seiten und am Schlusse einige Dschâtakascenen enthält[9]). Als Probe für den

Fig. 2. Probe aus dem Trai-phum.

Stil dieser Malereien (Fig. 2) lasse ich eine besonders lebhaft ausgeführte Schilderung folgen, welche zum Tschampeyyadschâtaka gehört. Ein zauberkundiger Brahmane fängt einen buddhagläubigen Schlangenkönig (Nâga), um sich ein Stück Geld zu verdienen, indem er ihn vor dem Volke Tänze aufführen läfst. Der König von Bârâṇasî (Benares) begehrt das Schauspiel in seinem Palasthofe zu sehen und lädt das Volk zum Mitgenusse ein. Während des Tanzes erscheint Sumanâ, die Gattin des Nâga, welche durch die blutrote Färbung eines Teiches von der Gefangenschaft ihres Gemahls Kenntnis erhalten, weinend in der Luft; der Bodhisatva schaut auf, erkennt sie und kriecht beschämt in seinen Korb zurück, worauf der verwunderte König die Sache aufklärt und den Gefangenen befreit. Der Maler hat nicht ohne Geschick die Scene mit dramatischem Leben erfüllt und den Höhepunkt der Geschichte, die Wiedererkennung der Gatten, als geeigneten Moment der Darstellung gewählt, die in der frappanten Art, wie die Köpfe der Zuschauer behandelt sind, an eine geradezu naturalistische Auffassung streift; es liegt in der That ein meisterhafter Zug in der Charakteristik dieser durch das Spiel leidenschaftlich erregten und verrohten Volksmasse.

[9]) S. Ethnologisches Notizblatt II, 70.

Es sollen nun einige Proben jener Glasuren selbst vorgeführt werden. Fig. 3 führt die typischen menschlichen Figuren vor und lehnt sich an folgende Novelle an: „In der alten Zeit, als zu Bârâṇasî Brahmadatta das Reich regierte, wurde der Bodhisatva in der Familie eines Ministers geboren und wurde, als er herangewachsen war, des Königs rechtlicher Berater. Da verfehlte sich einmal ein Minister an einer Frau des Königs. Als der König die Sache genau wufste, dachte er: „Mein Minister hat mir grofse Dienste erwiesen, dies Weib ist mir lieb; ich kann die beiden nicht zu Grunde richten. Ich will einen weisen Mann fragen, und wenn es sich ertragen läfst, will ich es hinnehmen, wenn aber nicht, dann will ich es eben nicht ertragen.“ Deshalb liefs er den Bodhisatva rufen, liefs ihn sich niedersetzen und sagte: „O Pandit, ich möchte dich um etwas fragen.“ Als dieser antwortete: „Frage, o Grofskönig, ich werde Bescheid geben“, sagte jener, die Frage stellend, den ersten Vers:

„In einem schönen Gebirgsthal liegt ein heiliger Lotusteich, von dem trank ein Schakal heimlich, obwohl er wufste, dafs ein Löwe ihn behütete.“

Der Bodhisatva erkannte daraus, dafs ein Minister des Königs sich an einer seiner Frauen verfehlt haben mufste und sprach den zweiten Vers:

„O Grofskönig, aus dem Strome trinken auch die Bestien, deshalb hört er doch nicht auf, Flufs zu sein; deshalb verzeihe, wenn du das Weib liebst.“

Diesen Rat gab der Bodhisatva dem König. Der König befolgte den Rat, sagte zu den beiden: „Begeht mir aber eine so schändliche Handlung nicht wieder!“ und verzieh beiden. Diese liefsen auch ferneren Verkehr. Der König vollbrachte noch viele gute Handlungen und gelangte dann, als er sein Leben beschlofs, in den Himmel.“

In der Darstellung (Fig. 3) sind die schematischen Figuren des sitzenden Redners (*A*) und die Adoranten (*B*) einander paarig gegenübergesetzt. Links befindet sich der König unter einem Baldachin, begleitet von einer Frau, rechts der Minister, ebenfalls mit einer Frau, vermutlich der untreuen Frau des Königs. Jedenfalls ist eine der beiden Frauen überflüssig, mindestens durch die Erzählung nicht begründet, so dafs sie einem mechanischen Parallelismus zuliebe aufgenommen zu sein scheint. Von ethnographischem Interesse sind die grofsen Ohrpflöcke des Königs und der beiden Frauen, sowie die sehr reich gemusterten Lendentücher aller vier Figuren; ganz ähnliche Musterungen zeigen die

Gemälde von Ajaṇṭâ, besonders in der schon oben erwähnten Darstellung Mâras Angriff auf Buddha.

Weit mehr Sorgfalt als auf die Menschen hat unser „Künstler“ auf die Tiere verwandt, und es findet sich da mancherlei, was durch Naturtreue und gute Beobachtung überrascht. Freilich wird sich kaum entscheiden lassen, was hierbei sein eigenes Verdienst ist, und was er seinen Vorgängern und Vorlagen, die er sicherlich benutzt, zu verdanken hat. So gehört Fig. 4 zu den besseren Produktionen und ist dadurch besonders interessant, dafs sie das altindische Motiv der Folgescenen auf einer Platte bietet. Der untere Teil der Komposition stellt die erste Scene der Fabel dar: In einer im Wasser befindlichen Reuse haben sich Fische und eine Schlange, die beim Fressen von Fischen mit hineingeraten, gefangen; die Fische vereinigen sich nun und fallen mit Bissen über die Schlange her, die darauf entschlüpft und besinnungslos vor Schmerz am Rande des Gewässers liegen bleibt. Das ist in der oberen Partie gezeigt, welche die nun zeitlich folgende zweite Scene der Handlung vorführt. Den grofsen Frosch, der auf einem gabelförmigen Stock, der Stütze der Reuse, sitzt, ruft die verwundete Schlange zum Schiedsrichter über das feindselige Verhalten der Fische an, die der

Fig. 3. Pabbatûpattharadschâtaka.

Frosch mit einem wohlklingenden Verse verteidigt. Die Fische fassen endlich aus der Schwäche ihres Gegners Mut, dringen ihm nach, töten ihn und schliefsen so die blutige Tragödie. Gehen wir nun zur Botanik über, so sind die Bäume hinsichtlich der Ausführung der Zweige und Blätter besonders zu beachten, welche, die Palmen freilich ausgenommen (s. Fig. 8), in genau derselben Weise behandelt werden, wie auf den alten buddhistischen Skulpturen Indiens (Bharhut, Sântschî). Eine mehr oder minder regelmäfsige Rundform giebt den äufseren Typus des Baumes, der sich nicht aus einzeln gegliederten Zweigen und Blättern aufbaut; im Gegenteil, in diesen äufseren Umrifs hinein werden erst die Zweige und Blätter eingezeichnet, beziehungsweise ausmodelliert, so dafs sie meist einer gewissen stilistischen Raumgliederung sich fügen müssen. Den Gegensatz dazu bilden die Zeichnungen des Trai-phum-Buches, welche die Bäume aus Zweigen aufbauen und ihre äufsere Form, wenn sie auch stark stilisiert ist, nicht durch einen so festen Umrifs begrenzen, wie das schon aus dem hinter dem Pavillon hervorragenden Baume auf Fig. 2 zu ersehen ist. Grünwedel schreibt mit Recht diese Eigentümlichkeit chinesischem oder japanischem Einflusse zu. Fig. 4 bietet zugleich ein gutes Beispiel für jenen Baumtypus der Glasuren, dem ich jedoch noch Fig. 5 hinzufüge, weil hier besonders charakteristisch ist, wie das Blattwerk und die Schwanzfedern des auf dem Baume sitzenden Vogels ganz

Fig. 4. Haritamâtadschâtaka.

gleichmäfsig stilisiert und geradezu, ohne dafs man einen wesentlichen Unterschied wahrnähme, in eins zusammenfallen. Ich erwähne diese Besonderheit, obwohl Grünwedel nicht darauf aufmerksam gemacht hat, um damit eine Vermutung dieses Forschers bei Fig. 6 zu stützen. Das Dschâtaka, welches zu Fig. 5 gehört, erzählt von einem Schakal, der dem auf dem Baume Eugenienfrüchte verzehrenden Raben Schmeicheleien sagt, um der Äpfel teilhaftig zu werden, worauf ihm der Vogel mit beidem, Komplimenten und Früchten, vergilt. Da tritt die in dem Baume wiedergeborene Gottheit hervor, zürnend ob der beiden gierigen Heuchler, und verjagt sie. Da der Baumgott natürlich demselben Baume innewohnt, von welchem die geraubten Früchte stammen, so ist die rechte Seite der Darstellung auch als eine zweite Scene, als Weiterführung und Abschlufs des Vorganges anzusehen. Betrachten wir nunmehr Fig. 6. Ein Elefant, ein Rebhuhn und ein Affe beschliefsen, dem Ältesten den Vorrang zu geben. Der Elefant erklärt, als er ein Kind gewesen, sei ihm der Nyagrodhabaum, bei welchem sie wohnen, nur bis zum Bauch gegangen; der Affe, er habe in seiner Jugend von den Sprossen auf seinem Wipfel gefressen; das Rebhuhn aber, es habe die Frucht des Stammes, von dem dieser Baum abstamme, gefressen; erst aus seinem Kote sei

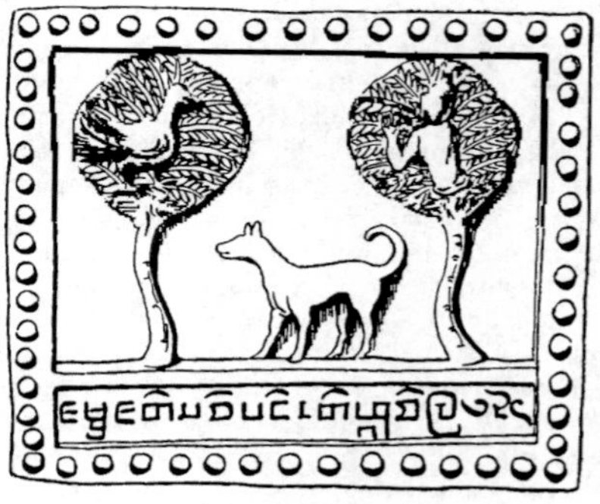

Fig. 5. Dschambukhâdakadschâtaka.

der Baum gewachsen. Die Darstellung auf der Platte, erklärt Prof. Grünwedel, zeigt den Elefanten und auf ihm stehend den Affen vor einem grofsen Vogel, der auf einer Erhöhung (Felsen) sitzt. Hinter dem Affen ist ein viertes, leider fast zerstörtes Tier, das in der Erzählung keine Rolle spielt, also nur durch Versehen mit abgebildet wurde. Der Vogel bildet mit seinem grofsen Schweife ein Rad, er scheint also ein Fasan (Argus) zu sein, kein Rebhuhn. Der Gedanke liegt nahe, dafs dieses grofse Federrad des Vogels aus Mifsverständnis der Vorlage entstanden ist, dafs nämlich in der Vorlage dieser grofse Raum durch die stilisierte Darstellung des Baumes ausgefüllt wurde, welche der Bildner als Pfauenschweif mifsverstand; eine Auffassung, die dadurch bestätigt wird, dafs der Vogel thatsächlich noch einen zusammengelegten Schweif hat. Diese glückliche Vermutung, glaube ich nun, wird durch einen Vergleich der beiden Fig. 5 und 6 in bedeutendem Mafse bestätigt. Betreffs des vierten aus Versehen aufgenommenen Tieres wage ich folgende Vermutung zu äufsern. In seinen „Indischen Erzählungen“ hat Schiefner nämlich unter dem Titel „Die tugendhaften Tiere“ eine Legende aus dem tibetischen Kandjur übersetzt[10]), welche, wie er selbst angiebt, eine Version des Tittiradschâtaka ist, und, wie er ferner bemerkt, im Gegensatz zu dieser und der aus Juliens Avadânas bekannten chinesischen Recension nicht von drei, sondern von vier Tieren spricht, und dieses vierte Tier ist ein Hase. Soweit ich

Fig. 6. Tittiradschâtaka.

es aus der Reproduktion zu erkennen vermag, glaube ich nicht, dafs der Annahme, das unbekannte Tier unseres Reliefs für einen Hasen zu erklären, etwas im Wege steht. Aber die Schiefnersche Version vermag auch die eigenartige Komposition unserer Glasur zu erklären; ist doch aus dem Pâlitext nicht zu verstehen, warum der Affe auf dem Elefanten sitzt. Bei Schiefner (S. 107) heifst es: „Nach Entscheidung der Ältestenfrage fing der Elefant an, allen Ehre zu erweisen, der Affe dem Hasen und dem Haselhuhn, der Hase aber dem Haselhuhn. Sie erwiesen auf diese Weise je nach dem Alter einander Ehre und wandelten in dem dichten Walde auf und ab und, wenn sie sich in eine offene und abschüssige Gegend (vergl. den Felsen des Reliefs!) begaben, so ritt der Affe auf dem Elefanten, der Hase auf dem Affen, auf dem Hasen aber das Haselhuhn.“ Es dürfte danach wohl klar sein, dafs dem Bildner diese oder eine verwandte Version vor Augen geschwebt hat, die er sich in der Idee zurecht legte: Elefant, Affe und Hase, dessen Verhältnis zu dem Affen wohl auch nicht mehr zweifelhaft sein kann, auf der einen Seite erweisen dem Rebhuhn oder Haselhuhn auf der anderen Seite ihre Ehrenbezeugung; Baum und Felsen sind hier als äufserliche Motive hinzugefügt. Es wäre demnach wertvoll, zu erfahren, ob diese bis jetzt nur im nördlichen Buddhismus aufgefundene Recension sich auch in den Sprachen der südlichen Buddhisten nachweisen liefse. Ist jener Tierritt aus der Legende zu erklären, so giebt es aber auch rein der Skulptur angehörige übereinander gestellte

Fig. 7. Saabadâthadschâtaka.

Tiergestalten, die sich die Volksphantasie nachträglich durch eine Fabel zu deuten versucht hat (Fig. 7), worauf Grünwedel bereits in seiner Buddhistischen Kunst, S. 52 ff., hingewiesen und gezeigt hat, dafs der Erzähler des betreffenden Dschâtaka an einen in der indischen wie späteren lamaistischen Kunst vorkommenden Thron gedacht habe, dessen Motive seinerseits wieder auf vorderasiatische Formen zurückweisen. Der ganz und gar der indischen Plastik entlehnte Löwe mit babylonisch-assyrisch stilisierter Mähne auf unserer Darstellung ist besonders beachtenswert. Oft genug hat auch der Bildner den Text mifsverstanden und dann sonderbare Dinge produziert. In einem Falle streift dies fast an das Gebiet der unfreiwilligen Komik. Auf den im Himâlaya als Büffel wiedergeborenen Bodhisatva springt, als er unter einem schönen Baume weidet, von diesem herab ein mutwilliger Affe, klettert auf seinem Rücken herum, beschmutzt ihn, fafst seine Hörner und greift, daran hängend, nach dessen Schweif, schüttelt damit hin und her und spielt so. Statt nun, wie der Text deutlich sagt, den Büffel, läfst der Bildner (Fig. 8) den Affen sich selbst am Schwanze zerren. Über dem Büffel steht in der Luft der ihn als Bodhisatva bezeichnende Schirm. Die beiden Palmen rechts und links — eine gewisse Symmetrie ist auf fast allen Platten durchgeführt — bezeichnen den Ort und dienen zugleich als Raumfüller. In einer anderen

Fig. 8. Mahisadschâtaka.

Darstellung hat der Verfertiger aus einem auf einem Baum sitzenden Gärtner die ihm jedenfalls geläufigere Figur einer Baumgottheit gemacht (Nr. 36), ja, man möchte zuweilen fast zu der Annahme geneigt sein, als

[10]) Mélanges asiatiques, Bd. VIII, S. 106. Auch Liebrecht, Zur Volkskunde, S. 118.

hätte der Bildner von dem Inhalt mancher Legenden gar keine Ahnung gehabt, wenn er, z. B. wie in Nr. 32, die Figur eines Kaufmanns und eines Brahmanen mit Aureolen versieht. Grünwedel schliefst aus diesen Mifsverständnissen und der oft rohen, plumpen Manier der Ausführung, dafs der Bildner Zeichnungen oder Bilder sklavisch kopierte (S. 66), dafs die Glasuren abgekürzte Hieroglyphen gröfserer malerischer Darstellungen von Dschâtakas sind, welche wohl die ganzen Erzählungen ausführlich abbildeten (S. 94).

Damit ist jedoch der reiche Inhalt des glänzend ausgestatteten Bandes noch nicht erschöpft. Der Verfasser behandelt aufserdem Skulpturen aus Pagan und zeigt, dafs in birmanischen Tempeln auch Hindûgottheiten als beschützende Náts neben der Buddhafigur auftreten, sowie Pasten aus Pagan mit Darstellungen des Gautama Buddha, welche mit solchen, die zu Buddhagayâ in Indien gefunden sind, nahezu gleich sind. Die Pasten selbst haben die Form eines Feigenblattes und sind so den als Andenken aufbewahrten Originalblättern nachgebildet. Eine Weiterbildung dieser Idee findet sich in dem heiligen Baum vom Kloster Kumbum in Tibet, dessen Blätter von den Lamas mit dem bekannten Om mani padmè hûm oder heiligen Bildnissen bedruckt werden. Man wird sich erinnern, dafs die Kritiker Hucs, welcher davon zum erstenmale gemeldet hat, gerade an diesem Bericht den meisten Anstofs genommen haben. Zum Suppârakadschâtaka ist ein Exkurs angereiht, welcher einen Text in tibetischer und Lepchasprache mit Übersetzungen enthält und eine Fortsetzung der vom Verfasser in der Bastianfestschrift über das Padma t'ang yig und Ta sche sung begonnenen Studien darstellt, woran wir den dringenden Wunsch anknüpfen möchten, derselbe möge uns recht bald mit einer vollständigen Ausgabe dieser hochwichtigen Werke beschenken. Zu dem auf S. 105 erwähnten Seefahrerbrauch der Entsendung eines Vogels verweise ich noch auf Pfizmaier, Zu der Sage von Owo-kuni-nusi in den Sitzungsberichten der Wiener Akademie, Bd. 54, Heft 1, 1886, S. 50 bis 53.

Schon aus diesen Notizen allein wird jeder den Eindruck gewinnen, dafs nur unendlich viele und mannigfache Kenntnisse befähigen können, ein solch grundlegendes und für alle Studien dieser Art von nun an vorbildliches Werk, wie das vorliegende, zu schaffen; der Verfasser mufs die denkbar gröfste Vielseitigkeit in sich vereinigen, Sprachforscher, Philologe, Archäologe, Litteraturhistoriker und Ethnograph in einer Person sein. Wir dürfen uns freuen, in Grünwedel einen Forscher zu besitzen, der alle diese Fähigkeiten im Zustande glücklichster Mischung, mit Takt und Geschick verbindet. Sein durch die Betrachtung der lebendigen Welt der Völker praktisch geschulter Geist schützt ihn vor schiefen Anschauungen der realen Dinge, wodurch so viele unserer Philologen sich lächerlich zu machen nur zu oft Gelegenheit haben, während er sich dank seiner philologischen Bildung vor Mifsgriffen und heifsblütigen Theorieen zu hüten weifs, welchen durch jenen Mangel Ethnographen mit leichtem Spiel zum Opfer fallen. Seine tiefen Kenntnisse der klassischen Archäologie, des indischen Altertums und des Lamaismus gewähren ihm vollends die Möglichkeit, mit aufsergewöhnlichem Erfolg auf einem hervorragend schwierigen Gebiete zu wirken, das bei uns in Deutschland, besonders von seiten der akademischen Sanskritisten oder Indianisten, leider viel zu wenig beachtet und ausgebaut wird. Möchten Grünwedels Arbeiten in erster Linie berufen sein, bei uns einmal die Überzeugung siegen zu lassen, dafs es gegenwärtig auf indischem Gebiete weit wichtigere Dinge zu thun giebt, als vedische Accente oder arische Hypothesen, dafs es dankbarer und nützlicher für den Fortschritt der Wissenschaft wäre, das Greifbare und Erreichbare, die Reste der Kunst und Kultur aller Völker Indiens zu sammeln und zu bearbeiten, als in ewigem Einerlei sich in Diskussionen von Problemen zu ergehen, die wir zu lösen doch nie im stande sein werden.

---

# Bücherschau.

**Liebert**, Gouverneur von Deutsch-Ostafrika: Neunzig Tage im Zelt. Meine Reise nach Uhehe 1897. Mit einer Skizze. Berlin, E. S. Mittler u. Sohn, 1898.

Im Februar 1880 hielt in der Geographischen Gesellschaft zu Hannover ein junger Anfänger seinen Erstlingsvortrag. Unter den Zuhörern ragte ein schlanker, hochgewachsener Generalstabsoffizier besonders hervor. Es war der Hauptmann E. Liebert, den damals schon in den Kreisen der Geographischen Gesellschaft der Ehrenname „Africanus" schmückte. Und Afrika ist Liebert treu geblieben auch fernerhin. Heute gebietet er als Gouverneur über diese ausgedehnte, zukunftreiche Kolonie, für deren wirtschaftliche Erschliefsung er durch seine neueste Schrift einen wichtigen Beitrag geliefert hat. Nach dem Untergange der Zelewskischen Expedition (1891) haben wir uns bald daran gewöhnt, das verrufene Uhehe und sein Räubervolk mit anderen Augen anzusehen. Zu verschiedenwertigen Berichten tritt hier ein neuer aus der Feder Lieberts, der für seine Reise nicht die bequemste Route, sondern absichtlich den schwierigsten Pfad wählte, der „auf wenig oder gar nicht begangenen" Spuren in das Herz Uhehes führte. Der Marsch wurde am 9. Juni 1897 von Dar-es-Salâm angetreten. Er zeigte zunächst die von den Mafiti und noch mehr von den Mafiti-„Affen", den Wagwangwara, ausgeplünderten Gebiete Usaramo und Khutu. Schon in den ersten Julitagen begann bei Mdene unter Sturm und Nebel der Aufstieg zu dem kühlen, wasserreichen, dicht begrünten Randgebirge der inneren Hochfläche, die sofort bis Iringa, sonst fälschlich Kwirenga genannt, durchquert wurde. Nahe der ehemaligen Residenz des Quawa oder des Wahehekönigs hat jetzt Hauptmann Prince unter der schwarz-weifs-roten Flagge eine starke Trutzfeste gegründet, die Zwingburg ganz Uhehes. Hier lernte der Gouverneur die Wahehe von Angesicht zu Angesicht kennen, und bald darauf führte er und Hauptmann Prince die neugewonnenen Freunde, 1300 an der Zahl, zum Kampfe gegen ihren früheren Oberherrn ins Feld. Das ist gewifs der beste Beweis, wie sehr sich hier in kurzer Zeit das deutsche Regiment befestigt und ausgebreitet hat! In dem nächsten Kapitel schildert nun Gouverneur Liebert „Uhehe und seine Zukunft". Das frische, landschaftlich anziehende Bergland wird unbedingt als deutsches Wanderziel, als deutsche Siedelstätte empfohlen. Es wartet förmlich auf die fleifsige Hand unserer Bauern, auf unseren Pflug, damit die jungfräuliche Erde durch der Gaben Fülle die aufgewandte Mühe lohne. Doch „viel Versuchen, viel Erproben, viel Beobachten und Berechnen ist noch notwendig, ehe die Idee in die That umgesetzt werden kann". Wir wünschen von Herzen, dafs General Liebert trotzdem bald die That erleben möge!

Berlin. H. Seidel.

Geographischer Jahresbericht über Österreich. Redigiert von Dr. Robert Sieger. 1. Jahrgang 1894. Wien, Ed. Hölzel, 1897.

Es ist ein mühevolles Werk, dem sich der Redakteur und seine zahlreichen Mitarbeiter hier unterzogen haben. Sie können aber auch auf warmen Dank rechnen, denn sie eröffnen der wissenschaftlichen Welt in bequemer Weise eine grofse Menge sonst fast unzugängiger Quellen und ziehen Verborgenes an das Tageslicht. In über 600 Nummern werden die selbständig oder in Zeitschriften erschienenen geographischen Arbeiten aufgeführt, die sich auf „Österreich" beziehen, also auf alle die Länder des Doppelstaates, die nicht zur ungarischen Krone gehören. Erst die auf das Ganze im allgemeinen, dann die auf die einzelnen Länder

# 011

## 藏族语言学研究——宝箧经

## 附：书评一则

# Sitzungsberichte

der

## philosophisch-philologischen

und der

## historischen Classe

der

## k. b. Akademie der Wissenschaften

zu München.

---

Jahrgang 1898.

---

*Erster Band.*

**München**

Verlag der k. Akademie

1898.

In Commission des G. Franz'schen Verlags (J. Roth).

# Studien zur Sprachwissenschaft der Tibeter. Zamatog.

Von **Berthold Laufer.**

(Vorgelegt in der philos.-philol. Classe am 5. Februar 1898.)

## Einleitung.

Schiefner hat in seinen Tibetischen Studien (Mélanges asiatiques I 324—394) wiederholt Citate aus den Werken tibetischer Grammatiker über ihre Muttersprache zum Ausgangspunkt seiner Untersuchungen genommen.[1]) Diese wenigen Ausschnitte jedoch haben bisher zu einem tieferen Eindringen in diesen Gegenstand leider keinen Anstoss gegeben, sei es nun, dass man ihn für zu fremdartig und abgeschmackt erachten mochte, sei es, dass man ihn ruhigen Herzens ignorieren zu dürfen glaubte, weil man sich doch keinen rechten Gewinn für die Wissenschaft davon versprach. Beide Gründe, sollten sie vorgelegen haben, dürften gegen eine besonnene Kritik wenig stichhaltig sein. Wer sich von der Seltsamkeit der Erzeugnisse tibetischen Geistes fürs erste abgestossen fühlte, der hätte den Drang in sich verspüren müssen, die einem Objekt exakter Forschung gegenüber sehr wenig angebrachten persönlichen

[1]) Vergl. auch Mél. as. V 178 ff. und Mémoires de l'Acad. de Pét. 7. s. XXV No. 1, § 2. Derselbe, Ueber die logischen und grammatischen Werke im Tanjur, Bulletin de l'Acad. de Pét. IV 1848, 284—302 (im Folg. als „Schiefner, gram." cit.). S. auch Th. Benfey, Geschichte der Sprachwissenschaft und orientalischen Philologie in Deutschland, S. 181, 182. A. Weber, Akad. Vorlesungen über indische Literaturgeschichte, 2. A., S. 243.

Empfindungen zu überwinden und sich erst durch ein Versenken in medias res von den Ursachen derselben gründlich zu überzeugen.

Wenn auch die gesamte sprachwissenschaftliche Litteratur der Tibeter für unsere moderne Wissenschaft nicht ein einziges positives Ergebnis brächte, wenn es sich auch herausstellte, dass unsere Kenntnis der tibetischen Sprache, ihres Baues und ihres Lebens, nicht im geringsten durch Forschungen auf diesem Felde würde bereichert werden, so hätte man doch folgern müssen, dass allein schon die blosse Thatsache, dass jenes eigenartige Volk Centralasiens ein reiches Schrifttum an grammatischen, lexikographischen und sprachphilosophischen Werken besitzt, an und für sich schon genügend wäre, darin, wenn nicht die Aussicht auf Bereicherung unserer Sprachkenntnisse, so doch einen durchaus nicht unwesentlichen Beitrag zur Psychologie und Kulturgeschichte dieses Volkes selbst zu erblicken. Wer da wusste, es gibt eine solche Litteratur in Tibet, der musste sich auch sagen, da liegt also ein Stück regen Geisteslebens, ein Stück menschlicher Bildungs- und Entwicklungsgeschichte verborgen, das wie jegliche Emanation des Menschengeistes der Betrachtung würdig, der Erschliessung wert und geeignet ist, auf Werden und Wandlung des Denkens überhaupt, auf die grosse Geschichte der Völker ein Licht zu werfen. In diesem universalen Standpunkt liegt der erste und ursächlichste Grund, weshalb ich es der Mühe für wert erachte und mich bemühe, jenem Litteraturkreise näher zu treten. Gleichgültig zunächst, ob ein praktischer Gewinn davon abfällt oder nicht, betrachtet als „Ding an sich", als „Modus der Substanz", als Glied in der Kette kultureller Entwicklung, als Denkmäler der Gesittung und Humanität verdienen jene Erzeugnisse nicht minder Beachtung als die andrer Völker auch. Introite, nam et hic dei sunt! Wollte man nun gar im voraus behaupten, dass der Vorteil für die Bestrebungen unserer sprachwissenschaftlichen Studien nach den bisher gemachten Erfahrungen voraussichtlich gering zu veranschlagen wäre, so ist darauf zu entgegnen, dass wir eben gar nicht in der Lage sind, hierüber ein bestimmtes Urteil zu fällen, weil wir aus jener unermesslich grossen Litteratur nichts weiter als einige wenige ärmliche auf gut Glück herausgerissene Sätze kennen, dass es vielmehr der Gang der Wissenschaft erfordert, Bahn zu brechen und mit gewissenhaftem Ernste zu untersuchen, ob und welcher Nutzen für uns daraus erwachsen wird, ohne uns von vorgefassten Meinungen beirren zu lassen. Dass aber die Arbeit eines Volkes, das Jahrhunderte lang über seine Sprache nachgedacht und geschrieben hat, für uns ganz vergeblich sein und nichts wertvolles, nichts brauchbares enthalten sollte, wäre doch von vornherein kaum anzunehmen. Schon eine Betrachtung der Geschichte der europäischen Forschung sollte hier von voreiligen Schlüssen abhalten; denn sie belehrt uns darüber, dass Missionare wie Gelehrte, welche die Sprache unter den Eingeborenen selbst zu erlernen Gelegenheit gehabt haben, von Anfang an unter einem geradezu beherrschenden Einfluss der heimischen Sprachanschauungen standen, von dem sie sich nur schwer zu befreien vermochten. Schon Georgi[1]) verrät eine gewisse Bekanntschaft mit technischen Ausdrücken: er erwähnt die Bezeichnungen für die einzelnen Vokale (S. 19), die Namen der Konsonanten (S. 12) handelt von yata und rata (S. 36) und spricht von grammatici Tibetani (S. 18). Auch Schröter[2]) besitzt Kenntnisse in der Terminologie und citiert (S. 6 no.) bereits das Buch Zamatog bkod-pa, als dessen Verfasser er den Sambhoṭa bezeichnet. Csoma vollends hat in vollen Zügen aus der Quelle einheimischer Gelehrsamkeit genossen, und ohne seinen Genius noch seine Erfolge und Verdienste herabsetzen zu wollen, darf man wohl jetzt behaupten, dass er vielleicht nicht so schnell zu seinem Ziele gelangt wäre, wenn die Sprache und ihre Litteratur nicht schon mächtig vorgearbeitet hätten. Csoma's berühmte Grammatik beruht — das wird nunmehr jeder zugeben müssen, der sich in dieses Gebiet

[1]) Alphabetum tangutanum sive tibetanum, Rom 1773, zweite von Amadutius besorgte Ausgabe.

[2]) A dictionary of the Bhotanta, or Boutan language. Serampore 1826.

etwas eingelebt hat — in ihren wesentlichen Zügen auf den Werken und Ansichten der tibetischen Grammatiker, und dass er diese eifrig benutzt hat, gibt er ja auch selbst im Vorwort zu seiner Grammatik p. VII zu.[1]) Natürlich erwächst ihm kein Vorwurf daraus, sondern im Gegenteil reiches Lob, dass er so verständig war, diese Hülfsmittel zu verwerten; damit ist aber auch schon für uns ein Anhaltspunkt für die Annahme gewonnen, dass die Schriften der tibetischen Gelehrten von grosser praktischer Bedeutung für unsere Zwecke sind. In noch höherem Masse als Csoma de Körös ist Jäschke in der Behandlung der Schriftsprache — von seinen Mitteilungen über die Dialekte natürlich abgesehen — von der einheimischen Wissenschaft abhängig, so dass es ihm in manchen Fragen kaum gelingt, sich auf den Standpunkt eines europäischen Beurteilers zu stellen und sich ein freies eigenes Urteil zu wahren. Leider gibt er ebensowenig als sein Vorgänger genau die Quellen an, aus denen er geschöpft hat, und so dürften wir denn diese Werke kaum als authentisches Material für die Erkenntnis der fraglichen Dinge zu betrachten haben; denn erst aus der Kenntnis der einheimischen Litteratur gewinnen wir einen Einblick in das, was jene derselben zu verdanken haben. Arbeiten, die sich mit der Grammatik der Tibeter befassen, sind noch keine vorhanden. Das einzige wirkliche Verdienst auf diesem Felde gebührt der anglo-indischen Regierung, die in der Bengal Secretariat Press unter andern Werken auch einen guten Textabdruck eines wertvollen grammatischen Traktates[2]) hat herstellen lassen, welcher mir bei meinen Studien höchst nutzbringend geworden ist.

Die vorliegende kleine Abhandlung befasst sich mit dem sogenannten Zamatog. Sie will nichts weiter gelten als eine

---

[1]) A grammar of the Tibetan language, Calcutta 1834. Vergl. auch Csoma, Enumeration of historical and grammatical works which are to be found in Tibet, JASB VII 147; Duka, Life and works of Al. Csoma 198.

[2]) Si-tui sum rtags Tibetan grammar, with a commentary by Situlama Yan-chan-dorje. Darjeeling 1895.

Vorarbeit oder vielmehr als ein schwacher Versuch, gleichsam einem Patrouillen- und Aufklärungsdienst in unsicherem Gelände gewidmet. Es war mir leider nur möglich, eine einzige Handschrift jenes Werkes zu benutzen; dieselbe gehört der Bibliothek der Deutschen Morgenländischen Gesellschaft und stammt aus dem Vermächtnis Wenzel's, der wahrscheinlich nach Jäschke's im Britischen Museum befindlichen Exemplar eine Abschrift davon gemacht hat. Dieselbe ist im allgemeinen als gut zu bezeichnen, wiewohl sich häufig die Textkritik stark in Anspruch nehmende Irrtümer vorfinden, von denen sich freilich niemals entscheiden lässt, ob sie auf Kosten des Originals zu setzen sind oder dem deutschen Kopisten zur Last fallen. Schon deshalb musste es vorläufig ausserhalb meines Planes liegen, eine vollständige kritische Ausgabe des Zamatog zu liefern, wozu erforderlich wäre, die in Berlin[1]) und Petersburg[2]) vorhandenen Ausgaben, vielleicht auch Wenzel's Originaltext zu vergleichen; vor allem wäre es für diesen Zweck sehr wesentlich, die mongolische Uebersetzung heranzuziehen, die von hervorragendem Werte sein kann, wenn sie die altertümlichen Ausdrücke des Werkes, die schon Jäschke nicht mehr erklären konnte, übersetzen oder erläutern sollte. Dann wird es sich ferner darum handeln, die analogen Schriften wie Li-šii-gur-khaṅ[3]) und Ṅag gi sgron ma[4]) auszunutzen, letztere schon deshalb, weil sie gegen das Zamatog polemisiert[5]), und eine vergleichende Statistik ihres Sprachmateriales aufzustellen. Endlich wird man sich den Anfängen der Sprachgelehrsamkeit und den grossen Abhandlungen im 124. Bande des Tanjur[6])

---

[1]) Verzeichnis der Pander'schen Sammlung Nr. 11b, Fragment von 19 Blättern.

[2]) Schmidt-Böhtlingk, Verzeichnis S. 62 Nr. 31.

[3]) Schmidt-Böhtlingk S. 64 Nr. 43; Schiefner's Nachträge dazu Nr. 125c, 125d.

[4]) Schmidt-B. S. 63 Nr. 33, 2; Nachträge 125 e.

[5]) Jäschke, Handwörterbuch der tib. Sprache 482a (dieser Passus fehlt im Dict.).

[6]) Huth, Verz. der im tibet. Tanjur, Abt. mdo, enth. Werke, Sitzungsber. Berl. Ak. 1895, 277 (cit. als Tanjur).

zuwenden müssen. Das ist in groben Zügen ungefähr der Plan, den ich mir vorgezeichnet.

Als Verfasser des Zamatog wird im Colophon Ža-lu-pa rin chen chos skyoṅ bzaṅ po genannt; Ža-lu-pa ist „der aus Žalu", welches der Name eines im Jahre 1039 gegründeten Klosters[1]) bei bKra-šis-lhun-po in gTsaṅ ist, das auch den berühmten Schriftsteller Buston zu seinen Aebten zählte (s. Candra Dás, Contributions on the religion, history etc. of Tibet, JASB 1881, 213 no.). Rin chen chos skyoṅ bzaṅ po ist der aus indischen Elementen geformte Mönchsname des Autors und würde etwa S. Ratnadharmapâlabhadra entsprechen. Er ist kein grosser geistlicher Würdenträger gewesen, sondern sein ganzes Leben lang ein schlichter Mönch, ein Çâkyai dge sloṅ[2]), ein Çâkyabhikṣu geblieben. Seine Zeit lässt sich mit grosser Genauigkeit bestimmen. Die chronologische Tafel Reu-mig S. 66 setzt als sein Geburtsjahr 1439 an, womit die Angaben unseres Werkes in trefflichem Einklang stehen. Als Zeit seiner Abfassúng bezeichnet der Schluss desselben das Jahr dṅos-po oder S. bhava, was eine Randbemerkung als šiṅ pho khyi ste raṅ lo don bži pai erläutert, d. h. in seinem 74. Lebensjahr, welches das männliche Holz-Hunde-Jahr ist; daraus ergibt sich das 8. Jahr des 9. Cyklus, d. i. das Jahr 1513. Rechnet man 74 Jahre davon ab, so wird also 1439 als Geburtsjahr genau bestätigt. Das Colophon hat sogar Tag und Monat der Vollendung des Werkes festgehalten, nämlich den 25. Tag des Monats Saga (S. vaiçâkha). Auch das Todesjahr des bedeutenden Mannes können wir berechnen. Auf fol. 111 bis 112 ist nämlich ein Epilog, ein warmen Lobes voller Nachruf auf den Autor enthalten, den ihm wahrscheinlich ein eng befreundeter Ordensbruder gewidmet hat. Dieser überliefert, dass er im Jahre mi bzad-pa (irrtümliche Schreibung statt zad, da gleich S. akṣaya) oder im Jahre me pho khyi d. i. im

---

[1]) Candra Dás, Life of Sum-pa Khan-po, JASB 1889, S. 40 (cit. als Reu-mig).

[2]) Köppen, Die lamaische Hierarchie und Kirche 265 ff.

männlichen Feuer-Hunde-Jahre = 1525, und zwar in dem ehrwürdigen Alter von 86 Jahren das Zeitliche gesegnet habe (dus mdzad-pa). Er hat übrigens nicht sein ganzes Leben in Ža-lu zugebracht, denn sein Werk ist in der theologischen Akademie (chos grva) Grva thañ vollendet worden, wohin er also jedenfalls eine Berufung als Lehrer erhalten hatte; aber auch hier ist er nicht bis zu seinem Ende geblieben, denn sein Nekrolog berichtet, dass er in bSam grub bde chen verschieden ist. Unser Autor heisst gewöhnlich einfach Ža-lu oder Žva-lu[1]) lo-tsâ-ba, Ža-lu lo-chen oder auch kurz Ža-lu, darf aber nicht mit andern Autoren, welche derselben Klosterstätte angehörig dasselbe Erkennungszeichen führen, verwechselt werden. So gibt es nach Reu-mig S. 61 einen Ža-lu mit dem Beinamen legs rgyan khri chen, der 1374 geboren wurde, und nach Waddell, The Buddhism of Tibet, London 1895, p. 326 und 577, einen Ža-lu legs-pa rgyal mtshan, Verfasser eines lamaistischen Pantheons, der um 1436 in das Kloster dGa-ldan berufen wurde; ein ibid. p. 577 erwähnter, im Jahre 1562 verstorbener Žva-lu lo-tsâ-ba kann weder mit diesem noch mit unserem Ža-lu identisch sein. Auch zu Tanjur 117, 4, 5 wird ein Ža-lu lo chen erwähnt.

Der Verfasser des Zamatog scheint unter den Tibetern in hohem Ansehen zu stehen; wiederholt wird er im Si-tui sum rtags citiert und als Autorität in gewissen Fragen hingestellt; ja, in dem grossen Commentare zu diesem Werke mit dem Titel rTags $_0$jug gi $_0$grel pa (S. 59 ff.) werden bei allen Erörterungen die im Zamatog, Kap. II, enthaltenen Regeln zu grunde gelegt, gleich als ob dieselben in dieser Form ein kanonisches oder klassisches Ansehen genössen; die Frage, was gerade von diesen Partien Žalupa seinen Vorgängern zu verdanken hat, lässt sich vorläufig in keiner Weise beantworten.

---

[1]) So schreibt Reu-mig. Vergl. auch Wassiljew, Geografija Tibeta perevod iz tibetskago sočinenija Miñčžul Chutukty, Pet. Ak. 1895, S. 16. Ža-lu heisst übrigens auch der ganze Distrikt, in welchem das Kloster liegt; es ist der sechste in gTsañ, s. Candra Dás, Contributions 241 no. 59.

In dem vom Lama Prajñâsâgara (šes rab rgya mtsho) verfassten, am Schluss des Situi sum rtags abgedruckten Appendix (p. 5) erhält er den ehrenden Beinamen mkhas pa kun gyi gtsug rgyan ‚Scheitelschmuck aller Gelehrten', und der erwähnte Epilog nennt unter anderen Lobeserhebungen seine Schrift „eine die heilige Litteratur erhellende Leuchte" (gsuṅ rab snaṅ byed sgron me). Seine Kenntnis des Sanskrit wird gerühmt und muss in der That eine aussergewöhnliche gewesen sein; die Unterschiede zwischen der neuen und älteren Orthographie (brda gsar rñiṅ) soll er gut zu trennen gewusst haben.

Wie Tibet Indien seine Religion, Schrift, Litteratur, kurz den gesamten Inhalt seiner Civilisation zu verdanken hat, so auch seine Sprachwissenschaft; aber in dem gleichen Masse wie dieses begabte Volk sich Fremdes anzueignen wusste, besass es auch in hohem Grade die Fähigkeit, die empfangenen Gedanken selbständig weiterzubilden und in einer seinen Verhältnissen angepassten Form glücklich auszugestalten. Das tibetische Volk ist trotz alledem, was es von Indien her in sich aufgenommen, nicht indisch geworden wie die hinterindischen Nationen, sondern hat stets seine Eigenart, sich selbst getreu, bewahrt. Mit grosser Meisterschaft hat Herder in seinen Ideen zur Philosophie der Geschichte der Menschheit (XI, 3) diesen Zustand skizziert mit einer Fülle scharfsinniger, treffender Bemerkungen, wie sie nach ihm nur noch E. Reclus in seinem berühmten geographischen Werke gemacht hat. Die tibetische Sprache vollends ist trotz aller syntaktischen Nachahmungen des Sanskrit rein tibetisch geblieben und hat sich, was im Vergleich zu andern Sprachen um so bewundernswerter ist, nach Kräften von Fremdwörtern frei erhalten. Es liegt nun in der Natur der Sache, dass die Tibeter in Grammatik und Lexikographie nur Principien und Methoden von den Indern erlernen konnten, im übrigen, wenn sie ihr zu einer ganz anderen Sprachenfamilie gehöriges Idiom darstellen wollten, ganz auf sich selbst angewiesen waren. Den Sinn für sprachliche Dinge, das Verständnis grammatischer Terminologie haben sie sich aus dem Sanskrit geholt. Diese Sprache war ihnen nicht allein religiöses, sondern auch sprachwissenschaftliches Bildungsmittel, an dem sie ihr Denken schärften und schulten wie an den klassischen Sprachen die Völker Europas. Žalupa zählt Pâṇini und Amarasiṁha, Kalâpa- und Candravyâkaraṇasûtra auf, an denen er sicher seinen Geist genährt und erzogen hat. Einfachheit und Schärfe des Gedankens, peinlichst präcise Formulierung aller Regeln, bewundernswerte, logisch folgerichtige Systematik sind die Vorzüge, die er in der Schule der grossen indischen Gelehrten sich angeeignet hat. Eine genaue Untersuchung des gewiss bedeutenden Einflusses, welchen die Sanskritlitteratur auf die Entwicklung der tibetischen Sprachwissenschaft gehabt hat, wird naturgemäss nicht eher möglich sein, als bis wir einen guten Teil derselben kennen gelernt haben; was Einzelheiten betrifft, wie z. B. Entlehnung technischer Ausdrücke, so habe ich überall, soweit es mir möglich war, durch Anführung der betreffenden Aequivalente in Sanskrit darauf hingewiesen.

Das Zamatog ist in erster Reihe orthographischen, in zweiter rein grammatischen Inhalts. Das ist freilich nur eine Unterscheidung, welche wir von unserem Standpunkte aus machen, die aber nach tibetischer Auffassung keinerlei Berechtigung hat. Denn Orthographie ist jener mit Grammatik identisch und wird auch thatsächlich so behandelt, dass wir gerade für unsere grammatischen Betrachtungen den grössten Nutzen daraus ziehen können. Die Einführung der Schrift ist eigentlich das Ereignis ihrer Geschichte gewesen, das den mächtigsten Eindruck auf die Seele der Tibeter gemacht und in ihrer Gemütsverfassung die nachhaltigsten Spuren zurückgelassen hat. Ihr gesamtes sprachliches Denken nahm den Ausgangspunkt von der Schrift, dem geschriebenen Worte. Yi-ge heisst „Buchstabe“ und yi-ge-pa ist einer, der sich mit den Buchstaben beschäftigt, ein Grammatiker.[1]) Die Schrift ward und wird als ein Heiliges, Unverletzliches betrachtet, woran man nicht rütteln und ändern darf, und so kommt es,

[1]) Schiefner, gram. 295 No. 3611.

dass wir heute noch die Wörter in der alten Schreibung, wie sie zur Zeit ihrer erstmaligen Fixierung bestand, vor uns sehen, obwohl in den meisten Fällen die Aussprache zu dem Schriftbilde in gar keinem Verhältnis steht. Ich kann an dieser Stelle nicht darauf eingehen, Bau und Geist der tibetischen Sprache zu entwickeln, um daran zu zeigen, wie hier graphische und grammatische Fragen aufs innigste zusammenhängen; das schwierigste Problem der Rechtschreibung ist immer das, ob dies oder jenes Wort ein Präfix oder mehrere erhält, und welches Präfix, und diese Präfixe treten eben als grammatische Funktionen auf.[1]) Es erhellt also daraus, dass unter Umständen eine Frage der Orthographie mit einer grammatischen in eins zusammenfallen kann. Der bedeutendste Gewinn aber, der uns aus dem Studium der sprachwissenschaftlichen Litteratur der Tibeter zufliessen wird, ist der, dass wir dadurch in den Stand gesetzt werden, eine wirklich historische Grammatik der tibetischen Sprache aufzubauen. Denn bei der relativ hohen Sicherheit der einheimischen Chronologie vermögen wir, ebenso wie das Zamatog, die übrigen derartigen Werke zeitlich genau zu bestimmen und somit bestimmte Wörter, Schreibungen, Formen, Redensarten und anderes einer ganz bestimmten Periode zuzuweisen, deren Dichter und Prosaisten wir dadurch werden besser verstehen und für die Geschichte der Sprache benutzen lernen. Für „sagen" z. B. existieren die beiden Formen $_0$dzer-ba und zer-ba; Jäschke[2]) bemerkt, dass jene veraltet und diese besonders der späteren Literatur und Volkssprache angehöre. Aber damit ist nichts gewonnen: die Beobachtung schwebt gleichsam haltlos in der Luft, da ihr jegliche zeitliche Abgrenzungen fehlen. Nun finden wir Zam. fol. 102 die Angabe $_0$dzer to zer to žes pai brda rñin̆ n̆o d. h. $_0$dzer to (er sagt, sagte) ist die alte Schreibweise von zer to. Daraus ergibt sich schon wenigstens ein fester Anhaltspunkt:

---

[1]) In dieser Frage verweise ich auf A. Conrady, Eine indochinesische Causativ-Denominativ-Bildung, Lpz. 1896.

[2]) A tibetan-english dictionary, Lond. 1881 (cit. als J), 467a, 489b.

für einen Autor des Jahres 1513, d. h. natürlich für jene ganze Zeitperiode, war $_0$dzer-ba bereits eine veraltete Form. Das indische Wort kalpa treffen wir auch sehr häufig in der Schreibung bskal-pa an (Mél. as. I 337); von Žalupa erfahren wir nun, dass diese Orthographie auf einen einzigen Mann als Urheber zurückzuführen ist, den „als Uebersetzer berühmten Sprachforscher" Matiçrî vom Kloster Jonañ.[1]) Solcher Beispiele liesse sich noch eine grosse Anzahl aus unserem Werke anführen, dessen hohe Bedeutung nach dieser Richtung hin jedem klar vor Augen treten wird, der die mitgeteilten Proben überblickt; gerade auf alte Formen hat der Verfasser besondere Rücksicht genommen. Um nur noch eines der wertvollsten Ergebnisse hervorzuheben, mache ich auf die Analyse des 2. Kapitels aufmerksam; am Schlusse des einleitenden Teiles zu demselben begegnen wir zum ersten Male einem vollgewichtigen Zeugnis aus tibetischem Munde für die alte Aussprache der Präfixe und ferner dafür, was noch weit bedeutungsvoller ist, dass sich die Tibeter der grammatischen Funktionen derselben, die zum Teil Conrady jüngst zu reconstruieren versucht hat, ganz klar bewusst waren und danach strebten, deren Bedeutungen gesetzmässig festzulegen. Ich hoffe, bei Gelegenheit eines Versuchs über den Commentar des Situ rin po che auf dieses Thema in ausführlicher Darstellung zurückzukommen. Von litterarhistorischer Bedeutung ist die Nachricht, dass von den acht grammatischen Çâstra's des Thon mi sambhoṭa zur Zeit des Autors nur noch zwei vorhanden waren, die übrigen dagegen „durch die wechselvollen Geschicke der Lehre" zu grunde gegangen sind. Der Schluss des Werkes umfasst eine Skizze des Entwicklungsganges der tibetischen Sprachgelehrsamkeit und zählt Namen und Werke auf, die uns zum grossen Teil bisher unbekannt gewesen sind.

Žalupa's Schrift ist kein theoretisches Lehrbuch; vielmehr gibt er die ausdrückliche Erklärung ab, dass er bei seiner

---

[1]) Das volle Citat ist in den Proben (s. Buchst. K) mitgeteilt.

Arbeit praktische Ziele im Auge gehabt habe. „Allen nützen“ ist seine Losung, oder wie er selbst sich ausdrückt, sein „weisser Gedanke“ gewesen; einem vierfachen Zweck soll sein Buch gewidmet sein: es soll anleiten zum Schreiben, Sprechen, Erklären (Lehrvortrag, Predigt u. s. w.) und Schriftstellern, also ein Compendium dessen sein, was auf der einen Seite der Lernende, andrerseits der Lehrende bedarf, ein Hülfsbuch, ein Leitfaden, würden wir vielleicht sagen, für Haus, Schule und Katheder. Aus diesen positiven Absichten des Verfassers heraus müssen wir daher auch sein Werk zu verstehen und zu erklären suchen und ihn nicht für Dinge verantwortlich machen wollen, die wir etwa bei ihm erwarten, aber leider vermissen. Wir dürfen nicht vergessen, dass unser Autor auch sein Publikum besessen und mit Rücksicht auf die Bedürfnisse seines Publikums geschrieben hat, das eben nicht die Philologen des neunzehnten Jahrhunderts sind. Es will eben auch eine solche Schrift aus dem Zeitgeist, der Geschichte, den litterarischen Strömungen erfasst sein. Der schriftstellernde Mönch hat selbst in der Einleitung auf die Veranlassung seiner Arbeit und ihre Stellung zu andern hingedeutet; er wollte den drohenden Verfall der in Verwirrung geratenen Orthographie aufhalten, der Willkür steuern, dem eingetretenen Unfug Abhülfe schaffen, doch nicht mit negierender Oppositionskritik, sondern durch die positive Macht seines klaren, verständigen Werkes. Und so wollen auch wir den Verfasser selbst beurteilen, überall das Positive erkennen, den Kern herausschälen und dankbar empfinden, was wir empfangen. Man hüte sich insbesondere vor dem Irrtum, das Zamatog für ein Wörterbuch zu halten; das ist es nicht und will es nicht sein. Die Wörtersammlungen sind, wie beständig erklärt wird, nur zu dem Zwecke da, die gegebenen Regeln zu illustrieren und erheben daher auf eine erschöpfende lexikographische Darstellung keinen Anspruch. Dennoch sind uns dieselben von grösster Wichtigkeit, und dennoch können wir hier für die Lexikographie zahllose neue wertvolle Ergebnisse gewinnen. Denn die meisten der angeführten Wörter und Redensarten werden mehr oder minder ausführlich erläutert. Die Erklärungen sind von zweierlei Art: sie sind entweder in den Text selbst, der nach indischem Vorbild in Versen abgefasst ist, eingeordnet oder stehen ausserhalb desselben nach Art unserer Anmerkungen, nur dass dieselben nicht am Fusse des Blattes vereinigt, sondern in kleinerer Schrift unmittelbar unter dem Worte oder Verse stehen, worauf sie sich beziehen; meist sind die Noten durch gestrichelte Linien mit dem entsprechenden Teile des Textes (ma yig) verbunden, um Missverständnissen vorzubeugen. Derartige Glossen führen den Namen yi-gei mchan bu; dieselben bestehen zuweilen aus längeren Definitionen, sind stets in ungebundener Rede abgefasst und gewöhnlich in einem so gedrungenen Stile geschrieben, dass sie dem Verständnis grosse Schwierigkeiten bieten. Die häufigste Art, einen Begriff zu erklären, ist seine Wiedergabe durch das entsprechende Sanskritwort; es ist natürlich, dass die Wörter dieser Sprache sich stets ausserhalb des eigentlichen Originals befinden. Eine Fülle von teilweise bisher unbekannten tibetisch-indischen Gleichungen wird uns aus dem Zamatog zu teil. Was die Worterklärungen im Text betrifft, so geschehen diese in der Regel durch den Zusatz synonymer Begriffe oder beschreibender Attribute; zuweilen wird der höhere Gattungsbegriff vorgesetzt, wie dud $_{0}$gro vor Tiernamen oder kha dog vor Farbenbezeichnungen. Synonyme haben ihre Stellung meist vor dem betreffenden Wort mit der Geltung eines appositiven Genitivs, können aber auch ihrem Nomen folgen und sind dann als Prädicat mit gewöhnlich zu ergänzender Copula aufzufassen. Beispiele: dpal gyi gyañ d. h. gyañ wird durch sein Synonym dpal erklärt oder kurz gyañ = dpal; mdzes pai sdug heisst sdug = mdzes-pa; nad gsoi sman d. h. sman (Arzenei) ist das Krankheiten Heilende; khre ni $_{0}$bru Hirse ist eine Frucht; khri grañs d. h. khri (10000) ist eine Zahl. Homonyme werden des Gegensatzes halber mit Vorliebe zusammengestellt, z. B. ri dvags bse ru ko bai bse d. h. das Wild bse ru und bse, das gleich ko-ba (Leder) ist; lus kyi spu dañ ba spu dañ (Haar am Körper); mkha yi zla ba (Mond), zla grogs dañ (Freund), dus kyi zla ba (Monat), mya ñan zla (Nirvâṇa).

Verba werden oft durch ein ihnen vorgesetztes Objekt erläutert: mkhar sogs bšig Schlösser und anderes zerstören, me sogs sbar Feuer u. s. w. anzünden, ja sogs skol Thee u. s. w. kochen; Intransitiva erhalten örtliche Bestimmungen: gnas su sdod verweilen, und zwar an einem Orte; lam du $_{0}$gro gehen auf dem Wege. Durch diese Kürze beanspruchen solche Wörter mit ihren Erläuterungen nur einen Halbvers; ein Vers enthält daher in der Regel zwei erklärte Wörter und empfängt, da im Zamatog nur siebensilbige Verse auftreten, nach der vierten Silbe eine natürlich entstehende Cäsur. Als versfüllende Silben werden dan̄, ni, yan̄, te weitaus am meisten verwandt (pâdapûraṇa). Es kommt jedoch auch vor, dass die Definition nur eines Wortes einen ganzen Vers in Anspruch nimmt, z. B. zva ni sn̄o tshod tsher man can d. h. zva (Nessel) ist eine dornentragende Pflanze; rva ni dud $_{0}$groi mgo la skyes Horn ist das am Kopfe der Tiere Gewachsene; smad $_{0}$tshon̄ min̄ gi $_{0}$jud mthun dan̄ d. h. $_{0}$jud mthun (meretrix) ea appellatur, quae cunnum (partem inferiorem) vendit. Manche Wörter werden, um ihre Anwendung zu zeigen, in einem frei gebildeten Satze gebraucht, manche Belege werden unter einander so verbunden, dass sie als ganzes einen zusammenhängenden Sinn ergeben; z. B. zu k: glan̄ chen thal kar yun̄s kar za der aschgraue Elefant frisst Senfkörner (andere B. s. bes. u. Sandhigesetze). Sehr beliebt ist Parallelismus und chiastische Wortstellung in einem Verse: šin̄ kun sman yin man̄ tshig kun d. h. šin̄ kun ist eine Arzenei, und Mehrzahl ist kun. Auch die Stellung a b a b findet sich: žva (a) ža (b) mgo gyogs (a) yan lag ñams (b) d. h. žva (Hut) ist eine Kopfbedeckung, ža (lahm) eine Verkrüppelung der Glieder.[1]) In inhaltlicher Be-

1) Vergl. Tacitus, Ann. III 31, multis, quorum in pecuniam atque famam damnationibus et hasta saeviebat. Tasso, Gerus. lib. III 76 lasciano al suon dell' arme, al vario grido, e le fere e gli augei la tana e' l nido. Tasso, Aminta I 1 così la gente prima stimò dolce bevanda e dolce cibo l' acqua e le ghiande; ed or l' acqua e le ghiande sono cibo e bevanda d' animali. Shakespeare, Macbeth I 3 speak then to me, who neither beg nor fear your favours nor your hate (der weder um eure Gunst buhlt noch euren Hass fürchtet).

ziehung sind zahlreiche Erklärungen zu bemerken, die von kulturhistorischer oder ethnographischer Bedeutung sind. Diese sollen aber erst nach Fertigstellung einer kritischen Ausgabe des Werkes behandelt werden. Wer mit der Einrichtung indischer Wörterbücher vertraut ist, der wird aus diesen wenigen Bemerkungen den Eindruck gewinnen, dass dieselben einen nicht geringen Einfluss auf die technische Verfassung der tibetischen Sammlungen ausgeübt haben.[1])

## Analyse des Werkes.

Der volle Titel des Werkes lautet: Bod kyi brdai bstan bcos legs-par bšad-pa rin-po chei za-ma tog bkod-pa žes bya ba bžugs so „Çâstra der tibetischen Wörter, genannt Anordnung (Aufstellung) des kostbaren Korbes trefflicher Erklärungen.“ Nachträglich ist ein etwas corrumpierter Sanskrittitel hinzugedichtet worden, wie er sich bei Schmidt und Böhtlingk, Verzeichnis S. 62 Nr. 31 findet (s. auch Schiefner, Nachträge S. 3). Ueber bkod-pa = vyûha in Büchertiteln s. Huth, Gesch. d. Buddh. Mong. II 117 und 28 über za-ma tog. Dieses Wort wird in der Vyutpatti 274a, 2 durch karaṇḍaka und in der folgenden Zeile durch samudga erklärt; za-ma bedeutet „Speise enthaltend“ nach Art von rkaṅ gcig ma (s. Mél. as. III 13, J 408b) und tog in Comp. etwas rundes (Desgodins, cit. D, 406a), was ursprünglich vielleicht Blume (me-tog) bedeutet hat (vergl. siamesisch ḏōk). Zum Gebrauch des Wortes s. auch Köppen II 57, 58.

Die Einleitung zerfällt äusserlich in zwei Teile, in einen Prosaabschnitt und einen Absatz in Versen, bestehend aus vier vierzeiligen Strophen; der Vers ist der gewöhnliche siebensilbige. Die erste und zweite Stanze schliessen sich in ihrem Gedankengang eng an die Worte in ungebundener Rede an: An Gottheiten und Heilige gerichtete Gebetsformeln mit der

---

[1]) Vergl. Zachariae, Die indischen Wörterbücher, Strassb. 1897, bes. § 4.

besonderen Bitte an Buddha um glückliches Gedeihen; Mañjuçrî als Gott der Weisheit steht in einer gelehrten Abhandlung mit Recht an der Spitze, doch auch die indische Trimûrti als Schöpferin der Wissenschaft kann der buddhistische Autor nicht entbehren. Die 2. Strophe bildet zugleich den Uebergang zu einem neuen Thema, einem gedrängten Abriss der Geschichte der tibetischen Sprachwissenschaft, deren Entwicklungsgang, in 12 Versen geschildert, in den grossen Zügen einer Freskomalerei meisterhaft skizziert wird. Den Ausgangspunkt nimmt der Verfasser natürlich von Thon mi sambhoṭa, dem hochherzigen, wahrhaft genialen Begründer alles höheren geistigen Lebens in Tibet, und widmet demselben eine volle Strophe, in welcher er ihn als göttlichen Abgesandten, als Bildner und Erzieher seines Volkes, als Gelehrten und Schriftsteller preist, und es ist dabei von besonderem Interesse, dass er ihm dieselbe Ehrenbezeugung (žabs la $_0$dud) erweist wie vorher den brahmanischen und lamaistischen Göttern. Die Einleitung ist wichtig genug, um sie hier vollständig in Text und Uebersetzung folgen zu lassen.

$_0$phags pa $_0$jam dpal gžon nur gyur pa la phyag $_0$tshal lo. gañ gi gsuñ zer cha tsam gyis kyañ señge $_0$phrog byed nor gyi gñen sogs kyi, gžuñ lugs kun dei tshal rnams zum mdzad gser mñal can dañ dpal mgrin la sogs pa, $_0$jig rten $_0$di na che bar rab grags lha mchog kun gyis žabs pad la gus pas btud pai lha mii bla ma zas gtsañ sras pos rtag tu bde legs mdzod.

de sras thu bo $_0$jam pai dpal
$_0$jig rten dbañ phyug la sogs pai
bstan pa sdud mdzad sems dpa che
rnams la $_0$añ[1]) gus pas phyag $_0$tshal lo.

ñes par rgyal bai $_0$phrin las pa
gañs can khrod pai bla ma mchog
sambhoṭa žes rab grags pai
bstan pa sdud mdzad žabs la $_0$dud.

---

[1]) la $_0$añ ist einsilbig zu sprechen.

mkhan po $_{0}$di yi mdzad pai brda
gsuñ rab bde blag rtogs pai sgo
blañ dor gsal bar ston pai tshul|
$_{0}$bad pa du mas bsgrub par rigs.

mkhas pa du mas mañ bšad kyañ
thams cad brjod par mi nus pas
$_{0}$dir ni $_{0}$khrul gži can gyi brda
$_{0}$ga žig rañ gžan don du $_{0}$god.

Bei tshal rnams zum mdzad ist auf den am Schlusse des Werkes befindlichen Passus sñiñ po gces so $_{0}$tshal rnams $_{0}$dir bsdus te zu verweisen: „diese wichtigen Hauptwerke hat man hier zu Blumensträussen, einer Blütenlese, Anthologie vereinigt“; demnach conjiciere ich an dieser Stelle sdum bezw. sdud[1]) für zum, das vielleicht das westtib. zum für (b)zuñ (zu $_{0}$dzin-pa) veranlasst hat. Hinter mdzad ist pai (= pas) aus btud pai zu ergänzen. Da zum mdzad aber auch „lächelnd“ bedeuten kann, so wäre es vielleicht nicht unwahrscheinlich, dass es dann Attribut zu gser mñal can (der mit goldenem Bauch, Suvarṇagarbhin) ist, der wahrscheinlich nichts anderes als den lächelnden dickbäuchigen Maitreya-Buddha der Chinesen vorstellt (s. Pander-Grünwedel, Pantheon 77, 89 Nr. 210); in jedem Falle ist aber ein sdud, bsdus-pas, bsdus-te oder ähnliches vorher zu ergänzen; die äussere Aehnlichkeit in der Schreibung dieser Formen mit zum mag einem unwissenden Abschreiber, der nur eines oder keines von beiden verstanden, die Veranlassung gegeben haben, ein Satzglied zu elidieren. Erklärende Glossen sind einigen Götternamen beigefügt; zu señge = Siṃha für Narasiṃha ist khyab $_{0}$jug, zu $_{0}$phrog byed ist dbañ phyug, zu nor gyi gñen ist tshañs-pa bemerkt; dpal mgrin wird durch dbañ phyug und das darauf folgende la sogs-pa durch brgya byin dañ khyab $_{0}$jug dañ smin drug bu dañ lus ñan dañ tshogs bdag sogs erläutert, wobei lus ñan, das eine schlechte, niedrige Geburt als Frau oder Tier be-

[1]) Vergl. sdud mdzad 1. Strophe, Vers 3 und 2. Str., V. 4.

zeichnet, sicher irrtümlich in diese Reihe geraten ist. Das la sogs-pai im 2. Vers der 1. Strophe erklärt der Commentar mit phyag rdor sogs Vajrapâṇi und andere. Es entsprechen gžuṅ und gžuṅ lugs dem S. grantha, s. Schmidt, Index des Kandjur Nr. 7, JASB 1881 p. 195.

Uebersetzung. Vor dem ehrwürdigen Mañjuçrî Kumârabhûta[1]) verneige ich mich. Obwohl deren Aussprüche nur zu einem Teil vorhanden sind, habe ich die (einzelnen) Blütensträusse jener sämtlichen Grantha's, die von Viṣṇu, Çiva[2]), Brahmâ und andern herrühren, gesammelt, und nachdem ich mich vor dem Fusslotus des lächelnden Suvarṇagarbhin, Çrîkaṇṭha[3]) und der übrigen sämtlichen, auf dieser Welt hoch- und weitberühmten, erhabenen Götter ehrfurchtsvoll verneigt habe, möge der Höchste der Götter und Menschen, der Sohn des Çuddhodana[4]), immerdar Glück und Segen hervorrufen!

Vor dessen (geistigem) Sohn und Bruder Mañjuçrî,
Vor Lokeçvara und den übrigen
Die Lehrvorschriften sammelnden Mahâsattva's,
Auch vor diesen verneige ich mich ehrfurchtsvoll.

Vor dem Bevollmächtigten des Siegreichen[5]),
Dem grössten Lehrer des Gletscherlandes,
Dem unter dem Namen Sambhoṭa Berühmten,
Dem Sammler der Lehrvorschriften zu Füssen verneige ich mich.

---

[1]) Schiefner, Vimalapraçnottararatnamâlâ S. 5, 17, 23; Wassiljew, Buddh. 135, 245; Pander-Grünwedel, Pantheon 68 Nr. 93, 75 Nr. 145.

[2]) Vergl. die çivasûtrâṇi oder maheçvarâṇi sûtrâṇi des Pâṇini. ophrog byed ist Uebersetzung von hara von $\sqrt{\text{hṛ}}$.

[3]) Bekannter Beiname des Çiva (Nîlakaṇṭha). [4]) Buddha.

[5]) ñes-par rgyal-ba, wahrscheinlich S. nirjetar, ist hier entweder eine Bezeichnung Buddha's oder, wie eher anzunehmen, Mañjuçrî's, da Thon mi sambhoṭa eine Incarnation dieses Bodhisattva darstellt. Vergl. Köppen II 56, Pantheon 75 Nr. 145.

Die von diesem Gelehrten verfasste Orthographie [1])
Ist die Pforte, welche zu einem leichten [2]) Verständnis der kanonischen Schriften [3]) führt;
Doch eine Methode klarer Belehrung über das Für und Wider [4])
Musste der Sachlage nach (rigs) von vielen Interessenten im einzelnen ausgebaut werden.

Obwohl zahlreiche Gelehrte schon vieles erklärt haben,
So waren sie doch nicht im stande, alle Fragen zu erörtern.
Und so kommt es ($_0$dir ni), dass eine fehlerhafte Orthographie
Manche für sich und andere [5]) festsetzen.

Zu den beiden letzten Strophen findet sich folgende Bemerkung in Prosa: dpal dus kyi $_0$khor loi $_0$grel chen khri ñis stoñ pa las, sdud pa po rnams kyis theg pa gsum bod kyi yul du ni bod kyi skad kyis bris žes gsuñs pas $_0$di sdud pa por bstan gsuñ. „Da es im zwölftausendsten grossen Commentar (mahâvṛtti) zum Çrîkâlacakra [6]) heisst: die Sammler schreiben das Triyâna im tibetischen Lande in tibetischer Sprache, so ist diese die Ausdrucksweise der Lehre für den Sammler.“

Der Gedankengang der letzten Strophen ist wegen der epigrammatischen Kürze des Ausdrucks nicht ganz leicht verständlich. Der Verfasser meint ungefähr folgendes: Thon mi sambhoṭa ist der Begründer der Sprachwissenschaft: er, der Schöpfer des Alphabetes, hat für immer die Grundlagen der Rechtschreibung in einem Werke geschaffen, welches uns das

---

1) brda = brda-sprod, brda-sbyor, dag-yig.

2) bde blag s. D 513 b.

3) gsuñ rab = S. pravacanam, Huth l. c. 93 no. 2; Târanâtha II 147.

4) blañ dor Annahme und Zurückweisung, pro et contra. Zum Gebrauch vergl. z. B. Huth I 273, 13; 274, 13.

5) rañ gžan don du = S. âtmaparârtham.

6) Schmidt, Index des Kandjur Nr. 361, 362 (Abt. rgyud, Bd. I); Csoma, Note on Kala Chakra, JASB II 57 = Duka, Life and works of Cs. 181, Duka, Körösi Cs. dolgozatai 313.

Verständnis der heiligen Litteratur erschliesst. Freilich vermochte er nur die allgemeinen Regeln festzusetzen; ein vollständiges System konnte erst im Laufe der Zeit durch die vereinten Kräfte vieler Forscher ausgearbeitet werden, die vor allem die noch streitigen Punkte zu erledigen, das Für und Wider bei der Entscheidung heikler Fragen zu erwägen hatten. Doch auch diese Gelehrtenschar ist trotz allen Studiums nicht bis in die Tiefen des Wissens, nicht in alle grossen und kleinen Einzelheiten eingedrungen; diese sind es aber gerade, welche den Nährboden des Zweifels und Irrtums bilden, und es ist auf diesem schwankenden Grunde gleichsam eine Schule erwachsen, deren orthographische Lehren von Fehlern nicht frei waren. Und diese Mängel zu berichtigen oder vielmehr ein positives Werk aufzuführen, das jene mit stillschweigender Kritik vermeidet, so muss man schlussfolgernd ergänzen, will ich nun mit meiner Schrift unternehmen. Den Verfasser beseelt also das aufrichtige Verlangen, im Dienste der Wahrheit zu wirken. Es folgt nun eine prägnante Mitteilung des Inhalts (sdom) in einer vierzeiligen Strophe:

I. rkyañ-pa.[1]) II. $_0$phul can. III. mgo can no.
re re $_0$añ[2]) gsal byed tha ma dañ
ʾi ʾu ʾe ʾo ya ra la
wa yig rjes $_0$jug bcu yis brgyan.

„I. Die einfachen Buchstaben. II. Die Präfixe. III. Die mit Kopf versehenen.
Die einzelnen jeglich sind mit dem letzten Konsonanten,
Mit i, u, e, o, y, r, l,
W und den zehn Suffixbuchstaben geschmückt."

Die technischen Ausdrücke sind in kleinerer Schrift commentiert; ad I sñon $_0$jug dañ mgo gsum med pa d. h. solche Buchstaben, die kein Präfix und keinen der drei Köpfe haben; II g, d, b, m, $_0$a; III r, l, s. An diese drei knüpft sich folgende Note: bod kyi lugs $_0$khrul gži med pa rnams kyañ skad

1) T. verschrieben rgyañ. 2) re $_0$añ ist in eine Silbe contrahiert zu lesen.

kyi $_0$jug pa šes pai phyir bstan na $_0$añ skyon med mod kyañ, de dag ni go sla ba dañ, $_0$dir yi ge ñuñ ñur bya bai phyir ro. „Wenn die an sich irrtumsfreien tibetischen Methoden auf der Grundlage der Belehrung darüber, weshalb man die Prae- und Suffigierungen ($_0$jug-pa) der Sprache wissen muss, in der That ganz fehlerlos sind, so geschieht das deshalb, weil man zum leichten Verständnis jener Lehren in diesem Falle die Buchstaben verkleinert hat.“ Unter dem letzten Konsonanten ist 'a yig go der Buchstabe 'a zu verstehen; die zehn rjes $_0$jug sind bekannt. Die obige Dreiteilung bildet nun die Disposition, nach der im folgenden die Wörter eingeteilt werden. Der Inhalt des ganzen Werkes findet jedoch darin keinen vollen Ausdruck, denn das 7. und 8. Kapitel sind hier nicht miteingeschlossen; der hier aufgestellte Plan betrifft also nur Abschnitt I—VI. Der erste Teil darf, wenn er auch nach tibetischer Art keine Ueberschrift führt, den Titel rkyañ-pa führen, wie es denn am Schlusse desselben (er umfasst fol. 3—16) heisst: ces pa rkyañ pai brda bye brag tu bšad pa ste rnams par bcad pa dañ poo d. h. erster Abschnitt (bcad von gcod-pa schneiden), worin die verschiedenen Klassen der rkyañ-pa Wörter erklärt sind. Dieses Kapitel umfasst 168 siebensilbige Verse, die sich auf die einzelnen Buchstaben folgendermassen verteilen. Auf k kommen 17 Verse, auf kh 12, g 16, c 10, ch 4, j 3, ñ 1, t 11, thr 1, dr 14, p 4, ph 11, b (y, r, l) 21, my 3, ts 3, tsh 3, w 1, ž 1, z 6, 'a 3, r 6, š 6, s 11, zusammen 168 Verse. Gar nicht behandelt sind die Buchstaben ñ, n, dz, y, l, h, 'a, ferner nicht einfaches th, d, ph, b, m; von diesen sind nur Beispiele in Verbindung mit y, r, l gegeben.

Die Präfixe, $_0$phul can, werden Kap. II—V erläutert. Der Wörtersammlung geht von fol. 16—21 eine aus 89 Versen bestehende Einleitung voraus, welche die Einteilung der präfigierten Buchstaben und die Arten ihrer Verbindungen behandelt, wie dies zum Teil schon aus Schiefner, Ueber die stummen Buchstaben, Mél. as. I 326 ff., und Lepsius, Ueber chin. und tib. Lautverhältnisse, Abh. Berl. Ak. 1861, 476 ff. bekannt ist. Was Form und Inhalt nach neu ist, teile ich hier mit.

Namas sambhoṭâya Verehrung dem Sambhoṭa.

de yan̄ $_0$jam dbyan̄s sprul pa yis
pho yi yi ge $_0$ga žig la
sde pa phyed dan̄ brgyad gnas pa $_0$an̄
sde thsan ln̄a ru dril byas la
pho dan̄ ma nin̄ mo dan̄ ni
šin tu mo dan̄ bži bži ru
sde pa bži pa yan chad dbye
lhag ma bcu bži gnas pa la
tsa sogs gsum ni ca sogs sbyar
wa ni ba dan̄ sbyar bar bya
lhag ma drug ni mo ru sbyar
ra la ha ni mo gšam ste
ma nin̄ mtshan med ces kyan̄ bya
žes gsun̄s de yan̄ $_0$di ltar dbye.

„Dieser (näml. Sambhoṭa), als Incarnation des Mañjughoṣa,
Hat folgende Classificierung mit solchen Worten gegeben (V. 14):
Der männlichen Buchstaben sind nur wenige[1]);
Die Laute[2]) der sieben und ein halb Klassen[3])
Werden in fünf Kategorien zusammengefasst.
Je vier derselben, nämlich männlich, neutral,
Weiblich und sehr weiblich,
Kommen für die Classification bis zur vierten Klasse (d. s. die Labialen) in betracht.
Was die übrigen vierzehn Laute betrifft,
So sind die drei ts-Laute (d. i. ts, tsh, dz) den c-Lauten (c, ch, j) zuzuweisen;

---

1) Dieser Vers scheint eine spätere Interpolation zu sein, da sein Inhalt, wenig sinnreich an sich, schon ohne jeden Grund vorwegnimmt, was erst im folgenden seine richtige Stellung und Erklärung findet; er scheint nach dem Muster von V. 8 gemodelt zu sein.

2) gnas = S. sthâna. 3) J 483 a. Es handelt sich um die gewöhnliche Ordnung des Alphabets, wie sie am Eingang aller Grammatiken u. Lepsius 474 zu finden; ha und 'a bilden die letzte halbe Klasse.

W soll mit b vereinigt werden.
Die übrigen sechs (ž, z, $_0$a, y, š, s) sind zur Klasse „weiblich“ zu rechnen.
R, l, h sind unfruchtbar.
„Neutral“ heisst auch „geschlechtlos“ (mtshan med).“

15 phyogs su lhuñ ba ñi šu dgu
sum cu pa ni phyogs lhuñ med.“

Der Partei verfallen sind 29,
Der 30. aber (Glosse: ’a yig) ist parteilos.

Und deshalb, bemerkt der Commentar, de yi ge phal che ba la srog tu gnas pas so „ist jener Buchstabe grösstenteils am Leben erhalten geblieben“, wohl im Gegensatz zu den andern, die als Präfixe und Schlusslaute verstummen, also sterben mussten. Vergl. hierzu Lepsius 477, Z. 12.

Nun wird V. 17—22 das Ergebnis dieser Einteilung nach dem Geschlechte mitgeteilt, wie es sich bei Csoma, Grammar § 5 und Schiefner 326 übersetzt findet. Neu ist, dass V. 23 und 24 besagen, Unfruchtbares und sehr Weibliches seien nichts anderes als Weibliches:

mo gšam dañ ni šin tu mo
gñis kyañ mo las gžan du min.

Die praktische Anwendung dieses Satzes wird sich noch im folgenden zeigen. Die Verse 25—36 erörtern die 10 rjes $_0$jug, die 5 sñon $_0$jug und die bekannte Geschlechtseinteilung der letzteren. „Bei diesen fünf Präfixen“, so heisst es nun weiter (V. 37—39), „ist eine vierfache Thätigkeit zu unterscheiden, die sich in die Fragen gliedert: An welche Buchstaben treten sie an? Welche Buchstaben treten an? In welcher Weise treten sie an? Zu welchem Zweck (weshalb) treten sie an?

de dag re re $_0$añ bži byed de
gañ la $_0$jug byed gañ gis byed
ji ltar $_0$jug byed ci phyir byed.

Diese Disposition liegt denn auch den folgenden Ausführungen zu grunde. V. 40—44 stimmen wörtlich mit den fünf ersten von Schiefner p. 327 aus dem Luñ du ston pa brtags kyi $_{0}$jug pa mitgeteilten Versen überein und werden hier noch mit den Worten žes pai tshig kyañ $_{0}$di ltar dbye abgeschlossen. Hier wird nun ein Stückchen Commentar eingeschaltet: $_{0}$dir yañ ka ga sa gsum rkyañ brtsegs gñis ka $_{0}$phul, ra la gñis brtsegs-pa kho na $_{0}$phul, gžan rnams rkyañ pa kho na $_{0}$phul lo; mkhas pa dag gis kyañ, brtsegs pa $_{0}$phul las med ces bšad do d. h.: Hierbei können die drei k, g, s sowohl rkyañ $_{0}$phul als brtsegs $_{0}$phul sein (s. J 357 a), r und l sind eben präfigierte brtsegs-pa, die übrigen sind eben präfigierte einfache Buchstaben; auch die Gelehrten haben erklärt, brtsegs-pa sei nichts anderes als ein Präfix. Vers 46—63 enthält die von Schiefner 328 gegebenen Erläuterungen mit der einzigen Abweichung, dass n, r, l nach der obigen Regel zur weiblichen Klasse gerechnet und den sechs weiblichen Buchstaben, vor welche b treten kann, hinzugezählt werden. Darauf reihen sich die 7 Verse an, welche den Schluss des Schiefner'schen Citates S. 327 bilden (V. 64—70). Es werden dann zwei bisher noch unbekannte Themata behandelt:

ji ltar $_{0}$jug par byed ce na  
pho ni drag pai tshul gyis te  
ma niñ ran par $_{0}$jug pa yin  
mo ni žan pai tshul gyis $_{0}$jug  
šin tu mo ni mñam pas so.

ci phyir $_{0}$jug par byed ce na  
pho ni $_{0}$das dañ gžan bsgrub phyir  
ma niñ gñis ka da ltar ched  
mo ni bdag dañ ma $_{0}$oñs phyir  
šin tu mo ni mñam phyir ro.

In welcher Weise lässt man sie antreten?  
Das Männliche (also b) tritt an unter starker Erhebung  
der Stimme,  
Das Neutrale (g, d) in mässiger Weise;

Das Weibliche ($_0$a) tritt mit schwacher Stimme an,
Das sehr Weibliche (m) mit gleichmässiger[1]) Stimme.

Zu welchem Zweck treten sie an?
Das Männliche (b) zur Bezeichnung der Vergangenheit und des Aktivs,
Das Neutrale (g, d) zum Ausdruck der Gegenwart,
Das Weibliche ($_0$a) zur Bezeichnung des Passivs und der Zukunft,
Das sehr Weibliche (m) zum Ausdruck eines unveränderten Zustands.

Die Benennung mn̄am rührt eigentlich daher, dass die mit m- gebildeten Verba nicht formbildungsfähig sind, sondern eben in allen Fällen die gleiche Gestalt bewahren; als Beispiele sind mkhyen, mn̄a glossiert, zu 77 lam bstan ‚den Weg zeigen'; gžan bsgrub, gewöhnlich einfach zu gžan abgekürzt, und bdag sind Termini technici, die bisher noch niemand erklärt hat. Von gžan bsgrub weiss J ä s c h k e, Dict. 479b, nur zu sagen: seems to be some logical term. Es kann aber kaum einem Zweifel unterliegen, dass dieses eine Nachbildung des indischen Parasmaipadam und bdag die von Âtmanepadam vorstellt; für diese sehr sichere Vermutung wird sich aus der Bearbeitung von Situ rin po che 's Commentar der volle Beweis ergeben; ma $_0$on̄s entspricht dem S. anâgata.

žes pas sn̄on $_0$jug gtan la phab
da ni de dag so so yi
brda yi $_0$jug pa bstan pai phyir
rim par bžin du spro bar bya
thog mar bas $_0$phul bšad pa la
rkyan̄ phul dan̄ ni brtsegs $_0$phul lo.
ka ca ta tsa ga da ža
za ša sa rnams rkyan̄ $_0$phul te
dper brjod rim bžin bstan par bya.

---

1) Der Commentar des Situ rin po che p. 68 setzt zur Erklärung šin tu lhod pai tshul gyis ‚in sehr schlaffer Weise' hinzu.

36*

„Auf diese Weise sind die Präfixe in ein System gebracht. Um nunmehr das Antreten jener einzelnen Zeichen zu lehren, so sollen sie der Reihe nach dargelegt werden. An den Anfang wird die Erklärung des Präfixes b gestellt (sn̄on $_{o}$jug gi pho yig pas: Glosse), und zwar des einfachen Präfixes sowohl als des brtsegs-Präfixes. Die einfachen Präfixe k, c, t, ts, g, d, ž, z, š, s sollen der Reihe nach durch Beispiele gelehrt werden.“ Diese nehmen fol. 21—29 ein. Die Verse verteilen sich folgendermassen: bk (incl. bky, bkr) 16, bc 11, bt 7, bts 11, bg (bgy, bgr) 7, bd 6, bž 10, bz 8, bš 8, bs 8. Von fol. 30 bis fol. 41 reichen die brtsegs, eingeleitet durch die Worte

de rnams rkyan̄ pao brtsegs pa yi
sa ra la rnams $_{o}$phul tshul ni
rim pa bžin du dgod bya ste.

Bsk umfasst 17 Verse, bsg 11, bsn̄ 3, bsñ 8, bst 8, bsd 6, bsn 5, bsr 9, bsl 4, brk 4, brg 7, brn̄ 1, brj 4, brñ 3, brt 7, brd 3, brn 4, brts 6, brdz 9, blt 4, bld 2. Die Summe beträgt 220, und die 89 Verse der Einleitung eingerechnet, für das ganze Kapitel 309 Verse. Dasselbe schliesst anders als das erste und ebenso wie alle folgenden mit dem vollen Titel des Werkes ab: ces pa bod kyi brdai bstan bcos legs par bšad pa rin po chei za ma tog bkod pa las (sonst stets žes bya ba las), ba yig gi $_{o}$jug pa bye brag tu bšad pa ste rnaṃ par bcad pa gn̄is pa rdzogs so.

De nas ga dan̄ da gn̄is kyi
$_{o}$jug tshul rim pa bžin du ste.

Dies ist der Gegenstand des 3. Abschnitts (fol. 41—58). Er zerfällt naturgemäss in zwei Teile:

1) ca ña ta da na tsa ža
za ya ša sai yi ge rnams
gas $_{o}$phul bcu gcig tu bžed dper.

2) ka ga n̄a dan̄ pa ba ma
das $_{o}$phul drug tu bžed de dper.

Zahl der Verse: gc 11, gñ 7, gt 16, gd 14, gn 5, gts 7, gž 13, gz 19, gy 11, gš 9, gs 11; dk 8, dg 12, dṅ 6, dp 10, db 20, dm 6; Gesamtzahl 192.

Das 4. Kapitel enthält die Wörter mit präfigiertem $_0$a und reicht von fol. 58 bis fol. 68.

de nas $_0$a yig $_0$jug tshul te
kha ga cha ja tha da daṅ
pha ba tsha dza $_0$as $_0$phul bcuo.
de dag rim bžin bstan bya ste.

Mit dieser Erklärung besteht der Abschnitt aus 139 Versen, die so verteilt sind: $_0$kh 20, $_0$g 18, $_0$ch 10, $_0$j 13, $_0$th 13, $_0$d 16, $_0$ph 9, $_0$b 12, $_0$tsh 11, $_0$dz 13.

Das Thema des 5. Abschnitts ist das Präfix m, welches die folgenden Zeilen einleiten:

de nas ma yig $_0$jug tshul te
kha ga ṅa daṅ cha ja ña
tha da na daṅ tsha dza rnams
mas $_0$phul bcu gcig yin te dper.

Ueber den kurzen Teil, der sich bis fol. 74 erstreckt, habe ich diese Statistik aufgenommen: mkh 5, mg 6, mṅ 6, mch 11, mj 4, mñ 4, mth 8, md 7, mn 5, mtsh 8, mdz 4, zusammen 72 Zeilen.

Das 6. Kapitel ist dreiteilig, da es die drei „Köpfe“ abhandelt (fol. 74—94). Am Schlusse jeder Unterabteilung ist dieselbe genau nach der Zahl und ihrem Inhalt bezeichnet.

da ni mgo can bšad bya ste
ra la sa yi dbye bas gsum.
$_0$ga žig bas $_0$phul skabs su bšad
lhag ma rnams ni $_0$dir brjod bya.

Wenn hier der Autor bemerkt, dass einige der Wörter mit Präfix r schon bei Gelegenheit des präfigierten b erklärt worden seien und die übrigen an dieser Stelle aufgeführt werden sollten, so liegt darin offenbar eine Art Selbstkritik oder vielmehr ein stiller Vorwurf gegen das System. Ka ga ṅa daṅ ja ña ta, da na ba ma tsa dza rnams, diese zwölf sind mit dem Kopf des r versehen, ra mgo ldan pa bcu gñis te. Es kommen an Versen auf rk 5, rg 15, rñ 9, rj 4, rñ 4, rt 7, rd 3, rn 3, rb 2, rm 11, rts 11, rdz 7, in summa 81, mit Einleitung 88.

la mgo ldan pa rnam bcu ste
ka ga ña dañ ca ja ta
da dañ pa ba ha rnams so.

lk 3, lg 2, lñ 1, lc 8, lj 3, lt 10, ld 12, lp 1, lb 2, lh 6, im ganzen 51 Verse.

sa mgo ldan pa bcu gcig ste
ka ga ña dañ ña ta da
na pa ba ma tsa rnams so.

Statistisches: sk 24, sg 26, sñ 8, sñ 11, st 16, sd 12, sn 9, sp 29, sb 22, sm 15, sts 4, ergibt 179 Verse. Addiert man die Anzahl in den drei Abteilungen, so erhält man als Resultat 318 Verse. Auf das 7. Kapitel (fol. 94—105) brauche ich an dieser Stelle nicht näher einzugehen, da ich dasselbe unter den Proben vollständig in Text und Uebersetzung mitteile. Den Schluss (fol. 105—113), den man auch als 8. Kapitel bezeichnen könnte, obwohl es nicht ausdrücklich bemerkt ist, lasse ich im Original nebst Verdeutschung folgen.

Bod yul dbus kyi rgyal po mchog
gnam ri sroñ btsan yan chad la
bod la yi ge med ces grags
chos rgyal sroñ btsan sgam poi dus
mkhan po thon mi sambho ṭas
lâñtshai yi ge dper mdzad nas
dbyañs yig 'i 'u 'e 'o bži
gsal byed ka sogs sum cu mdzad
de las rjes su $_0$jug pa bcu
de las kyañ ni sñon $_0$jug lña
ra la sa yi mgo gsum dañ
ya ra la yi smad $_0$dogs gsum
da dañ sa yi yañ $_0$jug sogs
ston pai bstan bcos rnam brgyad mdzad.

bka srol de ñid la brten nas
lo paṇ skyes mchog du ma yis
rgya gar rgya nag kha che dañ
li dañ bal poi yul sogs nas
thub pai gsuñ rab sna tshogs bsgyur.
brda yañ mi $_0$dra sna tshogs gyur.

chos rgyal ral pa can gyi dus
ska cog žañ sogs mkhas mañ gis
rgyal poi bka bskul gsar bcad kyi
skad kyis brda sbyar gtan la phab.
slad nas rin chen bzañ po dañ
blo ldan šes rab la sogs pa
mkhas mchog rnams kyañ de la brten
kho na mkhan po thon mii gžuñ
sum cu pa dañ rtags $_0$jug gi
don yañ legs par gtan la phab.

ska cog rin chen bzañ po dañ
blo ldan šes rab šoñ dpañ sogs
mkhas mañ legs bšad bcud myañs te
$_0$phags yul skad dañ gañs can gyi
gsuñ rab brda la $_0$dris pai blos
don $_0$di legs par bkod pa ñid.

gañ žig gsuñ rab rnams kyi don
gtan la $_0$bebs na smos ci $_0$tshal.

$_0$jig rten phal pai rnam gžag cig
byed kyañ tshig gi sbyor ba gces
$_0$di ni mkhas rmoñs $_0$byed pa ste
don $_0$di khoñ du chud pai mi
mañ po $_0$dus pai nañ dag tu
mkhas pai stan la $_0$dug par $_0$gyur
$_0$di la noñs pai cha mchis na
mkhas pa dag gis bcos par gsol
legs par bšad pai dge tshogs kyañ
thub bstan gsal bai $_0$od du gyur.

legs sbyar brda spyod ka lâ candra pâ ṇi ni, sâ dhu kîrti rab $_0$byor zla ba drag $_0$byor dañ bkod dka señ ge chos $_0$bañs $_0$chi med señ ge sogs šoñ dpañ brgyud pai bla mas legs bšad gañ yin dañ, bod kyi mkhan po thon mii sum rtags bstan bcos dañ, ska cog sogs kyi gsar bcad sgra sbyor bam gñis dañ, dag byed mkhan poi gañgâ bdud rtsii chu rgyun dañ, $_0$od gzer brgya pa sgra don rgya mtshoi me loñ dañ, smra bai brgyan dañ $_0$khrul pa spoñ ba la sogs pai, legs bšad sñiñ po gces so $_0$tshal rnams $_0$dir bsdus te, yi ger $_0$bri dañ smra dañ $_0$chad dañ rtsom pa sogs, kun la phan phyir rnam dkar bsam pas $_0$di brtsams so.

žes pa bod kyi brdai bstan bcos legs par bšad pa rin po chei za ma tog bkod pa žes bya ba, legs par sbyar bai skad kyis brda sprod pai bstan bcos dag thos šiñ cha šes tsam rig la, gañs can gyi bde bar gšegs pai gsuñ rab mtha dag gi bsgyur tshul rjes su dpag pa las rtogs šiñ brda gsar rñiñ gi rnam dbye legs par phyed pai lo tsa ba šâ kyai dge sloñ ža lu pa rin chen chos skyoñ bzañ po žes bya bas, dños poi lo sa ga zla bai tshes ñer lña la chos grva grva thañ du grub par bgyis pao.

## Uebersetzung.

Dass bis auf gNam ri sroñ btsan, den vortrefflichsten König* des tibetischen Landes dBus, in Tibet keine Schrift vorhanden war, ist bekannt. Zur Zeit des Dharmarâja (chos rgyal) Sroñ btsan sgam po nahm der Gelehrte Thon mi sambhoṭa die Lâñchaschrift[1]) zum Muster und schuf die vier Vokalbuchstaben i, u, e, o und die dreissig Konsonanten k u. s. w.

---

[1]) Zu V. 6. kha chei yi ge la dpe mdzad nas lha sai sku mkhar ma ru bya bar rje blon mtshams bcad nas brtsams grag |

Es wird auch erzählt, dass der König und sein Minister nach der Vorlage der Schrift von Kâçmîra die Buchstaben verfasst hätten, nachdem sie sich in das Schloss Maru in Lhasa zurückgezogen.

* rgyal-po mchog = S. râjavara, jinavara, ujjayana, s. Schiefner, Târanâtha II 3 no. 12.

Darauf verfasste er acht Çâstra's[1]), welche die aus jenen gebildeten zehn Schlussbuchstaben, die wiederum von diesen stammenden fünf Präfixe, die drei Köpfe des r, l, s, die drei unten angefügten y, r, l, endlich d und s als zweite Schlussbuchstaben (yan̄ $_{0}$jug) u. s. w. lehren. An eben dieser Praxis festhaltend, haben viele Locchâva-Paṇḍita-Mahâpuruṣa's aus Indien, China, Kâçmîra, Li*, Nepâl u. s. w. verschiedene heilige Schriften des Muni (thub pai gsun̄ rab) übersetzt. Was die Orthographie betrifft, so entstanden sehr ungleiche Verschiedenheiten. Zur Zeit des Dharmarâja Ral pa can stellten Onkel sKa cog und viele andere Gelehrte, aufgefordert durch des Königs Gebot, Untersuchungen an und brachten die Orthographie der Sprache in Ordnung. Späterhin fussten Ratnabhadra** (Rin chen bzan̄ po), Prajñâbuddhimant (Blo ldan šes rab) und andere vortreffliche Gelehrte auf jenen und brachten auch, was gerade das Hauptwerk des Gelehrten Thon mi war, das Alphabet und den Gebrauch der grammatischen Affixe wieder ausgezeichnet in Ordnung. sKa cog, Ratnabhadra, Prajñâbuddhimant, Šon̄ dpan̄ und andere zahlreiche Weise kosteten vom „Trank der trefflichen Erklärung“ (legs bšad bcud), und da sich ihr Geist auf Grund der Wörter der (schon vorhandenen) heiligen Texte Tibets mit der Sanskritsprache[2]) ($_{0}$phags yul skad) vertraut machte, so setzten sie die Bedeutung der-

---

[1]) Zu V. 14. ces gran̄ na $_{c}$an̄ bstan pa $_{0}$phel $_{0}$grib kyi dban̄ gis din̄ san̄ sum cu pa dan̄ rtags $_{0}$jug las mi snan̄ n̄o |

Obwohl sich das so verhalten mag, so ist doch heutzutage infolge der wechselvollen Geschicke der Lehre nichts mehr davon vorhanden als das Alphabet und die grammatische Formenlehre.

[2]) Zu V. 34. $_{0}$di gñis ka la ṭî kâ re byas yod cin̄ $_{0}$dir yan̄ de dag dpan̄ du byas nas bšad pas so |

Für diese beiden, d. h. für das Sanskrit und das Tibetische, verfasste man je einen Commentar (ṭîkâ), auf welchen sich jene beriefen und ihre Erklärungen gründeten.

* Schiefner, Tib. Lebenbeschreibung Çâkyamuni's 97 no. 65; Candra Dás, JASB 1881, S. 223.

** ZDMG Bd. 49, 281.

selben gut fest. Was soll ich erst von den Männern sagen, welche die Ausdrucksweise (don) der kanonischen Schriften in systematische Ordnung gebracht haben? Von Wichtigkeit ist die Wortfügung (tshig gi sbyor ba, also Syntax), obwohl ja ein Mann, welcher dem gemeinen Volke eingeordnet ist, diese ganz von selbst anwendet. Das Dunkle daran erläutert der Gelehrte. Ein Mann, der ihr Wesen gründlich in sich aufgenommen hat, sitzt in zahlreicher Versammlung auf dem Teppich der Weisen. Taucht dabei auch nur ein Teil eines Irrtums auf, so ersucht man um Berichtigung von seiten der Gelehrten. Auf diese Weise ward die Anhäufung des durch gute Erklärungen erworbenen Tugendverdienstes ein Licht, welches die Munilehre (thub bstan) erleuchtet. Die die Grammatik des Sanskrit behandelnden Werke Kalâpasûtra*, Candravyâkaraṇasûtra**, Pâṇini†, Sâdhukîrti, Subhûticandra††, (Rab $_0$byor zla-ba), Anubhûti†* (?Drag $_0$byor), Durvyûhasiṁha (?bKod dka seṅ ge), Dharmadâsa (Chos $_0$baṅs), Amarasiṁha ($_0$Chi med seṅ ge) u. s. w., die vortrefflichen Erläuterungsschriften des Lehrers und Lamas Šoṅ dpaṅ, soweit sie vorhanden sind, das Çâstra des tibetischen Gelehrten Thon mi über das Alphabet und die grammatischen Affixe, ferner Sprachwissenschaft in zwei Abteilungen†**, d. h. Untersuchungen des sKa cog u. a., der „Gangâ-Nektar-Strom“ 1) des Gelehrten Dag

1) Es werden hier sechs Autorennamen angegeben, die zu den aufgeführten Werken in Beziehung stehen, aber nicht genau auf die einzelnen Schriften verteilt sind. Da den sechs Namen vier Titel gegenüber sind, so müssen wohl an zwei Werken je zwei Verfasser gearbeitet haben, wenn man nicht etwa annehmen will, dass hier eine Gruppe oder Schule historisch oder sachlich zusammengehörender Autoren vereinigt sind, die nur teilweise oder lose mit den im Texte gegebenen Citaten verkettet sind. Folgendes sind die Namen: 1. sÑe thaṅ pa

* Schiefner Nr. 3612. ** Nr. 3604, 3726, 3737; Liebich, Göttinger Nachrichten, 1895, 272. Diese nr. 1 und 2 genannten Werke soll schon Thon mi sambhoṭa in Indien studiert haben, s. Candra Dás, Contributions 219. † Nr. 3748—50. †† Tanjur 117, 2. †* Schiefner gram. 298. †** sgra sbyor bam gñis, Tanjur 124, 1.

byed, der „hundert Lichtstrahlen enthaltende Spiegel des Meeres der Wortbedeutung", der „Redeschmuck" (smra bai brgyan), die „Fehlervermeidung" ($_0$khrul pa spoṅ ba) und die andern trefflichen Erläuterungsschriften, das sind wertvolle Hauptwerke. Diese hat man hier zu einem Blumenstrauss gesammelt und so dieses Werk verfasst, in der redlichen (rnam dkar eig. = weiss) Absicht, dass es allen frommen möge beim Schreiben, Sprechen, Erklären und Schriftstellern.

So ist denn das Çâstra der tibetischen Orthographie, Anordnung des kostbaren Korbes der trefflichen Erklärung zubenannt, in der Religionsschule Grva thaṅ am 25. Tage des Monats Saga* im Bhavajahre von dem Uebersetzer und Çâkyabhikṣu Ža lu pa rin chen chos skyoṅ bzaṅ po vollendet worden. Derselbe hatte die Çâstra's der Orthographie (brda sprod pa) der Sanskritsprache (legs par sbyar bai skad) studiert (thos), und als er seinen gehörigen Teil wusste, untersuchte und prüfte er die Uebersetzungsmethode sämtlicher gesegneten heiligen Schriften des Schneelandes; er besass die Fähigkeit, die Unterschiede der neuen und alten Orthographie trefflich zu analysieren.

---

grags seṅ ge d. i. Grags seṅ ge (Sanskr. etwa Kîrtisiṁha) aus sÑe thaṅ (Kloster bei Lhasa).** 2. rTsaṅ nag phug pa (d. i. Höhle der schwarzen Eidechse, also wohl Ortsname) thugs rje seṅ ge (letzteres etwa Skr. Karuṇasiṁha). 3. sTag ston gžon nu dpal. sTag ston scheint der tib. Name (oder Ortsname?), der andere Teil gžon nu dpal (= Skr. Kumâraçrî) der später in Anlehnung an indische Bezeichnungen verliehene Mönchsname des Verfassers zu sein. Er scheint mit dem bei Huth II 199 erwähnten „königlichen Lama und Opferpriester" identisch zu sein. 4. Bu ston seṅ ge $_0$od. 5. rje Byams pa gliṅ pa, starb nach Reumig S. 68 im Jahre 1474; Byams pa gliṅ (etwa S. Maitreyadvîpa) ist der Name eines Klosters in Khams (ibid. S. 66). 6. bSam sdiṅs pa kun bsam. Das gesamte Werk umfasst 1451 Verse; dazu kommen einige kurze Abschnitte in Prosa.

* = S. vaiçâkha (J 491a; Schlagintweit, Könige v. Tibet 829).

** Wassiljew, Geografija Tibeta perewod iz tibetskago, Pet. 1895, S. 22.

## Proben aus den Wörtersammlungen.

### 1. $_0$ph.

smod-pai $_0$phya daṅ phyag dar $_0$phyag

$_0$phya bedeutet smod-pa ‚tadeln’; $_0$phyag d. i. phyag dar ‚Kehricht wegschaffen’.

thur du $_0$phyaṅ daṅ yan-pai $_0$phyan

$_0$phyaṅ d. i. thur du ‚hinab-, herunter-hangen’; $_0$phyan bedeutet yan-pa ‚umherschweifen, wandern’.[1])

dar $_0$phyar $_0$phyas smod dus $_0$phyi-ba

dar $_0$phyar ‚Flagge’; $_0$phyas = smod; $_0$phyi-ba d. i. dus[2]) ‚sich in der Zeit verspäten’.

gyen du du ba $_0$phyur-ba daṅ

Nach oben steigt der Rauch empor.

lto $_0$phye rkaṅ med $_0$phye bo ste

lto $_0$phye (= S. uraga) Schlange; $_0$phye-bo d. i. rkaṅ med ‚fusslos, Krüppel’.

raṅ dgar $_0$phyo daṅ spriṅs-pai $_0$phrin

$_0$phyo d. i. raṅ dgar ‚nach Belieben umherschweifen’; $_0$phrin bedeutet spriṅs-pa ‚gesandte Botschaft’.

$_0$phrin las rnam $_0$phrul $_0$phreṅ-ba daṅ

$_0$phrin-las ‚That, Werk’; rnam-$_0$phrul ‚Gaukelei’; $_0$phreṅ-ba ‚Kranz’.

$_0$od $_0$phro nor $_0$phrog lag tu $_0$phrod

$_0$phro ‚sich verbreiten’, näml. v. $_0$od ‚Licht’; $_0$phrog ‚rauben’ d. i. nor ‚Reichtum, Besitz’; $_0$phrod ‚übergeben werden’ d. i. lag-tu ‚zu Händen’.

de sogs pha yig $_0$as $_0$phul can.

Diese und andre haben den Buchstaben ph mit Präfix $_0$a.

---

1) Damit erledigt sich Jäschke's Dict. 507a an yan-pa ausgesprochener Zweifel. 2) Casus indefinitus.

### 2. $_{0}$b.

sgrib-pa $_{0}$byan̄ $_{0}$gyur rab $_{0}$byams dan̄

$_{0}$byan̄ ‚reinigen' z. B. „Sünden werden gereinigt"; $_{0}$byams nämlich rab- ‚weit verbreitet'.

sbyar-bai $_{0}$byar dan̄ $_{0}$dam du $_{0}$byin̄

$_{0}$byar ‚sich anhängen, bereitet sein' gehört zusammen mit sbyar-ba ‚angeheftet, bereitet haben'; $_{0}$byin̄ ‚einsinken' d. i. $_{0}$dam-du in den Morast.

ma $_{0}$on̄s $_{0}$byun̄-ba sgo $_{0}$bye $_{0}$byed

$_{0}$byun̄-ba ‚werden, entstehen', näml. gesagt von ma $_{0}$on̄s ‚das noch nicht Geschehene, das Zukünftige'; $_{0}$bye ‚sich öffnen', $_{n}$byed ‚öffnen', gesagt v. sgo ‚Thür'.

$_{0}$dred-pai $_{0}$byid dan̄ mi tshe $_{0}$byid

$_{0}$byid wird gebraucht 1) = $_{0}$dred-pa ‚gleiten'; 2) v. mi tshe ‚das menschliche Leben schwindet dahin'.

bros-pai $_{0}$byer dan̄ rjes su $_{0}$bran̄

$_{0}$byer bedeutet $_{0}$bros-pa ‚fliehen'; $_{0}$bran̄ ‚folgen' d. i. rjes-su den Spuren.

bral-bai $_{0}$bral dan̄ dud $_{0}$gro $_{0}$bri

$_{0}$bral ‚getrennt werden' gehört zu bral-ba; $_{0}$bri, ein Tier, ‚männlicher (?) zahmer Yak'. Jäschke hat nur $_{0}$bri-mo = camarî weiblicher zahmer Yak.

$_{0}$grib-pai $_{0}$bri dan̄ bar mai $_{0}$brin̄

$_{0}$bri bedeutet $_{0}$grib-pa ‚sich vermindern'; $_{0}$brin̄ bedeutet barma ‚Mitte, Mittleres'.

lo tog $_{0}$bru dan̄ skad chen $_{0}$brug

$_{0}$bru ‚Korn' näml. lo tog ‚das durch die Ernte gewonnen wird'; $_{0}$brug ‚Donner' näml. skad chen ‚der eine grosse Stimme hat'.

nad kyi $_{0}$brum-bu sbrel-bai $_{0}$brel

$_{0}$brum-bu ‚Körnchen' d. i. aber (im Gegensatz zu dem vorhergegangenen und damit verwandten $_{0}$bru) nad-kyi ‚durch Krankheit verursacht', daher ‚Pocken, Blattern'. $_{0}$brel ‚zusammenhangen' intr. gehört zusammen mit sbrel-ba ‚zusammenheften' tr.

groñ las thag riñ $_0$brog gi gnas

‚Vom Dorfe weit entfernt befindet sich Weideland'.

dud $_0$gro $_0$broñ dañ rus kyi $_0$brom

$_0$broñ, ein Tier, ‚wilder Yak'; $_0$brom ist rus kyi d. h. Name eines Geschlechtes, einer Familie.

de sogs ba yig $_0$as $_0$phul ldan.

Diese und andre haben den Buchstaben b mit Präfix $_0$a.

### 3. $_0$tsh.

$_0$dzom-pai $_0$tshag dañ lus stobs $_0$tshar

$_0$tshag = $_0$dzom-pa abundans; $_0$tshar ‚verbraucht sein' von lus stobs Körperkraft.

chu sogs $_0$tshag dañ nañ du $_0$tshañs

$_0$tshag ‚durchseihen' d. i. chu sogs Wasser und anderes; $_0$tshañs ‚pressen', d. i. nañ du hinein-.

blo $_0$tshabs dus $_0$tshams loñs-pai $_0$tshar

$_0$tshabs ‚sich fürchten', blo animo; $_0$tshams (= mtshams) d. i. dus Zeitraum; $_0$tshar ‚zu Ende, erschöpft sein' von loñs-pa ‚Besitz, Reichtum'.

šes dañ chog-pai $_0$tshal žes dañ

‚das sogenannte Begehren nach Genügsamkeit'.

mes $_0$tshig til mar $_0$tshir-ba dañ

$_0$tshig ‚verbrennen' d. i. mes durch Feuer; $_0$tshir-ba ‚auspressen' til mar ‚Sesamöl'.

du-ba $_0$tshubs dañ γnod-pai $_0$tshe

$_0$tshubs ‚wirbeln' von du-ba Rauch; $_0$tshe bedeutet γnod-pa ‚schädigen'.

rgyal-bai $_0$tsheñs dañ zas $_0$tshed dañ

$_0$tsheñs ‚wachsen, sich verbessern', gesagt vom rgyal-ba (Jina); $_0$tshed ‚kochen' z. B. zas Speise.

$_0$od $_0$tsher srog $_0$tsho sman $_0$tsho byed

$_0$tsher, näml. $_0$od ‚Lichtglanz'; $_0$tsho = srog ‚Leben'; $_0$tsho byed = sman ‚Arzenei'.

dud $_0$gro $_0$tsho dañ brdegs $_0$tshobs dañ

$_0$tsho ‚weiden, grasen' von Tieren; $_0$tshobs ‚Stellvertreter sein' von brdegs ein Geschlagener (?).

yo byad $_0$tshog chas tshoñ du $_0$tshoñ

$_0$tshog-chas = yo byad ‚Geräte, Bedürfnisse'; $_0$tshoñ ‚verkaufen' näml. tshoñ-du im Handel.

nor $_0$tshol la sogs $_0$as $_0$phul tshao.

$_0$tshol ‚zu erwerben suchen' d. i. nor ‚Besitz, Geld'; diese und andre haben tsh mit Präfix $_0$a.

### 4. $_0$dz.

chu $_0$dzag zad-pai $_0$dzañs-pa dañ

$_0$dzag ‚tropfen' v. chu Wasser; $_0$dzañs-pa = zad-pa ‚erschöpft, verbraucht'.

bzlas-pai $_0$dzab dañ $_0$dzam bu gliñ

$_0$dzab ‚Zauberspruch' bzlas-pa, der leise recitiert wird; $_0$dzam bu gliñ = Jambudvîpa.

$_0$phyañs-pai $_0$dzar dañ $_0$du $_0$dzi dañ

$_0$dzar ‚Quaste, Troddel' $_0$phyañs-pa ‚herabhängend'; $_0$du $_0$dzi ‚Lärm'.

phan tshun $_0$dziñs dañ lag-pas $_0$dzin

$_0$dziñs ‚streiten' phan tshun unter einander; $_0$dzin ‚fassen, greifen' lag-pas mit der Hand.

zags-pai $_0$dzir dañ srol sogs $_0$dzugs

$_0$dzir bedeutet zags-pa (Dict. nur zag-pa) ‚Unglück, Kummer, Schmerz'. Das Wort fehlt in dieser Bedeutung im Dict., gehört offenbar zu der Reihe $_0$tshir-ba, γzir-ba, γzer-ba, γzer (Schmerz, Krankheit). $_0$dzugs ‚einführen' srol sogs Sitten und anderes.

snod du $_0$dzud dañ bžin gyi $_0$dzum

$_0$dzud hineinlegen d. i. snod du in ein Gefäss; $_0$dzum ‚Lächeln' näml. bžin gyi des Gesichtes.

γzur-bai $_0$dzur-dañ $_0$og tu $_0$dzul

$_0$dzur zu γzur-ba ‚ausweichen'; $_0$dzul ‚hineinschlüpfen' $_0$og tu unten.

gyen du $_0$dzeg dañ rdo yi $_0$dzeñ

$_0$dzeg ‚hinaufsteigen' d. i. gyen du bergaufwärts; $_0$dzeñ ‚Wetzstein', erklärt durch rdo yi ‚von Stein, steinern'.

snod du $_0$dzed dañ ño tshai $_0$dzem

$_0$dzed ‚hinhalten, vorhalten' snod du in einem Gefäss; $_0$dzem ‚sich fürchten, meiden': ño tshai- Schamgefühl.

logs skyes $_0$dzer-pa skad $_0$dzer dañ

$_0$dzer-pa (= mdzer-pa) ‚Knoten, Auswuchs' näml. logs skyes ‚der sich an der Seite, Oberfläche (der Haut od. des Holzes) gebildet hat'; $_0$dzer ‚heiser' skad an Stimme.

$_0$khrugs-pai $_0$dzag $_0$dzog bsags-pai $_0$dzom

$_0$dzag $_0$dzog = $_0$khrugs-pa ‚Unordnung, Verwirrung'; $_0$dzom = bsags-pa (zu sog-pa) ‚sammeln, aufhäufen', eine Bedeutung, die Jäschke nicht kennt, der nur die intransitive ‚zusammenkommen, begegnen' hat.

nor-bai $_0$dzol-ba la sogs-pa

$_0$dzol-ba = nor-ba ‚sich irren, einen Fehler begehen'.

dza yig $_0$a yi sñon $_0$jug can

Diese und andre haben den Buchstaben dz mit Präfix $_0$a.

### 5. mkh.

mkhan-po[1] nam mkha[2] mkhar[3] du mkhas[4]

1 upâdhyâya. 2 âkâça. 3 koṭi. 4 paṭu.

nañ khrol[1] mkhal-ma[2] mkho-bai nor[3]

1 Eingeweide. 2 Nieren. 3 begehrenswerter Besitz.

ser sna dpe mkhyud[1] mkhyud spyad[2] dañ

1 Unwilligkeit, Bücher zu verleihen aus Habgier. 2. Gefäss, um etwas zu tragen (?). S. muṣṭi.

šes-pai mkhyen-pa sra-bai mkhregs

mkhyen-pa (jñâna) = šes-pa; mkhregs (sâra) = sra-ba hart, fest.

de rnams ma yis kha $_0$phul bao

Diese haben als Präfix kh mit m.

### 6. mg.

bzo-boi mgar-ba[1] mgal me[2] dañ

1 ein Schmied (ayaskâra), der ein geschickter Künstler ist. 2 Feuerbrand, Fackel.

mgal dum[1] dañ ni mgrin-pai[2] mgur[3]

1 ein grosses Stück geschnittenen Holzes. 2 grîvâ. 3 kaṇṭha.

myur-bai mgyogs dañ dga-bai mgu

mgyogs = myur-ba ‚schnell'; mgu = dga-ba ‚sich freuen'.

mgul[1] dañ lus kyi mgo-bo[2] dañ

1 kandhara. 2 çiras (Kopf des Körpers).

skyabs mgon[1] sems can mgron du gñer

1 nâtha ‚Der Schützer trägt Sorge für ein Fest der Wesen'.

de sogs ga yig ma yis $_0$phul

Diese und andre haben den Buchstaben g mit Präfix m.

## 7. mñ.

bran gyi mñag γžug lan mañ mñags

mñag γžug = bran ‚Diener' (kiṁkara); mñags (zu mñag-pa) ‚entsandt' näml. lan mañ viele Male.

thugs la mña dañ mña thañ dañ

mña ‚Macht, Herrschaft' thugs la über das Gemüt; mña-thañ ‚Macht, Stärke'.

mña ris mña $_0$og mña žabs dañ

Die drei Ausdrücke bedeuten jeder: ‚unterworfen, unterthan'.

mñon-pa[1] mñon šes[2] mña bdag[3] dañ

1 Als Skr.-äquivalent ist abhi zugesetzt, als Beispiel wird noch mñon-pai sde snod sogs = Abhidharmapiṭaka u. s. w. angeführt. 2 abhijñâ. 3 vibhu.

mñon mtshan[1] mñon sum[2] mña mdzad[3] dañ

1 deutliches Zeichen. 2 pratyakṣa. 3 herrschen, Herrscher.

lus kyi mñal sogs mas $_0$phul ldan

mñal (garbha) ‚Bauch des Körpers' u. s. w. haben Präfix m.

## 8. mch.

dur gyi mchad-pa yi gei mchan

mchad-pa = dur ‚Grab, Grabmal'; yi gei mchan ‚kleine Anmerkungsschrift'; unter diesem Worte angefügt ist: sgyu-ma mkhan gyi mchan bu žes-pa $_0$añ-ño ‚ferner der sogenannte Zauberlehrling'.

$_{0}$bru $_{0}$thag mchig dañ mchig gu dañ

mchig ‚Mörser, Mörserkeule' näml. $_{0}$bru $_{0}$thag ‚der Korn mahlt'; mchig-gu ‚kleiner Mörserstössel'; ersteres Wort wird durch den Zusatz mas $\gamma$tun ‚Stössel von unten', letzteres durch yas $\gamma$tun ‚Stössel von oben' erklärt. Zur Sache vergl. Jäschke, Dict. 207b.

nor bu mchiñ bu rgya mtsho mchiñ

mchiñ-bu ist ein nor bu d. h. ein Edelstein, und zwar ein falscher von Glas; mchiñ ‚Ausdehnung' des Meeres.

$_{0}$bul-bai bka mchid nañ khrol mchin

bka mchid ‚Wort, Rede' $_{0}$bul-bai die überbracht, berichtet wird; mchin ‚Leber' erklärt durch nañ khrol ‚inneres Organ'.

rus kyi mchims dañ $_{0}$gro bai mchi

mchims (Bedeutung unbekannt) ist ein rus ‚Geschlecht, Familie'; mchi-ba = $_{0}$gro-ba ‚kommen, gehen'; es wird ferner durch gacchâmi und das Beispiel skyabs su mchi sogs ‚ich nehme meine Zuflucht u. s. w.' erläutert.

yod-pai mchis dañ med ma mchis

mchis = yod-pa und asti; ma mchis = med und nâsti.

$_{0}$dzugs-pai mchu dañ skye mched dañ

mchu erklärt durch tuṇḍa; $_{0}$dzugs-pai- ‚durchbohrte Lippen'; skye mched âyatana.

me mched sku mched la sogs dañ

mched ‚sich ausbreiten' von me Feuer; sku mched ‚Bruder, Schwester'.

nañ khrol mcher-pa rtsal gyi mchoñs

mcher-pa ist ein nañ khrol ‚inneres Organ' und zwar ‚Milz', erklärt durch yakṛt. mchoñs, determiniert durch rtsal ‚eine Fertigkeit', bedeutet ‚springen'; zugesetzt ist pluta.

bkur stis mchod pa la sogs-pa

mchod-pa = bkur sti und pûjana u. s. w.

cha yi sñon du ma yig $_{0}$gro

Bei diesen geht dem ch der Buchstabe m voraus.

### 9. mj.

phrad-pai mjal dañ go-bai mjal

mjal = phrad-pa ‚begegnen, Begegnung', samâgama; mjal = go-ba ‚verstehen', jânâti.

lus kyi mjiñ-pa mjug-ma dañ

mjiñ-pa (= $_0$jiñ-pa), lus kyi ‚ein Körperteil', ‚Nacken'; mjug-ma ‚Hinterteil', worauf sich gleichfalls lus kyi bezieht.

pho mtshan dños miñ[1] mi mjed[2] žiñ

1 d. h. der eigentliche Name für den Penis, näml. mje, der als obscön nicht genannt wird; liñga $_0$am (oder) çepha. 2. saha.

de rnams ja yig ma $_0$phul ldan.

Diese haben den Buchstaben j mit Präfix m.

### 10. mñ.

rna-bas mñan dañ mñan yod γnas

mñan ‚hören' rna-bas mit den Ohren; mñan yod, ein gnas Ort, näml. Çrâvastî.

mtshuñs-pai mñam dañ ñed-pai mñed

mñam (sama) = mtshuñs-pa ‚gleich'; mñed = ñed-pa, erklärt durch mardana.

ko-ba mñes[1] dañ mñen-pa[2] dañ

1 Leder gerben (mṛd). 2 mṛdu.

dgyes-pai mñes sogs mas $_0$phul ñao.

mñes = dgyes-pa ‚sich freuen' u. s. w. haben ñ mit Präfix m.

### 11. mth.

smad kyi mthañ dañ mthañ gos dañ

mthañ = smad, erläutert durch anta; mthañ gos ‚Unterkleid für Lamas'.

mtha $_0$khob[1] mtha[2] dañ mthar thug[3] dañ

1 Barbarengrenzland. 2 Ende. 3 das Ende erreichen.

mañ tshig mtha dag mthas klas dañ

mtha dag ist ein mañ tshig d. i. Pluralzeichen, sakala; mthas klas paryanta.

kha dog mthiñ-kha mthon mthiñ dañ

mthiñ-kha eine Farbe, nîla; mthon mthiñ indranîla.

lag mthil nus mthu mthun mi mthun

lag mthil ‚Handfläche' tala; mthu = nus ‚Macht, Fähigkeit'.

sor-moi mthe boñ mtheu chuñ

mthe boñ ‚Daumen' sor-moi ‚des Fingers'; mtheu chuñ (Dict. mtheb chuñ) ‚kleiner Finger'.

tshad kyi mtho dañ dpañs kyi mtho

mtho ‚Spanne' ist ein tshad ‚Mass'; mtho, gesagt von dpañs ‚Höhe', bedeutet ‚hoch'.

mig gis mthoñ rnams mas $_0$phul thao.

Die mit den Augen Sehenden (dṛṣṭa) haben th mit Präfix m.

## 12. md.

me mdag[1] dañ ni dus kyi mdañs[2]

1 glühende Asche. 2 gestern Abend, von dus ‚Zeit' gesagt.

bkrag mdañs mda γžu dañ ni mduñ

mdañs (ôjas) = bkrag; mda ‚Pfeil' çara, mduñ ‚Lanze' kunta, zur Ergänzung eingeschoben γžu ‚Bogen'.

mdun du bdar[1] dañ mda yi mdeu[2]

1 puraskṛta. 2 Spitze des Pfeiles.

dpral-bai mdoñs[1] dañ mdud-pa[2] dañ

1 Fleck auf der Stirn tilaka. 2 grantha.

γsuñ rab mdo dañ mdor bsdus dañ

mdo (sûtra) gehörig zu gsuñ rab ‚Kanon'; mdor bsdus saṁkṣipta.

$_0$dun-pai mdoñ gsol kha dog mdog

mdoñ gsol = $_0$dun-pa ‚wünschen'; mdog = kha dog ‚Farbe' varṇa.

mig mdoñs la sogs mas $_0$phul dao.

mig mdoñs ‚augenblind' andha; eine Note sagt: ldoñs žes pa $_0$añ ruñ-ño d. h. ldoñs ist gleichfalls passend oder richtig. Diese und andre haben d mit Präfix m.

## 13. mn.

$_0$og tu mnan dañ dri mnam dañ

mnan (zu non-pa, gnon-pa), mit $_0$og tu etwa: ‚unterkriegen', âkrânta. mnam ‚riechen', determiniert durch dri ‚Geruch'.

mna bskyal mnal gzims mno bsam γtoñ

mna Eid çapatha, bskyal zu skyel-ba, skyol-ba (vgl. J. Dict. 311 b westtib. kyal-ce) Eid leisten. mnal ‚Schlaf', — gzims ‚schlafen' supta. mno ‚denken', — bsam gtoñ ‚denken, erwägen'.

zas mnog[1] mnog chuñ[2] man ñag mnos[3]

1 Nahrunggenügsamkeit. 2 unbedeutend. 3 Anweisung, Belehrung empfangen.

las kyis mnar-ba[1] mnar med gnas[2]

1 Durch (frühere) Thaten leiden. 2 Hölle.

de sogs na yig ma sñon $_0$groo.

Diesen u. s. w. geht der Buchstabe n vor m voraus.

## 14. mtsh.

skyon gyi mtshañ dañ miñ gi mtshan

mtshañ ($_0$tshañ) = skyon ‚Fehler, Sünde'; miñ gi mtshan = nâma.

mtshan ñid[1] mtshan ma[2] phyogs mtshams[3] dañ

1 lakṣaṇa. 2 nimitta. 3 mtshams ‚Zwischenraum, Grenze', näher bestimmt durch phyogs ‚Seite, Richtung, Gegend'.

dud $_0$gro mtsha dañ mdzes-pai mtshar

mtsha, ein Tier, nach Schmidt mtsha lu: ‚ein Pferd mit weissen Füssen'; mtshar = mdzes-pa ‚schön'.

ño mtshar[1] mtshan-mo[2] $_0$dra-bai mtshuñs[3]

1 âçcarya. 2 niça. 3 mtshuñs = $_0$dra-ba ‚gleich'.

tshon rtsi mtshal dañ dur mtshod mtshun

mtshal ‚Zinnober' ist tshon rtsi ‚eine Farbe', hiñgu; dur mtshod unbestimmt: nach Schmidt dur mtshed ‚Platz zum Verbrennen von Leichnamen'; mtshun = kravya. Vielleicht bilden die Wörter dur mtshod mtshun einen einheitlichen Ausdruck ‚bei der Totenbestattung den Manen geopfertes Fleisch'.

rus kyi mtshur dañ kha mtshul dañ

mtshur ‚Farbstoff' rus kyi aus Knochen bereitet; kha mtshul ‚der untere Teil des Gesichtes', tuṇḍa.

chu-boi mtsho dañ mtsheu dañ

mtsho ‚See' (saras) determiniert durch chu-bo ‚grosses Wasser, Fluss'; mtsheu alpasaras.

gri sogs mtshon cha mas $_{0}$phul tshao.

mtshon cha = gri u. s. w. (çastra) haben tsh mit Präfix m.

## 15. mdz.

$_{0}$phrin las mdzad-pa mthun-pai mdza

mdzad-pa = $_{0}$phrin las, kârya; mdza = mthun-pa ‚harmonieren'.

legs-pai mdzes dañ nad kyi mdze

mdzes = legs-pa rucira; mdze ist nad ‚eine Krankheit', kuṣṭha.

ya rabs mdzañs-pa dud $_{0}$gro mdzo

mdzañs-pa ‚edel, vornehm' ya rabs inbezug auf Adel. Eine Note bemerkt: mkhas-pai mdzañs-pa $_{0}$añ $_{0}$dio d. h. mdzañs-pa = mkhas-pa auch dies ist in Geltung, S. paṇḍita. mdzo, ein Tier, sṛmara.

dkor mdzod las mdzod mas $_{0}$phul dzao.

dkor mdzod ‚Schatzkammer' kôṣa, unter dkor ist nor gyi angefügt; las mdzod ‚vollführe Thaten', was sich ergibt 1. aus der Uebersetzung kuru, 2. aus der zugesetzten Erklärung bskul tshig d. i. Ermahnungswort, also Imperativ.

## 16. rk.

chom rkun[1] rkus šig[2] rkañ-pa[3] rkub[4]

1 caura. 2 Imper. zu rku-ba ‚stehlen'. 3 pâda. 4 pâyu.

sa rko rkos mkhan rko-bar byed

rko ‚graben' sa die Erde khanati; rkos mkhan ‚der Gräber' rko-bar byed ‚ist mit Graben beschäftigt, is digging' khanakaḥ khanati; rko-bar byed-pai don la ‚zum Zweck des Grabens' ist angefügt, Worte, deren Absicht nicht zu erkennen ist.

nad kyi rkoñ-pa chig rkyañ dañ

rkoñ-pa ‚Krätze’ ist nad ‚eine Krankheit’; rkyañ ‚einzeln’ verstärkt durch chig ‚einer allein’, ‚einzig und allein’.

snod spyad rkyan dañ rkyal-pa dañ

rkyan erklärt als snod spyad ‚als Gefäss gebraucht’; rkyal-pa dṛti.

rgyu rkyen chui rkyal ra rkao.

rgyu rkyen pratyaya; chui rkyal ‚das Schwimmen im Wasser’ plava, mit dem Zusatz ña ltar ‚wie ein Fisch’.

## 17. rg.

na tshod rgan-po rga šis γzir

rgan-po ‚alt’ vṛddha, na tshod inbezug auf aetas; rga šis γzir jarâmaraṇa.

rgud-pas sdug bsñal blo rgod dañ

rgud-pa ist sdug bsñal ‚ein Unglück’ âpad; rgod, inbezug auf blo ‚Gemüt, Charakter’, bedeutet ‚wild’.

bya rgod dañ ni sems gyeñs rgod

bya rgod gṛdhra; sems gyeñs rgod ‚der Geist, wenn abgelenkt oder unaufmerksam, erschlafft’, was ein Zusatz erklärt: bsam γtan gyi skyon*) d. i. ‚Fehler, Schuld der Meditation’.

dud $_0$gro rgod-ma gruñ-bai rgod

rgod-ma, ein Tier, vaḍabâ; rgod = gruñ-ba ‚weise, klug’.

rtsod-pai rgol-ba sña phyi rgol

rgol-ba = rtsod-pa ‚der Streitende’ vâdin; rgol 1. sña — pûrvavâdin, 2. phyi — paravâdin.

rgya mtsho[1] phyag rgya[2] rgyas btab[3] dañ

1 samudra. 2 mudrâ. 3 mudrita.

rgya che[1] rgyañ riñ[2] nor sogs rgyas[3]

1 ausgedehnt. 2 weit. 4 rgyas = nor u. s. w. puṣṭa.

ri dvags rgya dañ skyed byed rgyu

rgya ‚Netz’ ri dvags ‚Gazellen-, Jagdnetz’ jâla; rgyu ‚Ursache’ definiert als skyed-byed ‚das Erzeugende’, hetu.

zas kyi rgyags[1] dañ rañ rgyud[2] dañ

1 Nahrungsvorräte, Lebensmittel. 2 svatantra.

---

*) Sanskrit etwa: dhyânadôṣa.

γtam rgyud[1] ₀phreñ rgyud[2] rgyud mañs[3] dañ

1 Tradition. 2 einen Kranz aufreihen. 3 Harfe.

mdzes byed rgyan dañ lus kyi rgyab

rgyan erklärt durch mdzes byed ‚schön machend' und alaṁkâra; rgyab ‚Rücken' lus kyi ‚des Leibes' pṛṣṭha.

chu rgyun[1] rgyu mtshan[2] phan tshun rgyug[2]

1 Strömung des Wassers. 2 nimitta. 3 hin- und herlaufen (dhâv).

lus kyi rgyus pa[1] rgyu ma[2] dañ

1 snâyu. 2 ântra.

brdeg-pai rgyob dañ rgyal-po dañ

rgyob (= rgyab) = brdeg-pa ‚schlagen, stossen' (tâḍaya-); rgyal-po râṭ.

mi pham rgyal sogs rar btags gao

rgyal ‚Sieg' jaya, durch mi pham ‚unbesiegt' definiert.

## 18. rñ.

gyag rñai rña yab[1] brduñ-bai rña

1 Schwanz des Yaks; gyag-rña (= camara) muss Yak bedeuten (vgl. rña boñ Kameel). 2 rña ‚Trommel' brduñbai ‚die geschlagen wird' dundubhi.

gla rñan byin dañ bkres rñab dañ

rñan = gla ‚Lohn' byin ‚geben'; rñab ‚begehren' bkres ‚inbezug auf den Hunger', also ‚grosse Esslust haben'.

hams-pai rñams dañ lus kyi rñul

rñams = hams-pa ‚Begierde, Lüsternheit'; rñul ‚Schweiss' lus kyi ‚des Körpers', sveda.

rñul gzan rol-mo rñeu chuñ dañ

rñul gzan ‚Taschentuch'; rñeu chuñ (pleonastisch) ‚kleine Trommel' als rol-mo ‚Musikinstrument' gekennzeichnet.

dud ₀gro rña-mo rñeu dañ

rña-mo, ein Tier, uṣṭra ‚Kameel' (Dict. nur rña-boñ, -moñ); rñeu erläutert die Note als rña-moi phru gu ‚Junges des Kameels'.

dbugs rñub sdug bsñal zug rñu dañ

rñub ‚einziehen' dbugs ‚den Atem', saçvâsa; zug rñu = sdug bsñal ‚Qual, Schmerz' çalya; zug hängt mit $_0$dzugs-pa zusammen, worauf auch die Sanskritübersetzung hinweist.

rta yi rñog-ma nas sogs rñod

rñog-ma ‚Mähne' rta yi ‚des Pferdes'; rñod ‚rösten' nas sogs ‚Gerste und anderes'.

ri dags gsod byed rñon-pa dañ

‚der die Gazelle tötende Jäger'.

rñom brjid che[1] sogs rar btags ñao

1 grosser Glanz, Pracht u. s. w. haben mit r verbundenes ñ.

## 19. rj.

rje dpon[1] rje btsun[2] lha rje dañ

1 ârya. 2 bhaṭṭâraka.

rdo rje[1] bkur stii rjed-pa[2] dañ

1 vajra. 2 rjed-pa = bkur sti arcana.

ša rjen[1] rjes $_0$jug rgud-pai rjud[2]

1 kravya. 2 rjud = rgud-pa.

de sogs ra la ja btags-pao.

Diese u. s. w. haben j mit r verbunden.

## 20. rñ.

nor rñed-pa dañ so yi rñil

rñed-pa ‚erlangen', nor ‚Besitz', labdha; rñil mit so yi ‚Zahnfleisch' dantamâṁsa.

sñon gyi nor rñiñ[1] chui rñog-ma[2]

1 purâṇa. 2 kalka (u. zwar chui vom Wasser).

ri dags $_0$dzin-pai rñoñ dañ rñi

‚die das Wild fangende Schlinge (rñoñ und rñi).

de sogs ra $_0$og ñal-bai ñao.

Diese u. s. w. haben ñ, welches sich unter das r legt, dem r anschmiegt.

## 21. rt.

mi $_{0}$jig rtag-pa bred-pai rtab

rtag-pa ‚fest, dauernd, ewig' = mi $_{0}$jig ‚unvernichtet, unzerstörbar'; rtab = bred-pa ‚erschreckt werden, sich fürchten'.

dbañ rtul[1] rtogs ldan[2] blo yis rtogs[3]

1 mṛdu. 2 avabodha. 3 gati.

rjes kyi rtiñ dañ rtul phod dañ

rtiñ = rjes pârṣṇi; rtul phod parâkrama (Dict. vîra).

rkañ-pai rtiñ-pa[1] mi gtsañ rtug[2]

1 Ferse des Fusses. 2 rtug = mi gtsañ ‚Unreines'.

$_{0}$jig rten lha[1] rten[2] rnam rtog[3] dañ

1 Gott der Welt. 2 Stütze, Behälter. 3 vikalpa.

yid ches rton-pa la sogs-pa

rton-pa = yid ches ‚glauben'.

ta yig ra yi mgo can brio.

Bei diesen wird der Buchstabe t versehen mit dem r-Kopf geschrieben.

## 22. rd.

groñ rdal[1] thog rdib[2] rdul phran[3] dañ

1 janapada. 2 ‚das Dach bricht, stürzt zusammen'. 3 feiner Staub.

bu ram rdog-ma rdo rje rdo

rdog-ma ‚Korn' bu ram ‚von Zucker'; rdo = rdo rje upala.

la sogs da yig ra mgo can.

u. s. w. haben den Buchstaben d mit r-Kopf.

## 23. rn.

rul-bai rnag dañ žiñ rnañ-ma

rnag ‚Eiter' = rul-ba ‚verfaultes, verdorbenes'; žiñ rnañ-ma ist unerklärt.

tshig phrad rnam-par[1] rnam-pa[2] rnams[3]

1 ‚die Partikel' rnam-par = vi-. 2 âkâra. 3 Pluralzeichen.

rnal $_{0}$byor[1] rtse rno[2] rar btags nao

1 yôga. 2 scharfe Spitze. Haben mit r verbundenes n.

## 24. rb.

khyi rbad rbab sgril rbod γtoñ sogs

rbad ‚hetzen', khyi ‚einen Hund'; rbab sgril ‚herabwälzen, rollen'; rbod gtoñ scheint ein verbales Synonymcompositum in dem Sinne von ‚antreiben, loslassen auf' zu sein.

ba yig ra la btags pao

hier ist der Buchstabe b mit r verbunden.

## 25. rm.

$_0$gram gyi rmañ dañ ño mtshar rmad

rmañ ‚Grund, Fundierung' $_0$gram gyi ‚einer Mauer'; rmad = ño mtshar (oder beides zusammen als Synonymcompositum gefasst) ‚erstaunen, sich wundern'.

rmad byuñ[1] dañ ni dris-pai rmes[2]

1 wundervoll. 2 rmes = dris-pa praçna; eine Note sagt: brda rñiñ ste dri-bao d. h. die alte Orthographie davon ist dri-ba.

lus kyi rma[1] dañ rmi lam rmi[2]

1 Wunde des Körpers. 2 einen Traum träumen.

dud $_0$groi rmig-pa[1] gnod-pai rmugs[2]

1 Huf eines Tieres. 2 rmugs (perf. v. rmug-pa) = gnod-pa ‚verletzen, schädigen'.

gnod sbyin rmugs $_0$dzin[1] rmugs-par byed[2]

1 Der Yakṣa rMugs $_0$dzin (Nebelhaltend). 2 schlaff, träg machen.

khyis rmur-ba[1] dañ sun-pai rmus[2]

1 Hunde kläffen und beissen sich (oder das Kl. der Hunde). 2 rmus = sun-pa ‚müde, verdrossen'.

rmeg med bcom dañ sga yi rmed

rmeg med ‚ungeordnet, ungeregelt', was soll denn aber bcom bedeuten, das entweder gleich γcom ‚Stolz, Anmassung' oder Perf. zu $_0$jom-pa ‚besiegen' sein kann? rmed ‚Schwanzriemen', sga yi ‚des Sattels' d. h. der an den Sattel befestigt wird.

bal sogs rmel dañ gñen rmo mo

rmel ‚auszupfen' bal sogs ‚Wolle und anderes'; rmo-mo bedeutet gñen d. i. eine Verwandtschaft, ‚Grossmutter' oder = ‚ma-chuñ'.

rmoñs-pa[1] dbu rmog[2] go chai rmog[3]

1 verdunkelt, verzweifelt. 2 Kopf-Helm (eig. Sinn unklar). 3 rmog ist ein go cha ‚Waffe, Gerät' und bedeutet ‚Helm'.

žiñ sogs rmo rmod rmon dor te

rmo ‚pflügen', žiñ sogs ‚das Feld u. s. w.', dafür auch rmod; rmon dor ‚Joch Pflugochsen'.

de sogs ma yig ra mgo can

Diese und andre haben den Buchstaben m mit r-Kopf.

## 26. rts.

rtsa-ba[1] rtse-mo[2] tsher-mai rtsañ[3]

1 mûla. 2 agra. 3 rtsañ = tsher-ma ‚Dorn, Dornbusch'.

rtsad nas gcod[1] dañ gtuñ-bai rtsab

1 ausrotten, mit der Wurzel vertilgen.

sño yi rtsva[1] dañ lus kyi rtsa[2]

1 grünes Gras. 2 Ader des Körpers.

rtsa lag[1] rtsi šiñ[2] rtsi mar[3] dañ

1 Verwandte. 2 Obstbaum. 3 Oel aus Aprikosensteinen.

tshon rtsi[1] dañ ni stobs kyi rtsal[2]

1 Farbe, Färbstoff. 2 Geschicklichkeit der Kraft, durch K. d. h. physische G.

žes rtsiñ[1] spu yi rtsid-pa[2] dañ

1 sthûla. 2 camararôman.

rus-pai rtsib ma $_0$khor loi rtsibs

rtsib-ma ist ein rus-pa ‚Knochen', d. i. Rippe pârçva. rtsibs ‚Speiche', $_0$khor loi des Rades.

rtsis mkhan[1] rtsis byed[2] reg bya rtsub[3]

1 Rechner, Wahrsager. 2 berechnen. 3 rtsub ‚rauh' reg bya ‚für den Gefühls-, Tastsinn'.

rtsed-mo rtse dañ rtses dañ rtsen

sämtlich = Spiel, spielen.

$_{0}$thab rtsod bya-ba rtsom rtsoms šig

rtsod bya-ba = $_{0}$thab ‚kämpfen, Kampf'. rtsom rtsoms šig ‚beginne das Werk'.

rtsol-ba bskyed[1] sogs rar btags tsao.

1 Eifer, Fleiss aufwenden u. s. w. haben mit r verbundenes ts.

## 27. rdz.

snod kyi rdza dañ $_{0}$dam rdzab dañ

rdza ‚Thon, Erde' snod kyi ‚eines Gefässes'. rdzab = $_{0}$dam ‚Schmutz, Schlamm'.

dños-poi rdzas dañ phyugs rdzi dañ

rdzas ‚Ding, Objekt' und zwar dños-poi ein wirklich existierendes, reales. rdzi ‚Hirt' phyugs — ‚Viehhirt'.

chu yi rdziñ bu rdzu $_{0}$phrul dañ

rdziñ-bu ‚Teich' zur Kategorie chu ‚Wasser' gehörig. rdzu phrul ‚Täuschung, magische Verwandlung'.

mi bden rdzun dañ zog gi rdzub

rdzun = mi bden ‚Unwahrheit, Lüge'. rdzub = zog ‚Betrug'.

rdzus skyes[1] brag rdzoñ[2] $_{0}$bul-bai rdzoñs[3]

1 übernatürliche Geburt. 2 Felsenschloss. 3 rdzoñs = $_{0}$bul-ba ‚Geschenk' (spec. ‚Geleitsgabe').

bya-ba zin-pai rdzogs-pa dañ

rdzogs-pa ‚beendigt' = zin-pa und zwar bya-ba inbezug auf das Thun.

kun rdzob[1] la sogs rar btags dzao.

1 ganz eitel, trügerisch. Diese u. s. w. haben mit r verbundenes dz.

## 28. lk.

lus kyi lkog-ma lkog gyur dañ

lkog-ma ist lus kyi ‚zum Körper gehörig' und bedeutet ‚Luftröhre, Kehle'; lkog gyur ‚verborgen, geheim'.

dud $_{0}$groi lkog šal lkugs-pa sogs

lkog šal ‚Wamme' von Tieren gesagt; lkugs-pa ‚stumm'.

la la btags-pai ka yin-no

haben mit l verbundenes k.

## 29. lg.

lgañ-pa sman lga lgyam tshva la $_{0}$añ

lgañ-pa (zugesetzt lus kyi ‚des Körpers') ‚Urinblase'. lga ‚Ingwer' çṛñgavêra, definiert als sman ‚Arzenei, Droge'. Eine Note bemerkt dazu sga $_{0}$thad d. h. auch die Form ‚sga' ist zulässig, kommt vor; lgyam tshva ‚Art Steinsalz'. Bemerkt ist rgyam tshva $_{0}$thad.

$_{0}$ga žig bžed de lar btags gao

Da einige noch das l wünschen oder auf seinem Gebrauch bestehen (und zwar, wie eine zu $_{0}$ga žig gemachte Erläuterung sagt, sña rab-pa [= sñon rabs] veteres die Alten), so haben diese mit l verbundenes g.

## 30. lñ.

grañs kyi lña ñid lar btags ñao

d. h. die Zahl lña ‚fünf' hat ein mit l verbundenes ñ.

## 31. lc.

rin chen lcags dañ lcañ-ma šiñ

lcags ist rin chen ‚Metall' d. i. ‚Eisen' ayas; lcañ-ma šiñ ‚Weidenbaum' nicula.

ral-bai lcañ lo lcam dral dañ

lcañ lo = ral-ba ‚Lockenhaar'; lcam dral ‚Schwester und Bruder', darunter steht lcam-mo sogs.

reg bya lci yañ tsha lcibs dañ

lci ‚schwer' erläutert 1) durch den Gegensatz yañ ‚leicht'; 2) durch den Zusatz reg bya ‚was gefühlt werden kann, oder für das Gefühl'; 3) durch guru. tsha lcibs ‚Ofenlappen'.

mñen lcug[1] lcug-ma[2] gri yi lcugs[3]

1 biegsam, geschmeidig. 2 Wurzelschoss (v. Pappeln, Weiden). 3 Dict. ohne Erklärung, ob lcugs = gri ‚Messer'?

kha nañ lce dañ lce $_{0}$bab $_{0}$jigs

lce ‚Zunge', kha nañ ‚im Munde befindlich', jihvâ; lce $_{0}$bab $_{0}$jigs ‚das Herabfahren des Donnerkeils (Blitzstrahls) fürchten', lce wird 1) durch açani, 2) durch gnam lcags erklärt.

me lce $_0$bar[1] dañ $_0$chi phyir lceb[2]

1 ‚die Flamme brennt' me lce eig. ‚Zunge des Feuers' arci. 2. ‚um zu sterben den Tod suchen'.

me tog mgo lcogs[1] blo yis lcogs[2]

1 Blumen wiegen ihr Köpfchen. 2 fähig, geschickt mit dem Verstande.

sbal lcoñ la sogs lar btags cao.

Kaulquappe u. s. w. haben mit l verbundenes c.

## 32. lj.

žal nas ljags brkyañ[1] kha dog ljañ[2]

1 aus dem Munde die Zunge (ljags) herausstrecken. 2 ‚die Farbe grün' (ljañ harita).

ljañ bu[1] dañ sman ljoñs[2] yul dañ

1 stamba. 2 ljoñs yul = janapada, sman — ein an Heilkräutern reiches Land.

ljon šiñ[1] ljan ljiñ[2] lar btags jao

1 druma. 2 Schmutz, erklärt mit mi gtsañ ‚Unreines', haben mit l verbundenes j.

## 33. lt.

grub mthai lta-ba[1] mig gis lta[2]

1 Betrachtung des Siddhânta. 2 mit den Augen sehen (dṛṣṭa).

ji ltar[1] de ltar[2] de lta bu[3]

1 yathâ. 2 tathâ. 3 tathâ.

gña-bai ltag-pa[1] ltad-mo lta[2]

1 hinterer Teil des Halses, Genick, kṛkâṭika. 2 ein Schauspiel sehen, Zuschauer sein.

gos sogs ltab dañ mtshan ltas dañ

ltab ‚falten, zusammenlegen' gos sogs ‚Kleid u. s. w.' ltas = mtshan ‚Zeichen', çakuni.

mdun gyi lto-ba lte-ba dañ

lto-ba zu mdun ‚Vorderseite' gehörig, udara; lte-ba nâbhi.

lteñ-ka[1] lteñ[2] rgyas $_0$od sruñs dañ

1 Teich. 2 lTeñ rgyas ‚Name eines Buddha (J. Dict.)', da darauf $_0$Od sruñs = Kâçyapa folgt, so scheint jener Ausdruck ein Beiname desselben zu sein.

ltuñ-bas gos na mnar med ltuñ

Wenn man von Sünde befleckt ist, fährt man in die Hölle.

lto $_{0}$phye[1] ltos $_{0}$gro[2] ltos-pa[3] dañ

1 Schlange (uraga). 2 Schlange. 3 schauen.

mñal gyi gnas skabs ltar ltar sogs

‚der (flüssige?) Anfangszustand in der Entwicklung des Embryos im Mutterleib' u. s. w.

ta yig la yi mgo ldan pao

haben den Buchstaben t versehen mit dem Kopf des l.

## 34. ld.

ñal las ldañ[1] dañ $_{0}$khobs pai ldañ[2]

1 ldañ 'aufstehen' und zwar ñal las ‚vom Schlafen'. 2 ldañ = $_{0}$khobs-pa (?).

yod pai ldan[1] dañ nam mkha ldiñ[2]

1 ldan = yod pa, erläutert durch das Skr.-Suffix -vân (vant). 2 Garuḍa.

skad kyi ldab ldib[1] $_{0}$brug sgra ldir[2]

1 Gerede, Geschwätz, skad kyi der Stimme. 2 tosen, rollen v. $_{0}$brug sgra ‚Stimme des Donners'.

lde mig[1] mchod rdzas lda ldi[2] dañ

1 Schlüssel. 2 lda ldi ist 1) determiniert durch mchod rdzas, 2) erklärt mit dâma.

btuñ ba ldud[1] dañ snod du ldugs[2]

1 zu trinken geben, btuñ-ba ein Getränk. 2 giessen, in ein Gefäss.

miñ lde[1] dañ ni me sogs lde[2]

1 nicht zu erklären. 2 am Feuer u. s. w. sich erwärmen.

šiñ gi señ ldeñ[1] logs kyi ldebs[2]

1 ist šiñ ein Baum, khadira. Jäschke's (Dict. 576 a) señ ldañ ist ein Druckfehler; Vyutpatti 259 a schreibt señ ldeñ, ebenso Jäschke im Handwörterbuch 600 a. 2 ldebs = logs Seite.

drañ min ldem[1] dañ ldem dgoñs[2] dañ

1 ldem = drañ min (s. Jäschke). 2 abhisaṁdhi.

sman gyi lde gu[1] lder bzoi lha[2]

1 lde gu ist sman eine Medizin. 2 ein Götterbild aus Thon.

phyir mi ldog[1] dañ dris lan ldon[2]

1 anâvṛtta. 2 Fragen und Antworten zurückgeben (dris lan = praçnottara).

ldob[1] skyen ro sñoms ldom bu[2] dañ

1 ldob erklärt eine Note als šes sla bai miñ d. h. Bezeichnung für leicht erlangtes Wissen, schnelle Auffassung. 2 Almosen.

ldan pa la sogs lar btags dao.

ldan pa u. s. w. haben mit l verbundenes d.

## 35. lb.

mgul gyi lba ba[1] chui lbu ba[2]

1 Kropf am Halse. 2 Schaum des Wassers, phaṇa; eine Note besagt: dbu ba dañ rnam grañs d. h. auch die Schreibweise dbu ba gilt als richtig.

la mgo can gyi ba yig go

haben den Buchstaben b versehen mit dem Kopf des l.

## 36. lh.

ri rgyal lhun po[1] lho phyogs[2] dañ

1 Meru. 2 dakṣiṇa.

lha[1] dañ lhañ cher[2] lhag ma[3] dañ

1 deva. 2 ?. 3 çeṣa.

lhag par[1] lhan ne[2] lhañ ñe[2] dañ

1 mehr (magis). 2 klar, deutlich.

lham me[1] lhun grub[2] lhad can[3] dañ

1 klar. 2 selbsterschaffen. 3 verfälscht.

lhan cig[1] lhab lhub[2] lham[3] sgrog lhod[4]

1 zusammen. 2 fliessend, wogend, flatternd. 3 Schuh. 4 aufgelöstes Seil.

gžan dañ $_{0}$khrul gži med pa yin

sind nebst andern fehlerlos.

## 37. Buchstabe k.

(Ich stelle nunmehr alle zu k gehörigen Abschnitte zusammen und lasse Text und Commentar getrennt folgen. D. = Desgodins, Dict. thibétain-latin-franç. Hongkong 1897.)

ka-ba ka-dan* ka-ra dañ
ka-ma-la dañ ka-pâ-la
ka-lâ-pa gnas kalpa dus
ke-ke-ru dañ keñ rus dañ
ka-la-piñka ko-ba dañ
glañ chen thal kar yuñs kar za
krog krog** sgra skad lham krad*** dañ
$_0$on kyañ khyod kyis lcags kyus btab
kye kye kyal ka klan ka spoñs
šiñ† kun sman yin mañ tshig kun
Kou-††ši-ka sor bžag sgra
kye hud kla klo dud $_0$gro klu
klad pa klad kor klad gyi don
$_0$byams pa††† mtha klas chu kluñ du
rus krañ skyil kruñ bcas klog $_0$don
de bžin gšegs-pa sku $_0$byam klao
$_0$dir ni kva ye $_0$bod-pai tshig.

Commentar. Zwischen V. 9 und 10 ist eingeschoben: ka yig la sñon $_0$jug mgo gsum med pa gsal byed tha ma dañ dbyañs bži dañ ya ra la wa dañ rjes $_0$jug gis phye bai brda ste d. h. Der Buchstabe k ist ein Zeichen, das erläutert (weiter ausgeführt) wird durch den letzten Konsonanten ('a), die vier Vokale, y, r, l, w und die Suffixbuchstaben; hier aber,

---

* T. ka-tan. J†. D. ‚Art Leinwand'.

** T. grog-grog, wohl veranlasst durch grag-pa, sgra sgrog-pa. J†. D. ‚sonus rerum quae agitantur in capsa.

*** T. sinnlos grañ oder grad. D. ‚Sandalen'.

† T. šin. šiñ-kun asa foetida.

†† Ist zweisilbig zu lesen.

††† Fehlt im T., der einen unvollständigen sechssilbigen Vers hat; dieser ist nur durch dieses pa zu ergänzen um Sprachgebrauch, Accent, Cäsur und Metrik willen.

wo es sich lediglich um den Buchstaben k handelt, kommen die drei Kopfpräfixe (r, l, s) nicht in betracht (da sie später unter den Rubriken rk, lk, sk abgehandelt werden).

1. ka-ba sthûṇâ. 2. kamala padma; kapâla grod-pa (wohl irrtümlich, da dies ‚Bauch, Magen' bedeutet). 3. kalpa: dus kyi bskal-pa la $_{0}$di ltar byed pa lo tsa ba Matiçrî Jo-nañ lo tsar grags skad sor bžag yin pai dbañ gis mdzad de $_{0}$gal ba med do. „Der als Lo-tsa von Jo-nañ* berühmte Uebersetzer Matiçrî, welcher bskal-pa der Zeit in dieser Form schrieb, verfuhr dabei kraft seiner Eigenschaft als Sprachforscher, ohne sich in einem Widerspruch zu befinden (oder ohne einen Fehler zu begehen)." 4. keñ-rus kañkâla. 5. ko-ba carman. 6. yuñs kar sarṣapa. 8. $_{0}$oñ kyañ tvayâ. 9. kye kye he bho. 11. K. ste mkhas pa sogs mañ-po la $_{0}$jug go K. wird zu den zahlreichen Weisen u. s. w. gerechnet. 12 kye-hud ha-ha-pa. 13. klad-pa mastaka; klad-kor = stod-kor sogs kyañ mtshan.** 14. mtha-klas = $_{0}$byams-pa und paryanta; chu-kluñ nadî. 15. krañ: krañ ñe bsdad-pa sogs; skyil-kruñ paryañka; klog paṭhati. 17. kva-ye bho.

## bk.

gšañ*** bkag snod bkañ bkad sa dañ
lag-pa bkan dañ gos sogs bkag
bka sgo logs su bkar-ba dañ
khal dañ khral dañ srad bu bkal
dum bur bkas dañ mdun du bkug
srog bkums pa dañ bkur sti dañ
sman sku-ba† dañ bskus†† te bor
bde la bkod dañ zur du bkol

---

* Ueber dieses Kloster s. Schiefner, Wassiljew's Vorrede zu seiner russ. Ueb. d. Târ. 27; Waddell, Buddh. 55, 70. Matiçrî tib. etwa rtsi dpal.

** mtshon des Textes ist Schreibfehler.

*** T. gžañ.

† für skud-pa oder gleich sman sku substantia medicinae D ?

†† T. bkus.

bciṅs pai bkyigs daṅ pho ña bkye
rnam bkra bkra šis bkrag mdaṅs can
rgyal-pos bkrabs daṅ me tog bkram
khral sogs bkral daṅ khrid-pai bkri
khrus kyis bkru bkrus dbul-pai bkren
ltogs-pai bkres daṅ bsad-pai bkroṅs
mdud-pa dgoṅs-pa bciṅs-pa bkrol
mdo sde klags sogs bas ${}_{0}$phul kao.

Commentar. 1. -bkag pratiṣedha; bkaṅ pûra-, thugs dam bkaṅ sogs. 2. bkag pracchanna. 3. bka âjñâ. 5. bkug âkrṣṭa. 11. bkram avakîrṇa. 12. bkri âneya. 13. bkru siñca-, bkrus sikta. 14. bkres kṣudhâ; bkroṅs mârita. 16. klags paṭhita.

**bsk.**

ro bska-ba daṅ kha bskaṅs daṅ
chu bo bskams daṅ yul gyis bskal
bskal-pa dus yin sbas pai bskuṅs
byug-pa bsku bskus yan lag bskums
${}_{0}$phrin daṅ dbaṅ bskur chos la bskul
drin gyis bskyaṅs daṅ bskyad du med
${}_{0}$jigs las bskyabs daṅ snod mi bskyam
slar yaṅ bskyar daṅ gnas su bskyal
${}_{0}$phos-pai bskyas daṅ nor bskyi daṅ
bskyin-pa ${}_{0}$jal daṅ ${}_{0}$khyil bai bskyil
bcom bskyuṅs-pa* daṅ bya-ba bskyuṅs
brjed-pai bskyud daṅ bya-ba bskyur
sems sogs bskyed daṅ mi bskyod daṅ
bskor-ba gos bskon** rgyal sar bskos
gnas nas bskrad*** daṅ zas la bskru
bskyed-pai bskrun daṅ rta la bskyon
de rnams bas ${}_{0}$phul sa mgoi kao.

---

* Vergl. Târanâtha 118, 5.

** Vergl. Situi sum rtags 77, 12.

*** Vergl. Bharatae responsa 138, 140.

Commentar. 1. bska-ba kaṣâya; kha bskaṅs: mtshaṅ-ba, pûrṇa, thugs dam bskaṅs pa $_0$aṅ. 2. bskams çuṣka; bskal (J†) viprakṛṣṭa. 3. bskal-pa kalpa. 4. bsku lepa, bskus lipta; bskums kuñcita. 5. bskur preṣita, $_0$gan bskur-ba $_0$aṅ; bskul codana, thugs dam bskul sogs kyaṅ. 6. bskyaṅs pâlita; bskyad du med: dpag tu med. 7. bskyabs trâta. 9. bskyi: bskyis-pa $_0$aṅ. 10. bskyil paryaṅka. 12. bskyud muṣita-smara. 13. bskyed utpâda, rgya bskyed (D 79 a); mi bskyod Akṣobhya. 14. bskor-ba pradakṣiṇa; bskon: bya-ba daṅ $_0$das-pao. 15. bskrad ucchedita.

## brk.

nor brku-ba daṅ brkus-pa daṅ
$_0$dod la brkam daṅ sa brko brkos
sra* brkyaṅ daṅ ni yan lag brkyaṅs
la sogs bas $_0$phul ra mgoi kao.

Commentar. 1. brkus: $_0$di bya-ba daṅ $_0$brel-bas bas $_0$phul yod. 2. brkos: bya-ba daṅ $_0$brel. 3. sra brkyaṅ kaṭhinâstara (D 74 b).

## dk.

lce rtse dkan sbyar kha dog dkar
dkar chag dka thub dka tshegs daṅ
dka $_0$grel dku zlum dku skabs phyin
bsnam na rab dku dkon cog dkor
dkyil $_0$khor dkyil daṅ dkyus riṅ daṅ
kun nas dkris daṅ gos kyis dkris
bstan-pa dkrugs daṅ rol-mo dkrol
dkroṅs bskyed la sogs das $_0$phul kao.

Commentar. 1. dkan: rkan žes-pa $_0$aṅ $_0$thad, tâlu; dkar sita. 2. dkar chag: thob yig**; dka thub tapas, kṛcchra. 3. dka $_0$grel pañjikâ; dku zlum kukṣi, dku: lus kyi sta zur, dku ma rñoṅs dril bu dkur brten sogs ‚den Bauch ausstrecken,

* T. sru. ** T. tho.

die Glocke an der Hüfte tragen u. s. w.' 4. bsnam: dri; dku pûti; dkon ratna; dkor: rdzas kyi miñ, dravya. 5. dkyil $_0$khor maṇḍala; dkyil maṇḍa; dkyus riñ âyata, dkyus-ma dkyus sa (D 25) sogs. 6. kun nas dkris: ñon moñs kyi miñ. 7. dkrugs: goñ $_0$og dkrugs*, žo dkrugs sogs.

**sk.**

skar-ma skag dañ sgra skad dañ
$_0$dzin spyad skam-pa skal-ba bzañ
lus kyi sku dañ rgyal gyi skugs
sbas skuñs snum skud skud-pa $_0$khal
skur-pa $_0$debs dañ skul byed dañ
ska rags sked chiñs skem byed dañ
rid-pai skem dañ skor-ba byed
thugs dam skoñ dañ** re ba skoñ
gos sogs skon dañ zas skom dañ
ja sogs skol dañ kha dog skya
skyabs gnas skyabs $_0$gro chu skyar bya
bde skyid bya skyibs skyil kruñ bcas
zas sogs skyugs-pa skyuñ gas zos
ro skyur ba dañ skyu ru ra
sa nas skyes dañ rtsis kyi skyeg
kha skyeñs skyed byed mgyogs-pai skyen
šiñ gi skyer-pa kha dog skyer
gnas su skyel dañ skyes-pa sogs
sems skyo $_0$tsho skyoñ sgul skyod dañ
ñes skyon las skyobs skyob-pa dañ
skyobs šig chu sogs skyoms šig dañ
$_0$dabs-pai skyor dañ sa skyor dañ
gnas su skyol dañ skyos šig sogs
sa yig thod du bciñs-pai kao.

Commentar. 1. skar-ma târâ; skag âçleṣâ. 5. skul cunda. 6. ska rags mekhala; sked chiñs kaṭibandhana; skem byed skanda.

---

* Vergl. unser „das unterste zu oberst kehren".
** Im T. fehlt dañ.

## Die Sandhigesetze.

(Kap. VII.)

### Einleitung.

de ltar sṅon $_0$jug lṅa daṅ ni
ra la sa yi mgo can brda
ṅes par dka ba rnams bšad pas
brda rnams phal cher de yis rtogs.
da ni sṅa mai miṅ šugs kyis
phyi ma ji ltar thob pai tshul
dper brjod $_0$phreṅ ba daṅ bcas pa
cuṅ zad gsal bar bšad par bya.

Nachdem wir so im vorhergehenden die fünf präfigierten Buchstaben (d. h. g, d, b, m, $_0$a) und die mit dem Kopf des r, l, s versehenen Buchstaben in ihren Schwierigkeiten erklärt haben, wird man wohl danach im allgemeinen die Wörter verstehen.

Nunmehr soll mit einem Kranz von Beispielen die Methode ein wenig deutlich erläutert werden, wie die vorher aufgeführten Wörter mit Energie das folgende erlangen, d. h. sich mit den im folgenden einzeln genannten Suffixen oder besser enklitischen Formativelementen verbinden.

### 1. kyi.

mkhan po thon mi sambho-ṭas
sum cu pa las rjes $_0$jug gi
'i daṅ mthun lugs $_0$di žes bya
daṅ po gñis la daṅ po mthun
gsum lṅa bcu la kya daṅ sbyar
lhag ma rnams la gya daṅ sbyar
de dag 'i sbyar $_0$brel pai sgra.

Der Gelehrte Thon mi sambhoṭa hat über die Anpassung der Schlussbuchstaben des Alphabets an das i folgendes gesagt:

Den beiden ersten passt sich das erste an (d. h. an die beiden ersten Schlussbuchstaben g und ṅ tritt vor dem genetivischen -i der erste derselben, also g, an), mit drei, fünf und zehn (d. s. die Laute d, b, s) verbindet sich ky, an die übrigen alle wird gy gefügt; diese in ihrer Verbindung mit i bilden den Genetivcasus.

žes gsuṅs de yi ṅo bo ni
da ba sa kyi ga ṅa gi
na ma ra la gyi ste dper
bdag gi rkaṅ gi khoṅ nas ni
khyod kyi rgyab kyi γyas kyi char
don gyi tshul daṅ gtam gyi gži
šar gyi phyogs daṅ dpal gyi bdag
ces pa lta buo.

Der eigentliche Sinn dieser Worte ist: an d, b, s tritt kyi, an g, ṅ: gi; an n, m, r, l: gyi.

Die folgenden Genetive dienen als Beispiele.

$_{0}$a daṅ rkyaṅ pa $_{0}$dogs can gyi
rjes su $_{0}$i thob tshig bcad kyi
yi ge ma tshaṅ yi thob dper.

Nach $_{0}$a und nur mit einem Vokal versehenen Wörtern steht i; in Versen mit nicht vollständiger Silbenzahl steht yi.

Beispiele: rtse dgai dga ba bde bai dpal
sa yi bdag po de yi bžin

## 2. tu.

ga daṅ ba yi rjes su tu
ṅa da na ma ra la du
sa su $_{0}$a daṅ $_{0}$dogs can daṅ
rkyaṅ pa ru ste dpe ris bžin.

Nach g und b steht tu, nach ṅ, d, n, m, r, l steht du, nach s su, nach $_{0}$a, Vokalen und einfachen Buchstaben ru.

Beispiele: rtag tu rab tu $_0$byuñ du re
snod du rgyun du žim du zo
myur du mjal du $_0$oñ dus su $_0$añ *
bza ru yod pai gnas $_0$di ru
kha ru žim rgyui zas $_0$di sbyin.

### 3. te.

da de na ra la sa te

d. h. auf d folgt de, auf n, r, l und s te. Z. B.:

btud de bzlan te (?) byin pa yis
bskyar te thul te $_0$dzags te byuñ
ga ña ba ma $_0$a rnams dañ
$_0$dogs can rkyañ mthar sa ste ste.

Nach g, ñ, b, m, $_0$a, nach Vokalen und einfachen Buchstaben folgt ein s, also ste. Z. B.:

skrag ste gsañ ste gnas pa yis
thub ste $_0$dzum ste dga ste gda
bde ste ša chañ za ste snañ.

### 4. kyañ.

ga da ba sai rjes su kyañ
skabs $_0$gar na yi rjes su $_0$añ kyañ.

Nach g, d, b, s steht kyañ; in einigen Fällen steht auch nach n kyañ (anstatt yañ, s. d. flgde.).

bdag kyañ $_0$bad kyañ $_0$bras med kyi
bya ba thob kyañ des kyañ ci
$_0$on kyañ $_0$phral gyi $_0$tsho ba $_0$byuñ.

Diese Verse sollen vielleicht, obwohl sie aus einzelnen Beispielen zur Verdeutlichung der obigen Regel bestehen, einen zusammenhängenden Sinn darstellen:

„Wiewohl ich mich anstrenge, habe ich keinen Lohn; wenn ich auch Thaten erlangt habe, was sollen mir diese? Daher entsteht mir ein gemeines Dasein.“

---

* su $_0$añ ist einsilbig su̯añ zu lesen.

ña $_0$a na ma ra la yañ.

d. h. nach ñ, a, n, m, r, l steht yañ.

yañ yañ skyes bu $_0$ga yañ ni
byon yañ nam yañ ma phrad de
slar yañ mjal yañ spyan ma droñs.

Der erste Vers könnte den Sinn haben: „Ferner gibt es der heiligen Männer nur wenige.“ Die beiden andern sind für sich allein zu nehmen: „Wenn er auch kommt, so triff niemals mit ihm zusammen; wenn er dir wieder begegnet, so rufe ihn nicht zu dir.“

$_0$dogs can rkyañ mthar phal cher $_0$an
tsheg bar ma tshañ yañ ste dper.

Nach Vokalen und einzelnen Buchstaben steht gewöhnlich $_0$añ, bei nicht vollständiger Silbenzahl (im Verse ist natürlich gemeint) yañ.

ci yañ yod pai phyug po yañ
de $_0$dra bdag la $_0$byar du $_0$añ re.

„Ich hoffe, dass alles, was der Reiche besitzt, in gleicher Weise wie diesem auch mir bereitet wird.“

### 5. ciñ.

ga da ba ciñ sa mthar šiñ

Nach g, d, b steht ciñ, am Schluss von s šiñ.

phyug ciñ blun pa rgud ciñ $_0$gro
slob ciñ nus pa mkhas šiñ phyug.

D. h. Wer reich und dabei thöricht ist, verarmt; wer lernt, ist stark; wer klug, ist reich.

ña $_0$a na ma ra la dañ
$_0$dogs can rkyañ pa rnams žiñ dper.

Nach ñ, $_0$a, n, m, r, l, Vokalen und einzelnen Buchstaben steht žiñ.

draṅ žiṅ bde ba rab dga žiṅ
sñan žiṅ $_{0}$gyur ba $_{0}$jam žiṅ mdzes
dar žiṅ rgyas par $_{0}$tshal žiṅ bdag.
bde žiṅ skyid nas za žiṅ snaṅ.

## 6. ces.

ga da ba ces ṅa $_{0}$a daṅ
na ma ra la sa daṅ ni
rkyaṅ pa $_{0}$dogs can žes te dper.

Nach g, d, b steht ces; nach ṅ, $_{0}$a, n, m, r, l, s, nach einzelnen Buchstaben und Vokalen žes. Beispiele:

rtag ces bya bai bdag yod ces
smra ba zab (?) ces $_{0}$byuṅ žes thos
gda žes $_{0}$di lta yin žes pa $_{0}$am
$_{0}$di tsam žes par $_{0}$gyur žes par
$_{0}$khrul žes ston pas legs gsuṅs žes
mi mkhas pa žes smra žes bšad

kha cig sa mthar šes žes zer

d. h. Einige sagen, dass nach s šes stehen solle („einige“ erläutert eine Note durch sṅon gyi mkhas pa ‚ältere, frühere Gelehrten'). Der Verfasser entgegnet hierauf:

mi $_{0}$thad par mthoṅ kho bos dor

Da ich sehe, dass dies nicht allgemein angenommen wird, so verwerfe ich es. Dazu bemerkt noch eine Note: lo chen blo ldan šes rab daṅ dpaṅ los kyaṅ bkag pas ‚Der grosse Uebersetzer Blo ldan šes rab und dPaṅ lo haben es gleichfalls verboten'.

## 7. cig.

ga da ba cig sa mthar šig
rkyaṅ pai rjes su $_{0}$aṅ cig mthoṅ dper.

Nach g, d, b steht cig, am Schlusse von s šig; hinter einzelnen Buchstaben findet man auch cig.

šog cig sod cig rgyob cig ces
gyis šig ces ni kha cig smra.
ña $_0$a na ma ra la dañ
$_0$dogs can rnams kyi mthar žig dper.

Nach ñ, $_0$a, n, m, r, l und Vokalen steht žig.

cuñ žig sdod la $_0$ga žig la
$_0$phrin žig nam žig skur žig ces
ñal žig bsos la mdo žig sgrogs.

na ra la gsum rjes su ni
sgra bsgyur sña mas da drag bžed
phyi ma rnams kyis da drag dor
des na na ra la gsum gyi
rjes su žiñ žes žig yin na $_0$añ
da drag ñes par thob pa der
da drag sbyor ram mi sbyor kyañ
ciñ ces cig ces legs te dper.

Nach den dreien n, r, l verlangten die früheren Uebersetzer ein d drag (d. h. nd, rd, ld); die späteren haben das d drag verworfen. Wenn daher auch nach den dreien n, r, l an sich žiñ, žes und žig stehen sollte, so ist doch wegen jenes deutlich vorhandenen d drag, ob das d drag nun wirklich angefügt wird oder nicht, nur ciñ, ces und cig richtig. Z. B.:

mkhas par mkhyen ciñ yon tan gyis
brgyan ces thos kyi ston cig ces
zer ces mthoñ nas $_0$tshal ces te
bdag kyañ $_0$di $_0$drar gyur cig ces
smon lam stsal ciñ slob par ni
$_0$tshal ces zer gyis myur stsol cig.

## 8. ce na.

ga da ba mthar ce na dañ
sa mthar še na sbyar te dper.

Nach g, d, b steht ce na, nach s wird še na angefügt.

su $_0$dug ce na bla ma bžugs
ci $_0$chad ce na gdams pa ste
gañ zab ce na spros bral chos
sus thos še na bdag gis so.

„Wenn man fragt: wer ist da? (so lautet die Antwort) der Lama weilt da. Was ist eine Erklärung? Ein Rat. Was ist tief? Die Lehre von der absoluten Unthätigkeit. Wer hat es gehört? Ich.“

ña $_0$a na ma ra la dañ
$_0$dogs can rkyañ pa že na dper.

Nach ñ, $_0$a, n, m, r, l, Vokalen und einzelnen Buchstaben steht že na.

gañ byuñ že na hor $_0$dra ste
du gda že na mañ poo
su yin že na dben pa ste
khrims kyis dben nam že na dben
ci bskor že na rgyal khams te
gañ btsal že na nom pao
ci skye že na bu skye ste
su la že na ma lao.

„Was hat sich ereignet? Confiscation. Wie viele sind es? Zahlreich sind sie. Wer ist da? Ein Einsiedler. Ist er Einsiedler nach den Vorschriften? Ja. Was ist umgrenzt? Das Reich. Was sucht man sich zu erwerben? Zufriedenheit. Was wird geboren? Ein Sohn wird geboren. Wem gehört er? Der Mutter.

## 9. pa.

ga da ba sa na ma pa.

Nach g, d, b, s, n, m folgt pa.

zag pa med pai bde ba ni
thob pa ñes pa las grol nas
$_0$gro la phan pai bsam pas gnas.

„Wer ein ungetrübtes Glück erlangt hat und von der Sünde befreit ist, weilt im Gedanken an das Heil der Wesen.“

ña $_0$a ra la $_0$dogs can dañ
rkyañ pai rjes su ba phyed war
$_0$bod pa rnams. la ba sbyar žiñ
gžan la pa ñid sbyar te dper.

Nach ñ, $_0$a, r, l, Vokalen und einfachen Buchstaben steht ba phyed, d. h. ein wie w gesprochenes b. Nur diejenigen, welche die Aussprache wa haben, fügen ba an, die anderen fügen pa an.

btuñ ba bda ba myur bar $_0$thuñs
mjal bar žu ba tsha ba $_0$dod
luñ pa mda pa $_0$byor pa che
yul pa phu pa bya ba mañ.

## 10. $_0$am.

dri ba $_0$am dgag tshig skabs su ni
mtha rten rnams la ma sbyor žiñ
skabs $_0$gar ra la ta dañ ni
$_0$dogs can rkyañ pa $_0$am ste dper.

Bei der Frage oder Verneinung wird den Schlusskonsonanten ein m angefügt. In einigen Fällen wird nach r und l ein t eingeschoben. Nach Vokalen und einzelnen Buchstaben steht $_0$am.

$_0$dug gam $_0$byuñ ñam yod dam dañ
yin nam grub bam sgom mam dañ
dga $_0$am $_0$gyur ram $_0$tshal lam dañ
šes sam zer tam go $_0$am dañ
kha $_0$am žes pa lta buo.

## 11. $_0$o.

rdzogs tshigs skabs su na ra gñis
ma gtogs mtha rten brgyad po la
rañ la na ro sbyar te dper.

Beim Satzschlusse wird, die beiden n und r ausgenommen, den acht übrigen Schlusskonsonanten, und zwar diesen selbst (rañ-la, d. h. unter Wiederholung derselben) das Zeichen Naro, d. i. der Vokal o, angefügt.

khyod ni phyug go gšis bzañ ño.

„Du bist reich und von gutem Charakter."

gtoñ yañ phod do chos grub bo
$_{0}$khor yañ $_{0}$dzom mo bžugs gdao
thugs kyañ dal lo žes thos so.
na ra gñis la na ro dañ
to žes rnam pa gñis $_{0}$gyur dper.

Den beiden n und r wird zweierlei zu teil, Naro und to. Z. B.:

bžin no žes ni ñas bstan to
ño mtshar ro žes gžan $_{0}$dzer to.

$_{0}$dzer to, besagt eine Note, ist die alte Schreibart von zer to (zer to žes pai brda rñiñ ño).

rkyañ pa $_{0}$dogs can $_{0}$o ste dper

Einzelne Buchstaben und Vokale haben o.

ša ni zao skyid $_{0}$dio.

## Interpunktion.

de dag rnams dañ tshig rkañ mthar
ñis šad leu mtshams bži šad thob
ga yig rjes su chig šad bya
šad goñ phal cher phyi tsheg spañ
rkyañ šad dañ ni tsheg šad dag
thob tshul skabs dañ sbyar la dpyad

Hinter diesen (d. h. den im vorhergehenden besprochenen $_{0}$o) und einer Verszeile wird ein doppelter Strich, nach einem Kapitel ein vierfacher Strich gesetzt. Nach dem Buchstaben g soll nur ein Strich gemacht werden. Vor dem Strich wird in der Regel der letzte Punkt (tsheg) weggelassen (ṅa yig ma gtogs ‚ausgenommen ṅ' Note). Die Regel, der zufolge ein einzelner Strich und Strichpunkt (tsheg šad) gesetzt werden, ist je nach den besonderen Umständen zu beurteilen.

Anhang: Zweifelhafte Fälle und Ausfall von Lauten.

gžan yaṅ $_0$phul daṅ mtha rten dag
sbyar du ruṅ daṅ mi ruṅ bai
rnam par dbye ba $_0$aṅ cuṅ zad bstan

Ferner sollen die Klassen (von Wörtern) ein wenig dargelegt werden, denen Präfixe und Schlussbuchstaben anzufügen richtig und nicht richtig sein kann.

tshogs daṅ tshoms daṅ myos $_0$gyur chaṅ
mṅon sum phun sum rim gro daṅ
sku khams khros daṅ khro ba daṅ
phra ma khon $_0$dzin phrag pa sogs
maṅ por $_0$phul yig spaṅ bar bya.

Diese hier in v. 1—4 aufgezählten Wörter „werfen häufig das Präfix ab". So tshogs für $_0$tshogs, tshoms für $_0$tshoms, wenn letzteres auch nicht belegt ist; myos für smyos, chaṅ für $_0$chaṅ (halten), khros und khro ba für $_0$khros und $_0$khro ba, phra ma für $_0$phra ma, khon für $_0$khon, phrag pa für $_0$phrag pa. Das im Anfang von v. 3 stehende sku khams gehört natürlich nicht zur Kategorie dieser Wörter, sondern will nur in seiner Bedeutung „Zustände, Verfassungen des Leibes" die folgenden fünf Synonyme für „Zorn, Groll, Neid" vorweg determinierend in eins zusammenfassen.

lha btsun bza btuṅ rje btsun daṅ
(rnams la ba mtha)
lha rje ṅa rgyal bya rgod daṅ
(rnams la ra mtha daṅ)
rdo rje rgya mtsho la sogs pa
($_0$di la ma mtha)
maṅ por mtha rten med phyir spaṅ

Diese in v. 1—3 genannten Wörter „haben meist den Schlusskonsonanten abgeworfen, so dass er (in der Schrift) nicht mehr vorhanden ist“. Der tib. Autor geht hier von der Aussprache aus, fasst also z. B. das Wort als rdor-je, rjeb-tsun und erklärt dann r und b als ausgefallen; er vergisst dabei natürlich, dass r und b in diesen Fällen nichts weiter als die ausgesprochenen Präfixe der zweiten Glieder des Compositums sind, die dann innerhalb desselben bei rascher Artikulation dem ersten Gliede angekettet wurden.

pus moi lha n̄a sgo n̄a dan̄
sla n̄a sogs la n̄a mtha span̄.

D h. lha n̄a (Kniescheibe), sgo n̄a (Ei), sla n̄a (eiserner Kessel) haben ihr Schluss-n̄ abgeworfen, stehen also für lhan̄ n̄a, sgon̄ n̄a, slan̄ n̄a.

Vergl. dazu Schiefner in Mélanges asiatiques I S. 382.

yi ge lu gu rgyud dan̄ ni
myu gu sogs la ga mtha span̄.

yi ge (st. yig ge), lu gu (st. lug gu), myu gu (st. myug gu) und andere haben das Schluss-g abgeworfen.

gsun̄ rab mkhyen rab rig sn̄ags dan̄
mkha spyod sa spyod go $_0$phan̄ dan̄
ñam n̄a ñam chun̄ ñam thag dan̄
log rtog sogs la sa mtha span̄.

Diese Wörter „haben das Schluss-s abgeworfen“. Bei rig sn̄ags, mkha spyod und sa spyod liegt die Sache so, dass hier die Aussprache rigs-n̄ags, mkhas-pyod, sas-pyod zu Grunde gelegt ist.

lhas byin klus byin mis byin sogs
man̄ po žig sa med na nor.

Wenn in lhas byin (devadatta), klus byin (nâgadatta), mis byin (naradatta) und in vielen anderen das s nicht vorhanden ist, so ist das ein Fehler.

yi ge žal ta tha dad daṅ
la sogs da lta žes rnams la
bar tsheg mi byed blun poi lugs.

Was verschiedene Schriftunterweisungen und andere sogenannte „Moderne“ (da lta rnams) betrifft, so ist es ein thörichter Brauch, den trennenden Punkt auszulassen.

yin pas dor bar bya ba sogs „da sich das wirklich so verhält, muss man ihn ablegen“, bemerkt eine Glosse.

---

## Anhang.

## Ueber einige bisher unbekannte Sprachen aus tibetischen Quellen.

Zu Beginn der von Schiefner übersetzten Bonpo-sûtra [1]) wird der Titel des Werkes ausser in Tibetisch noch in vier anderen Sprachen mitgeteilt. Schiefner hat diesen Passus, den ich hiermit veröffentliche, in seiner Arbeit überhaupt nicht erwähnt. Der Text des Bonwerkes stand mir in zwei Ausgaben zur Verfügung: einem Pekinger Holzdruck aus der Sammlung W. W. Rockhill's und Schiefner's eigenhändiger Copie des Petersburger Exemplars.

1. gyuṅ druṅ lhai skad du na
   mu phya sal sal $_0$od dum gaṅ la.
2. gaṅ zag mii skad du na
   $_0$gro la phan pai $_0$bum sdes bya.
3. mu saṅs ta zig skad du na
   mu rgyas khyab rten $_0$od dum rtse.
4. žaṅ žuṅ smar gyi skad du na
   dal liṅ 'â he gu ge phya.
5. spur rgyal bod kyi skad du na
   gtsaṅ ma klu $_0$bum dkar po etc.

[1]) „Das weisse Nâga-Hunderttausend“ in Mém. Ac. Pét. XXVIII, No. 1.

Fol. 85a, 7 heisst es am Schlusse eines Abschnittes: žaṅ žuṅ skad du. dal liṅ 'â he gu ge bya. bod skad du u. s. w. Fol. 133a, 2 begegnen wir folgender Aufzählung: lha skad (1) mi skad (2) ta zig skad (3), žaṅ žuṅ skad (4) daṅ bon skad daṅ, de la sogs te skad lṅa mchod par phul bas. Was Nr. 1 Götter-, bezw. Svastika-Göttersprache und Nr. 2 Menschen-, bezw. Personen-Menschensprache eigentlich bedeuten, vermag ich nicht zu sagen. Greifbarer ist Nr. 3, denn ta zig (stag gzig) ist der tibetische Name für die Perser[1]), eingeschränkt freilich durch die nicht übersetzbare Bestimmung mu saṅs[2]); jedenfalls müssen wir hier zunächst an die Sprache des ostiranischen Stammes der Tadschiken denken. Iranisch sehen die folgenden Worte, welche den Titel in dieser Sprache enthalten sollen, freilich keineswegs aus; sie ähneln vielmehr tibetischen Wörtern, deren Sinn ich aber nicht entziffern kann. Jedenfalls ersehen wir hier, dass die Tibeter auch geistige, und wie es scheint, religiöse Beziehungen zu Iran gehabt haben, was gerade von der Bonreligion bereits Andrian, Der Höhencultus asiatischer und europ. Völker, Wien 1891, S. 104, vermutet hat. Thatsächlich wird unter den Anhängern der Bonreligion auch ein persischer Weiser aufgeführt, s. JASB 1881, 195. Auf andre Erscheinungen dieser Art hat jüngst Grünwedel, Ein Kapitel des Ta-še-suṅ (Bastianfestschrift) und Buddhistische Studien S. 104 ff. hingewiesen. Nach chinesischen Berichten soll sich im Sera-Tempel nördlich von Lhasa ein aus Persien stammender, hoch verehrter Zauberknüttel (tib. rdo rje) befinden.[3]) Noch wichtiger ist in Nr. 4 die Erwähnung der Sprache von Žaṅ žuṅ. Dies ist der alte Name der Provinz Guge, die im südwestlichen Tibet am Oberlauf des Sutlej gelegen zu mÑa ris skor gsum gerechnet wird.[4])

[1]) Schiefner, Eine tib. Lebensbeschreibung Çâkyamuni's, S. 98.

[2]) Ich habe über die Bedeutung des Wortes eine Vermutung, die ich aber noch nicht äussern will, da ich sie z. Z. nicht genügend stützen kann.

[3]) Rockhill, Tibet, JRAS 1891, S. 265.

[4]) H. Schlagintweit, Glossary of tib. geogr. terms, JRAS 1863, S. 23 des S.-A. E. Schlagintweit, Die Könige v. Tibet, S. 841. J 132, 471.

Die Tradition will, dass dieses Land die Heimat des Stifters der Bonreligion, gŠen rabs mi bo sei[1]), und die Berichte des Geschichtswerkes Grub mtha legs bšad machen thatsächlich den Eindruck, als habe diese Lehre von dort ihren Ausgangspunkt genommen und daselbst eine feste Stütze gehabt.[2]) Die Sprache der Bonlitteratur nähert sich in Formen, Wörtern und Stil sehr stark der Volkssprache[3]) und scheint, da die einheimische Lehre stets im Volke tief gewurzelt hat, auch auf seine Dialekte grosse Rücksicht genommen zu haben, so dass es keineswegs unwahrscheinlich ist, dass eine im Dialekt von Žañ žuñ verfasste Litteratur, in erster Reihe jenes Sûtra, wirklich existiert. Beachtenswert ist, dass er vor der tibetischen Sprache genannt wird; vielleicht haben wir es hier gar mit der heiligen Sprache jener Sekte zu thun. Die kurze Probe dal liñ 'â he gu ge (Provinz Guge?) bya gestattet natürlich keinen Schluss auf den Charakter des Idioms.[4])

Dass die unter den vier Sprachen genannten Titel den Inhalt des tibetischen Titels wiedergeben, dürfte zu bezweifeln sein; man bemerke das dreimalige Auftreten der Silbe mu in 1, 2, 3; $_0$od dum in 1 und 3; sal sal $_0$od ist vielleicht „helles, erhellendes Licht“ und $_0$gro la phan pai = den Wesen nützend.

Wassiljew[5]) hat bekanntlich aus dem Tanjur einige

---

1) Journ. Buddhist Text Soc. I, part 1, App. S. 1; JASB 1881, 195.

2) JASB 1881, 187 ff., s. auch Encycl. brit. XXIII 344, Nouv. dict. de géogr. univ. par Martin et Rousselet VI 593.

3) Vergl. auch JASB 1881, 201.

4) Candra Dás hat in seinem Tibetan-English Dictionary S. 5 unter Ka-pi folgende Bemerkung: n. of the language that was anciently spoken in the country of Kapistan; name of a country. The rGyal rabs (the royal pedigree of the Kings of Tibet according to the Bon historians) says that one of their sacred books called Kapi was written in Sanskrit, the language of the gods in which the ancient Bon scriptures were mostly written. It is also stated, that these books are translated into the language of the Persians and the Tajik people, from which again the Tibetans translated them into the language of Shang Shûng.

5) Vorrede zur russ. Ueb. d. Târanâtha v. Schiefner, Pet. 1869, S. 29.

indische Dialekte mitgeteilt, in denen buddhistische Lehren vorgetragen wurden. Grünwedel[1]) hat den Titel des Padma-thaṅ yig in der Sprache von U-rgyan (Udyâna) gefunden. Es dürfte daher von Interesse sein, etwas über die Anschauungen der Tibeter von fremden, besonders indischen Sprachen zu erfahren. Der schon citierte Appendix zum Situi sum rtags (S. 7) sagt darüber folgendes: „Hier auf Jambudvîpa gibt es keine einheitliche Sprachenklasse, sondern es ist bekannt, dass es 360 gibt; gleichwohl lassen sich dieselben, wenn man sie alle kurz zusammenfasst, in vier grosse Klassen vereinigen. Unter diesen vier ist die Sanskritsprache die erste, da sie imstande ist, den Sinn der Ausdrücke des Kanons zu lehren. Die Verzweigungen ($_0$phros rnams) derselben muss man unter den Begriff der Apabhraṁça's[2]) des Sanskrit zusammenfassen, wie es im „Spiegel poetischer Wörter" (sñan ṅag me loṅ) heisst: Was in den Çâstra's anders (d. h. eine andre Sprache) als Sanskrit ist, das hat man eben als Apabhraṁça anzusehen. Daher ist es so richtig. Einige alte Gelehrte haben behauptet, dass unsere tibetische Sprache die Sprache der Piçâca's[3]) (ša za) sei, was wohl sein mag. Nach der Versicherung des rje Žalu lo chen machte das Sanskrit einen Unterschied zwischen Apabhraṁça und sich selbst." Noch ausführlicher wird im Commentar des Situ rin po che, S. 130, über fremde Sprachen gehandelt. Ich umschreibe hier die Eigennamen genau nach dem Tibetischen. „In Gaḍa und andern grossen Provinzen verbreitete natürliche (raṅ bžin = svabhâva) Sprachen sind: Tvam-la-tu-mi, 'A-haṁ-la-ha-mi, Sâ-dṛ-ša-la-sa-da-ṣa, 'Ag-ni-la-'a-gin, Rat-na-la-ra-tan sind eben Apabhraṁça's (zur ñams pa) des Sanskrit. Die Sprachen der Rinderhirten (ba laṅ rdzi) des Barbarengrenzlandes von Indien werden noch verdorbener (-las zur ñams par) als jene natürlichen Sprachen selbst ausgesprochen. Die im Nâṭyaçâstra (? zlos gar gyi bstan bcos) niedergelegten Sprachen, 'Arya-yâ-su-tra, 'Adza-dza-'utta, Ya-

1) Ta-še-suṅ S. 5.

2) tib. zur chag, s. Wassiljew, Buddhismus 294.

3) Paiçâcî bhâṣâ ist bekanntlich Bezeichnung eines Prâkrit-Dialekts.

rgye-baṁ, Dza-'i-'e-dhaṁ, Ku-la-pra-bho, Ku-la-pa-pa-hû-ṇo sind die verdorbensten (zur šin tu ñams pa) des Sanskrit. Weil nun jene Sprachenklassen sämtlich den Apabhraṁça's aus dem Sanskrit ähnlich sind, hat man alle anderen Sprachen ausser Sanskrit mit Apabhraṁça bezeichnet. Trotzdem ist kein Grund vorhanden, Sprachen wie die tibetische und chinesische zu den Apabhraṁça's zu rechnen, weil sie in der That nicht Apabhraṁça's des Sanskrit sind. Berücksichtigt man jedoch die berühmten Lehrbücher, welche die Sprache des Landescentrums [1]) von Tibet und China behandeln, so hat es wohl seine Berechtigung, wenn man im Vergleich dazu die Sprachen gewisser Landesteile, die nicht reiner aussprechen als jene Sprachen der Grenzbarbaren, als Apabhraṁçasprachen bezeichnet. . . . Tritt man in die sogenannte Prâkṛta-Volkssprache ein, so gibt es, wie in Indien die als Mahârâṣṭrî (yul ₀khor chen po) berühmte Volkssprache, in Tibet ebenfalls eine Volkssprache oder natürliche Sprache.“ [2])

---

[1]) D. h. die daselbst tonangebende, gebildete Sprache.

[2]) Herr Prof. Dr. A. Grünwedel hat die Güte gehabt, mir über die hier genannten Sprachen folgende Bemerkungen mitzuteilen: „Die angeblichen Sprachen Tvam-la-tu-mi u. s. w. sind, glaube ich, Glossen; ich würde übersetzen: Für tvam (du) sagen sie tumi; für aham (ich) hami, für sadṛça: sadasa, für agni: agin, für ratna: ratan. Das sind nahezu Prâkrit-Formen, die sich wohl mit mehr Material, als ich gerade bei der Hand habe, werden kontrollieren lassen. In Arya-yâsutra suche ich wegen der Prâkrit-Form ajjautta Skr. ârya(âryya)-putra; in Ya-rgye-baṁ steckt eine Verbalform von yaj (opfern), welche? weiss ich im Moment nicht: vielleicht weist das als Prâkrit gegebene dza-i-e-dhaṁ auf die 2. Pers. Plural. Optat. Âtmanepada (?); Kulaprabho(s) ist durch den Prâkrit-Genetiv kulappahûṇo („des Herren des Geschlechtes“) gut repräsentiert. Steckt in Ga-ḍa vielleicht Gauḍa? Nach Kâvyâdarça I, 36 sind die Ba-lañ rdzi die Âbhîra, ebendort wird ihnen Apabhraṁça als Sprache zugeschrieben; vgl. die tibetische Uebersetzung im Tanjur Fol. 117. Die erste Gruppe würde also gaurische Dialekte charakterisieren, die Glossen aus dem Nâṭyaçâstra aber dramatisches Prâkrit.

# 通報

*T'oung pao*

# ARCHIVES

POUR SERVIR À

## L'ÉTUDE DE L'HISTOIRE, DES LANGUES, DE LA GÉOGRAPHIE ET DE L'ETHNOGRAPHIE DE L'ASIE ORIENTALE

(CHINE, JAPON, CORÉE, INDO-CHINE, ASIE CENTRALE et MALAISIE).


RÉDIGÉES PAR MM.

**GUSTAVE SCHLEGEL**

Professeur de Chinois à l'Université de Leide

ET

**HENRI CORDIER**

Professeur à l'Ecole spéciale des Langues orientales vivantes et à l'Ecole libre des Sciences politiques à Paris.


**Série II. Vol. I.**


LIBRAIRIE ET IMPRIMERIE

CI-DEVANT

E. J. BRILL.

LEIDE — 1900.

chalin are elementary forms of hieroglyphics or simply ornamental drawings as have been discovered in France on the tusks of the Mammouth — dating from pre-historic, may-be antediluvian, times.

We expect with much interest the publication of Dr. Laufer's researches in this almost unknown region. G. SCHLEGEL.

---

*Studien zur Sprachwissenschaft der Tibeter. Zamatog. Von* BERTHOLD LAUFER. (*Sitzungsberichte der philos.-philol. und der histor. Classe der k. bayer. Akad. d. Wiss.* 1898, *Heft III. München, acad. Buchdr. von F. Straub.*

—

Since some years, the study of Tibetan has come into vogue, weary as european philologists have become of the study of oriental languages, whose structure and grammar have been since long exploded and are perfectly (?) understood. And, though the literature of other asiatic people yields an immense field for researches, though that especially of the Chinese affords treasures of information for the geography and ethnology of mediaeval India and central Asia, not to speak of the siberian, japanese and polynesian countries, there are only a very few savants who now occupy themselves with this branch of study.

It has been rightly observed that the whole literature of Tibet does not afford us a single positive result for our modern science, and that our knowledge of the tibetan language, its structure and its life would not become enriched in the least by researches in this field.

Yet, Mr. Laufer remarks, the mere fact that this curious race of Central-Asia possesses a rich literature of grammatical, lexicographical and philological works would be sufficient to make it worth our study, although it may not enrich our knowledge of languages, it yet will allow us to catch a deeper insight in the physiology and cultural history of the tibetan people.

We do not quite agree with the author's sympathy with a race which has not exercised the slightest cultural influence upon the surrounding countries, whose literature is not worth anything before the people was converted to Buddhism, and has been entirely influenced by sanskrit literature, and, according to our conviction, is hardly worth the immense labour bestowed upon its study.

Like all races which only possess a religious literature, the Tibetans, like the Arabs, have become enraged grammarians or rather grammatists. As well in their religious as in their linguistic literature a barren contemplative speculation is the only fruit we can gather from its study, and we should like to throw at the head of the Tibetans Goethe's word:

"Ich sage Dir:
"Ein Kerl, der speculirt,
"Ist wie ein Thier, auf dürrer Heide
"Von einem bösen Geist im Kreis herumgeführt,
"Und rings umher liegt schöne, grüne Weide" [1]).

1) I tell ye: a fellow who speculates is like an animal led about, by an evil spirit, in a circle, on a barren heath whilst all around ly beautiful, green meadows.

As one of the best specimens of these speculative tibetan grammarians, we may mention the author of the book Zamatog, called *Ža-lu-pa rin chen chos skyoñ bzañ po* which is a tibetan monastical name, formed after a sanskrit model, something like *Ratnadharmapâlabhadra* from (the monastery of) *Žala.*

He must have lived about A.D. 1439 and, therefore, cannot be considered as a very ancient grammarian, whose orthographic rules can be held as authoritative for the pronunciation of older or oldest Tibetan.

However, Dr. Laufer has thought it worth the while to give in the abovementioned paper, which was presented to the philosophico-philological Class of the Bavarian Academy of sciences in February 5, 1898, an analysis of the Zamatog, which, according to Dr. Laufer, contains in the first place orthographical and in the second place grammatical observations.

Žalupa himself names as the indian grammarians whose works he took as a model those of

Pâṇini, Amarasiṁha and the Kalâpa- and Chandravyâkaraṇa-Sûtra.

But, as we have said above, the speculating on the right or proper orthography is no science, but simply wordcatching or letter-picking, as the Tibetans call their grammarians themselves *Yige Pa*, one who occupies himself with letters (*Yi-ge*) [1]).

Dr. Laufer gives us (pp. 552—574) some specimens of Žala's word-explications of which we shall only quote one instance:

*Ito ₒphye rkañ med ₒphye bo ste*

*Ito ₒphye* = skt. Uraga, a serpent; *ₒphye-bo* i. e. *rkañ med* = feetless, cripple.

Whatever may be, however, our personal view of the question, it is incontestable that Dr. Laufer has done a good work by the publication of this paper, as it will facilitate in no slight degree the study of tibetan literature for the amateurs of this language.

G. SCHLEGEL.

1) Schiefner, gram. 295, N°. 3611, quoted by Dr. Laufer. The german term *Wortklauberei*, "gnawing of words", is much more expressive still.

*China, The Long-Lived Empire.* By Eliza Ruhamah SCIDMORE.... London, Macmillan, 1900, in-8, pp. XV—466, grav. — 8/6d.

J'ai parcouru avec plaisir l'ouvrage de Mlle. SCIDMORE quoiqu'il nous fasse suivre un itinéraire bien connu des *globe-trotters*: Tien-Tsin, Peking, les tombeaux des Ming, la Grande Muraille, puis la descente à Chang-Haï, la montée du Yang-tse à I-Tchang, enfin la visite à Canton. C'est Peking qui a naturellement attiré l'attention spéciale de la voyageuse; le chemin de fer lui a permis de rayonner dans différents sens; elle est allée à Chan Haï Kouan; elle nous parle de la nouvelle station balnéaire de Pei Ta Ho; il importe de signaler une digression importante sur le mascaret (*bore*) de Hang-tcheou, phénomène bien connu de la rivière du Tche-kiang, le Tsien-tang, étudié d'ailleurs depuis longtemps, auquel l'auteur a consacré un chapitre entier. Tout ceci est fort bien connu et ce livre n'ajoute guère à nos connaissances sur la Chine, mais il a le grand mérite de se lire

# 012

## 关于蒙古民间诗歌的一个类型及其与突厥诗歌的亲缘关系

# DER URQUELL.

## Eine Monatschrift für Volkskunde.

Herausgegeben

von

**Friedrich S. Krauss.**

Das Volkstum ist der Völker Jungbrunnen.

Der neuen Folge Band II. Heft 7 und 8.

BUCHHANDLUNG U. DRUCKEREI
vormals
E. J. BRILL
LEIDEN — 1898.

G. KRAMER Verlag
in HAMBURG.
St. Pauli, Thalstr. 24, I.
1898.

**Redaction:** Wien, Österreich, VII/2. Neustiftgasse 12.

# Über eine Gattung mongolischer Volkslieder und ihre Verwandschaft mit türkischen Liedern.

Von B. Laufer.

Die mongolischen Stämme erfreuen sich nicht nur einer religiösen und historischen, sondern auch einer epischen und lyrischen Litteratur. Ihre Annalen berichten, dass es bereits im Anfang des dreizehnten Jahrhunderts Dichter und Sänger von Beruf gab. Das Wort chûrči bedeutet „Lautenschläger", von chûr, contrahiert aus chughur [1]) „Laute" und war der officielle Titel eines wichtigen und ziemlich geschätzten Hofamtes, der von den mongolischen Herrschern verliehen wurde [2]). Die Namen zweier mit diesem Epitheton geschmückten Männer sind uns ausdrücklich überliefert worden. Der eine ist Arghasun Chûrči, der am Hofe des Chinggis Chan gelebt und sehr lange zu dessen Gefolge gehört hat. Er muss bei dem Machthaber in grosser Gunst gestanden haben, denn man pflegte ihn in vertrauten diplomatischen Angelegenheiten, die viel Takt und Zartgefühl erforderten, mit Erfolg zu verwenden [3]), und in einem Falle nahm Chinggis ein über ihn verhängtes Todesurteil wieder grossmütig zurück [4]). Der Sänger hatte eines Abends mit seiner goldenen Laute die Ordu des Herrschers heimlich verlassen und anderwärts übernachtet, worauf dieser in heftigem Zorne zweien seiner Feldherrn befahl, Arghasun zu töten. Die nun geschickt gespielte Comödie, die den Mächtigen wieder versöhnt, erzählt der mongolische Geschichtschreiber nicht ohne einen Anflug von Humor. In den Versen, die hier der Sänger zum besten gibt, bietet er eine naive Charakterschilderung seiner Person, welche

1) Über diese Lauterscheinung vergl. Bobrownikow, Grammatik der mongolisch-kalmükischen Sprache (russisch), Kasan 1849, S. 17; Radloff, Phonetik der nördlichen Türksprachen, Leipzig 1882, S. 102—104; Grunzel, Entwurf einer vergleichenden Grammatik der altaischen Sprachen, Leipzig 1895, S. 30; Fr. Müller, Grundriss der Sprachwissenschaft, II. Bd., 2. Abt., S. 263. 2) I. J. Schmidt, Philologisch-kritische Zugabe zu den zwei mongolischen Originalbriefen der Könige von Persien Argun und Öldshäitu an Philipp den Schönen, Petersburg 1824, S. 24. 3) Geschichte der Ostmongolen und ihres Fürstenhauses verfasst von Sanang Setsen üb. v. I. J. Schmidt, Pet. 1829, S. 77. 4) Sanang Setsen, S. 79—81.

vielleicht für den ganzen Stand typisch gewesen sein mag: „Seit zwanzig Jahren bin ich in deinem Gefolge, aber an schlechte Streiche habe ich nie gedacht; es ist wahr, ich liebe berauschende Getränke, aber Arges kam mir nie in den Sinn; seit zwanzig Jahren bin ich in deinem Gefolge, aber boshafte Tücke ist mir unbewusst; zwar liebe ich starke Getränke, aber nie war mein Gemüt zur Bosheit geneigt." Überwältigt jedenfalls von der in diesen Worten steckenden Aufrichtigkeit und Wahrheitsliebe ruft der Herrscher: „Mein redseliger Arghasun, mein plauderhafter Chûrči!" und begnadigt ihn. Das ist alles, was wir über die Lebensschicksale dieses Mannes erfahren. Wie Chinggis seinen Hofmusiker und -dichter als Gesandten verwandte, so auch der mongolisch-persische Argun Chan seinen poeta laureatus Muskeril Chûrči. Diesen schickte er im Jahre 1304 mit einem Schreiben an König Philipp IV. von Frankreich, vor welchem Muskeril Gelegenheit fand, von seinen Talenten als Dichter, Redner und Improvisator in seiner Note diplomatique Proben abzulegen [1]). Doch ausser diesen officiellen Vertretern der schönen Kunst gab es im alten Mongolenreich auch andre Männer, darunter Krieger und Helden, welche Gesang und Dichtung pflegten. So hat uns Sanang Setsen drei Lieder des Kiluken Baghatur, eines Feldherrn von Chinggis Chan, mitgeteilt, ein Trost- und Ermahnungslied an seinen klagenden, im Sterben liegenden Herrn und zwei Klagegesänge auf den dahingeschiedenen Welterobrer [2]), die ein ergreifendes, edles und einfaches Pathos auszeichnet; was Rythmus und Formenschönheit angeht, so dürften sie sich vielleicht mit Manzoni's Ode Il Cinque Maggio messen, wiewohl es mir natürlich fern liegt, dem hohen Gedankenschwung dieses Meisterwerkes die mongolischen Erzeugnisse zur Seite stellen zu wollen. Auch die Epik, deren Betrachtung wir an dieser Stelle ausschliessen, birgt manche lyrische Bestandteile. In der Heldensage von Geser Chan treibt Ioro — so heisst Geser in seiner Jugend — die Viehherde mit Gesang und Geräusch vor sich nach Hause [3]). Als er eines Tages in Begleitung seines Vaters eine Elster und einen Fuchs sieht, wettet er mit dem Alten, der aber jedesmal fehlschiesst und nun

---

1) Schmidt, Mong. Originalbriefe, S. 5, 24. Diese Briefe hat neuerdings Prinz Roland Bonaparte in seinem grossartig ausgestatteten Atlas Documents de l'époque mongole reproducieren lassen. Sanang Setsen, S. 381. 2) Sanang Setsen, S. 104—109. 3) Die Thaten Bogda Geser Chan's, des Vertilgers der Wurzel der zehn Übel in den zehn Gegenden. Eine ostasiatische Heldensage, aus dem Mong. üb. v. I. J. Schmidt. Pet. 1839, S. 27. Schmidt hat das Beiwort ačitu „wohlthätig" in der Überschrift vergessen.

durch die magischen Kräfte seines Sohnes regungslos festgebannt wird, indessen dieser auf Grund der Wette ein Rind und ein Pferd schlachtet und allein verzehrt; darauf singt er ein Spottlied: „Was verdient wohl mehr Schande und Spott als die Elster, welche die Rückenwunden der Pferde aufhacken, als der Fuchs, welcher die Kühe vergiften [1]) und als der Alte, welcher beide totschiessen wollte?" [2]) Auch bei primitiven Stämmen, wie Australiern und Eskimos, sind bekanntlich satirische Stoffe äusserst beliebt [3]). Zu dieser Gattung gehören auch die Spottlieder, welche Geser auf den Chan singt, der ihn in die Schlangengrube, die Ameisen-, Läuse-, Wespen- und Raubtierhöhle u. s. w. werfen lässt [4]). Es ist naturgemäss, dass satirische Ausfälle Folge und Wirkung von bestimmten Geschehnissen darstellen. Wie aber, nach Goethe's Ausspruch jedes Lied ein Gelegenheitsgedicht ist, so wurzelt schliesslich alle Lyrik in Ereignissen, d. h. also in epischen Stoffen und Darstellungen. Diese geben dem Dichter die Veranlassung, seinen Empfindungen lyrischen Ausdruck zu verleihen. Besingt ein Poet die Schönheit des Frühlings und beginnt mit den Worten: „Der Lenz ist gekommen!", so ist eben die Ankunft des Lenzes das zeitliche Ereignis, welches ihn zu seiner Betrachtung inspiriert; diese Worte enthalten ein Factum, einen Bericht, werden aber dadurch, dass sie unmittelbar aus dem Gefühl kommen und zum Gefühl sprechen, gleichzeitig lyrisch wirksam. Bei der fast zur Eintönigkeit gewordenen typischen Beschaffenheit der europäischen Lyrik gelangt uns ihre schildernde Grundlage, ihr epischer Ausgangspunkt wenig oder fast gar nicht mehr zum Bewusstsein, aber in einem ursprünglicheren Entwicklungsstadium ist noch deutlich zu erkennen, wie sich der lyrische Gedanke aus dem epischen entwickelt. Die mongolische Poesie knüpft jede Gemütsverfassung, jede Seelenstimmung, Trauer oder Fröhlichkeit, unmittelbar an ein Ereignis des Menschen- oder Naturlebens an, und diese Erscheinung wirkt auf die gesamte Gestaltung der Metrik zurück.

Die Quellen, auf welche die alten mongolischen Chroniken zurückgehen, sind meist grosse Fragmente dereinst im Volke lebendig gewesener epischer Lieder, die in ihren schwachen Bruchstücken auch jetzt noch erkenntlich sind. Bereits H. C. v. d. Gabelentz [5])

---

1) Der Fuchs beisst in das Gras und begeifert es; fressen es dann die Kühe, so wirkt es bei ihnen allmählich wie Gift und bringt ihnen den Tod. 2) Geser Chan, S. 32. 3) E. Grosse, Die Anfänge der Kunst, Freiburg 1894, S. 228—231. Vergl. auch Pallas, Reise durch verschiedene Provinzen des russischen Reiches III, 67 über die Ostjaken. 4) Geser Chan, S. 104—107. 5) Zeitschrift für die Kunde des Morgenlandes Bd I, Heft 1.

hat den Versuch unternommen, die dichterischen Bestandteile aus Sanang Setsen auszuscheiden. Aber Sanang Setsen ist entschieden ein Tendenzhistoriker gewesen, am ehesten den Annalisten der römischen gentes vergleichbar, und hat zudem, wie wir noch erkennen werden, manche Züge der ursprünglichen Tradition gar nicht mehr verstanden, was ihn verleitet hat, das bequeme Verfahren einzuschlagen, welches man den von Friedrich dem Grossen nach dem siebenjährigen Kriege als Schullehrern angestellten pensionierten Unterofficieren nachrühmte, die ihren Schülern, sobald sie auf einen unverständlichen Ausdruck oder Begriff trafen, „hüpf' über" zugerufen haben sollen. Die relativ reinste und treueste Quelle für die alten Sagenbildungen des Volksgeistes ist das *Altan Tobči* d. h. wörtlich „goldener Knopf", mit der Bezeichnung „mongolische Chronik" herausgegeben von dem Burjaten Galsang Gombojew mit russischer Übersetzung in den „Arbeiten der orientalischen Abteilung der Kais. archäologischen Gesellschaft", Teil VI, Petersburg 1858. Ich greife aus diesem Werke eine um den Vater Chinggis Chan's gebildete Sage heraus, um daran zu zeigen, wie sich in den Anfängen der mongolischen Dichtung an ein Stück von ausgesprochen epischem Charakter ein lyrischer Erguss anreiht, wie sich aus der Erzählung das singbare und gesungene Lied abschält; ich übersetze ausschliesslich nach dem mongolischen Original, das leider von Druckfehlern wimmelt.

„Jisugei Baghatur nahm [1]) eines Tages seine beiden jüngeren Brüder Daritai und Utsukun [2]) und ging mit ihnen auf die Jagd. Da sprach er: „Ist das nicht ein weisser Hase?" und schoss. Siehe, da erwies sich das, was er geschossen, als der Urin eines Weibes. Indem er diesem auf der Spur eines Wagens nachging, sagte Jisugei zu seinen jüngeren Brüdern: „Jene Frau wird einen wackeren Knaben gebären." Der Spur des Wagens folgend, erkannte er, während er weiter ging, dass es Čilatu von den Taitsut war, der mit der Ögêlen Eke in die Heimat zurückkehrte. Als er sie auf seiner Verfolgung eingeholt hatte, sprach Jisugei zu seinen beiden jüngeren Brüdern: „Dieser da wollen wir uns bemächtigen." Indem sie herankamen, sagte Ögêlen Eke zu ihrem Manne Čilatu: „Du, bemerkst du nicht die böse Absicht der drei Männer? Mach dich davon!" Mit diesen Worten zog sie ihr Hemd [3]) aus und

---

1) abču, wie das indische âdâya und das griechische λαβών. 2) Bei Sanang Setsen heissen sie Negun Taiši und Daritai Ütsüken. Vergl. auch Erdmann, Temudschin der Unerschütterliche S. 252, 253. 3) Vielleicht an dieser Stelle, wie sonst bei den Kalmüken, Symbol der ehelichen Treue.

übergab es ihm. Die Brüder bemächtigten sich ihrer zu dritt. Obwohl sie Čilatu über drei Flüsse nachsetzten und über ebenso viele Höhen verfolgten, vermochten sie ihn nicht einzuholen. Die Ögêlen Eke machte Jisugei zu seinem Weibe. Als sie darauf auf dem Rückwege in die Heimat begriffen waren, weinte seine Gemahlin Ögêlen unablässig. Da sprachen Daritai und Utsukun zu ihr das Wort:

Drei Flüsse haben wir überschritten,
Drei Höhen haben wir überstiegen!
Sucht man, so ist keine Spur mehr da,
Hält man Umschau, nichts ist zu erspähen,
Weinst du auch, so hört man dich nicht!

Als Ögêlen Eke dieses Wort vernommen, schritt sie lautlos weiter dahin."

Dieser Schlusspassus ist in Versen verfasst, während das übrige in Prosa geschrieben ist. Die Strophe lautet im Original:

ghurban ghûl getulkebe
ghurban ghurbi tabaghûlaba
charibâsu mụr ụgei
charabâsu baragha ụgei
chailabâsu ụlụ sonosunam.

Sanang Setsen überliefert gleichfalls die Versform (S. 62) mit folgenden Varianten: getulbe, tababa, chaibâsu „wenn man sucht", was ich für richtiger halte als charibâsu „wenn man zurückkehrt", was sicher auf das kurz vorhergehende chariju irekui dur zurückzuführen ist, endlich sonosom. Man erkennt hier bereits, wie der Inhalt auf die metrische Beschaffenheit der Verse wirkt; die inhaltlich zu einander gehörigen beiden ersten Verse sind durch die gleichen Alliterationen verbunden, ebenso die drei letzten Verse. Ich muss es mir leider an dieser Stelle versagen, auf den Inhalt dieses, einen Frauenraub schildernden Stückes näher einzugehen, ebenso auf einen Vergleich mit anderen Versionen; ich bemerke nur, dass Sanang Setsen die dichterische Stelle gar nicht verstanden hat, da er die Verfolgung des Čilatu mit keinem Worte erwähnt, die zu berichten selbst der verständig nüchterne und die alte mongolische Legende sonst stark abkürzende Jigs med nam mkᶜa nicht umhin kann [1]).

Gehen wir zur modernen Lyrik der Mongolen über, soweit wir sie aus einigen wenigen Sammlungen kennen, so dürfte es wohl am zweckmässigsten sein, dem Inhalte und seiner Behandlung nach drei Gruppen zu scheiden. 1) Lieder, die an historische Begeben-

---

1) Huth, Geschichte des Buddhismus in der Mongolei II, 14.

heiten oder bestimmte Verhältnisse des täglichen Lebens anknüpfen und Empfindungen in mehr oder weniger breiter und malerischer Darstellung dahinströmen lassen. Zu dieser Klasse gehören die Klagelieder auf den Tod Chinggis Chan's, zwei Elegieen auf den Abzug der wolgischen Horde, die Pallas, Sammlungen historischer Nachrichten über die mongolischen Völkerschaften I 1776, p. 156/7 mitgeteilt hat, ferner zahlreiche Stücke in der Sammlung von A. Posdnejew, Proben der Volkslitteratur der mongolischen Stämme I, Pet. 1880. 2) Mehrstrophige Lieder, welche ein- und denselben Grundgedanken mit nur leichten Veränderungen durch sämtliche Strophen variieren. Als Beispiel übertrage ich das erste Lied aus Posdnejew in deutschen Trochäen; es kann als Typus einer ganzen Gattung gelten, in welcher sich das tiefe Heimatsgefühl, die oft fast zur Sentimentalität gesteigerte Liebe zu Eltern, Geschwistern, Gattin, Kindern und Freunden kundgibt (vergl. das Lied bei Pallas, S. 155).

An des Changghai-flusses [1]) Quelle
Schallt der Ruf des Königs Kuckuck [2]):
Meinen treugeliebten Freunden
Send' ich Grüsse, also singt er.

Auf des hohen Kekči Gipfel
Schallt der Ruf des Jungherrn Kuckuck:
Meinem Mütterlein, dem grauen
Send' ich Grüsse, also singt er.

An des Nordstroms Quellenrande
Schallt der Ruf des Gold-Ghurghultai:
Meinem ruhmesstarken Vater
Send' ich Grüsse, also singt er.

An des Kerulung-stroms Quelle
Schallt das Lied des Kuckuckvögleins:
Meinen Kindern, meinen Brüdern
Send' ich Grüsse, also singt er.

An des Kräuterflusses Quelle
Schallt der Ruf des bunten Vogels:
Meinen trauten Jugendfreunden
Send' ich Grüsse, also singt er.

3) Kurze, epigrammatisch zugespitzte, meist zweistrophige Lieder von höchst eigenartiger Beschaffenheit. Zu diesen gehören die fünf Gesänge, welche ich an dieser Stelle mitteilen will. Annähernd verwandte Stücke sind bereits von C. Stumpf [3]) veröffentlicht worden. Freilich scheinen die Texte zu den hier mitgeteilten Noten meist unvollständig zu sein, in manchen Fällen nur die erste Strophe zu enthalten, wie in Nr. 3, wo von 20 Strophen leider nur eine einzige bekannt gegeben wird, ebenso in Nr. 1; es ist daher schwer, sich über den Inhalt und die litterarische Stellung dieser Lieder ein festes Urteil zu bilden. Das zweite

1) Der Orchon, der an dem Berge Changghai entspringt. Timkowski, Reise nach China durch die Mongolei I, 140. 2) Über die Sagen vom Kuckuk, der sich nach der Heimat sehnt und durch seinen Ruf die Wanderer zur Heimkehr mahnt s. Schott, Einiges zur japanischen Dicht- und Verskunst, Abh. Berl. Akad. 1878, S. 160. Zu dem hier gegebenen Citat aus Wells-Williams vergl. den norwegischen Volksglauben bei Liebrecht, Zur Volkskunde S. 332. 3) Mongolische Gesänge in Vierteljahrsschrift für Musikwissenschaft III 1887, S. 297—304.

antiphonische Lied: „Liebesbotschaft", in welchem der Liebende in einem Verse die Geliebte grüsst und diese ihn als Antwort zu sich entbieten lässt, erinnert stark an die türkischen Gedankenlieder [1]), mit welchen es unzweifelhaft in einem bestimmten Zusammenhange stehen muss. Die Nr. 4 und 5 sind Trinklieder, die im Leben des Mongolen keine unwichtige Rolle spielen; man vergleiche mit diesen ein von Castrén [2]) aufgezeichnetes burjatisches Lied und ein hochpoetisches, welches Timkowski [3]) mitgeteilt hat. „Der fröhliche Bacchus," bemerkt der russische Missionar [4]), „hat nicht selten in den mongolischen Wüsten seine eifrigen Anhänger, die ihm, besonders zur Sommerzeit, mit Airak (Branntwein aus Schaf- und Kuhmilch), Kumys und Branntwein, den sie bei den Chinesen kaufen, Ehre erweisen. In Unterhaltungen wahrer Freundschaft, im Kreise sitzend um den immer glimmenden Argal in der Mitte der Jurte, bringen die Mongolen in Stunden der Musse, die für sie so gewöhnlich sind, und noch mehr bei Überfluss von Milchbranntwein, die Zeit zu in schwermütigen Erinnerungen an den Ruhm entwichener Zeiten und die Thaten ihrer vaterländischen Helden und vergessen die Beschwerden des Lebens und die Last des mandschurischen Scepters. Aus dem Munde der von Branntwein Begeisterten strömen scharfsinnige Scherze, unterhaltende Geschichten oder Erzählungen von der Kühnheit und dem Glücke der Jäger, von der Schnelligkeit berühmter Renner u. s. w. Dann erklingen auch die melancholischen Töne ihres Gesanges, bisweilen von einer Flöte und Balalaika (Art Zither mit drei Saiten) begleitet." Das sechste Lied bei Stumpf gehört in die von mir unter Nr. 1 rubricierte Gattung; es enthält die rührende Klage eines sterbenden Kriegers und soll aus der Heldenzeit des Chinggis und Timur stammen.

Doch keines dieser Stücke stimmt genau in Inhalt und Form mit den im Folgenden mitgeteilten fünf Liedern, überein, die ich der Liebenswürdigkeit des Herrn Dr. Gabriel Bálint, ord. Professor an der Universität zu Koloszvár (Klausenburg), verdanke; er hat sie zwar bereits vor Jahren unter dem Titel: Tabun Khálymik dún [5]), öt Khálymik dana in einer magyarischen Zeitschrift in Transcription mit ungarischer Übersetzung veröffentlicht, und

1) I. Kúnos, Türkische Gedankenlieder aus Ada-Kale. Ethnologische Mitteilungen aus Ungarn II, 51. 2) Versuch einer burjätischen Sprachlehre, Pet. 1857, S. 227. 3) Reise nach China durch die Mongolei in den Jahren 1820 und 1821. Aus dem Russischen übersetzt von Schmidt. Leipzig 1825—26. III. Bd., S. 295. 4) l. c. S. 292. 5) Aus daghun ‚Ton, Lied, Gesang' entstanden.

was von grossem Werte ist, die Noten mit ansprechender Klavierbegleitung hinzugefügt. Da es mir zunächst darauf ankam, Material zum Studium der mongolischen Volkssprachen zu erlangen, sandte mir Dr. Bálint eine erneute bedeutend verbesserte Umschrift der Originaltexte zu mit der gütigen Erlaubnis, sie nach Belieben wieder zu veröffentlichen; auf Grund dieser Mitteilungen versuchte ich denn mit den uns zu Gebote stehenden grammatischen und lexikographischen Hülfsmitteln eine Übertragung ins Deutsche zu erzielen, für die ich schliesslich natürlich auch die schon vorhandene ungarische Übersetzung verglich und zu Rate zog. Dem zweiten Liede bei Bálint habe ich seine Stelle vor dessen fünftem Liede angewiesen, weil mir diese beiden inhaltlich in engem Zusammenhang zu stehen scheinen. Die Umschrift der Texte ist nach Möglichkeit der in Kowalewski's grossem Wörterbuch befolgten angepasst.

1. čiktuńi urghukson šalûgi
čińin töle chadlabi,
či mana choyorâgi
dsayân čigi charghûlchuš.

Den im Teich gewachsnen Schilf
Hab' ich dir zu lieb' geschnitten;
Doch uns beiden zürnt das Schicksal,
Will uns nimmermehr verbinden.

ulâson du urghukson alimaigi
uichon čamdân öghlebi,
uichon čamadân öghböčigi
urida-în dsayân charghûlchuš.

Apfel [1]) den die Pappel trug,
Hab' ich, Holde, dir gegeben;
Ob ich gleich ihn dir gegeben,
Will das Schicksal uns nicht binden.

2. E! šikirtei nûr-în köbe dü
šil Gharidä bäišiñ dü
šibbildseksen Charla Šiše
melmeldseji sûdak böi.

An dem Rand des Sees von Zucker,
In dem Phönix-Glas-Palaste
Weilt erregt die Charla Šiše,
Thränen immerdar vergiessend.

E! örkö-în čölögêr chäliächuńi
ölö šobûńi bäidältäi
öbörölji sûchuńi
örbölgêsü jölökön.

Schaut man durch des Rauchlochs Öffnung,
Ist sie gleich dem Habichtvogel;
Aber weilt sie in Umarmung,
Ist sie weicher noch als Flaum.

3. dsachan ghurban germüd tü
dsalagha malaghata Chalgha
dsalagha malaghata Chalghâin öirêsü
dsatîn ünür küngküned.

In den drei Häusern am Rande des Weges,
Da wohnt die Chalgha mit quastiger Mütze
Nahe der Chalgha mit quastiger Mütze
Lässt sich vernehmen Muskatnussgeruch.

ghûgin ghurban germüd tü
ghuljing bičiken Chalgha
ghuljing bičiken Chalghâin öirêsü
ghûgin ünür küngküned.

In den drei Häusern unten im Thale,
Da wohnt die kleine, liebliche Chalgha;
Nahe der kleinen, lieblichen Chalgha
Lässt sich vernehmen Melonengeruch.

4. nomoghon boro morin čińi morin čińi
noson tsulburighân unjuilâd
noyon dân chäirtäi Jojâ-gi
noghona türünleńi šukšûlâd.

Ach, deinen zahmen grauen Schimmel
Lässt man das wollene Leitseil tragen;
Die ihrem Fürsten liebe Joja
Lässt man im Lenz von dannen ziehen.

---

1) Der Apfel als bekanntes Symbol der Liebe; vergl. auch Schott in den Sitzungsberichten der Berl. Akademie 1886, p. 1220. Krauss in Sitte und Brauch der Südsl. p. 53, 181, 220 usw.

| | |
|---|---|
| neriken kenčir kiligi čińi kiligi čińi | Nun wird dein Hemd von zartem Hanf |
| neigińi olji šaghulna šaghulna | Gesponnen erst und dann genäht, |
| neirsek bäidältei Jojâgi | Doch Joja, ach, bereit zur Liebe, |
| neiji Namjir-asu-ńi choljiûlâd, choljiûlâd. | Entreisst man ihrem lieben Namjir. |
| 5. Berim iš'te chanjal čińi | Dein mit Griff geschmückter Dolch |
| Basang-in Čokâd dsokâstai | Ziemt sich Basang's Sohn, dem Čoka; |
| bachan küken Jojâigi | Doch die liebe kleine Joja |
| bar' nâsu sugh 'čâd ab'labi. | Nahm ich weg aus ihrer Hütte. |
| öndör tsaghan jolm' îčińi | Deines hohen, weissen Zeltdachs |
| örköni tsömörkü boltogha | Rauchfang soll zusammenstürzen; |
| öngg'te čir'te Jojâigi | Denn die glanzgesichtige Joja |
| öb'rêsün sugh' čâd ab'labi. | Riss ich weg von seinem Busen. |

Prof. Bálint hat den einzelnen Stücken leider keine Erläuterungen beigefügt, ja nicht einmal den Ort näher bezeichnet, an dem er sie gesammelt; indessen lässt die Sprache der Texte keinen Zweifel darüber zu, dass sie ihren Ursprung den wolgischen Kalmüken zu verdanken haben. Ich selbst bin ebensowenig in der Lage Erklärungen zu geben, die dem Gesamtinhalt völlig gerecht werden und für alle Einzelheiten befriedigen; die Übersetzung des zweiten Liedes scheint mir durchaus nicht einwandfrei zu sein und noch mancher Berichtigung zu bedürfen. Die Erwähnung des Vogels Gharidä (= Garuḍa) möchte auf Indien hinweisen, ist aber immerhin kein vollgültiger Beweis dafür, dass der Stoff des Liedes aus Indien entlehnt ist, so lange es sich nicht genau darlegen lässt, dass es einen solchen indischen Stoff tatsächlich gibt; dass kalmükische Lieder vorkommen, die indische Erzählungen behandeln, werde ich am Schlusse dieser Ausführungen zeigen. Wie wir aus zahlreichen Stellen bei Pallas und Bergmann, den besten und bisher unerreichten Kennern des mongolischen Volkslebens, entnehmen können, hat sich der Garuḍa so tief in das allgemeine Bewusstsein festgesetzt, dass er aus dem Rahmen buddhistischer Gedankenkreise heraustritt und in die Erzeugnisse einheimischen Geistes verquickt wird, ein Fall, der wohl auch in unserem zweiten Liede zur Anwendung gelangen dürfte. Die epische Voraussetzung des Gedichts scheint mir die zu sein, dass der Vogel ein Mädchen geraubt und in seinen Palast gebracht hat, wo sie nun ihr Schicksal beweint, ohne sich gegen die Umarmungen ihres Liebhabers zu sträuben [1]), wieder ein vollgültiger Beweis dafür, dass das Lied gleichsam eine Schale vorstellt, die einen epischen Kern einschliesst. Als rein lyrisch wäre streng genommen nur das erste Lied zu bezeichnen: Thema ist wie in allen diesen Stücken die Liebe; Grundmotiv: Klage um die Trennung von der Geliebten, durchgeführt in zwei Variationen nach den strengen Kunstgesetzen, denen diese Liedchen folgen müssen; variiert wird nur die epische Basis: 1. Schilf habe ich für dich geschnitten, 2. Äpfel habe ich für dich gepflückt, während die lyrische Schlussfolgerung: „dennoch steht uns ein grausames Schicksal entgegen," beide Male die nämliche bleibt. In musikalischer Hinsicht ist zu bemerken, dass dieses Lied wie alle anderen durchkomponiert ist, die zweiten Strophen also nach der Melodie der ersten gesungen werden; Nr. 1 und 4 schliessen auf der Sekunde, Nr. 2 auf der Quinte, Nr. 3 auf dem Grundton, und Nr. 5 auf der Quarte; die beiden letzteren Fälle sind meines Wissens bisher noch nicht beobachtet worden (s. Stumpf l. c. 304). Der Bau des dritten Liedes stimmt mit dem des ersten genau überein; der einzige Unterschied besteht darin, dass nicht der Inhalt der beiden Strophen variiert wird, sondern nur je ein Attribut der erzählenden Überschrift und der lyrischen Nachschrift. Dass der Liebhaber den Wohlgeruch seiner Angebeteten verherrlicht, ist im Hinblick auf die nicht gerade einschmeichelnden Düfte der mongolischer Jurte doppelt wirksam. In einem barmanischen Poem wird der auf Reisen befindliche Jüngling sentimental, wenn er das Taschentuch zur Nase zieht, in dem das am Mittag verzehrte Huhn, ein Geschenk seiner Donna, eingewickelt gewesen ist. Zwischen 4 und 5 muss, wie gesagt, inhaltlich ein Zusammenhang bestehen. Das beweist schon der in beiden Liedern auftretende Name Joja; sie ist die „Heldin". Beide Lieder tragen ausgespro-

1) Man vergleiche übrigens die 7. Erzählung des Siddhi-Kûr (ed. Jülg).

chen epischen Charakter und scheinen entweder einer aus quasi Romanzen bestehenden grösseren Rhapsodie anzugehören oder abgekürzte Versbearbeitungen längerer Prosaerzählungen, wenn nicht in solche eingestreute Strophen darzustellen. Die Geschichte, auf die das Lied Nr. 4 anspielt, ist ohne Zweifel so zu fassen: Joja liebt Namjir, einen Mann aus dem Volke; doch ein Fürst vernarrt sich in sie, dem sie im Lenz vermählt werden soll. Die Phrase „man lässt sie im Lenz von dannen ziehen," drückt das Original mit den Worten aus „man lässt sie im Anfang des Grases weinen." Während über den Inhalt des 5. Liedes an sich kaum Meinungsverschiedenheiten herrschen können, liessen sich hinsichtlich seiner Verknüpfung mit dem vorausgehenden abweichende Anschauungen geltend machen. Meine Auffassung ist: Namjir rächt sich, raubt dem Fürsten die Geliebte und singt nun ein Spottlied auf ihn. Ob Čoka der Name des Fürsten ist, mag dahingestellt bleiben. In musikalischer Beziehung unterscheiden sich die beiden cyklischen Stücke durch einen wesentlichen Zug von den drei übrigen. Während in diesen die Melodie die ganze Strophe umspannt, reicht sie hier nur bis zum Schluss des zweiten Verses und wird in den beiden folgenden Versen einfach wiederholt, in Nr. 5 mit der Abweichung am Ende, dass auf *a* statt *d d* die Sekunde *g g* folgt. Ich möchte daraus schliessen, dass diese antiphonischen Lieder von zwei Stimmen oder Chören, die beiden ersten Verse etwa von männlichen, die beiden letzten von weiblichen Stimmen gesungen werden (vergl. das zweite Lied bei Stumpf S. 299). Der eigenartige Rhythmus des fünften Gesanges scheint einem Tanzschritt zu entsprechen:

Die musikalische Beschaffenheit scheint mir ebenfalls für die Zusammengehörigkeit der Stanzen 4 und 5 zu sprechen. Wer nur einen oberflächlichen Blick auf den Inhalt und insbesondere die Form der wenigen hier mitgeteilten Lieder wirft, wird sogleich erkennen, dass wir es mit einer hoch entwickelten Kunstpoesie zu thun haben, der ein feines Gefühl für die Schönheit der Formen und Linien anerzogen ist. Diese Eigenschaften sind aber, soweit wir sie bisher kennen, allen mongolischen Liedern beizulegen. Höchst naiv muss daher das Urteil eines neueren, sonst nicht ungeschickten Litterarhistorikers, A. Baumgartner, berühren, der in seiner Geschichte der Weltlitteratur, Freiburg 1897, Bd. II S. 445 den Mongolen „eine ziemlich primitive Volkspoesie, wie sie sich bei allen Völkern wiederfindet," zuschreiben zu müssen glaubt. Freilich mögen die Herren von der Ästhetik, dem Ruin aller wahren Wissenschaft, über den Begriff des „Primitiven" und gar des „ziemlich Primitiven" ihre eigenen Ansichten haben.

Ich will nun versuchen, die historische Stellung jener fünf Lieder, die offenbar zu ein- und derselben Klasse oder Kategorie von Kunstdichtung zu zählen sind, annähernd dadurch zu bestimmen, dass ich sie zu Liedern derselben Art eines türkischen Volksstammes in Beziehung setze. Es ist hier nicht meine Aufgabe, auf die Verwandtschaftsverhältnisse und den Fonds gemeinsamen Kulturbesitzes von Mongolen und Türken des näheren einzugehen; es genüge für unsere Zwecke, auf die Analogieen hinzuweisen, die Schiefner in der Vorrede zu seinen Heldensagen der minussinschen Tataren, Pet. 1859, zwischen den Epen beider Gruppen gezogen hat. Radloff, Über die Formen der gebundenen Rede bei den altaischen Tataren in der Zeitschrift für Völkerpsychologie und Sprachwissenschaft, Bd. IV, S. 103, beschreibt folgendermassen die vierzeilige Strophe:

„Sie ist die verbreitetste von allen Versarten; in allen Liedern, sowohl in Improvisationen wie auch in historischen Liedern ist sie fast ausschliesslich allein angewendet. Jede Strophe besteht aus vier Versen und zwei dieser Strophen gehören stets zusammen. Improvisationen und kleinere Lieder bestehen eben nur aus zwei Strophen, während die längeren historischen Lieder eine Anzahl von Strophenpaaren bilden. Sowohl dem Inhalt, wie auch der Form nach stehen die einzelnen Verse der Strophen in gewisser Beziehung. Bei den Versen ist zu bemerken, dass je zwei dem Inhalt nach ein Ganzes bilden, die letzten beiden Verse der Strophe sind entweder eine Vergleichung oder eine Nutzanwendung der ersten beiden. Die zweite Strophe wiederholt im allgemeinen mit anderen Worten den Inhalt der ersten." Und weiter heisst es auf S. 104: „Da der Inhalt zweier zusammengehörigen Strophen fast derselbe ist, so bemüht man sich auch, der Form nach sie entsprechend einzurichten, die Art aber, wie dies hervorgerufen wird, ist durchaus dem Dichter überlassen, und lassen sich darüber keine genaueren Regeln angeben; gewöhnlich geschieht es durch Versreim in den entsprechenden Versen der beiden Strophen, oder auch durch correspondierende vokalische Gleichklänge und Alliterationen." Diese Bemerkungen müssen ohne jede Veränderung auch für die mongolischen Versformen in Anspruch genommen werden, und fügen wir noch das auf S. 105 citierte Beispiel an,

Mein siebenjähriger Fuchs
hatte Heimweh und wieherte,
die siebenzigjährige Alte
dachte an frühere Freuden und härmte sich.

Mein sechjähriger weisser Schimmel
dachte an den Altai und schrie,
die sechzigjährige Alte
dachte an frühere Freuden und härmte sich.

so ergibt es sich klar, dass sich Form, Gegenstand und Behandlung dieser Strophen mit den oben mitgeteilten völlig decken. Weitere Lieder dieser Art findet man in Radloff's Proben der Volkslitteratur der türkischen Stämme Südsibiriens, I. Teil, S. 246—260. Ich beschränke mich auf die Anführung zweier Lieder:

1 Wenn von links ein Wind weht,
Bewegt er die Häupter des Schilfes;
Wenn ich all meiner Verwandten gedenke,
Kommen Thränen mir aus den tiefen Augen.

Wenn von rechts ein Wind weht,
Biegen sich die Häupter des Schilfes;
Wenn ich all meiner Verwandten gedenke,
Kommen Thränen mir aus den tiefen Augen.

2 Meine Gans, wohin flatterst du
Und ermattest deine Flügel?
Mein Geliebter, wohin gehst du,
Entzündend das entbrannte Herz?

Mein Schwan, wohin flatterst du
Und ermüdest den Flügelknochen?
Mein Freund, wohin gehst du,
Entzündend das entbrannte Herz?

Diese Gattung der Poesie in ihrer strengsten Form beschränkt sich nun auf die Altajer und Teleuten des Altai. Da die Kalmüken ihnen in der ersten Hälfte des 17. Jahrhundert benachbart wohnten, so ist mit dieser Tatsache auch der historische Beweis geliefert, dass die in Rede stehenden Geisteserzeugnisse beider Völker derselben Richtung angehören, den gleichen Verhältnissen entwachsen, der nämlichen Quelle entsprungen sind. Wer der Urheber, der Schöpfer, wer der Entlehner, der Empfangende gewesen sei, ist eine Frage, die sich vor der Hand nicht im geringsten entscheiden lässt. Es käme zunächst insbesondere darauf an, zu zeigen, ob der geographische Verbreitungsbezirk jener Liedform in Wirklichkeit nicht grösser ist als uns bisher bekannt, und zu diesem wie für alle übrigen Zwecke muss sowohl mehr mongolisches als türkisches Material gesammelt werden. Jedenfalls ist ein kleiner Fingerzeig gegeben und in chronologischer Hinsicht festgestellt, dass die oben mitgeteilten fünf epigrammatischen lyrisch-epischen Lieder, deren Form man annähernd mit unserm Distichen oder den altjapanischen Uta's vergleichen könnte, nicht modernen Ursprungs sein können, sondern in eine Periode zurückreichen, die vor der Einwanderung der Kalmüken auf russisches Gebiet liegt. Ist dieser Gewinn auch vorläufig gering, so ist es darum nicht augeschlossen, dass er für eine an Sammlungen reichere Zukunft an Bedeutung zunehmen kann.

*Anhang.* H. A. Zwick teilt am Schlusse seiner „Grammatik der West-Mongolischen, das ist Oirad oder Kalmükischen Sprache", Königsfeld 1851, den Text eines siebenstrophigen Gedichtes nebst Übersetzung mit. Es ist in ein Märchen eingeschaltet und gibt die Klageworte eines herumirrenden Königs wieder, der auf der Suche nach der ihm geraubten Gattin ist. Zwick glaubt hierbei Ähnlichkeiten mit der Çakuntalâ herauszufinden, allein er hat den wahren Sachverhalt verkannt. Das Gedicht ist nämlich nichts anderes als eine Nachahmung des vierten Aktes von Kâlidâsa's Vikramorvaçî, wo der König Purûravas im Walde umherirrt und alle ihm begegnenden Tiere und Pflanzen anfleht, ihm zur Erlangung seiner entschwundenen Apsaras Urvaçî beizustehen. Den Mongolen ist diese Geschichte, wie der grösste Teil ihrer Litteratur, auf dem Wege über Tibet zugekommen; denn sie findet sich im tibetischen Kandjur, aus dem sie Foucaux mit der Bezeichnung Elegie unter dem Titel Plaintes de Norzang à la recherche de Yidphroma in seinem Buche Le trésor des belles paroles, Paris 1858, S. 45, übersetzt hat. Inhaltlich deckt sich diese Version genau mit der kalmükischen; die angeredeten Tiere und Gegenstände werden in derselben Weise und Reihenfolge abgehandelt, und zwar 1. Mond, 2. Gazelle, 3. Biene, 4. Schlange, 5. Kuckuck, 6. Baum. Im indischen Drama ist die Zahl dieser Wesen noch weit grosser. Das tibetische Yid-op$^c$ro-ma (d. h. die Herzerfreuende) ist wörtliche Übersetzung des Sanskritnamens Manoharî, was die Kalmüken als Manuhari beibehalten haben. Die wertvollste Beobachtung nun, die wir bei Gelegenheit dieser Zusammenstellung — es ist zu verwundern, dass sie niemand zuvor gefunden hat — machen können, ist die, zunächst, dass auch nicht-buddhistische Stoffe der indischen Litteratur zu den lamaistischen Völkern gedrungen sind, sodann dass solche Stoffe nicht in ängstlich wörtlich-sklavischer Übersetzung, wie dies in der religiösen Litteratur der Fall ist, sondern in freier Souveränität, in dichterischem Waltenlassen eigener Phantasie, die alles dem Volksgeist Fremde entfernte oder diesem assimilierte, herübergenommen worden sind. Die Mongolen vollends copierten nicht, sondern schufen nach, dichteten nach. Was ihre Märchen betrifft, so hat bereits die Sammlung des Siddhi-Kûr für diesen Zug beredtes Zeugnis abgelegt; so ist nunmehr auch ein Beispiel erbracht, das für ihre poetische Litteratur dieselben Kräfte wirksam zu sein scheinen. Denn das fragliche Lied ist in strenggebauten Alliterationsstrophen nach allen Regeln der Kunst abgefasst und formell nicht von einheimischen Produkten zu unterscheiden; daher ist es Blut von ihrem Blut und Fleisch von ihrem Fleisch geworden.

---

## Chinesische geheime Gesellschaften.

Von Wilhelm Grüner.

Dieser Gegenstand ist äusserst merkwürdig. Die Anzahl der Geheimbünde ist sehr gross, und obzwar der grösste Teil mit öffentlichen Angelegenheiten nichts zu tun hat, und die meissten von ihnen verfolgt werden, so ist jedenfalls auch nicht ein einziger darunter der regierungsfreundlich wäre. Die grössten dieser „Gesellschaften" sind aber der Regierung besonders feindlich gesinnt. Austreibung der Tataren, und, wie wir es nennen würden, ‚China für die Chinesen' ist ihr Feldgeschrei. Sie arbeiten ohne Aufhören an dem Umsturz der Dynastie; jedes Jahr erheben sie Revolten

# 013

## “哇”“苏尔”考——关于藏语的发音

# WIENER ZEITSCHRIFT

FÜR DIE

# KUNDE DES MORGENLANDES.

HERAUSGEGEBEN UND REDIGIRT

VON

J. KARABACEK, D. H. MÜLLER, L. REINISCH

LEITERN DES ORIENTALISCHEN INSTITUTES DER UNIVERSITÄT.

## XII. BAND.

WIEN, 1898.

ALFRED HÖLDER

K. U. K. HOF- UND UNIVERSITÄTS-BUCHHÄNDLER.

PARIS
ERNEST LEROUX.

OXFORD
JAMES PARKER & Co.

LONDON
LUZAC & Co.

TURIN
HERMANN LOESCHER.

NEW-YORK
LEMCKE & BUECHNER
(FORMERLY B. WESTERMANN & Co.)

BOMBAY
EDUCATION SOCIETY'S PRESS.



JOHNSON REPRINT CORPORATION
111 Fifth Avenue, New York, N.Y. 10003

JOHNSON REPRINT COMPANY LTD.
Berkeley Square House, London, W.1

# Ueber das *va zur*.

## Ein Beitrag zur Phonetik der tibetischen Sprache.

Von

**Berthold Laufer.**

1. *Va zur*, d. h. eckiges *va*, oder auch *va c‘uṅ* ‚kleines *va*‘ genannt, jene Bezeichnung in Anlehnung an seine Dreiecksgestalt, diese im Gegensatz zu dem grossen, die gewöhnliche Buchstabenlänge um das doppelte überschreitende *w* gegeben, ist ein nur äusserst selten gebrauchtes, secundäres Zeichen der tibetischen Schrift, welches, ohne graphische Selbständigkeit, anlautenden Consonanten nur untergeschrieben zu werden pflegt. Seine paläographische Geschichte ist höchst einfach: schon in der ältesten Brâhmî begegnen wir diesem *v* in fertiger Ausbildung (um 250—150 v. Chr.[1]), also damals schon in einer Form, wie sie sich etwa 800 Jahre später in Tibets ‚Gletscherland‘ findet. Die späteren Formen der Brâhmî, die Bühler von etwa Christi Geburt bis 350 n. Chr. datirt, kennen bereits die Untersetzung des *v*, nur mit dem Unterschiede von der tibetischen Schreibung, dass hier die Spitze des gleichschenkligen oder vielleicht auch gleichseitigen Dreiecks in der Basis des Grundbuchstabens ruht bei horizontaler Lage seiner Grundlinie. Aber auch die tibetische Form, bei welcher der Scheitelpunkt des Triangels nach links gerichtet und seine Basis vertical steht, daher wenn der überstehende Mutterbuchstabe, *ma yig*, wie der Tibeter sagt, in einen Schwanz ausläuft, als Verlängerung desselben erscheint, auch diese Form muss bereits

---

[1] G. Bühler, *Siebzehn Tafeln zur indischen Paläographie,* Taf. II, Z. 36, III, Z. 34, 43.

auf indischem Boden bestanden haben, wie z. B. ein *jva* der südlichen Alphabete[1] deutlich zeigt, das der tibetischen Schrift in eben dieser Gestalt ebenso gut als jenen angehören könnte. Die nördlichen indischen Alphabete[2] weisen eine mit der Brâhmî wesentlich übereinstimmende Form des *v* auf, die höchstens hier und da, wie z. B. im Bower Ms., durch leichte Rundung der Schenkel nuancirt wird. Richten wir nun unseren Blick auf die tibetischen Alphabete, so leuchtet hier aus der Fülle der Erscheinungen stets ein Grundtypus hervor, dessen Variation meist nur darin besteht, dass seine Linien bald eckig, bald kreisförmig gestaltet sind. Das untergeschriebene *va zur* ist also thatsächlich das selbständig gebrauchte indische *v* und hat in seiner langen Geschichte keine wesentlich andere Form angenommen als es schon in den Schriftgattungen besass, denen es ursprünglich entlehnt wurde, den semitischen, wie schon ein kurzer Blick auf EUTING's Tafel der syrischen Schrift in NÖLDEKE's kurzgefasster syrischer Grammatik lehrt.

Doch auch als selbständiges Zeichen findet sich unter den tibetischen Charakteren das indische *v*, allein zunächst nur zum Ausdruck eines *b*-Lautes, eine Erscheinung, die in Zusammenhang zu bringen ist theils mit der im 7. Jahrhundert bereits in Indien vorhandenen Verwechslung des *b* und *v* in Sprache und Schrift,[3] theils mit dem im Tibetischen schon früh unter gewissen Bedingungen eingetretenen Wandel von *b* zu *v*; vermag doch die Annahme früherer Forscher, dass tib. *b* aus Devanâgarî ब entstanden, in keiner Weise einzuleuchten. Das *b* geht vielmehr offenbar auf व zurück: das beweisen in erster Linie die Inschriften von Gayâ und Allahabâd, auf deren enge graphische Verwandtschaft mit dem gewöhnlichen tibetischen Alphabete CSOMA und SCHMIDT[4] unabhängig von einander

---

[1] BÜHLER, Taf. VII, Z. 42.

[2] BÜHLER, Taf. IV—VI.

[3] BÜHLER, *Indische Paläographie*, p. 55, Nr. 23.

[4] A. CSOMA, *Grammar of the Tibetan language*, p. 204, SCHMIDT, *Ueber den Ursprung der tibetischen Schrift*, Mémoires de l'Acad. de St Pétersbourg, 6e sér., tome I, 1832, p. 45 u. d. beigefügte Tafel.

aufmerksam gemacht haben; diese stellen *b* durch ein *v* in Dreiecksform dar und gaben, wenn sie oder ähnliche Schriftmuster dem nach Indien entsandten Schöpfer[1] des tibetischen Alphabetes wirklich als Vorlage gedient haben, somit den Anstoss nach dieser Richtung hin. Jeder Zweifel muss vollends schwinden, wenn wir die verschiedenen Arten der Cursivschriften betrachten. In der von ihren langgezogenen Verticalstrichen den Namen *Ts'ugs-riñ* führenden Schrift hat das *b* fast elliptische Gestalt[2] in der entsprechenden *Ts'ugs-t'uñ*, die sich von jener nur durch kürzere Verticalstriche mit einer der der Horizontallinien fast gleichen Länge unterscheidet, ist es kreisförmig gedrungen, nicht minder so in der *Ts'ugs-ma* und $_{o}$*K'yug-yig*, d. h. wörtlich ‚laufende', also Currentschrift.[3] Wenn in der $_{o}$*Bru-ts'a*[4] (C. DÁS schreibt irrthümlich *-ts'ag*) das *b* in der Gestalt eines auf der Spitze stehenden Parallelogramms erscheint, so hat es sich hier nur unter einer dem eckigen Charakter jener Cursive stilgemässen Maske verlarvt. Ja, in der sogenannten *Añ-* (verkürzt aus Sanskr. *Añka*)

---

[1] Ueber die Geschichte der Schrifteinführung in Tibet berichten die historischen Annalen des *r Gyal rabs gsal bai me loñ* ‚der das Königsgeschlecht aufhellende Spiegel', vgl. SCHLAGINTWEIT, *Die Könige von Tibet*, p. 839, dessen Version freilich sehr stark verkürzt ist; besser ist die von SCHMIDT, *Sanang Setsen*, p. 326 aus dem Bodhimör, einer kalmükischen Uebersetzung jenes Werkes, mitgetheilte. Ein guter Textabdruck des Originals liegt jetzt vor in: *Situi sum rtags*, Tibetan grammar, with a commentary by *Situ-Lama Yan-chan-dorje*, Darjeeling 1895, und zwar in dem *b La ma Šes rab rgya mts'os mdzad pai lhau t'abs bžugs so* betitelten Appendix. Hier heisst es von *T'on mi sambhoṭa: lâñ ts'a lhai yi ge wa-rtu-la klui yi ge lhun grub ts'añ ma bod kyi yi ge la bkod.* Der Titel *vartula* ‚rund' oder tibetisirt *vartu* kommt demnach nur der Nâgarî zu und nicht der von CHANDRA DÁS (*JASB* 1888, 41 u. pl. I) fälschlich so bezeichneten Gattung. Vgl. ferner SCHMIDT, *Forschungen im Gebiete der älteren religiösen, polit. und liter. Bildungsgeschichte der Völker Mittelasiens*, Pet. 1824, p. 219 ff., seine unten angeführte Arbeit über den Ursprung der tibetischen Schrift; KÖPPEN, *Die lamaische Hierarchie und Kirche*, p. 56; *JRAS* XI 1879, p. LXVII (annual report); LEPSIUS in Abh. Berl. Akad. 1861, S. 475; CHANDRA DÁS, *Indian Pandits in the land of snow*, Calc. 1893, S. 46, 47.

[2] CHANDRA DÁS, ‚The sacred and ornamental characters of Tibet', *JASBeng.*, Bd. 57, 1888, p. 41—48, pl. II.

[3] *Ibid.*, pl. III.

[4] *Ibid.*, pl. III und Tafeln zu CSOMA's Grammatik, p. 36.

*yig*, einer Art Geheimschrift, fallen *b* und *v* in ein und dasselbe Bild[1] zusammen, und wenn wir gar die Form sehen, welche die *m K'a-ₒgro-dag-yig*,[2] d. h. die Schrift der *Ḍâkiṇî's*, für *b* angenommen hat, so bedarf es keines weiteren Beweises mehr, um die Entstehung des tibetischen *b* aus indischem *v* als gesichertes Ergebniss gelten zu lassen, das nur deshalb bisher nicht gefunden, weil niemand die Mühe auf sich genommen, der Bildungsgeschichte der tibetischen Schriften nachzugehen. Das tibetische *b* hat also denselben Ausgangspunkt genommen wie das *va zur*, welches daher auch mit diesem, und nicht, wie bisher geschehen, mit tib. *w* zusammengestellt werden muss. Daher begreifen sich auch leicht Fehler der Handschriften wie *Spo lbo* (oder gar *wo*) *bo lod* statt *vO lvos bo lod* (Umschrift des mongolischen Namens *Ulus-bolod*: SCHMIDT, *Sanang Setsen*, S. 182) bei *ọJigs-med-nam-mk'a*, s. HUTH, *Geschichte des Buddhismus in der Mongolei*, Bd. I, S. 33, Z. 2 und 11 und S. 288. Sonderbar genug, dass der alte, von neueren Gelehrten leider ganz vernachlässigte SCHRÖTER in seinem dem *Dictionary of the Bhotanta or Boutan language*, Serampore 1826 vorgedruckten grammatischen Abriss bereits das Richtige getroffen hat, wenn er S. 15 sagt: ‚The letter *b* in the form of a triangle is also placed at the foot of letters; it has the sound of *w*.' Es freut mich, diesen ohne Grund der Vergessenheit anheimgefallenen Autor hierdurch wieder zu Ehren bringen zu können. Dass uns diese Erscheinung die Mittel und die Berechtigung zu phonetischen Rückschlüssen verleiht, liegt auf der Hand.

Bleiben wir bei der zuletzt genannten, einer der merkwürdigsten Schriftarten der Tibeter stehen, so wird dieselbe zur Aufklärung einer ferneren graphischen Erscheinung beitragen helfen. Sie gibt nämlich das schon eingangs gestreifte selbständige eigentliche *w* durch Züge wieder, die unverkennbar dem *w* des gemeinen Alphabets entsprechen. Um eine Erklärung dieses auf den ersten Blick höchst sonderbar anmuthenden Zeichens haben sich unsere Grammatiker

---

[1] *Ibid.*, pl. IV.

[2] *Ibid.*, pl. VI.

gar nicht gekümmert; man hat, da man jeden Charakter auf den entsprechenden der Nâgarî zurückführen zu müssen glaubte, jenes *w* einfach in Bausch und Bogen dem व zur Seite gestellt; die Möglichkeit einer solchen Entstehung hat man freilich nicht in Erwägung gezogen, und es braucht nicht erst ausgesprochen zu werden, dass sie gänzlich ausgeschlossen bleiben muss, ganz abgesehen von allgemeinen graphischen Principien schon aus dem Grunde, weil, wie eben nachgewiesen, dem व das tibetische *b* entspricht. Wie ist nun jenes Gebilde zu erklären? Wir erkennen sofort, dass es aus zwei Theilen zusammengesetzt ist, ferner dass der untere Bestandtheil nichts anderes als ein *v* ist, in der Ḍâkiṇî-Schrift dem *va zur* völlig entsprechend und in dem gewöhnlichen *w* dem tib. *b*, d. h. also ebenfalls *v*. Doch was ist mit der oberen Partie anzufangen? Diese commentirt uns eine Erscheinung der *Lâñc'a*-Schrift, deren tibetische Darstellung in Csoma's Tafeln, p. 38 und in der erwähnten Abhandlung von Chandra Dâs, pl. viii und ix zu finden ist. Beide geben übereinstimmend unter den Doppelconsonanten die Verbindungen $k + w$, $kh + w$, $p + w$, $ph + w$ in sehr eigenthümlicher und überraschender Weise wieder.

Erklärt sind, soviel ich weiss, diese Bildungen bisher noch nicht. Da die Dreiecksform im Indischen wie Tibetischen Aequivalent für *v* ist, so kann das doppelte Dreieck nichts anderes als solch ein doppel gesetztes *v* sein. Dieser Vorgang bildet ein interessantes Analogon zum lateinischen *v* im Verhältniss zu *w*. Die Dopplung spiegelt sich ebenfalls in den beiden anderen aus Halbkreisen und Parallelogrammen bestehenden Zeichen wieder, die einfach Varianten des ersteren sind. Dieses Doppel-*v* ist aber nun keineswegs eine tibetische Erfindung, auch nicht erst in der *Lâñc'a*-Schrift entstanden, sondern in der alten indischen Brâhmî bereits vorhanden: Bühler, *op. cit.*, Taf. iii zu 34, hat hier für *va* dasselbe Zeichen. Und dieses Schriftbild ist deutlich genug Ausgangspunkt und Grundlage des tibetischen *w* geworden; wie dessen untere Hälfte ein *v* vertritt, ebenso die obere, deren Züge in der Regel etwas steif und eckig skizziert werden, indem man ferner vom *v* — *b* den oberen horizontalen Verbindungsstrich auslässt, was wohl entweder gewissen ästhetischen Gründen seinen Ursprung zu verdanken hat, oder aber in einer Anähnlichung des oberen Theiles an die Form des tibetischen *l*, also in einer Art naiver Spielerei, zu suchen ist, sodass z. B. SCHRÖTER, S. 11 das Zeichen für *w* aus *lp*, *lb* hergeleitet hat und in Handschriften wie Holzdrucken sehr häufig *lb* statt *w* erscheint. Schrift und Druck haben die Eigenart des Zwillingszeichens bis heute conservirt, indem sie ihm die doppelte Länge aller übrigen Buchstaben zuerkennen. Falls sich in den späteren indischen Alphabeten ein solches Doppel-*v* noch nicht gefunden, so ist es keineswegs ausgeschlossen, ja vielmehr durch sein Vorhandensein in Tibet höchst wahrscheinlich, wenn nicht gar nothwendig, dass sich *missing links* in den nördlichen Schriftsystemen Indiens noch werden nachweisen lassen. Das *w* der Cursivschriften schliesst sich eng an das obige Halbkreis-*w* in der Verbindung *pw* an, oder richtiger wird anzunehmen sein, dass letzteres aus ersterem sich entwickelt hat. Da diese Typen sich alle stark unter einander gleichen und dieselbe Art der Zusammensetzung zeigen, so begnüge ich mich, auf das *w* der *Ts'ugs-t'uñ* und das der *Ts'ugs-ma*, besonders aber auf das der *dBu-med*[1] hinzuweisen und auch an die entsprechenden Charaktere der *₀Bam-yig*[2] zu erinnern. Eine auffallende, jedenfalls aber nicht unrichtige Variante verzeichnet GEORGI, ‚Alphabetum Tangutanum sive Tibetanum' (ed. AMADUTIUS) auf der Tafel zu p. 106, wo die Untereinandersetzung zweier *v* deutlich in die Augen fällt und den oben erbrachten Nachweis willkommen bestätigt. Zu der Dopplung des *v* vergleiche auch A. WEBER, ‚Ueber ein zum weissen Yajus gehöriges phonetisches Compendium, das *pratijñâsûtra*', Abh. Berl. Akad. 1872, S. 83, § 17.

2. Nach diesen graphischen Bemerkungen, die manche Punkte der folgenden Untersuchung nicht unwesentlich stützen werden, gehe ich nunmehr zur phonetischen Betrachtung des *va zur* über, von

---

[1] CSOMA's Tafeln, p. 4, Z. 20.

[2] *Ibid.*, p. 31, Z. 3.

dem man wohl mit Recht sagen könnte, dass, von der Parteien Gunst und Hass verwirrt, sein Charakterbild in der Geschichte der Forschung schwankt. Und auf diese müssen wir daher zunächst eingehen. Zum ersten Male geschieht des *va zur* Erwähnung in dem bekannten Werke des Pater GEORGI, ‚Alphabetum Tangutanum sive Tibetanum', das ich nach der zweiten von AMADUTIUS, Rom 1773, besorgten Ausgabe citire. Hier heisst es auf S. 59 wörtlich: ‚Figuram triangularem, quam ad conficiendam *p'v* = *ph*, seu *f*, et *sv* = *x* adhibent, aliis etiam consonantibus Tibetani Amanuenses substernere solent, praecipue vero in characteribus magicis. Sed quum non satis nobis compertum sit, qua ratione id faciant, hoc unum saltem monemus, exceptis locis iis, in quibus necessario requiritur ad supplendas deficientes *f* et *x*, in ceteris plerumque sapere superstitionem; ideoque in sacro illo nomine *ya-tags* [1] Itha, seu Tantalorum reperitur *tha* cum triangulo scripto, sicque in aliis vocibus eiusdem naturae'. Von der phonetischen Geltung des Zeichens *v* bemerkt also Georgi nichts; die Darstellung von *f*, das dem Tibetischen fehlt, durch die Verbindung *p'* + *v*, und die von *x* durch *s* + *v* beruht ausschliesslich auf der Erfindung der katholischen Missionäre, die jener Charaktere zur Fixirung einiger christlicher Bezeichnungen und anderer Fremdwörter bedurften. So schrieben sie z. B., wie p. 51 zeigt, *p'on-de-p'vi-c'e* = Pontefice oder machten sich, sonderbar genug, eine Privattranscription des Wortes ‚Perser' in der Gestalt *P'v*(= *F*)*ar-zi* zurecht, ein Ausdruck, der dem Tibeter selbst völlig unbekannt ist; derselbe nennt vielmehr Persien nicht anders als *Ta-zig*, das in etymologischer Anlehnung an die tibetischen Wörter *stag* ‚Tiger' und *gzig* ‚Leopard' auch in der Orthographie *sTag-gzig* erscheint.[2] Vgl.

[1] So schreibt er irrthümlich für *yi dvags*.

[2] Der Vorgang ist derselbe, wenn die Bezeichnungen für Engländer, Europäer *p'i-liṅ*, *p'a-raṅ*, *p'e-raṅ*, die sämmtlich Transcriptionen des Wortes *Franke, Feringi* (*Feringhi* bezeichnet ROERO S. 232 auch als tibetischen Ausdruck) sind, nachträglich zu *p'yi gliṅ* (‚auswärtiges Land') tibetisirt und auch so geschrieben werden (vgl. DESGODINS, *Dictionnaire tibétain-lat.-franç.*, S. 222, der ebenso wie JÄSCHKE die täuschende Maske der Schrift für das echte und ursprüngliche hält). Aber *p'a-raṅ* wäre niemals zu einem Volksausdruck für ‚Syphilis' geworden (s. bes. RAMSAY, *Wes-*

20*

SCHIEFNER, *Eine tibetische Lebensbeschreibung Çâkyamuni's*, p. 98, wobei, da dieser es unterlassen, noch darauf hinzuweisen ist, dass der tibetische Name dem ostiranischen Stamme der Tadschiken entlehnt ist.[1] Das auf p. 53 gegebene Beispiel *sva-sdi-si-dhaṁ* = *Xa-thi-si-than*, Sanctus *Xaca* gehört zu den vielen bewussten und unbewussten Mystificationen des phantasiebegabten Georgi, der wohl geglaubt haben muss, dass $s + v = x$ eine tibetische Lautverbindung sei; sein aus dem wirklich dastehenden *svasdi* oder *svasti* (Sanskr. ‚Heil') herausgekünsteltes *Xaca* ist nichts anderes als Buddha's Bezeichnung als *Çâkya*, was die Tibeter nicht selten zu *Çakya*, *Çaka* oder gar *Çak* verderben, und das Wort, das er mit ‚heilig' übersetzt, *sidhaṁ*, ist das indische *siddha* von *√sidh*. Die Formel mag einer tantristischen Dhâraṇî entlehnt sein.

Dass in diesen Literaturerzeugnissen das untergeschriebene *v* einen breiten Raum einnimmt, infolge Nachbetens unverstandener Sanskritwortfetzen, meint Georgi, wenn er sein Vorkommen unter den magischen Charakteren betont oder ihm gar einen Geruch nach Aberglauben unterschiebt. Von dem berührten Worte *yi-dvags* wird noch die Rede sein. In diese Kategorie christlicher Terminologie gehört offenbar auch das von SCHRÖTER, S. 22 angeführte *k'vo-c'e* aus ital. *cruce* (der Verfasser des Wörterbuches war ein italienischer Missionär von unbekanntem Namen); der Grund, weshalb er *k'vo-c'e* und nicht *k'ro-c'e* geschrieben, mag darin zu suchen sein, dass er die Cerebralisirung des *k'r* zu *ṭ'*, die sonst unvermeidlich eingetreten wäre, und eine dadurch erfolgte Entstellung des Wortes habe verhindern wollen; JÄSCHKE (*Dict.* 18 a) polemisirt gegen diese Bildung, die er freilich *k'ro-c'e* schreibt und schlägt an deren Stelle *brkyaṅ*

---

*tern Tibet*, S. 156), wenn es nicht Fremdwort gewesen, als solches empfunden und von dem einen bestimmten Volke gesagt worden wäre, mit welchem die West-Tibeter in enge Berührung kamen, den Engländern. Die Tibeter haben hier dasselbe Verfahren beobachtet wie die meisten Völker Europas, welche die Krankheit nach einem ihrer Nachbarstaaten benannten, so in Italien scabies hispanica, in Frankreich morbus Neapolitanus oder morbilli italici und die Italiener zur Revanche dafür sehr volltönend mit morbus Franciae sive francicus sive gallicus.

[1] S. FRIEDRICH MÜLLER, *Allgemeine Ethnographie*, S. 463.

*šiṅ* (eig. ein Folter- und Hinrichtungsinstrument) vor, eine Bezeichnung, die DESGODINS (*Dict.* 42 b) wiederum mit Entschiedenheit als ungeeignet zurückweist, in deren Rang er vielmehr das Wort *rgya-gram* eingesetzt wissen will.

Bemerkt GEORGI über das eigentliche Wesen des Zeichens noch nichts, so finden wir eine erste Erklärung bei dem Begründer der tibetischen Philologie, ALEXANDER CSOMA. *A grammar of the Tibetan language,* Calcutta 1834, § 13, Note führt er im Anschluss an die vorher behandelten untergeschriebenen *y, r* und *l* folgendes aus: ‚In Tibetan words *v* has no sound, but it is used only for distinction's sake; as in *ts'a* hot; *ts'va* salt; *rtsa* root, vein; *rtsva* grass, herb.' Ebenso schreibt SCHMIDT, der Copist CSOMA's, nach in seiner *Grammatik der tibetischen Sprache,* Petersb. 1839, § 12. FOUCAUX, der, obwohl er sich auch den bahnbrechenden Forschungen CSOMA's, wie das ja nicht anders möglich war, eng angeschlossen hat, immerhin ein selbständiger Denker geblieben ist und in seiner *Grammaire de la langue tibétaine,* Paris 1858, das bisher brauchbarste Buch auf diesem Gebiet geschaffen hat, weiss über das *va zur* nichts neues zu sagen und liefert mit den Worten: ‚Le signe *v,* placé sous certaines lettres, n'a aucun son, et ne sert qu'à distinguer la signification de deux mots semblables' nur eine Uebersetzung des CSOMA'schen Passus; auch sein Vorrath an Beispielen ist nicht umfangreicher. Genau auf demselben Standpunkt steht gleichfalls Th. N. LEWIN, *A manual of Tibetan language being a guide to the colloquial speech of Tibet,* Calcutta 1879, p. x. Auch R. LEPSIUS, der zwar die bisher genannten, dank seiner grossen linguistischen Begabung an Einsicht in Bau und Entwicklung des Tibetischen weit übertraf, muss jenen in diesem Punkte historisch angereiht werden, wobei man einen leisen Tadel kaum unterdrücken kann, da er nach den inzwischen vorausgegangenen Arbeiten SCHIEFNER's, von denen sogleich die Rede sein wird, tiefer in den Gegenstand hätte eindringen können. In seiner Abhandlung ‚Ueber chinesische und tibetische Lautverhältnisse und über die Umschrift jener Sprachen', *Abhandl.* d. Berl. Akad. 1860, S. 486, rechnet er zunächst *w* mit *y, r* und *l* zu den untergeschriebenen Buchstaben, also zu derselben Klasse und fährt dann fort: ,*w*', worunter er nunmehr das angefügte *v* versteht, ,wird allgemein (!) als völlig stummer Consonant angesehen, der sogar in der Regel nicht mehr geschrieben wird, sondern nur in älteren Schriften vorkommt'. Der letztere Gedanke ist neu; da aber LEPSIUS schwerlich handschriftliche Studien auf diesem Felde gemacht haben wird, so ist nur anzunehmen, dass ihm JÄSCHKE, mit welchem er bekanntlich in Fragen tibetischer Phonetik correspondirt hat, diese oder ähnlich lautende Mittheilungen gemacht hat; in JÄSCHKE's Schriften finde ich jedoch eine derartige Behauptung nirgends und halte auch nach meinen eigenen Beobachtungen in zahlreichen Handschriften und Druckwerken älterer und neuerer Zeit dafür, dass dieselbe völlig grundlos ist. Wie dem auch sein mag, LEPSIUS' Anschauung in diesem Punkte ist keineswegs geklärt gewesen; ja, sein oben gegebenes Citat enthält einen directen Widerspruch, zu dem, was er zwei Seiten vorher (S. 484) geäussert, dass nämlich untergeschriebenes *w* wie *y*, *r*, *l* sich ebenso zu dem stets unmittelbar folgenden Vocal verhalten, wie *y* und *w* im Chinesischen, die er als vorschlagende Vocalsteigerungen auffasst, d. h. also mit anderen Worten, LEPSIUS gibt zu, dass dieses *w* eine phonetische Geltung hat, was als in Uebereinstimmung mit seinen Ansichten über die Bedeutung der Präfixe u. s. w. gar nicht Wunder nehmen kann. Und wenn uns JÄSCHKE[1] ausserdem berichtet, dass er das *va zur* für ein wirkliches *w* gehalten habe, so glauben wir mit Recht schliessen zu dürfen, dass sich sein Herz in einem Zwiespalt befunden, schwankend zwischen zwei Theorien, ohne den Versuch zu machen, sich nur für eine zu entscheiden oder beide mit einander versöhnend zu verbinden. Die zweite Seele, die LEPSIUS in der Brust trug, führt uns hinüber zu den Ansichten einer, was speciell die in Rede stehende Frage anbelangt, sozusagen neuen Schule, wenigstens einer der vorhergehenden diametral entgegenstehenden Richtung, die durch die Namen SCHIEFNER und JÄSCHKE gekennzeichnet wird. Der Satz der alten

[1] ,Ueber die Phonetik der tibetischen Sprache.' *Monatsberichte* d. Berl. Acad. 1868, S. 162.

Schule lautete einfach formulirt: ‚*Va zur* ist ein graphisches Unterscheidungszeichen homophoner Wörter'. Dagegen wendet sich SCHIEFNER in seiner Abhandlung, ‚Ueber die stummen Buchstaben', dem ersten Abschnitt seiner bedeutungsvollen ‚Tibetischen Studien'[1] mit den klaren Worten: Bei *grva* scheint das angehängte *w* nicht blosses Unterscheidungszeichen zu sein, da eine Nebenform *gru* vorhanden ist. Weiter unten führt er noch *rva* ‚Horn, Flügel' mit der Nebenform *ru* auf und meint, es sei überhaupt nicht unwahrscheinlich, dass das unterständige *w* im Tibetischen bei manchen Wörtern erst in späterer Zeit als Unterscheidungszeichen aufgekommen ist. Der grosse Fortschritt, den SCHIEFNER gemacht hat, liegt darin, dass er neues Material beigebracht und zu einer richtigen Beobachtung verwerthet hat. Leider ist er an diesem Punkte stehen geblieben und nicht in die Frage eingedrungen, was denn eigentlich das *va zur* sei. Viel weiter gelangte auch nicht JÄSCHKE, wiewohl er in seinen verschiedenen Werken zahlreiche Einzelbeiträge zur Aufklärung der Sache zusammengebracht hat, die, weil im Folgenden benutzt und genau citirt, in diesem historischen Ueberblick nicht näher aufgeführt zu werden brauchen; eigenthümlich bleibt es, dass JÄSCHKE an keiner Stelle seine Ansicht genau und präcis formulirt hat, so dass nichts anderes übrig bleibt, als dieselbe aus den einzelnen Angaben zu reconstruiren. Wenn es in seiner *Tibetan grammar*, 2. ed., prepared by H. WENZEL, Lond. 1883, S. 8 (§ 7, 5) heisst: ‚In words originally Tibetan, the figure *v* now exists merely as an orthographical mark, to distinguish homonyms in writing', so scheint dieser CSOMA nachgesprochene Satz an den übrigen Resultaten des Verfassers gemessen in dieser strengen Form unberechtigt und führt daher wohl eher auf WENZEL, der mit zäher Halsstarrigkeit an veralteten Ueberlieferungen festklebte,[2] denn auf JÄSCHKE zurück.

---

[1] *Mélanges asiatiques tirés du Bulletin hist.-phil. de l'Acad. de St Pétersbourg.* Tome I, S. 343.

[2] Vgl. besonders seine Schrift ‚Suhṛllekha', Leipz. 1886, S. 6, wo sein Groll gegen ‚so wenig bekannte Sprachen, wie das Lepcha u. s. w., deren Verwandtschaft mit dem Tibetischen gar nicht feststeht', höchst komisch wirkt.

3. Prüfen wir nunmehr die Argumente der ‚alten Schule‘, ob und inwieweit ihre Annahme berechtigt ist, dass das *v* subscriptum nur dazu diene, gleichlautende Wörter zu unterscheiden. Einen Fall der Anwendung des *v* müssen wir von vornherein gesondert betrachten. CSOMA sagt nämlich (*l. c.*): ‚In *yi-dvags* the *v* is added to show that the *d* is a radical letter, not a prefix, and to be sounded accordingly. Buth this *v* in these and other similar words is not always inserted: many leave is out, the context showing the proper meaning of the word.‘ Ebenso SCHMIDT und FOUCAUX, welcher *La-dvags*, das Land Ladâkh, zu derselben Kategorie rechnet. Als drittes im Bunde ist noch *ri-dvags* ‚Wild, Gazelle‘ (= S. *mṛga*) hinzuzufügen und als viertes *bla-dvags*, ein terminus technicus der Grammatik. Diese Wörter haben sämmtlich in ihrem zweiten Bestandtheil die Silbe *dvags*, von der wir, wenigstens was zunächst *yi-dvags* betrifft, wissen, dass sie auf *btags*, einer Verbalableitung von ₒ*dogs-pa*, zurückgeht, da das Wort nach JÄSCHKE aus etymologischer Spitzfindigkeit auch *yid-tags, yid-btags* geschrieben wird. Dies bestätigt die Richtigkeit von CSOMA's Behauptung, dass *v* hier nur eine Art Warnungszeichen bedeutet: lies *dags* und nicht *dgas*! Dasselbe gilt für die beiden anderen Wörter; wie *yi-dvags*, der *Preta*, einer ist, dessen Seele gebunden oder gefesselt ist, so bedeutet *ri-dvags* das an die Berge gebundene, in den Bergen hausende Thier und *La-dvags* das Land der Pässe (*la*). Das untergeschriebene *v* ist also in diesem Falle ein graphisches Lesezeichen zur Verhütung eines lapsus linguae. Es ist nichts anderes, als wenn wir z. B. einen sonst nicht geschriebenen Accent gebrauchen, um gébet von das Gebét, übersetzen von übersétzen zu unterscheiden. Aus jenem Charakter des Zeichens heraus ist es denn auch zu erklären, dass uns fast ebenso häufig, wenn nicht öfters, die Schreibungen *yi-dags, ri-dags, La-dags* ohne *v* begegnen; diese Erscheinung ist keineswegs als orthographische Nachlässigkeit zu beurtheilen, da ja die Setzung des *v* durchaus nicht in einer zwingenden Nothwendigkeit begründet liegt, vielmehr fast eine müssige Spielerei scheinen könnte; in den meisten tibetischen Büchern laufen beide Schreibarten willkürlich neben

einander her, ja, ein Werk, das mit solch ausgezeichneter Sorgfalt und Schönheit gedruckt worden ist, wie der *bsTan-*$_{0}$*gyur* im Asiatischen Museum zu St. Petersburg, legt in den obigen Fällen auf das *v* keinen Werth, wenigstens sind die Fälle ohne *v* weit zahlreicher als die mit *v*. *Ri-dvags* finde ich z. B. in *Proc. Buddh. Text Soc.* 1896, p. 4, *ri-dags* dagegen im Ladâkher *rGyal rabs* bei SCHLAGINTWEIT, fol. 1 b. Doch damit ist das Kapitel von der Auslassung des *v* noch nicht erschöpft; es wird oft genug auch in anderen Wörtern unterdrückt, in welchen es, wie wir weiter unten sehen werden, unbedingt stehen müsste; da dies aber in guten Handschriften und Drucken nicht oder nur selten vorkommt, so ist die Unwissenheit und Flüchtigkeit ungebildeter Abschreiber, deren es leider nur zu viele in Tibet gibt, allein für jenen Mangel verantwortlich zu machen. ROCKHILL[1] hat *rtsa* für *rtsva* und *ts'a*[2] für *ts'va* gefunden, wobei er von letzterem bemerkt, dass das *v* oft ausgelassen wird. JÄSCHKE erklärt *p'ya* und *p'yva* für richtig. DESGODINS hat in seinem neuen *Dictionnaire tibétain-latin-français,* Hongkong 1897, p. 163 sonderbarer Weise nur die Orthographie *gra* statt *grva*. *Da-p'rug* geht parallel neben *dva p'rug* (nach JÄSCHKE und DESGODINS). *Gar-ža,* die einheimische Bezeichnung für Lahûl, schreibt MARX, ‚Three documents relating to the history of Ladâkh,' *JASB* 1891, p. 118, no. 31, wahrscheinlich irrthümlich *Gar-žva* (in Anlehnung an *žva?*), umschreibt indessen *Garzha*. Homonyme werden nicht selten verwechselt, indem demjenigen Worte das *v* angehängt wird, welchem es überhaupt nicht zukommt. In dem von mir bearbeiteten *Klu* $_{0}$*bum bsdus pai sñin po* ist fol. 5 b, 1 *žva-bo* ‚lahm' geschrieben anstatt *ža-bo*, während auf das *v* einzig und allein *žva* in der Bedeutung ‚Hut, Mütze' Anspruch hat. In WASSILJEW's tibetischer Geographie, Pet. 1895, S. 53, wird *ža* (statt *žva*) *ser c'os* $_{0}$*byun*

[1] *Udânavarga: a collection of verses from the Buddhist Canon,* Lond. 1883, p. 72, no. 3 und p. 41, no. 1.

[2] In seinem *Diary of a journey through Mongolia and Tibet,* Wash. 1894, p. 164 schreibt er *ts'a bla* = ‚Borax'.

‚Geschichte der Lehre der Gelbmützen' ein Werk des *Sum-pa mk'an-po* genannt. Bei Târanâtha 6, 8 (ed. SCHIEFNER) findet sich irrthümlich *rva-ba* ‚Gehege' für *raba.* LEWIN (*op. cit.*) hat gegen das *v* nun einmal die Antipathie: er schreibt p. 10 einfach *ža-mo* und p. 26 *ts'a* ‚Salz' u. s. f. Zuweilen trifft man *v*, wo es gar nicht hingehört und völlig sinnlos ist; so wird es z. B. mit untergesetztem *₀a*, das die Länge eines Vocals in Sanskritwörtern bezeichnet, gern verwechselt. Bei SANDBERG, *Handbook of colloquial Tibetan being a practical guide to the language of Central Tibet*, Calcutta 1894, ist *Lo-tsva-ba* ‚Uebersetzer' statt *lo-tsâ-ba*[1] zu lesen, und da sich dieselbe Schreibweise bei A. IWANOWSKI[2] wiederholt, so möchte ich schliessen, dass dieser Irrthum seine Quelle bereits in der tibetischen Literatur selbst hat; das bestätigt eine Stelle der Inschrift aus dem Kloster Hémis in Ladâkh,[3] die auf Zeile 9 *tsva-ri-tra* = Sanskr. *caritra* bringt, wo das ganz überflüssige *v* nur unter der Voraussetzung zu verstehen ist, dass der Verfasser sich das Wort fälschlich als *câritra* vorgestellt hat, was den nicht weiter Wunder nimmt, der die Willkürlichkeit der Tibeter in der Behandlung der langen und kurzen Vocale des Sanskrit kennt, und dann der Steinmetz statt *₀a* das leicht damit zu verwechselnde *v* gemeisselt hat. Doch genug dieser Beispiele.

Als graphisches Lesezeichen treffen wir *v* endlich noch in dem Adjectiv *dvañs-pa*[4] ‚rein, klar' an; hier ist ja ein Wegweiser, der zur richtigen Lesung anleitet, durchaus am Platze, ohne welchen man leicht Gefahr laufen könnte, *dñas-pa* zu lesen; das Bedürfniss einer solchen Scheidung ist nicht zu verkennen, denn es kommen thatsächlich Irrthümer und Verwechslungen vor, wie JÄSCHKE's Angabe beweist, dass *dañs* nicht selten fälschlich für *dñañs* und *mdañs* ge-

---

[1] S. über den Ausdruck SCHIEFNER im *Bulletin de l'Acad. de St. Pétersb.*, IV, 287, no. 1.

[2] Tibetische Uebersetzung des ‚Sendschreibens an die Schüler' (russisch), ZAPISKI, *Die orient. Abt. d. russ. arch. Ges.*, IV, 53.

[3] Uebersetzt und erläutert von E. SCHLAGINTWEIT, *Berichte der bayr. Akad. der Wissensch.*, 1864, p. 305—318.

[4] Hierzu gehört vielleicht auch *can-dvañ* ‚grün', dessen erster Bestandtheil mit *ljañ(-k'u)* ‚grün' zusammenzuhängen scheint.

setzt werde (*Dict.* 249 b). Doch auch abgesehen von dieser Erwägung kann man dem *va zur* in *dvañs* keine phonetische Geltung zuschreiben, wenn man die parallelen Bildungen *t'añ, dag-pa* und *dañ-ba* mit der gleichen Bedeutung heranzieht, die zur Genüge zeigen, dass *dvañs* nichts anderes als eine der bekannten secundären Ableitungen mit Suffix *-s* von *dañ* darstellt, das in so zahlreichen Fällen ad libitum antreten oder abfallen kann. Die Schreibung mit *v* scheint mit ziemlicher Regelmässigkeit durchgeführt zu werden; so findet sich im *Situi sum rtags*, p. 22: *gsal žiñ dvañs la dri ma med*, d. h.: ‚hell, rein und fleckenlos'; im 12. Abschnitt des Sûtra der 42 Artikel:[1] *me loñ p'yis pas gya dag ste dvañs šiñ gsal bar gyur bas gzugs brñan gsal bar snañ bar ₒgyur ro*, d. h.: ‚Wenn ein Spiegel durch Reinigung rostfrei, klar und hell geworden ist, werden auch seine Bilder hell erscheinen.' Im Anschluss an *dvañs* will ich ein Curiosum mittheilen, das mir in einem Manuscript der Münchener Hof- und Staatsbibliothek begegnet ist; in deren cod. or. mixt. 103, No. XII mit dem Titel *Gtor mai lag len k'yer bde ba bžugs so* finden sich die folgenden Verse (fol. 4 b, 2):

*lus kyi sdom pa legs pa ste*
*ñag gi sdom pa dgva pa yin*
*yid gi sdom pa legs pa te*
*t'ams cad du ni sdom pa legs* u. s. w.

Ein Wort *dgva*, wie an jener Stelle geschrieben, gibt es nicht und kann auch nicht existiren. Der Copist wollte offenbar *dvag* oder *dvags* schreiben und hat sich entweder unabsichtlich geirrt oder wusste nicht bestimmt, an welchen Platz das *v* zu rücken sei. Dass nur *dag* zu lesen, darüber lässt der Sinn der Strophe keinen Zweifel zu:

‚Gelübde, die sich auf den Leib beziehen, sind vortrefflich;
‚Gelübde, die sich auf das Wort beziehen, sind lauter;
‚Gelübde, die sich auf die Seele beziehen, sind gut;
‚In jeglicher Hinsicht sind Gelübde gut.'

[1] Le sûtra en quarante-deux articles. Textes chinois, tibétain et mongol, autogr. par L. FEER, Paris 1868, p. 14, Z. 7.

Wir haben nunmehr gesehen, dass es vereinzelte Fälle gibt, in denen *v* die Rolle eines Lesezeichens spielt, um vor einer irrthümlichen Lesung eines Wortes zu bewahren, eine Rolle, zu der es wegen seiner kleinen Gestalt, durch die Bequemlichkeit seines Gebrauches ganz gut berufen ist. Streng zu scheiden von dieser Anwendung, was man bisher leider verabsäumt hat, ist die Frage, ob *v* dazu dient, gleichlautende Wörter zu trennen. Nehmen wir die Richtigkeit dieser Behauptung vorläufig an, so hätte *v* dann mit dem obigen Falle *dvags* — *dvañs* die Eigenschaft gemeinsam, dass es ein ausschliesslich durch und für die Schrift vorhandenes und kenntliches Zeichen wäre; dagegen bestände als sehr wesentlicher Unterschied, dass es nicht die Function besässe, zur Erfassung der richtigen Lesung, sondern der richtigen Bedeutung eines Wortes beizutragen. Diese Annahme war an sich keineswegs thöricht, wenn man Parallelen wie *ts'a* ‚warm' — *ts'va* ‚Salz', *ra* ‚Ziege' — *rva* ‚Stachel', *rtsa* ‚Ader' — *rtsva* ‚Wurzel' betrachtete, und sie befand sich in vortrefflichem Einklang mit jener Theorie, die noch SCHIEFNER mit zäher Ausdauer verfochten, dass die Präfixe graphische Unterscheidungszeichen gleichlautender Wörter seien. Seitdem JÄSCHKE's bahnbrechende Forschungen diesen luftigen Speculationen jeden Halt geraubt und gerade das Gegentheil ihrer Ergebnisse erwiesen, seitdem es sich ferner mit voller Gewissheit herausgestellt, dass jene Präfixe zum Theil grammatische Functionen vertreten,[1] haben wir nicht mehr mit den Schlussfolgerungen dieser Hypothese zu rechnen. Doch wir bedürfen es gar nicht, mit dem Schwergeschütz präfixaler Forschungsresultate zu einem Frontalangriff gegen die schwache gegnerische Stellung aufzufahren; sie muss fallen, sobald wir nur die sämmtlichen thatsächlichen Erscheinungen der Sprache, in denen das *va zur* auftritt, scharf ins Auge fassen. Schon a priori lassen sich gegen die Aufstellungen CSOMA's und seiner Nachfolger mancherlei Einwände vorbringen: Das *va zur* ist in einer nur geringen Anzahl

[1] Vgl. A. CONRADY, *Eine indo-chinesische Causativ-Denominativ-Bildung und ihr Zusammenhang mit den Tonaccenten*, Leipzig 1896.

von Wörtern vorhanden, zu der die Zahl der Homonyme[1] in gar keinem Verhältniss steht; an solchen ist die tibetische Sprache überreich; aber warum sollte sie gerade nur bei einigen wenigen Wörtern das Bedürfniss einer zumal nur durch die Schrift kenntlichen Unterscheidung empfinden, warum gerade diesen einen Vorzug einräumen, den sie anderen stiefmütterlich versagt? Die Silbe *na* z. B. vereinigt in sich die Bedeutungen: ‚in, im Innern; Wiese; Jahr; Alter, aetas;[2] krank, Krankheit, krank sein, schmerzen.‘ Ist hier eine Scheidung weniger angebracht als bei *ts‘a* ‚warm‘ und *ts‘va* ‚Salz‘? Aber was hilft ferner dem *ts‘a*, dass es von *ts‘va* getrennt ist, wenn es noch andere Rivalen hat, wenn es ein anderes Wort *ts‘a* gibt, das ‚Krankheit‘ bedeutet, und ein drittes *ts‘a*, unter dem man sowohl ‚Enkel‘ als ‚Neffe‘ verstehen kann, um ganz zu schweigen von den zahlreichen anderen Bedeutungen, welche jene Silbe in Zusammensetzungen noch anzunehmen vermag? Oder was frommt es *rva*, dass es durch ein *va zur* ausgezeichnet ist? Von welchem Wort soll es denn unterschieden werden? Natürlich von *ra*! Aber von welchem Wort *ra*? Es gibt deren nach Jäschke's ausdrücklicher Aufstellung (*Dict.* 520a) vier an der Zahl mit völlig verschiedenen Bedeutungen: *ra* kann stehen 1. für *ra-ba* ‚Hof‘, 2. für *ra-ma* ‚Ziege‘, 3. für *ra-mda* ‚Hülfe‘, 4. für *ra ro* ‚trunken‘. Doch allein schon die paläographische Entstehungsgeschichte dieses Zeichens hätte darauf hinweisen müssen, dass demselben ursprünglich eine lautliche Geltung zugekommen ist. Und diese wollen wir nunmehr zu bestimmen versuchen.

4. Nehmen wir den Ausgangspunkt von bekannten Thatsachen. Jäschke's, ‚Ueber die Phonetik der tibetischen Sprache‘ (*Monatsberichte* der Berl. Akad. 1868), S. 163, durch den Vorbehalt eines ‚soll‘ eingeschränkte Bemerkung, dass das Wort *rtsva* ‚Gras‘ in Balti *rtsva* ausgesprochen werde, wird von ihm in seinem Werke: *A Tibetan-*

---

[1] Vgl. das 11. Kapitel bei Georgi, das auch jetzt noch sehr treffende Bemerkungen enthält.

[2] Das *na* in dieser Bedeutung ist aus *na- so* verkürzt, das mongolisches Lehnwort ist (mong. *nasun*).

*english dictionary*, 437 a unter Beifügung einer Nebenform *stsva* und Ausdehnung des Geltungsbezirkes dieser Aussprache auf Purig positiv hingestellt, ebenso *Tibetan grammar*, § 7, 5 mit der daraus gefolgerten Annahme, dass das untergeschriebene *v* in der primitiven Form der Sprache allgemein gehört worden sei. In der Einleitung zu seinem *Dictionary*, p. XIX setzt JÄSCHKE dasselbe Wort für Purig als *rtsoá*, für Balti als *stsoá* an. Bekanntlich gehört der Dialect der Balti [1] mit dem der Provinz K'ams — jener den äussersten Westen, dieser den Osten einnehmend — zu denjenigen, welche sich durch die Aussprache der Präfixe der geschriebenen Sprache, d. h. also dem alten Lautbestande, wie ihn dieselbe fixirt und unveränderlich bewahrt hat, am meisten nähern. SANDBERG, der in seinem *Handbook of colloquial Tibetan*, S. 279 als Aussprache des Wortes für Ladâkh *sá*, für Central-Tibet *tsá* anführt, bemerkt S. 283, dass man das Compositum *rtsva-skam*, d. i. ‚trockenes Gras, Heu' in Ladâkh neben *sá-kám* auch *stswáskám* spreche; diese alterthümliche Lautwiedergabe mag freilich selten genug zu hören sein, vielleicht nur in einsamen, vom Verkehr abgelegenen Thälern; denn RAMSAY, *Western Tibet: a practical dictionary of the language and customs of the districts included in the Ladák Wazarat*, Lahore 1890, S. 54 erwähnt ihrer gar nicht, sondern bietet nur die Umschreibungen *rtsa* und *rtsa skam-po*. Ebenso weiss OSVALDO ROERO, der im 3. Bande seiner *Ricordi dei viaggi al Cashemir, Piccolo e Medio Thibet e Turkestan* (Torino 1881) auf S. 223—255 einen höchst werthvollen ‚Breve elenco di parole et frasi le più indispensabili' zum Besten gibt, nur von einer Aussprache *tsà* (S. 232) in Ladâkh zu melden, während JÄSCHKE (*Dict.* 437 a) in West-Tibet *sa* vernommen hat und für Central-Tibet *tsa* festsetzt.[2] Alle diese zuletzt genannten Formen beweisen natürlich nichts gegen die durch den Baltidialect er-

---

[1] Vgl. über diesen Volksstamm SCHLAGINTWEIT, *Reisen in Indien und Hochasien*, III, 265; ROCKHILL, *Tibet in JRAS*, 1891, p. 6, no. 2; WADDELL, *Buddhism of Tibet*, p. 266.

[2] In den Monatsberichten der Berl. Akad. 1860, S. 269 drückt er sich nur allgemein aus: ‚*Tsa* für *rtsva* glaube ich immer gehört zu haben.'

härtete Thatsache, dass das *v* in *rtswa* zu einer Zeit wirklich gesprochen worden sei; der Baltidialect hat in diesem Falle eben den alten Zustand der Sprache conservirt, die übrigen Dialecte sind sich selber treu und consequent geblieben, wenn sie auch hier das in ihnen waltende Princip des Lautverschliffs und -verfalls durchgeführt haben; derselben Erscheinung werden wir noch wiederholt begegnen und ihre Ursachen und Folgen erörtern. Auch die Sprachvergleichung gibt uns einen bedeutsamen Fingerzeig, denn *rtsva* entspricht dem chinesischen 草 *ts'aò*, worauf schon SCHIEFNER, *Mélanges asiatiques*, I, 340, aufmerksam gemacht hat. Legen wir nun der Aussprachebezeichnung von *rtsva* die dem Purig zugewiesene von *rtsoá* zugrunde, berücksichtigen wir ferner JÄSCHKE's Beobachtung (Vorrede zum *Dict.* XIII), dass ihm *rva* genau wie das französische *roi* klang, zugleich ein zweiter Beweis für die lebendige Wirksamkeit des *v* in der gegenwärtigen Umgangssprache, so ist aus diesen Angaben mit Nothwendigkeit zu schliessen: 1. das *va zur* ist in der That ein Zeichen, das Anspruch auf phonetische Geltung erheben darf; 2. seine lautliche Function kann keine andere sein als die eines halbvocalischen *o* oder *u*, die ich mit SIEVERS als *o̯* und *u̯* bezeichne; 3. dieser Halbvocal bildet mit dem folgenden *a*-Vocal einen Diphthong (vgl. chin. *ts'aò*), und zwar einen sogenannten weiten oder steigenden Diphthong. Im weiteren Verlauf der Untersuchung werden wir erkennen, dass derselbe die Grundlage aller Erscheinungen darstellt, die sich mit dem untergeschriebenen *v* verknüpfen. Als ein im Volke gegenwärtig noch lebendes Sprachelement haben wir also *rtso̯͡á* oder *rtsu̯͡á* gewonnen, und dadurch, dass wir auf dieser festen Angriffsbasis fussen, einen sicheren Anhaltspunkt zur Bewerthung und Beurtheilung des übrigen Materials von Wörtern, die durch dasselbe graphische Zeichen — denn von der graphischen Natur desselben mussten wir nothgedrungen zunächst ausgehen — äusserlich charakterisirt werden.

(Fortsetzung folgt.)

# WIENER ZEITSCHRIFT

FÜR DIE

# KUNDE DES MORGENLANDES.

HERAUSGEGEBEN UND REDIGIRT

VON

J. KARABACEK, D. H. MÜLLER, L. REINISCH, L. v. SCHROEDER,

LEITERN DES ORIENTALISCHEN INSTITUTES DER UNIVERSITÄT.

XIII. BAND.

WIEN, 1899.

ALFRED HÖLDER

K. U. K. HOF- UND UNIVERSITÄTS-BUCHHÄNDLER.

PARIS
ERNEST LEROUX.

OXFORD
JAMES PARKER & Co.

LONDON
LUZAC & Co.

TURIN
HERMANN LOESCHER.

NEW-YORK
LEMCKE & BUECHNER
(FORMERLY B. WESTERMANN & CO.)

BOMBAY
EDUCATION SOCIETY'S PRESS.

# Ueber das *va zur.*

**Ein Beitrag zur Phonetik der tibetischen Sprache.**

Von

**Berthold Laufer.**

(Fortsetzung von Bd. XII, S. 307.)

5. SCHIEFNER ist der erste gewesen, welcher einem Zweifel an der Richtigkeit der alten Theorie berechtigten Ausdruck verliehen hat. Seines Verdienstes, das darin besteht, dass er die Doppelformen *grva — gru, rva — ru* ins Treffen geführt hat, habe ich bereits oben § 2 in der Geschichte der Urtheile über das *va zur* gedacht. Allein SCHIEFNER hat seine Entdeckung nur flüchtig angedeutet, aber nicht ausgenutzt, um eine Entscheidung der Streitfrage herbeizuführen. Als Kampfgenossen vermag ich noch zwei analoge Bildungen auf den Plan zu stellen: *śva(-ba)* ‚Hirsch' mit der Nebenform *śu* und auf Grund des neuen Werkes von DESGODINS, *Dictionnaire tibétain-latin-français,* Hongkong 1897,[1] S. 476 *dva(-ba)* oder *dva(-ma)* ‚Tabak' neben *du(-ba)* S. 482 ‚Rauch, Tabak'. Schliesslich darf man auch *śva* ‚Hochwasser, Flut'[2] mit *c'u* ‚Wasser' zusammenstellen, da innerhalb des Tibetischen die Palatale häufig in den entsprechenden Zischlaut übergehen: so *ñi śu* aus *ñi(s) (b)cu* ‚zwanzig', *k'yo śug* aus *k'yo c'uñ* s. FOUCAUX, *Grammaire de la langue tibétaine,* p. 41, weitere Beispiele bei SCHIEFNER, *Mélanges asiatiques,* I, 366. Zudem

---

[1] Mir liegen bis jetzt 69 Bogen desselben vor.

[2] Zur Bedeutung ist zu vergleichen SCHIEFNER, Ergänzungen und Berichtigungen zu SCHMID's ‚Ausgabe des Dsanglun', S. 36. Zu *śva-ba* ‚Hirsch' siehe auch KOWALEWSKI, *Dictionnaire mongol-russe-français* III, 2229.

halte ich dafür, dass tib. *c'u* mit chin. 水 *šui* übereinstimmt, was auch *švui* gesprochen und transcribirt wird; danach kann wohl an der ursprünglichen Identität von tib. *šva* und *c'u* kein Zweifel mehr bestehen. Die Thatsache, dass der französische Missionär die Parallelwörter *dva* — *du* gefunden hat, während JÄSCHKE von der Existenz eines *dva* nichts erfahren, mag vielleicht zu der Ueberzeugung leiten, dass es noch mehr solcher Gleichungen gibt als uns bekannt sind, oder doch wenigstens, dass sie früher in grösserer Zahl existirt haben müssen und aus Gründen, die ich noch näher darlegen werde, allmählich ausgestorben sind. So lässt sich, wenn auch nicht in der Sprache selbst, so doch in einer ihr eng verwandten in manchen Fällen ein Parallelwort constatiren, das zu dem entsprechenden tibetischen in demselben Verhältnisse steht wie *grva* zu *gru*. So theilte mir z. B. Herr Prof. Dr. CONRADY in Leipzig auf Grund einer Liedersammlung ROSTHORN's ein Mantsïwort *ts'o* ‚Salz' mit, das eine Entsprechung zu dem bereits mehrfach citirten tibetischen Worte *ts'va* bildet; und damit wird auch die Beobachtung, welche JÄSCHKE in *A short practical grammar of the Tibetan language*, Kyelang 1865, S. 4 gemacht hat, und die leider in der zweiten von WENZEL besorgten, jetzt ausschliesslich citirten Ausgabe dieses Werkes unterdrückt ist, dass nämlich Einige *ts'va* wie *thsaw* (nach englischer Weise) zu lesen pflegen, wieder in ihre vollen Rechte eingesetzt; das Analogon zu den übrigen Doppelgängern liegt auf der Hand. Indem wir nun das *va zur* als *u̯* auffassen und *ru̯a, gru̯a, šu̯a-ba, šu̯a, du̯a* transcribiren, wird uns der phonetische Zusammenhang dieser Reihe mit der correspondirenden Kette *ru, 'gru, šu, c'u, du* in anderem Lichte erscheinen und klarer ins Bewusstsein treten als SCHIEFNER. Aber die merkwürdige Natur dieser Zwillingsgeschwister ist damit noch nicht erforscht; das Räthsel, das sie aufgeben, bleibt dadurch ebenso ungelöst als zuvor, und das liegt daran, dass wir über den Ursprung und die Entwicklung des *u̯* noch nicht aufgeklärt sind. Welchen Weg soll man aber zur Erklärung eines Lautes einschlagen, dessen Vorhandensein in der Sprache überhaupt nachzuweisen sich niemand vorher die Mühe genommen hat? Doch wir haben ja im § 1 erkannt, dass zwischen der graphischen Darstellung dieses Lautes und der der Consonanten *b* und *w* ein historisch entwickelter Zusammenhang besteht, dass *v* als Buchstabe mit dem tibetischen *b* identisch, und dass $w = b + b$ ist. Diese enge graphische Verwandtschaft kann aber ihre Wurzel nur in phonetischen Ursachen haben. Um diese zu ergründen und daraus möglicher Weise eine Erkenntnissquelle für das *u̯* zu schöpfen, wollen wir nun einen Blick auf die Lautverhältnisse des *w* und *b* werfen.

6. In dem bereits (§ 1) citirten Appendix zu der tibetisch geschriebenen Grammatik *Situi sum rtags* lesen wir in dessen erstem Theil, der den historischen Annalen des *rGyal rabs gsal bai me loñ* entlehnt ist, wie der Autor, *Lama Šes rab rgya mts'o* (*Prajñâsâgara*), selbst auf p. 4, Zeile 8, angibt, den verwunderlich klingenden Vers (p. 2, Zeile 21):

*med kyañ ruñ bai yig ₒbru gcig* | *wa*

d. h., ‚*w* ist ein Buchstabe, von dem es gut wäre, auch wenn er nicht existirte‘. Kurz gesagt: *w* ist ein entbehrlicher Buchstabe; siehe auch Jäschke, *Dict.* 418 a v. *med-pa*, der dasselbe Citat direct aus dem *rGyal rabs* anführt. Dieser Vers ist die erste Bemerkung, welche der Verfasser nach der Aufzählung der einzelnen Buchstaben des von *T'on mi sambhoṭa* gebildeten Alphabets[1] über die Lautbestandtheile desselben macht. Das Missbehagen, das er mit so rücksichtsloser Offenheit an der Existenz des überflüssigen *w* kundgibt, wird leicht begreiflich, wenn man sich das kleine Häuflein Wörter vor Augen führt, die damit geschrieben werden; es sind nur ein Adjectiv *wa(l)-le* ‚klar, deutlich‘, das die classische Litteratur gar nicht kennt, indem sie dafür *gsal-ba* gebraucht, ein Wort *wa* mit verschiedenen Bedeutungen, und eine Silbe *wañ*, die kein selbstständiges Dasein führt, sondern nur im zweiten Theile von Composita erscheint. Fernerhin wird *w* zu den selbständigen Lauten gerechnet, die weder präfigirt noch suffigirt werden können. Die einheimische Grammatik gibt den folgenden Ausdruck (p. 2, Zeile 2 v. u.):

[1] Es handelt sich um die *yi gei gtso bo ñi šu* ‚die zwanzig Hauptbuchstaben‘.

*ₒp'ul daṅ mt'a rten mi byed ciṅ*
*ma bu gñis ka mi byed pai*
*raṅ sa ₒdzin pai yi ge bcu*
*k'a c'a t'a pa ts'a wa ža ya ša ₒa*

d. h.: Die zehn Buchstaben, welche weder Präfixe noch Schlussbuchstaben darstellen, die keines von beiden, weder Mutter noch Sohn sind (d. i. die nicht übergeschrieben noch untergeschrieben werden), die nur ihren eigenen Platz behaupten, sind *k'* u. s. w. Der Lama *Prajñâsâgara* behandelt dann die acht Kategorien *sgra, skad, miṅ, mts'an-ma, brda, t'a sñad, ts'ig, don* und geht p. 9 zu den *yige ₒbyuṅ bai gnas brgyad ni* über, ‚den acht Articulationsstellen der Buchstaben'.[1] Als Quelle für diesen Passus nennt er den *rje btsun Grags pa rgyal mts'an*, also *Kîrtidhvajabhaṭṭâraka*, der im *bsTan ₒgyur* als aus *Yar luṅs* entstammt und Uebersetzer des *Amarakoṣa* und mehrerer anderer Werke erwähnt wird.[2] Hier heisst es:

*pa p'a ba ma wa daṅ lna*
*mc'u las rab tu byuṅ bao*

d. h. *p, p', b, m* und *w*, diese fünf gehen aus den Lippen hervor. Ebenso heisst es p. 55 im Commentar zur Grammatik nach dem *Candra-pai yigei mdo : pa p'a ba ma wa u o rnams kyi skye gnas mc'u*, d. h. der Erzeugungsort von *p* u. s. w. sind die Lippen. Weiterhin rechnet der Commentar *w* zu den Lauten, die *sgra ldan*, d. i. stimmhaft sind. *W* ist also nach den Anschauungen der Tibeter, soweit dieselben in diesem Punkte zu kennen uns bis jetzt möglich ist, ein nur als Anlaut auftretender, stimmhafter Labial. Mit dieser Erklärung ist aber noch keine Abgrenzung von *b* gegeben, wenn man nicht annehmen will, dass auf Grund jenes Urtheilsspruches, welcher dem *w* die Existenzberechtigung abspricht, die beiden Laute für identisch zu erachten seien, worin der Umstand, dass *v* der

---

[1] Den Begriff ‚Laut' in unserem Sinne kennt die tibetische Sprachwissenschaft nicht; *dbyaṅs* ‚Ton, Laut', in Anlehnung an Sanskrit *svara* (Zamatog, f. 57), beschränkt sich auf die Bezeichnung der Vocale.

[2] G. HUTH, ‚Verzeichnis der im tib. Tanjur, Abt. mDo (Sûtra), Bd. 117—124, enthaltenen Werke. *Sitzungsberichte* d. Berl. Akad. 1895, pp. 268, 271, 272, 275.

Sanskritwörter im Tibetischen bald durch *w*, bald durch *b* transscribirt wird, wie z. B. *Wâraṇasi* oder *Bâraṇasi*, nur bestärken könnte. Die europäischen Grammatiker stimmen im allgemeinen dahin überein, dass das tibetische *w* einen Laut gleich dem englischen *w* wiedergebe. Diese Ansicht vertritt schon unser ältester Lexicograph SCHRÖTER in der seinem *Dictionary of the Bhotanta or Boutan language* vorausgeschickten Grammatik, p. 10. So JÄSCHKE, *Ueber die Phonetik der tib. Sprache*, S. 157, *Dictionary* XIII u. 470 a. ROCKHILL, *The land of the lamas*, S. 368, erklärt *w* in der Aussprache von Lhasa, Bat'ang und Tsarong mit *wa*, also auch englisch *w*, was auch RAMSAY meint, wenn er z. B. *Western Tibet*, S. 48 *wátsey* ‚Fuchs' umschreibt. Dazu würde denn vortrefflich passen, dass JÄSCHKE, ‚Ueber die östliche Aussprache des Tibetischen' (*Monatsberichte* d. Berl. Akad. 1865, S. 443) *w* unter die Consonanten rechnet, deren Aussprache in allen Provinzen gleich zu sein scheint. Leider ist dieser friedliche Einklang kein ungetrübter; denn durch andere Mittheilungen verwickelt sich JÄSCHKE in die seltsamsten Widersprüche. Im *Handwörterbuch der tibetischen Sprache*, Gnadau 1871 bemerkt er S. 481 unter *w*: Aussprache wie das deutsche und sehr häufig auch wie das englische *w*, und in seiner Abhandlung ‚Ueber das tibetische Lautsystem' (*Monatsberichte* d. Berl. Akad. 1861, S. 269) erzählt er, ein Lama habe zwischen *w* und *b* mit Präfix *d* (also die Verbindung *db*) den Unterschied gemacht, dass er ersteres gleich dem deutschen, letzteres gleich dem englischen *w* aussprach, und fügt hinzu, das letztere habe er auch sonst oft gehört; während er, wie wir soeben sahen, die Aussprache des *w* für überall die gleiche erklärt (d. h. = engl. *w*), meint er in seiner drei Jahre später erschienenen Arbeit *Ueber die Phonetik der tibetischen Sprache*, S. 157, die Aussprache des *w* in West-Tibet gleich engl. *w* sei vielleicht nur provinciell. Und während nach einer von ihm wiederholt ausgesprochenen Ansicht *w* identisch ist mit dem aus *b* entstandenem *w* in den Affixen *ba* und *bo* (so *Phonetik* 157, *Dict.* XIII), heisst es in seiner *Tibetan grammar* § 1 (p. 2) ausdrücklich: *w* is differentiated from *b*, which itself often is pronounced *v*; worin der Unterschied

7*

besteht, gibt er leider nicht an. Die hier herrschende Unklarheit mag ihren letzten Grund in der Unklarheit der Tibeter über diese Laute selbst, in thatsächlich vorkommenden Verwechslungen beider haben. Aber *w* stellt überdies unmöglicher Weise nur einen einzigen Laut dar; denn in der schon citirten Abhandlung ‚Ueber die östliche Aussprache des Tibetischen' erörtert JÄSCHKE S. 445/6 den Lautwerth des ${}_{\circ}a$ dahin, dass es einen Semivocal ähnlich dem (tib.) *w* oder dem englischen *w* darstelle, indem ${}_{\circ}$*o-ma* fast wie *uo-ma*, ${}_{\circ}$*ug-pa* wie *uug-pa* laute; dieser halbvocalische Vorschlag entspringt dem Bestreben, den reinen Vocal ohne den stimmlosen Kehlkopfexplosivlaut zu sprechen (s. bes. *Dict.* XIV). Unter engl. *w* im obigen Falle versteht er wohl offenbar das stimmlose u̥ in engl. *wh.*[1] *Tibetan Grammar* § 3, 2 finden sich die Transscriptionen *wo-ma* und *wug-pa*, denen die in der ‚Phonetik table for comparing the different dialects' (*Dict.* XVI) gegebene vorzuziehen ist, indem er ${}_{\circ}$*od* hier durch o͡${}_{\circ}$ọ̈' und ${}_{\circ}$*ol-mo* durch o͡${}_{\circ}$*ó-mo* darstellt. Mit dieser Ausführung stimmt ROERO überein, der mit einem feinen Ohre für phonetische Beobachtungen begabt war; er gibt *l. c.* 218 als Aussprache des *w uà* an und bemerkt dazu: La lettera *u* si pronunzia col suono della stessa lettera nelle lingue Italiana e Latina: *uno, uva, ubi* ecc., und p. 254 umschreibt er *wa-tse* ‚Fuchs' mit *oassè* (*ts* wird oft zu *s*: JÄSCHKE, ‚Ueber das tibetische Lautsystem' (*Monatsberichte* d. Berl. Akad. 1861, S. 262), und es scheint fast, als hätten auch die Missionäre des vorigen Jahrhunderts bereits eine Ahnung davon verspürt, wenn GEORGI S. 105 sich die Aussprache des *w* als *vua* vorstellt. Ich glaube daher vorläufig, bis genauere Beobachtungen die Stelle der bisherigen ersetzen werden, Folgendes schliessen zu dürfen: 1. Das tibetische *w* ist ursprünglich, wie vor allem die Darstellung der einheimischen Grammatik erweist, eine bilabiale tönende Spirans, von der wohl anzunehmen ist, dass der Spalt zwischen beiden Lippen etwas weiter ist als in mittel- und süddeutschem *w*, dass sich überhaupt die

---

[1] SIEVERS, *Grundzüge der Phonetik*[4], § 305. Vgl. auch BRÜCKE, *Grundzüge der Physiologie etc.*, S. 92. In den vorher gegebenen Citaten aus JÄSCHKE dagegen versteht dieser unter engl. *w* das *w* in *waft*, wie er *Dict.* VIII angibt.

Lippenarticulation in höherem Grade einem *u*-Vocal zu nähern im Begriffe ist; RADLOFF spricht mit Recht in diesem Falle von einem Vocalconsonanten. Ich bezeichne den Laut mit SIEVERS durch *w*. 2. Dank dieser weiten Bildung und einer fortschreitenden Reduction des Reibungsgeräusches entsteht ein dem japanischen *v*[1] sehr nahe kommender Laut, der vielleicht dann zu einem stimmlosen *u̥* herabsinken mag; ich transscribire diesen Laut durch *v̥*. Unzweifelhaft muss hier das Ergebniss einer historischen Entwicklung vorliegen, wenn auch beide Laute in den heutigen Dialecten noch vorkommen oder gar in einzelnen socialen Gruppen nebeneinander fortbestehen. Aehnliche Fälle scheinen in tungusischen Dialecten vorhanden zu sein: so finden wir im Goldischen *vatta* neben *uáta* und *uwáta* (Welle), *úisi* (hinauf, empor) entsprechend Manju *wesi* und Žučen *wôh-šïh.*[2] Wenn das tibetische *wa* ,Fuchs' sowohl *wa* als *v̥a* gesprochen wird, so wird dieser Wechsel um so begreiflicher, als dies Wort nach JÄSCHKE den Ton des Bellens wiedergibt, also eine onomatopoetische Bildung ist; das geht auch daraus hervor, dass *wa* nicht nur ,Fuchs' bedeutet, sondern verschiedene andere Arten von Thieren, was schon *Zamatog* fol. 13 mit dem Vers *wa ni dud ₒgroi bye brag ste* ausdrückt, so z. B. den Schakal, wie *Lalitavistara* 72, 11; 88, 7, *Vyutpatti*[3] und RAMSAY S. 75 für die Volkssprache beweisen; ja, das auffälligste ist, was bisher noch nicht beobachtet, dass in der *Vyutpatti* fol. 265 b, 2 *wa* auch unter den Vogelnamen auftritt und mit *kâka, vâyasa* ,Krähe' übersetzt wird. Dieser Umstand erinnert uns an das Wort *ko-wag*,

---

[1] LANGE, *Lehrbuch der japanischen Umgangssprache*, Berlin 1890, S. XXI, meint, der Laut werde am besten gesprochen, wenn man dem Vocal, der auf *w* folgt, ein kurzes *u* vorschlage. Also ganz nach GEORGI! Ueber das jap. *v* SIEVERS, § 472.

[2] GRUBE, ,Goldisch-deutsches Wörterverzeichniss' in SCHRENCK's *Amurreise*, Anhang zu III, 2. Lief., p. 21, 22, 115.

[3] Fol. 265 a, 4 (nach dem *bsTan-ₒgyur* des Asiat. Mus. Pet., Abt. *sûtra*, vol. 123). Es werden hier für *wa* als Sanskritaequivalente angegeben *lomâçin, kroṣṭuka, sṛgâla*. So wird wohl auch bei *ₒJigs-med-nam-mk'a* 29, 8 *rul-bai ro-la wa bžin no* zutreffender mit ,der Schakal' als ,der Fuchs beim faulenden Aase' übersetzt werden, zumal da sich diese Stelle auf eine indische Fabel bezieht, welche überhaupt bekanntlich keinen Fuchs kennt, sondern diesen stets durch den Schakal ersetzt, s. A. WEBER, *Vorlesungen über indische Litteraturgeschichte*, 2. A., S. 228.

das zur Bezeichnung des Krähen- oder Rabengeschreis dient, und in welchem bedeūtsamen Zusammenhang diese Ausdrücke zu dem gewöhnlichen Worte für Rabe *k'va* stehen, werden wir noch fernerhin sehen. Der Charakter des *wa* als eines Naturlautes tritt ausserdem in zwei anderen Redensarten zutage: *wa-lóg-pa* ‚Purzelbäume schlagen' und *wa*, das in Westtibet als Interjection im Sinne unseres ‚he, heda, gebraucht wird, um die Aufmerksamkeit einer in gewisser Entfernung befindlichen Person zu erregen (RAMSAY S. 61).

Die Lautverhältnisse des *b* gestalten sich einfacher für die Erörterung, wenngleich auch sie nicht völlig geklärt sind. Tibetisches *b* geht wie das so zahlreicher anderer Sprachen in eine Spirans über, die als labiodental aufzufassen ist, also *v* (SIEVERS). In manchen Fällen ist jedoch die Annahme einer bilabialen Spirans unabweisbar, also eines mit tibetischem *w* identischen Lautes, und es lässt sich nicht leugnen, dass hier die Schrift einen gewissen Grad von Confusion geschaffen hat, es sei denn, dass dieses in der Schrift durch *b* dargestellte *w* sich wirklich aus jenem entwickelt hätte. GEORGI S. 62 gibt die Regel: *b* sive initialis, sive media, sive finalis promiscue pronunciatur per *ba* et *va*. Dieselbe trifft freilich in dieser Allgemeinheit nicht zu; ich führe die einzelnen Fälle auf:

1. *b* • im Anlaut wird spirantisch im Dialect von K'ams. *ba—va, bal—val, bod—vod, bu—vọ;* letzteres Wort lautet auch in der Sprache der Kukunôrtibeter *vu*, s. ROCKHILL, ‚Notes on the language of eastern Tibet' in seinem Buche *The land of the lamas* S. 362.

2. *b* mit Präfix *d* versehen erfährt in den einzelnen Dialecten verschiedene Behandlung. Ich versuche, eine Art historischer Entwicklung zu constatiren:

*a*) Kukunôr: *dbus—dvu* (ROCKHILL, *l. c.* 362)

*b*) K'ams: *dbañ—γveñ, dbul—γvọl, dben—γven,*

*c*) K'ams: *dbu—vọ, dbugs—vug, dbyar—vyer.* Kukunôr: *dbul—vul, dben—ven.* West-Tibet: *dba kloñ—valoñ* (ROERO *l. c.* S. 243). GEORGI (S. 62) *dbañ—vangh, dbu—vu.*

*d*) Central- und West-Tibet: *dbañ—u̯añ.*

*e*) gTsañ und dBus (Centr.-Tibet) *dbañ—añ* (vulg.) Central- und West-Tibet: *dbu—u, dbugs—ug, dbul—ul, dben—en.*

Man wird aus dieser Zusammenstellung wohl den Eindruck gewinnen, dass der früher so oft gebrauchte Ausdruck, als wenn sich *d* und *b* gegenseitig verschlingen oder nach JÄSCHKE in einen spiritus lenis absterben würden, durchaus falsch ist.

3. *b* als Präfix wird spirantisch in Kʻams: *bka—vka, brgyad—vrgyad, bcu—vcu (ƀcu), brjed—vrjed, bdun—vdun, brtse—vrtse, bži—vže;* am Kukunôr *brla—vla* (ROCKHILL S. 364).

4. *b* als Schlussconsonant wird in Spiti nach JÄSCHKE, *Dict.* 362 a, zu *w* erweicht. Dieser Laut hat aber bereits vocalischen Charakter angenommen und bildet mit dem vorhergehenden Vocal einen Diphthong. Das zeigt die phonetische Tabelle, *Dict.* XVII. Ich füge die Mittelglieder ein:

| | | | | |
|---|---|---|---|---|
| *tʻab* | *tʻav* | *tʻav̥* | *tʻa͡u̯* | |
| *cʻib* | *cʻiv* | *cʻiv̥* | *cʻi͡u̯* | |
| *šub* | *šuv* | *šuv̥* | *šu̯* | *šû* |
| *pʻeb* | *pʻev* | *pʻev̥* | *pē͡u̯* | |
| *˳ob* | *˳ov* | *˳ov̥* | *˳ō͡u̯* | |

Denn die Bildungen *tʻa͡u̯* u. s. w. sind nur unter der Annahme eines *tʻav, tʻav̥* zu verstehen. Die Entwicklung, welche wir hier beobachten können, ist von grosser Bedeutung für die Frage nach der Entstehung der Doppelformen *grva—gru.* Ich will keineswegs behaupten, dass der im Vorhergehenden mit *v* wiedergegebene Laut wirklich labiodental sei; im Gegentheil, er mag vielleicht in manchen Dialecten bilabial sein; das jedoch im einzelnen genau festzustellen, ist wegen der schwankenden Transscriptionen in der Litteratur mit grossen Schwierigkeiten verknüpft. JÄSCHKE umschreibt zwar *vka* u. s. w., dagegen *wal, wod, wug, wen* etc. Ebenso gebrauchen ROCKHILL, RAMSAY und ROERO *v* und *w* promiscue, ohne dass es möglich wäre, ein bestimmt waltendes Princip in dieser Anwendung zu erkennen oder den Unterschied der beiden Laute herauszulesen. Nur in einem noch nicht erwähnten Falle glaube ich mich endgültig für bilabiales *w* entscheiden zu müssen, weniger deshalb, weil hier JÄSCHKE durchgehends *w* schreibt und dieses *w* dem englischen *w* und tibetischen *w* gleichsetzt, als weil die Grammatik der Tibeter selbst diesen Fingerzeig gibt. Es handelt sich um die bekannte, in allen von Europäern verfassten Grammatiken enthaltene Regel, dass die Affixe *ba* und *bo* nach Vocalen und den Consonanten *ñ*, *r*, *l* immer und überall *wa* und *wo* gesprochen werden. ‚Nothwendig wäre die Figur ‘*w/b*, bemerkt JÄSCHKE (Ueber die östliche Aussprache des Tib. S. 453), ‚da die Aussprache *gaba* (*dga-ba*) nirgends zu finden ist und geradezu unverständlich sein würde.‘ Diese Erscheinung beruht auf euphonischen Ursachen, und die tibetische Grammatik behandelt sie daher in der Lehre von den Sandhigesetzen. Ich citire die Regel nach dem Zamatog, einer Schrift grammatischen, orthographischen und lexikalischen Inhalts, deren voller Titel lautet: *Bod kyi brdai bstan bcos legs par bšad pa rin po c‘ei za ma tog bkod pa žes bya ba bžugs so.*[1] Es heisst hier fol. 101:

*ña ₒa ra la ₒdogs can dañ*
*rkyañ pai rjes su ba p‘yed war*
*ₒbod pa rnams la ba sbyar žiñ*
*gžan la pa ñid sbyar te dper.*

‚*Ba p‘yed* (d. i. wörtlich: getheiltes, halbes *b*) steht nach *ñ*, *ₒa*, *r*, *l*, Vocalen und einfachen Buchstaben (das sind solche Consonanten, die mit keinem Vocal geschrieben werden, denen aber nach indischer Art der Vocale *a* inhärirt); doch nur den Wörtern, in denen thatsächlich ein *wa* gesprochen wird, fügt man *ba* an, den übrigen wird *pa* angehängt.‘ Es wird also hier dieses *ba* mit dem oben besprochenen tibetischen *wa* identificirt, *ba* als dessen Vertreter hingestellt. Merkwürdig ist die Bezeichnung dieses *ba* als *ba p‘yed*, was JÄSCHKE (*Dict.* 398 b v. *ₒbyed-pa*) mit ‚offenes *b*‘ übersetzt, und worunter er jedes spirantisch gewordene *b* zu verstehen scheint. Dieser Annahme widersprechen aber die tibetischen Verse, welche diesen Namen nur auf das Affix *ba* anwenden, und zwar ausdrücklich unter der Voraussetzung, dass kein Verschlusslaut, sondern eine bilabiale Spirante

[1] S. SCHMIDT und BÖHTLINGK, *Verzeichniss der tibetischen Handschriften und Holzdrucke im As. Mus.* S. 62, Nr. 31.

zustande kommt. Ueber die Bedeutung von *ba-p'yed* will ich meine Ansicht nicht eher äussern, als bis ich Erklärungen in der tibetischen Litteratur selbst gefunden habe.

Dialectisch findet sich *wa* auch nach Gutturalen; so bei den Stämmen am Kukunôr *dak-wa, lek-wa, t'e-wa* aus *t'ek-wa* (Rockhill, *l. c.* S. 362), *jok-wa* (S. 366), denen in der Schriftsprache *dag-pa, leg(s)-pa, t'eg-pa, ̥jog-pa* entsprechen; doch hat man sich *wa* aus *ba*, nicht aus *pa* entwickelt zu denken, da überhaupt die Volkssprache die gelehrten Wohllautsgesetze der lamaistischen Sprachwissenschaft nicht beachtet. Vereinzelt steht da eine von Robbo aufgezeichnete Form *kyab-wa* (nuotare), worunter ich mir nur das schrifttibetische *k'yab-ba* vorstellen kann. Das Affix *wa* durchläuft nun noch weitere Stadien der Entwicklung, welche mit den bei *w* und *b* gefundenen völlig übereinstimmen. Rockhill notirt für den Kukunôr *zak-hua* (= *zag-pa*) und *drak-hua* (= *skrag-pa*), und ich zweifle nicht, dass dieser Laut mit unserem *v̥* zu identificiren ist; im Anschluss daran sind aus demselben Dialect folgende Bildungen zu erwähnen: *a) dpal — v̥al* (oder *u̯al*), *dpa — v̥a, dpe — v̥é, dpag — v̥ak, dpon — v̥on*; *b) byams-pa — cu̯am-pa* oder *su̯am-pa* (wahrscheinlich aus *šu̯am-pa*); *c) bka — ku̯a, bkag — ku̯ak, mk'a — k'u̯a, mk'as — k'u̯a, mk'an-po — ku̯an-bo, mk'a ̥gro — k'u̯a-dru, bkra šis — cu̯a ši*. Die Reihe unter *c* des näheren hier zu erörtern liegt ausserhalb des Rahmens dieser Untersuchung; es mag nur so viel bemerkt werden, dass die Entstehung des *u̯* unter dem Einfluss der labialen Präfixe erfolgt sein muss, und dass wir in diesen Fällen einen weiteren Beweis für die Existenz eines *u̯a*-Diphthongs im Tibetischen haben; *c'u̯a* = *c'os* halte ich für eine Analogiebildung nach *cu̯am-pa*. Aus dem Dialect von K'ams sind hier *spyod-pa — šwod-pa, sbal-ba — zu̯al-wa, sbyar — ba — zu̯ar — wa* zu citiren (vgl. auch Conrady, *l. c.* S. 40). Als Mittelstufen der Entwicklung von *dpal* zu *v̥al* sind *bal* und *val* anzusehen, was aus den vorstehenden Ergebnissen hervorgeht; als Beleg hiefür mag ferner ein türkisches Lehnwort *tupak* ‚Flinte' dienen, das nach Robbo S. 234 in West-Tibet *tovak* lautet, während Ramsay S. 45 und 55 das missing link *tubak* bringt. Wie das lateinische *rivus* im Italienischen zu *rio* wird, so schwindet auch im Tibetischen *w* (bezw. *v, v̥*) häufig zwischen Vocalen. Es sind zwei Fälle zu beachten:

1. Das *w* der Suffixe *wa* und *wo* geht verloren, wenn dem *wa* ein *o*-Vocal und dem *o* ein *a*-Vocal unmittelbar vorausgeht. Die bisher gemachten Beobachtungen beschränken sich auf Ladâkh und hauptsächlich die Wörterverzeichnisse von ROERO (R.) und RAMSAY (Ra.). Da die bisherigen Grammatiken von dieser Erscheinung noch keine Notiz genommen und meines Wissens auf dieselbe überhaupt noch nicht hingewiesen worden, so lasse ich einige Beispiele folgen. *žáo* aus *ža-bo* ‚lahm‘ (Ra. 85), *ṭ'áo* oder *t'ráo* aus *k'ra-bo* ‚bunt‘ (Ra. 121), *dzáo* (Ra. 48) und *zao* (R. 224) aus *zla-bo* ‚Freund‘, *šeo* oder *šreo* aus *skya-bo* ‚grau‘ (Ra. 54), *táo* oder *tráo* aus *dgra-bo* ‚Feind‘ (Ra. 46). Mit *wa*: *rdoa* aus *rdo-ba* ‚Stein‘ (R. 244, Ra. 152 *rdóa* und *rdówa*), *yua* aus *yu-ba* ‚Griff‘ (Ra. 57), *žua* aus *žu-ba* ‚Bitte‘ (Ra. 135), *p'oa* aus *p'o-ba* ‚Magen‘ (Ra. 152), *vóa* aus *lbu-ba, dbu-ba* ‚Schaum‘ (Ra. 46), *cí-a* oder *ce-a* aus *lci-ba* ‚Dünger‘ (Lahûl, *Dict.* 149 a), *pao* ‚Schwein‘ (R. 241) in der Schriftsprache *p'ag-po* aus *p'a'-bo*. Besonders hebe ich hervor *soa* ‚Gerste‘ aus *so-ba* (R. 243), weil Ra. 9 ausser *sóa* auch *swa* als Aussprache angibt; dieses *swa* entspricht genau den Wörtern mit *va zur* und gibt ein schönes Bild von der Entstehung desselben. Wenn nun dieses *sva* allmählich so weit um sich greift, dass es alle socialen Schichten und Gruppen erfasst, sodass man schliesslich seine Herkunft vergisst und ein einsilbiges *sva* mit *va zur* schreibt, so bin ich sicher, dass es dann Leute gäbe, die behaupteten, das *v* habe hier nur den Zweck, das Wort *sva* von dem Homonym *sa* ‚Erde‘ graphisch zu unterscheiden. Ich glaube indes, dass dieser Schlag für das weitere Bestehen jener Theorie vernichtend genug sein dürfte. Ein persisches Lehnwort *taba* wird in West-Tibet gewöhnlich *tao* gesprochen (JÄSCHKE, *Dict.* 202 b), wobei die Differenzirung der beiden Vocale von Interesse ist. Als einziger Fall undifferenzirter Vocale ist mir *goho*, wie R. 252 selbst umschreibt, aus *mgo-bo* ‚Kopf‘ aufgefallen, wo Ra. 58 nur *go* hat. An die vorher erwähnten Kategorien lassen sich ferner anreihen: *p'a-boṅ* ‚Felsblock‘ wird in Balti und bei Padmasambhava zu *p'aoṅ*; statt *na-bun*

findet sich in einer alten Ausgabe des Milaraspa *naun*; neben *glo-bur* *la-₀ur* (*Dict.* 541 a); *sa-bon* ‚Samen‘, das nach Ra. 52 und 149 *sáwan* oder *sáon* lautet, und *ri-boñ* ‚Hase‘, das zu *rioñ* wird (Ra. 58), R. 238 umschreibt *ry-houn* und *ry-bong*, dagegen würde *rña-boñ* ‚Kamel‘ nach Ra. 17 nur *ñábon* oder *šñáboñ* lauten. Man erkennt also, dass dieser Entwicklungsprocess erst ganz jungen Datums ist, zumal da die älteren Autoren seiner keine Erwähnung thun, sich also gleichsam unter unseren Augen zu vollziehen beginnt und erst allmählich, man möchte fast sagen, strichweise um sich gegriffen hat. Dass diese Wandlung ihre Ursache in einer ausserordentlich starken Geräuschreduction des *w* hat und auf gleichem Fusse steht mit den übrigen Geschicken dieses Lautes, brauche ich wohl kaum besonders hinzuzufügen.

2. Der zweite hier in Betracht kommende Fall gehört einer weit älteren Phase der Sprachgeschichte an; denn er wird in der ganzen Litteratur durch die Schrift fixirt und liegt in den ältesten uns bisher zugänglichen Werken als ein fertiges Factum vor. Ich meine das zu einem Deminutivsuffix herabgesunkene ursprüngliche Stoffwort *bu* (‚Sohn‘). SCHIEFNER hat dasselbe in seinen Tibetischen Studien, *Mél. as.* I. 357/8 in phonetischer Beziehung erörtert; doch wer von der Richtigkeit unserer bisher gewonnenen Ergebnisse überzeugt ist, wird schwerlich seinen Auffassungen beistimmen. *Mi-u* ist offenbar aus *mi-bu, mi-vu, mi-ṿu* entstanden. Wörter mit *a-* und *o*-Vocalen entwickeln sich unter dem Einfluss der Umlaute *ä* und *ö*, welche die Schrift unterschiedlos durch *e* bezeichnet, daher SCHIEFNER die Umlaute fälschlich für *e* hält, etwas anders: *bya* ‚Vogel‘ *bya-bu, bya-vu, byä-vu, byäv, byäṿ, byä*; ebenso *mts'o* ‚See‘ *mts'o-bu, mts'o-vu, mts'ö-vu, mts'öv, mts'öṿ, mts'ö, mts'e.*[1] Ueber *pau* aus *pag-bu* vergl. oben *wa* nach Gutturalen.

Mein kurzer Ueberblick über die *v*-Laute wäre nicht vollständig, gedächte ich nicht noch einer sehr seltsamen Gleichung: gemeintibetischem *m-ñon* entspricht im Dialect von Kukunôr ein *won*, und

[1] Man mag hier an das romagnolische *pi = pieve, si = sevo* erinnern, s. MEYER-LÜBKE, *Italienische Grammatik* § 276.

*m-ña* ein *m-y̯a* (s. ROCKHILL *l. c.* S 364). Dazu kann man das von ROERO S. 245 aufgezeichnete *kaompa* ‚Fuss' für *r-kañ-pa*, *kampa* (RAMSAY S. 46) stellen und wird nun wohl auch die von KLAPROTH in der *Asia polyglotta* gegebenen *swon-bho* und *swon-ma* für *sñon-po*, *sñon-ma* anders beurtheilen müssen als SCHIEFNER, *Mél. as.* I. 324. Als einzige Analogie hierzu vermag ich nur anzuführen, dass in den tungusischen Sprachen einem goldischen *u͡i* oder *ñu͡i* (pron. interrog.) das Manju mit *we* (gesprochen *wo*) entspricht (GRUBE, *l. c.* S. 21). Schliesslich ist zu bemerken, dass *y̯* auch aus *u* entstehen kann auf Grund von Contraction und Diphthongisirung; so hat ROERO S. 227 den Satz *ibu swin*? ‚wer ist dieser?' Dieses *swin* ist aus *su* (wer), und *yin* (ist) zusammengezogen, also wohl *sy̯in*.

Es erübrigt noch, zwei Fragen zu stellen, die sich auf die Schrift beziehen. Werden *b* und *w* bei ihrer engen Verwandtschaft, da sie sogar in manchen Fällen ein- und denselben Laut mit gleichem Entwicklungsgange repräsentiren, auch in der Schrift mit einander vertauscht? Aus welcher Veranlassung hat die Schrift das eigentlich überflüssige Zeichen für *w* geschaffen? Vertauschungen des *b* und *w* kommen trotz der Seltenheit des *w* thatsächlich vor. *Pi-wáñ* ‚Guitarre' wird auch *pi-báñ*[1] geschrieben und möglicher Weise noch so gesprochen, ebenso *bya-wañ* oder *p'a-wañ*,[2] ‚Fledermaus' auch *bya-bañ*. *Gi-wañ* wird nach JÄSCHKE in dem medicinischen Werke *Lhant'abs* als *gi-bám* dargestellt, eine Form, die DESGODINS, *Dict.* 148 b überhaupt als gleichberechtigt neben *gi-wañ* und *gih-wam* gelten lässt, während WADDELL, *The Buddhism of Tibet* S. 393 *gi'-vañ* und *gi-ham* schreibt, letzteres in Uebereinstimmung mit *Vyutpatti*, fol. 273 a, 4, die *ₒgi-hañ* = *gorocanâ* bietet; im *Padma t'añ yig* findet sich *geu* statt *giu*, s. GRÜNWEDEL, *Ein Kapitel des Tă-se-suñ* (Bastian-Festschrift) S. 20; zur Bedeutung des Wortes vergleiche ausser den

---

[1] *Vyutpatti* fol. 267 a, 2 und *Zamatog* fol. 11 schreiben *pi-wañ* oder *pi-wañ* (= *vîṇâ*). Vgl. über das Instrument ROCKHILL, *Notes on the ethnology of Tibet*, Washington 1895, S. 715, der auch *piwang* hat, ebenso wie ROERO p. 230.

[2] In den von mir so bezeichneten ‚Londoner Bonfragmenten' fand ich das Wort auch in der Gestalt *pa-wañ*.

Lexica WADDELL *l. c.* und SHIEFNER in *Mél. as.* VIII 625. In *pa-wa-sañs* oder *pa-sañs* ‚Planet Venus, Freitag' (JÄSCHKE, *Dict.* 321, 492), nach RAMSAY 48, 166 *pásang* (doch irrthümlich S. 48 von ihm für Planet Jupiter gehalten, der vielmehr *p'ur-bu* heisst), *pā-sang* nach WADDELL *l. c.* 455, ist es mir nicht deutlich, ob das *wa* mit dem vorhergehenden *pa* in Zusammenhang zu bringen ist; ich erinnere daran, dass *wa* auch der Name eines Mondhauses, *nak-ṣatra*, ist. Jenes *pa* ist aus *sba* entstanden, denn in einem Mahâyânasûtra mit dem Titel „*P'ags pa snañ brgyad*, das übrigens verschieden ist von dem gleichnamigen in *ZDMG.* XLV, 577—591, von WEBER-HUTH bearbeiteten Werke, finde ich auf fol. 6 a bei einer Aufzählung der grossen Planeten: *gza c'en po sba wa sañs.* Die Form mit *wa* hat auch *Zamatog* fol. 11. Ob aus diesen Fällen eine völlige Identität des *w* und *b* zu erschliessen ist, oder ob in dieser Erscheinung ein geschichtlicher Wandel oder gar nur eine leicht mögliche Verwechslung vorliegt, lässt sich jetzt schon wohl kaum entscheiden; dass sich aber *b* und *w* sehr nahe berühren und in vielen Fällen denselben Laut darstellen, liegt ausser allem Zweifel. Die Schrift hätte also vielleicht, wie ja die Tibeter selbst meinen, eines besonderen Zeichens für *w* füglich entbehren können. Einer blossen Laune verdankt dasselbe jedoch seinen Ursprung nicht, sondern dem Umstande, dass der Verfasser des tibetischen Alphabets das Doppel-*v* seiner indischen Vorlagen vorfand, auf welches das tibetische *w* sicherlich zurückzuführen ist, wie ich oben gezeigt habe; wäre ihm nicht daran gelegen gewesen, sich in Einklang mit seinem Vorbilde zu setzen, so hätte er aller Wahrscheinlichkeit nach auf die Bildung des *w* verzichtet, was er auch unbeschadet des phonetischen Verständnisses hätte thun können.

(Fortsetzung folgt.)

# Ueber das *va zur*.

## Ein Beitrag zur Phonetik der tibetischen Sprache.

Von

**Berthold Laufer.**

(Schluss.)

7. Kehren wir nunmehr zu unserem Ausgangspunkt zurück, den Doppelformen *ry̯a* — *ru*, *gry̯a* — *gru* u. s. w. Diese Parallelwörter können sich nur aus einem ursprünglich einheitlichen Muttergebilde differenzirt haben, müssen ein Wort zum Stammvater gehabt haben, das so beschaffen war, dass sich daraus der Entwicklungsprocess beider jetzt neben einander herlaufender Wörter erklären lässt. Diese Deutung ergibt sich unschwer an der Hand der vorhergehenden Untersuchung über die Entwicklung des *w* und ist, da sie sich an thatsächliche analoge Erscheinungen der Sprache anlehnt, wenigstens keine in die Luft gebaute Theorie. Jede von mir angenommene Phase der Entwicklung lässt sich durch die besprochenen Erscheinungen rechtfertigen und erhärten.

Prähistorisches Grundwort:

**ruwa* (oder *rowa*).

| **ruwá* | **rúwa* | |
|---|---|---|
| *rụwa* | *rúẉa* | *ruw* |
| *rwa* | *rúy̯a* | *ruẉ* |
| *rẉa* | *rúa* | *ruy̯* |
| *ry̯á* | *ru* | *ru* |

Die Ursachen der Entwicklung des ursprünglich zweisilbigen zu einem einsilbigen Wort sind in dem Einfluss eines starken exspiratorischen Accentes zu suchen, der namentlich in der ältesten Geschichte der Sprache eine bedeutsame Rolle gespielt hat, wie dies denn CONRADY (*l. c.*, bes. S. 53) für die Entstehung der Präfixe überzeugend nachgewiesen. Dass zwei Betonungen wie *ruwá* und *rúwa* möglich waren, zeigen die Accentverhältnisse der modernen Sprache, s. bes. JÄSCHKE in *Monatsber.* d. Berl. Akad. 1861, S. 270/1. Zu *rwa* aus *ruwá* vgl. Sanskrit *duvấ* und *dvấ*, gothisch *tvai*, zu *ru* aus *ruu̯* vgl. *paṭa iha* für *paṭav iha*. Bei der Entwicklung zu *ru* habe ich zwei Möglichkeiten offen gelassen, zwischen denen allerdings kein principieller Unterschied besteht; es handelt sich nur darum, ob das schliessende *a* in einer früheren oder späteren Periode verschluckt worden sei. Mit *ruw* — *ruu̯* vgl. *t'ab* — *t'au̯* etc. im Dialect von Spiti. Mit *ru̯á* ist jedoch noch nicht die letzte Stufe des lautlichen Verfalls erreicht, denn *ru̯á* hat sich in der modernen Sprache theilweise schon zu *râ* abgeschliffen, wie *grva* zu *grâ* und *šva-ba* zu *šâ-ba*, ebenso *ts'á* in Ladâkh und Central-Tibet, RAMSAY S. 140, SANDBERG S. 287, ROERO S. 249; weitere Beispiele werden wir noch kennen lernen. Gerade dieses Stadium, in welchem ein grosser Theil der Wörter mit *va zur* den Forschern entgegentrat, mochte den ersten Anstoss zu der Theorie geliefert haben, dass dieses *v* ein graphisches Anhängsel von lebloser Starrheit sei. Im Persischen, wo wir einem ähnlichen Lautprocess begegnen, könnte man, wenn der frühere Zustand der Sprache für diesen Fall nicht bekannt wäre, auf denselben Gedanken kommen: خوان ‚Tisch' und خان ‚Fürst' werden beide *ḫân*, خواستن ‚wollen' und خاستن ‚aufstehen' werden beide *ḫâstân* gesprochen. Warum hat nun die Sprache zwei parallele Wortformen bei jenen wenigen Substantiven entwickelt, während das bei andern Wörtern mit *va zur* nicht der Fall ist? Das Tibetische ist ausserordentlich reich an Wörtern, die in lautlich mehr oder weniger verschiedenen Gestaltungen auftreten können, ohne dass in vielen Fällen Bedeutungsunterschiede zwischen diesen variirenden Formen wahrnehmbar wären. In vorhistorischer Zeit muss die Zahl solcher Varianten ungleich grösser gewesen sein als in dem uns erreichbaren geschichtlichen Abschnitt der Sprache. Die Einführung der Schrift, die Annahme indischer Cultur, Religion und Philosophie übten, wie auf das gesammte geistige Leben, so insbesondere auf die Sprache die Wirkung einer Revolution aus: die neuen Ideen verlangten breitere und vertieftere Ausgestaltung von ihr, mehr elastische Spannkraft, höheres Wollen und ernstes Können. Die Tibeter, der Schwierigkeit dieser Aufgabe sich voll bewusst, haben sie mit zäher Energie verfolgt und meiner Ueberzeugung nach auch mit wahrhaft glänzendem Geschick bemeistert. Zahlreiche bisher unbekannte Begriffe mussten ihren Wiederhall in einem noch ungefügen und ungepflegten Idiom finden: so entstand ein hartnäckiger Kampf ums Dasein der vorhandenen Wörter; Münzen für Begriffe, die in dem neu erschlossenen Culturkreise keinen Ausdruck fanden, wurden als entwerthet verächtlich beiseite geschleudert; Concreta erhielten das Reis abstracter Begriffe aufgepflanzt, und neue Zusammensetzungen cursirten als neue Begriffe. Fast jede Cultursprache hat ja einen verwandten Process derart durchgemacht, aber nirgendswo lässt er sich auch heute noch so klar und durchsichtig verfolgen als gerade auf tibetischem Gebiete. Vor allem erlebten zu jener Zeit, die hier in Frage steht, die Doppelformen schlimme Tage; es galt ihre Existenz, um welche sie sich wehren mussten. Die Sprache seufzte ohnehin unter dem Ballast eines ungewohnten Gepäcks, das sie fast zu erdrücken schien, und war daher kurz entschlossen, eine Auslese zu treffen und dem Untergang nur das zu entreissen, was sich der neuen Ordnung der Dinge leicht anpassen und umprägen liess; manch gutes, braves Wort der alten Zeit, das heute die Wonne des Philologen gebildet hätte, ereilte so ein verrätherisches Geschick. Wo aber Doppelformen die Möglichkeit boten zu Modificationen und Weiterspinnungen des in den geschiedenen Lautcomplexen liegenden Grundgedankens, da erstand ihnen in diesem psychologischen Factor der Urheber ihrer Erhaltung. Für *gr̯a* in der Bedeutung ‚Ecke, Winkel' weiss Jäschke nur ein Citat aus dem Dzanglun zu geben, wozu ich noch aus Vyutpatti fol. 272 a 1 die Redensart *gr̯a bži̇r* = *caturṣukoṇeṣuḥ* fügen kann; im Uebrigen beschränkt sich aber diese Bedeutung auf die Form *gru*, während *gr̯a* den übertragenen Sinn

‚Schule' angenommen hat; ursprünglich aber haben beide Wörter jene örtliche Bedeutung gemeinsam gehabt, wie die obigen Citate darthun, heute dagegen hat sich die Scheidung der Bedeutungen ein für alle Mal vollzogen. Das beweist für die osttibetische Umgangssprache Desgodins, der *gru* nur als angulus und *grua* (bezw. *gra*) ausschliesslich als schola kennt, für das Westtibetische Ramsay, der S. 5 und 25 *troo* und *to* (correct: *ṭu*, cerebralisirt aus *tru*, dieses aus *gru* entwickelt) für ‚Ecke, Winkel' und S. 142 für ‚Schule' *hloptá-kháng*, d. i. *slob grua k'an* anführt, für das Centraltibetische Sandberg, S. 338, nach welchem *lob-ḍá* oder *lap-ṭá* die Bezeichnungen für ‚Schule' sind. *Gru* ‚Schiff, Fahrzeug' ist wohl eine von unserem *gru* verschiedene Wurzel, allein *gru-mo* ‚Ellenbogen' (vgl. *k'ru* Elle) möchte wohl aus *gru* ‚Ecke' entstanden sein, wie es denn auch von Desgodins als angulus corporis erklärt wird. *Grua* ist die Klosterschule, ein Seminar zum Studium der buddhistischen Theologie und kommt in diesem Sinne unzählige Male in der Literatur vor, sehr häufig in den Namen von Klöstern, so z. B. in *mÑa ris grua ts'an*[1] oder *rGyud grua ts'an*;[2] *grua rigs* gebraucht *₀Jigsmed-nam-mk'a*[3] zweimal in der Bedeutung von Schülerschaft eines Klosters, und Zamatog fol. 6 hat sich unter den mit *g* anlautenden Wörtern den Vers gebildet: *c'os grvar grul bum grib gnon bsruns*, das heisst: ‚Man hütete sich in der Klosterschule vor dem Beschmutzen der Speisen durch *Kumbhâṇḍa's*. *Grua* wird an dieser Stelle durch Sanskr. *koṇa* übersetzt, und wenn es nicht schon an sich klar wäre, dass *grua* erst von der Einführung des Buddhismus ab, also erst in geschichtlich geklärter Zeit, zu der Bedeutung ‚Schule' hat gelangen können, da das vorbuddhistische Tibet schwerlich Schulen und deren Begriff gekannt haben wird, so würde die Anlehnung an jenes Sanskritwort hin-

---

[1] Wassiljew, *Geografija tibeta.* Perevod iz tibetskago sočinenija Minčžul-Chutukty. (russ.) Petersburg (Akad.) 1895, S. 35.

[2] Caudra Dás, *Life of Sum-pa Khan-po*, *JASB.* p. I, 1889, S. 66.

[3] Huth, *Geschichte des Buddhismus in der Mongolei*, II, Strassburg 1896, S. 241, 308.

reichen, um den Vorhang von dem anziehenden Schauspiel wegzuziehen, das sich in dem beredten Stück Sprach- und Culturgeschichte des *grṿa* — *gru* offenbart. Die Religion ist es also gewesen, welche in diesem Falle conservirend auf Wort- und Formenschatz der Sprache eingewirkt hat; erst unter dem Einfluss der Cultursegnungen, welche der Buddhismus nach Tibet gebracht hat, als man sich eine Schrift, einen schriftgemässen Stil, eine Literatur errungen, konnte sich der nunmehr mit *grṿa* unzertrennlich verknüpfte Gedanke entzünden, lebensfähig erzeugen und dauernd erhalten. Aehnliche Differenzirungen der Bedeutung haben auch bei den übrigen Parallelen stattgefunden, wenn auch nicht überall mit dieser Schärfe, wenn auch nicht immer mit einem tieferen Einblick in das innere Leben der Sprache verbunden. *Rṿa* und *ru* bedeuten beide zunächst ‚Horn‘; Zamatog fol. 14 erklärt: *rva ni dud ₒgrvi mgo la skyes* d. h. *rva* ist das am Kopf der Thiere Gewachsene und setzt *çṛñga* hinzu; diese Erklärung gleichfalls und ausserdem noch *viṣâṇa* gibt Vyutpatti fol. 269 b 2. Jedes Wort hat nun aber wieder nur ihm eigenthümliche, specialisirte Bedeutungen angenommen. *Rṿa* heisst auch Scorpionstachel, niemals so *ru*. *Sdig pai rṿa sbrags pa dañ* ‚Scorpionen haben wir die Stacheln ausgerissen‘, lautet eine Stelle in dem Werke *Klu ₒbum bsdus pai sñiñ po* fol. 14 b 5, die eine Parallele in einer Schrift der Bonliteratur aus der Oxforder Bodleiana findet, wo es fol. 4 a heisst: *sdig pai rva yañ bcad*. *Rṿa-duñ* ist ein aus Ochsenhorn verfertigtes Musikinstrument.[1] *Ru* scheint dagegen das Horn von Widdern und Ziegen, sowie das Geweih des Hirsches zu bezeichnen, vgl. Sandberg, S. 347 *sha-wa-ru-lep* (Ladâkh), *shau-á-ru-chu* (Centr.-Tib.) ‚Hirsch‘, wobei er *ru-chu* mit *ru bcu*, also ‚Zehnender‘ erklärt, was aber schwerlich richtig ist, da nach Jäschke *ra-co* ein westtibetisches Wort für Horn überhaupt ist. Ramsay hat S. 28 und 151 *shárvvcho*, während Jäschke (*Dict*. 556) *śa-wa-ra-cu* und *-ru-cu* gelten lässt. Im Uebrigen weist Sandberg

[1] Desgodins, *Le Thibet d'après la correspondance des missionnaires*. 10ᵉ éd. Paris 1885. S. 393. Die Transcription *roua dong* erinnert an Jäschke's *roi*. Ueber *duñ* s. Pander-Grünwedel, *Pantheon*, S. 105.

S. 287 für Horn dem Westen *rucho* und Centr.-Tibet *rá* (mit langem *a*, da aus *uá* entstanden) zu, ebenso RAMSAY, S. 62 *rucho*. Die Richtigkeit meiner Annahme erweist aber wohl ROERO, der S. 227 seine Transcription *rvvjô* durch corno di antilope o di cervo übersetzt, dagegen für corno qualunque ein sonst nicht aufgezeichnetes, wohl dem Hindustanischen entlehntes Wort *singh* (Sanskr. *çrn̄ga*) hat. *Ru* erfährt nun auch die übertragene Bedeutung ‚Theil, Abtheilung‘ und bezeichnet z. B. wie das griech. κέρας und lat. *cornu*, den Flügel eines Heeres, was *ru̯a* nicht bedeuten kann. *Šu̯a* ist eine Art Intensivum zu *c'u* ‚Wasser‘; es bedeutet ‚Hochwasser, Ueberschwemmung‘ und wurde von SCHIEFNER[1] an einer anscheinend verdorbenen Stelle des Dzanglun für *bša* vermuthet. JÄSCHKE hat eben dieses *šu̯a* in dem medicinischen Werke *Lhan t'abs* gefunden und vermuthet (mit einem Fragezeichen), dass es hier eine Art erblicher Krankheit oder Gebrechen bedeute; leider steht mir dieses Werk nicht zur Verfügung; indessen zweifle ich nicht, dass jenes *šu̯a*, wenn es wirklich den Namen einer Krankheit bezeichnet, mit *šu-ba, šo-ba* ‚Geschwür, Abscess‘ (S. *kiṭibha*, Vyutpatti fol. 309 b 2) in enger Verwandtschaft steht; wir hätten dann also noch ein Paar Parallelformen mehr. Zu *šva-ba*, das jetzt meist *šâ* lautet, und *šu* ‚Hirsch‘ ist zu bemerken, dass letztere Form JÄSCHKE nicht mehr gehört hat; ich schliesse daraus, dass sie bereits ausgestorben ist, weil sie eben überflüssig war. Sowohl *šu̯a* als *šu̯a-ba* fehlen im Zamatog; Vyutpatti kennt unter den Thiernamen nur *ša bkra hariṇa* ‚Gazelle‘ (fol. 265 a 4). *Du̯a-ba, du̯a-ma* scheinen die eigentliche Bezeichnung für ‚Tabak‘ zu sein, während *du-ba* im allgemeinen ‚Rauch‘ wie im besonderen ‚Rauch des Tabaks‘ ausdrückt, wie z. B. die Redensart *du-ba ₒt'un̄* (eig. saugen, trinken)[2] zeigt. Tabak heisst in West-Tibet nach CSOMA *t'a-ma-k'a*, nach JÄSCHKE *t'á-mag*, nach LEWIN, *Manual of Tibetan language*, S. 172 *hta-kha, htamakha*, S. 158

---

[1] Ergänzungen und Berichtigungen zu SCHMIDT's Ausgabe des Dzanglun S. 36. S. auch KOWALEWSKI, *Dict. mongol-russe-franç.* I, 553.

[2] Vgl. das japanische *tabako wo nomu* und das malaische *minum roko*. Ueber den Tabak in Tibet vgl. ROCKHILL, *Notes on the ethnology of Tibet* S. 709—11.

*damak*, nach Ramsay S. 160 *tamak*. Die verschiedenen Bedeutungen jener Doppelformen lehren uns, dass sie thatsächlich verschiedene Lautcomplexe darstellen, dass nicht etwa *gr̥ua* oder *r̥ua* als graphische Varianten von *gru* oder *ru* angesehen werden können; in demselben Verhältniss wie die Varietäten der lautlichen Form auftraten, regte sich das wechselnde Spiel der ihr anhaftenden Idee, um neues Streben, frisches Leben zu entfalten.

8. Wie sich fürstliche Geschlechter in Nebenlinien spalten und im Lauf der Zeit der eine oder andere Zweig in Ermangelung von Nachkommenschaft ausstirbt, so ist es zahlreichen tibetischen Wörtern mit ihren Parallelen ergangen. Manche gibt es darunter, die noch vereinzelte Spuren einstmals sicher weit verbreiteter Seitensprossen aufweisen, jetzt nur kümmerliche Fragmente eines ehedem blühenden Daseins. Jäschke bringt *Dict.* 41a einen Ausdruck *k'u-yu*, der in Centr.-Tib. auch *'a-yú*[1] lautet, in dem Sinne von ‚hornlos', von Rindvieh gebraucht; ein Wort *k'u* = Horn hat er indessen nicht; das vermisste Bindeglied beschert jedoch Desgodins, der S. 85a *k'u̯a* (mit *va zur*) = Horn anführt; *k'u* muss also wohl auch ‚Horn' bedeuten oder vielmehr bedeutet haben, da es nur in der Verbindung *k'u-yu* auf uns gekommen ist; in *yu* muss folglich die Negation zu suchen sein, die wohl nur aus *-yas* (= *-med*, vgl. *mt'a-yas ananta*) entstanden sein kann, indem sich *a* dem *u* assimilirte; nun gibt es freilich ein Wort *yu-bo* zur Bezeichnung eines hornlosen Ochsen, das aber sicherlich erst secundär aus *k'u-yu* entstanden ist, da man inzwischen die Bedeutung der einzelnen Glieder in dieser bald alterthümlich gewordenen Wortform (auch *k'u̯a* ist jetzt alterthümlich und veraltet) nicht mehr deutlich empfand und dann ganz vergass, bis schliesslich sich die Sprache ihrer monosyllabischen Tendenz gemäss mit *yu* begnügte. *K'u̯a* liefert uns wiederum ein schönes Beispiel von der alten Aussprache des *va zur*; es ist nämlich offenbar verwandt mit dem chinesischen *˛giăo* ‚gebogen' und *'kiăo* ‚Horn' und sammt diesen wiederum mit tib. *gug-pa* ‚gebogen', *kug-kúg*, *kyog*,

---

[1] Vgl. *ka-ya* und *'a-ya* ‚der eine von beiden', Desgodins 87 a.

*kyag-kyóg* ‚gekrümmt' u. s. w., vgl. die Reihe bei CONRADY *l. c.* S. 168; hinzuzufügen wäre derselben noch das siamesische *k'ǎŏ'* ‚Horn'. Die moderne Form der Volkssprache für *k'ya* ist nach DESGODINS 141 a *gya*; bemerkenswerth ist, wie sich die Bedeutungen dieser Wörter im Gegensatz zu *ru* specialisirt haben: Nach einem einheimischen Lexicon bedeuten sie zwar 1) Horn, 2) die neuen Hörner des Hirsches, doch in der Umgangssprache bezeichnen *k'ya* oder *k'ya-ru* nur die Aeste des Hirschgeweihes, während der Stamm an sich *ru-co* heisst. Es ist mir daher auch nicht unwahrscheinlich, dass das von DESGODINS 141 a unter einem besonderen Stichwort behandelte, mit *dgo-ba, rgo-ba* übereinstimmende *gya* = eine auf den hohen Weideplätzen lebende Hirschart (JÄSCHKE 86 b: Antilope, procapra picticaudata) mit jenem *gya* = Hirschhörner identisch ist. Dann müssten die Präfixbildungen *d-go-ba, r-go-ba* (RAMSAY 28: *góa*) secundären Ursprungs sein, was deshalb sehr leicht möglich ist, weil *r* (*d* ist nur Vertreter für *r*: CONRADY S. 48) sich häufig bei Thiernamen findet und der Ueberrest eines Numeralwortes zu sein scheint; ich vermuthe, dass dieses *r-* aus *ri* ‚Berg' entstanden ist, das sich als erster Theil mancher Namen in der Gebirgswildniss lebender Thiere findet: *ri-dags* ‚Wild', *ri-boṅ* ‚Hase',[1] wozu man *boṅ-*[*bo* oder *-bu*] ‚Esel', *r-ṅa-boṅ*, *r-ṅa-moṅ* ‚Kamel', *sre-moṅ* ‚Wiesel' vergleiche, *ri-rgyá* ‚Fuchs', *ri-p'ag* ‚Wildschwein' (Gegensatz *luṅ-p'ag* ‚zahmes Schwein', wörtlich Thalschwein), *ri-bya* ‚Schneefasan', *ri-skyegs, ri-skegs* = *çârika*, Vyutpatti 266 a 1; vgl. dann *r-tsaṅs-pa* ‚Eidechse',[2] wobei *brag-gi*, der Zusatz des Lhan t'abs, fast mit Nothwendigkeit auf die Annahme der Gleichung *r-* = *ri* hinweist, *r-gag-cig* (RAMSAY S. 94 *ghal-chik*) westtib. ‚Eidechse', *r-gaṅ* ‚Stachelschwein', *r-kyaṅ* ‚wilder Esel'; *rta* ‚Pferd' gehört nicht hierher, s. CONRADY XII. In einzelnen Fällen mag *r-* auf *ru* oder das damit zusammenhängende *rus* (Knochen)

[1] SANDBERG S. 169 schreibt *ri-gong*, was daran erinnert, dass sowohl *boṅ(s)*, wie *goṅ* ‚Masse, Haufen' bedeuten; *ri-goṅ* dürfte daher in etymologisirender Anlehnung an diese Thatsache gebildet worden sein; *boṅ* findet sich dialectisch auch im Namen von Insecten, wo es aber sicherlich mit *buṅ-ba, s-braṅ-ma* ‚Biene' zusammenhängt und jedenfalls einer ganz anderen Wurzel zuzuweisen ist.

[2] Sanskrit-Aequivalente sind *kṛkalâsa* (Vyutpatti 265 b 3), *saraṭ, godhikâ*.

zurückgehen, nach Analogie von *ru-sbal, rus-sbal* ‚Schildkröte', wörtlich Hornfrosch, Knochenfrosch. Ergibt sich so, dass *r-go-ba* in *ri+go-ba* aufzulösen ist, so hätten wir in *go-gụa* wiederum ein altes Paar paralleler Wörter entdeckt.[1] *gụa* hat sich nur im Osten erhalten, denn nur Desgodins kennt diese Form, die Jäschke unbekannt geblieben ist; diese Erscheinung hängt eben damit zusammen, dass der Osten, wenigstens der Dialect von K'ams, den alten Zustand der Sprache am reinsten und treuesten bewahrt hat. *Gụa* dürfte, aus den angeführten Gleichungen zu schliessen, auf ein ehemaliges *giuvá* (vgl. Punti *ˌk'iū*), *giuụá, guụá, gụụá, gụá* zurückgehen. Jäschke führt ein Wort *ña* ‚Muskel' und die Verbindung *ña-c'u* ‚Sehne, Nerv' an (S. 184 a); dem gegenüber weiss Desgodins 369 a noch die alten Formen *ñụa* und *ñụa-c'u* mit *va zur* zu melden. Da aber der Nasal *ñ* mit den ihm entsprechenden Palatalen zu wechseln pflegt, wie z. B. innerhalb des Tibetischen *c'uñ-ba* und *ñuñ-ba* ‚klein' (vgl. auch tib. *ñi* ‚Sonne' mit chin. *žit* und Schiefner, *Mél. as.* I, 374), so sind *ñụa* und *c'u* als identisch und demnach als Parallelformen zu erklären, wofür vor allem auch die unterschiedlose Bedeutung und die Verbindung der beiden zu einem Synonymcompositum, welche verwandte Wörter mit besonderer Vorliebe betrifft, beredtes Zeugniss ablegen; nur dieser Vereinigung verdankt *ña* noch seine Existenz im Westen, sonst wäre es hier sicherlich wie *gụa* geschwunden; dank dem conservativen Zug des Ostens hat sich *ñụa* dort bewahrt, um gleichsam als Resultante die beiden sonst nicht verständlichen Kräfte *ña* und *c'u* zu deuten. *Zụa* ‚Nessel' (Jäschke, *Dict.* 485 a) kommt gewöhnlich in der Verbindung *zụa-ts'od* ‚Gemüse' vor; *zụa* ist = *ts'od*, denn *ts'*, *dz* und *z* sind verwandte und häufig wechselnde Laute: *ts'er-ma* ‚Dorn' — *zer, gzer* ‚Nagel', *ₒts'ir-ba* — *gzir-ba, ₒts'ag-pa* — *ₒdzag-pa* — *gzag, ₒts'ugs-pa* — *ₒdzugs-pa* — *zug-pa, ₒdzer-ba* — *zer-ba, rdza* — *za* (westtib.); *d* ist wie alle Schlusslaute ein sehr beweglicher Laut, der in den meisten Fällen verloren gegangen ist; *rtsad* ist eine alte Form des jetzt allein gebräuchlichen *rtsa*; *zụa* geht also wahrscheinlich auf

[1] *Go-ba* verhält sich zu *gla-ba* ‚Moschusthier' wie *go-po* zu *glag*, beide = Adler.

*zṷad* zurück. Beide Wörter haben jedenfalls ursprünglich die allgemeine Bedeutung ‚Vegetabilien, Grünes, Gemüse‘ gemeinsam gehabt, bis auf *zṷa* der specielle Sinn ‚Nessel‘ übertragen wurde. Zamatog erklärt fol. 13: *zva ni sño ts'od ts'er ma can.*

9. Wir haben bereits gesehen, dass sich *w* unter gewissen Umständen in *ṷ* zu wandeln vermag; wir wollen nunmehr einige Fälle beobachten, wo es sich mit Sicherheit erweisen lässt, dass *va zur* ein ursprüngliches tib. *w* vertritt. Da haben wir eine Interjection *kṷa* oder *kṷa-ye*, die wahrscheinlich sich aus der besprochenen Interjection *wa* entwickelt hat; ich glaube das daraus schliessen zu müssen, dass mit *kṷa* ‚*gṷa*‘ und ‚*k'ṷa*‘ abwechseln, s. DESGODINS S. 141 a, woraus wohl hervorgehen möchte, dass der gutturale Anlautsconsonant das Nebensächliche, Unwesentliche, Secundäre darstellt, während mit grossem Nachdruck die Stimme des Rufenden auf dem *ṷa*-Diphthong verweilt, dem natürlichen Träger des Rufes; die Vorfügung des Gutturals scheint aus dem Anlass eingetreten zu sein, damit die zu einer energischen Articulation ansetzende Stimme an diesem eine feste Stütze fände, gleichsam tiefer ausholend einen wuchtigen Anlauf nähme, um das den Ausruf eigentlich bezeichnende vocalische Element desto kräftiger und nachhaltiger auszustossen; daher kam es, dass die Wahl der Media, Tenuis oder Aspirata ziemlich gleichgültig blieb; ist also der consonantische Anlaut von *ṷa* zu trennen und als ein historisch später entwickelter Factor anzusehen, so liegt es auf der Hand, dieses *ṷa* aus *rva* abzuleiten, das, wie wir gesehen, seinerseits fast wie *ṷa* klingt. Nach DESGODINS wären *kṷa* wie *k'ṷa* veraltet und an deren Stelle *kye* getreten, das man denn auch in der Literatur, so vor allem in Beschwörungsformeln, *Dhâraṇî's* etc. (vgl. z. B. WADDELL, *Buddhism of Tibet* S. 418) am häufigsten verwendet findet. *Kye* scheint aus *kṷa-ye, ka-ye* verkürzt zu sein, das die landläufige Grammatik als Vocativ in Anspruch nimmt. Zamatog fol. 4 führt die Dopplung *kye-kye* an und hat am Schluss der mit *k* anlautenden Wörter den Vers: *₀dir ni kṷa ye ₀bod pai ts'ig* d. h. zu dieser Kategorie gehört *kṷa-ye* ein Wort des Rufens d. i. eine Interjection. *Situi sum rtags* S. 38 stellt die Regel auf

*gan̄ min̄ brjod pai dan̄ po ru*
*kye sbyar ba ni bod pa yin.*[1]

‚Der Zusatz *kye* zu Anfang eines beliebigen gesprochenen Wortes bedeutet einen Ruf.‘ Der ausführliche Commentar erläutert seinen Gebrauch, citirt als Beispiele *kye lhai lha, kye k'a lo bsgyur-ba, kye lha, kye rgyal po c'en po* (*mahârâja*), bemerkt, dass es in Versen auch hinter das Nomen treten kann, wie z. B. *bdag la dgon̄s šig mgon po kye* ‚gedenke meiner, o Beschützer‘ (*nâtha*), geht dann zu *ka-ye* und *ky̯a* über, deren Anwendung zwar offenbar durchaus nicht schön sei, obwohl sie thatsächlich auch den Ruf verdeutlichten (*bod pa gsal byed yin mod kyi*), da mit ihnen der Begriff des Hochfahrenden und Schrecklichen (*sgeg c'os dan̄ drag šul*) verbunden sei, erwähnt ihren Gebrauch bei Ermahnungen (*bskul-ba*), Tadel ($_{o}$*p'ya-ba*), Gesang (*glu len*) und versteckten, spöttischen Lehren (*zur gyis ston-pa*), erörtert dann die Frage, dass *kye* zwar für einen Rufcasus, einen Vocativ gehalten werde, was aber nicht allgemein angenommen werde (*mi* $_{o}$*t'ad de*) und gelangt endlich durch eine Vergleichung der tibetischen mit den indischen Casus zu dem Schluss: *des na kye žes pa rnam dbye ma yin žin̄ bod pa gsal byed kyi sgra yin te legs sbyar gyi he bho bhos sogs dan̄ mts'un̄s par šes dgos so* d. h. daher ist *kye* kein Casus, sondern vielmehr ein Wort zur Verdeutlichung des Rufes, von welchem man wissen muss, dass es gleich *he, bho, bhos* des Sanskrit ist. Für ‚Rabe, Krähe‘ hat das Tibetische folgende Ausdrücke: 1. *k'y̯a*, 2. *k'y̯a-ta*, 3. *ky̯a-ka* (Desgodins S. 1), 4. *kâ-ka* (Jäschke), 5. *ka-ka-wa-ta* (Desgodins). *Kâka* ist natürlich das dem Sanskrit entlehnte Wort für Rabe; verwunderlich aber ist es, dass Jäschke, *Dict.* 37 a, *k'y̯a-ta* als Sanskritwort erklärt und gar im Handwörterbuch 36 b *kâka* dahintersetzt; zunächst wäre es gar nicht zu verstehen, warum die Tibeter das zweite *k* in *t* verwandelt haben sollten, dann, wie sie an Stelle von *â* zu *y̯a* gelangt wären, schliesslich, was das wunderbarste wäre, dass sie in diesem Falle nicht einmal ein eigenes Wort für Rabe hätten

[1] Der Commentar umschreibt erklärend in Prosa: *gan̄ yan̄ run̄ bai min̄ brjod pai t'og mar kye žes bya ba sbyar ba ni bod pai rnam dbye gsal bar byed pai sgra yin no.*

und sich in Verlegenheit darüber Raths aus dem Indischen erholen müssten. Ueber das *ya* möchte sich vielleicht mancher leichten Herzens hinwegsetzen, der die moderne Aussprache des Wortes vergleicht: JÄSCHKE schwankt zwischen *k'a-ta* und *k'va-ta*, RAMSAY S. 26 kennt nur *khâta*, ebenso SANDBERG S. 170, ROERO S. 228 *kata*. Nun haben wir bereits im § 6 erfahren, dass nach der Vyutpatti *wa* auch Rabe, Krähe heisst und *ko-wag* nach JÄSCHKE und DESGODINS ein Ausdruck zur Bezeichnung des Rabengeschreies ist. Dass dieses *wa* und *ko-wag* mit *k'ya* zusammenhängen, ja dass *k'ya* direct aus *kowág* entstanden ist, nach Analogie von *rya*. aus *ruwá*, das bedarf gar keines weiteren Beweises; der blosse Hinweis genügt, um zu überzeugen. Alle drei Wörter sind natürlich Nachahmungen von Naturlauten,[1] so dass allein schon aus dieser Thatsache der rein tibetische Ursprung von *k'ya* zu folgern wäre. *K* und daneben *r* finden sich am häufigsten in den Namen des Raben: *κόραξ*, *corvus*; jap. *karas(u)*, manju *keru*, mong. *keriye*; koibalisch *kârga, kuskun*; türk. *kâk* (vgl. Sanskr. *kâka!*), *kakil, kâkta* das Krächzen (RADLOFF, *Versuch eines Wörterbuchs der Türkdialecte* II, 1. Lief., 1895, p. 57, 62, 66); finnisch *korppi, kaarne*; magyar. *károg* krächzen; Suaheli *kunguru*; siam. *ka*; malaisch *gagak*, oročonisch *gaki*, goldisch *gai* (GRUBE, *Goldisch-deutsches* Wörterverzeichnis, S. 32), deutsch *gackern*, magyar. *gágog*; mon. *kh'ḍāk*, khmêr *k'ěk* (KUHN, ‚Beitr. z. Sprachenkunde Hinterindiens', *Sitzungsber. Bayr. Akad.*, 1889, 214). *K'ya* findet sich schon bei SCHRÖTER S. 22, in der Vyutpatti fol. 265 b 4, wo es heisst: *spyi rtol can* (d. h. der Unverschämte) *nam k'ya ₒam bya rog* = *dhvâṅkṣa koka ₒam cilli*; *koka* dürfte wohl auf einer Verwechslung mit *k'u-byug* = *kokila* beruhen und *cilli* auf Verwirrung von *k'ya* und *k'ra*, wie sie z. B. im Dzanglun vorkommt, vgl. SCHIEFNER, *Ergänzungen* S. 51. Zamatog fol. 6 erklärt: *ₒdir ni k'ya ni ₒdab c'ags so* ‚zu dieser Kategorie, d. h. den Wörtern mit anlautendem *k'* gehört *k'ya*, ein Vogel'. *K'ya-ta* scheint heute das gebräuchlichere

[1] WÜLLNER, *Ueber die Verwandtschaft des Indogermanischen, Semitischen und Tibetanischen*, Münster 1838, S. 182, benutzte unter anderem dieses Wort als Beweisstück seiner excentrischen Idee.

Wort zu sein; *ta* ist ein nicht mehr sicher zu erklärendes Anhängsel, das aber wohl keine andere Bedeutung beanspruchen kann als die von ,rufen, schreien', verwandt mit *sgra, sgrog-pa, grags*; vgl. übrigens das Synonym für *k'ya-ta*: *bdag-sgrog* der (*b*)*dag*-Rufer. *Ka-ka-wa-ta* ist aus zwei Gründen interessant, einmal weil hier das alte *wa* noch erhalten und sich ebenso wie *k'ya* mit *ta* verbindet, was also auch noch die Verwandtschaft zwischen beiden beweisen würde, sodann da *wa-ta* mit dem indischen *kâka* zu einem Synonymcompositum verbunden ist zur Bezeichnung eines grossen Raben; die merkwürdigste aller Formen ist jedoch *kya-ka*, die ich mir nur aus einer Vermischung der beiden einander so ähnlichen indischen und tibetischen Elemente zu erklären vermag. Etwas anders als bei *kya* und *k'ya* liegt die Sache bei *lya-ba*. JÄSCHKE, *Dict.* 541 a, schreibt dieses Wort auch *lya-wa* und transscribirt *lwa-ba, lwa-wa*; es bedeutet ,wollenes Tuch oder Kleid' und entspricht Sanskr. *kambala*, nicht *krambala*, wie im *Dict.* verdruckt ist. Die regelrechte Schreibung *lya-ba* finden wir z. B. in Târanâta's Werk *bKa babs bdun ldan* ed. by Sarat Chandra Dás, Darjeeling 1895, auf S. 24 (im 4. Capitel), Zeile 17—19 dreimal, dagegen auf Zeile 26 und 28 derselben Seite steht *lâ-ba*, ebenso S. 25, Zeile 28. Das lange *â* ist, wie in allen übrigen Fällen dieser Art, aus *ya* entstanden. Doch es findet sich auch die Schreibung *la-ba* ohne Bezeichnung der Länge, wie das überhaupt in der Regel der Fall ist; so bei SCHIEFNER, *Bharatae responsa Tibetice cum versione latina,* Pet. 1875, 7 *des la-ba rin po c'e bgos pas ₒdi ni dei ₒod yin no;* bei ROCKHILL, *Udânavarga,* Lond. 1883, S. 143 no. 2 *skrai la ba chan* with hair mats, wie er diesen Ausdruck übersetzt, den JÄSCHKE dagegen als eine Art wollenes Tuch auffasst; in anbetracht dessen, dass *sKrai lya ba can mi p'am pa,* der Name eines Irrlehrers, dem indischen *Ajitakeçakambala* entspricht (s. SCHIEFNER, *Ergänzungen* S. 17), dürfte die Auffassung des englischen Gelehrten vorzuziehen sein. *La* schreibt auch WADDELL, *Buddhism of Tibet*, S. 343 no. 5, in *lagoi*, d. i. *la gos*. Jenes *skrai la-ba* scheint die Erinnerung an *lcañ lo* = *jaṭâ* (s. darüber PANDER-GRÜNWEDEL, *Pantheon* S. 50 u. no. 1) nahe gelegt und Veranlassung zur Entstehung von *lca-ba* geboten zu haben, das nur von WASSILJEW in seinen Noten zu SCHIEFNER's Uebersetzung des Târanâtha S. 324 bezeugt wird. Da er dieses Wort mit ‚schwarzes Filzgewand' übersetzt, da er diese Bedeutung mit Sanskr. *kambala* identificirt, da dieses Wort hier Eigenname eines Mannes ist, der in anderen Werken, z. B. sehr häufig im *bKa babs bdun ldan* S. 21, Z. 6, S. 23 Z. 16, S. 26, Z. 3 u. s. w., bei WASSILJEW, *Der Buddhismus*, S. 356, 374, *Lṷa-ba-pa* genannt wird, so kann kein Zweifel sein, dass dieses *lca-ba* nur eine in etymologisirender Anlehnung an *lcañ* entstandene Variante von *lṷa-ba* ist, wenn nicht gar die Annahme berechtigter erscheinen möchte, dass es auf einem sehr leicht erklärlichen Schreibfehler einer Handschrift oder eines Holzdruckes beruht. Der tibetische Name des *Kambala* wird bei Târanâtha (s. SCHIEFNER, Târ. II, S. 188) statt *Lṷa-ba-pa* oder *Lṷa-wa-pa* ‚*Wa-wa-pa*', ja sogar ‚*La-lṷa-pa*' geschrieben; SCHIEFNER hält diese Orthographie für falsch. Aber auch ein Schriftsteller des 19. Jahrhunderts, ₒJigs-med-nam mk'a, hat den Namen eines Dämons, *Navakambalakûṭa* durch *Wa-ba* (statt *lṷa-ba*) *dgu brtsegs* übertragen s. HUTH, *Geschichte des Buddhismus in der Mongolei* II, 116, no. 5, so dass hier von einem Irrthum wohl kaum die Rede sein kann; es kann sich vielmehr dabei nur um eine lautgeschichtliche Wandlung handeln. Das *va zur* in *lva-ba* ist von Hause aus ein rein consonantisches, mit dem tib. *w* übereinstimmendes *w* gewesen, das seine deutliche, scharfe Articulation weit länger und sorgsamer bewahrt hat, als das in anderen Wörtern der Fall gewesen ist; daher konnte auch nur die Schreibweise *lwa-wa* aufkommen, die ihre Wurzel in einer ganz energischen Assimilation des *b* in *ba* an das vorhergehende *w* hat; gleiche oder doch verwandte Consonanten in zwei aufeinanderfolgenden Silben zu erzielen ist eine der auffallendsten und weitgreifendsten Tendenzen des tibetischen Sprachgeistes. In dem *l* von *lwa-wa* erblickt nun der Tibeter einen übergeschriebenen Präfixbuchstaben, der nach einer allgemeinen Regel in der Aussprache verstummt: und so ward *lwa-wa* zu *wa-wa.*[1]

[1] Vgl. WASSILJEW, *Geogr. Tib.*, p. 55, *Lval-gâ-si* = *Walgasi*, *Wan-Guši* und dazu ROCKHILL, *The land of the lamas*, S. 129.

Dies stellt wenigstens mit voller Sicherheit die heutige Aussprache vor und wird keineswegs dadurch widerlegt, dass daneben die Schreibweisen *Ly̭a-ba*, *Ly̭a-wa* in Kraft sind; denn Phonetik und Orthographie haben in Tibet niemals gleichen Schritt gehalten, diese verharrte stets aus ehrfurchtsvoller Scheu vor der traditionellen Heiligkeit des geschriebenen Wortes auf ihrem alten Standpunkt, denn sie ist einzig und allein in die Hand des Menschen gelegt, jene musste, dem Gesetz gehorchend, das die Sprache bindet, ihr Schicksal erfüllen, mochte sie wollen oder nicht. Die Schreibung *wa-wa* nach der Aussprache bedeutet daher einen Durchbruch des Princips, eine Auflehnung gegen das bestehende System; solche Befreiungsthaten begegnen leider nicht allzu häufig in den erstarrten Versteinerungen tibetischer Schreibungen, und da, wo sie auftreten, muss man sie als Hilfsmittel zur Reconstruction der Lautgeschichte um so dankbarer entgegennehmen.[1] *Lwa-wa* hat also eine gewissermassen selbständige, man möchte fast sagen, eigensinnige Entwicklung durchgekostet; die letzte Ursache dieser Besonderheit mag in der Schwierigkeit der Verbindung von $l + w$ zu suchen sein, Laute, die keineswegs dazu angethan waren, ein freundschaftliches Bündniss einzugehen; es waren eben Laute, die sich nicht friedlich ausgleichen konnten, sondern bekämpfen mussten, und einer musste nothwendig unterliegen. Wenn daher auf der anderen Seite der Versuch unternommen wurde, *lwa-ba* nach der Analogie der übrigen Bildungen mit *va zur* zu gestalten, so glaube ich schwerlich, dass man überhaupt je *ly̭a-ba* gesprochen hat; vielmehr hat man aus Bequemlichkeit des Sprechorgans kurzen Process gemacht und den schon gestreiften Uebergang zu *la-ba*, *lâ-ba* sofort vollzogen. Inwieweit diese beiden Formulirungen *la* und *wa* in der heutigen Sprache Geltung haben, ob und wie sie sich etwa dialectisch vertheilen, ob sich ihre Bedeutungen scheiden, darüber vermag ich leider nichts anzugeben: unsere Quellen lassen uns in dieser Frage im Stich. Dass SCHIEFNER's

[1] Nonnulla ejusmodi sunt, ut facile appareat, eam pronuntiandi rationem, quam sequuntur Tibetani recentiores, vim quandam exercuisse, veluti *Hri-harśa* pro *Śrî-harśa*. SCHIEFNER, Praefatio IX zur Textausgabe des Târanâtha.

*la-lya* nichts als ein Fehler der Handschrift ist, bedarf keiner Ausführung. Noch eins: es wäre zu beachten, dass es auch ein Sanskritwort *lava* ‚Wolle, Haar' gibt. Sollte dieses vielleicht indirect auf die Entstehung von *la-ba, lâ-ba* hingewirkt und deren lautliche Gestaltung von sich abhängig gemacht haben? Dass es tibeto-indische Mischwörter gibt, haben wir ja bereits bei *k'ya—kyaka* gesehen.[1] Aus dem starken Einfluss des Sanskritwortes würde sich dann das Uebergewicht von *la-ba* über das natürlich entwickelte *wa-wa* leicht erklären; *la-ba* ist ja an sich, wie dargelegt, aus dem Tibetischen leicht zu verstehen, aber nur als Analogiebildung; diese hätte vielleicht nicht stattgefunden, wenn sich dem Tibeter in diesem Worte nicht ein Gefühl der Wahlverwandtschaft mit Sanskr. *lava* geregt hätte; so trafen Fremdes und Nationales auf einander und kreuzten sich, und die Frucht dieser Verbindung war *la-ba,* in dieser Erscheinung ein Bastard, der den legitimen Bruder *wa-wa* beiseite drängte. *Tsya* ist ein nach JÄSCHKE auf Ladâkh beschränktes Wort und bedeutet: Feuerschwamm, Zunder. Nach SANDBERG, S. 354, lautet es in Lad. *tsá,* in Central-Tibet *shrá-wa.* Letzteres wird *spra-ba* geschrieben und nach JÄSCHKE auch in West-Tibet *śra-ba* gesprochen; es ist das allgemein gebräuchliche und wohl auch ursprüngliche Wort, aus dem sich *tsya* entwickelt hat. Der Wechsel von *ts* und *s* ist schon einmal berührt worden,[2] und *spra* ist sicherlich mit *spa* oder *sba* ‚Bambusrohr' verwandt, dessen Benutzung zum Herdfeuer in Tibet bereits Marco Polo erwähnt, s. H. YULE, *The book of Ser Marco Polo,* 2. ed., II, 33, 34. Wie in K'ams aus *sbal-ba zyal-wa,* aus *sbyar-ba zyar-ba* geworden ist, so vocalisirte sich gleichfalls das *b* in *sb(r)a,* und es entstand *sya, tsya. B* hinter Consonanten wird sogar in Eigennamen durch *va zur* dargestellt: so

---

[1] Ein schönes Beispiel dafür ist das aus Sanskr. *hallaka* entstandene *ha-lo* (SCHIEFNER, in *Mémoires de l'Acad. de Pét.* XXVIII Nr. 1, S. 22, no. 5), wobei die zweite Silbe des indischen Wortes an das tib. *lo, lo-ma* ‚Blatt' angelehnt wurde.

[2] Derselbe ist auch in mongolischen Dialecten ausgebildet, s. CASTRÉN, *Versuch einer burjätischen Sprachlehre* § 25, 38 und Wörterverzeichniss S. 112 von KERE; ROCKHILL, *Diary of a journey through Mongolia and Tibet,* S. 29.

schreibt *bKa babs bdun ldan* S. 21, Z. 28 den Namen des Âcârya *Ḍômbi* : *Ḍo-my̬i*.

10. Der Vollständigkeit wegen führe ich nun die im Vorhergehenden noch nicht behandelten Wörter mit *va zur* auf. *Žy̬a* ‚Mütze, Hut‘ wird von Jäschke *žwa* umschrieben; Sandberg, S. 282 gibt als Aussprache für Ladâkh *zhá, zhwá*, für Centr.-Tib. *shámo*; Ramsay, S. 17 *ovzha* = *dbu-žy̬a*: Waddell, der durchweg nach der Aussprache transscribirt, hat wiederholt *žwa*, z. B. *Buddhism of Tibet*, S. 197—199. *Hy̬a* hat die Bedeutungen: Rockkragen, Schienbein; darüber hinaus, weg; westtib. wird es *hă, hŏ* gesprochen und ist Interjection: gut! *Dy̬a-p‘rug* oder *da-p‘rug* ‚Waise‘ (nach Jäschke und Desgodins); *dy̬a-ba* ‚Medicinalpflanze‘, in Jäschke's Handwörterbuch *da-ba* geschrieben, dagegen von Desgodins, der zwei Arten *dy̬a-rgyod* und *dy̬a γyuṅ* anführt, nur *dy̬a-ba*. *P‘ya* und *p‘yva* ‚Loos, Schicksal‘; Jäschke, *Tibetan grammar* § 7, 5 no. meint, das Wort sei früher *p‘vya* gesprochen worden; es hängt vielleicht mit *dpya, spya* (*JASB* 1891, p. I, S. 118) zusammen. *P‘yva gšen*, den Titel eines Bonwerkes, transscribirt Candra Dás durch *phwa-šeṅ* (*Contributions on the religion, hist. etc. of Tibet, JASB* 1881, p. I, S. 194, 204).

11. *Va zur* ist auch in tibetischen Eigennamen anzutreffen. *Rgy̬a-lo* ist der Name eines Autors, der in der chronologischen Tafel des *Reu-mig* (*JASB*, p. I, 1889, S. 51) und in dem Werke *Klu ₒbum bsdus pai sñiṅ po* Erwähnung findet. Da die hier vorliegende Frage, die sich besonders um das Verhältniss dieses *Rgy̬a-lo* zu einem anderen *Rga-lo* dreht, eine wesentlich historische ist und das linguistische Interesse wenig berührt, so sehe ich von einer weiteren Verfolgung derselben an dieser Stelle ab und verweise auf die Einleitung meiner demnächst erscheinenden Ausgabe jenes Werkes, welche dieses Thema ausführlich erörtert. In einheimischen geographischen Namen ist das untergeschriebene *v* keine seltene Erscheinung. In der schon erwähnten tibetischen Geographie, die Wassiljew ins Russische übersetzt hat, begegnet uns S. 36 der Landesname *Dy̬ags-po bšad sgrub*

---

[1] S. über diesen Pander-Grünwedel, *Pantheon* S. 51, Nr. 20.

*gliṅ* und S. 37 östlich davon der Bezirk *Dṷags-po* (s. auch DESGODINS 476 b), ibid. eine Burg, namens *Mon rta lṷaṅ*. WASSILJEW umschreibt das *va zur* durch russisches *y*. S. 33 erwähnt er ein *Sa-skya* Kloster *sKyid šod rṷa ba smad*, bei welchem sich ein kleines Dorf befindet; *skyid šod* soll nach S. 20 aus *skyid stod* im Gegensatz zu *skyid smad* entstanden sein. *Šṷa-ba* ‚Hirsch‘ findet sich in dem Ortsnamen *Šálоṅ* (in Kamáon) = *Ša-sloṅ* ‚the place where the deer rise‘, s. H. SCHLAGINTWEIT, *Glossary of Tibetan geographical terms* in *JRAS* xx, 1863, S. 23.

12. Der bisher citirte Wortschatz beschränkt sich ausschliesslich auf Substantive; Verba mit inlautendem *va zur* sind bis jetzt noch nicht gefunden worden. Das einzige nichtnominale Element, in welchem es auftritt, sind zwei Zahlbegriffe. Die Zahlen von 11—19 werden im Tibetischen durch Addition der Einer zu der Zahl 10 = *bcu* gebildet; dabei erfährt *bcu* eine lautliche Veränderung nur in zwei Verbindungen, nämlich zu *bco* in *bco lṅa* 15 und *bco brgyad* 18. SCHIEFNER ist der erste gewesen, der in einem Holzdruck des Dzanglun an zwei Stellen für das *bco brgyad* des Textes von SCHMIDT die Schreibung *bcva brgyad* mit untergeschriebenem *v* gefunden hat. ‚Freilich‘, meint er, *Ergänzungen* S. 24, ‚vertritt hier das untenstehende *w* einen *o*-Laut. Es scheint also *bcu* sowohl hier, als auch in *bco lṅa* eine Verstärkung zu erleiden.‘ Auf diese Ausführung gründet sich wohl auch FONEAUX, *Grammaire de la langue tibétaine*, § 42, 3, der *bcu lṅa*[1] und *bcva lṅa* für alte Ausdrücke und *bco lṅa* für den gegenwärtigen Gebrauch erklärt; neueren Datums ist letzteres freilich nicht, denn es findet sich schon bei Milaraspa, also im 11. Jahrhundert, vorausgesetzt, dass es nicht lediglich auf moderne Abschreiber zurückzuführen ist. JÄSCHKE thut in keinem seiner Werke der Schreibweise *bcva lṅa*, *bcva brgyad* Erwähnung, wohl aber DESGODINS, S. 301 a, mit dem Zusatz vulg. Ich selbst habe bis jetzt in einheimischen Quellen diese Formen nicht gefunden, wohl aber vermag ich auf eine andere Schreibweise aufmerksam zu machen,

[1] Nur diese Formen mit *bcu* hat SCHRÖTER S. 19, ROERO S. 219, auch GEORGI S. 109.

die mir viermal begegnet ist, nämlich nicht *bcva*, sondern *bcvo-lña* und *bcvo brgyad*: *bcvo brgyad* findet sich bei WEBER-HUTH, ‚Das buddhistische Sûtra der Acht Erscheinungen', *ZDMG*, XLV, 579; dann in Cod. or. mixt. 102/103 Nr. XVI der Königlichen Hof- und Staatsbibliothek in München auf fol. 4b, Zeile 5: *dregs pa bcvo brgyad bka la ñan* ‚auf das Wort der 18 Arten des Stolzes hören'; Londoner Bonfragmente fol. 214a, 5: *myu k'yuñ bcvo brgyad zlum t'igs γyug la* ‚runde Kügelchen aus 18 Rohrkörben streuen'. *Bcvo lña* kommt in demselben Werke vor, fol. 202a 4: *dbyar zla ra bai ts'es bcvo lña la* ‚am 15. Tage des Sommermonats Rawa'. Diese Fassungen bilden jedoch keineswegs die Regel; *bco-lña* und *bco-brgyad* vielmehr sind am häufigsten in tibetischen Büchern anzutreffen (im *Ma ₒoñ luñ bstan* kommt an einer Stelle *co gyad* ohne Präfixe vor). Dem entspricht auch die moderne Aussprache *cholniga, chobgiád*, RAMSAY, S. 173; daraus und aus den Parallelen *bcva* und *bcvo* folgt, dass diese beiden nur orthographische Varianten von *bco* sind. Das *va zur* hat den Zweck, die Länge des *o* in *bcvo* anzuzeigen, wie in *bcva* die Verbindung *v*+*a* zur Bezeichnung von *ô* dient, wie ich in § 13 ausführlicher zeigen werde. In *bco brgyad* wird das ursprünglich in offener Silbe stehende *ô* wieder verkürzt, weil die Silbe durch Herübernahme des *b*-Präfixes von *brgyad* wieder geschlossen wird, sodass eigentlich *cŏb* oder *cŏp-gyad* darzustellen wäre. Die Wandlung des *u* zu *o* scheint auf vocalharmonischen Gründen zu beruhen, die wir freilich völlig zu erklären noch nicht imstande sind; äusserlich ist nur zu erkennen, dass *lña* und *brgyad* die einzigen Grundzahlen mit *a*-Vocal sind, der also jedenfalls rückwirkend jene Veränderung bedingt haben muss, die sich ja in den übrigen Zahlcompositionen nicht vorfindet; ein gesetzmässiger Verlauf gerade dieser Erscheinung lässt sich vorläufig allerdings noch nicht feststellen.

13. In Kürze muss ich noch der Transscriptionen indischer, mongolischer und chinesischer Wörter innerhalb des Tibetischen erwähnen, die in dieser Sprache mit einem *va zur* geschrieben werden. Jene Fremdwörter bieten den Gewinn, dass sie die bisherigen Darlegungen erweitern, bestätigen und nach mancher Seite hin vertiefen

werden. Indisches *v* wird auf dreifache Weise dargestellt 1. durch *w*, 2. durch *b*, 3. durch *va zur*. Letzteres tritt dann in Kraft, wenn ihm ein Consonant vorhergeht, welchem es angehängt werden kann, z. B. *śâ-śva-ta* = *rtag-tu* (Zamatog 9), *śva-śu-rî* = *sgyug-mo* (Zamatog 85), *pra-jva-ra* = *rims drag-po* (Vyutpatti 310 a 1). *B* und *w* werden ohne Unterschied im Anlaut eines Wortes oder einer Silbe wie im Wortinnern bei vorausgehendem Vocal gebraucht: *bî-ṇá* (*vîṇâ*) = *pi-wañ*; *Bha-gha-wa-te*, *ˏoin sva-bha-wa* (Münch. cod. 103 I fol. 1 a 4, II fol. 2 b 5, III fol. 1 a, XII fol. 1 a 3); *wa-rṇa* (*Situi sum rtags* S. 22 in dem Sinne von Vocal); *ˏe-waṁ*; *par-ba-ta* (*parvata*) = *ri k'rod*, *ˏa-ṭa-bî* (*aṭavî*) = *ₒbrog* (Vyutp. 269 a 2); *ˏoṁ sva-sti na-mo gu-ru-we* (bekannte, häufige Formel); *Çâvari* wird *Śa-ba-ri-pa* und *Śa-pa-ri-pa* umschrieben (s. PANDER-GRÜNWEDEL, *Pantheon* S. 50, Nr. 10). Nach CSOMA, *Grammar of the tibetan language* § 13 Note und JÄSCHKE, *Tib. grammar* § 7, 5 wird *svâhâ* heutzutage *sôhâ* gesprochen; ebenso *k'a-tvaṁ-ga*, *k'a-ṭvaṁ-ga* (Münch. cod. or. mixt. Nr. 102/3, XVI fol. 2 a 1: *k'â-ṭaṁ-ga bKa babs bdun ldan* p. 32, 3: *k'a-ṭâṁ-ga*) = S. *khâṭvâṅga* (s. *Pantheon*, S. 108, Nr. 1 der Attribute) wird gewöhnlich *k'atómga* gesprochen (JÄSCHKE, *Handwörterbuch*, 36 b, *Dict.* 37 a). Die bereits § 1 aus den Tafeln bei CSOMA und Chandra Dás besprochenen Ligaturen *kw*, *pw* u. s. w. werden von beiden Forschern übereinstimmend nach den einheimischen Quellen, die ihnen zu Gebote standen, auch *kova*, *khova*, *pova*, *phova* transscribirt; diese Erscheinung kann ich mir nur so erklären, dass dem Tibeter zur Zeit der Schriftbildung die von uns erhärtete Entstehung des *va* aus *uva*, *ova* noch im Bewusstsein gewesen ist; er wird daher wohl auch ursprünglich etwa *s°vâhâ* gesprochen haben, woraus denn in ähnlicher Weise wie aus *ruva* ‚*rû*‘, *sôhâ* geworden ist. Einem ganz analogen Vorgang begegnen wir im Newârî, s. CONRADY in *ZDMG*. XLV, p. 11/12, im Persischen, wo aus altem *ḫ*ʷ*ad* jetzt *ḫod*, *ḫud* entstanden ist, s. SALEMANN und SHUKOVSKI, *Pers. Gram.* § 5, in den Türksprachen, besonders im Küärik-Dialect, s. RADLOFF, *Phonetik der nördlichen Türksprachen* § 28, im Ugrischen, s. SCHOTT, ‚Altaische Studien I‘, *Abh. Berl. Akad.* 1859, p. 613. Beachtenswerth ist das häufige Vorkommen des *va zur* in Dhâraṇî-Formeln, wo es vielfach zum Ausdruck eines dumpfen *o* oder *u* dient, wie seine Gleichsetzung mit Wörtern von solchen Vocalen erweist, da überhaupt Alliteration und Assonanz zur Erzeugung stärkerer suggestiver Wirkungen auf diesem Gebiet eine grosse Rolle spielen; so heisst es in einem ‚Kernspruch' des *gŠen rabs* in SCHIEFNER's Bonpo-sûtra S. 17: *žva bar žu žu žum ts'e tsed lu.* Aus dem Bilde *svâhâ* — *sôhâ* hat sich nun allmählich die Vorstellung erzeugt, dass *v* + *a* ein graphischer Ausdruck für *ô* sei; diese Anschauung haben die Tibeter den Mongolen überliefert, deren Lehrmeister in Religion, Schreibkunst und Sprachwissenschaft jene bekanntlich gewesen sind. Die mongolische Orthographie zögerte nicht, sich diesen Umstand zu nutze zu machen und durch ein an *o* oder *u*, deren Schriftbild das gleiche ist, angefügtes *wa* die Länge des *o* zu bezeichnen; SCHMIDT, *Grammatik der mongolischen Sprache* § 21 (s. auch § 7) spricht in diesem Falle wenig klar nur von einer Verstärkung oder Verdeutlichung des *o*; es kann aber keinem Zweifel unterliegen, dass jenes Anhängsel, da es in erster Linie in indischen Fremdwörtern erscheint, das lange *ô* des Sanskrit nach dem im Tibetischen beobachteten Vorgang, freilich unter Verwechslung von Ursache und Wirkung, wiederspiegeln soll. *Bodhisatva* z. B. kann dargestellt werden durch *bowadhisatuwa,* wobei vor allem die Schreibung *satuwa* für meine Auffassung *s°vâhâ* in die Wagschale fällt. Die Mongolen, von der Ansicht geleitet, dass jedes *wa* ein *o* darstelle, folgerten nun kühn weiter und sprachen nach tibetischem Muster *satuwa* bald *satô* aus; daher kommt es denn, dass sich in PALLAS' berühmten ‚Historischen Nachrichten von den mongolischen Völkerschaften' stets die Schreibung *Bodhisaddo* findet, die er unzweifelhaft aus einheimischem Munde vernommen. *Namo* ‚Verehrung', was der Tibeter gewöhnlich durch *p'yag* $_{o}$*ts'al* wiedergibt, erscheint in mongolischen Texten unter der Gestalt *namowa,* s. HUTH, *Die Inschriften von Tsaghan Baišiñ*, S. 48; das *oṁ* oder *o* der Formel *oṁ maṇi padme hûṁ* wird zu Anfang einer Legende, die A. POPOW in seiner *Mongoljskaja Christomatija,* Kasan, 1836, S. 1 ff. veröffentlicht hat, durch *owa* umschrieben. In desselben

Werkes zweitem Theil, S. 104, wird der tibetische Name des Saskya-Lama's *rje btsun bSod-nams-rtse-mo* mong. *bsowad nams rtse mowa* transscribirt. Sodann wird dies *wa* auch in einheimischen Wörtern gebraucht, wie in *cinowa* ‚Wolf', gesprochen *cinô*, heute *cono* oder *šono*. Ja, es kommen auch Fälle vor, wo *wa* einem *a* folgt, um dieses zu längen, und sogar in mongolisirten Fremdwörtern durch *ba* ersetzt werden kann; so findet sich in einer Legende des *Altan Gerel* (*Suvarṇa-prabhâsa*), die SCHMIDT am Schlusse seiner Grammatik abgedruckt hat, *šakšabat*, was *šaksât* zu lesen ist; *-t* ist mongolisches Pluralaffix, nach dessen Abtrennung *šakšâ* = Sanskr. *çikṣâ* übrig bleibt (*l. c.* p. 144, 158).

14. Das *va zur* spielt auch eine Rolle bei der Transcription mongolischer Wörter in tibetischen Schriftzeichen. *Ö* und hartes *u* in mongolischen Wörtern, Vocale, die beide dem Tibetischen fehlen, werden in diesem durch untergestelltes *v* mit darübergesetztem *e*, beziehungsweise *o* umschrieben, s. HUTH, *Hor c'os byuṅ* in *Transactions of the 9. Intern. Congress of Orientalists*, Lond. 1893, II, p. 640 und *Geschichte des Buddhismus in der Mongolei* II, 163. Die Frage, ob und inwiefern diese Umschreibungen einen lautgeschichtlichen Werth besitzen, der mir wenigstens für das Tibetische höchst fragwürdig erscheint, interessirt uns hier nicht, wo es wesentlich auf die Methode der Transcription ankommt. Und diese steht offenbar mit den Sanskrittranscriptionen der Tibeter und Mongolen in innigem Zusammenhang. Die Tibeter schlossen einfach nach dem Satze: Sind zwei Grössen einer dritten gleich, so sind sie auch unter sich gleich. Sie sagen sich:

In Sanskritwörtern ist tib. $v + a = o$
In Sanskritwörtern ist mong. ($o$) $v + a = o$ ($\hat{o}$)

Folglich ist mong. $o$ ($\hat{o}$) = tib. $v + a$.

Wenn sie nun thatsächlich nicht $v + a$, sondern $v + o$ schrieben, so geschah es deshalb, um die Auffassung zu vermeiden, als wollten sie ein wirkliches *w* oder einen weiten Diphthong damit wiedergeben. Dazu kam, dass das betreffende mongolische Zeichen sowohl *o* als *u* gelesen werden kann, und da sie z. B. mong. *nu* durch *no*,[1] mussten sie eben mong. *no* durch *nvo* wiedergeben. Noch einfacher lag die Sache bei der Umschrift von mong. *ö*; an sich hätte für diesen Zweck tib. *e* genügt, denn dieses hat ausser dem Werth *e* in den früheren Zeiten auch den von *ö* gehabt, worauf meines Wissens freilich bisher noch niemand hingewiesen; es ist aber völlig klar, dass, wenn *rde(u)* ‚Steinchen' aus *rdo-bu*, *med* ‚nicht sein' aus *ma-yod*, *k'yed* ‚du' aus *k'yod* entstanden ist, in diesen Fällen eine Zwischenstufe *rdö*, *möd*, *k'yöd* angenommen werden muss; weil nun schon z. B. *ne* das Aequivalent für mong. *ne* war, so wählte man zum Ausdruck von mong. *nö* im Tibetischen recht glücklich die Form *nve*, was uns an unsere ehemalige Orthographie *oe* für *ö* erinnert. Eine solche Anschauung mag auch bei den Tibetern unter anderem mitwirksam gewesen sein, indem sie das mongolische *ö*-Zeichen sich in *o* + *e* zerlegt dachten. Beispiele sind in dem von HUTH übersetzten Werke in grosser Anzahl zu finden.

15. Was die Transcription chinesischer Wörter betrifft, so finden wir im Sûtra der 42 Artikel das Reich *Yvo-ši*; was offenbar Umschrift des chin. 月氏 ist, s. L. FEER, *Le Sûtra en 42 articles, textes chinois, tib. et mongol*, Paris 1868, S. 37, 38. Befremdend ist es nun, wenn FEER in seiner zehn Jahre später erschienenen Uebersetzung dieses Werkes (Paris 1878, zu einem Bande vereinigt mit F. HÛ, *Le Dhammapada*) S. 74 jenes *Yvo-ši* für einen indischen Namen erklärt und ein Land *Vriji* daraus interpretiren will, zumal er doch in der von ihm selbst autographirten Textausgabe das chinesische Original, nach dem die tibetische Uebersetzung angefertigt, sammt der mongolischen Transcription vor Augen hatte. Aehnlich steht *Yvan* für *Yuan*, s. HUTH, *l. c.* I, 21, II, 32. Vielleicht ist auch der in SCHIEFNER's Bonposûtra, S. 72 vorkommende Name *Tsañ-kvan* chinesischen Ursprungs. An dieser Stelle mag auch an die Darstellung der chinesischen Halbvocale *u̯* und *o̯* in der Manju-Schrift erinnert werden, s. GABELENTZ, *Chinesische Grammatik* § 87. Zu den

[1] Tib. *o* war schon für mong. *u̥* vorweggenommen.

dem Chinesischen entlehnten Wörtern gehört auch *dva*, das zwar in JÄSCHKE's beiden Wörterbüchern fehlt, aber bei DESGODINS, S. 475 b (symbolum pro ferro in magia) und KOWALEWSKI, *Dictionnaire mongol-russe-français* III, 2599 zu finden ist; dessen mongolische Umschrift lautet *da temur*. Das Wort bezeichnet eines der chinesischen Trigramme (tib. *spar-k'a*), die auch in Tibet gebräuchlich sind, s. WADDELL, *Buddhism of Tibet*, S. 394, 456. Weil mir hier leider die Hilfsmittel fürs Chinesische fehlen, so kann ich augenblicklich nicht angeben, auf welches chinesische Wort jenes *dva* zurückgeht. Da die tibetischen Bezeichnungen der Trigramme, so viel ich weiss, noch nicht bekannt geworden sind, so lasse ich sie hier nach einem handschriftlichen, wahrscheinlich aus dem Chinesischen übersetzten Werke folgen (*₀P'ags pa snañ brgyad žes bya ba* fol. 6 b): 1. *li me*, 2. *k'on sa*, 3. *dva lcags*, 4. *k'en gnam*, 5. *k'am c'u*, 6. *giñ ri*, 7. *zin šiñ*, 8. *zon rluñ*, wobei man die Abweichungen von der bei WADDELL S. 457 englisch mitgetheilten Reihe beachte. Das chin. *Huô-šang* wird tib. gewöhnlich *Hva-šañ* umschrieben, s. PANDER-GRÜNWEDEL, *Pantheon*, S. 89, Nr. 210, wie sie z. B. bei WADDELL, S. 31, 378, 534 zu treffen ist; mit dieser Schreibweise hängt die Aussprache *Ho-schang* bei GEORGI, SCHMIDT und KÖPPEN zusammen, s. des letzteren *Lamaische Hierarchie und Kirche*, S. 71, 102, 339, 372. Dagegen findet sich auch tibetisch, in Uebereinstimmung mit der mongolischen Umschrift *Chašang* (Sanang Setsen, p. 46), die Schreibung *Ha-šañ*, so in JÄSCHKE's *Dict.* 595 b und im Ladâkher *rGyal-rabs* fol. 17 a, s. SCHLAGINTWEIT, *Die Könige von Tibet*, S. 841. K. MARX hat im *JASB.* LX, 1891, p. 37 ‚*Hā-shang-rgyal-po* and *Ug-ṭad*, a dialogue from the Tibetan' veröffentlicht; die mir aus dem Nachlasse des Verfassers vorliegenden Abschriften des Originaltextes, vier an der Zahl, bieten sämmtlich die Schreibung *Hâ-šañ* mit ausdrücklicher Bezeichnung der Länge des *a*. MARX hat übersehen, dass das von ihm übersetzte Werk das Glied in der Kette eines Literaturkreises ist, von dem schon 1879 SCHIEFNER, ‚Ueber eine tibetische Handschrift des India Office', *Mél. as.*, Bd. VIII, S. 635 ff. eine inhaltlich mit jener Schrift stark übereinstimmende Probe geliefert hatte. Aber SCHIEFNER hat noch weit mehr übersehen; einmal weiss er nicht, was er mit dem auch hier vorkommenden Namen des Königs *Ha-šañ* anfangen soll. ‚Ich gebe den Versuch auf', bemerkt er in einer Note, ‚denselben unterzubringen; fast möchte es scheinen, als entstamme er einer chinesischen Quelle.' Nun, es dürfte wohl nicht nur so scheinen, sondern sich auch wirklich so verhalten. Weit mehr zu verwundern ist jedoch, dass SCHIEFNER nicht erkannt hat, dass dieses Stück in den Kreis der Bharata-Literatur und insbesondere zu dem speciellen Theile gehört, den er selbst unter dem Titel Bharatae responsa tibetisch und lateinisch herausgegeben und in den *Mémoires de l'Acad. de Pét.* XXII, Nr. 7, in dem Cyclus *Mahâkâtyâyana* und König *Tshaṇḍa-Pradyota* S. 53 von neuem ins Deutsche übersetzt hat. Ich bemerke hier nur soviel, dass man nicht fehlgehen wird, in diesen drei unter einander zusammenhängenden Quellen die Anfänge unserer Eulenspiegelliteratur zu erblicken. SCHIEFNER's Quelle führt den Titel *₀Ug srad ces bya bai mdo,* was er durch *Ulûka-sûtra* übersetzt, und in MARX' Ausgabe heisst der Minister, welcher eben der tibetische Eulenspiegel ist, *₀Ug skrad,* und wer dächte bei diesem *₀ug,* das ‚Eule' bedeutet, nicht an Eulenspiegel? Ich behalte mir vor, gelegentlich einer Herausgabe der tibetischen Originale auf diesen Punkt zurückzukommen.

16. JÄSCHKE hat in seinem Aufsatze ‚Ueber die Phonetik der tibetischen Sprache' (*Monatsberichte* d. Berl. Akad. 1868) S. 163 sein Urtheil über das *va zur* in folgende Worte zusammengefasst: Dass *v* Unterscheidungszeichen, dafür spricht der heutige Gebrauch in West-Tibet wie in *dBus-gIsañ* sowie der Umstand, dass es von den einheimischen Grammatikern nicht als *wa btags* (analog dem *ya-* und *ra-btags*) bezeichnet wird. SCHIEFNER und LEPSIUS sind geneigt, es für ein wirkliches *w* zu halten, was durch die Analogie der benachbarten einsilbigen Sprachen und durch den Gebrauch, das untergeschriebene *w* in Sanskritwörtern durch dieses Zeichen zu transscribiren, wenngleich die heutigen tibetischen Leser es dann *o* aussprechen, die höchste Wahrscheinlichkeit erhält. Nimmt man an, dass gerade bei diesem *w* die anfängliche Aussprache sehr frühzeitig erloschen sei, so

liessen sich jene Gründe für die erstere Hypothese leicht entkräften.' Wenn die vorstehende Untersuchung ein Ergebniss beanspruchen darf, so ist es zunächst das negative, dass sie den Versuch gemacht hat, das alte Märchen von dem Unterscheidungszeichen *va zur* zu zerstören. Das ganze bisher erreichbare Material prüfend, haben wir keinen einzigen Fall gefunden, bei dem sich im Ernste davon reden liesse, dass das *v* nur zur Trennung gleichlautender Wörter diene. Im Gegentheil, es hat sich herausgestellt, dass sich der alte Satz ‚Zeichen lauten' auch hier bewahrheitet, dass dem *va zur* von jeher eine Lautbedeutung zukommt, ja, dass dieselbe sich geschichtlich in eine graue Vorzeit zurückverfolgen lässt, wo die Wurzeln der Sprache ihren gegenwärtigen monosyllabischen Zustand noch nicht erreicht hatten. Durch Reduction oder durch Schwund consonantischer Elemente entstehen nun diphthongische Gebilde,[1] welche die moderne Sprache wiederum zu einfachen Vocalen verschleift. Vergleicht man das Tibetische mit dem Barmanischen, so drängt sich die Ueberzeugung auf, dass ersteres in früherer Zeit eine Entwicklungsperiode durchgelebt hat, in der es sich eines grösseren Reichthums an *ya*-Diphthongen erfreute, als sich aus den noch jetzt vorhandenen spärlichen Fragmenten eruiren lässt. Das Barmanische besitzt nämlich häufig die Verbindung *w+a*, der ein tibetisches *o* oder *u* entspricht, z. B. barm. *grwa* ‚Cowrymuschel' = tib. *₀gron (-bu)*,[2] westtib. *rum (-bu)* (RAMSAY, S. 26). Ferner dürfte sich tib. *t'on* mit barm. *t'wan*, tib. *spun* mit barm. *pwan*, tib. *mt'o* mit barm. *t'wâ* zusammenstellen lassen. Diese drei letzten Beispiele habe ich dem Aufsatze von B. HOUGHTON, ‚Outlines of tibeto-burman linguistic palæontology, *JRAS*. 1896, S. 23—55, entnommen.[3] So hätte sich aus ein-

[1] Aehnliches hat im Chinesischen stattgefunden, s. GRUBE, *Die sprachgeschichtliche Stellung des Chinesischen*, S. 17.

[2] In buddhistischen Texten erscheint das Wort als Uebersetzung von *hiranya*, während *gser* die von *suvarṇa* ist, s. FOUCAUX, *Parabole de l'enfant égaré*, Paris 1854, fol. 10 a 3, 26 a 3.

[3] Der Verfasser macht zum ersten Male in dieser Schrift den Versuch, durch wortvergleichende Studien den alten, dem tibeto-barmanischen Urvolke gemeinsamen Culturbesitz zu erschliessen. Muss man auf der einen Seite der Kühnheit und

gehenderer Vergleichung indo-chinesischer Sprachen noch manches Werthvolle zur Erkenntnis des behandelten Gegenstandes schöpfen lassen, wie ich mir wohl bewusst bin; die Beschränkung, die ich mir auferlegte, geschah indes in wohlberechneter Absicht. Meine Aufgabe bestand darin, die sämmtlichen gleichartigen Erscheinungen des Tibetischen zusammenzufassen und aus der Sprache selbst, welche das Problem vorlegte, und ihrer Entwicklung heraus eine Antwort auf diese Frage zu suchen, und wenn ich mich gegen das Gebiet der Vergleichung, vielleicht etwas zu sehr, reservirt gehalten habe, so geschah es deshalb, um zu zeigen, was uns denn eigentlich zur Förderung dieses ganzen Forschungszweiges noth thut, welches die nächsten Ziele sind, auf die wir hinarbeiten müssen. Was uns noth thut, ist erstens eine systematische Erforschung aller hierhergehörigen Sprachengruppen, vor allem ihrer Dialecte und Erlangung eines weit zuverlässigeren, weit umfangreicheren und kritisch gesichteten Sprachmaterials; aber ausschliesslich mit Grammatik und Lexicon in der Hand zu arbeiten ist ein schwerer Fehler und wirkt bei der Vergleichung indo-chinesischer Sprachen geradezu verhängnissvoll. Die beiden grossen Cultursprachen dieser Familie, das Chinesische und das Tibetische, müssen stets im Mittelpunkt der Forschung bleiben und uns zumeist am Herzen liegen; beide Sprachen besitzen unermessliche Schätze an alter und neuer Literatur. Und aus der Fülle dieses Reichthums müssen wir unsere Kenntniss der Sprache schöpfen, sie, die lebendige, aus dem Leben ihres Volkes und ihrer Zeit, erfassen; Grammatik und Lexicon europäischer Autoren können und dürfen für diese Gebiete nur secundäre Quellen bilden. Tibet vollends

---

Originalität dieses Unternehmens volle Anerkennung zollen, so ist andererseits darauf hinzuweisen, dass HOUGHTON den zweiten Schritt gethan hat, ehe er den ersten ausgeführt. Solange es noch keine nach festen Grundsätzen arbeitende Vergleichung beider Sprachen gibt, können wir die Sprache auch nicht zur Reconstruction einer zudem hypothetischen Urzeit benutzen; daher sind die Vergleiche oft unsicher und unbegründet, und die auf sie gebauten Folgerungen wankend. Trotzdem darf der Verfasser das Verdienst in Anspruch nehmen, einen eigenen Weg gegangen zu sein, neue Gesichtspunkte eröffnet und manche geistvolle Gedanken niedergelegt zu haben, die unzweifelhaft auch viel Richtiges enthalten.

besitzt, wie ausser ihm vielleicht nur Indien, eine hervorragende, sehr umfangreiche grammatische und lexicographische Literatur, deren scharfsinnige Systeme unsere Bewunderung hervorrufen müssen; nur die Erschliessung dieses Schriftthums wird dermaleinst eine wirkliche Geschichte der tibetischen Sprache ermöglichen und dann wohl auch erst eine ernste Vergleichung der indo-chinesischen Sprachen nach exacter Methode. Dass es endlich an der Zeit ist, an die Bearbeitung dieser unbeachteten und unerschlossenen einheimischen Literatur dieser Gattung Hand anzulegen, darauf glaube ich im Verlaufe meiner Untersuchung deutlich genug hingewiesen zu haben.

# 014

## 杰苏普北太平洋考察：关于萨哈林岛的民族学研究

# SCIENCE



FRIDAY, MAY 26, 1899.

*CONTENTS:*





## *A MAGNETIC SURVEY OF THE UNITED STATES BY THE COAST AND GEODETIC SURVEY.*

IN the plan of reorganization of the 'survey of the coast,' adopted in March, 1843, explicit provision was made for magnetic observations.

Determinations of the magnetic declination were made at various points along the coast, under the superintendency of F. R. Hassler; the real work of magnetic observations, however, began with Superintendent Bache, who had previously made a magnetic survey of Pennsylvania and who had established the first magnetic observatory in this country, that of Girard College, Philadelphia.

Since that time the three magnetic elements, the declination, the dip and the intensity, have been determined by survey parties at various points in the United States, including Alaska, and in some foreign ports.

The general charge of this work, as well as the theoretical discussion which has given it value, has been in the hands of the Assistant Schott, Chief of the Computing Division, who has called attention from time to time to the need of a systematic prosecution of a magnetic survey of the country. It is largely due to Mr. Schott and his energy in that work that the present state of advancement has been reached.

In recognition of his contribution to Ter-

case of the Naval Observatory at Washington, by the interference of trolley wires.

Just what points will be chosen for the maintenance of continuous observatories will depend somewhat on the number of fixed magnetic observatories already maintained by universities and other institutions. With continuous records in Washington, Toronto, one point in the Northwest, Mexico and Havana, the magnetic fluctuations over the continent of North America ought to be fairly well followed. In addition to these a magnetic observatory will be established by the Coast Survey on one of the Hawaiian Islands, where its situation will not only supplement the data furnished by the observatories in the mainland, but by reason of its position in an isolated island may well be expected to add new facts to our knowledge of one of the most interesting, but one of the least perfectly understood, branches of physical science.

HENRY S. PRITCHETT,
*Superintendent.*

## *THE JESUP NORTH PACIFIC EXPEDITION.*

### ETHNOLOGICAL WORK ON THE ISLAND OF SAGHALIN.*

THE following report has been received from Dr. Berthold Laufer, who is in charge of the ethnological work of the Jesup North Pacific Expedition on the Amoor River and on the Island of Saghalin. The expedition is being carried on under the auspices of the American Museum of Natural History, the expenses being borne personally by President Morris V. Jesup. Dr. Laufer left New York in May, 1898, and went to Saghalin by way of Japan and Vladivostok. He spent the time from the summer of 1898 until March, 1899, among the various tribes inhabiting that island. He writes under date of March 4, 1899, as follows:

* Published by authority of the Trustees of the American Museum of Natural History.

In the collections which I made on the Island of Saghalin there are a number of very interesting specimens. On my journey made in the course of last winter I succeeded in obtaining from the Olcha Tungus a collection of wooden idols and amulets made of fish-skins, which are quite new to science. I obtained from the Ainu of southern Saghalin a very interesting collection of ethnographical objects. I have had very good success in using the phonograph, and have obtained songs of the Gilyak and Tungus. The only difficulty is that the instrument cannot be used in the winter, owing to the effect of severe cold.

I intend to leave Saghalin the beginning of next week and continue my work on the Amoor River. It is my intention to devote a good deal of my time to the study of linguistics, since this part of my investigations has been least satisfactory. There are no interpreters on Saghalin capable of translating texts. There is no one who knows more than the most common phrases of Russian. Among the Ainu, Russian is entirely unknown, and for the purpose of interpreting I had to use Japanese, with which, however, they are not very familiar either. My knowledge of the Japanese language facilitated my work among them very much, since they like the Japanese very well. I succeeded in obtaining a great deal of ethnological material and information, traditions, and a large amount of grammatical and lexicographical material, although a short time only was available for this purpose. I collected most of my material among the Ainu during the night time, because it is only at this time that everything is astir. I have no detailed translations of this material, but expect to be able to make translations with the help of my lexicographical material and comparisons with the Ainu dialect spoken in Japan. There is a great difference between these two dialects. The Ainu of

Yezzo have a vigesimal numeral system, while those of Saghalin have a purely decimal system. The latter dialect is much more archaic. Its morphology and phonetics are richer. I have also found the pronominal prefixes recently discovered by Bachelor. I am well satisfied with the results of my ethnographical researches among these people. I have obtained full explanations of their decorative designs. I did not succeed in obtaining any measurements. The people were afraid that they would die at once after submitting to this process. Although I had their full confidence, I could not induce them to submit, not even by offering presents which they considered of great value. In Korsakovsk I succeeded in measuring a single individual, a man of imposing stature, who, after the measurements had been taken, collapsed and looked the picture of despair, groaning, "Now I am going to die to-morrow!" The opinion that the Ainu are exceedingly hairy is decidedly exaggerated, at least so far as Saghalin is concerned. I have seen almost every single individual of the villages of the east coast of the island; and as I slept in their huts I had ample opportunity of seeing naked individuals, since they undress in the evening. By far the greater number of the men whom I have seen have no hair on their bodies, or at least no more than is found among Europeans. A more considerable amount of hairiness on chest and arms I have seen only in a few old men. Neither is the long beard characteristic of all Ainu. There are just as many with long beards as there are with short beards, or even without beards. I do not think that their type is homogeneous at all. I do not understand the reasons for Schrenck's statement that it is impossible to distinguish a Gilyak from an Ainu. It seems to me they may be distinguished with certainty, even from a long distance. I have no doubt that the information that I have collected on this island contains a very considerable amount of what is new. There are a great many errors in Schrenck's descriptions of the tribes of Saghalin. The Orok tribe, to which he refers, does not exist.

I started comparatively late on my journey along the east coast, because I was detained for two months and a-half by a severe attack of influenza. As soon as I had sufficiently recovered I went to Rykovsk, where the Gilyak were celebrating one of their bear festivals. I was welcomed with much delight, since I met several of my acquaintances of last summer. For five days I witnessed the ceremonial, and was even permitted to see the sacrifice of the dog, which is kept secret from the Russians. Then I travelled southward a hundred versts on horseback to Kasarsk, the southernmost Russian settlement on the central part of the island. I visited the whole valley of the Poronai as far as the mouth of the river on a reindeer sledge, and stayed for some time in the large Tungus village Muiko, where I had the great pleasure of obtaining additional information in regard to the texts which I had recorded during the preceding summer. I have measured almost the whole population of this area and collected statistical information. In this valley there are a number of Gilyak families who have begun to use the reindeer. I had also an opportunity of seeing a few Yakut. In December I reached Tichmenevsk, which is called Siska by the natives. This place is situated on Patience Bay. On the following day I started on an excursion eastward, in which I was particularly fortunate and successful. I obtained many specimens and much information on the Shamanistic rites and the ceremonials of the natives. When, later on, I had an opportunity to show my specimens to some Russians they were much surprised, since during the many years of their life on

Saghalin they had not seen anything of the kind. Then I visited the villages Tarankotan and Taraika, where I first fell in with the Ainu. I also visited the Tungus villages Unu, Muiko and Walit, after having passed the famous lake of Taraika. It was impossible to proceed farther eastward, since I received an official letter of warning not to proceed, because a few versts farther east a band of highwaymen consisting of escaped convicts had built a fort and were terrorizing the country. For this reason I returned without making the acquaintance of these gentlemen.

On New Year's Eve I reached Siska. On the following day I took phonographic records of songs, which created the greatest sensation among the Russians as well as among the natives. A young Gilyak woman who sang into the instrument said: "It took me so long to learn this song, and this thing here learned it at once, without making any mistakes. There is surely a man or a devil in this box which imitates me!" And at the same time she was crying and laughing from excitement.

On the second of January I started by dog-sledge for Naiero, where I had the best results in my work with the Ainu. Then I visited all the settlements on the coast as far as Naibuchi, which is 260 versts from Siska. This journey was exceedingly difficult, and sometimes even dangerous. At one time I narrowly escaped drowning when passing the ice at the foot of a steep promontory. I broke through the ice, which was much weakened by the waves. Fortunately, my guide, who was travelling in front of me, happened to capsize on his sledge at the same moment when I broke through. Thus it happened that he saw my situation and extricated me with his staff.

Towards the end of the month I arrived at Korsakovsk, making the distance from Naibuchi, about 100 versts, on horseback. Originally I intended to return from this point along the west coast of the island; but this proved to be impossible, as there is no means of communication in winter. For this reason I had to return northward the same way by which I came, and I had to travel as rapidly as possible in order to reach Nikolaievsk in time. Towards the end of March communication between the island and mainland over the ice is suspended. Therefore, I returned with all possible speed; working and collecting, however, when opportunity offered. The last few days I travelled day and night, camping a few hours, but not more than necessary to give the reindeer time to rest. At nine o'clock this morning I arrived here, having covered, since six o'clock yesterday morning, a distance of 200 versts.

---

## *ON THE BRIGHTNESS OF PIGMENTS BY OBLIQUE VISION.**

In the formation of any theory of color-vision the phenomena of color-blindness necessarily play an important part. This is especially true, of late years, of total color-blindness, or the absence of all color-sense. Of this phenomena there are three classes, exemplified by the eyes of those rare individuals who lack from birth all power of perceiving color by the normal eye in faint light and by the peripheral vision of the normal retina.

In each of these three cases the spectrum appears as a colorless band of graduated brightness. It was pointed out by Hering, in 1891, that the distribution of brightness in the first two of these three classes is the same, and it has been generally supposed that the color-blindness of the retinal periphery is of similar character. Von Kries showed, however, that this supposition was untrue (*Zeitschr. für Psychologie und Phys-*

*A paper read at the Boston meeting of the American Association for the Advancement of Science, August, 1898

# 015

## 日本和南太平洋岛民的建筑

# GLOBUS

## Illustrierte

## Zeitschrift für Länder- und Völkerkunde

Vereinigt mit den Zeitschriften „Das Ausland“ und „Aus allen Weltteilen“

---

Begründet 1862 von Karl Andree

Herausgegeben von

**Richard Andree**

**Fünfundsiebzigster Band**

Braunschweig

Druck und Verlag von Friedrich Vieweg und Sohn

1899

Insel. Die verschiedenen Längenangaben aber lassen sich leicht aus den Schwierigkeiten der astronomischen Ortsbestimmung auf einem antarktischen Walfischfänger früherer Zeit erklären. Da dadurch nicht ausgeschlossen war, dafs die Thompson-Insel doch noch nach Anbringung der Korrekturen an die früheren fehlerhaften Längenangaben gefunden werden könne, wurde noch einmal nach ihr von Bouvet-Insel aus erfolglos gesucht, dann aber nach Erledigung wissenschaftlicher Arbeiten in Südostrichtung nach der Packeisgrenze weitergedampft.

## Kleine Nachrichten.



— Über seine ethnologischen Forschungen auf der Insel Sachalin berichtet unser Mitarbeiter, Dr. Berthold Laufer, als Mitglied der bekannten Jesup-Expedition, an das American Museum of Natural History folgendes: Dr. Laufer verliefs New-York Mai 1898 und reiste über Japan und Wladiwostok nach Sachalin, wo er vom Sommer 1898 bis zum März 1899 unter den verschiedenen Stämmen der Insel wohnte. Von den Oltscha-Tungusen erwarb er eine Sammlung bisher unbekannter hölzerner Idole und Amulette aus Fischhaut, auch gelang es ihm, Gesänge der Giljaken und Tungusen vermittelst des Phonographen aufzunehmen. Die linguistischen Studien waren auf Sachalin dadurch erschwert, da es keinen Dolmetscher gab, der mehr als die gewöhnlichsten Redensarten in russischer Sprache konnte. Unter den Aïnos war Russisch ganz unbekannt, und Japaner mufsten als Dolmetscher dienen. Zwischen den Aïno-Dialekten von Sachalin und Japan besteht ein grofser Unterschied. Die Aïno von Jezzo haben ein Vigesimal-Zahlensystem, während das der Aïnos von Sachalin ein reines Decimalsystem ist. Auch ist der Dialekt der letzteren archaischer und seine Morphologie und Phonetik reicher. Messungen konnte Dr. Laufer an den Aïnos nicht ausführen, da die Leute zu sterben fürchteten. Die Ansicht, dafs die Aïnos alle aufserordentlich stark behaart sind, hält Dr. Laufer, wenigstens für Sachalin, für stark übertrieben. Stark behaarte Brust und Arme sah er nur bei einigen alten Männern. Auch ist der lange Bart durchaus nicht für alle Aïno charakteristisch. — Unter den Angaben Schrencks konnte Dr. Laufer viele Irrtümer aufklären, ein von letzterem genannter Orokstamm ist überhaupt nicht in Sachalin vorhanden. In Rykovsk hatte der Reisende Gelegenheit, bei den Giljaken dem Bärenfeste beizuwohnen, und durfte sogar das Opfer des Hundes sehen, welches den Russen immer bisher verheimlicht ist. Von Rykovsk ritt dann Dr. Laufer nach dem 100 Werst südlicher gelegen Kasarsk, dem südlichsten russischen Posten im Inneren der Insel. Dann fuhr er auf einem Renntierschlitten das Thal der Poronai bis zur Mündung des Flusses und lebte einige Zeit, mit linguistischen Studien beschäftigt, in dem grofsen Tungusendorfe Muiko. Dort konnten auch Messungen ausgeführt und viel statistisches Material gesammelt werden. Im Dezember erreichte er den von den Eingeborenen Siska genannten Ort Tischtmenevsk an der Patience-Bai, in dessen Umgebung er viel Neues über das Schamanentum erfragen und sammeln konnte, Sachen, die selbst Russen, die lange Jahre in Sachalin lebten, noch nie zu Gesicht bekommen hatten. Dann wurden die Dörfer Taraukotan und Turaika besucht, wo der Reisende zuerst Aïnos antraf, ebenso die Tungusendörfer Unu, Muiko und Walit. Eine aus entlaufenen Verbrechern bestehende Räuberbande hinderte Dr. Laufer daran, noch weiter nach Osten vorzudringen. Der Reisende kehrte am Neujahrsabend 1899 nach Siska zurück und machte dort phonographische Aufnahmen, die bei Russen und Eingeborenen das gröfste Aufsehen erregten. Ein Giljakenmädchen, das in den Apparat hineingesungen hatte, rief erstaunt aus: „Wie lange habe ich gebraucht, um das Lied zu lernen, und dieses Ding kann es gleich — da sitzt ein Teufel drin." Auf Hundeschlitten trat Dr. Laufer am 2. Januar die Reise nach Nailro an, wo er gute Erfolge unter den Aïnos hatte. Dann besuchte er alle Niederlassungen an der Küste bis Naibuschi, das 260 Werst von Siska entfernt ist. Gegen Ende des Monats erreichte er Korsakowsk, 100 Werst von Naibuschi gelegen. Nunmehr mufste auf demselben Wege so schnell wie möglich Nikolajewsk erreicht werden, denn gegen Ende März ist die Verbindung von der Insel nach dem Festlande, wohin Dr. Laufer sich nunmehr begeben hat, unterbrochen. — Wir wünschen dem jungen Gelehrten auch weiterhin gleichen Erfolg bei seinen Forschungen.

— Hohläxte der Japaner und der Südsee-Insulaner. Leopold v. Schrenck hat im dritten Bande seiner „Reisen und Forschungen im Amurlande" auf Seite 509 eine Hohlaxt beschrieben, welche die Giljaken und übrigen Völker des unteren Amurlandes beim Aushöhlen von Baumstämmen zu Böten gebrauchen, und Abbildungen dreier Stücke aus dem Petersburger Museum hinzugefügt, von denen eines den von ihm fälschlich als Oroken bezeichneten Oltscha von Sachalin und die beiden anderen den Otaheiti-Insulanern und den Papua der Admiralitäts-Inseln angehören. Eine Erklärung des Zusammenhanges dieser auf den ersten Blick überraschenden Erscheinung giebt der Verfasser nicht. Das Geheimnis löst sich indessen sehr bald, wenn man weifs, dafs genau die gleiche Form jener Axt, gleichfalls auch zum Bootbau verwendet, sich in allgemeinem Gebrauche in ganz Japan vorfindet (japanisch: chōna). Man kann sie dort bei jedem Zimmermann sehen und in jeder Eisenhandlung für geringes Geld erstehen. Unzweifelhaft haben die Japaner mit vielen anderen Errungenschaften ihrer Kultur auch diese zu den Völkerschaften Sachalins gebracht. Dort traf ich sie auch bei den im Süden der Insel ansässigen Ainu, welche das Werkzeug Kērungkara, ein aus Kēru, „schaben", und Kara, „machen", zusammengesetztes Wort, nennen und selbst bekennen, dafs sie dasselbe nach ursprünglich japanischem Vorbilde arbeiten. Die Leichtigkeit der Herstellung veranlafst natürlich jene Stämme zur Selbstfabrikation, und ein Ainu, dem ich eine Beschreibung und Zeichnung entwarf, machte sich sofort daran, mir unter Benutzung eines gerade vorhandenen Eisenblattes in kurzer Frist die Anfertigung dieser Axt zu zeigen. Danach dürfte nun auch das Vorkommen derselben in der Südsee in einer anderen Beleuchtung erscheinen. Inwieweit diese Form in China bekannt ist, vermag ich gegenwärtig nicht zu sagen; die am Amur wohnenden Chinesen, gewöhnlich Maysen genannt, sind jedenfalls damit vertraut und bezeichnen diese Axt als Küē, ein Wort, das mit demselben Zeichen geschrieben wird, wie das japanische chōna. B. Laufer (zur Zeit am Amur).

— Die weiten Besitzungen des centralsüdafrikanischen Herrschers Lewanika, welche 1895 bis 1896 von dem Franzosen Bertrand und dem Engländer Major St. Hill Gibbons erforscht wurden und worüber im Globus, Bd. 74, S. 24, ausführlich mit Abbildungen berichtet wurde, sind abermals das Ziel einer Expedition von Gibbons geworden, die sich die Erforschung der Wasserscheide zwischen Zambesi und Kongo zum Ziele gesetzt hat. Aus der Missionsstation Kasungula am Zambesi-Linyanti-Zusammenflusse berichtet Gibbons, dafs zunächst die Untersuchung der drei Flüsse Kwando, Kwito und Lialui von ihm und seinen beiden Begleitern Hamilton und Quicke in Angriff genommen wurde. Sie befuhren in einem kleinen Dampfer den schwer passierbaren Zambesi von den durch Livingstone bekannt gewordenen Kebrabasafällen ab, mufsten aber wegen des überaus starken Gefälles öfter zurückkehren. Vom Einflusse des Guay an mufsten 19 Stromschnellen auf einer Entfernung von 32 km bewältigt werden. Die Schwierigkeiten in der Befahrung des mittleren Zambesi erwiesen sich noch gerade so grofs, wie zu Livingstones Zeiten, und der Flufs wird schwerlich je sich zu einer guten Fahrstrafse nach dem Inneren ausgestalten lassen.

— Einen aufserordentlichen Zug von Springböcken, wie solche in früheren Jahren in der Kapkolonie wohl öfters gesehen worden sind, hat Herr Schreiner im Juli 1896 beobachtet. Er glaubt zu gleicher Zeit mindestens eine halbe Million Springböcke gesehen zu haben und ist der Ansicht, dafs der ganze Zug oder „trek", wie der holländische Ausdruck lautet, aus Millionen dieser Tiere bestanden haben mufs. Natürlich wurden Tausende von Buren und anderen Jägern erlegt und ein flotter Handel in Häuten und frischem Fleisch entwickelte sich für kurze Zeit. Eine Wanderung in solchem Mafsstabe dürfte in der Zukunft wohl kaum noch einmal zur Beobachtung gelangen, da das Gebiet, wo die Tiere sich frei entwickeln können, immer mehr eingeengt wird. (Nature, 8. Juni 1899.)

Verantwortl. Redakteur: Dr. R. Andree, Braunschweig, Fallersleberthor-Promenade 13. — Druck: Friedr. Vieweg u. Sohn, Braunschweig.

*016*

## 黑龙江岩画

# AMERICAN ANTHROPOLOGIST

## NEW SERIES



## VOLUME I

NEW YORK

G. P. PUTNAM'S SONS

1899

# PETROGLYPHS ON THE AMOOR[1]

By BERTHOLD LAUFER

At the confluence of the Orda and the Amoor, near the Gold village of Sakacha-Olen, the right banks of the Orda and the Amoor form a sandy beach, which is covered with innumerable bowlders, partly scattered, partly piled up in a long wall, which, seen from the water, conveys the impression that a fortification or a dike had been erected there. A number of these stones bear curious petroglyphs, evidently of great antiquity. Unfortunately, most of these are so much obliterated that it seemed impossible to obtain satisfactory photographs; for this reason tracings of the petroglyphs were made on paper placed over the bowlders. The place was visited in the spring, when the river was high, and consequently a number of the petroglyphs were under water. Others were discovered high up on precipitous rocks. Some bowlders which were partly buried in sand were excavated, and proved also to be covered with petroglyphs.

The figures represented are partly human faces, partly animals. The general characteristics of the petroglyphs are quite uniform. Figure 29 shows a face of oval form, the nose represented by a triangle, the mouth and lips represented by a single spiral. The eyes also are represented by a spiral ornament, which might be considered as suggesting Chinese affinity. Five lines shown on the forehead probably represent wrinkles or facial painting. Figure 30 represents a figure found on the surface of the same stone from which figure 29 was copied. The similarity of character of these two faces is striking. Figures 31 and 32

[1] Extracted from a report of investigations made under the auspices of the Jesup North Pacific Expedition, and published herein by authority of the Trustees of the American Museum of Natural History.

are reproductions of sketches made of carvings found on rocks some distance from the bank of the river, both of them occurring on one stone. Figure 32 is partly on top of the stone, partly on

FIG. 29 — Petroglyph in form of a face.

FIG. 30 — Petroglyph in form of a face.

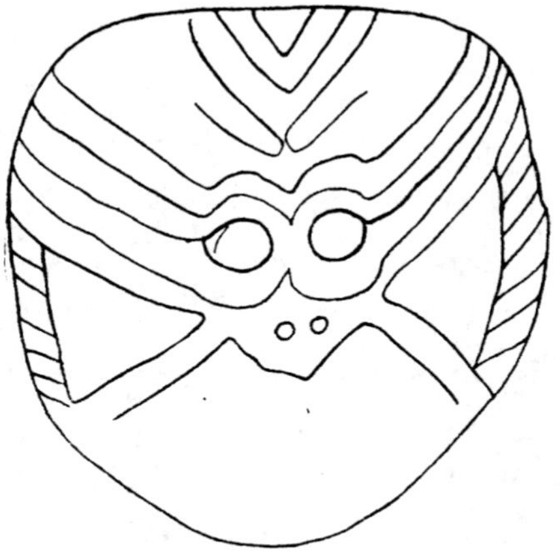

FIG. 31 — Petroglyph in form of a face.

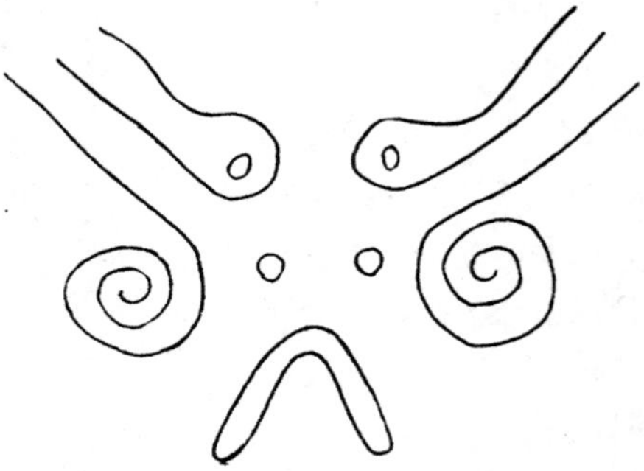

FIG. 32 — Petroglyph in form of a face.

its side, one edge of the stone passing through the middle of the petroglyph. In this figure the characteristic spiral design seen in figure 29 will be observed.

Among the representations of animals, that of an elk (figure 33) is the most remarkable. The head and antlers are shown with remarkable realism; there are three spirals on the back of the animal, while the lines on the lower part of the body probably represent ribs. The elk is represented running. Behind this figure is found the face of a man, the chin and mouth of which are on the surface of the stone, while the eyes and the forehead are continued on the adjoining lateral face.

FIG. 33—Petroglyph of an elk.

There is another petroglyph representing an animal similar to a horse. Tail, back, forelegs, head, eyes, and ears are well preserved, but the remainder is almost obliterated. The Golds stated that representations of animals are very numerous; but at the time of my visit most of them were covered with water. There are three figures on a high precipice which the Golds regard as representations of the Mudu'r (the thunder dragon), a conception borrowed from the Chinese. The similarity between the Chinese design and these petroglyphs is very slight. Figure 34 shows a sketch of one of these rock-carvings. Quite recently some Golds have carved the design of a dragon in the same rock. Figure 35 shows some lines found on one of the bowlders.

It will require systematic excavations in order to ascertain if the loose bowlders mark old burial sites. Some of the Golds maintain that these petroglyphs were made by a people preceding them, whom they identify with the Koreans; but there is also a tradition referring to the origin of these rock carvings, which is as follows:

In the beginning of the world there were only three men, called Shankoa, Shanwai, and Shanka. There were three divers and three swans. Once on a time the three men sent the three

Fig. 34 — Amoor petroglyph, said to represent the thunder dragon.

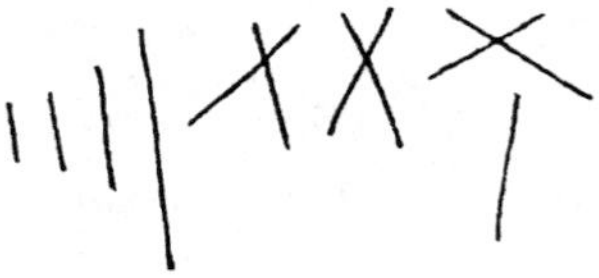

Fig. 35 — Amoor petroglyphs, — simple lines.

swans and the three divers to dive for soil, stones, and sand. The birds dived. For seven days they stayed under water. Then they emerged. They brought earth, stones, and sand, and they began to fly about, carrying the earth that they had brought. They flew all around the world. The earth originated when the divers flew, holding earth and stones in their bills. Mountains and plains arose. The divers flew about; and where they flew, rivers arose. Thus they determined the courses of the rivers. They flew toward the sea, and the Amoor river arose. Flying along the shore, they formed bays of the sea.

Then the three men made a man called Ka'do, and a woman called Julchu'. After a while they had a girl, who was called Ma'milji. The people multiplied, and the whole country adjoining the Amoor was populated. Ka'do said, "There are three Suns in the sky. It is impossible to live. It is too hot. I will shoot the Sun." Then his wife said, "Go!" Ka'do went to where the Sun rises. He dug a pit, in which he hid; and when the first Sun rose, he shot him. He missed the second Sun; but when the third Sun rose, he killed him also. Then he returned. Now it was no longer too hot. Ma'milji drew pictures on stones. Julchu' said, "The people have seen that my husband has killed two Suns." After the Suns had been killed the stones began to harden.

Then Ma'milji said: "There are too many people; there will be no room for them if they do not die. I will die to show them the way." When she was dying Ma'milji said: "The Burunduk does not die; in winter he hibernates; in summer he revives. The Tumna lives as a fish in summer; in winter he hibernates. Thus they will continue to live. The small snake and the large snake will hibernate in winter; in summer they will revive. Other animals shall be born and die. Man shall be born and die."

# 017

## 虾夷和萨哈林岛的原始居民

# Centralblatt

für

# Anthropologie, Ethnologie und Urgeschichte.

Herausgegeben

von

**Dr. phil. et med. G. Buschan.**

V. Jahrgang 1900.

**JENA,**

Hermann Costenoble.

Verlagsbuchhandlung.

# Centralblatt

für

# Anthropologie, Ethnologie u. Urgeschichte.

**Herausgegeben von Dr. phil. et med. G. Buschan.**

Verlag von **Hermann Costenoble** in Jena.

**5. Jahrgang. Heft 6. 1900.**

## A. Originalabhandlung.

## Die angeblichen Urvölker von Yezo und Sachalin.

Von Berthold Laufer.

*Every absurdity has now a champion to defend it; and as he is generally much in the wrong, so he has always much to say; for error is ever talkative.*

Oliver Goldsmith.

In den Theorieen, welche über die ehemaligen Bewohner der auf Yezo und Sachalin gefundenen Erdgruben verlautbart worden sind, treten in der Hauptsache zwei Momente hervor: einmal das Bestreben, diese angenommenen Bewohner zu Angehörigen einer Sonderrasse zu stempeln, die jene Gebiete vor der Ankunft der Ainu[1]) besetzt hielt und von diesen verdrängt oder ausgerottet worden sein soll; sodann die Tendenz, dieses prähistorisch erschlossene Volk aus Traditionen der Ainu historisch zu erhärten und sogar mit einem Ainu-Namen zu benennen. So war einst Yezo, sagt man, von dem Volk der Koropokguru und das südliche Sachalin von dem Volk der Tonchi bewohnt.

Es würde zu weit führen, die Entstehung und Entwickelung dieser Ansichten in ihren einzelnen Phasen zu beleuchten, da es hier auf eine kritische Erörterung der Gesamtfrage ankommt. Zudem findet man die verschiedenen Anschauungen über die Koropokgurufrage ziemlich vollständig bei Koganei[2]) zusammengestellt. Die Sage von den Koropokguru wurde aus Mitteilungen von Japanern,

[1]) *Ăinu*, mit intensivem Accent auf dem a, ist die allgemein übliche Lautgebung des Namens im Munde der Eingeborenen von Sachalin, wie sie Batchelor auch für Japan festgestellt hat (Transactions of the Asiatic Society of Japan, vol. XVI, 1888, p. 18), aber niemals *Aino*, wie gewöhnlich in der englischen und russischen Litteratur geschrieben wird.

[2]) Beiträge zu physischen Anthropologie der Ainu, in Mitteilungen aus der medizin.-Fakultät der Kais.-Japanischen Universität, Band II, Nr. II, Tokyo 1894, p. 301—315.

dann vor allem aus Nachrichten von Batchelor[1]), Koganei[2]) und Chamberlain[3]) bekannt. Die von Koganei mitgeteilte Erzählung von einer schönen Koropokguru-Zwergfrau scheint mir schon aus dem Grunde völlig belanglos zu sein, da dieselbe Sage in einer von Chamberlain[4]) aufgezeichneten Variante auf *Turesh*, die Gattin des *Okikurumi*[5]), bezogen wird. Übereinstimmend lauten die Berichte, dass die Koropokguru drei oder vier Fuss hohe Zwerge mit langen Armen gewesen seien, die sich wegen ihrer Kleinheit unter einem Blatte der Pestwurz *(petasites japonicus)*[6]) verbergen konnten, eine Vorstellung, die sich mit der Erklärung des Namens als „Leute unter der Pestwurz“ verbindet. Es erfordert kaum viel Geist, um zu erkennen, dass in einer solchen Deutung die etymologisierende Spielerei der Volksphantasie ihr Wesen treibt. Batchelor beachtet sie daher auch nicht und interpretiert den Namen als „unten wohnende Leute, Grubenbewohner“. Das wäre sehr schön, wenn es sich beweisen liesse: *Koropok* soll nämlich aus *choropok* „unten“ ‚verdorben‘ sein,[7]) ein in der Sprache der Ainu gänzlich unbekannter Lautwandel. Gleichviel nun, welches auch die Etymologie des Wortes sein mag, aus einigen dürftigen abgerissenen, mehr oder weniger zufällig aufgegriffenen Mythenfragmenten oder -fetzen — den Stoff im Zusammenhang erzählende Sagen liegen gar nicht vor — vermochten Forscher auf dem Felde der „exakten Naturwissenschaften“ den Schluss zu ziehen, dass in prähistorischer Zeit ein Zwergvolk der Koropokguru wirklich existiert hat, das in den jetzt

---

[1]) The Ainu of Japan, London 1892, p. 307—312.

[2]) l. c. p. 303.

[3]) The language, mythology, and geographical nomenclature of Japan viewed in the light of Ainu studies, in: Memoirs of the Literature College, Imperial University of Japan Nr. I, Tokyo 1887, p. 20.

[4]) Ainu folktales, with introduction by E. B. Tylor, London 1888 (privately printed for the Folklore-Society Nr. 22), und Chamberlain, l. c., p. 16.

[5]) Ainu-Name des japanischen Helden *Yoshitsune*, der von seinem jüngeren Halbbruder *Yoritomo* im 12. Jahrhundert nach Yezo vertrieben wurde und in den Sagen der Ainu eine Rolle spielt. Vergl. Murray's Handbook for Japan, 4th ed., p. 67; Batchelor in Transactions of the Asiatic Society of Japan, vol. XVI, 1888, p. 123—137, vol. XXIV, 1895, p. 67. Scheube in Mitteilungen der deutschen Gesellschaft für die Natur- und Völkerkunde Ostasiens, Band III, p. 243—244; Michaelis, ibid. Band IV, S. 290, dazu Bälz, Scriba, Siebold und Wagener S. 291.

[6]) S. über diese Pflanze: Batchelor and Miyabe, Ainu economic plants, in Transactions of the Asiatic Society od Japan, vol. XXI 1893, p. 222, Nr. 80. In seinem Ainu-English-Japanese Dictionary, Tokyo, 1889, p. 132, übersetzt Batchelor übrigens *korokoni* durch *nardosmia japonica*. Die Pflanze ist auch auf Sachalin unter demselben Namen bekannt, s. Dobrotvorskij, Ainu-russisches Wörterbuch, Beilage zu den Memoiren der Universität Kasan 1875, p. 145, 342. Dass *Koro* aus *Korokoni* verkürzt ist *(pok* bedeutet „unter“), dürfte, wenn es ein Ainu annimmt, wohl verzeihlich sein, für einen europäischen Forscher aber, der sich diesen Glauben zu eigen macht, zum mindesten einen linguistischen Salto mortale bedeuten.

[7]) Batchelor, Ainu-English-Japanese Dictionary, p. 132, und The Ainu of Japan, p. 309.

noch vorhandenen Gruben mit ihren Steinwerkzeugen und Thongefässen die Spuren seiner einstigen Thätigkeit hinterlassen habe. Zu solchen Forschern gehören ein Archäologe wie Tsuboi[1]), ein Geologe wie Milne[2]), ein Missionar und Ethnograph wie Batchelor, um von geringeren ganz zu schweigen. Übrigens sind die Koropokguru nicht die einzigen, welche die Ainu als ihre Vorgänger betrachten. Summers[3]) erwähnt unter dem Namen *Kosh'to* eine *„pre-Aino race"* und Chamberlain[4]) weiss von einer Sage betreffend menschenfressende Riesen (ogres) zu berichten, die stärker und behaarter als die gewöhnlichen Ainu waren und *Kim-un-ainu* d. h. Leute der Berge[5]) bezeichnet werden. Es ist wunderbar genug, dass niemand auf den Einfall gekommen ist, die Theorie von einer bergbewohnenden Riesenrasse auf Yezo auszugeben: beruht die

---

[1]) Bei Koganei l. c., p. 309.

[2]) Ibidem p. 312—313; ausser den dort citierten Schriften vergl. Milne, Notes on the Koropokguru or Pit-dwellers of Yezo and the Kurile Islands, in Transactions of the Asiatic Society of Japan, vol. X, 1882, p. 187—198. Unter den nach Koganei aufgetauchten Ansichten will ich hier nur auf die von Snow, Notes on the Kuril Islands, London 1897, p. 25, hinweisen, der über die Herkunft der Koropokguru ziemlich genaue Wissenschaft hat. Nach ihm waren dieselben „unzweifelhaft" (!) eine nördliche Rasse, die in Yezo via Kurilen eindrang; sie waren wahrscheinlich nie sehr zahlreich, und als die Ainu von den Japanern nach Yezo getrieben wurden, konnten sie keine Schwierigkeiten haben, diesen Stamm zu vernichten oder in seine ursprünglichen Wohnsitze zurückzutreiben; ihre Grubenwohnungen findet man auf den Kurilen, Sachalin, Kamtschatka und den Aleuten; die Bauart, die sie im fernen Norden pflegten, behielten sie selbst dann bei, als sie ihren Weg in ein weit milderes Klima nahmen. — Die von P. Mayet (Mitteilungen der deutschen Gesellschaft etc., Bd. IV 292) angekündigte Abhandlung über das von ihm geglaubte „Zwergvolk" ist leider nicht erschienen. — Eine Sonderstellung nimmt Prof. Scriba in dieser Frage ein. Er hält auf Grund eigener Forschungen die auf Yezo befindlichen Gruben für die Überreste japanischer befestigter Zeltlager aus der Zeit militärischer Expeditionen in früheren Perioden der Geschichte (s. Mitteilungen etc. Bd. IV 292); ihm schliesst sich A. Siebold (ibidem) mit der Variante an, dass die Gruben nicht zur Errichtung von Zelten, sondern zur Anlage japanischer Hütten gedient hätten. Dieselbe Theorie wiederholte Scriba in Mitteilungen Bd. V 188 und stellte ebenda S. 435 die Veröffentlichung seiner Untersuchungen über die sogenannten Koropokguru in einem der nächsten Hefte in Aussicht, was aber bedauerlicher Weise bis jetzt nicht geschehen ist. Die in den Gruben gefundenen Waffen, besonders kurze und lange Schwerter mit Stichblättern, die Scriba für seine Ansicht ins Feld führt, können freilich für japanischen Ursprung nichts beweisen; nach diesem Satze müsste man die modernen Ainu, in deren Hütten man sehr häufig auf den Besitz japanischer Schwerter trifft, auch für Japaner erklären. Wenn auch schwerlich alle Gruben in Scriba's Sinn gedeutet werden können, so scheint es mir doch gewiss zu sein, dass Überreste japanischer Festungsanlagen, die zum Schutz gegen plötzliche Überfälle und als Stützpunkt für weitere Eroberungen dienten, auf Yezo vorhanden sein müssen, da derartige Bauten nach dem Nihongi schon dem 7. Jahrhundert zugeschrieben werden (s. Florenz, Nihongi oder Japanische Annalen, 3. Teil, 23. Buch p. 14 und Note 7, Supplement zu Bd. V der Mitteilungen).

[3]) An Ainu-English Vocabulary, in Transactions of the Asiatic Society of Japan, vol. XIV, 1886, p. 208.

[4]) The language, mythology etc. of Japan, l. c. p. 18.

[5]) Auf Sachalin heissen so die am Oberlauf der Flüsse wohnenden Leute, s. Dobrotvorskij, Ainu-russisches Wörterbuch, p. 134. Das Wort *Kim* ist dort auch Bezeichnung des Urwaldes, der von den Russen sogenannte *Taigá*. Das Nihongi erzählt, dass ein chinesischer Kaiser, dem im Jahre 659 ein Ainu und eine Ainu-Frau durch zwei japanische Gesandte vorgestellt wurden, diese unter anderem fragte, ob es im Lande der Ainu Wohnhäuser gäbe, worauf die Gesandten antworteten: „Nein, sie wohnen unter den Bäumen tief in den Bergen." Vergl. Florenz, Nihongi (l. c. Note 2), 26. Buch, p. 16.

Koropokgurusage auf Wahrheit, dann ist kein Grund vorhanden, der Überlieferung von den *Kim-un-ainu* das Dasein abzusprechen, denn sie ist nicht schlechter als jene. Gegen das Dogma der Koropokguru-Offenbarung haben sich schon Grimm[1]) und Koganei[2]) gewehrt, und ich werde nach einer Betrachtung der Tonchisage auf ihre Erörterungen zurückkommen.

In den Schriften russischer Reisender tritt eine Theorie zu Tage, welche an die im südlichen Teile der Insel Sachalin im Verbreitungsgebiet der dortigen Ainu vorhandenen Erdgruben (russisch *yáma)* anknüpft und als deren Erbauer das Urvolk der Tonchi hinstellt. „Von dem Aufenthalt der Zwerge auf Yeddo (sic!)“, bemerkt Kirilov[3]), „und gleichfalls auf Sachalin sind Kurgane zurückgeblieben, Gruben an Stelle ihrer Wohnungen; in diesen Gruben findet man Stein- (Obsidian-) Werkzeuge und Thongefässe oder -scherben. Dieses ausgestorbene Volk nennen die Ainu auf Yeddo (!) Koropokguru und Tonchi oder Ponchi auf Sachalin. Es ist bemerkenswert, dass die Ainu in der Nähe der Orte leben, wo die Wohnplätze ihrer Vorgänger, der Tonchi, waren, z. B. in Seraroko, Post Tichmenevsk und Airup.“ Ein anderer anonymer Autor[4]) lässt sich in folgender Weise vernehmen: „Poljakov, der auf Grund von den Ainu erlangter Nachrichten über die alten Bewohner Sachalins spricht, bringt eine Überlieferung bei, in der sie Tonchi heissen; die Ainu vertrieben die Tonchi in den Nordteil der Insel. Andererseits besteht bei den Giljaken eine Überlieferung betreffs eines Landübergangs nach Sachalin und einer Begegnung der Einwanderer mit den Tonchi im Norden. Erwägt man die Zeit der Wanderung der

---

[1]) Beitrag zur Kenntnis der Koropokguru auf Yezo und Bemerkungen über die Shikotan-Ainu, in Mitteilungen der deutschen Gesellschaft für die Natur- und Völkerkunde Ostasiens Band V, p. 369—373.

[2]) l. c. p. 310.

[3]) Ainu, vorläufige Mitteilung, in Sachalin-Kalender (gedruckt in Post Alexandrovsk auf Sachalin) 1898, 2. Teil, p. 40, 54. Kirilov ist Gefängnisarzt in Korsakovsk und sollte im offiziellen Auftrag die Ainu studieren. Als Probe seiner Ergebnisse sei die Entdeckung, deren Priorität ihm wohl niemand streitig machen wird, mitgeteilt, dass unter den Ainu Spuren von Polyandrie vorhanden sind, auf Grund folgender Beobachtung: „eine vierzigjährige Frau hatte einen dreissigjährigen Mann, den sein Schwiegervater in sein Haus aufgenommen hatte; gleichzeitig hielt sie sich einen fünfundzwanzigjährigen Arbeiter, der ihr in Abwesenheit des Mannes und mit dessen Wissen den Ehemann ersetzte; doch hatte der Mann schon eine zwanzigjährige Arbeiterin als Concubine erlangt.“ Wenn der Herr Verf. wissen will, was Polyandrie ist, so hätte er die beste Gelegenheit, dieselbe unter seinen eigenen Landsleuten, den russischen Ansiedlern auf Sachalin, kennen zu lernen, deren in der Regel mit mehreren Männern zusammenlebende und der Willkür eines jeden preisgegebene Frauen zu wöchentlicher ärztlicher Untersuchung wie Prostituierte gezwungen werden, unter denen jeder Beschreibung spottende sexuelle Zustände herrschen.

[4]) Sachalin-Kalender 1897, 2. Teil, p. 181. Der Verf. des betreffenden Artikels „Kurze historische Skizze der Entdeckungen und Beschreibungen der Insel Sachalin und der ersten russischen Ansiedelungen auf derselben“ ist wahrscheinlich der Arzt und Conservator des Museums von Alexandrovsk, Pogayevskij.

Tonchi von Süden nach Norden, die Poljakov nach den in den verlassenen Grubenwohnungen gewachsenen Baumgenerationen 135 Jahre zurückdatiert und vergleicht man damit die obige Darlegung, so wird man wohl kaum in der Behauptung fehlgehen, dass Sachalin zur Zeit der Reise der japanischen Gelehrten im Jahre 1613 [1]) eine Halbinsel war. Diese Vermutung wird noch dadurch bestätigt, dass derselbe Poljakov in den Küchenabfällen der Tonchi die Knochen eines Ebers [2]) fand, der nur beim Vorhandensein einer Verbindung mit dem Festlande dorthin gelangen konnte.“ Auch Lopatin fand die Sage von einem Volke Toissi in dem von ihm bereisten Teile Südsachalins verbreitet [3]). Schrenck [4]) erklärt diesen Namen *Toissi* unter Berufung auf Dobrotvorskij's Ainu-russisches Wörterbuch, p. 326, 327 als „Thongeschirr“ und glaubt daraus die Berechtigung abzuleiten, in Lopatin's Mitteilung auf die Möglichkeit eines durch mangelhafte Kenntnis der Ainusprache veranlassten Missverständnisses schliessen zu dürfen. Schrenck's Deutung beruht aber auf einem Irrtum, denn das Wort *Toissi* ist bei Dobrotvorskij an der angeführten Stelle gar nicht zu finden, sondern nur die Angabe, dass das Wort *toi* auch „Thon“ bedeute, und p. 332 unter *Tonchi* „die alten Bewohner Sachalins, die Produkte der Steinzeit zurückgelassen und von den Ainu deshalb so genannt wurden, weil sie Töpfe und Kessel aus Thon machten.“ Die Grundbedeutung von *toi* im Dialekt von Yezo wie von Sachalin ist „Erde“ und *chi* heisst „Wohnung“; *toichi* ist daher eine „Erdwohnung“ und die allgemein übliche Bezeichnung der Winterjurte bei den jetzigen Ainu von Sachalin [5]). Nun lässt sich *toichi* mit *Tonchi* lautgesetzlich sehr wohl identifizieren, denn auslautende n und s nach voraufgehendem o, u und e vokalisieren sich zuweilen in i: so findet sich *poi* neben *pon* „klein“, *wei* neben *wen* „schlecht“, *rui* neben *rus* „Fell“ [6]) Die Gleichung *Tonchi* — *toichi* wird noch dadurch ver-

[1]) Gemeint ist die von Siebold, Nippon, VII p. 197 erwähnte erste japanische Expedition nach Sachalin.

[2]) *Sus scrofa ferus* ist im Amurlande häufig, fehlt aber auf Sachalin. Nikolskij (Die Insel Sachalin und ihre Säugetierfauna, Beilage zum 55. Bande der Memoiren der Akademie der Wissenschaften, Nr. 5, Pet. 1889, russisch, p. 165) bezeugt, dass er die von Poljakov mitgebrachten Knochen, Schädelteile und Kinnbacken mit Zähnen gesehen habe, und dass die gewaltigen Hauer keinen Zweifel darüber zuliessen, das Skelett einem Wildschwein zuzuschreiben; die Auffindung der Eberknochen zusammen mit Steinwerkzeugen könne aber auf Zufall beruhen und brauche noch nicht die Gleichzeitigkeit des Ebers mit dem Menschen der Steinzeit zu beweisen. Ein solch vereinzelter Fund darf jedenfalls nicht zu so weittragenden Schlüssen verleiten, die zu ihrer Stütze einer breiteren Unterlage bedürfen.

[3]) L. Schrenck, Reisen und Forschungen im Amurlande, Band III, Pet. 1891, p. 452.

[4]) ibidem.

[5]) Ebenfalls auf den Kurilen gebräuchlich, s. Radlinski, Slownik Narzecza Ainów, Krakau 1891, p. 63: tojce habitaculum ex argilla vel humo factum.

[6]) Vergl. auch Batchelor, A grammar of the Ainu language, § 8, p. 79.

stärkt, dass Koganei[1]) auch auf Yezo, wenn auch seltener, als Bezeichnung der alten Bewohner des Landes, *Toichisekuru* vernommen hat, was er richtig als „Erdbewohner“ erklärt. Ebenso gehört hierher die von ihm angeführte Variante *Tonchinkamui;* nur ist auffallend, dass Koganei die Identität von *toichi* und *tonchi* entgangen ist, denn er bemerkt p. 306: Die Bedeutung von *tonchi* freilich ist unbekannt.“ Als ich bei den Ainu im Dorfe Naiero an der Ostküste von Sachalin Erkundigungen nach den Tonchi einzog[2]), stellte es sich heraus, dass der jüngeren Generation sowohl der Name als die Sache schon unbekannt waren. Nur der alte Häuptling *Tekasin* vermochte von der einstigen Existenz der Tonchi zu erzählen. Diese seien ein Stamm gewesen, der Sachalin vor den Ainu bevölkert und eben solche Wohnungen inne gehabt hätte, wie die jetzt von den Ainu genannten und bewohnten *toichi*. Es sei ihm sehr wahrscheinlich, dass die Tonchi mit den Russen identisch seien. Auf die Frage, ob er etwas von den Koropokguru wisse, erwiderte mein Gewährsmann, dass er über dieses Volk wohl von japanischen Ainu gehört habe; die Koropokguru hätten aber durchaus nichts mit den Tonchi zu thun, denn jene seien sehr klein, diese dagegen ausserordentlich gross und hoch gewachsen gewesen.

Aus dieser Angabe wie aus der Gleichsetzung von *tonchi* mit *toichi* lässt sich erkennen, dass der Name der Erbauer und Bewohner der sachalinischen Erdgruben mit dem Namen der von den Ainu noch heutzutage errichteten und im Winter bewohnten Erdjurte übereinstimmt. Und daraus lässt sich nur der eine Schluss ziehen, dass die ehemaligen Bewohner der Erdgruben nur die Ainu selbst gewesen sein können.

Vergleichen wir nun die Tonchiüberlieferung mit der Koropokgurusage, so leuchtet die Entstehung beider Traditionen ohne weiteres ein. Sie sind von den Ainu gemachte Erklärungen modernen Ursprungs für die nicht mehr ganz verstandene Erscheinung der Erdgruben, deren Verständnis sich auf Yezo ganz verloren zu haben scheint, während auf Sachalin noch eine Erinnerung an ihre ehemalige Benutzung als Winterjurten bewahrt ist. Dass die Koropokguru als Zwerge, die Tonchi als Riesen dargestellt werden, kann gar nicht wunder nehmen. Die niedrige, oft nur wenige Fuss hohe Eingangsthür der Erdjurte, wie sie noch jetzt bei den Ainu und

[1]) l. c. p. 304.

[2]) In den Jahren 1898 und 1899 im Auftrag der Jesup-Expedition ausgeführte Reisen auf Sachalin und im Amurlande. Da ich das südliche Sachalin in den Wintermonaten Januar und Februar bereiste, war es leider ausgeschlossen, Erdgruben zu besichtigen und Ausgrabungen vorzunehmen. — Der von Kirilov erwähnte Name *Ponchi,* der „kleine Wohnungen“ bedeuten würde, war den von mir befragten Leuten unbekannt.

Giljaken von Sachalin zu finden ist, konnte sehr leicht zu der Vorstellung Anlass geben, dass nur Leute von kleiner Statur solche Wohnungen betreten konnten, während auf der anderen Seite die in den Gruben gefundenen Steinwerkzeuge den Eindruck erweckten, dass solche nur ein Geschlecht von ungewöhnlicher Stärke und Körpergrösse hervorgebracht und benutzt haben konnte. Aus der Verschiedenheit dieser Anschauungen geht endlich zur genüge hervor, dass gar kein historischer Zusammenhang zwischen den Überlieferungen der japanischen und sachalinischen Ainu über diesen Gegenstand besteht, dass dieselben also erst nach der Trennung der beiden Abteilungen des Volkes entstanden sein können und jeglichen Anspruch auf das ihnen vindizierte hohe Alter, auf eine bis in die Steinzeit herabreichende lebendige Erinnerung unbedingt einbüssen müssen[1]). Es erscheint daher unstatthaft, von einem Volk der Koropokguru oder Tonchi zu reden, selbst wenn man nicht daran denkt, dieselben als von den Ainu verschiedene Völker zu betrachten. Wer die Wahrheit der Koropokgurusage zugiebt, kann auch nicht die Echtheit der Tonchisage bestreiten, und wer für das prähistorische Yezo eine Zwergrasse annimmt, wird wohl oder übel, um sich konsequent zu bleiben, für das prähistorische Sachalin eine Riesenrasse supponieren müssen. Die Absurdität liegt auf der Hand.

Wenn wir auch die historische Glaubwürdigkeit der Ainutraditionen verwerfen müssen, so war ihre Betrachtung doch insofern wertvoll, als sie dazu beigetragen hat, vielleicht auf die Fährte der Wahrheit zu führen. Der Beweis, dass die Ainu selbst die Erbauer und Bewohner der Erdgruben gewesen sind, lässt sich durch folgende Thatsachen stützen. Schon Grimm[2]) wies auf die grosse Ähnlichkeit der Yezogruben mit den Wohnungen der Shikotan-Ainu auf den Kurilen hin und vermutete die Identität letzterer mit denen von Sachalin; zum Beweise fehlte es damals nur an Material. Koganei[3]) konnte aber schon behaupten, dass die Sachalin-Ainu zum Teil und die Shikotan-Ainu noch in Jurten wohnen, welche nach dem Ein-

[1]) Abgesehen davon, werden wir auch nur dann berechtigt sein, den Spuren der Geschichte in Volkssagen nachzugehen, wenn sie Namen historischer Persönlichkeiten und Lokalitäten oder aus Geschichtsquellen bekannte Ereignisse enthalten. Der Historiker, der sich der Kritik erinnert, mit der Niebuhr und Mommsen die alten römischen Geschichtsquellen oder Aston die altjapanischen behandelt hat, wird der naiven Andacht der gläubigen Koropokguru- und Tonchigemeinde seine Bewunderung nicht versagen können, in die verständige Anthropologen — denn es giebt ja auch solche — wohl nicht minder einstimmen werden.

[2]) Mitteilungen der deutschen Gesellschaft für die Natur- und Völkerkunde Ostasiens, Bd. V, p. 187, 373.

[3]) l. c. p. 311.

fallen solche Erdgruben wie die fraglichen hinterlassen können. Diese Beobachtung kann ich in vollstem Umfang bestätigen und hinzufügen, dass sich solche Erdjurten auch noch bei einem Teile der Giljaken von Sachalin finden. Da alle diese Wohnungen so oft beschrieben worden sind, so glaube ich mich füglich einer detaillierten Darstellung enthalten zu können. Wer Grimm's und anderer Beschreibung der Yezogruben mit Schrenck's[1]) Schilderungen und Hausskizzen vergleicht, wird die Übereinstimmung des Baues der Erdjurten mit den gegenwärtigen Winterjurten der Giljaken und Ainu ohne Schwierigkeit erkennen. In diesem Lichte betrachtet, hören die Erdgruben auf, ein Rätsel zu sein, zu dessen Lösung fremde Elemente hineingetragen werden müssen. Sie erscheinen uns vielmehr als das Endergebnis eines natürlichen Prozesses, als ein sprechendes Ereignis aus der Geschichte der Ainu, als ein Produkt des allmählichen Verfalles dieses Volksstammes: denn das Schauspiel der Entstehung solcher Erdgruben vollzieht sich noch heutzutage vor unseren Augen. Auf meiner Winterreise fand ich nur in den beiden nördlichsten Dörfern Taraika und Naiero und in dem südlicher gelegenen Ottasam die Ainu ihre Winterhäuser bewohnen: in allen anderen Dörfern längs der Ostküste hausten sie dagegen in ihren Sommerwohnungen, angeblich weil sie befürchteten, dass diese im Falle des Umzugs in die Winterjurten von den Russen geplündert werden könnten. Dass die dortigen russischen Ansiedler bei günstigen und ungünstigen Gelegenheiten stehlen, ist zwar vollkommen sicher. Die Ursache kann aber nur in der zunehmenden wirtschaftlichen Verarmung und in der damit Hand in Hand gehenden physischen und sittlichen Entartung der Ainu selbst gesucht werden. So werden die Winterjurten, deren Bau viel Zeit, Kraft und Kosten verursacht, allmählich ganz aufgegeben, um der leichter und billiger herzurichtenden Sommerjurte zu weichen, und es wird vielleicht kaum ein Jahrzehnt dauern, dass uns das südliche Sachalin in dieser Hinsicht dieselben Zustände darbietet wie Yezo in der Gegenwart. Man ist zu der Annahme geneigt, dass das Festhalten am ursprünglichen Haustypus zu den konstanten Faktoren des Völkerlebens gehört. Die Amurvölker beweisen das Gegenteil. Wir sehen die Giljaken die heimische Erdjurte mit dem chinesischen Winterhause und dieses gegenwärtig mit dem Blockhaus des russischen Bauern vertauschen. Auch die primitiven Völker leben ihre Geschichte, und Geschichte ist Bewegung und Wechsel. Epidemieen und Hungersnot zwingen

---

[1]) Reisen und Forschungen im Amurlande, Bd. III, p. 321—333. Schrenck führt auch ein Citat aus Golovnin an, der von 1811—1813 in japanischer Gefangenschaft war und die Ainu von Yezo im Winter Erdjurten bewohnen lässt.

die Ainu wie die Amurvölker, ihre alten Wohnstätten dem Verfall preiszugeben und neue Niederlassungen zu gründen. Wer von Chabarovsk langsam im Ruderboot den Amur bis zur Mündung hinabfährt, wird an den Ufern auf eine grosse Zahl verödeter und verfallener Siedelungen stossen, von denen kundige Eingeborene zuweilen noch Name und Geschichte zu erzählen wissen. Da finden sich denn eben solche Gruben wie auf Sachalin und Yezo. Und ein Moment, das sich bis in die Gegenwart treibend zeigt, hat sicherlich auch in der Geschichte vergangener Jahrhunderte gewirkt. So werden wir annehmen dürfen, dass die Ainu von Yezo ehemals denselben Wandlungsprozess in ihren Wohnungsanlagen durchlaufen haben, wie wir ihn jetzt bei ihren Verwandten auf Sachalin sich vollziehen sehen, d. h. dass auch sie einst die dort vorhandenen Erdgruben bewohnt haben[1]). Es lassen sich auch keine Gründe gegen die Annahme vorbringen, dass die Ainu nicht selbst die Steinwerkzeuge fabriziert hätten, die in den Erdgruben gefunden werden. Koganei[2]) scheint der Zusammenhang der prähistorischen Reste mit den gegenwärtigen Ainu noch nicht ganz erloschen zu sein. Die Ainu, fügt er hinzu, sind ein Jäger- und Fischervolk, welchem die Kunst Metalle zu verarbeiten, allem Anscheine nach nie bekannt gewesen ist, und sind nur durch das Erwerben von Werkzeugen und Geräten von anderen Völkern in die Eisenzeit versetzt worden, so dass sie seit dem Zeitalter, wo sie durch Pfeile und Spiesse mit Steinspitzen das Wild erlegten und die Fische harpunierten, nicht sehr weit fortgeschritten sind. Koganei nimmt keine Stellung zu den in den Gruben gefundenen Thongefässen und Thonscherben. Vielleicht mit Recht. Das Urteil über diese Frage scheint noch keineswegs spruchreif zu sein. Umfangreiche und systematische Nachforschungen sind hier noch dringend erforderlich. Milne, der die Koropokguru und Ainu zwei verschiedene Rassen sein lässt, schreibt beiden die Ausübung der Steingeräte- und Thonfabrikation zu, den Ainu bis in das vorige Jahrhundert hinein[3]). Schrenck hat sich über die von dem japanischen Reisenden Mamia Rinsô[4]) den Giljaken und Ainu zugeschriebene Töpferkunst ausführlich ver-

[1]) Das Klima von Yezo, das sechs Monate unter Schnee und Eis begraben liegt, mit einer durchschnittlichen Schneehöhe von 6—8 Fuss im Norden und Westen der Insel ist kalt genug, um das Wohnen in Erdjurten zu rechtfertigen. Die niedrigste Temperatur in Hakodate war während der letzten 13 Jahre 5°,5 Fahrenheit, nach Murray's Handbook for Japan 4. ed., p. 479. Nach einigen Vermutungen soll Yezo in früherer Zeit ein weit kälteres Klima gehabt haben, s. z. B. Batchelor im Journal of the American Folklore-Society, vol. XII, p. 34.

[2]) l. c. p. 311. Steinbeile hörte ich die Ainu auf Sachalin *tonchi-mukara* und Steinmesser *tonchi-makiri* nennen.

[3]) R. Hitchcock, The Ainu of Yezo, Japan. Report of the National Museum for 1890, Washington 1892, p. 436.

[4]) Siebold, Nippon VII p. 172, 184, 194.

breitet [1]) und ist zu dem Schlusse gelangt, dass dieselbe nur von modernem Ursprunge und vorübergehender Dauer war. Diese Kunst, meint er aber, hat nichts mit dem neuerdings an verschiedenen Punkten des Amurlandes und Sachalins gefundenen Gefässscherben [2]) zu thun, die einer so weit zurückliegenden Vorzeit angehören, dass sie mit der Jetztzeit in keinen ethnologischen Zusammenhang gebracht werden kann. Inwieweit dieser Schluss zutrifft, müssen künftige Ausgrabungen und Untersuchungen lehren.

Die Frage nach den Urvölkern von Yezo und Sachalin ist vielfach im Zusammenhang mit der bis zum Überdruss erörterten Frage nach dem Ursprung und der Herkunft der Ainu hin- und hergewälzt worden. An mehr oder minder bestimmt lautenden Antworten hat es nicht gefehlt, welche die Ainu vom asiatischen Festland über Korea und die Tsushima-Inseln nach Yamato einwandern, den grössten Teil des heutigen Nippon bevölkern und dann von den nachrückenden Japanern nach Norden zurückwerfen lassen, um ganz von den zahllosen Rassentheorien zu schweigen, welche, wenn ich nicht irre, nun schon alle Völkergruppen der Welt in ihren Beziehungen zu den Ainu erschöpft haben dürften. Wie alle Fragen, die sich nach dem jeweiligen Stande der Wissenschaft in nicht streng wissenschaftlicher Weise beantworten lassen, so pflegen Ursprungsfragen in der Regel unwissenschaftlich zu sein. Und bei dem Schweifen in die blaue Ferne wird das Zunächstliegende meist übersehen. Man hat die Urwanderung des Gesamtvolkes der Ainu diskutiert, ehe man sich über das Verhältnis der drei Stämme auf Yezo, Sachalin und den Kurilen zu einander und den benachbarten nördlichen und westlichen Stämmen klar war, eine bis zur Stunde noch ungelöste Frage. Auf Grund sprachlicher und ethnographischer Studien hoffe ich indessen, vielleicht auf diese Frage einiges Licht werfen zu können, ohne die Legion der Ainu-Hypothesen zu vermehren. Die meisten Theorien der europäischen Gelehrten erweisen sich kaum als um ein Haar breit besser als die Märchen, welche die Ainu selbst von ihrer Herkunft erzählen, ausgenommen, dass diese nach ihrer geistigen Verfassung weit logischer sind. Besser eingestehen nichts zu wissen, als die Wissenschaft wieder zur Mythologie umzustempeln. Negationen sind auch positive Ergebnisse, und am Ende müssen wir doch allemal konjugieren: ignorabamus, ignoramus, ignorabimus!

---

[1]) Reisen und Forschungen im Amurlande, Bd. III, p. 447—452.

[2]) Vergl. über diese Funde Schrenck's Note 3 auf p. 451; Poljakov, Reise nach der Insel Sachalin in den Jahren 1881—1882, aus dem Russischen übersetzt von Arzruni, Berlin 1884, p. 120; Sachalin Kalender, 1898, 2. Teil, p. 177.

# 018

## 探索黑龙江地区部落的初步报告
## 附：书评一则

# AMERICAN ANTHROPOLOGIST

NEW SERIES



## VOLUME 2

NEW YORK

G. P. PUTNAM'S SONS

1900

# PRELIMINARY NOTES ON EXPLORATIONS AMONG THE AMOOR TRIBES[1]

By BERTHOLD LAUFER

The tribes which I explored during the years 1898 and 1899 for the Jesup North Pacific Expedition are the Ainu, who occupy the southwestern part of the island of Saghalin; the Gilyak, who inhabit the northern part of that island, the lowlands of the Amoor, and the coast of the Liman; the Olcha and Tongus, who live on the coast of Okhotsk sea, in the valley of the Poronai, and around Patience bay on Saghalin; the Tungusian tribes of Amgun river; and the Gold of that part of the Amoor lying between Chabarovsk and Sophisk. Of these tribes, the Ainu and Gilyak may be considered as absolutely isolated, so far as language is concerned, both from each other and from the other Amoor tribes. The language of the Gold is closely related to that of the various Tungusian tribes, although there are remarkable differences. It forms a branch of the large stock of so-called Tungusian languages, which appear to be intimately connected with the Mongol and Turkish tongues. None of the tribes mentioned can be thoroughly understood by its own culture alone, for the single tribes have influenced each other to such an extent that, generally speaking, all of them show at present nearly the same state of material culture. The principal differences between them lie mainly in their physical types and intellectual life.

The chaotic accumulation of ideas, due to foreign intercourse since the dawn of history, makes it impossible at this moment to

[1] The material contained in this paper was collected under the auspices of the Jesup North Pacific Expedition, and is now published by permission of the Trustees of the American Museum of Natural History. The specimen numbers refer to the Museum catalogue.

ɜ, occurring in native names, is pronounced like *e* in *her*; *ṅ* is the nasalized *n*.

answer satisfactorily the question, Where, when, and how has the culture of these peoples arisen and grown? From an historical point of view, three periods of cultural exchange may be recognized: first, a period of influence exerted by the various other Siberian peoples as a whole, probably beginning in prehistoric times, but chiefly by the Yakut (a northern Turkish tribe, from whom they no doubt learned the iron industry); second, a period of close affiliation with Chinese and Japanese culture, which is so evident that every observer must be aware of it; and, third, a period of commercial intercourse, during the last few decades, with the Russians, who have had such an effect on the social life of the Amoor people that the latter confess to have reached a stage of development gradually approaching that of the Russians. The Gilyak in the environs of Nikolayevsk now build Russian houses and make stoves, wear Russian clothing, use Russian utensils, work together with Russians in their fisheries, and bow to the images of Russian saints.

Toward the end of last summer I started in a boat from Nikolayevsk to visit the villages at the mouth of the Amoor and on the Liman. I had to cover a distance of about 200 versts (132 miles) before arriving at Chome, the farthest and southernmost settlement of that region. Here I had the first glimpse of genuine old Gilyak life. The universal belief in the power of the shaman, who formerly exercised so much influence over the Gold, is fast dying out, being now limited to but few villages. The sick Gold does not apply to him, but summons a Russian physician. The Gold particularly are rapidly adopting the culture of their rulers, so that their individuality is unfortunately disappearing. They are fond of Russian customs and fashions, and adopt all new styles with ease and pleasure.

All the Amoor tribes subsist by fishing and hunting. Salmon (*Salmo lagocephalus* Pall.), which ascend the river to spawn at the end of August, is their staple food. They are no longer exclusively nomadic tribes; even the Tungusians, who possess herds of tame reindeer, locate in the summer to catch fish, while the reindeer pasture alone on the tundra, sometimes at a great distance from their villages.

The Ainu, Gilyak, and Gold own dogs in great numbers for drawing their sledges; the Gold also frequently use them to pull their boats, where the bank is level and unwooded and the water near the bank is sufficiently deep. Reindeer are employed for riding, carrying loads, and drawing sledges. Some of the Gold have even turned their attention to agriculture: they grow potatoes, leeks, cucumbers, and sometimes millet and tobacco. The natives do not understand the potter's art, and only the Ainu are familiar with the art of weaving.

It is not yet possible to state definitely all the results of the trip: the material collected must first be carefully examined and studied. A close investigation of the history of eastern Asia and Siberia is necessary to shed light on the problems arising as to the origin and growth of culture in the Amoor country; even Chinese and Japanese literature should be ransacked to obtain satisfactory results. I will therefore confine myself to a brief description of the art of the Amoor tribes, the social life of the Gold, the tribes of the Amgun, and to some general statements regarding traditions.

To understand the influence of Chinese culture, which has lasted for many centuries and is still active, it will be well to cast a glance at the decorative art of the natives. On the whole, it is very uniform in character, and there is no great difference between the patterns of the Gilyak and those of the Gold. The Gold are more versed and more skilful in all kinds of art, but the Gilyak are superior to them in wood-carving. The Tungusian tribes of the Amgun and Ussuri excel in cutting the ornaments used to decorate birch-bark baskets. As a rule, the nearer the people live to a center of civilization, the higher the development of their art; the farther they recede from it, the less their sense of the beautiful. The Gilyak of Saghalin possess but few ornaments, and are unable to explain the complicated designs as they occur on the mainland. Owing to Chinese influence, the Gold have attained remarkable skill in the art of silk-embroidery, the knowledge of which I found limited to those living in the neighborhood of Chabarovsk. That most of the patterns are derived from the Chinese, is made clear by the fact that the geometric ornaments, such as the square and the spiral meander (key ornament), are exactly the same as in Chinese and Japanese art, and that the animals which appear in the designs of the Amoor natives are just like those which play an important part in Chinese art and mythology.

It is indeed most remarkable that animals, such as the bear, the sable, the otter, the sturgeon, the salmon, which predominate in the household economy and are favorite subjects in the traditions of the Gold, do not appear in their art,[1] whereas their ornaments are filled with Chinese mythologic monsters which they but imperfectly understand. The same is the case with the Gilyak; for example, we find eight representations of the phenix on an old Gilyak quiver, also the picture of the Chinese tortoise, an animal they themselves do not know. The other subjects on this carved piece are a spider, a lizard, the sun, a tiger, two snakes, and a frog.

As the representations of all animals are borrowed from the Chinese, they cannot be connected, of course, with any concrete ideas: they have merely an emblematic meaning; they symbolize abstract conceptions. The art of the Amoor peoples is lacking, therefore, in all realistic representations. They do not reproduce the objects of nature, but copy foreign samples. Owing to this fact, all their productions of art are lifeless. Nevertheless, it cannot be denied that the people, at least some individuals, have cultivated and developed a certain sense for beautiful lines and tasteful forms.

---

[1] The carvings and drawings representing animals, which serve as charms or amulets, are not included in this statement, since they do not belong to the sphere of decorative art.

Both swastika and triskeles are met with in East Siberian art. The swastika occurs in connection with the bear and the eagle. The Gilyak have a kind of wooden spoon which is used only at the ceremonials of the bear festival. The end of the handle is surmounted by two carved bears, and on the bowl is to be seen the swastika with a cross in the middle. The arms terminate in wave-lines, and are of the same shape as some discovered by Schliemann on the whorls of Troy. On the bottom of a cylindrical box was found a variation of the swastika, in that the design had two additional arms on the sides. The design of the swastika on the breast of an eagle may be traced to Chinese mythology, and the Chinese derived it from India through the medium of Buddhism. The gods of the old Aryan Indians were killers of snakes and serpent demons, especially the Garuda, a fabulous eagle-like bird and messenger of Indra, of whom the swastika was a constant attribute.

In a paper entitled "Prehistoric Symbols and Ornaments" (published in the *Bastian-Festschrift*), Karl von den Steinen suggests that the triskeles found on old coins of Persia, Asia Minor, and middle Europe, has been evolved from the outlines of a cock. An interesting counterpart of this phenomenon is met with in the material which I collected; and his theory not only receives striking and remarkable corroboration, but becomes from a mere hypothesis an evident fact. The animal which plays a predominant part in the ornamental art of all the Amoor peoples, and is more frequently reproduced than all other animals together, is the cock. This circumstance is the more conspicuous, since the cock is not a native of the Amoor country, but was introduced from China, and recently, of course, by the Russians. Nowadays there are some Gold who raise poultry in their houses. The Gilyak on the northeastern coast of Saghalin never saw a cock, excepting a few who had chanced to see a Russian village, but they know and explain it by their ornaments. They call it *päkx*, a word apparently derived from the Goldian and Olcha word *pökko*, that may be traced back to *fakira gasha* of the Manchu language. Another Goldian term, *chokó*, appears likewise in Manchu, and is perhaps allied to the Mongol *takiya*.

Since the cock is a newcomer in that region, it is not surprising that he plays no part in the mythology of the natives; but he does with the Chinese. In their opinion, the cock is a symbol of the sun, because he announces the rising of the sun. Besides the earthly cocks, there is a heavenly cock, which, perched on a tree, sings at sunrise. This tree is the willow, which also symbolizes the sun. The cock is sometimes called in Chinese *chü-yä*, that is, "he who enlightens the night;" and the sun, *tsin-tsi*, "the golden cock." Besides, it belongs to the class of animals that protect man from the evil influences of demons. Live white cocks are sometimes used in funeral rites.[1]

Regarding the representation of the cock in Chinese art, only a few general facts may be stated, as this branch of research is little explored, and investigations of the ornaments have unfortunately been almost neglected. Japanese art is based wholly on Chinese, and the ground on which it stands is somewhat better known. The ordinary domestic fowls are frequently depicted by Japanese artists, the cock being the greatest favorite among them.[2] It is painted on hanging scrolls, and modeled in wood; bronze, porcelain, and other materials. Most frequent and admired is the painted design of a cock standing on a drum (*taikō*); and in this case the sides (or one side) of the drum are decorated with a triskeles (*tomoye* or *mitsutomoye*).[3] This is the well-known circular

---

[1] See De Groot, *The Religious System of China*, I, pp. 199, 200; Georgievski, *Mythological Conceptions and Myths of the Chinese* (in Russian), p. 53.

[2] It is stated that cocks are often kept in temple grounds, and are carefully attended to by priests and others, because they foretell changes of the weather, and by the regularity of their crowing mark the passage of time (see Bowes, *Japanese Enamels*, p. 82).

[3] Compare the pictures in Huish, *Japan and its Art*, second edition, p. 138; Gonse, *L'Art Japonais*, I, pp. 216, 234; II, p. 237; Anderson, *The Pictorial Arts of Japan*, plates 15, 64; Audsley, *The Ornaments of Japan*, sec. ii, pl. 1, sec. iv, pl. 7, sec. vi, pl. 2, sec. vii, pl. 8.

diagram divided into three segments. That the cock and its last offshoot, the triskeles, occur in Chinese-Japanese art, is beyond doubt; and it is therefore certain that the Amoor peoples have adopted both the animal itself and its artistic reproduction from the Chinese. In the decorative art of those tribes we find the design of the cock in all stages, from a perfect picture of the bird, true to nature, through a long series of intermediate forms, down to the merely conventionalized lines of the ornament which we call the "triskeles." From this observation we may infer that the Chinese-Japanese art must also have reached the ornamental forms through the same scale of development, consequently these missing links shown by Siberian art are necessarily still to be found in the large province of Sino-Japanese art. It is impossible that the Amoor tribes should have evolved independently the missing links which lead from the cock to the triskeles, since they acquired both these forms from their southern neighbors. If we cannot prove that the intermediate forms are found with the latter, it is due wholly to our lack of knowledge of their art.

On some representations the cock holds in its beak a circular object which the natives explained to me as a grain of wheat that the bird is about to swallow; but this explanation seems to have arisen after the true and original meaning had been forgotten. It is rather more probable that the circle which is generally between two cocks facing each other, or in front of a single one, represents the sun, which, according to Chinese mythology, belongs to the cock. In fact, the sun is represented on mythological pictures of the Gold as a simple circle, or as two concentric circles, with two diameters at right angles to each other. Not only the triskeles, but also continuous and sometimes complicated arabesques, have evolved from the shape of the cock. Thus arises a group of decorations which are to be designated as "cock ornaments." The combinations of a cock and a fish, and also the way in which other animals are treated in the same style as the cock, are very curious.

From the great mass of material at my disposal a few specimens have been selected to illustrate the preceding remarks.

Figure 31 shows the middle part and the left side of a fish-skin coat. The back parts of the Goldian and Gilyak fish-skin garments are richly decorated. The ornaments are cut out of pieces of fish-skin, and generally colored blue; they are then sewed with fish-skin thread to a piece of fish-skin of a shape adapted to the size and form of the ornament. A great number of such single patterns are then symmetrically put together on the garment itself.

Nearly all forms which the cock ornaments have assumed are represented on this specimen. We observe the cock with wings outstretched (*a*), probably perched on the willow, and crowing, for its beak is open. The back part of its body is shaped like a fish, and the circle representing the sun appears as the terminal part of a curved line. The cock placed laterally (*b*) is similarly formed. It is likewise crowing; but the tail-feathers and wing-feathers are represented by only three lines, whereas the former (*a*) shows four curves for the tail and six for the wing. Inside of its body (*b*) is the picture of the sun and a spiral continuing and rounding off the line of the wing-feathers. The cock on the border to the left side (*c*) has undergone some further alterations, because the artist was obliged to adapt its shape to the circular lines which enclose it. The pattern *d* deals in a remarkable way with the subject of the two combatant cocks. The head has become a simple spiral with a circle attached to it; its body has shrunk into a convolute spiral with a lateral process, i. e., the triskeles; but the four tail-feathers are marked very distinctly, and would be out of proportion for the real animal. The space between the two tail-feathers is filled with two triskeles and two variations of it consisting of only two curves. In the interior of the figure suggestive of a willow-tree, we see two fishes (*e*), whose tails are figured in the same style as the body of the conventionalized cock, i. e., as a triskeles; whereas the fishes standing upright (*f*),

FIG. 31—Appliqué design from the back of a fish-skin garment of the Gold; left half. (Cat. No. $\frac{70}{829}$.) $\frac{1}{3}$ nat. size.

being adapted to another pattern, have no spirals on their bodies, but are marked with two fins on their sides. The spirals are placed farther down. If we now dissect and analyze all other apparently geometrical ornaments into their single parts, we find that all such forms may be traced back to the figure of the cock. The circular suns always suggest its presence; for example, in the spiral triskeles *g*, and especially in the pure triskeles *h*, which

FIG. 32—Birch-bark hat of the Gold. (Cat. No. $\frac{70}{883}$.) $\frac{1}{6}$ nat. size.

show clearly the two combatant cocks and the two suns between them. Thus at last two merely ornamental forms are evolved from the picture of the cock,—the simple three-footed trigram and the convolute spiral. All figures marked *i*, which appear rather complicated, are built up of these two elements only, to which the orb of the sun is added.

The ornaments represented in figure 32 are cut out of birch-bark and sewed to a birch-bark hat. They are put on in three rows around the hat, and each row contains four double cocks executed in an ornamental style. In the lower row on the border the tail-feathers are easily discerned. The body is indicated by a spiral, to which the disk of the sun is joined. The two heads are placed together so as to form a rhomboidal figure. These eight cocks are dyed blue. On the edge between the tail-feathers are four single pieces dyed black. These are ornamental survivals of the cock's wing-feathers. The cocks in the middle row have their heads distinctly marked, and two suns on each side of the neck. Their bodies have the shape of the triskeles. These are colored red, but the heads are not dyed at all. The suns are blackened. The cocks of this row are ornamentally connected with those of the lower circle at their heads, and with those of the upper row at their tails. This central row shows the most conventionalized forms of the cock. If we imagine a line drawn through the two points where the tail-feathers of the lower and middle rows come in contact, we are able to distinguish the two united cocks of the third row. Here the two heads have coalesced into an ellipsoid which has a sun on either side, and the bodies are dealt with as ornaments adapted to the top of the conical hat.

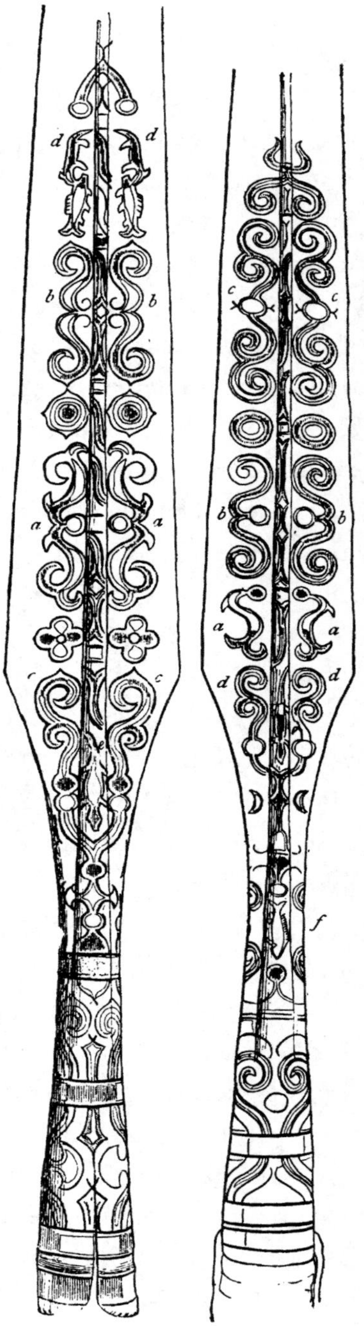

Fig. 33. Fig. 34.

Bear-spears of the Gilyak. (Cat. Nos. $\frac{70}{880}$, $\frac{70}{1081}$.) $\frac{1}{3}$ nat. size.

Heads and suns are colored blue, and the other parts are blackened.

The ornaments with which the Gilyak bear-spears are adorned are all derived from the figure of the cock. In figure 33, *a*, the four symmetrical cocks are easily discernible as birds, particularly by their crests; but their outlines are limited to just what is necessary to distinguish their shape, feet and wings being omitted, and only the tail-feathers plainly marked. Between the beaks of each pair is the orb of the sun. The design *b* has a merely geometrical form: head and sun remain, and the tail consists of one spiral only. The juxtaposition of both ornaments shows plainly how the latter (*b*) has arisen from the former (*a*). In *c* the cocks appear as triskeles. The animal (*d*) at the upper end of the blade is a fox devouring a carp, and that on the raised medial line at the lower end (*e*) is said to be a lizard.

On the other blade (figure 34) we observe two single cocks, each with a sun (*a*), of a shape similar to that of the combined cocks on figure 33, *a*. The cocks represented in *b* have no crests, but each a tail-feather in the form of a well-executed single helical line; whereas the cocks in *c* have a tail formed of two spirals, and the bodies without a head are represented as single lines. This variation has thus become a mere triskeles in the same way as *d*. A lizard (*e*) and a flat-fish (*f*) are designed on the raised medial line of the blade.

These spears are made of iron. The greater part of the design is inlaid with silver. The parts shown in hachure on figures 33 and 34 are inlaid copper and brass.

Figure 35 represents an ornament on a pair of boots of the Orochon on the Ussuri. The boots are made of elk-skin. The upper ornaments are painted on fish-skin and sewed on with red, blue, and yellow thread; the ornaments below are cut out of fish-skin dyed black, and are attached with red, yellow, green, and blue thread. The cocks in this design are executed almost true to nature, and, what is most remarkable, even have spurs, which they have not on other patterns. On the paintings the same picture is reproduced, though somewhat confused and stiff.

Figure 36 shows a lacquered oval tobacco-box of the Gold, the ornaments on which are designed with China ink and colors. The main part of the cover (*a*) is taken up with eight large, finely drawn cocks, whose heads are adorned with triskeles. Their

FIG. 35—Ornament on an elk-skin boot of the Orochon (Ussuri). (Cat. No. $\frac{70}{821}$.) $\frac{1}{2}$ nat. size.

bodies are treated like those of the dragon (see figure 38) with the scales indicated on it, so that we may speak of cock-dragons as well as of dragon-cocks. The four fishes in the middle part are adapted to the cock style. The spaces between these cocks are occupied by more conventionalized fish-cocks, and at the end of this field there are cock-shaped musk-deer (compare figure 39). The cock ornaments on the rim of the cover (*c*) are executed in a far more conventional way; and on the red border around the top of the cover (*a*) they have developed into purely geometric forms, and are simple cirrous arabesques. On the other side of the rim (*b*) we observe two small and five large equal triangles. The two outer and the central triangles clearly show types of cocks; two of the intervening triangles show conventional forms of

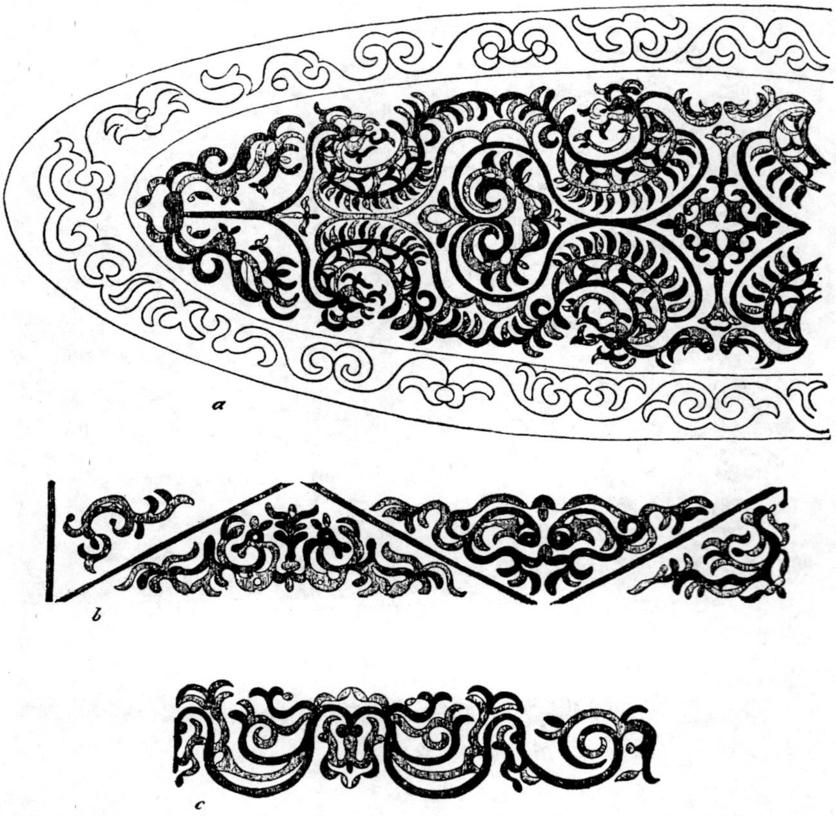

FIG. 36—Ornaments on a tobacco-box cover of the Gold; left half. *a*, Top surface of cover; *b*, Front, *c*, back, of rim of cover. (Cat. No. $\frac{70}{878}$.) $\frac{1}{3}$ nat. size.

musk-deer, whose bodies are treated like that of the cock, and the remaining two represent two fishes in combination with a cock's body. In this way we are able also to follow out on this box the whole metamorphosis of the cock from its natural form to a mere geometric figure.

In figure 37 is reproduced the ornamentation of a birch-bark box representing combinations of the cock and the fish. In the middle part (*a*) we see two cocks designed true to nature, two fishes over their heads, and two to the right and left. The tails and feet of these cocks are at the same time the continuation of geometric lines; they have therefore a double function. On both sides we observe very interesting shapes of cocks, which show their bodies purely ornamental, but the heads in combination with the sun in natural form. This ornament is an excellent

FIG. 37—Ornaments on a birch-bark box of the Gold. *a*, Long side of box; *b*, Short side. (Cat. No. $\frac{70}{869}$). $\frac{1}{5}$ nat. size.

example of the development of the cock design into a spiral figure.

Figure 38 shows a dragon ornament. The Chinese dragon (*lung*; Gold, *mudur*) holds a prominent place in the mythology of the Gold, and is a favorite subject in their ornamentation. It has antlers like an elk, a scaly, serpent-like body, and produces rain and thunder.[1] Designs of the dragon are made particularly in large symmetric figures. Such figures are generally divided into four squares, and each square contains the same subject in

[1] It is the symbol of the dignity of a sovereign, because both are sons of Heaven.

symmetric arrangement. The dragon (*a*) is repeated four times, with its mouth open and its tongue quivering. Its horns are conventionalized in a form reminding one of the feathers of the cock. The four fields at the ends of the dragon-tails are filled with birds (*b*), each holding a fish in its beak. This representation is explained by some people as a wild duck, but by others as a cock. The latter explanation seems the more probable, as the form of

FIG. 38—Ornament of the Gold, cut out of paper. (Cat. No. $\frac{70}{853}$ A.) $\frac{1}{4}$ nat. size.

this bird agrees exactly with that of the cock. Of course this design is far from being realistic. The idea that the cock devours the fish is not suggested; the meaning is purely emblematical. The other ornaments, marked *c*, are easily recognized as more highly developed cock ornaments.

Figure 39 represents a paper pattern for embroidering a pair of ear-laps. The two figures (*a*) on both sides are conventionalized musk-deer (*Moschus moschiferus* L.), whose bodies are shaped like the body of a cock. Their feet are indicated by two circles.

The ornaments *c* and *d* signify two cocks facing each other, and *b* is a tail-feather. The dentils on the edge (*e*) are derived from the wing-feathers.

A design for embroidering a shirt is shown in the paper pattern represented in figure 40. In the center is a circle, around which are grouped four tortoises (*a*). Around it, on both sides, four circles and two ellipses are symmetrically arranged. In every circle there is a roe (*Cervus capreolus* L.), *b;* two snakes (*muikí*),

FIG. 39—Ornament of the Gold, cut out of paper. (Cat. No. $\frac{70}{853}$ I.) $\frac{3}{7}$ nat. size.

*d;* and a bird (*c*), called *tewerkó*, the species of which I have not yet been able to determine. Each ellipse contains a frog (*Rana temporaria* L.), *e;* two spiders (*atkomama*), *f;* and two gadflies (*shigaxtá*), *g*. Outside of these figures are four mosquitoes, *h;* four chimney-swallows (*Hirundo rustica* L.), *i;* four snakes, *d;* four Siberian deer (*Cervus elaphus* L.), *j;* and four fawns (*Cervus capreolus* L.), *k*.

Of other animals, aside from the cock, which occur in the ornamentation of the Gold, the following deserve mention:

elk, roe, fox, dog, eagle, wild duck, wild goose, swan, swallow, carp, crucian (*Carassius vulgaris*), lizard, frog, snake, and insects. The Gold also cut ornaments out of birch-bark which are explained as representing human figures. They use stencils made of birch-bark for painting patterns on their boats.

The ornaments of the Ainu cannot be compared with those of the other tribes. This tribe still holds a rather exceptional posi-

FIG. 40—Ornament of the Gold, cut out of paper. (Cat. No. $\frac{70}{883}$ B.) $\frac{1}{3}$ nat. size.

tion, which is due, on the one hand, to their isolation in the southern part of Saghalin, and, on the other hand, to their indolent, passive character. Notwithstanding their resemblance to the neighboring Gilyak, many inventions and ideas are met with which are their own, and are not found in any other tribe. Such, for instance, are the *ikuni*,[1]— small wooden sticks used in ceremonial drinking-bouts to lift the mustache and beard in order to prevent them from getting wet. These sticks are decorated with carvings in relief, the like of which I have as yet failed to discover

[1] Compounded from *iku*, "to drink," and *ni* "a piece of wood."

either in Chinese or Japanese art. The fact that the Ainu have special names for their various decorative lines and figures makes me still more inclined to consider certain branches of their art as almost wholly their own. Of the mustache-lifters in our collections, there is one which shows three nicely carved seals (one of them is unfortunately broken off): that in the middle is floating on the surface of the sea, which is represented by cross-hatched lines; the other two are resting on shore, the beach being shown by parallel lines. Another shows in relief two sledges driving over the ice, one behind the other. On a third *ikuni* are represented a sturgeon (*atuikamui*) and a netting-needle. A fourth has the representation of a landscape. All hatched parts signify mountains; the hatchings, grass and wood; and the serpentine lines, valleys and roads. The fifth represents a pair of spectacles, a conventionalized face, an eye, and two noses.

The Gilyak have no universal name by which they designate their people as a whole; they have only names for the three tribes into which they are grouped; i. e., the Nighubuṅ, the Nibux, and the Lā'buṅ. The word *buṅ* or *bux* means "man"; and *Lā'buṅ*, "people of the Amoor," *La* being the Gilyak equivalent for the Amoor, which all other tribes call Maṅgu. Saghalin is called Laër-mif or La-mif, i. e., country near Amoor river. The Nighubuṅ, who are also thus styled by the other peoples and by the Japanese, inhabit the northeastern coast and the interior of Saghalin. They are divided into the Tro-Gilyak and the Tym-Gilyak. The Tro people occupy the mouths of Tym and Ṅabyl rivers and the shore of Okhotsk sea. Their main villages are Milk-vo, Ṅabyl-vo, Luṅ-vo, Tyrmyts, Nyi, Chai-vo, and Käkr-vo. They are the best seal-hunters among the Gilyak, and keep nearly aloof from Russian intercourse. I visited them in the summer of 1898.

The Tym people have their settlements in the valley of the Tym, but a few have migrated farther southward into the valley of the Poronai, at the mouth of which they have founded the village of Siska.[1] Their most important villages are Mos-bo, Usk-vo, Slai-vo, Adatym.

The Nighubuṅ are divided into eighteen clans (*xal*), of which the following are numerically the largest: Chuighui in Chai-vo, counting about 118 members; Adatym, about 160 members; Mymyji in Nyi, 94 members; Urlanj in Chai-vo, about 55 members.

This tribe has a tradition which relates that they came to Saghalin from beyond the sea. The country where their forefathers lived is called Kopchakkī'. The first living man and his wife had 47 sons and 47 daughters. The 47 sons married their sisters. The legend runs that they once received some white paper from the god Taighan, and so were able to write. One day when they returned home from hunting, they could not understand one another, and talked in forty-seven different languages. Seven of the brothers remained in the country; the other forty built canoes and sailed out beyond the sea, carrying along the papers containing their records. On the way they were separated. Twenty of them encountered a heavy rainstorm, in which their papers got wet. After a long trip they reached shore. They prepared a meal and spread the papers out on the beach to dry; but suddenly it began to thunder and lighten, and their annals were destroyed. The Gilyak and Tungusian tribes are the descendants of those brothers who lost their papers and forgot the art of writing. The other twenty brothers, favored by good weather, brought their written treasures safely into a new country and became the ancestors of the Chinese and Japanese, who are still able to write.

This tradition points to the fact that the Gilyak regard themselves as closely related to the Tungusians, and also to the Chinese and Japanese.

---

[1] Called Tichmenevsk by the Russians.

The Nibux or Nivux inhabit the west coast of Saghalin and the coast of the Liman on the continent. Their largest villages are Arkai, Tangi, Xoi, Viaxtu, Tyk, Visk-vo, Nyur, etc., on Saghalin, and Chome, Mȳ, Xuṣi, Prongi, and Lańr-vo on the mainland. In summer-time the Nibux of Saghalin cross Tartar strait in boats, and many of them go over to Chome and My to catch fish and seal; in the winter, from the end of December to the middle of March, when the strait for the greater part is frozen, sledges may start from Poghobi in a northwesterly direction, and reach the Asiatic coast at Mȳ. The same clans of the Nibux are met with on the mainland and on the island of Saghalin; and the traditions of the clans clearly show that migrations have taken place from the continent to the island, and on the island itself from north to south. For example, one of the two clans forming the village of Arkai originated at Nyani-vo village in the north of Saghalin, and the other one at Tangi, the natives of which place, according to their own account, belong to the old clan of the settlement Chome on the continent.

The Lā'buṅ occupy the valley of the Amoor below and above Nikolayevsk. Nighubuṅ, Nibux, and Lā'buṅ speak three different dialects: that of the Nighubuṅ seems to be the purest and oldest form of the language, owing to the isolation of the people and absence of foreign intercourse; the dialect of the Nibux is quite similar to that of their eastern neighbors, differing from it mainly in phonetics, as in palatization of dentals; but the Amoor language differs from both the others in many ways. Its vocabulary contains a great many independent words and a large number borrowed from the Gold and the Tungus. The farther west one goes, the greater becomes the number of borrowed equivalents; and the farther east, the purer and more original the style of speaking.

The Gold who inhabit the middle portion of the Amoor, and its great tributaries the Sungari and Ussuri, call themselves Xadjanaí or Nā'nai; the Gilyak they call Gilamí, and a mixed tribe (the Mangun) made up of Gold and Gilyak, Xadjasəl. The Orochon are called by them Namkan, and the northern Tungus, Kilér. The Chinese give the Gold the name Tadsï, that is, "aborigines," whereas the latter designate the former as Nikxa ("slave"), probably a reminiscence of the period when China was subdued by the Manchu.

The social organization of the Gold is very simple, and resembles that of all other Siberian peoples. The whole tribe is grouped into clans called *rody* by the Russians, and *xala* by the Gold. The members of such clans constitute patronymical societies. All the families of a clan bear the same name. For example, in Səṅdaka, the region between Chabarovsk and Vyátskoye, the following names occur most frequently: Posaxara, Ojál, Xad'ér, Pə́rmiṅka, Áxtaṅka, Óniṅka, Dóṅka, Yúkkami, Údiṅka, Pozár. The members of such clans are scattered over the whole territory occupied by the tribe. Some clans have a double name. Thus the clan Axtaṅka is also styled Beldí. The names of a great many of their clans are met with among the Mangun and Amoor-Gilyak; for example, the name Posaxara occurs among both these tribes. From this fact may be traced the race mixture of early times.

Marriage is strictly exogamic. A man belonging to the clan Pə́rmiṅka is never allowed to take a wife of the same family name. Before the arrival of the Russians it was the custom of the Gold to marry off their children at an early age. Girls were married by their parents as young as eight or nine years, and boys at the age of ten or eleven years. It sometimes even happened that a ten-year-old boy had to marry a twenty-year-old girl. Such early marriages are prohibited nowadays by the Russian Government, and intelligent Gold have come to understand how detrimental these marriages have been to their people. Although nominally abolished, premature sexual intercourse still continues, and contributes, no less than epidemics and alcoholism, to the gradual ruin of the people. Russian physicians who have become familiar with the people through visits to hospitals or to their villages, assert that incest is not unusual between brother and sister and among other relatives. Wooing (*ashi mudaljurï*) and wedding are not accompanied by a waste of ceremonies. The Gold has a practical and sober side, like the Chinese, and is not given to extravagant fancies. With him sense prevails over sentiment. It is unusual for him to passionately love a woman, which the Gilyak and Ainu sometimes do.

A tendency to rationalism, due perhaps to continuous contact with Chinese culture, is one of the distinguishing traits of the Gold's character. Doji Posaxara in Sakhacha-olén, the Gold from whom I obtained much of my best material, proved an enlightened free-thinker. He did not care about his shamans nor for the Russian Church, and listened to me with pleasure and intelligence when speaking on the Darwinian theory. He quickly grasped the idea that death ends all. I believe this preponderance of intellect explains the absence of many ceremonies and customs, especially of detailed nuptial rites, as well as the absence of holidays and feasts.

The Gold buys his wife from her father. The purchase-price, the kalym, is called *toré*, and consists of precious objects,—furs, Chinese stuffs, etc. In many cases, money (from 100 to 500 rubles or more) is required. The wooer, with the train of relatives and friends, betakes himself to the house of his selected bride's father. He repeats his visits several times without mentioning his purpose. On the last visit the affair is discussed, and an effort is made to come to terms on the kalym, about which both parties bargain and chaffer. The bridegroom need not pay the whole amount at once; the entire amount, however, must be paid before the wedding. The girl is not consulted by her father in the matter. She receives a present from the bridegroom, and is obliged to bring all her clothes and other belongings from her parents' house. The wedding is merely a drinking-bout, and is celebrated twice,— first in the bride's family, then in the husband's house, as it has come down to us in the old heroic songs of the Turk and Mongol. As a rule, monogamy prevails; this is not fixed by law, but is agreed upon for economic reasons. A man may buy as many wives as his fortune will permit, but it is seldom that he has more than three. The wife is not the companion, but the slave, of her husband.

The Gold make no secret of their disdain for women. A woman's lot is summed up in what is termed by the Chinese and Japanese moralists "the three obediences," — obedience, while yet unmarried, to a father; obedience, when married, to a husband and his parents; obedience, when widowed, to a brother-in-law or to a son. A man's work is simply fishing and hunting; the household and all other affairs must be attended to by the woman. The possibility of getting more work done by more drudges is their chief argument in favor of polygamy. The inferiority of woman to man is illustrated by the fact that a wife is not allowed to call her husband by his name. During the first part of the married life there is no designation by which she may accost him. When the wife has given birth to a child, she addresses her husband by the child's name; for instance, if her son is called Oisa, she must address her husband as *Oisa amini*, that is, father of Oisa. The wives of other men are permitted to call him by his own name. The sister is subject to the brother. She calls him *agha* (brother); but he speaks to her by name. A man, after the death of his wife, is forbidden to utter her name or to address another woman who bears the same name. Children are forbidden to speak the names of their dead parents.

About three months before child-birth the woman has to sleep alone, but she is obliged to perform all domestic labor up to within three or four days of her delivery, and most women resume their daily work eight or ten days after the latter event. During the first ten days the new-born infant is bathed several times a day. Immediately after the child is born, the father names it, and is at liberty to coin a new name; but a son can assume the name neither of his father nor of his grandfather. The first name is prefixed to the clan name; that is, Doji Posaxara. As soon as a child is baptized, it receives also a Russian name, which includes the name of the saint connected with it. Some individuals even prefer to be called by this name; but the majority do not lay stress on this matter, or even forget their Christian names.

A peculiar feature of the Goldian language is that the terms of relationship are divided into two classes. The names of relatives on the paternal side are different from those on the maternal side. Moreover, each of these classes is again divided, distinguishing terms used for relatives older from words for those younger than father or mother. The elder brother of the father is called *fafá*; his younger brother, *achá*; the father's elder sister, *dadá*, his younger sister, *ghughū́*; the mother's elder sister, *dadá*, her younger sister, *ouká*. Here, as well as in the Manchu language, symbolism of sounds plays an important part in the names of blood relations, *a* and *m* representing the male sex, *ɜ* and *n* the female; for example, *amá* (father) and *ɜnyá* (mother), *damá* (grandfather) and *dɜnyá* (grandmother), *amxá* (father-in-law), and *ɜmxá* (mother-in-law).

Divorce is common, but it is the exclusive privilege of the man; the wife has no right to part from her husband. The grounds on which a man may divorce his wife are disobedience, barrenness, lewd conduct, and foul and incurable disease. In a word, the husband can send his wife back to her parents whenever he gets tired of her. When a wife makes herself insufferable during the honeymoon, and is sent home by her uncongenial husband, he can recover the whole sum paid for her. I myself was witness to such an occurrence; and it is hardly necessary to say that such an unfortunate, after returning to the *patria potestas*, is exposed to shameful treatment. The husband is not obliged to keep faith with his wife. Intrigues with other women are frequent, and prostitution is customary. Children born out of wedlock are killed by their mother's father immediately after birth.

Sexual diseases, chiefly syphilis, rage terribly among the Gold. Epidemics of smallpox and trachoma (a contagious inflammation of the eyes which may lead to complete blindness and can be cured only by an operation) prevailed at the time of my stay in the Amoor country. Leprosy is much less prevalent among them than it is among the Russian settlers. A physician commissioned by the government last summer to travel from Chabarovsk to Sophisk, and to take all lepers to the lazaretto of Nikolayevsk, found seventeen Russians and but one Gold afflicted with this disease.

Remarrying is permitted after the death of either spouse after a term of three years has elapsed, if the funeral rites have been performed in the legal way. The guardian of the orphans is the uncle. Levirate marriages are permitted, but only on condition that the widow herself agrees to take the brother of her deceased husband. Even if she should not marry him, he is her natural protector, and superintends all the affairs of her house, into which he may move.

A curious investment for capital is as follows: When a poor man wants to buy a girl, he looks for a patron (who may be related to him or not) to advance the necessary funds. He need not repay the loan in cash, which he would probably never be able to do; but, if he should have a daughter by his marriage, the money-lender will take possession of her when she is grown up, and sell her on his own account. The only risk the patron runs is that his client begets only sons.

Alliances between Gold and Chinese are sometimes contracted. Chinese traders roving about on the Amoor often take Goldian wives. So far as I know from personal observation, such marriages are apt to be childless.

My last excursion was among the various tribes along Amgun river, one of the largest tributaries of the Amoor. These tribes are a branch of the widespread Tungusian peoples. It was not easy to get permission for this trip, because extensive gold-mines are there, and the mining companies do not look kindly on foreigners, particularly those who they think would be inclined to criticise. They may be right in this. Some years ago a German, Count Keyserling, made a like attempt, in which he was unsuccessful. After making sure that the highest official of the district had no objection to my trip, although, on account of the advanced season, he tried to dissuade me from making it, I had to apply to the chief director of mines, who is the government supervisor, and then to the agents of the mining companies themselves. I was kept waiting a long time, and finally succeeded, through the firm of Kunst & Albers, in obtaining permission to make the trip on one of the companies' steamers.

On the 27th of August (8th of September, Russian style) I left Nikolayevsk by the steamship *Gold* in company with General Iwanow and a party of engineers, the ship taking my row-boat in tow. On the third day we arrived at a settlement about 600 versts distant from Nikolayevsk, called Kerbinsk, where I engaged two Koreans as rowers. The following day I started in my boat to travel the whole way back, down the Amgun and the Amoor, as far as Nikolayevsk.

The banks of the Amgun are inhabited by two Tungusian tribes, which are called Neghidal, or Neghda, and Tongus. The Neghidal are divided into seven clans,—Tonkal, Chumykaghil, Ayumkan, Neachikaghil, Udan, Chukchaghir, and Toyemkoi. There are six Tongus clans,—Butar, Adjan first and second, Lalyghir, Djer, and Muxtaghir. Each clan is a unit, and is governed by its own chief (*starosta*). The tribes and their clans have a general chief (*golowa*, that is, "head") residing in the village of Udsk, who receives the orders and edicts of the Russian local authorities concerning the natives, and acts as mediator between his countrymen and the government. He has the same authority over the aborigines as his Russian colleagues have over the Russian settlers. Once a year, in the winter, the head official of the district of Udsk, the capital of which is Nikolayevsk, makes a trip through his territory, up the river to the coast, thence southward along the coast back to Nikolayevsk, to collect taxes, to hear complaints of the natives, and to learn their needs.

The seven Neghidal clans are classed in two groups,—Neghidal proper, or Tonkal, who comprise the four families named Tonkal, Chumykaghil, Udan, and Neachikaghil, and occupy the lowlands of the Amgun; and the Chukchaghir, who comprise the other three families, Chukchaghir, Ayumkan, and Toyemkoi, and live on the banks of the middle and upper part of the Amgun. These two groups have no distinguishing characteristics; they speak the same Tungusian dialect and have the same customs. The only observable difference is that the culture of the Chukchaghir is influenced in a higher degree by the Tongus and Yakut, while the Neghidal, owing to their local conditions, have derived much of their culture from the neighboring Gilyak.

The population of the Amgun is not large. Their villages, which are some distance apart, are small, consisting generally of but two or three houses, though there are sometimes as many as six or eight. The latest statistics give the following approximate numbers: total of both sexes, 766, of whom 423 are males and 343 females. Of these, 215 men and 187 women are Neghidal, 188 men and 140 women are Tongus. Besides these, there are a few Samaghir (20 men and 16 women) and a small number of Yakut who are peddlers. Near the Russian villages, Koreans also have settled; these are the best agriculturists of the country, and grow excellent oats and potatoes.

The Neghidal live in very small square houses supported on thin rafters and covered with birch-bark, whereas the tents of the Tongus have a circular ground-plan, and taper to a cone, like those of the closely related tribe of Saghalin, whose tents are covered either with prepared fish-skin or tanned reindeer-skin. The Neghidal near the mouth of the Amgun, who show strong evidence

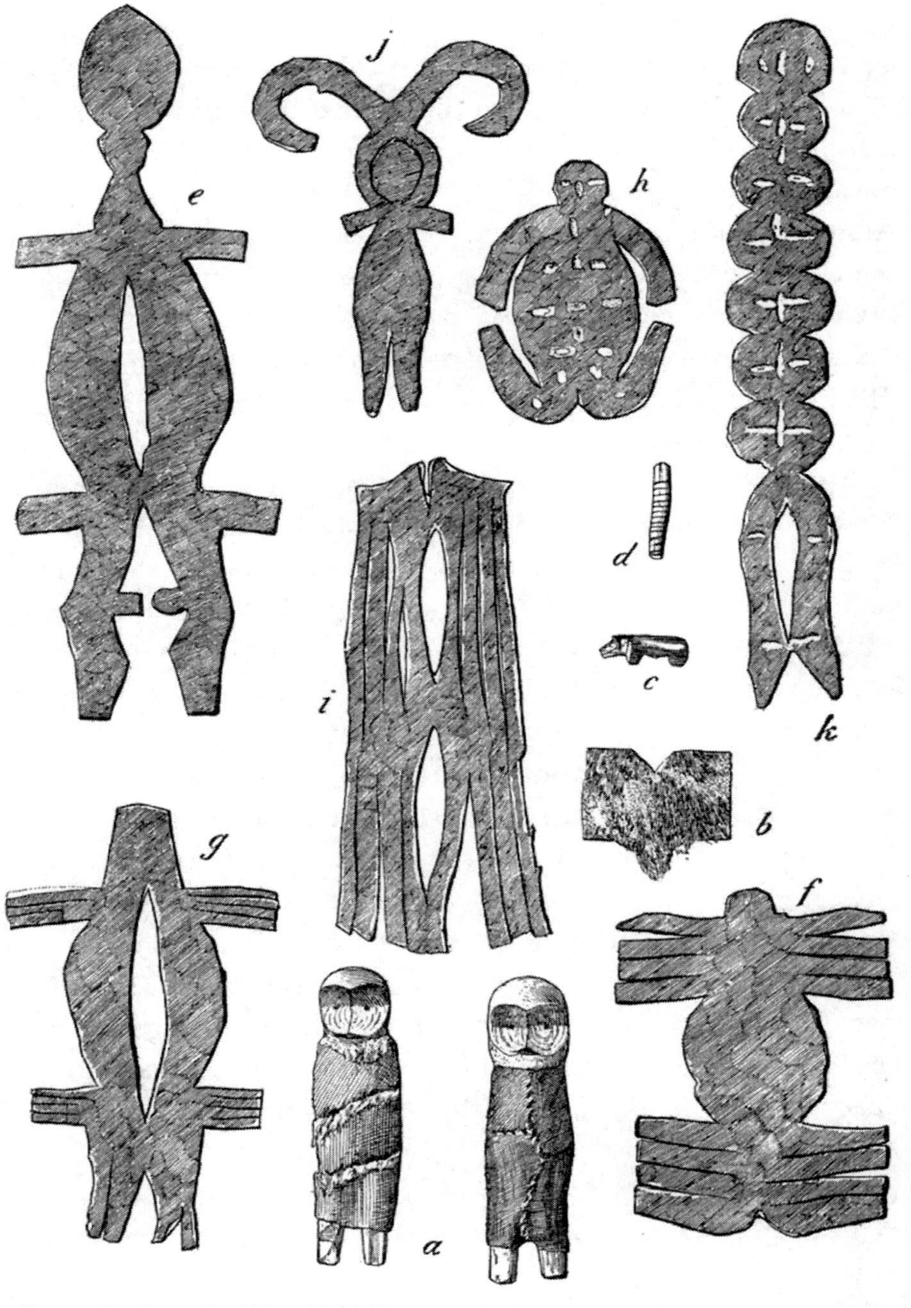


FIG. 41—Amulets of the Olcha of Saghalin. (Cat. Nos.: *a*, $\frac{70}{937}$; *b*, *c*, *d*, $\frac{70}{945}$; *e*, $\frac{70}{942}$; *f*, $\frac{70}{941}$; *g*, $\frac{70}{939}$; *h*, $\frac{70}{938}$; *i*, $\frac{70}{943}$; *j*, $\frac{70}{944}$; *k*, $\frac{70}{940}$.) $\frac{1}{3}$ nat. size.

of Gilyak influence, are beginning to build houses like those of the Gilyak. In the village of Dalji I saw people building a winter frame-house of strong timber. In the same village some of the old houses were empty; those of recent times were erected on piles, in Gilyak fashion, but they were extremely small, and miserable in appearance. The craft universally used on the Amgun is the birch-bark canoe, like that of the Gold; but while the Gold use it only for hunting, and have wooden boats besides, the natives of the Amgun use their birch-bark canoes for all purposes. No one among them possesses more than ten reindeer, while on Saghalin there are some people who have a hundred and even two hundred head. They do not use reindeer for drawing sledges, but in the winter drive with dogs, because they trade in Nikolayevsk, where it would be impossible to obtain sufficient feed for the animals. Epidemics have destroyed the herds of many families during the last few years. As all these tribes embraced Christianity long ago, there are no traces of shamanism or of their former religious conceptions. The Olcha of Saghalin have preserved more of their peculiar character; and on the coast of Okhotsk sea, as well as on Patience bay, I found among them a strange kind of amulet cut out of reindeer or salmon skin. Amulets of this sort, attached to a string, are worn round the neck. They may be made by any one, even by women. Most people copy or imitate them without understanding their proper meaning. They claim to have learned the art from their ancient shamans, who have handed it down from generation to generation. The specimens here illustrated (figure 41) were obtained in the village of Wal, in the northeastern part of Saghalin, and are as follows:

*a*, two wooden figures (the larger representing a boy, the smaller a girl) are placed on the chest of a new-born child to prevent it from crying. They are styled *séwon* and *gákse*, respectively.

*b–d* are worn around the neck for the purpose of curing a

cough. *b* represents a bat, and is cut out of reindeer skin (*dal-bandú*); *c*, a wooden bear (*shiró*); and *d*, a wooden wood-worm (*ikíri*).

*e* represents a mammal (*wǟ*), about which, unfortunately, little is known. Head, neck, body, legs, and tail are discernible. It serves for curing stomach-ache.

*f* symbolizes a sea-lobster (*tainéghi*), and cures pulmonary diseases.

*g* represents an animal (*páttaxa*) having four toes on each foot and crawling on the ground. It is said to cure aches in the hip-bone. The natives claim that they have never seen this animal alive.

*h* represents a frog with spots on its back (*uddála*). It is prescribed for rheumatism in the shoulder.

*i* is said to symbolize a worm living in the water (*páxa*) and to cure diseases of the kidneys. It has two heads and six tails.

*j* gives the outlines of the human heart (*mǟ'wan*), and illustrates very well the mode of sympathetic healing. It is used in all cases of cardialgy.

*k* is a seven-headed monster (*nächuku*) with a short body and a small tail. Particulars about it are unknown. It is employed to allay burning and pricking in the chest.

At the present time the Olcha bury their dead in the same way as do the Russians. In former times it was customary to put the bodies on trees or on high wooden frames. I saw several such graves in the outskirts of Wal. Four vertical beams were driven into the ground, forming a rectangle. On the longer sides of the rectangle, about five feet above the ground, there were two horizontal cross-beams, on which the coffin rested. The coffins were boat-shaped, and were closed on top by logs of wood packed closely together. The body was wrapped in birch-bark and placed on its back, the face turned toward the east. I saw one grave, in the form of an equilateral triangle, where there were but three beams. Sometimes the tombs reached a height of seven feet.

Near the village was the grave of a child, which rested on two poles. The coffin, which was about three feet above the ground, consisted of two trough-shaped parts put together like nutshells. The perforated leaf-shaped ends were set into the beams. The corpse was wrapped in a linen cloth, and the skeleton was therefore invisible. Under no circumstances would the people allow the bodies to be touched or inspected.

On the small isle of Hete-vo, in the northern part of a deep inlet on the northeastern coast of Saghalin, I found the ruins of two old graves. From one of them the coffin had fallen out and lay a wreck on the ground. I found there the rusty blade of a spear, and an old sword which is undoubtedly of Japanese origin, as is shown by the ornament on the guard. It has the shape of the Japanese katana of medieval and modern times, with a single edge, and is slightly curved toward the point. These decorations of the guard have arisen, since the close of the fifteenth century, in the schools of special artists in metal.

When I took up the two pieces, the Tungusian men who accompanied me (we were a hunting-party) protested vociferously, saying that the dead person would be angry with us. Then they refused to take me in their boat, for if the fish should catch sight of the weapons taken from the grave, they would run away, and the villagers would never have any more fish. At last I resorted to the expedient of wrapping the treasures in a piece of old newspaper, that the fish might not see them, much to the satisfaction of my Tungusian friends, the timid fish, and myself.

The Olcha have special rites in burying drowned persons. I had an opportunity to inspect the grave of one, which was situated a short distance from the village of Wal. The accident had happened the preceding year, while the man was fishing in a drunken condition. A Latin cross had been erected over his grave, and a row of four larch trees had been planted behind it. The trees were ornamented with whittled willow (Olcha, *túndɪ*; Tung., *séxta*), which was attached to the branches by means of bast-fiber (Olcha, *elák*; Tung., *eláka*). In front of the grave was the boat in which he had been drowned. The prow pointed toward the inlet, and the rudder lay in the boat. The paddles and the oars had been crossed and stuck into the ground on either side of the boat, each pair tied together with seal-skin straps. A similar strap was attached to the cross and connected with that of the oars. The harpoon for catching seal was suspended from the latter strap, whereas the wooden poles belonging to the same implement were left in the boat. This is done because the dead person is supposed to continue his earthly life on the other side and to have the same needs there as here. There was a stake behind the four trees. It had served at the funeral as a tying-post for the reindeer which was slaughtered in honor of the deceased. On the ground lay a birch-bark plate, in which the heart of the animal had been left.

After an accident such as that described, the people greatly fear the sea and the river, and fishing is suspended for ten days. At the end of that time the oldest and strongest man goes off by himself for three days to catch fish. If he prospers, or meets with no accident, the others join him in their usual work on the fourth day.

So far as I have been able to form an opinion regarding the traditions and legends of the Amoor tribes, many of the latter have been brought from the west to the east. The Gold have undoubtedly the richest store of myths, and the Gilyak are second to them. The Olcha, the tribes of the Amgun, and all others of the Tungusian people, have either lost their ancient folklore, or else they never possessed any. They themselves are inclined to the latter opinion. Many Gilyak and Ainu stories bear such striking resemblance to those found among the Gold that their origin is sufficiently clear. This is more strongly elucidated by the fact that the tales of the Gilyak appear as mere extracts of or condensations from those of their western neighbors, who have preserved fuller details in their original shape.

Interest, therefore, in the rise and growth of folklore in eastern Siberia centers chiefly around the Gold. There are various kinds of oral literature,— short accounts in explanation of natural phenomena, reports on the creation and first population of the world, and long, rather complicated, novel-like stories dealing with adventures of knights-errant and heroines, their fights with evil demons and monsters, their wanderings in the wilderness, their love affairs, and final marriages. Some of these tales are epic in character, and abound in interpolated episodes which interrupt the main action. A comparatively great antiquity must be attributed to all Goldian folklore, since the language in which their traditions are told differs widely from the colloquial speech of the present day. These differences are found in etymology and lexicography ; and a comparison of the language with the modern style of conversation indicates two different dialects, or at least two separate epochs in the development of the same tongue. It is therefore probable that the Gold were in possession of those traditions when they migrated to their present habitat. Nevertheless, it is not likely that their literature is the result of their unaided efforts. Many of their tales can be traced back to the Buriat and other Mongol tribes of central Asia ; and, moreover, there are remarkable coincidences between Goldian folklore and Mongol and Turkish epic poetry.

It is a most striking fact indeed that nearly all institutions, customs, and manners as described in the tales of the Gold (and in many cases hardly to be explained by the modern state of their life) bear a marked resemblance to the outlines of culture as sketched in the epic literature of the Mongol and Turkish nations.

So, after all, central Asia is to be considered as the country which originated and handed down the tales of the Gold, and consequently of all other tribes of Amoor river. This question is closely connected with a great number of as yet unsolved problems regarding the origin and development of central Asiatic culture. We cannot say yet which of the peoples produced or participated in the culture contained in the Turkish, Mongolian, and Goldian traditions. Presumably it is the culture of ancient Tibet, for Tibet is the stage of the Mongol epopœia, and its literature possesses a voluminous national poem of the culture-hero Gesar, from which the subjects of Mongol poetry are apparently derived. Unfortunately that comprehensive Tibetan work has not yet been published or even translated. It must be made the basis of all further research of those far-reaching questions.

It is hoped that one of the chief results of my investigations may be the finding of the missing link in the intellectual and psychological connection formerly existing between the Amoor tribes and the peoples of central Asia, and that thereby we may draw nearer to the possibility of assigning to the latter their true position in the history of Asia and of all mankind.

A tale recorded in Sakhacha-olen on the Amoor may serve as a specimen of Goldian folklore. There are some contradictions in it, which prove that the single parts of which it consists were primarily independent tales composed at a later time. Fuji is a general name for a heroine or Amazon, and Marga is a noun appellative signifying a hero. This word is surely allied to the Mongol and Turkish terms *mergen*, *mirgän*, whose original meaning is "a good archer or hunter," and which are combined with the proper names of heroes. The story is as follows:

A long while ago lived the two sisters Fuji. They subsisted by shooting birds and wild animals. They lived thus a long time. They lived a long time, killing birds and wild animals.

Once upon a time, late in the evening, the elder sister Fuji began to talk thus: "We have no husbands. How can we live without a man? There are males and females among all the birds and wild animals, and even among the small insects."

The younger sister said, "We live quite well as we are now."

The elder one replied, "Let us go out and search for a man;" but the younger sister opposed her, and fell asleep. When she awoke in the night, she saw her elder sister sitting beside a large iron kettle on the hearth, washing herself.

The younger sister asked, "What are you doing there? What are you boiling in that kettle?"

The elder sister answered, "Why do you not come over here? Come along, that I may comb your hair well!" Then she took her younger sister by force, combed her hair well, and dressed her nicely. Both of them put on all their clothing, and went away, went away.

They wandered on until they came to where two roads crossed. On the one, the main road, horses and carriages could drive side by side, whereas the other was very narrow.

The elder sister said, "Let us stroll about;" but the younger sister refused. The elder Fuji rushed upon her, and the younger Fuji fell down. Then the elder one said, "You will go this way, and I shall take the great road where horses and carriages drive;" but the younger Fuji again refused. Then the elder began to beat her, and, beating her, went away on the road where horses and carriages drive.

The younger Fuji, weeping, set out on the narrow path, and walked and walked. At last she reached a house on the bank of a river. Leaning her chest on her walking-stick, she stopped before the door, and cried to the Burchan within, "I crave for water; I came to the lake, my mouth is parched; I came to the river, my throat is parched." Seven birch-bark cups full of water were brought to her, which made a noise like "Belcha, belcha, belcha."[1] Seven birch-bark cups were all emptied by her. Thereupon she went on, and went on, till she came to another house. It was late in the evening. In the courtyard were heaps of human bones. She thought that the people had caught and killed a great many wild animals.

Fuji entered the house, and found that it was filled with

---

[1] These words are said to represent the splashing and spilling of the water.

human bones. Seven Baldheads, all brothers, were sitting there round about. The youngest brother was nibbling at a skull. When he beheld Fuji, with much ado he cast the skull under the hearth, exclaiming, "Though we remained at home today (not having gone hunting), we have fresh meat to eat, for a little doe has come to us."

At once they all fell upon Fuji, caught her, held her fast, threw her down on a heap of grass, and made a dash at her with knives. Fuji transformed herself into a needle,[1] and jumped into the ashes; and it was as if she had wholly died away.

The Baldheads took a *Pangafun*[2] and began to practice witchcraft. "Where has she gone? Is she in the house? *Chəṅə chəṅə tyṅkui!* Through what metamorphosis has she passed?"

"She has transformed herself into a needle, and has jumped into the ashes, *chəṅə chəṅə tyṅkui!*" suddenly came from the *Pangafun*. Then they commenced to stir the ashes, looking carefully all around. They put the embers on their palms, and finally discovered her.

Fuji became again a human being. They attacked her once more, and she changed herself into a worm and crawled into a wooden pillar.

The seven Baldheads lost her again. The youngest brother of the seven moved the *Pangafun* and resorted to magic. "*Pangafun, chəṅə chəṅə tynkui!* Where has she gone? Did she step out on the road, or is she in the house?"

"*Chəṅə chəṅə tyṅkui!* She has taken the shape of a worm and crawled into the wooden pillar; *chəṅə chəṅə tyṅkui!*"

Then they took an axe and began to chop the pillar in two. They found her in the middle of it.

---

[1] See the same transformation in Schiefner, *Heldensagen der Minussinschen Tataren*, XIV, 448.

[2] The *Pangafun* consists of a stone with a groove running around its central part. A string is wound around the stone in this groove, the free end of which is held in the hand. It is used particularly to find out where a lost object may be, the belief being that the lost article is hidden in the direction in which the stone moves.

Fuji resumed her real shape. They caught her again, and again they attacked her. Thereupon she transformed herself into a drop of blood and jumped on the wall, from which she looked down upon them.

After losing her again, they took the *Pangafun* once more, and began to practice sorcery. "Through what metamorphosis has she passed?"

"She has transformed herself into a drop of blood and jumped on the wall; *chəňə chəňə tyňkui!*"

At this moment Fuji changed herself into a gadfly [1] and flew away. She flew away and away. When she cast her eyes back, she saw seven gadflies coming behind her. She took the shape of a skunk,[2] and ran farther away. When she had gone a short distance she looked back and beheld seven skunks following her. Now Fuji transformed herself into a swarm of a hundred insects,[3] which flew in all directions, but afterward came together again at the same spot. The Baldheads assumed the shape of Fuji and followed her.

So they all went and went. In the evening they came to a house. In front of it were the wooden frames on which fish are hung to dry. The seven Baldheads tumbled so violently against the upper crossbeam that it pierced their breasts and held them fast.

Fuji saw there a great many garments, ear-rings, and nose-rings, which seemed to belong to charming and beautiful women. She thought to herself, "Where are the devils? Where are the devils? They are dead, I am sure. Now where am I to go? I feel so sad that I don't care whether I go hither or thither."

She opened the door of the house and entered. There was nothing at all inside but sleeping-benches and a few things

---

[1] In the epic of Geser, Rogmo Goa is metamorphosed into a gadfly (Schmidt, *Die Thaten Bogda Geser Chans*, p. 201).

[2] See *ibid.*, p. 284.

[3] See *ibid.*, p. 280.

belonging to a man. She sat down on the stove, lighted the fire, smoked tobacco, and remained sitting there. On the back part of the hearth were two dishes bottom-side up. Fuji took them, and found that one of them was filled with tallow and the other with meat. She took out a piece of the meat and a piece of tallow and ate them. Then she sat on the stove again and smoked tobacco.

Suddenly a croaking voice cried from a mountain in the forest, "Have people come into my house, or are devils come? I live all by myself, and still smoke is rising from the chimney. There was no fire when I left the hut."

Fuji took her cap and gloves and stepped out. There she met the host of the house, who immediately addressed her thus: "I am the Andamarga; I am not a devil. Andafuji,[1] do not be angry! We need not be afraid of the devils. Pass the night here; please sleep here for the night!"

Fuji received the game he had brought from the chase, and went into the house. The Marga took off his things, and entirely undressed himself. Fuji cooked meat, and when it was well done she put the dish before him and sat down. He said to her, "Andafuji, where are you going?"

She answered, "Andamarga, devils have pursued me. I escaped from them and have come hither."

He questioned, "What devils were they?"

She replied, "The seven Baldheads."

He said, "Oh, I know them. I have long had a grudge against them. If you will live here, the devils can do you no harm."

Fuji consented. Now the Marga went hunting daily, and shot many birds and wild animals.

After a while there came a day when he did not go out, but stayed at home. He said, "Andafuji, those devils will come today."

---

[1] *Andá* (in other Tungusian dialects, *amalá*) means "friend," and is the usual form of greeting. *Andafuji* has approximately the meaning "my dear Fuji."

Toward noon they approached, making a sound like "*Chokor, chokor, chokor, chokor!*"[1] They cried, "Jaghdərin-samá, are you at home?" The Marga remained silent. They cried once again, "Jaghdərin-samá, are you at home? The animal we are hunting came this way."

Then the Marga replied, "If that is so, come and take it! But why has the animal that is shy of such people taken refuge in a human dwelling-place? Wherefore did my deer not remain with you? But why do you bother me with your idle talk? Fuji is here, indeed! Come, enter and take her!"

Then the Marga exclaimed, "Andafuji, come hither!"

Fuji arose and drew near. Marga transformed her into punk and put her into a pouch for a strike-a-light. After waiting for her in vain, the devils consulted the *Pangafun*, "*Chəṅə chəṅə tyṅkui!*" and received the answer, "He has transformed her into punk, and put her into a pouch, *chəṅə chəṅə tyṅkui!* He has transformed her into punk, and put her into a pouch, *chəṅə chəṅə tyṅkui!*"

The Marga took the pouch between his fingers, and threw the punk and flint on the ground, exclaiming, "There, take her up from the ground!"

The devils said, "*Eidaghoi, eidaghoi, eidaghoi*, we must resort to witchcraft once more;" and they took the *Pangafun* and began with their sorcery. "He has taken the pouch between his fingers, *chəṅə chəṅə tyṅkui!* Do not stay here long, else matters will go badly with you."

The Marga said, "Be that as it may." The youngest brother of the seven Baldheads ran away. Then the Marga thought to himself, "All will now end in sorrow, for he will come and kill me." Again the Marga went out hunting and shooting birds and wild animals.

One day he did not go out, but remained at home, saying,

---

[1] This word is said to depict the approach of the eldrich demons.

"Andafuji, I will wander with you to another place." With these words he presented her with an iron rod (such as is used to soften fish-skins), and they took the road into the woods, and went on and on. At last they came to a house. Inside were six Fuji (heroic women). The Marga said to them, "You all stay here together with this Fuji."

The six Fuji replied, "Thus we have become seven."

The Marga said, "I shall go out to fight with the seven Baldheads. Day and night you must keep the door closed." Thereupon the Marga went away.

There were now seven Fuji in that house. They had much work to attend to. They had to fetch fuel, to draw water, and to split wood. After doing this they locked the door. Thereupon a roaring noise sounded from the river. The struggle had commenced. The seven Baldheads and the Marga fought day after day and night after night. When they stopped to rest a while, the youngest brother of the seven Baldheads forsook the place of combat and betook himself to the house. He cried, "Open the door, open the door!" but Fuji sat silent, without answering him. He forced the door open and entered the house. Then he said to Fuji, "Pick the lice from my head!" She refused peremptorily. He drew near her, and repeated, "Fuji, pick the lice from my head!"[1] Fuji began to hunt for lice in his head. He put his head on the edge of the sleeping-bench. She took her iron rod and struck him on the head with it. Then the youngest brother of the Baldheads took to his heels. Fuji passed three nights there.

God proved gracious. The Marga returned, and cried, "I have fought with the seven Baldheads, and have slain them all.

[1] Picking lice from each other's heads is a sign of mutual friendship or love. It takes place, therefore, between spouses or between related women. The husband does not look, of course, for his wife's lice. The Baldhead's importunities are in this case nearly like a declaration of love in concrete form. Lice-eating often occurs in the tales of the Gold, and may be observed nowadays in the daily life of the Gilyak.

I am a devil. I shall go away to a remote place. If I live I shall return, but if I die I shall not come back."

The seven Fuji moved into the house of the Marga, and passed three nights there. Seven Marga arrived. Six of them took the six Fuji away with them as their wives. Fuji remained behind alone. The seventh Marga wanted to marry her; but Fuji refused, so the Marga went away. A whole year elapsed, during which time she lived there by herself. The Marga finally appeared. He asked her, "Where have those six Fuji gone?"

Fuji replied, "All of them have got men and gone off."

The Marga said, "Why have you not gone with them?"

Fuji answered, "I was true to you; I have waited for you."

Fuji and the Marga now became man and wife. They lived happily for two years. One day Fuji shed tears, and when her husband asked the reason, she said, "I long for my elder sister. I do not know whether she is dead or alive."

Then the Marga said, "Your sister is living not very far from here. If you wish, you may go to her as a guest."

So Fuji started. She went to her elder sister. The elder sister now had a husband. Fuji stayed there for two nights; then she returned to her own home. Her husband said, "Why have you returned so soon?"

So the Marga and Fuji dwelt again in their house. Once again the elder sister Fuji and the younger sister Fuji came together. They brought along all their property, and divided it equally between them. They divided everything. Then the elder sister Fuji returned to the house where she lived, and the younger sister Fuji returned to her house. They lived in their houses. They lived a long time, as they had lived before, and their husbands went hunting and killed birds and wild animals.

# 通報

*T'oung pao*

# ARCHIVES

POUR SERVIR À

## L'ÉTUDE DE L'HISTOIRE, DES LANGUES, DE LA GÉOGRAPHIE ET DE L'ETHNOGRAPHIE DE L'ASIE ORIENTALE

(CHINE, JAPON, CORÉE, INDO-CHINE, ASIE CENTRALE et MALAISIE).


RÉDIGÉES PAR MM.

**GUSTAVE SCHLEGEL**

Professeur de Chinois à l'Université de Leide

ET

**HENRI CORDIER**

Professeur à l'Ecole spéciale des Langues orientales vivantes et à l'Ecole libre des Sciences politiques à Paris.


**Série II. Vol. I.**


LIBRAIRIE ET IMPRIMERIE

CI-DEVANT

E. J. BRILL.

LEIDE — 1900.

marque à faire c'est sur le papier glacé luisant sur lequel l'ouvrage a été imprimé, et qui est fort fatigant pour les yeux.

Ce papier semble être «à la mode» en Allemagne, puisque tous les journaux illustrés sont imprimés sur lui. Quant à nous, nous préférons le papier de soie français ou le vieux papier de Hollande, qui est agréable et doux aux yeux puisqu'il ne reflète pas, comme le papier glacé, de fausses lueurs de lumière. Mais ceci est une remarque secondaire, qui ne préjudicie sous aucun rapport à la haute valeur de cet ouvrage dont nous recommandons l'étude à tous ceux qui s'intéressent au Bouddhisme, la seule religion au monde qui se soit propagée par la douceur et l'humanité et pas par l'épée.

G. SCHLEGEL.

---

*Preliminary Notes on explorations among the Amoor Tribes, by* BERTHOLD LAUFER. *American Anthropologist, Vol.* 2, *April,* 1900.

*Petroglyphs on the Amoor, by* BERTHOLD LAUFER. *American Anthropologist, Vol. I, October,* 1899.

The first results of the voyage of exploration of the Amoor-region made by Dr. B. LAUFER as one of the members of the expedition organized by Mr. Morris K. Jesup (Cf. *T'oung-pao*, Vol. VIII, p. 237), are contained in the above-mentioned two highly interesting papers.

Dr. Laufer visited the Ainu, the Gilyak, the Olcha and Tongus, and the Gold tribes. In language the Ainu and Gilyak stand absolutely isolated, whilst the language of the Gold is closely related to that of the various Tungusian tribes, whose languages seem to be intimately connected with the Mongol and Turkish tongues.

None of the tribes, however, says the author, can be understood by its own culture alone, as the chaotic accumulation of ideas, due to foreign intercourse since the dawn of history makes it impossible for the moment to answer satisfactorily the question, where, when and how the culture of these people have arisen and grown.

Partly, the author presumes, it has been influenced at first by the

*Yakut*, a northern turkish tribe, next by the Chinese (and Japanese?) and lately by the Russians, who, of course, have largely influenced them, so that the Gilyak in the environs of Nikolayevsk now build Russian houses and make stoves, wear Russian clothing, use Russian ustensils, work together with Russians in their fisheries, and bow to the images of Russian saints.

As a proof of the immense influence of chinese culture among these tribes, the author mentions the decorative art of the nations and the skill in embroidering on silk displayed by the Gold. In these decorations, no native animals are represented, but exclusively chinese ones as f. i. the Phenix, the Tortoise, the Lizard, the Tiger, the Cock, etc.

The natives do not reproduce the objects of nature, but copy foreign samples.

Both the Swastika and the Triskeles are met with in East-Siberian art.

The animal most frequently reproduced in decorations is the *Cock*, with the Chinese the symbol of the Sun [1]), which bird is not a native of the Amoor country, but was imported first from China, and, of course, recently by the Russians.

As such the cock and the sun are largely employed by the natives in decorative art as the author proves by a reproduction of an appliqué design from the back of a fish-skin garment of the Gold, which, unfortunately, we have no means to represent here.

The design is thoroughly stylisized, but the topfigure of a crowing cock is perfectly natural. One must be thoroughly familiar with the spiral-ornament, in order to recognize in these different designs, single or combating cocks, alternated with circles representing the sun; but, as a whole, the explication of the author seems very plausible.

Next the author gives samples of the chinese Dragon-ornament (fig. 38).

On page 315 *seq*, Laufer describes shortly the different tribes

1) Cf. my *Uranographie chinoise*, pp. 599—600.

he visited, as also their traditions, among which is one that the Nighubun formerly has possessed the art of writing but lost it afterwards (*q. e. d.*).

The author next treats shortly of the social organization of the Gold. Marriage is strictly exogamic. Formerly early marriages were common among them, but have since been forbidden by the russian government.

The wife is bought from the father at a rather exorbitant rate (sometimes 100 to 500 rubles or more). The wedding is merely a drinking bout, first in the bride's family, then in the husband's house [1]). As a rule monogamy prevails, of course on account of economic reasons. That the wife should be not the companion of the husband, but his slave, as the author says, is in flagrant contradiction with the high price the husband has paid for her.

In primitive ideas it is very natural that the work necessary to obtain food and that of building boats and houses incumbs on the man, and that the household-drudgery and the making of clothing is the duty of the woman.

Poor primitive races have not the means to sustain and nourish a lazy lass, only busy with her own toilet, as is the rule among more civilized races. I feel sure, that the wives of the Amur people do not in the least consider themselves as the slaves of their husbands [1]), but simply as their helpmates.

We ought not to put on a pair of western spectacles in our consideration of the customs of primitive races.

A man may divorce his wife, upon the same grounds which chinese law has fixed. But, of course, divorce is only resorted to when the wife has made herself extremely obnoxious to her husband (whose slave she is according to the author, *sic!*). For after divorce, the husband has to pay another heavy kalym in order to buy a new wife.

1) Is it better with us Europeans?

1) As less as the chinese women do.

Remarrying is only permitted three years after the decease of one of the parties, and when the funeral rites have been performed in the legal way. Levirate marriage is only permitted on condition that the widow consents to it of her own free will (p. 322). In this respect the Amoor tribes stand socially higher than the old Jews.

On page 323 the author describes his trip among the tribes living upon the banks of the Amgun, and the Olchas of Saghalin of whose amulets he gives an engraving (fig. 41) and description. The Olchas have abandoned the old siberian custom of placing the dead between the branches of a tree, or upon a wooden framework [1]), but bury them in the russian manner. The author, however, still saw some of these old sepultures in the outskirts of *Wal*, and on the small island of *Hete-vo*.

According to Dr. Laufer, the traditions and legends of the Amoor tribes, seem to have been brought from the West (p. 329). The Gold possess the largest stock of them and the author gives as a sample a tale recorded in Sakhacha-olen on the Amoor, relating the story of two sisters *Fuji*, the elder of which wanted to marry as she could not live without a man, but the younger would not. The elder sister then went away, and after a great many adventures married a *Marga* (hero) who slew her seven baldpated pursuers and then discovered that her other sister had taken a husband in the mean.

---

The second short paper (only 5 pages) gives some curious figures of ancient petroglyphs carved upon the boulders lying on a sandy beach at the confluence of the Amoor and the Orda, and representing human faces, an elk, and simple crossed lines resembling those found in Sachalin, and which some savants have supposed to represent a species of writing.

More light is required upon the question if the petroglyphs found in Sakacha-Olen and Sa-

1) Cf. my articles in the *Toung-pao*, Vol. III, pp. 208—210, 1892, and in the Intern. Archiv für Ethnographie, Vol. V, p. 172, 1892.

chalin are elementary forms of hieroglyphics or simply ornamental drawings as have been discovered in France on the tusks of the Mammouth —— dating from prehistoric, may-be antediluvian, times.

We expect with much interest the publication of Dr. Laufer's researches in this almost unknown region. G. SCHLEGEL.

---

*Studien zur Sprachwissenschaft der Tibeter. Zamatog. Von* BERTHOLD LAUFER. (*Sitzungsberichte der philos.-philol. und der histor. Classe der k. bayer. Akad. d. Wiss.* 1898, *Heft III. München, acad. Buchdr. von F. Straub.*

—

Since some years, the study of Tibetan has come into vogue, weary as european philologists have become of the study of oriental languages, whose structure and grammar have been since long exploded and are perfectly (?) understood. And, though the literature of other asiatic people yields an immense field for researches, though that especially of the Chinese affords treasures of information for the geography and ethnology of mediaeval India and central Asia, not to speak of the siberian, japanese and polynesian countries, there are only a very few savants who now occupy themselves with this branch of study.

It has been rightly observed that the whole literature of Tibet does not afford us a single positive result for our modern science, and that our knowledge of the tibetan language, its structure and its life would not become enriched in the least by researches in this field.

Yet, Mr. Laufer remarks, the mere fact that this curious race of Central-Asia possesses a rich literature of grammatical, lexicographical and philological works would be sufficient to make it worth our study, although it may not enrich our knowledge of languages, it yet will allow us to catch a deeper insight in the physiology and cultural history of the tibetan people.

We do not quite agree with the author's sympathy with a race which has not exercised the slightest cultural influence upon the sur-

# 019

## 关于西藏医学

# Beiträge
zur
# Kenntnis der Tibetischen Medicin.

INAUGURAL-DISSERTATION

WELCHE

**ZUR ERLANGUNG DER DOCTORWÜRDE**

IN DER

MEDICIN UND CHIRURGIE

MIT ZUSTIMMUNG

**DER MEDICINISCHEN FACULTÄT**

DER

**FRIEDRICH WILHELMS-UNIVERSITÄT ZU BERLIN**

AM 10. AUGUST 1900

NEBST DEN ANGEFÜGTEN THESEN

ÖFFENTLICH VERTEIDIGEN WIRD

DER VERFASSER

**Heinrich Laufer**
aus Köln a. Rh.

**OPPONENTEN:**

Hr. Dr. med. Weissbein, Arzt,
Hr. Maass, approbierter Arzt,
Hr. Blanke, approbierter Arzt.

**BERLIN**

Druck von Gebr. Unger, Bernburger Str. 30.

1900.

Meinen teuern Eltern.

# Vorwort.

Während meiner Studien auf dem Gebiet der Geschichte der Medicin wurde ich durch die Arbeiten meines Bruders, Berthold Laufer, der sich seit 6 Jahren mit der tibetischen Sprache und Litteratur beschäftigt, auf das noch so gut wie unbearbeitete Feld der tibetischen Heilkunde hingelenkt. So ist hier der Versuch unternommen, das bisher bekannt gewordene Material zu sammeln und aus primären Quellen wie aus Reiseberichten auszuziehen und zu sichten. Einmal soll dieser Versuch einen kleinen Beitrag zu einem bisher ungepflegten Teile medicinischer Kulturgeschichte liefern, dann soll er aber auch als Ausgangspunkt tiefer eindringender Forschungen auf diesem Gebiete dienen.

Im folgenden sind die Kapitel: medicinische Litteratur Tibets, Anatomie und Physiologie, allgemeine Pathologie und specielle Pathologie und Therapie behandelt. Die Veröffentlichung der Abschnitte Diagnostik, Pharmakologie, Chirurgie, Veterinärmedicin wird so bald als möglich erfolgen.

Meinem Bruder habe ich die Transcription und Übersetzung tibetischer und mongolischer Ausdrücke sowie manche wichtigen Litteraturangaben zu verdanken. Übersetzungen und Bearbeitungen von Werken der medicinischen Litteratur Tibets sind von meinem Bruder und mir in Aussicht genommen.

An dieser Stelle darf ich nicht verfehlen, meinem hochverehrten Lehrer, Herrn Professor Dr. Pagel in Berlin, der mich auf die Bahn der Geschichte der Medicin geleitet und auch an dieser Arbeit den regsten Anteil bekundet hat, meinen ehrerbietigsten Dank auszusprechen.

# Transkription der fremden Alphabete.

Das Sanskrit ist in der gegenwärtig allgemein üblichen Weise umschrieben, das Tibetische nach folgendem Schema:

*a i u e o*

*k kh g ng*

*c ch j ny*

*t th d n*

*p ph b m*

*ts tsh dz*

*w zh z* ₒ

*y r l sh s h*

*kh*, *ch*, *th*, *ph*, *tsh* sind die entsprechenden Aspirata zu der Reihe der Tenues; *ng* ist gutturaler, *ny* palataler Nasal; *zh* ist französisches j (in jour), *z* weiches (tönendes) und *s* scharfes (tonloses) s; ₒ bezeichnet den reinen Stimmeinsatz ohne jede konsonantische Beimischung.

# Einleitung.

Im Jahre 1835 wies der Ungar Csoma de Körös zum ersten Mal auf die bedeutungsvolle tibetische Medicin hin durch seine „Analysis of a Tibetan Medical Work“.[1]) Die grossen Geschichtschreiber unserer Wissenschaft in den folgenden Jahrzehnten zogen die Heilkunde der Tibeter nicht in den Kreis ihrer Betrachtung, obwohl sie bereits alle der indischen Medicin gedachten. Weder Rosenbaum-Sprengel (1846), noch Puccinotti (1850, 1860, 1866) erwähnen die Medicin in Tibet. Erst 1867 widmete der gelehrte Mediciner im angloindischen Staatsdienst Th. A. Wise in seiner Review of the History of Medicine[2]) der Heilkunde in Tibet ein Kapitel. Er geht auf Csoma zurück, dessen Analysis er vollständig, fast wörtlich, nur in etwas anderer Anordnung wiedergiebt und für die neuere Zeit — er hat den historischen Gesichtspunkt richtig erfasst — benutzt er nur die Reisewerke von Turner und Huc. So unvollkommen diese Darstellung ist, zumal wegen des Mangels an Erläuterungen, so ist sie doch als der erste Versuch zu begrüssen, das unbekannte Tibet in den Bereich medicinisch-historischer Betrachtung zu ziehen. Und dann kam Daremberg und that den Ausspruch: „L'histoire de la médecine commence pour nous, chez les Grecs, dans deux poëmes épiques“.[3]) Aus Indien erwähnt er nur den Rigveda, für Tibet bleibt dann natürlich keine Stelle. Haeser wies wenigstens wieder in seinem Lehrbuch[4]) auf dieses Land hin, liess sich allerdings durch Wise zu dem Ausspruch verleiten: „Die Heilkunde der Tibeter sei durchaus der indischen entlehnt“; dies ist freilich alles, was er darüber sagt, und verweist betreffs des näheren auf Wise. Baas spricht in seinem Grundriss (1876) mit wenigen Worten von der Medizin der mongolischen Stämme und sagt dann: die Bewohner

1) Journ. of the Asiatic Society of Bengal. Calcutta 1835. Vol. IV, p. 1—20.

2) London 1867. Von diesem Werk, das eine Universalgeschichte der Medicin werden sollte, sind nur zwei Bände erschienen, enthaltend „Primitive Period among the Asiatic Nations“. Der ganze I. Band und S. 1—382 des II. Bandes stellen die Medicin der Hindus dar; II. Band S. 400—450 die Heilkunde der Tibeter und der Rest die der Chinesen.

3) Histoire des sciences méd. Paris 1870. t. I, 78.

4) 3. Aufl. I. Bd. S. 9. Jena 1875.

Tibets, Birmas u. s. w. entlehnen ihre Medicin den Indern und haben aus dem Sanskrit übersetzte medicinische Werke. Seine „Geschichtliche Entwicklung des ärztlichen Standes" (1896) sagt schon gar nichts mehr von tibetischen Ärzten; ebenso wenig Puschmanns Geschichte des medicinischen Unterrichts (1889), obwohl beide ausführlich von Indien handeln. Der einzige, der in neuester Zeit wieder die Heilkunde der Tibeter im Rahmen einer Universalgeschichte der Medicin besprach, war Liétard. Er hat in der Grande Encyclopédie unter dem Artikel Médecine, Histoire,[1]) der Medicin der Tibeter etwa $1\frac{1}{2}$ Spalten gewidmet. Seine Gewährsmänner sind Csoma, Huc, Huth,[2]) und die beiden Russen Ptizyn[3]) und Kirilov.[4]) Leider behandelt er das Thema sehr wenig kritisch. Liétard hat auch in Abhandlungen über die Heilkunde der Inder nie der tibetischen Medicin vergessen.[5]) Von den Abhandlungen, die speciell die Medicin Tibets behandeln, ist chronologisch die erste F. Jaquots, La Tartarie et le Tibet (Topographie et Climat. Hygiène. Médecine).[6]) Jaquot giebt nur einen Auszug der die Heilkunde betreffenden Bemerkungen des Missionars Huc,[7]) allerdings in einem halb lächelnden, halb verachtungsvollen Ton. Im Gegensatz dazu steht der einige Jahre früher, ohne Autornamen erschienene Aufsatz „Einige Worte über den Zustand der Heilkunde der Burjaten".[8]) Derselbe spricht mit Anerkennung von dem medicinischen Wissen der sibirischen Burjaten, das mit dem der Tibeter nahe verwandt, zum grossen Teil demselben entlehnt ist. Nur auf wenige Bemerkungen in den bekannten Reisewerken von Schlagintweit stützte sich „Ein Beitrag zur Medicin des tibetischen

1) T. XXIII. Paris 1898. p. 314, 315.

2) Verzeichnis der im tibetischen Tanjur Bd. 117—124 enthaltenen Werke. Sitzungsber. der Königl. Akad. der Wissenschaften zu Berlin. 1895. S. 267—286. Ders., Die chronologische Ansetzung der Werke im tibetischen Tanjur. Ztschr. der Deutschen morgenländischen Gesellschaft. Bd. 49, 279—284.

3) Wladimir Ptizyn, Ethnographische Mitteilungen über die tibetische Medicin in Transbaikalien. St. Petersb. 1890 (russ.).

4) N. V. Kirilov, Die gegenwärtige Bedeutung der tibetischen Medicin als eines Teiles der lamaischen Lehre; in Bote für Socialhygiene, gerichtl. u. prakt. Med. 15. Bd., 2. Heft, 2. Teil p. 95—121. Petersb. 1892 (russ.).

5) Fragm. d'histoire et de bibliographie. I. Gaz. hebd. de méd. et de chir. Paris 1883 Nr. 16 p. 271 u. La littérature médicale de l'Inde. Bull. de l'académie de méd. 3. Sér. t. XXXV. p. 466—484. Paris 1896. Zu bemerken ist, dass bei L. manche Irrtümer und Missverständnisse vorkommen; so nennt er den Ungar Csoma un savant „danois".

6) Gaz. méd. de Paris. Paris 1854. 3. sér. t. IX, 607—612, 643—649, 671 bis 676. — 1855. 3. sér. t. X, 421—426.

7) Huc, Souvenirs d'un voyage dans la Tartarie, le Tibet etc. 2 vol. Paris 1853 (Deutsch von K. Andree, Leipz. 1855).

8) Med. Zeit. Russl. Petersb. 1849. 6. Jahrg., 289—292 (abgedr. aus dem russ. Journal des Ministeriums für innere Angelegenheiten).

Buddhismus" von Beigel.[1]) 1890 erschienen Ptizyns erwähnte Mitteilungen; es standen mir davon nur Auszüge nach Liétard und Marthe zu Gebote.[2]) Aber wie der Titel sagt, handelt es sich nicht um die eigentliche tibetische Medicin, sondern um die Medicin der transbaikalischen Völker, die, wie bereits gesagt, der tibetischen sehr nahe steht. Es folgte die Arbeit Kirilovs, die einmal aus dem von Csoma bereits analysierten Werk und dann aus Berichten mongolischer, nicht tibetischer Lama entstanden ist. Kirilov macht eine Reihe von Mitteilungen über tibetische Medicin, die sich bei anderen Autoren dieses Gebietes nicht finden, weshalb diese Arbeit nur mit Vorsicht gebraucht werden darf. An Kirilov schliesst sich eng die Dissertation von Kaplunov an: „Ein Beitrag zur Kenntnis der tibetischen Medicin".[3]) Kaplunov ist Russe und ist im Sommer 1896 in Sibirien gereist. Dort hat er bei sibirischen, wie z. B. burjatischen Lama „die etwas Russisch sprechen" — Kaplunov selbst sprach natürlich nicht Mongolisch — Erkundigung über die Heilkunde eingezogen; er nahm Bemerkungen aus Kirilov hinzu, und daraus entstand sein Beitrag. Ausserdem laufen manche Unklarheiten, Fehler, falsche Schlüsse mit unter.[4]) Pozdnejevs Vortrag vor der Kais. Russ. Geogr. Gesellschaft (im Auszug im Globus, Bd. 73, 294, 295) brachte nichts Neues auf diesem Gebiet; er war höchstens deshalb von Bedeutung, weil Pozdnejev eine Übersetzung des tibetischen, auch ins Mongolische übersetzten Arzneibuches *Lhan thabs* in Aussicht stellte. Interessant ist Pozdnejevs Mitteilung, Zar Alexander II.

1) Wiener med. Wochenschr. 13. Jahrg., 507, 508 u. 523, 524. Wien 1863.

2) Marthe, Buddhistische Heilkunde u. ihr Studium in Sibirien. Globus Bd. 59, S. 93. 1891.

3) Inaug. Diss. med. Fak. München 1897. 27 Seiten.

4) Davon einige Proben. S. 8. „Es ist mir leider nicht gelungen, ausführliche Kenntnisse über die tibetische Anatomie zu sammeln. Folgende Gründe jedoch berechtigen uns zur Annahme, dass dieselbe viel Gemeinsames mit den anatomischen Anschauungen der Chinesen hat: nämlich 1. die räumliche Nachbarschaft, 2. die Verwandschaft der Sprache (?) und ausserdem der Umstand, dass viele tibetische Bücher in Peking gedruckt und so von der chinesischen Litteratur leicht beeinflusst werden können". Alsdann folgt eine Darstellung der chinesischen Anatomie, die mit der tibetischen einige Berührungspunkte haben mag. Und nun S. 11. „Ich habe nie Gelegenheit gehabt, zu untersuchen, inwiefern diese Anschauungen (über Anatomie) mit denen der tibetischen Medicin identisch sind: vieles aber berechtigt uns zu dieser Annahme. Ich werde bestrebt sein, die für mich ungelöst gebliebene Frage in einer künftigen Reise nach Sibirien weiter zu untersuchen". S 27. „Der Umstand, dass der begabteste Volksstamm der Mongolenrasse (?), — die Japaner — die tibetische Medicin, welche noch in diesem Jahrhundert bei ihnen herrschte (sic!), verlassen haben und fleissig unsere moderne europäische treiben, spricht beredt für die Unhaltbarkeit derselben (?)". — Die Japaner haben niemals etwas mit tibetischer Medicin zu thun gehabt, sie haben nur einen Teil ihrer medicinischen Anschauungen aus Indien und China erhalten.

habe 1860 den Befehl gegeben, das tibetische medicinische Werk *r Gyud bzhi*, dasselbe, welches Csoma analysierte, zu übersetzen. Bis jetzt ist freilich der Befehl frommer Wunsch geblieben. Schliesslich ist noch das Buch P. A. Badmajevs „Über das System der Heilwissenschaft der Tibeter" (russ.) 1899 zu erwähnen. Dasselbe ist mir nur aus einem Referat des Globus [1]) bekannt; danach handelt es sich wieder um Auszüge aus dem *r Gyud bzhi*, und zwar der ersten zwei Bücher der mongolischen Ausgabe. Weiter sagt das Referat, einem russischen Fachblatt folgend, das Buch sei garnicht dazu bestimmt, die Ärzte mit der tibetischen Medicin bekannt zu machen, sondern es habe nur den Zweck, die Zahl der Klienten des Verfassers zu vermehren.[2]) Der Vollständigkeit halber sei angeführt, dass Bartels in seiner Medicin der Naturvölker an zwei Stellen Tibets gedenkt, und zwar zweier Medikamente.[3])

Es giebt also keine zusammenfassende Darstellung dessen, was uns bisher über die tibetische Heilkunde bekannt geworden ist. Deshalb wurde die Zusammenfassung alles dessen hier versucht. Die Schwierigkeiten waren zahlreich. Das Wichtigste für die Betrachtung fremdländischer Wissenschaften sind die Originalquellen; und gerade hierin lässt uns die tibetische Philologie im Stich. Dies liegt wohl zum grossen Teil an der Schwierigkeit oder Quasi-Unmöglichkeit, fremde Fachausdrücke im Studierzimmer zu enträtseln; die Forschung in der Heimat des Wortes wird hier das Rechte zeitigen. Nur von zwei, den bereits genannten Werken *r Gyud bzhi* und *Lhan thabs*, besitzen wir genauere Analyse. Von anderen zahlreichen Büchern kennen wir nur die Titel und die Schlagwörter ihres Inhalts, und wieder von anderen kennen wir auch diese nicht einmal, wir wissen nur von ihrer Existenz. Für den übrigen und grösseren Teil unserer Kenntnisse sind wir auf die Berichte der Augenzeugen, der Reisenden angewiesen, deren Glaubwürdigkeit nicht immer einer Kritik ihrer Beobachtungsgabe standhält. Die Zahl derer, die zerstreute Bemerkungen über unseren Gegenstand gemacht haben, ist nicht gering: eine Vollständigkeit in der Benutzung dieser Beobachtungen ist kaum zu erzielen. Und nun eine der Hauptschwierigkeiten. Die Wanderung des Buddhismus nach Tibet brachte indische Kultur, besonders indische Medicin, und der Verkehr mit China chinesische Wissenszweige in die einheimischen Anschauungen der Tibeter. Wo da die Grenzen finden, zumal die Ansichten über die indische und

1) Globus 1899. 75. Bd., 294.

2) Badmajev, der Burjate sein soll und in Petersburg die militärärztliche Akademie besuchte, hat dort eine sog. lamaische Klinik gegründet, in der von 1875 bis 1897 170 000 Kranke ambulatorisch mit ca. $2\frac{1}{2}$ Millionen Pulver behandelt wurden. Globus.

3) S. 106 u. 124.

chinesische Medicin noch nicht geklärt sind? Auch auf diese Fragen werden Übersetzungen Licht werfen. Und nun gar die Unterschiede in der Auffassung und Ausübung der Heilkunde bei den einzelnen tibetischeu Stämmen zu trennen, ein wichtiger Gesichtspunkt für die Betrachtung der eingeborenen Medicin, — dazu reichen unsere Kenntnisse nicht. Giebt es doch noch heute ganz unbekannte Volksstämme in dem grossen tibetischen Bergland. Hinsichtlich der historischen Verhältnisse wissen wir von der einheimischen Heilkunde nichts. Besser steht es in dieser Beziehung um die geschichtliche Entwickelung der indischen und chinesischen Medicin in Tibet, über die wir von der tibetischen Geschichtschreibung manchen dankenswerten Aufschluss erhalten.

## Medicinische Litteratur.

Das erste historische Faktum, das uns in den Annalen der tibetischen Geschichte hinsichtlich der Medicin überliefert wird, knüpft an die uralten Kulturverbindungen des Landes mit dem chinesischen Reiche an. Unter dem Könige *g Nam ri srong btsan* nämlich (gest. 630 n. Chr.), dem Vater des grossen Königs *Srong btsan sgam po*, sollen die ersten Kenntnise der Arithmetik und Medicin von China nach Tibet gelangt sein[1]). Einer seiner Nachfolger, König *Me ag tshom*, erlangte mit einem Bande buddhistischer Schriften aus der Provinz Kung shi in China einige Abhandlungen über Medicin, die er sämtlich ins Tibetische zu übersetzen befahl[2]). Aus diesem Litteraturgebiete ist noch nichts bekannt geworden, nicht einmal die Titel der betreffenden Abhandlungen kennen wir. Ein einziges Werk der chinesisch-tibetischen Medicin besitzt die königliche Bibliothek zu Berlin[3]), aus 13 Holzdruckblättern bestehend, das eine Anzahl von Medikamenten tibetisch und chinesich in 8 Abteilungen aufzählt. Dass solche Werke aber in grösserer Zahl vorhanden sind, kann keinem Zweifel unterliegen, schon deshalb nicht, da wir Nachrichten haben, dass sich in der mongolischen Litteratur aus dem Chinesischen übersetzte medicinische Werke finden. Ausserdem wird das Mass der medicinischen Kenntnisse, welche die Tibeter den Chinesen zu verdanken haben, im Verhältnis zu den in der Litteratur gemachten Entlehnungen stehen.

1) Vgl. Schlagintweit, Die Könige von Tibet. S. 838, u. Schmidt, Sanang Setsen, S. 322. Chandra Dás in Journal of the As. Soc. of Bengal, vol. 4, part. I, 217. S. auch Landsdell, Chinese Central Asia, II, p. 292.

2) Chandra Dás, l. c. p. 223.

3) Pandersche Sammlg. Nr. B 304.

Unter dem König *Khri srong lde btsan*, der von 740 bis 786 n. Chr. in Tibet herrschte, übersetzte *Vairocana* das bereits mehrfach genannte Werk *r Gyud bzhi*[1]) aus dem Sanskrit in die tibetische Sprache. Das *r Gyud bzhi*, d. h. die vier Tantra, die vier Abhandlungen, besteht aus folgenden vier Teilen: 1. *rtsa rgyud*, der Wurzel-Traktat, d. h. der grundlegende, handelt von den allgemeinen Anschauungen über Anatomie, Theorie der Medicin u. s. w.; 2. *bshad pai rgyud*, Traktat der Erklärung, spricht von der Physiologie und der Behandlungsweise; 3. *man ngag r gyud*, Traktat der Unterweisung, handelt von den Krankheiten; 4. *phyi mai r gyud*, letzter Traktat, behandelt die Therapie. Dieses Werk wurde damals nur einem gelehrten Arzt *Gyu thog* und anderen wenigen bekannt. In späterer Zeit gab ein zweiter *Gyu thog* das Buch in verbesserter und vermehrter Auflage heraus. Das Sanskrit-Original ist nicht bekannt. A. Weber[2]) vermutet, es handle sich um eine Übersetzung des *Suçruta* oder eines ähnlichen Werkes. In derselben Zeit wie das oben genannte Buch entstand der Hauptteil des Kanjur, der berühmten hundertbändigen Sammlung aus dem Sanskrit übersetzter Religionsschriften; dieselben enthalten auch zerstreute Bemerkungen über Gegenstände der Medicin.[3]) Zwischen dem 7. bis 11. Jahrhundert entstanden die meisten Abhandlungen des Tanjur[4]), der zweiten grossen Sammlung buddhistischer Schriften, die 225 Bände umfasst, und sowohl Übersetzungen aus dem Sanskrit, als originaltibetische Werke enthält. Nach der Analyse von Huth[5]) umfassen die Bände 118 bis 123 die Schriften medicinischen Inhalts und zwar Übersetzungen indischer Werke. Band 118 enthält das von *Nâgârjuna*, tib. *Klu sgrub*, verfasste „Buch der Hundert Medikamente; ferner von Nâgârjuna das „Sûtra der Heilkunst“ und „über die Anwendung des Heilmittels *a pa*“; ferner die Sammlung der Quintessenz der 8-gliedrigen (medicinischen) Wissenschaft“, eine Übersetzung des bekannten Werkes *Ashtangahridaya — saṁhitâ* von *Vâgbhata* verfasst. Der Schluss des 118. Bandes und Band 119 bis 122 umfassen die Kommentare zu dem letztgenannten Werk, die ebenfalls aus dem Sanskrit übersetzt sind und zum grossen Teil von *Candrânanda* geschrieben sind. Der Schluss des 122. Bandes enthält noch „Die Aufzählung der Arzneien aus dem Kommentar zur Quintessenz der

1) Csoma, Analysis of a Tib. Med. Work. Journ. As. Soc. of Beng. Calcutta 1835. Vol. IV, 1.

2) Akademische Vorlesungen über indische Litteraturgesch. 2. Aufl. S. 286. Anmerk., Berlin 1876.

3) Wilson-Csoma, Analysis of the Kanjur. Journ. As. Soc. Beng. 1832, Vol. I, 389.

4) G. Huth, Verzeichnis der im tibetischen Tanjur, Bd. 117 bis 124, enthaltenen Werke. Sitzungsber. der preuss. Akad. 1895. S. 283.

5) Huth, l. c. S. 269 bis 271.

8-gliedrigen medizinischen Wissenschaft", verfasst von Candrânanda. Band 123 giebt neben einer Reihe von Abhandlungen über Alchimie, Chemie, Quecksilbergewinnung etc. den Traktat „Über das Elixir *Sarveçvara*, welches alle Krankheiten bezwingt und die Körperkräfte vermehrt".[1]) Die Übersetzungen der Werke *Vâgbhatas* und *Candrânandas* lässt Huth in der ersten Hälfte des 11. Jahrhunderts entstehen.[2]) Für die übrigen Schriften konnte der Zeitpunkt der Übersetzung noch nicht genau fixiert werden.

Der grosse Historiker *Bu stong* (geb. 1288 n. Chr.) hat 40 Bände aus verschiedenen Zweigen der kirchlichen Litteratur, Astrologie, Medicin und Geschichte verfasst.[3]) Von ihm wird auch berichtet, dass er zuerst alle vorhandenen tibetischen Übersetzungen gesammelt habe, die heute als Kanjur und Tanjur bekannt sind.[4])

*b Tsong kha pa*, der grosse Reformator des Buddhismus (1378 bis 1441), studierte die gesamte Scholastik nebst Zubehör, als Medicin, Astrologie, Magie u. s. w.[5]) In Lhasa trug er die grossen Wunschgebete für die verschiedenen Krankheitsarten vor.[6]) Ob er sich selbst auch als medicinischer Schriftsteller versucht hat, ist nicht bekannt.

Das chronologische Werk Reu mig, das Jahrestabellen zur tibetischen Geschichte enthält, erwähnt für das Jahr 1589 die Geburt eines Mannes, namens *Blo bzang rgya mtsho*, der als Arzt von Gling stod in Gsang jhu bezeichnet wird.[7])

Mit der Geschichte der Medicin ist auch der Name des zweiten weltlichen Regenten von Tibet, einer der interessantesten Persönlichkeiten des Lamaismus, *Sangs rgyas rgya mtsho*, verknüpft (geb. 1652).[8]) Er schriftstellerte im Fache der Chronologie, Astronomie und Medicin, und schrieb das medicinische Werk *Vaidūrya sngon po*, d. i. der blaue Lasur, das als bester Kommentar zu dem grossen Werke *r Gyud bzhi* gerühmt wird.[9])

1) Eine Übersetzung dieses Traktats wird im zweiten Teil dieser „Beiträge" erscheinen.

2) Huth, Nachträgliche Ergebnisse der chronologische Ansetzung der Werke im Tanjur, Bd. 117 bis 124. ZDMG Bd. 49, S. 280, 281. Liétard, der sich auf Huth bezieht, hat denselben missverstanden und giebt zweimal falsche Zeitpunkte für die tibetischen Werke an; s. La Grande Encyclopédie, tom. XXIII, p. 315 und Bull de l'Acad. de méd. 3 sér. t. XXXV p. 479.

3) Pander-Grünwedel, Das Pantheon des Tschangtscha Hutuktu, S. 55.

4) A. Grünwedel, Mythologie des Buddhismus in Tibet u. der Mongolei, S. 68, Lpz. 1900.

5) Köppen, Die lamaische Hierarchie u. Kirche, S. 111.

6) Huth, Geschichte des Buddhismus in der Mongolei, Bd. II, S. 180.

7) Journ. of the As. Soc. of Bengal, vol. LVIII, part. 1 p. 74.

8) l. c. p. 81. Koeppen, Die lamaische Hierarchie, S. 171.

9) Csoma, Grammar of the Tib. language, p. 191. Csoma, Analysis Tib. Med. Work JASB 1835 p. I, II. Rockhill, in Journ. of the Royal As. soc. 1891, p. 186 Note 1.

Im 18. Jahrhundert hat sich als medicinischer Schriftsteller der berühmte Lama *Sum pa m Khan po*, der Verfasser des chronologischen Werkes Reu mig, hervorgethan. Er lebte von 1702 bis 1775, studierte und beherrschte die gesamte Wissenschaft seines Zeitalters. Von seinen Schriften auf dem Gebiete der Medicin werden folgende vier Titel erwähnt: 1. *bdud rtsi thig pa*, der Nektartropfen; 2. *lag len*, Praxis; 3. *shel dkar me long*, der Krystallspiegel, der über Diagnose handelt; 4. *gso dpyad*, Therapeutische Untersuchungen.[1])

In der modernen tibetischen Litteratur scheinen noch immer neue Werke über Medicin zu entstehen. So erwähnt z. B. Hodgson[2]) von vier verschiedenen Lama abgefasste Werke, von denen eines über Medicin im allgemeinen, das zweite über die Heilung aller Krankheiten, das dritte über die Vermehrung der Jahre und langes Leben, und das vierte über die Beseitigung der durch die Jahreszeiten hervorgerufenen Unpässlichkeiten handelt. Auch neuere Reisende haben vielfach medicinische Bücher in den Händen einheimischer Ärzte angetroffen.[3])

Die Bekehrung der Mongolen zum Buddhismus brachte denselben die ganze tibetisch-lamaische Kultur und damit auch die Medicin. Die Heilkunde spielte dabei sogar eine hervorragende Rolle. Der Klosterabt *Kun dga rgyal mtshan*, bekannter unter dem Sanskritnamen Saskya-mâhâpandita, der erste tibetische Geistliche der mit den Mongolen in Berührung kam, soll im 13. Jahrhundert den Mongolen-Kaiser vom Aussatz geheilt haben.[4]) Noch in demselben Jahrhundert erfolgte denn auch die erste Bekehrung der Mongolen. Auf ähnliche Weise drang der Lamaismus in der Mitte des 17. Jahrhunderts unter die Völker Ostsibiriens. Die Burjaten wurden durch die Lama, die sich als Ärzte die Gunst des Volkes zu gewinnen wussten, allmählich bekehrt.[5]) Es darf uns also nicht wunder nehmen, wenn wir unter den mongolischen Volksstämmen tibetische Anschauungen über Medicin und tibetisch geschriebene und übersetzte Werke über Heilkunde finden.[6]) Man kann demnach im Gedanken an die weit über die Grenzen des eigentlichen Tibet gehende Verbreitung der tibetischen Medicin, die dem Siegeszug des Lamaismus folgte, dieselbe auch als lamaische Heilkunde be-

1) JASB vol. LVIII part. 1 p. 37, 39.

2) Literature of Tibet, in The Phoenix, Vol. I, p. 93—94.

3) S. z. B. G. T. Vigne, Travels in Kashmir, Ladâkh, Iskardo. Vol. II, p. 318, London 1842. Landsdell, Chinese Central Asia. II, p. 335. London 1893.

4) A. Grünwedel, Mythologie des Buddhismus. Lpz. 1900, S. 62 u. 132.

5 Grünwedel l. c. S. 93.

6) Rehmann, Beschreibung einer tibetanischen Handapotheke. Petersburg 1811, S. 3.

zeichnen.[1]) In kurzer Aufzählung seien hier die Völker genannt, die sich zum Lamaismus bekennen und Anhänger der tibetischen Heilkunde sind; ausser dem eigentlichen zu China gehörigen Gross-Tibet die Bewohner von Ladâkh, einer englischen Provinz, eigentliche Tibeter; dann die Himalayavölker, die grossenteils tibetisch reden, deren somatische Zugehörigkeit zu den Tibetern aber nicht erwiesen ist, es sind die Bewohner der englischen Distrikte Kumaon und Garwal, ferner die Lepcha in West-Nepal, die Murmi in Nord-Nepal, dann die Lepcha, Bhotea, Limbu, Murmi in der englischen Provinz Sikkim, die Bewohner Bhutâns. Im Norden Tibets sind die Tanguten der chinesischen Provinz Kukunôr Hauptstützen der lamaischen Kirche. Dazu kommen die Stämme der Mongolen und Dsungaren in China, die Burjaten und Wolga-Kalmüken des russischen Reichs.

Medicinische Werke sind bei den Lama der Mongolei sehr zahlreich und werden von ihnen gewöhnlich in zwei Klassen eingeteilt; „fundamentale", welche die Medicin in wissenschaftlicher Weise darlegen, und „praktische", die das Aussehen unserer Arzneibücher haben.[2]) Zu den ersteren gehört das Werk *Lhan thabs*, das sich in der Mongolei des grössten Ansehens erfreut. Es zerfällt in 8 Abteilungen und 156 Kapitel. Pozdnejev[3]) entwirft von demselben folgende kurze Analyse. Von den 8 Hauptabschnitten behandelt der erste den erwachsenen Menschen in physiologischer und pathologischer Beziehung, der zweite in derselben Weise das Kindesalter und die Kinderkrankheiten, der dritte Frauen und Frauenkrankheiten; der vierte Teil legt die hysterischen Krankheiten dar, der fünfte chirurgische Fälle, der sechste betrachtet die Eigenschaft der Gifte und die Intoxikationen; der siebente Abschnitt beschäftigt sich mit den Krankheitserscheinungen des Greisenalters und der achte mit der Kräftigung desselben. Jede dieser Abteilungen wird wiederum in eine grössere oder kleinere Anzahl von Kapiteln zerlegt, die in der gleichen folgerichtigen Anordnung folgende Punkte behandeln: 1. Krankheiten, die infolge von Störungen in der Erneuerung des „Windes"

1) Der Name „Buddhistische Medicin" dürfte nicht ganz zutreffend sein, weil die tibetische Medicin sich nicht in allem an die indische anschliesst, und weil es trotz fleissiger Untersuchungen doch noch nicht gewiss ist, ob das, was wir als indische Heilkunde bezeichnen, aus vorbuddhistischer, buddhistischer oder nachbuddhistischer Zeit stammt.

2) Es giebt umfangreiche, auch mit Zeichnungen versehene Receptierbücher. Kirilov, Die gegenwärtige Bedeutung der tib. Med., in Bote für Socialhygiene, 1892, S. 35 (russ.).

3) Skizzen aus dem Leben der buddhistischen Klöster und der buddhistischen Geistlichkeit in der Mongolei. Petersburg 1887, S. 163, Note (russ.). Vgl. auch Schmidt, Forschungen im Gebiete der älteren . . . Bildungsgeschichte der Völker Mittelasiens, S. 248.

entstehen; 2. Krankheiten, die infolge von Störungen in der Erneuerung „Galle“ entstehen; 3. Krankheiten, die infolge von Störungen in der Erneuerung des „Schleimes“ entstehen. Unter diesen drei Rubriken werden in physiologischer und pathologischer Hinsicht betrachtet: 1. der Kopf mit seinen Teilen; 2. die Brust; 3. der Körper, der seinerseits eingeteilt wird in 5 feste Organe, nämlich Leber, Nieren, Lungen, Herz und Milz, und 6 hohle Organe: Magen, Dünndarm, Dickdarm, Harnblase, Samenblase? (im Kapitel über die Frauen: Gebärmutter) und Gallenblase; 4. die Extremitäten.[1])

Unter den Vorträgen, die gegen Ende des vorigen Jahrhunderts der *r Je bla ma* in der Mongolei hielt, werden auch die „4 Tantra“ über die Medicin in mongolischer Übersetzung erwähnt.[2]) Die Wirkung auf die Zuhörer war eine ausserordentliche: „mit dem Nektar dieser Lehren bereitete er ihnen in hohem Masse ein wahres Fest“, fügt der tibetische Historiker hinzu, dem wir diese Nachricht verdanken.

Werke medicinischen Inhalts, meistenteils in tibetischer Sprache geschrieben, aber auch in mongolischen Übersetzungen, sind in grosser Zahl in fast allen Klöstern der Mongolei zu finden. So erwähnt Kirilov[3]) das Vorhandensein der Schriften *Za-zhud* (7 fol.), *Shad-bi-zhud* (49 fol.), *Manag-zhud* (273 fol.), *Shima-zhud* (70 fol.)[4]) im Kloster *Aghin*. Das Kloster *Eghetui* besass von wertvollen Werken: *Zhudchi*[5]) (801 fol.), *Lhan thabs* (496 fol.).

Eine besondere und vielleicht die interessanteste und wertvollste Gattung der medicinischen Litteratur bilden die ärztlichen Tagebücher, über die Pozdnejev einige Mitteilungen gemacht hat.[6]) Die

1) Der Aufsatz „Einige Worte über den Zustand der Heilkunde der Burjaten“. Med. Zeitschr. Russl., Petersburg 1849, S. 292 führt an, dass *Lhan thabs* oder wie es dort heisst, Santap, 133 Recepte giebt und eine Beschreibung von 404 Krankheiten und 1250 Krankheitssymptomen oder Unterabteilungen von Krankheiten.

2) Huth, Gesch. d. Buddhismus in der Mongolei, Bd. II, S. 390.

3) Die Datsane in Transbaikalien (russ.), Denkschriften der Amursection der Kaiserl. russ. geograph. Gesellsch. I, 4, Chabarovsk 1896, S. 140, Beil. 3.

4) Diese Titel sind mit den 4 Teilen der Tantra der Medicin identisch und in schriftgemässem Tibetisch zu umschreiben: *rtsa rgyud, bshad pai rgyud, man ngag rgyud, phyi mai rgyud.* Za-zhud erwähnt auch Kaplunov in seiner Diss., S. 16; er spricht von einer tibetischen heiligen Schrift „Saschud, d. i. das erste der vier Hauptbücher der Encyklopädie der Buddhisten [Ganschura-Danschura (!)].“ Dieser Za-zhud hat aber nichts mit dem Kanjur oder Tanjur zu thun, sondern ist eben der erste Teil des *r Ggud bzhi. Shimazhud, phyi mai rgyud*, ist wohl identisch mit dem in der Med. Zeitg. Russl., 1849, S. 292 erwähnten Buch Schimai-Dshut, von dem es dort heisst, es sei auf Wunsch eines Kaufmanns ins Russische übersetzt worden, über den Druck sei aber noch nichts bekannt geworden.

5) D. i. *r Gyud bzhi*, die (in der vorhergehenden Anmerk. genannten) vier Tantra der Medicin.

6) Skizzen aus dem Leben der buddhistischen Klöster und der buddhistischen Geistlichkeit in der Mongolei. Petersburg 1887, S. 165, Note (russ.).

tüchtigsten Ärzte in der Mongolei, und daraus zu schliessen, wahrscheinlich auch in Tibet, führen nämlich beständig Bücher, in welche sie die Geschichte der von ihnen behandelten Krankheit und die von ihnen angewandten Heilmittel eintragen. Bei seinem Tode vererbt der Lama-Doktor diese Denkschriften seinem besten Lieblingsschüler; leider werden diese der Praxis gewidmeten Journale selten herausgegeben, wiewohl ausgearbeitete Exemplare handschriftlich unter den Lama zirkuliren. „Zur Zeit meines Aufenthalts in Urga," fährt unser russischer Berichterstatter fort, „lebte bei unserem Konsulat der Arzt des sechsten Chubilghan, der Tibeter *Choindon.* Seine Annalen, die auf 20 gewaltige Bände angewachsen waren, wurden von ihm seinem Lieblingsschüler *Lubsán-Ghalsán* übergeben, der in *Orombó-gheghénei-chit* lebte. Als ich dieses Kloster besuchte, beschäftigte sich *Lubsán-Ghalsán* namentlich mit der Verarbeitung dieser Schriften. Ich weiss zwar nicht, ob diese Arbeit im Druck erscheinen sollte, aber schon zu meiner Zeit reisten viele Ärzte zu ihm hin, um sich Abschriften von diesem neuen Werke zu machen."

Ob die tibetische Medicin, und speciell ihre Litteratur, dem europäischen Westen irgendwie verpflichtet ist, lässt sich noch nicht entscheiden. In diesem Zusammenhang ist vor allem die von Wassiljev notirte Thatsache zu beachten, dass die Tibeter eine Übersetzung des Galen besitzen, die aber meines Wissens noch nicht aufgefunden worden ist.[1]) Nicht minder wichtig ist der von Pozdnejev erwähnte Umstand, dass die von Jesuiten-Missionaren zur Zeit des Kaisers Khang-hi aus europäischen Sprachen ins Chinesische übertragenen medicinischen Schriften ihren Weg ins Mongolische gefunden haben, und dass Proben dieser mongolischen Litteraturgattung gegenwärtig in der Petersburger Universitäts-Bibliothek sind.[2]) Daraus ist denn mit grosser Wahrscheinlichkeit zu schliessen, dass ebenfalls solche Werke auch ins Tibetische übersetzt worden sind.

---

## Die Ärzte und das Studium der Medicin.

Die ersten Nachrichten bis auf die heutigen nennen als Ärzte nur die Priester, die Lama. Neben den höchsten Würdenträgern der Kirche, die eine Inkarnation oder Wiedergeburt Buddhas oder

1) Mélanges Asiatiques de l'Académie de St. Pétersbourg, Vol. II, pag. 574. Es mag auch an die von Schiefner Târanâthas Geschichte des Buddhismus, Petersburg 1869, S. 312, geäusserte Vermutung erinnert werden, dass im Namen Açvaghosha der Name Hippokrates nachhallen möge.

2) Pozdnejev, Skizzen etc. S. 162, Note.

der Heiligen darstellen, dem Dalai Lama und Pan chen rin po che, und den nächst niederen Wiedergeborenen Chutuktus und Chubilghanen, die natürlich die Macht des Heilens besitzen, werden die Ärzte repräsentiert von den *m Khan po* (d. h. Abt, Professor) und den *Rab hbyams pa* (etwa doctor universalis nach Köppen). In allen Klöstern oder Lamaserien befinden sich auch Magier oder Beschwörer, *Chos skyong*[1]), die nur in bestimmten Klöstern ihre Ausbildung erhalten können. Diese, die wohl der Volksstimmung zu Liebe aus dem alteingesessenen Schamanismus übernommen werden mussten, betreiben die magische Heilkunde; sie sind keine eigentlichen Mönche, wenigstens nicht der neueren Hochkirche, und sind nicht dem Cölibat unterworfen. Die eigentlichen lamaischen „Meister der Beschwörung", *s Ngags rams pa*, die nebst anderen geheimen Wissenschaften sympathetische Medicin erlernen und betreiben, erhalten ihre Ausbildung nur in zwei Klöstern der Hauptstadt Lhasa.[2]) Wie es bei dem theurgischen Charakter der tibetischen Heilkunde natürlich ist, sind die Lamaserien die Hochschulen für das medicinische Studium. Die grösseren Klöster haben nach Huc[3]) vier Fakultäten: die der Mystik, Liturgie, Medicin und des Studiums der heiligen Schrift. Auf den Hochschulen der transbaikalischen Mongolen ist die Einteilung der Lehrkurse nach Marthe folgende: der erste, 4 Jahre dauernde Kursus beschäftigt sich mit der mongolischen und tibetischen Sprache und Litteratur, der zweite, von dreijähriger Dauer, mit der Heilkunde, der dritte mit Astronomie und Astrologie, 1 Jahr, und der vierte 2 Jahre, mit buddhistischer Philosophie und Theologie in lamaischer Fassung.[4])

Die bekanntesten Klöster mit medicinischen Fakultäten sind *b La brang*, die grösste Lamaserie Tibets, in Lhasa, *Ra mo che, Moru, Gar ma khyan,* alle drei bei Lhasa, die sich auch durch die Fakultät der Magie auszeichnen; als Hauptmedicinschule giebt Csoma an *Chak phuri*, ein Kloster in oder bei Lhasa; für Mitteltibet nennt er zwei weitere von einigem Ruf, genannt *Chang zur.*[5]) Bedeutend ist ferner das altberühmte Kloster am Kukunôr *s Ku $_{o}$bum* auf der Geburtsstätte des grossen Doktors und Reformators, *b Tsong kha pa* erbaut, und die Lamaserie in Urga in der nördlichen Mongolei. Daneben giebt es eine endlose Zahl kleinerer Kloster-Universitäten. Unsere Nachrichten über das medicinische Studium stammen von dem Pater Huc, der 1844—1846 in Tibet reiste und in seinen Souvenirs den medicinischen Unterricht im Kloster *s Ku $_{o}$bum* schildert. Hauptwert

1) Köppen, Die lamaische Hierarchie, S. 259.
2) Derselbe, l. c. S. 290.
3) Souvenirs d'un voyage etc. 1853. Vol. II, 116.
4) Buddhistische Heilkunde etc. Globus, 59. Bd., S. 93. 1891.
5) J. A. S. B. IV, 2.

wird auf das Auswendiglernen der medicinischen Bücher und der Namen der Medikamente gelegt. Jeden Tag hat der Student seine Lektion dem Professor aufzusagen und die neuen Erläuterungen anzuhören. Schläge sollen dabei nicht selten sein. Es kommen auch praktische Übungen vor. Eine derselben, eine botanisch-pharmakologische, beschreibt Huc.[1]) Gegen das Ende des Sommers geht alljährlich der Lama mit seinen Schülern in die Berge, um Medicinalpflanzen zu sammeln. Die Exkursion dauert 8 Tage, während der nächsten 5 Tage findet die Auslese und Klassifizirung statt. Jeder Schüler erhält einen kleinen Anteil an den Medicinalpflanzen, der Rest verbleibt der Fakultät. Der letzte Tag der Exkursion ist ein Festtag, an dem sich Lehrer und Schüler an Thee, Milch, Kuchen, Gerstenmehl und gesottenem Hammelfleisch gütlich thun. Dass in Tibet wohl auch sonst mancher Zweig der Medicin praktisch erlernt wird, können wir aus den Berichten schliessen, die wir über eine Lamaserie der Burjaten bei Selenginsk erhalten haben.[2]) Dort wird nur das erste Jahr des medicinischen Unterrichts dem Auswendiglernen gewidmet; das zweite und dritte Jahr bringt die Bekanntschaft mit der Therapie und Chirurgie, mit vorwiegend praktischer Thätigkeit. Nach 10 bis 12 Jahren ist das Studium nicht bloss der Medicin, sondern auch der übrigen Fächer beendet; alsdann findet die Prüfung statt. In dem medicinischen Examen hat nach Huc der Kandidat in Gegenwart des Lehrers drei Patienten zu behandeln, die Symptome zu deuten und den Heilplan anzugeben. Auch nach Beendigung des Studiums ist der Lama strebsam genug, Neues zu lernen. Nach Marthe und Liétard (Ptizyn) reisen die burjatischen Ärzte fast alljährlich einmal nach dem berühmten Kloster der Mongolei in Urga, um im Verkehr mit den aus Lhasa dorthin kommenden tibetischen Professoren sich in der Medicin zu vervollkommnen. Die Lama-Ärzte nehmen als Priester eine sehr geachtete Stellung ein und sie wissen auch die Würde des Standes zu wahren. Jeder, der in ein Kloster aufgenommen werden will, muss sich genau auf seine Abstammung untersuchen lassen; man sieht vor allem auf reine Abkunft von väterlicher Seite, während man gemischtes Blut von der Mutterseite bis zu gewissem Grade duldet.[3]) Ferner werden die Knaben auf Verbildungen oder Defekte ihrer Glieder und Fähigkeiten geprüft: Krüppel jeglicher Art werden zurückgewiesen.[4]) Von den Aufgenommenen studieren aber nur wenige die Wissenschaften der Medicin, Astrologie etc., die meisten begnügen sich mit dem

1) Vgl. auch Przevalski, Reisen in der Mongolei. Deutsche Ausgabe. Jena, S. 376.

2) Globus, 59. Bd., S. 93 (Marthe).

3) Risley, Gazetter of Sikkim, p. 297. Calcutta 1894.

4) Ibid. p. 294.

2*

Rang eines gewöhnlichen Mönches[1]). Dass bei dieser dreifachen Auswahl der Ärztestand eine gewisse Vornehmheit besitzt, ist darnach wohl zu glauben. Auch das Äussere ist der Würde des Standes entsprechend[2]). Der Ruf der tibetischen Lama-Ärzte ist sehr bedeutend, nicht nur in Tibet und unter den Burjaten, sondern auch sogar bei den Russen: man rühmt ihnen besonders grosse Geschicklichkeit in der Behandlung von Verletzungen und von Darmkatarrhen nach.[3]) Einen geradezu panegyrischen Ton schlägt der erwähnte Anonymus in der medicinischen Zeitung Russlands an, da er von den Heilerfolgen der burjatischen Lama spricht. Pozdnejev bezeugt, dass Krankheiten, die der europäischen Wissenschaft unheilbar schienen, durch Medikamente der Lama geheilt wurden.[4]) Die lamaische Pharmakologie rühmt Przevalski.[5])

## Anatomie und Physiologie.

Die Frage, ob die tibetischen Lama von heutzutage anatomische Kenntnisse besitzen, ist vielfach erörtert worden. In der Litteratur existiert eine Bezeichnuug für Anatomie, *lus kyi gnas lugs,* was etwa so viel wie Anordnung der Körperteile besagt. Die Anatomie im Buche *r Gyud bzhi* giebt, wie es dem Charakter dieses aus dem Sanskrit übersetzten Werkes entspricht, fast genau die Anatomie der Inder wieder, obwohl das Buch doch später von dem tibetischen Arzte *Gyu thog* überarbeitet worden ist. Was die Tibeter etwa aus eigenem Wissen hinzugefügt haben, ist schon allein infolge unserer unvollkommenen Kenntnis der indischen Anatomie nicht zu bestimmen, die nicht zum geringsten Teil auf die unvollkommenen

1) Ibid. p. 302. Jäschke, in Mélanges Asiatiques, t. VI, 8. Petersb. 1873, bemerkt bezüglich des Interesses an den Wissenschaften in Tibet, man lese dort nicht aus rein wissenschaftlichem Interesse; „bei weitem in den meisten Fällen liest man, um damit Tugendverdienst zu erwerben, oder weil man aufrichtig glaubt, dass daraus der Seele Heil erwachse, oder aus Utilitätsinteresse: so studieren Ärzte ihre medicinischen Schriften u. s. w.“

2) S. die Abbildungen tibetischer Ärzte in Annales de l'Extrême Orient, t. II. p. 10. Paris 1879, 1880. Uchtomski, Orientreise Seiner Majestät des Kaisers von Russland. Bd. II, S. 285. Leipz. 1894—1899.

3) Marthe im Globus, Bd. 59, S. 93, und Medicinische Zeitung Russlands, 1849, S. 289.

4) Skizzen aus dem Leben buddhistischer Klöster u. s. w., S. 161—165, Note.

5) Reisen in der Mongolei, S. 375, 376. Jena (deutsch).

Übersetzungen zurückzuführen ist.[1]) Auch in dieser Hinsicht ist zu bedauern, dass wir den grossen Kommentar zu dem *r Gyud bzhi*, das *Vaidūrya sngon po*, nicht kennen. Die alttibetische Anatomie ist so eng mit den physiologischen Anschauungen verknüpft, dass sie auch in der Darstellung von diesen nicht zu trennen ist. Das anatomisch-physiologische Kapitel im *r Gyud bzhi* beginnt mit der Physiologie der Zeugung.[2]) Der Foetus entsteht aus des Vaters Samen, der Mutter Blut und dem Lebensprinzip. Daraus ergiebt sich fast von selbst, dass das Vorwalten des ersteren einem Sohn, das Vorwalten des mütterlichen Blutes einer Tochter das Leben giebt; bei gleicher Quantität beider Komponenten entsteht ein Hermaphrodit. Teilt sich das mütterliche Blut in zwei Teile, so ist das die Anlage für Zwillinge. Aus dem Sperma werden die Knochen, das Gehirn und das Skelet gebildet, aus dem Blut der Mutter das Fleisch, das Blut, das Herz, die Lunge, Leber, Milz, Niere und die 6 Venen; das Lebensprinzip stattet den Menschen mit dem Bewusstsein aus. Das Wachstum des Foetus geht aus von zwei Venen zu beiden Seiten des Uterus, von einem kleinen Gefäss, welches das Menstrualblut der Mutter führt, und von dem Chylus, der aus der mütterlichen Nahrung gebildet in den Uterus hinabsteigt und hier auch die Vereinigung des Samens, des Blutes und des vitalen Prinzipes befördert. Die Frucht macht während 38 Wochen Veränderungen durch. Als entwickelungsmechanisches Moment gilt der im Körper vorhandene „Wind". In der ersten Woche ist der Embryo wie ein Gemisch von Milch und Blut, in der zweiten Woche hat er eine fadenziehende, klebrige Beschaffenheit, in der dritten Woche wird er wie geronnene Milch; in der vierten Woche kann man bereits aus der Form, welche die Frucht annimmt, das Geschlecht erkennen. Während des ganzen ersten Monats hat die Mutter im Leibe und in der Seele unangenehme Sensationen. Die fünfte Woche bringt die Anlage des Nabels, des wichtigsten Körperteiles, von dem aus sich in der sechsten Woche die Lebensader entwickelt. In der siebenten Woche zeigen sich die Umrisse der Augen, infolgedessen kann man in der achten Woche bereits die Kopfform erkennen, der in der neunten und zehnten Woche die Gestaltung des Ober- und Unterleibes, der beiden Arme und der Weichen folgt. Es entstehen dann hintereinander in den einzelnen Wochen die Konturen der neun Löcher, die fünf Lebensorgane: Herz, Lunge, Leber,

---

1) Es mag hier die Aufmerksamkeit auf die seit 1897 in der Bibliotheca Indica, Calcutta, erscheinende neue englische Übertragung des Suçruta-Samhitâ durch A. F. R. Hoernle gelenkt werden. Der Wunsch, diese kritische Übersetzung bald vollendet zu sehen, erscheint nach den verunglückten Übersetzungsversuchen von Hessler und Dutt sehr berechtigt.

2) Journal of Asiatic Society of Bengal. IV, 6ff.

Milz, der Gefässapparat; dann die sechs Venen; im vierten Monat das Mark der Arm- und Oberschenkelknochen; das Handwurzelgelenk und die Unterschenkel, die Finger und die Zehen, die Venen oder Nerven, welche die äusseren und inneren Teile verbinden; der fünfte Monat bringt Fleisch und Fett, die Sehnen und Fasern, die Knochen und das Mark der Beine. Es folgen die Haut, die Öffnung der neun Löcher, die Haare und Nägel, Vollendung der Eingeweide und Gefässentwicklung, zugleich damit Beginn der Empfindung für Lust und Schmerz, dann die Cirkulation oder Windbewegung, Beginn der Erinnerung. In der 27.—30. Woche bildet sich der Körper vollkommen aus und wächst nur noch im achten Monat. In der 36. Woche nehmen die Sensationen im Unterleib zu, die 37. Woche ruft sogar Erscheinungen von Nausea hervor. In der 38. Woche wendet sich der Kopf dem Muttermund zu, die Geburt beginnt. Zu betonen ist, dass dieses embryologische System wirklich die Entwicklung hervorhebt gegenüber manchen anderen historischen Ontogenieen, die nur von dem Wachstum des bereits gänzlich vorgebildeten Menschen reden wollten.

Der fertig gebildete Körper enthält die drei Humores oder Essenzen, Schleim *bad kan*, Galle *mkhris pa*, Wind *rlung*. Von den fünf Elementen: Erde, Wasser, Feuer, Wind, Äther, die nach der indischen Naturphilosophie und Medicin den Körper zusammensetzen und die dort vor allem die Humores bilden, ist, soweit aus Csoma's Analyse ersichtlich, im *r Gyud bzhi* keine Rede. Der Centralsitz des Schleimes ist der obere Teil des Körpers; der der Galle befindet sich im mittleren Teil, der des Windes im unteren Teil des Stammes. [1]) Die drei Essenzen haben Kanäle oder Wege, durch die sie sich im ganzen Körper ausbreiten. Die Transportwege des Schleimes sind Chylus, Fleisch, Fett, Mark und Sperma, Exkremente und Urin, Nase und Zunge, Lungen, Milz und Nieren, Mund und Blase. Die Vehikel der Galle sind Blut, Schweiss, die Augen, die Leber und andere Eingeweide. Die Kanäle der Windbewegung sind die Knochen, das Ohr, die Haut, die Arterien und die Därme. [2]) Auf diesem Zuge durch den Körper erfüllen die Humores an bestimmten Orten bestimmte Funktionen, und zwar jeder Humor fünf. [3]) Der Schleim dient der Brust als Stützmittel [4]); er fördert das Kauen und Verdauen;

1) Journ. of. As. Soc. Beng. IV, 3.

2) Ibid. p. 3.

3) Ibid. p. 10.

4) Bei Jäschke, A. Tibetan-Englisch Dictionary, p. 365, London, 1881, ist die Theorie des *bad-kan* etwas modifiziert: der Schleim findet sich erstens in den Schultern und Halsgelenken, zweitens im Magen, drittens auf der Zunge und am Gaumen, viertens im Gehirn, in den Augen u. s. w., fünftens in den übrigen Gelenken.

er ist die Ursache des Schmeckens auf der Zunge, befeuchtet das Gehirn und verbindet alle Gelenke. Die Galle findet sich als verdauende Kraft im Magen, als Chylus bildende in der Leber, als Wachstum fördernde im Herzen; sie erzeugt dem Auge die Sehkraft und giebt der Haut die klare Farbe. Der Wind hat als Lebenserhalter seinen Sitz im Kopf und in der Brust (Atmung?); vom Herzen aus durchdringt er alles, Bewegung verursachend; im Magen hat er die Funktion, die Wärme im Körper gleichmässig zu verbreiten, und in den Därmen sendet er die Exkremente nach abwärts. Charakteristische Eigenschaften des Schleimes und seiner Organe sind Fettigkeit, Kühle, Schwere, Dummheit, Sanftheit, Festigkeit, feste Verbindung, Leidenschaftlichkeit. Die Galle zeichnet sich aus durch Fettigkeit, Schärfe, Leichtigkeit und Unreinlichkeit. Wind ist gekennzeichnet durch Rauhigkeit, Leichtigkeit, Kälte, Härte und Beweglichkeit. Die Quantität des Schleimes soll dreimal soviel betragen als in die beiden Hände hineingeht, die Menge der Galle soll der Quantität einer einmaligen Entleerung gleichkommen, die Windmenge soll dem Inhalt der vollen Blase entsprechen.[1]) Nächstdem haben die grösste Bedeutung die sieben Stützen des Körpers: Chylus, Blut, Fleisch, Fett, Knochen, Mark und Samen.[2]) Mit diesen in enger Verbindung stehen die drei Ausscheidungen: Kot, Urin und Schweiss. Entstehung und Bedeutung der Stützen und Exkrete ist folgende. Der Mageninhalt zerfällt nach der Verdauung in Chylus und Faeces; letztere scheiden sich in Kot und Urin. Aus dem Chylus entsteht das Blut, dieses bewahrt die Feuchtigkeit des Körpers, erhält das Leben und vermehrt das Fleisch. Das Fleisch bedeckt den Körper innen und aussen und setzt Fett an. Das letztere macht den Körper fettig und ruft Knochenbildung hervor. Die Knochen geben dem Körper eine Stütze und vermehren das Mark. Das Mark verbessert den eigentlichen Körpersaft und produziert das Sperma. Dieses trägt zu dem Wohlbefinden des ganzen Körpers bei und zu der Erzeugung eines neuen Wesens. Der Kot dient den Därmen zur Stütze. Der Urin schafft die kranken Humores weg, dient den dünnen Faeces als Vehikel und schafft die fauligen, dicken Sedimente aus dem Körper. Der Schweiss macht die Haut weich und öffnet die versperrten Haarporen. Als lebenswichtige Organe werden genannt: Herz, Lunge, Leber, Milz und als fünftes einmal der Gefässapparat, ein anderes Mal die Nieren. Diese fünf vitalen Organe stehen, wie bereits erwähnt, mit den drei Essenzen in enger Verbindung.

Unter dem Gefässaparat versteht man Arterien, Venen und Nerven.[3])

---

1) Journ. As. Soc. Beng., IV, 8.
2) Ibid p. 3 und 10.
3) Ibid. p. 8.

Die grösseren Arterien sind wenigstens insofern davon getrennt, weil man sie als die Kanäle des Windes erkannt hat. Gelegentlich werden auch Sehnen mit Nerven und Venen identifiziert. Man unterscheidet vier Arten von Adern oder Nerven: die der Vorstellung, des Seins, der Verbindung, der Lebenskraft. Die erste Gruppe bilden die drei vom Nabel ausgehenden Nerven (Venen): der erste, Schleim und Dummheit erzeugend, geht zum Gehirn; der zweite, Galle erzeugend, mit dem Blut und Zorn zusammenhängend, tritt in das Hypochondrium; der dritte, Wind hervorrufend, steigt zu den Genitialien herab und und erregt den Sexualtrieb des Mannes und des Weibes. Von Nerven (Venen) des Seins giebt es vier: der eine, begleitet von 500 kleineren Nerven, erregt vom Gehirn aus die Organe an Ort und Stelle; ein anderer sitzt im Herzen und macht dasselbe der Erinnerung fähig, hat gleichfalls 500 Begleiter; der dritte, das Wachstum und die Änderung des Körperbestandes bedingend, hat seinen Sitz nebst 500 kleineren Nerven im Nabel; der vierte, der das Wachstum der Kinder und Nachkommen verursacht, sitzt nebst 500 kleineren im Penis und umfasst den ganzen Körper. Die Verbindungsnerven (Venen) sind entweder weiss oder schwarz. Man hat 24 breite, die dem Wachstum der Sehnen und der Vermehrung des Blutes dienen; ferner 8 breite, die verborgen sind und die Krankheiten der Eingeweide und Gefässe verbinden, und 16 sichtbare, welche die äusseren Glieder verbinden. Aus diesen entstehen 77 andere, die blutenden (oder Aderlass?) Venen (die man wahrscheinlich zum Aderlass benutzte). Es giebt 112 schädliche Venen, 189 gemischter Natur. Von diesen entspringen 120 für die äusseren, inneren und mittleren Teile, und die 120 verzweigen sich in 360 kleinere, die durch den Körper wie ein Netzwerk gehen. Dann giebt es noch 19 Nerven (Venen) mit kräftiger Funktion, die wie Wurzeln vom Gehirn, dem Ocean der Nerven, hinabsteigen; 13 davon sind verborgen und verbinden die Eingeweide; die 6 anderen, die äusseren Teile verbindend, sind sichtbar, von ihnen breiten sich 16 kleine Sehnen aus. Und nun die vierte Gruppe, die der vitalen Nerven (Venen). Der eine begreift Kopf und Leib; der zweite steht mit der Respiration in Verbindung; der dritte ist der Hauptnerv, verbindet die Cirkulationskanäle für Luft und Blut, reguliert das Wachstum des Körpers, ist der vitale Nerv par excellence und wird wegen seiner Bedeutung die Schlagader genannt (vielleicht die Aorta?). Im ganzen giebt es 900 Nerven oder Fasern.

Es spielen noch folgende Zahlen eine Rolle: es giebt 12 grosse Gliedergelenke und 250 kleine, 16 Sehnen, 11 000 Kopfhaare, 11 Millionen Haarporen am ganzen Körper und 9 Öffnungen oder

1) Ibid. p. 8, 9.

Löcher[1]); an einer anderen Stelle ist die Rede von 13 Öffnungen und Durchgängen für den Transport der Luft, des Blutes, der Getränke und Nahrung, beim Manne, und 16 derart beim Weibe.[2]) Von den rein physiologischen Problemen ist die Frage der Verdauung in folgender Weise gelöst.[3]) Die Hauptursache der Magenverdauung ist die Wärme. Ist sie von der rechten Temperatur, so ist die Verdauung leicht: es entsteht keine Krankheit, es erhöht sich der Glanz des Gesichtes, und es vermehrt sich der Chylus. Die Speisen gelangen durch die Lebensluft oder den Wind in den Magen. Hier verursacht die Kraft des Schleimes eine süsse Gährung, und dadurch bildet sich neuer Schleim. Alsdann wird der Speisebrei durch die Galle heiss und sauer und produziert neue Galle. Nun tritt der Wind in sein Recht und ermässigt die Temperatur des Speisebreies auf die des Körpers. Jetzt trennen sich die Faeces ab, die sich in dicke und dünne, Kot und Urin, scheiden. Der Chylus geht durch 9 Venen vom Magen zur Leber und wird dort zu Blut, und damit beginnt dann der Turnus der Umwandlung, den die 7 Stützen des Körpers, wie oben geschildert, durchmachen.

Dies sind die anatomisch-physiologischen Anschauungen nach Csomas Analyse des *r Gyud byhi.* Ob und wie sich die Anatomie und Physiologie der Tibeter innerhalb der seit Übersetzung des *r Gyud byhi* verflossenen 1000 Jahre geändert oder sich entwickelt hat, das wissen wir nicht. Es ist uns ja bis jetzt kein späteres medicinisches Werk zugänglich geworden, und gerade über Anatomie und Physiologie bringen uns die Reisewerke kaum mehr als nichts. Von vornherein ist nicht anzunehmen, dass man in Tibet die fast heilig geachteten Vier Tantra der Medicin hätte aufgeben sollen. Und die Kommentierung derselben durch den Regenten von Lhasa im 17. Jahrhundert beweist auch, dass unser Werk sehr lange Zeit massgebend gewesen ist. Für die Mongolen giebt Kirilov an, dass bei denselben noch Leute die Vier Tantra der Medicin im Vordergrund stehen.[4]) Dort spielen die fünf Elemente eine Rolle in der Medicin.[5]) Kirilov giebt weiter an, dass die Lama der Mongolen

---

1) Journ. As. Soc. Beng. IV, 9.

2) Ibid. p. 9.

3) Ibid. p. 10.

4) In „Bote für Socialhygiene". 1892. Kirilov fügt seiner Abhandlung eine Reihe von Tafeln bei, welche in dem Schema eines Baumes die physiologischen, pathologischen und andere Theorieen veranschaulichen. Es fehlt leider jede Angabe, ob dieselben ein Werk des Verfassers sind oder einem tibetischen Buche entstammen.

5) Nach Jäschke finden sich die fünf Elemente auch bei den Tibetern. Bei der Erzeugung des Körpers bildet die Erde den Nasenschleim, das Wasser den Speichel, das Feuer die Bilder in den Augen, die Luft das Hautgefühl, der Äther die Gehörswahrnehmung. Handwörterbuch der tibetischen Sprache. S. 403.

auch anatomische Zeichnungen und Tafeln besitzen, die eine ungefähre Vorstellung von der Grösse und Lage der inneren Organe zu geben vermögen; jedoch seien sie immerhin noch so ungenau, dass die Abbildung des Unterarms und des Unterschenkels nur einen Knochen zeige.

Auch die Lama der Tibeter haben wohl heute noch andere anatomische Kenntnisse, abgesehen von denen, die in uns noch unzugänglichen Büchern enthalten sein mögen. Die Lama verwenden vielfach Knochenteile der Menschen und tierische Skelete im Dienste des Kultus. Die Leichen werden in Tibet nicht in der Erde bestattet, sondern gewöhnlich ganz oder zerstückelt auf das freie Feld oder an einen eigens dazu bestimmten Ort gebracht und den Geiern und Hunden zum Frasse vorgeworfen. Da ist es natürlich ein Leichtes, Skeletteile zu erhalten. Aus den langen Röhrenknochen der Beine werden Trompeten angefertigt; zwei Schädelkalotten, die an ihrer konvexen Seite verlötet werden, dienen zur Herstellung von Trommeln, wie man sie in unseren ethnographischen Museen finden kann. Schädelkalvarien werden auch als Opfer für *Thse dpag med* (Amithâba) und als Schalen für Libationen, die man anderen Gottheiten darbringt, benutzt.[1]) Wir kennen durch Rockhills Übersetzung[2]) eine Schrift, die eine Anleitung giebt, die für diesen Zweck geeigneten und ungeeigneten Schädel zu unterscheiden. Trotz der zahllosen indotibetischen, mystischen Auseinandersetzungen verrät die Schrift doch eine genauere Bekanntschaft mit den Schädelknochen. Tierische Skelete werden zu Weissagungen benutzt. Huc erzählt, dass ein Lama ihm und seinem Begleiter Gabet an einem Hammelskelet sämtliche Knochen, die grossen und kleinen, in singendem Ton herzählte und alsdann sehr erstaunt war, von den Lama des Westens — so nannte er die beiden Missionare — ihre Unkenntnis dieser Dinge zu vernehmen.[3]) Nach Jäschkes Wörterbuch sollen die Tibeter einige Bezeichnungen für gewisse Muskeln haben. Aus diesen Bemerkungen scheint hervorzugehen, dass die heutigen Lama sich aus eigener Anschauung manche anatomische Kenntnisse erworben haben.

---

1) Rockhill, On the use of skulls in Lamaist ceremonies, in Proceedings of American Oriental Society. Oktober 1888, p. 25.

2) Ebenda, p. 26—31.

3) Citiert nach Jaquot in Gaz. Méd. de Paris, 1854, p. 673.

## Allgemeine Pathologie.

Historisch sind auch hier wieder die Anschauungen im *r Gyud. bzhi* die ältesten, die uns bekannt geworden sind.[1]) Die drei Haupterreger der Krankheiten sind die Wollust oder das brennende Verlangen, die Erregung oder der Jähzorn, die Dummheit oder Unwissenheit. Die aetiologischen Momente stehen in der engsten Verbindung mit den drei Essenzen oder rufen das Überwiegen der einen oder anderen Essenz hervor: die Wollust gehört zum Winde, der Jähzorn zur Galle, die Dummheit zum Schleim. Der accessorischen Ursachen sind vier: die Kälte oder Hitze der verschiedenen Jahreszeiten, böse Geister, verkehrte Ernährung, schlechte Lebensführung.[2]) Die Krankheiten des Alters stehen hauptsächlich unter dem Zeichen des Windes, die des mittleren Alters unter dem der Galle, und die Kinderkrankheiten sind vorwiegend dem Schleim unterworfen.

Natürlich werden den drei Krankheitsarten auch besondere Praedilektionsstellen zugeschrieben. Die Krankheiten, in denen der Wind vorherrscht, siedeln sich in den kalten Körperteilen an, die Krankheiten, die von der Galle ausgehen, lieben die trockenen und heissen Teile, die des Schleimes bevorzugen die feuchten und fettigen. Dementsprechend teilt man auch die Krankheiten in heisse und kalte. Die Klasse der heissen umfasst die von der Galle, dem Prinzip des Feuers (und von dem Blut?) ausgehenden Veränderungen, während die Krankheiten, die dem Wind und dem Schleim, dem Prinzip des natürlichen Wassers angehören, die Gruppe der kalten ausmachen. Die von den Würmern und von dem Serum verursachten Erkrankungen gehören zu beiden Klassen. Auch die Tages- und Jahreszeiten kommen in Betracht: die Windkrankheiten entstehen gemeinhin im Sommer, vor Tagesanbruch und gegen Mittag; die Galle bevorzugt den Herbst, den Mittag und die Mitternacht; der Schleim herrscht im Frühling, am Morgen und am Abend vor. Wir sehen hierin schon eine Kombination der drei essentiellen aetiologischen Momente mit dem ersten der accessorischen. Durch weitere Kombinationen entstehen dann 404 Krankheiten[3]), von denen

1) Journ. As. Soc. Beng, IV, 3.

2) Im Sinne der buddhistischen Lehre der Seelenwanderung auch auf das frühere Leben bezüglich. Journ. As. Soc. Beng, IV, 11.

3) Ptizyn giebt 440 Krankheiten an. Vgl. Liétard, La grande encyclopédie, t. XXIII, p. 315. „Das Werk von den 100 Tausend Nâga“ erwähnt an einer Stelle 400 Krankheiten, an einer anderen Stelle spricht es von den Wind-, Galle-, Schleim-Krankheiten und den vielen Krankheiten, den vier Krankheiten. S. die Übersetzung desselben von B. Laufer in Mém. de la société Finno-Ougrienne, XI, p. 43, 45, 57, Helsingfors 1898.

101 den schlechten Humores allein zugeschrieben werden; und zwar gehören 42 in den Bereich des Windes, 26 in das Gebiet der Galle und 35 dem Schleim.[1]) Welche Rolle die 302 Folgekrankheiten innerhalb dieses Systems spielen, ist aus Csomas Analyse nicht zu erkennen.[2]) Dieselben haben ihren Sitz im Fleisch, im Fett, in den Knochen, Sehnen, Nerven, Eingeweiden und Venen, und für jede Gewebsart giebt es eine bestimmte Zahl von Erkrankungen. Von diesen 302 Krankheiten sind 96 so gefährlich, dass sie sich auch mit der grössten Geschicklichkeit nicht behandeln lassen; 49 haben einen mittleren Grad von Bedenklichkeit, können jedoch von einem gelehrten Arzt behandelt werden; der Rest kann auch von anderen geheilt werden.

Hat auch das *r Gyud bzhi* die indische Theorie von den drei Essenzen in den Vordergrund der Pathologie gestellt, so finden wir doch in den Reisewerken der neueren Zeit die Dämonen oder bösen Geister vorwiegend als die Erreger der Krankheiten bezeichnet; während die Geister in den Vier Tantra nur eine accessorische Ursache darstellen, scheinen sie in der späteren Zeit wieder eine universelle Bedeutung erlangt zu haben. Antonio d'Andrada, der im 17. Jahrhundert in Tibet reiste, berichtet, dass die Ärzte dort der Meinung sind, Berggeister träten in die Hütten der Menschen und brächten ihnen die verschiedenen Krankheiten.[3]) Auch Witsen (18. Jahrhundert) erzählt, dass die Lama alle Krankheiten dem Teufel zuschreiben.[4]) Dieselben oder ähnliche Nachrichten finden wir bei Huc[5]), Schlagintweit[6]), Bishop[7]), Waddell[8]), Landor[9]) u. a. Von Waddell wissen wir wenigstens, dass seine Angabe den Bewohnern von Sikkim gilt, welche diese Krankheitsdämonen mit dem gemeintibetischen Wort *gshed* heissen; die anderen geben uns leider nicht den Volksstamm an, welcher der bezüglichen Anschauung huldigt. Hingegen finden wir bei anderen wieder die Götter der vier Elemente als Krankheitserreger. Der Windgeist ruft die Erkrankungen der Atmungsorgane hervor, der Feuergott schickt Fieber und Entzündungen, der Wassergott ist der Erreger der Wassersucht, Urinverhaltung und Blutungen; der Erdgeist verursacht die Erkrankungen

1) Journ. As. Soc. Beng. IV, p. 11.
2) Ibid. p. 9.
3) Lettere annue del Tibet del 1626 e della Cina del 1624. Roma 1628.
4) Noord en Oost Tartaryen. Amst. 1785, I, 326b.
5) Souvenirs d'un voyage dans la Tartarie, le Tibet etc., I, 76.
6) Citiert nach Wiener Med. Wochenschr. 1863, 508, 523.
7) Isabella L. Bishop, Among the Tibetans. London, 1894, p. 104.
8) In Risley, Gazetteer of Sikkim, p. 343.
9) Landor, Auf verbotenen Wegen. Reisen und Abenteuer in Tibet. 4. Aufl. Leipzig 1899, S. 276—286 über tibetische Heilkunst, im allgemeinen wenig glaubwürdig.

fester Teile, wie Rheumatismus, Geschwülste u. s. w. In anderen Krankheiten, die sich nicht deutlich auf die Elemente beziehen lassen kommt es auf die Meinung des Lama an.[1]) Die Mongolen haben nach Kirilov noch die Theorie von den abnormen Verhältnissen der, drei Kardinalessenzen, und zwar genau der Anschauung des *r Gyud bzhi* folgend.[2])

## Spezielle Pathologie und Therapie.

Grade beim Kapitel der speciellen Pathologie beginnt Csomas Analyse weniger eingehend zu werden.[3]) In dem dritten Tantra, das die vollständige Erläuterung der Krankheiten enthält, giebt Csoma nur die Krankheitsbezeichnungen und die Einteilung des Stoffes an. Die Einteilung oder Beobachtungsmethode besteht bei den meisten Erkrankungen in der Berücksichtigung der fünf Punkte: 1. Ursache, 2. accessorische Ursache und ihre Folgen, 3. Einteilung in verschiedene Unterabteilungen, 4. Symptomatologie, 5. Therapie. Bei manchen Krankheiten kommen noch andere Gesichtspunkte hinzu, wie Zeit, Prophylaxe u. a. Das ist alles, was wir erfahren. Wir sind deshalb hier ganz besonders auf die Berichte der Reisenden angewiesen. Da uns die Kenntnis der Einteilung der tibetischen Pathologie fehlt, so ordnen wir die Krankheiten nach dem bei uns üblichen Schema.

Wenden wir uns zuerst zu den Infektionskrankheiten. Die Blattern, *₀brum nad*, sind eine der gefürchtetsten Krankheiten in Tibet. Nach einem chinesischen Bericht (1798) waren die Pocken in der alten Zeit in Tibet unbekannt, haben aber dann im 18. Jahrhundert grosse Verheerungen dort angerichtet.[4]) Das *r Gyud bzhi* kennt allerdings auch die Blattern[5]); jedoch beweist das keineswegs, dass man die Pocken bereits im 8. Jahrhundert unserer Zeitrechnung in Tibet kannte, weil das Werk doch aus dem Sanskrit übersetzt ist und somit eigentlich die Krankheiten der Inder darstellt: die Zusätze der späteren Redaktion sind ja noch unbekannt. Sicher ist, dass die Blattern seit geraumer Zeit eine grosse Plage Tibets darstellen. Sie

1) Campbell in The Phoenix III, 144 und Hooker, Himalayan Journals. Notes of a Naturalist in Bengal, the Sikkim etc. New ed. II vols. London 1855. II. Bd., p. 182, 183. Bei beiden gilt das Gesagte von dem eigentlichen Tibet.

2) Kirilov, Die gegenwärtige Bedeutung der tibetischen Medizin, in Bote für Socialhygiene u. s. w., 1892, p. 97.

3) Journ. As. Soc. Beng. IV, 13—18.

4) Rockhill, Tibet, a geogr., ethn. and hist. sketch derived from Chinese sources, in Journ. of the Royal As. Soc. of Great Britain and Ireland. 1891. p. 235, Note 1.

5) Journ. As. Soc. Beng. IV, 14.

sind im eigentlichen Tibet[1]), im Bhutân[2]), Sikkim[3]), Ladâkh[4]), Kumaon[5]) und Nepal[6]) verbreitet. Gill ist allerdings der Meinung, wenn Tibeter an Blattern erkrankten, so hätten sie dieselbe aus China mitgebracht, das sie auch aus diesem Grunde zu betreten fürchten[7]); ist doch auch 1779 der Pan chen rin po che dieser Krankheit in Peking erlegen.[8]) Von der Anschauung der Tibeter über die Aetiologie, Theorie u. s. w. der Variola wissen wir nichts. *r Gyud bzhi* unterscheidet die weissen und schwarzen Blattern (eitrige und haemorrhagische).[9])

Eine Therapie scheint man nicht zu kennen. Sobald die Krankheit in einem Orte ausgebrochen ist, so zwingt man entweder die Erkrankten, sich in ihr Haus einzuschliessen, unter Verbot jeder Annäherung an Gesunde, oder, was viel häufiger ist, man schickt oder trägt die Kranken einfach aus dem Dorf in die Berge, oder aber die Gesunden verlassen den Ort; in allen Fällen sind die Blatternkranken dem Hungertod geweiht.[10]) Mit Recht betont Gill, dass aus diesem Grunde die Variola in Tibet fast immer tödlich verläuft, während der Chinese dieselbe wie eine Erkältung überwindet.[11]) Seit 1794 besteht in Lhasa ein Blatternhaus, das der Dalai Lama auf Befehl des chinesischen Kaisers errichtet hat. Die Patienten erhalten dort nur ihre Nahrung und was sie etwa sonst bedürfen[12]); und Gützlaff behauptet, dass die Blatternkranken dort infolge der Medika-

---

1) Turner, An Account of an Embassy to the Court of the Teshoo Lama in Tibet. London 1800, p. 415. Cooper, Travels of a pioneer of commerce or an overland journey from China towards India. London 1871, p. 257. Campbell, Notes on Eastern Tibet. Phoenix I, 145.

2) Turner l. c., p. 218.

3) Waddell, Some ancient Indian charms, in Journ. of anthrop. Institution of Great Britain and Ireland. London 1895, p. 42, und Risley, Gazetteer of Sikkim, p. 340.

4) Ramsay, Western Tibet. Lahore 1890, p. 148 und Bishop, Among the Tibetans. London 1894, p. 104, 105.

5) Traill, Statistical Sketch of Kamaon. Asiat. Researches Calcutta 1828, p. 214, 215.

6) Hooker, Himalayan Journals I, 125, fand die Pocken unter den Lepcha in Nepal.

7) The River of Golden Sand. Narrative of a journey through China and Eastern Tibet to Burmah. London 1880, vol. II, 155.

8) Turner l. c., p. 450 (Appendix).

9) Journ. As. Soc. Beng. IV, 14.

10) Vgl. die Citate 1—6 dieser Seite. Turner, p. 218, berichtet: der verstorbene Teshoo Lama (Pan chen rin po che) verlegte seinen Sitz nach Chamnamning, als die Pocken ausbrachen, und b Kra shis lhun po war 3 Jahre ohne Bewohner.

11) The River of golden sand. London 1880, II, p. 155.

12) Rockhill in Journ. of the R. As. Soc. of Gr. Brit. and I. London 1891 p. 255, Note.

mente stürben.[1]) Nach Campbell soll in Ost-Tibet jährlich in der warmen Jahreszeit die Variolation stattfinden. Er giebt zwei Methoden an: die eine ist die vermittelst Schnitte am Handgelenk; die andere beruht auf der Einatmung des Blatterngiftes. Ein Baumwollflock wird mit dem Pockeneiter durchtränkt und dann getrocknet, darauf legt man ihn 2—3 Tage in die Nase, bis sich die Symptome der Variola zeigen. Diese Methode stammt aus China.[2]) Von dem *s De pa Râja* von Bhutân, den Turner in *b Kra shis chos rdzong* (Tassisudon) besuchte, wissen wir, dass er sich 1779 in China inoculieren liess, als er den erwähnten Teshoo Lama nach Peking begleitete[3]). Von der Behandlung eines hochgestellten Blatternkranken erzählt Turner. Die Lama hingen in der Krankenstube Abbildungen von Pockenkranken in verschiedenen Stadien auf; zu gleicher Zeit musste der Patient Wohlthätigkeit üben.[4]) Von den Bewohnern Sikkims berichtet Waddell einen Zauber gegen Variola.[5]) Man nimmt ein Amulet, das eine Zeichnung aus konzentrischen Kreisen mit Zeichen und Bildern, in der Mitte eine Lotosblüte darstellt, und schreibt darauf mit dem Saft des Som-Baumes[6]) die Buchstaben oin, bestreut das Amulet mit pulverisierten Knochen eines an Blattern verstorbenen Menschen, schnürt es zusammen und trägt es am Halse direkt auf der Brusthaut.

Für Masern haben die Tibeter ein Wort, *tshat bur*, nach Ramsay; derselbe erklärt aber, dass die Krankheit selbst unter den Ladâkhi unbekannt ist.[7]) Im *r Gyud bzhi*, wenigstens in Csomas Analyse, sind Masern nicht erwähnt.

Erysipel ist in diesem Werk genannt: man kennt mehrere Arten.[8])

Von dem eigentlichen Typhus hören wir nirgends etwas; aber wir lesen des öfteren von einer typhösen Erkrankung, die *rtsa nad* (Aderkrankheit) genannt wird. Diese bricht häufig im Frühjahr in Ladâkh (West-Tibet) epidemisch aus; die Zeichen sind nicht deutlich beschrieben, um sich ein Bild von dieser Erkrankung zu machen.

---

1) Gützlaff, Tibet and Sefan. Journ. of the R. Geogr. Soc. XX, 226. 1851.

2) Campbell, Notes on Eastern Tibet. Phoenix I, 145.

3) Saunders, Some Account of the vegetable and mineral productions of Bootan and Tibet, in Turner, An Account of an embassy etc., p. 415. Saunders' Account findet sich übersetzt in Sprengel u. Forster, Neue Beiträge zur Länder- und Völkerkunde. III. Teil, Leipzig 1790.

4) Turner l. c., p. 469.

5) In Risley, Gazetteer of Sikkim, p. 340 u. Journ. Anthr. Inst. Gr. Brit. XXIV, 42.

6) Waddell denkt an den Soma-Baum, bemerkt aber, der tibetische Übersetzer halte ihn für eine Fichte (Tib. som = Fichte nach Jäschke).

7) Ramsay, Western Tibet, p. 100.

8) Journ. As. Soc. Beng. IV, 16.

Diesem Fieber unterlag auch der Missionsarzt der Brüdergemeinde Carl Marx[1]).

Cholera wird im *r Gyud bzhi* zweimal unter zwei verschiedenen Bezeichnungen erwähnt[2]). Auch in den verschiedenen tibetischen Dialekten finden wir verschiedene Ausdrücke wie *ña log* (Sikkim), *khoṅ log* (West-Tibet). Aber daraus zu schliessen, Cholera sei in Tibet häufig oder verbreitet, erscheint nicht berechtigt. Im Gegenteil wird behauptet, dass die Krankheit in Ost-Tibet gänzlich unbekannt sei[3]), und Hooker[4]) bemerkt, dass die Lepcha sehr selten an Cholera leiden, und selbst wenn dieselbe eingeschleppt würde, erlange sie keine Ausdehnung. Da Indien einen Choleraherd repräsentiert, so stammt wohl die Hauptkenntnis der Tibeter über diese Krankheit aus der Sanskrit-Litteratur. Es findet sich deshalb auch der aus Indien stammende Zauber unter den Bewohnern von Sikkim[5]). Das oben erwähnte Amulet wird als Cholerazauber folgendermassen behandelt: man schreibe mit dem Kot eines schwarzen Pferdes und mit schwarzem Schwefel und mit Moschuswasser die Buchstaben (Z A?), falte dann das Amulet in ein Stück Schlangenhaut zusammen und trage es am Halse.

Dysenterie wird in den Vier Tantra zu der Gruppe der kleinen Krankheiten gezählt[6]). Das Vorkommen der Ruhr in Ost-Tibet erwähnt Campbell[7]).

Von der Pest wissen wir kam etwas. *r Gyud bzhi* spricht nur von *bal nad*, d. h. Nepalische Krankheit[8]) Von Reisenden erwähnt nur Dutreuil de Rhins des Vorkommens der Pest; sie heisst nach ihm dort *ngan*[9]). Im Lande Sikkim kennt man einen Zauber gegen die Pest, den Zauber des Garuda, des Königs der Vögel, der mit einer Schlange im Schnabel und mit ausgebreiteten, mit Zaubersprüchen beschriebenen Federn dargestellt ist[10]).

Dem Fieber ist eine Reihe von Kapiteln des *r Gyud bzhi* gewidmet; man kennt verschiedene Fieberarten, darunter eine mit Geistesstörungen (Typhus?)[11]). Der Arzt der Turnerschen Expedition

1) E. F. Knight, Where three empires meet. Narrative of recent travel in Kashmir, Western Tibet, Gilgit etc. London 1893, p. 168, 169. Reichelt, Die Himalaya-Mission der Brüdergemeinde. Gütersloh 1896. S. 73, 74.
2) Journ. As. Soc. Beng. IV, 14.
3) Campbell, in Phoenix I, 145.
4) Himalayan Journals I, p. 125.
5) Waddell, in Risley, Gazetteer of Sikkim, p. 340.
6) Journ. As. Soc. Beng. IV, 16.
7) In Phoenix I, 145.
8) Journ. As. Soc. Beng. IV, 14. „Pestilence of Nepal."
9) Mission scientifique dans la haute Asie. 1890—1895, II, p. 344. Paris 1898.
10) Waddell l. c., p. 342.
11) Journ. As. Soc. Beng. IV, 14.

Saunders sagt, die Fieber entständen in Tibet nur aus vorübergehenden Ursachen und liessen sich leicht vertreiben.[1]) In Kumaon sind Fieber von quotidianem, tertianem und quartanem Typus eine ganz allgemeine Erkrankung[2]), ebenso haben die Lepcha viel unter heftigen intermittierenden und remittierenden Fiebern zu leiden.[3]) In Ost-Tibet bringen der Juli und August zahlreiche Fieber mit.[4]) In dem Fieberzauber der Bewohner von Sikkim werden die Zauberzeichen mit kaltem Kampher und Moschuswasser geschrieben.[5])

Csoma erwähnt in seiner Analyse noch 3 Kapitel, die von den epidemischen Krankheiten, von infektiösen Darmerkrankungen und Ansteckungskrankheiten, *rims nad*, handeln; weiter erfahren wir nichts darüber. Es wird ferner einer Krankheit gedacht, die er Indian heat übersetzt: dieselbe besteht in starker Temperatursteigerung und häufigen Stuhlentleerungen und soll die Tibeter befallen, wenn sie nach Indien kommen.[6]) Es ist wohl nicht zu zweifeln, dass es sich um eine Infektionskrankheit handelt, um welche aber, das lassen die ungenauen Angaben nicht entscheiden.

Von den chronischen Infektionskrankheiten scheint die Lepra im ganzen selten zu sein. Nach Csomas Analyse ist sie im *r Gyud bzhi* nicht namentlich erwähnt. Die tibetische Bezeichnung für Aussatz ist *mdze nad*. Den Ladâkhi ist diese Krankheit fast gänzlich unbekannt, während das Nachbarland Baltistân schwer heimgesucht ist.[7]) In dem Bergland Kumaon erscheint die Lepra auch nicht so häufig als in der Ebene der englischen Besitzungen[8]), und die Lepcha kennen auch kaum den Aussatz.[9]) Ein Zauber aus Indien, wo Lepra häufig ist, ist im Lande Sikkim unter den Lamaisten auch bei Aussatz in Aufnahme gekommen.[10]) Die Anhänger der alten Bon-Religion haben die Anschauung, die Lepra sei eine Strafe für Verunreinigung des Herdes durch überfliessende Milch oder ähnliches; die *Sa bdag*, Erdherrscher, und *Nâga*, Schlangendämone, senden diese Strafe. Nur der Bon-Priester oder die Bon-Priesterin vermag durch grosse Ceremonien die Strafe aufzuheben, die Lepra zu heilen, was jedoch nicht immer gelingt.[11])

1) In Turner, Account of an embassy etc., p. 412.
2) Traill, in Asiat. Researches XVI, 214. Calc. 1828.
3) Hooker, Himalayan Journals, I, p. 126.
4) Campbell, in Phoenix I, 145.
5) Waddel, in Risley, Gazetteer etc., p. 340.
6) Journ. As. Soc. Beng. IV, 16.
7) Ramsay, Western Tibet, p. 88; Bishop, Among the Tibetans, p. 103. London 1894.
8) Traill, in As. Res. 1828, p. 215.
9) Hooker, Himalayan Journals, I, p. 125.
10) Waddell, in Risley, Gazetteer etc., p. 340.
11) Sarat Chandra Dás, in Journ. As. Soc. Beng. L, 196, 197, Note. Calc. 1881

3

Elefantiasis wird als selten bei den Lepcha vorkommend von Hooker[1]) erwähnt. In Csomas Analyse ist diese Krankheit nicht namentlich aufgeführt.

Den Geschlechtskrankheiten widmet das *r Gyud bzhi* 2 Kapitel: man nennt sie die Klasse der geheimen Krankheiten, *gsan nad.* Der männlichen Geschlechtskrankheiten giebt es 9 Arten, der weiblichen 5.[2]) Saunders berichtet von einer weiten Verbreitung der Syphilis. Er meint, die Krankheit mache in Tibet schnellere Fortschritte und greife heftiger um sich wegen der groben Nahrung und der Unreinlichkeit der Bewohner. Das Heilmittel der Tibeter ist das Quecksilber, das sie gut zu präparieren verstehen. Man nimmt es in Form von Pillen, 2—3 zweimal des Tages; am 4. oder 5. Tag entsteht der Speichelfluss, den man durch einen weiteren Gebrauch der Pillen für etwa 10—12 Tage unterhält. Während dieser Zeit trägt der Patient einen hölzernen Knebel im Munde, um den Abfluss des Speichels zu befördern und das Ausfallen der Zähne zu verhindern. Der Kranke nimmt nur flüssige Nahrung zu sich. Mit Wasser angerührt wird Quecksilberpulver zum Waschen von syphilitischen Geschwüren und Bubonen verwendet; Bubonen sucht man auch durch Umschläge von Rübensprossen und etwas Zinnober, bisweilen auch Moschus, zu zerteilen. Auch bei dem geringsten Merkurgebrauch wird vor allem Warmhalten empfohlen. Salpeter wird zum Kühlen der Bubonen verordnet. Eiternde Drüsen werden mit der Lanzette incidiert; man lässt die Wunde offen, bis jede Schwellung verschwunden ist.[3]) An Syphilis soll 1839 der Gegen Chutuktu von Urga, nach dem Dalai Lama und dem Pan chen rin po che der einflussreichste Priester der lamaischen Kirche in der Mongolei, gestorben sein: seine Verehrer sagen, er sei dem kaiserlichen Gift erlegen.[4])

Die Hautkrankheiten und die Geschwüre nehmen je 1 Kapitel des *r Gyud bzhi* ein.[5]) Welche Arten von Hautaffektionen den Tibetern bekannt sind, erfahren wir nicht, auch nicht aus den Reiseberichten. Ganz allgemein werden die Erkrankungen der Haut dem Mangel an jeder persönlichen Reinlichkeit zugeschrieben.[6]) Die Bewohner von

1) Hooker l. c. I, 125.

2) Journ. As. Soc. Beng. IV, 15.

3) Saunders, in Turner, Account of an embassy etc., p. 409—411.

4) Köppen, Die lamaische Hierarchie. S. 379 und Note 2 beruft sich dabei auf Huc und Wassiljev; die Bezeichnung „kaiserliches Gift" erinnert an den früher in Spanien für Syphilis gebrauchten Namen, Curiale d. h. Hofkrankheit.

5) Journ. As. Soc. Beng. IV, 16.

6) Über die Unreinlichkeit der Tibeter vgl. Macnamara, Climate and medical topography in their relations to the disease distribution of the Himalayan and Sub-Himalayan districts of Brit. India, p. 222. London 1880. Dutreuil de Rhins, Mission scientifique II, p. 343. Das Klima wird wohl die Reinlichkeit wenig begünstigen, was auch Rhins zugiebt.

Kumaon schieben hingegen die Ursache dieser stark verbreiteten Affektionen dem Gebrauch von Quellwasser zu.[1]) Huc will gleichfalls zahlreiche Hautkranke gesehen haben; und auch Dutreuil de Rhins spricht den Hauterkrankungen ausserordentliche Verbreitung zu.[2]) Campbell giebt hingegen für Ost-Tibet an, dass trotz der grossen Unreinlichkeit Hautkrankheiten unter der Bevölkerung keineswegs allgemein seien.[3]) Die Therapie der Hautausschläge besteht in Bhutân und g Tsang (Mittel-Tibet) in warmen Bädern.[4])

Was die Erkrankungen der Hals- und Brustorgane betrifft, so ist „entzündliche Schwellung in der Kehle“ ein Kapitel des dritten der Vier Tantra; diese Krankheit hat 4 Unterabteilungen. Das Kapitel 35 gilt den Lungenkrankheiten, deren es 8 Arten giebt; die Phthise hat ihren besonderen Abschnitt, ebenso die Dyspnoe, bei der 5 Arten unterschieden werden. Von den Katarrhen überhaupt handelt dann das 27. Kapitel.[5]) Nach Saunders sind Husten, Schnupfen, Brustkrankheiten in Bhutân und Mittel-Tibet häufiger als in Bengalen. Man giebt dort bei diesen Krankheiten Carminativa, Aromatica und Amara wie Koriander, Kümmel, Zimt und Centaurium. Gegen Brustschmerzen lässt man aus der Vena mediana zur Ader.[6]) Die Ost-Tibeter sind nicht so sehr von Husten und Brustkrankheiten geplagt[7]), während Kumaon wieder zahlreiche Lungenaffektionen aufweisen soll.[8])

Die wichtigste Affektion des Halses ist der Kropf. Er hat seinen besonderen Abschnitt im *r Gyud bzhi*: man unterscheidet darnach 8 Arten, die eine verschiedene Aetiololgie haben, es giebt vom Wind, von der Galle etc. verursachte.[9]) Das Himalayagebirge und überhaupt Centralasien gelten schon seit langer Zeit als ein grosser Kropfherd. Aber über das Vorkommen der Struma in den einzelnen Gegenden gehen die Ansichten noch auseinander. Besonders ist man sich über das eigentliche Tibet nicht einig. Saunders sah in der Provinz g Tsang keinen Kropf, er fügt hinzu: „in Tibet findet man diese Krankheit nicht.[10]) Auch Macnamara bestreitet das Vorkommen der Struma in Tibet.[11]) Hingegen finden wir bei Schlagintweit, dass

1) Traill, in Asiat. Res. XVI, 214.
2) Dutreuil de Rhins l. c. p. 344.
3) Campbell, in Phoenix I, 145.
4) Saunders, in Turner, Account of an embassy, p. 415.
5) Journ. As. Soc. Beng. IV, 14, 15, 13, 15, 14.
6) Saunders l. c. p. 412, 413, 414.
7) Campbell l. c. p. 145.
8) Traill, in Asiat. Res. XVI, 215.
9) Journ· As. Soc. Beng. IV, 15.
10) Saunders, in Turner, Account of an embassy, p. 407.
11) Climate and medical topography of the Himaldistricts etc., p. 260. M. stützt sich auf eine Angabe Bramleys, auf das Fehlen des Kropfes in der Krankheitsliste Ost-Tibets von Campbell und auf Cayleys Angabe, dass der Kropf in Ladâkh nicht vorkomme.

sich Kropf und Kretinismus überall in Tibet finden, sogar an den höchsten von Mensehen bewohnten Plätzen.[1]) Nach Cooper ist der Kropf in Tibet ganz allgemein und verschont keine Altersklasse; besonders häufig entwickelt er sich in Goneah.[2]) In Ost-Tibet beobachtete Rockhill die Struma sehr häufig bei Frauen, seltener bei Männern; er sah jedoch nur kleine Kröpfe.[3]) Letzteres mag vielleicht auch die Ursache sein, dass Campbell in seiner Aufzählung der Krankheiten Ost-Tibets den Kropf nicht erwähnt. Sicher erwiesen ist das Grassieren der Schilddrüsenschwellung in Bhutân, hier manchmal verbunden mit Kretinismus. Es soll hier jeder sechste Mensch eine vergrösserte Schilddrüse haben. Manchmal ist die Geschwulst von so beträchtlicher Grösse, dass sie von einem Ohr zum anderen geht oder bis auf die Brust herabhängt. Gewöhnlich handelt es sich um eine Affektion der ärmeren Bevölkerung; und hier sind wieder die Meistarbeitenden, die Frauen, bevorzugt. Die Schwellung beginnt gemeinhin im 13. oder 14. Lebensjahre, also zur Zeit der Pubertät.[4]) Die Bewohner von Sikkim leiden ebenfalls an Schilddrüsenschwellung.[5]) Unter den Lepcha herrscht der Kropf nicht so ausgesprochen vor, wie Hooker sagt, als unter den Bewohnern Tibets und Bhutâns.[6]) In Kumaon fand Traill die Struma sehr verbreitet. Erscheinungen von körperlicher oder geistiger Schwäche fehlten hier beim Kropf stets. Weder die Höhe des Ortes, noch der Schneefall, noch Vorkommen oder Abwesenheit von Mineralien, noch das Trinkwasser (Fluss oder Quelle), noch die socialen Lebensverhältnisse bedingen hier eine Bevorzugung.

Traill meint, ein Teil der Kröpfe würde durch die Einwirkung der Bergluft auf den Hals hervorgerufen. Die Eingeborenen legen sich nämlich, sobald sie die Schwellung gewahren, ein Otterfell oder ein ähnliches, wärmehaltendes Material um den Hals und tragen es so lange, bis die Schwellung zurückgegangen ist. Das Mittel soll wirken, sowohl prophylaktisch als heilend.[7]) In Spiti, nördlich von Kumaon, ist der Kropf kaum bekannt.[8]) Unter den Ladâkhi ist die Struma sehr selten, aber die Nachbarländer Baltistân und Yarkand sind schwer davon betroffen.[9]) Ausser der in Kumaon zur Zeit

1) Schlagintweit, Reisen in Hoch-Asien, III, S. 289.

2) Cooper, Travels etc., p. 304. London 1871.

3) Rockhill, The land of the Lamas, p. 265. London 1891. Derselbe, Diary of a journey through Mongolia and Tibet, p. 315 und 326. Washington 1894.

4) Turner, Account of an embassy, p. 86 und p. 407—409.

5) Hooker, Himalayan Journals, II, p. 93.

6) Ibid. I, p. 125.

7) Traill, in Asiat. Res. XVI, 215, 216.

8) Hay, Report on the valley of Spiti. Journ. As. Soc. Beng. XIX, 442.

9) Ramsay, Western Tibet, p. 53. Über Yarkand s. Sven Hedin, Durch Asiens Wüsten. Lpz. 1899. II. Bd., S. 5 u. 6. Shaw, Reise nach der Hohen Tatarei. Jena 1872. S. 179 und Littledale, in The Geogr. Journ. VII, Nr. 5, p. 456.

Traills (1828) üblichen Therapie gegen den Kropf haben wir in den Berichten keine andere vorgefunden. Saunders sagt, dass man sich in Bhutân garnicht um die Geschwulst kümmere, da sie nicht störend sei.

Mit den Herzkrankheiten empfiehlt es sich, gleichzeitig von den Erkrankungen der Leber und der Nieren zu sprechen, weil man in Tibet die verschiedenen Arten der Wassersucht für Krankheiten sui generis hält. Unter den Herzkrankheiten unterscheidet das 34. Kapitel des dritten der Vier Tantra 7 Arten: unter anderen wird die Herzpalpitation namentlich erwähnt. Der Leber werden 18 und den Nieren 7 Arten von Affektionen zugewiesen. Der Wassersucht sind 3 Kapitel gewidmet; es werden genannt: die weisse Schwellung (Phlegmasia alba?) und eine Art als *₀or* (Jäschke: species anasarca) bezeichnet.[1]) Ob die Serumerkrankungen (*chu ser*) des *r Gyud bzhi* hierher gehören, ist fraglich; sie sind wenigstens an einer anderen Stelle als die übrigen Wassersuchtsarten erwähnt.[2]) Als besondere Bezeichnungen für verschiedene Arten von Hydrops findet man bei Jäschke *sñin chu*, Hydropericard[3]) und *pags chu*, Hydrops anasarca.[4]) Welcher Ursache die Wassersuchtsarten in Tibet ihre Entstehung verdanken, ob etwa auch tuberkulöse Einflüsse von Bedeutung sind, wissen wir nicht. Für Bhutân und Mittel-Tibet glaubt sie der Arzt Saunders mit Lebererkrankungen in Beziehung setzen zu dürfen, die im allgemeinen aber nicht sehr häufig sein sollen. Aber, berichtet unser Gewährsmann weiter, die Eingeborenen wissen sich bei den Krankheiten der Leber nicht zu raten; daher entspringt dann die hartnäckigste und gefährlichste Krankheit des Landes, die Wassersucht. Um dieselbe zu heilen, appliziert man äussere Mittel und giebt zugleich innerlich eine Arznei, die mehr als 30 Ingredienzen enthält. Saunders zeigte den Ärzten des s De pa Râja von Bhutân die Behandlung der Leberkrankheiten mit Quecksilberpräparaten.[5]) In Ost-Tibet ist die Campbell allgemein verbreitet und ist hier gerade in der kalten Jahreszeit tödlich.[6]) Den Lepcha sollen Leberaffektionen, wie sie in Europa vorkommen, unbekannt sein.[7])

Was Nierenkrankheiten anbetrifft, so finde ich deren Erwähnung nur in einem Falle, wo es sich um ein Dekokt gegen dieselben handelt, von dem im pharmakologischen Teile die Rede sein wird.

1) Journ. As. Soc. Beng. IV, 15, 13.

2) Journ. As. Soc. Beng. IV, 16. Nach Jäschke, Dict. of the Tib. language, p. 158 bedeutet *chu ser:* 1. Serum, 2. Eiter (wörtlich: „Gelbes Wasser").

3) Jäschke, Dict. p. 157.

4) Ibid. p. 157.

5) Saunders, in Turner, Account of an embassy etc., p. 412 u. 415.

6) Campbell, in Phoenix I, 145.

7) Hooker, Himalayan Journals I, p. 126.

Bei der Milz unterscheiden die Vier Tantra 5 Arten von Krankheiten.[1]) Nur für Kumaon sind Milzaffektionen als häufig angegeben.[2])

Von den Harn- und Geschlechtsorganen handeln 3 Kapitel des *r Gyud bzhi*, eines von Dysurie, ein anderes von häufigen Urinentleerungen, ein drittes von Hodenschwellung.[3]) Stein und Gries in der Blase sind nach Saunders in Bhutân und Mittel-Tibet unbekannt. Aber in Kumaon soll die Lithiasis häufig sein; und dort wurde die Lithotomie zu Traills Zeiten häufig ausgeführt, und offenbar mit ganz allgemeinem Erfolg, fügt Traill hinzu. Die Operateure sind Leute niederen Standes; die Instrumente sind ein Rasiermesser und einige Zangen.[4]) Spermatorrhoe wird im Lande Sikkim mit einem Zauber behandelt.[5])

Die Erkrankungen der Verdauungsorgane nehmen eine Reihe von Kapiteln in den Vier Tantra ein. Unter den Mundkrankheiten treten 6 Erkrankungen der Zähne, 5 der Zunge, 6 des Gaumens, 7 des Rachens auf.[6]) In den Bergen Mittel-Tibets schrieben die Eingeborenen zu Saunders Zeiten den Verlust ihrer Vorderzähne der Wirkung des kalten, schneidenden Südostwindes zu, der dort wohl bedeutende Einflüsse auf den Menschen ausübt; Saunders sagt nämlich: wir kamen mit dem Verlust der Haut davon, die sich beinahe vom ganzen Gesicht abschälte.[7]) Fast Unglaubliches erzählt Landor von den Zähnen der Tibeter: die guten Gebisse, die in Tibet vorkommen, glaubt er an den Fingern herzählen zu können; als Schutz für abgebrochene Zähne hat er angeblich silberne Hülsen gesehen.[8])

Je ein Abschnitt des *r Gyud bzhi* gilt dann dem Magen, den Eingeweiden, dem Darm, der Appetitlosigkeit, dem Schlucken, dem Erbrechen mit 4 Unterabteilungen, der Diarrhoe mit 4, der Obstipation mit 5 Arten, Hämorrhoiden und schliesslich der Kolik, die 3 Haupt- und 11 Unterabteilungen nach Hitze, Kälte, Schleim, Würmern u. s. w. aufweisen.[9]) Unterleibserkrankungen scheinen nach Saunders und Traill nicht selten zu sein.[10]) Gegen dieselben wenden die Bewohner Mittel-Tibets warme Bäder an.[11]) Magenleiden werden

1) Journ. As. Soc. Beng. IV, 15.
2) Traill, in Asiat. Res. XVI, 215.
3) Journ. As. Soc. Beng. IV, 16, 17.
4) Traill l. c. p. 215.
5) Waddell, in Risley, Gazetteer etc. p. 340.
6) Journ. As. Soc. Beng. IV, 14.
7) Saunders, bei Turner, Account of an embassy etc. p. 403.
8) Landor, Auf verbotenen Wegen. S. 277, 278.
9) Journ. As. Soc. Beng. IV, 15, 16.
10) Saunders l. c. p. 412; Traill, in Asiat. Res. XVI, 215.
11) Saunders l. c. p. 415.

nirgends besonders hervorgehoben, ausser bei Landor, der konstatiert haben will, dass die Magen der Tibeter selten gut funktionieren und dies den vielen „Kannen schmutzigen Thees“ zuschreibt, die man dort täglich trinkt.[1])

An die Kolik schliesst das *r Gyud bzhi* die Parasiten an, sowohl die Entozoën wie Epizoën. Ascaris lumbricoides ist in Bhutân, Sikkim und Nepal häufig und ruft hier choleraartige Erscheinungen hervor. Auch der Bandwurm ist in diesen Gegenden nicht selten.[2]) Von Ektoparasiten sind in der Analyse Csomas die Läuse genannt. Um dieselben zu vertreiben, reibt man sich die Haare mit Butter ein.[3])

Von den Affektionen der Bewegungsorgane finden wir in den Vier Tantra erwähnt: Schwellung der Füsse, Gicht und *r kang ₒbam,* eine schmerzvolle, unter Eiterung der Knochen, Entzündung und Blaufärbung der Haut auftretende Schwellung der Füsse und Beine (Osteomyelitis, Madurafuss?[4]) Nicht besonders erwähnt finde ich den Rheumatismus, der nach den Reiseberichten in Tibet nicht selten ist. Turner schreibt die Schuld an Rheumatismen und Krämpfen (?) in Tibet den aus Holzmangel mit Steinplatten gedeckten Fussböden zu.[5]) Nach Campbell nimmt Rheumatismus im eigentlichen Tibet keine bedeutende Ausdehnung an.[6]) Hingegen ist er in West-Tibet, Ladâkh, eine der häufigsten Erkrankungen[7]), sowie in Kamaon[8]), Sikkim und in den Gebieten der Lepcha.[9]) Die Burjaten kennen den Rauch verbrannten Tiermistes als Prophylacticum gegen die Windkrankheiten, *kei ebetschin,* zu denen der Rheumatismus gehört: deshalb benutzen sie, trotz des Reichtums an Holz, die Tierlosung zur Feuerung[10]), wie es auch in Tibet geschieht.[11])

Über Kinderkrankheiten enthält das *r Gyud bzhi* 3 Kapitel, desgleichen 3 über Frauenkrankheiten, eines über Altersschwäche. Bei den Ohrenkrankheiten unterscheidet das Buch Krankheiten und Taubheit, der Nase gehören 5 Erkrankungen an, in der Ophtalmologie giebt es 33 unterschiedene Affektionen. In der That sind Erkrankungen der Augen bei den Himalayavölkern sehr zahlreich. Bei Saunders lesen wir: die Einwohner von Tibet haben häufiger kranke

1) Landor l. c. S. 277.
2) Macnamara, Climate and Medical Topogr. etc. p. 227—229.
3) Dutreuil de Rhins, Mission scientifique. II. p. 343.
4) Journ. As. Soc. Beng. IV, 16, 17.
5) Turner, Account of an embassy etc. p. 99, 412.
6) In Phoenix I, 145.
7) Bishop, Amongthe Tibetans, p. 103.
8) Traill, in Asiat. Res. XVI, 214.
9) Hooker, Himalayan Journals II p. 93; I p. 125.
10) Gombojev, Randbemerkungen zu Plano Carpini, in Mélanges Asiatiques II, 651. Petersburg 1856.
11) Saunders, bei Turner, Account of an embassy etc. p. 405.

Augen und werden öfter blind als die von Bhutân. Er weist die Ursache auf die Stürme, den Sand und den Licht-reflektierenden Schnee zurück.[1]) In Sikkim fand Hooker Augenentzündungen wiederholt, unter den Lepcha sehr selten.[2]) In Ost-Tibet begegnen uns Krankheiten der Augen vielfach und dieselben treten hier sehr schwer auf. Die dort herumreisenden Augenärzte, die mit Salben und Augenbädern behandeln, stehen in gutem Ruf. Auch für diese Gegend sucht Campbell das aetiologische Moment in der Einwirkung des Schnees.[3]) Von den Schneebergen Ost-Tibets sagt eine chinesische Quelle, die Kälte sei dort so heftig, dass sie die Augen durchbohre und das Sehen verhindere.[4]) Im Osten Tibets trägt man in Fällen von Augenentzündungen entweder chinesische Rauchgläser oder Augenschirme, *migra*, die aus Rosshaaren in Form eines Bandes gewebt werden. Wenn man sie nicht braucht, trägt man sie in einem baumwollenen Futteral am Gürtel.[5]) Auch Dutreuil de Rhins bestätigt das überaus häufige Vorkommen von Augenkrankheiten; er führt sie auf die Unreinlichkeit der Leute, auf den Rauch und den Glanz des Schnees zurück.[6]) Die Bewohner von West-Tibet sind gleichfalls von Augenentzündungen geplagt, besonders aber vom Star.[7]) In Spiti ist Schwäche der Augen gewöhnlich.[8])

Besondere Kapitel sind im *r Gyud bzhi* gewidmet den Geschwülsten, den krebsartigen Geschwüren, den durch böse Geister hervorgerufenen Krebsgeschwüren.[9]) Zu der Gruppe der von den Dämonen gesandten Erkrankungen gehören Irrsinn, eine als „Vergessen“ bezeichnete Geisteskrankheit und Apoplexie. Über das Vorkommen von Nerven- und Geisteskrankheiten im eigentlichen Tibet finde ich nur eine Notiz bei Landor, der Apoplexie, Epilepsie und Geisteskrankheiten beobachtet haben will. Die Burjaten heilen Geisteskrankheiten durch erschütternde Einwirkungen auf das Nervensystem, indem sie plötzlich

---

1) Saunders l. c. p. 416.

2) Himalayan Journals I p. 125; II p. 93.

3) In Phoenix I, 145.

4) Rockhill, Tibet, a geogr., ethnogr. and hist. sketch derived from Chinese sources. Journ. R. As. Soc. 1891. II, 51.

5) Rockhill, Notes on the ethnol. of Tibet. From the report of the U. S. National Museum for 1893. Washington 1895, p. 722. Dort ist Taf. 30, Fig. 1, ein solcher Augenschirm mitsamt dem Futteral abgebildet; zum Vergleich bringt Fig. 2 einen chinesischen. Nach Hooker, Him. Journ. I, 203 sind Yakhaare das Material für die Augenschützer.

6) Dutreuil de Rhins, Mission scientifique. II. p. 345.

7) Dalman, Gedenkbuch der Familie Julius Marx. Leipzig 1897, S. 92 (als Manuskript gedr.) enthält Briefe u. Berichte des Arztes der Herrenhuter Mission n Le, Karl Marx. Bishop, Among the Tibetans. p. 103.

8) Hay, Report on the valley of Spiti. Journ. As. Soc. Beng. XIX, 1851, 442.

9) Krebsgeschwülste, lhog pa, erwähnt auch D. de Rhins, Mission scient. II. p. 344.

einen Flintenschuss abgeben oder den Patienten unversehens ins Wasser stossen. Epilepsie wird mit der Abkochung eines Krautes behandelt und sogar geheilt (!). Ein burjatischer Lama heilte einen Alkoholiker vermittelst Pillen: der Geheilte konnte den Alkoholgeruch nicht mehr ertragen.[1]) Vielleicht gehört die sich in Ost-Tibet zeigende sog. Lachkrankheit, deren Campbell gedenkt, in dieses Kapitel.[2]) Dieselbe verläuft fieberlos, unter heftigen Lachanfällen, verbunden mit quälenden Schmerzen im Rachen und im Halse; tödlicher Ausgang nach wenigen Tagen ist häufig. Männer und Frauen werden ohne Unterschied befallen.

Von Vergiftungen handeln drei weitere Kapitel der Vier Tantra[3]); man unterscheidet zwischen präparierten, einfachen und Fleischgiften und natürlichen Giften. Intoxikationen mögen in Tibet ebenso wie anderswo nicht selten sein. Ein häufiges Vorkommnis ist die Vergiftung mit Pilzen und anderen Giftpflanzen.[4]) In Sikkim braucht man das mehrfach erwähnte Zauberamulet, das gegen Vergiftung in besonderer Weise angewandt wird.[5]) Die beiden letzten Kapitel des 3. Teiles behandeln die Förderung der Manneskraft.[6])

1) Med. Zeitg. Russlands, 6. Jahrg., 291.
2) In Phoenix I, 145.
3) Journ. As. Soc. Beng. IV, 18.
4) Hooker, Him. Journ. II, pag. 93.
5) Waddell, im Journ. Anthr. Inst. Gr. Brit. XXIIII, 42.
6) Journ. As. Soc. Beng. IV, 18.

# Vita.

Geboren am 2. Februar 1877 zu Köln a. Rh. als Sohn des Kaufmanns Max Laufer, erlangte ich nach neunjährigem Besuch des Kgl. Friedrich-Wilhelms-Gymnasiums zu Köln im Jahre 1895 das Zeugnis der Reife. Das Studium der Medicin führte mich der Reihe nach auf folgende Universitäten: Berlin, Leipzig, Berlin, München, Bonn, Berlin. 1897 bestand ich das Physikum, im Anfang des Jahres 1900 beendete ich die medicinische Approbationsprüfung zu Berlin, an die sich am 26. Juni 1900 das Examen rigorosum anschloss.

Meine Lehrer waren die Herren:

B. Baginsky, Bauer, v. Bergmann, du Bois-Reymond (†), Bollinger, Engler, Fick, Fischer, von Frey, Fritsch, Hering, Hertwig, His, Hofer, Jolly, Klaussner, Koester, Leo, Leuckart (†), Liebreich, Lucae, Moritz, Neumayer, Olshausen, Pagel, R. Pfeiffer, Rubner, Schede, Schmidt, Schweigger, Senator, Siegfried, Simmel, Stumpf, Tappeiner, R. Virchow, H. Virchow, Waldeyer, Warburg, v. Ziemssen.

Allen diesen meinen Lehrern sage ich an dieser Stelle meinen herzlichsten Dank.

Beim Studium der Anthropologie, das mich mehrere Semester lang beschäftigte, unterrichteten mich die Herren: Bastian, W. Krause, v. Luschan, E. Schmidt. Allen diesen Herren herzlichst dankend, muss ich ganz besonders Herrn Prof. von Luschan für seine wohlwollende Teilnahme an meinen Studien und seine stetigen Anregungen hiermit öffentlich meinen ehrerbietigsten Dank aussprechen.

Heinrich Laufer.

# Thesen.

I. Die Verwendung künstlicher Nährpräparate ist bei der Krankenbehandlung sehr einzuschränken.

II. Der Aderlass ist mit Recht als ein in vielen Fällen günstig wirkendes Mittel zu empfehlen.

III. Auf die Geschichte der Heilkunde ist während des Studiums der Medicin mehr als bisher Gewicht zu legen.

# Beiträge

zur

# Kenntnis der Tibetischen Medicin.

II. Teil.

Von

**Heinrich Laufer**

Dr. med.

**LEIPZIG**

In Commission bei Otto Harrassowitz.

1900.

# Diagnostik.

Das vierte Kapitel des ersten der Vier Tantra führt uns in die Lehre von der lamaischen Diagnostik ein.[1]) Die Anamnese verlangt 29 Fragen an den Patienten, von denen aufgezählt werden: Frage nach dem Beginn der Krankheit, nach ihrem Verlauf, nach den etwaigen Schmerzen, nach der Thätigkeit des Kranken, nach den Speisen, die etwa nützlich oder schädlich gewirkt haben. Auf das Fragen folgt das Sehen (Inspektion): man betrachtet die Zunge und den Urin. Eine rote, trockene und rauhe Zunge deutet auf eine Windkrankheit; ein gelbweisser, dicker Belag auf der Zunge lässt den Typus der Galle erkennen; eine mit dünner, trübweisser Substanz bedeckte Zunge zeigt den Schleim als Erreger der Krankheit an. Findet man den Urin bläulich gefärbt, klar wie Quellwasser, mit vielem Schaum, so hat man darin ein Symptom des Windes zu sehen. Gelbroter, concentrierter, stark verdampfender und stark riechender Urin ist ein Symptom der Galle. An weissem (farblosem?), wenig verdunstendem und wenig riechendem Harn erkennt man die Schleimkrankheit. Es folgt das Fühlen: hier kommt nur der Puls in Betracht.[2]) Stark schlagender, plötzlich stillstehender Puls (wohl unser schnellender Puls) charakterisiert die Windkrankheiten; schnell und voll ist der Puls der Gallenkranken, langsam und niedrig ist er in Schleimkrankheiten.

Die Diagnostik der modernen Lama scheint wesentlich dieselbe geblieben zu sein, wie wir aus den Reiseberichten des 18. und 19. Jahrhunderts entnehmen können. In Bhutân und gTsang fragt man allerdings wenig oder fast nichts am Krankenbett; den Hauptwert legt man auf die Pulsuntersuchung. Der Lama fühlt den Puls über dem Handgelenk mit den drei mittleren Fingern, erst an der rechten, dann an der linken Hand; gelegentlich hebt er einen oder

1) Journal of the Asiatic Society of Bengal, IV, 4.

2) Die tibetische Bezeichnung des Pulsfühlens ist *rtsa lta ba* oder *rtsa rtog pa*: Rockhill, The Land of the Lamas, London 1891, p. 132. Jäschke, A Tibetan-English Dictionary, London 1881, p. 436.

4*

zwei Finger ab und bestimmt mehr aus den Schwingungen als aus der Schnelligkeit des Pulses Namen und Sitz der Krankheit.[1]) Huc beobachtete auch das Aufheben der Finger beim Pulsfühlen und vergleicht dasselbe einer Art Saitenspiel. Von der Urinuntersuchung berichtet er, dass man neben der Beachtung der Farbe den Urin von Zeit zu Zeit mit einem Holzstäbchen schlage und dann an das Ohr halte, um aus dem entstehenden Geräusch Schlüsse zu ziehen. Man benutzt zur Untersuchung Urinproben von verschiedenen Tages- und Nachtzeiten.[2]) Nach einer anderen Nachricht, die sich vermutlich auf Osttibet bezieht, wird der Puls der rechten und linken Hand zu gleicher Zeit gefühlt, wie es auch in China üblich ist, und nach dem Puls wird die Schwere des Falles beurteilt.[3])

Bei den Lama der Mongolen hat der Puls gleichfalls die grösste diagnostische Bedeutung. Sie fühlen den Puls, gleichzeitig zwei andere Arterien, die Schläfen- oder Halsschlagadern drückend. Zuweilen gehen sie nach der Untersuchung des einen Handpulses dazu über, beide Handpulse gleichzeitig zu fühlen behufs wechselseitiger Vergleichung und Berichtigung.[4]) Als massgebende Gesichtspunkte bei der Untersuchung sind folgende zu nennen. Ist der Puls leer, so ist der Wind die Krankheitsursache, bei vollem Puls muss man die Ursache in der Galle suchen, langsamer und niedriger Puls gehört dem Schleim an.[5]) Bei inneren Krankheiten achtet man auch auf die Atemzüge und betrachtet den Urin.[6]) Die Zungenuntersuchung gibt Kirilov ebenso an wie das *rGyud bzhi*. Er weiss ausserdem von folgenden diagnostischen Hilfsmitteln zu berichten. Aus betrübter, weinerlicher Stimmung, Schwatzhaftigkeit und Frösteln der Patienten zieht der mongolische Lama den Schluss auf eine Vermehrung des Windes. Seufzen, Gähnen, lautes Schlucken, Schweigsamkeit und geringe Beweglichkeit fordern die Diagnose einer Verminderung des Windes. Fühlt der Patient Hitze und Schwere der Glieder, schwitzt er stark, hat er erhitzende Nahrung zu sich genommen oder Wein getrunken, so hat sich die Galle in ihm vermehrt. Hat jemand an einem feuchten Ort gelebt, sich von Gemüsen

---

1) Saunders, bei Turner, Account of an embassy to the Court of the Teshoo Lama in Tibet, London 1800, p. 423.

2) Citiert nach Wise, Review of the history of medicine, II, 444. Jaquot, n Gaz. méd. de Paris, 1854, 671, 673.

3) Rockhill, Tibet. Journal of the Royal Asiatic Society of Great Britain and Ireland 1891, 235. Vergl. über die complicierte Pulslehre der Chinesen Wise, Review, II, p. 559—563. Pfizmaier, Die Pulslehre Tschung ki's. Sitzungsberichte der Wiener Akad., 1865—1867.

4) Pozdnejev, Skizzen aus dem Leben der buddhistischen Klöster, p. 164, Note (russ.). Rockhill, The Land of the Lamas, p. 132.

5) Kirilov, in Bote für Socialhygiene, 1892, 99 (russ.).

6) Pozdnejev, l. c. 165 Note.

und unreifen Früchten genährt, viel geschlafen, so ist in diesem Falle eine Störung im Schleime zu constatieren.[1])

Die überwiegende Bedeutung des Pulses bei der lamaischen Diagnose mag sich auch wohl darin ausdrücken, dass man den Arzt gerade in dem wichtigen Augenblick des Pulsfühlens abbildet.[2])

Eine besondere Übung verlangt die Prognosis quoad vitam, dass der Arzt wisse, ob der Kranke heilbar ist oder nicht, und dass er die Behandlung darnach richte. Es gibt besondere Anzeichen dafür, dass der Tod erst spät, nach Jahren, eintreten wird, als auch Symptome des nahenden oder sehr nahen Todes: man hat dabei auf Träume, Alter u. s. w. zu achten.[3]) An anderer Stelle des *rGyud bzhi* heisst es: man soll helfen, wo zu helfen ist; ist der Kranke unheilbar, so soll man ihn sich selbst überlassen.[4])

---

# Allgemeine Therapie.

Die Vier Tantra liefern uns ein ganzes System der allgemeinen Therapie.[5]) Man kennt vier Heilmethoden: 1. durch die Ernährung, 2. durch Regelung der Lebensweise, 3. durch Medikamente, 4. durch äusserliche Applikationen.

1. Über die Ernährung geht unser Auszug schnell hinweg. Wir erfahren aber, dass für den Gesunden Getreide, Fleisch, Butter, Gemüse und zubereitete Lebensmittel wie gekochter Reis, eine gute Nahrung abgeben, dass es Nahrungsmittel gibt, die zusammen genossen schädlich wirken, so Fisch mit Milch gleichzeitig.[6])

---

1) Kirilov l. c. 98.

2) Risley, Gazetteer of Sikkim, Calcutta 1894, Taf. 7 u. 8; auf dem dort copierten Gemälde aus dem Tempel zu bKra shis lding (Tassiding) sieht man als vierte Darstellung unter den zwölf Nidâna (Ursachen der Wiedergeburt oder Existenz) einen sterbenden Mann, dem ein Arzt den Puls fühlt, und zwar nur an einer Hand.

3) Journ. As. Soc. Beng. IV, 11. Jäschke führt nach dem *Shad rgyud*, dem zweiten Teil des *rGyud bzhi*, als Zeichen des nahenden Todes an: Spaltung der Kopf- und Augenbrauenhaare, Dünnerwerden und Krauswerden derselben und Auftreten kahler Stellen. Dictionary, p. 455 v. *mthsams*.

4) Ibid. 12.

5) Journ. As. Soc. Beng. IV, 4, 5.

6) Etwas über die Diät der lamaischen Medicin erfahren wir von Saunders (bei Turner p. 413): An dem Tage, da der Patient ein Medikament nimmt, darf er nichts essen; er entschädigt sich aber dafür an den folgenden Tagen, an denen er auch zugleich ein stopfendes Medikament einnimmt. — Über eine diätetische Kur berichtet auch Kirilov (Bote für Socialhygiene, 109), leider ohne die Krankheit oder Krankheiten anzugeben, welche diese Kur erfordern. Der Kranke nimmt zuerst

2. Für die Lebensweise im allgemeinen kommen in Betracht Sittlichkeit im Handeln, Reden und Denken, Pflege des Körpers und des Geistes durch Essen, Spazierengehen, Reiten, Schlafen u. s. w., religiöse Beschäftigung und Übung der sittlichen Kraft. Man muss sich ferner in der Lebensweise nach den Jahreszeiten, nach der Arbeit u. a. richten. Man soll Hunger und Durst nicht unterdrücken, man soll nicht verhindern das Gähnen, Niesen, Atmen, Husten, Auswerfen, Schlafen und die natürlichen Entleerungen; die Unterdrückung dieser Funktionen hat Krankheiten im Gefolge.[1]) Bei Windkrankheiten ist Wärme und gute Gesellschaft zu empfehlen. Gallenkrankheiten verlangen vom Patienten einen kühlen und stillen Aufenthaltsort. Bei Schleimkrankheiten soll Wärme und Enthaltung von jeder Thätigkeit die Regel sein.

3. Die Medikamente verteilen sich nach dem Geschmack und nach ihrer Wirksamkeit, insofern sie gerade die Eigenschaften hervorrufen, welche den Wirkungen der drei Essenzen entgegengesetzt sind. Bei den Windkrankheiten verwendet man süsse, sauere und salzige Arzneien, deren Wirksamkeit auf Fettigkeit, Schwere und Sanftheit abzielt. Gegen die Galle seien die Heilmittel süss, bitter, ekelhaftbitter; ihre Wirkung soll Kühle, Verdünnung und Schwerfälligkeit sein. Gegen den Schleim hat man heisse, sauere, scharfe Medikamente, die Schärfe, Rauhigkeit, Leichtigkeit im Gefolge haben. Die Wirkung der Medikamente im Magen nennt man *nus pa*. Als allgemeine Regel gilt ferner: man beginnt mit flüssigen Medikamenten, und wenn diese keine Hilfe bringen, so versucht man es der Reihe nach mit Pulvern, Pillen und Sirupen, schliesslich mit purgierenden Mitteln, und falls auch diese nicht helfen, so gibt es noch besondere Medikamente, deren Beschreibung in einem anderen Sûtra enthalten ist.[2])

4. Äusserliche Applikationen sind nicht sehr zahlreich. Wind verlangt Bestreichen des Körpers mit Butter u. dergl. und Kauterisation nach der Hor-Methode.[3]) Gegen Galle lässt man zur Ader, wendet kalte Übergiessungen oder Bäder an (Antipyrrhese; Galle repräsentiert das Prinzip der Wärme). Gegen den Schleim (Princip der Kälte) macht man warme Umschläge und kauterisiert.

---

ein blutreinigendes Dekokt. Dann wird ihm im Verlauf einiger Wochen der Fleischgenuss verboten. Er erhält nur einen medicinischen Fleischbrei, Thee und Bouillon in geringer Quantität: jede andere animalische Kost und Wein sind untersagt. Auch nach der Genesung muss diese strenge Diät beibehalten werden.

1) Journ. As. Soc. Beng. IV, 12.

2) Journ. As. Soc. Beng. IV, 18, 19.

3) Nach Jäschke war Hor ehemals Bezeichnung der Mongolen; gegenwärtig bezeichnet es im Westen die Türken und einen am Tengri-nor in Centraltibet wohnenden Volksstamm.

# Pharmakologie und Pharmacie.

Der wichtigste Teil der lamaischen Therapie und Medicin überhaupt ist die Pharmakologie. Dies drückt sich schon allein durch die schrifttibetische Bezeichnung der Pharmakologie, *gso rig*, aus, was wörtlich „Wissen vom Heilen" bedeutet. Über die Pharmakologie lässt uns das *rGyud bzhi* im Ungewissen; wir erfahren nur im allgemeinen von den Verordnungen der Medikamente als Pillen, Pulver u. s. w. Die pharmakologische Wissenschaft des eigentlichen Tibet soll chinesischen Ursprungs sein.[1]) Die Arzneimittel stammen aus Tibet, aus China und den westlich von Tibet gelegenen Ländern.[2]) Tibet selbst ist nicht arm an Medicinalpflanzen und Mineralien. Die Chinesen beziehen einen grossen Teil ihrer besten Medikamente daher.[3]) Nach Tibet werden keine pharmaceutischen Präparate eingeführt, sondern nur die Rohstoffe, Drogen, aus welchen die Lama dort erst ihre Pillen und Pulver herstellen.[4]) Die Heilmittel sind vorwiegend pflanzlicher Natur, aber nicht ausschliesslich, wie Huc meint; animalische und mineralische Produkte finden nicht selten Verwendung.[5]) In den Klöstern gibt es besondere Räume, Laboratorien, in denen die Arzneimittel hergestellt und verwahrt werden, und die man wohl als Apotheken bezeichnen darf. Man nennt dieselben *sman khang*, i. e. Heilmittelhaus. Man entzieht dort den Pflanzen bei mässiger Hitze alles Wasser, pulverisiert sie und teilt sie in kleine Dosen, die man in Papier einhüllt und mit ihrer Bezeichnung versieht. Man rühmt dem Lama eine besondere Geschicklichkeit in der Herstellung der Arzneimittel nach.[6])

In Bhutân wurden zur Zeit Turners nur die dort gesammelten Pflanzen als Heilmittel gebraucht, die meistenteils eine sehr unschädliche, sanfte Wirkung hatten. Der damalige sDe pa Râja, der Herrscher von Bhutân, kannte alle im Lande üblichen Medikamente und deren Bereitung; dieser gab dem Arzte Saunders eine Erklärung über die Heilmittel und schenkte ihm 70 Proben davon.[7])

Die tibetischen Klöster versehen nicht nur Tibet, sondern fast

1) Rockhill, Notes on the Ethnol. of Tibet. Report of National Museum for 1893. Washington 1895, p. 721.

2) Rockhill, Tibet, in Journ. R. As. Soc. 1891, 234.

3) Rockhill, Notes etc., 721.

4) Rockhill, Tibet etc., 234.

5) Auch das *rGyud bzhi* gibt als Materialien für Medikamente an gewöhnliche und Edelsteine, Erden, Hölzer, Pflanzen, tierische Bestandteile.

6) Wise, Rev. of history of med. II, p. 442, 443. Rockhill, Notes etc., 721.

7) Turner, Account of an embassy etc. p. 63 u. 412.

die ganze Mongolei mit Arzneimitteln.[1]) Die ersten Kenntnisse von der mongolischen Pharmakologie erhielten wir durch **Rehmann's** „Beschreibung einer tibetanischen Handapotheke, ein Beitrag zur Kenntnis der Arzneikunde des Orients, Petersburg 1811". **Rehmann** beschreibt darin einen Vorrat von 60 Arzneidrogen, wie sie in Maimachin an der chinesisch-sibirischen Grenze an die Lama der Mongolen und Burjaten verkauft wurden. Diese Medikamente waren einzeln sorgfältig in Papier gewickelt und mit einer Aufschrift in tibetischer Sprache versehen; ein ebenfalls tibetisches Verzeichnis sämtlicher Stücke war beigegeben.[2]) Wiewohl die Gegenstände selbst aus Peking kamen, glaubte Rehmann doch den Titel „Tibetische Apotheke" aufstellen zu müssen, einmal wegen der tibetischen Bezeichnungen, und dann, weil die Erläuterungen zur Anwendung dieser Mittel nur in Büchern zu finden waren, die in Tibet von göttlich verehrten Ärzten geschrieben sein sollten.[3]) Die beschriebenen Gegenstände sind einfache Arzneikörper, die von den burjatischen Lama unter einander oder mit einheimischen Drogen gemischt werden. Die Pulverform wird bevorzugt. Zumeist setzen 25—40 Componenten ein solches Pulver zusammen, das in einem ledernen Beutelchen aufbewahrt wird. Man gibt gemeiniglich den Kranken davon ein Infus oder Dekokt des Morgens und des Abends.[4]) Rehmann hebt die ausgedehntere Verwendung stärkender, reizender und erhitzender Mittel bei den uralaltaischen Völkern hervor gegenüber dem Überwiegen purgierender und kühlender Medikamente der europäischen Apotheken.[5]) Von den Arzneibüchern der mongolischen Lama haben dann später Pozdnejev und Kirilov berichtet[6]) Die darin gegebenen Beschreibungen der Pflanzen nach ihrer Morphologie, ihren Standorten u. s. w. sollen meisterhaft sein. Der mongolische Lama führt unter allen Umständen seine Apotheke mit sich. Einen Teil ihrer Drogen erstehen sie von den dort wohnenden Chinesen und den umherziehenden tibetischen Lama, einen Teil suchen sie selbst. Das Medikament, das Präparat stellt der Lama immer selbst

---

1) Rockhill, Notes etc., 721. Rockhill, The Land of the Lamas, p. 132.

2) Rehmann gibt die Namen der Arzneimittel in tibetischer Schrift und fügt die Transkription nach dem Gehör hinzu, so wie sie ihm sein Gewährsmann, ein mongolischer Lama, angegeben hat. Im folgenden sind die aus Rehmann citierten Arznei-Namen in schriftgemässem Tibetisch umschrieben.

3) Rehmann fügt betreffs der tibetischen Bücher hinzu, es wäre ausserordentlich wünschenswert und für die Geschichte der Medicin von dem grössten Interesse, dass diese Bücher übersetzt würden.

4) Rehmann l. c. S. 5.

5) Ibid. S. 7.

6) S. das Kapitel „Medicinische Litteratur" im 1. Teil der Beitr. z. Kenntn. d. tib. Med. S. 14, 15. Über das Folgende vergl. die dort citierten Abhandlungen von Pozdnejev und Kirilov.

her. Die getrockneten Drogen und anderen Substanzen wie Moschus und Blut werden in einem Mörser zu Pulver zerstossen und dann mittels eines Siebes gereinigt. Die Mischung der Pulver findet in bestimmten Proportionen statt. Manche Pflanzen werden erst in Milch oder Wein gekocht; Wurzeln werden gelegentlich erst abgeschabt und durchschnitten, ihr Mark wird dann herausgenommen und in Sommerkorn gekocht.[1]) Wichtig für die Art der Verwendung einer Droge ist ihre Form, ihr Fundort, die Zeit des Sammelns u. a. m. Pflanzen, die man gegen akute, fieberhafte Erkrankungen gebrauchen will, muss man an dem Nordabhange der Berge suchen, wo sie das Mondlicht empfangen und die Sonne nicht sehen; auch muss man diese Pflanzen im Schatten trocknen. Die chronischen, kalten Krankheiten erheischen Pflanzen vom sonnenbeschienenen Südabhange der Berge.[2]) Im ganzen besitzt wohl jeder Lama etwa 300—400 Medikamente. Ptizyn hat in dem burjatischen Kloster am Gänsesee bei Selenginsk eine Liste von 429 Medikamenten vorgefunden. Unter diesen fanden sich Früchte und Samenkörner, Blüten, Blätter und Stengel, Wurzeln, mineralische Substanzen, tierische Produkte, wie Blut, Haut, Hörner, Herz, Galle.[3]) Über den Preis der Medikamente bemerkt Kirilov, dass man in Maimachin eine Sammlung von 60 verschiedenen Arzneimitteln für 3 Rubel kaufen könne, und dass der Durchschnittspreis für gewöhnliche Medikamente 1891 in Urga 25 Kopeken betragen habe.[4])

In der nun folgenden speciellen Arzneimittellehre ist folgende Einteilung befolgt. Wir besprechen die animalischen, die mineralischen und chemischen Medikamente, denen sich die pflanzlichen anschliessen, bei welchen auch die wichtigsten Punkte der allgemeinen Arzneiverordnungslehre berücksichtigt werden. Innerhalb der einzelnen Gruppen ist die alphabetische Anordnung beobachtet. Da unsere Nachrichten zum Teil spärlich und unvollständig sind, so ist das also der schwächste Teil unserer Kenntnisse von der tibetischen Heilkunde, in der aber die Pharmakologie den wichtigsten Abschnitt bedeutet.

## I. Die animalischen Medikamente.

Bärengalle, *dom mkhris.* Nach Desgodins als Medikament geschätzt.[5]) *dom* ist Ursus tibetanus, ein kleiner schwarzer Bär.

1) Kirilov in Bote f. Socialhygiene, 1892, 107 (russ.).

2) Ibid. S. 107.

3) Citiert nach Liétard in La Grande Encyclopédie, XXIII, p. 315.

4) Dem Anscheine nach handelt es sich um dieselbe Sammlung, die Rehmann beschreibt.

5) Desgodins, Dict. tib.-lat.-franç. p. 126. Nach Pallas, Sammlungen historischer Nachrichten über die mongolischen Völkerschaften, St. Petersburg 1776,

Bezoar, *gi wang* oder *gi bam*. Unter der Bezeichnung *gi wang* (Nr. 51) führt Rehmann Pillen an, die er folgendermassen beschreibt. Jede wiegt vier Gran und besteht gewissermassen aus zwei Pillen: eine kleinere von schwärzlicher Farbe ist in eine dickere, hellgelbe, concentrisch geschichtete Masse eingehüllt, die Rhabarber enthält. Über die eigentlichen Bestandteile der Pille sagt Rehmann nichts. *Gi wang* ist nun die allgemein gebräuchliche Bezeichnung für Bezoar.[1]) Desgodins gibt für *gi wang* die Bedeutung: Bezoar seu concretio flava in jecore boum morbidorum, medicina efficax ad dissipandam bilem.[2]) Nach dieser Angabe scheint es sich also nicht um den echten orientalischen Bezoar, ein Concrement im Magen von Capra Aegagrus Gm. zu handeln, sondern vielmehr um Gallensteine, die bekanntermassen häufig den Ersatz für wirklichen Bezoar bilden. Auch Desgodins' Angabe, dass Bezoar ein Mittel gegen Gallenkrankheiten sei, scheint bei der Verbreitung sympathetisch-medicinischer Anschauungen für die Annahme der Gallensteine zu sprechen. Auf Gallensteine passt schliesslich auch Rehmanns Beschreibung am besten. Dem tibetischen *gi wang* entspricht das Sanskritwort gorocanâ,[3]) was nach Boehtlingk ein ‚gelbes, angeblich in der Galle der Kühe gefundenes Pigment' bedeutet. Von welchem Tier dieser tibetische Bezoar stammt, ist bisher nicht zu eruieren. Unserer Deutung von *gi wang* steht Jäschkes Citat aus Csoma entgegen, der *gi wang* als Concrement aus den Eingeweiden gewisser Tiere bezeichnet, das als Medikament Verwendung finde.[4]) Nach Desgodins geschieht die Verordnung des *gi wang* zu 1 *g* in wenig Branntwein. Cette médicine sèche se vend au poids de l'or, fügt Desgodins hinzu.

Blut wird von mongolischen Lama in der Heilkunde verwendet.[5])

Butter, *mar*. Nach Jäschke ist geschmolzene Butter (*zhun mar*) sowohl als Nahrung wie als Medikament sehr geschätzt; ranzige Butter (*mar rnying*) empfehlen die Ärzte für Gemütskrankheiten, Ohnmachtsanfälle und Wunden.[6]) In Fällen gefährlicher Erkrankungen[7]) reiben die Lama den Patienten am ganzen Leibe mit Butter ein und legen ihn in die Sonne. Dutreuil de Rhins fand in Tibet die allgemeine Gewohnheit, sich zum Schutz gegen den

---

I, S. 170 rühmen auch die Kalmüken die Galle dieses Tieres *dom*, das er nach der Beschreibung für eine Hyäne hielt, als ein vorzügliches Heilmittel.

1) B. Laufer, in Wiener Zeitschr. f. d. Kunde des Morgenlandes, 1900, Bd. VIII, 103.

2) Dictionnaire tibét.-lat.-franç., p. 148.

3) s. B. Laufer, l. c.

4) Dictionary, p. 68.

5) Kirilov l. c. p. 107. Liétard in La Grande Encyclopédie, XXIII, p. 315.

6) Dictionary, p. 411.

7) Rockhill, Tibet, in Journ. R. As. Soc. 1891, 235.

schneidenden Wind mit ranziger Butter einzuschmieren; auch als Mittel zur Vertreibung der Kopfläuse fand er Butter im Gebrauch.[1])

Elefantenmilch[2]) wird als Medikament von Indien nach Lhasa geschickt und von da nach der Mongolei. Sie ist eine der wertvollsten Arzneien der tibetischen Pharmakopoe und wird teuer bezahlt. Das Vertrauen in ihre Wirkung ist unbegrenzt. In einer mongolischen Erzählung werden Pillen gegen Kopfschmerzen in Elefantenmilch eingenommen.[3])

Fleisch. Das Fleisch von Eidechsen, Schlangen und Vögeln wird von den Lama der Mongolen in einem Kuchen von Teig gebacken, bis der letztere gelb wird; dann nimmt man das Fleisch heraus, trocknet und pulverisiert es. Dieses Pulver wird als Medikament verwendet.[4]) Das Fleisch des wilden Esels (Asinus Kiang) wird nach Chandra Dás vielfach bei Rheumatismen gebraucht. Ein Breiumschlag von zerriebenem Taubenfleisch und einigen Bergkräutern wird auch als Heilmittel erwähnt.[5])

Fell. Einwicklungen in das Fell eines frischgeschlachteten Tieres sind bei den Mongolen ein häufiger Ersatz für Bähungen und heisse Bäder.[6])

Hirschhorn. Die jungen, sehr blutreichen und gelatineartigen Sprosse desselben werden nach Huc als Heilmittel hoch geschätzt. Man nennt diese Sprosse mit ihrer chinesischen Bezeichnung *lu jung.*[7]) Sie werden aus fast allen Teilen Tibets nach China exportiert.[8]) Man erinnere sich dabei der früher bei uns offizinellen, heute durch Ammonium-carbonicum-Präparate vertretenen Hirschhornmedikamente, wie Spiritus cornu cervi, Liquor cornu cervi succinatus u. a.

Krebsschalen sind in Rehmanns Beschreibung einer tibetischen Apotheke unter No. 10 enthalten. Anwendung unbekannt. Nach Jäschke werden Krebse, *sdig srin* zur Nahrung und als Medicin verwendet.

Moschus, *gla rtsi*, ist ein Hauptprodukt Tibets, das in grosser Menge exportiert wird.[9]) Dieses Produkt des Moschustieres (*gla ba*) soll von Tibetern, bevor es in den Handel kommt, mit Blut, Leber,

---

1) Mission scientifique dans la Haute Asie, Paris 1898, II, p. 343.

2) Rockhill, The Land of the Lamas, p. 132, 133.

3) H. v. der Gabelentz, Die Geschichte von Kasna Chan. Ms. der K. Bibl. z. Berlin, S 78a.

4) Kirilov, in Bote f. Sozialhygiene 1892, 107.

5) Gill, The River of Golden Sand, London 1880, II p 139.

6) Pozdnejev, Skizzen u. s. w. S. 164, Note.

7) Citiert nach Jaquot, in Gaz. méd. de Paris, 1854, 673.

8) Rockhill, The Land of the Lamas, p. 54, 76, 206, 231, 282.

9) Turner, Account of an embassy etc. p. 218, 371. Rockhill, Diary p. 370. Id., The Land of the Lamas, p. 282, 283.

*tsam pa* (geröstetes Gerstenmehl) etc. verfälscht werden.[1]) Bei der Verfälschung mögen auch einige nach Moschus riechende Pflanzen Tibets eine Rolle spielen, die auch medikamentös verwertet werden sollen. Nach Jäschke sind diese Pflanzen Delphinium moschatum (Ritterspornart, Ranunculacee, tib. *gla da ra*) u. Pedicularis megalantha (Läusekrautart, Rhinanthee; tib. *gla rtsi me tog*). Über die medicinische Verwendung, die wohl sicher eine ausgedehnte ist, liegen mir nur sehr wenige Notizen vor. Die Pillen aus den Exkrementen der grossen Lama werden mit Moschus überzogen.[2]) In Kumaon ist Moschus ein Bestandteil fast jeder Arznei; die Eingeborenen haben ein unbegrenztes Vertrauen zu der Wirkung dieses Mittels.[3])

Otter, *sram*. Die Leber der Otter wird nach dem *bshad rgyud* als ein Mittel gegen Harnzwang angesehen; ihr Fleisch gilt als sehr nahrhaft.[4]) Nach Pallas verwenden die Kalmüken das Otterfleisch ‚wider Rückenschmerzen und Schwachheit im Ehestand'.[5]) Wie bereits erwähnt, tragen die Bewohner von Kumaon Otterfelle als Prophylacticum gegen den Kropf.

Schildkrötenurin sollen die Mongolen bei Taubheit in das Ohr giessen. Um die Schildkröte den Urin fahren zu lassen, stellt man ihr einen Spiegel vor, damit sie ihr eigenes Bild sieht.[6])

## II. Die mineralischen und chemischen Arzneimittel.

Alaun, *kha ru tshva* und *lce myong tshva* (das die Zunge stechende Salz). Irrtümlicherweise hielt Rehmann die unter Nr. 54 (*kha ru tshva*) und unter Nr. 55 (*lce myong tshva* [R. transcribiert: Schinenza]) genannten Alaunarten, die eine von roter (Natriumeisenalaun), die andere von Amethystfarbe, für Kochsalz. Jäschke giebt für Alaun die Bezeichnungen *kha ru tshva*,[7]) *lce myong tshva*[8]) und *dar tshur*.[9])

Arsenik, *ba bla* (Jäschke: Dictionary p. 363), *ldong ros* (Rehmann Nr. 39, nach Jäschke Ocker), *dug chen*, d. i. grosses Gift (Ramsay, Western Tibet, p. 6). Rehmann fand unter seinen 60 Medikamenten eines, das aus 80 Teilen Arsenik und 10 Teilen Schwefel bestand. Die Verwendung wurde ihm nicht bekannt.

1) Rockhill, The Land of the Lamas, p. 283. Id., Diary of a journey, p. 71.
2) Hakmann, in Neue Nordische Beiträge IV, 281.
3) Traill, in Asiatic Researches, Calcutta 1828. XVI, 216.
4) Jäschke, Tibetan-English Dict. p. 581.
5) Sammlungen historischer Nachrichten über die mongolischen Völkerschaften, I, Petersburg 1776, S. 170.
6) Kirilov, in Bote f. Socialhygiene, 1892, 103.
7) Dictionary p. 412.
8) ibid. p. 442, 150.
9) ibid. p. 251, 434 v. *tsha la*.

Borax, *tsha la* (Rehmann Nr. 48, ebenso Ramsay, Western Tibet p. 12), *tsha bla* (Rockhill, Diary of a journey through Mongolia and Tibet, p. 164). Nach Jäschke ist *tsha la* gleich *dar tshur*, Alaun. Borax findet sich als Tinkal in grossen Mengen an den Ufern und auf dem Boden der tibetischen Seen. Saunders fand kolossale Lager von Tinkal an einem See, 15 Tagereisen von bKra shis lhun po; er nennt als allgemeine Anwendung nur die zum Löten und zur Schmelzung des Goldes und Silbers.[1]) Die chinesische Materia medica hat den Borax, der aus Tibet nach China exportiert wird, aufgenommen.[2])

Der calcinierten Pulver kennt das *rGyud bzhi* 13 gegen kalte Krankheiten, die durch Überfluss an Schleim entstehen.[3])

Edelsteine. Nach dem *rGyud bzhi* stellt man aus Edelsteinen Mixturen her gegen chronische Krankheiten der Fürsten und der reichen Leute: man hat eine Mixtur gegen warme, elf gegen kalte Krankheiten, acht, die in beiden Fällen wirken. Da die Leute, so fügt das *rGyud bzhi* hinzu, gemeinhin keine so kostbaren Steine besitzen, so kann man dieselben auch durch Pflanzen ersetzen, die sich ja jeder verschaffen kann[4]) (Pharmakopoea elegans und oeconomica).

Gips, natürlichen, *cu gang*, erwähnt Rehmann unter Nr. 31 seiner Apotheke.

Natrium carbonicum, *bul* und *ba tsa*, findet sich überall in Tibet als ein weissliches Pulver auf der Oberfläche des Bodens und wird allgemein als Medikament verwendet.[5])

Petrefakte sind in Tibet häufig, besonders in mNga ris. Sie sind nach Csoma weder Gegenstände der Verehrung wie anderswo, noch gelten sie für Kuriositäten. Wohl aber werden manche von ihnen gebrannt und pulverisiert als Heilmittel gegen gewisse Krankheiten gebraucht.[6])

Quecksilber, *dngul chu* i. e. Silberwasser, wird in Tibet nicht gefunden, wohl aber Zinnober; die Eingeborenen verstehen es nicht, das Quecksilber aus dem Zinnober herauszuziehen. Quecksilber wird aus China eingeführt.[7]) Man bereitet aus dem Quecksilber die Pillen, die man gegen Syphilis einnimmt. Nach Saunders gab man in einem irdenen Topf Alaun, Salpeter, Quecksilber und Zinnober;

1) Saunders, in Turner, Account of an embassy etc. p. 406, 407.

2) Ibid. p. 372. Smith, Contributions towards the Materia medica of China, Shanghai, London 1871, p. 41.

3) Journ. As. Soc. Beng. IV, 19.

4) Journ. As. Soc. Beng. IV, 19.

5) Campbell, in The Phoenix I, 142. Jäschke, Dictionary p. 363, 370.

6) Csoma, Geogr. Notice of Tibet. Journ. As. Soc. Beng. I, 126, s. hingegen Montgomerie in Journal Royal Geogr. Society, 45. Bd., 1875, 318, 320.

7) Turner l. c. p. 372, 381.

darüber stürzte man einen zweiten kleineren Topf und kittete beide zusammen. Man erhitzte darauf von oben und unten etwa 40 Minuten; den genügenden Grad der Hitze bestimmten die Tibeter nach dem Gewicht des verbrauchten Brennmaterials. Nach dem Erkalten ergab sich dann ein rotes Pulver. Von metallischem Quecksilber war keine Spur mehr zu sehen; die Forderung des Hydrargyrum extinguere war also erfüllt. Unter Zusatz von Pflaumen und Datteln verfertigte man dann die Pillen, die nach Saunders' Ausspruch ihren Zweck vollkommen erfüllten.[1]) Rehmann berichtet, die Burjaten gebrauchten das Quecksilber gegen Syphilis und Krätze. Sie vereiben das Hydrargyrum entweder mit Schaffett zu einer Salbe, oder sie erhitzen Quecksilber zusammen mit Schwefel oder Blei in einem Topf; dieses Präparat wickeln sie in Papier und legen es auf einen heissgemachten Stein. Der Patient, dessen Kopf mit einem Tuch bedeckt wird, hält seinen Mund über den aufsteigenden Rauch und atmet denselben ein. Diese Art des Merkurgebrauchs, fügt Rehmann hinzu, ist eine der verbreitetsten auf der Erde und findet sich von Polen bis Kamtschatka beim gemeinen Mann (1811).[2]) Den Gebrauch von Sublimat in Branntwein sollen die Burjaten von den Russen gelernt haben.[3])

Für Salmiak, *rgya tshva*, hielt Rehmann ein sehr unreines, in Dodekaëdern krystallisiertes Präparat von ausgesprochenem Salmiakgeschmack, was mit Jäschkes Angabe (Dictionary, p. 442) zu diesem Worte übereinstimmt.

Salpeter, *ze tshva* oder *sho ra*, wurde zu Saunders' Zeit als kühlendes Mittel bei Syphilis verwendet. Seiner Verwertung bei der Herstellung des Quecksilberpräparates wurde bereits gedacht.

Steine, die sich seifenartig anfühlten, sah Saunders gegen Geschwülste und Schmerzen in den Gelenken im Gebrauch; sie wurden äusserlich aufgelegt.[4])

## III. Die Heilmittel des Pflanzenreiches.

Als Motto möchte ich diesem Abschnitt die Worte des Missionars Jäschke vorsetzen, die, in den siebziger Jahren geschrieben, noch heute ihre Gültigkeit beanspruchen. „Die genaue Bestimmung von Benennungen von Naturprodukten bleibt immer etwas Schwieriges und wird wohl kaum eher vollständig ins Klare gebracht werden können, als die betreffenden Länder (i. e. Tibet) für Europäer un-

1) Saunders, in Turner, Account of an embassy etc. p. 410, 411.
2) Rehmann a. a. O. S. 39, 40.
3) Ibid. S. 43.
4) Saunders l. c. p. 412.

gehindert zugänglich und wirklich von Naturkundigen durchforscht worden sind. Bei Bäumen und vollends bei kleineren Pflanzen und Tiergattungen tritt dann die provincialistische Mannigfaltigkeit immer mehr und mehr hervor, wie dies ja selbst in den civilisierten Ländern Europas der Fall ist.“[1]) In dieser Bestimmung der Pflanzen liegt die Schwierigkeit und zu gleicher Zeit auch der Mangel der folgenden Angaben. Freilich sind wir dank den Untersuchungen Rehmanns, denen von Saunders, Hooker, Przevalski,[2]) Maximovitch,[3]) Thorold, Hemsley[4]) und nicht zuletzt durch die Bemühungen Jäschkes selbst manchen Schritt vorwärts gekommen. Und dann vergegenwärtige man sich noch die Thatsache, dass wir über die Indikation der einzelnen Heilmittel meist ganz im Unklaren sind, eine Thatsache, die schon Rehmann bedauerte; die Lama, die er darüber befragte, beriefen sich nur auf ihre Bücher.

Aconitum ferox, *jádwár* (Ramsay: Westtibet), *bong nga* (Jäschke) wird als Medikament genannt, welches im Handel von Lhasa nach Le in Ladâkh gebracht wird.[5]) Saunders fand in der Provinz gTsang Aconitum pyrenaicum.[6]) Jäschke gibt als in Tibet vorkommend weisse, schwarze, rote und gelbe Aconitum-Arten an, die als Medikamente oder als Gifte benutzt werden.[7]) Nach einer anderen Angabe desselben Autors wird Aconitum ferox von Nepal oder in Ermangelung desselben andere Aconitum-Arten gegen Krebsgeschwüre gebraucht.[8]) Die im Himalaya vorkommenden Aconitum-Arten sind die blau blühenden A. ferox L., A. Napellus L., A. variegatum L. (manchmal ins Weisse übergehend), A. heterophyllum Wall. (A. Atees Royle), A. Anthora und das gelb blühende A. Lycoctonum L. (nach Przevalski).

Alcannae radix, $_{o}$*bri mog*, Wurzel von Lawsonia alba Lam. (L. inermis L.), von Rehmann unter Nr 17 genannt; er weiss nur von der Verwendung als Schminke in China; der medicinische Gebrauch ist ihm nicht bekannt. Jäschke führt $_{o}$*bri mog* als Medicinalpflanze ohne weitere Bezeichnung an.

Allium sativum L., *sgog pa*. Das Essen von Knoblauch gilt in Tibet als das wirksamste Mittel gegen die Bergkrankheit, *la dug* (wörtlich: Passgift), die man wie fast überall in Centralasien giftigen Ausdünstungen des Bodens oder der in grosser Menge auf den Bergen

1) Mélanges Asiatiques. Petersburg 1873, VI, 9.
2) Das nördliche Tibet. Petermanns Mitteilungen 1884. Bd. XXX, S. 19.
3) In Bulletin du Congrès internat. de botanique. Pétersbourg 1884, 135.
4) Beide in Journal of the Linnean Society. Botany, vol. XXX.
5) Ramsay, Western Tibet, p. 20.
6) Saunders, in Turner, Account of an embassy etc., p. 401.
7) Jäschke, Dictionary, p. 71, s. v. *bong nga*.
8) s. v. *lhog pa* (= Krebsgeschwür), Dictionary, p. 602.

wachsenden Rhabarberstaude zuschreibt.[1]) Andere medicinisch verwendete Allium-Arten sind nach Jäschke A. sphaerocephalum L., *ri sgog*, und A. rubellum, *sgog sngon* (blaues Allium).[2])

Amara. Unter diesem Namen seien einige Mittel zusammengefasst, deren Wirkung die eines Bittermittels ist. Rehmann erwähnt als Nr. 9 die Wurzel eines unbekannten Wassergewächses, die nach dem Kauen einen bitteren Geschmack im Mund entwickelt und die Wirkung des Wermuths besitzt. Rehmann transkribiert Lidri, was wahrscheinlich identisch ist mit *sle tres*; letzteres bedeutet nach Jäschke eine medicinisch verwendete Kriech- oder Kletterpflanze. Unter Nr. 19 findet sich eine bittere Wurzel *ba le ka*, die nach Jäschke eine zu den Kletterpflanzen gehörige Medicinalpflanze darstellt. Das damit wahrscheinlich identische Sanskritwort balika bedeutet nach Boehtlingk Sida cordifolia und S. rhombifolia.

Amomum. Unter Nr. 12 nennt Rehmann die brennendscharf schmeckenden Samenkapseln einer Amomum-Art, *ka ko la* (Sanskrit kakkola; Rehmann transkribiert Gagula). Pallas gibt für Ghagula, wie er umschreibt, die Bedeutung „kleine Cardamomen".[3]) Nach Desgodins ist *ka ko la* Amomum medium. Das Sanskritwort kakkola ist nach Boehtlingks Wörterbuch Name einer Pflanze und eines aus derselben bereiteten Parfums kolaka (oder kakkolaka): 1. ein bestimmtes Parfum; 2. schwarzer Pfeffer. Unter Nr. 24 finden sich die getrockneten Wurzeln einer Amomee oder verwandten Alpinia galanga L., *pu shel tse*, eine Bezeichnung, für die Jäschke nur die Bedeutung gibt: a medicinal herb.[4])

Anemarhena asphodeloides Hanbury. Die Wurzel dieser zu den Liliaceae gehörigen tibetischen Pflanze wird nach Rockhill als Medikament verwertet.[5]).

Aromatica. Gelenk- und Kopfschmerzen sah Saunders durch Beräucherung des leidenden Teiles mit aromatischen Pflanzen vertreiben.[6])

Asa foetida findet sich als 45. Droge in Rehmanns Apotheke unter dem Namen *shing kun*. Nach Jäschke wird Asa foetida als Medikament und Gewürz gebraucht.[7]) Die tibetische Asa foetida-Pflanze ist Ferula Narthex Boiss.

---

1) Rockhill, Tibet, in Journ. R. Asiat. Soc. Gr. Brit. and Irel. 1891, II, 52. Ders., The Land of the Lamas, p. 149 Note, 284 Note.

2) Dictionary, p. 116.

3) Pallas, Sammlungen histor. Nachrichten über die mongolischen Völkerschaften, I, S. 169.

4) Dictionary, p. 324.

5) Rockhill, Notes etc., in Report of Nat. Museum for 1893, 721. Derselbe in Proceed. of Am. Orient. Soc. 1888, 23.

6) Saunders, bei Turner, Account of embassy, p. 412.

7) Dictionary, p. 559.

Balnea medicata. Medicinische Bäder für kranke Glieder erwähnt das *rGyud bzhi* [1]) Als solches wird wohl auch das von Jäschke beschriebene Nektarfünfbad, *bdud rtsi lnga lum,* benutzt, das man aus dem Absud von fünf heiligen Pflanzen bereitet, nämlich: *shug pa,* Juniperus excelsa; *ba lu,* eine Rhododendron-Art; *tshe pad,* Ephedra saxatilis; *kham pa,* Tanacetum tomentosum; *₀om bu,* Myricaria (Tamariske); alle fünf in Tibet heimisch. [2])

Bdellium. Als *gu gul* erwähnt Rehmann ein braunes, wenig aber aromatisch riechendes Gummiharz von unbekannter Herkunft (Nr. 44). Das bei uns als Gugul bekannte Gummiharz, das sog. indische Bdellium, stammt nach Brestowski von Balsamodendron Mukul Hook. und B. pubescens Hook., [3]) während es nach Jäschke von Amyris Agallocha Roxb. stammt, nach anderen gleich dem bengalischen Elemi von Bdellion Roxburghii Arn. ist. [4]) Jäschke citiert *gu gul* (Sanskrit guggula) als kostbares Räucherwerk, von dem eine schwarze und weisse Art vorkommt. Die schwarze Art ist sicher Rehmanns braunes *gu gul* (Nr. 44), während die weisse durch Rehmanns *spos dkar* (Nr. 43) repräsentiert sein mag; *spos dkar* (*spos* Weihrauch, *dkar* weiss) ist nach Jäschke identisch mit *gu gul,* also die weisse Gugul-Art. [5]) Auch Grünwedel gibt für *spos dkar* die Bedeutung, von Amyris Agallocha stammendes Räucherwerk'. [6]) Rehmann hielt seine stark verunreinigte Droge (Nr. 43) für das Harz von Pistacia lentiscus L., also für Mastix, immerhin ein Zeichen, dass es sich thatsächlich um ein Harz von weisslichem oder gelblichem Aussehen handelte.

Betel fand Turner in Tibet im Gebrauch als Genussmittel und Stomachicum. In zwei oder drei grüne Blätter von Piper betle L. hüllte man einige scharfe Stoffe, wie Gewürznelken, Muskatnuss, Zimt, einige adstringierende, wie die Samen von Areca catechu, ferner eine Portion Terra Japonica und Muschelkalk. Als Haupteigenschaft lobt man daran, dass Betel die Verdauung fördert und die Flatulenz vermindert; ausserdem erregt Betel den Durst, gibt dem Atem Wohlgeruch und dem Gaumen Wohlgeschmack. [7])

Calosanthes indica (Bignoniaceae) wird nach Rockhill in *sKu ₀bum* von Lhasa-Tibetern unter dem Namen *tsam pa ka* als

1) Journ. As. Soc. Beng. IV, 19.

2) Jäschke, Dictionary, p. 269.

3) A. Brestowski, Handwörterbuch der Pharmacie, Wien 1893—1896, I, S. 203, 220.

4) Dictionary, p. 69.

5) Dictionary, p. 332.

6) Mainwaring-Grünwedel, Dictionary of the Lepcha-Language, Berlin 1898, p. 201, s. v. *pa.*

7) Turner, Account of an embassy, p. 285.

Arzneimittel verkauft. Die Chinesen nennen nach demselben Autor die Pflanze Schneelotos, vermutlich, wie er meint, wegen der Ähnlichkeit der Samen mit Schneeflocken.[1]) Nach Engler ist die Rinde und Wurzel von Calosanthes indica in Ostindien offizinell.[2]) Das Wort *tsam pa ka* ist nach Jäschke Sanskrit (campaka) und bedeutet nach demselben Autor in Übereinstimmung mit Boehtlingk Michelia Champaca L. (Magnoliaceae).[3])

Cardamomi, *sug smel.* Unter Nr. 7 führt Rehmann die reifen Samen einer Scitamineen-Art an, die er für Amomum cardamomum L. (Eletaria cardamomum White et Maton) oder A. granum paradisi Afz. hält. In Centraltibet und nach dem medicinischen Werk *Lhan thabs* bedeutet *sug smel* Cardamomen.[4]) Auch Pallas verdeutscht *sug smel* mit „grosse Cardamomen".[5])

Carminativa werden nach Turner bei Husten, Schnupfen und Brustkrankheiten gebraucht wie Centaurium, Koriander und Kümmel.[6])

Caryophylli, Gewürznelken, *li shi* (West-Tibet: *bzang drug* und *zer bu*) sind unter Rehmanns Medikamenten vertreten. Auch Kirilov sah sie bei fast jedem mongolischen Arzt.[7])

Cassia Tora L. Die Samen finden sich in Rehmanns Pharmakopoe (Nr. 22). Von Smith erfahren wir, dass dieselben in Indien und China gegen Haut- und Augenkrankheiten Verwendung finden.[8])

Cinnamomi cortex, *shing tsha* (Sanskrit: tvaca). Nr. 4 bei Rehmann sind getrocknete zimtartige Rindenstücke mit der Bezeichnung *shing tsha* Letzteres bedeutet nach Jäschke eigentlichen Zimt.[9]) Ob es sich dabei um Cinnamomum Cassia Blume (C. aromaticum Nees) oder C. zeylanicum Bl. oder gar noch eine andere Art handelt, ist ungewiss. Saunders berichtet, dass die Bewohner Bhutâns die Wurzelrinde einer Laurus-Art, nicht des früher sog. Zimtlorbeers, verwendeten, die einen dem echten Zimt vollkommen

---

1) Rockhill in Report of Nat. Museum for 1893, Wash. 1895, 721. Ders., Diary of a journey through Mongolia and Tibet, Wash. 1894, p. 67. Rockhill schreibt einmal Colocanthes, das andere Mal Colosanthus.

2) Syllabus der Vorlesungen über specielle und medicin. Botanik, grosse Ausgabe, Berlin 1892, S. 169.

3) Dictionary, p. 431. Die Rinde von Mich. Champaca wird in Indien als Antipyrrheticum gebraucht. Hoernle (Bower Manuscript, p. 17, Note 44) erklärt Skr. Çyônâka durch Calosanthes indica.

4) Jäschke, Dictionary, p. 574.

5) Sammlung histor. Nachrichten über die mongol. Völkerschaften, I, S. 169.

6) Turner, Account of an embassy, p. 413.

7) In Bote für Socialhygiene, 1892, 105.

8) Contributions toward the Materia medica of China. Art. Cassia.

9) Dictionary, p. 558.

gleichen Zimtgeschmack besass: nur der genannte Teil dieses Baumes besass den Zimtgeschmack.[1])

Coptis teeta Wallich (Helleboreae; berberinhaltig[2]), momira, ist eine Medicinaldroge des Himalaya, die nach Ramsay von Lhasa nach Ladâkh exportiert wird.[3]) Dieselbe liefert auch das im Handel vorkommende Mamira-, Mishmee-Bitter.

Coriandri fructus nennt Saunders unter den Carminativa, die bei Brustkrankheiten Verwendung finden. Rehmann hat dieses Medikament unter Nr. 32, *˳u su.*

Costus. Rehmann nennt als Nr. 46 eine Wurzel, *ru rta,* deren Herkunft er nicht bestimmen konnte; ihr Geschmack war bitter, coloquinthenartig. Nach dem sanskrit-tibetischen Lexikon Vyutpatti und nach Ramsay[4]) ist *ru rta* gleich Sanskrit kushṭha, Costuswurzel, die in Indien vielfach als Medikament verwertet wurde.[5]) Nach Ramsay wächst *ru rta* (Aucklandia costus) im Thale Sind und in anderen Teilen Kashmirs und wird in West-Tibet als Weihrauch verwendet Von welcher Pflanze die in Tibet gebräuchliche Costuswurzel stammt, ist nicht mit Sicherheit zu eruieren. Nach Jäschke bedeutet *ru rta* in Lahûl die gewürzhafte Wurzel von Inula Helenium L.[6]) Für eine Inula hielt hingegen Rehmann seine *ma nu* genannte, adstringierende Wurzel, die im Geruch und Geschmack vollkommen der offizinellen radix Helenii glich; sie wurde als Dekokt gebraucht (Nr. 11). Nach Golstunski dagegen bezeichnet das tibetische *ma nu* Costus amarus.[7]) Es liegt also sowohl bei *ru rta* wie *ma nu* eine Verquickung von Costus und Inula vor, die entweder auf einer Verwechslung beruht oder aber auch einer thatsächlichen Grundlage nicht entbehrt, insofern ein und dasselbe Wort in verschiedenen Gegenden verschiedene Pflanzen bezeichnen kann.

Crocus sativus, *gur gum.* Rehmann fand unter seinen Medikamenten ein karmoisinrotes Gemisch von Staubfäden und Fruchtknoten, das auf den ersten Blick dem Safran ähnlich war; er glaubte aber doch Bestandteile einer anderen, ihm nicht bekannten Pflanze darin zu sehen; die Anwendung erfuhr er nicht. Da aber das Medikament die Bezeichnung *gur gum,* den allgemein gebrauchten Namen für Safran, trägt, so ist doch wohl anzunehmen, dass es sich um Safran handelt. Kirilov sah Safran als Arzneimittel in den Händen fast

1) Saunders, bei Turner, Account of an embassy, p. 391, 413.

2) Brestowski, Handwörterbuch der Pharmacie, Wien 1893—1896, I, S. 494.

3) Western Tibet, p. 20, v. *cha ba.*

4) Ramsay, Western Tibet, p. 77, v. Kut.. Ramsay transkribiert „roosta“.

5) Boethlingks Grosses Sanskritwörterbuch, v. kushṭha. Hoernle, The Suçruta-Saṁhitâ, p. 96. Ders., The Bower Manuscript, p. 21, 83 etc.

6) Dictionary, p. 531.

7) Golstunski, Mongolisch-russisches Wörterbuch, III, p. 202.

jedes mongolischen Lama.[1]) Die Frage, ob Tibet selbst Crocus sativus hervorbringt, ist noch eine offene.[2])

Croton tiglium, *dan rog*. Die Samenkörner dieser ostasiatischen baumartigen Euphorbiacee werden von den Lama als Abführmittel zu etwa 3—4 Stück gegeben. (Nr. 21, Rehmann.)

Curcuma longa L., Gelbwurzel, *skyer pa*. Die Blüte dieser Pflanze gilt als Heilmittel gegen Diarrhoe, ihre Frucht reinigt den Körper von den Gallenstoffen (vielleicht sympathetische Vorstellung), die gelbe Rinde wird bei Wassersucht mit Nutzen verwendet. Eine Confectio von Curcuma, *skyer khanḍa*, soll sich in Augenkrankheiten nützlich erweisen.[3]) Jäschke gibt nach Csoma und tibetischen Wörterbüchern für *skyer pa* gleichfalls die Bedeutung Curcuma; er fügt indes hinzu, dass man in West-Tibet unter *skyer pa* den wild wachsenden Berberisstrauch verstehe, nicht die aus Indien eingeführte Gelbwurzel.[4]) Bekanntermassen liefern Wurzel, Rinde und Holz von Berberis gleich Curcuma eine gelbe Farbe.

Datura ferox, den Stechapfel, fand Saunders in Bhutân einheimisch. Den Samen benutzten die Bewohner als Narcoticum.[5])

Elixire oder extrahierte Säfte werden nach dem *rGyud bzhi* zum Hinabbefördern von Krankheiten in den Eingeweiden und Därmen und zum Reinigen der Venen (Nerven) angewendet.[6])

Emetica kennt das *rGyud bzhi* acht starke und acht schwache. Sie sind besonders indiciert bei Schleimkrankheiten, um den überschüssigen Schleim herauszubefördern.[7]) In Bhutân kannte man nach Saunders nicht ein einziges Brechmittel.[8]) Er lehrte den sDe pa Râja und seine Ärzte die Ipecacuanha kennen und schenkte ihnen einen Teil seines Vorrates. Der Râja, der nur seinen eigenen Versuchen glaubte, nahm sofort eine mässige Probe davon ein und liess seinen Leibarzt die gleiche Dosis nehmen. Da die erste Dosis nicht die gewünschte Wirkung that, so wiederholte der Râja das Experiment an sich und seinem Leibarzt.[9])

Filices, Farne, *skyes ma*. Unter Nr. 25 hat Rehmann die Wurzel eines nicht zu bestimmenden Farnkrautes. Verschiedene Farnarten sind in Tibet heimisch.[10])

---

1) Kirilov, in Bote f. Socialhygiene, 1892, 105.

2) Vergl. über diese Frage Smith, Contributions etc., p. 79, 189. B. Laufer, in Mémoires de la Soc. Finno-Ougrienne, Nr. XI, p. 68.

3) Sarat Chandra Dás, Tibetan-English Dictionary, p. 131.

4) Handwörterbuch der tib. Sprache, Gnadau 1871, S. 30.

5) Saunders, in Turner, Account of an embassy, p. 398.

6) Journ. As. Soc. Beng. IV, 19.

7) Ibid. 19.

8) Saunders, bei Turner, Account of an embassy, p. 414.

9) Turner, l. c. p. 153, 154.

10) Saunders, l. c. p. 391. Rockhill, Diary, p. 305, 341.

Foeniculi fructus werden allgemein in Kumaon zu Infusen verwendet.[1])

Ginseng. Als diese Wurzel fasse ich die bei den burjatischen Lama gebrauchte Wurzel *shing shen* auf.[2]) Sie wird unter den aus China bezogenen Arzneimitteln genannt. Ginseng ist eines der bekanntesten und wichtigsten Heilmittel der Chinesen. Echter Ginseng ist die Wurzel einer Panax-Art (Panax Ginseng C. A. Meyer, oder Aralia quinquefolia [Engler]), die meistens mit Ingwer, Honig u. dergl. zu einem Electuarium verarbeitet wird. Doch macht man aus dieser Wurzel noch einige siebenzig Präparate.

Gummi lacca. Der holländische Reisende van de Putte (1718 – 1745) berichtet von einem in Tibet gegen Nierenkrankheiten verwendeten Medikament.[3]) Den einen Bestandteil desselben hielt er für die Exkremente gewisser, auf Bäumen lebender Tierchen; die tibetische Bezeichnung dieser Exkremente war nach Putte *Kja tzeu.* Er sagt: „I Tibetani chiamano questo Kja-tzeu (tzeu, tinctura, verw) e dicon che sia lo sterco che certi vermi fanno sopra gl'arbocelli (alcuni dicono, che sia lo sterco che certi animaletti, come grosse formiche, in Bengala fanno sopra i rami degl'arbocelli)." Dieses *Kja tzeu* wurde von Bhutân nach Lhasa importiert und mit andern Ingredienzen zum Rotfärben benutzt, die den Farbenton des *Kja-tzeu* vertieften. Aus dem Rückstand, der sich beim Ausziehen des *Kja tzeu* ergab, wurde Siegellack gemacht. Il Kjatzeu, il tzûnken[4]) ed il martzeu,[5]) so fährt unser Gewährsmann in seiner aus Italienisch und Holländisch gemischten Sprache fort, cuocono i Tibetani avendo li fatti tutti tre in polvere (ze stampen die drie ingredienten te zamen, en kooken de vermengde poeder in water) assieme con acqua; welke decoctum drinken tegen de nier-ziekte [Nieren-Krankheit] (Sempa zegd: in't mongols peu-reu; ziet het mongols woordenboekje of peu-reu niet de nieren zijn), die uit koude ontstaat. Das von Putte nach der Aussprache aufgezeichnete Wort *Kja tzeu* ist mit schrift-tibetischem *rgya tshos* zu identifizieren. *tzeu*, für das Putte selbst die Bedeutung „Farbe" gibt, ist gleich *tshos*, Färbemittel und *rgya tshos* bedeutet nach Jäschke ein indisches (*rgya*) Färbemittel (vielleicht „Kermes"). Nach Grünwedel ist Lepcha *gya tsho*, Tib. *rgya tshos* Lackfarbe und *gya* (*tsho*) *bik*, das Lackinsekt, Coccus lacca.[6])

---

1) Traill, in Asiat. Res., XVI, 215.

2) Med. Zeitg. Russlands, 1849, 291.

3) P. J. Veth, De Nederlandsche reiziger Samuel van de Putte, in Tijdschrift van het Aardrijkskundig Genootschap, Amsterdam 1876, Deel II, 17.

4) *tzûnken* sind Blätter einer aus Bhutân eingeführten Pflanze.

5) *martzeu* ist ein Mittel zum Rotfärben, vermutlich identisch mit *dmar tshos*, Rotfärbemittel. *peu-reu* = mong. *büghēre, bŏre.*

6) Dictionary of the Lepcha-Language, Berlin 1898, p. 61.

*rgya tshos* setzt Jäschke ferner gleich *rgya skyeg,s*[1]) wofür er einmal die Bezeichnung „Schellack," das andere Mal „rote Farbe, Lack" gibt.[2]) Indem er gleiche Bedeutung mit lâkṣâ (Sanskrit) supponiert, nennt er *rgya skyegs* das Produkt eines Insektes und das Harz eines Baumes, in Übereinstimmung mit Boethlingk (Sanskritwörterbuch), der lâkṣâ oder râkṣâ erklärt als „Lack, sowohl die von der Schildlaus kommende rote Farbe als auch das rote brennbare Harz eines bestimmten Baumes." Nach Desgodins ist *rgya skyegs* gleich vulgär *skag*, gesprochen *ka,*[3]) und bedeutet „tinctura rubro-violacea, laque rouge-violet, conficitur ex cera alicuius insecti viventis in Himalaya".[4]) Gemäss der Sacherklärung Puttes und den angeführten Worterklärungen kann es sich wohl kaum um etwas anderes als um Gummilack handeln, jene durch den Stich der Lackschildlaus, Coccus lacca Kerr., aus gewissen ostindischen Bäumen zum Ausfliessen gebrachte Harzmasse, die einen roten Farbstoff enthält. Auch bei uns ist die von Putte für Tibet angegebene Methode üblich, Farbstoff und Lack (als Schellack) zu trennen. Dass man das an den Bäumen klebende Harz für die Exkremente der kleinen parasitierenden Insekten hielt, zeugt immerhin von relativ guter Beobachtungsgabe, die einen Zusammenhang zwischen der Schildlaus und dem ausgeflossenen Saft erkannte. Vorläufig ist von der medicinischen Anwendung des Gummilacks in Tibet nichts weiter bekannt. Nur Jäschke erwähnt, dass in den medicinischen Werken *rgya skyegs* als ein adstringierendes Medikament genannt ist.[5])

Hippophae rhamnoides, *star bu.* Unter der Bezeichnung *star bu* führt Rehmann getrocknete Früchte auf, die ihm unzweifelhaft die Früchte einer Berberisstaude darstellen. Hingegen gibt sowohl Jäschke wie Desgodins die Bedeutung Beere von Hippophae rhamnoides; nach der Vyutpatti, einem sanskrit-tibetischen Lexikon, hingegen entspricht *star bu* dem Sanskritwort amblavetasa (amlavetasa), Rumex vesicarius (amla, nach Boehtlingk sauer, bedeutet 1. Oxalis corniculata, gehörnter Sauerklee; 2. = amlavetasa, Rumex vesicarius, Sauerampfer).

St. Ignatii faba (strychninhaltig) wird von den burjatischen Lama innerlich verabreicht[6]).

---

1) Dictionary, p. 106.

2) Dictionary, p. 105.

3) Desgodins, Dictionnaire, p. 64.

4) Ibid. p. 43.

5) Es ist schliesslich zu erinnern, dass Jäschkes (und Boehtlingks) Worterklärung auch die Deutung des *rgya tshos* als „Kermes" zulassen könnten; aber Puttes Ausführungen stimmen zu dieser Deutung ganz und garnicht, da zur Darstellung des Kermes die Insekten selbst nötig wären und diese doch auch keinen Lack liefern.

6) Med. Ztg. Russlands, 1849, 291.

Iridis rhizoma, die Wurzel einer Iridee, der Wurzel der Iris florentina sehr ähnlich, nur geruchlos und weniger bitter als diese, ist in Rehmanns Arzneischatz unter Nr. 20 zu finden. Saunders fand Irideen in Bhutân heimisch.[1]) Nach Przevalski und Drude sind Irisarten auch in Nordtibet zu Hause.[2])

Juniperus (*spa ma*, Juniperus squamosa; *shug pa*, J. excelsa). Wachholderzweige verbrannte man nach einer chinesischen Quelle in Tibet, um Patienten damit zu beräuchern.[3]) Juniperus ist auch Bestandteil eines medicinischen Bades.

Ligna finden wir bei Rehmann 3 Arten. Er erwähnt *agaru* (Nr. 15), als die in Europa unter dem Namen Agalloch bekannte Holzart Südostasiens, die bei der Verbrennung einen weihrauchähnlichen Geruch gibt. Agaru (Sanskritwort) ist unser lignum Aloës, lignum Agallochi veri oder Calambac von der ostasiatischen Aquilaria Agallochum (Fam. Thymeliaceae.[4]) Das bei uns im Handel vorkommende Aloëholz wird zum Teil auch von Excoecaria Agallocha gewonnen (Blindbaum, Fam. Euphorbiaceae). Ferner ist *tsandan*, rotes Sandelholz genannt (Nr. 14) und *tsaghan tsandan* (mong.; tib. *tsandan dkar po*), weisses Sandelholz; das letztere soll von einer Cedernart stammen (Nr. 13); nach Rockhill stammt das in Tibet verwendete Sandelholz von Syringa villosa Vahl.,[5]) während sonst das weisse Sandelholz als das Produkt von Santalum album L. gilt. Das rote Sandelholz (Pterocarpus santalinus L.) ist in Tibet nicht einheimisch, es wurde zu Turners Zeit aus Bengalen und Bhutân im eigentlichen Tibet eingeführt.[6])

Lotus, blauer, *utpala*. Die Samen von *utpala* sind bei Rehmann unter Nr. 23 angeführt; er hielt sie für Samen einer Sida- oder Hibiscusart. *Utpala* ist aber Sanskrit und bezeichnet den blauen indischen Lotos, der in Tibet und Indien medikamentös verwendet wird.[7]) *Utpala* wird in einem Werk der Bonreligion als Heilmittel bei Lippenverletzungen bezeichnet.[8]) Bei Nr. 37 erwähnt Rehmann *Padma-kesara,* wobei ihm ein Irrtum unterläuft. Er schreibt mit tibetischen Zeichen *Puṣpa-kesara* und transkribiert *Padma-kesara,*

---

1) Saunders, in Turner, Account of an embassy, p. 395.

2) Przevalski, Das nördl. Tibet. Petermanns Mitteil. XXX, 19. Ders., Reisen in Tibet. Drude, Hdb. der Pflanzengeographie. Stuttg. 1890, S. 411.

3) Rockhill, Tibet, Journ. R. As. Soc. 1891, 235.

4) Jäschke, Dictionary p. 603. Eitel, Handbook of Chinese Buddhism, 2. ed. Hongkong 1888, p. 6, s. v. *aguru*. Engler, Syllabus, p. 145.

5) Diary of a Journey, p. 68, Note.

6) Turner, Account of an embassy, p. 381—384.

7) *utpala* bedeutet nach Jäschke, Dictionary, p. 607, in Lahûl Polemonium coeruleum L., Jakobsleiter. Vgl. über die verschiedenen Lotosarten Hoernle, The Suçruta Saṁhitâ, Calc. 1897, I, p. 84.

8) B. Laufer, in Mémoires de la Soc Finno-Ougrienne XI, p. 43, 54.

während er unter Nr. 38 umgekehrt tibetisch *Padma-kesara* mit *Puṣpa-kesara* umschreibt. Es ist demnach Nr. 38 als *Padmakesara*, Staubfäden der Padmapflanze, des eigentlichen indischen Lotos (Nelumbium speciosum Willd.) aufzufassen. Rehmann gibt für Nr. 38 an, dass es sich um eine „Blütenknospe von hitzigem, cardamomenähnlichem Geschmack" handle.

Mixturae. Das *rGyud bzhi* kennt siebenzehn Arten Mixturen, besonders gegen heisse Krankheiten. Eine grosse Rolle spielt die sog. medicinische Butter, *sman mar*, eine sirupöse Mixtur, aus mehreren Ingredienzen bestehend. Sie wirkt schmerzstillend bei Windkrankheiten. Im ganzen werden 23 Arten dieser medicinischen Butter unterschieden, 14 gegen heisse, 9 gegen kalte Krankheiten.[1])

Myristicae semen, Muskatnuss, war in Rehmanns Apotheke als eine besonders feine Droge gleich einigen anderen Gewürzen sorgfältig in schönes, rotes Papier gewickelt. Ihre Aufschrift war *dza ti* (Skr. jâtî). Die burjatischen Lama verwenden Muskatnüsse sehr häufig in Arzneimitteln.[2]) In Tibet wurde die Muskatnuss von Bengalen eingeführt.[3])

Myrobalani. Die Myrobalanen beanspruchen eine grosse Bedeutung in der ostasiatischen Pharmakopoe. Rehmann hat die drei Arten von Myrobalanusfrüchten zweimal in seiner Apotheke. Gleich Nr. 1, *'a ru ra*, hat er selbst als Myrobalane erkannt; *'a ru ra* ist nach Jäschke Myrobalane, nach Schiefner gleich Sanskrit harîtaki,[4]) bedeutet demnach Terminalia chebula Retz (Myrobalanus chebula Gaertn.). Rehmann berichtet, dass diese Nuss nach dem Ausspruch des ihn belehrenden Lama aus China stamme und als Chan (König) der Arzneien bezeichnet werde. Sie wird sowohl getrocknet und mit Zucker bestreut genossen, wie auch als Dekokt genommen. Sie gilt als Tonicum und als Antidot gegen alle Vergiftungen, vornehmlich gegen Sublimatintoxication (vielleicht wegen ihrer purgierenden Wirkung); *'a ru ra* soll auch ein vorzügliches Mittel gegen den Rausch sein. Rehmann erkannte die unter Nr. 2 aufgeführte apfelförmige, mit nussartiger Schale versehene, walnussgrosse Frucht, *ba ru ra*, nicht als Myrobalane. Jäschke gibt für *ba ru ra* nur die Bedeutung „adstringierende Frucht". Schiefner setzt *ba ru ra* gleich dem Sanskritwort vibhîtaka, und dieses bedeutet Terminalia belerica Roxb. Die apfelähnlichen, bitter schmeckenden Kerne, die berauschende Eigenschaften besitzen sollen, wurden nach Rehmann als Tonicum bei Magenbeschwerden und Übeln des Unterleibs ge-

---

1) Journ. As. Soc. Beng. IV, 4, 18.

2) Kirilov, in Bote etc. 1892, 105.

3) Turner l. c. p. 381—384.

4) A. Schiefner, Eine tibetische Lebensbeschreibung Çâkyamunis, St. Petersburg 1849, S. 84, Note 16.

braucht. Die unter Nr. 3 genannte, in Scheiben geschnittene Frucht, *skyu ru ra* (Rehmann: Dschurura) hielt Rehmann für die Frucht von Mespilus japonica. Die Frucht enthielt steinartige Samen, war von angenehm säuerlichem und erfrischendem Geschmack. Schiefner erklärt *skyu ru ra* durch Sanskrit âmalaka,[1]) Phyllanthus emblica L. (Emblica officinalis Gaertn.), an anderer Stelle durch Sanskrit tiṣya, für das er auch die Bedeutung Phyllanthus emblica gibt.[2]) Auch Sarat Chandra Dás gibt *skyu ru ra* mit „embelic myrobalane" wieder;[3]) er sagt weiter von dieser Frucht, sie heile Schleim-, Gallen- und Blutkrankheiten. Am Schluss (Nr. 57, 58, 59) sind drei Früchte aufgeführt unter der Bezeichnung *tanggu ,a ru ra*, *tanggu ba ru ra*, *tanggu skyu ru ra*. Von der ersten gibt Rehmann an, dass sie identisch sei mit *,a ru ra* (Nr. 1), und dass sie im Gegensatz zu dieser aus China importierten Droge in Tibet heimisch sei, was er aus der Bezeichnung *tanggu* in Beziehung auf den von den Mongolen für Tibet gebrauchten Namen Tangut schliesst. Wenn diese Erklärung von *tanggu* richtig ist, so bedeutet *tanggu ,a ru ra* für den mongolischen Lama schliesslich nichts anderes als die aus Tibet importierte Myrobalane; dieselbe kann dann aus Indien, sogar aus China stammen, und ihre Verschiedenheit von der aus China eingeführten wird dann wohl nur auf irgend einem speciell in Tibet gehandhabten Trocknungsverfahren oder einer sonstigen Behandlungsart beruhen. Dasselbe hätte dann auch für *tanggu ba ru ra*, eine Frucht, die Rehmann selbst als Myrobalane erklärt, und für *tanggu skyu ru ra* zu gelten; die Beschreibung beider deckt sich auch ziemlich genau mit der von Nr. 2 und Nr. 3 gegebenen. Die Bedeutung der Myrobalane für die buddhistische Pharmakologie mag sich auch in der Thatsache ausprägen, dass der Medicinbuddha auf vielen Darstellungen eine Myrobalane (speciell harîtakî, *,a ru ra*) als Attribut seiner Würde in der Rechten hält.[4])

Phaseolus sp. L. oder Dolichos sp. L. ist Rehmanns Nr. 60, eine bohnenartige, bohnenhaftschmeckende Frucht. Ihre Bezeichnung war *mkhal ma zho sha* (*mkhal ma* Niere), etwa nierengestaltige Frucht. Im „Werk von den Hunderttausend Nâga" wird sie als Heilmittel

---

1) Ebenda.

2) Heldensagen der Minussin'schen Tataren, St. Pet. 1859. p. XXVI.

3) Tibetan-English Dictionary, v. *skyu ru ra*, p. 123. Jäschke erklärt *skyu ru ra* als sauere Frucht; nach einem Lexikon auch gleich ambla, Sauerampfer; er fügt hinzu, in späterer Zeit scheine *sk.* die Bedeutung „Olive" angenommen zu haben.

4) Pander-Grünwedel, Das Pantheon des Tschangtscha Hutuktu, Berlin 1890, S. 74. Grünwedel, Mythologie des Buddhismus in Tibet und der Mongolei, Leipzig 1900, S. 114. Vgl. auch Pallas, Sammlungen histor. Nachrichten über die mongol. Völkerschaften II, S. 84.

gegen Nierenerkrankungen empfohlen.[1]) Nach Jäschke bedeutet *mkhal ma zho sha* in Westtibet Kastanie.

Pilulae, *ril bu.* Im *rGyud bzhi* gibt es 22 Arten von Pillen; sie gelten als specifisch schmerzstillend bei Schleimkrankheiten.[2])

Tibet hat zwei Arten weitverbreiteter Pillen, die mit religiösen Vorstellungen in enger Verbindung stehen, Pillen, die gegen alle Krankheiten schützen und alle Krankheiten heilen. Die Lamaisten haben den Glauben, dass die Knochen ihrer Buddha und Heiligen kleine Kügelchen, *hpel gdung (pedung)*, enthalten, die von wunderbarem Glanze sind und die Kraft des Heilens besitzen.[3]) Es gibt Menschen, von denen man schon zu Lebzeiten weiss, dass sie mit *hpel gdung* begabt sind; diese Bevorzugten sind der Dalai Lama und der Pan chen rin po che, und deren Exkremente benutzt man deshalb als Heilmittel. Die erste Nachricht von der medikamentösen Verwendung der heiligen Exkremente in Tibet stammt nach Köppen von Tavernier aus dem 17. Jahrhundert.[4]) Weitläufig spricht Pallas von dieser Therapie: „Alle taugutischen, mongolischen, kalmükischen Pfaffen stimmen darin überein, dass der Abgang und der Harn sowohl des Dalai Lama als des Bogdo Lama [Pan chen rin po che] als ein Heiligtum aufgehoben wird, welches neulich hat bezweifelt werden wollen. Der Unrat wird zu Amuletten, ingleichen zum Räuchern bei Krankheiten gebraucht, auch wohl von andächtigen Leuten als innerliche Arznei angewandt. Der Harn wird zu wenigen Tropfen ausgeteilt und andächtig in schweren Krankheiten genossen."[5]) Hakmann berichtet, dass die Exkremente der beiden höchsten tibetischen Priester als Pillen, mit Moschus oder Gold überzogen, vielfache Anwendung in Krankheiten fanden.[6]) Bogle bezweifelte diese Nachricht und gab an, nur Pillen aus geweihtem Mehl gefunden zu haben[7]); dabei handelte es sich wohl um die folgende Art von Pillen. Die Vorstellung von dem *hpel gdung* hat nämlich weiter die Idee hervorgerufen, dass gewöhnliche Pillen aus Mehl durch Gebete an *Thugs rje chen po* [„der grosse Erbarmer"[8])] von diesem die Eigenschaften seines göttlichen Leibes, die heilenden Kräfte eines wahren *hpel gdung* zu erlangen vermöchten.[9]) Die Wahl der Pillenform ist

1) B. Laufer, in Mémoires de la Soc. Finno-Ougrienne XI, p. 44, 102.
2) Journ. As. Soc. Beng. IV, 4, 18.
3) Rockhill, in Proceed. American Oriental Soc., Oct. 1888, 22.
4) Köppen, Die lamaische Hierarchie, S. 348.
5) Pallas, Neue nordische Beiträge, I, 212.
6) Hakmann, in Neue nordische Beiträge, IV, S. 281.
7) Schlözer, Briefwechsel, V, S. 211.
8) D. i. Avalokiteçvara.
9) Rockhill, The lamaist ceremony called „making of maṇi-pills", in Proceedings Am. Orient. Soc., Oct. 1888, 22—24.

wohl nur eine symbolische Andeutung der kleinen Kügelchen in den Knochen der Heiligen. Diese Pillen, die man als *maṇi ril bu* oder „kostbare Pillen" bezeichnet, sind in ganz Tibet und der Mongolei verbreitet und werden alljährlich in grosser Menge mit dem Tribut von Lhasa dem Kaiser von China überreicht. Die Herstellung der Pillen ist fast ausschliesslich auf Tibet beschränkt und geschieht unter bedeutungsvollen religiösen Ceremonieen, die Rockhill nach der tibetischen Schrift *maṇi ril bu grub gi choga*, Ceremonie der Maṇi-Pillen-Bereitung, schildert. Sieben Tage vor dem Beginn der Feier dürfen der Lama und die anderen Geistlichen, die sich daran beteiligen, kein Fleisch, keine Spirituosen, keinen Knoblauch, keinen Tabak noch anderes von irgend welchem Geruch geniessen. Die Pillen werden von dem Lama gemacht, der sich zu diesem Behufe den Kopf glatt rasieren lässt. Er zerreibt geröstetes Korn zu feinem Mehl, macht daraus mit reinem Mehl einen Teig, aus dem er die Pillen formt; diese erhalten dann noch eine rote Färbung. Es folgen die Ceremonieen und Gebete, die von *Thugs rje chen po* die Übertragung seiner Kraft auf die Pillen erflehen.[1])

Piperis longi fructus, *pi pi ling*, bei Rehmann Nr. 8, wird unter Pulver gemischt. Schwarzer Pfeffer, *pho ba ri* (Piper nigrum L.), ist nach Traill ein Hauptmedikament in Kumaon[2]) und wird als Arzneidroge im *Lhan thabs* genannt.[3])

Pulveres. Das *rGyud bzhi* zählt 96 Pulver gegen warme, 69 gegen kalte Krankheiten auf; specifisch schmerzstillend wirken sie bei Gallen- und Schleimkrankheiten.[4])

Punica granatum L., Granatapfel (Rehmann Nr. 41), *se ₒbru*, wurde als Roborans wie unsere Chinarinde verwendet. Die mongolischen Lama haben sie noch heute in ihrer Apotheke.[5]) Saunders traf in Bhutân Granatapfelbäume.

Purgantia werden nach den Vier Tantra gebraucht, um verdorbenes Blut, Galle und Überreste von Krankheiten zu entfernen. Es gibt milde, mittelstarke und starke, von allen zusammen 82 Arten. Der Wind verlangt meist ein mildes Purgans, die Galle ein starkes; hingegen erfordert der Schleim ein Brechmittel.[6]) Zu Saunders'

1) Bei der Erwähnung der Pillen sei auch der Nachricht von Huc gedacht, dass der Lama, falls ihm das nötige Medikament selbst fehlt, den Namen desselben auf einen Streifen Papier schreibe und mittels seines Speichels daraus eine Pille forme, die der Patient alsdann einnähme. Citiert nach Wise, Review of the history of med., II, p. 444, 445; Jaquot, in Gaz. méd. de Paris, 1854, 673.

2) Traill, in As. Res., XVI, 215.

3) Jäschke, Dictionary, p. 346.

4) Journ. As. Soc. Beng, IV, 4, 18.

5) Kirilov, in Bote für Socialhygiene, 1892, 105.

6) Journ. As. Soc. Beng., IV, 4, 19.

Zeit erhielten die Tibeter ihre hauptsächlichen Abführmittel von den Chinesen, welche dieselben nach Lhasa zum Verkauf brachten.[1])

Radices. Nach Jäschke unterscheidet man fünf medicinische Wurzeln, *rtsa ba lnga*:[2]) 1. *ra mnye*, Möhre (Rehmann, Nr. 34: „knollige Wurzeln vermutlich einer Orchis-Art"; Desgodins: Pastinake); 2. *lca ba*, Art wilder Möhre, Species Dauci sylvestris (Rehmann, Nr. 35, Wurzeln von hellgelber Farbe); 3. *nye shing*, Wurzel eines Baumes, dessen Früchte als süsse Medicin gebraucht werden (Rehmann, Nr. 33, hielt *nye shing* für Wurzeln einer Wasserpflanze; 4. *a sho* (oder *shva*) *gandha*, unbestimmt; 5. *gze ma*, gehörnte Wasserpflanze.[3])

Rheum, *lcum tsha* (*rtsa*) (Rockhill, Rehmann), *chu chu* (Jäschke), *la chu* (Jäschke, Ramsay), ist in Rehmanns Arzneischatz unter Nr. 26 vertreten. In Tibet, Bhutân, Sikkim und in der Mongolei sind zahlreiche Rhabarberarten heimisch.[4]) Die Rhabarberwurzel wird dort als Gemüse[5]), als Färbemittel[6]) und, wie aus ihrer Anwesenheit in Rehmanns Apotheke hervorgeht, zu medicinischen Zwecken verwendet. Rockhill gibt verschiedentlich an, dass sowohl Mongolen wie Tibeter nicht die medicinische Wirkung des Rhabarbers kennen[7]), während er an anderer Stelle die Bekanntschaft der Mongolen mit der Rheumwirkung hervorhebt.[8]) Aus seinen widersprechenden Angaben scheint, wenigstens für die Mongolen, so viel hervorzugehen, dass sie die Rhabarberwurzel als Medikament nur in ihrer Veterinärheilkunde, besonders bei der Behandlung von Kamelen, anwenden. Schliesslich ist zu bedenken, dass die Ärzte sehr wohl die Eigenschaften des Rhabarbers kennen mögen, wenn auch das Volk im allgemeinen die Wirkung nicht weiss. Erwähnung verdient noch die von Hooker mitgeteilte Nachricht, dass die getrockneten Blätter der Rhabarberarten in Sikkim und Tibet als Ersatz des Tabaks gebraucht werden.[9])

Rubia tinctorum, Krapp, *btsod*, in Rehmanns Apotheke

---

1) Saunders, l. c. p. 413.

2) Dictionary, p. 437.

3) S. u. v. Tribulus.

4) Przevalski, Rockhill, Hooker, Saunders.

5) Hooker, Himalayan Journals, II, p. 77, 78. Ramsay, Western Tibet, p. 137.

6) Rockhill, Diary, p. 136, 171. Ders., in Report of National Museum for 1893, 722. Jäschke, Dictionary, p. 159. — Sollte die bei Desgodins (Le Thibet, p. 392) genannte Wurzel *ching tsa*, die bitter schmeckt und zum Gelbfärben benutzt wird, nicht radix Rhei sein? S. a. Tomaschek, Sitz. Wiener Akad. 1888, 756.

7) Rockhill, Diary, p. 136, 171, 275. Ders., in Report Nat. Mus. for 1893, 722.

8) Rockhill, The Land of the Lamas, p. 283, 284. Ders., Diary, p. 43. Ders., in Report Nat. Mus. for 1893. 722.

9) Hooker, Himalayan Journals, II, p. 78.

Nr. 18, medicinische Verwendung unbekannt. Die Droge wird wohl auch von R. Manjit Roxb. genommen.[1])

Saussurea tangutica Maximovitch. Die Eingeborenen behaupten, dass sie nur auf der Westseite des Berges Gam la (Osttibet) wachse; ein Infus der Blätter ist als Tonicum und Aphrodisiacum im Gebrauch.[2]) Nach Jäschke wird im *Lhan thabs* auch eine kleine Saussurea erwähnt.[3]) Die Saussurea-Arten gehören nach dem natürlichen System zu den Cynareae (Fam. Compositae).

Semen Arecae, Betelnuss (Areca catechu L.), *gla gor zho sha.*[4]) Rehmann hielt die unter dieser Bezeichnung gehenden Samen (Nr. 52) für die Samen von Mimosa. Sollte hier vielleicht von seiten der Worterklärung oder Sacherklärung eine Verwechslung der Areca catechu mit der früher zu Mimosa gerechneten Acacia catechu vorliegen?

Sirupi führt das *rGyud bzhi* an: 15 gegen warme, 5 gegen kalte Krankheiten.[5])

Suppen gelten in den Vier Tantra als Anodynica bei Windaffektionen. Man stellt dieselben her aus Knochen, Fleisch, Butter, Wein, Melasse.[6])

Taxus nucifera. Als dessen Frucht wird von Rehmann seine 56. Droge *snying zho sha* angesehen. *Snying zho sha* heisst wörtlich „herzförmige Frucht" und wird nach einem tibetischen Text als sympathetisches Heilmittel gegen Herzkrankheiten benutzt.[7])

Tribulus L. Für den Samen von Tribulus terrestris L. (eher Tr. languinosus L. Centralasien) hielt Rehmann seine Droge Nr. 29, die die Aufschrift *gze ma* trug; *gze ma* ist nach Jäschke und Desgodins eine gehörnte, dornige Wasserpflanze (nach Desgodins auch *rva mgo,* Stachelkopf genannt). Sollte dies vielleicht die gehörnte Wassernuss, Trapa natans L. oder Trapa bicornis L. sein, die man wohl auch als Tribulus aquaticus bezeichnet, und Rehmanns *gze ma* demnach der Samen von Trapa sein?

Unguenta medicata, *byug pa*, sind im *rGyud bzhi* genannt.[8])

---

1) Jäschke, Dictionary, p. 436.

2) Rockhill, Diary, p. 323, 383. — Die Chinesen nennen diese Pflanze hsüeh lien, Schneelilie, Schneelotus. Wie sich damit Rockhills Angabe (Diary, p. 67), dass auch Calosanthes indica bei den Chinesen hsüeh lien, Schneelotus, heisse, vereinigen lässt, ist nicht abzusehen.

3) Handwörterbuch, S. 535.

4) B. Laufer, in Mémoires de la Société Finno-Ougrienne, XI, p. 102, s. v. *zho sha.*

5) Journ. As. Soc. Beng., IV, 18.

6) Ebenda, 4.

7) B. Laufer, in Mém. Soc. Finno-Ougrienne, XI, p. 43, 102.

8) Journ. As. Soc. Beng., IV, 19.

Vina medicata schreiben die Vier Tantra gegen Affektionen vor, bei denen der Wind im Überschuss vorhanden ist. Es gibt 19 Arten.[1])

Zingiberis rhizoma, *sga*, Rehmann Nr. 5, wird gegen Magenübel gebraucht. Kirilov sah den Ingwer bei den Mongolen im Gebrauch.[2]) Rehmanns Nr. 6, *sga skya*, soll möglicherweise radix Cassumnar sein (von Zingiber Cassumnar Roxb., früher offizinell als Zedoaria lutea). Der Geschmack unterschied sich nach Rehmann nur durch das Stechendreizende des Ingwers von der offizinellen Zittwerwurzel. Jäschke führt *sga skya* nach dem medicinischen Werk *Lhan thabs* als Ingwer an (Jäschke mit Fragezeichen).[3])

Einige wenige von Rehmanns Medikamenten sind hier fortgelassen, weil sie sich noch nicht bestimmen liessen.

## Balneologisches.

Die Anwendung von Bädern ist keine Seltenheit in der lamaischen Medicin, trotzdem den Tibetern im allgemeinen nicht gerade grosser Reinlichkeitssinn nachgerühmt wird. Im Oktober, zur Zeit der Konstellation *skar-ma rib-ci*, wird unter feierlichen Ceremonieen an den Quellen und Seen Tibets das Wasserfest gefeiert, an das sich eine Art Jahrmarkt und Karneval anschliesst; während dieser Zeit badet alles, Gesunde und Kranke, weil *Sangs-rgyas sman-pai rgyal po*, d. h. der Buddha, der König der Ärzte, der Medicinbuddha, der als Gründer der medicinischen Wissenschaft in Tibet gilt, in dieser Jahreszeit zu baden pflegte.[4]) Aus Reiseberichten wissen wir, dass viele natürliche, meist heisse Quellen bei den verschiedensten Arten von Krankheiten aufgesucht werden. Ausserdem werden auch gewöhnliche Bäder hergestellt, zu welchem Zweck man heissgemachte Steine in den Wasserbehälter legt, ein Verfahren, das Saunders in Bhutân, Kirilov im Lande der Burjaten beobachtete.

Unter den Quellen des eigentlichen Tibet sind uns mehrere nebst ihrer medicinischen Anwendung beschrieben. In gTsang fand Turner eine heisse Quelle, die von Kranken aller Art und von

1) Journ. As. Soc. Beng., IV, 19.

2) Kirilov, in Bote für Socialhygiene, 1892, 105.

3) Dictionary, p. 113.

4) Jäschke, Dictionary, p. 20. Waddell, The Buddhism of Tibet, Lond. 1894, p. 509, 510.

Altersschwachen stark besucht wurde. Der Patient musste sich einige Minuten bis zur Brust in das Wasser stellen und sich beim Verlassen des Bades sofort in warme Kleider hüllen. Die Quelle hatte Schwefelgeruch.[1]) Ebenfalls in gTsang wurden drei Quellen gefunden, die Alaun- und Silenverbindungen enthielten und eine Reihe von Krankheiten heilen sollten. Bei Seluh in gTsang liegt nach Saunders eine heisse Quelle, die als Heilquelle gegen Syphilis, Rheumatismus und Hautkrankheiten weithin gerühmt wurde.[2]) Zwischen gTsang und dBus sind mehrere heisse Quellen, welche von Haut- und Gichtkranken besucht werden; solcher Quellen soll es sehr viele östlich vom Manasarovara-See geben.[3]) Am Berge Tantla sah Huc mehrere heisse schwefelhaltige Quellen, aus denen von Zeit zu Zeit das Wasser säulenartig emporstieg, also Sprudel, wie wir sagen. Die Lama verordnen den Patienten den Gebrauch der Quellen sowohl zur Trink- als Badekur.[4]) An den Ufern des La chen befanden sich zu Hookers Zeit mehrere heisse Sprudel. Die Patienten blieben drei Tage hintereinander in dem Wasser und verliessen es nur, um in einem kleinen Schuppen etwas Nahrung zu sich zu nehmen.[5]) Osttibet hat westlich von Bathang eine warme Quelle, die gegen Hautkrankheiten empfohlen wird.[6]) Für Bhutân nennt uns Turner eine Quelle bei Ghasa, die so heiss war, dass man es nicht einmal kurze Zeit in derselben aushalten konnte; nur heilige Männer wie die Mönche, so sagte man, seien imstande, diese Quelle zu benutzen.[7]) Auch bei Wandepore finden sich zwei warme Quellen, deren Eigenschaft, Krankheiten aller Art zu heilen, hoch gepriesen wird.

In der jetzt englischen Besitzung Koonawur im westlichen Himalaya sind zahlreiche heisse Quellen, von denen die berühmteste Zung sum ist. An jeder Quelle sind grosse Steine aufgestellt, auf denen die Krankheiten, welche das Wasser heilt, und die Verordnungen für die Badegäste betreffs Trink- und Badekur verzeichnet sind.[8])

Bei den Mongolen heilt man vorzüglich die Augenkrankheiten durch Bäder, und zwar meist durch kalte. Man nennt deshalb die Quellen von 1—5° C. Temperatur Augenquellen. Aber man nimmt

1) Turner, Account of an embassy, p. 220. Turners Ortsnamen lassen sich nicht stets ohne weiteres mit den schrifttibetischen identificieren.

2) Ibid, p. 402, 403.

3) Csoma, Geogr. notice of Tibet, Journ. As. Soc. Beng., I, 126.

4) Citiert nach Jaquot, in Gaz. méd. de Paris, 1854, 610.

5) Hooker, Himalayan Journals, II, p. 126.

6) Gill, The River of Golden Sand, II, p. 124.

7) Turner, l. c. p. 137.

8) Gerard, Account of Koonawur, London 1841, p. 142, 143.

auch jede Art von Mineralbädern gegen Augenleiden. Mit den heissen Quellen will man die kalten Krankheiten heilen.[1])

Im Lande der Torgoten ist eine Quelle, Archan Buluk, d. h. Quelle der Heilung, zu der besonders rheumatische Kranke ziehen. Ein Lama hat dort seine Hütte als „Direktor und Diener der Badestation", wie Bonvalot sich ausdrückt.[2])

# Chirurgie.

Mit den chirurgischen Verletzungen erscheinen die Vier Tantra ziemlich vertraut. Sie kennen die Verletzungen durch Projektile und Werkzeuge; die Therapie besteht in Excision der verletzten Stelle. Ein Kapitel ist den Kopfverletzungen gewidmet, ein zweites den Verletzungen des Halses, wobei auf die Wichtigkeit der dort liegenden Organe hingewiesen wird, ein drittes den Verletzungen von Brust und Bauch, ein viertes den Verletzungen der Extremitäten. Unter dem Abschnitt der kleinen Krankheiten werden genannt: Kontraktur der Sehnen, Verbrennung, Verletzungen durch Nadeln, Verschlucken von Nadeln und Pfeilspitzen, Steckenbleiben eines Knochens, einer Gräte in der Kehle, Hineinkriechen eines Insekts in das Ohr, Schwellung der weiblichen Brustwarze u. s. w. Die wichtigsten chirurgischen Manipulationen sind der Aderlass und das Brennen; der erstere findet seine Verwendung in heissen Krankheiten: es gibt 77 Venen, die man zu diesem Zweck eröffnen darf.[3]) Saunders berichtet, dass man gegen Kopfschmerzen am Halse zur Ader liess; gegen Schmerzen im Arm und in der Schulter machte man die Venaesectio an der Vena cephalica; gegen Brustschmerzen an der Vena mediana; Schmerzen im Bauch erforderten den Aderlass aus der Basilica und die in den unteren Extremitäten den Aderlass am Knöchel. Kaltes Wetter verbot den Aderlass; auch hatte man für diese Operation besondere glückliche und unglückliche Tage.[4]) Auch Huc sah den Aderlass häufig. Bei den Mongolen beobachtete Kirilov die Venaesectio. Als das Aderlass-Instrument gibt er eine Beillancette (?) an.[5]) Seiner Ansicht nach steht aber das Schröpfen

1) Kirilov, in Bote für Socialhygiene, 1892, 111.
2) De Paris au Tonkin à travers le Tibet inconnu, Paris 1892, p. 37.
3) Journ. As. Soc. Beng., IV, 16, 17, 18, 19.
4) Saunders, bei Turner, Account of an embassy, p. 414.
5) Kirilov, in Bote für Socialhygiene, 1892, 109.

heute bei den Mongolen im Vordergrund. In Bhutân setzte man nach Saunders zum Schröpfen ein Ochsenhorn in der Grösse eines Schröpfkopfes auf und sog die Luft durch eine feine Öffnung an der Spitze des Hornes mit dem Munde aus; darauf skarificierte man die Stelle, auf der das Horn gesessen hatte. Das Schröpfen auf dem Rücken galt als ein specifisches Mittel gegen schmerzhafte Schwellung des Kniegelenks.[1]) Von Huc und Landor wird dieselbe Methode berichtet, nur mit dem Unterschied, dass man die Haut zuerst skarificierte, bevor man das Horn darauf setzte.

Das zweite wichtige chirurgische Mittel ist das Brennen; man brennt nach den Vier Tantra bei kalten Affektionen. Eine Beschreibung dieser Heilmethode, die in Tibet so gut verbreitet ist wie sonst in Asien (Moxa der Japaner und Chinesen), finde ich nur von Traill für Kumaon und bei Landor, der allerdings allerhand Absonderlichkeiten darüber erzählt.[2]) In Kumaon appliciert man einen Knäuel brennenden Wergs oder eines ähnlichen Materials auf den Nacken, die Brust oder die Magengrube. Das Glühen mit dem Eisen ist dort selten.[3]) Jäschke citiert ein Wort für Moxa *me btsa*, nach *Lhan thabs*.[4]) Das 21. Kapitel des *Man ngag rgyud* (dritter Teil des *rGyud bzhi*) behandelt die fünf Methoden der Moxa-Anwendung.[5])

Von anderen Operationen erwähnten wir bereits früher die Inokulation (*$_o$brum nad $_o$tshog pa*, Blattern einimpfen, wörtl. Blatternkrankheit durchbohren),[6]) das Eröffnen syphilitischer Bubonen, die Lithotomie. Sonst ist im ganzen nicht viel von Operationen der lamaischen Ärzte bekannt geworden. Was sie also in dieser Beziehung leisten mögen, steht dahin. Immerhin ist ihr Schatz chirurgischer Instrumente nicht klein. Dem Pandit *Çâradâ Prasâd Banerji* verdanken wir einige Mitteilungen über dieselben.[7]) Aus seinen Abbildungen zu schliessen, scheinen die Instrumente zum Teil indischen, zum Teil europäischen Ursprungs zu sein. Ihre Bezeichnungen sind von der Ähnlichkeit hergenommen, die sie mit alltäglichen Dingen

1) Saunders, bei Turner, Account of an embassy, p. 414.
2) Landor, l. c. S. 282, 283—286.
3) Traill, in Asiat. Researches, XVI, 215.
4) Jäschke, Dictionary, p. 434.
5) Citiert im Verzeichnis d. Handschriften im preuss. Staate I Hannover 3 Göttingen, Berlin 1894, p. 55 (Grünwedel).
6) An dieser Stelle sei zu den (Teil I, S. 31) angeführten Methoden der Variolation die von Ramsay (Western Tibet, p. 72) für Ladâkh angegebene nachgetragen: Die Ladâkhi trinken eine kleine Quantität pulverisierter Borken von menschlichen Pocken in Wasser verrührt.
7) A note on the illustrations of the surgical instruments of Tibet (3 plates), in Journ. of the Buddhist Text Soc. of India, Calcutta 1894, vol. II, part III, Proceedings p. IX, X.

haben: sie heissen Blatt, Hirsekorn, Vogelschnabel, Tiermaul u. s. f. Der Verwendung nach unterscheidet man Instrumente zur Venaesectio, zum Kauterisieren, Sägen, Schneiden, Punktieren, Bohren. Die Handgriffe sind reichlich, zum Teil phantastisch verziert. Leider sind die weiteren Angaben über die Instrumente so verworren und die im Text gegebenen Nummern stimmen so wenig mit denen der drei beigegebenen Tafeln, die übrigens selbst manche Unklarheiten aufweisen, überein, dass man sich von dem Instrumentarium der Tibeter und dessen Herkunft doch keine rechte Vorstellung machen kann; manche im Text gegebene Nummern sucht man vergeblich unter den Abbildungen. Jäschke erwähnt nach dem *bshad rgyud* ein Instrument *rus pa $_{o}$bugs pai sor* (wörtl. Bohrer zum Durchbohren von Knochen), das er als eine Art Trephine deutet.[1]) Unter Nr. 39 und 40 führt Banerji zwei Bohrinstrumente auf, von denen Nr. 39 nur einen blossen Stab ohne jedes Bohrgewinde darstellt, während Nr. 40 fehlt.

Die spärlichen Nachrichten über Geburtshilfliches in Tibet seien gleich hier angeschlossen. Bei der Diagnose in der Schwangerschaft handelt es sich nicht so sehr um die Erkenntnis der Schwangerschaft überhaupt oder des Monats der Gravidität, als vielmehr um die Feststellung des Geschlechtes des zukünftigen Kindes. Als Regeln stellt das *rGyud bzhi* folgende Beobachtungen auf. Ist die rechte Weiche der Schwangeren hoch und der Leib leicht, so ist ein Sohn zu erwarten; ist hingegen die linke hoch und der Leib schwer, so wird eine Tochter geboren werden. Haben beide Weichen der Mutter gleichen Stand, so handelt es sich um einen Hermaphroditen; steht aber die Mitte des Bauches oder stehen beide Weichen hoch, so werden daran Zwillinge erkannt.[2]) Doch gibt es auch Mittel, um willkürlich das Geschlecht des Foetus zu beeinflussen. Die Tibeter haben nämlich mystische Zauberformeln der buddhistischen Mahâyâna-Lehre, welche die Kraft haben, alles hervorzubringen, die sog. Dhâraṇî's; und so gibt es auch solche, welche die Geburt eines Knaben oder einer Tochter bewirken, wenn man sie während der

1) Dictionary, p. 580. Bei Erwähnung der Instrumente für Knochen- oder gar Schädeloperationen sei einer Bemerkung gedacht, die vielleicht auf die Möglichkeit einer Bekanntschaft der Tibeter mit der Trepanation hinweisen mag. In den Erzählungen des tibetischen Kanjur spielt der Inder Jîvaka (tib. *$_{o}$Tsho byed)*, der uneheliche Sohn des Abhaya und Enkel des Königs Bimbisâra, eine Rolle, der in Takshaçilâ unter dem Arzte Âtreya besonders die Kunst des Schädelöffnens (Trepanation?) studierte (Annales du Musée Guimet, II, 172); später wurde derselbe Leibarzt des Königs und erlangte als Kinderarzt grossen Ruf (Hoernle, The Bower Manuscript, p. 176, note 391).

2) Journ. As. Soc. Beng., IV, 7.

Schwangerschaft liest.[1]) Das *rGyud bzhi* soll ferner eingehend die Diagnose und Symptome der beginnenden Geburt darstellen.[2])

Was die praktische Geburtshilfe betrifft, so fanden sich kaum irgend welche Bemerkungen erheblicher Bedeutung. Jäschke ist der Ansicht, dass die tibetische Geburtshilfe sich kaum auf die künstliche Entbindung eines lebenden Kindes versteht. Hingegen scheint die Extraktion eines abgestorbenen Foetus oder eines toten Kindes grössere Bedeutung zu haben. Sowohl Jäschke wie Banerji nennen einen Löffel, den man zu diesem Zweck benutzt, *mngal thur* (*mngal* Uterus, *thur* Löffel). Nach Banerji, der diesen Löffel unter Nr. 47 erwähnt, leider aber die Abbildung desselben vergisst, ist derselbe gleich unserem Forceps mit der Beckenkrümmung versehen.[3]) Die Redewendungen *mngal rlugs-pa byed-pa,* nach Csoma to cause abortion, und *phru gu skyur pa,* nach Ramsay to commit abortion (wörtl. das Kind herauswerfen), deuten vielleicht auf Anwendung des künstlichen Abortus.[4])

# Veterinärmedicinisches.

Die Haustiere Tibets sind das Pferd, der Esel, das Maultier, der zahme Yak (bos grunniens L.), die Ziege, das Schaf, der Hund, das Huhn; bei den Mongolen kommt das Kamel hinzu.

Huc rühmt den Tibetern grosse Geschicklichkeit in der Behandlung kranker Haustiere nach. Man gab zu seiner Zeit den Tieren Dekokte per os, per nares, per anum. In die Nase oder den Mund setzte man die mit einer Öffnung versehene Spitze eines Ochsenhornes, durch das man das Medikament einlaufen liess. Zu Darmeingiessungen (*bsu sman*) benutzte man als Kanüle ebenfalls ein Horn, an das man eine grosse tierische Harnblase in Vertretung unseres Gummiballons befestigte. Die tierheilkundigen Lama operierten auch vielfach am Bauch, am Kopf, an den Schläfen, Ohren, Lippen und Augen kranker Tiere. Als Instrument benutzten sie ein Messer oder die Pfrieme, die sie stets am Gürtel tragen; diese Pfrieme wird sonst im täglichen Gebrauch zum Reinigen der Pfeife, zum Anpassen des Sattelgurtes und zu ähnlichen Zwecken verwendet. Be-

1) W. Wassiljew, Der Buddhismus, seine Dogmen, Geschichte u Litteratur, St. Petersburg 1860, S. 194 (Übers.). Über Dhâraṇi's im allgemeinen s. ebenda, S. 153 ff.

2) Journ. As. Soc. Beng., IV, 7.

3) Jäschke, Dictionary, p. 132. Banerji, l. c. p. X.

4) Jäschke, Dictionary, p. 132. Ramsay, Western Tibet, p. 1.

sonders wird eine Operation erwähnt, die an der Conjunctiva bulbi der Maultiere vorgenommen wurde, um kleine Geschwülste zu entfernen, die man als Hühnerkot wegen der Ähnlichkeit mit diesem bezeichnete.[1]) Das Horn als Medikamententrichter sah auch Bonvalot bei Pferden und Yaks anwenden. Wenn diese erkrankten, so goss man ihnen damit in das Maul einen Brei, den man aus einer Art Rüben herstellte.[2]) Dem Reisenden Littledale erkrankte ein grosser Teil seiner Pferde; eines derselben liess er von einem Tibeter behandeln: dieser goss dem Pferd eine Flüssigkeit in die rechte Nüster, wobei er erklärte, bei Stuten sei die linke zu wählen. Und, fügt der Autor hinzu, das so behandelte Tier war das einzige, das wieder genas.[3]) Ein Safrandekokt mit Salz sah Rockhill einem kranken Ponny auf die Nüstern reiben;[4]) durch den Sattel wundgeriebene Stellen bestrich man mit warmem Urin oder Thee.[5]) Die mongolischen Tierärzte benutzen vielfach, besonders in der Behandlung der Kamele, den Rhabarber.[6])

## Religiöses und Schamanisches in der lamaischen Heilkunde.

Man hat sich seit geraumer Zeit daran gewöhnt, von einer suggestiven Therapie oder von einer psychischen Behandlung der Kranken zu reden, und versteht darunter die Einwirkung auf die Empfänglichkeit des Patienten für Eindrücke, die das gesprochene Wort, die thätige Hand, nicht zuletzt auch die äussere Erscheinung des Arztes hervorrufen. Und man betont die Wichtigkeit dieser Behandlungsart, hält sie für neu, predigt sie als neu, als jüngste Errungenschaft; doch ist dem nicht so. Diese Art ärztlicher Behandlung hat man seit den ältesten Zeiten überall gekannt und geübt; und man kann nicht einmal sagen, dass unsere dabei angewandten Mittel erheblich feiner wären als die der früheren Völker oder der

1) Cit. nach Jaquot, in Gaz. méd. de Paris, 1854, 676.

2) Bonvalot, De Paris au Tonkin à travers le Tibet inconnu, Paris 1872, p. 371.

3) Littledale, A journey across Tibet, from north to south and west to the Ladâkh. Geogr. Journ., VII, 471.

4) Rockhill, Diary, p. 139.

5) Ibid., p. 104.

6) Ibid., p. 43. Rockhill, The Land of the Lamas, p. 284. Über Beschwörungen bei Viehkrankheiten vergl. B. Laufer, in Mémoires de la Soc. Finno-Ougrienne, XI, p. 86.

jetzt lebenden, aussereuropäischen Völker, die man gemeinhin als minderbegabt erachtet: unsere Mittel entsprechen eben unserem Milieu.

Dieses mächtigen Faktors in der Behandlung Kranker bedienten und bedienen sich auch die Lama, und woher sollten sie die Mittel für diese Therapie nehmen, wenn nicht aus ihrer Religion, deren Vertreter sie doch sind? Ob sie dies mit Bewusstsein thun, ist eine andere Frage. Genug, das Volk in Tibet ist für diese grobsinnlichen Einflüsse empfänglich. Und so entstand jenes Gemisch empirischer Pharmakotherapie und magischer Heilkunde, das wir in der lamaischen Medicin vor uns sehen. Auch diese Erscheinungen, die der Religion, überhaupt der Lehre vom Überirdischen entstammten Heilprinzipien, muss die Geschichte der Medicin als Teil der menschlichen Kulturgeschichte zu verstehen suchen und darf sie nicht mit überlegenem Lächeln ausser acht lassen.

Wir haben ein buddhistisches und ein vorbuddhistisches Element in dieser magischen oder religiösen Medicin Tibets zu unterscheiden; das vorbuddhistische bezeichnet man landläufig als schamanisches. Die Verbindung beider Elemente ist eine innige, unzertrennliche. Hat man doch in den buddhistisch-lamaischen Klöstern die Errichtung besonderer Lehrstätten für Magie und magische Heilkunde gestattet, aus denen die früher erwähnten Magier und magischen Ärzte, *Chos skyong*, d. h. Schützer der Lehre und *sNgags rams pa*, d. h. Doktoren der Zauberei, hervorgehen [1]). Die vielfach verschlungenen Fäden der indischen Mystik und der schamanischen Magie zu entwirren, ist der Forschung noch kaum gelungen. Freilich ist ein grosses Material über diese magischen Gebräuche zusammengetragen, ein so umfangreiches, dass die engen Grenzen dieser Abhandlung eine ausführliche Besprechung desselben verbieten. Es genüge hier vorläufig der Hinweis auf diesen Teil der lamaischen Heilkunde. Erwähnt wurden bereits die indisch - buddhistischen Amulette gegen Krankheiten, die der alten Bonreligion entstammenden Vorstellungen von der Entstehung des Aussatzes und seiner Heilung, die Manipillen, die Pillen aus den Excrementen der grossen Lama u. ä. Dahinzu kommen Gebete an den Medicin-Buddha, *sMan bla* oder *Sangs-rgyas sman pai rgyal po* [2]), das Vorlesen heiliger

1) S. Beiträge zur Kenntnis der tibet. Med. I, S. 18. Pander, in Zeitschrift für Ethnologie 1889, 48.

2) Grünwedel, Mythologie des Buddhismus in Tibet u. der Mongolei, Lpz. 1900, S. 118 und Abbild. 93, 94, 95, 96. Die Gläubigen sollen auch an der Figur des Medicinbuddha die Stelle reiben, die sie selbst schmerzt. Pander-Grünwedel, Das Pantheon des Tschangtscha Hutuktu, S. 70, 74. E. Schlagintweit, Le Bouddhisme au Tibet, Annales du Musée Guimet III, 265. Der Sanskritname des *sMan bla* ist Baishajyaguru, der mongolische *Ototschi*.

Bücher[1]), das Recitieren von Dhâraṇîs, vornehmlich derer aus dem Kanjur[2]), Ceremonieen am Krankenbett mit Tänzen, Musik- und Lärminstrumenten[3]), das Wegblasen der Krankheiten durch den geweihten Atem[4]), Opferung eines aus Mehl und Butter bereiteten Breies[5]) und andere Proceduren.

---

## Sympathetische Vorstellungen.

In gewissem, wenn auch nicht gerade engem, Zusammenhange mit religiösen Vorstellungen steht die Idee der sympathetischen Heilungen, die ja den Glauben, vornehmlich an überirdische Einflüsse, voraussetzt. Die Litteratur, die der einheimischen, nicht-buddhistischen Bonreligion entstammt, besitzt Schriftwerke, in denen sympathetische Kuren wesentliche Bedeutung beanspruchen; zwei von diesen hier in Betracht kommenden Schriften liegen bereits in Text und Übersetzung vor[6]).

Das „Sühngedicht der Bonpo" schildert in einem concreten Mythos den Kampf des Menschen mit der nach animistischer Anschauung von Geistern belebten Natur. Die Menschen bebauen das Land, brechen Steine und bauen Schlösser, sammeln das Wasser des Landes in Bassins, fällen Holz zum Brennen, kurz: machen das Land ur- und bewohnbar, assanieren den Boden. Bei diesem gewaltigen Eingriff in die unberührte Natur muss alles, was in der Natur lebt und webt, verletzt werden. Und der Mythos erzählt, dass deshalb die beleidigten Naturdämonen, die *Nâga*, *gNyan* und

1) Rockhill, Tibet, in Journ. R. Asiat. Soc. of Gr. Brit. 1891, 235 Note 2. Beigel, in Wiener med. Wochenschrift, XIII, 523. Isabella L. Bishop, Among the Tibetans, London 1894, p. 104.

2) Csoma-Wilson, Analysis of the Kanjur, in Journ As. Soc. Beng. I, 389. Wassiljew, Der Buddhismus, S. 194 (Übers.).

3) Jaquot, in Gaz. méd. de Paris 1855, 426. Wise, Review of the history of medicine, II, p. 450. Beigel, l. c. 508, 523.

4) Antonio d'Andrada, Lettere annue del Tibet del 1626 e della China 1624, Rom 1628, p. 16.

5) d'Andrada, l. c p. 19. Nicolaus Witsen, Noord en Oost Tartaryen, Amsterdam 1785, I, p 326 b (2 Druck).

6) B. Laufer, *Klu $_o$bum bsdus pai snying po*, eine verkürzte Version des Werkes von den Hunderttausend Nâgas, in Mémoires de la Soc. Finno-Ougrienne XI, Helsingfors 1898.

B. Laufer, Ein Sühngedicht der Bonpo, in Denkschriften der Kais. Akademie der Wissenschaften, Wien 1900, Phil.-histor. Klasse, Bd. XLVI, Abh. VII.

*Sa bdag*, den Menschen Krankheiten, wie Rheumatismus, Verletzungen und Verkrüppelungen, senden. Um die Geister zu versöhnen und sich selbst von den Krankheiten zu erlösen, bringen die Menschen als Opfer die Heilmittel dar, welche die Verletzungen des aus Tieren bestehenden Dämonengefolges heilen. Die Entstehung eines solchen Mythos ist wohl aus der Beobachtung eines ursächlichen Zusammenhangs zwischen der Urbarmachung des Bodens, insonderheit jungfräulichen Bodens, und gewissen dabei entstehenden Erkrankungsfällen, die sowohl durch den Boden selbst als durch die schwere, ungewohnte Arbeit bedingt sind, zu erklären. Die aufgeführten Erkrankungen der Menschen, wie Gehirnkrankheiten, Taubheit, Blindheit, Aphasie, Hand- und Fusslähmung, Gelenkrheumatismus[1]), Zwerghaftigkeit (Kretinismus?)[2]) und Verkrüppelung, lassen diese Deutung wohl zu Die Versöhnung des Menschen und der Natur, die der Mythos darstellt, findet dann seinen Ausdruck in der allmählich eintretenden Gewöhnung der Tierwelt an die neugeschaffenen Verhältnisse und in der Assimilation des Menschen an den Boden und an die neue Lebensthätigkeit.

Während in dem Gedicht die Krankheiten der Menschen ohne Ausnahme durch Salbung mit einem Tropfen Nektar und einer Dosis Arzneisaft geheilt werden, wird die Wiederherstellung der Tiere durch sympathetische Mittel herbeigeführt. Die *klu srin*, vermutlich Schlangen[3]), denen die Augen ausgerissen waren, erlangen die Heilung durch „zweifarbiges, geschmolzenes Mecaka“, wahrscheinlich Schwefelantimon, Grauspiessglanzerz.[4]) Die abgeschnittenen Hände und Füsse der Frösche werden durch *dbang po lag pa* (wörtliche Übersetzung von Sanskrit indrahasta, Hand des Indra, oder mächtige Hand, nach Vyutpatti ein Pflanzenname; etwa „Handwurzel“ zu übersetzen) und durch *chu srin sder mo*, Klauen des Wasserdrachen, ersetzt. Die den Skorpionen ausgerissenen Stacheln finden ihren Ersatz durch Rinderhörner.[5]) Die zerschnittenen Ameisenleiber werden mit roten Baumwollfäden[6]), und die abgebrochenen Flügel der Schmetterlinge mit blauer Nâgaseide geheilt. Dass es sich bei der Heilung der Schutzbefohlenen der Naturgeister um sympathetische Kuren handelt, ist ohne weiteres klar, nur ist über die Art der Anwendung der Heilmittel nichts ausgesagt: wenn man auch bei den verwickelten Volksanschauungen über die Wirkung sympathetischer Mittel eher geneigt wäre, innerlichen Gebrauch anzunehmen, so dürfte vielleicht

1) S. v. *grum bu*, Sühngedicht S. 43.
2) S. v. *phye bo*, ibid. S. 52.
3) Sühngedicht S. 41.
4) S. v. *bzi*, ibid. S. 56.
5) Das hier angewendete tibetische Wort *ru* bedeutet sowohl Stachel wie Horn.
6) *skud dmar po*, in Mém. Soc. Finn-Ougr. XI, S 62.

der in Vers 298 gebrauchte Ausdruck, der wörtlich „abgeschnittene Stücke durch Anfügung des Fehlenden ersetzen" bedeutet, die Unterstellung äusserlicher Application teilweise gestatten.

„Das Werk von den Hunderttausend Nâga" hat einen ähnlichen Gedankengang, berichtet aber nicht wie das Sühngedicht einen concreten Vorgang, sondern stellt die Regeln dafür auf, wie man die beleidigten Nâga versöhnen kann. Nach der Anrufung der Nâga werden die zur Heilung notwendigen Medikamente dargebracht. Die Methoden, nach denen die verletzten und erkrankten Nâga geheilt werden sollen, sind ähnliche wie die im Sühngedicht angeführten. Es werden geheilt: abgeschnittene Haupt- und Barthaare durch Fichtennadeln und Bambusblätter, Gliederverletzungen durch die Handwurzel, Hautabschürfungen durch Schlangenhaut[1]). Bluterkrankungen finden ihre Heilung durch Zinnober und Quecksilber[2]), Klauenverletzungen durch Wasserdrachenklauen, Zerreissung der Muskelfasern durch Mähnenhaare und Flaumfedern[3]), Knochenbrüche durch Muschelschalen und Zahnstein, Aderbrüche und Serumerkrankungen[4]) durch rote Baumwollfäden, Nervenverletzungen durch Muskatnuss und Kalmuswurzel. Einäugigkeit wird durch weisse und schwarze Gewürznelken beseitigt[5]), Gehirnverletzung durch Meerschaum[6]), Zahn- und Fingerverletzung durch Kârṣâpaṇa-Münze.[7]) Fleischverletzungen erheischen die Behandlung mit der Glagorfrucht (Arecanuss?[8]), Nierenerkrankungen mit der nierenförmigen Frucht (Bohne?[9]), Fettkrankheiten mit weissem Guggula[10]). Ver-

1) Vgl. hierzu Pallas' Bemerkung, dass man bei den Kalmüken Schlangenhaut auf bösen Grind auflege. Samml. histor. Nachr. über die mongolischen Völkerschaften I, S. 170.

2) Über Quecksilber s. v. *lcog la*, Mém. Soc. Finn.-Ougr. XI, S. 72, wo übrigens an Stelle von Quecksilberoxyd Schwefelquecksilber (Merkurisulfid zu setzen ist. Der Deutung von *lcog la* als Quecksilber ist immerhin entgegenzuhalten, dass die Tibeter möglicherweise den Zusammenhang zwischen Zinnober und Quecksilber nicht kennen: nach Saunders (bei Turner, Account of an embassy to the court of the Teshoo Lama p 410) verstehen sie es wenigstens nicht, aus dem Zinnober das Quecksilber herzustellen.

3) S. v. *rngo rgyus*, in Mém. Soc. Finn.-Ougr. XI, S. 70. Nach einer mir neuerdings mündlich geäusserten Vermutung von B Laufer ist jedoch statt *rngo rgyus* an dieser Stelle *rdo rgyus* zu lesen, was nach Kowalewskis mongolischem Wörterbuch, S. 2161, Asbest (wörtl. Steinfasern) bedeutet Asbestfasern als Heilmittel für zerrissene Muskelfasern würden den sympathetischen Vorstellungen der Tibeter wohl entsprechen. Über die Auffassung des Asbests als eines tierischen Produkts, s. Hirth, China and the Roman Orient, p. 249 sq

4) S. Beiträge z. K. der Tibet Medicin I, S. 37.

5) S. v. *gzir*, in Mém Soc. Finn.-Ougr. XI, S. 102.

6) S v. *rgya mtshoi sbu-ba*, ibid. S. 92.

7) Ibid. S. 61.

8) S. v. Semen Arecae, im Kap. „Die Heilmittel des Pflanzenreichs."

9) S. v. Phaseolus, ebenda.

10) S. v. Bdellion, ebenda.

letzungen der Farbe werden durch Pfauenfederaugen wiederhergestellt, Schädelverletzungen durch eine Handvoll Salbe, und Lippenverletzungen durch blauroten Utpala-lotos[1]). Eingeweide-Erkrankungen schwinden unter der Behandlung mit Nâgakesara, Nâgapuṣpa[2]), weissem und schwarzem Sesam, Safran, weissem und rotem Sandelholz, Zucker, Zuckersyrup, Honig, geronnener Milch und Butter. Die letztgenannten Medikamente sind auch zur Behandlung anderer Krankheiten dienlich.

Nicht alle in diesem Werk genannten Medikamente erscheinen uns als sympathetische Mittel, wie Muskatnuss, Kalmuswurzel, Gewürznelken, Nâgakesara u. a. Doch darf man die sympathetische Natur auch dieser Heilmittel nicht ohne weiteres in Abrede stellen, weil wir die Vorstellungen der Tibeter von der Wirkung dieser Arzneien und der Beziehung derselben zum Organismus nicht kennen. Immerhin erscheint allerdings bei der Betrachtung der erwähnten Medikamente die Annahme empirischer Therapie näher zu liegen.

Wiewohl sich in beiden Werken die sympathetische Behandlung auf Naturdämonen und Tiere bezieht, so glauben wir uns doch berechtigt, darin auch einen Zweig bei Menschen angewandter Therapie zu sehen, wenn man nicht dem für die heutige historisch-ethnographische Betrachtung menschlicher Vorstellungen ungeheuerlichen Gedanken Raum geben will, dass die aufgeführten Heilmethoden nur das Werk reiner Gedankenverbindung, reiner Phantasie seien. Die therapeutischen Beobachtungen eines Volkes wie der Tibeter gehen nicht über die Beobachtungen am eigenen Leibe hinaus, und die anthropomorphe Vorstellung, die ein solches Volk von Naturgeistern und Tieren hinsichtlich ihres Organismus besitzt, gestattet nicht, für diese eine andere Art der Heilung auszudenken als für den Menschen. In diesem Lichte gesehen erscheint auch an dieser Stelle der Hinweis auf die sympathetische Medicin nicht als müssiges Spiel. Und die Überzeugung zieht immer grössere Kreise, dass man vielleicht einst, nach grösseren Vorarbeiten und mit grösseren Kenntnissen, die Ent-

---

1) S. v. Lotos, ebenda.

2) S. Mém. Soc. Finn-Ougr. XI, S. 84. Nâgakesara ist bei Rehmann unter Nr. 36 und Nâgapuṣpa unter Nr. 37 (s. v. Lotos, in Kap „Die Heilmittel des Pflanzenreichs") erwähnt. Nr. 36 nennt er eine längliche Fruchtkapsel unbestimmter Herkunft, Nr. 37 die sauersüsse Frucht einer Rose. Beide Pflanzennamen sind Sanskritwörter, und es bezeichnet nach Boehtlingk: nâgakeçara (kesara) = nâga, Mesua Roxburghii Wight, sowohl den Baum als dessen wohlriechende Blüte; nâgapuṣpa bedeutet 1. Rottlera tinctoria Roxb. (Kamala, Mallotus philippinensis Müll. Arg.), 2. Mesua Roxburghii Wight, 3. Michelia champaca L. Hoernle gibt sowohl für (Nâga)-kesara wie Nâgapuṣpa die Bedeutung Mesua ferrea L. (Bower Ms. p. 85, 91 etc.). Es würde sich demnach um unsern Eisen- oder Nâgabaum handeln, dessen nach Veilchen duftende Antheren das Nagakassar unseres Handels bilden (kesara = Staubgefäss, Pistill).

stehung einer Reihe von unseren therapeutischen Mitteln auf diese im Dunkel der Natur tastenden, Mystik und Rätsel suchenden Anfänge der Heilkunde wird zurückführen müssen. Aber hier sei nicht so sehr diese medicinisch-historische oder kulturhistorische Bedeutung der sympathetischen Heilmethoden hervorgehoben, als vielmehr die Möglichkeit, bei fürderem Eindringen in die Kenntnis dieses Zweiges der Heilkunde der Tibeter, insonderheit der Bonsekte, die ursprüngliche tibetische Medicin von den fremden, indischen und chinesischen, Einflüssen scheiden zu lernen.

---

# Anhang.[1]

## Sarveçvararasâyanarogaharaçarîrapuṣṭakanâma.

Tanjur, Sûtra, Bd. 123, fol. 1—3a.[2])

(Exemplar des Asiatischen Museums zu St. Petersburg.)

Über das Elixir Sarveçvara, welches alle Krankheiten bezwingt und die Körperkräfte vermehrt.

Vor dem Allwissenden[3]) verneige ich mich.

Zuerst soll Quecksilber zum Zweck der Reinigung mit Ziegelstaub[4]) vermischt und durch siebenmalige Verbindung mit demselben gereinigt werden. Während dieser Zeit soll täglich geräuchert werden. Durch die Milch des Baumes Akon soll es durch siebenmalige Verbindung gereinigt werden. Während dieser Zeit soll täglich geräuchert werden. Ferner soll mit der Milch des Baumes Be'un geschehen wie vorher. Mit dem Saft des dornigen Kaṇṭa[5]) genannten Baumes soll geschehen wie vorher. Mit dem Saft von Kumârî[6]) soll geschehen wie vorher. Mit dem Saft von Citra[7]) soll

---

1) Als Probe aus der Litteratur indisch-tibetischer Medicin soll der folgende kleine Tanjur-Traktat dienen, der von meinem Bruder übersetzt und mir zur Veröffentlichung überlassen wurde.

2) Vergl. G. Huth, Verzeichnis der im tib. Tanjur, Bd. 117—124, enthaltenen Werke. Sitzungsberichte der Preuss. Akad., 1895, S. 271.

3) Sanskrit: sarvajña, ein Attribut Buddhas.

4) Tib.: *so phag gi phye ma.* Vyutpatti, fol. $282\,b^2$ *so phag* = iṣṭakâ, Ziegel, insbes gebrannter Backstein. Vergl. auch Wise, History of Medicine, I, p. 213.

5) Kaṇṭa (Skr.) bedeutet „Dorn"; kaṇṭaphala ist nach Boethlingk-Roth a) eine Varietät von Asteracantha longifolia, b) Brotfruchtbaum, c) datura fastuosa, etc.

6) Nach Boehtlingk-Roth: Aloe perfoliata, Clitoria Ternatea, Jasminum Sambac und eine Cucurbitacee.

7) Nach Boehtlingk-Roth Bezeichnung verschiedener Pflanzen, Salvinia cucullata L., Art Gurke, Myrobalanenbaum u. a.

geschehen wie vorher. Mit dem Saft von *mDze tsha*[1]) soll geschehen wie vorher. Nachdem man mit diesen Heilmitteln gewaschen hat, ist das Quecksilber fertig.

Wenn man den Saft der dreiblättrigen, *Ling-gi*[2]) genannten Heilpflanze, deren Blüten keinen brennenden Geschmack haben, und deren Stengel eine beliebige Höhe haben dürfen, ausgegossen und dieselbe durch Pressen getrocknet hat, so werden sie gerade wie ein Faden werden.

Um Kupfer zu reinigen, mache man dünne Platten daraus und weiche es sieben Tage lang in einer Säure[3]) ein. Ebenso verfahre man mit Buttermilchnudeln[4]) in einer Flüssigkeit. Sie sollen gut gewaschen werden. Darauf mache man Kupfer und Schwefel zu gleichen Teilen und schliesse sie so in ein Thongefäss ein, dass der Rauch nicht entweichen kann.

Um Blei zu reinigen, verfahre man mit dem Saft von Pong wie vorher.

Um Eisen zu reinigen, werfe man drei Körner in das Wasser einer Kuh, mache jene platt und lege sie hinein. Das Hineingelegte ist zu verbrennen.

Später verfahre man ebenso mit Kupfer, indem man gleichfalls drei Körner hineinlegt.

Um Talk[5]) zu reinigen, pulverisiere man es fein und verfahre damit wie mit dem Kupfer, indem man es in eine Säure legt.

Mit den Blättern von Aradha, die ein wirksames Medikament sind, verfahre man wie mit Kupfer. Kuhdünger soll darüber geschüttet werden.

Um den Stein Ammonit zu reinigen, soll mit den Blättern von Kṣirikandha täglich siebenmal geräuchert werden.

Geschmolzene Butter soll man in *Tshandhe*[6]) legen und verfahren wie vorher mit Kupfer. Wenn sie weiss geworden, ist sie fertig gereinigt.

Um Silber zu reinigen, soll man mit dem Saft von *Nirbisi* siebenmal wie Eisen reinigen.

---

1) In der chinesisch-tibetischen Pharmacopoe *sman ming bod dang rgyai skad shan sbyar ba* (Pandersche Sammlung B 304, Berlin) fol. 5b[1] wird *mdze tsha* als Medicinalpflanze aufgeführt; leider ist das zweite Zeichen der chinesischen Lesung undeutlich; das chinesische Äquivalent ist in tibetischer Schrift *pi ṣiyou* transkribiert.

2) Nach Boehtlingk-Roth ist liṅginî eine bestimmte Pflanze.

3) Tib. *skyur po* = Skr. amla (Vyutpatti, fol. 272b[3]), Säure, Essig.

4) Tib. *dar bai chur*; *chur ba* ist nach Jäschke eine Art in der Medicin vorkommender, aus gekochter Buttermilch bereiteter Nudeln.

5) Tib. *lhang tsher* = Skr. abhrakam (Vyutpatti, fol. 275).

6) So im tibetischen Text! Vielleicht ein Skr.-Locativ. Boehtlingk hat chanda, „Gift".

Wie Quecksilber gereinigt worden ist, so soll auch *Bhimala* gereinigt werden.

Um Gold zu reinigen, soll man mit der Flüssigkeit von *Kacana* verfahren wie bei der Reinigung von Kupfer.

Wie Gold gereinigt worden ist, so soll auch mit *Supakita* geschehen.

Nachdem man alle in solcher Weise gereinigten Dinge zu gleichen Teilen gemacht hat, bestehen die *Aba* (*Ava?*) aus drei Teilen. Indem man sie so genau verbindet, soll man ein Gemenge herstellen.

Wenn man den Kranken je vier Rati[1]) gibt, werden alle Krankheiten beseitigt. Von Sauerem und Gemüsen muss man sich enthalten, von Mehl und Brot muss man sich enthalten. Wenn man dann je vier Rati während sechs Monaten zu sich nimmt, wird man weisse Haare und Runzeln verlieren, und das Leben wird gleich Sonne und Mond sein.

Während sechsmonatlicher Schiffahrt ist man vor dem Untergang bewahrt.

Das von Çiva gelehrte kostbare Elixir ist hiermit beendigt.

Der Yogin Çivadâça aus Haridhobar und der aus Udyâna haben die Schrift in Bhutra übersetzt.

1) Rati oder ratî ist nach Jäschke der Same von Abrus precatorius, als Gewicht ungefähr zwei Gran.

# Übersicht des Inhalts.

# Tibetischer Index.

Druck von Gebr. Unger in Berlin, Bernburger Str. 30.

Heinrich Laufer

# Beiträge zur Kenntnis der Tibetischen Medicin.

I. Teil, S. 1—42.

(Sonderabdruck einer Berliner Doktordissertation.)

Der noch verfügbare Auflagerest ist in meinen Commissionsverlag übergegangen.

**Otto Harrassowitz.**

# 020

## 苯教的赎罪诗

# DENKSCHRIFTEN

DER

KAISERLICHEN

# AKADEMIE DER WISSENSCHAFTEN.

## PHILOSOPHISCH-HISTORISCHE CLASSE.

**SECHSUNDVIERZIGSTER BAND.**

MIT SECHS TAFELN.

WIEN, 1900.

IN COMMISSION BEI CARL GEROLD'S SOHN

BUCHHÄNDLER DER KAIS. AKADEMIE DER WISSENSCHAFTEN.

# VII.

# EIN SÜHNGEDICHT DER BONPO.

## AUS EINER HANDSCHRIFT DER OXFORDER BODLEIANA.

VON

**BERTHOLD LAUFER.**

VORGELEGT IN DER SITZUNG AM 12. JUNI 1899.

## Einleitung.

### 1. Vorbemerkungen.

Die Bodleiana in Oxford besitzt in ihrer werthvollen, aus dem Besitze der Gebrüder Schlagintweit stammenden tibetischen Büchersammlung, soweit bis jetzt ersichtlich, zwei Werke, welche der Litteratur der Bon-Religion angehören. Das eine derselben, das zunächst hier veröffentlicht werden soll, ist in dem kurzen lithographierten Verzeichnis (Tibetan Manuscripts, Schlagintweit Collection) unter Nr. 52 mit dem Titel *sa bdag klu gñan gyi byad grol bžugs* aufgeführt. Die beiden in Rede stehenden Schriften hat bereits Schiefner gesehen und ihre Titel mit dem Bemerken mitgetheilt,[1] dass sie ‚aus der Praxis der Bonpo-Secte stammen, für deren geistliche Litteratur uns bisher nur ein sowohl in St. Petersburg, als auch in Paris vorkommender Pekinger Holzdruck vorlag‘ (gemeint ist das später von ihm übersetzte *klu ₒbum dkar po*). Er hat irrthümlich *byan̓* statt *byad* gelesen und macht sonst keine Angaben über diese aus Sikkien stammenden Manuscripte. Im Kolophon lautet der Titel des Werkes etwas abweichend von der Ueberschrift: *sa bdag klu gñen gyi sgrog k'rol sdzogs so,* d. h. die ‚Fesselbefreiung‘ der Erdbeherrscher, Nâga und gÑan ist beendigt; ebenso wiederholt sich der gleiche Ausdruck in dem die Verse einleitenden Prosasatze: *sa bdag klu gñan gsum gyi sgrog skrol ba,* und innerhalb des Werkes selbst, wo des öfteren von der Fessellösung, von der Auflösung der Seelenknoten die Rede ist. Die Bezeichnung *byad grol* bleibt daher auf die Ueberschrift beschränkt, die vielleicht nicht einmal dem Verfasser der Schrift ihre Entstehung verdankt; jedenfalls möchte die andere Fassung, welche das Thema des Werkes in prägnanter Weise wiedergibt, angesichts ihres häufigen Auftretens im Gedichte selbst mit weit grösserer Berechtigung als Originaltitel zu gelten haben. Der hier gebotene Text enthält keine Uebersetzung aus dem Sanskrit; sein Inhalt ist auf dem ureigensten Gebiete der Bon-Religion erwachsen und trägt keinerlei buddhistische Färbung oder Verwässerung.

[1] Bericht über eine im Sommer 1870 unternommene Reise. Mélanges asiatiques VI, 289.

Der Verfasser der Schrift ist nicht genannt, die Zeit ihrer Entstehung nicht bestimmt. Der Ort der Entstehung lässt sich indess aus V. 297 erschliessen, wo es heisst, dass wieder Friede eingekehrt sei in das aus drei Thalrissen bestehende Land *(ral pa gsum)*, d. i. Lahûl.[1] Auch einige dialektische Wortformen legen die Vermuthung nahe, dass der Autor selbst ein Westtibeter gewesen: so V. 27 die Schreibung *ri k‘ro*, nach Jäschke (Dict. 52b) westtibetisch für *k‘rod* und insbesondere das fünfmal vorkommende Wort *skyed pa* (s. Glossar), das nach zwei Stellen in Jäschke's Handwörterbuch 16a und 29b das westtibetische Aequivalent für *rked pa, sked pa* vorstellt. Wir besitzen Nachrichten, dass die Bon-Religion noch heute in Lahûl existiert. Harcourt erzählt in seinem Buche The Himalayan districts of Koolvo, Lahoul and Spiti, London 1871, auf S. 211 Folgendes: ‚In Lahûl ist die Religion wesentlich Buddhismus mit einer Beimischung von Hinduismus, doch war jener nicht immer vorhanden; denn bevor er Volksglaube wurde, herrschte eine Art Glaube unter dem Namen *luṅ pai c‘os*, d. i. Religion des Thales, die hauptsächlich aus blutigen Menschenopfern für böse Geister bestanden zu haben scheint. Und niemals ist der Buddhismus, der kein Blutvergiessen duldet, im Stande gewesen, dieses System der Verehrung ganz zu vertreiben. Zwar werden jetzt keine Menschenopfer mehr dargebracht, aber Ziegen und Schafe[2] (vergl. V. 313: *ra lug*) opfert man vor Bäumen, wenn Wasserläufe im Frühjahr geöffnet werden (vergl. V. 92), oder an Festtagen zu Beginn der Ernte (vergl. V. 89, 90, 265).‘ Es kann wohl keinem Zweifel unterliegen, dass diese ‚Religion des Thales‘ mit der Bon-Religion zu identificieren ist, und wenn wir hauptsächlich auf Grund sprachlicher Erwägungen zu der Annahme eines ziemlich modernen Ursprunges der vorliegenden Handschrift gelangen werden, so wird man kaum in dem Gedanken fehlgehen, den Inhalt jenes religiösen Vorstellungskreises dort auch noch gegenwärtig als lebendig wirksam vorauszusetzen.

## 2. Metrik und Kritik des Textes.

Da uns nicht mehrere Handschriften zur Verfügung stehen, so sind wir für die kritische Behandlung des Textes leider auf diesen allein beschränkt. Gleichwohl treffen mehrere besondere Umstände zusammen, die geeignet sind, ein relativ günstiges Ergebnis zu liefern. Zur Grundlage der Textkritik müssen wir die metrische Verfassung des Textes nehmen. Die Form desselben ist nicht aus einem Guss geschaffen, sondern wir sehen verschiedene Arten von Versmassen bunt durcheinander fliessen, freilich nicht in dem Sinne, als wenn solche zu Strophen verbunden wären oder sich in regelmässiger Folge ablösten; ohne Strophenbau, ohne erkennbare Regel werden sie vielmehr willkürlich in beliebiger Abwechslung gebraucht. Zunächst unterscheiden wir fünf-, sieben- und neunsilbige oder drei-, vier- und fünftonige Verse, die sich schematisch so darstellen liessen:

— ⏑ — ⏑ —

— ⏑ — ⏑ — ⏑ —

— ⏑ — ⏑ — ⏑ — ⏑ —

Von den Versen 306—336 sehen wir bei dieser Untersuchung völlig ab, da sie gar nicht zu dem Werke selbst gehören und sich als späterer Zusatz eines Copisten erweisen werden. Folgende Uebersicht gibt Auskunft über die Vertheilung der drei genannten Metren:

[1] Dass das Manuscript aus Sikkim stammt, beweist naturgemäss nichts für das Land seiner Abfassung, wie wir z. B. Sanskritwerke in Tibet, China und Japan finden.

[2] Bereits Csoma, Geographical notice of Tibet, YASB., p. 124, erwähnt der Thieropfer innerhalb der Bon-Religion.

| Abschnitt der Disposition | Fünfsilbige Verse | Summe | Siebensilbige Verse | Summe | Neunsilbige Verse | Summe |
|---|---|---|---|---|---|---|
| 1. | 1—9 | 10 | | | | |
| 2. | | | 11—18 | 8 | | |
| 3. | 21—35 | 15 | 19—20 | 2 | | |
| 4. | 36—39 | 4 | 40—42 | 3 | 43 | 1 |
| | 44—47 | 4 | 48—50 | 3 | | |
| | 51—52 | 2 | 53 | 1 | | |
| | 54—55 | 2 | 56 | 1 | | |
| | 57 | 1 | | | | |
| 5. | 58—64 | 7 | | | | |
| 6. | 65—75 | 11 | | | | |
| 7. | 76—85 | 10 | 86 | 1 | | |
| | 87—94 | 8 | 95 | 1 | | |
| | 96—106 | 11 | 107 | 1 | | |
| | 108—109 | 2 | | | | |
| 8. | 110—116 | 7 | . . . . . | . | 117 | 1 |
| | 118 | 1 | . . . . . | . | 119 | 1 |
| | 120—125 | 6 | | | | |
| 9. | 128 | 1 | 126—127 | 2 | | |
| | 130—145 | 16 | 129 | 1 | | |
| | | | 146 | 1 | | |
| 10. | 148—149 | 2 | 147 | 1 | | |
| | 151—154 | 4 | 150 | 1 | | |
| | 156—161 | 6 | 155 | 1 | 162 | 1 |
| | | | 163 | 1 | 164 | 1 |
| | | | 165—167 | 3 | | |
| 11. | 168—170 | 3 | 171 | 1 | | |
| | 172 | 1 | 173 | 1 | | |
| | 174 | 1 | 175 | 1 | | |
| | 176 | 1 | 177 | 1 | | |
| | 178—180 | 3 | 181 | 1 | | |
| | 182—200 | 19 | 201 | 1 | | |
| | 202—208 | 7 | 209—212 | 4 | | |
| | 213—225 | 13 | | | | |
| 12. | 226 | 1 | 227 | 1 | | |
| | 228—229 | 2 | 230 | 1 | | |
| | 231—233 | 3 | 234 | 1 | | |
| | 235 | 1 | 237 | 1 | 236 | 1 |
| | 238—239 | 2 | 240 | 1 | | |
| | 241 | 1 | . . . . . | . | 242 | 1 |
| | 243—246 | 4 | 247 | 1 | | |
| | 248 | 1 | 249 | 1 | | |
| 13. | 250—251 | 2 | 252 | 1 | | |
| | 253—254 | 2 | 255 | 1 | | |
| | 256—259 | 4 | 260—261 | 2 | | |
| | 262—269 | 8 | 270 | 1 | | |
| | 271—279 | 9 | | | | |
| 14. | 282—286 | 5 | 280—281 | 2 | | |
| | 291—293 | 3 | 287—288 | 2 | 289—290 | 2 |
| | 295—301 | 7 | 302 | 1 | 294 | 1 |
| | 303 | 1 | . . . . . | . | 304—305 | 2 |
| | Gesammtzahl | 234 | Gesammtzahl | 59 | Gesammtzahl | 12 |
| | Procentsatz | 77% | Procentsatz | 19% | Procentsatz | 4% |

1*

Aus diesem Ueberblick ist in der Hauptsache zweierlei zu gewinnen: einmal die überwiegende Mehrheit der fünfsilbigen Verse, deren Zahl die der beiden anderen Arten um mehr als $^3/_4$ übertrifft, sodann die ungleichmässige Vertheilung der einzelnen Versmasse. Es folgt nun zunächst nur das relative Uebergewicht der Fünfsilber aus jener Zusammenstellung, nicht aber das absolute; mit anderen Worten: wir dürfen vorläufig nur behaupten, dass in der Gestalt, in welcher uns das Manuscript gegenwärtig vorliegt, die dreitonigen Masse eine vorherrschende Stellung einnehmen, während die übrigen von untergeordneter Bedeutung erscheinen; da nun eben dieses Verhältnis den Verdacht erwecken kann, dass es vielleicht erst durch das Ergebnis späterer Redactionen bewirkt worden ist, so lässt sich in der That noch nicht bestimmen, ob wir berechtigt sind, dasselbe bereits dem Originale zuzuweisen. Es entsteht die Frage, ob schon in diesem die drei Versarten und in einer der obigen Statistik entsprechenden Anzahl und Vertheilung vorhanden gewesen sind, vorhanden sein konnten. Wenn nicht, ist dann etwa das fünfsilbige Metrum das ursprüngliche, principielle gewesen, das erst spätere Bearbeiter an verschiedenen Stellen erweitern zu müssen geglaubt haben? Oder hat der Autor sein Werk in sieben- oder gar neunsilbigen Versen abgefasst und haben nachträgliche Redactionen eine durchgreifende Reducierung auf fünfsilbige vorgenommen? Zuerst haben wir also den ersten dieser drei möglichen Fälle ins Auge zu fassen, der in der Frage gipfelt: Dürfen wir in der vorliegenden Handschrift das Original erblicken, so wie es der Verfasser selbst geschrieben hat? Das ist nun aus triftigen Gründen ganz unmöglich. Denn es begegnen eine grosse Zahl von Entstellungen und Zusätzen, welche der Urschrift nicht eigen gewesen sein können. Vor allem treffen wir auf viele falsch gebildete, unregelmässige Verse mit einer überschiessenden Silbe; so kommen sechssilbige, achtsilbige und gar zehnsilbige Verse vor, die ich als unechte dreitonige, unechte viertonige, unechte fünftonige bezeichne.[1] An sich würde uns nun nichts berechtigen, an diesen Versen zu secieren, um sie auf eine gewisse Norm zurückzuführen; wir wären schliesslich gezwungen, sie einfach als gegebenes Factum, vielleicht gar als eine noch unbekannte metrische Erscheinung hinzunehmen, wenn nicht ein Argument zu Hilfe käme, das im Stande ist, des Räthsels Lösung zu vermitteln und gleichzeitig auf die beiden oben aufgeworfenen Fragen und die Fragen der Textkritik überhaupt Licht zu werfen. Wir versuchen zunächst das Problem durch die nebenstehende statistische Tabelle (s. S. 5) zu veranschaulichen.

Aus dieser Tabelle sind folgende Punkte zu ersehen: 1. In einer Anzahl von Versen mit überschiessender Silbe lässt sich ein Princip, ein Merkmal aufweisen, das denselben gemeinsam ist und die Art ihrer Gestaltung, eben die Ursache dieser Mehrsilbigkeit deutlich zeigt. Es stellt sich heraus, dass einsilbige Elemente pronominaler Natur oder dargestellt durch Affixe dieses Substrat bilden. Erkennen wir also unter Nr. 1, dass Spalte I eilf sechssilbige, Spalte III zwei achtsilbige, Spalte V einen zehnsilbigen Vers enthält, die sämmtlich durch den Vorsatz des fürwörtlichen Adverbs *der* eben sechs-, acht- und zehnsilbig werden, ohne diesen durchaus überflüssigen Zusatz aber ganz regelrechte Verse wären, so glauben wir die volle Berechtigung zu erwerben, dieses *der* als späteres Einschiebsel zu betrachten und in allen diesen Fällen einzuklammern, mit der dadurch

[1] In der oben mitgetheilten allgemeinen Uebersicht der verschiedenen Versmasse ist das Ergebnis der nunmehr folgenden Untersuchung bereits vorweggenommen worden, um einen leichteren Ueberblick zu ermöglichen, indem die unechten dreitonigen den echten dreitonigen u. s. w. zugewiesen sind, zu welchen jene ja ursprünglich in der That gehören. Doch auch ohne diese Vereinigung würde das arithmetische Endresultat jener Aufstellung kaum eine Verschiebung erleiden.

| Zu eliminierende Silbe | Sechssilbige oder unechte dreitonige Verse | Siebensilbige oder echte viertonige Verse | Achtsilbige oder unechte viertonige Verse | Neunsilbige oder echte fünftonige Verse | Zehnsilbige oder unechte fünftonige Verse | Zahl der Fälle |
|---|---|---|---|---|---|---|
| 1. *der* (stets die erste Silbe des Verses) | 58: — *klui rgyal po ni*<br>64: — *sa bdag klu gňanlo*<br>87: — *skos bu gcen cuṅ des*<br>118: — idem<br>250: — idem<br>266: — idem<br>153: — *skos rgyal*<br>168: — idem<br>110: — *sa bdag klu gňan des* (s. oben 64)<br>244: — *ňam pa bsos pa yis*<br>257: — *namskyis* etc. (vergl. oben 153, 168) | 129: — *mo ma la mo btab [pas]* (s. Tab. II, 3, V. 129)<br>261: — *[yaṅ] tʻaṅ la gšog pa yis* (vergl. Tab. III, 1, V. 237) | 126: — *skos rgyal* etc. (vergl. Tab. I, 1, V. 153, 168)<br>237: — *bon po tʻaṅ la šog pa yid* (vergl. Tab. II, 1, V. 261) | . . . . . . . | 162: — *ltom-kʻan tʻaṅ po šog pai žal na re* (vergl. Tab. II, 1, V. 261; III, 1, V. 237 und für *žal na re* III, 1, V. 126) | 16 |
| 2. ˳*di* oder ˳*di la* (zu Beginn des Verses) | | 127: — *ci yi cʻo cig yin [naṁ]*<br>147: — — *klu gňan sa bdag gis*<br>150: — — *sa bdag klu gňan gyis* (s. Tab. I, 1, V. 64, 110)<br>165: — — *mi tsʻal dgu cig tsʻal*<br>287: — *[sňon] su la pʻan de gsol* | | | | 4 |
| 3. *pa, ba, pas* (letzteres stets letzte Silbe) | 109: *gžan gnod* **pa** (3)<br>232: *cʻags* **pa** (5)<br>246: *rva* **ba** (4)<br><br>170: *gsog* **pas** . . . | 107: *gšog* **pa** (6)<br>155: *gšog* **pa** (4) . . .<br>234: *skyed* **pa** (4) *cʻad* **pa** (6)<br>240: *skyed* **pa** (3) *ňams* **pa** (4)<br>129: *btab* **pas** | . . . . . . . . .<br>. . . . . . . . .<br><br>. . . . . . . . . | . . . . . . .<br>. . . . . . .<br><br>. . . . . . . | 236: *gšog* **pa** (6) *cʻad* **pa** (8)<br>242: *ňams* **pa** (7) | 14 |
| 4. *-i, gi, gyi, kyi, kyis* | 62: *sa bdag* **gi**<br>292: *sa bdag* **gi** . . .<br>80: *yab skos* **kyi** . .<br>189: *ye šes* **kyi**<br>105: *grog mo* **kyis**<br>245: *klu srin* **gyi** . . | 280: *sa bdag* **gi**<br>. . . . . . . . . . .<br>107: *pʻye ma leb* **kyis** (vergl. Tab. II, 3, V. 107)<br>247: *grogs mo* **gi**<br>. . . . . . . . . . . | 211: *sa bdag* **i**<br>281: *sa bdag* **gi**<br>. . . . . . . . .<br>227: *klu srin* **gyi** | 117: *sa bdag* **gi**<br>290: *yon bdag* **i** *sgrog* **gi** | 242: *sa bdag* **i** (s. Tab. V, 3, V. 242) | 16 |
| 5. *-o, so* | 248: *gsos* **o** . . . . .<br>274: *sos* **o** . . . . .<br>276: *sos* **so** . . . . .<br>282: *tʻar* **o** . . . . .<br>302: *bsdums* **o** | 247: *gsos* **so** (vergl. Tab. II, 4, V. 247) | 227: *gsos* **o** . . . .<br>230: *gsos* **o**<br>249: *bsos* **o**<br>. . . . . . . . . | . . . . . . .<br><br><br>. . . . . . . | 236: *gsos* **o** (s. Tab. V, 3, V. 236)<br>242: *lags* **o** (s. Tab. V, 4) | 11 |
| | **Zahl der Verse 26** | **Zahl der Verse 12** | **Zahl der Verse 8** | **Zahl der Verse 2** | **Zahl der Verse 3** | **61** |

**Anmerkung.** Die unter 3 hinter *pa* eingeklammerten Ziffern bezeichnen, die wievielte Silbe *pa* in dem betreffenden Verse einnimmt.

erzielten Wirkung, dass die sechssilbigen Verse sich in fünfsilbige oder nunmehr echte dreitonige, die achtsilbigen in siebensilbige und die zehnsilbigen in neunsilbige verwandeln. In dem besonderen Falle von Nr. 1 wird dieser Beweis noch hervorragend dadurch verstärkt, dass den Versen 87, 118, 250, 266 in I mit dem stehenden, typischen Ausdruck *skos bu gcen cuṅ* thatsächlich zwei Verse genau des gleichen Inhalts, nämlich V. 145 und V. 262 gegenüberstehen, die jenes *der* entbehren, also durchaus der Regel gemäss gebildet sind. In ganz derselben Weise entspricht den typischen Versen 153 und 168 in I, sowie V. 126 in III ein *der*-freier *skos rgyal*-Vers in V. 163. Aus zweifachem Grunde also kann an dem Rechte der Beseitigung des *der* kein Zweifel bestehen, und damit ist schon der Beweis geliefert, einmal dass alle diese unregelmässigen Verse auf regelmässige zurückgeführt werden müssen, sodann dass die vorliegende Handschrift nicht das Original darstellt. Ganz analoge Fälle sind aus den Reihen 3, 4 und 5 der Tabelle leicht ersichtlich, für welche dasselbe wie zu Nr. 1 Bemerkte gilt. Das erste, aus der obigen Aufstellung sich folgernde Ergebnis lässt sich daher so zusammenfassen, dass 26 Sechssilbler, 8 Achtsilbler und 6 Zehnsilbler nach einem einheitlichen kritischen Princip eine regelrechte Gestalt annehmen und damit in ihrer wahrscheinlich ursprünglichen Form wieder erscheinen.

2. In Spalte V nehmen wir die überraschende Beobachtung wahr, dass der zehnsilbige V. 236 sowohl in Reihe 3, wie auch 5, und zwar im ganzen mit drei Reductionen, erscheint; dasselbe ist mit V. 242 der Fall, der seinen Platz in 3, 4 und 5 findet, demnach auch drei Reductionen erfährt, d. h. also: diese beiden zehnsilbigen Verse gehen auf regelmässige siebensilbige Verse zurück. Berücksichtigen wir nun ferner die Spalten II und IV der Tabelle. Sie enthalten echte vier- und fünftonige Verse. Dieselben Elemente, welche in I, III und V zu streichen sind, müssen oder können wenigstens auch in diesen einwandfreien Versen ebenso gut einem späteren Redactor ihr Dasein zu verdanken haben, wofür unter anderen Gründen auch die Entbehrlichkeit dieser Redetheile und die noch zu erörternde schlechte Verfassung mancher Verse sprechen. Auf diesem Wege werden die viertonigen Verse 234 (II, 3), 129 (II, 1 und II, 3), 107 (II, 3 und II, 4) und 247 (II, 4 und II, 5) dreitonig, der fünftonige V. 290 (II, 4) zunächst viertonig. Wir sehen folglich fünftonige Verse auf vier- oder gar dreitonige, viertonige auf dreitonige zurückgehen. Dank diesen Erscheinungen kommen wir der oben aufgeworfenen Frage nach dem principiellen Metrum des Originals um einen bedeutenden Schritt näher: weder der neun- noch der siebensilbige Vers können darauf Anspruch erheben, da sie zum Theil die Möglichkeit einer Reduction gewähren, und wenn nicht diese, so bleibt eben die Anwartschaft nur für den Fünfsilbler übrig.

3. Ferner erlangen wir auf Grund jener Tabelle ein festes Princip, nach welchem nun auch die übrigen Verse zu behandeln sind. Denn wenn es gelungen ist, in 26 Fällen Sechssilbler auf Fünfsilbler zurückzuführen, so werden wir nicht fehlgehen, auf sechs noch zu erledigende Sechssilbler, die in der Tabelle keinen Platz gefunden haben, dasselbe Verfahren anzuwenden. Es ist nicht anders denkbar, als dass auch diese auf gleiche Art entstanden sind. So ist in V. 71 *daṅ* zu beseitigen, das seine Entstehung nur den in den Versen 66—70 vorausgehenden fünf *daṅ* zu verdanken hat und deshalb völlig überflüssig ist, weil *p'ye ma leb* den Abschluss der aufgezählten Subjecte bildet und im folgenden Verse das Prädicat unmittelbar sich folgen lässt. In dem Sechssilbler 179 muss *la* fallen: die Construction von *byed pa* mit *la* ist aus der Schriftsprache wenigstens nicht bekannt. In V. 200 ist *ni* zu streichen (in Analogie zu V. 201), in V. 207 das *ru* in der Phrase

*gyer ru gyer nas*, wie denn auch der folgende Vers den regulären Ausdruck *gyer gyer* bietet, in V. 80 das schliessende *gñis*. Endlich bleibt V. 275, der lautet: *p'ye bo dañ goñ sa bsos;* zu dessen Reconstruction verhilft der V. 121: *p'ye bo goñ bur btañ*, demzufolge also in V. 275 *dañ* einzuklammern wäre. Damit sind die sechssilbigen Verse sämmtlich erledigt.

Es sind nun die mehr als fünfsilbigen Verse zu besprechen, zunächst die siebensilbigen. Vor allem sind sie mit Rücksicht auf die Frage zu prüfen, ob sie sammt und sonders späteres Machwerk darstellen, oder ob bereits der Autor selbst solche in sein Werk aufgenommen hat. Eine Betrachtung der Vertheilung der viertonigen Verse über die Schrift legt schon eine Vermuthung nahe. In ihrer grössten Dichtigkeit treten nämlich dieselben in der Einleitung, V. 1—75, auf, wo ihrer nicht weniger als 18, d. h. ein Drittel aller vorkommenden Siebensilbler überhaupt, zu finden sind. Im Hauptstück sind sie dagegen über das Ganze weit zerstreut, nie zu stärkerer Anzahl vereinigt, einmal zu vieren, dreimal zu dreien, viermal zu zweien gepaart, in allen übrigen Fällen nur vereinzelt. Wie erklärt sich denn nun ihre Häufigkeit gerade in der Einleitung?

In V. 11—18 begegnet uns eine Aufzählung von Nâganamen, und es wird deutlich, dass diese Verse deshalb sämmtlich sieben Silben umfassen, weil die Eigennamen zu lang sind, um in dem kurzen Metrum der fünf Silben untergebracht werden zu können; ein einziger Name war zu kurz, um ein solches auszufüllen, und zwei Namen verbunden erforderten eben ein längeres Mass. Zudem ist es sehr wahrscheinlich, dass dieser Abschnitt, der die in der indischen wie in der tibetischen Litteratur so häufig genannten acht grossen Nâgakönige aufzählt, in der in anderen Werken vorgefundenen Form fertig übernommen wurde, und es ist daher nicht der geringste Grund vorhanden, diese acht viertonigen Verse dem Original abzusprechen. Aehnliche Motive walten bei der Uebersicht über die Namen der *gñan* und *sa bdag*, nur dass hier auch stellenweise die Möglichkeit vorlag, das kurze Mass beizubehalten. Verdacht erweckt V. 41, der vielleicht so darzustellen ist: *sa bdag p'a [dañ] yab smos [pas]*, denn *dañ* ist an dieser Stelle höchst auffällig, während *p'a yab* als Synonymcompositum Geltung beanspruchen könnte, denn es kann darunter nur eine Person verstanden werden, wie aus V. 42 hervorgeht, wo nur ein Name genannt wird; ebenso ist *pas* dem Sinne vollständig zuwider und erschwert die Construction des Satzes bedeutend; es fällt nach Analogie von Tab. II, 3, V. 129. In V. 48 und 49 ist vielleicht *can dañ* und in V. 50 *dañ* zu streichen, so dass *lhai* einsilbig zu lesen ist, wodurch der Vers fünfsilbig würde; möglicherweise gehören aber auch diese drei Verse bereits der Urschrift des Textes an. Reducieren liessen sich auf ähnliche Art auch V. 19 und 20:

*de nas gñan [gyi] rgyal [po] srid*
*byañ šar mts'ams kyi gñan [c'en ni]*

Ersterer könnte Tab. 3, 4 für sich in Anspruch nehmen, letzterer die Analogie der V. 22, 24, 26, 28. V. 53 ist vielleicht zu lesen:

*bya dmar rluñ gi bdag [po dañ]*

und V. 56:

*[gžan yañ] sa bdag mañ po ni*

Mag es auch gelingen, einige dieser Verse auf dreitonige zurückzuführen, so bleibt dieses Verfahren, das ist entschieden zu betonen, lediglich auf blosse Vermuthungen gegründet;

dasselbe ist nicht bindend, zwingend, nothwendig, da sich kein einheitliches Princip aufweisen lässt als die innere treibende Kraft jener Reductionen, da die typischen Fälle fehlen, wie sie in der obigen Tabelle vorliegen. Während diese vorschreibt, man muss reducieren, gilt von den hier aufgeführten Versen, man kann vielleicht reducieren. Und wenn wir dem Verfasser im einleitenden Theile ohne weiteres Siebensilbler zugestehen, um auf ihrem Raume die Benennungen der Dämonen passend unterzubringen, warum sollten wir ihm das Recht versagen, nach seinem persönlichen Belieben und Gefallen die Verwendung dieses gewöhnlichsten aller Metren noch weiter auszudehnen?

In V. 86 lässt sich *skos bu* leicht entbehren, da die Bezeichnung ‚jüngerer Bruder des vorher Genannten' vollauf genügt, um diesen als Sohn des *skos* zu kennzeichnen, und möchte daher als nachträglicher Erklärungszusatz zu fassen sein. Mit grosser Sicherheit lässt sich die Beseitigung von *kun daṅ* in V. 95 bewerkstelligen; denn *kun*, die Dreiheit *sa bdag klu gñan* zusammenfassend, kennt weder dieses Werk, noch, so viel ich weiss, irgend ein anderes, ebenso wenig ist die Verbindung von *₀gras* mit *daṅ* zu belegen und auch kaum wahrscheinlich zu machen. V. 126 scheint in der Redensart *žal na re* die Mache eines Abschreibers zu besitzen, die ihm wohl der gleiche Ausdruck von V. 133 eingeflösst hat; jedenfalls dürfte jener Vers nach dem übereinstimmenden typischen V. 153 zu lesen sein. V. 127 lautet:

*₀di ci yi c̒o cig yin nam̓*

*₀di* fällt 1. nach Tab. II, 2 in Analogie mit anderen Versen; 2. dieses Pronomen weist stets auf folgendes hin, wenn aber an dieser Stelle ein demonstratives Fürwort angebracht wäre, so könnte es dem Sinne nach nur das auf vorher genanntes zurückweisende *de* sein. Indem nun *₀di* überflüssig wird, ergibt sich die Nothwendigkeit, noch eine Silbe des Verses zu tilgen, die wohl keine andere als *nam̓* sein kann; denn dieses Affix ist ebenfalls grammatisch uncorrect, da es niemals einem durch das Interrogativpronomen eingeleiteten Fragesatze angehängt zu werden pflegt. Demnach wird wohl die ursprüngliche Form dieses Verses so wieder herzustellen sein:

*ci yi c̒o cig yin*

Zu bemerken ist auch, dass der Vers durch diese Verkürzung besser gebaut erscheint, indem *yi* nunmehr in der Thesis steht, während es nach der Lesung der Handschrift die Stelle der Arsis einnimmt, was bei Suffixen in gut gebildeten Versen niemals der Fall ist. Das *pas* in V. 129, das ebenso wie *der* nach Tabelle verschwindet, scheint durch V. 132 suggeriert zu sein. V. 146 ist in der hier überlieferten Gestalt vielleicht echt, um die Rede der Wahrsagerin wuchtiger abzuschliessen; gleichwohl würde eine auf Entfernung des *₀o skad* abzielende Conjectur den Sinn des Ganzen nicht beeinträchtigen. Da die Silbe *pa* in V. 155 nach Tabelle eliminiert wird, so ist der dadurch entstehende sechssilbige Vers durch Ausscheidung von *nas* regelmässig zu gestalten; *nas* stört in der That den Zusammenhang der Rede, denn *draṅ* ist den schliessenden Verben der sechs folgenden Verse gleichwerthig und beigeordnet zu fassen. Die Verse 163, 166, 167 können wir nicht umhin, als ursprünglich zu betrachten, weil das, was der Verfasser zu sagen und hineinzulegen hatte, seinen Ausdruck eben nicht auf kürzerem Wege finden konnte; derselben Nothwendigkeit unterlag er in den Versen 171, 173, 175, 177, die sämmtlich von weitschweifigen Namen ausgefüllt werden. In V. 181 lässt sich entschieden folgende Lesung befürworten:

*k̒a mig ram̓ [daṅ] ts̒al [la] gyis*

*raṁ ts'al* ist Dvandvacompositum: vergl. über einen genau analogen Fall oben von V. 275; die Construction von *gyis* mit *la* scheint nicht weniger unstatthaft als die von *byas* mit *la* in V. 179. V. 201 lässt sich nur unter Heranziehung des vorhergehenden Sechssilblers würdigen. Die Handschrift bietet:

*dkar gsum ni ₒo ma daṅ*
*mṅar gsum ni rtsi sman sna ts'ogs daṅ*

Auffallend ist, dass auf die ‚drei weissen Dinge' die Milch als besondere Gabe folgt, während sie doch das erste der drei weissen Dinge darstellt, ferner dass *dkar gsum* von dem gleichartigen Begriff *mṅar gsum*, mit welchem es stets zusammengestellt wird, getrennt ist, während die Verbindung desselben mit *rtsi sman* befremdet. Offenbar hiess es im Original:

*dkar gsum mṅar gsum daṅ*
*rtsi sman sna ts'ogs daṅ*

Oder will man sich nicht zu diesen Veränderungen entschliessen, so lese man:

*dkar gsum ₒo ma daṅ*
*mṅar gsum rtsi sman daṅ*

V. 209—212 sind wohl als echt zu bezeichnen. V. 230 wird nach Tab. III, 5 siebensilbig und ist dann in Uebereinstimmung mit V. 106: *sbal pai rkaṅ pa bcag*, vielleicht so zu reducieren:

*sbal pai rkaṅ [lag] bcad [pa] gsos*

V. 237 nach Entfernung von *der*, V. 249 nach Tilgung von *ₒo* (s. Tabelle) siebensilbig geworden, dürften in der so gewonnenen Gestalt dem Urtext angehört haben. In V. 255 sind mit grosser Wahrscheinlichkeit folgende Streichungen vorzunehmen:

*[yaṅ] lto mk'an [la] gšog pa yis*

Das *la* ist hier wohl aus V. 261: *t'aṅ la gšog pa yis* eingedrungen, während in V. 155 *t'aṅ ma gšog* und V. 162 *lto mk'an t'aṅ po gšog pa* ohne verbindendes *la* auftreten. In V. 260 mag der Zusatz *de yis* entbehrlich sein. Indem die Tabelle das *gi* von V. 280 beseitigt, wird es nothwendig, die expletive Partikel *yaṅ* abzuwerfen, so dass der Vers fünfsilbig wird. Der letzte siebensilbige Vers, der zu erörtern bleibt, V. 302, bietet ein schönes, treffendes Beispiel für die Behauptung, dass der Autor thatsächlich gezwungen war, dieser Versgattung Raum zu gewähren; denn V. 302 bildet einen Parallelismus zu V. 301 und 303, welche lauten:

*klu daṅ mi ru sdums*
*gñan daṅ mi ru bsdums*

Da nun mit *klu* und *gñan* der dritte im Bunde *sa bdag* ist, so musste wegen der Zweisilbigkeit dieses Wortes der zu *klu* und *gñan* zu bildende Parallelvers eo ipso schon eine Silbe mehr zählen und folglich dahin drängen, durch Hinzufügung noch einer, den Parallelismus allerdings nicht störenden Silbe einen Siebensilbler zu erzielen. Der Autor löste seine Aufgabe in einfacher Weise und hat unzweifelhaft selbst mit der lectio der Handschrift geschrieben:

*sa bdag daṅ mi ru sdumso*

Es ist also in wiederholten Fällen klar zu ersehen, dass viertonige Verse Bestandtheile des Urtextes gebildet haben können nicht nur, sondern auch müssen. Darin liegt nun nicht eingeschlossen, dass sie alle original sein müssen; im Gegentheil können ihrer viele vor eindringender Kritik nicht standhalten, und es dürfte wohl klar sein, dass gerade eben das Vorhandensein einer beschränkten Anzahl siebensilbiger Verse einen Copisten in Versuchung geführt hat, dieselbe noch aus eigener Kraft zu vermehren. Es wäre daher ein Missgriff, über diese Verse in cumulo, sei es pro oder contra, ein Votum abzugeben, anstatt durch Einzelprüfung nach der Wahrheit zu suchen.

Es bleibt noch von einigen achtsilbigen Versen zu handeln, die in der Tabelle keine Unterkunft gefunden haben. In V. 48: *c'u bdag c'u srin mgo bo can dań* ist *bo* zu löschen, wie denn auch der folgende Vers durch das einfache *mgo can* zur Genüge zeigt. Von V. 201 ist bereits oben im Zusammenhang mit V. 200 die Rede gewesen. V. 227 muss fünfsilbig werden, denn die Silben *gyi* und *ₒo* schwinden nach Tabelle, was des weiteren den Ausfall von *bar* bedingt. V. 11 wird weiter unten zur Sprache kommen.

Endlich zu den neun- und zehnsilbigen Versen. Da ist V. 43:

*dei lcam ba pai lha mo brtan mo yin*

bei dem sich die Frage erhebt, ob er als neun- oder zehnsilbig zu nehmen sei, d. h. ob *dei* oder *de-i* zu lesen. Wohl letzteres dürfte richtig sein, denn dass *dei lcam ba* zu scandieren wäre, ist kaum anzunehmen. Lesen wir dagegen *dei lcam ba pai*, so ergibt sich eine erneute Schwierigkeit in der nun folgenden Betonung *lha mo brtan mo yin* in der Hervorhebung der beiden enklitischen Partikeln *mo*. Wir fühlen aber hinter *pai* eine Cäsur, und nicht minder, dass der zweite Theil des Verses nur *lha mo brtan mo yin* lauten kann, und blicken wir nun auf den ersten Theil zurück, so erkennen wir des Räthsels Lösung darin, dass dieser vermeintliche Zehnsilbler aus zwei ganz regelmässigen Fünfsilblern besteht. Der Schreiber hat also entweder aus Versehen oder auch mit Absicht hinter *pai* das Interpunctionszeichen ausgelassen.

V. 117 lautet in der Handschrift:

*sa bdag gi dmag ni ri ga ltar ñil*

Das schlechte Gewissen dieses Verses verräth sich sofort in der Betonung der drei tonlosen Silben *gi*, *ni* und *ga*; *gi* ist aus zwei Gründen zu streichen: 1. nach 4 der Tabelle, 2. mit Rücksicht auf die beiden vorhergehenden Parallelverse, in denen es entsprechend *klu dmag* und *gñan dmag* heisst. Ebenso ist in Uebereinstimmung mit *mts'o ltar* und *rluń ltar* der Parallelverse *ri ltar* zu lesen, so dass wir nunmehr erhalten:

*sa bdag dmag ni ri ltar ñil*

Dieser siebensilbige Vers muss auf alle Fälle den Vers des Urtextes repräsentieren, denn das lehrt die Congruenz mit den genannten Parallelversen. Es liegt hier genau derselbe Fall vor wie bei dem oben besprochenen V. 302, so dass die dort gemachten Bemerkungen auch für diese Stelle gelten. In V. 119 möchte man geneigt sein, *sna ts'ogs* als ein überflüssiges Element zu betrachten. In V. 162 ist *lto mk'an* wahrscheinlich nur als Wiederholung aus V. 154 eingefügt und nach Analogie von V. 155 einfach zu lesen:

*t'ań po gšog pai žal na re*

In V. 164 vermuthe ich in *byed pa* einen späteren Zusatz; es hiess ursprünglich wohl *sgrog sgrol na* mit verbaler Auffassung von *sgrol*; da nun die Verbindung *sgrog sgrol* in dieser Schrift sonst stets als substantivisches Compositum erscheint, so mochte ein Copist wohl auch hier diese Auffassung empfinden und das vermisste Verbum ersetzen oder auch nur die Absicht haben, die Stelle zu verdeutlichen. Die Verse 236 und 242 sind bereits auf Grund der Tabelle erklärt worden. In den Versen 289 und 290 ist, wie erst im Folgenden bewiesen werden kann, *de riṅ* zu streichen, in V. 290 fallen ausserdem *-i* und *gi* nach Tabelle, so dass jener sieben-, dieser fünfsilbig wird. Die neunsilbigen, gut gebauten Verse 294, 304 und 305 erachte ich in dieser Form für echt: der Verfasser bedurfte am Ende des Werkes einer grösseren Wortfülle, er musste bestimmte Gedanken energisch in eines zusammenfassen; so spiegelt V. 294 die Summe der V. 291—293 wieder und erscheint in der That gleichsam als die Addition derselben. Die Verse 304 und 305 enthalten zunächst in einem Segenswunsche das Ergebnis der in V. 296—303 gefeierten Versöhnung, um dann die Idee derselben noch einmal nachdrücklich zu betonen. So erhält das Ganze durch die geschickte, effectvolle Verwendung des neunsilbigen Metrums einen breiten, kräftigen, in vollen Tönen ausklingenden Abschluss. Von den zuerst aufgestellten zwölf Neunsilblern sind drei als ursprünglich zu erkennen, sieben sind auf Siebensilbler, einer auf einen Fünfsilbler zu reducieren, einer, der sich in zwei Fünfsilbler auflöst, gehört nur scheinbar zu dieser Gruppe.

Nachdem wir durch die vorhergehende Analyse versucht haben, eine Vorstellung von der metrischen Verfassung des Urtextes zu gewinnen, schlagen wir nunmehr den synthetischen Weg ein, indem wir uns die Frage vorlegen, wer und was alle diese zahlreichen Zusätze veranlasst haben mochte. Ein Blick auf die Tabelle belehrt darüber, dass dieselben nicht zufällig regellos oder willkürlich entstanden sind, sondern dass gewissermassen System dahinter steckt. Es scheint eine Methode zu Grunde zu liegen, die darauf hinzielt, das Verständnis bestimmter Stellen zu erleichtern und zu fördern; die Einschaltungen wollen also erklärender Natur sein, und daraus ergibt sich eben der systematische Charakter, der ihnen anhaftet. Die Veranlassung zu ihrer Entstehung lässt sich durch ein neues Argument leicht erfassen. Die vorliegende Handschrift ist nämlich nicht unmittelbar von einem anderen Exemplare des Werkes copiert worden, sondern verdankt offenbar ihre Niederschrift einem mündlichen Dictat. Diesen Vorgang enthüllen einige selbstverrätherische Stellen, in erster Reihe V. 252. Da heisst es:

*da duṅ skos bu mcʿed gñis kyis*

Die Verbindung *skos bu mcʿed gñis kyis* ist eine Variation des typischen Verses *skos bu (g)cen cuṅ gis*, der in dieser Form wiederholt, und zwar stets in einem fünfsilbigen Verse, auftritt; schon aus diesem Grunde allein ist der Vorsatz *da duṅ* höchst verdächtig und wird es noch weit mehr, da er im Zusammenhang der Stelle durchaus sinnlos ist. Er wird aber verständlich, wenn man bedenkt, dass unmittelbar vorher, V. 250, noch in demselben Satz eingeschlossen, das leitmotivische *skos bu bcen cuṅ gyis* vorausgeht: da sich nun diese Bezeichnung zwei Verse darnach wiederholte, was ja an sich überraschen konnte, so rief der Vorleser dem vielleicht stutzenden Schreiber zu: *da duṅ* — *skos bu* etc., d. h. ‚noch einmal (schreibe) *skos bu* etc.!‘ Dieser fügte nun, sei es im blinden Eifer des Handwerks, sei es, dass er glauben mochte, alles, was er nur hörte, fixieren zu müssen, sei es

2*

aus irgend einem anderen nicht mehr enthüllbaren Grunde, diese Aufforderung in den Text ein. Vielleicht dass man eine solche Deutung für phantastisch hält, aber sie hat gewiss nichts Wunderbares für den, der sich an die Art und Weise tibetischer Bücher gewöhnt hat, wo oft noch weit sonderbarere Dinge den gequälten Leser auf Schritt und Tritt aus der Fassung bringen. Nehmen wir an, was ja keineswegs unmöglich wäre, ein Bonpo-Priester habe dieses Werk mit einem seiner Schüler durchgenommen, recitiert und interpretiert, während der Schüler sich nach dem Vortrage des Lehrers für seinen Gebrauch eine Niederschrift verfertigte, so ist dies zwar nichts anderes als eine Hypothese, die aber dadurch, dass sie uns in die Lage versetzt, fast alle Auswüchse und Fehler des Manuscriptes mit ihrer Hilfe genügend zu erklären, an Breite der Grundlage und innerer Wahrscheinlichkeit gewinnen wird. Das fünfsilbige Versmass, das der Autor für den Ausdruck seiner Gedanken gewählt hatte, bedingte entsprechend einen gedrängten Stil, prägnante Kürze, zugespitzte Schärfe. Die Redeweise dieses Textes ist grundverschieden von der, welche in anderen Erzeugnissen der Litteratur Geltung erlangt hat: keine langathmigen Sätze, keine Häufung von attributiven Bestandtheilen, kein labyrinthischer Periodenbau. Melodischer Rhythmus, gefälliger Parallelismus nehmen die herrschende Stelle ein. Aber die erforderliche Knappheit und Sparsamkeit an Worten erzeugt nicht selten eine gewisse Dunkelheit, zum mindesten Schwierigkeit des Verständnisses, die auch dem Eingeborenen fühlbar werden mochte. So sah sich der Lehrende veranlasst, einen Commentar in die Hände seines Hörers zu legen, mit der Absicht, vor allem die grammatische Construction der Sätze zu erleichtern; er erreichte seinen Zweck auf sehr einfache Art durch Einfügung kleiner einsilbiger Elemente, die zuweilen morphologischen Charakter tragen. War es z. B. nicht ganz leicht, den Anfang eines neuen Satzes zu erkennen, so eröffnete er denselben mit einem *der* ‚da . . . .‘, oder schien es erwünscht, den Abschluss eines Gedankens schärfer zu markieren, so hieng er dem Verbum finitum ein *slar bsdu ba* an. Aus ähnlichen Gründen flickte er Genetivsuffixe und die verdeutlichenden Determinative *pa, ba* etc. ein; seine Absicht gieng gewiss nicht dahin, durch diese dem Verständnis nachhelfenden Ergänzungen das Gleichgewicht der Verse zu stören oder den Autor zu verbessern, beziehungsweise zu verballhornen. Dieses Werk brachte, jedenfalls ohne es zu ahnen, erst sein der Sprachgewandtheit noch entbehrender Schüler zustande, der auf des Meisters Worte schwörend, sie alle zugleich mit dem Werke selbst in dieses hinein an den betreffenden Stellen eintrug; wir wären also in der beneidenswerthen Lage, in diesem Manuscripte nichts mehr und nichts weniger vor uns zu haben als das Collegheft eines angehenden tibetischen Studenten. Folgen wir ein wenig den Eindrücken, die er im Hörsaal empfangen. Die Verse 280 und 281 vermerkte er sich in folgender Form:

*klu gñan sa bdag gi sgrog yaṅ*
*klu gñen sa bdag gi tʻar ram pʻye*

Der Urtext lautete in epigrammatischer Kürze und Würze so:

*klu gñan sa bdag sgrog*
*klu gñen sa bdag tʻar*

d. h. was der *klu, gñan, sa bdag* Fesseln betrifft, so wurden *klu, gñen, sa bdag* (von denselben) befreit. Im ersten Vers erklärte der Lehrer, dass *sa bdag* genetivisch von *sgrog* abhänge, und definierte durch die hervorhebende Partikel *yaṅ sgrog* als das Wort, auf das sich die folgende Aussage bezieht. Das *gi* des zweiten Verses setzte der Jünger, durch falsche Analogie verleitet, wohl aus eigener Geistesfülle zu; denn dass es in diesem Falle unsinnig ist, bedarf keines Beweises. Mit der Glosse *ram̃ p'ye* suchte nun offenbar der Meister zu glänzen, dem es darum zu thun war, das schlichte, vollständig genug sagende *t'ar* durch ein gewählteres Synonym zu übertrumpfen und seinen Hörern zu imponieren; er meinte also: *t'ar* — gut! oder aber man kann auch sagen (was vielleicht feiner und gelehrter ist): *p'ye.*[1] V. 287 ff. las man im Urtext:

*su la p'an de gsol*
*skos bu p'an de bsod*
*yon bdag [ₒdi la]? p'an žiṅ bsos*
*yon bdag sgrog k'rol lo*

Der Gedankengang dieser Stelle ist in der That nicht leicht zu verstehen. Der Commentator fühlte diesen Mangel heraus und suchte ihm einigermassen dadurch abzuhelfen, dass er durch adverbiale Zeitbestimmungen, *ₒdi sṅon* im ersten, *de riṅ* im dritten und vierten Verse auf den inneren Zusammenhang der beiden Sätze hindeutete. Ferner erläuterte er *skos bu* durch die Worte *mc'ed gñis la*, durch deren Aufnahme der Nachschreiber das Metrum verdarb, und schmückte den vierten Vers mit zwei Genetivsuffixen. Den Einschub *lcam̃ yaṅ* in V. 270 möchte ich auf einen ähnlichen Grund zurückführen wie oben *p'ye*. Dies Wort ist vielleicht als Frucht eines Discurses zwischen Lehrer und Schüler über den Sinn des Passus erwachsen; es erschien auffallend, dass der vorhergehende Vers besagte: die Blinden sehen, und dass nun noch einmal folgte: die körperlichen Erscheinungen sehen sie. Wie sollten sich beide Aussagen unterscheiden? Der Lehrer urtheilte darauf so: im ersten Falle handelt es sich um das Wiedererwachen der physischen Sehfähigkeit, um die ersten Bethätigungen des neu gewonnenen Gesichtssinnes, im zweiten dagegen ist von dem weiteren Fortschritt die Rede, den sie in der Erkenntnis der realen Dinge, der sämmtlichen bunten, schimmernden (wie er nun hinzusetzte) Erscheinungen der Welt machen; dass dieses seltene Wort *lcam* eine posthume Künstelei vorstellt, ergibt sich schon zur Genüge aus seiner Stellung hinter *snaṅ ba*, die so recht den docierenden Ton hervorkehrt. Das den achtsilbigen V. 11 einleitende *klus* steht ganz ausserhalb des Satzes, denn es kann weder zu *mt'a yas*[2] und den folgenden Nâganamen, noch auch als Subject zu dem intransitiven *byuṅ* gezogen werden. Es liegt hier wieder eine Erklärung vor: *klus* ‚nun ist von den Nâga zu handeln' sollte auf den Inhalt der folgenden Verse vorbereiten und die ohne weiteres Kennzeichen aufgezählten Namen als Nâga charakterisieren.

Nach diesen Beispielen dürfte es nicht mehr erforderlich sein, alle vorher analysierten Verse hier noch einmal in ihrem Aufbau zu besprechen. Es genüge zu bemerken, dass nunmehr jene Einschaltungen auf Grund der Annahme eines Dictates und dazugegebener unterweisender Glossierung in einem ganz neuen Lichte erscheinen. Die im Texte eingeklammerten Stellen sind nicht einfach zu annullieren, sondern bilden in ihrer Gesammtheit einen Commentar, der in manchen Fällen nicht unbedeutende Dienste bietet. Wir haben also gleichsam

[1] Schwerlich würde auch ein tibetischer Autor in Wirklichkeit *t'ar ram p'ye* schreiben können.
[2] In diesem Falle müsste es mindestens *klu mt'a yas* heissen, was aber auch zu beanstanden wäre, da die typische Bezeichnung *klu rgyal mt'a yas* ist.

zwei in einander verwobene Texte, zwei über- und durcheinander geworfene Schichten. Die Textkritik hat die Aufgabe, dieselben zu sondern, und die Interpretation die Pflicht, die zweite zum Verständnis der ersten gebührend heranzuziehen. Anscheinend ist ebenso wie der Verfasser auch der Commentator ein Westtibeter gewesen, wie aus seiner Anfügung von *ga* hinter *ri*, also dem westtibetischen *ri ga* (Jäschke, Dict. 525b), hervorgehen möchte.

Die Annahme, dass die Handschrift nach einem mündlichen Vortrage ausgearbeitet wurde, erfährt noch zwei willkommene Bestätigungen: 1. durch die untergelaufenen Schreibfehler, 2. durch den Appendix am Schlusse. Die Schreibfehler beruhen nicht nur auf Irrthümern, die durch Verschreiben, sondern vor allem auch durch Verhören veranlasst sind. In manchen Fällen offenbart sich dabei die Unwissenheit und Unsicherheit des Schülers, indem er Wörter nicht nach ihrer vorgeschriebenen Orthographie, sondern lediglich nach der Aussprache wiedergibt, wie er sie gerade vernommen hat. So schreibt er V. 67 *skye* statt *skyed*, wie er richtig in V. 105, 234, 240 und 247 hat, in V. 288 *c'e* für *mc'ed*, während V. 30 und 252 die volle Schreibung bieten. Viele andere derartige Fälle werden im grammatischen Theile zur Sprache kommen; ich habe sie im Texte beibehalten, weil sie nun einmal zu den charakteristischen Eigenheiten dieses Manuscriptes gehören und dann auch für die Aussprache des Westtibetischen nicht ganz uninteressant sind. Ich lasse nun ein Verzeichnis der Fehler folgen, die verbessert werden müssen. V. 13: *rgyal* — *rgyas*; V. 14: *la* — *lha*; V. 31: *sgraṅ* — *skraṅ*; V. 47: *bag* — *p'ag*; V. 87: *gcar* — *gcen* (verhört! zu berichtigen nach den übrigen gleichen typischen Versen); V. 106: *sbral* — *sbal*;[1] V. 115: *lus* — *lud*; V. 126: *[deṅ]* — *[der]*; V. 130 und 131 sind durch Interpunctionszeichen falsch abgetrennt: *bslab ma* | *mt'oṅ* — *bslab* | *ma mt'oṅ*; V. 134: *ma noṅs* — *noṅs*; V. 137: *skoṅ* — *skos*; V. 138: *yul sa ya bzuṅ*[2] — *yul daṅ sa yaṅ bzuṅ* (nach dem correspondierenden V. 89); V. 141: *yug* — *yur*; V. 170, 205, 206: *yas* — *rdzas*; V. 176: *ṅar klu da* — *ṅar glud* (*ts'eg* an falscher Stelle); V. 195: *dom* — *sdom*; V. 197: *ₒdzu la* — *ₒdzul* (*ts'eg* an unrichtigem Orte); V. 201: *rtsig sman* — *rtsi sman*; V. 213: *glu daṅ k'ab* — *glud daṅ k'ag* (vergl. *glud* in V. 221 und 225); V. 217: *t'ab snobs* — *t'ag sno bas* (*ts'eg* ausgelassen); V. 222: *nin c'en* — *rin c'en*; V. 226: *blum* — *blugs*; V. 238: *smaṅ* — *sman*; V. 247: *grogs mog (!) gi* — *grogs mo [gi]*; V. 257: *rnams* — *nams*;[3] V. 262: *skes* — *skos*; V. 264: *dpal* — *dbal*; V. 265: *t'il* — *t'al*; V. 297: *ts'ems* — *ts'ims*; V. 314: *krog mo* — *grog mo*; V. 318: *daṅ daṅ* — *daṅ*: Colophon: *mo-glha-laṁ* — *maṅgalaṁ*. Zu den vier Silben von V. 283 ist aus den drei folgenden Parallelversen *lags* zu ergänzen.[4] Eine Muthmassung möchte ich noch zu V. 7 erwähnen. Hier hat die Handschrift hinter *mts'o* ein durch untergesetzte Punkte bezeichnetes *tu*, das also gestrichen werden soll; dieses *tu*,

---

[1] Ausser *sbal* wäre an sich noch die Conjectur *sbrul* möglich. Sie wird aber aus folgenden Gründen völlig ausgeschlossen: 1. Im V. 68 ist von Fröschen die Rede, vordem von Ameisen, nachdem von Schmetterlingen; diese beiden Thierarten nehmen an dieser Stelle denselben Platz ein. 2. In dem diesem Abschnitte correspondierenden Theile handelt es sich V. 230 um die Heilung abgeschnittener Füsse und Hände der Frösche, was sich eben nur auf V. 106 zurückbeziehen kann. 3. Ebenso heisst es weiter im V. 248: *sbal pai rkaṅ lags gsos so*, wo wiederum die Ameisen vorausgehen und die Schmetterlinge nachfolgen. 4. Es folgt in V. 106 auf *sbral* ein *pa*; während nun *sbal pa* eine gewöhnliche Verbindung ist, lautet es stets nur *sbrul*, nie aber *sbrul pa*. 5. Endlich tritt ein auf der Hand liegender sachlicher Grund hinzu, der darin besteht, dass man Schlangen keine Füsse abschlagen kann, sie hätten denn zuvor welche.

[2] Dass der Autor etwa gemeint habe: sie nahmen eine Million Länder in Besitz, kann schwerlich angenommen werden. Dass der Vers zu verbessern ist, geht schon aus seiner Unvollständigkeit hervor; *ya* ist statt *yaṅ* geschrieben wie *t'a* statt *t'aṅ* in V. 143.

[3] Statt *nams kyis guṅ rgyal gyis* dürfte sehr wahrscheinlich *nam(s) guṅ skos rgyal gyis* zu lesen sein.

[4] Eigene Zusätze sind durch runde Klammern ( ) kenntlich gemacht.

nehme ich nun an, hat ursprünglich seine Stelle nach *rlan* statt *daṅ* gehabt, und es hiess: ‚in der Feuchtigkeit (oder durch die Feuchtigkeit) entstanden die Seen‘ statt ‚Feuchtigkeit und Seen entstanden‘; denn schon in V. 5 ist ja die Entstehung der Feuchtigkeit erwähnt, wozu sollte das hier wiederholt werden?

Mit V. 305 schliesst das Werk seinem Inhalte nach ab. Die V. 306—336 erweisen sich als ein Anhang, der den Gedankengang der Schrift in keiner Weise fortsetzt. Von einem Gedankengang ist hier überhaupt keine Rede, höchstens von einer Gedankenverwirrung. Aeusserlich gekennzeichnet ist die Stelle durch kleinere Buchstaben als die vorhergehenden, wodurch sie sich schon hinreichend als Postscriptum documentiert, und durch flüchtige, undeutliche, in V. 325 ganz und gar unlesbare Schrift. Da in diesem Falle die textkritische Besprechung vom Inhalt nicht absehen kann, da auch keine Uebersetzung dieses Abschnittes gegeben werden kann, so soll er hier im ganzen Umfange gewürdigt werden. Was wir da vor uns haben, ist nichts anderes als eine Zusammenstoppelung von Namen und Sachen, die im Texte erwähnt werden, vielleicht eine Stilübung eben des Schülers, der diesen selbst geschrieben. V. 306—308 entsprechen V. 170 ff.: *yas kyi bsog la* ist aus V. 170 extrahiert, statt *gyu yi* von V. 171 ist *sṅon po* gebraucht; *ṅar mo* repräsentiert entweder *rgyaṅ bu* von V. 172 oder wahrscheinlicher *mṅa mo* von V. 173, oder schliesslich *ṅar glud* aus V. 176, jedenfalls ist es eine sinnlose Verstümmelung; *ñeu mo* ist durch das *ña mig* desselben Verses eingegeben, und das nun folgende *p'od gtsugs pa* aus V. 177: *mgo zer* **mo p'od** *sdems gsum* **btsugs** herübergenommen, was auch das *mo* nach *ñeu* erklärt. V. 308 greift wieder auf die V. 174 und 175 zurück: *mo ₒp'aṅ* ist in *mṅa ₒp'aṅ* verwandelt, *mṅa* stammt aus V. 173, und V. 175 muss sein *p'o stoṅ śin ris* hergeben, nur dass *stoṅ* in der sonderbaren Orthographie *gsdoṅ* (oder vielleicht auch *gstoṅ* zu lesen) auftritt. Man weiss nicht, ob man in diesem Elaborat die Sprache eines Verrückten oder das kindische Gekritzel eines zum Spassen aufgelegten Jungen erblicken soll. V. 309—310 lehnen sich an V. 189—192 an: *mṅa la* verkürzt aus V. 189, und V. 310 aus V. 191 und 192 zusammengezogen unter Auslassung der mittleren Worte *stem sa la klu* und Erweiterung von *btags* zu *btag pa*; der Ausdruck *dar sgrogs pas* scheint der eigenen Eingebung des ‚Autors‘ zu entspringen. Die V. 311—318 stellen eine Copie der V. 193—198 dar. V. 196—198 sind, eingeleitet durch *gžan yaṅ*, wörtlich entnommen. In der vorhergehenden Aufzählung einzelner Thiere ist eine etwas verschiedene Reihenfolge beobachtet mit Vermehrung einiger Namen. Der Compilator suchte mit zoologischem Wissen zu glänzen und sein Vorbild zu übertreffen. Zu diesem Zwecke stellt er fünf Gruppen von Thieren auf. Den Wasserdrachen *(c'u srin)* gibt er preis, vielleicht, wenn man ihm das zutrauen dürfte, aus einem rationalistischen Motiv, und verbindet Schlange mit Fisch, Frosch und Kaulquappe zu einer Ordnung. Die Scorpione mit Spinnen unter ein Dach zu bringen, sagt ihm augenscheinlich nicht zu, er findet es wenigstens geistreicher, sie wegen ihrer Stacheln mit *rgaṅ*, d. i. Igel oder Stachelschwein, zu vereinigen. Aus eigener oder auch aus fremder Wissenschaft fügt er als dritte Classe Kühe, Ochsen, Ziegen und Schafe hinzu, während als vierte Familie Ameisen und Schmetterlinge, als fünfte Vögel, Mäuse und Schweine figurieren, deren seltsame Vergesellschaftung nur dadurch verständlich wird, dass die betreffenden Bezeichnungen *(bya, byi ba, p'ag)* mit labialem Anlaut alliterieren. V. 319—323 imitieren V. 199—201; freilich ist V. 199 in V. 319 kaum wiederzuerkennen, denn es findet sich davon nur das Wort *gzug so*, mit der sonderbaren Bestimmung *k'ru gaṅ pa gcig tu*, d. h. also ‚Bilder, die eine volle Elle hoch sind'; was soll aber das davorstehende Wort *bsiṅ ma* ,Wiese'? Hier liegt wieder ein abenteuerlicher lapsus cerebri vor. Der folgende V. 320 nämlich ist dem V. 188 entnommen, und diesem geht in V. 186 thatsächlich das Wort *bsiṅ ma* voraus! Im Zusammenhang der Stelle in V. 319 lässt sich damit kein vernünftiger Sinn verbinden. V. 321 und 322 geben die von mir oben vermuthete ursprüngliche Fassung der V. 200 und 201 wieder; *spyan gzig* in V. 323 ist im Texte nicht belegt, während sich das Verbum *gšam* an V. 205 anlehnt. In V. 324 stammt das *klu bon gñan bon* aus V. 166, *bžeṅs* steht wohl dem Sinne nach für V. 213. V. 326 ist nicht mit voller Sicherheit zu lesen, über seine Bedeutung siehe im Glossar. In V. 327 erinnert *mts'on skud* an *dar mts'on* von V. 203, *zin pa* in V. 328 lehnt sich vollständig an den Ausdruck *bzuṅ ba* in V. 285 an. Vielleicht lassen sich die V. 326—328 so verstehen:

Indem man zum reinigenden inneren (?) Sühnopfer
Die fünf Arten farbiger Fäden bindet,
Werden die Bonpa von ihren Leiden befreit.

Ob die V. 330—335 von Nâganamen ausgefüllt sind, oder ob etwa *p'yis, soṅ, k'rol, šig* etc. als perfective Verba aufzufassen, lässt sich vor der Hand kaum entscheiden.[1] Die durch diese Verse getrennten V. 329 und 336 gehören trotzdem offenbar zusammen; sie lassen sich im Werke selbst nicht nachweisen und enthalten den einzigen selbständigen Gedanken dieser Nachschrift. Freilich ist ihr Sinn schwer verständlich, und ich vermag weder einen Commentar zu geben, noch für die richtige Erfassung jedes einzelnen Wortes einzustehen:

329: Die Augen auf den Pfauenfedern fielen ab, fielen ab und wurden gereinigt,
336: Nachdem die Narben des Pfaues gereinigt, will ich nach der Art und Weise der Fessellösung thun.

Nach dem, was sich auf diese Weise für den Gesammtcharakter dieses Anhanges ergeben hat, wäre eine Untersuchung über die Metrik desselben eine hoffnungslose und vergebliche Mühe. Die etwa vorhandenen Rhythmen sind aus dem Text durch die daraus entnommenen Stellen herübergerettet, und wie der Schreiber keinen Versuch gemacht hat, Sinn und Zusammenhang in diese rudio indigestaque moles zu bringen, wie er vielleicht nur bemüht gewesen, einfach Unsinn zu producieren, so war er natürlich ebenso weit davon entfernt, den Versen wahre Gestalt zu verleihen.

Zu Beginn dieser Untersuchung haben wir in der Handschrift, so wie sie vorliegt, die Zahl der fünfsilbigen Verse auf 234, die der siebensilbigen auf 59, die der neunsilbigen auf 12 berechnet. Dieses Ergebnis verschiebt sich nun auf Grund der vorausgegangenen Kritik so, dass dem Urtext 270 fünfsilbige, 33 siebensilbige und 3 neunsilbige Verse zuzuschreiben sind;[2] erstere machen also fast 90 % aller Verse aus.

## 3. Bemerkungen zur Poetik.

Ueber die Poetik tibetischer Verse ist meines Wissens bisher noch nichts bemerkt worden. Es mangelt auch vorläufig an genügendem Materiale einheimischer originaler Erzeugnisse, um über diesen Punkt befriedigenden Aufschluss zu gewähren. Allgemeine Regeln

[1] Zu V. 330 ist zu bemerken, dass in den *mdo maṅ* ein Nâgarâja *Yu* erwähnt wird. Indian Antiquary XXI, 1892, p. 364.
[2] Die Summe 306 (statt 305) erklärt sich aus dem Umstande, dass V. 43 sich in zwei Fünfsilbler auflöst.

lassen sich daher noch nicht aufstellen, und es bleibt einstweilen nichts anderes übrig, als von Fall zu Fall alle Beobachtungen, so wie sie sich aufdrängen, zu registrieren. Sehr beliebt scheint die Anwendung desselben Wortes in der Schlusssilbe zweier oder mehrerer aufeinanderfolgender Verse zu sein (Gleichklang). So finden wir z. B. *yin* — *yin* V. 42—43 und V. 127—128; *btań* viermal von V. 119—123; *bsos* oder *gsos* fünfmal V. 245—249; *ₒts'al* dreimal V. 165—167. Zwei gleichklingende Endsilben begegnen in folgenden Fällen: *nas ₒdug* V. 148—149; *lagso* V. 283—286 viermal; *k'rol lo* V. 290—294 fünfmal. Ob hierher auch das so häufige Vorkommen der Postposition *dań* in der letzten Verssilbe gerechnet werden darf, können erst zukünftige, tiefer eindringende Forschungen lehren. Jene erscheint siebenmal V. 11—17, sechsmal V. 29—34, elfmal V. 45—55, sechsmal V. 66—71 und zwölfmal V. 193—204; siebenmal findet sich in V. 170—176 *bcu gsum dań* Auch gekreuzte Gleichklänge in der Form a-b a-b sind zu verzeichnen: so wiederholt sich *nas* (a) — *skyon* (b) in V. 96—101 dreimal, *la* (a) — *btags* (b) zweimal in V. 189—192, *gsos* (a) — *yi (yis)* (b) dreimal in V. 230—235 mit noch einmal folgendem *gsos* in V. 236. Auch *sten* — *stan* — *gsten* in V. 73—75 dürften als Gleichklänge gelten. Reime liegen thatsächlich vor; ob sie auf Zufall oder Absicht beruhen, ist vorderhand noch nicht zu entscheiden. Als ziemlich sicher mögen gelten: *btab* — *bslab* in V. 129—130, *bsad* — *skad* in V. 145—146, *sos* — *t'os* in V. 267—268. Zweifelhafter mögen sein: *pa(s)* — *la* — *gna(s)* V. 8—10, *na* — *ba* V. 76—77, *ni* — *sri(d)* V. 83—84, *ba* — *bya* V. 85—86, *la* — *pa(s)* V. 131—132, *re* — *te* V. 133—134. Gleichklang und Reim vereinigt begegnen in folgender Weise: *gyis* — *la* — *bris* — *gyis* — *bris* in V. 181—185, ferner *drań* — *bstiń* — *drań(s)* — *bciń(s)* — *drań* in V. 155—159. Sehr beachtenswerth ist folgende Erscheinung, die sich schwerlich auf Rechnung eines blinden Ungefährs wird setzen lassen. In V. 104—109 lauten die verbalen Endsilben also:

*bcar*
*bcad*
*bcag*
*breg*
*bcad*
*byas*

An diesen Fall reihen sich V. 287—289 an mit den schliessenden Verben:

*gsol* — *bsod* — *bsos*

Ohne Zweifel liegt hier ein beabsichtigtes und wohlberechnetes Spiel mit Worten zu Grunde. Alliteration herrscht, wie schon oben erwähnt, mit voller Evidenz in V. 315.

## 4. Composition und Sprache.

In der inhaltlichen Composition des Werkes — die formale ist ja bereits behandelt worden — treten drei Gruppen von Versen besonders scharf und nachdrucksvoll hervor. Die erste derselben bezeichne ich als typische Verse und verstehe darunter solche einzeln auftretende Verse, die sich an bestimmten Stellen in derselben bestimmten Form wiederholen, wenn auch geringfügige Abweichungen morphologischer Natur unterlaufen, die durch den Satzzusammenhang oder andere Umstände geboten sind. Beispiele dieser Art sind V. 79, 88, 137: *skos yul t'aṅ brgyad (na, du, ru)*; V. 126, 153, 163, 168: *skos rgyal yab yum gyis* (*žal na re* etc.); V. 143, 186: *bsiṅ ma sño t'aṅ nas (tu)*; V. 87, 112, 118, 135, 250, 262, 266: *skos bu gcen cuṅ des (la gyis)*, wozu auch die V. 102 und 252 mit den Varianten *lcam dral* und *mc'ed gñis* gezählt werden müssen; V. 110, 150, 184: *sa bdag klu gñan des (gyis)*, woran sich anschliessen V. 144 und 147: *klu gñan sa bdag gis*. Betrachtet man diese Verse im Zusammenhang der betreffenden Stellen und mit Rücksicht auf den Inhalt des ganzen Werkes, so erkennt man, dass sie eine Art leitmotivischen Charakters tragen und das Thema betonen oder vorbereiten sollen, von dem die Rede sein wird. In der That führen diese typischen Stellen das Grundthema vor Augen, denn in den mit *skos* gegebenen Verbindungen einerseits und der Dreiheit *klu, gñan, sa bdag* andererseits sind die beiden Gegensätze enthalten, die Kampf mit einander führen und sich schliesslich versöhnen.

‚Parallelismen' oder ‚Parallelverse' heisst ferner diejenige Erscheinung, die aus dem Chinesischen und anderen Sprachen zur Genüge bekannt ist; es genügt daher, auf den häufigen Gebrauch derselben in diesem Texte und auf Beispiele hinzuweisen, wie sie V. 115—117, 127—128, 129—130, 148—149, 156—157, 166—167, 253—254, 283—286 u. a. bieten. Endlich nenne ich entsprechende oder correspondierende Verse solche, die Wiederholungen einer voraufgegangenen ganzen Partie darstellen, sei es in annähernd genauer oder theilweise abgeänderter Anführung, sei es auch in Benutzung des früheren Theiles zum Ausdruck eines neuen Gedankens (angeglichene oder assimilierte Verse). So correspondieren

1. V. 88—95 mit V. 135—146,
2. V. 119—125 „ V. 274—279,
3. V. 104—109 „ V. 226—240 mit V. 245—249,
4. V. 129—130 „ V. 131—132,
5. V. 253—254 „ V. 283—285.

In Nr. 1 werden die Thaten der Skos-Söhne im Kampfe mit den Dämonen erzählt, welche in dem entsprechenden Abschnitte durch den Mund der Wahrsagerin wiederholt werden. Nr. 2 zählt die Krankheiten und Gebrechen auf, welche die Dämonen den Skos-Söhnen senden, während die correspondierende Partie sie gleichfalls nennt, an der Stelle, wo von deren Heilung die Rede ist. Nr. 3 berichtet die Leiden, mit denen verschiedene Thierarten geplagt werden: dieser Gedanke wird zweimal wieder aufgenommen, einmal bei der Angabe der zur Heilung erforderlichen Mittel, sodann, um die auf solche Weise herbeigeführte Genesung nochmals als abgeschlossenes Factum zu betonen. Nr. 4, V. 129—130 enthalten die Aufforderung des Königspaares an die Wahrsagerin, die Ursachen des geschehenen Unglücks aufzudecken, worauf nach echt homerischer Weise dieser Befehl im Tone der weiterspinnenden Erzählung wiederholt wird. Nr. 5 erwähnt die noch fortdauernden und nicht beigelegten Krankheiten der Skos-Söhne, woran V. 283 mit denselben Worten anknüpft, um nunmehr das Ergebnis der Heilung zusammenzufassen. Typische, parallele und correspondierende Verse prägen dem gesammten Gedichte seinen eigenthümlichen Charakter auf und verleihen der Composition Einheit und Geschlossenheit: die typischen Verse sind geeignet, die führende Idee des Ganzen zu logischer Durchführung zu bringen, die parallelen, Einzelgedanken zu klären und plastisch darzustellen, wie eine gewisse poetische Färbung zu geben, die correspondierenden, den Gedankengang zu stützen, die Theile zusammenzuhalten und die Fäden der Handlung zu verweben. Der Gang derselben ist äusserst lebhaft und bewegt sich im Flusse eines Dramas: mythische Gestalten und Dämonen treten auf und ringen mit einander, und wo sich die Gelegenheit bietet, wird die Erzählung abgebrochen und durch lebendiges Zwiegespräch ersetzt. Diese Art der Composition bedingte naturgemäss auch eine besondere Gestaltung der Sprache. Allgemein geschildert, ist ihr Charakter im Gegensatze zum Stil der buddhistischen Sûtra und der historischen Litteratur sehr einfach, kurz, gedrängt und vermeidet complicierte Perioden. Offenbar nähert sich diese Schreibweise der Umgangssprache, denn sie scheut sich nicht, manche Eigenheiten derselben und sogar dialektische Bildungen aufzunehmen. Als auffällige Erscheinungen erweisen sich besonders die häufige Nichtbeachtung der Sandhigesetze, die Behandlung der Präfixe, Neubildung bisher unbekannter Verbalformen und der syntaktische Gebrauch des Terminativs. Leider wird die grammatische Beurtheilung durch die beiden im Texte vermischten Bestandtheile wesentlich erschwert, und wenn auch die Grundlage zu einer ziemlich reinen Scheidung des ursprünglichen Gehaltes und der posthumen Zuthaten gelegt ist, so darf man sich doch nicht verhehlen, dass es in manchen Fällen schwer, wenn nicht gar unmöglich ist, eine eigenthümliche sprachliche Erscheinung mit Bestimmtheit dem einen oder anderen zuzuweisen. Dennoch ist es nothwendig, wo nur eben die Umstände es gestatten, mit Nachdruck diesen Unterschied hervorzuheben und daran zu erinnern, dass es gerade die Verhältnisse der Textverfassung sind, die diese oder jene Abweichung von der Regel geschaffen haben und demnach auch dafür verantwortlich gemacht werden müssen. Indem wir daher bei der Prüfung des sprachlichen Materiales dieses Textes gezwungen sind, beständig auf die Resultate der Textkritik zurückzugreifen, gewinnen wir an dieser ein nicht unwesentliches Hilfsmittel, um jenes zu einem Theile in gewisser Hinsicht richtig zu beurtheilen. Daraus folgt, dass man im vorliegenden Falle nicht voreilig generalisieren darf, sondern auffällige Erscheinungen zunächst so lange als Einzelphänomene auffassen muss, bis sie durch aus anderweitigen Quellen geschöpfte umfangreiche Materialien eine zum Schlusse ihrer grösseren Allgemeinberechtigung führende Bestätigung erfahren. Ferner bilden einen leitenden Gesichtspunkt für die Kritik des Sprachstoffes die typischen, parallelen und correspondierenden Verse; diese sind im Stande, ein Gesetz zu enthüllen, das in der scheinbaren Unregelmässigkeit waltet, das Gesetz der Abwechslung nämlich, welches in phonetischer wie morphologischer Hinsicht eine Reihe von Abnormitäten veranlasst und, wenn auch die innere Natur der Abweichung nicht zu ergründen, so doch die nach psychologischer Richtung hin gegebene Veranlassung zu deuten vermag. Als drittes Moment könnte noch eine Bemerkung in Betracht kommen, die Candra Dás[1] aus tibetisch-buddhistischer Quelle geschöpft hat, dass nämlich Bon-Priester buddhistische Werke umgestaltet hätten, indem sie sich einer von der der Buddhisten abweichenden Orthographie und Terminologie bedienten, mit der Absicht, durch diese Verschleierung den eigentlichen Ursprung jener Bücher zu verdecken und sich selbst die Verfasserschaft zu vindicieren. Trifft dieses Urtheil zu, so wird es sich bei tieferem Eindringen in den Gegenstand auch der europäischen Kritik nicht verschliessen und in vollem Umfange ausgesprochen werden. So lange uns aber die Möglichkeit benommen ist, die buddhistische Ansicht an der Hand der Thatsachen selbständig zu prüfen, wäre es

---

[1] Contributions to the religion, history etc. of Tibet, p. 199, 201.

3*

unkritisch, auf derselben zu fussen und über Fragen, die versprechen, hervorragende sprachgeschichtliche Bedeutung zu erlangen, vor der Zeit den Stab zu brechen. Wir lassen daher dies problematische Motiv gänzlich ausser Acht.

## I. Phonetik.

Der Vocalismus zeigt nur wenige Abweichungen von den normalen Verhältnissen. Statt des häufig vorkommenden *gñan* findet sich siebenmal die Schreibung *gñen*: 24, 26, 28, 95, 99, 119, 281, was also keineswegs als Schreibfehler angesehen werden kann. Vielleicht, dass dem ein euphemistisches Wortspiel mit *gñen po* ‚Helfer, Freund' zu Grunde liegt, wenn auch gerade an den Stellen, wo *gñen* gebraucht wird, kein zwingender Anlass zur Verwendung eines solchen gegeben ist. Immerhin mag eine Angleichung von *gñan* an *gñen* stattgefunden haben, deren Ursache späterhin in Vergessenheit gerathen ist, so dass *gñen*, wenn auch als seltenere, so doch in der Bedeutung gleichwerthige Parallele neben *gñan* fungiert, wie etwa *skyes* neben *skyas* ‚Geschenk'. Statt der von Jäschke notierten Schreibung *ba men* findet sich *ba man*, 231; auch in diesem Falle ist die Annahme eines Irrthums ausgeschlossen. Denn einerseits stellt die Silbe *men* ein die zweite Silbe dissylabischer Nomina bildendes Complement[1] dar, das sich auch in der Gestalt *man* findet, andererseits ist stark zu vermuthen, dass dieser Vocalwechsel in dialektischen Verschiedenheiten begründet ist, zumal da sich noch eine dritte anders lautende Form dieses Wortes findet, der wir bei Marco Polo in der Gestalt *beyamini* (s. Glossar) begegnen, die auf ein *ba min*, beziehungsweise *beu min* (oder *ba yi min?*) zurückgehen müsste; jedenfalls lässt sich das Vorhandensein des Vocals *i* in der Silbe *min* nicht bestreiten. Schrifttibetischem *a* und *i* entspricht im Dialekt von K'ams häufig ein *e*, während schrifttibetisches *e* mit K'ams *ī* wechselt.[2] So mag leicht zu verstehen sein, dass Marco Polo aller Wahrscheinlichkeit nach eine mundartliche Lautgebung in seiner Aufzeichnung jenes Wortes wiedergegeben hat, die berechtigen dürfte, dem *man* eine Daseinsberechtigung neben *men* und *min* zuzuerkennen. Ein für die tibetische Phonetik sehr bemerkenswerther Fall tritt uns in der Schreibung *ro*, 66, für *rva* entgegen, denn sie beweist aufs Neue unwiderleglich die lautliche Geltung des *va zur* und vermag Jäschke's Behauptung zu bestätigen, dass *rva* etwa wie das französische roi klinge. Sie beweist ferner den in dem Abschnitte über die Textkritik ausgesprochenen Satz, dass die Handschrift dictiert worden ist, dass der Schreiber hier, wie in anderen Fällen, den Versuch gemacht hat, mit den ihm zu Gebote stehenden Mitteln das Wort nach der lebendigen Aussprache zu fixieren, während er in vier anderen Fällen, V. 108, 231, 232, 246, die sanctionierte Orthographie *rva* beobachtet hat.

Gehen wir nun zu den Consonanten über, so sind es die eigenthümlichen Verhältnisse der Präfixe und Affixe, die besondere Aufmerksamkeit verdienen. Was die Präfixe betrifft, so macht sich ihre in diesem Texte specielle Anwendung in dreifacher Beziehung geltend: legen wir die in Jäschke's Wörterbuch adoptierten Schreibweisen als normative

---

[1] Solcher Complemente, die bisher noch keine Beachtung gefunden haben, gibt es eine ganze Reihe; sie sind von wesentlicher Bedeutung für die Wortbildung. Ich beabsichtige, denselben an anderer Stelle eine besondere Darstellung zu widmen.

[2] Vergl. *t'aṅ* — K'. *t'eṅ*, *lcaṅ ma* — K'. *lceṅ ma*, *ljaṅ k'u* — K'. *ljeṅ k'u*, *dbyar* — K'. *wyer*, *ci* — K'. *ce*, *nyin* — K'. *nyen*, *tib ril* — K'. *teb rel*, *sñiṅ* — K'. *sñeṅ*, *bži* — K'. *vže*, *mt'iṅ* — K'. *mt'eṅ*, *rjes* — K'. *rjī*, *gces pa* — K'. *γcī pa*. Vergl. Jäschke's Phonetic table for comparing the different dialects.

Bildungen zu Grunde, so bietet unser Text im Gegensatze zu diesen: 1. zugesetzte Präfixe, 2. abgeworfene Präfixe, 3. vertauschte Präfixe.

1. Präfigiertes *r* begegnet zweimal vor dem zusammengesetzten Palatal *ts*: a) *rtsam*, 76 = *tsam*, b) *brtsun mo*, 81 = *btsun mo*. Beachtenswerth ist, dass diese beiden Fälle dicht hinter einander auftreten. Regelmässig ist V. 41 *btsun mo* geschrieben. Ein *d*-Präfix ist *mig* vorgefügt, das V. 227 und 239 zweimal in der Form *dmig* vorkommt, während sich viermal, V. 104, 181, 245, 269, die normale Orthographie findet. In diesem Falle ist darauf Rücksicht zu nehmen, dass V. 104 und 245 genau Wort für Wort die correspondierenden Verse zu V. 227 darstellen, und dass V. 239 denselben Gedanken wie V. 227, nur in anderer Form, mit umschreibenden Worten ausgedrückt, enthält. Ein Präfix *b* liegt vor: a) in *bsras* = *sras* in V. 167: *klu bsras gñan bsras bdar yaṅ ₒts'al*; hier hat möglicherweise das Präfix *b* von *bdar* beeinflussend zurückgewirkt; b) in *bši*, 256 = *ši* zu *ₒc'i ba*, wovon bei der Bildung der Verbalformen noch näher die Rede sein wird. Mit *m* präfigiert begegnet zweimal *mts'on*, 203, 327 = *ts'on*, ohne dass an anderen Stellen die gewöhnliche Schreibung gebraucht ist. Möglich wäre es, da es auch verschiedene Wörter *mts'on* mit anderen Bedeutungen gibt, dass dem Copisten eine Verwechslung mit diesem untergelaufen ist.

2. Unter den abgeworfenen Präfixen nimmt *g* die hervorragendste Stelle ein. Es findet sich *dan* statt *gdan* in V. 157, während der vorhergehende Parallelvers an der entsprechenden Stelle thatsächlich *gdan* bietet; es scheint also hier gewissermassen ein Bestreben nach Abwechslung vorzuliegen. Ferner *sob*, 256 = *gsob* und *sod*, 215 = *gsod*. Da diese Form im Terminativ, *sod su*, erscheint, so ist es ausgeschlossen, sie dem Imperativ *sod* gleichzusetzen. Das Compositum *cen cuṅ*, 135, 266 steht für *gcen gcuṅ* und zeigt deutlich, dass diese Bildungen aus *c'en* ‚gross' und *c'uṅ* ‚klein, jung' entstanden sind (vergl. *ga cen* und *ga c'en*). Indessen nun *cuṅ* auch an allen anderen Stellen ohne Präfix beibehalten ist, selbst an der einen, wo es selbständig, nicht in Composition steht, *cuṅ bo*, 85, findet sich *cen* an zwei Stellen, nämlich V. 87 und 118, mit Präfix *g*- versehen. Den Verlust seines Präfixes *b*- hat *bde* in der Verbindung *p'an de*, 287, 288 erfahren. Das Wort *mk'ar*, das V. 91 und 183 seine gewöhnliche Schreibung aufweist, hat sein Präfix *m*- in V. 140 eingebüsst; ebenso erscheint *ts'al*, 181 statt des häufiger gebrauchten *mts'al*, *[c'e]*, 288 statt *mc'e(d)*.

3. Als Wörter mit vertauschten Präfixen sind solche zu bezeichnen, die ein anderes als das von Jäschke angezeigte Präfix besitzen. Der bekannten Erscheinung des Wechsels von *m*- mit *ₒ*- begegnen wir einmal in *ₒts'ams*, 24 gegenüber *mts'ams*, 20, 22, 26, 28. Die gleichfalls nicht seltene Alternante *r*-, *s*- stellt ihre Vertreter in *sdziṅ*, 92 = *rdziṅ* und *sdzogs*, Kol. = *rdzogs*. Höchst auffallend ist die Gleichung *sna*, 72 = *mṅa*, während in dem kurz vorhergehenden, parallel gebauten V. 65 *mṅa* geschrieben ist. Der häufigste Fall besteht in der Vertauschung von *g* mit *b*: der Text befolgt stets die Orthographie *bsiṅ ma*, 143, 186, 319, statt *gsiṅ ma*, worin wir schon deshalb keine willkürliche Anomalie erblicken können, weil Jäschke neben dem Compositum *ne gsiṅ* auch *ne bsiṅ* notiert. In V. 226 ist *bzi* = *gzi* zu setzen; in V. 156 ist *gžug par gdan* gleichwerthig *bžug(s) par gdan* für das gewöhnliche *bžugs gdan*. In diesem Falle mag sich vielleicht *b*- dem *g*- in *gdan* assimiliert haben. Ferner ist *bšog pa*, 249 für *gšog pa*, 107, 236 zu bemerken. Endlich erscheint die schon unter 2 erwähnte Verbindung *cen cuṅ* oder *gcen cuṅ* dreimal als *bcen cuṅ*, 112, 250, 262. Da dieses Compositum als charakteristisches Moment in einem der häufigsten typischen Verse auftritt,

so lässt sich nicht anders annehmen, als dass der Autor das Bedürfnis gefühlt habe, durch verschiedene Lautgestaltungen der Präfixe oder Verlust derselben eine gewisse Abwechslung in der Eintönigkeit zu erzielen.

Anlautende Aspirata wird durch *s* + entsprechende Tenuis ersetzt in *stags*, 179 = *t'ag(s)*; *t'ag* dagegen findet sich V. 179, 217.

Unter Affixen verstehe ich mit den tibetischen Grammatikern die Consonanten des Auslautes *(rjes* ₒ*jug)*. Schliessendes *d* ist in vier Fällen nicht geschrieben: *skye*, 67 = *skyed*, 105, 234, 240, 247; *sgyi*, 124 = *sgyid*; *K'ro*, 27 = *K'rod*; *[c'e]*, 288 = *(m)c'ed*, gegenüber der vollen Schreibung *mc'ed*, 30, 252. Auffällig ist *t'a*, 143 = *t'aṅ*, da letzteres sich sowohl in dem correspondierenden V. 186 wie in drei anderen Fällen geschrieben findet. Möglicherweise ist *t'a* nur ein Flüchtigkeitsfehler, was aber durch das darauffolgende *tu* keineswegs erwiesen wird, da dieser Text *tu* auch nach Vocalen duldet. *sṅar* in der Verbindung *c'ibs sṅar dan*, 157 ist gleich *sṅas*. Ein *-s* fehlt in *gzug (bñan)*, 199 gegen *gzugs*, 185, 270, 319; *(sna) ts'og*, 109, 204, 216 gegen neunmal *(sna) ts'ogs*; in *t'ug*, 111 = *t'ugs*, 264, 273; *ram*, 181 = *rams*. Ein *-s* ist angefügt: *rtsubs*, 116 = *rtsub*; *sgrogs*, 151 = *sgrog*, gegen acht Fälle, in denen *sgrog* geschrieben steht; *me loṅs*, 190 = *me loṅ*; *stag gzigs*, 49 = *stag gzig*; *rkaṅ lags*, 248 = *rkaṅ lag*, 230; *grogs mo*, 234, 247 = *grog mo*, 67, 105, 314; *nams*, 257 = *nam*; *ts'ims*, 297 = *ts'im*; *stags*, 179 = *stag*, *t'ag*; *sobs*, 256 = *sob*, *gsob*.

Soweit neue Präfix- und Affixbildungen Verbalformen betreffen, werden sie bei Besprechung dieser erörtert werden.

Die von den Grammatikern in feste Regeln gefassten Sandhigesetze werden zwar im Allgemeinen befolgt, erleiden aber theilweise einzelne Ausnahmen, von denen einige um so auffallender sind, als sich neben ihnen die euphonisch bedingten Lautgebungen nachweisen lassen. So kommt V. 24 ₒ*ts'ams gyi* vor, dem aber durchaus nach der Regel gebildete Beispiele wie *mts'ams kyi*, 20, 22, 26, 28, *lhags kyi*, 40, *stobs kyi*, 12, u. a. gegenüberstehen; dann *byin kyis (rlob pa)*, 239, gegenüber *can gyi*, 17, *gñan gyi*, 35, *gñan gyis*, 150; ferner *cuṅ gyis*, 135. Beachtenswerthe Erscheinungen sind *grog mo kyis skyed pa*, 105, *grogs mo gi skyed pa*, 247, gegenüber *grogs moi skyed pa*, 234; indessen ist zu bemerken, dass auf Grund der Textkritik sowohl jenes *kyis* als *gi* als nachträgliche Einschiebsel anzusehen sind, also höchstens auf Rechnung des späteren Bearbeiters gesetzt werden können. V. 238 findet sich *sman gis* statt *sman gyis*. Während V. 156 mit der Schreibung *gdan yaṅ* der Regel folgt, bringt der folgende Parallelvers die Abweichung *dan kyaṅ*; alle übrigen Bildungen, wie z. B. *t'od kyaṅ*, 158, *skyems kyaṅ*, 159, *lha yaṅ*, 160, *bdar yaṅ*, 167, *t'ag k'yaṅ*, 170, *gyu yaṅ*, 178, sind völlig regelmässig. Statt der Schreibungen *bu cig*, 84 und *c'o cig*, 127 sollte man *bu žig* und *c'o žig* erwarten. Die meisten Ueberraschungen aber bietet der Sandhi bei der Bildung des Terminativs. Das Suffix *tu*, das nur nach *g* und *b* stehen sollte, wird Wörtern mit vocalischem Auslaut angehängt: *rva tu*, 231; ₒ*p'ro tu*, 298; *t'a tu*, 143; wollte man in diesem Beispiele auch *t'aṅ* als die echte Leseart erkennen, so bliebe trotzdem ein unregelmässiger Sandhi bestehen, da es ja alsdann *t'aṅ du* heissen müsste. Regelmässig ist *tu* in *sgrog tu*, 148, *k'ag tu*, 213 angewandt. Das Suffix *du* steht abweichend in *t'ab du* zweimal, 93 und 142, während sein vorgeschriebener Gebrauch in *sdziṅ du*, 92, *mk'ar du*, 183, *mgur du*, 159, *žal du*, 160, *yon du*, 161, *glud du*, 221 belegt ist. Das Suffix *ru* ist wider alle Regel angefügt in folgenden Fällen: ₒ*bum ru*, 57, *gsum ru*, 297, *brgyad ru*, 137, während der correspondierende V. 88 *brgyad du* hat; *žiṅ ru*, 139, während im correspondierenden V. 90 *žiṅ* *du* steht; *glud ru*, 225, während kurz vorher V. 221 *glud du* bietet. Beachtenswerth ist vielleicht das Auftreten von *ru* nach drei Zahlwörtern. Gemäss der Regel findet sich *ru* in *mi ru*, 301, 302, 303, *mk'ar ru*, 91, *bskor ru*, 65, 72. Das terminative Suffix *su* hat abweichend *sod su*, 215, vielleicht durch das anlautende *s* veranlasst; dagegen regelrecht gebildet ist *gzugs su*, 185, 270, *rdzas su*, 206.

## II. Morphologie.

1. Determinanten. *lcam ba*, 43 ist auffälligerweise mit der Determinante *ba* statt *mo* versehen; *rva* erscheint nur an einer Stelle, V. 246, ausnahmsweise durch *ba* determiniert, ein Zusatz, der allerdings der nachträglichen Bearbeitung angehört. Eine Vorliebe zeigt der Autor für *mo: lha mo brtan mo*, 43, gegenüber meist gebrauchtem *brtan ma*; ferner *lcoṅ mo*, 69, 311, gegenüber gewöhnlicherem *lcoṅ*, 193; vergl. ausserdem *brtsun mo*, 81, *ña mo*, 70, *gsal mo*, 131, *mṅa mo*, 173, 189, *zer mo*, 177. *c'o ga*, 127, hat seine Determinante wohl aus Veranlassung des hinzutretenden *cig* eingebüsst. Im Uebrigen tritt der durch das Metrum bedingte Verlust an Determinanten in diesem Texte in verhältnismässig geringem Umfange ein (Beispiele siehe in der Tabelle des Abschnittes S. 3 der Einleitung); es herrscht im Gegentheil bei aller Kürze eine Tendenz zu ihrer Bewahrung vor, wie z. B. das im Verse gewöhnlich verkürzte *maṅ po* stets in dieser seiner vollen Form angewandt wird.

2. Casus. Die Casusverhältnisse der tibetischen Sprache vor ihrer durchgreifenden Beeinflussung durch das Sanskrit sind uns bis jetzt unbekannt. Die Lehren der einheimischen Grammatiker stellen lediglich Constructionen dar, die auf der flexivischen Declination des Sanskrit beruhen und sich in das Prokrustesbett des eigenen Idioms müssen einzwängen lassen. Ob die jungfräuliche Sprache bereits den Unterschied zwischen Genitivus und Instrumentalis ausgebildet hatte, lässt sich nicht mit Bestimmtheit versichern, kann aber schon jetzt einigermassen bezweifelt werden, theils im Hinblick auf die modernen Dialekte, theils mit Rücksicht auf solche Texte, die sich von der durch den Buddhismus canonisierten Schreibweise mehr oder weniger emancipieren. Ob wir daher in morphologischer Beziehung zwei Fälle oder statt deren nur einen einzigen anzusetzen haben, ist erst durch eingehende syntaktische Untersuchungen festzulegen; vielleicht würde sich empfehlen, vorläufig bei solchen Erscheinungen, wo sich beide Casus vereinigen oder vermischen, von einem Genitivus-Instrumentalis zu sprechen. Soweit derselbe für die Sprache des vorliegenden Textes in Frage kommt, wird davon wie vom Gebrauche des Terminativus in den der Syntax gewidmeten Bemerkungen die Rede sein. Hier sei nur die statistische Angabe eingeflochten, dass der sogenannte Genitivus einschliesslich der einzuklammernden Zusatzstellen 68 mal, der sogenannte Instrumentalis 33 mal und der Terminativus 41 mal vorkommen, was im Verhältnis zu einander für ersteren 48·2 %, für den zweiten 23·4 %, für den dritten 29 % ausmacht.

3. Pronomen. Das verhältnismässig seltene hinweisende Fürwort *ₒo* findet sich in *gyuo lcoṅ mo*, 69, wenn nicht statt dessen *gyui* zu lesen ist, nach Analogie von *gyu yi namk'a*, 171. Vom grammatischen Standpunkte wäre indessen nichts dagegen einzuwenden. In V. 165 begegnet *mi*, das zuweilen einem persönlichen Fürworte pleonastisch angefügt zu werden pflegt, geradezu im Sinne eines Personalpronomens, indem dieses selbst wie in der Regel als entbehrlich unterdrückt ist.

4. Numerale. Zum Ausdruck einer sehr hohen Zahl finden sich die Zusammensetzungen *k'ri daṅ ₒbum*, 57, *k'ri ₒbum*, 98 und *ₒbum k'ri*, 99, 101, ohne Unterschied der Bedeutung.

5. Verbum. a) Suffixe. Das der modernen Sprache angehörende Suffix *mk'an* wird viermal angewandt: *smra mk'an*, 272, ein Sprechender, einer, der nach vorhergegangener Stummheit wieder die Fähigkeit der Sprache erlangt hat; *ₒgro mk'an*, 279, ein Gehender, einer, der früher gelähmt war und nunmehr geheilt wieder zu gehen vermag; *lto mk'an*, 154, 162, 255, essend, Essende, nicht in dem concreten Sinne einer sich gegenwärtig vollziehenden Action, sondern einer Classe von Individuen als ständiges Epitheton beigelegt, also vielleicht auch in der Bedeutung ‚gefrässig' zu fassen. In diesen Fällen bezeichnet daher *mk'an* eine erworbene, dauernd wirksame Qualität. Endlich V. 78: *yul la mi ma mk'an . . . srid ciṅ . . . srid*, indem in dem Lande Menschen nicht waren, oder ohne dass Menschen vorhanden waren, . . . existierte. Hier drückt *mk'an* einerseits den Zustand aus und ist andererseits mit der Kraft einer conjunctionalen Partikel wie *te* oder *ciṅ* ausgestattet. Vielleicht dürfte der Gebrauch *mk'an* in diesem Texte mit seiner Abfassung auf westtibetischem Gebiete in Verbindung zu bringen sein. Von den verbale Nebensätze bildenden Suffixen treten auf *ciṅ*, *te*, *na*, *la*, *pas* und *nas*, jedoch alle verhältnismässig selten, während die Herrschaft des Verbum finitivum vorwiegt.

b) Formen. Eine neue Transitivbildung erscheint in einer Form *sdug*, 142, die nicht anders als Causativum zu *ₒdug pa* erklärt werden kann, also ‚sitzen machen, hinlegen' bedeutet. Diese Bedeutung wird sowohl durch den Zusammenhang der Stelle, als auch durch den correspondierenden V. 93 gerechtfertigt. Eine ganz analoge Erscheinung begegnet im V. 284: *sñuṅ pa sdaṅ lagso*, wo *sdaṅ* unzweifelhaft eine Ableitung von *ₒdaṅ ba* vorstellt, wie der correspondierende V. 254: *sñuṅ pa ma daṅ so* deutlich beweist. Andererseits tritt in der Phrase *rdziṅ du ₒk'yil*, 92, das Intransitivum für das zu erwartende und sonst in diesem Falle gebräuchliche Transitivum *skyil ba* entgegen. Unter den Präsensbildungen ist *blen*, 219 höchst auffällig; es steht für *len* und ist eine falsche Analogiebildung zu den Formen *bloṅs*, *blaṅ*. Zu einfachem *sten* treten die lautlichen Varianten *stan*, 74 und *gsten*, 75, sämmtlich in Parallelversen, ohne wahrnehmbaren Unterschied einer Bedeutungsnuance. Was die Bildungen des Perfects betrifft, so finden wir einige bisher unbekannte präfixlose Stämme, denen Präsentien mit dem Charakter ₒ— zur Seite stehen. So sonst noch nicht belegtes *t'ud*, 298 zu *ₒt'ud pa*, *byaṅ*, 329 zu *ₒbyaṅ ba*, *daṅ so* = *daṅs so*, 254 zu *ₒdaṅ ba*, wozu man das von Jäschke angeführte Verbum *ₒdag pa* vergleiche, das seinerseits von *dag pa* = *daṅ ba* hergeleitet ist. Das unbekannte Perfect *bkon*, 180 zur Wurzel *go-* zu rechnen, welche die Verben *gon pa*, *gyon pa*, *bgo ba*, *skon pa* erzeugt hat, dürfte vermuthlich zu einem Präsens *ₒgon pa* oder *ₒk'on pa* anzusetzen sein. Stellt man *bkon* in Vergleich zu *bskon*, so bringt unser Text andererseits eine Bildung *bstiṅ*, 156 = *btiṅ* zu *ₒdiṅ ba*, die sich ausnimmt, als sei sie von einem Verbum *stiṅ ba* abgeleitet, das auch höchst wahrscheinlich existieren muss, schon im Hinblick auf *stan*, ‚das Ausgebreitete, der Teppich'. *Sroṅ ba* bildet zweimal sein Tempus der Vergangenheit *bsroṅ*, 243, 296, ohne den nach Jäschke erforderlichen Umlaut zu *a*. Den Charakter des Perfects *b* haben eingebüsst die Formen *btas*, 187 = *bltas*, *gyis*, 241 = *bgyis*, *tum*, 263 = *btums* zu *ₒt'um pa*. Dagegen erscheint hier zum ersten Male mit diesem Zeichen versehen *bši*, 256 = *ši* zu *ₒc'i ba*. Neben *bsdums*, 303, 305, von *sdum pa* findet sich viermal Perfect *sdums*, 295, 299, 301, 302; ebenso zu *gso ba* ausser *gsos*, siebenmal, und *bsos*, neunmal, die präfixlose Form *sos*, 253, 267, 274, 276. Zwei merkwürdige Futurbildungen weist der Appendix auf in *gtsugs pa*, 307 zu *ₒdzugs pa* und *dbyab*, 336 zu *byab pa*. Als verbale Neubildungen stellen sich dar die Onomatopöie *ša ra ra*, 272 und *šan*, 260, ‚Fleisch essen', von dem Nominalstamm *ša* ‚Fleisch' abgeleitet. Durch Vielheit der Formen zeichnet sich das Transitivum *ₒgrol ba* aus, von dem dieses Werk *skrol, sgrol, dkrol, dgrol, k'rol* nebeneinander ohne wesentlichen Unterschied der Bedeutung bietet.

## III. Syntax.

1. Composition. Das Tibetische zeigt in der Behandlung der Composition sowohl Berührungspunkte mit dem Sanskrit als mit dem Chinesischen, scheint aber in diesem Punkte, soweit sich überhaupt bis jetzt wenigstens über solche Fragen urtheilen lässt, seinen eigenen Entwicklungsgang zurückgelegt zu haben. Die als Dvandva zu bezeichnenden Bildungen streifen vielfach an die auch aus anderen indochinesischen Sprachen bekannte Erscheinung der Synonymcomposita, so dass eine strenge Abgrenzung beider Classen nicht immer ermöglicht ist. Man vergleiche *zaṅs lcags*, 179, *k'a mig*, 181, *ña lcoṅ sbal pa*, 193, *ža bo grum bu*, 120, 274, *p'an (b)de*, 287, 288. Dieselbe Gattung erscheint auch durch verbindendes *daṅ* aufgelöst: *ram daṅ ts'al*, 181, *rdzas daṅ t'ag*, 170, *yul daṅ mk'ar*, 184, *glud daṅ k'ag*, 213, *sbrul da c'u srin daṅ sdom daṅ sdig pa daṅ*, 194, 195. Bahuvrîhicomposita sind: *ₒbrug mgo*, 46, *p'ag mgo*, 47, *c'u srin mgo can*, 48, *stag gzigs mgo can*, 49, *sdig pa ro riṅ*, 66, *grog mo skye ñag*, 67, *ña mo gser mig*, 70. Tatpuruṣa sind z. B.: *lag ža*, 123, *rkaṅ ža*, 124, *mts'on skud*, 327, *srid bdag*, 81, *c'u bdag*, 48, *šiṅ bdag*, 49, *rdo bdag*, 47, *dar mts'on*, 203. Aufgelöste Bildungen sind: *rluṅ gi bdag po*, 53, *gser gyi sbal pa*, 68, *duṅ gi p'ye ma leb*, 71 und der sehr bemerkenswerthe Fall *gžug par gdan*, 156 = *gžug gdan, bžugs gdan*, ‚Matte zum Sitzen'. Drei Glieder enthält die Bildung *c'ibs sṅar dan*, 157, in der eins zu zwei und drei im Verhältnis eines Tatpuruṣa steht, während zwei und drei ein Synonymcompositum vorstellen.

2. Determinanten. Hier ist ein bisher noch nicht constatierter Gebrauch der Determinante *ba* zu verzeichnen. V. 37 ff. lauten:

*sa bdag mes po* **ba**
*ts'aṅs pa ₒbum k'ri daṅ*
*sa bdag p'yi mo* **ba**
*ₒp'rul c'u lhags kyi btsun mo lags*

Ferner V. 43:

*dei lcam ba* **pai** | *lha mo brtan mo yin*

und V. 85, 86:

*dei cuṅ bo* **ba**
*[skos bu] yaṅ dag ljon pa bya*

Das hinter *lcam ba* gesetzte *pai* statt *boi* dient nur dem Zwecke einer Lautabwechslung gegen das vorausgehende *ba*. Diese drei Fälle lassen folgende Beobachtungen zu: 1. *ba* ist mit einer vorausgehenden Determinante, *po, mo, ba, bo,* verbunden; 2. das determinierte Nomen drückt jedesmal einen Verwandtschaftsnamen aus; 3. *ba* steht mit gewissem Nachdruck in der Schlusssilbe des Verses; 4. die durch *ba* bestimmte Verwandtschaftsbezeichnung ist das Subject des Satzes, welches im folgenden Verse den Eigennamen der betreffenden Person folgen lässt. In V. 43 ist *pai* als Subject-Instrumentalis aufzufassen.

Es scheint also *ba* den Charakter einer Definition an sich zu tragen: ‚Jener, welcher der Grossvater der Erdherrscher ist, heisst . . . oder was den Grossvater betrifft, so führt er den Namen . . .' Weiterer Aufschluss über diesen eigenthümlichen Gebrauch von *ba* lässt sich vorläufig nicht geben. Blosses Versfüllsel ist es keinesfalls, denn zu diesem Behufe hätten ja *ni* und *yaṅ* zur Verfügung gestanden.

3. Casus. Der Genitivus findet sich statt des Terminativus gebraucht in V. 125: *goṅ dan ril gyi soṅ,* wo man *ril du* erwarten sollte. Den Instrumentalis vertritt der Genitivus in folgenden Fällen: *nad kyi bciṅs,* 149, *ras skud dmar po yi . . . gsos,* 233, *klu dar snon po yi . . . gsos,* 235 ‚heilen durch', *dei lcam ba pai lha mo brtan mo yin,* 43. Umgekehrt findet sich der Instrumentalis anstatt des zu erwartenden Genitivus: *grog mo [kyis] skyed pa,* 105, gegenüber *grogs mo [gi] skyed pa,* 247 und *grogs moi skyed pa,* 234; ferner *p'ye ma leb kyis gšog pa,* 107, 249, *mc'ed gñis kyis na ba,* 252, 253, *nams kyis guṅ,* 257. Zweifelhaft mag *bcen cuṅ gyis ñams pa,* 250, 251 erscheinen, ein Fall, der die vermuthlich ursprüngliche Einheit beider Casus veranschaulichen mag. Ausser solchen Fällen, wo der Instrumentalis als Subjectcasus in Verbindung mit transitiven Verben erscheint, wie in V. 87, 102, 144, 168, 184, 253, 257, 261, kommt er in gleicher Eigenschaft auch bei intransitiven Verben vor: *sa bdag klu gñan des t'ug k'ros stiṅ nas k'ros . . . zer,* 110 ff. und *klu gñan sa bdag gis sgrog tu bcugs nas* ₒ*dug,* 147, 148.

Den Terminativus findet man in einigen Fällen angewandt, in denen der Regel nach der Casus indefinitivus, also der reine Stamm stehen sollte, abhängig als Objectscasus von einem folgenden Verbalbegriff: *rdor rlog mk'ar ru brtsigs,* 91, d. i. ‚Steine brechen [und damit] Schlösser bauen' woran sich *k'ar du brtsigs,* 140 anreiht. Vielleicht liegt hier die Auffassung zu Grunde: zu Steinen, in Steine brechen und zu Schlössern bauend verwenden. Es würde also dieser Casus die Richtung bezeichnen, nach der hin sich eine Thätigkeit erstreckt, das Gebiet, dem eine Handlung zustrebt, und auf welchem sie sich bewegt. Aehnlich in folgendem Beispiel, V. 120 ff.:

*ža bo grum bur btaṅ*
*p'ye bo goṅ bur btaṅ*
ₒ*on pa sdig par btaṅ*

während der vorausgehende V. 119 *nad rigs [sna ts'ogs] btaṅ* lautet. Noch auffälliger ist der Gebrauch des Terminativs in *yul daṅ mk'ar du bris,* 183 und *sku ts'ad gzugs su bris,* 185, unverständlich in *rdor šiṅ maṅ po nas,* 98, wo man unbedingt *rdo* erwarten sollte, es sei denn, dass man *rdor* als durchaus selbständiges, dem *šiṅ maṅ po nas* coordiniertes Glied auffasste, was freilich eine ungewöhnliche Erscheinung wäre. Einmal vertritt sogar der Terminativus in Verbindung mit einem Intransitivum das Subject des Satzes: *bskor ru ci mna na . . . der rnam bskor ru sna,* 65, 72, ‚wenn man fragt, was ist an Gefolgschaft, was für eine Gefolgschaft ist vorhanden . . . so sind solche da an Gefolgschaft vorhanden. Dieser Fall der Verwendung des Richtungscasus ist in dieselbe Kategorie zu stellen wie solche Beispiele: *sa yar byuṅ,* 18, *k'ri daṅ* ₒ*bum ru byuṅ,* 57, *gzugs su snaṅ ba,* 270, *sgrog tu bcugs,* 148. Ueberhaupt bekundet der Autor für den Gebrauch dieses Casus eine ausserordentliche Vorliebe, wie denn sein 41 maliges Vorkommen, von den häufigen *der* ganz abgesehen, zur Genüge beweist.

Eine doppelte Casusbezeichnung liegt vor in *rva tu yis,* 231, wo *rva yis* an sich ausreichend wäre. Das im Kolophon geschriebene *skad du bod du* ist sowohl wegen der Wiederholung der Casussuffixe als auch wegen der abweichenden Wortstellung zu notieren.

Eine eigenthümliche Anwendung der als Dativ bezeichneten Adessivpartikel *la* bieten die folgenden V. 129 ff.:

*mo ma* **la** *mo btab*
*p'ya ma* **la** *p'ya bslab*
*ma mt'on gsal mo* **la**
*mo btab* . . .

Die hier zu erschliessende Bedeutung ist: ‚Der Losfrau werde es zu theil, liege es ob, es sei an der Losfrau, das Los zu werfen, u. s. w.' Auffällig ist die Construction von *bgyid pa* mit *la* in *k'a mig ram [dan] ts'al [la] gyis,* 181, wo doppelter Casus indefinitus berechtigt wäre.

4. Verbum. Hier ist vor allem die Erscheinung der Figura etymologica zu vermerken:[1] *gyer [ru] gyer nas gyer gyer sno sno nas,* 207, 208, ‚Lieder singen und Segenssprüche sprechen'; ferner *ts'al* ₒ*ts'al ba,* 165, ‚Wünsche wünschen', mit dem bisher unbekannten, aus ₒ*ts'al ba* nachträglich gebildeten (?) Nomen *ts'al,* ganz wie *k'ur* ₒ*k'ur ba* u. a. gebildet. Dagegen kann natürlich *p'yi p'yi,* 329 nur als Verdopplung zur Bezeichnung eines aus mehreren Einzelvorgängen zusammengesetzten Gesammtvorganges gefasst werden.

Die gewöhnlich unterdrückte Copula stellt in dieser Schrift nicht weniger als sechs Vertreter: 1. *yin,* 2. *lags,* 3. *mna,* 4. *srid,* 5. ₒ*dug,* 6. *med.* Die unter 1 und 2 aufgeführten Hilfsverben berühren sich sehr nahe; sie erscheinen beide einmal in Erklärungen und Definitionen, besonders nach Eigennamen, so *yin* in V. 42, 43 und *lags* in V. 40, sodann zum Ausdruck eines durch eine abgeschlossene Handlung herbeigeführten und in der Gegenwart wirksamen Zustandes, also im Sinne eines griechischen Perfectum: *ci yi c'o cig yin cii len pa yin,* 127, 128. In diesem Falle geht *lags* das Perfectum eines Transitivums voraus wie in *bsos lags,* 242, 251, 283, ‚die Heilung ist ausgeführt und der Zustand der Heilung dauert fort', *bsron lags so,* 243, *sdan lags so,* 284, *btan lags so,* 285, *k'rol lags so,* 286, *sdums lags so,* 295, oder das Präsens eines den Zustand ausdrückenden Intransitivums wie in *gšegs lags so,* 300. Das in V. 65 und 72 vorkommende *mna* hat den speciellen Sinn von ‚vorhanden sein, untergeben sein, der Macht Jemandes unterstellt sein'. Ebenso gebührt *srid* ursprünglich die Bedeutung ‚existieren', die auch in unserem Texte prävaliert, wie V. 5, 7, 19, 35, 36 zeigen, während der Gebrauch in V. 82 und 84 schon den Uebergang zu einem Hilfsverbum verräth. Aehnlich wie *yin* und *lags* wird ₒ*dug* verwendet, dem ein mit *nas* verbundenes Perfectum voraufgeht: *sgrog tu bcugs nas* ₒ*dug,* 148, ‚sich im Zustande des in Fesseln Gelegtseins befinden'; *nad kyi bcins nas* ₒ*dug,* 149, ‚von Krankheit gefesselt daliegen'. Die negative Copula *med,* z. B. 114, zeigt nichts von anderen Texten Abweichendes; das zu ihr gehörende positive *yod* kommt nicht vor.

5. Postpositionen. In einigen Fällen findet sich, obwohl nicht von der Bewegung aus einem Raume, sondern von dem Befinden in einem Raume die Rede ist, die Postposition *nas* statt *na* in Anwendung: *c'u mig man po nas,* 96, *šin man po nas,* 98, *sa sna lna po nas,* 100, *sgyi nas k'um,* 124, *sno t'an nas,* 186.

[1] Vergl. A. Conrady, Eine indochinesische Causativ-Denominativ-Bildung, p. 81.

4*

### IV. Lexicographie.

Auch in lexicographischer Hinsicht bereichert dieser Text unsere Kenntnisse in hervorragender Weise. Er bietet neue Wortbildungen, neue Wortverbindungen und neue Bedeutungen bereits bekannter Wörter. Da aber eine Zusammenstellung dieser Ergebnisse nichts Anderes als eine Wiederholung des am Schlusse angefügten Glossars bedeuten würde, das ein Bild des gesammten Wortschatzes dieser Schrift zu veranschaulichen sucht, so muss für jene Fragen auf dieses verwiesen werden.

## 5. Analyse des Inhalts.

Das Werk zerfällt in zwei Abschnitte, deren ersten man als Einleitung und deren zweiten man als Hauptheil bezeichnen kann. Jene ist beschreibender Natur, dieser trägt den Charakter der Erzählung, jener schildert Zustände, dieser eine Handlung. Thema des Ganzen ist der Kampf der Skos-Söhne mit den als Einheit gefassten drei Classen der Nâga, gÑan und Erdherrscher und ihre schliessliche Versöhnung mit einander. Die Einleitung umfasst V. 1—75 und behandelt den Vorwurf: *klu gñan sa bdag*. Sie lässt sich in sechs Unterabtheilungen zerlegen:

1. V. 1—10. Der Autor beginnt mit einer gedrängten Skizze der Schöpfung, berichtet die Entstehung der Elemente aus dem Chaos und schliesst mit der Bildung der Seen und Quellen als den Wohnstätten der Nâga. Dieser kurze Abriss der Schöpfungssage ist also nicht um ihrer selbst willen mitgetheilt, sondern nur zu dem Zwecke, auf den eigentlichen Gegenstand der Schrift überzuleiten. Zu V. 3 vergleiche man die Bemerkung von Candra Dás, Contributions, p. 201: ‚In some Bon books it is mentioned that in void beginning less eternity, there came to exist entity of eternity, from which grew hoarfroast; from hoarfroast grew dewdrops as big as peas, etc.‘ Die in V. 8 berührte Ueberschwemmung der Seen und die daraus abgeleitete Entstehung der Quellen ist ein Zug, der in der tibetischen Flutsage wiederkehrt. Andree, Flutsagen, p. 24, gibt eine Version derselben nach Turner wieder. Sie findet sich indessen bereits in Georgi's Alphabetum Tibetanum, p. 293, aus dem sie Hakmann in Pallas' Neuen Nordischen Beiträgen, Bd. IV, p. 294, entlehnt hat. Unmittelbar aus einer einheimischen Chronik ist die Sage geschöpft bei Candra Dás im Journal of the Buddhist Text Society, vol. IV, part II, p. (3). Zu der verwandten Flutsage der Lepcha, die Andree nach Hooker anführt, vergleiche man jetzt Waddell in JASB. LX, part I, N° 2, 1891, p. 54 und Mainwaring, A grammar of the Róng (Lepcha) language, p. XX. Die in Tibet und Kaschmir umlaufenden Flutsagen, meint Andree p. 147, deuten auf Durchbrüche von Seen. Andererseits ist aber daran zu erinnern, dass in diesem Falle die Vermuthung gerechtfertigt erscheinen möchte, Entlehnung aus indischen Quellen anzunehmen, denn das nordbuddhistische Werk Svayambhûpurâṇa bietet eine der tibetischen genau entsprechende Form der Flutsage,[1] und eine Uebersetzung dieser Schrift in tibetischer Sprache liegt thatsächlich vor.[2]

2. V. 11—18 enthalten die Aufzählung der acht grossen Nâga und die Eintheilung der Nâga in fünf Kasten.

---

[1] R. Mitra, The Sanskrit Buddhist literature of Nepal, p. 251. Danach wäre denn auch Andree's Bemerkung, Flutsagen, p. 35: ‚Im Gebiete des Buddhismus sind die Flutsagen unbekannt‘ zu berichtigen.

[2] L. Feer, Analyse du Kandjour, Annales du Musée Guimet, II, p. 287.

3. V. 19—35. Es werden die Namen der gÑan des Nordostens, Südostens, Südwestens und Nordwestens, sowie einiger anderer aufgezählt, die bisher gänzlich unbekannt waren. Ihre Deutung bietet aus Mangel an Materialien grosse Schwierigkeiten; einige Versuche in dieser Hinsicht finden sich im Glossar vermerkt.

4. V. 36—57. Entstehung der Erdherrscher, deren hier mitgetheilte Namen theilweise noch unerklärbar sind.

5. V. 58—64. Angabe der Wohnsitze dieser drei Classen von Dämonen: die Nâga hausen in den Quellen, wie schon V. 9 erwähnt, die Erdherrscher in den fünf Erdarten, was auf V. 50 hinweist, wo von den Erdherrschern der fünf Erdarten die Rede ist, die gÑan in Holz und Steinen, wozu man V. 73—74 vergleiche.

6. V. 65—75. Im Gefolge dieser Dämonen befinden sich allerlei Thiere, Scorpione Ameisen, Frösche, Kaulquappen, Fische, Schmetterlinge.

Der nun folgende Hauptheil scheidet sich von der Einleitung dadurch scharf ab, dass er mit einer Zeitbestimmung einsetzt und also auf eine erzählende Partie vorbereitet.

7. V. 76—109. Im Lande Skos regieren ein König und seine Gemahlin, die als Vater und Mutter bezeichnet werden. Sie haben zwei Söhne, der ältere und jüngere Bruder genannt. Diese gerathen in einen heftigen Kampf mit den Nâga, gÑan und Erdherrschern und fügen ihnen wie den zu ihrem Gefolge gehörenden Thieren empfindlichen Schaden zu, indem sie in den Wohnstätten derselben arge Verwüstungen anrichten. Der hier zu Grunde liegende Gedanke ist folgender: die Skos-Söhne treten als die Besitzergreifer des Landes und seines Bodens auf, als die ersten Träger der Cultur, sie betreiben Ackerbau, errichten Haus und Herd, fällen Holz und legen künstliche Wasserbassins an. Ihre Culturarbeit greift nun tief in das Leben der Natur ein, stört und verletzt die Geister, die sie bis dahin in ungetrübtem Dasein bevölkert haben. Die ersten Werke der Civilisation erscheinen als ein Frevel an der Natur, die sich in beleidigtem Stolze gegen die Fesseln aufbäumt, welche sie zur Abhängigkeit von einem sie leitenden Willen zwingen sollen.

8. V. 110—125. Die beeinträchtigten Dämonen versammeln sich und führen ihre mächtigen Heere zum Kampfe gegen die feindlichen Skos-Söhne, die von schweren Gebrechen und Krankheiten heimgesucht werden.

9. V. 126—146. Vater und Mutter von Skos sehen bestürzt das in ihrem Volke angerichtete Elend und berufen eine Wahrsagerin, um durch deren Kunst die Ursache des schweren Schicksalsschlages zu erfahren. Sie wirft die Lose und verkündet die Wahrheit. Die Bonpo besitzen in der That Priesterinnen, die sogar den Vorzug vor Priestern geniessen und sich mit Zauberei und Thieropfern befassen.[1]

10. V. 147—167. Die gefesselten, bedrückten Dämonen seufzen nach Befreiung, und das Königspaar von Skos reicht ihnen die Hand zur Versöhnung. Es fordert sie auf, zur feierlichen Entgegennahme von Opfergaben zu erscheinen.

11. V. 168—225. Das Sühnopfer. Durch kostbare Spenden, die unter Gesängen dargebracht werden, besonders durch die Gabe heilkräftiger Arzeneien, lassen sich die Nâga, gÑan und Erdherrscher zufriedenstellen. Die V. 181—185 sind in ethnographischer Hinsicht sehr beachtenswerth.

---

[1] G. Sandberg, Handbook of colloquial Tibetan, p. 209. Ueber die Art und Weise des Losens in Tibet vergl. Jäschke, Dictionary, p. 172b, von *ju t'ig*, und Desgodins, Dictionnaire, p. 227b, 348b.

12. V. 226—249 lehnen sich eng an die vorhergehenden an, indem sie die Heilmittel beschreiben, durch welche die mannigfachen den Thieren zugefügten Leibesdefecte wieder in Ordnung gebracht werden. Es handelt sich dabei um sympathetische Curen.

13. V. 250—279. Es bleiben nunmehr noch die darniederliegenden Skos-Söhne zu entsühnen. Der König gewährt Nektar und Arzenei zur Beschwichtigung ihrer Krankheiten, deren Heilung sich vollzieht.

14. V. 280—305 bilden den Schlusstheil. Nâga, gÑan und Erdherrscher sind von ihren Fesseln vollständig befreit und fühlen sich ausgesöhnt mit den Menschen. Der Friede ist zwischen den widerstreitenden Mächten hergestellt, und in Wunschformeln klingt das Gedicht aus.

Die Theile 7—9 tragen einen ausgesprochen epischen Charakter, indem sie in ferner Vergangenheit spielende Ereignisse vortragen. Wohl treten die hier vorgeführten Gestalten auch im weiteren Verlaufe noch handelnd auf bis zum Abschluss des Dramas, aber nicht mehr sowohl in ihrer besonderen Färbung als, mit in die Gegenwart hineingezogener typischer Geltung. Das Besondere wird verallgemeinert, der Einzelfall auf alle Fälle solcher Art ausgedehnt. Der Kampf, welchen die Dämonen gegen Skos führen, ist nicht ein nur einmal vorgekommenes Factum, sondern eine Erscheinung, die sich beständig zu allen Zeiten wiederholt. Denn beständig greifen die Menschen in das heilige Bereich der Natur ein, und indem sie trachten, sich ihre Hilfsquellen unterthan zu machen, versündigen sie sich gegen eine Welt von Geistern, die ihr organisches Leben verkörpern. Die geknechteten Genien, deren Besitz angetastet ist, verlangen nach Rache und senden Krankheit und Verderben über das Geschlecht der Frevler. Diese müssen daher bemüht sein, ihren Zorn zu besänftigen und durch Opfergaben, Lieder und Gebete zu versöhnen. Dieser Gesichtspunkt offenbart denn auch den Zweck, dem unsere Schrift gewidmet ist: sie dient einem Cultuszweck, sie ist ein Sühngebet, ein Versöhnungslied, das zur Herstellung der Eintracht zwischen der Welt der Menschen und der von ihnen gekränkten Naturgeister recitiert wird. In Banden geschlagen, hat sie die Hand des Menschen, der nun reuevoll ihre ‚Lösung von den Fesseln‘ begehrt. Als eine Urkunde der Weltanschauung des naivsten Animismus stellt somit dieses Schriftdenkmal einen wichtigen Beitrag zur tibetischen Religionsgeschichte wie zur Kenntnis der Entwicklung des religiösen Denkens überhaupt dar.

## 6. Quellen.

Unsere Kenntnis von der Litteratur der Bon-Religion liegt in den ersten Anfängen und ist daher noch zu gering, als dass sie erlaubte, den Spuren nachzugehen, die der Autor bis zu seinen Quellen gewandelt ist. Dass er zur Abfassung seiner Schrift ältere und verschiedene Quellen benützt hat, dürfte schon aus der textkritischen Betrachtung erhellen und sich in Folge der ungleichmässigen Bearbeitung der einzelnen Theile und deren nicht immer sehr glücklichen Verknüpfung mit einander zur Gewissheit erheben. Zweifellos ist ferner, dass er sich mit der *Klu ₒbum*-Litteratur vertraut gemacht hat, wie die vielfachen Uebereinstimmungen zwischen Stellen aus diesen Werken und dem vorliegenden beweisen, so z. B. in der Aufzählung der Thiere, Krankheiten und Heilungen; weitere Hinweise findet man im Glossar zum *Klu ₒbum bsdus pai sñiṅ po*. Die Sage von Skos begegnet uns hier zum ersten Male, indess wohl schwerlich in ihrer echten, originalen

Ueberlieferung und erscheint fast nur wie ein dürftiger Auszug aus der Fülle eines reicher gestalteten Ideenkreises, aus einem Borne alter Traditionen geschöpft, der leider noch immer unserer Kenntnis verschlossen ist. Solche Quellen zu öffnen, diese noch schlummernde Welt zu wecken, in ihren Tiefen zu schürfen, wird eine der vornehmsten Aufgaben der tibetischen Philologie und Religionswissenschaft bilden müssen.

---

## Text und Uebersetzung.

### *Sa bdag klu gñan gyi byad grol bžugso.*

*Bon ˳di ni sa bdag klu gñan gsuṁ gyi sgrog skrol ba ˳tsʻalo. de nas gyer byas te ˳di skado.*

Die hier versammelten Bon begehren die Fesselbefreiung der Dreiheit Erdherrscher, Nâga und gÑan. Nachdem man ein Lied gesungen, spricht man darauf in folgender Weise.

#### 1. Schöpfung.

| | |
|---|---|
| *Kyai* | |
| *srid pa daṅ po la* | In der ersten Existenzperiode |
| *ci yaṅ mi srido* | War noch nichts vorhanden. |
| *ye med stoṅ sa la* | In dem anfangslosen Chaos |
| *˳byuṅ ba rim gyis cʻags* | Wurden die Elemente der Reihe nach erzeugt. |
| *rlan daṅ cʻu yaṅ srid* | Feuchtigkeit und Wasser entstanden; |
| *cʻu yis sbrus sa las* | Aus der Erde, die durch das Wasser aufgerührt wurde, |
| *rlan daṅ mtsʻo srid do* | Entstanden Feuchtigkeit und Seen. |
| *mtsʻo las yar lud pas* | Darauf traten die Seen über, |
| *cʻu mig sna re la* | Es bildeten sich verschiedene Quellen, |
| *klui groṅ kʻyer gnas.* | Und in diesen liegen die Nâgastädte. |

#### 2. Entstehung der Nâga.

| | |
|---|---|
| *[klus] mtʻa yas daṅ ni ˳jog po daṅ* | Ananta, Takṣaka, |
| *stobs kyi rgyu daṅ rigs ldan daṅ* | Karkoṭaka, Kulika, |
| *nor rgyas bu daṅ duṅ skyoṅ daṅ* | Vâsukiputra, Çaṅkhapâla, |
| *padma daṅ ni cʻu lha daṅ* | Padma und Varuṇa, |
| *rgyal rigs daṅ ni rje rigs daṅ* | Die Kṣatriyakaste, Vaiçyakaste, |
| *braṁ zei rigs daṅ dmaṅs rigs daṅ* | Brâhmaṇakaste, Çûdrakaste, |
| *gdol pa can gyi klu rnams daṅ* | Die Nâga der Caṇḍâla, |
| *bye ba de ni sa yar byuṅ.* | Jene zehn Millionen entstanden oben auf der Erde. |

#### 3. Entstehung der gÑan.

| | |
|---|---|
| *de nas gñan [gyi] rgyal [po] srid* | Darauf traten die Könige der gÑan in die Existenz: |
| *byaṅ šar mtsʻams kyi gñan [cʻen ni]* | Der grosse gÑan des Nordostens ist |

| | |
|---|---|
| *kʻa byad rgyal ba dań* | Kʻa byad rgyal ba, |
| *šar lho mtsʻams kyi gñan* | Der gÑan des Südostens ist |
| *gñan cʻen rgyal po dań* | Der grosse gÑan ‚König‘ (rgyal po), |
| *lho nub ˳tsʻams gyi gñen* | Der gÑan des Südwestens ist |
| *stoń ˳du rgyal po dań* | Stoń ˳du rgyal po, |
| *nub byań mtsʻams kyi gñen* | Der gÑan des Nordwestens ist |
| *ri kʻro cʻen po dań* | Ri kʻro cʻen po, |
| *bar snań mtsʻams kyi gñen* | Die gÑan der Grenze des Luftraumes sind |
| *sgram ˳dul cʻen po dań* | Sgram ˳dul cʻen po, |
| *gtum po mcʻed bži dań* | Die vier wüthenden Geschwister, |
| *sdań ba skrań po dań* | Der Zorngeschwollene, |
| *kʻri par nub ˳tsʻogs dań* | Kʻri par nub ˳tsʻogs, |
| *sdig pa iʻan bži dań* | Die vier durch Sünde Verderbten |
| *loi gñan bži dań* | Und die vier gÑan des Jahres: |
| *gñan gyi rgyal kʻams srid.* | So war das Reich der gÑan vorhanden. |

## 4. Entstehung der Sa-bdag.

| | |
|---|---|
| *de nas sa bdag srid* | Darauf traten die Erdherrscher in die Existenz: |
| *sa bdag mes po ba* | Der Erdherrscher Grossvater |
| *tsʻańs pa ˳bum kʻri dań* | Ist Tsʻańs pa ˳bum kʻri, |
| *sa bdag pʻyi mo ba* | Und der Erdherrscher Grossmutter |
| *˳pʻrul cʻu lhags kyi btsun mo lags* | Ist ˳Pʻrul cʻuń lhags kyi btsun-mo; |
| *sa bdag pʻa [dań] yab smos [pas]* | Der ‚Vater‘ genannte Erdherrscher |
| *sa bdag sbań rtsań ˳kʻor ba yin* | Ist der Erdherrscher Sbań rtsań ˳kʻor ba. |
| *dei lcam ba pai lha mo brtan mo yin* | Dessen Schwester ist die Erdgöttin Sthavirâ; |
| *rtsań rtsań ˳kʻor ba sras* | rTsań rtsaṇ ˳kʻor ba ist sein Sohn. |
| *rtsań kur cʻen po dań* | rTsań kur cʻen po, |
| *ńam bdag ˳brug mgo dań* | Ńam bdag ˳brug mgo, |
| *rdo bdag pʻag mgo dań* | Der Herr der Steine mit dem Schweinskopf, |
| *cʻu bdag cʻu srin mgo [bo] can dań* | Der Herr des Wassers mit dem Wasserdrachenkopf, |
| *šiń bdag stag gzigs mgo can dań* | Der Herr des Holzes mit dem Pantherkopf, |
| *sa sna lńai sa bdag dań* | Die Erdherrscher der fünf Erdarten, |
| *stag cʻen skya bo dań* | Der grosse grauweisse Tiger, |
| *˳brug cʻen sńon po dań* | Der grosse blaue Donnerdrache, |
| *bya dmar rluń gi bdag po dań* | Der Flamingo, der Herr des Windes, |
| *˳gron cʻen ˳gyiń pa dań* | ˳Groń cʻen ˳gyiń pa, |
| *rus sbal nag po dań* | Die schwarze Schildkröte |
| *gžan yań sa bdag mań mo ni* | Und andere zahlreiche Erdherrscher |
| *kʻri dań ˳bum ru byuń.* | Sind zu zehn- und hunderttausend entstanden. |

## 5. Wohnsitze der drei Classen von Dämonen.

| | |
|---|---|
| *[der] klui rgyal po ni* | Da hausen die Könige der Nâga |
| *cʻu mig kun las gnas* | In allen Quellen, |

| | |
|---|---|
| *gñan gyi rgyal po ni* | Die Könige der gÑan |
| *śiṅ daṅ rdo la gnas* | In Holz und Stein, |
| *sa bdag [gi] rgyal po ni* | Die Könige der Erdherrscher |
| *sa sna lṅa la gnas* | In den fünf Erdarten: |
| *[der] sa bdag klu gñan lo.* | Dort sind die Erdherrscher, Nâga und gÑan, so geht die Kunde. |

## 6. Das Gefolge der Dämonen.

| | |
|---|---|
| *bskor ru ci mṅa na* | Was für eine Gefolgschaft haben sie? |
| *sdig pa ro riṅ daṅ* | Scorpione mit langem Stachel, |
| *grog mo skye ñag daṅ* | Ameisen mit plattem Leibe, |
| *gser gyi sbal pa daṅ* | Goldfarbene Frösche, |
| *γyuo lcoṅ mo daṅ* | Türkisblaue Kaulquappen, |
| *ña mo gser mig daṅ* | Goldäugige weibliche Fische, |
| *duṅ gi pʿye ma leb [daṅ]* | Muschelweisse Schmetterlinge |
| *der rnam bskor ru sña* | Sind da ihre Gefolgschaft; |
| *śiṅ la gnas śiṅ sten* | Auf Holz wohnen sie vertrauensvoll, |
| *rdo la gnas śiṅ stan* | Auf Steinen hausen sie vertrauensvoll, |
| *sa la gnas śiṅ gsten* | Auf der Erde hausen sie vertrauensvoll. |

## 7. Das Geschlecht von Skos; Kampf der Skos-Söhne gegen die Dämonen.

| | |
|---|---|
| *de dus de rtsam na* | Damals zu jener Zeit |
| *yul la mtsʿan gsol ba* | Gab man dem Land einen Namen, |
| *yul la mi ma mkʿan* | In dem Lande waren aber keine Menschen. |
| *skos yul tʿaṅ brgyad na* | In den acht Ebenen des Landes Skos |
| *yab skos [kyi] rgyal po daṅ* | Waren zwei, nämlich der Vater, der König von Skos |
| *yuṁ srid bdag brtsun mo [gñis]* | Und die Mutter, die Herrscherin, die Gemahlin, |
| *srid ciṅ sprul pai sras* | Die da lebten, worauf der chubilghanische Sohn, |
| *pʿu bo cʿen po ni* | Der grosse ältere Bruder, |
| *skos kyi bu cig srid* | Ein Sohn von Skos, existierte; |
| *dei cuṅ bo ba* | Dessen jüngerer Bruder |
| *[skos bu] yaṅ dag ljon pa bya* | War der Yaṅ-dag-ljon-pa genannte Skos-Sohn. |
| *[der] skos bu gcen cuṅ des* | Da nahmen jene Skos-Söhne, der ältere und jüngere Bruder |
| *skos yul tʿaṅ brgyad du* | In den acht Ebenen des Landes Skos |
| *yul daṅ sa yaṅ bzuṅ* | Land und Erde in Besitz: |
| *sa bskos žiṅ du bya* | Die Erde wählten sie aus und machten sie zu Ackerland; |
| *rdor rlog mkʿar ru brtsigs* | Steine brachen sie und bauten Schlösser; |
| *cʿu bcad sdziṅ du ˳kʿyil* | Das Wasser schnitten sie ab und sammelten es in Teichen; |
| *śiṅ bcad tʿab du bsreg* | Holz fällten sie und verbrannten es auf dem Herde. |
| *bya bai las ñes te* | Sündige Werke vollbrachten sie |

| | |
|---|---|
| *sa bdag klu gñen [kun daṅ] ˳gras* | Und hassten die Erdherrscher, Nâga und gÑan [alle]. |
| *cʻu mig maṅ po nas* | In den vielen Quellen |
| *klu rgyal kʻri ˳buṁ skyon* | Erlitten viele tausende Nâgakönige Schaden, |
| *rdor śiṅ maṅ po nas* | In deu vielen Steinen und Bäumen |
| *gñen cʻen ˳bum kʻri skyon* | Erlitten viele tausende grosse gÑan Schaden, |
| *sa sna lṅa po nas* | In den fünf Erdarten |
| *sa bdag ˳bum kʻri skyon* | Erlitten viele tausende Erdherrscher Schaden. |
| *skos bu lcam dral des* | Gegen die Thaten jener Skos-Söhne, der Geschwister, |
| *byas te lag pa med* | Konnten sie sich nicht wehren. |
| *klu srin mig kyaṅ bcar* | Den Klu-srin wurden die Augen ausgerissen, |
| *grog mo [kyis] skyed pa bcad* | Den Ameisen die Leiber zerschnitten, |
| *sbal pai rkaṅ pa bcag* | Den Fröschen die Füsse abgebrochen, |
| *pʻye ma leb kyis śog [pa] breg* | Den Schmetterlingen die Flügel genommen, |
| *sdig pai rva gaṅ bcad* | Den Scorpionen die Stachel abgeschnitten; |
| *gžan gnod [pa] sna tsʻog byas.* | Und anderen Harm verschiedener Art stifteten sie. |

### 8. Zorn der Dämonen; Entsendung von Krankheiten über die Skos-Söhne.

| | |
|---|---|
| *[der] sa bdag klu gñan des* | Da zürnten die Erdherrscher, Nâga und gÑan |
| *tʻug kʻros stiṅ nas kʻros* | Im Herzen und schalten voll Ingrimm: |
| *skos bu bcen cuṅ la* | ‚Die Skos-Söhne, den älteren und jüngeren Bruder |
| *bsad do bcad do zer* | Lasst uns tödten, lasst uns zerstückeln!‘ so sprachen sie. |
| *sdod pai yul yaṅ med* | Da war an keinem Orte länger Verweilens mehr; |
| *klu dmag mtsʻo ltar lud* | Denn das Nâgaheer fluthete über wie ein See, |
| *gñan dmag rluṅ ltar rtsubs* | Das Heer der gÑan war rauh wie der Wind, |
| *sa bdag [gi] dmag ni ri [ga] ltar ñil* | Das Heer der Erdherrscher stürzte herab wie ein Fels. |
| *[der] skos bu gcen cuṅ la* | Da sandten den Skos-Söhnen, den älteren und jüngeren Bruder, |
| *klu gñen sa bdag nad rigs [sna tsʻogs] btaṅ* | Die Nâga, gÑan und Erdherrscher die verschiedenen Krankheitsarten. |
| *ža bo grum bur btaṅ* | Lähmung und Gicht sandten sie, |
| *pʻye bo goṅ bur btaṅ* | Zwerghaftigkeit und Verkrüppelung sandten sie, |
| *˳on pa sdig par btaṅ* | Drohten Taubheit und sandten sie, |
| *lag ža draṅ nas ža* | Liessen Handlähmung erscheinen, und so wurden sie lahm, |
| *rkaṅ ža sgyi nas kʻuṁ* | Fusslahm, in der Kniekehle gichtig, |
| *goṅ daṅ ril gyi soṅ.* | Und vollständig verkrüppelt. |

### 9. Verkündigung der Losfrau.

| | |
|---|---|
| *[der] skos rgyal yab yum žal na re* | Da sprachen Skos-König-Vater und -Mutter: |
| *[˳di] ci yi cʻo cig yin [naṁ]* | ‚Was für eine Handlungsweise ist das? |
| *cii len pa yin* | Weshalb wird uns solches zu Theil? |
| *[der] mo ma la mo btab [pas]* | Die Losfrau werfe das Los, |
| *pʻya ma la pʻya bslab* | Die Schicksalskundige lehre das Schicksal!‘ |

| | |
|---|---|
| *ma mʻtoṅ gsal mo la* | Die Erleuchterin der nicht Sehenden |
| *mo btab pʻya bslab pas* | Warf das Los, und das Schicksal lehrend, |
| *mo mai žal na re* | Kündete die Losfrau: |
| *ₒdi cis kyaṅ noṅs te* | ,Gegen jegliche Verbrechen |
| *skos bu cen cuṅ gyis* | Und Thaten der Skos-Söhne, des älteren und jüngeren Bruders, |
| *byas te lag pa med* | Sind wir machtlos. |
| *skos yul tʻaṅ brgyad ru* | In den acht Ebenen des Landes Skos |
| *yul daṅ sa yaṅ bzuṅ* | Haben sie Land und Erde in Besitz genommen, |
| *sa skos žiṅ ru smos* | Die Erde ausgewählt und in Ackerland umgewandelt, |
| *brag bšag kʻar du brtsigs* | Felsen gespalten und Schlösser gebaut, |
| *cʻu bcad yur ba draṅ* | Wasser abgeschnitten und in Canäle geleitet, |
| *šiṅ bcad tʻab du sdug* | Holz gefällt und auf den Herd gelegt; |
| *bsiṅ ma sṅo tʻa tu* | Auf Wiesen und grüner Ebene |
| *klu gñan sa bdag gis* | Haben sie der Nâga, gÑan und Erdherrscher |
| *nor daṅ ₒkʻor rnams bsad* | Vieh und Gefolge getödtet. |
| *noṅs pa dei noṅso skad.* | Das sind die Verbrechen jener Verbrecher.ʻ Dies war ihre Rede. |

## 10. Einladung der Dämonen zum Versöhnungsopfer.

| | |
|---|---|
| *[ₒdi la] klu gñan sa bdag gis* | Die Nâga, gÑan und Erdherrscher |
| *sgrog tu bcugs nas ₒdug* | Befanden sich in Fesseln gelegt, |
| *nad kyi bciṅs nas ₒdug* | Befanden sich von Krankheit gebannt. |
| *[ₒdi la] sa bdag klu gñan gyis* | Die Erdherrscher, Nâga und gÑan |
| *sgrogs grol tsʻal lo skad* | Sprachen: ,Wir begehren die Lösung der Fesseln.ʻ |
| *de skad gsuṅ pa daṅ* | Als sie dieses Wort kundgethan, |
| *[der] skos rgyal yab yum gyis* | Sagten Skos-König-Vater und -Mutter: |
| *lto mkʻan bon po sñed* | ,So viele essende Bon-po da sind, |
| *tʻaṅ ma gšog [pa] can draṅ [nas]* | Die Tʻaṅ-ma und die Geflügelten haben wir eingeladen; |
| *gžug par gdan yaṅ bstiṅ* | Sitzpolster ausgebreitet, |
| *cʻibs sṅar dan kyaṅ draṅs* | Pferdesatteldecken hingelegt, |
| *dbu la tʻod kyaṅ bciṅs* | Um das Haupt Schädelschmuck gebunden, |
| *mgur du skyems kyaṅ draṅ* | In die Kehle Wein gegossen, |
| *žal du lha yaṅ sbyar* | Im Antlitz das Bild eines Schutzgeistes befestigt; |
| *yon du gser gyu ₒbul* | Als Gabe spenden wir euch Gold und Türkise.ʻ |
| *[der] lto mkʻan tʻaṅ po gšog pai žal na re* | Da sprachen die essenden Tʻaṅ-po und die Geflügelten: |
| *skos rgyal yab yum tsʻur gson daṅ* | ,Skos-König-Vater und -Mutter, höret hierher! |
| *klu gñan so bdag sgrog sgrol byed pa na* | Wenn ihr der Nâga, gÑan und Erdherrscher Fessellösung bewirken wollt, |
| *[ₒdi la] mi tsʻal dgu cig ₒtsʻal* | So hegen wir viele Wünsche: |
| *klu bon gñan bon spyan draṅs ₒtsʻal* | Der Nâga-Bon und gÑan-Bon Einladung begehren wir, |
| *klu bsras gñan bsras bdar yaṅ ₒtsʻal.* | Der Nâga-Söhne und gÑan-Söhne Gegenwart begehren wir auch.ʻ |

## 11. Das Sühnopfer.

| | |
|---|---|
| *[der] skos rgyal yab yum gyis* | Da luden Skos-König-Vater und -Mutter |
| *bon gsum spyan draṅs nas* | Die drei Bon ein. |
| *rdzas daṅ tʻag kyaṅ gsog [pas]* | Als sie die erforderlichen Dinge und Fesseln aufgehäuft, |
| *gyu yi namkʻa bcu gsuṁ daṅ* | Stellten sie die dreizehn türkisblauen Himmel hin, |
| *rgyaṅ bu bcu gsuṁ daṅ* | Die dreizehn rGyaṅ bu, |
| *mṅa mo ña mig bcu gsuṁ daṅ* | Die dreizehn mÑa-mo Ña-mig (Herrinnen Fischauge?), |
| *mo ◦pʻaṅ bcu gsuṁ daṅ* | Die dreizehn Mo ◦pʻaṅ (Loswerfer?), |
| *pʻo stoṅ šiṅ ris bcu gsum daṅ* | Die dreizehn Pʻo stoṅ šiṅ ris, |
| *ṅar glud bcu gsuṁ daṅ* | Die dreizehn Ṅar glud, |
| *mgo zer mo pʻod sdems gsum btsugs* | Die drei mGo zer mo pʻod sdems, |
| *lag la gyu yaṅ bskur* | Schmückten die Hände mit Türkisen, |
| *rkaṅ zaṅs lcags stags [la] byas* | Legten an die Füsse kupferne und eiserne Fesseln, |
| *lus la dar zab bkon* | Kleideten den Leib in die feinste Seide, |
| *kʻa mig raṁ [daṅ] tsʻal [la] gyis* | Bemalten Mund und Auge mit Indigo und Zinnober, |
| *rgya šog dkar po la* | Zeichneten auf weisses chinesisches Papier |
| *yul daṅ mkʻar du bris* | Das Land und die Schlösser, |
| *sa bdag klu gñan gyis* | Zeichneten der Erdherrscher, Nâga und gÑan |
| *sku tsʻad gzugs su bris* | Gestalten in Lebensgrösse. |
| *bsiṅ ma sṅo tʻaṅ nas* | Nachdem sie auf Wiesen und grüner Ebene |
| *skos le cig ltas la* | Ein unbebautes Stück von Skos untersucht, |
| *rtsi šiṅ sna tsʻogs btsug* | Pflanzten sie verschiedene Arten von Obstbäumen. |
| *ye šes [kyi] mṅa mo la* | Der Herrin der Weisheit |
| *◦pʻrul gyi me loṅs btags* | Verliehen sie einen Zauberspiegel, |
| *smyug rgod stem sa la* | An die mit wildem Bambus bewachsene Erde |
| *klu dar sṅon po btags* | Befestigten sie blaue Nâgaseide. |
| *ña lcoṅ sbal pa daṅ* | Fische, Kaulquappen und Frösche, |
| *sbrul daṅ cʻu srin daṅ* | Schlangen und Wasserdrachen, |
| *sdom daṅ sdig pa daṅ* | Spinnen und Scorpione, |
| *gnam la ◦pʻur dgu daṅ* | Die am Himmel Fliegenden, |
| *sa la ◦dzul dgu daṅ* | Die in die Erde Kriechenden |
| *bar la ◦gro dgu daṅ* | Und die im Zwischenraume Wandelnden, |
| *gzug brñan sna tsʻogs daṅ* | Verschiedene Bilder, |
| *dkar gsum [ni] ◦o ma daṅ* | Die drei weissen und die drei süssen Dinge, |
| *mṅar gsum [ni] rtsi sman [sua tsʻogs] daṅ* | Verschiedene Saftarzeneien, |
| *klu sman sna tsʻogs daṅ* | Verschiedene Nâga-Arzeneien, |
| *dar mtsʻon sna tsʻogs daṅ* | Verschiedene Seidefarbstoffe, |
| *◦bru sna tsʻog daṅ* | Verschiedene Kornarten |
| *mtʻun pai rdzas bšaṁs nas* | Und begehrenswerthe Dinge rüsteten sie zu |
| *ñin gsum rdzas su bsogs* | Und häuften solche drei Tage lang auf. |
| *mtsʻan gsuṁ gyer [ru] gyer nas* | Und indem sie drei Nächte lang Lieder sangen, |
| *gyer gyer sṅo sṅo nas* | Gaben sie dieselben unter wiederholten Gesängen und Segnungen |

| | |
|---|---|
| *klui rgyal po ◦kʿor bcas daṅ* | Den Nâga-Königen sammt Gefolgschaft, |
| *gñan gyi rgyal po ◦kʿor bcas daṅ* | Den gÑan-Königen sammt Gefolgschaft, |
| *sa bdag [i] rgyal po ◦kʿor bcas daṅ* | Den Erdherrscher-Königen sammt Gefolgschaft |
| *◦kʿor daṅ bcas pa rnaṁs la ni* | Und den Gefolgschaften |
| *glud daṅ kʿag tu ◦bul* | Als Lösegeld und Bürgschaft. |
| *klu sman sna tsʿogs daṅ* | Die verschiedenen Nâga-Arzeneien |
| *ñams cʿags sod su pʿul* | Gaben sie zur Abtödtung der Sünden; |
| *rtsi sman sna tsʿog kyi* | Mit den verschiedenen Saftarzeneien |
| *klu rnams tʿag sno bas* | Zerbrechen die Nâga die Fesseln; |
| *◦o ma sna tsʿogs kyis* | Durch die verschiedenen Arten der Milch |
| *žal gyi cʿab yaṅ blen* | Erhalten sie Speichel. |
| *◦dag ldan dam bya yis* | Mit einem reinen Gelübde |
| *mdaṅs kyi glud du ◦bul* | Gaben sie Lösegeld für ihren Lebenssaft (der ihnen geraubt war), |
| *rin cʿen sna lṅa daṅ* | Mit den fünf Arten der Edelsteine, |
| *sman sna ◦bru sna daṅ* | Mit Arzeneiarten und Kornarten, |
| *dar zab sna tsʿogs kyis* | Mit den verschiedenen Arten feinster Seide |
| *nor gyi glud ru ◦bul.* | Gaben sie Lösegeld für das Vieh (das sie verloren). |

## 12. Heilung der Dämonen von Krankheiten.

| | |
|---|---|
| *bzi blugs kʿra bo yis* | Durch zweifarbiges geschmolzenes Mecaka |
| *klu srin [gyi] dmig bcar [bar] gsos[o]* | Werden die den Klu-srin ausgerissenen Augen geheilt; |
| *dbaṅ po lag pa daṅ* | Durch Indrahasta |
| *cʿu srin sder mo ◦di* | Und Wasserdrachenklauen |
| *sbal pai rkaṅ lag bcad pa gsos[o]* | Werden der Frösche abgeschnittene Füsse und Hände geheilt; |
| *ba man rva tu yis* | Durch das Horn wilder Rinder |
| *sdig pai rva cʿags [pa] gsos* | Werden die den Scorpionen abgebrochenen Stachel geheilt; |
| *ras skud dmar po yi* | Durch rothe Baumwollenfäden |
| *grogs moi skyed [pa] cʿad [pa] gsos* | Werden die zerschnittenen Leiber der Ameisen geheilt; |
| *klu dar sṅon po yi* | Durch blaue Nâgaseide |
| *pʿye ma leb kyi gšog [pa] cʿag [pa] gsos[o]* | Werden die abgebrochenen Flügel der Schmetterlinge geheilt. |
| *[der] bon po tʿaṅ la šog pa yid* | Da wurde das Gemüth der Bon-po Tʿaṅ und der Geflügelten |
| *bden pai sman gis skrol* | Durch echte Arzeneien befreit; |
| *dmig pa byin kyis brlabs* | Die Augen wurden gesegnet, |
| *skyed [pa] ñams [pa] sman gyis bsos* | Des Leibes Verletzungen durch Arzenei geheilt. |
| *de ltar bgyis pa yis* | Nachdem also geschehen, |
| *klu gñan sa bdag [i] ñaṁs [pa] bsos lags[o]* | Ist die Heilung der Verletzungen der Nâga, gÑan und Erdherrscher bewirkt, |
| *yo ba bsroṅ lags so* | Das Krumme gerade gemacht. |
| *[der] ñaṁ pa bsos pa yis* | Indem die Verletzungen geheilt sind, |

| | |
|---|---|
| *klu srin [gyi] mig kyaṅ bsos* | Sind die Augen der Klu-srin geheilt, |
| *sdig pai rva [ba] yaṅ bsos* | Die Stacheln der Scorpione geheilt, |
| *grogs mo [gi] skyed pa gsos [so]* | Die Leiber der Ameisen geheilt, |
| *sbal pai rkaṅ lags gsos[o]* | Füsse und Hände der Frösche geheilt, |
| *pʿye ma leb kyis bšog pa bsos[o].* | Die Flügel der Schmetterlinge geheilt. |

## 13. Heilung der Skos-Söhne von ihren Gebrechen.

| | |
|---|---|
| *[der] skos bu bcen cuṅ gyis* | Die von den Skos-Söhnen, dem älteren und jüngeren Bruder |
| *ñaṁs pa bsos lags kyaṅ* | Zugefügten Verletzungen sind zwar geheilt, |
| *[da duṅ] skos bu mcʿed gñis kyis* | Aber der Skos-Söhne, der beiden Brüder, |
| *na ba ma sos so* | Krankheiten sind nicht geheilt, |
| *sñuṅ pa ma daṅ so* | Ihre Leiden sind nicht getilgt. |
| *yaṅ lto mkʿan la gšog pa yis* | Da baten die Essenden und Geflügelten |
| *bdud rtsi bši sobs žus* | Um Tod abwendenden Nektar. |
| *[der] nams kyis guṅ rgyal gyis* | Da gab um Mitternacht der König |
| *bdud rtsi tʿig cig daṅ* | Einen Tropfen Nektar |
| *rtsi sman tʿun cig daṅ* | Und eine Dosis Arzeneisaft |
| *lto šan [de yis] pʿyag tu pʿul* | Den Fleischessenden in die Hand. |
| *[der yaṅ] tʿaṅ la gšog pa yis* | Nachdem nun die Tʿaṅ und Geflügelten |
| *skos bu bcen cuṅ la* | Den Skos-Söhnen, dem älteren und jüngeren Bruder |
| *spyi po gtsug tum nas* | Den Scheitel bedeckt hatten, |
| *tʿugs kyi dbal goṅ nas* | Salbten sie damit von der Spitze der Brust |
| *žabs kyi tʿal la byugs* | Bis auf die Füsse herunter. |
| *[der] skos bu cen cuṅ la* | Da wurden den Skos-Söhnen, dem älteren und jüngeren Bruder |
| *klad pa na ba sos* | Die Krankheiten des Hirnes geheilt; |
| *rna ba ₒon pa tʿos* | Die Ohrentauben hörten, |
| *mig loṅ ba mtʿoṅ ṅo* | Die Augenblinden sahen, |
| *gzugsu snaṅ ba [lcaṁ yaṅ] mtʿoṅ* | Sahen die körperlichen Erscheinungen [die bunten]; |
| *lce yis smra šes so* | Konnten mit der Zunge sprechen, |
| *smra mkʿan ša ra ra* | Und die Sprechenden jauchzten: |
| *tʿugs kyi mdud pa dkrol* | Die Knoten der Seele waren gelöst, |
| *ža bo gruṁ bu sos [so]* | Lähmung und Gicht geheilt, |
| *pʿye bo [daṅ] goṅ sa bsos* | Zwerghaftigkeit und Verkrüppelung geheilt, |
| *tʿeṅ ba spo ba sos [so]* | Das Hinken vertrieben und geheilt; |
| *pʿyag kyaṅ gaṅ pa bde* | Die Hände waren vollständig gesund, |
| *žabs kyaṅ gaṅ ba bde* | Die Füsse waren vollständig gesund; |
| *ₒgro mkʿan legs se legs.* | Die Gehenden befanden sich wohl. |

## 14. Endgiltige Versöhnung und Wunschgebet.

| | |
|---|---|
| *klu gñan sa bdag [gi] sgrog [yaṅ]* | Von den Nâga, gÑan und Erdherrschern angelegten Fesseln |

| | |
|---|---|
| *klu gñen sa bdag [gi] tʻar [raṁ pʻye]* | Sind Nâga, gÑan und Erdherrscher befreit. |
| *gdug pa nad las tʻar[o]* | Von den verderblichen Krankheiten sind sie befreit. |
| *na ba bsos (lags) so* | Der Krankheiten Heilung ist bewirkt, |
| *sñuṅ pa sdaṅ lagso* | Der Leiden Tilgung ist bewirkt, |
| *bzuṅ ba btaṅ lagso* | Des Siechthums Entfernung ist bewirkt, |
| *bciṅ ba kʻrol lagso* | Der Fesseln Lösung ist bewirkt. |
| *[˳di sṅon] su la pʻan de gsol* | Die, welche [früher] Heil und Segen genossen, |
| *skos bu [cʻe gñis la] pʻan de bsod* | Die Skos-Söhne erfreuen sich nun an Heil und Segen, |
| *[de riṅ] yon bdag ˳di la pʻan žiṅ bsos* | [Heute] wird den Gabenspendern hier Segen und Heilung, |
| *[de riṅ] yon bdag [i] sgrog [gi] kʻrol lo* | [Heute] wird den Gabenspendern Lösung der Fesseln. |
| *klui sgrog kʻrol lo* | Der Nâga Fesseln sind gelöst, |
| *sa bdag [gi] sgrog kʻrol lo* | Der Erdherrscher Fesseln sind gelöst, |
| *gñan gyi sgrog kʻrol lo* | Der gÑan Fesseln sind gelöst, |
| *sa bdag klu gñan gsuṁ gyi sgrog kʻrol lo* | Der Dreiheit Erdherrscher, Nâga und gÑan Fesseln sind gelöst. |
| *˳bras sa sdums lagso* | Die Früchte tragende Erde ist versöhnt. |
| *yo ba tʻig bsroṅ ṅo* | Das Krumme ist mit der Linienschnur gerade gemacht. |
| *ral pa gsuṁ ru tsʻims* | In den drei Thälern Lahuls herrscht Zufriedenheit. |
| *cʻad pa ˳pʻro tu tʻud* | Dem Abgeschnittenen ist das Fehlende angefügt. |
| *˳gras pas yas kyis sdums* | Die Grollenden sind mit den höhern Wesen versöhnt, |
| *kʻon pa gšegs lags so* | Der Zorn ist geschwunden. |
| *klu daṅ mi ru sdums* | Zwischen Nâga und Menschen besteht Versöhnung, |
| *sa bdag daṅ mi ru sdumso* | Zwischen Erdherrschern und Menschen besteht Versöhnung, |
| *gñan daṅ mi ru bsduṁs[o]* | Zwischen gÑan und Menschen besteht Versöhnung. |
| *sa bdag klu gñan rnaṁs kyaṅ bde gyur cig* | Erdherrscher, Nâga und gÑan mögen sich wohl befinden! |
| *sa bdag klu gñan daṅ yon bdag bsdums so.* | Denn Erdherrscher, Nâga, gÑan und Gabenspender sind versöhnt. |

*yas kyi bsog la namkʻa sṅon po bcu gsuṁ (daṅ)*
*ṅar mo bcu sum ñeu moi pʻod gtsugs pa*
*mṅa ˳pʻaṅ pʻo gsdoṅ šiṅ ris bcu suṁ (daṅ)*
*mṅa la dar sgrogs pas*
*smyug rgod la dar sṅon po btag pa (daṅ)*
*de rnams ña sbrul sbal lcoṅ mo*
*sdig pa rgaṅ pa (daṅ)*
*ba glaṅ ra lug (daṅ)*
*grog nio pʻye ma leb*
*bya daṅ byi ba pʻag pa daṅ*
*gžan yaṅ gnam la ˳pʻur dgu (daṅ)*
*sa la ˳dzul dgu daṅ*
*bar la ˳gro dgu daṅ*
*bsiṅ ma kʻru gaṅ pa gcig tu gzug so*

*rtsi šiṅ sna tsʻogs (daṅ)*
*dkar suṁ mṅar gsuṁ (daṅ)*
*rtsi sman sna tsʻogs daṅ*
*spyan gzig gšam la*
*de nas klu bon gñan bon bžeṅs*
*klu ? gñan ? ?*
*sel byaṅ de naṅ bai skaṅ pa la*
*mtsʻon skud sna lṅa sgrog la*
*bon pa zin pa daṅ dgrol lo*
*rma byai mdoṅ gi pʻyi pʻyi byaṅ*
*na-[ma] ga yu yuṅ*
*na-ga pʻyis pʻyis*
*na-ga soṅ soṅ*
*na-ga kʻrol kʻrol*
*na-ga šig šig*
*na-ga pʻud pʻud*
*rma byai sgrosdbyab ciṅ sgrog kʻrol bai tsʻul du byao* .

*sa bdag klu gñen gyi sgrog kʻrol sdzogso*
*bkra šis sarvamaṅgalaṁ*
*bkra šis kyais skad du bod du stu šu ru šu ru kraṁs*
*di sa ju ma ṇi sa krisgo.*

---

# Glossar.

## k.

*kun,* alle. *cʻu mig kun* 59. *sa bdag klu gñen [kun]* 95.

*kyai,* graphische Abbreviatur für *kye kye.* Rufinterjection: 1. Im Anfang des Textes, aber ausserhalb des Metrums gestellt und vom ersten Verse durch das Interpunctionszeichen *šad* getrennt, hat vielleicht nach dem voraufgegangenen Einleitungssatze in Prosa den Zweck, den Hörer anzurufen und auf den Beginn der nun erfolgenden Recitation des versificierten Werkes hinzuweisen. Mit einer Interjection beginnt auch die tibetische Inschrift von Kiu yong kuan, nämlich *e ma.* 2. Im Schlusswort nach dem Kolophon: *bkra šis kyais,* wofür sich in der Regel *bkra šis* ohne diesen Zusatz findet. Ueber die Nachstellung desselben vergl. *Situi sum rtags,* p. 38, wo zunächst die allgemeine Regel erläutert wird:

*gaṅ miṅ brjod pai daṅ po ru*
*kye sbyar ba ni bod pa yin,*

d. h. wenn *kye* die erste Stelle vor einem ausgesprochenen Worte einnimmt, so bezeichnet es in dieser Verbindung einen Ausruf. Dann heisst es weiter: *kye lhai lha | kye kʻa lo bsgyur ba | kye lha | kye rgyal po cʻen po ‖ lta bu ste ◦di ◦aṅ tʻog mar sbyor ba gtso cʻe bai dbaṅ gis gsuṅs pa las | tsʻigs bcad sogs sbyor bai tsʻe | bdag la dgoṅs šig mgon po kye*

| *žes pa lta bu mt'ar sbyar ba ›aṅ yod do* || ‚Beispiele sind: o Gott der Götter, o Steuermann (Lenker), o Gott, o grosser König (Mahârâja); jedoch wird ferner auch das an die Spitze Gestellte, wenn es in Versen u. s. w. gebraucht wird, weil man es mit hervorragendem Nachdruck (Emphase) spricht, an das Ende gestellt, wie z. B.: gedenke meiner, o Beschützer du (nâtha)!'

*klad pa, — na ba,* 267, Kopf-, Hirnerkrankungen.

*klu,* Nâga. *[klus]* (absolut und unabhängig), 11. *klu rnams,* 217, nâgâs. *klu daṅ mi,* 301, Nâga und Menschen. Die stereotype Verbindung *klu gñan sa bdag* findet sich: 144, 147, 164, 242, 280, die Variante *klu gñen sa bdag:* 119, 281.

*klu rgyal,* 97; *klui rgyal po,* 58, 209, Nâgarâja. *klui sgrog,* 291, Fesseln der Nâga, die sie selbst in bildlichem Sinne tragen. *klui groṅ k'yer,* 10, Nâga-Stadt, -Städte. *klu dar sṅon po,* 192, 235, blaue Nâga-Seide. *gdol pa can gyi klu rnams,* 17, die Nâga der Caṇḍâla-Kaste. *klu bon,* 166, 324, die Nâga-Bon, wohl als Gegenstand der Verehrung innerhalb der Bon-Religion. *klu dmag,* 115, Heer der Nâga. *klu sman,* 202, 214, Nâga-Arzenei. *klu bsras,* 167, Nâga-Sohn, -Söhne.

*klu srin,* 104, 227, 245. Wie aus den V. 104 folgenden vier Parallelversen 105—108 hervorgeht, kann diese Bezeichnung nicht für einen Dämon (*klu* = nâga, *srin po* = râksasa) gelten, sondern nur für ein Thier (*klu* Cobra, bezw. andere Schlangenarten, *srin bu* Insect, Wurm), wahrscheinlich für eine Schlangenart.

*dkar po,* weiss, von chinesischem Papier, 182. *dkar gsum,* 200, 321, die drei weissen Opfergaben: Milch, Quark, Käse (Butter).

*bkon,* eine noch nicht belegte perfectische Form zu einem vermuthlich anzusetzenden *›gon pa* oder *›ko'n pa,* zur Wurzel *go* gehörig, vergl. *gon pa, gyon pa, bgo ba (bgos), skon pa (bskon);* Desgodins, p. 32b, erwähnt freilich *bkon* als Präteritum zu den Verben *gon* und *skon,* ohne aber unter diesen Stichwörtern jener Bildung Erwähnung zu thun. Candra Dás erwähnt in seinem Tibetan-English Dictionary, p. 112, ein Verbum *skon pa,* ebenso wie Jäschke, und p. 144 ein Perfect *bskon* nach Situi sum rtags 64, wozu dasselbe Werk noch 77, 12 zu citieren ist.

*lus la dar zab bkon,* 180, kleidete den Leib (sich) in feinste Seide.

*rkaṅ pa,* Fuss. 1. Von Menschen: *rkaṅ,* 179. *rkaṅ ža,* fusslahm 124. 2. Von Fröschen: *sbal pai rkaṅ pa,* 106. *sbal pai rkaṅ lag,* 230, 248.

*skaṅ pa,* 326. Nach Jäschke Schuld- oder Sühnopfer für eine Uebertretung oder Unterlassung, um sie dadurch wieder gut zu machen (ohne Beleg). Desgodins, der diese Bedeutung in Zweifel zieht, erklärt: Genugthuung, Busse für die vergebenen Sünden. Die Lesung unserer Stelle ist wegen der Undeutlichkeit der Schrift nicht absolut sicher. Das Wort hängt jedenfalls mit *skoṅ ba* zusammen, was besonders die von Candra Dás, Tibetan-English Dictionary, p. 112, unter diesem Stichwort angeführten Citate bestätigen.

*skad.* 1. Wort, Rede: nach einer directen Rede mit schliessendem *slar bsdu ba* wie ein Verbum des Sagens gebraucht. *noṅso skad,* 146, die Rede war, sie sprach: so sind ihre Sünden. Dass aber in diesem Falle keine verbale Bedeutung oder der Uebergang zu einer solchen zu constatieren ist, vielmehr die rein substantivische Kraft des Wortes mit Bewusstsein herausgefühlt wird, geht deutlich aus folgender Stelle hervor: *ts'al lo skad* | *de skad gsuṅ pa daṅ,* 151, 152. *›di skad do* (im Einleitungssatze), folgende sind die Worte (die man zu recitieren hat, nämlich den ganzen nun folgenden Text). 2. Sprache: *skad du bod du* (im Schlusssatze), höchst ungewöhnlich und auffallend für *bod skad du.*

*sku,* Körper. *sku ts'ad,* 185, Leibesmass, Körperlänge, Lebensgrösse (at full length).

*skud,* 233, Faden, s. *ras. mts'on skud,* 327, gefärbte Fäden.

*skur ba,* übergeben, zuweisen, übersenden, anvertrauen. *lag la gyu yaṅ bskur,* 178, der Hand einen Türkis anlegen, sie versehen, schmücken mit. Vergl. die beiden letzten Citate zu diesem Stichworte bei Desgodins.

*sko ba,* perf. *bskos,* wählen, auswählen. *sa bskos,* 90, *sa skos,* 139, das zum Anbau geeignetste Erdreich prüfen und aussuchen, eine feldwirthschaftliche Auslese des Landes und Bodens vornehmen.

*skor ba,* nur perf. *bskor,* 65, 72, im Sinne von *ₒk'or,* Gefolgschaft, Begleitung, Bedienung, letzteres eigentlich: das Herumgehende, Umkreisende, sich im Kreise Bewegende, ersteres: das Umgebende, Umschliessende.

*skos,* Name eines unbekannten und unbestimmbaren Landes: 1. *skos yul,* 79, 88, 137, 187, das Land Skos. 2. *skos kyi rgyal po,* 80, der (nur als *yab* charakterisierte und weiter nicht mit Namen bezeichnete) König von Skos. 3. *skos rgyal yab yum,* 126, 153, 163, 168, Skos-König-Vater-Mutter, als einheitlich wirkendes Princip gedacht. 4. *skos kyi bu,* 84, Sohn von Skos, als Bezeichnung des älteren Sohnes des Königs von Skos. 5. *skos bu,* 86, Skos-Sohn, als Prädicat des jüngeren Sohnes des Königs von Skos. 6. *skos bu,* 87, 102, 112, 118, 135, 250, 252, 262, 266, 288, die Skos-Söhne, gemeinsame Benennung beider Brüder.

*skya bo,* weisslichgrau. *stag c'en skya bo,* 51, Name eines *sa bdag.*

*skye, skyed pa, W.* = *sked pa, rked pa,* Mitte des Leibes, Taille. Nur von Ameisen gebraucht, also wohl schmaler, langgestreckter Leib: *skye,* 67, sonst *skyed pa,* 105, 234, 240, 247. (Vergl. unser ‚Wespentaille'.)

*skyems,* 159, ein gegorener Trank, Bier, Wein *(c'aṅ),* in feierlicher Ceremonie.

*skyon,* Schaden, Nachtheil, Harm, der den Nâga, Erdherrschern und gÑan zugefügt wird: 97, 99, 101; syn. mit *gnod pa,* 109.

## k'.

*k'a,* Mund. *k'a mig,* 181, Mund und Auge (Dvandva).

*k'a byad rgyal ba,* 21, Name der gÑan des Nordostens. *k'a* bedeutet Mund und *byad* Gesicht, Aussehen, aber auch ‚böser Dämon'.

*k'ag,* aufgetragene Leistung, Geschäft, Amt; Bürgschaft. *glud daṅ k'ag,* 213.

*k'ams,* Gebiet, Land. *rgyal k'ams,* 35, Reich, von den gÑans.

*k'ar* = *mk'ar,* 140.

*k'um* für *k'ums,* perf. von *ₒk'um pa,* sich zusammenziehen, sich krümmen, einschrumpfen, von den Gliedern durch Gicht. *sgyi nas k'um,* 124, von Lahmen.

*k'on pa,* 300, Zorn, Groll.

*k'ra bo,* 226, zweifarbig, s. *bzi.*

*k'ri,* zehntausend, stets in Verbindung mit *ₒbum,* hunderttausend. 1. *k'ri daṅ ₒbum,* 57, von der Zahl der *sa bdag. kri ₒbum,* 98, *ₒbum k'ri,* 99, 101, ohne Unterschied der Bedeutung, wie der Parallelismus der Verse zeigt, von Nâgarâja, Erdherrschern und gÑan. Zu übersetzen etwa mit ‚Myriaden, viele Tausende'. 2. *ts'aṅs pa ₒbum k'ri,* 38, Name eines *sa bdag,* als Grossvater bezeichnet.

*k'ri par nub ₒts'ogs,* 32, Name eines *gñan,* vielleicht zu erklären durch ‚sich des Abends zum Coitus versammeln'.

*k'ru,* Elle als Mass. *k'ru gaṅ pa gcig,* 319 (als casus indefinitus mensurae).

*mk'an,* Participia bildendes Affix. 1. *₀gro mk'an,* 279, die Gehenden. *smra mk'an,* 272, die Sprechenden. *yul la mi ma mk'an,* 78, da waren keine Menschen im Lande. 2. Nach Substantiven: *lto mk'an,* 154, 162, 255, s. *lto.*

*mk'ar,* 91, 183, Schloss, Festung. *k'ar,* 140.

*₀k'or,* Gefolge, Begleitung, Dienerschaft, stets von der der *klu, gñan, sa bdag* gebraucht. *₀k'or rnams,* 145. *₀k'or bcas,* 209, 210, 211, mit Gefolge. *₀k'or daṅ bcas pa rnams,* 212, die Gefolgsleute (schwerlich: die mit Gefolge Versehenen; *₀k'or bcas* = *₀k'or* nach Desgodins). Vergl. *skor ba.*

*₀k'yil ba,* zusammenfliessen, zusammenströmen, sich stauen. *c'u bcad rdziṅ du ₀k'yil,* 92, das abgeschnittene, abgedämmte Wasser fliesst in einem Teiche zusammen; da aber *₀k'yil* nur von Naturereignissen gesagt wird, während es sich in diesem Falle um bewusste menschliche oder dämonische Thätigkeit handelt, da ferner *c'u rdziṅ du skyil ba,* wie auch *klu ₀bum bsdus pai sñiṅ po* lehrt, eine stehende Redensart ist, so ist es kaum anders denkbar, dass auch an dieser Stelle *₀k'yil* im Sinne von *skyil ba* zu fassen ist, also: Wasser abdämmen und in einem Teiche ansammeln.

*₀k'ro ba,* perf. *k'ros,* zürnen. Zweimal in einem Verse: *t'ug k'ros stiṅ nas k'ros,* 111.

**g.**

*gaṅ ba, gaṅ pa,* voll. *gaṅ ba (pa) bde,* 277, 278 (adverbialisch) ganz und gar, vollkommen gesund. *k'ru gaṅ pa gcig tu,* 319, eine volle Elle hoch (von Bildern).

*guṅ,* 257, s. v. *nams.*

*goṅ,* oben. *t'ugs kyi dbal goṅ nas,* 264, von der Spitze der Brust herab, von oben herunter.

*goṅ,* 1. *goṅ daṅ ril gyi soṅ,* 125. Sowohl unter *ril ba* als unter *k'oṅs* erwähnt Jäschke ein *C. k'oṅ ril* ganz verkrüppelt, gelähmt, dem der an dieser Stelle gebrauchte Ausdruck zu entsprechen scheint; *ril* lässt sich aber hier nicht mit Jäschke als ‚ganz, vollständig' fassen, sondern wegen des verbindenden *daṅ,* welches es dem Begriff *goṅ* gleichsetzt, nur in seiner ursprünglichen Bedeutung ‚rund, kugelig'; *goṅ* muss also wohl zu derselben Wurzel gehören, die den Wörtern *kug, koṅ, kyog, kyag, kyog, k'yog po, ₀k'yog po, ₀gum pa, kum, skum pa* zu Grunde liegt. Die specielle Bedeutung von *goṅ daṅ ril* wird aus 2. noch klarer hervortreten. 2. *p'ye bo goṅ bu,* 121, *p'ye bo [daṅ] goṅ sa,* 275. *goṅ bu* kann an jener Stelle nicht die Bedeutung ‚Haufen, Masse' haben, sondern muss entsprechend den übrigen in V. 120—125 aufgezählten körperlichen Defecten, welche die Dämonen senden, und im Besonderen wegen der Verbindung mit *p'ye bo* ebenfalls zum Ausdruck eines Begriffes dieser Art dienen. Nun bezeichnet nach Desgodins *goṅ bu* aliquid in globuli formam coagulatum, was die unter 1. eruierte Bedeutung von *goṅ* vollkommen bestätigt; *goṅ bu* und *goṅ sa* sind also abstracte Bildungen zu diesem *goṅ* und zu übersetzen: Verkrümmung, Verkrüppelung, wobei es sich namentlich um eine Verbiegung, Rundung der Wirbelsäule handeln wird (vergl. bei Jäschke zu *koṅ: pi ši ts'ig pa koṅ koṅ bčo, W.,* die Katze macht einen Buckel); die Bildung *goṅ bu* lehnt sich vielleicht an *grum bu* u. a. an, zu *goṅ sa* vergleiche man *že sa.*

*gyer,* Lied, Gesang. *gyer byed pa (byas te),* im Einleitungssatze. *gyer gyer (ba),* 207, 208, Lieder singen. Jäschke verzeichnet auch *dgyer ba* und schreibt dies Wort den Bonpo zu.

*grum bu,* Gicht, Rheumatismus. *ža bo grum bu,* 120, 274.

*grog mo,* 67, 105, 314, Ameise. *grogs mo,* 234, 247.

*groṅ kʿyer*, Stadt. *klui groṅ kʿyer*, 10, Städte der Nâga, deren Lage in Quellen gedacht wird.

*glaṅ*, 313, Ochse, in der Verbindung *ba glaṅ*.

*glud*, Auslösung, Lösegeld für etwas: 1. *glud daṅ kʿag*, 213. 2. mit vorausgehendem genitivus objectivus: *mdaṅs kyi glud*, 221. *nor gyi glud*, 225.

*dgu*, 1. im Sinne einer Pluralendung: *gnam la ◦pʿur dgu*, 196, 316. *sa la ◦dzul dgu*, 197, 317. *bar la ◦gro dgu*, 198, 318. 2. *dgu cig*, viele. *tsʿal dgu cig*, 165, viele Wünsche.

*bgyid pa*, machen. *de ltar bgyis pa yis*, 241. *kʿa mig ram [daṅ] tsʿal [la] gyis*, 181 (mit doppeltem casus indefinitus als Object), Mund und Gesicht zu Indigo und Zinnober machen, sie damit bestreichen.

*mgur*, 159, Kehle, Gurgel.

*mgo zer mo pʿod sdems gsum*, 177, unbelegter und unerklärbarer Eigenname.

*◦gras pa*, hassen. *sa bdag klu gñan* (Object) *◦gras*, 95. *◦gras pas sdums*, 299, die Hassenden sind versöhnt.

*◦gro ba*, gehen. *◦gro mkʿan*, 279, gehend, ein Gehender, die Gehenden. *bar la ◦gro dgu*, 198, 318, die im Zwischenraum wandelnden Thiere, d. h. zwischen dem Raume in der Luft und unter der Erde, d. h. also auf der Erde, daher wohl Säugethiere u. a.

*◦groṅ cʿen ◦gyiñ pa*, 54, Name eines *sa bdag*.

*◦grol ba*, I. verb. intr., perf. *grol*, befreit werden. *byad grol bžugs so*, im Titel. *sgrogs grol tsʿal lo*, 151, die Fesselbefreiung begehren. II. verb. tr., befreien, mit folgenden Formen: 1. *skrol*. *sgrog skrol ba ◦tsalo*, im Einleitungssatze, die Fesselbefreiung begehren. *bden pai sman gyis skrol*, 238, durch echte Arzeneien befreien. 2. *sgrol*. *sgrog sgrol byed pa*, 164, Fesselbefreiung bewirken, ausführen. 3. *dkrol tʿugs kyi mdud pa dkrol*, 273, die Knoten der Seele aufbinden, auflösen. 4. *dgrol*. *bon pa zin pa daṅ dgrol lo*, 328, die Bonpa von ihren Leiden befreien. 5. *kʿrol*. *sgrog kʿrol, sgrog kʿrol lo*, 290, 291, 292, 293, 294. *bciṅ ba kʿrol lagso*, 286. *sgrog kʿrol bai tsʿul*, 336. *sgrog kʿrol sdzogso*, im Kolophon.

*rgaṅ pa*, 312, Igel oder Stachelschwein. Aus der betreffenden Stelle geht in Folge der Verbindung des Wortes mit *sdig pa* nur hervor, dass ein mit Stacheln ausgerüstetes Thier in Rede steht.

*rgod*, wild, wild wachsend (agrestis, silvaticus), von Pflanzen, s. Desgodins. *smyug rgod*, 191.

*rgya* = *rgya nag, rgya bo*, Chinese. *rgya šog*, 182, chinesisches Papier.

*rgyaṅ bu bcu gsum*, 172, unbelegter und undefinierbarer Name.

*rgyal po*, König. *skos rgyal*, s. v. *skos*. *rgyal*, 257, vom König von Skos. *klu rgyal*, 97, *klui rgyal po*, 58, 209, *gñan gyi rgyal po*, 19, 210, *sa bdag rgyal po*, 211. *rgyal kʿams*, 35, Reich, von den gÑan. *rgyal rigs*, 15, die Kṣatriyakaste, von den Nâga.

*sgyi* = *sgyid*, 124, Kniekehle.

*sgraṁ ◦dul cʿen po*, 29, Name eines *gñan*. *sgraṁ* ist vielleicht Verkürzung für *sgra gcan* = Râhu.

*sgrog*, 1. subst. Fessel, stets bildlich: im Einleitungssatze, 148, 164, 290, 291, 292, 293, 294, 336, im Kolophon. *sgrogs*, 151. 2. verb. *skud sgrog la*, 327, Fäden binden, verknüpfen. *dar sgrogs pa*, 309, mit Seide fesseln.

*sgrol ba*, s. v. *◦grol ba*.

*sgros*, *rma byai sgros*, 336, Narben des Pfaues, entstanden durch die von den Schwanzfedern abgefallenen Augen (oder sollte hier etwa eine Etymologie *rma bya* = Wundenvogel zu Grunde liegen?). Wahrscheinlicher dünkt mir die Annahme, dass *sgro* statt *sgros* zu lesen oder dem gleich zu setzen ist, d. i. Schwanzfedern des Pfaues.

## ṅ.

*ṅam bdag ₒbrug mgo,* 46, Name eines *sa bdag.* Lesung *ṅam* viel.
*ṅar glud bcu gsum,* 176, unbelegter Name. *ṅar glud,* nach Jäschke: Heiserkeit und Schleim.
*mṅa ba,* sein, 65; in der Schreibung *sṅa,* 72.
*mṅa mo,* Herrin, Gebieterin. *mṅa mo ña mig bcu gsum,* 173, die dreizehn Herrinnen Fischauge. *ye šes kyi mṅa mo,* 189, 309, Herrin der Weisheit. *mṅa ₒpʻaṅ,* 308, ist sinnlos, s. Einleitung, Textkritik.
*mṅar ba,* süss. *mṅar ba gsum,* 201, 321, die drei süssen Opfergaben: Zucker, Syrup, Honig.
*sṅa* = *mṅa ba.*
*sṅar* (wenn nicht verschrieben) = *sṅas,* Polster, Kissen. *cʻibs sṅar dan,* 157.
*sṅo.* 1. grün. *sṅo tʻaṅ,* 143, 186, grüne Ebene, Steppe. 2. *sṅon po,* blau. Von Seide, 235, 310. Vom Himmel, 306. *ₒbrug cʻen sṅon po,* 52, der grosse blaue Donnerdrache, Name eines *sa bdag;* entweder so benannt nach der Farbe des Himmels oder wahrscheinlicher nach dem Violett des Blitzes.
*sṅo ba,* segnen, weihen. *sṅo sṅo nas,* 208, Segenssprüche, Segnungen sprechen.
*sṅon,* früher, vormals. *[ₒdi sṅon],* 287.

## c.

*ci,* als Subject: *bskor ru ci mṅa na,* 65. Genitiv: *ci yi cʻo cig yin,* 127, *cii len pa yin,* 128. Instrumental: *ₒdi cis kyaṅ noṅs te,* 134. *ci yaṅ mi,* 2, nichts.
*cig, gcig. skos kyi bu cig,* 84, *ci yi cʻo cig yin,* 127. *tʻig cig,* 258, *tʻun cig,* 259. *kʻru . . gcig tu,* 319. *dgu cig,* s. v. *dgu,* 2.
*cen* = *gcen,* älterer Bruder, stets in Verbindung mit *cuṅ* = *gcuṅ,* jüngerer Bruder, zur Bezeichnung der beiden Skos-Söhne. Es kommen folgende Schreibungen vor: 1. *cen cuṅ,* 135, 266. 2. *gcen cuṅ,* 87, 118. 3. *bcen cuṅ,* 112, 250, 262.
*cuṅ bo* = *gcuṅ bo,* jüngerer Bruder. *dei cuṅ bo ba,* 85. Ueber die Verbindungen mit *cen* s. d.
*gcog pa,* perf. *bcag,* brechen, zerbrechen, zerschlagen. *sbal pai rkaṅ pa bcag,* 106, dem Frosch die Füsse zerschmettern.
*gcod pa,* perf. *bcad,* schneiden. 1. *cʻu bcad,* 92, 141, das Wasser (von Bächen und Flüssen) abschneiden, abdämmen, ableiten, um es in Teichen oder Bassins zu sammeln. *šiṅ bcad,* 93, 142, Holz abschneiden, fällen. *sdig pai rva yaṅ bcad,* 108, Scorpionen die Stacheln abschneiden, ausreissen. *sbal pai rkaṅ lag bcad pa,* 230, Fröschen Füsse und Hände abschneiden. 2. *grog mo [kyis] skyed pa bcad,* 105, Ameisen den Leib zerschneiden, zerstückeln. *bcad do,* 113, lasst uns sie zerschneiden, zerstückeln!
*bcar ba* = *gcar ba,* ausschneiden. *klu srin mig kyaṅ bcar,* 104, die Augen ausreissen. *dmig bcar,* 227, id.
*bciṅ ba,* 286, Fesseln. Vergl. *ₒcʻiṅ ba.*
*lcags,* Eisen. *lcags stags,* 179, eiserne Ketten.
*lcaṁ,* bunt, glänzend, schimmernd; gewöhnlich in der davon abgeleiteten Bildung *lcam me ba. gzugs su snaṅ ba [lcam yaṅ],* 270.
*lcam ba,* statt *lcam mo,* 43, Schwester, von der Erdgöttin. *lcam dral,* 102, Schwester und Bruder, sonderbarer Weise von den beiden Skos-Söhnen gebraucht an der Stelle, wo sich sonst der Ausdruck *cen cuṅ* findet. Vielleicht bezeichnet dieses Compositum auch Geschwister im Allgemeinen, ohne Rücksicht auf das Geschlecht.

*lce*, Zunge. *lce yis smra*, 271.
*lcoṅ*, 193, Kaulquappe. *lcoṅ mo*, 69, 311.

## c'.

*c'ags pa*, 4, erzeugt werden, entstehen, von den Elementen.
*c'ab*, Wasser. *žal gyi c'ab*, 219, Speichel, von den Nâga, deren Speichel durch den Genuss von Milch vermehrt werden soll.
*c'ibs*, Pferd, Reitpferd. *c'ibs sṅar dan*, 157.
*c'e* = *mc'ed*, Bruder. *[c'e gñis]*, 288, von den beiden Skos-Söhnen.
*c'u*, Wasser. 5, 6 als Element, im Gegensatze zu *sa*, Erde, Land. *c'u mig*, 9, 59, 96, Quelle, als Wohnsitz der Nâga. *c'u bdag c'u srin mgo [bo] can*, 48, Name eines *sa bdag:* der Wasserherr mit dem Wasserdrachenkopf. *c'u srin*, Wasserdrache, Seeungeheuer. S. vorhergeh. *sbrul daṅ c'u srin*, 194. *c'u srin sder mo*, 229, Wasserdrachenklauen, sollen Fröschen die abgerissenen Glieder ersetzen und heilen. *c'u bcad*, s. v. *gcod pa*.
*c'u lha*, 14, Varuṇa, Name eines Nâga.
*c'o*, für *c'o ga*, 127, Handlungsweise, Verfahren, Art.
*mc'ed*, Bruder, Schwester. *mc'ed gñis*, 252, von den beiden Skos-Söhnen. *gtum po mc'ed bži*, 30, Name von *gñan:* die vier zornigen Geschwister.
*ₒc'ag pa*, perf. *c'ag*, *c'ags;* intr. zu *gcog pa*. *sdig pai rva c'ags [pa]*, 232, die Scorpionen abgebrochenen, ausgerissenen Stacheln. *p'ye ma leb kyi gšog [pa] c'ag [pa]*, 236, die Schmetterlingen abgebrochenen Flügel.
*ₒc'ad pa*, perf. *c'ad*, intr. zu *gcog pa*. *c'ad pa*, 298, Abgeschnittenes, d. i. abgeschnittene Körpertheile der vorher erwähnten Thiere. *grogs mvi skyed pa c'ad pa*, 234.
*ₒc'iṅ ba*, perf. *bciṅs*, fesseln, binden. *dbu la t'od kyaṅ bciṅs*, 158. *nad kyi bciṅs nas*, 149, von Krankheit gefesselt, gebannt, bezaubert.

## j.

*ₒjug pa*, perf. *bcugs*. *sgrog tu bcugs nas*, 148, in Fesseln legen, werfen, binden.
*ₒjog po*, 11, Takṣaka, Name eines Nâga.
*rje rigs*, 15, die Vaiçya-Kaste, von den Nâga.
*ljon pa*, in der Verbindung: *yaṅ dag ljon pa*, 86, Name des jüngeren der beiden Skos-Söhne, ‚das wahrhafte Götterland (oder wohl eher: Götterhain)‘.

## ñ.

*ña*, Fisch. *ña lcoṅ sbal pa*, 193. *ña sbrul sbal lcoṅ mo*, 311. *ña mig*, Fischauge: *mṅa mo ña mig bcu gsum*, 173, die dreizehn Herrinnen Fischauge (Göttinnen? Fischarten?). *ña mo gser mig*, 70; *ña mo*, Jäschke: a (female?) fish, Mil., Desgodins: honorabilis mulier, femme noble; *gser mig can* zählt Desgodins unter den Synonymen für ‚Fisch‘ auf, es mag daher auch eine bestimmte Fischart bezeichnen, jedenfalls kann nach dem Zusammenhang der Stelle nur von Thieren die Rede sein, also das ganze wohl etwa: die weiblichen Fische Goldauge, oder die goldäugigen weiblichen Fische.
*ñag*, a) Jäschke: Kerbe, Einschnitt, b) Desgodins: flach, platt. *grog mo skye ñag* (Bahuvrîhi), Ameisen mit gekerbtem oder flachem Leibe.
*ñams c'ags*, 215, Sünde. Die bisher nur nach Schröter belegte Uebersetzung scheint sich zu bewähren.

*ñams pa,* beschädigt, verletzt, Verletzungen. *skyed [pa] ñams [pa],* 240. *klu gñan sa bdag ñams bsos lags,* 242. *ñam pa bsos pa,* 244. *ñams pa bsos lags,* 251.

*ñin mo,* Tag. *ñin gsum,* 206.

*ñil ba: sa bdag dmag ni ri ltar ñil,* 117, das Heer der Erdherrscher stürzt herab wie ein Berg. *ñil ba* sagt man nach Jäschke vom Zerfallen, Abbrechen von Bergen, Felsen u. s. w.; man darf aber in diesem Falle nicht übersetzen: das Heer zerbröckelte, zerkrümelte, zerfiel wie ein Berg; denn das würde ja auf eine Niederlage, Vernichtung hindeuten, während durch dieses Gleichnis, wie die beiden vorhergehenden Parallelverse und der weiter im Folgenden erzählte siegreiche Erfolg der Dämonenscharen lehren, im Gegentheil die unwiderstehliche Macht und Gewalt derselben zum Ausdrucke gelangen soll. Folglich bezieht sich *ñil* ausschliesslich auf den Vergleichspunkt *ri,* während daraus ein allgemeineres Verbum der Bewegung zum Subject ergänzt werden muss: das Heer kam herab wie ein Fels, der in Stücke auseinanderbricht (und alles, was er trifft, vernichtet). Vergl. auch Desgodins zu dem Worte: renversement, chute.

*ñes pa,* sündhaft, frevelhaft, nefas. *bya bai las ñes te,* 94.

*gñan,* 20, 22, eine Classe schreckender Dämonen. Auch in der Schreibung *gñen* (vielleicht mit euphemistischem Nebensinn: Helfer, Freund), 24, 26, 28, 95, 119, 281 und *gñen c'en,* 99. *gñan gyi rgyal po,* 19, 210. *gñan gyi rgyal k'ams,* 35. *gñan gyi sgrog,* 293. *gñan c'en rgyal po,* 23, Name des gÑan des Südostens. *gñan daṅ mi,* 303. *gñan bon,* 166, 324. *gñan dmag,* 116. *gñan bsras,* 167. Vergl. *klu.*

*sñed,* so viele als. *lto mk'an bon po sñed,* 154.

*sñuṅ pa,* 254, 284, Krankheit, Leiden. Synonym und parallel (253, 254) gebraucht mit *na ba.*

## t.

*tum = btum,* s. v. *ₒt'um pa.*

*gtum po,* wüthend, zornwüthig. *gtum po mc'ed bži,* 30, Name von *gñan.*

*gtoṅ ba,* perf. *btaṅ,* 119, 120, 121, 122, senden, entsenden, heimsuchen mit, von Krankheiten und Gebrechen.

*lta ba,* perf. *ltas = bltas,* besichtigen, untersuchen, prüfen. *skos le cig ltas la,* 187.

*ltar,* wie, Partikel des Vergleiches. *mts'o ltar,* 115. *rluṅ ltar,* 116. *ri ltar,* 117.

*lto,* Nahrung, Speise. *lto mk'an,* 154, 162, 255, essend, die Essenden (versuchsweise Uebersetzung), bisher unbelegtes Epitheton einer unbekannten Art mythischer Geschöpfe, s. *t'aṅ. lto šan,* 260.

*stag,* Tiger. *stag c'en skya bo,* 51, Name des ersten der *sa bdag* der fünf Erdarten.

*stag gzigs,* çardûla, Panther. *stag gzigs mgo can,* 49, vom Erdherrscher *šiṅ bdag.*

*stags = t'ag(s),* Fessel. *zaṅs lcags stags,* 179, kupferne und eiserne Fesseln, Ketten.

*stiṅ ba,* tadeln, schelten. *stiṅ nas k'ros,* 111.

*sten pa,* sich festhalten an, vertrauen auf, sich verlassen auf, mit vorausgehendem, auf *ciṅ* schliessendem verbalen Vordersatz. V. 73—75, die letzte Verssilbe einnehmend, in den Formen: *sten, stan, gsten,* ohne erkennbaren Unterschied der Form und Bedeutung.

*stem pa,* halten, stützen. *smyug rgod stem sa,* 191, die wilden Bambus festhaltende, damit bestandene, bewachsene Erde.

*stoṅ ₒdu rgyal po,* 25 (der das Leere vereinigende König?), Name des gÑan des Südwestens.

*stoṅ pa,* leer. *stoṅ sa,* 3, die leere Erde, im kosmogenischen Sinne, die im Anfange der Schöpfung wüst und leer war.

*stobs kyi rgyu,* 12, Karkoṭaka, ein Nâga.

*brtan mo,* gewöhnlich *brtan ma,* die Erdgöttin, Sthavirâ. *lha mo brtan mo,* 43, erscheint hier als Schwester des *sbaṅ rtsaṅ ₒk'or ba,* des Vaters der Erdherrscher.

*bstiṅ,* s. v. *ₒdiṅ ba.*

## t'.

*t'ag,* 170, 217, Strick, Kette, Fessel. Vergl. *stags.*

*t'aṅ,* Ebene, Steppe. *skos yul t'aṅ brgyad,* 79, 88, 137, die acht Ebenen (vielleicht auch entsprechend: acht Provinzen) des Landes Skos. *bsiṅ ma sṅo t'a tu (t'an nas),* 143, 186.

*t'aṅ, t'aṅ ma, t'aṅ po,* in Verbindung mit *gšog pa (can)* genannt, Name unbekannter mythischer Wesen, charakterisiert durch die Bezeichnungen *lto mk'an bon po* oder eine von beiden. 1. *lto mk'an bon po sṅed t'aṅ ma gšog pa can,* 154, 155. 2. *lto mk'an t'aṅ po gšog pa,* 162. 3. *bon po t'aṅ la šog pa,* 237. 4. *lto mk'an la gšog pa,* 255.

*t'an,* in: *sdig pa t'an bži,* 33, Name von gÑan. *t'an pa* nach Desgodins: 1. böser, verkehrter Mensch, 2. = *gduṅ* = *ₒbar,* brennen, vertrocknen (Jäschke: Hitze, Dürre).

*t'ab,* 93, 142, Herd.

*t'ar ba,* befreit werden. 1. Ohne unmittelbares Object, das als Subjects-casus-indefinitus anticipiert ist (*sgrog,* 280), 281. 2. *nad las t'ar ba,* 282.

*t'al ba,* vorbeigehen, über etwas hinausgehen, hindurchgehen, gelangen zu, bis. ... *goṅ nas žabs kyi t'al la,* 265, von oben herab bis herunter zu den Füssen.

*t'ig,* 296, Linienschnur der Zimmerleute.

*t'ig pa,* Tropfen. *bdud rtsi t'ig cig,* 258, ein Tropfen Nektar.

*t'ugs,* 1. 264, die Brust als Körpertheil. 2. Psychisch: *t'ugs kyi mdud pa,* 273, die Knoten, Qualen der Seele. *t'ug k'ros,* 111, im Herzen zürnen.

*t'un,* Dosis einer Arzenei. *rtsi sman t'un,* 259.

*t'eṅ ba,* 276, hinkend, das Hinken.

*t'od,* 158, Kopfschmuck, Schädelschmuck; Kopfputz, Turban. Aus dem Ausdrucke *t'od bciṅs* scheint hervorzugehen, dass es sich in diesem Falle um ein Kleidungsstück handelt.

*t'os pa,* 268, hören, in physischem Sinne: Gehör haben, von Tauben, die von ihrem Uebel geheilt sind.

*mt'a yas,* 11, Ananta, ein Nâga.

*mt'un pa,* begehrenswerth, erfreulich, angenehm. *mt'un pai rdzas,* 205, ist eine stereotype Redensart.

*mt'oṅ ba,* sehen. 1. In physischem Sinne: den Gesichtssinn besitzen, 269, 270, von Blinden, deren Uebel geheilt ist. 2. In geistigem Sinne: *ma mt'oṅ,* 131, nicht sehen, nicht erkennen, nicht wissen, um vorgefallene Ereignisse und künftige Geschehnisse.

*ₒt'ud pa,* perf. *t'ud,* durch Ansetzen verlängern, anstückeln, vereinigen, hinzufügen. *c'ad pa ₒp'ro tu t'ud,* 298, s. v. *ₒp'ro.*

*ₒt'um pa,* perf. *tum (btums),* überdecken, überziehen, einhüllen, bedecken. *spyi po gtsug tum nas,* 263, den Scheitel bedecken.

## d.

*[da duṅ],* 252, noch mehr, noch einmal. Zum Gebrauche vergl. *bka babs bdun ldan,* 76, 16.

*daṅ po,* der erste. *srid pa daṅ po,* 1, die erste Existenzperiode.

*daṅ so* = *daṅs so,* wohl als perf. von einem Verbum *ₒdaṅ ba* abzuleiten, das seinerseits von *daṅ ba, dag pa* gebildet ist; Jäschke vermerkt nur ein Verbum *ₒdag pa,* dessen Bedeutungen mit der hier gebrauchten von *daṅ* übereinstimmen. *sñuṅ pa ma daṅ so,* 254, die Krankheiten sind nicht gereinigt, entfernt, getilgt; eine Redensart, die nur eine parallele Umschreibung des vorhergehenden V. 253 darstellt: *na ba ma sos so.*

*dan* = *gdan, stan,* Matte, Teppich, Polster, Satteldecke. *c'ibs sṅar dan,* 157, Pferde-Polster-Satteldecke, gepolsterte Pferdedecke. *gžug par gdan,* 156, Sitzpolster.

*dam bya* = *dam bca,* 220, Eid, Gelübde, Versprechen.

*dar,* Seide. *dar sṅon po,* 310, blaue Seide. *klu dar sṅon po,* 192, 235, blaue Nâga-Seide. *dar mts'on,* 203, Farbstoffe zum Färben von Seide. *dar zab,* 180, 224, feinste Seide. *dar sgrogs pa,* 309.

*duṅ,* Muschel. *duṅ gi p'ye ma leb,* 71, ein blendend weisser, schneeweisser Schmetterling; denn *duṅ,* die weisse Muschel, wird nach Jäschke von einem reinen Weiss gebraucht, daher in C. auch ‚weisse Rose', vergl. seine Beispiele *duṅ so* und *duṅ ru.* Dass *duṅ* an obiger Stelle thatsächlich nur zum Ausdrucke einer Farbe dient, lehrt der Parallelismus mit den vorausgehenden V. 68 und 69, in denen die Stoffnamen *gser* und *gyu* ebenfalls zur Bezeichnung von Farben gebraucht werden.

*duṅ skyoṅ,* 13, Çaṅkhapâla, ein Nâga.

*dus,* Zeit. *de dus,* 76, zu jener Zeit, damals (unbestimmt).

*de ltar,* so, in solcher Weise (zurückweisend). *de ltar bgyis pa yis,* 241.

*[de riṅ],* 289, 290, heute (Gegensatz: *[sṅon]*).

*gdug pa,* giftig, schädlich, verderblich, unheilvoll, unselig; 282, von Krankheiten.

*gdol pa,* Caṇḍâla. *gdol pa can gyi klu rnams,* 17, die Nâga der Caṇḍâlakaste.

*bdar ba* = *mdun du bdar ba,* vorn hinstellen, führen, vorziehen, ehren. *bdar yaṅ ₒts'al,* 167, die Gegenwart, das Erscheinen, den Besuch jemandes wünschen, verlangen, um ihm damit besondere Ehre zu erzeigen.

*bdud rtsi,* 256, 258, Nektar, als ein Mittel zur Abwendung des Todes.

*bde,* wohl, gesund: von Händen, 277; von Füssen, 278. *bde gyur cig,* 304, mögen sie sich gesund, glücklich befinden (stereotype Schluss- und Wunschformel). *p'an (b)de,* s. v. *p'an.*

*bden pa,* wahr. *bden pai sman,* 238, echte, helfende, wirksame Heilmittel.

*mdaṅs,* blühende Gesichtsfarbe. *mdaṅs kyi glud du ₒbul,* 221, hier wohl eher: Lebenssaft, den man eingebüsst und durch ein Lösegeld wieder erlangt.

*mdud pa,* Knoten. *t'ugs kyi mdud pa,* 273, Knoten der Seele, welche die Seele binden und quälen, die inneren Qualen, die seelische Bedrängnis.

*mdoṅ,* Fleck, Zeichen. *rma byai mdoṅ,* 329, Augen der Pfauenschwanzfedern.

*ₒdag pa,* rein werden, rein machen. *ₒdag ldan,* Reinheit besitzend, rein.

*ₒdag ldan dam bya,* 220, reines, lauteres, aufrichtiges Gelübde.

*ₒdiṅ ba,* perf. *bstiṅ* = *btiṅ.* *gdan yaṅ bstiṅ,* 156, Teppich, Polster auf dem Boden ausbreiten.

*ₒdug pa,* als Hilfsverbum mit voraufgehendem *nas: bcugs nas ₒdug,* 148, sich im Zustande des Gelegtseins befinden, gelegt sein (der durch vollendete Handlung bewirkte Status). *bciṅs nas ₒdug,* 149, sich im Zustande der Fesselung befinden, gefesselt worden sein und daher gefesselt daliegen.

*ₒdogs pa,* perf. *btags,* anbinden, anbringen, befestigen, umbinden. *ye šes kyi mṅa mo la ₒp'rul gyi me loṅ btags,* 190, der Herrin der Weisheit einen Zauberspiegel anbinden, verleihen, verehren. *sa la klu dar btags,* 192, an die Erde Nâga-Seide befestigen. *smyug rgod la dar sṅon po btag pa,* 310, id.

*ₒdren pa*, perf. *drańs, drań*, ziehen, führen. 1. Leiten. *c'u bcad yur ba drań*, 141, Wasser abdämmen und Canäle leiten, das abgedämmte Wasser in Canäle leiten. Vergl. *rgyal rabs*, 71 (MS. Marx): *mts'o la gtaṛ k'a byas nas yur bar drań ba yin*, nachdem dem See eine Ausflussöffnung gemacht war, wurde er in Canäle geleitet. *mgur du skyems kyań drań*, 159, Wein in die Kehle leiten, giessen. 2. *dan drańs*, 157, Polster, Sitze aufstellen, hinlegen (syn. *ₒdiń ba*). 3. Rufen, citieren, heraufbeschwören: a) feindlich: *lag ža drań nas*, 123, Lähmung der Hand erscheinen lassen, heraufbeschwören, entsenden (syn. *gtoń ba*). b) freundlich: einladen, als Gast, Dämonen zum Opfermahle rufen, gewöhnlich *spyan drańs*, 166, 169. Ohne *spyan:* 155.

*rdo*, Stein. *rdo bdag p'ag mgo*, 47, der Steingebieter mit dem Schweinskopf, Name eines *sa bdag*. *šiń dań rdo*, 61, Holz und Stein, als Aufenthaltsort der Könige der *gñan*. *rdo la gnas*, 74, in Steinen hausen.

*sdań ba skrań po*, 31, Name eines *gñan*. Wahrscheinlich: der von Zorn Geschwollene, Aufgeblasene.

*sdań ba*, bisher unbelegte Bildung zu *ₒdań ba*. *sñuń pa sdań lagso*, 284, die Krankheiten sind gereinigt, weggeschafft, entfernt, getilgt. Vergl. den correspondirenden V. 254 *sñuń pa ma dań so* u. s. v. *dań so*.

*sdig pa t'an bži*, 33, Name von *gñan*, s. *t'an pa*.

*sdig pa*, Scorpion, 108, 232, 246. *sdig pa ro riń*, 66, Scorpionen mit langem Stachel. *sdom dań sdig pa*, 195. *sdig pa dań rgań pa*, 312.

*sdig pa*, auf etwas zeigen, mit etwas drohen. *ₒon pa sdig par btań*, 122, Taubheit drohend sandten sie.

*sdug pa*, bisher unbekannte Transitivbildung zu *ₒdug pa*, legen. *šiń bcad t'ab du sdug*, 142, gefälltes Holz auf den Herd legen. Im correspondierenden V. 93 findet sich das transitive, aber andere Bedeutung besitzende Verbum *bsreg*.

*sdum pa*, perf. *sdums, bsdums*, in Uebereinstimmung bringen, versöhnen. 1. absolut: *ₒbras sa sdums lagso*, 295. 2. cum instrum.: *yas kyis sdums*, 299. 3. cum term.: *klu dań mi ru sdums*, 301, ebenso 302, 303. 4. cum *dań*: *sa bdag klu gñan dań yon bdag bsdums so*, 305, die Gabenspender sind versöhnt mit . . ., die einen mit den andern, sie unter einander.

*sder mo*, Klaue. *c'u srin sder mo*, 229.

*sdod pa*, sitzen, wohnen, sich aufhalten. *sdod pai yul yań med*, 114, ein Ort des Verweilens, zum Verweilen, wo man hätte verweilen können, war nicht einmal.

*sdom*, Spinne. *sdom dań sdig pa*, 195.

## n.

*na ba*, krankhafter Zustand, Krankheit. *na ba ma sos so*, 253. *na ba bsos lags so*, 283. *klad pa na ba sos*, 267.

*nad*, Krankheiten, als Collectivbegriff. *nad las t'ar*, 282.

*na re*, stets in der Verbindung: *žal na re*, sagen, sprechen, mit directer Anführung der Rede: 126, 133, 162.

*nań ba*, innerlich. *nań bai skań pa*, 326. Die Lesung der Stelle ist wegen undeutlicher Schrift nicht völlig sicher.

*namk'a*, Himmel. *gyu yi namk'a bcu gsum*, 171, die dreizehn türkisblauen Himmel. *namk'a sńon po bcu gsum*, 306, die dreizehn blauen Himmel.

*nam*, Nacht. *uams kyis guṅ* (wahrscheinlich *nams guṅ* zu lesen), 257, Mitternacht.
*ni*, 20, 56, 58, 60, 62, 83, 117, 200, 201. *daṅ ni*, 11, 14. *de ni*, 18.
*nub*, Westen. *nub byaṅ mts'ams*, 26, Nordwesten.
*noṅs pa*, 1. 134, Fehler, Vergehen, Verbrechen begehen. 2. Subst. der Verbrecher, das Verbrechen: *noṅs pa dei noṅso*, 146, das sind die Verbrechen jener Verbrecher.
*nor*, 145, 225, Vieh oder vielleicht allgemeiner Bestand, Besitz an Thieren, von den Nâga.
*nor rgyal bu*, 13, Vâsukiputra, ein Nâga.
*gnam*, Himmel. *gnam la* ₒ*p'ur dgu*, 196, 316, Bezeichnung für Vögel.
*gnas pa*, 1. sich befinden, gelegen sein, von Localitäten. *c'u mig sna re la klui groṅ k'yer gnas*, 10. 2. verweilen, wohnen, hausen, *šiṅ la, rdo la, sa la gnas*, 73, 74, 75, von Thieren, *c'u mig la, šiṅ daṅ rdo la, sa sna lṅa la gnas*, 59, 61, 63, von *klu, gñan, sa bdag*.
*gnod pa*, Schaden, Verderben, Harm. *gnod [pa] byed pa*, 109, zufügen, stiften, von Dämonen.
*rna ba*, Ohr. *rna ba* ₒ*on pa*, 268, ohrentaub.
*sna*, Art. *c'u mig sna re*, 9. *sa sna lṅa*, 50. *rin c'en sna lṅa*, 222. *sman sna* ₒ*bru sna*, 223. *mts'on skud sna lṅa*, 327. *sna ts'ogs*, 109, 188, 201, 202, 203, 204, 214, 216, 218, 224, 320, 322, verschieden, mannigfach.
*snaṅ ba*, erscheinen. *gzugsu snaṅ ba*, 270, die in Gestalten erscheinenden, sichtbaren Dinge; die körperlichen, materiellen Dinge; die sichtbare Körperwelt (nicht die Materie schlechtweg, sondern die geformte Materie, die Modi der Substanz).
*sno ba*, abwerfen, von sich werfen, entfernen; zerschneiden, zerbrechen. *t'ag sno ba*, 217, von den Nâga.

## p.

*pad ma*, 14, Padma, ein Nâga.
*spo ba*, den Ort wechseln, sich fortbewegen. *t'en ba spo ba*, 276, Hinkende (die wieder geheilt sind) bewegen sich.
*spyan*, 1. *spyau draṅs*, s. v. ₒ*dren pa*. 2. *spyan gzig*, 323, kostbare Opfergaben.
*spyi po gtsug*, 263, Scheitel.
*sprul pa*, verwandeln. *sprul pai sras*, 82, chubilghanischer Sohn.

## p'.

*p'a*, Vater. *sa bdag p'a [daṅ] yab*, 41.
*p'ag pa*, 315, Schwein. *p'ag mgo*, 47 (Bahuvrîhi), mit einem Schweinskopf, vom Erdherrscher *rdo bdag*.
*p'an*, Nutzen, Heil, Segen. *p'an žiṅ bsos*, 289. *p'an de* = *p'an bde*, 287, 288, Heil und Glück, Heil und Segen.
*p'u bo*, älterer Bruder. *p'u bo c'en po*, 83, der grosse ältere Bruder; scheint der Eigenname des älteren Sohnes des Königs von Skos.
*p'o stoṅ šiṅ ris bcu gsum*, 175, 308, unbekannter Name, wahrscheinlich mythische Wesen.
*p'ya*, Los, Schicksal. *p'ya ma*, 130, Losfrau, Schicksalsfrau, Wahrsagerin; synonym und abwechselnd gebraucht mit *mo ma*, wohl mit dem Unterschiede, dass dieses Wort die Wahrsagerin in ihrer Thätigkeit des Loswerfens, jenes als Verkünderin wichtiger Ereignisse nach dem Erfolge des Losens bezeichnet. *p'ya bslab*, 130, 132, das Schicksal lehren, künden, von der Loswerferin.
*p'yag*, Hand. *p'yag tu p'ul*, 260, in die Hand geben.
*p'yi mo*, Grossmutter. *sa bdag p'yi mo*, 39.

*p'ye bo,* bei Jäschke nicht vorhanden; Desgodins, p. 640a: quidam defectus corporalis, probab. nanus, eine Angabe, die durch unsere Stelle durchaus bestätigt wird. *p'ye bo goṅ bu,* 121, *p'ye bo [daṅ] goṅ sa,* 275, Zwerghaftigkeit und Verkrüppelung.

*p'ye ma leb,* 71, 107, 236, 249, 314, Schmetterling.

*₀p'ur ba,* fliegen. *gnam la ₀p'ur dgu,* 196, 316, die am Himmel Fliegenden, die Vögel. (Vergl. ‚was da fleucht und kreucht'.)

*₀p'rul,* Verwandlung, Zauber. *₀p'rul gyi me loṅs,* 190, Zauberspiegel.

*₀p'rul c'u lhags kyi btsun mo,* 40, Name eines weiblichen *sa bdag,* als Grossmutter (*p'yi mo*) bezeichnet.

*₀p'ro ba,* fortsetzen, weitergehen, fortgehen. *c'ad pa ₀p'ro tu t'ud,* 298, abgeschnittene Stücke (von Thieren) durch Anfügung des fehlenden Theiles ersetzen, ergänzen.

## b.

*ba,* Kuh. *ba glaṅ,* 313.

*ba man,* nach Jäschke: *ba men,* wildes Rindvieh mit grossen Hörnern. *ba man rva,* 231. Das Wort findet sich schon bei Marco Polo. Er sagt nach H. Yule, The book of Ser Marco Polo, 2. ed., II p. 41 von den Leuten von Tebet: They have mastiff dogs as big as donkeys, which are capital at seizing wild beasts and in particular the wild oxen which are called Beyamini, very great and fierce animals. Yule, p. 44, no. 5, erklärt, dass dieses Wort für Buemini = böhmisch stehe, wie die Venetianer den Bison oder Urus genannt haben mögen. Diese Deutung ist aber sehr gesucht und höchst unwahrscheinlich; der Schriftsteller wollte mit jenem Ausdrucke ganz offenbar die einheimische, landesübliche Bezeichnung wiedergeben, und es kann kaum ein Zweifel sein, dass Beyamini mit tib. *ba men (beu men)* zu identificieren ist.

*bar,* Zwischenraum. *bar la ₀gro dgu,* 198, 318, Bezeichnung einer Thierclasse, worunter nur Säugethiere verstanden werden können, im Gegensatze zu den Vögeln, die am Himmel fliegen, und den Kriechthieren, die unter der Erdoberfläche leben.

*bon,* 1. ein Anhänger der Bon-Religion: *bon ₀di ni* (im Einleitungssatze), die hier versammelten Bon. 2. *klu bon gñan bon,* 166, 324, Nâga-Bon und gÑan-Bon, als Gegenstand der Verehrung in der Bon-Religion. *bon gsum,* 169, die drei Bon, d. i. *klu gñan sa bdag.* 3. *bon po,* 154, 237, als Beiname der *t'aṅ ma (po) gšog pa can.* 4. *bon pa (zin pa dkrol lo),* 328.

*bya,* 315, Vogel. *bya dmar,* nach Schmidt: Flamingo, wohl eher: Storch, der zwar in West-Tibet unbekannt ist; *bya dmar rluṅ gi bdag po,* 53, Name eines Erdherrschers.

*byaṅ,* Norden. *byaṅ šar mts'ams,* 20, Nordosten.

*byad,* Fluch, Zauberei. *sa bdag klu gñan gyi byad grol* (Ueberschrift), Befreiung von dem Fluche, der auf den Erdherrschern Nâga und gÑan lastet.

*byi ba,* 315, Maus.

*byin kyis rlob pa,* perf. *brlabs,* 239, segnen, von den Augen, die dank ihrer Heilung von Blindheit als gesegnet bezeichnet werden.

*bye ba,* 18, zehn Millionen, von der Zahl der Nâga.

*byed pa,* perf. *byas, bya* thun, machen. 1. Eine Thätigkeit ausführen, bewirken: *bya bai las,* 94, ausgeführte Werke. *byas te lag pa med,* 103. *gnod sna ts'og byas,* 109. *sgrog sgrol byed pa,* 165. 2. Zu etwas machen, gestalten: *sa bskos žiṅ du bya,* 90. *rkaṅ zaṅs lcags stags [la] byas,* 179, an die Füsse kupferne und eiserne Ketten legen. Vergl. *bgyid pa.* 3. nennen: *yaṅ dag ljon pa bya* = *ces bya ba.*

*brag*, 140, Felsen, Felsgestein.
*bram zei rigs*, 16, die Brâhmaṇa-Kaste, von den Nâga.
*blugs*, 226, s. v. *bzi*.
*blen* = *len*, nach Analogie von *bloṅs, blaṅ*. *žal gyi c'ab yaṅ blen*, 219, Speichel erhalten, erlangen, bekommen.
*dbaṅ po lag pa*, 228, indrahasta.
*dbal*, Spitze, Punkt. *t'ugs kyi dbal*, 264, die Spitze der Brust.
*dbu*, 158, Haupt.
*dbyab*, s. v. *ₒbyaṅ ba*.
*ₒbum*, s. v. *k'ri*.
*ₒbul ba*, perf. *p'ul*, geben, schenken, verleihen. *klu sman sna ts'ogs p'ul*, 215. *yon du gser gyu ₒbul*, 161. *p'yag tu p'ul*, 260. *glud daṅ k'ag tu ₒbul*, 213. *glud du ₒbul*, 221, 225.
*ₒbyaṅ ba*, perf. *byaṅ*, gereinigt werden; nur in der Nachschrift: 1. von den Augen der Pfauenfedern, 329. 2. *sel byaṅ* (wohl Synonymcompositum), reinigend, läuternd: *sel byaṅ skaṅ pa* (si lectio certa), 326. *dbyab*, 336, ist vielleicht als fut. zu *byab pa*, *ₒbyab pa* anzusehen.
*ₒbyi ba*, perf. *p'yi*, abfallen, ausfallen. *p'yi p'yi*, 329, von den Augen der Pfauenfedern.
*ₒbyug pa*, perf. *byugs*, 265, salben.
*ₒbyuṅ ba*, 1. die Elemente, 4. 2. Perf. *byuṅ*, entstehen, entspringen: von den Nâga, 18.
*ₒbras*, Reis, Frucht. *ₒbras sa*, 295, die Früchte tragende Erde, das Ackerland.
*ₒbri ba*, perf. *bris*, schreiben, zeichnen, malen. 1. Land und Schlösser auf chinesischem Papier, 183 (wahrscheinlich eine topographische Aufnahme). 2. Dämonen in Lebensgrösse, 185.
*ₒbru*, Korn. *ₒbru sna ts'og*, 204. *ₒbru sna*, 223.
*ₒbrug c'en sṅon po*, 52, der blaue grosse Donnerdrache, ein *sa bdag*.
*ₒbreg pa*, perf. *breg*, abschneiden. *p'ye ma leb kyis gšog pa breg*, 107.
*sbaṅ rtsaṅ ₒk'or ba*, 42, Name des Vaters der *sa bdag*.
*sbal pa*, Frosch. *sbal pai rkaṅ pa*, 106. *sbal pai rkaṅ lag*, 230, 248. *gser gyi sbal pa*, 68, goldfarbener Frosch. *ña lcoṅ sbal pa*, 193. *ña sbrul sbal lcoṅ mo*, 311.
*sbyor ba*, perf. *sbyar*, anheften. *žal du lha yaṅ sbyar*, 160.
*sbrud pa*, perf. *sbrus*, rühren. *c'u yis sbrus sa*, 6, die durch Wasser aufgerührte Erde, die Aufrührung der Erde durch Wasser.
*sbrul*, Schlange. *sbrul daṅ c'u srin*, 194. *ña sbrul sbal lcoṅ mo*, 311.

## m.

*maṅ po* (stets unverkürzt), viel. *sa bdag maṅ po*, 56. *c'u mig maṅ po*, 96. *rdo šiṅ maṅ po*, 98.
*mi*, Mensch, Mann. 1. Allgemein: Menschen als Bewohner des Landes und Theil der Schöpfung, die nach der Erschaffung der Welt und der Dämonen noch nicht existieren, 78. Die menschliche Gesellschaft im Gegensatz zu den Dämonen, 301, 302, 303. 2. Im Sinne eines pronomen personale plur., 1. Pers., wir Leute, 165.
*mig*, Auge. Von den Augen der *klu srin*, 104, 245. *k'a mig*, 181. *mig loṅ ba*, 269, augenblind.
*me loṅs*, Spiegel. *ₒp'rul gyi me loṅs*, 190, Zauberspiegel.

*mes po*, Grossvater. *sa bdag mes po*, 37.

*mo* *ₒp'aṅ bcu gsum*, 174, unbekannter Name (die dreizehn Loswerfer?).

*mo*, Los. *mo btab*, 129, 132, das Los werfen. *mo ma*, 129, 133, eine Los werfende Frau, Losfrau, vergl. *p'ya ma*.

*dmag*, Heer. *klu dmag*, 115. *gñan dmag*, 116. *sa bdag dmag*, 117.

*dmaṅs rigs*, 16, die Çûdra-Kaste, von den Nâga.

*dmar po*, roth. Von Baumwollfäden zu medicinischen Zwecken, 233.

*dmig* = *mig*, 227, 239, Auge.

*rma bya*, Pfau. *rma byai mdoṅ*, 329. *rma byai sgros*, 336.

*sman*, Heilmittel, Arzenei. *sman gyis bsos*, 240, durch Arzenei geheilt werden. *sman sna*, 223. *klu sman*, 202, 214, Nâgaarzenei. *bden pai sman*, 238, wirksame Heilmittel. *rtsi sman*, 201, 216, 259, 322, Saftarzenei, heilende Säfte.

*smo ba*, perf. *smos*, 1. sagen, nennen. *sa bdag p'a [daṅ] yab smos [pas]*, 41, der ‚Vater' genannte Erdherrscher. 2. In der sonst noch nicht belegten Bedeutung ‚machen': *sa žiṅ ru smos*, 139, die Erde zu Ackerland machen, entspricht V. 90: *sa žiṅ du bya*.

*smra ba*, sprechen. *lce yis smra ba*, 271, von einem, der vorher stumm war. *smra mk'an*, 272, der Sprechende.

*smyug ma*, Rohr, Bambus. *smyug rgod*, 191, 310, wildwachsender Bambus.

## ts.

*rtsam* = *tsam*, *de rtsam na*, 76, zu jener Zeit, mit vorausgehendem *de dus*.

*rtsaṅ kur c'en po*, 45, Name eines Erdherrschers.

*rtsaṅ rtsaṅ ₒk'or ba*, 44, Name eines Erdherrschers, Sohn des *sbaṅ rtsaṅ ₒk'or ba*.

*rtsi*, dickflüssiger Saft. *rtsi sman*, 201, 216, 259, 322, Saftarzenei. *rtsi šiṅ*, 188, 320, Obstbaum, Baum.

*rtsig pa*, perf. *brtsigs*, bauen. *mk'ar ru brtsigs*, 91, *k'ar du brtsigs*, 140, Schlösser erbauen.

*rtsubs* = *rtsub*, rauh, wild. *rluṅ ltar rtsubs*, 116, rauh, ungestüm wie der Wind, vom Heere der gÑan.

*brtsun mo* = *btsun mo*, 81, Gemahlin. Dagegen *btsun mo* in *ₒp'rul c'u lhags kyi btsun mo*, 41, Name eines weiblichen Erdherrschers.

## ts'.

*ts'aṅs pa ₒbum k'ri*, 38, Name eines Erdherrschers, genannt der Grossvater.

*ts'ad*, Mass. *sku ts'ad*, 185, Körpermass, Lebensgrösse.

*ts'al* = *mts'al*, Zinnober. *ram daṅ ts'al*, 181, Indigo und Zinnober, zum Bemalen von Mund und Augen.

*ts'al ₒts'al ba* (fig. etym.), 165, Wünsche wünschen, begehren.

*ts'ims* = *ts'im*, 297, Zufriedenheit, Befriedigung, Trost.

*ts'ur*, hierher. *ts'ur gson*, 163, höret hierher, horcht auf uns, seid aufmerksam.

*mts'an*, Name. *yul la mts'an gsol ba*, 77, dem Lande einen Namen geben.

*mts'an*, Nacht. *mts'an gsum*, 207.

*mts'ams*, Zwischenraum. *ₒts'ams*, 24, *mts'ams*, 20, 22, 26, 28, s. *byaṅ*, *šar*, *lho*, *nub*, *bar*.

*mts'o*, 7, 8, 115, See.

*mts'on* = *ts'on,* Farbstoff. *dar mts'on,* 203, Mittel zum Färben von Seide. *mts'on skud,* 327, farbige, gefärbte Fäden.

*ₒts'al ba,* wollen, wünschen. *sgrog skrol ba,* im Einleitungssatz, die Fesselbefreiung begehren. *spyan drańs, ₒts'al ba,* 166, die Einladung jemandes verlangen. *bdar yań ₒts'al ba,* 167, jemandes Gegenwart, Erscheinen wünschen.

## dz.

*ₒdzin pa,* perf. *bzuń, zin,* ergreifen, besetzen, erobern. *yul dań sa yań bzuń,* 89, 138, Land und Erde nahmen sie in Besitz. *bzuń ba,* 285, parallel mit *na ba* und *sñuń pa* gebraucht, also: das Ergriffensein, Gepacktsein von Krankheiten, Leiden, der Zustand des Leidens, το παθος (vergl. bei Jäschke: *nad kyis zin pa,* Mil.); ebenso *bon pa zin pa,* 328.

*ₒdzug pa,* perf. *btsugs* (*gtsugs pa,* 307), in die Erde stecken, pflanzen: *rtsi šiń sna ts'og btsug,* 188. *btsugs,* 177, hinstellen, hinsetzen, hinlegen, placieren, von einer Anzahl unbekannter mythischer Wesen.

*ₒdzul ba,* hineinschlüpfen. *sa la ₒdzul dgu,* 197, 317, die in die Erde hineinkriechenden Thiere, wohl Würmer etc.

*rdzas,* 170, 205, 206, die zu Opferhandlungen erforderlichen Dinge.

*sdziń* = *rdziń,* 92, Teich, Bassin.

*sdzogso* = *rdzogso,* ist fertig, beendigt; bei der Titelangabe des Werkes im Kolophon.

## ž.

*ža bo,* lahm, Lähmung, Lahmheit. *rkań ža,* 124, fusslahm. *lag ža drań nas ža,* 123, durch Entsendung von Handlähmung wurden sie lahm (ergänze aus V. 125: — *soń*). *ža bo grum bu,* 120, 274, Lähmung und Gicht.

*žabs,* 265, 278, Fuss.

*žal,* 160, Gesicht. Als ehrendes Beiwort in *žal na re,* s. *na re.*

*žiń,* Feld, Acker. *sa žiń du bya,* 90, *sa žiń ru smos,* 139, die Erde zu Ackerland machen, urbar machen.

*žu ba,* perf. *žus,* bitten, fordern. *bdud rtsi žus,* 256.

*gžan,* ein anderer. *gžan gnod,* 109, noch andere, weitere Schädigungen.

*gžan yań,* 56, 316, ferner, weiter.

*gžug pa* = *bžugs pa,* sitzen. *gžug par gdan,* 156 = *bžugs gdan,* Sitzpolster.

*bžeń ba,* sich erheben, aufstehen. *klu bon gñan bon bžeńs,* 324, zum Empfang der Opfergaben.

## z.

*zańs,* Kupfer. *zańs lcags stags,* 179, kupferne und eiserne Fesseln.

*zer ba,* sagen. *bsad do bcad do zer,* 113.

*gzugs,* 270, die körperlichen Gestalten, materiellen Dinge. *sku ts'ad gzugs su bris,* 185, Gestalten (von Dämonen) in Lebensgrösse zeichnen. *gzug brñan,* 199, Bilder, als Opfergaben. *gzugso,* 319 = *gzugs brñan.*

*bzi* = *gzi, zi:* 1. Nach Vyutp. 274 b 3 Mecaka, Schwefelantimon (vergl. *mu zi*, Schwefel.) 2. Nach Jäschke ein Halbedelstein von verschiedenen Farben. *bzi blugs k'ra bo,* 226, zweifarbiges geschmolzenes Mecaka, dient zur Heilung ausgerissener Augen (wohl auf sympathetischem Wege durch den Glanz des Metalles).

## ₒ—.

*ₒo ma,* 200, Milch, als Opfergabe. *ₒo ma sna ts'ogs,* 218.

*ₒon pa,* 122, taub, Taubheit. *rna ba ₒon pa,* 268, ohrentaub.

## y.

*yaṅ:* 1. *gžan yaṅ,* 56, 316, ferner; 2. zur Hervorhebung des Casus indefinitus, der als Subject zu fassen ist (= *ni*), 5, 108, 114, 277, 278, 280, 304; 3. zur Hervorhebung des Casus indefinitus, der als Object zu fassen ist (= *ni*), 89, 178; 4. nach dem fragenden Fürwort zur Bildung von Indefinita: *ci yaṅ mi,* 2, *cis kyaṅ noṅs te,* 134; 5. an der Spitze des Satzes, 255.

*yab,* Vater (ehrerbietig). *sa bdag p'a [daṅ] yab,* 41. *yab skos rgyal po,* 80, der Vater, der König von Skos. *skos rgyal yab yum,* 126, 153, 163, 168, Skos-König-Vater-Mutter, als wirkende Einheit gefasst.

*yar,* aufwärts, oben. *yar lud pa,* 8, nach oben überlaufen, von Seen. *sa yar byuṅ,* 18, oben auf der Erde, auf der Erdoberfläche entstanden, von den Nâga.

*yas,* oben. *yas kyi,* der Obere, die Oberen = superi, die höheren, göttlichen Wesen (vergl. Mil. *ya gi,* himmlisch). *ₒgras pas yas kyis sdums,* 299.

*yid,* 237, Gemüth, Seele, als Sitz physischer und psychischer Affecte.

*yin pa,* sein. 1. In Definitionen, Erklärungen (wie russ. есть), hinter Eigennamen: 42, 43. 2. Zum Ausdruck eines durch eine Handlung bewirkten und nun vorliegenden Zustandes: *ci yi c'o cig yin,* 127, was für eine Handlungsweise ist das? was ist geschehen und zeigt sich nun in solcher Verfassung? *cii len pa yin,* 128, was für ein Empfangen ist da? was für ein Leid haben wir erhalten und erleiden es nun?

*yum,* Mutter (ehrerbietig), 81, emphatisch, als Benennung der Gemahlin des Königs von Skos, deren Name *srid bdag* zu sein scheint. *yab yum,* s. v. *yab.*

*yur ba,* 141, Canal, Wasserleitung.

*yul:* 1. das Land in abstractem Sinne als umfassendes Ganzes, im Gegensatze zu *sa,* dem wirklichen Boden, der concreten Erde: *yul daṅ sa yaṅ bzuṅ,* 89, 138; 2. das Land als Wohnstätte des Menschen, die Oekumene im politisch-geographischen Sinne, 77, 78. *sdod pai yul yaṅ med,* 114, ein Ort (locus) zu verweilen war nicht mehr. Daher auch von bestimmten Gebieten: *skos yul,* 79, 88, das Land Skos. *yul daṅ mk'ar du bris,* 183, wo das Land Skos gemeint ist.

*ye med,* anfanglos. *ye med stoṅ sa,* 3. S. die Gleichung *ka* = *ye* bei Candra Dás, Tibetan-English Dictionary, p. 1.

*ye šes,* Weisheit. *ye šes kyi mňa mo.* 189.

*yo ba,* krumm, schräg; übertragen: 243, 296, schief gemacht, unrecht, verkehrt (pravum). Vergl. Nâgârjuna's Prajñâdaṇḍa 17, 2.

*yon,* Gabe. *yon du ₒbul,* 161. *yon bdag,* 289, 290, 305, Gabenspender, Opferspender.

*gyu,* 161, 178, Türkis. Zur Bezeichnung einer Farbe: türkisblau: *gyuo lcoṅ mo,* 69. *gyu yi namk'a,* 171.

## r.

*ra,* Ziege. *ra lug,* 313.

*rva:* 1. Horn. *ba man (men) rva,* 231. 2. Stachel des Scorpions. *sdig pai rva,* 108, 232, 246 (das *ba* nach *rva* in letzterem Verse ist unecht).

*raṁ* = *rams,* Indigo. *raṁ daṅ ts'al,* 181.

*ral pa gsum,* 297, die drei Thalrisse, Thäler, d. i. das Land Lahûl.

*ras,* Baumwolle. *ras skud dmar po,* 233, rothe Baumwollfäden.

*ri k'ro (= k'rod) c'en po,* 27, Name eines Gñan (die grosse Bergkette).

*ri [ga],* W., 117, Berg.

*rigs ldan,* 12, Kulika, ein Nâga.

*riṅ ba,* lang. Vom Stachel des Scorpions, 66, s. *ro.*

*rin c'en,* Edelsteine, Kleinodien. *rin c'en sna lṅa,* 222: Gold, Silber, Perlen, Korallen, Lasur.

*rim pa,* Reihe. *rim gyis,* 4, der Reihe nach, eines nach dem anderen, hintereinander, von der Entstehung der Elemente.

*re,* einzeln. *c'u mig sna re,* 9, die einzelnen Arten von Quellen.

*rus sbal,* Schildkröte. *rus bal nag po,* 55, Name eines Erdherrschers.

*ro* = *rva,* Stachel. *sdig pa ro riṅ,* 66, Scorpionen mit langem Stachel.

*rlan,* 5, Feuchtigkeit.

*rluṅ,* 116, Wind, als Bild der Stärke und des Ungestüms.

*rlog pa,* zerstören. *rdor rlog pa,* 91, zu Steinen zerbrechen, in Steine hauen.

## l.

*lag,* 178, Hand. *lag ža,* 123, handlahm. Von den Vorderfüssen der Frösche: *rkaṅ lag,* 230. *rkaṅ lags,* 248. *byas te lag pa med,* 103, 136, indem jene thaten, hatten diese keine Hände, gegenüber ihren Thaten waren ihnen die Hände gebunden, waren sie machtlos, wehrlos.

*lags pa.* 1. In Definition, nach einem Eigennamen: 40. 2. Zur Bezeichnung des durch eine abgeschlossene Handlung bewirkten Zustandes, mit vorausgehendem Verbum, meist in perfectischer Form: *bsos lagso,* 242, 283. *bsos lags kyaṅ,* 251. *bsroṅ lagso,* 243. *sdaṅ lagso,* 284. *btaṅ lagso,* 285. *k'rol lagso,* 286. *sdums lagso,* 295. *gšegs lagso,* 300.

*las,* Handlung, That. *bya bai las,* 94, ausgeführte Werke (in schlechtem Sinne).

*lug,* Schaf. *ra lug,* 313.

*lud pa,* überlaufen, übertreten, vom Wasser. *mts'o las yar lud pas,* 8, durch das Ueberlaufen, die Ueberschwemmung der Seen. *klu dmag mts'o ltar lud,* 115, das Nâgaheer überschwemmt, überflutet (das Land) wie ein See.

*lus,* Leib, Körper. *lus la bkon,* 180, sich bekleiden.

*le,* eine kleine unbebaute Flussinsel, Niederung. *skos le cig,* 187, eine wüste Niederung des Landes Skos, ein unbebauter Flecken.

*legs se legs,* 279, sich wohl, gesund befinden.

*len pa*, erhalten, bekommen. *cii len pa yin*, 128, welche Uebel haben wir empfangen? was ist uns Böses widerfahren?

*lo*, Jahr. *loi gñan bži*, 34, die vier gÑan des Jahres.

*lo*, Gerede, Gerücht. *[der] sa bdag klu gñan lo*, 64, da hausen Erdherrscher etc., so sagt man, so geht die Kunde. Vergl. *skad*.

*loṅ ba*, blind. *mig loṅ ba*, 269, augenblind.

## Š.

*ša ra ra*, 272, bisher unbekanntes Wort, wohl Onomatopöie (vergl. *di ri ri* u. a.), von Stummen, welche die Sprache wieder erlangt haben und ihrer Freude darüber Ausdruck verleihen, also wohl: frohlocken, jauchzen.

*šan*, in *lto šan*, 260, synonym mit *lto mk'an*, 154, 162, 255. *šan pa* kann nur ein von *ša* ‚Fleisch' abgeleitetes Verbum sein und ‚Fleisch essen', ‚essen' bedeuten; vielleicht ist es gar aus *ša zan pa* contrahiert (vergl. bei Jäschke: *ša zan*, fleischessend, Raubthier). Dazu gehört *gcan gzan* = Fleischfresser, carnivora. Das von Jäschke angeführte Wort *šan pa, bšan pa* = Schlächter, Henker, mag ursprünglich nur den Sinn ‚Fleischesser' gehabt und jene weitere Bedeutungsentwicklung dem Einflusse des Buddhismus zu verdanken haben. Vergl. auch *bša ba*, perf. *bšas*, schlachten. Somit ist *lto šan* als ‚Speise essend', ‚Fleischspeisen essend' zu erklären, wodurch auch die zu *lto mk'an* gegebene Uebersetzung bestätigt wird.

*šar*, Osten. *šar lho mts'ams*, 22, Südosten.

*šiṅ*, Holz, Baum. *šiṅ la gnas*, 73. *šiṅ daṅ rdo*, 61, als Aufenthaltsort der gÑan. *šiṅ bdag*, 49, Name eines Erdherrschers. *rtsi šiṅ*, 188, 320, Obstbaum, Baum.

*šes pa*, wissen, verstehen. *smra šes so*, 271, sprechen können, von solchen, die vordem stumm waren.

*šog bu*, Papier. *rgya šog*, 182, chinesisches Papier.

*šom pa*, perf. *bšams*, fut. *gšam*, bereiten, rüsten. *rdzas bšams nas*, 205. *spyan gzig gšam la*, 323.

*gšegs pa*, gehen, weggehen. *k'on pa gšegs lagso*, 300, der Zorn ist dahingegangen, geschwunden, verraucht.

*gšog pa*, perf. *bšag*, spalten, brechen, durchbrechen. *brag bšag*, 140 (syn. *gcog pa*).

*gšog pa, bšog pa* (249), *šog pa* (237), Flügel. *gšog pa can*, 155, ebenso *gšog pa*, 162, 237, 255, die Geflügelten, unbekannte mythische Wesen, in Verbindung mit *t'aṅ* genannt, s. d. Von den Flügeln des Schmetterlings, 107, 236, 249.

*bši* = *ši*, 256, sterbend, das Sterben, der Tod.

## S.

*sa*, Erde. *sa sna lṅa*, 50, 63, die fünf Erdarten. *sa la ₒdzul dgu*, 197, 317. *stoṅ sa*, 3, die leere Erde, das Chaos. *c'u yis sbrus sa*, 6. *sa yar*, 18, oben auf der Erde. *sa la gnas*, 75. Die unbearbeitete, noch nicht urbar gemachte Erde (Gegensatz: *žiṅ*), 89, 90, 138, 139; ebenso in *ₒbras sa*, 295, was nicht etwa ‚fruchttragendes Ackerland' heisst, sondern: die Erde, obwohl sie Früchte tragen muss und zu diesem Dienste gezwungen wird, ist nunmehr versöhnt; nicht das Feld, nur die personificiert gedachte Erde ist zu versöhnen.

*sa bdag,* 36, 37, 39, 41, 42, 56, 101, 302, Erdherrscher. *sa bdag rgyal po,* 62, 211. *sa bdag sgrog,* 292. *sa bdag dmag,* 117. *sa bdag klu gñan,* 64, 110, 150, 184, 294, 304, 305. *sa bdag klu gñen,* 95.
*su,* 287, als pronomen relativum.
*sel ba,* reinigen. *sel byaṅ,* 326 (si lectio certa), reinigend, läuternd.
*sog pa, bsogs pa, gsog pa,* aufhäufen, ansammeln. *rdzas su bsogs,* 206. *rdzas daṅ tʻag kyaṅ gsog pas,* 170. *yas kyi bsog la,* 306.
*soṅ,* wurde, verwandelte sich. *goṅ daṅ ril gyi soṅ,* 125, wurden vollständig verkrüppelt.
*sobs* = *gsob pa,* ausfüllen, ergänzen, heilen. *bdud rtsi bši sobs,* 256, wider den Tod helfender, Tod abwendender Nektar.
*sras,* Sohn. Von einem gÑan, 44. *sprul pai sras,* 82.
*srid bdag,* 81, Name der Gemahlin des Königs von Skos, ‚die Herrscherin‘.
*srid pa.* I. subst. Existenz, Existenzperiode. *srid pa daṅ po,* 1. II. verb. 1. vorhanden sein, existieren. *ci yaṅ mi srid do,* 2, nichts war da (im Anfang); 2. in die Existenz, Erscheinung treten, herauskommen, entstehen (syn. *ₒbyuṅ ba*). *rlan daṅ cʻu yaṅ srid,* 5. *rlan daṅ mtsʻo srid do,* 7. *gñan gyi rgyal po srid,* 19. *gñan gyi rgyal kʻams srid,* 35. *sa bdag srid,* 36. *yab . . daṅ yum . . srid ciṅ,* 82. *skos kyi bu cig srid,* 84.
*sreg pa,* perf. *bsreg,* verbrennen. *šiṅ bcad tʻab du bsreg,* 93.
*sroṅ ba,* perf. *bsroṅ* (Jäschke: *bsraṅ(s)*), gerade machen. *yo ba bsroṅ lags so,* 243, das Krumme ist gerade gemacht, das Unrecht ist wieder gut gemacht. *yo ba tʻig bsroṅ ṅo,* 296, das Krumme ist mit einer Linienschnur gerade gemacht, gleichfalls bildlich.
*gsan pa,* hören, mit Imperativ *gson,* nach Analogie von *ñon* zu *ñan pa.* *tsʻur gson,* 163, höret hierher, merket auf.
*gsal mo,* 131, die aufklärende Frau; mit vorausgehendem Object: *ma mtʻoṅ,* die die nicht Sehenden aufhellende Frau; Bezeichnung einer *mo ma* oder *pʻya ma.*
*gsuṅ ba,* sprechen. *de skad gsuṅ ba daṅ,* 152.
*gser,* Gold. *gser gyu ₒbul,* 16, Gold und Türkisen schenken. *gser gyi sbal pa,* 68, ein goldfarbener Frosch.
*gso ba,* heilen, perf. *gsos, bsos, sos.* 1. *gsos,* 227, 230, 232, 234, 236, 247, 248. 2. *bsos,* 240, 242, 244, 245, 246, 249, 251, 275, 283. 3. *sos,* 253, 267, 274, 276.
*gsod pa,* perf. *bsad,* töten, schlachten. *bcen cuṅ la bsad do bcad do,* 113. *nor daṅ ₒkʻor rnams bsad,* 145. *ñams cʻags sod (!) su,* 215, um die Sünden abzutöten.
*gsol ba, su la pʻan de gsol,* 287, Heil und Segen zuwenden, giessen auf.
*bsiṅ ma,* 319, Weideplatz, Wiese (Jäschke: *gsiṅ ma,* aber *ne gsiṅ* und *ne bsiṅ*). *bsiṅ ma sṅo tʻan tu (nas),* 143, 186.
*bsod pa,* 288, Wohlgefallen haben, sich freuen an, angenehm sein, von *pʻan de.*
*bsras* = *sras,* Sohn. *klu bsras gñan bsras,* 167.

## h.

*lha,* Bild eines Genius, Schutzgeistes. *žal du lha yaṅ sbyar,* 160.
*lha mo,* 43, Göttin.
*lho,* Süden. *lho nub ₒtsʻams (= mtsʻams),* 24, Südwesten.

---

8*

# INHALT.

# 021

# 书评两则

# GLOBUS

## Illustrierte
## Zeitschrift für Länder- und Völkerkunde

Vereinigt mit den Zeitschriften „Das Ausland" und „Aus allen Weltteilen"

---

Begründet 1862 von Karl Andree

Herausgegeben von

Richard Andree

Siebenundsiebzigster Band

Braunschweig
Druck und Verlag von Friedrich Vieweg und Sohn
1900

früher hatte man lineare und bildliche Zeichen auf kretischen Siegelsteinen und anderen Gegenständen als Schrift gedeutet. Jetzt ist eine Anzahl von 1000 Thontafeln ausgegraben worden, welche einheimische lineare Charaktere zeigen; man vermutet in ihnen das Palastarchiv und Vorratslisten: Einige sind mit Darstellungen von Wagen und Pferdeköpfen versehen. In den letzten Tagen der Ausgrabung entdeckte man dann noch Thonbarren und durchbohrte Tafeln mit piktographischen Charakteren, die den ägyptischen Hieroglyphen gleichen, woraus man schliefsen will, dafs im homerischen Zeitalter zwei Schriftsysteme, ein lineares und ein piktographisches, benutzt wurden.

Unter den übrigen Funden sind zu erwähnen zahlreiche Reste aus der „Steinzeit", Obsidiangeräte, rohe Töpferei aus den tiefsten Schichten, welche auf eine noch ältere Zeit, als jene der Akropolis, hindeuten. Von dem sonst schon aus der Höhle von Kamares bekannten kretischen Geschirr wurde auch hier eine Menge ausgegraben. Dazu gesellen sich steinerne Vasen von schöner Form und mit Fresken bemalt, das schöne lebensgrofse Haupt eines Molosserhundes aus Marmor, endlich ein herrlicher bemalter Stier aus Stucco, ein realistisches Werk von vorzüglicher Arbeit.

Die Ausgrabungen sollen im nächsten Jahre weiter fortgesetzt werden, wenn die nötigen Mittel dazu vorhanden sind.

# Bücherschau.

**Albert Grünwedel:** Mythologie des Buddhismus in Tibet und der Mongolei. Führer durch die Lamaistische Sammlung des Fürsten E. Uchtomskij. Mit einem einleitenden Vorwort des Fürsten E. Uchtomskij und 188 Abbildungen. 4°. 280 Seiten. Leipzig, F. A. Brockhaus, 1900.

Endlich ein lesbares Buch über den Lamaismus! Grünwedel hat den Nagel auf den Kopf getroffen: ein solches Buch gerade war es, das wir brauchten, das alle, die sich mit lamaistischen Studien beschäftigen, schon längst als eine tiefe Notwendigkeit empfunden hatten. Auf dem weiten Gebiete der buddhistischen Litteratur der letzten Jahre ist kein Werk erschienen, das mit so viel Genufs und Befriedigung gelesen und studiert werden könnte wie das vorliegende, und nachdem wir in Waddells von mancher Seite als „grundlegend" ausposauntem Buddhismus in Tibet eine ebenso gedankenlose als oberflächliche und von Irrtümern strotzende Kompilation über uns haben ergehen lassen müssen, ist es eine doppelte Genugthuung, uns an dieser Leistung zu erfreuen, der keine ausländische Litteratur irgend etwas gegenüber stellen kann. Grünwedel, dessen „Buddhistische Kunst in Indien" in den Handbüchern der Königl. Museen zu Berlin nunmehr auch in 2. Auflage erschienen ist, behandelt hier die Entwickelungsgeschichte des lamaischen Pantheons, des riesenhaftesten der ganzen Welt, von seiner Genesis auf indischem Boden beginnend, bis in die neuere Geschichte Tibets und der Mongolei an der Hand eines umfangreichen bildlichen Materials, dessen Wiedergabe dem Texte würdig entspricht, im engen Anschlusse an die einheimische religiöse Litteratur. Hier hat der Verfasser nicht nur alle bisherigen Einzelforschungen mit peinlicher Genauigkeit zusammengefafst, sondern auch unedierte Originale, wie z. B. das Padma than yig, herangezogen, aus dem sehr interessante Auszüge mitgeteilt werden. Die immense Arbeitsmasse, die hier geleistet ist, vermag nur der ganz zu würdigen, der sich selbst einmal durch diesen labyrinthischen Wust hindurchgequält hat, und da mufs man die Klarheit der Form bewundern, mit welcher der Verfasser den überaus spröden Stoff bewältigt hat, und sich immer aufs neue überrascht fühlen, wie viele bisher dunkle und verworrene Partieen der buddhistischen Mythologie und Ikonographie durch eine streng historische Betrachtungsweise bedeutsam erhellt, wie viele neue Gesichtspunkte gewonnen, und wie weite Perspektiven für eine vertiefte Behandlung der Probleme der lamaistischen Kunstgeschichte in allen Einzelheiten eröffnet werden. Es ist ein Kompendium, das eine sichere Grundlage für den zukünftigen Ausbau dieses Wissensgebietes bildet, ohne das weder die Kulturgeschichte Asiens noch die politischen Verhältnisse der Gegenwart verständlich sind. Für die im Anhange zusammengestellten Noten, die eine Übersicht über die Litteratur der Ikonographie des Buddhismus wie über die meisten wichtigen Erscheinungen und Persönlichkeiten der lamaistischen Geschichte geben, sowie für das mit grofser Sorgfalt ausgearbeitete Glossar wissen wir dem Verfasser aufrichtigsten Dank. Die Beifügung der mongolischen Bezeichnungen zu den einzelnen Gottheiten ist dem Fleifse Herrn Dr. F. W. K. Müllers zu verdanken, eine um so mühevollere Aufgabe, als es hier an Vorarbeiten und Quellen mangelt.

Die äufsere Anregung zu diesem Buche hat die grofsartige Sammlung des durch die anziehende Schilderung der Orientreise des Kaisers von Rufsland bekannten Fürsten Uchtomskij gegeben, der eine geistvolle geschichtsphilosophische Betrachtung des Buddhismus vorausgeschickt hat. Möchten die hochherzigen Bemühungen des Fürsten dem Studium dieser fesselndsten Religion der Erde neue Freunde zuführen und vor allen Dingen zu gründlichen Forschungen unter den Völkern des Lamaismus anregen! Zum Schlufs möchten wir nicht verfehlen, auch unseren Kunsthistorikern und Künstlern das vorliegende Werk angelegentlichst zu empfehlen: die Gedankenwelt des Buddhismus ist so tief und reich, das Leben seines Stifters mit einer Fülle fein empfundener, echt künstlerisch gedachter Ereignisse ausgestattet, dafs auch der moderne Maler hier nicht ohne Inspiration ausgehen wird. Es wäre sicherlich eine dankbare und würdige Aufgabe künstlerischen Schaffens, die edle Gestalt des reinen indischen Weisen auch unseren Herzen menschlich näher zu bringen, der von allen Religionslehrern unserem modernen Empfinden zweifelsohne am nächsten steht.

Berlin. B. Laufer.

**Ernst Lechner:** Das Oberengadin in der Vergangenheit und Gegenwart. Dritte Auflage. Mit 12 landschaftlichen Ansichten. Leipzig, Wilhelm Engelmann, 1900.

Nach mehr als 40 Jahren hat der Verfasser die Freude, die dritte Auflage des mit viel Liebe und Sachkenntnis geschriebenen Büchleins erscheinen zu sehen. Wie viel an der dritten Auflage gegenüber der ersten geändert wurde, vermögen wir nicht zu sagen, da wir diese nicht kennen. Aber ein unverkennbar altmodischer Geist, der noch nach Schweizer Fufs rechnet, geht durch das Ganze, und von den modernen geographischen Anschauungen ist in das Buch auch kaum ein Fünkchen geraten. Sollten wir eine Censur nach der üblichen Schablone ausstellen, so würde sie lauten: Naturwissenschaften schwach; Geschichte und Litteratur gut. Und in diesen beiden liegt der willkommene Schwerpunkt des Buches, das uns vortreffliche Blicke in die romanische Litteratur des Engadins thun läfst, die ja sehr wenig bekannt ist und doch schönes bietet. Dr. Lechner giebt zahlreiche Proben mit guten, meist von ihm herrührenden Übersetzungen; denn wenn man auch lateinisch und italienisch versteht, so gelingt die Übersetzung doch nicht immer so leicht, wie bei dem nachstehenden Verse:

Piz Languard e Pontresina,
Pontresina e Piz Languard
Sun il puncts in Engiadina
Chi attirau uoss il sguard
Dels tourists da tuot pajais
Specielmaing dels lords inglais.

**Dr. E. Brückner:** Die Schweizerische Landschaft einst und jetzt. Rektoratsrede, gehalten am 18. November 1899. Bern 1900.

Nach einem kurzen Überblick über das Aussehen der Schweizerischen Landschaft zu Beginn derjenigen Zeit, wo sie ihre heutige Gestaltung erhielt, der Grenze zwischen Tertiär und Diluvium etwa, und nach einer Erörterung der Mittel und Methode, um die seitdem entstandenen Änderungen festzustellen, werden letztere einzeln der Reihe nach behandelt. So wird zuerst der orographischen Veränderungen, der Krustenverschiebungen, Bergstürze und Erosion gedacht, dann die Veränderungen der Vergletscherung und des firnbedeckten Landes besprochen, darauf ein Bild von den Veränderungen, hauptsächlich dem Erlöschen der Seen und den Verlegungen der Flufsläufe gegeben und zum Schlusse diejenigen Änderungen betrachtet, bei denen auch in erster Linie der Mensch mitwirkte, nämlich der Änderungen im Waldbestande und in der Waldgrenze im Mittellande und Hochgebirge, sowie der Zunahme der Wiesenkultur auf Kosten des Ackerbaues. Das Ganze giebt ein gutes, abgeschlossenes und durch ausgewählte Litteraturcitate unterstütztes Bild des Gegenstandes, mit dessen einzelnen Seiten sich der Verfasser und unter seiner Leitung seine Schüler schon seit Jahren mit Erfolg beschäftigen. Dr. G. Greim.

schwangen sich mit gleicher Schnelligkeit vermöge ihrer besonders günstigen Lage zu verhältnismäfsig enormer Höhe empor. Sobald der Aufschliefsungsprozefs sich dann aber bis zu einem gewissen Grade vollzogen hat, mufs diese rapide Bevölkerungsbewegung nachlassen. Dafs man an diesem Wechselpunkte jetzt angekommen ist, beweist uns aber die hervorgehobene Verschiedenheit in der prozentualen Zunahme, die abnorme Höhe der Zunahme hat sich jetzt mehr und mehr verloren und stabileren Zunahmesätzen Platz gemacht, es ist dieses ein sicheres Zeichen dafür, dafs sich auch die inneren wirtschaftlichen Verhältnisse der Vereinigten Staaten mehr konsolidiert und in eine ruhigere Bewegung hineingesetzt haben. Dafs die Bevölkerungszunahme der grofsen Städte im allgemeinen auch jetzt als eine sehr hohe anzusehen ist, beruht in der Hauptsache auf dem grofsen industriellen Aufschwunge der Vereinigten Staaten, der sich ja auch sonst, wie z. B. in der Ausfuhrstatistik, bemerkbar macht; durch den industriellen Aufschwung werden ja aber stets in erster Linie die grofsen Städte berührt, und so wird man es nur für naturgemäfs erachten können, wenn sich eben die stärkere Zunahme der gröfseren Städte gezeigt hat, die sich bei den besonderen Verhältnissen der neuen Welt auch in vorwiegendem Mafse abheben mufste.

F. W. R. Z.

# Bücherschau.

**S. Tajima**, Selected Relics of Japanese Art. Published by Nippon Bukkyō Shimbi Kyokwai, Kyōto, Japan. Vol. I, II; 1899. Grofs-Folio.

Dieses auf 20 Bände berechnete Werk will etwa tausend bisher wenig zugängliche, kostbare alte Kunstgegenstände reproduzieren, die in den berühmtesten buddhistischen Tempeln, besonders von Kyōto, aufbewahrt werden. Die Hauptförderer des Unternehmens sind die Führer der Zen-sekte, denen sich die anderen Sekten in der Mitarbeiterschaft anschliefsen. Die Auswahl der Stücke ist in der Hauptsache auf solche japanischen Ursprungs beschränkt, doch sollen wichtige Werke der indischen, chinesischen und koreanischen Kunst, soweit sie für die Geschichte der japanischen von Bedeutung sind, auch Berücksichtigung finden. Eine systematische Anordnung der Tafeln ist nicht befolgt. Das Werk will vielmehr, wie ausdrücklich hervorgehoben, nur Material für zukünftige Studien bieten, ohne solche selbst zu unternehmen. Doch wird in jedem Bande eine bestimmte Reihenfolge beobachtet: 1. farbige Holzdrucke, 2. Photographieen von Statuen und Gemälden heiliger buddhistischer Gegenstände, 3. Photographieen von Werken zur Erläuterung der Geschichte des Buddhismus, 4. Photographieen von Porträts, Landschaftsmalereien u. s. w., 5. Photographieen aus dem Gebiete der Architektur, meist buddhistischer Tempel. In jeder dieser Klassen sind die einzelnen Stücke chronologisch geordnet, die Werke ausländischer Künstler folgen denen der Japaner. Jede Darstellung ist von kurzen Noten in japanischer und englischer Sprache begleitet, die über den Künstler, Thema, Zeit und Geschichte des Werkes Auskunft geben. Aufserdem ist eine ausführliche Geschichte der japanischen Kunst und Religion als Ergänzungsband zu dieser Serie geplant. Die Auswahl der Illustrationen wird von Prof. Y. Imaidzumi von der Akademie der schönen Künste in Tōkyo getroffen, die Erläuterungen stammen aus der Feder von S. Fujii und J. Takakusu von der Universität Tōkyo.

Der erste Band enthält 52 Tafeln, darunter drei farbige Holzdrucke. Der erste derselben reproduziert eine Darstellung der fünf Dhyānibuddha: Vairocana, Akshobhya, Ratnasambhava, Amitābha und Amoghasiddhi, das Kakemono eines unbekannten Malers, wahrscheinlich aus der Kamakuraperiode (13. Jahrhundert); der zweite bringt ein Werk des grofsen Malers Myōchō (1352 bis 1431), eine Darstellung der Arhats aus einer Serie von fünfzig im Auftrage des Shōgun Yoshimochi ausgeführter Hängebilder. Daran schliefsen sich folgende buddhistische Kunstwerke: Bronzebild des Bhaishajyaguru von Kuratsukuri Tori, Thonbilder der vier grofsen Himmelskönige auf zwei Tafeln (Mitte des 8. Jahrhunderts, Bildner unbekannt), Holzbildnis des Cakravartin Cintāmaṇi Avalokiteçvara von Shōtoku Taishi (574 bis 621 A. D.), Holzbildnis des Acala (jap. Fudō) von Kūkai (Kōbōdaishi, 774 bis 835 A. D.), Holzbild des Amitāyus von Yeshin Sōzu (942 bis 1017), Malereien auf den Thürflügeln des Schreins von Shantao auf zwei Tafeln, sechs Formen des Avalokiteçvara auf fünf Tafeln (Maler wie bei dem vorhergehenden unbekannt), Kakemono von Çākyamuni, Mañjuçrī und Samantabhadra von Kanō Yūsei (nach einer Tradition), Porträt-Kakemono von Daruma (Bodhidharma, s. Lassen, Indische Altertumskunde, IV, S. 661), Tokusan und Rinzai, Meisterwerke von Soga Jasoku (Mitte des 15. Jahrhunderts), der als einer der gröfsten Porträtmaler Japans gilt.

Dafs die altjapanische Kunst nicht nur in der Nachahmung der aus Indien überlieferten Typen besteht, sondern dafs diese Typen individuelle Künstlernaturen auch zu selbständigem Schaffen anzuregen vermochten, zeigt z. B. eine dem Yeshin Sōzu zugeschriebene Konzeption des Amitābha. Er heifst mit seinem eigentlichen Namen Urabe Genshin. Angewidert von der allgemeinen Sittenverderbnis der Priester seiner Zeit, zog er sich zu einem ruhigen Einsiedlerleben in den Tempel Ye-schin-in in Yo-gawa zurück, in das Studium der verschiedenen Schulen vertieft, schriftstellernd, mit Malerei und Skulptur beschäftigt, durch Reinheit des Charakters ausgezeichnet. Sein ganzes Leben hindurch widmete er sich der Verehrung des Amitābha, zu dem er mit dem aufrichtigen Wunsche betete, in seinem Paradiese Sukhāvatī im westlichen Lande jenseits der Welt wiedergeboren zu werden. Noch mit seinem letzten Atemzuge soll er die Sanskritformel: namo' mitāyushe Buddhāya (Verehrung dem Buddha Amitāyus) gemurmelt haben. Das hier wiedergegebene Bild stellt eine Vision vor, in welcher der Gott dem Yeshin Sōzu selbst auf einem Gipfel der Hi-yei-Berge in Yō-gawa, Ōmi, erschien. Auf dem Kakemono tritt Amitābha, wie die Morgensonne auftauchend, bis zum Oberkörper hinter der feingeschwungenen Linie des Berges hervor (Yama-goshi-amida). Vor dem Berge stehen seine Begleiter Avalokiteçvara mit Lotusblumen in der Hand und Mahāsthānaprāpta mit gefalteten Händen, unter jenem die beiden Himmelskönige Vaiçravaṇa und Virūḍhaka, unter diesem die beiden anderen Virūpāksha und Dhṛitarāshṭra, ganz im Vordergrunde in langen Schleppgewändern König Bimbisāra von Magadha und seine Gattin Vaidehī, die gläubige Anhänger Amitābhas gewesen sein sollen.

Von den 16 Tafeln mit Landschaftsmalereien verdienen die von Kanō Motonobu (1476 bis 1559), Begründers der Kanōschule, und Kanō Eitoku (1543 bis 1590), seines Enkels, besondere Hervorhebung. Von Tempeln sind in diesem Bande dargestellt: Hōwōdō (Phönixtempel) von Byōdōin am linken Ufer des Flusses Uji, Kyōto und Kinkaku von Roku-onji, Kyōto.

Von chinesischen Werken sind in diesem Bande vereinigt: von Wu tao yuen aus der Zeit der Thangdynastie drei Kakemono, die Çākyamuni, Mañjuçrī und Samantabhadra verbildlichen; aus der Zeit der Sungdynastie stammt eine Malerei von Ma kung hien, Begegnung des Yo shan und Li ao, ferner drei Bilder von Mu chi, die Avalokiteçvara in weifsem Gewande mit einem Bild des Amitāyus auf seinem Diadem, einen Affen, einen Kranich vorführen. Unbekannten chinesischen Skulptoren gehören ein Holzbild der fünf grofsen Ākāçagarbha und ein Holzbild des Vaiçravaṇa an. Diesem Bande gehen zwei Vorreden voran, eine sehr enthusiastische des Malers E. F. Fenollosa und eine andere von Baron Ryuichi Kuki, der ausführt, wie der durch die Verhältnisse des Landes begünstigte und reich entwickelte Schönheitssinn der Japaner in den von aufsen hereingebrachten Stoffen des Buddhismus zum Ausdruck gelangte.

Der zweite Band umfafst 45 Tafeln mit fünf Buntdrucken. Er wird mit einer den Cakravartin Cintāmaṇi Avalokiteçvara darstellenden Wandmalerei aus dem Kondō (goldener Saal) des Tempels Hōriūji, Yamato, eröffnet. Dieser gehört zu den sieben grofsen Tempeln von Nara und vertritt das älteste Beispiel japanischer Architektur mit ausgesprochen koreanischem Stil. Die in Rede stehende Malerei gilt als Werk des Donchō, eines koreanischen Priesters, der während der Regierung des Suikō (610 A. D.) vom Könige von Korea an den japanischen Hof gesandt wurde und die Wände des Kondō des gerade damals vollendeten Klosters Hōriūji mit Malereien bedeckte. Von ebendaher ist ein transportabler Schrein, Tamamushi genannt, der dem Kaiser Suikō gehörte, abgebildet. Dann folgt die Wiedergabe des elfgesichtigen Avalokiteçvara aus dem Tempel Hokkeji in Nara, einem ehemaligen, von der Kaiserin-Witwe Kwōmyō (701 bis 760 A. D.) erbauten Nonnenkloster. Nach der Tradition desselben rührt jenes Werk von einem Bildhauer von Gāndhāra her, mit Namen Buntō, der die Kaiserin selbst als Modell nahm; indessen läfst sich in der Litteratur die Ankunft eines solchen Künstlers in Japan nicht nachweisen. In Farben ist Çrī oder Lakshmī, die Glücksgöttin, aus dem Tempel Yakushiji in Nara, ausgeführt, die von ihrem indischen Vorbild ganz und gar abweicht

(s. Grünwedel, Mythologie des Buddhismus, S. 142) und eher das japanische Schönheitsideal zu vertreten scheint. Als „Göttin der Kunst" (vielleicht Kalâ) wird eine Holzstatue aus dem Tempel Akishinodera in Nara bezeichnet. Dieser Typus scheint mir mit dem von Grünwedel, l. c. S. 24 (s. auch dessen Buddhistische Kunst in Indien, 2. Aufl., S. 99 bis 101) als noch nicht zweifellos richtig benannten Göttinnentypus der Gāndhāraschule zusammenzufallen. In diesem Falle würde auch die Bemerkung der Herausgeber, dafs die Schönheit und Anmut der Skulptur der Tempyōperiode, welcher jenes Werk zugewiesen wird, den Einflufs griechischer Kunst auf den erfinderischen Geist der Japaner beweisen dürfte, ein ganz besonderes Gewicht erhalten; denn die Gāndhāraschule repräsentiert ja griechische Formen, und griechisch ist der vorliegende Typus zweifellos. Auf die Nachbildung eines griechischen Typus führen die Verfasser auch ein Holzbild des elfgesichtigen Avalokiteçvara aus dem Yakushijitempel in Nara zurück; es scheint ein Erzeugnis der frühesten Hei-anperiode (8. Jahrhundert) zu sein; Charakter und Haltung sind von der oben erwähnten Darstellung desselben Gottes aus der Tempyōperiode ganz verschieden. Diese Serie enthält besonders einige hervorragende Porträts: das Bild des berühmten Prinzen und buddhistischen Schriftstellers Shōtoku Taishi (573 bis 621 A. D.), gemalt von Kose Kanaoka (10. Jahrhundert), vor allem die Porträtstatuen von Asaṅga, Vasubandhu und Vimalakīrti aus dem Tempel Kōfukuji, Nara. Asaṅga und Vasubbandu, wahrscheinlich zwischen dem 5. und 6. nachchristlichen Jahrhundert anzusetzen, sind zwei Brüder, die in der Entwickelung des Mahāyānasystems eine hervorragende Rolle gespielt haben, und von denen der ältere als der Begründer des ganzen späteren Pantheons anzusehen ist (siehe Grünwedel, l. c. S. 36, wo auch des japanischen Porträts Asaṅgas Erwähnung geschieht, und S. 97). Ihre Bilder sollen während der Tempyōperiode gegen Ende des 8. Jahrhunderts entstanden und von einem Kamakura-Skulptor, dessen Name leider unbekannt ist, auf Anordnung der Priester, welche die Modelle aus China mitbrachten, ausgeführt worden sein. Die Japaner bezeugen, dafs diese Statuen alle Originalität und Eigentümlichkeiten von Asaṅgas Kunst und Philosophie und das grofsartige Talent von Vasubandhu zum Ausdruck bringen. In der That ringt sich in diesen Bildnissen die Individualität zu so machtvollem Ausdruck durch und verkörpert sich mit so lebendiger Kraft, dafs sie mit vollem Recht die Bezeichnung Meisterwerke der Kunst verdienen. Nicht minder grofs ist die Porträtstatue des in sitzender Stellung — die Haltung erinnert an Sokrates — abgebildeten Vimalakīrti, eines Laien, der zu Buddhas Zeit in Vaiçāli in Mittelindien lebte und durch seine Frömmigkeit und Beredsamkeit einen Ruf erlangte. Sein Bild wird zu den drei berühmten Meisterwerken des Unkei (13. Jahrhundert), des Gründers der Bildhauerschule von Nara, gerechnet; er war Erfinder der Methode, aus Edelsteinen verfertigte Augen in Statuen einzusetzen; selbst in der Gegenwart finden seine Kunstwerke noch Nachahmer. Das zweite seiner drei Meisterwerke wird uns in seiner Darstellung des Mañjuçrī vorgeführt, der mit untergeschlagenen Beinen auf einer Lotusblume sitzt und mit einem Panzer geschmückt ist; das Gewand zieht sich von der linken zur rechten Schulter und fällt von dieser auf Unterkörper und Beine herab, in beinahe konzentrische Falten verlaufend; beide Arme hängen, ohne Attribute zu halten, herab, und das Gesicht hat einen milden, sanften, fast zu weichlichen Ausdruck. Ein anderes Werk des Unkei zeigt die Reproduktion eines Bildes des Nārāyaṇa aus dem Tōdaijitempel in Nara, der sich der Vajrapāṇi von Kwaikei von demselben Heiligtume anschliefst. Ein höchst merkwürdiges Bild ist die Auferstehung Çākyamunis. Der Gegenstand knüpft an eine Tradition an, der zufolge Māyā, Buddhas Mutter, nach dem Tode ihres Sohnes klagend vom Himmel herabstieg: da hob Buddha den Deckel des Sarges empor, in dem er lag, trat hervor, die Hände zum Gebet gefaltet, und tröstete seine Mutter. Von der aufrechten Haltung abgesehen, erinnert die Konzeption, besonders in den Buddha umringenden Gruppen, an die bekannten Darstellungen des Nirvāṇa. Der Künstler ist unbekannt; Kenner datieren das Gemälde zwischen 810 und 922 A. D. Von Takuma Shōga, einem Maler des 12. und 13. Jahrhunderts werden zwei Kakemono wiedergegeben, die Sūrya und Candra, den Sonnen- und Mondgott darstellen, jenen die Sonne mit einer goldenen Krähe darin in der rechten Hand haltend, diesen die Mondsichel mit einem darauf sitzenden weifsen Hasen in der linken. Ein feines Genrebild ist der zwischen zwei Bäumen in einer Waldlandschaft sitzende, in Meditation versunkene Priester Myōye (1173 bis 1230), gemalt von Enichibō (13. Jahrhundert). Der Landschafts- und Genrebilder, der Pflanzen- und Tierstücke sind so viele in diesem Bande vereinigt, dafs sie nicht einzeln aufgezählt werden können; sie wollen gesehen und genossen, nicht beschrieben sein. Wir heben nur den Tiger im Bambushain von Kanō Tanyū wegen seiner glänzenden Farbengebung und Kanō San-rakus reitende Jäger von einem Wandgemälde des Tempels Nishi Hongwanji, Kyōto, wegen der realistischen Frische der Darstellung hervor.

Ich möchte glauben, dafs schon diese beiden Bände uns mehr über die japanische Kunst lehren als all das die Wissenschaft mehr schädigende als fördernde ästhetische Gefasel, das sich, vielleicht nur von Anderson abgesehen, von Gonse bis Seydlitz in den Schriften sogenannter europäischer Kunstkenner über Japan breit macht. Sie verstehen weder die Motive zu erklären noch ihre historische Entwickelung festzulegen (vgl. auch die treffende Bemerkung von Grünwedel, Buddhistische Kunst in Indien, 2. Aufl., S. 180); schöngeistige Phrasen helfen aber weder der Geschichte noch der Völkerkunde. Das vorliegende Werk bietet ein ungewöhnlich reiches authentisches Thatsachenmaterial, das des Studiums wert ist. Die Ausführung der Tafeln ist meisterhaft.

Köln. B. Laufer.

---

# Kleine Nachrichten.



— Die Verwendung von Drachen für Zwecke der Meteorologie ist noch nicht alten Datums und erst seit etwa sieben Jahren in Gebrauch. Die Vereinigten Staaten haben auf diesem Felde die Führung übernommen, und dort sind auch bisher die bedeutendsten Erfolge erzielt. Vor etwa zwei Jahren war an dieser Stelle (Bd. 74, S. 248) von den Versuchen des Blue Hill-Observatoriums die Rede, und es wurde bemerkt, dafs hier im August 1898 zwei Drachen mit selbstregistrierenden Instrumenten (für Luftdruck, Temperatur, Windstärke, Feuchtigkeit u. s. w.) eine Höhe von 3700 m erreichten. Es gelang nach und nach, die Drachen zu immer gröfserer Höhe zu bringen, so in Frankreich bis auf 4300 m und im Juli d. J. auf demselben Blue Hill-Observatorium gar bis 4850 m Höhe, der gröfsten, die bisher von den Drachen gewonnen worden ist. Wie erwähnt, ist dieser Zweig meteorologischer Beobachtungsart noch jung und deshalb zweifellos sehr entwickelungsfähig, und zwar kommt es zur Erreichung gröfserer Höhen vor allem auf die möglichste Erhöhung des Aufstiegwinkels durch vorteilhaft konstruierte Drachen und auf die Wahl des richtigen Verhältnisses zwischen der Schwere der Drachen und der Schwere und Widerstandsfähigkeit des als Leine zu verwendenden Drahtes an. Man ist jetzt, wie S. P. Fergusson im „Science" (XII, S. 521) mitteilt, glücklich bis auf einen Steigungswinkel von 65° gekommen, so dafs die Länge des Drahtes für die Höhe ziemlich gut ausgenutzt erscheint. Die Fläche des Drachens soll nicht 9 qm übersteigen. Das beste Material für die Leinen ist Stahlsaitendraht. Die Nr. 17 des Drahtes, mit der jene Höhe von 4850 m gewonnen wurde, hat 0,97 mm Durchmesser, im Gewicht von 5,71 kg pro 1000 m und eine Widerstandsfähigkeit von 178 kg. Die Oberfläche, die diese Drahtnummer dem Winde bietet, beträgt etwa 1 qm für 1000 m, und da in grofsen Höhen bei dem heutigen Steigungswinkel 8000 bis 10000 m Draht in der Luft sich befinden, so ist der Winddruck erheblich. Ein solcher von 30 bis 50 kg pro Quadratmeter Oberfläche ist nicht ungewöhnlich, und demnach scheint es, dafs diejenige Leine, die die im Verhältnis zum Gewicht geringste Oberfläche bietet, die beste ist. Daraus wiederum würde folgen, dafs die Drahtnummern 25 und 26 (Durchmesser 1,5 und 1,6 mm, Gewicht 13,51 und 15,63 kg pro 1000 laufende Meter, Widerstandsfähigkeit 350 resp. 402 kg) so lange die geeignetsten sind, bis weitere Vervollkommnungen im Bau der Drachen erreicht sein werden. Fergusson meint, dafs bei dem augenblicklichen Stande der Drachentechnik Höhen von 6000 m wohl zu gewinnen wären.

— Austins Reise im Sobatgebiet. Major Austin, über dessen Reiseplan im 77. Bande des Globus (S. 295) berichtet wurde, hat seine Untersuchungen vorzeitig abbrechen müssen und den Rudolfsee nicht erreichen können. Er ist im Oktober d. J. nach Europa zurückgekehrt und hat nach einer Reutermeldung Folgendes ausgerichtet: In einem Ka-

# 022

## 乌苏里岩画

# GLOBUS

## Illustrierte
## Zeitschrift für Länder- und Völkerkunde

Vereinigt mit den Zeitschriften „Das Ausland“ und „Aus allen Weltteilen“

Begründet 1862 von Karl Andree

Herausgegeben von

Richard Andree

Neunundsiebzigster Band

Braunschweig
Druck und Verlag von Friedrich Vieweg und Sohn
1901

# GLOBUS.

ILLUSTRIERTE ZEITSCHRIFT FÜR LÄNDER- UND VÖLKERKUNDE.

**VEREINIGT MIT DEN ZEITSCHRIFTEN: „DAS AUSLAND“ UND „AUS ALLEN WELTTEILEN“.**

HERAUSGEBER: DR. RICHARD ANDREE. VERLAG VON FRIEDR. VIEWEG & SOHN.

**Bd. LXXIX. Nr. 5.** **BRAUNSCHWEIG.** **31. Januar 1901.**



## Felszeichnungen vom Ussuri.

Von Berthold Laufer.

Der russische Oberstleutnant Alftan hat in den „Arbeiten der Amur-Sektion der russischen geographischen Gesellschaft“, Chabarovsk 1896, einige von ihm an den Ufern des Ussuri entdeckte Felszeichnungen mit wenigen kurzen Bemerkungen über deren Fundstätte veröffentlicht. Da diese als Beilage zur Chabarovsker Zeitung ausgegebene Publikation längst vergriffen ist und in Deutschland kaum aufzutreiben sein dürfte, so möchte es vielleicht angezeigt erscheinen, auf dieselbe hier zurückzukommen, um eine Vergleichung mit den von mir am Amur gefundenen Petroglyphen zu ermöglichen, die teilweise eine vorläufige Veröffentlichung im American Anthropologist (N. S.), vol. I, 1899, S. 746 bis 750 erfahren haben. Die beigefügte Kartenskizze veranschaulicht die geographische Lage der beiden Dörfer Kedrovaja und Scheremetevskaja am rechten Ufer des Ussuri, aus deren Nähe Alftans Felszeichnungen stammen, und die des Goldendorfes Sakhacha-olen am Amur und der russischen Siedelung Malyschevskaja am Orda, aus deren Umgegend die meinigen herrühren. Die in Fig. 1 dargestellten Zeichnungen fand Alftan eine Werst unterhalb Scheremetevskaja am rechten Flufsufer in einen etwa 6,5 m hohen Felsen eingehauen. Er schreibt gerade diesen Figuren ein nicht besonders hohes Alter zu, während er die übrigen für älterer oder gar sehr alter Herkunft erklärt, ohne aber die Gründe für diese Annahme darzulegen. In der mittleren Figur ist mit Leichtigkeit eine Schildkröte zu erkennen, die von der Rückseite dargestellt ist; am rechten Hinterfufs sind drei Zehen sichtbar. Die Bilder links und rechts von der Schildkröte vermag ich nicht zu erklären. Die Figur links gleicht dem chinesischen Schriftzeichen für wang „König“. Rechts davon auf demselben Steine befindet sich die überaus primitive Zeichnung eines Reiters zu Pferde (Fig. 2), das nur an der leidlich nachgeahmten Kopfform noch als solches zu erkennen ist. Der Kopf des Mannes ist nur durch fünf kurze Striche markiert. Der Kosake Schtschetinin bezeugte, dafs Schildkröte und Pferd schon bei seiner Ankunft in dem genannten Dorfe, im Jahre 1858, vorhanden gewesen seien. Eine Werst weiter unterhalb von jener Stelle sah Alftan in der Mitte eines 10,7 m hohen Felsens, etwa 2,2 m über der Erde, die in Fig. 3 wiedergegebenen Zeichnungen von Vögeln, die entweder Wildgänse oder Wildschwäne, wahrscheinlich letztere, vorstellen sollen. Oben auf diesem Felsen war eine Befestigungsanlage mit doppeltem Wall errichtet und im Inneren derselben einige Gräben mit einem Durchmesser von sechs Schritt. Die Wand desselben Felsens bietet links von den Vögeln, aber höher als diese, das Bild eines Renntiers (Fig. 4), das zu beiden Seiten von Darstellungen stark abgeriebener und beschädigter menschlicher Gesichter umgeben ist. Weit besser sind die in den Fig. 5, 6 und 7 gezeichneten Köpfe erhalten. Fig. 5 und 6 sind auf demselben Felsen angebracht wie 3 und 4, Fig. 6 ist aber ungefähr 17 bis 19 m von Fig. 3 entfernt. Fig. 7 stammt von einem Felsen, der auf der Mitte des Weges zwischen Scheremetevskaja und Kedrovaja gelegen ist. In dem hier dargestellten Vogel ist wohl eine Wildente zu vermuten. Als die Kosaken in der Umgegend von Scheremetevskaja pflügten, fanden sie in der Erde verschiedene kupferne Schellen und Steinwerkzeuge, wie Beile u. a., auch einen steinernen Mörser von ungefähr 0,70 m (1 Arschin) im Durchmesser und Mühlsteine.

In den allgemeinsten Zügen zeigt der Charakter dieser Felszeichnungen Anklänge an die von mir am Amur gesehenen. Doch ist daneben besonders die Verschiedenheit in der stilistischen Behandlung der Köpfe sehr erheblich. Der Gesichtstypus vom Ussuri ist einheitlicher und geschlossener in der Auffassung als der variablere vom Amur; ersterer ist aber weit roher und kunstloser. Das hauptsächliche Charakteristikum der Ussuriköpfe, die doppelten Konturen (Kopf- und Gesichtskontur?), fehlt den Amurtypen, ebenso die in Fig. 5 und 7 markierten Kopfhaare. In Fig. 5 könnte man wegen der Unterbrechung des oberen Teiles der äufseren Umrifslinie zweifelhaft sein, ob es sich bei den senkrechten Strichen um Haare oder vielmehr um auf der Stirn befindliche Linien handelt; da indessen diese Striche in Fig. 7 aufserhalb und auf die äufsere Kontur gesetzt sind, ist es klar, dafs nur Haare damit gemeint sein können. Die Nasenformen bieten durchweg verschiedene Behandlung; die Nase der Fig. 7 stimmt mit der in Fig. 10 vom Amur überein [1]). Mund und Zähne sind nur in den beiden Gesichtern von Fig. 5 charakterisiert, und zwar ganz abweichend von der Wiedergabe des Mundes in Fig. 8. Sehr interessant ist der in Fig. 6 gemachte Versuch, die Mundwinkel durch kleine, wenn auch nicht stark hervortretende Spiralen zum Ausdruck zu bringen, eine stilistische Eigenart, die wir bereits in den Petroglyphen vom Amur beobachtet haben, einmal in Fig. 8, deren rechtes Auge durch eine einfache Spirale dargestellt ist, dann in der stark stilisierten Fig. 11 mit

[1]) Fig. 8 bis 12 sind aus American Anthropologist, vol. 1, p. 747, 748 entlehnt.

zwei fast auffallend regelmäfsigen und symmetrischen Parallelspiralen, ferner in dem Bilde des Elches (Fig. 12). In der Anwendung der Spirale möchte entschieden auf chinesische Beeinflussung zu schliefsen sein. Eine alte chinesische Bronze, Darstellung eines Tieres, die ich leider an dieser Stelle nicht reproduzieren kann, zeigt auf der Vorderseite zwei grofse Doppelspiralen, eine Doppelvolute auf dem Rücken an der Ansatzstelle des Schwanzes und eine einfache Volute unter dem Auge, die hier möglicherweise wie vielleicht auch in Fig. 11 die Stelle der Ohren markieren soll. Die in Fig. 13 wiedergegebene Bronzeplatte ist dem Werke von Alex Heikel, Antiquités de la Sibérie occidentale, Helsingfors 1894, Tafel XVII, 3, entlehnt und wurde in einer Grube bei Istietsk, 180 Werst von Tobolsk, 1886 gefunden. Wie andere Funde von derselben Stelle, ist sie mit grofser Wahrscheinlichkeit als chinesischen Ursprungs zu betrachten. Auch hier sehen wir die Anwendung

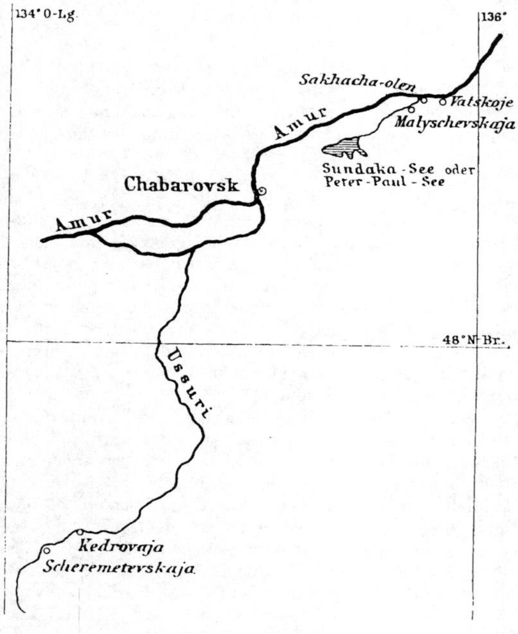


der einfachen und doppelten Spirale in einem Tierkörper, die auf die weite Verbreitung dieses Ornaments schon in alter Zeit hinweist.

Noch ein anderer Umstand veranlafst mich, die Entstehung der Ussuripetroglyphen in eine Zeit zu versetzen, in der die Chinesen schon festen Fufs im Lande gefafst hatten. Die von Alftan beschriebene Befestigung auf einem der mit Bildern bedeckten Felsen kann nämlich nur eine chinesische gewesen sein, wie ich aus der Thatsache schliefse, dafs das Süd-Ussurigebiet reich an Resten chinesischer Festungen (und Siedelungen) ist und einige von Busse [2]) gelieferte Pläne von solchen mit dem von Alftan entworfenen Grundrifs übereinstimmen. Wenn nun damit auch wahrscheinlich gemacht ist, dafs die Felszeichnungen vom Ussuri nicht in eine Periode vor dem chinesischen Kultureinflufs zurückreichen, so liegt in dieser Annahme keineswegs eingeschlossen, dafs dieselben unmittelbar unter chinesischer Anleitung oder gar von Chinesen selbst verfertigt sein müfsten. Im Gegenteil, sieht man von dem sicherlich von aufsen hereingetragenen Motiv der Spirale ab, so läfst sich in dem gesamten Charakter dieser Zeichnungen nichts finden, was der Behauptung widersprechen könnte, dafs sie zum Eigentum der eingeborenen Bevölkerung des Amurlandes gehören und ein Volk tungusischen Stammes als ihre Urheber zu bezeichnen sind. Darauf führt mit Sicherheit die hier dargestellte Tierwelt: das Pferd, das auch in den Petroglyphen am Amur wiederkehrt, der Elch, das Renntier, der Wildschwan, die Wildente sind alles Tiere, die im Leben der Tungusen eine Rolle spielen und daher zu ihren Lieblingen gehören. Nur ein Volk, das von Renntier und Elch einen ausgesprochen hohen wirtschaftlichen Nutzen zieht, wird das Befürfnis fühlen, das Bild dieser Tiere im Gestein festzuhalten. In der modernen Ornamentik der Golden treten die erwähnten Tiere sehr häufig auf. Zum Vergleich mit Fig. 12 sind in Fig. 15 und 16 ein Renntier und ein Elch aus einem gröfseren goldischen Stickereimuster abgebildet, wobei von der etwas plumpen Formengebung, die eben von der Verwendung zu jenem Zwecke herrührt, zu abstrahieren ist. Fig. 14 stellt einen Wildschwan dar, der ebenfalls von einer modernen Goldenstickerei stammt und zu Fig. 3 das interessante Analogon bietet, dafs er auch die beiden hier vorkommenden sich kreuzenden Linien × aufweist. Auch die Schildkröte wird in geometrisch stilisierter Form nicht selten in der dekorativen Kunst der Golden verwendet.

Ob die Felszeichnungen vom Amur und die vom Ussuri verschiedenen Epochen oder auch verschiedenen Stämmen angehören, dürfte jetzt zu entscheiden kaum angemessen sein, da das zu Gebote stehende Material zu gering ist. Der Elch, den Fig. 12 vorführt, ist mit seiner feinen Kopfform und lebenswahren Bewegung, deren Wiedergabe eine sichere Naturbeobachtung verrät, ein wahres Kunstwerk im Vergleich zu der flüchtigen, fast kindlichen Skizze des Renntiers in Fig. 4. Doch dürfte es stets schwer zu entscheiden bleiben, ob hier persönliche Veranlagung der Zeichner oder verschiedene Stadien künstlerischer Entwickelung im Spiele gewesen sind.

Auf den Unterschied in den Gesichtstypen der Amur- und Ussurizeichnungen wurde bereits hingewiesen. Hier möchte ich noch die Frage aufwerfen, ob die in den Fig. 8 und 10 vom Amur parallel auf der Stirne verlaufenden Linien nicht Bemalungen oder Tättowierungen darstellen könnten. Hiekisch (Die Tungusen, 2. Aufl., Dorpat 1882, S. 72) beschreibt die Tättowierung bei den Tungusen folgendermafsen: „Es bestehen die Zeichnungen aus etwa drei bis vier parallel laufenden punktierten Bogen, welche vom Mundwinkel zum äufseren Augenwinkel sich hinziehen; auf dem äufseren Bogen stehen viele kleine Linien senkrecht, die etwa wie Zacken aussehen. Auch auf der Stirn und dem Kinne werden ganz ähnliche punktierte Bogen angebracht.“ Eine beinahe erschöpfende Untersuchung dieses Gegenstandes hat L. Schrenck in „Reisen und Forschungen im Amurlande“, Bd. III, S. 419 bis 424 geliefert. Ganz besonders möchte ich aber an den Bericht des chinesischen Historikers Ma Toan-lin über Wen-chin kuo oder das Land der Tättowierten erinnern, den S. W. Williams im Journal of the American Oriental Society, vol. XI, 1885, p. 105 und mit weit tieferer Analyse Prof. G. Schlegel im zweiten Kapitel seiner Problèmes géographiques,

[2]) Siehe dessen ausführliche Beschreibung in dem Aufsatz: Überreste des Altertums in den Thälern des Lefu, Daubiche und Ulache, in Denkschriften der Gesellschaft zur Erforschung des Amurlandes, Bd. I, Wladiwostok 1888, S. 1 bis 28 und eine Tafel.

**Felszeichnungen vom Ussuri.**

T'oung pao, vol. III, 1892, p. 490 bis 494 behandelt haben. Dieses Land, von dem man in China zum erstenmal zur Zeit der Liang-Dynastie (502 bis 566 A. D.) hörte, soll mehr als 7000 Li nordöstlich von Japan gelegen haben. Die Bewohner, heifst es bei Ma Toan-lin, waren wie wilde Tiere gestreift. Auf der Stirn trugen sie drei Striche; die Leute, welche grofse und gerade Striche hatten, gehörten zur Klasse der Vornehmen, während das niedere Volk durch kleine und krumme Striche gekennzeichnet war. Es wäre vielleicht denkbar, dafs diese hier bemerkte Unterscheidung oder eine ähnlicher Art in unserer Fig. 8 und 10 zum Ausdruck gelangen sollte. Wenn auch Prof. Schlegel das Land der Tättowierten in der Kurileninsel Urup lokalisiert, so wäre es, was den näheren Ausführungen desselben Gelehrten über dies Thema keineswegs widerspricht, trotzdem nicht ausgeschlossen, dafs in dem chinesischen Berichte Erinnerungen oder Anklänge an Eigentümlichkeiten untergelaufen sind, wie sie einst unter tungusischen Stämmen bestanden haben können.

# Das Wasserwesen der niederländischen Provinz Zeeland.

Von R. Hansen.

Diesen Titel trägt eine aufserordentlich eingehende und gründliche Arbeit von Friedrich Müller, Königl. Regierungsbaumeister, erschienen im Verlage von Wilhelm Ernst u. Sohn, Berlin 1898, mit 121 Abbildungen im Text und zehn Tafeln in Steindruck mit 133 Abbildungen. Obwohl das Werk schon vor zwei Jahren erschien und schon einmal kurz im „Globus" auf dasselbe hingewiesen wurde, wollen wir doch noch einmal gründlicher auf dasselbe eingehen, da seine vorbildliche Bedeutung auch für das deutsche Wasserbauwesen nicht genug hervorgehoben werden kann und auch der Geschichtschreiber und Geograph dasselbe nicht ohne Gewinn benutzen wird. Von dem reichen Inhalt des 612 Seiten starken Buches hebe ich hier nur einige Abschnitte hervor, die sich auf die Landgewinnung und Besiedelungsgeschichte beziehen.

Der Wahlspruch: Luctor et emergo, „ik worstel en ontzwem", pafst vortrefflich für die Provinz Zeeland, in der ein ununterbrochener Kampf mit dem Ocean geführt wird. Eine ungefähre Berechnung des Landgewinnes und Landverlustes seit dem 13. Jahrhundert ergiebt, dafs mehr als 90000 ha dem Meere abgerungen, 28000 wieder von ihm verschlungen wurden; das heutige Areal beträgt rund 180000 ha.

Die Quellen für die Geschichte der Küstenänderung fliefsen für dies Gebiet bedeutend reicher als bei den Marschen östlich von der Weser und in der Elb- und Eidergegend; es scheint mir indes, dafs auch hier die Phantasie der Schriftsteller des 16. Jahrhunderts, denen wir die ersten nennenswerten Versuche historischer Karten verdanken, mehr gewufst hat, als die nüchterne Forschung zugeben kann; nicht die Ausdehnung des verlorenen Gebietes, nur die Namen darf man als beglaubigt ansehen. In diesem dem eigentlichen Kern der Arbeit Müllers etwas ferner liegenden Punkte dürfte eine kritische Nachprüfung der Quellen noch erforderlich sein; dem Geographen sehr erwünscht gewesen wäre auch eine kartographische Darstellung des behandelten Gebietes zu verschiedenen Zeitpunkten, Landgewinn und Verlust in jedem Jahrhundert, etwa von 1400 an.

Die Geschichte der Entstehung der zeeländischen Marschen ist erst seit den Bohrungen, die von 1873 bis 1877 bis auf Tiefen von 20 bis 50 m vorgenommen wurden, und durch die Bohrung eines artesischen Brunnens von 222 m Tiefe klarer geworden. Die unterste Schicht besteht aus Rüpellehm (benannt nach Rüpelmonde in Belgien, wo er die Erdoberfläche erreicht), einem vor allem aus Thonschiefer entstandenen Klai, der von der Schelde und ihren Nebenflüssen aus der belgischen Grauwackenformation herabgeführt ist. Darüber liegt Grünsandformation, entstammend aus der Kreideformation der oberen Schelde, und abgelagert als die Schelde die Grauwackenformation des Mittellaufes durchbrochen hatte; dann folgt eine Muschelgrus- oder Kragschicht, die auf ein üppiges Leben von Muscheltieren am Ende der tertiären Zeit schliefsen läfst. Über die ganze Tertiärformation ist eine diluviale Sandschicht ausgebreitet, die von Süden nach Norden an Dicke (20 bis 45 m) zunimmt, gebildet aufser von der Schelde auch von dem Rhein und der Maas zu der Zeit, als noch Mammute und Elche lebten, da deren Reste 20 m unter der Meeresoberfläche gefunden sind. Die oberste Schicht ist das Alluvium; das Gebiet war bei dessen Bildung ein Brackwassermeer mit vielen Untiefen, in dem das Flufswasser überwog, wie man aus dem Schilfpflanzenwuchs und der Torfbildung entnehmen kann.

Alte Zeugen menschlicher Thätigkeit sind die sogenannten Fluchthügel, von denen allein auf Walcheren 65 zu finden sind, Hügel von 10 bis 15 m Höhe mit verhältnismäfsig kleiner Oberfläche; sie dienten jedenfalls als Zufluchtsstätten bei Sturmfluten. Die Zeit ihrer Entstehung ist nicht sicher; einige wollen sie erst den Friesen zuschreiben, die sich nach dem Zusammenbruch der römischen Herrschaft hier ansiedelten. Aus der Römerzeit hat man besonders am Strande von Walcheren bei Domburg viele Münzen und Altertümer gefunden. Grofse Wurthdörfer wie in Friesland und in den schleswig-holsteinischen Seemarschen giebt es in Zeeland nicht.

Die älteren Veränderungen der Küstenlinien Zeelands sind historisch nicht genügend beglaubigt, die Ausdehnung einiger jetzt ganz verlorener Gebiete, wie der Insel Schonevelde südwestlich von Walcheren und vor Wulpen gegenüber der Stadt Vlissingen, ist daher nicht genau zu bestimmen. Sicher ist aber, dafs sämtliche Inseln früher aus zahlreichen kleineren Inseln bestanden, die nach Zuschlickung der trennenden Meeresarme nach und nach vereinigt wurden; wo früher Schiffe verkehrten, liegt jetzt an vielen Stellen fruchtbares, eingepoldertes Land; dagegen ist anderswo reiches Ackerland mit blühenden Dörfern und handeltreibenden Städten zum öden Watt oder sogar zu tiefen Flufs- und Meeresarmen geworden. Die Geschichte der einzelnen Inseln ist kurz folgende:

1. Schouwen und Duiveland. Schouwen bestand noch um 1200 aus sechs Inseln, die Meeresarme zwischen ihnen wurden allmählich eingepoldert, ebenso die Golde, das Gewässer zwischen Schouwen und Duiveland 1373/74 übergeschlagen. Aufserordentlich gefährdet waren mindestens seit dem 14. Jahrhundert die Deiche der Südküste, hier folgte eine Ausdeichung auf die andere; als 1519 die Pest die Einwohner dezimierte und Durchbrüche von grofser Ausdehnung eintraten, dann die schweren Fluten von 1532 und 1570 entsetzliche Verheerungen anrichteten, ging der Wohlstand des Landes

# 023

## 书评两则

# WIENER ZEITSCHRIFT

FÜR DIE

# KUNDE DES MORGENLANDES.

HERAUSGEGEBEN UND REDIGIRT

VON

J. KARABACEK, D. H. MÜLLER, L. REINISCH, L. v. SCHROEDER,

LEITERN DES ORIENTALISCHEN INSTITUTES DER UNIVERSITÄT

XV. BAND.

WIEN, 1901.

ALFRED HÖLDER

K. U. K. HOF- UND UNIVERSITÄTS-BUCHHÄNDLER

PARIS

ERNEST LEROUX.

OXFORD

JAMES PARKER & Co.

LONDON

LUZAC & Co.

TURIN

HERMANN LOESCHER.

NEW-YORK

LEMCKE & BUECHNER

(FORMERLY B. WESTERMANN & Co)

BOMBAY

EDUCATION SOCIETY'S PRESS.

# Anzeigen.

H. Francke, *Der Frühlingsmythus der Kesarsage.* Ein Beitrag zur Kenntnis der vorbuddhistischen Religion Tibets. Mémoires de la Société Finno-Ougrienne. xv. Helsingfors 1900.

*Ladakhi songs.* Edited in cooperation with Rev. S. Ribbach and Dr. E. Shawe, by H. Francke, Leh. 1899. First series. (Ohne Angabe des Druck- und Erscheinungsortes.)

In der ersten dieser beiden verdienstlichen Veröffentlichungen hat H. Francke, Missionar der Brüdergemeinde in Khalatse in Ladākh, neun im Volke umlaufende Märchen aus der Gesarsage auf Grund zweier ihm gelieferter, nach mündlicher Erzählung niedergeschriebener tibetischer Manuscripte in Text und Uebersetzung mitgeteilt. Leider wird der Wert dieser Arbeit dadurch getrübt, dass sie sehr stark von mythologischen Abstraktionen umkrustet ist, die, wie ich fürchte, in den meisten Fällen gar sehr die nötige Objektivität und Besonnenheit vermissen lassen, und denen sogar bedauerlicher Weise die Fassung des Titels zum Opfer gefallen ist. Hätte Francke die weit wichtigere Frage nach der Herkunft und Verbreitung der in seinen Märchen enthaltenen Stoffe untersucht, so würde er sich zweifellos ungleich weniger in den Urwald der Mythologie verirrt haben. Die literarische Stellung seiner Gesarversionen zu den bisher bekannt gewordenen bleibt aber gänzlich unerörtert, wenn man nicht diese Frage mit einer von demselben Verfasser in seinem Aufsatze ‚Ladāker mythologische Volkssagen', Globus, Bd. lxxvi, S. 314 aufgestellten Behauptung einfach für abgethan betrachtet: ‚Kesar[1] ist der in jedem Frühling Wiedergeborene und Leben spendende und hat mit dem mongolischen Gesar-Chan, einem Helden aus der mongolischen Vorzeit, nichts zu thun.' Diese Bemerkung muss für jeden befremdlich sein, der die mongolische Heldensage von Gesar kennt; schon eine oberflächliche Lektüre derselben zeigt, dass sich Franckes neun Gesarmärchen inhaltlich thatsächlich mit dem ersten Capitel der von Schmidt übersetzten Version[2] decken; Situation und Motive

[1] Den Namen des Helden Gesar hat zum ersten Male in der europäischen Litteratur bekannt gemacht Pallas, Reise durch verschiedene Provinzen des russischen Reiches iii, p. 118—119 (Beschreibung seiner Statue in einem chinesischen Tempel zu Maimachin) und in Sammlungen historischer Nachrichten über die mongolischen Völkerschaften i, p. 224 (mongolisches Kriegsgebet an ‚Gessürchan, den Bacchus und Herkules der Mongolen und Chineser'); in demselben Bande, p. 152, verspricht Pallas, am Ende seines Werkes ein Muster der tibetisch-mongolischen Poesie aus der Heldengeschichte des Gesar abzudrucken, was aber leider nicht geschehen ist. Die schrifttibetische Form des Namens, die ich durchgängig befolge, ist *Gesar*, die schriftmongolische *Geser* oder *Gäsär;* daneben viele Varianten in den Volkssprachen. Csoma, A grammar of the Tibetan language, p. 180, der das Vorhandensein des Epos (*Ge-sar sgruṅs*) in der tibetischen Litteratur zum ersten Male erwähnt, gibt als Aussprache des Namens *Quésar* an. In den Turksprachen heisst er *Küsür,* burjatisch *Geger*, kirgisisch *Kadyr,* durch Anlehnung an den mohammedanischen Helden *Chizr* (der russische Iljá oder Prophet Elias), s. Potanin, Skizzen aus der nordwestlichen Mongolei (russisch) iv, p. 819. R. Shaw, Reise nach der hohen Tatarei, deutsch von Martin, Jena 1872, p. 245 behauptet: ‚Keser ist der morgenländische Name der Cäsaren von Rom und Konstantinopel; ich weiss nicht, was ‚il allait faire dans cette galère'. Das wäre also eine Analogie zu der Vermutung A. Webers betreffs des Namens des Yavana-Fürsten *Kaserumant,* s. Vorlesungen über indische Litteraturgeschichte, 2. A., p. 205, n. 202. Eine ansprechende Vermutung über *Gesar* = *Kaisar* hat auch A. Grünwedel im Globus Bd. 78, p. 98 geäussert. Ob sie sich indessen bewähren wird, lässt sich noch nicht voraussehen.

[2] Die Thaten des Vertilgers der zehn Uebel in den zehn Gegenden, des verdienstvollen Helden Bogda Gesser Chan; eine mongolische Heldensage, nach einem in Peking [1716] gedruckten Exemplare aufs neue abgedruckt unter der Aufsicht des Akademikers J. J. Schmidt. Herausgegeben von der K. Akademie der Wissenschaften, Pet. 1836. Dasselbe, aus dem Mongolischen übersetzt von Schmidt, Pet. 1839. Ueber eine handschriftliche russische Uebersetzung dieses Werkes s. H. Cordier, Bibliotheca Sinica ii, p. 1334. Der sogenannte ‚Kleine Geser' wurde unter dem Titel ‚Bokdo Gässärchan, eine mongolische Religionsschrift in zwei Büchern' nach einem kalmükischen Original übersetzt von Bergmann, Nomadische Streifereien unter

sind ganz dieselben, zahlreiche Abweichungen in einzelnen Zügen, wie es bei dem grossen Abstand eines schriftlich fixierten mongolischen Werkes und des Folklore von Ladākh nicht anders möglich ist, und daneben doch überraschende und zuweilen fast wörtliche Uebereinstimmungen. Zunächst ist zu betonen, dass Franckes Sagen keine neben der literarischen Ueberlieferung herlaufende selbständige Quelle mündlicher Tradition darstellen, die etwa jener gegenüber ein Anrecht auf höhere Altertümlichkeit behaupten könnte, sondern es handelt sich in diesem Fall, wie der Verf. selbst einleitend bemerkt, um keine freie Erzählung, die beim Uebergang von einem Mund zum andern Gefahr läuft, verändert zu werden, vielmehr um auswendig gelernten Stoff, bei dessen Wiedergabe kaum ein Wort verändert wird, d. h. also, diese Märchen sind aus dem Gesarepos der tibetischen Litteratur geschöpft, dessen Stoffe zu den mongolischen Sagen von demselben Helden in engster Beziehung stehen. Und zwar geben sie sehr kurz zusammengedrängte Abrisse derselben, oft in nur flüchtiger Skizzierung, unter Bevorzugung des Märchenhaften und Wunderbaren, unter Verzicht auf lebendige Schilderung, auf plastische Gestaltung der handelnden Charaktere wie in den beiden Epen. Die in den Märchen eingestreuten Verse vollends sind nur

den Kalmüken iii, p. 233—284 und nach einer mongolischen Recension von Timkowski, Reise nach China durch die Mongolei i, p. 263. Das beste, was bisher über den mongolischen Gesar geschrieben wurde, bleiben noch immer die beiden Aufsätze von Schott, Ueber die Sage von Geser-Chan in Abhandlungen der Akademie der Wissenschaften zu Berlin 1851, p. 263—295 und Artikel Gesser-Khan in Ersch und Grubers Allgem. Encyklopädie, 1. Sektion, 64. Teil, Lpz. 1857, p. 340—344. Vergl. ferner Brüder Grimm, Kinder- und Hausmärchen, iii, 3. Aufl. 1856, p. 386—392; E Schlagintweit, Die Heldensage der Mongolen, Ausland 1864, p. 601—606; neuere russische Arbeiten von Potanin in den Jahrgängen 1891—1896 der Moskauer Ethnographischen Rundschau und im Europäischen Boten 1890, p. 121—158. Ueber das tibetische Gesarepos liegen nur wenige kurze Notizen vor: Marx in JASB 1891, p. 116, no. 13; Chandra Dās in JASB 1881, p. 248; Desgodins, Le Tibet, p. 369 und Annales de l'extrême Orient ii, 1880, p. 133; Encycl. Britannica xxiii, p. 348; Schiefner, Bulletin de l'Ac. de Pét. iv, 284, no. 1, Mélanges asiatiques v, p. 47, 86—87 und vi, p. 1—12. Mir liegen 133 eng beschriebene Oktavblätter aus dem Nachlasse von Marx vor, welche umfangreiche Fragmente aus dem Kriege gegen die Hor enthalten.

geringfügige Fragmente der zahllosen, reichen *glu* des Epos. Sind die Märchenstoffe im Vergleich zu ihren literarischen Quellen sehr verblasst und teilweise sogar stark verwässert, so ist andrerseits darauf hinzuweisen, dass Franckes Texte sich freier von buddhistischen Einflüssen halten als Schmidts mongolische Version, in der Gesar geradezu zu einem Helden und Vorkämpfer des Buddhismus gemacht wird,[1] woraus wohl schon geschlossen werden darf, dass das tibetische Gesarepos oder wenigstens gewisse Versionen desselben älter sein werden als das mongolische, welches uns in Schmidts Bearbeitung vorliegt, deren junge Redaktion schon aus der Erwähnung einer mit Goldschrift geschriebenen Ausgabe des Kanjur und Tanjur unter den Schätzen des Gesar hervorgeht (S. 201, 209).[2] Indessen gibt es auch noch uns unbekannte ostmongolische und kalmükische Versionen dieser Sage, und ehe nicht das möglicher Weise als Originalquelle[3] zu bezeichnende grosse tibetische Werk zugänglich gemacht ist, ist es unnütz, solche Fragen einer voreiligen Diskussion zu unterziehen. Das aber bleibt schon zweifellos bestehen, dass zwischen den mongolischen und tibetischen Sagenstoffen Uebereinstimmungen vorhanden sind. Schon die im Globus (l. c. S. 314) angeblich als eine Episode aus dem Wintermythus charakterisierte Sage von der Tötung eines Riesen durch Gesar ist nichts weiter als ein sehr schwacher Nachhall des 4. Capitels der mongolischen Recension (vergl. bes. S. 140—156 der Uebersetzung von Schmidt), in welcher Gesar den zwölfköpfigen Riesen erlegt und seine ihm geraubte Gattin *Tümen Jirghalang* wieder erlangt.[4] Hier findet sich von einzelnen Zügen die

[1] Er zeigt sich sogar in der Gestalt des Vajradhara, s. Schmidts Uebersetzung S. 260 und Schlagintweit, Ausland 1864, 605.

[2] Schott, Abhandlungen der Berl. Ak. 1851, 295 vermutet als Zeit der Abfassung der mongolischen Bearbeitung das 15. oder 16. Jahrhundert. Die einzelnen Bestandteile der Dichtung müssen natürlich weit älteren Datums sein.

[3] Beachtenswert ist die schon von Grimm, Kinder- und Hausmärchen iii, S. 386 geäusserte Meinung, dass die Gesarsage ‚ursprünglich, aller Wahrscheinlichkeit nach, in Tibet entstanden sei‘.

[4] Dieses Märchen wird auch von Grimm, l. c. iii, S. 389—392 ausführlich mitgeteilt und zu dem deutschen Märchen von dem Teufel mit den drei Goldhaaren (Grimm Nr. 29) in Parallele gesetzt.

Grube wieder, in die Gesar in des Riesen Abwesenheit von seinem Weibe versteckt wird (S. 144), das Riechen des Menschenfleisches durch den zurückkehrenden Riesen, das Wahrsagen desselben (S. 145), seine verschiedenen Seelen (S. 148); und wenn ich FRANCKES Transcription des Namens *Bamzabumskyid* recht verstehe, in welchem der letzte Bestandteil wohl *ₒbum skyid* heissen soll, was ‚hunderttausend Freuden' bedeutet, so liegt auch hier eine Beziehung zu dem mongolischen Namen *Tümen Jirghalang* (‚Zehntausend Freuden') vor; in dem seinen Texten angehängten Verzeichnis der Namen schreibt FRANCKE (S. 28) diesen Namen *Dze mo ₒbam za ₒbum skyid* und deutet denselben als die ‚Fee mit hunderttausendfältigem Glück'. Auch andre Namen des tibetischen Textes lassen sich mit den entsprechenden mongolischen identificieren. Zunächst der im ersten und zweiten Märchen auftretende Himmelskönig *stañ lhai dbañ po rgya bžin; rgya bžin* ist nichts anderes als eine dialektische Variante von *brgya byin*, tibetischer Wiedergabe von Skr. Çatakratu, d. i. Indra. Ebenso wird in der mongolischen Sage Gesar zu einem Sohne des Gottes Indra gemacht, den die Mongolen bekanntlich mit dem iranischen Namen *Chormusda*[1] bezeichnen. Der Name *Don grub*, den Gesar in seiner Eigenschaft als Göttersohn führt, kehrt gleichfalls in der Transcription *Donrub* und stets in der Verbindung *Geser serpo donrub* an denjenigen Stellen der Version von SCHMIDT wieder, wo die überirdische Abkunft des Helden mit besonderem Nachdruck betont wird. Offenbar ist hier eine Anlehnung an buddhistische Dinge nicht zu verkennen, denn *Don grub* repräsentiert die wörtliche Uebersetzung des indischen *Siddhārtha*. Gesars irdische Mutter heisst mongolisch *Gekše Amurtšila*, und dieses *Gekše* klingt mit tib. *Gog za* zusammen, welche die gleiche Rolle in den Märchen FRANCKES spielt. Noch auffälliger ist, dass sich der Name von Gesars Gattin, tib. *ₒBru gu ma* oder *ₒBrug mo* mit dem entsprechenden mongolischen Namen *Rogmo* deckt. Bereits SCHOTT (Abhandlungen der Berl. Ak. 1851, 287) erkannte in *Rogmo* den tibetischen Ursprung

[1] S. bes. Черная вѣра или шаманство у Монголовъ и другія статьи Доржи Банзарова, 1891, p. 25.

des Wortes[1] und deutete dasselbe als *grog(s) mo* ‚Freundin, Gefährtin‘; das neue Aequivalent *obrug mo* indessen scheint eher, wenn es überhaupt jetzt schon angezeigt ist, solche Namen zu etymologisieren, auf einen Zusammenhang mit *obrog mo* ‚das Weib aus der Steppe, die Nomadin‘ hinzuweisen. Aber ich lege auf diese Ableitung nicht den geringsten Wert, sondern will nur ein Beispiel dafür anführen, eine wie leichte Spielerei die Herstellung rein willkürlicher Etymologieen auf dem Gebiet einer monosyllabischen, durch den Verlust der Präfixe an Homonymen überreichen Sprache ist. Die von Francke seiner Theorie des Frühlingsmythus zu liebe construierte Deutung des obigen Namens als ‚Samenkörnlein‘ hat dieselbe Existenzberechtigung wie Schotts oder meine Ableitung, dafür aber auch denselben Wert, nämlich gar keinen, weil sich vorläufig nichts derartiges beweisen lässt. Das Grundmotiv der Gesarmärchen liegt dem Inhalt des ersten Capitels der mongolischen Heldensage zu grunde. In beiden treten die folgenden Hauptgedanken des Themas hervor: Gesar ist der Sohn des Götterkönigs Indra und wird von diesem auf die Erde entsandt, um Beherrscher der Menschen zu werden. Er wird von einem irdischen Weibe in wunderbarer Weise geboren, aber als Knabe von hässlichem und abstossendem Aussehen, doch voll Gewandtheit, List und Verschlagenheit und oft zu derben Streichen aufgelegt. Vertreter böser Principien suchen ihm wiederholt nach dem Leben zu trachten, doch er überwindet alle Anfechtungen glücklich teils durch Schlauheit, teils durch seine geheimen Zauberkräfte. Er erringt sich eine Braut in einem Wettkampfe, wird von deren Angehörigen im Anfang verächtlich behandelt, doch endlich dauernd mit derselben vermählt. An einzelnen übereinstimmenden Zügen finden sich folgende: In beiden Versionen hat Indra drei Söhne und

---

[1] Gleichwohl ist *Rogmo* eine mongolische Prinzessin. Schott (l. c. 286—287) hat indessen den überzeugenden Nachweis erbracht, dass im Geser-chan Tibeter mit mongolischen und Mongolen mit tibetischen Namen auftreten. Zudem wäre es aus sprachlichen Gründen ausgeschlossen, *Rogmo* für ein mongolisches Wort zu halten, da es mit *r* anlautende Wörter im Mongolischen überhaupt nicht gibt; dazu weist das Affix *-mo* deutlich auf tibetischen Ursprung hin.

richtet an jeden einzelnen die Frage, ob er König auf Erden werden wolle; zwei weisen das Anerbieten zurück, während der dritte, der zukünftige Gesar (im Mongolischen Indras zweiter Sohn) sich zur Uebernahme des schwierigen Amtes bereit erklärt. Zur Erfüllung seiner Aufgabe wird der Held wunderbar ausgerüstet. Das Ross, welches immer den Rückweg kennt und hoch zu fliegen versteht in dem tibetischen Märchen (III, 2, 3), ist Gesars Brauner in der mongolischen Sage, der die Fähigkeit besitzt, sich in die Lüfte zu erheben und in kürzester Frist die grössten Strecken zurückzulegen; das drei Finger lange Messer (III, 11) entspricht auf der anderen Seite Gesars drei Klafter langem Schwert von schwarzem Stahl. Das in III, 34 behandelte Motiv, dass *‚A gu za* den *Don grub* verschlingt und dieser wieder durch das Nackengrübchen des Riesen zum Vorschein kommt, findet zwar keine Parallele im Zusammenhang dieses ersten Teils der mongolischen Heldensage, aber doch eine verwandte Scene im letzten Buche derselben (S. 279), wo Gesar mit *Adju Mergen* von der Schwester des zwölfköpfigen Riesen verschlungen und auf die Drohung, ihre Nieren zu durchbohren, wieder ausgespieen wird, während der Umstand, dass *Don grub* III, 45 Sonne und Mond auf ein Jahr dem *‚Agu* zu essen gibt, an die Stelle in der mongolischen Bearbeitung S. 106 erinnert, wo Gesar mit seiner goldenen Schlinge die Sonne und mit seiner silbernen Schlinge den Mond fängt. Die im Märchen IV, 20, 23, 26 erwähnten seidenen Pfeilbänder finden gleichfalls ihr Gegenstück in der mongolischen Sage S. 244, worüber Schlagintweit, Ausland 1864, 606 zu vergleichen ist. Die Versuche der sieben *Andhebandhe,* den Knaben zu töten (V, 1—17), erhalten ihre Parallele in den verschiedenen dem *Joro*[1] bereiteten Nachstellungen, besonders in dem in einen Lama verwandelten Teufel S. 18. Ebenda ist auch von einem Teufel in schwarzer Rabengestalt die Rede, welcher dem schwarzen Teufelsvogel im Märchen I, 2 entspricht. Die Rolle des *Tšotong,* Gesars Oheim, welcher im mongolischen Epos das seinem begabten Neffen neidisch und gehässig ent-

[1] Gesars Name in seiner Jugend. Nach einer mündlichen Aeusserung von Prof. P. Schmidt in Wladiwostok wäre dieser Name richtig *Dšuru* zu lesen.

6*

gegenwirkende böse Princip vertritt, spielt hier in ganz analoger Weise *¸Agu K'ro mo.* Zu der Geschichte, wie dieser die dem Knaben von ihm geschenkte Furt passiert, ist die Gesarsage S. 72—74 heranzuziehen. Im Märchen IV, 31 begegnet zum ersten Male der Spottname des Knaben *Mo ṅan ni sraṅ p'rug* ‚Strassenjunge eines schlechten Weibes', während sein Beiname in der mongolischen Version ‚Rotznäschen' (*nisuchai* 17, 7 des Textes) ist, was SCHMIDT als einen gewöhnlichen Schmeichelausdruck für geliebte kleine Kinder erklärt. In der mongolischen Sage muss Gesar eine Reihe von Wettkämpfen bestehen, ehe er die *Rogmo* gewinnt, von welchen hier nur das Pferderennen im siebenten Märchen erzählt wird, das die Uebersetzung von SCHMIDT auf S. 67—70 schildert. Höchst eigentümlich ist nun der Zug in der tibetischen Geschichte, dass *ₒBrug mo* auf des vorbeireitenden Gesar Ross springt, so die Seinige wird und mit ihm in das Haus ihrer Eltern reitet. Weit verständlicher ist dagegen das Motiv der mongolischen Sage, S. 59, in welcher nach *Joro*'s Sieg in den drei ersten Kämpfen *Rogmo,* von des Siegers Widerwärtigkeit angeekelt, eiligst die Flucht ergreift, indessen *Joro* durch magische Verwandlung unbemerkt anlangt und sich hinter *Rogmo* aufs Pferd setzt; so kommen die Beiden im Hause der Schwiegereltern des Mannes an, wo ein übler Empfang ihrer wartet. Nun folgen in beiden Versionen überraschende Zusammenklänge. Bei FRANCKE lautet der Anfang des achten Märchens wörtlich: ‚Eines Tages breitete *ₒBru gu ma*'s Mutter die Teppiche verkehrt aus, so dass einige den Vorderrand auf die Wand zu hatten. Der Gassenbube sagte: „Wo der Vorderrand des Teppichs ist, da muss auch das Gesicht des Gastes sein!“ und setzte sich hin, das Gesicht der Wand zugekehrt.' In der Uebersetzung von SCHMIDT S. 60 heisst es: ‚Die Dienerschaft schob am Kessel hin und her, legte für *Joro* die Decke verkehrt, und dieser setzte sich verkehrt darauf mit dem Gesichte zur Wand. Die Dienerschaft fragte: „Warum setzest du dich verkehrt auf die Decke, welche wir für dich ausgebreitet haben?“ *Joro* entgegnete: „Wie pflegt ihr, wenn ihr reiten wollt, den Sattel aufs Pferd zu legen?“ Hierauf liess die Dienerschaft den *Joro* aufstehen und legte ihm die

Decke nach Gebühr zurecht.‘ In der tibetischen Geschichte VIII, 3 befürchtet nun Gesars Schwiegervater, dass sein Eidam davonlaufen möchte. Deshalb steckt *oBrug mo* den Gassenjungen in einen Topf[1] und setzt den Deckel darauf. Obgleich sie mit ihrer Magd davor Wache hält, flieht er, ohne beide etwas merken zu lassen. Vor der Thüre zerzupft er beim Platz der Hunde sein Obergewand, tötet eine Ziege, wickelt deren Eingeweide um die Zähne der Hunde und flieht dann in das Innerste des Thales. In der mongolischen Version sprechen die Eltern der *Rogmo* die Befürchtung aus, dass einmal die Hunde sich über *Joro* hermachen und ihn auffressen möchten. Mit diesen Worten stecken sie ihn unter den Kessel, den *Joro* während der Nacht umstösst; er kriecht hervor, schlachtet ein Schaf, isst einen Teil des Fleisches selbst und gibt den andern Teil den Hunden zu fressen. Dann befleckt er sein Oberkleid von Kalbfell mit dem Blute des Schafes, wirft jenes hin und übernachtet draussen im Freien. Die tibetische Geschichte fährt darauf fort: Als Vater *brTan pa* das vor der Thür sah, sprach er zu *oBru gu ma:* ‚Meine Tochter, geh ihn suchen! Es haben ihn doch nicht die Hunde gefressen!‘ Da ging *oBru gu ma*, ihn zu suchen, um hundert, um tausend Berge herum und fand ihn nicht. Im Mongolischen lautet die entsprechende Stelle: Am folgenden Morgen erblickten die Eltern das blutige Kleid und riefen der Tochter zu: ‚Deinen vortrefflichen Mann haben während der Nacht die Hunde gepackt und gefressen; jetzt magst du allein für die schlimmen Folgen verantwortlich sein.‘ Voll inneren Grams sitzt die Tochter und schaut vor sich hin, dann sucht sie den *Joro* auf. In beiden Versionen findet sie Gesar wieder, die Ausführungen der Ereignisse während des Suchens weichen von einander ab. Das Thema, dass hier in der tibetischen Erzählung VIII, 24—26 *oBrug mo* den Gefundenen in seiner herrlichen wahren Gestalt als Gesar im innersten Winkel des Thales schaut, behandelt das mongolische Epos auf S. 80, wo *Rogmo* ihren *Joro* von aussen in einer Felshöhle sitzend als Gesar erblickt. Der den Schluss des

---

[1] tib *zaṅs bu*, wörtl kupferner Kessel.

achten Märchens bildende Streich Gesars findet sich gleichfalls in der mongolischen Sage auf S. 48—49. Offenbar ist letztere weit ursprünglicher und urwüchsiger. *Joro* findet die *Aralgho Gō* eingeschlafen, geht zur Pferdeherde ihres Vaters, entwendet ein frischgeborenes Füllen und legt dieses der Jungfrau in den Schoss. Dann weckt er sie auf und schmäht sie, dass sie ein Füllen geboren habe. Das überraschte Mädchen springt auf, und das Tier entfällt ihrem Schosse. Tief beschämt darüber bittet sie *Joro*, niemandem davon zu erzählen und sie zum Weibe zu nehmen. *Joro* schliesst den Bund mit ihr, indem er sich in den kleinen Finger sticht und sie das ausfliessende Blut trinken lässt. Dieselbe Geschichte nach einer burjatischen Tradition bei Potanin, Skizzen aus der nordwestlichen Mongolei (russisch) iv, 253. In Franckes Text versteckt Gesar ein abgezogenes Tier (Schaf oder Ziege) in *oBru gu ma*'s Ueberwurf und forscht dann nach dem Diebe. ‚Du reiches Kind eines Reichen wirst doch nichts stehlen? Nun steh auf und schüttele!' Sie sagte: ‚Werde ich mir wohl etwas nehmen ausser dem, was mir der König gegeben hat?' Sie stand auf einmal auf, und als sie schüttelte, fiel es aus ihrem Ueberwurf heraus. Das Gassenkind sagte: ‚Und du, das reiche Kind eines Reichen hast es gestohlen. Ich werde nicht mit dir gehen!' So neckte er sie. Hier liegt in der That nichts anderes als eine Neckerei vor, denn es fehlt gänzlich die treibende Veranlassung dazu, welche in dem mongolischen Schwank so deutlich hervorgehoben wird. Im neunten tibetischen Märchen wird *oBrug mo* ehelich mit Gesar verbunden, der ihr nun seine ganze Macht und Herrlichkeit offenbart, genau wie im Abschluss des ersten Buches der mongolischen Bearbeitung S. 82—89.[1] Diese weitgehende Uebereinstimmung in den einzelnen Zügen wie im leitenden Hauptgedanken beweist einen unbestreitbaren Zusammenhang zwischen der tibetischen und mongolischen Gesarsage, der bei umfangreicheren Materialien als den vorliegenden gewiss noch deutlicher hervortreten wird. Die tibe-

[1] Von Franckes Nachträgen sind die gleichzeitig mit der Geburt Gesars erfolgenden verschiedenen Tiergeburten (Nr. 2) mit der entsprechenden Stelle bei Schmidt S. 19 zu vergleichen.

tischen Märchen sind zu kurz, zu abrupt, zu sehr sprungweise in der Anreihung und Ausführung der zuweilen nur durch die psychologisch vertiefteren mongolischen Stoffe erklärlichen Motive vorgehend, und deshalb wäre es wenig nutzbringend, auf Grund dieses kargen Epitomes aus dem grossen Gesarepos die Abweichungen der tibetischen und mongolischen Redaktionen zu erörtern. Als wichtigster Unterschied sei für jetzt nur der vor seiner Geburt auf Erden durch das Abwerfen einer Ziege erfolgende Tod des *Don grub* im Märchen III, 46 und das Fehlen des alten *Sanglun, Joro*'s irdischen Vaters, in den tibetischen Erzählungen angemerkt. Da lässt sich aber nicht eher urteilen, als bis wir die authentische Quelle, das tibetische Gesarepos, genau kennen. Und authentisch ist der condensierte flüchtige Abriss der FRANCKE'schen neun Erzählungen auf keinen Fall. Um so mehr ist es zu verwundern, dass FRANCKE dieses doch sehr beschränkte und lückenhafte Material zu weitgehenden mythologischen Spekulationen verwertet hat. Der Verfasser sucht vier grosse Würfe auf einmal zu machen: erstens sucht er die mitgeteilten neun Märchen als Frühlingsmythus zu erweisen, zweitens stellt er auf der Grundlage derselben eine tibetische Mythologie auf, drittens behauptet er die Verwandtschaft der tibetischen mit der indogermanischen Heldensage und viertens den vorbuddhistischen Ursprung der Gesarsage, und das alles in kurzen Schlagwörtern auf dem knappen Raume von $10^1/_2$ Seiten verdichtet. Das ist des Guten zu viel auf einmal. Und diese Bemerkungen machen den Eindruck grosser Ueberhastung, aber nicht den einer methodisch durchdachten Verarbeitung. Zunächst geht FRANCKE von der durchaus unbewiesenen, aber wie es scheint, für ihn selbstverständlichen Voraussetzung aus, dass seine neun in Ladākh gesammelten Märchen auch wirklich echtnationale tibetische Stoffe enthalten. Aber wir begegnen ja Sagen von Gesar auch bei den Mongolen, bei den Kalmüken an der Wolga, bei den Turkstämmen;[1] ja, bei den tungusischen Stämmen, besonders den

[1] Vergl. SCHIEFNER, Heldensagen der Minussin'schen Tataren, p. XXVI, und in der Einleitung zu RADLOFFS Proben der Volkslitteratur der türkischen Stämme Südsibiriens I, p. XI. POTANIN, l. c. IV, p. 819.

Golden, und sogar bei den Giljaken und Ainu habe ich während meiner Teilnahme an der Jesup-Expedition in Ostsibirien mit der Gesarsage in Beziehung stehende Stoffe erzählen hören und gesammelt, und mein Kollege Jochelson hat während seines langjährigen Aufenthalts unter den Jukagiren ganz verwandte Heldenmärchen aus dem Besitz dieses paläasiatischen Volkes aufgezeichnet. Wo ist denn also die Ursprungsquelle aller dieser über ganz Centralasien und Sibirien verbreiteten Heldensagen zu suchen? Vielleicht sprechen manche Wahrscheinlichkeiten für tibetische Herkunft, doch bis jetzt ist nicht die Spur eines Beweises dafür erbracht worden. Diese wichtigste Vorfrage durfte nicht mit Stillschweigen übergangen werden, sondern sie gerade hätte das sichere Fundament der ganzen mythologischen Untersuchung bilden müssen, die nun wie ein Kartenhaus in sich zusammenfällt. Sieht man nun auch von der schwachen Grundlage ab, auf welcher die Theorie aufgebaut ist, so bleibt auch die Erklärung der Märchen als Frühlingsmythus doch sehr gesucht und gezwungen. Der Autor presst aus Personennamen Etymologieen[1] heraus, die offenbar auf seine Theorie zugeschnitten sind, und die ebenso gut anders und vielleicht adäquater gedeutet werden können; da merkt man doch zu sehr die verstimmende Absicht. Nachträgliche Volksetymologieen wie *Gesar* = *skye gsar* ‚der Wiedergeborene' sind doch für gar nichts beweiskräftig. Die ganze unsichere und tastende Argumentation des Verf. zeugt keineswegs von zwingender und fortreissender Logik. Man lese z. B. seine Erklärung der ‚*Agu*, S. (25). In den Märchen treten drei ‚*Agu* auf, deren Wesen und Habitus gar nicht charakterisiert ist. Nach einer Fassung der Sage sollen neun, nach einer anderen achtzehn ‚*Agu* vorhanden sein. Dem Verf. gelang es, bisher sechs dieser Namen festzustellen. Nach Anführung derselben fährt er fort: ‚Sieht man auf alle diese verschieden-

---

[1] Wie vorsichtig besonders Etymologieen von Eigennamen behandelt werden müssen, geht schon daraus hervor, dass sich im schriftlichen Epos oft ganz andere oder von der Schreibung Franckes abweichende Namen nachweisen lassen. So finde ich dort z. B. *Gog ts'a* statt *Gog za* und *rKyaṅ rgod yer pa* statt *rKyaṅ byuṅ dbyer pa*, Benennung von Gesars Ross.

artigen Namen, so wird man zu der Vermutung geführt, dass dieselben naturmythologischen Ursprungs sind. Die ‚*Agu*[1] könnten die Verkörperungen von Monaten sein.‘ Mit einer solchen hinkenden Beweisführung wird sich schwerlich ein ernster Forscher befreunden können. Es ist ja verhältnismässig eine leichte Sache, mythologische Theorieen aufzustellen, aber oft schwer, sie allseitig zu begründen. Was aber die Forschung der Gegenwart vor allem mit Recht verlangt, ist ein kritisch gesichtetes, umfangreiches Thatsachenmaterial, auf welches sich aus einer Kette thatsächlicher Beweisstücke gebildete Hypothesen von überzeugender Kraft gründen lassen. Nichts von dem ist in Franckes Ausführung zu finden. Seine Darstellung ist eine persönliche Gefühlstheorie, aber keine deduktive Thatsachentheorie. Mythologie ist ausserdem ein Bestandteil der Kultur, des geistigen Lebens eines Volkes und kann nur im Zusammenhang mit den gesamten Kulturerscheinungen richtig erfasst und commentiert werden. Solange wir nicht in der Lage sind, die Elemente der Kulturperiode, welcher die Gesarepen angehören, zu analysieren, sind wir auch nicht imstande, uns vollkommene Vorstellungen von den mythologischen Ideen jenes entschwundenen Zeitalters zu machen. Was würde ein moderner Sanskritist zu dem Vorgehen eines Volksforschers sagen, der in Indien neun kleine aus dem Mahābhārata entlehnte Märchen nach mündlicher Erzählung aufschriebe und dann ausschliesslich nach diesem dürftigen Material, ohne das Riesenepos selbst zu Rate zu ziehen, ohne sich um den Veda und andre Dinge zu kümmern, eine Dissertation über die Mythologie der alten Inder zum besten gäbe? Es wäre ja immerhin nicht ausgeschlossen,

[1] An zwei Stellen des Textes v, 33 und vi, 56 nennen die ‚*Agu* den Gesar *p'a spun ni yan lag* ‚ein Mitglied ihrer Vaterbrüder‘, eine ganz unerklärliche Bezeichnung, da von einem Verwandtschaftsverhältnis zwischen beiden Seiten sonst gar keine Rede ist. In der mongolischen Sage ist nun *Tšotong*, welcher dort die Rolle der ‚*Agu* gegenüber Gesar spielt, der Oheim desselben. Im Tibetischen bedeutet ‚*a k'u* ‚Oheim‘, und in der litterarischen Gesarsage Tibets treten in der That ‚*A k'u* genannte, in der Regel als ‚*A k'ui gliṅ dkar dpa bdud rnams* näher bezeichnete Wesen auf, über deren Beziehungen zu Gesar selbst ich jedoch noch keine bestimmten Angaben machen kann.

dass FRANCKES jetzt ungenügend gegründete Theorie eine geniale Vorahnung ist, die sich bei Auffindung grösserer Materialien durch bessere Argumente zu einem exakten Beweise erheben könnte, woran freilich im Hinblick auf die anderen bekannten Versionen gelinde gezweifelt werden mag, aber nicht deshalb, um die Theorie lediglich als solche anzufechten, bin ich näher auf dieselbe eingegangen, sondern in der Hauptsache darum, um den sehr talentvollen und verdienstlichen Verfasser auf die Gefahr hinzuweisen, in welche er durch seine mythologischen Neigungen seine eifrige folkloristische Sammelthätigkeit bringt. Dass FRANCKE weitere Publikationen zur Gesarsage ankündigt, werden viele, und ich selbst nicht am wenigsten, mit aufrichtiger Freude begrüssen. Dass er aber diese jetzt schon unter der Marke eines Herbst- und Wintermythus ausgibt, erfüllt mich einigermassen mit banger Besorgnis, nicht etwa aus Befürchtung, dass diese schematische Durchführung des Jahreszeitenmythus in anderen Köpfen Unheil anstiften könnte, oder weil man dem Verf. seine ganze Idee überhaupt verargen sollte — warum ihm nicht ebenso gut das Recht zugestehen, Theorieen zu bilden und seine Freude daran zu haben wie jedem anderen auch? Aber die Besorgnis erscheint mir nicht ungerechtfertigt, dass FRANCKE, verführt von dem Zauber der ihn völlig einnehmenden Theorie, im weiteren Verfolg des Sammelns seinem Stoffe nicht mehr mit demjenigen Masse von Unbefangenheit und Unparteilichkeit gegenübersteht, welches von einem Forscher und Sammler auf dem Felde der Volkskunde unbedingt verlangt werden muss, dessen oberste Pflicht in der Wahrung strengster, alles Subjektive fernhaltender Objektivität besteht. Jeder praktische Volksforscher wird den Wert einer Sammlung verneinen, deren Ziel auf den Nachweis einer vorgefassten Meinung gerichtet war. Die Geschichte der Wissenschaft bietet genug traurige und tragikomische Beispiele von solchen Sammlern, die das Irrlicht in den Sumpf gelockt, um für immer von einem solchen Verfahren abzuschrecken. Wer mit einer fertigen Theorie im Kopfe Folklore sammelt, wird fast stets der Versuchung erliegen, eine eklektische Selektionsmethode einzuschlagen, nach der Existenz bestimmter Stoffe und Gedanken zu spüren und in die Leute Dinge hineinzufragen, die hernach wieder herausgefragt werden. Aus eigener Erfahrung weiss ich nur zu gut, dass man unter wenig- oder uncivilisierten Stämmen auf jede Frage irgend eine positive Auskunft erhält (gerade so wie bei uns von Leuten des Volkes), und in vielen Fällen eine solche, die deutlich den Stempel an sich trägt, dass der Gewährsmann nur die Tendenz befolgte, die nach seiner Ansicht dem Fragesteller erwünschte und ihm selbst daher Belohnung verheissende Antwort zu erteilen. Ich bin natürlich weit von der Ueberzeugung entfernt, dass Franckes vorliegende Arbeit in solcher Weise zustande gekommen ist; im Gegenteil muss ich ausdrücklich betonen, dass die von ihm hier niedergelegten Texte und Uebersetzungen direkt als Muster von Sachlichkeit und Objektivität zu bezeichnen sind, die jedes Lob verdient, aber es könnte ihm vielleicht ganz unbewusst im weiteren Ausbau seines Grundgedankens der Fehler unterlaufen, von jenem rechten Pfade abzuweichen. Und nur auf die Möglichkeit dieser Gefahr, die sich oft unbemerkt einschleicht und manchem bedeutenden Forscher verhängnisvoll geworden ist, möchte ich mit dieser aufrichtigen und wohlgemeinten Warnung den verdienten Missionar hinweisen.

Was nun die von Francke behauptete Verwandtschaft der Gesargeschichten mit der indogermanischen Heldensage betrifft, so ist zunächst daran zu erinnern, dass bereits Schott in Ersch und Gruber, 1. Sect., 64. Teil, S. 342 Parallelen zwischen Stoffen der mongolischen Gesarsage und der Odyssee, dem Heraklescyklus und der Kalewala gezogen hat. Grimm l. c. iii 392 citiert die Edda und die langobardische Sage von Alboin. Dann trat Jülg hervor mit seiner Abhandlung ‚Ueber die griechische Heldensage im Wiederscheine bei den Mongolen‘ in den Verh. der 26. Versammlung deutscher Philologen und Schulmänner in Würzburg, Lpz. 1869, S. 58—71, endlich Potanin mit seiner Arbeit ‚Das griechische Epos und der Folklore des Ordos‘ (russisch) in der Moskauer Ethnographischen Rundschau 1894, 2 (xxi). Diese Forscher sind nun im Nachweise von Parallelen weit glücklicher gewesen als Francke mit seinen zwölf kurz angedeuteten Vergleichspunkten; freilich muss man ihn in diesem Punkte insofern billiger beurteilen, als dem Missionar in Ladākh keine grosse Bibliothek zur Verfügung stehen wird. Trotzdem kann man nicht behaupten, dass auch nur eine dieser Thesen überzeugend wirkt und vor einer eindringenden Kritik standhält. Manche sind entschieden ganz verunglückt. So vermag ich beim besten Willen nicht einzusehen, wie die Geburt des *Don grub* durch den Hagel dem goldenen Regen des Zeus entspricht, wo doch die beiden Situationen sowohl in ihrem inneren Motiv wie auch in dem äusseren Vorgang von Grund aus verschieden sind. Manche Züge wie das Vorkommen der Zahl 9, grosse Kraft des Helden, schnelles Wachstum desselben als Knaben, zwei zusammenschlagende Felsen, Lehrzeit bei einem Schmied, die der Verf. für specifisch indogermanisch hält, finden sich ebenso gut in derselben Weise auch bei andern Völkern, sogar in der neuen Welt. Man könnte sich anheischig machen, mittelst ähnlicher und noch viel zahlreicherer und frappanterer Analogieen Beziehungen zwischen der tibetisch-mongolischen Heldensage und den ins Endlose gehenden Sagencyklen der nordwestamerikanischen Indianer zu konstruieren, aber der sich daraus ergebende Gewinn würde derselbe sein wie im vorliegenden Falle. Denn sprunghafte Vergleiche können niemals zu einem Ergebnis führen. Was eigentlich in aller Welt soll durch solche Zusammenstellungen erwiesen werden? Sie beweisen doch weder die Selbständigkeit oder Abhängigkeit des einen Sagenkreises vom andern, noch auch die Wanderung gewisser Sujets von Volk zu Volk. Denn wo ist der Weg, der von der Odyssee zu Gesar oder von Gesar zur Edda führt? Da vermag nur eine auf historischen Gesichtspunkten fussende streng-philologische Methode, welche langsam und sicher eine Brücke von Volk zu Volk, von Stamm zu Stamm baut, die sichere und rechte Strasse zu finden. Die Zeit und Raum verachtenden, durch alle Perioden der Geschichte springenden und über den ganzen Erdball hüpfenden Vergleiche mögen ja sehr geistreich klingen, sind aber darum doch zum mindesten ein müssiger Zeitvertreib der Phantasie. Was immer noch die Zukunft auf dem Gebiete der Gesarsage zu Tage fördern wird, für die Gegenwart behält das Wort Emil Schlagintweits aus dem Jahre 1864 seine Gültigkeit: ‚Ungeachtet der übereinstimmenden Züge zwischen den abendländischen Dichtungen und der Sage von Gesar Chan, ist doch kein Zusammenhang irgendwelcher Art anzunehmen, ein Zurückführen auf einen gemeinsamen Ursprung ist nicht möglich.'

Dass Stoffe der Gesarsage teilweise in eine Epoche zurückreichen, welche vor der Einführung des Buddhismus in Centralasien liegt, mag an sich wohl eine ziemlich wahrscheinliche Vermutung sein, die Gründe indessen, die Francke für den vorbuddhistischen Ursprung ins Feld führt, scheinen mir wenig stichhaltig zu sein. Auf solchen Ursprung glaubt er nämlich schliessen zu müssen aus verschiedenen antibuddhistischen Bemerkungen. Aber was sollen diese, wenn sie in der That vorhanden sein sollten, für vorbuddhistischen Ursprung der gesamten Sage beweisen, da doch antibuddhistische Tendenzen sich doch offenbar erst zur Zeit der Entfaltung des Buddhismus erheben können? Dass überdies Pfaffen verspottet und der Lächerlichkeit preisgegeben werden, ist durchaus nicht mit Verächtlichmachung der Religion gleichzusetzen. In dem mongolischen Gesar kommen die Pfaffen noch weit schlimmer weg, obwohl hier Gesar selbst als der Bannerträger und Pionier des Buddhismus auftritt, und mit Recht konnte daher Schott von diesem Werke sagen: ‚Wie in manchem volkstümlich gewordenen Heldenroman, so waltet auch hier nicht selten ein recht erquicklicher Humor, der besonders in Conflikten mit Philistertum, stupider Tyrannei und pfäffischer Heuchelei sich geltend macht.' Auch in der historischen tibetischen Litteratur werden den Lama oft genug derbe Wahrheiten gesagt, und z. B. in der ‚Prophezeiung des Padmasambhava' (*ma ₒoṅ luṅ bstan*) wird die sittliche Verkommenheit der Priester mit grellen Farben gemalt. Auch das Tiertöten ist nicht ausschlaggebend für die Annahme vorbuddhistischen Ursprungs, denn überall im buddhistischen Tibet wurden und werden Tiere geschlachtet und verzehrt, was selbst in einem so frommen Legendenbuche wie dem des *Milaraspa* geschieht, des Einsiedlers und Asketen, der auch nicht vor dem Fleischgenusse zurückscheut. Bei der Beurteilung der Frage nach dem Alter der Gesarsagen wird es sich vor allem darum handeln, erst durch sorgfältige Vergleichung aller erreichbaren Texte den alten Zustand der materiellen Kultur des Landes zu erschliessen. Daraus werden sich gewiss wertvolle Resultate für die Kulturgeschichte ergeben. Um nur ein Beispiel anzuführen, scheint mir weit belangreicher als die von Francke für das Alter der Sage angeführten Argumente der Umstand zu sein, dass in Märchen I, 5—11 der Gebrauch der Steinschleuder und in IV, 14 die Verwendung eines Steingefässes (*rdul lu*) zum Essen erwähnt werden. Dem schliesst sich in der mongolischen Heldensage an, dass auf S. 15 die Nabelschnur mit einem scharfen schwarzen Steine durchschnitten wird, dass S. 133 der Kamelhirt eines Riesen einen Stein von der Grösse eines Kamels als Pfeil zuspitzt, dass ferner S. 221 ein Krieger einen steinernen Harnisch anlegt. Das sind wertvolle literarische Dokumente für die Prähistorie, die zugleich ein hohes Altertum für die Gesarsage wahrscheinlich machen.

Die im Märchen IX, 5 vorkommende Anspielung auf die ‚weissen Zelte der Hor' weist auf den grossen Teil des tibetischen Gesarepos hin, welcher den Krieg der Tibeter gegen die *Hor* behandelt; und dieser scheint dem fünften Capitel vom *Śiraighol*'schen Krieg in der mongolischen Sage zu entsprechen. R. Shaw (Reise nach der hohen Tatarei, S. 245) hörte in Kāshgar einer alten Wasserträger aus Balti ein Lied aus diesem Abschnitt des Cyklus von Gesar vortragen, dessen Inhalt er kurz wie folgt zusammenfasst: ‚Während sich Keser, der König von Kleintibet, auf einem weiten Feldzuge befand, entführte der König von Yārkand dessen Weib. Nach seiner Rückkehr zog Keser verkleidet nach Yārkand und trat bei einem Hufschmied in die Lehre. Er war so geschickt, dass wegen seiner vortrefflichen Arbeit der König Kenntnis von ihm erhielt. Keser wurde sehr begünstigt und fand dadurch Gelegenheit, den König umzubringen, sein Weib wiederzuerlangen und sich zum Herrn von Yārkand zu machen.' Desgodins (Annales de l'extrême Orient II, 133) nennt ihn auch ‚König der *Hor* in den weissen Zelten'. Dass Gesar die Turkstämme besiegte, berichtet ferner WADDELL, The Buddhism of Tibet, p. 478.

Es seien nun einige Bemerkungen zu einzelnen Stellen der Uebersetzung angefügt.

I, 2: *lha yul nas stañ lhai dbañ po rgya bžin.* FRANCKE verbindet *stañ lhai* mit *lha yul nas* und übersetzt: ‚aus dem oberen Götterreich‘, was aber doch allen Regeln tibetischer Syntax widerspricht, denn in diesem Falle müsste es doch *stañ lha* (oder *lhai*) *yul nas* heissen, wie sich in II, 1 findet. Man kann nur construieren: aus dem Götterlande [kam] der Herrscher der oberen Götter, Indra. Uebrigens zeigen ja auch alle folgenden Stellen, wie I, 3, 13, 23, 24, II, 1 u. s. w. die constante Verbindung *stañ lhai dbañ po rgya bžin,* in welchen FRANCKE jedesmal den Ausdruck *stañ lhai* seltsamer Weise unübersetzt lässt.

I, 2: *srib cig la* ‚auf einmal‘. Nach JÄSCHKE: ‚eines Nachts, in der Dunkelheit‘, was in dem Zusammenhang der Stelle auch entsprechender ist.

I, 7: *‚a mai dus la ₒk'al ₒk'al pin* ‚die Mutter spann dich zu ihrer Zeit‘. Es ist besser aufzufassen: zur Zeit der Mutter wurdest du gesponnen. Ebenso im folgenden Parallelvers.

I, 9: *bu ñai dus la ₒk'ur ₒk'ur pin* ‚zur Zeit, als ihr Kind sie, mich, trug‘. Dieser Satz ist ebenfalls unrichtig construiert. Ich würde übersetzen: zu der Zeit, als ich ein Kind war, habe ich dich (die Schleuder) bei mir getragen.

I, 11: *p'og pai rtiñ nas ₒbud dogs med* ‚triff gut, lass den Feind nicht davon!‘ Wörtlicher: nachdem du [den Feind] getroffen hast, ist nicht zu befürchten, dass er entrinnt.

I, 12: *sogs pa* bedeutet ‚Schulterblatt‘ und nicht ‚Flügel‘.

I, 20: *p'o c'en sga srab* ‚gesattelter Hengst‘; *sga srab* mit dünnem, feinem (d. h. fein gegerbtem) Sattel.

II, 31: *mi p'od* ‚es ist nicht recht‘. Besser: ich bin nicht imstande, kann es nicht über mich gewinnen.

III, 11: *sdig pai gri gu; sdig pa* ist unübersetzt; es ist wohl ‚der Böse‘ (= *pāpīya, Māra*) darunter gemeint.

iv, 4: *nag ga be lde*. Für Franckes Vermutung, dass dieses sonst nicht vorkommende Wort ‚schieläugig' bedeute, lässt sich anführen, dass auch in der mongolischen Heldensage (p. 16 der Uebersetzung von Schmidt) Gesar mit schielendem rechten Auge zur Welt kommt. Im mongolischen Texte (p. 11, Zeile 2) ist an dieser Stelle das Wort *kiliikü* (*kiluikhu, kilaikhu*) gebraucht, das dem tibetischen *zur mig lta ba* ‚seitwärts schielen' entspricht.

iv, 6: *skye loṅ med pa p'e gam ₒdug* ‚da nimmt er sich keine Zeit zum Waschen und isst Mehl!' ‚Waschen' ist wohl nur ein Druckfehler für ‚wachsen', wie auch richtig bei Wiederholung derselben Redensart in iv, 10 dasteht. Treffender scheint mir der Gedanke durch die Uebersetzung zum Ausdruck zu gelangen: er hat sich nicht einmal Zeit zum Wachsen genommen, d. h. er ist noch nicht gewachsen, eben erst geboren und isst doch schon Mehl.

iv, 6: *boṅ stan* ‚Eselssacktuch', muss heissen ‚Satteldecke eines Esels'.

iv, 8: *ˌa ne bkur dman mo* ‚die Gattin bKur dman mo'; *ˌa ne* ist besser als ‚Grossmutter' zu fassen, mit Rücksicht auf das gleiche Verwandtschaftsverhältnis dieser Persönlichkeit zu Gesar in der mongolischen Sage.

iv, 20: *staṅ lha la bltas te mda dar dkar po žig dbyugs* ‚und weisse Bänder weht er hinauf zum Himmel'. Wer in diesem wie in den vorhergehenden und folgenden Versen unter dem Subjekt ‚er' zu verstehen sei, ist keineswegs ersichtlich wie auch der Sinn dieses ganzen Liedes nicht genügend klargelegt ist; das Verbum ‚hinaufwehen' ist mir auch unverständlich. Vielleicht ist der Sinn: zu den Göttern oben aufschauend schwingt man ein Pfeilband von weisser Seide (oder etwa auch: lässt man hin- und herflattern).

v, 2: *ˌan dhe ban dhe* (S. 31 *ˌan de*) wird vom Verf. als ‚Gefährten' erklärt mit der Bemerkung, dass die Herleitung dunkel sei, gleichwohl aber in der Uebersetzung durch ‚Priester' wiedergegeben. Wenn des Verf. Deutung richtig ist, so dürfte *ˌan de* wahrscheinlich auf mong. *anda* ‚Freund, Gefährte' zurückgehen.

v, 9: *sñiṅ kai k'a la ṃe btaṅs* ‚Feuer auf sein Herz legen'; zu verbessern: auf seine Brust.

v, 12: *p'yogs bži* fehlt in der Uebersetzung. Unter den ‚vier Feinden der vier Seiten' sind die um beide Arme und Beine gelegten vier Fesseln zu verstehen.

v, 16: *myoṅ ba* Thee, Bier, Milch schmecken, geniessen. Warum die Uebersetzung ‚kommen'?

vi, 29 und vii, 6. Diese beiden Verse scheinen noch sehr der Aufklärung im einzelnen bedürftig zu sein; die Uebersetzung von *bsam pas don grub* ‚mit Gedanken gefüllt' ist mir unverständlich und auch schwerlich zutreffend; weder die Worte *kun mis* noch *brgyabs dgu brgyabs cig* gelangen in der Uebertragung zum Ausdruck, ebensowenig *rkyal rlon ni* in vii, 6.

vii, 33: *t'or cog* besser ‚Haarschopf' als ‚Krone'.

viii 4: *k'a ₒbubs te bors* ‚steckte ihn in einen Topf und legte den Deckel darauf'. Nach Jäschke: sie legte ihn umgekehrt, mit dem Gesicht nach unten hinein.

Unsere lexikographischen Kenntnisse des Dialekts von Ladākh, die bisher ziemlich dürftig sind, erfahren aus den vorliegenden Texten mannigfache und willkommene Bereicherung, und die vom Verf. auf S. 29—34 zusammengestellten selteneren Wörter und Formen stellen eine äusserst dankenswerte und gediegene Leistung dar, die zum Verständnis dieser ersten in einem lebendigen Volksdialekt der Gegenwart vorliegenden Sprachproben wesentlich beiträgt. Vielleicht entschliesst sich der Verf., für künftige Publikationen ausführliche, alphabetisch angeordnete Glossare auszuarbeiten, deren wir zur Herstellung eines grossen umfassenden Lexikons der tibetischen Sprache dringend bedürfen. Der vorwaltende Gesichtspunkt muss naturgemäss der sein, alle bei Jäschke nicht auffindbaren Wörter, Verbindungen und Bedeutungen zu definieren. Wieviel bereits Jäschke auf dem Gebiet der lexikographischen Behandlung des Ladākhi geleistet hat, ist daraus ersichtlich, dass sich viele der hier vorkommenden Dialektausdrücke mühelos mit Hülfe seines Wörterbuches erklären lassen, wie, um nur einige Beispiele zu citieren, *odon pa* (ɪɪ, 15) in der Bedeutung: essen, trinken, *p'i t'og* (ɪɪ, 38) Abend, *bzums* (ɪɪɪ, 29) zu *odzin pa*, *ldad pa* (ɪɪɪ, 41) = *glad pa* Gehirn, *ra t'o* (ɪv, 6) = *ra do* (?) Ziegenhaarstrick, *ok'yud pa* (v, 2) imstande sein, *ta bag* (Francke: *ta bãg* v, 4) Teller, *mul* (v, 4) = *dṅul* Silber, *ldo* (v, 25) = *glo* Seite, *ta gi* (vɪ, 2) = *ta gir* (Jäschke) Brot, *sral* (vɪ, 5) s. v. *srel ba* ernähren, *ko re* (vɪ, 57) Trinkschale u. a.

Zuweilen treffen wir hier bei Jäschke nicht belegte Wörter oder bekannte Wörter mit neuen Bedeutungen, bei welchen eine erklärende Anmerkung des Verfassers wünschenswert gewesen wäre, weshalb eben in solchen Fällen eine allseitige Ausbeutung gewährende glossarische Darstellung des Wortvorrates zu empfehlen ist. So wird z. B. eine Erläuterung dahin vermisst, wie das Verbum *obyiṅ ba*, Lad. *obiṅ ba*, das sonst in der Bedeutung ‚einsinken, untersinken' bekannt ist, an Stellen wie ɪɪɪ, 28, 32, 36, 43, 44, 45 den entgegengesetzten Sinn ‚emportauchen, herauskommen' annimmt. Ebenso ist uns *bors*, zu *obor ba*, ɪɪɪ, 28, 37, als ‚ergreifen, festhalten' nicht geläufig. In ɪɪɪ, 31 wäre *p'ud* in der Verbindung *ṅai lag pa p'ud* ‚lass meine Hand los' als bisher nicht belegter Imperativ zu *obud pa* aufzustellen gewesen. Als weitere Wendungen, zu deren Interpretation wir gerne den Verfasser hätten das Wort ergreifen sehen, seien angeführt: *zas* ɪɪɪ, 36 er rief, *ogrog ste* ɪɪɪ, 47 erschrak, *ts'ig cig mnan te* ɪv, 6 legte einen Stein darauf, ebenso *ts'ig* ɪv, 10 Stein, *skyil ba* ɪv, 14 füllen, *γyog šiṅ* v, 29 Schürstock, *mun te* v, 29 ohnmächtig werden, *ṅad* vɪ, 1 begegnen, *t'eb* vɪ, 4?, *tsog se* vɪ, 58 = *(m)ts'ogs se*, *odzag* vɪɪɪ, 11 im Sinne von *odzeg* hinaufsteigen, *odon t'aṅ* vɪɪɪ, 33 Gastmahl.

---

Ueber tibetische Lieder ist bisher sehr wenig zu allgemeiner Kenntnis gelangt. Der erste, welcher diesem Gegenstande seine Aufmerksamkeit zuwandte, war der Missionar H. Hanlon, der mit grossem Geschick eine Sammlung von 150 aus dem Munde des Volkes aufgezeichneter Lieder zusammenbrachte und dem Londoner Orientalistencongress eine Auswahl derselben in englischer Uebersetzung vorlegte.[1] Die Texte sind leider bisher nicht veröffentlicht worden, obwohl sie nach der von mir eingesehenen Abschrift zu urteilen, die Herr Dr. HUTH in London davon genommen hat, schon allein aus sprachlichen Gründen eine Publikation reichlich verdienten. Dann widmete H. FRANCKE im Globus, Bd. 75, S. 238—242 dem Ladākher Volkslied eine kurze Charakteristik in inhaltlicher, rhythmischer und musikalischer Hinsicht und teilte zwei Lieder in Umschrift, Uebersetzung und Notenschrift mit.[2] Das eine derselben, betitelt ‚das Kloster *ʾAlci*', begegnet, um dreizehn Verse vermehrt, unter Nr. 5 der vorliegenden Sammlung wieder. Seit dem Erscheinen jenes Aufsatzes hat FRANCKE die Zahl der von ihm aufgezeichneten Stücke von 25 auf 150 gebracht und beabsichtigt, dieselben in kleinen Heften, die etwa zehn Lieder umfassen sollen, zu veröffentlichen. Inwieweit bei dieser Arbeit die auf dem Titelblatt angekündigte Mitarbeiterschaft von RIBBACH und SHAWE beteiligt sein wird, ist nicht gesagt. Auf Grund seiner neuen Sammlung gelangt FRANCKE zu dem Ergebnis, vier verschiedene Typen ladākhischer Poesie annehmen zu sollen, nämlich Hoflieder, Tanz-, Hochzeits- und Trinklieder. Von den beiden letzten Gattungen werden Proben erst in späteren Serien vorgelegt werden. Sie sollen viel wertvolles mythologisches Material enthalten und in einer älteren Form des gegenwärtigen Volksdialektes

---

[1] The folk-songs of Ladak and Baltistan. Transactions of the ninth International Congress of Orientalists, vol. II, p. 613—635.

[2] Die Anfangsverse des zweiten Liedes ‚der Tod'

*ʾu dum ba ra bžin du*
*rñed dkai dal obyor tʿob tsʿe*

übersetzt FRANCKE: ‚Gemäss dem grossen Lotus (der Lehre Buddhas) ist es eine schwere Zeit bis zum Finden des neuen Leibes (der Wiedergeburt).' Der Sinn der Stelle kann aber offenbar nur folgender sein: ‚Wenn ihr den gleich dem Udumbara schwer erreichbaren Zustand des inneren Friedens erlangt habt, [dann verzichtet auf ausgelassene Heiterkeit und wendet euch der heiligen Lehre zu.'] Dieses Lied ist auch in HANLONS Sammlung unter Nr. 1 vorhanden, das elf Strophen oder 44 Verse mehr hat als die vierstrophige Version FRANCKES. Nebenher will ich bemerken, dass das von H. S. LANDOR, Auf verbotenen Wegen, 4. A., S. 405, mitgeteilte angeblich das Gebet eines Soldaten enthaltende Lied seinen Ursprung lediglich in der regen Phantasie des Verfassers hat.

verfasst sein. Die erste Gruppe, die Hoflieder, entbehrt jedes volkstümlichen Charakters; es handelt sich vielmehr bei diesen um litterarische Kunstprodukte bestimmter, zuweilen auch am Schluss mit Namen genannter Verfasser (wie in I und II), deren Stil sich gänzlich dem der Schriftsprache anschliesst. Sie wenden sich an Fürsten, vornehme Familien, Lama und Kirchenhäupter, behandeln deren Schlösser, Gärten und Klöster und rühmen ihre hohen Tugenden, wobei es an Schmeicheleien, wie in aller höfischen Dichtung, nicht fehlt. Trockene Gelehrsamkeit und pedantisch-würdevolle Steifheit, jedes höheren Schwunges bar, sind die Kennzeichen dieser Poesie. Im 1. Liede, das übrigens in vier Strophen zu je vier Versen abzuteilen ist, wird von einem Minister der königliche Garten von Leh besungen, im 2. werden die Edeln von *Stog* mit übertriebenen Lobeserhebungen überschüttet, in V wird das Kloster ‚*Alci* mit prosaischer Nüchternheit beschrieben; Nr. IX ist ein Akrostichon, in welchem die Anfangsbuchstaben der Verse nach der Reihenfolge des tibetischen Alphabets geordnet sind. Hier beherrscht naturgemäss die Form den Inhalt, in dem man eine fortschreitende Gedankenfolge vergeblich sucht. Mit Recht hebt FRANCKE hervor, dass die in dieser Art von Gedichten auftretenden historischen Namen nichts für das Alter der einzelnen Stücke beweisen können, da dieselben Stoffe beständig weiter überliefert und auf andere Personen im Wechsel der Generationen übertragen werden. Einen unmittelbaren Beweis für diese Behauptung vermag ich für das dritte Lied ‚das Polospiel‘ zu führen, das der Verf. zwar zu den Tanzliedern rechnet, wiewohl die persönliche Beziehung auf den Minister *Raim k‘an* im Schlussverse eher auf seine Stellung innerhalb der ersten Gattung hinweisen sollte.[1] Eine kürzere und vielleicht ursprünglichere Version desselben Liedes findet sich nun in HANLONS Sammlung unter Nr. 44, wo als der Polospieler ein gewisser *rGya ri pa* bezeichnet wird, der wie der grosse König *Gesar* von *gLiṅ pa* aussieht. Dieser Fall führt in der That den Wandel in der Widmung der Lieder vor Augen und gibt eine

[1] Dazu stimmt auch die Bemerkung, dass dieses Lied nicht zum Tanze gesungen wird.

weitere Stütze für die Annahme an die Hand, dass jene schriftlich fixierten Quellen ihre Entstehung verdanken. Die Frage nach der Zeit ihrer Abfassung muss daher wohl mit dem Nachweise der litterarischen Erzeugnisse zusammenfallen, aus denen die Lieder geschöpft oder denen sie nachgebildet sein mögen. Offenbar reicht der Kunstgesang auf dem Gebiete der tibetischen Litteratur in ein relativ hohes Altertum zurück, denn wir begegnen zahlreichen *glu* schon im Gesarepos und auf einer hoch entwickelten Stufe in den *mgur ₒbum* des *Milaraspa* (Ende des elften Jahrhunderts). In den Tanzliedern gelangen die Bedürfnisse des Volkes mehr zu ihrem Rechte und seine Gedanken deutlicher zum Ausdruck. Sie werden zum Tanze gesungen, sind im Dialekte des Landes abgefasst und machen ausgiebigsten Gebrauch von Parallelismen, Reim, Wortgleichklang und meist vierfüssig-trochäisch mit untermischten Daktylen frei gebildeten Rhythmen,[1] wie sie sich bei gleich häufiger Anwendung des Daktylus schon in den Liedern des *Milaraspa* finden. Das Charakteristikum der eigentlichen Tanzlieder scheint darin zu bestehen, dass sich zwei Parteien gegenüberstehen, um sich in Strophe und Gegenstrophe abzulösen.[2] Beispiele für diese Gattung bietet Lied Nr. IV ‚der Goldschmied‘ und Nr. VII ‚der schöne *Ts'e riṅ skyid*‘; in letzterem richtet ein Mädchen siebenmal an seine Freundin die Frage, ob sie nicht ihren Geliebten jenes Namens gesehen habe, worauf jedesmal eine neckische Antwort aus dem Munde der Gefährtin erfolgt, dass nur ein Mädchen von näher bestimmtem Aeusseren oder gewissen Eigenschaften vorübergegangen sei. Von dieser Art zu trennen sind die kleinen Liebeslieder VI, VIII und X, welche die Gefühle nur einer einzelnen Person schildern. Zu dem 6. Liede bemerkt der Verf., es liege hier eine präbuddhistische Idee in der Thatsache vor, dass der Dichter nur eine einzige, nämlich die gegenwärtige Lebenszeit kenne

[1] Vergl. meine Bemerkungen zur tibetischen Poetik in Denkschriften der K. Akademie der Wissenschaften in Wien, Band XLVI, Nr. VII, S. 16—17 und über Parallelismus ibid. S. 18.

[2] Dasselbe wird auch in den Schilderungen von Tänzen berichtet, s. ROCKHILL, Notes on the ethnology of Tibet 716 und JRAS 1891, 123.

und somit der Vorstellung von der buddhistischen Lehre der Wiedergeburt fremd gegenüberstehe. Dagegen stellt Verfasser in seinem Beitrag zur Gesarsage, S. (29), die Vermutung auf, anknüpfend an die volksetymologische Erklärung des Namens Gesar aus *skye gsar* ‚der [jeden Frühling] Wiedergeborene', dass die alttibetische Naturreligion sehr leicht die Idee einer Wiedergeburt aus sich entwickelt haben könnte. Jedenfalls kann aus den Worten, dass das Glück nur in diesem Leben blühe, nicht der weitgehende Schluss auf eine vorbuddhistische Vorstellung gezogen werden, sondern es ist darin einstweilen nur der Ausdruck einer auf freudigen Lebensgenuss gerichteten Stimmung der modernen Ladākhi zu erkennen. Ebensowenig Vertrauen kann einem anderen Argument des Verf. für präbuddhistische Ideen in den Volksliedern entgegengebracht werden, dass nämlich ein anderes Lied nur drei Jahreszeiten (Herbst, Winter und Sommer) behandele, da nach seiner Vermutung das alte Tibet, gleich vielen anderen Ländern, nur drei Jahreszeiten gekannt habe. Dem ist aber entgegenzuhalten, dass das Tibetische seit alters vier echt tibetische Wörter für die Bezeichnung der vier Jahreszeiten besitzt, und dass gerade die Dreiteilung der Jahreszeiten auf indischen Ursprung (heisse-, kalte- und Regenzeit) zurückgeht und sich auf die aus dem Sanskrit übersetzte Litteratur beschränkt (s. auch Jäschke, Dictionary v. *dus*, p. 255 a). Die von Francke im Globus kurz besprochenen *t'oṅ skad*, die bei Feldarbeiten oder beim Tragen von Lasten zur Verwendung gelangen, sind in dieser Arbeit nicht behandelt, und wie ich glaube, mit vollem Recht. Denn solche im Takte bei der Arbeit wechselweise gesungenen Rhythmen, wie sie Bücher in seinem Buche ‚Arbeit und Rhythmus' beleuchtet hat, sind nicht als Volkslieder zu bezeichnen.

Es mögen schliesslich einige Ergänzungen und Vorschläge zu der im allgemeinen vortrefflichen Uebersetzung der zehn Lieder folgen, die indessen die Anschauungen des Verf. weder bekämpfen noch berichtigen wollen, sondern nur dem Zwecke dienen, zu zeigen, dass gerade bei diesen fast aller grammatischen Suffixe beraubten und also der Analyse einen weiten Spielraum gewährenden Texten verschiedene Auffassungen möglich sind und unter Umständen auch neben einander bestehen können.

I, 10: *gña k'ri btsan poi gduṅ brgyud* ,sits a famous and strong family'. Sollte indessen hier nicht der Name des ersten sagenhaften tibetischen Königs *gÑa k'ri btsan po* beabsichtigt sein, als dessen Nachkommen sich doch auch die Herrscher von Ladākh betrachten?

I, 12: *žabs pad*. Die Uebertragung ,lotusgleiche Füsse' ist irreführend; denn die Füsse sollen keineswegs mit dem Lotus verglichen werden, sondern es ist der in der lamaischen Ikonographie wohlbekannte Lotus gemeint, auf welchem Gottheiten und Heilige thronen. (Vgl. II, 30.)

I, 14: *ₒdab c'ags p'o moi gsuṅs sñan* ,[auf dem Wallnussbaum] singen Knaben und Mädchen melodische Lieder gleich Vögeln'. Eine so komische Scene hat der Verfasser dieses ernsten Liedes gewiss nicht im Sinne gehabt. Die Uebersetzung kann nur lauten: ,Vögel, Männchen und Weibchen (männliche und weibliche Vögel) singen wohltönende Lieder.' Dieser Vordersatz enthält den Vergleich zu den beiden folgenden Versen, welche besagen, dass Jünglinge unter dem Baume singen.

I, 15: *ₒdzom pos* ist besser substantivisch als verbal und zwar als Instrumental-Subjekt zu *glu dbyaṅs* zu fassen.

II, 1: *gtsug rgyan* durch ,great protector (amulet)' zu übersetzen, liegt kein Grund vor statt durch das wörtliche und weit sinngemässere ,Scheitelschmuck'.

II, 2: *drin can rtsa bai bla ma* ,the lama who is kind from the root'. Es muss heissen: ,Der huldvolle oder gnadenreiche Wurzel-Lama,' d. i. der Lehrpriester, von welchem im gerade vorliegenden Falle die Belehrung erteilt wird (s. JÄSCHKE, Dictionary p. 437 b).

II, 6: *rta bdun rgyal po*, der König mit sieben Pferden als Bezeichnung der Sonne ist natürlich indische Vorstellung (= Skr. *saptasapti*).

II, 12: *skye dgui re ba bskaṅ byuṅ* ,[in him] the hope of nine re-births is fulfilled'. Die Verbindung *skye dgu* bedeutet aber niemals ,neun Wiedergeburten', sondern ,Menschen, Menschheit', indem *dgu* zu einem bedeutungslosen Pluralzeichen herabgesunken ist. Es kann daher nur übersetzt werden: ‚Die Hoffnungen der Wesen sind in Erfüllung gegangen.‘ In einer Note bemerkt der Verfasser freilich, dass das Volk diesen Vers in dem von ihm angedeuteten Sinne zu verstehen scheine; aber ich sollte glauben, dass in diesen durchaus im Stile der Büchersprache abgefassten und mit grosser Wahrscheinlichkeit auch auf litterarische Produkte zurückgehenden Kunstgedichten die Wortbedeutungen der Schriftsprache zu grunde gelegt werden müssten. Und es ist auch Franckes ausdrücklich geäussertes eigenes Urteil, dass die gewöhnlichen Leute den Inhalt solcher Erzeugnisse nicht verstehen. Es ist deshalb leicht erklärlich, dass ein rein litterarischer Ausdruck wie *skye dgu* zum Spiel volksetymologischer Deutungen wird.

II, 17: *lugs gñis brgyad cui k'rims* ‚the 80 kinds of the twofold custom‘. Diese Verbindung kann nach Jäschke nur erklärt werden: die 80 Gebote der beiden Gesellschaftsklassen, der Laien und Kleriker, oder auch die 80 Bestimmungen der verbundenen kirchlichen und weltlichen Gerichtsbarkeit.

II, 21: *bka luṅ*, hier von einem Minister gesagt, wohl nicht so sehr ‚Prophezeiung‘, als vielmehr ‚Geheiss, Gebot‘.

II, 27: *c'ags* als Substantiv in der Bedeutung ‚Quelle‘ zu fassen, liegt keine Notwendigkeit vor; es ist das schliessende Verbum des Satzes. ‚Für den oder in dem von der Schar des Götterheeres errichteten Palast . . . erstand, erwuchs Segen.‘

III, 1: *sa ₒgul naṅ nam ₒgul co yin* ‚with an earthquake we shall shake the sky!‘ Ich kann *ₒgul* in beiden Fällen nur als intransitives Verbum auffassen. Auch Hanlon (l. c. p. 633) übersetzt diesen Vers: ‚the earth is quaking, the heavens thundering.‘

III, 5: *Cig tan groṅ*, das Dorf *Cig tan;* bei Hanlon *Lu tu cig tan groṅ* in *C'u šod.*

III, 6: *k'an pa* soll das persisch-arabische *khan* vorstellen, könnte aber sehr wohl auf tib. *mk'an po* zurückgehen, wie auch Hanlon an dieser Stelle schreibt.

III, 21: *lob stoṅ* tausend Jahre. *Lob* statt *lo* braucht nicht durch die Annahme eines stummen Präfixes *b* in *stoṅ* erklärt zu werden, da JÄSCHKE bemerkt, dass in Westtibet *lob* zuweilen für *lo* stehe wie *lob ma* für *lo ma* (und andere Analogieen).

v, 3: *bla mai t'ugs kyi smon lam* ,through the prayers of the souls of the lamas'. Die Seelen der Lama beten doch wohl nicht! Ich würde übersetzen: geistiges, innerliches Gebet, und ebenso v, 6: *t'ugs kyi rgya mts'o legs byuṅ* das geistige Meer (d. h. die grosse Ausdehnung der inneren Eigenschaften) ist vortrefflich geworden, anstatt: something good has happened on the ocean of souls.

v, 9: *ka gduṅ seṅ ge gzoṅ bsgrubs* ,with the chisel lionlike pillars were formed' (im Globus: löwenstarke Säulen). Die Stelle ist wohl so zu verstehen, dass es sich um Säulen mit einem Löwenkopf auf dem Capitäl handelt.

v, 10: *nor ₒdzin pa ṭa* ,rich bookshelves'. Wohl besser: Schätze enthaltende, bergende Bücherkisten.

v, 14: *bstan pa yul sruṅ mdzod cig* ,protect the teaching (religion) in the country!' Diese Construktion wäre dem tibetischen Sprachgeiste zuwider. Man kann wohl nur construieren: beschütze das Land durch die Lehre! Vergl. zudem V. 16: *bstan pas yul sruṅ mdzod cig.*

v, 17: *rkos* ,ornaments', besser: Skulpturen.

v, 18: *sgo bsgrigs* ,book-cases'. Diese Uebersetzung ist mir unverständlich und hätte vom Verf. näher erklärt werden müssen. Man sollte erwarten: das Zurechtmachen oder Zusammenfügen der Thüren (*sgrig sgo* bedeutet ,Flügelthür').

v, 21: *skyil bkruṅ* ,with pious finger attitude' bedeutet doch einfach: mit untergeschlagenen Beinen sitzen.

v, 22: *šag t'ub bstan pai ñi ma* ,the sun of the teaching of Buddha', vielmehr: Çăkyamuni, welcher die Sonne der Lehre ist, als die Sonne der Lehre.

v, 26: *bla mai slob ma rnams gñis* ,the disciple of the Lamas, the two-fold way'. Ich kann diesen Passus nur durch die Worte ,die beiden Lamaschüler' wiedergeben und verstehe nicht, wie der Verf. zu der Uebersetzung ,zweifacher Weg' kommt, noch was er damit meint. Ebenso in V. 28: *druṅ rams ts'e brtan rnams gñis* ,the doctor *Ts'e brtan* [with the] twofold way'. Aus dem Zusatz *gñis* geht hervor, dass es sich um zwei vorher aufgezählte Namen handelt, so dass ich die Stelle auffasse: Die beiden, nämlich *Druṅ rams* und *Ts'e brtan*. Uebrigens heisst ‚Doktor' auch *rab ₒbyams.*

v, 30: *snaṅ gser* ‚goldener Dhyānibuddha' scheint sehr unwahrscheinlich zu sein; doch bin ich gegenwärtig selbst nicht in der Lage, eine Verbesserung dafür vorzuschlagen.

v, 34: *bka ₒgyur rim gñis* ‚the two ways of the scriptures'; wohl eher (*rim* bedeutet niemals ‚Weg') die beiden Reihen, Serien des Kanjur, der vermutlich im Kloster *ₒAlci* in einem doppelten Exemplar vorhanden ist.

vi, 6: *bo mo ṅa* ‚ich, das Mädchen' ist in der Uebersetzung übergangen; *bo mo* westtibetisch = *bu mo.*

ix, 17—18 (im ABC-Liede). Der Verf. fasst den ersten dieser Verse als Vergleich zu dem folgenden; es ist aber kaum anzunehmen, dass überhaupt ein innerer Zusammenhang zwischen beiden Versen beabsichtigt ist, denn der Vergleich ergibt durchaus keinen Sinn. Ich würde die Uebersetzung vorschlagen: V. 17: die feinen Adern haben Poren; V. 18: ausgezeichnet ist des Lama Sphäre (*dkyil ₒk'or*, was nicht ‚doctrine' bedeutet, wie Verf. überträgt).

ix, 23: *ts'or ba ₒdu šes* ‚this sight (perception)', besser: Begriff der Wahrnehmung.

ix, 26: *la ₒur* ‚pass-storm' ist wohl volksetymologische Erklärung anstatt der literarischen Bedeutung ‚schnell, geschwind, plötzlich (vergl. *glo bur*)'. Franckes Uebersetzung passt ausserdem auch gar nicht in den Zusammenhang der Stelle, die ich ganz anders auffassen zu müssen glaube. Francke übersetzt die V. 25 und 26: Oh mankind, with hearts like the wind! Oh, thou hero, who subduest even a pass-storm. *Ra rva* wird aber schwerlich ‚Wind' bedeuten, wozu nirgends ein Beleg vorhanden ist, während es offenbar nichts anderes als *ra ro*, nach dem bekannten phonetischen Wechsel von *va* und *o*, ist; *brgyud* heisst auch niemals ‚Menschheit', sondern in Verbindung mit *sems* (= *rgyud*) ‚Charakter, Stimmung der Seele'. Ich übersetze daher: Von gleichsam berauschter seelischer Verfassung ist der schnell überwindende Held.

x, 1: *γyu žuṅ bo;* das Wort *žuṅ bo* ist weder übersetzt noch erklärt. Vergl. bei JÄSCHKE (Handwörterbuch 535 b): *γyu gžuṅ me tog* ‚Vergissmeinnicht' (Spiti).

x, 2: *k'rug dkar po; k'rug,* bemerkt eine Note, ist vielleicht eine Contraction aus *k'ra γyu;* dieser Auffassung steht aber das unübersetzt gebliebene Attribut *dkar po* ‚weiss' entgegen.

x, 3: *skyes pai p'a ma bsams se log yin log yin bltas pin* ‚father and mother, to whom I was born, thought I would come back, and I looked back'. Diese Auffassung ist unhaltbar, denn sie steht in Widerspruch zu einem Grundgesetz der tibetischen Syntax, wonach das Verbum finitum *log yin* unmöglich in ein Abhängigkeitsverhältnis zu dem vorausgehenden untergeordneten Gerundium *bsams se* treten kann. Es ist nur zu übersetzen: ‚Als ich an die Eltern, meine Erzeuger, dachte, wandte ich mich um, wandte ich mich um und schaute nach ihnen hin.' Und ebenso in dem folgenden Parallelvers.

Es verdient gewiss alle Anerkennung und muss auch als wünschenswert bezeichnet werden, dass die vorliegenden Texte mit tibetischen Typen gedruckt sind, was zu ihrem Verständnis in Europa beinahe unerlässlich ist. Ausserdem wäre aber für linguistische Studien eine genaue phonetische Transcription in dem jeweiligen Dialekte sehr zu empfehlen; der weite Abstand, der die Phonetik der Schriftsprache von den gegenwärtigen Mundarten scheidet, wird solche Paralleltexte wohl immer erforderlich machen. Dem Missionar FRANCKE, welcher die ersten Proben zu der vielversprechenden Volkskunde von Ladākh geliefert hat, wird der Dank der Orientalisten wie der Volksforscher gewiss sein.

BERTHOLD LAUFER.

---

CAROLINE A. F. RHYS DAVIDS, M. A. *A Buddhist Manual of Psychological Ethics of the fourth Century B. C.* with Introductory Essay and Notes by —. London 1900.

Mrs. RHYS DAVIDS ist die erste, die es unternommen hat, einen der zum Abhidhammapiṭaka gehörigen Texte in's Englische zu über-